K. Lammers

PRISMA BIOLOGIE 7–10

Ausgabe A

Manfred Bergau
Anke Beuren
Irmgard Bohm
Günter Ganz
Gerda Hagen
Claudia Lissé-Thöneböhn
Helmut Prechtl
Burkhard Schäfer
Hans-Jürgen Seitz
Bernd Thomas
Charlotte Willmer-Klumpp

Ernst Klett Verlag
Stuttgart · Leipzig

Autoren: Manfred Bergau, Anke Beuren, Irmgard Bohm, Dr. Günter Ganz, Gerda Hagen, Claudia Lissé-Thöneböhn, Prof. Dr. Helmut Prechtl, Burkhard Schäfer, Dr. Hans-Jürgen Seitz, Prof. Dr. Bernd Thomas, Charlotte Willmer-Klumpp

1. Auflage 1 6 5 4 3 | 2011 10 09 08 07

Alle Drucke dieser Auflage sind unverändert und können im Unterricht nebeneinander verwendet werden. Die letzten Zahlen bezeichnen jeweils die Auflage und das Jahr des Druckes.

Internetadresse: www.klett.de

Redaktion: Micaela Stierle, Rolf Strecker, Dr. Robert Strobel

Layoutkonzeption und Gestaltung: Matthias Balonier, Infografik, Lützelbach
Unter Mitarbeit von: Elke Kurz, Kernen i. R.
Mediengestaltung: Horst Andres

Illustrationen: Matthias Balonier, Lützelbach; Udo Buffler, Marburg; d. Biografiker, München; Jeanne Kloepfer, Lindenfels; Angelika Kramer, Stuttgart; Karin Mall, Berlin; Tom Menzel, Rohlsdorf; Otto Nehren, Achern; Gerhart Römer, Ihringen; Prof. Jürgen Wirth, Darmstadt
Umschlaggestaltung: KOMA AMOK®, Kunstbüro für Gestaltung, Stuttgart
Reproduktion: Meyle + Müller, Medien-Management, Pforzheim
Druck: J. P. Himmer, Augsburg

Printed in Germany
ISBN: 978-3-12-068360-5

9 783120 683605

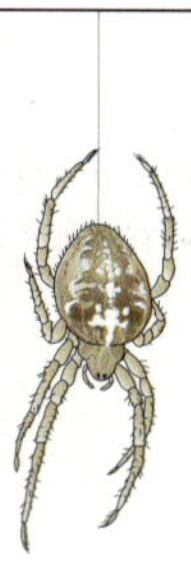

10 Wirbellose Tiere

32 Grundlagen der Ökologie – Ökosystem Wald

128 Stoffwechsel

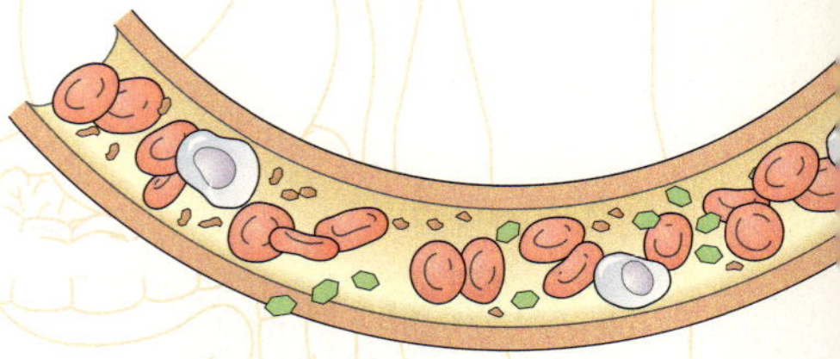

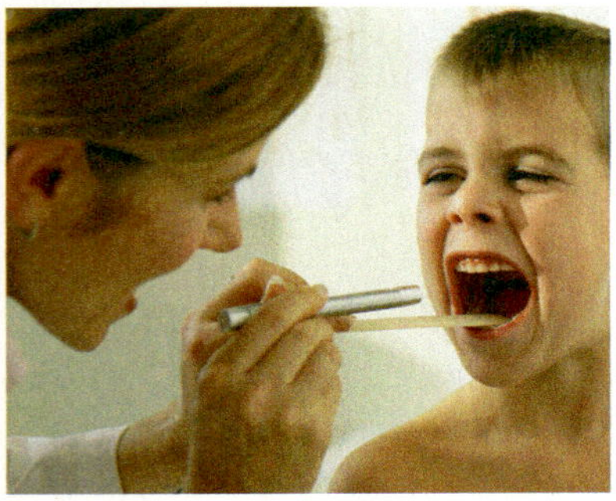

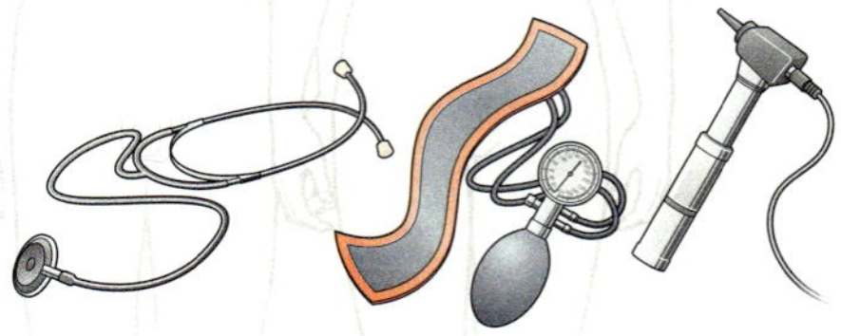

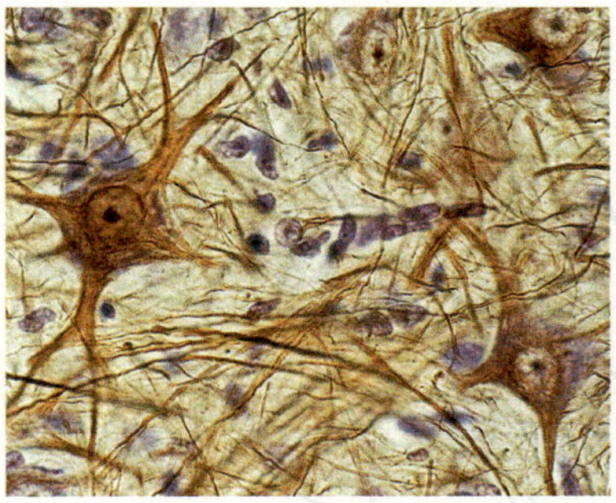

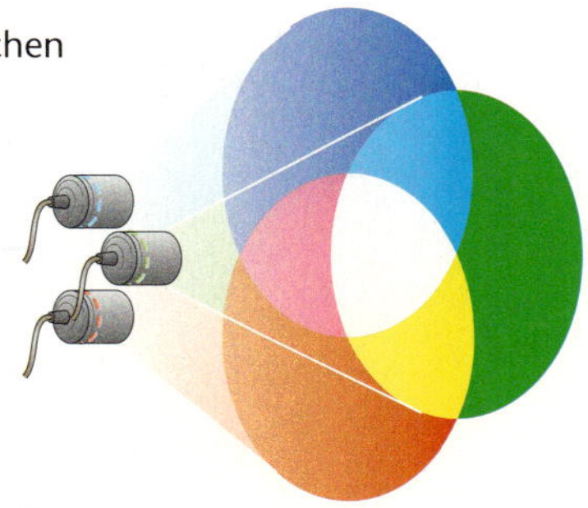

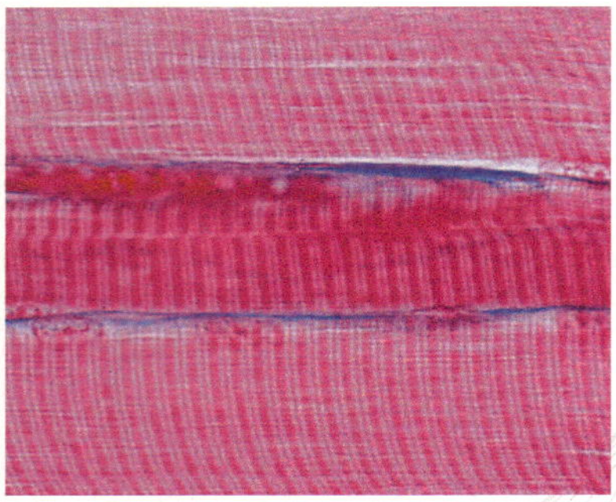

286 Die Zelle – Baustein des Lebendigen

314 Erbanlagen werden an die Nachkommen weitergegeben

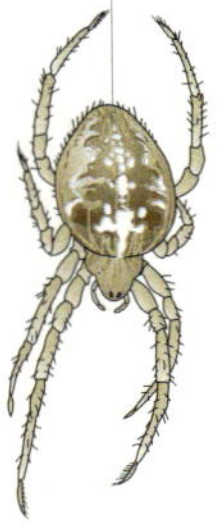

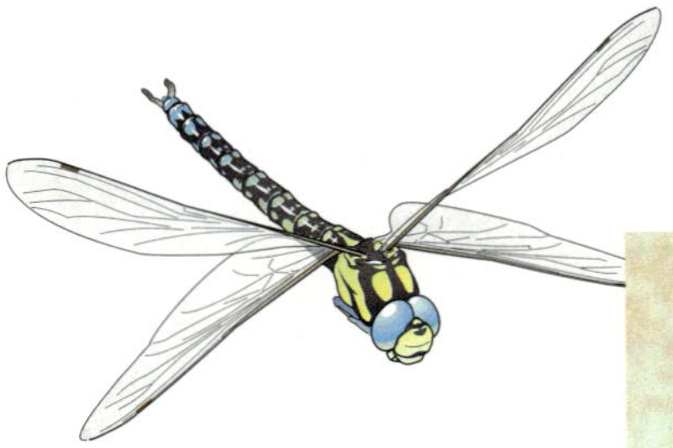

Wirbellose Tiere

Die Wirbellosen stellen mit weit über einer Million verschiedener Arten die größte Tiergruppe auf der Erde dar. Man kann sagen, die wirbellosen Tiere beherrschen das Leben auf der Erde.

Auf der Erde gibt es etwa 1,5 Millionen verschiedene Tierarten. Zwei Drittel davon gehören zu den Wirbellosen.
Die wirbellosen Tiere unterscheiden sich von den Wirbeltieren vor allem dadurch, dass sie keine Wirbelsäule besitzen.
Ihre Entwicklung vom Ei zum ausgewachsenen Tier ist meist mit einem sehr komplizierten Umbau des gesamten Körpers verbunden.

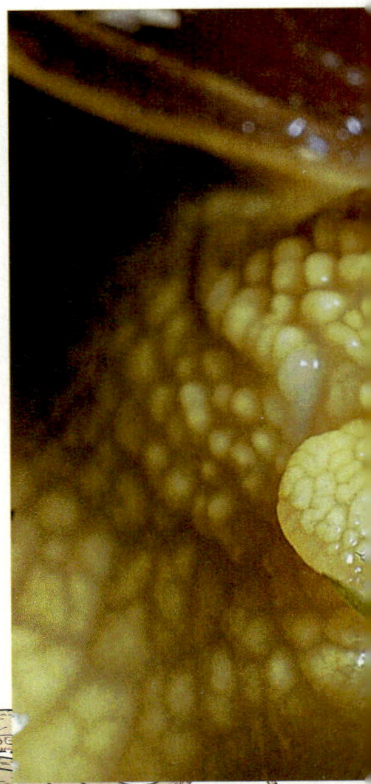

Die Wirbellosen stehen in vielfältiger Weise in Beziehung zum Menschen. Bienen und Seidenraupen produzieren Stoffe, die der Mensch nutzen kann. Andere aber treten als Vorratsschädlinge auf oder übertragen sogar Krankheiten.

Die Wirbellosen spielen im Haushalt der Natur eine bedeutende Rolle. Bienen bestäuben Blüten und der Regenwurm beispielsweise lockert das Erdreich.

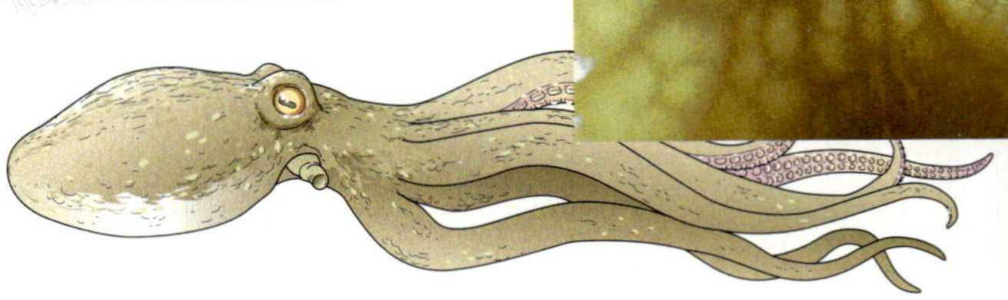
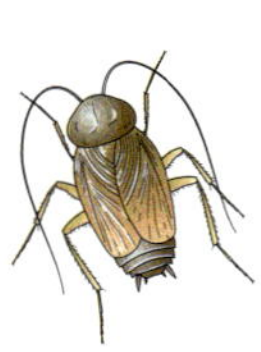

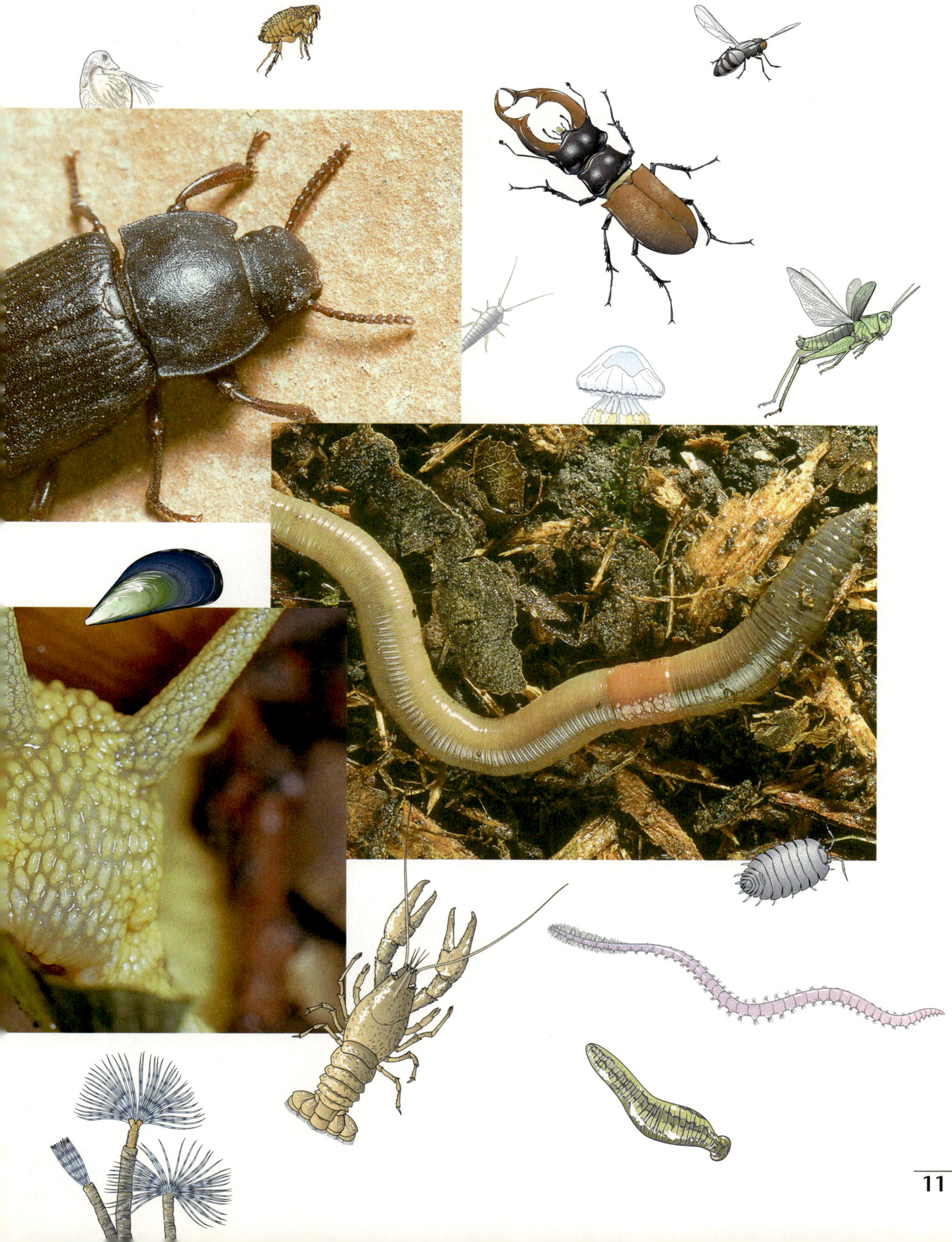

Versuche mit dem Regenwurm

Alle Versuche, an denen lebende Tiere beteiligt sind, musst du äußerst vorsichtig und behutsam durchführen.

1 Die Fortbewegung

Material

Glasscheibe, Papier, Lupe

Durchführung

Lege den Wurm auf eine befeuchtete Glasplatte und beschreibe, wie er sich fortbewegt. Das unten stehende Bild kann dir dabei helfen. Lasse den Wurm danach auf einem Blatt Papier kriechen. Sei ganz leise und notiere dann, was du gehört hast. Schau dir den Wurm mit einer Lupe an und versuche zu erklären!

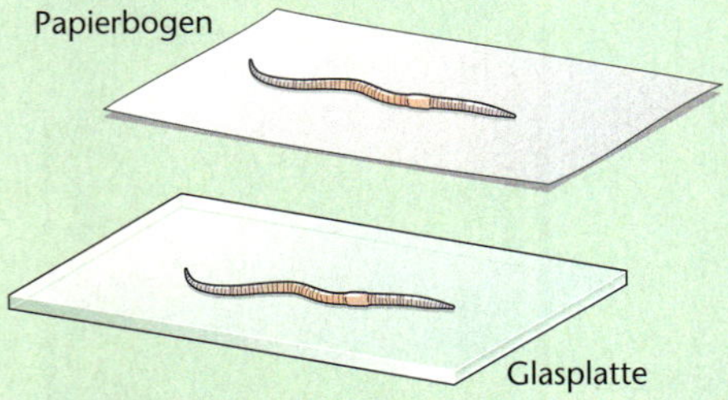

1 Welche Geräusche macht der Regenwurm?

2 Wie mögen es Regenwürmer – hell oder dunkel?

Material

Glasrohr, schwarzes Papier, Klebefilm

Durchführung

Lasse den Wurm in eine Glasröhre kriechen. Nimm einen Bogen schwarzes Papier und umhülle einen Teil des Glasrohres damit, sodass der Wurm etwas bedeckt ist. Wie reagiert das Tier? Erkläre sein Verhalten.

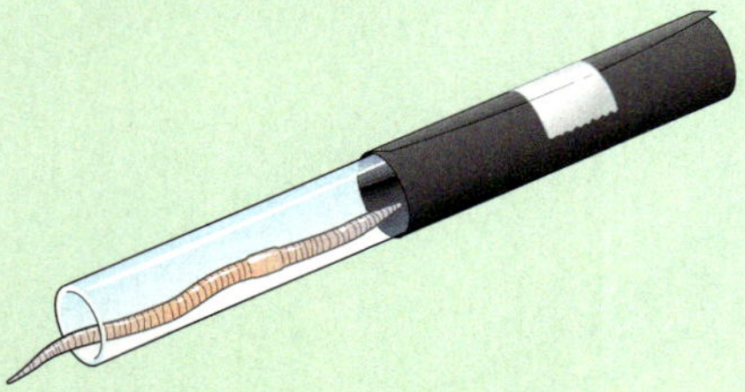

2 Mag er Helligkeit oder Dunkelheit?

3 Reaktion auf chemische Reize

Material

Pinsel, Glasscheibe, verdünnte Essigsäure

Durchführung

Ziehe auf der Glasplatte um den Regenwurm herum einen Kreis mit dem Pinsel, den du in verdünnte Essigsäure getaucht hast. Beobachte wie der Wurm reagiert, wenn er mit der Essigsäure in Berührung kommt.

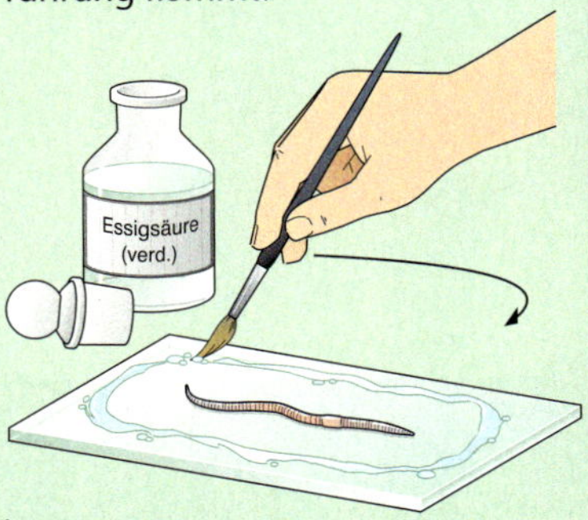

3 Mag der Wurm Essigsäure?

4 Reaktion auf Berührung

Material

Bleistift

Durchführung

Berühre den Wurm vorsichtig mit der Spitze des Bleistifts und beschreibe seine Reaktion. Versuche zu erklären.

5 Wie reagiert der Regenwurm auf Geräusche?

Durchführung

Klatsche neben dem Wurm ganz laut in die Hände. Wie reagiert er?

6 Durchmischen die Würmer wirklich den Boden?

Material

Großes Einmachglas, heller Sand, dunkle Gartenerde, dunkles Tuch, Salat, Haferflocken

Durchführung

Fülle das Einmachglas abwechselnd mit je 2 Schichten Gartenerde und Sand. Die Schichten sollten jeweils etwa 4 cm dick sein. Gib nun zwei bis drei Regenwürmer in das Glas und decke es mit dem dunklen Tuch ab.

Feuchte die Erde alle zwei bis drei Tage vorsichtig mit wenig Wasser an. Gib auch etwas Nahrung in das Glas, zum Beispiel Salatblätter oder Haferflocken.

Beobachte über einen Zeitraum von 3 bis 4 Wochen, was sich in dem Glas verändert. Notiere deine Beobachtungen.

4 Material zu Versuch 6

Aufgabe

Überlege dir einen Versuch, mit dem du zeigen kannst, wie der Wurm auf Kälte und Wärme reagiert.

1 Der Regenwurm, rechts Fortbewegung

Der rege Wurm

Seinen Namen hat der Regenwurm (▷ B 1) wohl daher, dass man ihn meist nur nach starken Regenfällen an der Erdoberfläche sieht. Er muss dann aus dem Boden herauskommen, um nicht zu ertrinken. Eine andere Erklärung für seinen Namen stammt aus dem Mittelalter: Zu dieser Zeit sprach man vom „regen" Wurm und spielte damit auf seine unaufhaltsame Wühltätigkeit an.

Ein Wurm mit großer Bedeutung

Die biologische Bedeutung des Regenwurms ist sehr groß. Durch das Graben unterirdischer Gänge lockert er das Erdreich, sodass es gut durchlüftet wird. Der Regenwurm frisst sich regelrecht durch den Boden. Er nimmt ständig Erde auf und ernährt sich von den darin enthaltenen pflanzlichen und tierischen Überresten. Mit seinen Ausscheidungen düngt er den Boden und sorgt für die Humusbildung. Somit spielen Regenwürmer bei der Kompostierung von Abfällen in der Natur eine wichtige Rolle.

Ein nächtlicher Pflanzenfresser

Der Regenwurm kommt meist nur nachts an die Erdoberfläche, um nach Nahrung zu suchen. Er zieht mit dem Mund Pflanzenteile in seine Röhre hinein. Nur wenn sie angefault sind, können sie dem Regenwurm als Nahrung dienen. Frisches Laub kann er nicht fressen, da er weder einen Kiefer noch Zähne besitzt.

Mit Schleim bedeckt

Der Regenwurm atmet über die gesamte Hautoberfläche. Damit seine Haut feucht bleibt, sondert er **Schleim** ab. Außerdem benötigt er eine feuchte Umgebung.

Wie er leibt und lebt

Der Körper des Regenwurms kann bis zu 30 cm lang werden und ist in bis zu 180 Abschnitte gegliedert. Das Vorderteil befindet sich in der Nähe des Gürtels. Fortbewegen kann sich der Wurm mithilfe der **Chitinborsten**, die an jedem Körperabschnitt aus der Haut ragen.

Ein australischer Verwandter unseres einheimischen Regenwurms kann die erstaunliche Länge von bis zu 3 m erreichen.

Nicht ohne Sinne

Der Regenwurm kann eine ganze Reihe von Umweltreizen aufnehmen und darauf reagieren. Er besitzt am gesamten Körper **Lichtsinneszellen**, mit denen er zwischen Helligkeit und Dunkelheit unterscheiden kann. Er reagiert auch auf chemische Reize. Das hilft ihm bei der Nahrungssuche. Außerdem kann er Erschütterungen und Temperaturreize wahrnehmen. Hören kann er allerdings nicht.

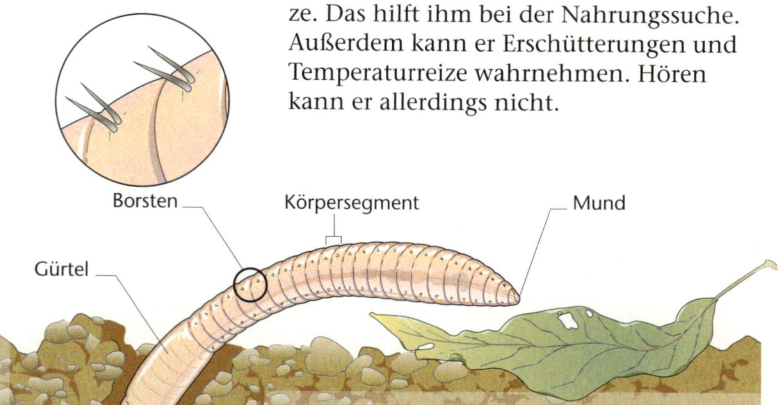

Aus eins wird nicht zwei

Es stimmt nicht, dass man einen Regenwurm in der Mitte teilen kann und dann zwei Würmer hat. Wird ein Regenwurm z. B. von einem Vogel beim Fressen versehentlich geteilt, so kann das Vorderteil wieder ein neues Hinterende ergänzen. Ein abgetrenntes Hinterende kann aber kein neues Vorderteil nachbilden.

Häufig trotz vieler Feinde

Der Regenwurm hat viele Feinde. Vögel, Kröten, Maulwürfe und viele andere Tiere fressen ihn mit Vorliebe. Da sich der Regenwurm aber sehr stark vermehrt, ist er ein häufig vorkommendes Tier. Unter einem Quadratmeter Wiesenboden kann man bis zu 300 dieser Würmer finden.

▶ Regenwürmer sind an das Leben im Boden angepasst. Sie brauchen Feuchtigkeit und fressen vermodernde Pflanzenteile. Sie sind für die Bodenqualität sehr nützlich.

1 Die Weinbergschnecke

2 Schnecken bei der Paarung

3 Ablegen der Eier

Auf leisen Sohlen ganz langsam durch die Welt

Schnecken sind Tiere, die man oft nur nach einem Sommerregen, in der Dämmerung oder nachts sieht. Da die Schnecken viel Feuchtigkeit brauchen, leben sie an warmen Tagen meist versteckt in feuchter Umgebung. Die Weinbergschnecke (▷ B 1) ist die größte einheimische Gehäuseschnecke. Wie alle Schnecken gehört sie zu den **Weichtieren**, zu denen man auch Muscheln und Tintenfische zählt.

4 Radula (vergrößerter Ausschnitt)

Eine Zunge zum Raspeln

Weinbergschnecken sind Pflanzenfresser. Sie besitzen einen harten Oberkiefer und eine Raspelzunge, die **Radula** (▷ B 4). Diese Zunge ist mit feinen Chitinzähnchen besetzt, mit denen das Tier Pflanzenteile geradezu abraspelt.
Chitin ist eine feste und doch elastische Substanz, aus der z. B. auch der Insektenkörper aufgebaut ist.

5 Schnecken überwintern im Boden

6 Frisch geschlüpfte Jungschnecken

Wie sie lebt

Die Weinbergschnecke hat einfache Augen, mit denen sie grobe Umrisse erkennen kann. Die Augen sitzen an dem langen Fühlerpaar am Kopf und können bei Gefahr eingezogen werden.
Schnecken brauchen zur Fortbewegung ständig Feuchtigkeit. Sie sondern Schleim ab, sodass sie von einem Feuchtigkeitsfilm umgeben sind.

Weinbergschnecken sind **Zwitter**, d. h. jedes Tier besitzt männliche und weibliche Geschlechtsorgane. Nach der Paarung (▷ B 2) legen die Tiere etwa 80 Eier in eine selbst gegrabene Erdhöhle ab (▷ B 3). Nach wenigen Wochen schlüpfen die Jungtiere, die bereits ein kleines Schneckenhaus auf dem Rücken tragen (▷ B 6).

Im sicheren Haus durch den Winter

Vor dem Winter graben sich die Tiere in lockeres Erdreich ein, ziehen sich in ihr Haus zurück und verschließen dieses mit einem festen Kalkdeckel. Dann fallen sie in eine **Winterstarre** (▷ B 5).

Weinbergschnecken gehören zu den Weichtieren. Sie sind Zwitter.
Um feucht zu bleiben, sondern Schnecken ständig Schleim ab.

Aufgabe

1 Informiere dich über andere Schnecken, die kein Gehäuse besitzen und berichte.

Werkstatt

Den Schnecken auf der Spur

Vorsicht!
Mit lebenden Weinbergschnecken müsst ihr stets sehr vorsichtig und behutsam umgehen!

1 Betrachten und Beobachten der Schnecke

Material
Glasplatte

Durchführung
Setze die Schnecke auf die Glasplatte. Betrachte sorgfältig ihren Körperbau (▷ B 2). Suche das Atemloch und beobachte, wie die Atemöffnung langsam geschlossen und geöffnet wird.
Betrachte nun die Schnecke auf der Glasplatte von unten und beobachte, wie sie sich fortbewegt. Beschreibe die Art der Bewegung des Fußes. Notiere deine Beobachtungen.

2 Sinnesleistungen

Material
Glasplatte, Apfel, Messer, verdünnte Essigsäure, Pinsel

Durchführung
Setze die Schnecke auf die Glasplatte und ziehe mit einem Apfelstück eine Duftspur auf dem Glas (▷ B 1). Beobachte, wie die Schnecke reagiert, und notiere deine Beobachtungen.
Ziehe danach mithilfe des Pinsels eine Essigsäurespur um das Tier. Beobachte und beschreibe wie die Schnecke reagiert, wenn sie die Essigsäurespur berührt.

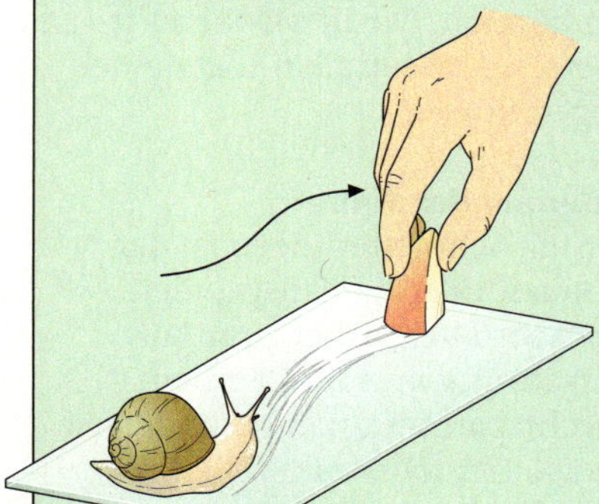

1 Zu Versuch 2

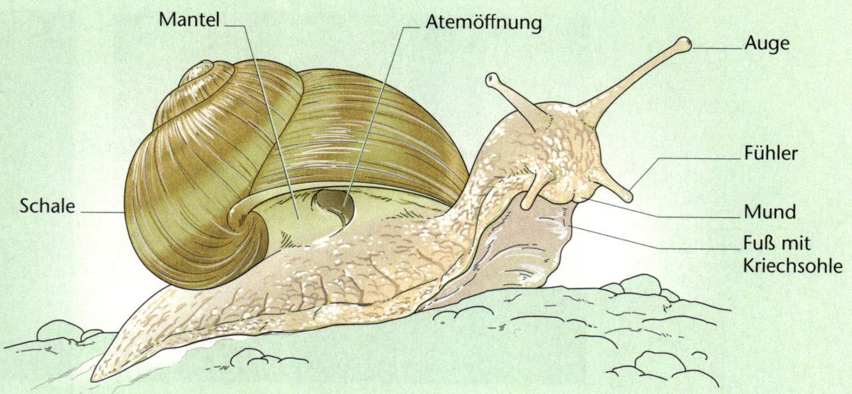

2 Körperbau einer Schnecke

3 Hindernislauf

Material
Glasplatte, Messer

Durchführung
Wenn du herausfinden willst, wie gut Schnecken Hindernisse überwinden, dann führe den folgenden Versuch durch: Lege vorsichtig ein scharfes Messer oder Skalpell flach auf die Glasplatte und setze die Schnecke darauf (▷ B 3a). Stelle das Messer nun senkrecht (▷ B 3b) auf und beobachte, wie die Schnecke sich verhält.

4 Die Rennschnecke

Material
Glasplatte, Lineal, Stoppuhr

Durchführung
Du kannst auch messen, wie schnell deine Schnecke ist. Miss mit der Stoppuhr, wie lange deine Schnecke braucht, um eine Strecke von 10 cm zurückzulegen. Notiere die Zeit und vergleiche sie mit den Ergebnissen deiner Klassenkameraden. Wer hat die schnellste Schnecke?

5 Wie frisst die Schnecke?

Material
Salatblätter

Durchführung
Füttere deine Schnecke mit einem Salatblatt. Achte auf die Geräusche und beschreibe sie.
Was kannst du hören?

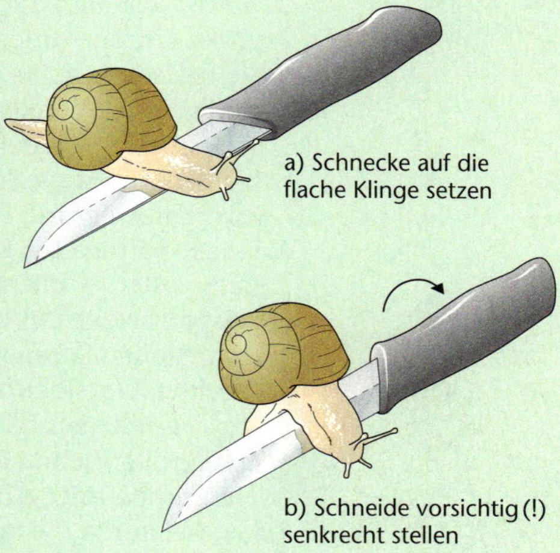

3 Zu Versuch 3

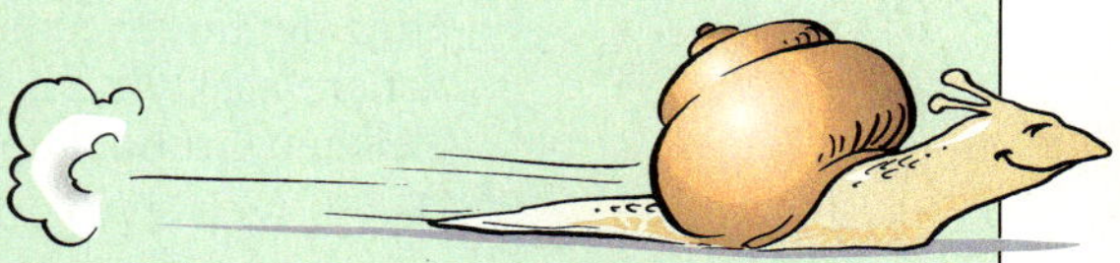

4 Zu Versuch 4

1 Kopf eines Schmetterlings mit Fühlern, Facettenaugen und Mundwerkzeugen

2 Schwalbenschwanz

3 Pfauenauge

Die schönen Flieger
Mit mehr als 150000 verschiedenen Arten weltweit stellen die Schmetterlinge eine große Gruppe innerhalb der Insekten dar. Sie besiedeln nahezu die gesamte Erde und sind bei den Menschen wegen ihrer Schönheit seit jeher sehr beliebt. Der kleinste Schmetterling gehört zu den Zwergmotten und hat gerade mal 2mm Flügelspannweite. Der südamerikanische Eulenfalter ist mit seinen etwa 32cm Flügelspannweite ein wahrer Riese dagegen. Zwar stellen Schmetterlinge innerhalb der Insekten eine recht einheitliche Gruppe dar, weisen aber in Farbe und Musterung eine große Vielfalt auf. Kaum eine andere Tiergruppe zeigt eine solche Farbenpracht. Gerade durch die farbliche Ausgestaltung der Flügel ist eine sehr gute Tarnung und Täuschung möglich.

Der Schmetterling – ein Insekt
Trotz der ungeheuren Vielfalt an verschiedenen Insekten zeigen alle einen etwa gleichen Grundbauplan.

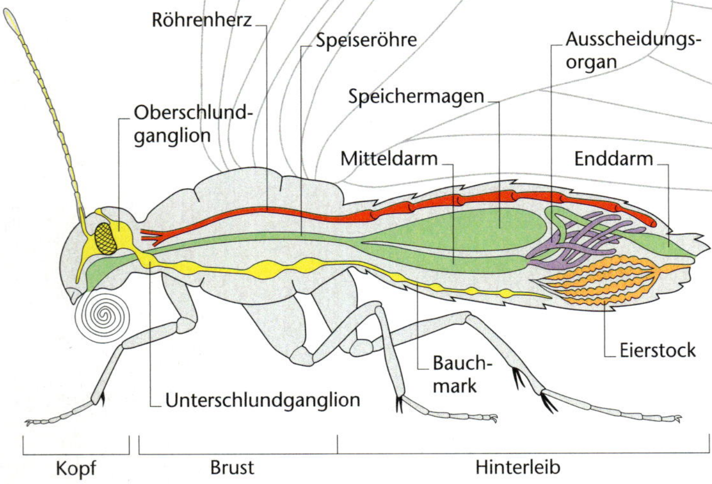

4 Grundbauplan eines Insektenkörpers am Beispiel Schmetterling

- Der Körper ist in Kopf, Brust und Hinterleib gegliedert.
- Am Brustabschnitt sitzen drei Beinpaare.
- Insekten haben keine Knochen, dafür aber ein stabiles **Außenskelett**. Diese feste Hülle besteht aus Chitin und wird auch Chitinpanzer genannt.
- Insekten weisen an den Körpersegmenten des Hinterleibs kleine Öffnungen auf, die in ein weit verzweigtes Röhrensystem im Körperinneren münden. Diese Röhren, **Tracheen** genannt, versorgen den Körper mit dem lebensnotwendigen Sauerstoff.
- Insekten besitzen mehr oder weniger gut entwickelte **Facettenaugen**. Diese setzen sich aus vielen Einzelaugen zusammen. Deren Informationen werden im Gehirn des Tieres zu einem Gesamtbild zusammengesetzt.
- Die **Fühler** dienen als Tast- und Riechorgane.
- Die meisten Insekten besitzen Flügel. Bei den Schmetterlingen sind die Flügel oft besonders prächtig ausgebildet.
- Die **Mundwerkzeuge** der Insekten sind je nach Lebensweise sehr verschieden gebaut. Bis auf ganz wenige Ausnahmen besitzen Schmetterlinge einen Saugrüssel. Dieser ist ein einrollbarer Schlauch, mit dem die Tiere Nektar aus den Blüten aufsaugen können. Die in Madagaskar beheimatete Tiger-Motte hat sogar einen 30cm langen Rüssel.

Höchstleistungen der Sinne
Bei den meisten Schmetterlingen ist der Geruchssinn besonders gut ausgeprägt. Gerade bei Nachtfaltern ist er zum Auffinden von Nahrung und zum Finden von Geschlechtspartnern von besonderer Bedeutung. Die Geruchssinneszellen sitzen hauptsächlich in den Fühlern, aber auch an Lippentastern und den Beinen

befinden sich welche. Manche Schmetterlingsmännchen finden ein Weibchen, das Sexuallockstoffe, so genannte Pheromone, aussendet, über mehrere Kilometer Entfernung hinweg. Die Fühler weisen eine große Formenvielfalt auf. Ebenfalls sehr gut ausgeprägt ist bei manchen Faltern das Hörvermögen. Einige Nachtfalter hören die Ultraschalltöne, die von Fledermäusen ausgestoßen werden und lassen sich daraufhin blitzartig fallen, um dem Angriff zu entgehen. Die Geschmackssinneszellen der Schmetterlinge sitzen an den Beinen und dienen u. a. dem Weibchen dazu, die richtige Futterpflanze für die Eiablage zu finden. Schmetterlinge besitzen wie alle Insekten Facettenaugen. Das Sehvermögen ist bei den verschiedenen Arten recht unterschiedlich.

Die Entwicklung ist spannend
Insekten durchlaufen in ihrer Entwicklung einen Gestaltwandel, den man **Metamorphose** nennt. Es gibt eine unvollkommene Metamorphose, wie sie z. B. Heuschrecken durchlaufen, und eine vollkommene Metamorphose, die u. a. von den Schmetterlingen durchlaufen wird. Zwei bis drei Wochen nach der Eiablage schlüpfen aus den Eiern die **Raupen**. Diese häuten sich in ihrer Wachstumsphase fünf- bis sechsmal, bis sie sich verpuppen. Raupen sind reine „Fressmaschinen", die genügend Baustoffe für die während des Puppenstadiums stattfindende Verwandlung zum Schmetterling ansammeln müssen. Zur Verpuppung suchen die Raupen geschützte Plätze auf oder tarnen sich so geschickt, dass sie von ihren Fressfeinden kaum entdeckt werden. Es gibt verschiedene Arten der Verpuppung; die einen verpuppen sich im Boden, während andere sich an Pflanzen hängend verpuppen. Dabei umgeben sie sich mit einem festen Kokon aus Seide oder mit einer dicken Chitinhülle. In dieser **Puppe** vollzieht sich eine erstaunliche Verwandlung. Alle Organe müssen umgewandelt werden, da der Schmetterling – **Imago** genannt – ein völlig anderes Leben führt als die Raupe.

5 Kahlfraß durch Raupen

Schmetterlinge zeigen die typischen Merkmale von Insekten. Ihr Körper ist gegliedert in Kopf, Brust und Hinterleib. Sie besitzen drei Beinpaare und ein stabiles Außenskelett.
Schmetterlinge durchlaufen eine vollständige Entwicklung.

Es gibt auch Schädlinge
Es gibt einige Raupen, die, wenn sie in großer Zahl auftreten, erhebliche Schäden in Wäldern und Feldern anrichten können. Vor allem die Raupen der Nonnen sind gefürchtete Schädlinge in Nadelwaldkulturen. Heute bekämpft man das Massenauftreten von Raupen mit chemischen und biologischen Mitteln.

Ein Schmetterling als Haustier
Neben der Biene ist ein Schmetterling das einzige Insekt, das der Mensch als Haustier hält. Seit einigen tausend Jahren züchten die Chinesen Seidenraupen. Die Raupen des Maulbeerspinners und einiger anderer Falter verpuppen sich in einem Seidenkokon. Die Puppe im Inneren des Kokons wird mit Wasserdampf getötet und der Seidenfaden aufgespult. Seide war früher so wertvoll, dass sie mit Gold aufgewogen wurde.

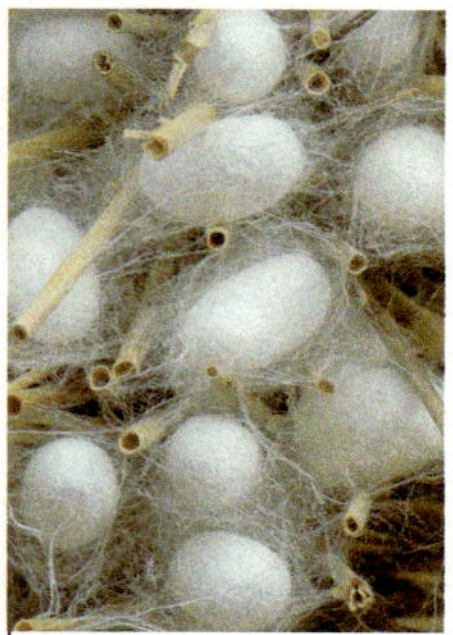

6 Kokon des Maulbeerspinners

Aufgabe

1 Ermittle den Schmetterling des Jahres und stelle eine kleine Dokumentation über ihn zusammen.

7 Entwicklung des Kleinen Fuchses

Der Mehlkäfer

1 Der Mehlkäfer und seine Larven fressen gerne Brot.

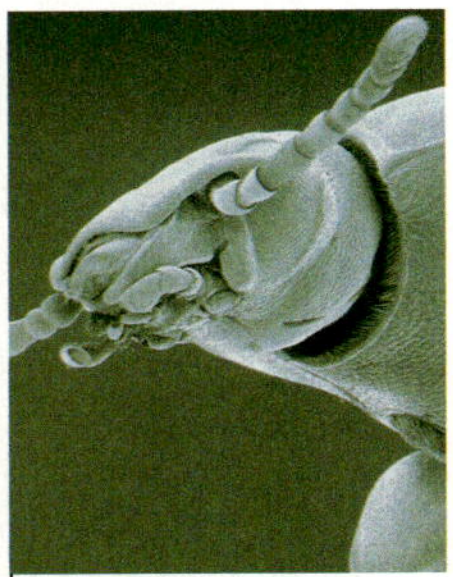

2 Der Kopf eines Käfers, stark vergrößert

Ein interessanter Schädling

Der Mehlkäfer ist ein Vorratsschädling in unseren Haushalten (▷B 1). Sowohl die Larven, die als Mehlwürmer bezeichnet werden, als auch die erwachsenen Käfer ernähren sich von Getreideprodukten, wie Teig- und Backwaren. Durch die moderne Vorratshaltung kann er heute allerdings nur noch wenig Schaden anrichten. Mehlkäfer werden als Futtertiere für Insekten fressende Terrarienbewohner gezüchtet. Man kann sie im Zoofachgeschäft kaufen und dann selber weiterzüchten. Vor allem die Entwicklung der Mehlkäfer ist interessant. Sie umfasst vier verschiedene Stadien: Ei, Larve, Puppe und erwachsener Käfer (▷B 2). Diese Art der Entwicklung nennen Biologen eine vollständige Verwandlung oder **Metamorphose**. In einer Mehlkäferzucht findest du meist alle Stadien der Entwicklung und kannst sie dir genau ansehen.

Die Entwicklung der meisten Insekten nennt man eine vollkommene Verwandlung oder Metamorphose.

Vier Stufen zum Käfer

Aus einem etwa 1,5 mm langen, ovalen Ei schlüpft eine **Larve**, die ungefähr 2 mm lang ist. Diese Larve wird oft auch **Mehlwurm** genannt, obwohl sie kein Wurm ist.
Die kleine Larve muss sich etwa 10- bis 20-mal häuten, bevor sie ihre endgültige Größe von etwa 25 bis 30 mm erreicht hat. Eine frisch gehäutete Larve ist meist weiß und bekommt erst nach einigen Tagen ihre gelbliche Farbe.
Nach ungefähr vier bis fünf Monaten verpuppt sich die Larve. Die **Puppe** ist etwas kleiner als die Larve, meist etwa 15 mm lang. Das Puppenstadium dauert noch einmal elf Tage. Dann schlüpft der fertige Käfer. Der Schlüpfvorgang kann bis zu einer Stunde dauern. Der frisch geschlüpfte Käfer ist zunächst weiß und bekommt nach einigen Tagen seine dunkelbraune bis fast schwarze Farbe.
Die Käfer pflanzen sich sehr bald schon wieder fort. Sie leben nur wenige Monate und sterben dann. Das Weibchen kann bis zu 500 Eier legen. Aus diesen Eiern schlüpfen dann nach einer Woche die neuen Larven und der Lebenszyklus beginnt von vorne. Das Leben eines Mehlkäfers vom Schlüpfen bis zum Tod dauert etwa sechs bis sieben Monate.

Aufgaben

1 Käfer sind die größte Gruppe der Insekten.
a) Informiere dich, wie viele Arten es weltweit, in Europa und in Deutschland gibt.
b) Stelle Steckbriefe einiger einheimischen Käfer zusammen und präsentiere sie in deiner Klasse.

2 Auch Wanzen gehören zu den Insekten. Manchmal werden sie mit Käfern verwechselt. Worin unterscheiden sich die beiden Ordnungen der Insekten?

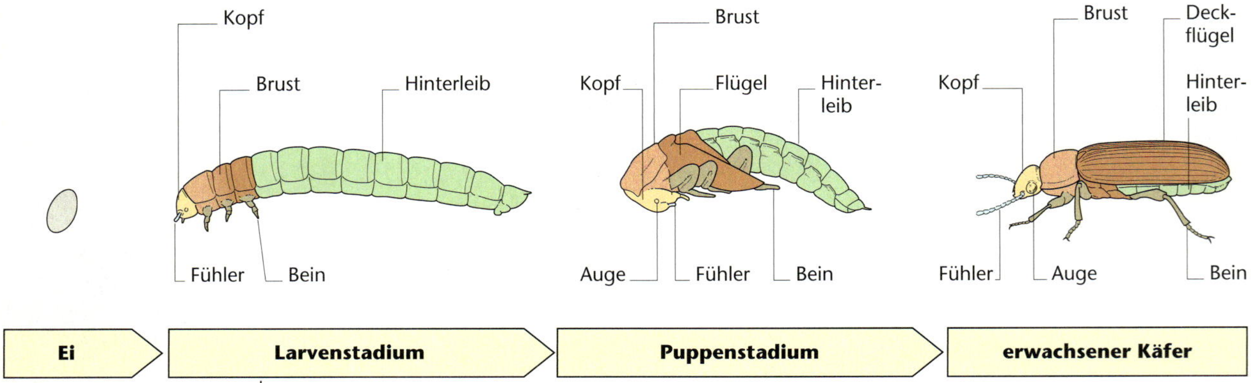

3 Die Entwicklungsstadien des Mehlkäfers

Die Entwicklungsstadien des Mehlkäfers

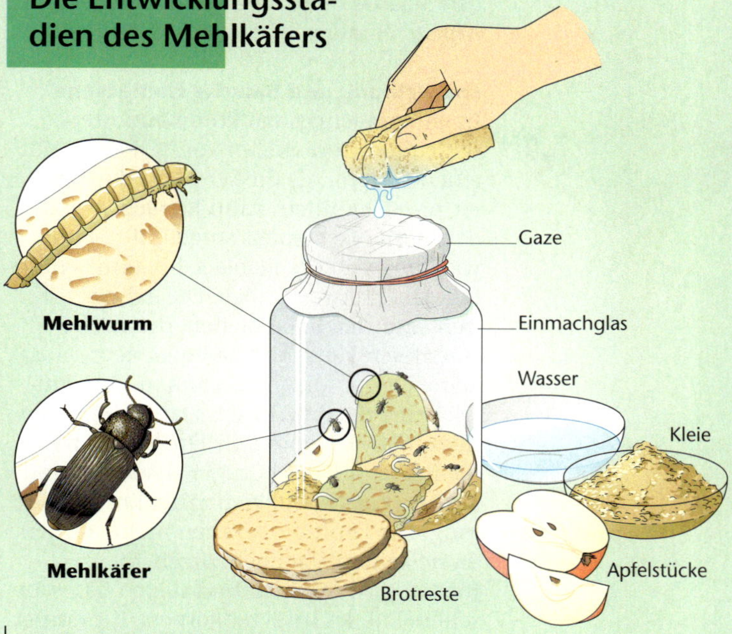

1 Eine Aufzuchtstation für Mehlkäfer

1 Wir züchten Mehlkäfer

Material

Großes Einmachglas, Gaze, Kleie, Mehl, trockenes Brot, Apfelscheiben, feuchtes Tuch

Durchführung

Um die Entwicklungsstadien des Mehlkäfers betrachten zu können, musst du dir eine Mehlkäferzucht anlegen (▷ B 1).
Dazu gibst du in das Einmachglas etwas Kleie, Mehl und trockenes Brot. Außerdem brauchen die Käfer Feuchtigkeit. Lege deshalb noch einige Apfelscheiben dazu.

Das Glas verschließt du mit einem Stück Gaze und stellst es an einen nicht zu hellen Platz. Gelegentlich musst du die Gaze befeuchten. Einmal pro Woche sollte das Glas mit einem feuchten Tuch gereinigt werden, damit sich kein Schimmel bildet. Sei vorsichtig und achte darauf, dass du die Puppen oder Larven dabei nicht verletzt.

In regelmäßigen Abständen kannst du nun das Leben im Glas beobachten. Du erkennst sicher bald die verschiedenen Stadien der Entwicklung.

2 Wie sieht der Körper einer Mehlkäferlarve aus?

Material

Petrischale, Lupe, Mehlwurm

Durchführung

Lege die Larve des Mehlkäfers, den „Mehlwurm", in eine Petrischale und betrachte sie unter der Lupe. Beschreibe:
a) Wie ist der Körper aufgebaut?
b) Wie viele Beine hat das Tier und wo sitzen diese?
c) Fertige eine Skizze an.
d) Informiere dich, warum Mehlkäfer schädlich sind und wie sie sorgfältig entsorgt werden können.

2 Zu Versuch 2

3 Wir betrachten den fertigen Mehlkäfer

Material

Petrischale, Lupe, Mehlkäfer

Durchführung

Betrachte einen Mehlkäfer genau mit der Lupe und beschreibe sein Aussehen.
a) Wie ist der Körper aufgebaut?
b) Fertige eine Skizze an.

4 Mögen es die Mehlwürmer hell oder dunkel?

Material

Mehlwürmer, Petrischale, weißes Papier, Schere, schwarzes Papier, Tacker

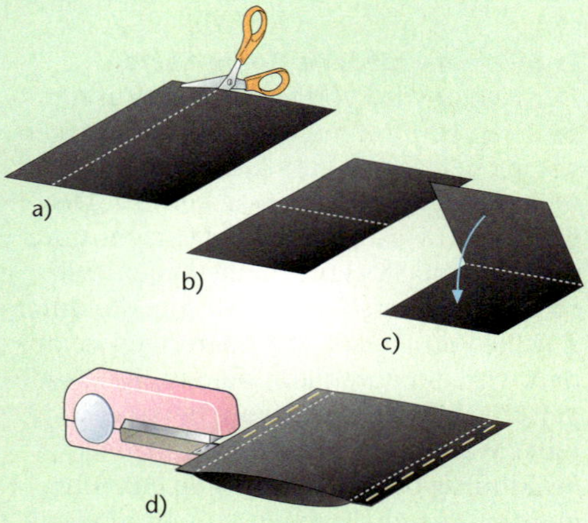

3 Zu Versuch 4

Durchführung

Bastele zunächst nach der Anleitung in Bild 3 eine Tüte aus schwarzem Papier.
Schneide aus dem weißen Papier einen Kreis aus, der genau in die Petrischale passt. Schiebe die Petrischale anschließend zur Hälfte in die schwarze Papiertüte.
Lege nun 2 bis 3 Mehlwürmer auf den unbedeckten Teil der Schale. Beobachte, was die Mehlwürmer tun.

Aufgaben

1. Überlege dir weitere Experimente, die man mit dem Mehlwurm durchführen könnte.

2. Überlege dir ein Experiment, mit dem man herausfinden kann, was der Mehlwurm am liebsten frisst.

Die Biene ist als Haustier nützlich
Der eigentliche Nutzen der Bienen für die Natur liegt in der Bestäubung von Blüten. Für den Menschen sind es außerdem der Honig und das Wachs, was die Bienen so nützlich macht.
Bienenhonig war bereits in der frühen Phase der Menschheitsgeschichte bekannt. Die erste sichere Nachricht von der Bienenhaltung durch den Menschen stammt aus der Zeit der ägyptischen Hochkulturen um 3000–4000 v. Chr. Vor allem bei den Germanen war der Honigwein geschätzt. Aus Wasser und Honig stellten sie den berauschenden Honigwein, Met genannt, her. Aber nicht nur der Honig, auch das **Wachs** wurde von den Menschen früh als Rohstoff für verschiedene Produkte verwendet.

Es gibt verschiedene Honig-Sorten
Der Nektar wird von einer Biene aus der Blüte aufgenommen und im Honigmagen gespeichert. Nur einen kleinen Teil davon verbraucht die Biene für sich selbst. Der größte Teil wird zum Stock gebracht und dort an eine Stockbiene übergeben. Die Stockbiene speichert den Honig, der durch Zugabe von Drüsenabsonderungen verändert wird. So durchläuft der Honig 30–40 verschiedene Honigmägen, bevor er in einer Wabe gespeichert wird.
Waldhonig oder Tannenhonig entsteht aus den Ausscheidungen von Blattläusen, die von den Bienen aufgenommen und wie Nektar weiterverarbeitet werden. Ein großes, gesundes Bienenvolk kann an einem Tag bis zu 1 kg Honig herstellen.

Biene ist nicht gleich Biene
Auf der Erde leben etwa 20 000 verschiedene Verwandte der uns bekannten Honigbiene. Dabei ist die kleinste Bienenart gerade mal 2 mm lang, während die größte Biene eine Länge von 4 cm erreicht.
Es gibt allein lebende Bienen, bei denen das Weibchen das Nest alleine baut und auch alleine für den Nachwuchs sorgt. Bei den Staaten bildenden Bienen gibt es eine Arbeitsteilung wie bei den Honigbienen.

Entwicklung und Bau der Honigbiene
In einem Bienenstaat kommen unterschiedliche Individuen vor (▷B 1). Es gibt eine **Königin**, die größer ist als die Arbeiterinnen. Sie allein kann Eier legen und damit für Nachwuchs sorgen. Ihre Entwicklung von der Eiablage bis zum Schlüpfen dauert etwa 16 Tage. Die **Arbeiterinnen** sind weibliche Bienen, die aus befruchteten Eiern hervorgehen, aber selbst keine Eier produzieren können. Ihre Entwicklung dauert 21 Tage. Dann gibt es die männlichen Bienen, die **Drohnen**, die für die Begattung der Königin zuständig sind. Sie benötigen 24 Tage für ihre Entwicklung. Die Drohnen können nicht stechen, da sie keinen Stachel besitzen.
Bienen sind Insekten und zeigen den typischen Bau des Insektenkörpers. Ihr Körper ist in Kopf, Brust und Hinterleib gegliedert. Wie alle Insekten besitzt auch die Biene drei Beinpaare.

Aufgabe

1 Informiere dich über die Aufgaben eines Imkers und schreibe einen kleinen Bericht darüber.

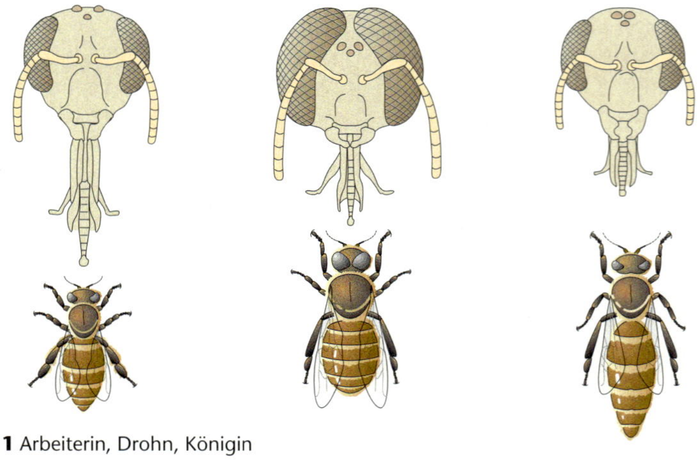

1 Arbeiterin, Drohn, Königin

2 Entwicklung der Biene

Arbeitsteilung ist alles
Ein Bienenvolk kann aus ca. 70 000 bis 100 000 Bienen bestehen. In einem so großen Volk ist eine geschickte Arbeitsteilung wichtig für das Funktionieren des Staates. Die Königin ist das größte Tier im Staat. Ihre einzige Aufgabe besteht darin, Eier zu legen. Eine Königin kann am Tag bis zu 2 000 Eier legen. Bei einer Lebensdauer von ca. 4–5 Jahren sind das über 2 Millionen Eier, die eine Königin produziert.

Der Lebenslauf einer Arbeiterin
Aus befruchteten Eiern gehen Arbeiterinnen oder neue Königinnen hervor. Aus unbefruchteten Eiern entwickeln sich Drohnen. Deren Aufgabe ist die Begattung einer jungen Königin während des Hochzeitsfluges. Ist diese Aufgabe erfüllt, werden sie im Spätsommer in der so genannten Drohnenschlacht von den Arbeiterinnen aus dem Stock geworfen oder direkt getötet. Die Aufgaben der Arbeiterinnen sind sehr vielfältig. Eine Arbeiterin wird im Sommer ca. sechs Wochen alt. Die ersten drei Wochen verbringt sie im Stock und in den zweiten drei Wochen ist sie als Sammlerin unterwegs (▷ B 3).

Beim Besuch von Blüten bleibt der Pollen im dichten Haarkleid der Biene hängen. Während des Fluges bürstet das Tier mit den Hinterbeinen den Pollen aus den Haaren heraus und stopft ihn mithilfe des Kammes in die Körbchen der Sammelbeine. Mit jedem Blütenbesuch wird das Pollenpaket größer. Sind die Bienen wieder im Stock angekommen, so werden die Pollenpakete an die Stockbienen übergeben.

1 Biene sammelt Pollen an einer Weidenblüte.

2 Sammelbein einer Honigbiene

▶ Bienen gehören zu den Insekten. In einem Bienenvolk herrscht Arbeitsteilung. Eine Arbeiterin erfüllt in ihrem kurzen Leben verschiedene Aufgaben.

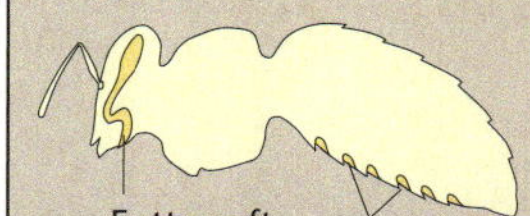 Futtersaftdrüse, Wachsdrüsen	1. und 2. Tag	Reinigungsbiene	Die junge Biene reinigt Waben.
	3. bis 5. Tag	Pflegebiene	Sie füttert die älteren Larven mit Honig und Pollen und sorgt für deren Pflege.
	6.–10. Tag	Ammenbiene	Die Futtersaftdrüsen entwickeln sich und die Biene füttert nun junge Larven mit diesem speziellen Futtersaft.
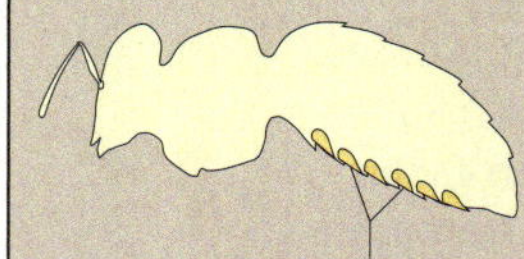 Wachsdrüsen	11.–16. Tag	Baubiene	Die Futtersaftdrüsen bilden sich zurück, dafür entwickeln sich die Wachsdrüsen. Sie bauen neue Waben und deckeln die Waben von Larven und gefüllte Honigwaben.
	17.–19. Tag	Stockarbeiterin	Sie nehmen von den Sammelbienen den Nektar und den Pollen entgegen. Aus dem Nektar stellen sie Honig her. Den Pollen stopfen sie in freie Waben. Sie sorgen für eine gleichmäßige Temperatur im Stock.
	20. Tag	Wächterbiene	Am Flugloch werden ankommende Tiere geprüft, fremde Bienen und Feinde mit Stichen vertrieben.
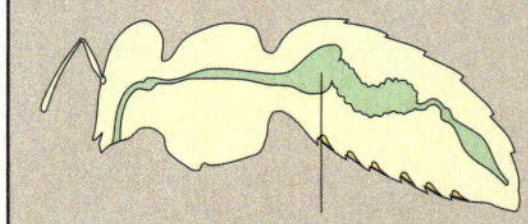 Honigmagen	Ab dem 21. Tag bis zu ihrem Tod	Sammelbiene	Nun fliegt die Biene aus und sammelt Nektar und Pollen für das gesamte Volk.

3 Lebenslauf einer Arbeiterin und Veränderung der inneren Organe

1 Rundtanz

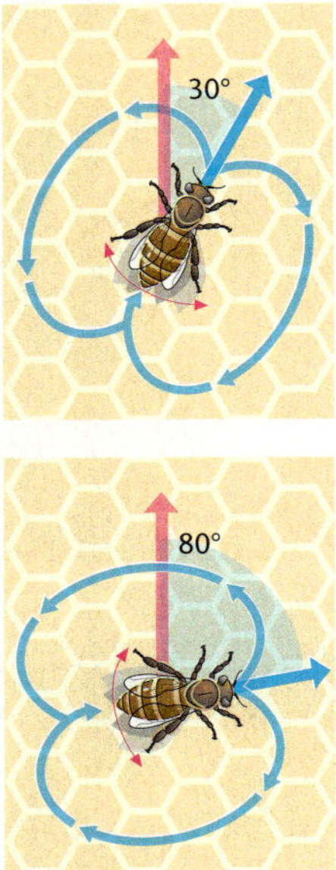

2 Schwänzeltanz

Man muss miteinander „reden"
Die beste Futterquelle nützt nichts, wenn nur eine Biene davon weiß und die anderen diese nicht kennen. Hat eine Sammelbiene eine neue Futterquelle entdeckt, so teilt sie dies den anderen Bienen im Stock mit. Die Information für die anderen Bienen erfolgt in einer Art **Tanzsprache**. Entschlüsselt hat diese Sprache der Biologe KARL VON FRISCH (1886–1982). Er erhielt für seine Arbeiten 1973 den Nobelpreis.

Der Rundtanz
Liegt eine neu entdeckte Futterquelle im Umkreis von ca. 50–100 m vom Stock entfernt, so tanzt die Biene den so genannten **Rundtanz**. Dabei läuft sie aufgeregt auf der Wabe mal links- und mal rechtsherum und gibt Kostproben des gesammelten Futters ab. Die benachbarten Bienen folgen den Bewegungen der tanzenden Biene und halten mit den Fühlern Kontakt zu ihr. Nach kurzer Zeit verlassen die Bienen, welche die Information aufgenommen haben, den Stock und suchen die Futterquelle, die sie in der Regel schnell finden.

Der Schwänzeltanz
Ist die Futterquelle aber weiter als 100 m vom Bienenstock entfernt, so ändert sich das Tanzverhalten einer zurückgekehrten Sammelbiene, die als Kundschafterin unterwegs war. Jetzt sind genauere Angaben über Richtung und Entfernung notwendig. Sie tanzt nun den so genannten **Schwänzeltanz**, der die Form einer abgeflachten Acht hat. Die Biene übersetzt dabei den optischen Winkel zwischen dem **Sonnenstand** und der **Futterquelle** auf die senkrechte Wabe im dunklen Stock. Senkrecht nach oben bedeutet dabei, dass die Futterquelle direkt in Richtung Sonne liegt. Senkrecht nach unten bedeutet, dass die Futterquelle sich in entgegengesetzter Richtung von der Sonne befindet. Liegt also eine neue Futterquelle direkt in Richtung Sonne, so bewegt sich die Biene auf der Wabe senkrecht nach oben. Dabei schwenkt sie heftig den Hinterleib hin und her. Dann folgt ein Kreisbogen nach links und wieder in heftigen Schwänzelbewegungen senkrecht nach oben. Darauf folgt eine Kreisbewegung nach rechts. Diese Tanzfigur wiederholt die Biene viele Male nacheinander.

Es gibt noch mehr Informationen
Bei diesem Tanz werden außer der Richtung auch noch andere Informationen weitergegeben. Die Biene bringt Kostproben mit. Je mehr sie davon abgibt, desto reicher ist die Futterquelle. Je weiter die Blüten entfernt sind, desto länger schwänzelt die Biene.
Bienen sind in der Lage, die Änderung des Sonnenstandes bei sehr weiten Flügen zu berücksichtigen. Auf diese Weise können sie bis zu Entfernungen von 10 km recht präzise Angaben machen.

Werkstatt

Ein Modell für den Bienentanz

Material
Zeichenkarton, Folie, Briefklammer

Bauanleitung
Übertrage und vergrößere die Abbildung der Sonnenscheibe auf einen Durchmesser von 10 cm auf Zeichenkarton. Die Tanzscheibe vergrößerst du ebenfalls auf einen Durchmesser von 10 cm und überträgst sie auf Folie. Beide Scheiben werden in der Mitte mit einer Briefklammer drehbar verbunden. Halte den Bienenkompass senkrecht, sodass der Sonnenpfeil nach oben zeigt. Mit der Tanzscheibe stellst du den Winkel zur Futterquelle ein.

Aufgabe
Baue einen Bienenkompass. Lass dir von einem Mitschüler Futterplätze in verschiedenen Lagen nennen und stelle am Kompass den richtigen Winkel ein.

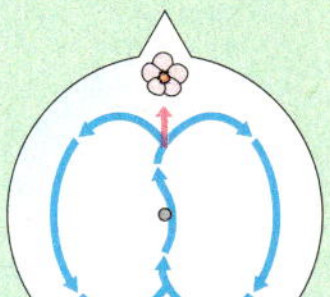

Tanzscheibe (Folie)

Briefklammer

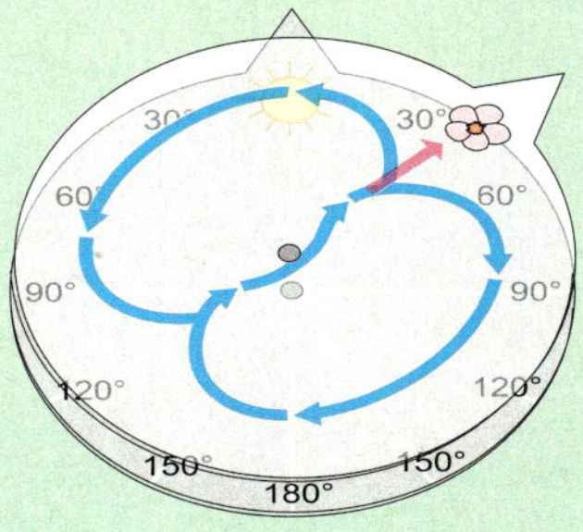

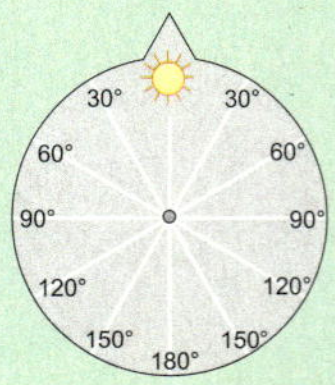

Sonnenscheibe (Karton)

Insekten

Hirschkäfer
Der Hirschkäfer kann bis zu 8 cm groß werden und ist damit der größte einheimische Käfer. Die Weibchen sind wesentlich kleiner. Mit den starken zu Zangen umgebildeten Oberkiefern kämpfen die Männchen um die Weibchen. Hirschkäfer ernähren sich von Säften aus den Bäumen, die aus Wunden austreten.
Die Entwicklung dauert ca. vier bis fünf Jahre. Die Eier werden meist in vermodernde Stümpfe von Eichen gelegt. Die Maden können bis zu 10 cm lang werden und ernähren sich von vermoderndem Holz. Vor dem Verpuppen vergräbt sich die Made im Boden. Dort schlüpfen im Herbst die Käfer, bleiben aber im Boden. Erst im folgenden Juni kommen die Käfer hervor. Hirschkäfer sind bei uns stark gefährdet und stehen deshalb unter strengem Naturschutz.

Gottesanbeterin
Die Gottesanbeterin gehört zu den Fangschrecken. Sie besitzt aber keine Sprungbeine. Dafür ist das vordere Beinpaar zu Fangbeinen umgewandelt. Die Tiere werden 4 - 8 cm lang. Die Gottesanbeterin sitzt bewegungslos und gut getarnt im Laub oder auf Ästen und lauert auf Beute. Kommen Beutetiere, vor allem andere Insekten und Spinnen, vorbei, so schnellen die Fangbeine blitzschnell nach vorne, packen es und führen es zum Mund. Die Eier, die das Weibchen im Spätsommer legt, überwintern und die Larven schlüpfen erst im folgenden Frühjahr. Bereits nach der ersten Häutung besitzen die Jungtiere Fangbeine und erbeuten kleine Insekten. Es folgen sechs bis acht Häutungen, bevor das Tier ausgewachsen ist.

Regenbremse
Bremsen sind blutsaugende Insekten und gehören zu den Fliegen. Bei den meisten der weltweit etwa 4 000 Arten umfassenden Gruppe der Bremsen sind die Weibchen Blutsauger bei Menschen und Tieren. Die männlichen Tiere sind meist Blütenbesucher. Die Eier werden meist in feuchter Umgebung abgelegt, wo sich die Larven entwickeln können. Die Aufnahme von Blut ist für die Eiablage unerlässlich. Da die Mundwerkzeuge der Bremsen recht groß sind, können die Stiche schmerzende und juckende Wunden verursachen. Mit dem Stich werden gerinnungshemmende Stoffe in die Wunde gebracht, die dafür sorgen, dass das Blut während des Saugvorgangs nicht gerinnt.

Grüne Stinkwanze
Ihren Namen hat diese ziemlich häufige, große und auffallende Wanze von der grünen Färbung und einer unangenehm riechenden Flüssigkeit, die sie bei Gefährdung absondert. Ihr Lebensraum sind Wiesen, Weg- und Waldränder, Gärten. Häufig ist sie auf den Blütenständen von Doldenblütern zu sehen. Sie ernährt sich von Pflanzensäften, die sie mit ihrem kräftigen Stechrüssel aufsaugt.
Wanzen sind eine eigene Ordnung der Insekten. Mit ca. 50 000 Arten weltweit sind sie eine der großen Gruppen. Sie haben zwei Paar Flügel, von denen das vordere Paar, die Deckflügel, nur zur Hälfte ledrig-fest ist. Der hintere Teil ist durchscheinend-häutig.

Große Schwebfliege
Diese Schwebfliege kommt bei uns regelmäßig und häufig vor. Ihr Lebensraum sind Wiesen und Gärten, Weg- und Waldränder. Oft ist sie auf Blüten zu sehen, wo sie sich von Pollen und Nektar ernährt.
Typisch für viele Schwebfliegen ist die auffallende Färbung mit gelben und schwarzen Querstreifen. Sie bekommen damit eine gewisse Ähnlichkeit mit Wespen und Bienen, was sie vor Insekten fressenden Vögeln schützt. Einen Stachel haben sie allerdings nicht. Die Larven der Großen Schwebfliege und auch anderer Schwebfliegen leben von Blattläusen.
Zusammen mit ihren Fliegenverwandten (z. B. Fliegen, Bremsen, Mücken, Schnaken) bilden die Schwebfliegen die sehr große Ordnung der Zweiflügler. Die Zweiflügler besitzen nur ein Paar Flügel, die Vorderflügel. Anstelle der Hinterflügel haben sie Schwingkölbchen, die man z. B. bei großen Schnaken mit bloßem Auge erkennen kann. Fliegen gehören zu den Insekten mit vollständiger Verwandlung.

1 Heuschreckenschwarm über kahl gefressener Landschaft

2 Wanderheuschrecke

3 Grashüpfer

4 Feldgrille

5 Grünes Heupferd

Die gefräßigen Springer

Sicher hast du schon von riesigen Heuschreckenschwärmen, die weite Landstriche kahl fressen, gehört. Schon in der Bibel werden die verheerenden Zerstörungen durch **Wanderheuschrecken** beschrieben. Heuschreckenschwärme galten als eine der großen Plagen der Menschheit. Aber auch heute noch sind die Heuschrecken, wenn sie in großen Schwärmen auftreten, eine Bedrohung für die Landwirtschaft. 1955 z. B. überfiel ein Heuschreckenschwarm von 250 km Länge und ca. 20 km Breite Südmarokko und fraß alles kahl.

Es gibt über 5 000 verschiedene Heuschreckenarten, aber nur neun Arten wandern gelegentlich in solch riesigen Schwärmen über das Land und fressen ganze Regionen kahl. Die bei uns vorkommenden Heuschrecken leben einzeln und richten keinen Schaden an.

Beeindruckende Springer

Mit den kräftigen Hinterbeinen können die Tiere große Sprünge machen. Ohne Zuhilfenahme der Flügel sind sie in der Lage, bis zu einem Meter weit zu springen. Auf der Flucht nehmen sie gelegentlich auch die Flügel zuhilfe und können dann noch weitere Distanzen überwinden.

Die andere Art der Verwandlung

Heuschrecken gehören zu den Insekten und durchlaufen in ihrer Entwicklung ebenfalls eine Metamorphose. Ihre Verwandlung ist eine **unvollständige Metamorphose**. Aus dem Ei schlüpft eine Larve, die dem erwachsenen Tier schon recht ähnlich sieht und sich auch wie dieses ernährt. Es ist eine kleine Heuschrecke, der aber noch die Flügel fehlen. Diese werden erst nach der letzten Häutung voll ausgebildet. Bis zum Erwachsenenstadium (Imago) durchläuft das Tier etwa fünf bis sieben Häutungen. Wie schnell die Entwicklung verläuft, hängt u.a. von der Ernährung und der Temperatur ab. Die verschiedenen Häutungen sind notwendig, da das Außenskelett aus Chitin nicht mitwachsen kann und deshalb von Zeit zu Zeit abgestoßen werden muss.

Heuschrecken durchlaufen in ihrer Entwicklung eine unvollständige Metamorphose.

Aufgaben

1 Informiere dich im Internet über aktuelle Heuschreckenplagen in Afrika und stelle eine Dokumentation darüber zusammen.

2 Stelle in einer Tabelle die wesentlichen Unterschiede von Wirbeltier und Insekt zusammen.

Man kann sie auch essen
Heuschrecken dienen vielen Menschen in Afrika, Asien und Südamerika als Nahrung. Sie werden meist geröstet und sind sehr gute Eiweißlieferanten.

Sie machen Musik
An schönen Sommerabenden hört man oft das Zirpen von Heuschrecken. Sie besitzen eine spezielle Technik der **Lauterzeugung**. Bei der Feldheuschrecke z. B. werden die Hinterschenkel an den Vorderflügeln gerieben, während bei der Laubheuschrecke die Flügel aneinander reiben. Das Zirpen der Männchen dient der Revierabgrenzung und dem Anlocken von Weibchen. Da die Tiere Laute erzeugen können, können sie auch hören. Das **Hörorgan** liegt bei den Laubheuschrecken in den Vorderbeinen. Bei anderen Heuschreckenarten findet man das Hörorgan z. B. am Hinterleib.

6 Hörorgan der Laubheuschrecke

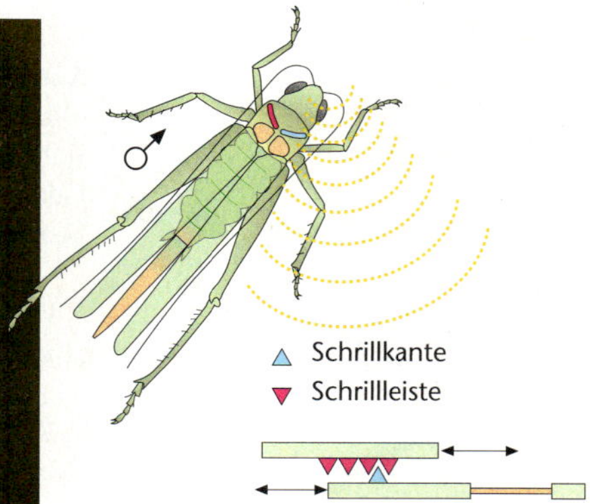

7 Schema der Lauterzeugung bei Laubheuschrecken

Werkstatt

Wir halten Stabheuschrecken

Stabheuschrecken sind problemlos in der Schule zu halten. Die meist gezüchteten Tiere stammen aus Indien. Der Körper ist langgestreckt und stabförmig. Die Weibchen sind mit 7-8 cm etwas größer als die Männchen mit ca. 5-6 cm Körperlänge. Stabheuschrecken sind ausschließlich Pflanzenfresser, die hauptsächlich dämmerungs- und nachtaktiv sind.

Material
Kunststoffbehälter oder ausgedientes Aquarium mit den Maßen 20 x 20 x 30 cm (L x B x H), Tiere aus einer Zoohandlung, Äste und Laub der Futterpflanzen, Draht- oder Kunststoffgitter als Abdeckung

Durchführung
Haltung bei Zimmertemperatur von ca. 18 °C bis ca. 25 °C. Als Futterpflanzen dienen Brombeer- und Himbeerblätter. Auch das Laub von Birke, Buche, Hainbuche und Efeu wird als Futter angenommen. Das Gefäß wird mit feuchter Blumenerde oder auch feuchtem Küchenkrepp ausgelegt. Die Luftfeuchtigkeit sollte ca. 60 % nicht unterschreiten. Zweimal wöchentlich muss man die Futterpflanzen wechseln und gelegentlich auch das gesamte Gefäß einer gründlichen Reinigung unterziehen. Da sich die Tiere ohne Paarung ungeschlechtlich fortpflanzen, kann man problemlos eine kleine Population heranziehen.

1 Stabheuschrecke

Aufgaben
1. Stabheuschrecken haben eine ziemlich ungewöhnliche Gestalt. Welche Bedeutung könnte diese für die Tiere haben?

2. Beobachte und protokolliere die Entwicklung der Tiere.

2 Terrarium mit Stabheuschrecken

Insektenflug

Summ, Summ, Summ

Oft hört man ein Insekt, bevor man es sieht. Der Flügelschlag verursacht ein Geräusch, das auch bei kleinen Tieren beachtliche Lautstärke erreichen kann.

- Welche Tiere erzeugen ein lautes Fluggeräusch?
- Was sagt die Tabelle 1 über das Fluggeräusch aus?
- Bei welchen Tieren kannst du das Schlagen der Flügel richtig sehen?

Tabelle 1

Insekt	Flügelschläge je Sekunde
Honigbiene	207–285
Kohlweißling	9–12
Libelle (Plattbauch)	20
Maikäfer	46
Schmeißfliege	155
Spinner	8
Stechmücke	300
Wespe	110

Die Flügel

Ohne Flügel kein Insektenflug. Aber nicht alle geflügelten Insekten haben die gleiche Anzahl Flügel.

- Bei manchen Insekten, wie den Libellen, kann man sie leicht sehen und zählen. Aber weißt du auch, wie viele es bei Schmetterlingen, Wespen und Fliegen sind?
- Das Tagpfauenauge ist ein Schmetterling. Wie kommt das Tier zu seinem Namen?

Wer ist der Beste?

Die Tabelle 2 gibt an, wie groß die höchste Last ist, die diese Insekten beim Fliegen mitnehmen können. Ordnet man die Insekten nach ihrer Fähigkeit Lasten zu transportieren, kommt man zu der Rangfolge in der Tabelle.

- Vergleicht man aber das Transportvermögen mit dem Körpergewicht, so kommt man zu einer anderen Reihenfolge. Kannst du die Insekten nach dem neuen Gesichtspunkt einordnen? Wie musst du vorgehen?
- In der Tabelle 3 sind Libelle, Stubenfliege und Hummel nicht eingeordnet. An welche Stelle gehören sie wohl?

Tabelle 3

Insekt	Geschwindigkeit in (km/h)
Stechmücke	1,4
Florfliege	2,2
?	8,2
Maikäfer	11
Kohlweißling	14
Wanderheuschrecke	16
?	18
Hornisse	22
Honigbiene	29
?	30

Tabelle 2

	größte Last (in mg)	Körpergewicht (in mg)
Libelle	619	873
Honigbiene	65	85
Stubenfliege	23	13

Die ältesten Insekten

Libellen sind die ältesten Fluginsekten. Es gibt sie seit der Karbonzeit, also seit etwa 300 Millionen Jahren. Seither hat sich ihre Gestalt nur wenig verändert.

- Ob sie wohl im Karbon die einzigen Tiere waren, die fliegen konnten?
- Gab es damals Vögel?
- Gab es andere Tiere im Lebensraum Luft?

Die Urlibelle Meganeura hatte eine Flügelspannweite von 70 cm.

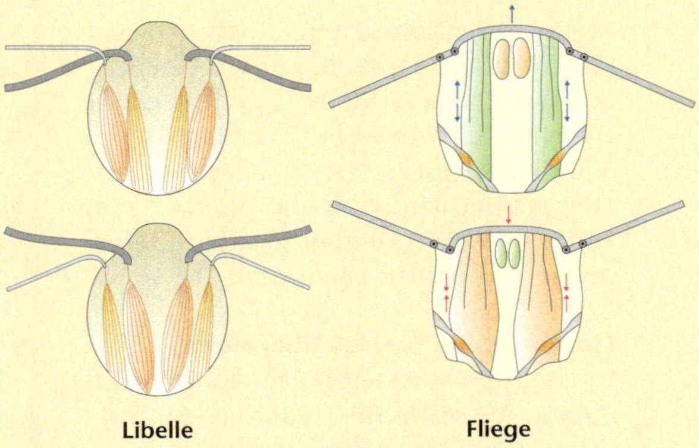

Flugmotoren der Insekten

Die Flugmuskulatur kann man als Flugmotor der Insekten betrachten.

- Allerdings arbeitet der Flugmotor einer Libelle in anderer Weise als bei einer Fliege. Findest du Unterschiede?
- Baue ein Modell für den Flugapparat der Fliegen oder der Libellen. Verwende beispielsweise Karton für Chitinskelett und Flügel, sowie Gummiringe für die Muskulatur.

Die Vielflieger

Dass Zugvögel bei ihrem jährlichen Zug in die Winterquartiere große Strecken zurücklegen, ist dir sicher bekannt. Aber wusstest du auch, dass einige Insekten sehr weit fliegen können? Beispielsweise legen afrikanische Wanderheuschrecken bei der Nahrungssuche in bestimmten Jahreszeiten pro Tag mehr als 300 km zurück. Insgesamt fliegt ein Tier bei der Wanderung 2000 bis 3000 km weit.

- Es gibt noch andere Vielflieger unter den Insekten, die erstaunliche Leistungen vollbringen. Informiere dich über Wanderfalter und berichte.
- Menschen in Afrika fürchten sich seit langer Zeit vor der Wanderheuschrecke. Weißt du warum?

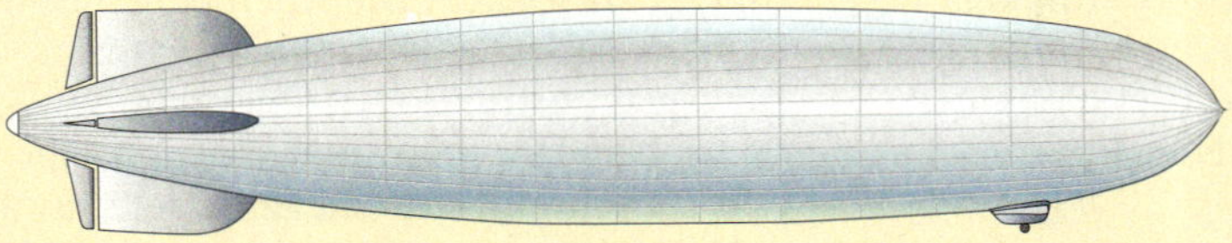

Natur und Technik

Erst lange Zeit, nachdem sich die ersten fliegenden Tiere entwickelt haben, hat der Mensch Flugmaschinen konstruiert und gebaut.

- Allerdings gibt es beim Antrieb zwischen Tieren und Flugmaschinen erhebliche Unterscheide. Worin liegen sie?

Spinnen – eklig und gefährlich?
Spinnen gehören zu den Tieren, vor denen die meisten Menschen sich ekeln oder Angst haben. Sie sind schnell und lautlos auf meist langen Beinen unterwegs. Doch wenn man sich näher mit ihnen befasst und ihre Bedeutung im Naturhaushalt kennt, verlieren sie ihren Schrecken. Spinnen vertilgen viele Schadinsekten und sind so für die Natur und den Menschen sehr nützlich.

Die große Spinnenfamilie hat viele Verwandte
Zu den Spinnentieren gehören etwa 80 000 verschiedene Arten. Enge Verwandte der Spinnen sind u. a. Skorpione, Milben, Zecken und Weberknechte. (▷ B 2 – B 4). Die größte Gruppe innerhalb der Spinnentiere stellen die Milben.
Zu den Webspinnen, die oft auch als echte Spinnen bezeichnet werden, gehören weltweit ca. 30 000 Arten. In Deutschland gibt es etwa 900 Webspinnenarten.

2 Zecke

Sie sind überall und giftig
Spinnen haben nahezu alle Lebensräume auf der Erde besiedelt. Sie leben im Hochgebirge und an Stränden der Meere, im kalten Norden Grönlands und in heißen Wüsten.

Bis auf ganz wenige Ausnahmen erlegen alle Spinnen ihre Beute mit Gift. Aber nur etwa 30 Arten können für den Menschen gefährlich werden. Unsere einheimischen Spinnen sind für den Menschen alle ungefährlich. Die großen Vogelspinnen in Südamerika besitzen ein für den Menschen ungefährliches Gift. Es hat die Wirkung eines Wespenstichs.

3 Rote Milbe

Spinne oder Insekt?
Häufig werden die Spinnen zu den Insekten gerechnet. Spinnen gehören jedoch zu einer eigenen Tiergruppe, den **Spinnentieren** (Arachnidae).

Der Spinnenkörper ist im Gegensatz zu dem der Insekten in nur zwei Teile gegliedert: den **Kopfbrustteil** und den ungegliederten **Hinterleib**. Das auffälligste Unterscheidungsmerkmal zwischen Insekten und Spinnen ist die Beinzahl. Insekten besitzen sechs Beine, während Spinnen acht Beine besitzen. Ausgewachsene Insekten haben außerdem meist Flügel, Spinnen dagegen nicht.

4 Weberknecht

1 Kreuzspinne

Am Kopf der Spinnen befinden sich zwei Kieferklauen, die so genannten Cheliceren. Am Ende der Kieferklauen sitzen die wie ein Taschenmesser einschlagbaren Giftklauen, mit denen die Beute gelähmt oder getötet wird. Spinnen besitzen keine Fühler wie die Insekten, sondern **Kiefertaster**, Pedipalpen genannt.

Sinnesorgane für das Überleben
Die meisten Spinnen haben acht **Punktaugen**. Außer für die tagaktiven Springspinnen spielt der Sehsinn eine eher untergeordnete Rolle, da Spinnen meist nachtaktiv sind. Spinnen können zudem gut tasten, riechen und schmecken. Mit speziellen Sinnesorganen an den Beinen können Spinnen auch Schall wahrnehmen. Ganz besonders gut ausgeprägt ist der Tastsinn. Tausende von Tasthaaren sind über den gesamten Körper verteilt. So können sie leichteste Berührreize oder Erschütterungen des Untergrundes aufnehmen und z. B. die kleinste Erschütterung im Netz wahrnehmen. Spinnen besitzen einen Geschmackssinn und können auch Gerüche wahrnehmen.

Die lautlosen Räuber
Alle Spinnen leben räuberisch. Sie jagen Insekten und andere kleine Gliedertiere. Mit ihrem Gift töten oder lähmen sie ihre Beute. Durch die Bisswunde hindurch werden Verdauungssäfte in den Körper des Opfers abgegeben und danach die vorverdauten Organe des Beutetieres aufgesaugt. Spinnen haben die vielfältigsten Jagdmethoden entwickelt. Die einen bauen Netze, in denen sich die Beutetiere verfangen. Die Netzkonstruktionen sind mannigfaltig. Neben dem bekannten Radnetz gibt es u. a Trichternetze, Baldachinnetze und auch Deckennetze.

5 Weibliche Wolfsspinne mit Kokon

Andere Spinnen jagen ihre Beute und überwältigen sie im Kampf. Sie sind schnell und geschickt. Es gibt aber auch welche, die regelrechte Fallen bauen.

Die Fortpflanzung ist gefährlich
Das Fortpflanzungsverhalten der Spinnen ist recht kompliziert. Da Weibchen alles fressen, was sie überwältigen können, töten sie auch paarungsbereite Männchen, wenn diese unvorsichtig sind. Um dem sicheren Tod zu entgehen, haben die Männchen mancherlei Tricks parat.

Manche bringen dem Weibchen etwas zu fressen mit, andere führen wahre Tänze auf, um das Weibchen friedlich zu stimmen. Dennoch werden manche Männchen nach der Paarung verspeist oder verletzt. Das Männchen hat die Spermien in den Samentaschen der Kiefertaster gelagert. Bei der Begattung führt das Männchen die Kiefertaster in die Samentasche des Weibchens ein.

Spinnen sorgen sich um den Nachwuchs
Einige Wochen nach der Begattung legt das Weibchen oft Hunderte von Eiern in einem gut geschützten Kokon ab. Manche Spinnenweibchen bewachen die Kokons oder tragen diese gar mit sich herum, wie dies die Wolfsspinne tut (▷ B 5). Viele Spinnen betreiben nach dem Schlüpfen der Jungtiere eine Art Brutpflege. Bei manchen Arten stirbt das Muttertier kurz vor dem Schlüpfen der Jungen und dient diesen dann als erste Nahrung.

Die Jungen wachsen durch Häutung. Nach einer gewissen Zeit wird das Außenskelett der jungen Spinnen zu klein und sie müssen sich häuten. Bei großen Spinnen kann die Häutung mehrere Tage dauern.

Je nach Art müssen sich Spinnen fünf bis zehnmal häuten, bevor sie ausgewachsen sind. Die Phase der Häutung ist für die Tiere sehr gefährlich, da sie nun schutzlos sind.

Spinnen haben viele Feinde
In der Natur sind Spinnen beliebte Beute für z. B. Echsen und Lurche. Die Hauptfeinde sind aber andere wirbellose Tiere, wie andere Spinnen oder Insekten, wie z. B. verschiedene Schlupfwespen. Um den Feinden zu entgehen, sind Spinnen teilweise sehr gut getarnt. Die Tarnung hilft gegen Feinde, aber auch beim Beutefang.

Der seidene Faden
Spinnen stellen ganz verschiedene Seidenfäden her. Je nach Verwendungszweck unterscheiden sich die Spinnfäden, die in verschiedenen Spinndrüsen hergestellt werden. Die Spinnenseide weist aber besondere Eigenschaften auf. Sie ist elastischer als Nylon und stabiler als Stahl und wasserfest.

6 Spinnennetz in Baum

Spinnen sind keine Insekten: Sie haben acht Beine und weder Fühler noch Flügel. Sie sind weltweit verbreitet. Sie jagen ihre Beute oder fangen sie in Netzen. Die Beutetiere werden durch Gift getötet, aufgelöst und aufgesaugt.

Aufgabe

1 Stelle die Steckbriefe von drei einheimischen Spinnenarten zusammen. Verwende dazu Bücher oder das Internet als Informationsquellen.

7 Spinnennetz

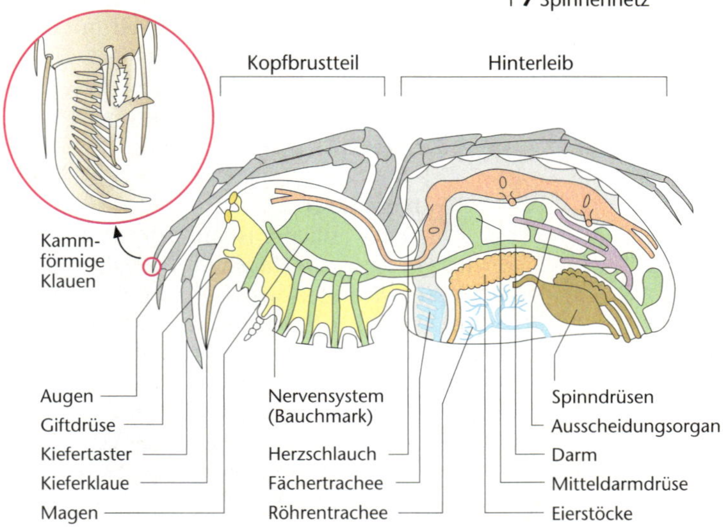

8 Bauplan einer Spinne

Wirbellose Tiere

Der Regenwurm
Der Regenwurm ist ein sehr nützliches Tier. Er lockert das Erdreich, durchmischt den Boden und düngt mit seinen Ausscheidungen die Erde. Das Tier atmet über die gesamte Hautoberfläche und muss deshalb immer eine feuchte Haut haben. Bei völliger Trockenheit stirbt das Tier. Der Regenwurm kann hell und dunkel unterscheiden und reagiert auf verschiedene Umweltreize.

1 Regenwurm

Die Weinbergschnecke
Die Weinbergschnecke gehört wie die Muscheln und die Tintenfische zu den Weichtieren. Um feucht zu bleiben, sondert sie ständig Schleim ab. Sie ist ein reiner Pflanzenfresser. Schnecken haben eine Raspelzunge, die Radula genannt wird. Die Schnecke besitzt einfache Augen, mit denen sie grobe Umrisse erkennen kann. Weinbergschnecken sind Zwitter. Im Winter verschließen sie ihr Haus mit einem Kalkdeckel und fallen in Winterstarre.

2 Weinbergschnecke

Heuschrecken
Heuschreckenschwärme können ganze Landstriche kahl fressen. Heuschrecken gehören zu den Insekten. Sie durchlaufen in ihrer Entwicklung eine unvollkommene Verwandlung. Das heißt, dass sie als Larven bereits große Ähnlichkeit mit den erwachsenen Tieren haben. Bei den Heuschrecken sieht eine ältere Larve bereits aus wie eine Heuschrecke, kann aber noch nicht fliegen.

3 Heuschrecke

Mehlkäfer
Der Mehlkäfer ist ein Vorratsschädling in unserem Haushalt. Die Larve des Käfers wird Mehlwurm genannt. Der Käfer und seine Larve ernähren sich hauptsächlich von Getreideprodukten.
Der Mehlkäfer gehört zu den Insekten und durchläuft in seiner Entwicklung vier Stadien, die Biologen vollständige Verwandlung oder Metamorphose nennen. Diese Entwicklungsstadien sind:

Ei – Larve – Puppe – fertiger Käfer.

4 Mehlkäfer

5 Honigbiene

6 Spinne

Die Honigbiene
Bienen werden wegen des Honigs seit über 5000 Jahren als „Haustiere" gehalten. In einem Bienenstaat leben Arbeiterinnen, Drohnen und eine Königin.
Im Bienenstaat herrscht Arbeitsteilung. Bienen verständigen sich mit einer Art Tanzsprache.

Spinnen
Spinnen sind keine Insekten, sie gehören zu einer eigenen Tiergruppe. Spinnen besitzen acht Beine. Alle Spinnen sind giftig, aber nur wenige Arten können auch dem Menschen gefährlich werden. Bei Spinnen ist der Tastsinn ganz besonders gut ausgeprägt. Manche Spinnenarten betreiben Brutpflege.

Schmetterlinge
Schmetterlinge stellen innerhalb der Insekten eine große Gruppe dar. Fast alle Schmetterlinge besitzen einen Saugrüssel, mit dem sie ihre Nahrung aufnehmen. Der Geruchssinn, mit dem sie Nahrung und Fortpflanzungspartner finden, ist besonders gut ausgeprägt. Manche Arten können auch die Ultraschalltöne der Fledermäuse hören. Es gibt auch Schmetterlingsraupen, die große Schäden in Wäldern und Feldern anrichten können. Aus Seidenraupen gewinnt der Mensch den Rohstoff für wertvolle Seidenstoffe.

7 Schmetterling

Aufgaben

1 Erkundige dich, wie Heuschrecken ihren „Gesang" erklingen lassen.

2 Stelle eine Dokumentation über landwirtschaftliche Schäden durch Heuschrecken in Europa zusammen.

3 Imker füttern ihre Bienen mit Zuckerwasser. Was vermutest du, weshalb der Imker das tut? Erkundige dich dann bei einem Imker nach dem Grund.

4 Weshalb finden es manche Menschen nützlich, Spinnen im Haus zu haben?

5 Worin unterscheiden sich Spinnen von Insekten?

6 Suche im Internet jeweils die „Spinne des Jahres" der letzten fünf Jahre heraus und fertige zu jeder der Spinnen eine kleine Beschreibung.

7 Such dir einen Schmetterling, der in unserer Heimat vorkommt und fertige eine Dokumentation zu diesem Tier an. Berücksichtige dabei das Vorkommen, die Lebensweise, die Ernährung, die Fortpflanzung, Merkmale und Verbreitungsgebiet.

8 Begründe, weshalb ein Regenwurm bei starkem Regen den Boden verlassen muss.

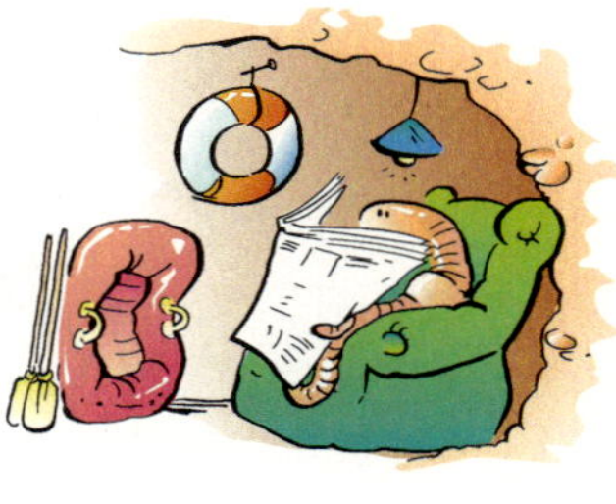

Grundlagen der Ökologie –
Ökosystem Wald

In den Wald zu gehen, bedeutet für die meisten: Freizeit haben. Du kannst dort joggen, Rad fahren, spazieren gehen oder einfach ausruhen. Aber der Wald bietet noch viel mehr!

Der Wald ist voller Leben. Doch Rehe, Buntspechte und viele andere Tiere sind sehr scheu. Um sie beobachten zu können, brauchst du Ruhe und Geduld.
Es gibt viel zu entdecken. Wenn du den Wald mit allen Sinnen erforschen möchtest, wirst du auf den nächsten Seiten vielfältige Anregungen bekommen.

Der Lebensraum Wald ist aber auch gefährdet, denn seit Jahrzehnten gehen ganze Baumbestände zugrunde. Die Ursachen für dieses anhaltende Waldsterben wirst du untersuchen. Dabei wirst du feststellen, welche Bedeutung ein gesunder Wald für die Umwelt hat.

Der Wald wird dir aber nicht nur als Erholungs- und Lebensraum begegnen. Er dient auch als Holzlieferant und ist damit ein wichtiger Bestandteil der Wirtschaft.

Schließlich geht es mit einem Abstecher in den tropischen Regenwald am Äquator. Hier gibt es auch für Wissenschaftler noch vieles zu erforschen.

Aufgaben

1 Zahlreiche Forstämter haben eigene Internetseiten. Eine Suchmaschine hilft dir weiter. Hier kannst du viele Informationen über die verschiedenen Nutzungsarten des Waldes erhalten. Stelle eine kleine Liste zusammen.

2 Plant mit den Informationen aus Aufgabe 1 eine Exkursion in den nächstgelegenen Wald und notiert dabei alles, was ihr für wichtig haltet und was für euch neu ist. Nehmt folgende Dinge mit: Rucksack, Notizbuch und Bleistift, Beutel oder Schachteln zum Sammeln. Falls vorhanden, Bestimmungsbücher, Fernglas und Fotoapparat.

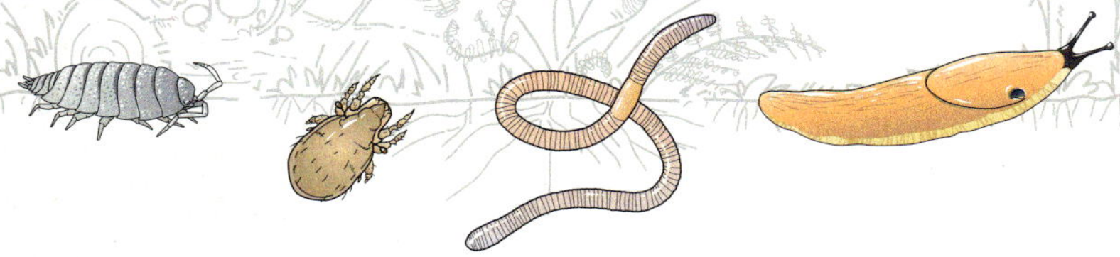

1 Stieleichen-Birkenmischwald

> **Versuch**
>
> **1** Öffne eine Eichel und suche nach den Keimblättern. Führe den Stärketest durch, protokolliere und zeichne.

> **Aufgabe**
>
> **1** Suche im Internet nach Bildern der im Text angegebenen Pflanzenarten. Kopiere jeweils ein Bild einer Art in ein Textdokument und erstelle auf diese Weise eine bunt bebilderte Artenliste des Stieleichen-Birkenwaldes.

Stieleichen und Birken – häufige Arten der Laubmischwälder

Wenn die Bäume erzählen könnten! Als Kolumbus 1492 Amerika entdeckte, waren die ältesten der heute noch lebenden Stiel-Eichen bereits stattliche Exemplare von 10 m Höhe. Manche werden sogar bis zu 1 000 Jahre alt.

Ein Vergleich mit der in Mischwäldern oft gleichzeitig vorkommenden Hängebirke zeigt noch weitere Besonderheiten: Erst spät im Frühjahr erscheinen an den Stieleichen die ersten Blätter. Sie sind tief gebuchtet und fühlen sich lederartig an. Die Blätter der Hängebirke treiben bereits in der zweiten Aprilhälfte aus und sind rautenförmig zugespitzt.

Eichen und Birken sind einhäusige Pflanzen, das heißt männliche und weibliche Blüten befinden sich auf derselben Pflanze. Die männlichen Blüten sind Kätzchen, die weiblichen Blüten sitzen bei der Stieleiche einzeln an längeren Stielen. Aus ihnen wachsen nach der Befruchtung die Eicheln heran.

2 Blüte (oben) und Frucht der Stieleiche

Pflanzen im Stieleichen-Birken-Mischwald

Im Stieleichen-Birken-Mischwald bilden niedrige Jungbäume, Vogelbeere und Faulbaum eine lichte Strauchschicht. Den Boden bedecken Gräser, Moose und zahlreiche Kräuter. Die Draht-Schmiele ist wegen ihrer rötlichen Rispen ein leicht zu erkennendes Gras. Sie ist in Stieleichen-Mischwäldern sehr häufig. An manchen Stellen breitet sich die Heidelbeere aus, ein sommergrüner Zwergstrauch mit blauschwarzen essbaren Früchten. Im Frühjahr ist der Waldboden mit den weißen Blüten des Wald-Sauerklees bedeckt. Alle diese Pflanzen stellen an den Waldboden nur geringe Ansprüche. Deshalb findet man diesen Waldtyp selbst auf nährstoffarmen Sandböden.

Ist der Boden etwas nährstoffhaltiger, kommen Birken nur noch selten vor. Hier zeigen Rotbuchen die besseren Standortbedingungen an.

> Der Stieleichen-Birken-Mischwald ist ein typischer Wald nährstoffarmer Böden.

Die Fichte ist ein wichtiger Forstbaum

Im halbdunklen Fichtenwald ist es auffallend still. Außer einigen Blaumeisen und Goldhähnchen ist kein Tier zu bemerken. Fichten werden 30–40 m, in seltenen Fällen sogar 60 m hoch. Ihre Nadeln verwittern nur langsam. Auf dem Waldboden liegt deshalb eine dicke Schicht von Rohhumus, der moderig riecht. Auf einem solchen Boden wachsen nur noch wenige angepasste Pflanzenarten. Heidelbeere, Farne und einige Gräser wie die Draht-Schmiele bilden eine artenarme Krautschicht. Häufig ist der Waldboden nur mit einer geschlossenen Moosschicht bedeckt.

Natürliche Fichtenwälder kommen in Deutschland ursprünglich nur in den Höhenlagen der Alpen und einiger Mittelgebirge ab etwa 800 m vor. Mit ihren flachen Wurzeln dringen die Bäume in Felsspalten vor und klammern sich regelrecht an das Gestein. Auf lockerem Boden sind sie dagegen sehr sturmgefährdet. Da die Fichte jedoch auf vielen Böden rasch wächst, ist sie inzwischen unser häufigster angepflanzter Forstbaum.

Eine ausgewachsene Fichte trägt etwa 5 Mill. Nadeln. Da die dicke Oberhaut der Nadeln nur wenige **Spaltöffnungen** besitzt, verdunstet sie wenig Wasser. Das hilft dem Baum, den Winter zu überstehen, denn aus dem gefrorenen Boden können die Wurzeln kein Wasser aufnehmen.

Fichtenwälder sind Monokulturen

Fichtenforste können mit Getreide- oder Kartoffelfeldern verglichen werden, denn nur eine Baumart – hier die Fichte – bestimmt das Gesamtbild. Solche **Monokulturen** sind anfällig gegen Schädlingsbefall und wegen des harzreichen Holzes gegen Waldbrände. Schadinsekten finden ein großes Nahrungsangebot und auch Pilzerkrankungen können sich rasch ausbreiten.

In den heutigen Wirtschaftswäldern werden Fichten nach 80–130 Jahren gefällt. Das Holz hat ein relativ geringes Gewicht und besitzt eine gute Festigkeit. Man nutzt es deshalb als Bauholz und in der Papierindustrie.

▶ Die Fichte ist ein Rohhumusbildner. Sie wächst schnell und ist deshalb unser wichtigster Forstbaum.

Aufgaben

1 Was hat ein deutscher Botaniker wohl mit folgendem Ausspruch gemeint: „Willst du die Natur vernichten, pflanze Fichten, Fichten, Fichten!" ?

2 a) Informiere dich in der Holzabteilung eines Baumarktes, wofür Fichtenholz verwendet wird und berichte.
b) Vergleiche Paneele verschiedener Holzarten. Lege eine Tabelle an mit Herkunft, Preisen und Holzeigenschaften wie Dichte, Festigkeit und Wasserbeständigkeit (Internet!).
Begründe im Vergleich die Beliebtheit der Fichtenpaneele.

1 Fichtenforst

Heidelbeeren im Wald

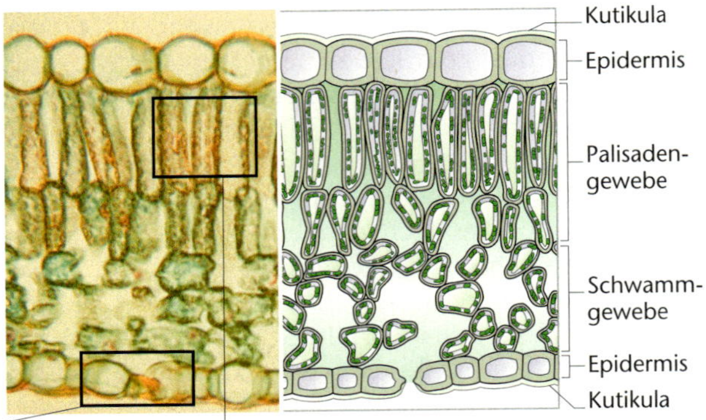

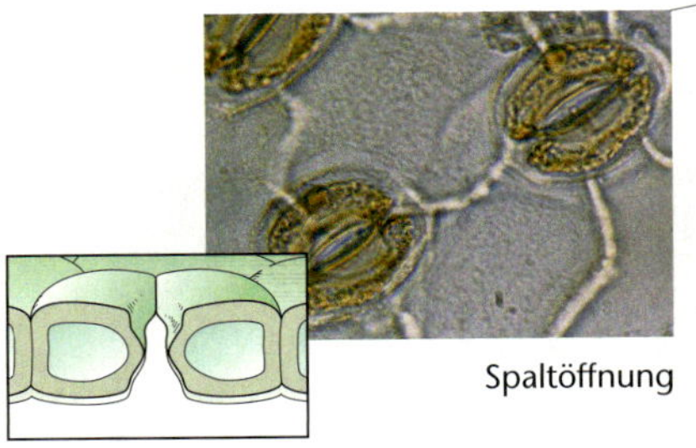

Spaltöffnung

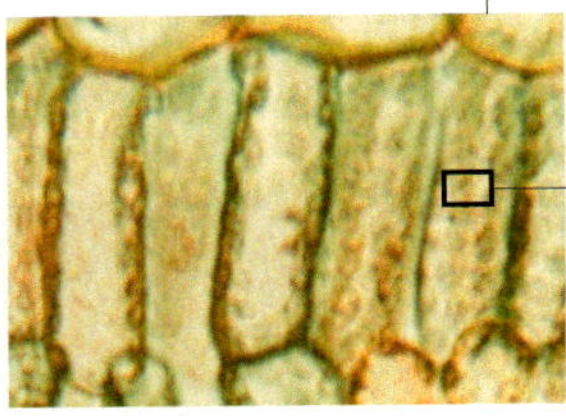

Palisadenzellen

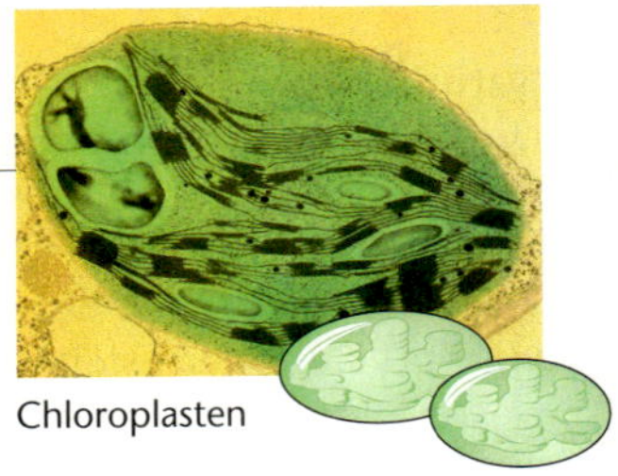

Chloroplasten

1 Aufbau eines Laubblattes

Heidelbeeren schmecken süß und enthalten reichlich Zucker. Da dieser nicht aus dem Boden stammen kann, muss er in der Pflanze hergestellt werden.

Wo sind die „Zuckerfabriken"?
Ein Blick durch das Mikroskop zeigt, wo sich die „Zuckerfabriken" genau befinden. Im Blattquerschnitt sind mehrere Schichten von Zellen zu erkennen. Eine äußere Wachsschicht, die **Kutikula**, schützt das Blatt vor zu starker Wasserverdunstung. Darunter liegt auf beiden Seiten eine Oberhaut, die **Epidermis**. Von oben gesehen folgt dann das **Palisadengewebe**. Es besteht aus länglichen Zellen, die wie Pfähle eines Palisadenzaunes aussehen. Sie enthalten ebenso wie die Zellen des anschließenden **Schwammgewebes** Blattgrünkörner oder **Chloroplasten**, in denen ein grüner Blattfarbstoff, das **Chlorophyll**, enthalten ist.

Blätter sind aus mehreren Schichten aufgebaut. Die Palisadenschicht und die Schwammschicht enthalten Chloroplasten.

Chloroplasten sind „Zuckerfabriken"
In den Chloroplasten wird aus Wasser (H_2O) und Kohlenstoffdioxid (CO_2) Traubenzucker hergestellt. Hierfür wird Energie benötigt. Sie stammt aus dem Sonnenlicht und wird durch das Chlorophyll aufgenommen. Den gesamten Vorgang bezeichnet man als **Fotosynthese**.
Als ein Nebenprodukt entsteht bei der Fotosynthese Sauerstoff, der nach außen abgegeben wird.

Bei der Fotosynthese wird aus Wasser und Kohlenstoffdioxid mithilfe des Sonnenlichtes Traubenzucker hergestellt. Dabei entsteht auch Sauerstoff.

Spaltöffnungen regeln den Gasaustausch
Bleibt noch die Frage, wie die Gase in das Blatt hinein und aus dem Blatt hinaus gelangen.
Auf der Blattunterseite befinden sich hierfür **Spaltöffnungen**. Sie bestehen aus zwei gebogenen **Schließzellen**, die zwischen sich einen kleinen Spalt frei lassen. Bei trockenem Wetter schließen sie sich stärker als bei feuchter Witterung.

Versuch

1 Mikroskopiere und zeichne:
a) Drei Zellen eines Blattes der Wasserpest mit Chloroplasten.
b) Die Epidermis der Blattunterseite eines dicken Blattes, z.B. des Alpenveilchens. Schneide das Blatt dazu rechteckig ein und ziehe die Epidermis mit einer Pinzette ab.

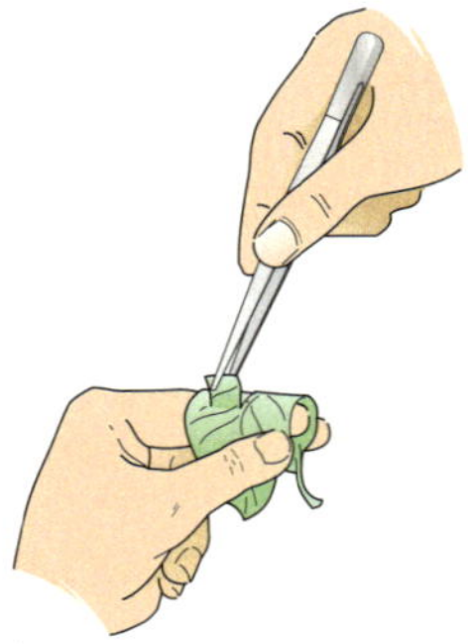

2 So lässt sich die Epidermis abheben.

Der Chloroplast als Zuckerfabrik – ein Modell

Was passiert bei der Fotosynthese?
Die Vorgänge der Fotosynthese kannst du dir stark vereinfacht wie in einer Zuckerfabrik vorstellen: Rohstoffe und Energie gelangen hinein, ein Endprodukt und Abfallstoffe verlassen die Fabrik.

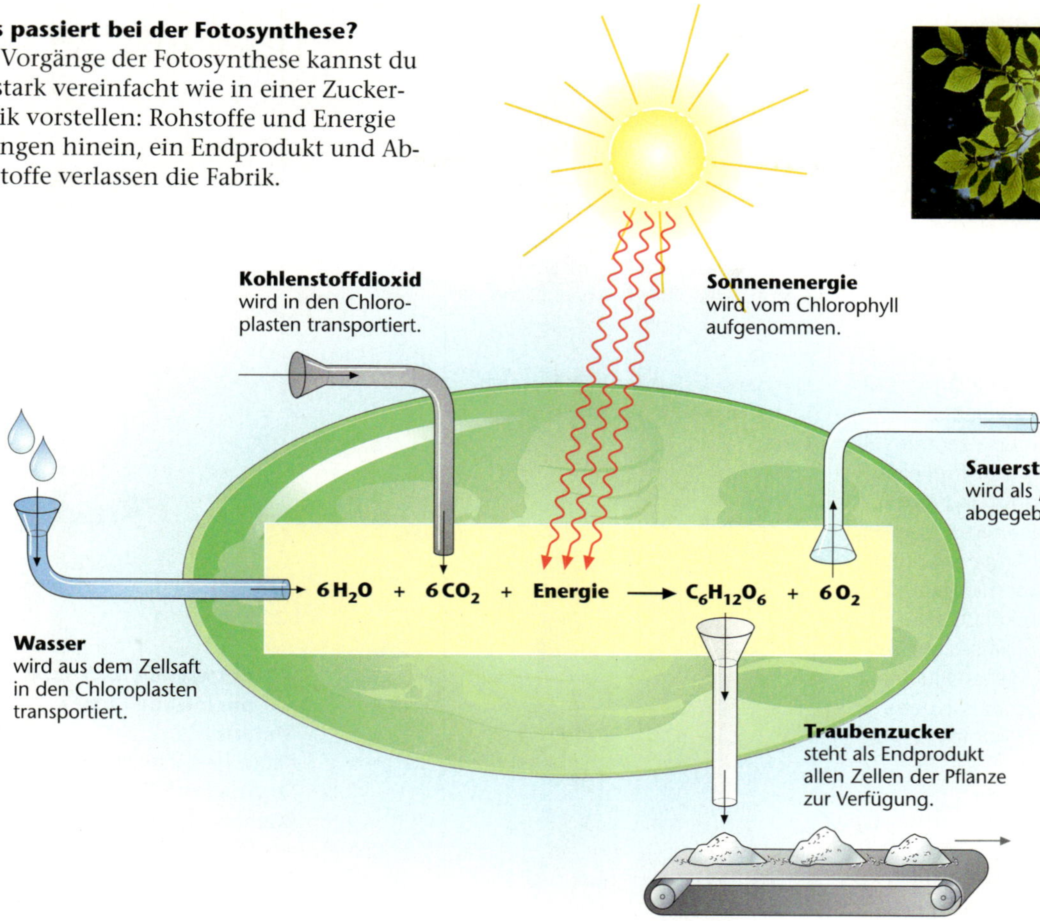

1 Der Chloroplast als Zuckerfabrik – ein Modell

Traubenzucker – ein vielseitiger Nährstoff
Der Traubenzucker wird in den Zellen der Pflanze zur Herstellung anderer Stoffe verwendet, in den Früchten gespeichert oder in Stärke umgewandelt. Die Stärke liefert in Kartoffeln, Zwiebeln und Früchten, wie zum Beispiel Eicheln, die notwendige Energie zum Keimen. Vor der Keimung wird die Stärke jedoch erst wieder in Traubenzucker umgewandelt.

Auch Pflanzen atmen
Pflanzen verwenden die Energie des Sonnenlichts für die Fotosynthese. In ihren Zellen benötigen die Pflanzen jedoch wie alle anderen Lebewesen Energie auch für andere Vorgänge. Diese gewinnen sie aus dem Traubenzucker, der mit Sauerstoff zu Kohlenstoffdioxid und Wasser abgebaut wird. Diesen Vorgang nennt man **Zellatmung**, da die Sauerstoffaufnahme im Unterschied zur Lungenatmung in den Zellen abläuft – genauer in den **Mitochondrien**.

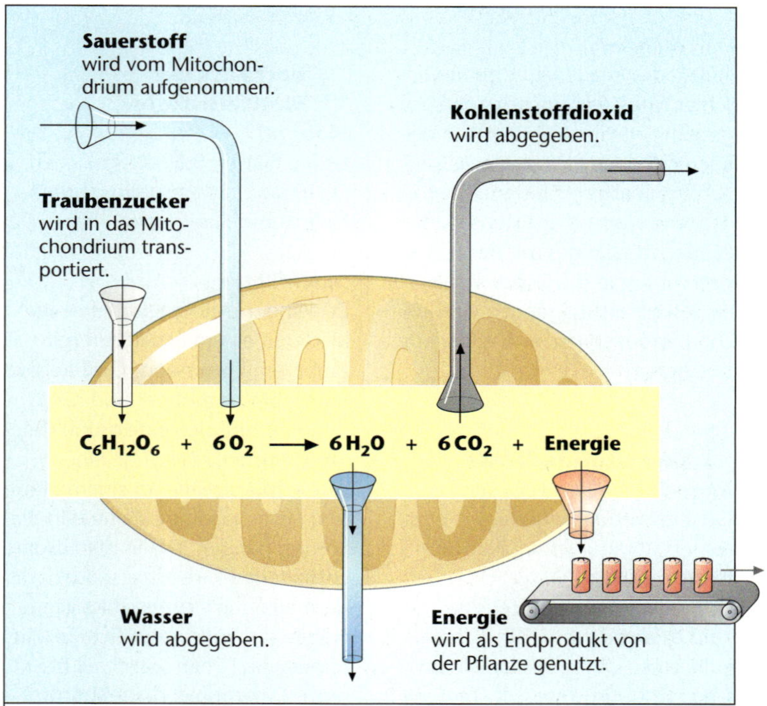

2 Zellatmung (im Mitochondrium)

Versuche zur Fotosynthese

1 Wie entwickeln sich Pflanzen ohne Licht?

Material
Kressesamen, Blumentopf mit Untersetzer, leere Konservendose, Gartenerde, Sand

Durchführung
Säe schnellkeimende Pflanzen (Getreide, Kresse) in einen Blumentopf. Fülle die Untersetzer mit Sand, stülpe über den Topf eine leere Konservendose und drücke diese so fest in den Sand, dass kein Licht an die Keimlinge gelangt. Beobachte und protokolliere täglich, bis sich mehrere Blätter entwickelt haben. Lasse zum Vergleich in einem zweiten Blumentopf Getreide oder Kresse ohne „Topfbedeckung" keimen.

2 Pflanzen geben ein Gas ab

Material
Sprosse der Wasserpest, drei Reagenzgläser, Reagenzglasständer, Pinzette, abgekochtes Leitungswasser, Leitungswasser, Mineralwasser

Durchführung
Fülle jedes Reagenzglas zu etwa $\frac{3}{4}$ seiner Höhe mit einer der drei angegebenen Flüssigkeiten. Gib danach mit einer Pinzette jeweils einen frisch abgeschnittenen Spross der Wasserpest (höchstens halbe Reagenzglaslänge) mit der Spitze nach unten in die Gläser. Zähle die jeweils aufsteigenden Gasbläschen, protokolliere und erkläre das Ergebnis.

3 Sauerstoffnachweis

Material
Glasflasche, Leitungswasser, Wasserpest, Indigokarmin, Natriumhydrogensulfit

Durchführung
Fülle eine Flasche aus farblosem Glas mit Leitungswasser (Temperatur ca. 20 °C). Färbe das Wasser mit etwas Indigokarmin gleichmäßig blau. Gib nun einen Zweig Wasserpest hinein und entfärbe das Wasser mit möglichst wenig Natriumhydrogensulfit (▷ B 1 a). Verschließe anschließend die Flasche luftdicht, ohne dass eine Luftblase unter dem Verschluss zurückbleibt (▷ B 1 b). Stelle die Flasche ans Licht, beobachte die Blattränder und notiere alle Vorgänge.
Übrigens: Indigokarmin färbt sich in Anwesenheit von Sauerstoff blau.

1 Zu Versuch 3

4 Nachweis der Blattfarbstoffe

Material
Grüne Blätter, Stößel, Schälchen, Quarzsand, Brennspiritus (brennbar), Stativ, Filterpapier

Durchführung
Zerreibe mit einem Stößel einige Blätter in einem Schälchen mit sauberem Quarzsand. Gieße etwas Brennspiritus darüber und rühre um. Es ergibt sich eine grüne Chlorophylllösung. Befestige einen Filterpapierstreifen an einem Stativ und lasse ihn einige Zeit frei in die Lösung hängen. Die in der Lösung enthaltenen Farbstoffe steigen mit dem Alkohol in unterschiedliche Höhen auf und lagern sich dort in Streifen ab (Chlorophyll a = blaugrün, Chlorophyll b = gelbgrün, Blattgelb = gelb).

b) Überprüfe auf die gleiche Weise, ob rote Blätter (Bluthasel, Blutbuche) auch Chlorophyll enthalten.
c) Du kannst Versuch 2 a) auch mit einem Stück Kreide durchführen, das du in die Chlorophylllösung stellst.

2 Zu Versuch 4

5 Entwickelt sich Stärke auch ohne Licht?

Material
Kapuzinerkresse, Korkscheiben, Stecknadeln, Wasser, Brennspiritus (brennbar), Iod-Kaliumiodidlösung

Durchführung
Befestige morgens an großen Blättern verschiedener Pflanzen, z. B. der Kapuzinerkresse, jeweils zwei Korkscheiben mithilfe zweier Stecknadeln. Die Korkscheiben müssen sich gegenüberstehen. Trenne die Blätter nach einigen Stunden Belichtung ab. Koche sie kurz in Wasser auf und entfärbe sie in Brennspiritus. Prüfe auf Stärke und erkläre das Ergebnis.

3 Kapuzinerkresse

Wie kommt das Wasser bis zur Blüte?
Bäume nehmen wie die meisten anderen Pflanzen mit ihren Wurzeln Wasser aus dem Erdboden auf und leiten es bis in die höchsten Zweige, Blätter und Blüten. Hierfür ist ein Transportsystem erforderlich, das alle Zellen erreicht.

Leitbündel übernehmen den Stofftransport
Im Stängelquerschnitt einer zweikeimblättrigen krautigen Pflanze fallen kreisförmig angeordnete Bündel von Zellen auf, die von Grundgewebe umschlossen sind. Es sind **Leitbündel**, in denen **Siebröhren** und röhrenförmige **Gefäße** gemeinsam verlaufen. Die Siebröhren bestehen aus lebenden Zellen, in denen unter anderem Zucker und Eiweißstoffe transportiert werden. Ihren Namen haben die Siebröhren wegen der siebartig durchbrochenen Zellwände erhalten, mit denen sie untereinander in Verbindung stehen.

Gefäße sorgen für Wassernachschub
Die Gefäße dienen dem Wassertransport von den Wurzeln bis in alle übrigen Pflanzenteile. Es sind tote Röhren mit einem rundlichen Querschnitt und oft holzartigen Leisten als Wandverstärkungen. Diese Leisten sehen häufig ring- oder schraubenartig aus, aber auch netzartige Verstärkungen kommen vor. Dadurch sind die Gefäße dehnbar und sind in dieser Form vor allem in noch wachsenden Pflanzenteilen zu finden.

Sieb- und Gefäßteil sind in den Leitbündeln der zweikeimblättrigen Pflanzen durch das **Kambium**, ein Wachstumsgewebe, getrennt. Es bildet zur einen Seite neue Gefäße, zur anderen neue Siebröhren.

Leitbündel bestehen aus lebenden Siebröhren und toten Gefäßen. Siebröhren transportieren Nährstoffe, Gefäße leiten Wasser von den Wurzeln in alle Pflanzenteile.

Hättest du das gedacht?

Höchstgeschwindigkeit des Wasserstroms bei einigen Pflanzen in m/h:

Moose	1,2–2,0
Immergrüne Nadelhölzer	1,2
sommergrüne Laubhölzer	1–44
Krautige Pflanzen	10–60
Lianen	150

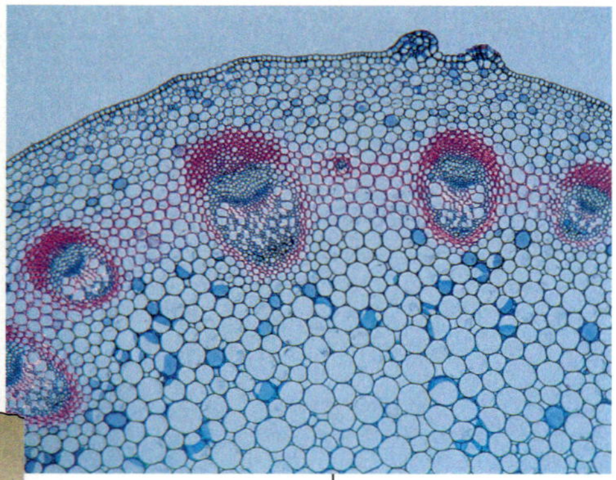

1 Stängelquerschnitt

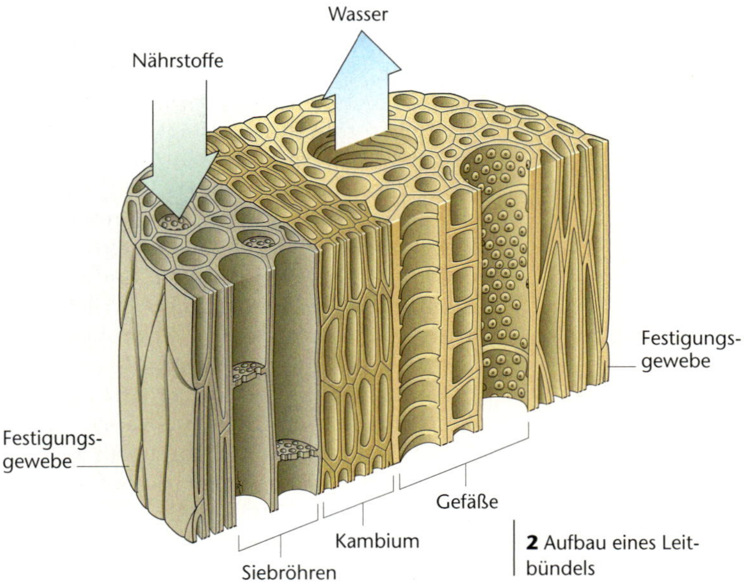

2 Aufbau eines Leitbündels

Versuche

1 Klemme einen Pflanzenstängel zwischen zwei Korkhälften und schneide mit der Rasierklinge eine hauchdünne Scheibe ab (Vorsicht!). Lege diese auf einen Objektträger in einen Wassertropfen, lege ein Deckglas auf und suche mithilfe des Mikroskops nach einem möglichen Transportsystem.

2 Stelle Staudensellerie in eine Eosinlösung oder in Tinte. Beobachte die Blütenfarbe über mehrere Tage. Stelle einen Stängelquerschnitt her und untersuche mit der Lupe.
Wo befinden sich in den Leitbündeln die wasserleitenden Gefäße?

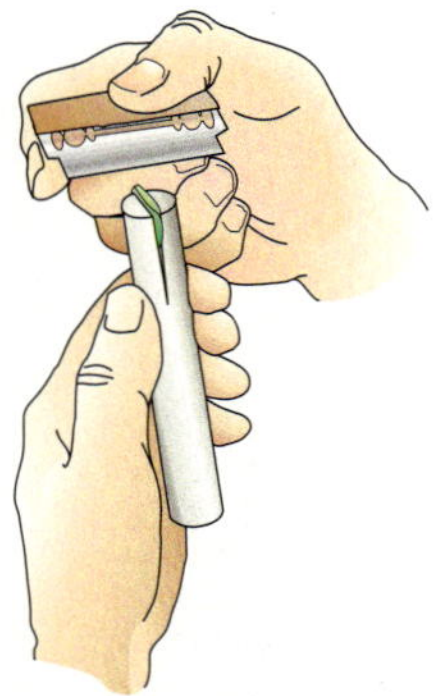

3 So wird ein Stängelquerschnitt hergestellt

1 Jahresringe

Der Aufbau eines Baumstammes

Wenn du dir im Wald die Schnittfläche eines frisch gefällten Baumes anschaust, kannst du einen schichtartigen Aufbau des Stammes erkennen.
Außen wird der Stamm von der **Borke** umhüllt. Sie besteht weitgehend aus abgestorbenen Zellen der darunterliegenden Bastschicht. In ihnen erfolgt der Saftstrom von den Blättern bis in alle Zellen des Baumes. Nährstoffe wie z. B. Zucker gelangen auf diese Weise an jeden Bestimmungsort. Borke und Bast bilden gemeinsam die Rindenschicht. Zwischen Rinde und Holz befindet sich eine dünne Schicht teilungsfähiger Zellen, das **Kambium**. Den größten und auffälligsten Raum des Stammes nimmt die **Holzschicht** ein. Sie besteht aus verschiedenen Gefäßen, die das Wasser aus den Wurzeln bis in alle Pflanzenteile transportieren. Vom Aufbau her sind sie den Gefäßen der Leitbündel in den Blättern ähnlich. Ihre Wände sind jedoch stark verholzt und wie auch die Siebröhren mit Gerbstoffen gegen Schädlinge aller Art „imprägniert". Benachbarte Gefäße stehen durch Tüpfel – das sind winzige Öffnungen – untereinander in Verbindung.
Im Inneren des Stammes liegt ein **Markgewebe.** Es dient als Speicher für Nährstoffe und ist durch Markstrahlen mit dem Bast verbunden. Abwärts strömende Nährstoffe gelangen auf diesem Weg vom Bast sowohl in das Holz als auch in das Mark, wo sie gespeichert werden. Je nach Baumart sind im Holz neben den Gefäßen unterschiedlich viele Holzfasern vorhanden, die dem Holz seine Festigkeit verleihen. Bei **Harthölzern**, wie Eiche und Esche, ist die Festigkeit wesentlich höher als bei **Weichhölzern**, wie Weide und Pappel.

▶ Bäumstämme sind ist Borke, Bast, Kambium, Holzschicht und Mark gegliedert.

Wie entstehen Jahresringe?

Bäume und Sträucher werden zeitlebens von Jahr zu Jahr dicker. Sobald es im Frühjahr wärmer wird, beginnt das Kambium, sich zu teilen. Da jetzt bei den Laubbäumen die Blätter ausschlagen, beginnt eine Zeit hoher Stoffproduktion. Deshalb werden im **Frühholz** weiträumige und verhältnismäßig dünnwandige Gefäße angelegt. Die im Sommer gebildeten Gefäße des Spätholzes sind dagegen wesentlich enger und dadurch deutlich dunkler gefärbt. Wenn im nächsten Frühjahr auf die dunklen Gefäße des Spätholzes helle Frühholzgefäße folgen, entsteht der Eindruck von **Jahresringen** (▷ B 1 und 2). Diese sind in guten Wachstumsjahren wesentlich breiter als in schlechten Jahren. Man kann also durch die Untersuchung der Jahresringe auf Klima, Schädlingsbefall oder Waldbrände in zurückliegenden Jahren schließen.

Aufgaben

1 Stelle an einem frisch gefällten Baum durch Abzählen der Jahresringe dessen Alter fest.

2 Oft wird für kostbare Möbel Tropenholz verwendet, weil es keine Jahresringe aufweist. Kannst du das erklären?

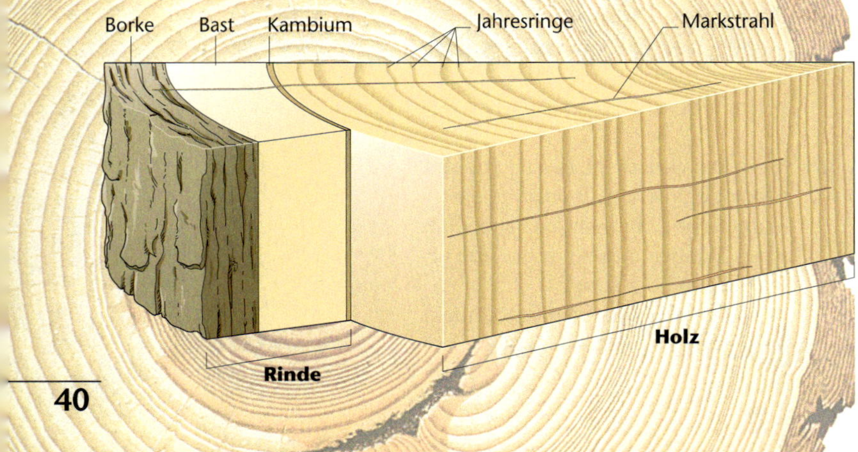

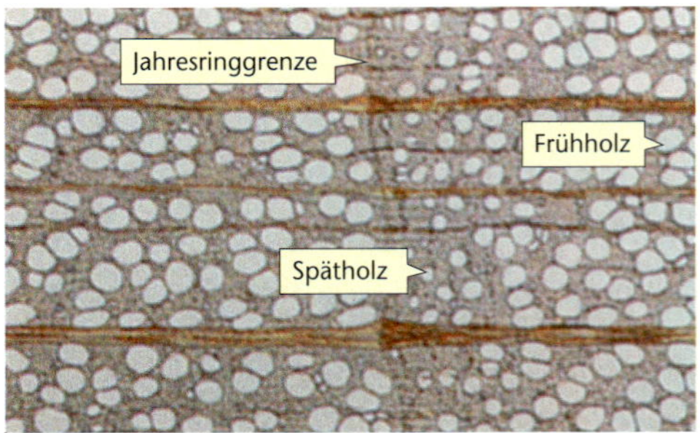

2 Aufbau eines Baumstammes und Jahresringe

Häufige Pflanzen des Waldes

Der **Rote Fingerhut** benötigt viel Licht und wächst deshalb vor allem auf Kahlschlägen und an Waldwegen. Seine Blüten werden fast ausschließlich von Hummeln bestäubt. Die Pflanze enthält ein starkes Gift, das jedoch bei manchen Herzerkrankungen in der richtigen Dosierung als Medikament wirkt.

Der **Schwarze Holunder** wächst an Wald- und Wegrändern und kommt häufig in der Nähe menschlicher Siedlungen vor. Holunderblüten ergeben den schweißtreibenden „Fliedertee" – ein altes Heilmittel gegen Fieber. Aus den „Holunderbeeren" lässt sich eine leckere Marmelade kochen.

Die **Vogelbeere** ist in Laub- und Nadelwäldern ein häufiger Baum. Ihre Früchte werden im Herbst gern von verschiedenen Drosselarten gefressen. Deshalb benutzte man die Früchte früher zum Anlocken beim Vogelfang. Da die Blätter ähnlich aussehen wie bei der Esche,wird die Vogelbeere auch „Eberesche" genannt.

Das **Wald-Geißblatt** wächst vorwiegend in Eichen-Mischwäldern. Es ist ein Kletterstrauch, der an Waldrändern in Sträuchern und kleineren Bäumen hochklettert, ohne diese zu schädigen. Auffallend sind die großen blassgelben manchmal rötlich überlaufenen Blüten. Sie werden besonders von Nachtfaltern besucht. Die Früchte sind ungenießbare rote Beeren.

In unseren Wäldern kommt die **Brombeere** besonders am Waldrand und auf Lichtungen häufig vor. Mit ihren stacheligen Trieben können Brombeeren sogar an Sträuchern und Bäumen emporklimmen. Um die leckeren Früchte besser ernten zu können, hat man inzwischen auch Sträucher ohne Stacheln gezüchtet.

Der **Bärlauch** gehört zu den Liliengewächsen. Er treibt aus einer kleinen Zwiebel im Frühjahr aus, blüht aber erst im Mai und kommt unter dem dichten Laubdach der Buchenwälder mit wenig Licht aus. Seine Blätter schmecken nach Knoblauch. Milch wird ungenießbar, wenn Kühe die Blätter fressen.

Der **Waldmeister** ist eine häufige Pflanze in Laubmischwäldern, in denen er oft große Flächen bedeckt. Er blüht erst im Mai, benötigt wenig Licht und gilt deshalb wie die meisten anderen Waldkräuter als Schattenpflanze. Die Pflanze verströmt das typische Waldmeister-Aroma. Die Früchte werden durch Klettwirkung verbreitet.

Der **Wald-Sauerklee** ist eine Tiefschattenpflanze mit sehr wenig Lichtbedarf. Gelangt Sonnenlicht an die Pflanze, werden die Blätter zum Schutz gegen Verdunstung eingefaltet. Auch wenn man die Pflanze mit einer Mütze abdeckt, gehen die Blätter nach kurzer Zeit in „Schlafstellung". Die Pflanze enthält Oxalsäure und schmeckt deshalb sauer.

1 Wurmfarn

Was sind Blattwedel und Rhizome?

Farne wachsen bei uns vorwiegend in feuchten Wäldern, aber auch an Mauern und in Felsspalten. Farne des Waldes kommen mit wenig Licht aus und sind deshalb in der schattigen Krautschicht besonders häufig. In ihren Wurzeln, den Stängeln und Blättern besitzen sie ein gut entwickeltes Leitungssystem. Es zieht sich bis in die **Blattwedel** hinein, wie man die mehrfach gefiederten Blätter der Farne nennt.

Oberirdisch sind von den Farnpflanzen nur die Blattwedel zu sehen. Sie entspringen aus einem unterirdischen Spross, dem **Rhizom**. Beim Adlerfarn wächst dieses Rhizom nach allen Seiten und verbreitet so die Pflanze in kurzer Zeit über eine große Fläche.

2 Generationswechsel bei Farnen

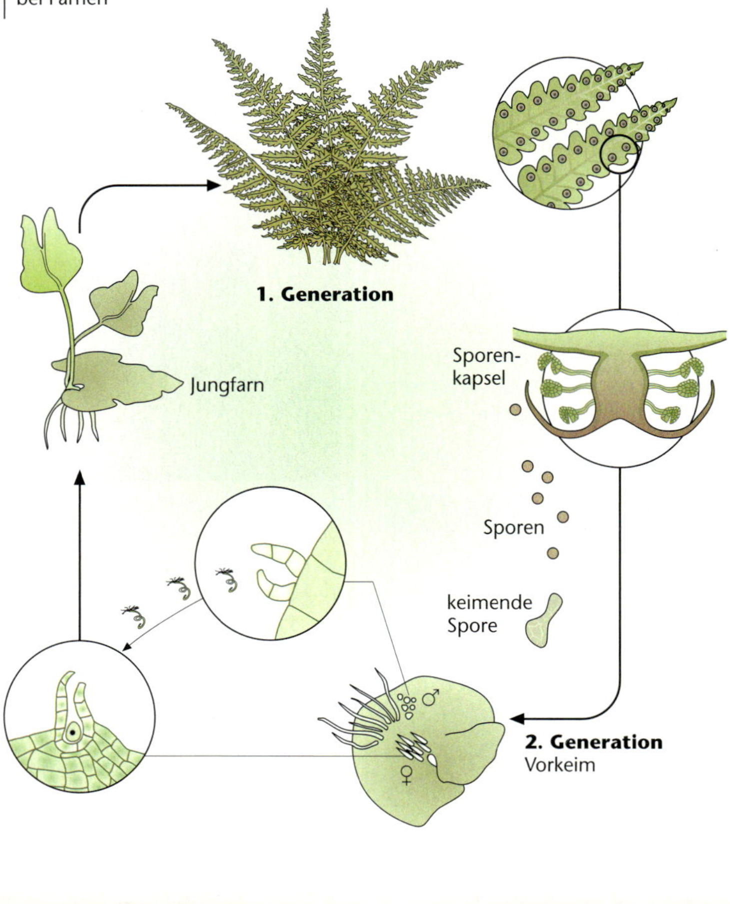

Farne haben einen Generationswechsel

Blüten wirst du an Farnpflanzen vergeblich suchen. Deshalb bilden Farne auch keine Samen. Dafür zeigen sich auf den Blattunterseiten im Sommer kleine oft bräunlich gefärbte **Sporenkapseln**. Wenn sie reif sind, werden winzige **Sporen** mit dem Wind davon getragen. Auf feuchtem Waldboden keimen die Sporen aus und bilden einen blattförmigen kleinen **Vorkeim** (▷ B 3) mit kaum 1 cm Durchmesser. Er trägt winzige Organe, rundliche und flaschenförmige. Bei feuchtem Wetter treten aus den rundlichen Organen kleine Zellen aus, die korkenzieherartig gedreht sind. Es sind männliche Schwärmer, die sich zu den Eizellen in den flaschenförmigen Organen bewegen und diese befruchten. Nach der Befruchtung wächst aus der Eizelle ein junger Farn heran, der später wieder Sporenkapseln bildet. Den Wechsel zwischen dem Vorkeim, der aus einer Spore entsteht, und dem Farn, der aus einer befruchteten Eizelle hervorgeht, bezeichnen die Biologen als **Generationswechsel.**

▶ Farne zeigen einen Generationswechsel. Geschlechtliche und ungeschlechtliche Generation wechseln einander ab.

3 Vorkeim des Wurmfarn

Aufgaben

1 Woher hat der Wurmfarn seinen Namen? Schlag im Lexikon nach oder suche im Internet nach einer Erklärung!

2 Beschreibe die Unterschiede bei der Fortpflanzung von Samenpflanzen und Farnpflanzen.

Moose speichern Wasser

Wasserversorgung ohne Leitbündel
Schattige Waldböden sind oft mit dichten Polstern des Frauenhaarmooses (▷ B 1) bedeckt. Ein Vergleich mit den Waldkräutern ergibt einige überraschende Besonderheiten: Die feinen Blättchen besitzen zwar Chloroplasten, in denen die Fotosynthese abläuft, Leitgefäße sucht man jedoch vergeblich. Torfmoose (▷ B 2), die in feuchten Wäldern und Mooren wachsen, enthalten schmale Zellen. Diese sind netzartig miteinander verbunden. Sie sind von toten Zellen umgeben, die der Wasserspeicherung dienen. Durch feine Poren stehen diese Zellen miteinander in Verbindung und tauschen so Wasser und Nährstoffe aus (▷ B 3).

Moose schützen den Waldboden
Moose haben keine echten Wurzeln. Sie nehmen Wasser mit ihrer gesamten Oberfläche auf und können beträchtliche Mengen davon in ihren Zellen speichern. Bei längeren Trockenzeiten sehen sie deshalb wie verwelkt aus. Die kleinen **Wurzelhärchen** dienen lediglich der Befestigung und nicht der Wasseraufnahme. Sie schützen auf diese Weise den Boden vor Abschwemmung und tragen zur Bodenbildung bei. Die Moospolster des Waldes saugen bei Regenwetter das Wasser wie ein riesiger Schwamm auf. Sie schützen so den Waldboden vor Austrocknung.

Wird ein Bergwald abgeholzt, so sterben die schattenliebenden Moospolster ab. Heftige Regenfälle fließen auf den kahlen Böden ungehindert ab, sammeln sich zu reißenden Strömen und können große Schäden verursachen.

▶ Moose nehmen Wasser durch Blätter und Stängel auf und speichern es in ihren Zellen. Sie sind deshalb für den Wald wichtige Wasserspeicher.

Moose sind Sporenpflanzen
Wie die Farne, so haben auch die Moose keine Blüten, sondern zeigen einen **Generationswechsel**. Sie bilden im Frühjahr an den Triebspitzen entweder Geschlechtszellen in Form von männlichen Schwärmern oder weiblichen Eizellen. Nach der Befruchtung entstehen aus den Eizellen Sporenkapseln, die an einem Stiel aus den Triebspitzen herausschauen. Die staubförmigen Sporen keimen auf dem Waldboden und wachsen zu neuen Moospflanzen heran.

Versuche

1. Untersuche unter dem Mikroskop in einem Wassertropfen Blätter verschiedener Moosarten. Suche nach Chloroplasten und fertige eine Skizze an.

2. Lasse einige Moospflanzen mehrere Tage liegen, bis sie ausgetrocknet sind. Besprühe sie anschließend mit Wasser und protokolliere.

3. Entferne die unteren Blätter einer lufttrockenen Moospflanze und hänge sie ausschließlich mit den Wurzelhärchen in ein Gefäß mit Wasser. Stelle zum Vergleich eine zweite Pflanze kopfüber mit den Blättern in ein zweites Gefäß. Erkläre das Ergebnis.

1 Frauenhaarmoos mit Sporenkapsel

2 Torfmoos

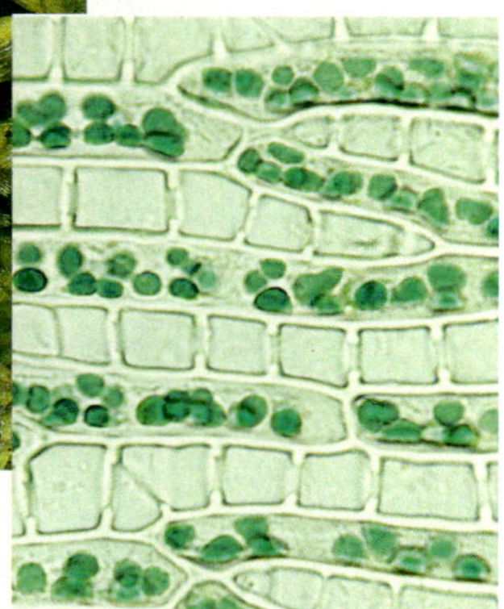

3 Mikroskopisches Bild eines Torfmoosblättchens

1 Pilze auf einem Baumstumpf

Nur der Fruchtkörper ist über der Erde
Der größte Teil eines Pilzes wächst unterirdisch. Was wir über der Erde sehen können, ist nur der **Fruchtkörper** des Pilzes. Dieser ist nichts anderes als dicht miteinander verknäuelte Pilzfäden. Je nach Pilzart sehen sie anders aus und sind manchmal nur schwer voneinander zu unterscheiden. Die Fruchtkörper bestehen aus Hut und Stiel. Unter dem Hut befinden sich bei vielen Pilzen Lamellen, die wie Speichen eines Rades angeordnet sind. Bei starker Vergrößerung sind an den Lamellen so genannte Ständerzellen zu erkennen, in denen Sporen wachsen. Daraus keimen später neue Pilzfäden.

Pilze haben kein Blattgrün
In Pilzen findet keine Fotosynthese statt. Sie nehmen Nährstoffe mit ihrem Pilzgeflecht, dem **Mycel**, entweder aus Pflanzen oder aus faulenden Pflanzenbestandteilen auf. Deshalb nennt man Pilze auch „Fäulnisbewohner". Sie zerstören die Struktur toten Holzes und machen es mit der Zeit krümelig. Dadurch leisten sie einen wichtigen Beitrag zur Humusbildung im Boden. Auf Bauholz, in Forsten und Obstkulturen wirken Pilze wie der Hausschwamm oder der Hallimasch dagegen schädlich, weil sie das Holz zerstören.

Pilze können keine Fotosynthese betreiben. Sie entziehen faulenden Stoffen die Nährstoffe, die sie brauchen.

Manche Pilze leben mit bestimmten Pflanzen in einer engen Gemeinschaft, einer **Symbiose**. So wächst der Birkenpilz stets in der Nähe von Birken. Mit seinem Mycel umwächst er die feinen Haarwurzeln des Baumes. Einzelne Pilzfäden, die so genannten **Hyphen**, dringen in die Wurzeln ein und entziehen ihnen Nährstoffe. Dafür liefern sie dem Baum Wasser und Mineralstoffe aus dem Boden.

2 Hallimasch

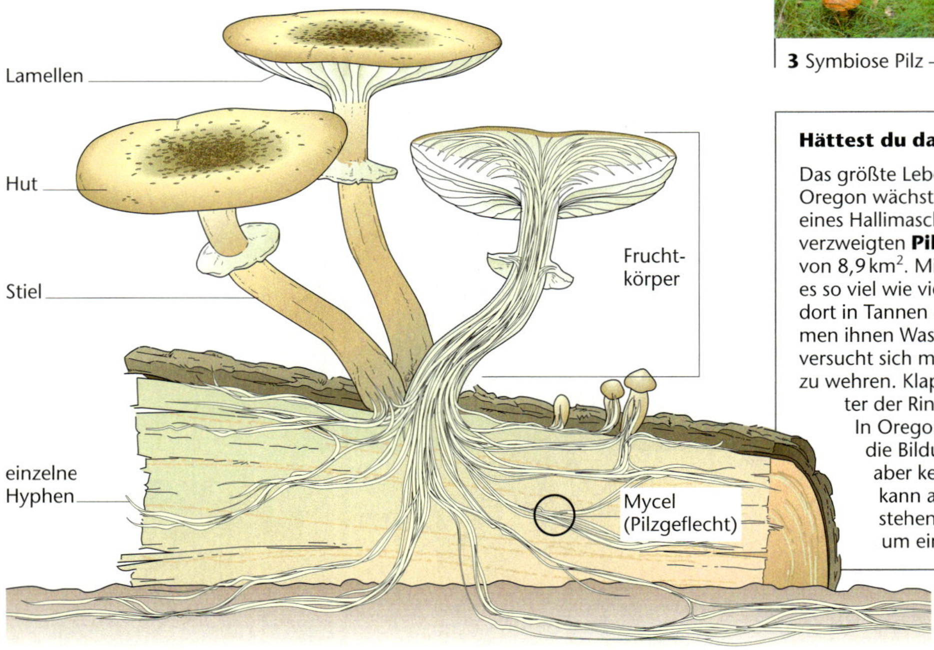

3 Symbiose Pilz – Baum

Hättest du das gedacht?

Das größte Lebewesen ist ein Pilz: Im US-Staat Oregon wächst unter der Erde das Pilzgeflecht eines Hallimasch. Es besteht aus unzähligen verzweigten **Pilzfäden** und bedeckt eine Fläche von 8,9 km^2. Mit einem Gewicht von 600 t wiegt es so viel wie vier Blauwale! Die Pilzfäden dringen dort in Tannen und Douglasien ein und entnehmen ihnen Wasser und Nährstoffe. Der Baum versucht sich mit der Bildung von Wundgeflecht zu wehren. Klappt das nicht, wächst der Pilz hinter der Rinde weiter, bis der Baum abstirbt. In Oregon verhindert das trockene Klima die Bildung von Fruchtkörpern. Wenn aber keine Sporen gebildet werden, kann auch kein neues Pilzgeflecht entstehen. Es handelt sich hier also wirklich um ein einziges Lebewesen.

Lexikon

Pilze: Essbar oder giftig?

Der **Fliegenpilz** erscheint besonders nach kräftigen Regenfällen. Unter Birken und Fichten kommt er sehr häufig vor, da er mit beiden Baumarten in Symbiose lebt. Den tödlich giftigen Pilz legte man früher in Milch ein. Wenn dann Fliegen die Milch aufnahmen, starben sie an dem Gift.

Der **Steinpilz** zählt zu unseren schmackhaftesten Speisepilzen. Wie viele andere Pilzarten kommt er jedoch immer seltener vor, da er übermäßig gesammelt wird.

Der **Grüne Knollenblätterpilz** enthält ein tödliches Gift. Da er mit dem Champignon verwechselt werden kann, sollten Pilze nur von Kennern gesammelt werden. Vom Champignon unterscheidet er sich durch seinen knollig verdickten Stiel. In Parks und Wäldern kommt er besonders in der Nähe von Eichen häufig vor.

Das **Stockschwämmchen** ist oft in Massen auf faulenden Baumstümpfen zu finden. Mit seinen Hyphen durchzieht es das abgestorbene Holz und entnimmt ihm verwertbare Stoffe. Dadurch beschleunigt es den Abbau des toten Holzes. Stockschwämmchen sind essbar und werden für Suppen und Gemüse verwendet.

Werkstatt

Wir untersuchen Pilze

1 Wir untersuchen den Hut eines Pilzes

Material

Champignon, Rasierklinge, Objektträger, Deckgläschen, Pipette, Wasser

Durchführung

Fertige einen Querschnitt durch den Hut eines Champignons. Schneide von der Querschnittsfläche ein hauchdünnes Scheibchen ab und untersuche es unter dem Mikroskop. Zeichne einen kleinen Ausschnitt des Pilzmycels. Ist das Scheibchen zu dick geraten, zerzupfe es vorsichtig mit zwei Nadeln.

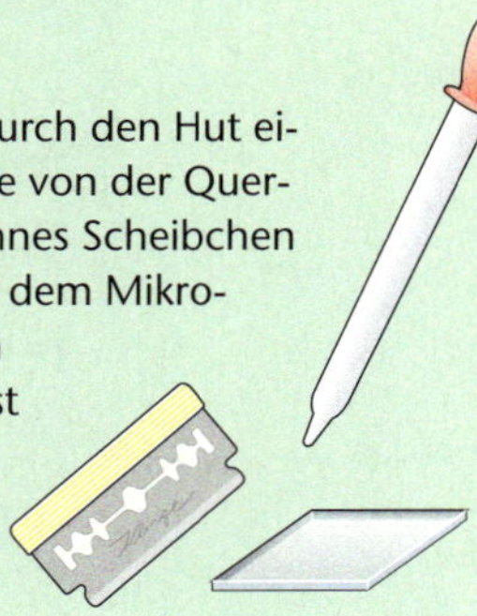

2 Pilze erzeugen Sporen

Material

Älterer Champignon, weißes Blatt Papier, Haarspray, Lupe

Durchführung

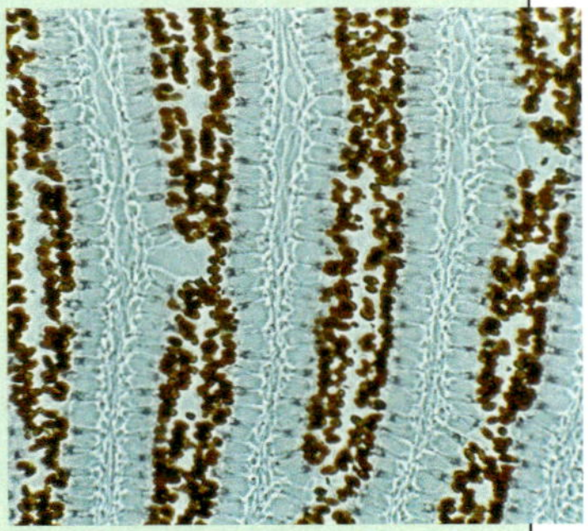

Lege den Hut eines reifen Fruchtkörpers über Nacht mit der Unterseite auf ein weißes Blatt Papier. Am nächsten Morgen zeigt sich auf dem Papier ein Sporenbild, das du mit Haarspray vorsichtig fixieren kannst. Nicht direkt ansprühen! Betrachte mit der Lupe.

3 Pilze wachsen auf Holzschnitzeln

Material

Rindenmulch oder zerschreddertes Holz

Durchführung

Streut im Schulhofgelände nach Absprache mit dem Hausmeister an einem geeigneten Platz Rindenmulch oder geschreddertes Holz etwa 10–15 cm hoch aus. Oft zeigen sich schon nach wenigen Wochen je nach Holzart die Fruchtkörper verschiedener Pilzarten. Schreibt dazu ein Beobachtungsprotokoll. Bestimmt und fotografiert dann die Pilze. Untersucht das Mycel unter dem Binokular und zeichnet es.

1 Bodenprofil

Boden und Licht bestimmen den Waldtyp
Die Bodeneigenschaften bestimmen ganz wesentlich, welche Pflanzenarten in einem Wald vorkommen können. So kann die Wald-Kiefer mit ihrer langen Pfahlwurzel auf mineralstoffarmen trockenen Sandböden gut wachsen. Die Rotbuche wird man hier jedoch vergeblich suchen. Sie meidet trockene, aber auch extrem nasse Standorte. Auf dem Kalkstein der Mittelgebirge ist sie dagegen die häufigste Baumart.

Mithilfe eines **Bodenprofils** (▷ B 1) können wir den Waldboden genauer beurteilen. Dazu wird eine Grabung bis in etwa 1 m Tiefe angelegt und eine Wand sorgfältig mit dem Spaten geglättet. Jetzt sind einzelne Bodenschichten, die **Bodenhorizonte**, erkennbar. Sie wurden über mehrere Jahrtausende abgelagert. Fachleute können daran erkennen, wie diese Schichten entstanden sind. Das Bodenprofil lässt meistens drei Haupthorizonte erkennen, die mit den Buchstaben A bis C bezeichnet werden. Ein **dunkler Humushorizont (A-Horizont)** bildet den Oberboden, in dem sich abgestorbene und zersetzte Pflanzenteile befinden. Darunter liegt ein hellerer **Verwitterungshorizont** (B), der aus dem **Untergrund** (C) entstanden ist.

Böden sind in Horizonte gegliedert. Ihre Eigenschaften richten sich nach dem Ausgangsmaterial.

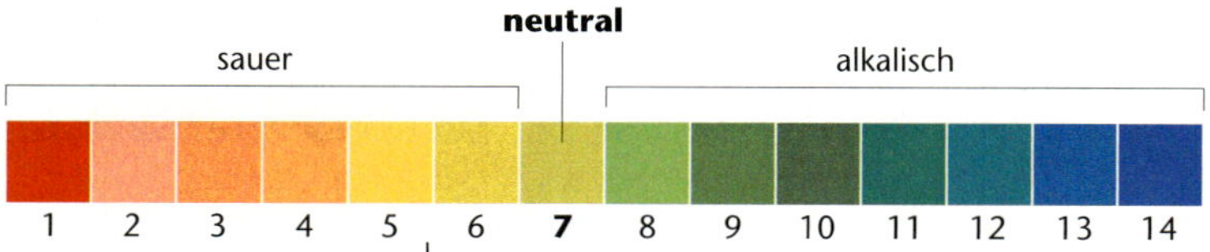

2 pH-Werte

Boden ist nicht gleich Boden
Böden bestehen aus Mineralkörnchen, deren Größe dem Boden besondere Eigenschaften verleihen. **Sand** ist wegen seiner großen Körnchen sehr wasserdurchlässig und enthält wenig Mineralstoffe. **Ton** dagegen ist kaum durchlüftet, speichert aber viel Wasser. **Lehm** ist ein Gemisch aus mehreren Bodenarten.
Neben diesen Eigenschaften ist für Pflanzen der Gehalt des Bodens an Mineralstoffen und sein Säuregehalt wichtig. Der Säuregehalt wird durch den **pH-Wert** beschrieben (▷ B 2). Ein Boden mit einem pH-Wert unter 6,5 gilt als schwach sauer. Liegt der pH-Wert unter 4,5, ist der Boden stark sauer. Es gibt nur noch wenige Pflanzen, die hier leben können. Kalkreiche Böden haben in der Regel einen pH-Wert über 7.

Licht oder Schatten?
Auch die Lichtverhältnisse im Wald sind für Pflanzen von unterschiedlicher Bedeutung. Viele Pflanzen des Waldbodens sind ausgesprochene Schattenpflanzen, während Arten wie die Brombeere direktes Sonnenlicht bevorzugen und deshalb nur am Waldrand oder auf Lichtungen wachsen.

Versuche

1 Miss bei sonnigem Wetter mit einem Luxmeter die unterschiedlichen Lichtverhältnisse in einem Wald. Beginne am Waldrand und miss dann in Abständen von 1 m auf einer etwa 20 m langen Linie in den Wald hinein. Übertrage die Werte in eine Tabelle und formuliere das Ergebnis.

2 Überprüfe, ob der Boden kalkhaltig ist. Gib dazu einen Teelöffel voll von der Bodenprobe in eine Petrischale. Tropfe mit einer Pipette etwas 10 %-ige Salzsäure darauf. Falls Kalk darin enthalten ist, braust es je nach Kalkgehalt unterschiedlich stark auf. **Wichtig:** Schutzbrille und Handschuhe tragen.

Werkstatt

Licht und Boden

1 Bestimmung der Bodenart

Material

Verschiedene Bodenproben

Durchführung

Die Bodenart kannst du im Gelände mit der Fingerprobe bestimmen. Reibe die Bodenprobe zwischen Daumen und Zeigefinger und rolle sie zwischen den Händen zu einem „Würstchen". Ermittle nun mithilfe der Tabelle die Bodenart.

	Sand 	Schluff 	Lehm 	Ton 
Rauigkeit	rau und körnig, Einzelkörner sicht- und fühlbar	mehlig	Einzelkörner sichtbar, viel Feinsubstanz	Gleitfläche glatt und glänzend
Schmierfähigkeit	nicht beschmutzend	haftet in Fingerrillen	beschmutzend	stark beschmutzend
Rollfähigkeit	zerrieselnd	nicht ausrollbar	etwa bleistiftdick ausrollbar, dann zerbröckelnd	zu Würsten ausrollbar
Plastizität	nicht formbar	nicht oder kaum formbar	formbar	gut formbar

2 Bestimmung der Bodenbestandteile

Material

Unterschiedliche Bodenproben, Messzylinder, Wasser, Plastikbeutel

Durchführung

Entnimm im Wald an unterschiedlichen Standorten Bodenproben unterhalb der Bodenstreu und verpacke sie getrennt in Plastikbeuteln. Schreibe jeweils die Standorte auf und markiere die Beutel entsprechend.
Gib jeweils die gleiche Menge der Bodenproben in verschiedene Messzylinder und fülle mit Wasser auf. Rühre gut durch und lasse die Gefäße bis zum nächsten Tag ruhen. Du kannst nun die Dicke der abgesetzten Sand-, Schluff- und Tonschichten messen und vergleichen.

3 Wärmeaufnahme des Bodens

Material

Blumentöpfe, unterschiedliche Bodenarten, Laborthermometer

Durchführung

Gib in vier Blumentöpfe lufttrockene Böden: Humus, Sand, Lehm und Ton. Stecke in jeden Topf ein Laborthermometer in 10 cm Tiefe und stelle die Töpfe in die Sonne. Miss in regelmäßigen Zeitabständen die Erwärmung der unterschiedlichen Böden. Übertrage die Werte in ein Diagramm und beschreibe das Ergebnis.
Den Versuch kannst du ebenso gut auch im Wald an verschiedenen Standorten durchführen.

4 Bestimmung des Säuregehalts

Material

Getrocknete Bodenproben unterschiedlicher Standorte, destilliertes Wasser, pH-Indikatorpapier

Durchführung

Verrühre 20 g einer getrockneten Bodenprobe mit 50 ml destilliertem Wasser. Prüfe das überstehende Wasser mit Indikatorpapier auf seinen pH-Wert. Schlage in einem Bestimmungsbuch nach, ob einige der auf dem Untersuchungsboden wachsenden Pflanzen als Zeigerarten für diesen Boden typisch sind. Verfahre ebenso mit den übrigen Bodenproben und formuliere dein Untersuchungsergebnis.

1 Zu Versuch 2

2 Zu Versuch 3

3 Zu Versuch 4

Der Wald ändert sein Gesicht
Bei einer Wanderung quer durch ein Flusstal können wir den Einfluss der unterschiedlichen Böden und der Sonneneinstrahlung auf den Wald gut erkennen. Unten am Fluss besteht der Boden aus angeschwemmtem Sand und Lehm. Bei Hochwasser ist dieses Gebiet der **Flussaue** häufig überschwemmt. Nur wenige angepasste Baumarten können unter diesen Bedingungen wachsen.

Auwälder begleiten den Fluss
Wo das Wasser oft über die Ufer tritt, hat sich ein **Auwald** aus Weichgehölzen gebildet, der hauptsächlich aus Silber- und Bruchweiden besteht. Diese Bäume halten selbst starker Wasserströmung stand und befestigen mit ihren Wurzeln den Uferbereich. In einiger Entfernung vom Ufer wachsen in der **Talaue** Harthölzer wie Eschen und Stieleichen. Beide Baumarten der **Hartholzaue** ertragen gelegentliche Überschwemmungen problemlos. Artenreiche Kraut- und Strauchschichten bilden ein undurchdringliches Dickicht. Im Frühjahr überziehen Buschwindröschen den gesamten Waldboden. Je weiter wir uns vom Ufer entfernen, um so mehr nimmt die Strauchschicht ab. Hainbuchen bilden unter den mächtigen Stieleichen die Baumschicht.

Rotbuchenwälder meiden Feuchtgebiete
Rotbuchen treten nur selten auf, da ihnen auf den feuchten Böden die anderen Baumarten noch überlegen sind. Erst die Berghänge werden vom Buchenwald vollständig bedeckt. Die Baumkronen bilden ein geschlossenes Dach und lassen nur wenig Licht hindurch. Deshalb sind Kraut- und Strauchschicht kaum vorhanden. Wo der Untergrund aus Kalkgestein besteht, überziehen im Frühjahr Perlgras, Bingelkraut, Lungenkraut und viele andere Arten den Waldboden mit einem dichten Teppich. Zu dieser Zeit sind die Bäume noch kahl und lichtdurchlässig. Beim steilen Aufstieg wird die Sonneneinstrahlung stärker. Die

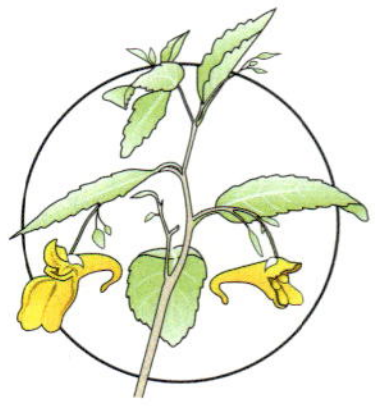
Großblütiges Springkraut

Silberweide

Wechselblättriges Milzkraut

Bruchweide

Wald-Ziest

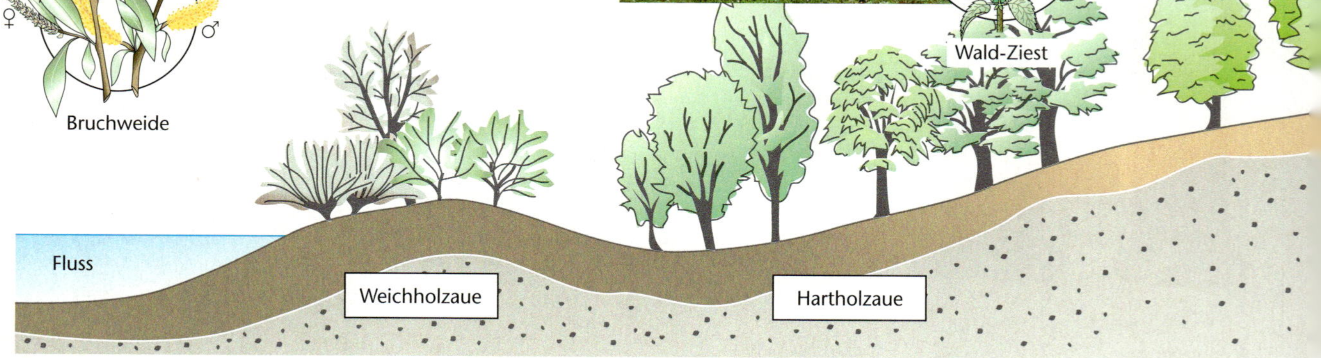

Buchen sind niedrig gewachsen, manche erscheinen regelrecht verkümmert. In der Krautschicht kommen nur noch stark wärmeliebende Arten vor. Das seltene Weiße Waldvögelein gehört zu den geschützten einheimischen Orchideenarten und macht den **Orchideen-Rotbuchenwald** zusammen mit Glockenblumen und Schlüsselblumen zu einem der schönsten mitteleuropäischen Wälder.
Es gibt in Mitteleuropa noch viele weitere Waldgesellschaften. Der Moos-Kiefernwald trockener Böden und der Erlen-Bruchwald ständig nasser Böden sind nur zwei weitere Beispiele.

Boden, Wasserversorgung, Licht und Klima entscheiden über die Zusammensetzung der Waldgesellschaften.

Perlgras

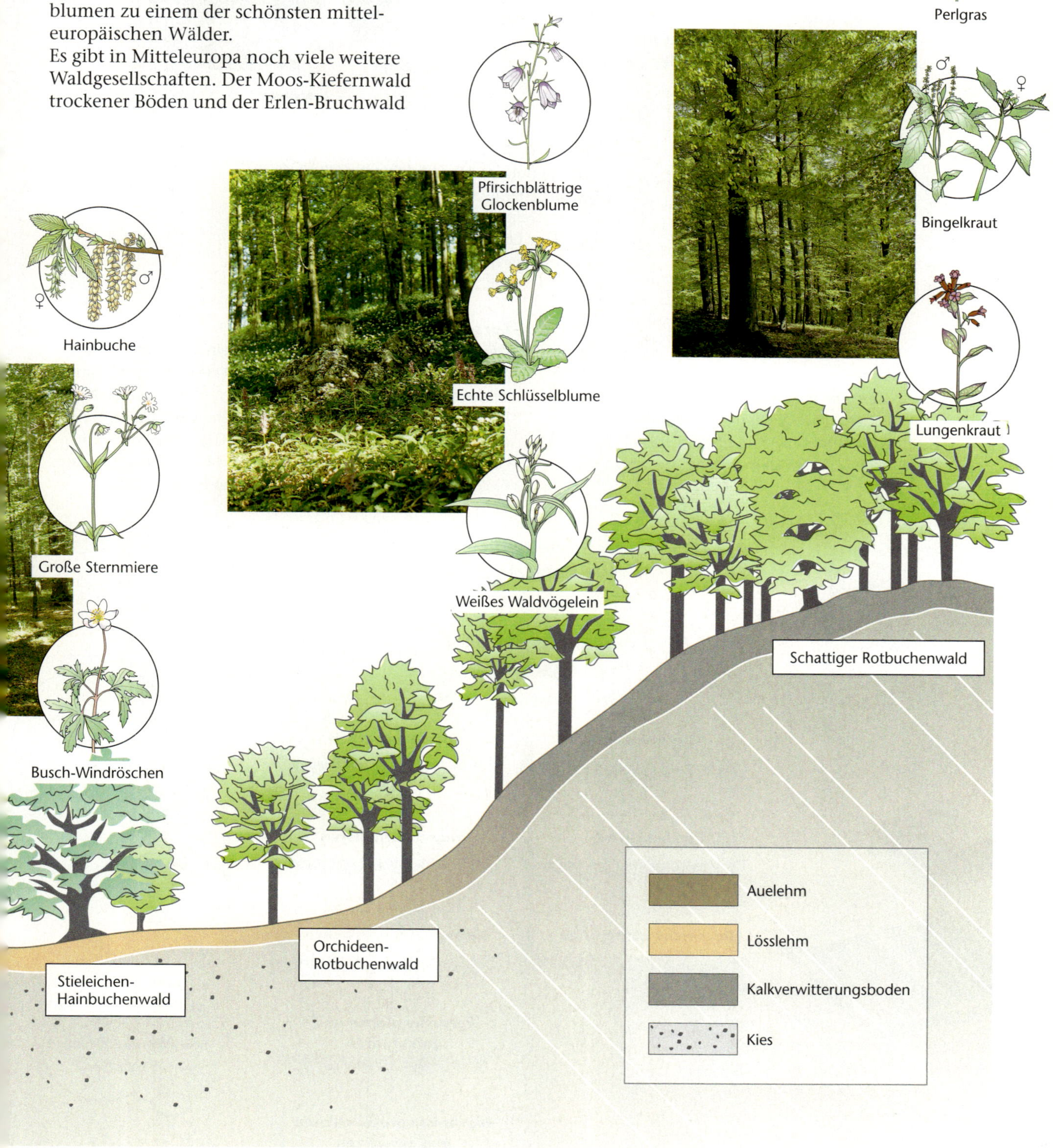

Strategie

Die praktische Facharbeit

Eine Idee steht am Anfang
Du hast im Unterricht mit dem Mikroskop gearbeitet und fandest die Arbeit mit diesem Gerät faszinierend. Jetzt möchtest du eine Hausarbeit schreiben und dabei etwas mikroskopisch untersuchen. Im Gespräch mit deiner Biologielehrerin legt ihr fest, dass die Arbeit ungefähr 20 Seiten umfassen soll. Gemeinsam könnt ihr auch den zeitlichen Rahmen festlegen.

Wie gehst du vor?
Bevor du mit der Arbeit beginnst, solltest du dir über das Thema und die Vorgehensweise klar werden. Deine Biologielehrerin oder dein Biologielehrer beraten dich sicher gerne. Vielleicht musst du das Thema eingrenzen, wenn dir nicht so viel Zeit zur Verfügung steht.

Literaturarbeit oder ...
Bei einer reinen Literaturarbeit musst du zuerst schriftliche Informationen sammeln und aufbereiten. Die bekommst du aus Lexika, Wörterbüchern, Fachbüchern, Zeitschriften oder aus dem Internet. Sei kritisch und vorsichtig, wenn die Quellen aus dem Internet stammen.

Forschungsarbeit?
Deine Facharbeit soll aber praktisch sein. Du willst mit dem Mikroskop arbeiten. Formuliere zuerst deine Fragen, plane Versuche dazu und stelle Vermutungen über Ergebnisse an. Führe anschließend die Versuche durch. Nur so kannst du deine Vermutungen überprüfen. Alle Ergebnisse musst du genau protokollieren und auswerten. Lasse dich von deinem Biologielehrer oder deiner Biologielehrerin unterstützen.

Thema aussuchen

Vorgehensweise wählen

Literaturarbeit	Forschungsarbeit
Quellen sichten	Fragen formulieren
Recherche aufbereiten	Vermutungen anstellen
	Versuche planen und durchführen
	Ergebnisse protokollieren und auswerten

Du kannst aber auch ganz andere Themen für deine praktische Facharbeit wählen:

Anzucht von Pflanzen
Wie rasch vermehren sich Wasserlinsen?
Hier musst du dir Material besorgen und dich informieren, welche Ansprüche die Pflanzen stellen.

Messreihen
Wie groß sind wir?
Erstelle Messreihen zur Größe der Familienmitglieder morgens nach dem Aufstehen und am Abend.
Findest du hier Gesetzmäßigkeiten?

Diskutiere die Ergebnisse mit deinen Klassenkameraden.
Vielleicht wollen sie auch eine Messreihe in ihrer Familie durchführen.

Aufzucht von Tieren
Kennst du die „Mitbewohner" deines Hauses?
Untersuche Asseln, Spinnen und Schaben. Du kannst auch Mehlkäfer züchten und untersuchen.

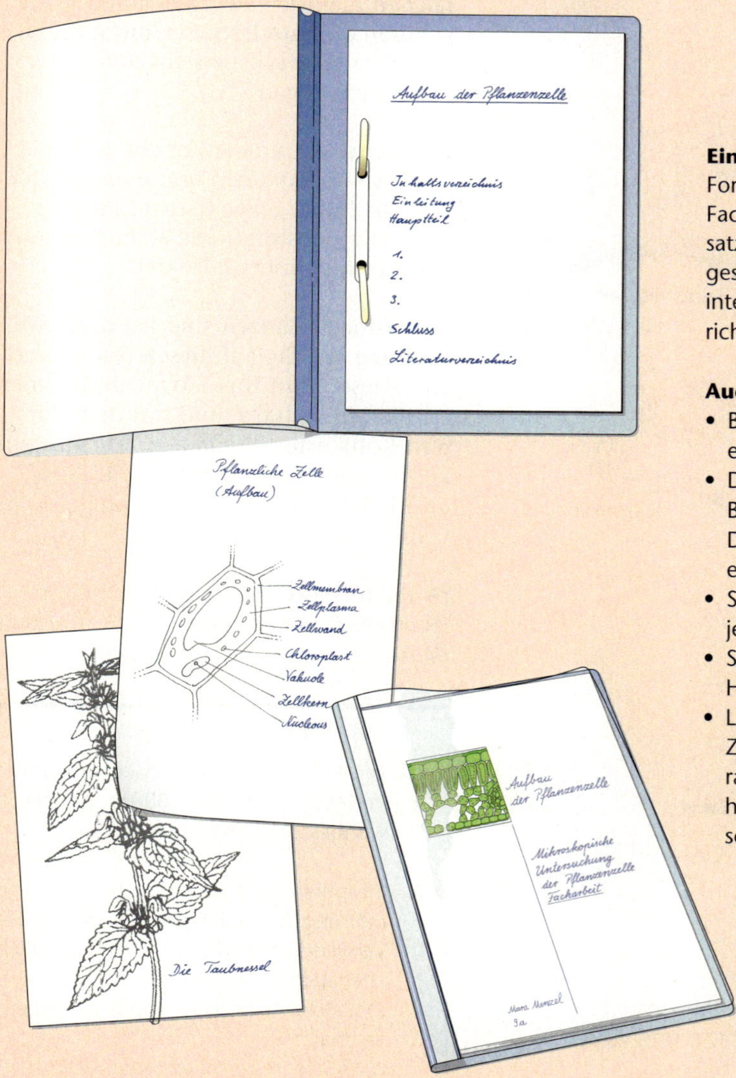

Eine Gliederung muss sein
Formuliere nun eine Gliederung für deine Facharbeit. Denke dabei, wie bei einem Aufsatz, an Einleitung, Hauptteil und Schluss. Dein geschriebener Text muss verständlich und interessant formuliert sein. Wende Fachbegriffe richtig an.

Auch das Äußere ist wichtig
- Besorge eine ansprechende Mappe oder einen Ordner.
- Deine Facharbeit soll schon auf den ersten Blick interessant wirken, gestalte deshalb das Deckblatt besonders sorgfältig. Suche z. B. ein aussagekräftiges Foto zum Thema.
- Schreibe das Inhalts- und Literaturverzeichnis je auf ein getrenntes Blatt.
- Schreibe mit dem PC oder mit leserlicher Handschrift.
- Lockere die Seiten mit Fotos oder eigenen Zeichnungen auf. Wenn du einen Fotoapparat oder eine digitale Kamera zur Hand hast, kannst du die Fortschritte deiner Forschungsarbeit dokumentieren.

Tierart	Häufigkeit
Fadenwürmer	10 000 000
Springschwänze	100 000
Regenwürmer	200
Tausendfüßer	150
Käfer	100
Laubschnecken	50
Asseln	50

1 Artenanzahl in 1 m² (obere 30 cm) Bodenschicht

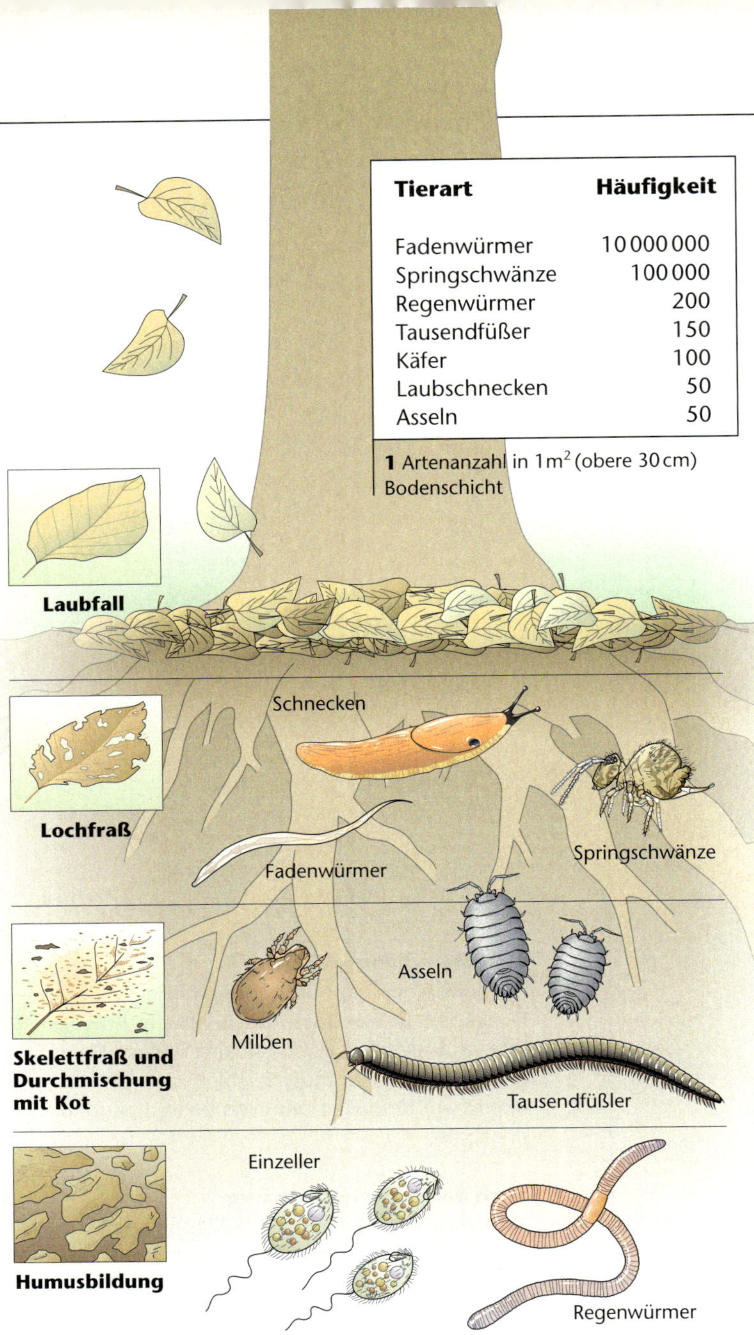

Kleinlebewesen als „Abfallvertilger"
Jedes Jahr fällt im Herbst viel Laub auf den Waldboden. Zahllose Kleinlebewesen machen sich sofort an die Arbeit und zerkleinern Blatt für Blatt. Durch ihre Verdauungstätigkeit beseitigen sie alle abgestorbenen Pflanzenteile.
Mit Lupe und Mikroskop kannst du die Tiere gut anschauen.

Asseln, Schnecken und Doppelfüßer gehören zu den größeren Streuzersetzern. Sie fressen Löcher in das feuchte Laub und sorgen damit für eine erste Zerkleinerung. Milben, Springschwänze, Fadenwürmer und Insektenlarven vollenden die Arbeit. Regenwürmer fressen ebenfalls totes Pflanzenmaterial, sorgen aber gleichzeitig auch für eine gute Durchmischung und mit ihren Gängen für eine Durchlüftung des Bodens. Mehrere andere Tierarten leben räuberisch. Sie machen Jagd auf die zahlreichen Kleintiere des Bodens. Zu ihnen gehören die Hundertfüßer, die am Kopf zwei für den Menschen ungefährliche Giftklauen tragen.

Pflanzenreste und der Kot der Bodentiere werden von Bakterien und Pilzen weiter zersetzt. Dabei geben diese Mikrolebewesen Kohlenstoffdioxid ab und setzen gleichzeitig Mineralsalze frei.

Die grünen Pflanzen sind bei der Fotosynthese ständig auf diesen Nachschub angewiesen. Mit ihren Wurzeln nehmen sie die Mineralsalze und mit den Blättern Kohlenstoffdioxid auf. Jahr für Jahr können sie nun neue Blätter, Blüten und Früchte bilden – ein ständiger Kreislauf.

Kleinlebewesen des Bodens führen Stoffe aus abgestorbenen Pflanzenteilen in den Naturkreislauf zurück.

2 Zersetztes Buchenblatt

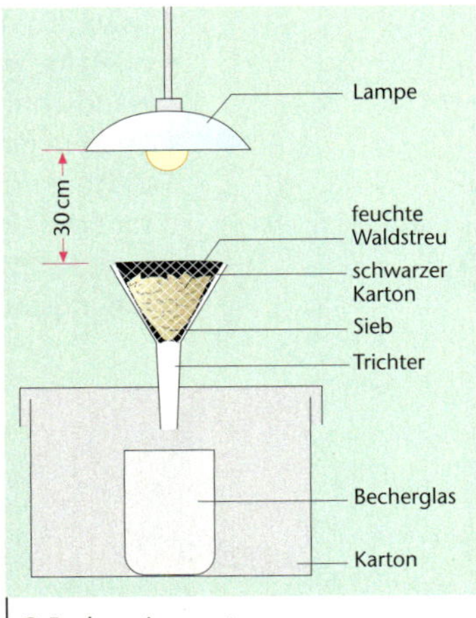

3 Berlese-Apparat

Aufgaben

1 Vergleiche die Anzahl der Regenwürmer in einem Garten von 1000 m² mit der Einwohnerzahl deines Heimatortes.

2 Informiere dich über die Lebens- und Ernährungsweise der gefundenen Tierarten. Verwende dazu die Texte in diesem Buch, aber auch Lexika und Internet.
a) Welche Arten leben von totem Pflanzenmaterial?
b) Welche Arten leben räuberisch?

Werkstatt

Untersuchung der Laubstreu

1 Wir untersuchen die Laubstreu

Material

Berlese-Apparat, Schaufel, Plastikbeutel

Durchführung

a) Markiert auf dem Waldboden eine Fläche von der Größe eines DIN-A4-Blattes. Tragt die einzelnen Schichten ab, bis ihr auf festen Boden stoßt und verpackt sie getrennt in Plastikbeuteln. Gebt jeweils einen Teil davon in einen Berlese-Apparat. Da Bodentiere das Licht meiden, werden sie nach unten kriechen und in das Becherglas fallen. Bestimmt die Tiere nun mithilfe einer Lupe oder eines Binokulars. Fertigt in euren Heften eine Tabelle an und tragt die gefundenen Arten und ihre Anzahl in den einzelnen Schichten ein.

b) Während der Berlese-Apparat eingeschaltet ist, könnt ihr einen Teil der Bodenproben auf einem Blatt Papier ausbreiten und untersuchen. Vergleicht die gefundenen Tiere mit den Abbildungen und tragt sie in eine Tabelle ein. Für einige Tiere werdet ihr ein besonderes Bestimmungsbuch benötigen.

2 Asseln fressen Pflanzenreste

Material

2 Asseln, feuchte Laubblätter, Petrischale, Sand, Blumendraht, Pappkarton

Durchführung

Schneide aus einem abgefallenen Laubblatt ein Stück von 2,5 cm x 4 cm = 10 cm^2 Größe heraus. Falls es trocken ist, lege es so lange in Wasser, bis es damit vollgesogen ist. Bedecke den Boden der Schale mit sauberem durchgesiebten Sand und lege das Laubstück darauf.

Fange nun zwei Asseln und setze sie in die Petrischale. Verschließe die Petrischale, setze aber wegen der Belüftung zwischen Boden und Deckel einen Steg aus dünnem Draht. Die Schale muss nun dunkel in einem Pappkarton aufgestellt werden.

Achtung: Das Laub darf nicht austrocknen. Deshalb halte den Sand stets etwas feucht. Protokolliere täglich, welcher Anteil Laub gefressen wurde.
Biete weiteren Asseln unterschiedliche Laubsorten in verschiedenen Schalen an.
Werden bestimmte Laubsorten bevorzugt?

Decke die Hälfte der Petrischale mit dunklem Karton ab.
Wo halten sich die Tiere bevorzugt auf?

Fasse deine Ergebnisse schriftlich zusammen.

Fadenwurm
- Körper rund, fadenförmig an den Enden spitz zulaufend
- Nahrung: Pflanzenteile und Kleinlebewesen

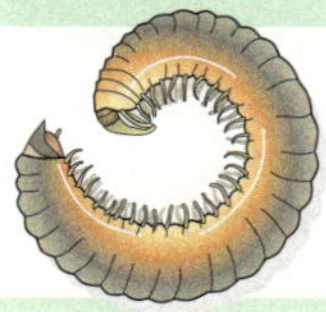

Doppelfüßer
- Körper rund, schwarzbraun
- 50 bis 110 Beinpaare
- bevorzugt feuchten Boden
- Nahrung: moderndes Laub

Regenwurm
- Ringelwürmer, weißlich gelb massenhaftes Auftreten
- auch im Kompost
- wichtiger Humusbildner

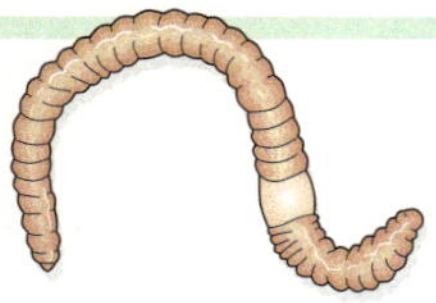

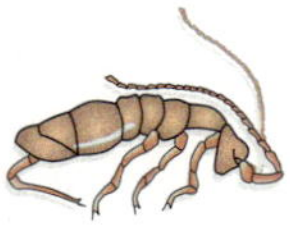

Springschwanz
- Hinterende mit Sprunggabel
- meist augenlos
- massenhaft auftretend
- Nahrung: Blattstreu

Laubschnecke
- gelb- bis rotbraun
- in feuchtem Laub u. Gebüsch
- Nahrung: Algen, Pilze, Pflanzenteile

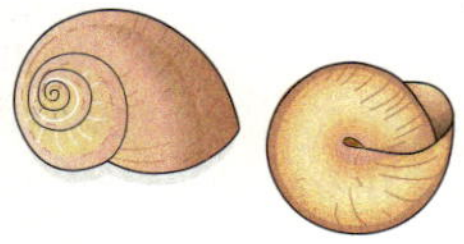

Ohrwurm
- gelblich bis dunkelbraun
- Zange am Hinterende
- Nahrung: Pflanzen und Aas

Milbe
- Spinnentiere
- Zwischenwirt von Bandwürmern
- Nahrung: Pflanzen

Mistkäfer
- blauschwarz metallisch
- transportiert Kot zur Eiablage in tiefere Erdschichten
- Nahrung: Kot

Steinläufer
- 15 Beinpaare
- räuberische Lebensweise
- Nahrung: Insekten, Asseln, Spinnen

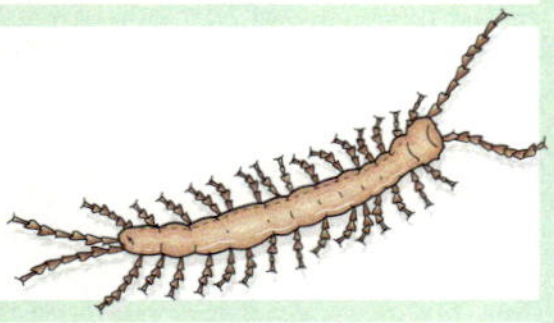

Drahtwurm
- Larve des Schnellkäfers
- rund, steif, glänzend gelb
- Nahrung: Pflanzenwurzeln
- auch räuberische Arten

Saftkugler
- spiegelglatt
- rollt sich ein, Wehrsekret
- Nahrung: moderndes Laub, Humus

Larve der Wiesenschnake
- Atemöffnung am Hinterleib wie „Teufelsfratze"
- dicht unter der Erdoberfläche
- Nahrung: Mulm und Wurzeln

Der **„Buchdrucker"** hat seinen Namen erhalten, weil seine Gänge unter der Rinde aussehen, wie die Schriftreihen in Büchern.

1 Durch Borkenkäferbefall geschädigte Fichten

2 Larvengänge

3 Borkenkäferfalle

Wenn Borkenkäfer in Massen auftreten

Besonders nach heißen, trockenen Sommern und orkanartigen Winterstürmen fürchten die Forstwirte für ihren Wald eine besondere Gefahr: Fichten-Borkenkäfer, auch Buchdrucker genannt, werden in dem Bruchholz der Fichten ideale Brutbedingungen vorfinden. Vor allem unter der Rinde kranker und absterbender Bäume legen sie ihre Brutgänge an. Das Männchen höhlt eine kleine Kammer unter der Rinde aus, wo es sich mit den einfliegenden Weibchen paart. Von hier aus baut jedes Weibchen einen Muttergang und legt darin seine Eier ab. Nach dem Schlüpfen fressen die Larven vom Muttergang aus seitliche Gänge (▷ B 1) in die Rinde hinein. Dadurch wird das Gewebe langsam zerstört und der Baum stirbt nach einiger Zeit ab. Gibt es viel Bruchholz, kann es zu einer **Massenvermehrung** der Borkenkäfer kommen.

Das eigentliche Problem tritt aber erst ein Jahr später auf. Wenn kein frisches Bruchholz mehr zur Verfügung steht, werden die Käfer auf gesundes Holz ausweichen. Gesunde Fichten reagieren auf Wunden mit verstärktem Harzfluss. Dadurch werden die Wunden geschlossen und wachsen langsam zu. Werden gesunde Fichten jedoch von Käfermassen befallen, haben sie keine Chance. Der Käferfraß unterbricht den Flüssigkeitstransport in der Rinde, und Pilze siedeln sich in den Fraßgängen an. Der Baum wird derart geschwächt, dass er schließlich abstirbt. Besonders groß sind die Schäden in Monokulturen.

Eine Falle für Männchen

Gegen die Massenvermehrung der Borkenkäfer kann selbst eine große Schar von Fressfeinden kaum etwas ausrichten. Seit einigen Jahren werden deshalb mit Erfolg Käferfallen im Wald aufgestellt. Sie enthalten einen Sexuallockstoff, mit dem die Weibchen üblicherweise die Männchen anlocken. Durch den Lockstoff unwiderstehlich angezogen, purzeln die Käfer in die Falle. Dort wartet jedoch kein Weibchen, sondern ein Giftstoff, der die Tiere tötet. Fehlen die männlichen Käfer, gibt es weniger Nachkommen und der Schaden an den Bäumen hält sich in Grenzen.

▶ Borkenkäfer richten bei Massenvermehrung besonders in Monokulturen große Schäden an.

Fressfeinde des Borkenkäfers

Borkenkäfer und ihre Larven sind Nahrung für viele Tiere des Waldes. Hauptsächlich sind es andere Insekten, die Jagd auf die Käfer machen.
Kaum ein Tier jedoch frisst so große Mengen an Borkenkäfern wie der Große Buntspecht. Für den Wald hat der Vogel aber noch weitere Bedeutungen: Bei der Nahrungssuche zerkleinert er moderndes Holz, das dadurch von Kleinlebewesen schneller abgebaut wird. Außerdem verhilft er anderen Vögeln, wie Meisen und Dohlen, zu einer „Wohnung", denn die meisten seiner Baumhöhlen nutzt er nicht selbst.

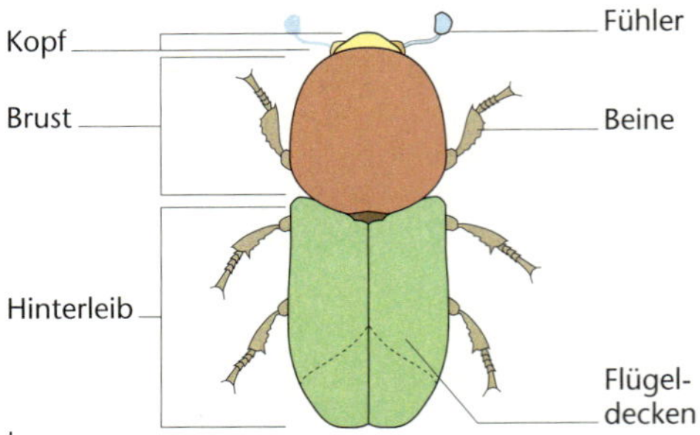

4 Borkenkäfer sind Insekten.

a) Kamelhalsfliege, Larven leben räuberisch in den Gängen der Borkenkäfer

b) Holzschlupfwespe

c) Kurzflügler

d) Laufkäfer

e) Holzfliegenlarve

f) Ameisenbuntkäfer

5 Feinde des Borkenkäfers

Aufgaben

1 Beschreibe, welche Nahrung der Große Buntspecht während der einzelnen Monate des Jahres überwiegend aufnimmt. Werte dazu die Abbildung 6 aus.

2 Begründe, warum der Große Buntspecht eine plötzliche Massenvermehrung des Borkenkäfers nicht verhindern kann.

3 Zeichne den Borkenkäfer in die Mitte eines Papierblattes. Ordne seine Feinde in Form beschrifteter Kästchen um ihn herum. Verbinde nun den Borkenkäfer durch Pfeile mit seinen Feinden. Schreibe über die Pfeile, wie die Tiere zusammengehören. Beispiel: … legt Eier in erwachsene Käfer …

4 Begründe, warum gerade in Monokulturen die Gefahr für Borkenkäferbefall sehr groß ist.

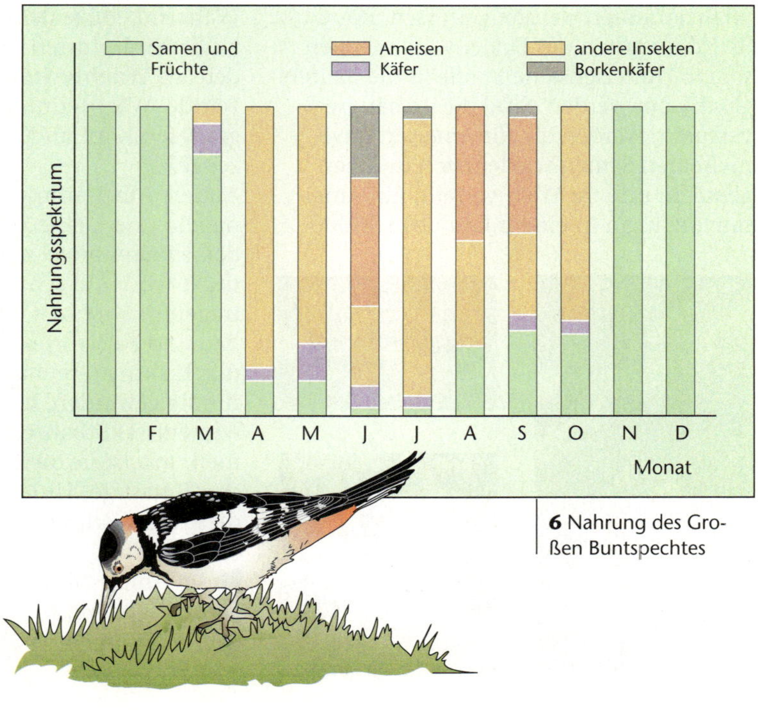

6 Nahrung des Großen Buntspechtes

Bau mit „Klimaanlage"
Auf einer Waldlichtung im Kiefernwald liegt über einem vermoderten Baumstumpf der Bau der Roten Waldameise. Er dient einem ganzen Ameisenvolk als Unterkunft. Bis zu 750 000 Ameisen leben gemeinsam in einem Bau. Durch Öffnen und Schließen der Ausgänge sorgen einige **Arbeiterinnen** für eine gezielte Belüftung und regeln auf diese Weise die Temperatur im Nest. Durch den hügelartigen Aufbau ist die „Ameisenwohnung" ein guter Wärmespeicher und im Inneren ziemlich gleichmäßig auf etwa 25 °C temperiert. Im Inneren des Hügels befinden sich Kammern, in denen sich der Nachwuchs entwickelt. Falls erforderlich, transportieren andere Arbeiterinnen die Larven und Puppen sofort an einen besseren Platz.

Bei der Jagd nach Beutetieren benutzen die Roten Waldameisen ihre kräftigen Mundwerkzeuge. Insekten aller Art und deren Larven stehen auf dem Speiseplan der Tiere. Mehrere Tausend Raupen werden von einem Volk an manchen Tagen eingesammelt. Forstschädlinge werden in ihrer Vermehrung dadurch in Grenzen gehalten. Ein erbeutetes Tier gehört allen gemeinsam und deshalb arbeiten beim Transport der Beute oft viele Ameisen zusammen.

Ameisen verbreiten Pflanzen
Aber nicht nur Insekten, auch die eiweiß- und zuckerhaltigen Anhänge mancher Pflanzensamen werden gefressen. Rund 80 Kräuterarten des Eichenwaldes haben solche „Ameisensamen", die in die Bauten geschleppt werden. Sind die Anhängsel verspeist, werden die für Ameisen ungenießbaren Samen wieder nach draußen gebracht und im Wald verteilt. Ein Ameisenvolk kann in einem Jahr etwa 30 000

1 Ameisenbau

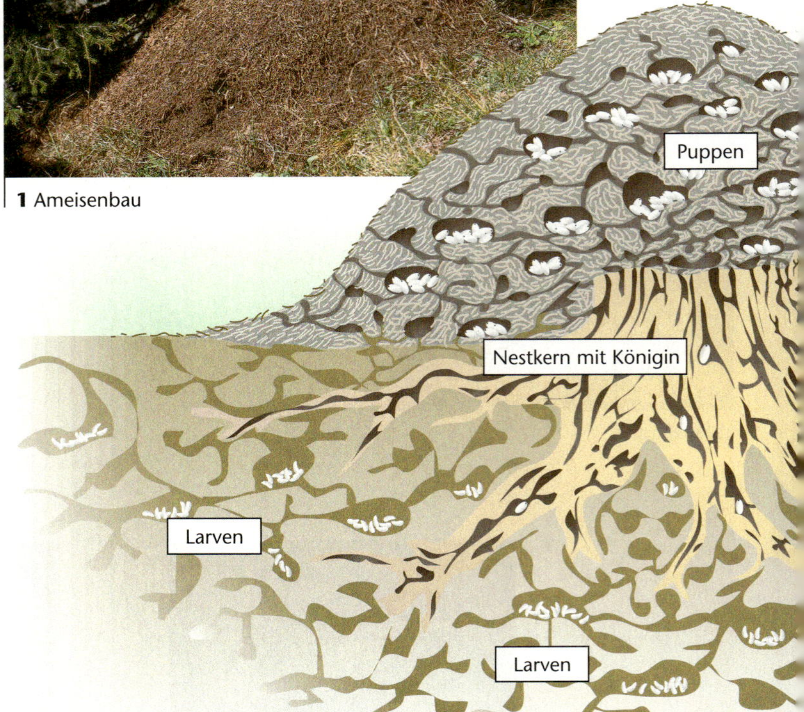

Samen transportieren. Zahlreiche Arten der Krautschicht sind auf die Samenverbreitung durch Ameisen angewiesen.

Arbeitsteilung
Unter den Tieren herrscht Arbeitsteilung: Während einige der vielen Arbeiterinnen als **Sammlerinnen** arbeiten, achten andere als **Wächterinnen** auf eindringende Feinde. Wächterinnen haben einen etwas größeren Kopf und kräftigere Mundwerkzeuge.
Andere Arbeiterinnen schleppen Kiefernnadeln und kleine Zweigstücke, mit denen der Ameisenhügel aufgebaut und abgedeckt wird. Auf schmalen Ameisenstraßen tragen sie ihre Last heran. Die Wege zum Bau und zu Nahrungsquellen werden durch Duftstoffe markiert. Ist eine Ameise fündig geworden, legt sie auf dem Rückweg eine Duftbahn an. Im Bau angekommen, macht sie die übrigen Arbeiterinnen durch hastiges Hin- und Herlaufen auf diese Markierung aufmerksam.

Im Ameisenbau herrscht Arbeitsteilung bei Nahrungsbeschaffung, Transport von Baumaterial, Wachdienst und Brutpflege.

Grünspecht

Ameisenlöwe

Wald-Veilchensamen

Raupe

Blattläuse

Marienkäfer

Königin
(Flügel abgestreift)

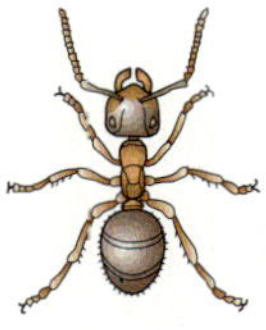
Arbeiterin

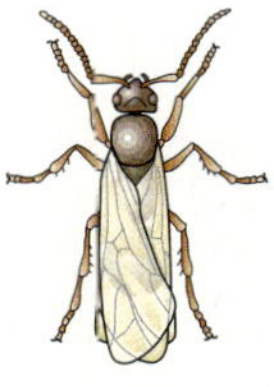
Männchen

Die Fortpflanzung der Ameisen

Nur die **Königin** legt im Ameisenstaat die Eier. Sie legt im Frühjahr befruchtete und unbefruchtete Eier. Aus den unbefruchteten Eiern entwickeln sich geflügelte **Männchen**. Aus den befruchteten Eiern werden geflügelte Weibchen, die Königinnen. Gemeinsam starten sie mit den Männchen zum Hochzeitsflug und paaren sich. Die begatteten Königinnen fliegen danach zum Bau zurück und streifen ihre Flügel ab. Der dabei erhaltene Samenvorrat reicht für ihr gesamtes Königinnenleben von etwa 15–20 Jahren. Die Männchen haben ihre biologische Aufgabe bei der Fortpflanzung erfüllt und sterben. Die Eier werden in besonderen Brutkammern im untersten Stockwerk des Ameisenbaues untergebracht und ebenso sorgfältig von den Arbeiterinnen bewacht wie die Larven und Puppen. Es entstehen jetzt nur noch Arbeiterinnen, die zur Verjüngung des Volkes beitragen und es rasch anwachsen lassen. Einzelne Königinnen trennen sich im Laufe des Sommers gemeinsam mit einem Teil der Arbeiterinnen von ihrem Volk und gründen an anderer Stelle neue Völker.

Aufgabe

1 Erkläre die Beziehungen der Roten Waldameise zu den abgebildeten Mitgliedern der „Lebensgemeinschaft Wald“, indem du eine Ameise zeichnest, die übrigen Lebewesen drum herum schreibst und sie durch Pfeile mit der Ameise verbindest. Beschrifte die Pfeile z. B. wie folgt: … verbreitet die Samen des … .

Ameisen und Blattläuse leben in Symbiose

Auffällig ist das Verhalten der Ameisen gegenüber Blattläusen. Statt die Tiere zu fressen, beschützen Ameisen sie sogar gegen Feinde. Dazu zählen zum Beispiel Marienkäfer und deren Larven. Blattläuse saugen Pflanzensäfte, wobei sie überschüssige Stoffe als süßen und klebrigen „Honigtau“ ausscheiden. Die Ameisen „melken“ ihre Schützlinge geradezu, indem sie deren Hinterleib betasten und damit die Blattläuse zur Abgabe von Honigtau anregen. Eine derart wechselseitige Beziehung zu beiderseitigem Nutzen nennen die Biologen **Symbiose**.

Gefahren für die Waldameise

Die Rote Waldameise steht unter besonderem Schutz. Zerstörung ihrer Bauten durch Spaziergänger oder bei Waldarbeiten ist eine der Hauptgefahren für die Ameisen. Spechte und andere Fressfeinde können den Bestand der Ameisen dagegen kaum gefährden. Werden Ameisen angegriffen, so spritzen sie aus ihren Hinterleibsdrüsen mit ätzender Ameisensäure oder wehren sich mit ihren Beißzangen.

Für die Lebensgemeinschaft des Waldes sind Ameisen von großer Bedeutung. Sie fressen Insekten, verbreiten Pflanzensamen und sind Nahrung für andere Tiere.

Versuche

1 Ziehe mit dem Zeigefinger vorsichtig eine flache Spur quer durch eine Ameisenstraße und beobachte das Verhalten der Tiere. Erkläre!

2 Lege ein Papiertaschentuch für einige Minuten auf einen Ameisenhügel, schüttle die Tiere ab und rieche dann an dem Tuch! Wie erklärst du den eigenartigen Geruch?

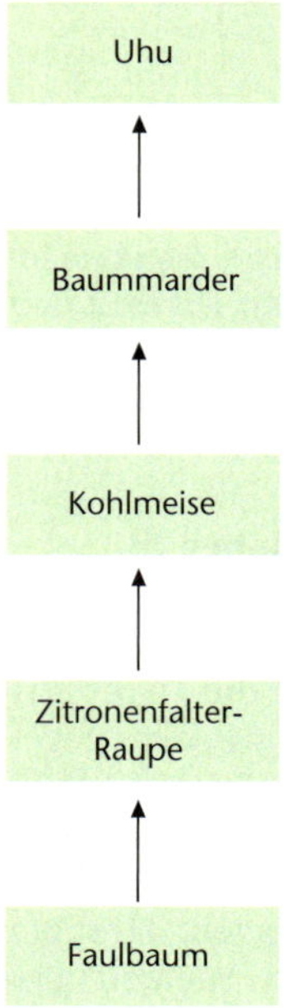

1 Nahrungskette

Nahrungsketten und Nahrungsnetze
Der Zitronenfalter ist im Frühjahr einer der ersten Schmetterlinge. Seine Raupen fressen an den Blättern des Faulbaums. Andere pflanzliche Nahrung nehmen sie nicht auf. Für die Kohlmeise ist der Schmetterling ein Leckerbissen, den sie im Flug fängt. Die Kohlmeise selbst steht jedoch auf dem Speisezettel mehrerer Fressfeinde. In Acht nehmen muss sie sich besonders vor dem Baummarder, der ihr vor allem während des Brütens und bei der Fütterung der Jungen gefährlich werden kann. Der Baummarder wiederum kennt nur einen Feind: Der seltene Uhu schafft es bei seiner nächtlichen Jagd, ab und zu einen Baummarder zu überwältigen. Am Tage hat der Marder dagegen kaum Feinde zu fürchten. Faulbaum, Zitronenfalter, Kohlmeise, Baummarder und Uhu bilden eine **Nahrungskette**. Am Anfang steht eine Pflanze als **Erzeuger** (Produzent) von Nährstoffen. Hiervon ernährt sich die Schmetterlingsraupe. Sie ist ein **Erstverbraucher** (Konsument). Kohlmeise und Baummarder sind **Zweit- und Drittverbraucher**. Der Uhu ist in dieser Kette der **Endverbraucher**. Im Gegensatz zur Raupe des Zitronenfalters nimmt die Kohlmeise jedoch auch andere Nahrung zu sich. Sie frisst andere Insekten, aber auch nährstoffhaltige Samen, die sie von Pflanzen aufnimmt.

Die Kohlmeise ist also noch in weitere Nahrungsketten eingebunden. Gemeinsam bilden diese verflochtenen Nahrungsketten ein **Nahrungsnetz**. Auch der Baummarder ist bei der Jagd nicht gerade wählerisch. Er erbeutet alle Tiere, die er überwältigen kann. Würde er nur Kohlmeisen jagen, gäbe es in seinem Revier nicht genügend Nahrung für ihn. Für den Bestand der Kohlmeise ist es von Vorteil, wenn die Fressfeinde auch Jagd auf andere Tiere machen.

▶ Tiere und Pflanzen sind Glieder zahlreicher Nahrungsketten, die miteinander ein verzweigtes Nahrungsnetz bilden.

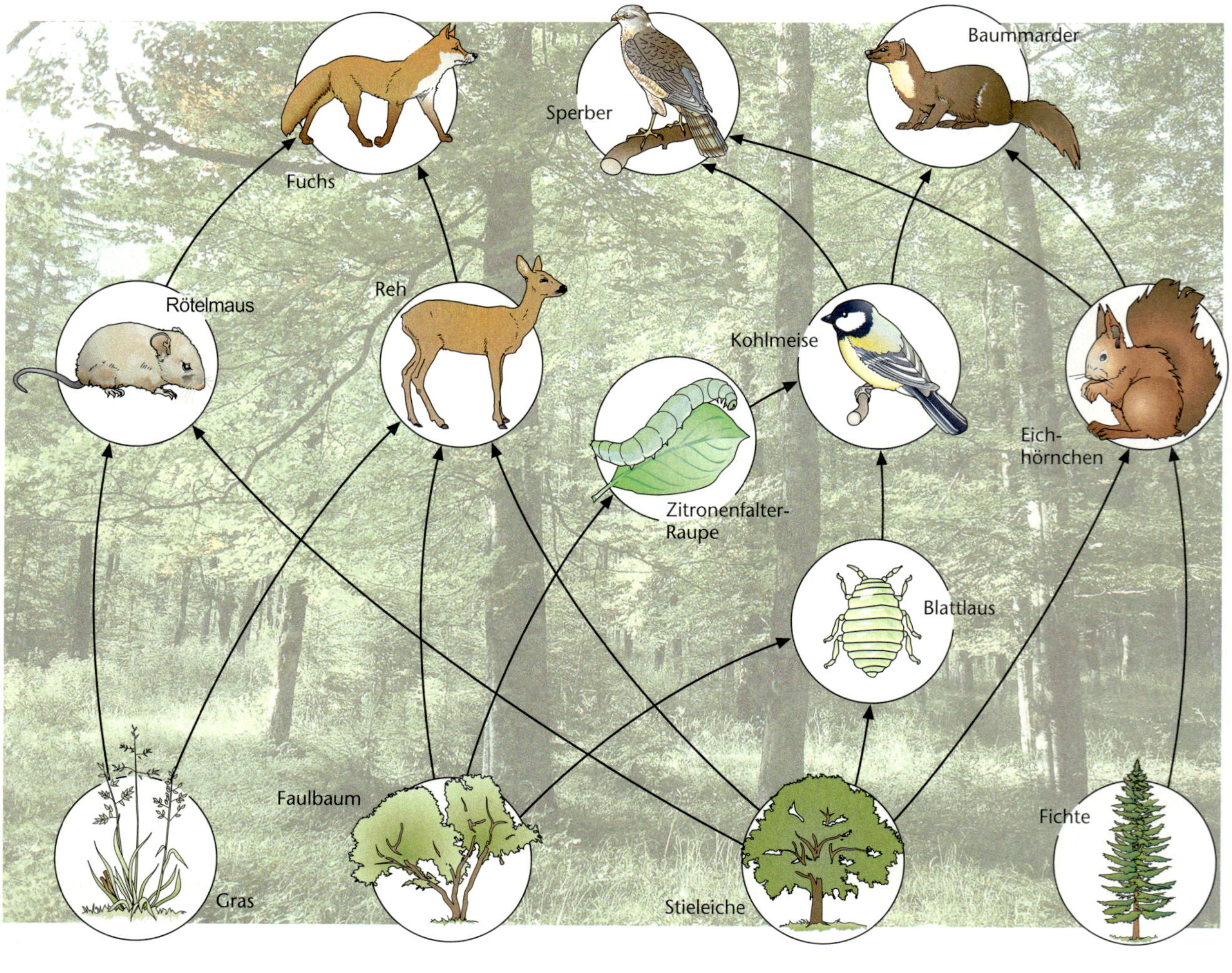

Lebewesen besetzen ökologische Nischen

Bäume erfüllen viele Ansprüche

Die Tiere des Waldes nutzen den Lebensraum Wald in unterschiedlicher Weise. Achte nur einmal auf die verschiedenen Vogelarten, die auf den einzelnen Laubbäumen leben. Während der Pirol auf die Beutetiere wartet, ist der kleine Waldlaubsänger ständig auf der Suche nach Insekten und deren Larven. Diese beiden Arten stehen also nicht in Konkurrenz zueinander und können deshalb ohne Probleme nebeneinander leben. Die verschiedenen Ansprüche der Lebewesen an die Nahrung, den Wohnplatz und ihre Anforderungen an die gesamte Umwelt nennen Biologen **ökologische Nische**.

Jedes Tier besetzt in der Natur durch Körperbau, Verhalten sowie die Ansprüche an seinen Lebensraum eine eigene ökologische Nische.

Aufgaben

1 Wodurch unterscheidet sich die ökologische Nische des Kernbeißers von der des Wald-Laubsängers?

2 Betrachte das Schulaquarium und finde heraus, welche ökologische Nische die verschiedenen Fische besetzen.

3 Erstelle eine Tabelle, in der die Vögel und ihre Lebensräume (LR) aufgeführt werden. Kannst du erklären, warum die Vögel gerade in dieser Nische leben?

1 Erzeuger oder Produzenten

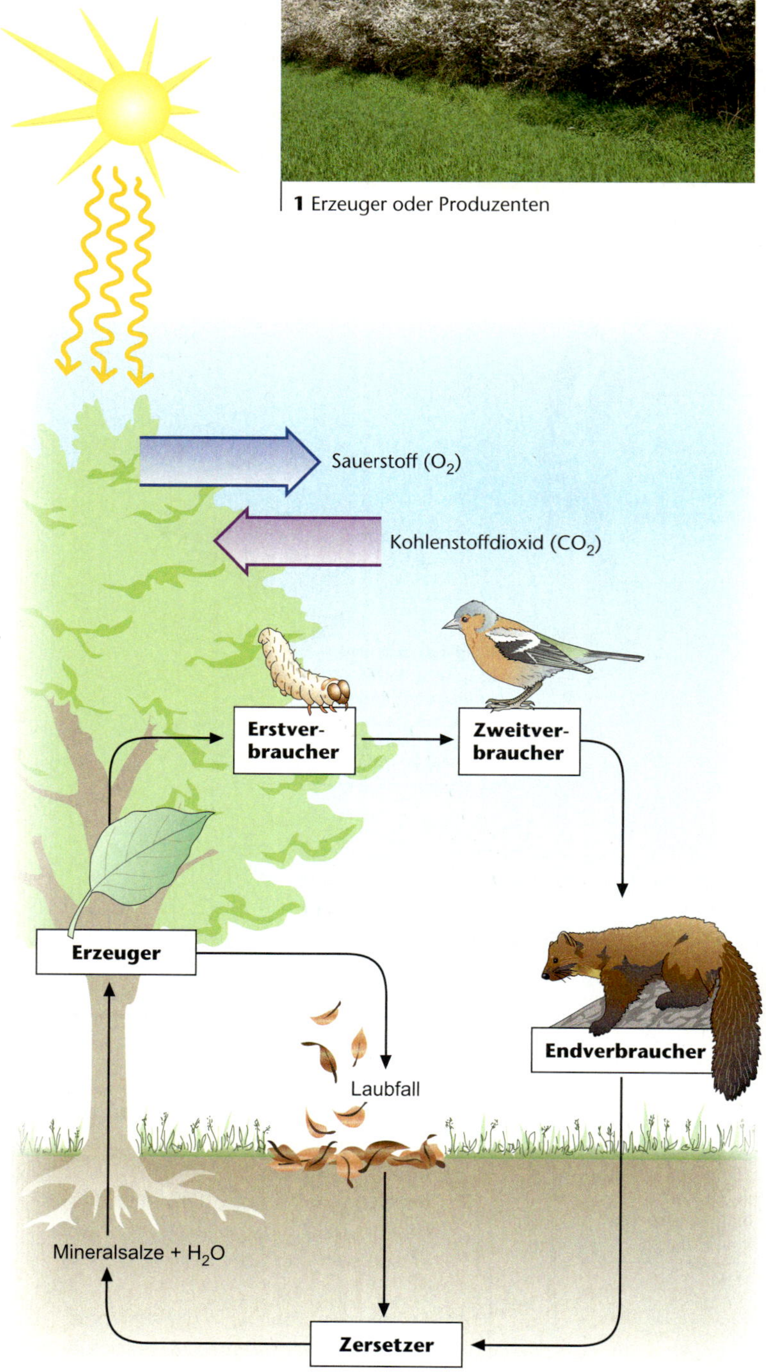

2 Stoffkreislauf

Pflanzen brauchen Sonnenlicht

Pflanzen sind die Ernährungsgrundlage für alle Lebewesen im Wald. Sie produzieren mithilfe der Sonnenenergie vor allem Traubenzucker und Stärke. Tiere und auch der Mensch nehmen diese Stoffe über die Nahrung auf. Die Pflanzenfresser wie Reh und Hase, aber auch die Fressfeinde wie Fuchs oder Mäusebussard, nutzen die aufgenommenen Stoffe alle in gleicher Weise aus: Ein Teil der Nahrung wird zum Aufbau neuer Körpermasse (Biomasse) verwendet. Atmungsgase gelangen nach außen, während Sauerstoff eingeatmet wird.

Der Stoffkreislauf

Die Ausscheidungen der Tiere, aber auch abgestorbene Pflanzen und Tiere werden von Kleinlebewesen, den **Zersetzern** (**Destruenten**), gefressen und zersetzt. Pilze und Bakterien bauen die darin enthaltenen energiereichen Stoffe wie Eiweiße, Fette und Kohlenhydrate zu energiearmen Stoffen ab. Diese stehen nun wieder den Pflanzen in Form von Wasser, Mineralstoffen und Kohlenstoffdioxid zur Verfügung. So schließt sich ein **Stoffkreislauf**, der ständig auf die Energiezufuhr von der Sonne angewiesen ist.

Zersetzer bauen totes Pflanzen- und Tiermaterial ab, wobei energiearme Stoffe in den Stoffkreislauf eingebracht werden.

Aufgabe

1 Begründe, warum die Sonne als „Motor" des Stoffkreislaufes bezeichnet werden kann.

3 Destruenten zersetzen abgefallene Blätter.

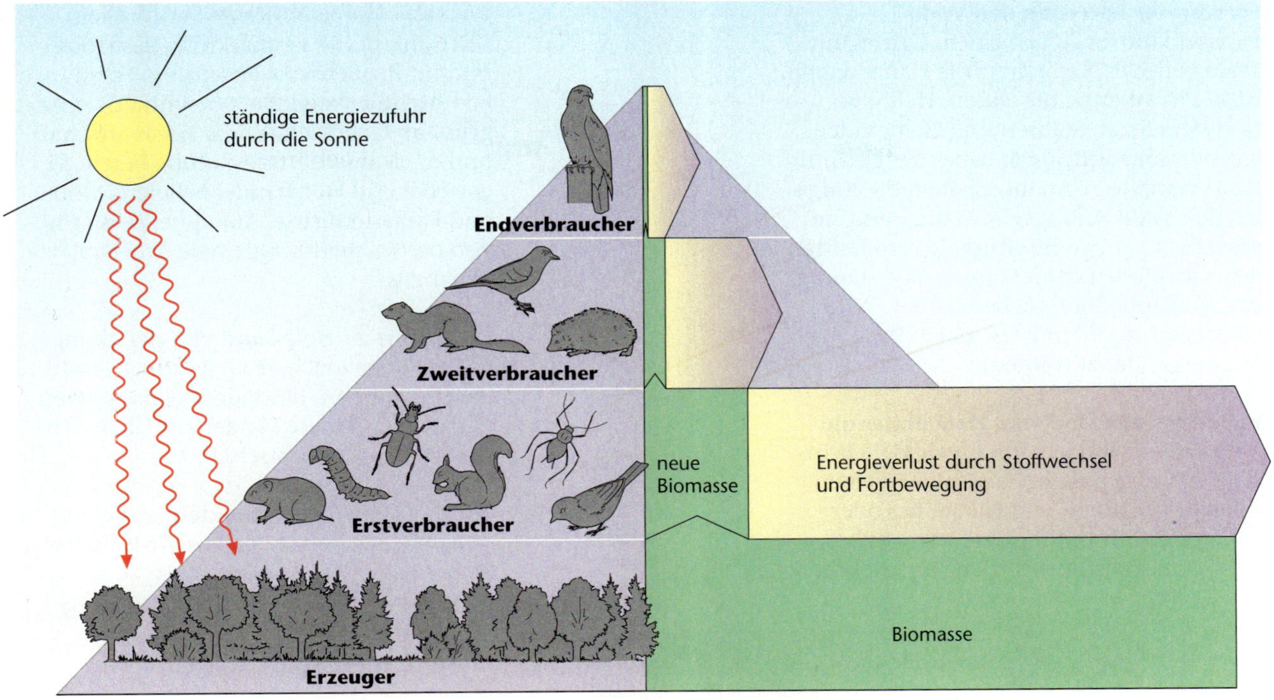

Pflanzen nutzen den größten Teil der Sonnenenergie für den Aufbau neuer Biomasse. Pflanzenfresser nutzen diese zum Aufbau eigener Biomasse, verbrauchen aber den Hauptanteil für Fortbewegung und Stoffwechsel. Fleischfresser nutzen ebenfalls nur etwa 10 % davon für den Aufbau neuer Biomasse. Die ursprünglich in den Pflanzen „gespeicherte" Energie nimmt innerhalb der Nahrungskette von einer Ebene zur anderen hin immer mehr ab.

1 Nahrungspyramide

Der Weg der Energie

Pflanzen machen als Erzeuger den größten Teil der Biomasse des Waldes aus.
Sie wandeln die Sonnenenergie bei der Fotosynthese in energiereichen Traubenzucker um. Daraus werden Kohlenhydrate, Eiweiße oder Fette gebildet, die den Pflanzenfressern zur Verfügung stehen. Diese nutzen aber nur einen ganz geringen Teil der Energie für den Aufbau neuer Körpermasse. Wird zum Beispiel ein Baum von Raupen kahl gefressen, so verbrauchen die Raupen rund 90 % der in den Blättern vorhandenen Energie für die Fortbewegung und den eigenen Stoffwechsel. Höchstens 10 % der Energie verwenden sie für die Bildung von **Biomasse**. Deshalb ist die Biomasse der Raupen insgesamt deutlich geringer als die Biomasse der gefressenen Blätter. Auf der Stufe der Zweitverbraucher ist es ähnlich: Vögel benötigen den Hauptanteil der Energie aus den gefressenen Raupen für das Fliegen und die Erhaltung der Körperwärme. Diese wird ständig nach außen abgegeben. Nur den Rest der Energie speichern die Vögel in ihrer Körpermasse.

Der Energiefluss – eine Einbahnstraße

Der **Energiefluss** läuft in der Natur immer nur wie in einer Einbahnstraße: Pflanzen nehmen Energie auf und geben sie an die Verbraucher weiter. Dabei steht in der Nahrungskette von einer Stufe zur anderen immer weniger Energie für den Aufbau neuer Körpermasse zur Verfügung. Beim Endverbraucher kommt deshalb nur noch ein sehr geringer Teil der ursprünglich in den Pflanzen gespeicherten Energie an.
Den Nachschub an Energie liefert die Sonne, die es den Pflanzen ermöglicht, energiereiche Stoffe herzustellen.

Nur ein geringer Teil der durch die Nahrung aufgenommenen Biomasse wird für den Aufbau neuer Biomasse genutzt.

Aufgabe

1 Begründe mithilfe der Abbildung, warum Nahrungsketten nur aus wenigen Tierarten bestehen können.

Forstämter betreuen den Wald
Deutschland ist zu fast einem Drittel mit Wald bedeckt. Nicht ganz die Hälfte davon ist in Privatbesitz, die andere Hälfte gehört dem Staat, Städten und Gemeinden, Kirchen und Stiftungen. Über das gesamte Land verteilte Forstämter haben die Aufgabe, den Wald zu betreuen. Dabei sind sie gesetzlich zur **Nachhaltigkeit** verpflichtet, d. h. sie müssen dafür sorgen, dass ständig und gleichmäßig Holz bereitsteht. Wird Holz geschlagen, müssen gleichzeitig neue Bäume gepflanzt werden.

Viele Betriebe sind vom Holz abhängig
Mit der Forstwirtschaft hängen viele Wirtschaftszweige zusammen. Zulieferfirmen stellen Maschinen und Geräte her oder haben sich auf Forstbekleidung spezialisiert. Dienstleistungsbetriebe übernehmen Waldarbeiten, EDV-Firmen entwickeln Software für die Vermarktung des Holzes und für die Betriebsverwaltung. Forstbaumschulen stellen ein reichhaltiges Angebot an Gehölzen für die Forstwirtschaft und die Landschaftsgestaltung bereit. Sägewerke und Holzhandel beliefern Möbel- und Papierindustrie. Auf diese Weise sind von der Forstwirtschaft viele Arbeitsplätze abhängig.

Der Bedarf an Holz kann von der heimischen Forstwirtschaft nicht annähernd gedeckt werden. Besonders Skandinavien, aber auch mehrere Länder aus Übersee liefern Holz nach Deutschland.

▶ Die Forstwirtschaft besteht aus einer Verflechtung zahlreicher Wirtschaftsbetriebe.

1 Bei der Nutzung des Waldes müssen wirtschaftliche Interessen und Naturschutzbelange gegeneinander abgewogen werden.

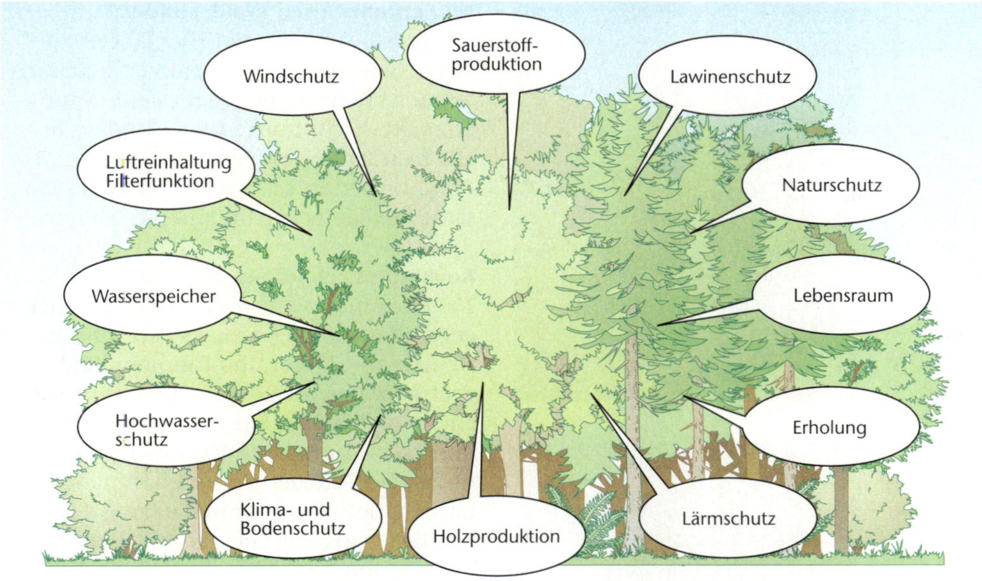

Wälder sind riesige Wasserspeicher
Auf landwirtschaftlichen Flächen, in Gärten und in Bebauungsgebieten gelangt das Regenwasser nicht selten mit Düngemitteln oder Schadstoffen belastet ins Grundwasser. Der Waldboden ist in der Regel frei von solchen Schadstoffen. Im Gegenteil: Er sorgt sogar für eine zusätzliche Reinigung des Wassers. Zunächst wird das Wasser in den oberen Bodenschichten gespeichert oder gelangt erst nach und nach ins Grundwasser. Dabei läuft es zwischen den feinen Bodenbestandteilen wie durch einen Filter. Aus diesem Grund sind Waldgebiete riesige Trinkwasserspeicher, die auch in Trockenzeiten ausreichend Wasser abgeben. Bäume halten mit ihren Wurzeln den Boden fest und schützen ihn bei starken Regenfällen besonders im Bergland vor Abschwemmungen, der so genannten **Bodenerosion**. Hier sind im Winter die Wälder gleichzeitig der beste Schutz vor den oft zerstörerischen Lawinen.

Wälder beeinflussen das Klima
Im Sommer liegt bei heißem Wetter die Lufttemperatur im Wald um mehrere Grad niedriger als in der freien Umgebung. Kühle Luft fließt dann aus dem Wald in die Umgebung ein. Besonders in der Großstadt macht sich deshalb der nahe Stadtwald oder der Park an heißen Tagen wohltuend bemerkbar. Außerdem wirkt der Wald noch wie ein Staubfilter. Die Luft in der Stadt ist etwa 100-mal stärker mit Staub belastet als in der freien Landschaft. Bis zu 70 t Staub können jährlich von einem Hektar Wald aufgenommen werden. Aber nicht nur Staub, auch Schadstoffe wie das Schwefeldioxid werden von den Blättern unschädlich gemacht. Wird der Schadstoffgehalt jedoch zu groß, werden die Bäume krank.
Auch im Winter wirkt der Wald auf das Klima ein. Schon ein kleines Waldstück gleicht tiefe Temperaturen so stark aus, dass die Bildung von Kaltluftinseln in Feldkulturen verhindert wird.

Menschen brauchen Erholungsgebiete
Erholungsorte im Binnenland liegen stets in der Nähe größerer Waldgebiete. Der Wald bietet besonders Ruhe suchenden Menschen einen Ausgleich für die Hektik des Berufslebens und den täglichen Lärm am Arbeitsplatz und im Straßenverkehr. Durch einen dichten Waldstreifen von nur 100 m Breite wird Lärm bereits auf die Hälfte seiner Ausgangslautstärke gesenkt. Aber auch Sportler kommen auf ihre Kosten: Ein gut ausgebautes Netz von Wegen durchzieht die Wälder und bietet viele Möglichkeiten für Radtouren, Joggen und Picknick.

Der Wald als Lebensraum auch für bedrohte Tier- und Pflanzenarten
Manche Waldgebiete sind gegenüber reinen Wirtschaftswäldern heute noch in einem weit gehend ursprünglichen Zustand. Ihre Baumarten entsprechen den Bodenvoraussetzungen und haben sich über Jahrhunderte in ihrer Artenvielfalt entwickelt. Solche Wälder stehen heute unter Naturschutz und bieten seltenen Tier- und Pflanzenarten Zuflucht.

Stufe 0, gesunder Baum

Stufe 1, schwache Schäden
Bis zu einem Viertel der Nadeln färben sich gelb und fallen ab. Die Baumwipfel werden ausgelichtet.

Stufe 2, mittelstarke Schäden
Die Äste hängen wie Lametta kahl herunter und sterben ab, der Nadelverlust beträgt 25–60%, der Wipfel färbt sich gelb, die Auslichtung nimmt zu.

Stufe 3, starke Schäden
Der Nadelverlust beträgt jetzt über 60%, die Nadeln färben sich braun, der ganze Baum wird ausgelichtet, der Wipfel stirbt ab.

Von Stufe 4 spricht man, wenn der Baum **abgestorben** ist.

Wie erkennt man Waldschäden?
Seit Forstbeamte in den 70er Jahren die ersten Schäden an Waldbäumen beobachteten, ist inzwischen jeder zweite Baum erkrankt. Nicht nur Fichten, sondern fast alle Baumarten sind betroffen. Wie in den Abbildungen links zu sehen, läuft das langsame Sterben bei Fichten in vier Stufen ab.

Rauchgase schädigen die Bäume
Nadelbäume sind besonders empfindlich gegenüber Rauchgasen aus den Schornsteinen der Häuser und Fabriken. Im Erzgebirge waren die Totalverluste an Waldfläche in den 80er Jahren in Deutschland und Tschechien mit 60000 ha besonders hoch. Die Verfeuerung von Braunkohle hatte in den Wintermonaten zu einer starken Belastung der Luft geführt. Von den Verbrennungsgasen sind **Schwefeldioxid** und **Stickstoffoxide** besonders schädlich. Mit dem Wasserdampf der Luft bilden diese Abgase Säuren, die als saurer Regen oder Nebel die Nadeln direkt schädigen. Auf den nährstoffarmen Böden des Erzgebirges hatten die geschwächten Fichten keine Überlebenschance. Die Säure löst den natürlichen Wachsüberzug der Nadeln, wodurch die Verdunstung erhöht wird. Da im Winter aus dem gefrorenen Boden der Wasserverlust nicht ausgeglichen werden kann, kommt es zu bedrohlichem Wassermangel. Diese Vorgänge werden noch durch eine Schädigung des Pilzgeflechts verstärkt, das als **Mykorrhiza** die feinen Haarwurzeln des Baumes umgibt. Nährstoff- und Wasseraufnahme werden dadurch verringert. Aber damit nicht genug! Der saure Regen setzt im Boden Stoffe frei, die die Wurzeln schädigen.

Die geschwächten Bäume sind im Winter besonders frostanfällig. Alle Vorgänge zusammen führen schließlich zum Absterben des Baumes.

▶ Die Baumschäden werden durch ein Zusammenwirken unterschiedlicher Faktoren verursacht.

Auch Laubbäume sind geschädigt
Vor allem Buchen reagieren auf Abgase aus dem Straßenverkehr sehr empfindlich. Die ausgestoßenen Stickstoffoxide bilden unter dem Einfluss des Sonnenlichts **Ozon**. Dieses Gas reizt die menschlichen Schleimhäute und schädigt bei den Bäumen die Zellmembranen. Es behindert die Fotosynthese und führt zu Schäden an den Blättern.

Ebenso schlimm ist die **Überdüngung** der Wälder mit Stickstoffverbindungen aus der Luft. In manchen Gegenden Deutschlands gehen mehr als 100 kg Stickstoffverbindungen pro Hektar im Jahr mit dem Regen herunter. Auf die hohen zusätzlichen Stickstoffeinträge reagieren die Bäume mit starkem Wachstum. Die Pflanze verliert dadurch jedoch an Stabilität und wird anfällig gegen Frost, Sturm und Schädlinge. Für ein gesundes Wachstum müssten auch die übrigen Mineralstoffe in genügendem Maße zur Verfügung stehen. Das ist jedoch im Waldboden meist nicht der Fall.

Verringerung des Luftstickstoffs

Experten meinen, der Ausstoß von Stickstoff aus dem Verkehr und der Landwirtschaft müsse um 60 % gesenkt werden. Der jährlich von der Bundesregierung herausgegebe Bericht über den Zustand des Waldes lässt jedenfalls noch keine Entwarnung zu. Nach Meinung der Experten ist eine Besserung erst dann zu erwarten, wenn folgende Faktoren dies ermöglichen:
- Erholung des Waldbodens
- Verringerung der Stoffeinträge
- Verringerung der Schadstoffbelastung
- Verringerung des Schädlingsbefalls
- Günstige Wetterentwicklung

Forscher suchen weltweit nach Möglichkeiten, fossile Brennstoffe wie Kohle und Erdöl durch erneuerbare (regenerative) Energiequellen zu ersetzen. Sonnenlicht, Erdwärme, Pflanzenöl und viele andere könnten das Problem der Luftverschmutzung deutlich mindern.

Aufgaben

1 Suche im Physikbuch und im Internet nach Erklärungen zu regenerativen Energiequellen. Überprüfe, in welchem Umfang diese Energiequellen die Umwelt belasten und vergleiche mit der Energiegewinnung aus Kohle, Erdöl und Erdgas.

2 Erkläre mithilfe der Abbildung die Auswirkungen von Luftverschmutzung, ungünstiger Witterung und Schädlingen auf die Bäume des Waldes.

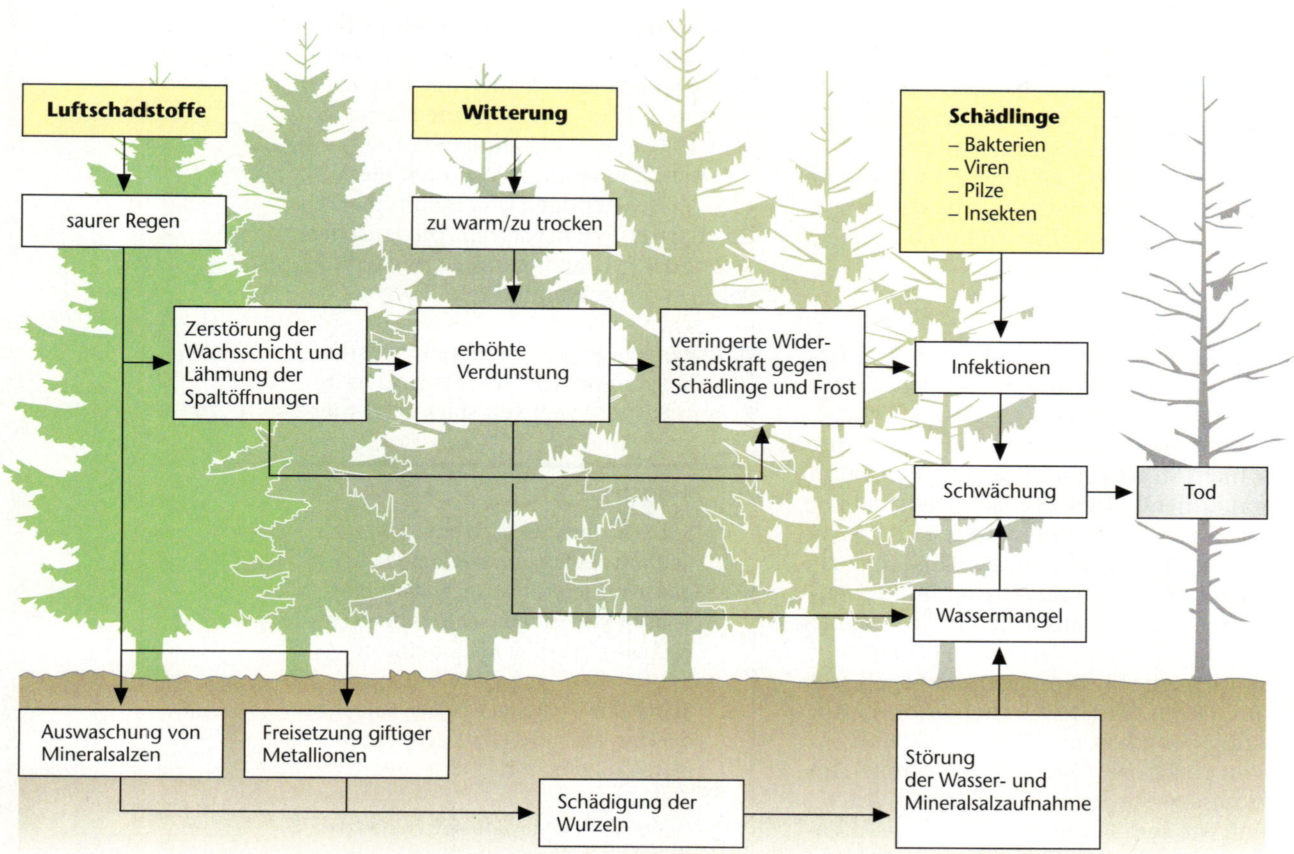

Im Regenwald ist es schattig

Ein dichtes Dach von Baumkronen lässt nur wenig Licht auf den Boden der tropischen Regenwälder entlang des Äquators. Hier in den Wipfeln der Bäume leben in 30–50 m Höhe die meisten Tiere und Pflanzen. Am Boden ist es zu schattig, um üppiges Pflanzenwachstum zu ermöglichen. Nur dort, wo ein Urwaldriese umgestürzt ist, wächst ein undurchdringliches Dickicht von Pflanzen. Für die Forscher ist es nicht leicht, diese Welt der Tiere und Pflanzen zu untersuchen. Mit Kletterausrüstung und Aussichtsplattformen dringen sie in die obersten Baumschichten vor.

Artenvielfalt im Regenwald

Hohe Niederschläge von mehr als 2000 mm/m^2/Jahr und über das gesamte Jahr gleich bleibende Durchschnittstemperaturen von 26 °C bestimmen das Leben im Regenwald. Zum Vergleich: Berlin hat 590 mm Niederschlag bei Durchschnittstemperaturen von –1 °C im Januar und +17 °C im Juli. Tiere und Pflanzen des Regenwaldes müssen deshalb nicht an unterschiedliche Jahreszeiten angepasst sein. Der Wettbewerb um die Lebensräume ist die wichtigste Herausforderung und hat eine unübersehbare Fülle von Arten hervorgebracht, die unterschiedliche ökologische Nischen besetzen. 61 Ameisenarten haben Forscher auf einem einzigen Baum gezählt. Zum Vergleich: In ganz Europa gibt es insgesamt nur etwa 200 Ameisenarten. Im Regenwald schleppen Ameisen sogar Erde nach oben und pflanzen darin Samen von Pflanzen ein, die ihnen und auch anderen Tieren Nahrung bieten.

Breite Brettwurzeln verschaffen vielen Urwaldbäumen einen stabilen Halt. Die feinen Haarwurzeln leben mit einem Pilzgeflecht in **Symbiose**: Das Pilzgeflecht nimmt aus der schnell verwitternden Streuschicht Stoffe auf und versorgt den Baum mit Mineralsalzen; der Baum versorgt den Pilz dafür mit Kohlenhydrate. Lianen wurzeln im Boden, klettern an Bäumen nach oben und breiten ihre Blätter im Kronendach der Bäume aus. Oben in den Bäumen keimen Aufsitzerpflanzen, so genannte **Epiphyten**, wie Bromelien und Orchideen aus. Deren Blätter sind trichterförmig angeordnet und können Wasser speichern. Von den großen Säugetieren kommen im tropischen Regenwald nur wenige Arten vor, wie zum Beispiel verschiedene Affenarten, das Faultier oder Elefanten im afrikanischen Regenwald. Viel häufiger sind Insekten, Reptilien, Frösche, Vögel und Fledermäuse.

Kein Platz für Monokulturen

Der Waldboden ist im Untergrund stark verdichtet. Deshalb können die Bäume nur in der obersten Schicht bis etwa 30 cm wurzeln. Etwa 90 % der zur Verfügung stehenden Mineralsalze sind bereits in den Pflanzen gebunden. Da zur weiteren Aufnahme nur noch wenig Mineralsalze verfügbar sind, herrscht im tropischen Regenwald ständig Mineralsalzmangel. Arten mit gleichen Ansprüchen und Pflanzen derselben Art müssen sich deshalb aus dem Weg gehen. Wie das geschieht, haben Forscher inzwischen herausgefunden: Mikroskopisch kleine Pilze sind auf bestimmte Baumarten spezialisiert. Sie geben Stoffe in den Boden ab, die in der näheren Umgebung des Baumes die Keimung der Samen behindern. Samen anderer Baumarten dagegen können hier ungestört wachsen.
Es macht also wenig Sinn, Regenwald in Acker- oder Weideland umzuwandeln. Denn der Boden ist schnell verbraucht oder durch den Regen weggeschwemmt. Übrig bleibt dann meist nur eine Steppe.

Regenwälder sind weltweit gefährdet

Holzabbau, Suche nach Bodenschätzen, Plantagenbau und Weidewirtschaft vernichten in jeder Sekunde eine Fläche in der Größe eines Fußballplatzes! Hier stellt sich für die gesamte Menschheit die Aufgabe, diese wichtigen und empfindlichen Lebensräume zu bewahren. Die Forscher liefern das Wissen – handeln müssen die Politiker der gesamten Welt.

Regenwälder sind die artenreichsten Lebensräume der Erde. Sie sind in ihrem Bestand weltweit stark gefährdet.

Aufgaben

1 Suche im Internet nach Projekten zur Rettung des Regenwaldes und fasse eines davon wegen seiner Nachhaltigkeit, d. h. seiner dauerhaft umweltgerechten Entwicklung, in deiner Mappe zusammen.

2 Starte eine Umfrage, welchen Beitrag jeder Einzelne zum Schutz der Regenwälder leisten könnte.

3 Überlege, welche globalen Folgen die Zerstörung des Regenwaldes haben kann.

1 Gesunder Regenwald

2 Tropenholz wird gefällt

3 Gerodeter Regenwald

Grundlagen der Ökologie – Ökosystem Wald

Der Wald ist in verschiedene Stockwerke gegliedert

Alle Pflanzen des Waldes lassen sich einzelnen Stockwerken zuordnen. Auf die unterste Schicht, die Moosschicht, folgt die Krautschicht. Daran schließen sich Strauchschicht sowie erste und zweite Baumschicht an. Unterirdisch befindet sich die Wurzelschicht.

Pflanzen betreiben Fotosynthese

Mithilfe des Chlorophylls stellen Pflanzen aus Wasser und Kohlenstoffdioxid Traubenzucker her. Dabei wird Sauerstoff frei. Die Energie für den gesamten Vorgang liefert das Sonnenlicht. Wälder sind neben dem Plankton der Meere die wichtigsten Sauerstofflieferanten der Erde.

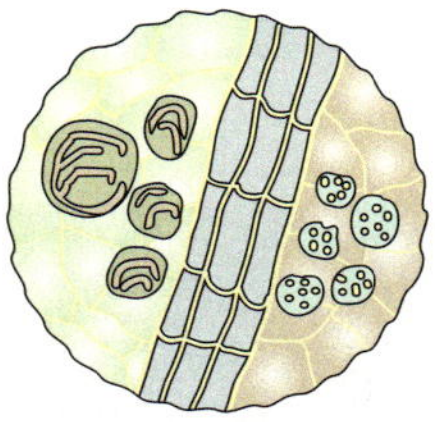

Transport mithilfe von Leitbündeln

Um Wasser, Mineralsalze und Nährstoffe in alle Pflanzenteile zu leiten, besitzen die Pflanzen Gefäße und Siebröhren, die bei krautigen Pflanzen in Leitbündeln zusammengeschlossen sind oder bei Bäumen die Holzschicht bilden.

Im Wald gibt es auch Pflanzen ohne Blüten

Farne und Moose zeigen einen Generationswechsel. Es sind Sporenpflanzen, bei denen ungeschlechtliche und geschlechtliche Generationen abwechseln. Moose sind für den Wald wichtige Wasserspeicher.

Pilze besitzen kein Blattgrün

Da Pilze kein Blattgrün besitzen, können sie keine Fotosynthese betreiben. Deshalb sind sie keine Erzeuger, sondern nehmen Stoffe auf, die vorher von anderen Lebewesen hergestellt worden sind. Wissenschaftler zählen die Pilze nicht zu den Pflanzen.

Boden und Klima bestimmen den Waldtyp

Jede Pflanze hat eigene Ansprüche an Boden- und Klimaverhältnisse. Deshalb bestimmen diese Faktoren ganz wesentlich, welcher Waldtyp an einem bestimmten Standort vorkommt.

Lebewesen bilden Nahrungsketten

Am Anfang jeder Nahrungskette stehen Pflanzen als Erzeuger von Nährstoffen. Erstverbraucher sind Pflanzenfresser, die aus diesen Nährstoffen Energie gewinnen. Diese Tiere dienen ihrerseits den Zweitverbrauchern als Nahrung. Am Ende jeder Nahrungskette stehen Endverbraucher, deren Zahl jedoch in der Natur sehr klein ist. Zersetzer sorgen für eine ständige Rückführung von Stoffen in den Stoffkreislauf.

Wälder haben viele Funktionen

Neben ihrer Aufgabe als Sauerstofflieferanten dienen Wälder als riesige Wasserspeicher. Sie gleichen extreme Sommer- und Wintertemperaturen aus und wirken als Staubfilter. Für den Menschen bieten Wälder Erholungsmöglichkeiten, für Pflanzen und Tiere sind sie schützenswerte Lebensräume. Als Holzlieferanten stellen Wälder eine Rohstoffquelle dar, von der viele Arbeitsplätze in verschiedenen Wirtschaftszweigen abhängen.

Schadstoffe in der Luft belasten die Wälder

Luftschadstoffe aus Industrie, Haushalten und Straßenverkehr führen zu einer Schwächung und Schädigung der Bäume. Dadurch sind sie besonders anfällig gegenüber Schädlingen und Infektionen durch Krankheitserreger.

Tropische Regenwälder sind bedroht

Tropische Regenwälder sind von allen Lebensräumen auf dem Lande die größten Sauerstofflieferanten und beeinflussen das Klima in hohem Maße. Die Zahl der Tier- und Pflanzenarten ist im Vergleich zu allen anderen Lebensräumen unüberschaubar groß. Daraus haben sich komplizierte Nahrungsnetze entwickelt, die auf Störungen empfindlich reagieren. Durch Abholzung nehmen die Regenwälder weltweit in großem Umfang ab.

Aufgaben

1 Das Wasserleitungssystem der Pflanzen hat bei den einzelnen Arten unterschiedliche Querschnittsflächen. Man berechnet die Fläche in mm^2 pro Gramm Blattfrischgewicht und erhält folgende Zahlen:

Seerose	0,02
Waldkräuter	0,01 – 0,08
Nadelbäume	0,30 – 0,61
Laubbäume	0,25 – 0,79
Wüstenpflanzen	1,42 – 7,68

Erkläre die Unterschiede mit der Anpassung an den Standort.

2 Ein durchschnittlicher Baum von 15 – 20 m Höhe produziert im Jahr 4 t organische Stoffe und 3 Mio l Sauerstoff. Im selben Zeitraum filtert er 7 t Staub und die Wurzeln verhindern den Abfluss von 70 000 l Wasser. Dabei durchziehen die Wurzeln 1 t Humusboden und 50 t Mineralboden.
Beschreibe den Nutzen des Baumes für uns Menschen.
Dein Sauerstoffbedarf zum Beispiel beträgt pro Tag etwa 630 l.

3 Zeichne Begriffskärtchen mit folgenden Begriffen und schneide sie aus:
Sauerstoff, Zweitverbraucher, Zersetzer, Endverbraucher, Fotosynthese, CO_2 und H_2O, Licht, Atmung, Erstverbraucher, Produzent, Nährstoffe, Energie, Mineralsalze.
Lege die Kärtchen mit verwandten Begriffen auf einem DIN A4-Blatt nebeneinander. Klebe sie dann mit weitem Abstand voneinander auf das Blatt. Wenn nötig, schreibe weitere Begriffe hinzu. Verbinde dann die Begriffe durch Pfeile. Schreibe über die Pfeile, auf welche Weise die Begriffe zusammengehören.

4 Nach Beendigung der letzten Eiszeit bestanden die ersten Wälder aus Birken und Kiefern. Begründe, warum Stieleichen und Buchen noch nicht vorkamen. Ermittle dazu die Standortbedingungen für diese Baumarten.

5 Ermittle über das Internet die Waldflächen in den einzelnen Bundesländern. Berechne nun den prozentualen Anteil für jedes Bundesland an der gesamten Waldfläche der Bundesrepublik Deutschland.

6 Begründe, warum es in der Natur zwar einen Stoffkreislauf, aber keinen Energiekreislauf gibt.

7 Vergleiche die Nahrungspyramide des Ökosystems Wald mit der Nahrungspyramide in der Stadt. Welche Anteile nehmen die Biomassen der Erzeuger und der Verbraucher jeweils ein? Nenne Probleme, die sich hieraus für die Nahrungsbeziehungen in der Stadt ergeben.

8 Der Wald wird von vielen Menschen zur Erholung aufgesucht. Stelle in einer Tabelle die positiven Folgen für den Menschen den damit verbundenen negativen Folgen für den Wald gegenüber.

9 Der Sperber ist an den Lebensraum Wald durch körperliche Merkmale angepasst: Zu seinen „Werkzeugen" gehören Hakenschnabel und Greiffuß. Sammle Bilder von Waldtieren, klebe sie in deine Biologie-Mappe und schreibe die Anpassungen der Tiere daneben. Falls möglich, ordne die Bilder in Form eines Nahrungsnetzes auf einer Doppelseite an und verbinde sie durch Pfeile, die das Jäger-Beute-Verhältnis erklären.

10 Im Winter ruht der Stoffwechsel unserer einheimischen Pflanzen weitgehend. Dennoch nimmt der Sauerstoffgehalt der Luft nicht ab. Nenne hierfür eine Begründung.

11 Fasse alle Gründe zusammen, die nach deiner Meinung für den Schutz der tropischen Regenwälder sprechen.

1 Wolf und Luchs wurden in den letzten Jahrhunderten in unseren Wäldern ausgerottet.
a) Stelle Steckbriefe der beiden Tiere her. Informiere dich besonders über die Verwandtschaft und die Beutetiere.
b) Erstelle anhand deiner Ergebnisse ein Nahrungsnetz. Überlege, welche Folgen die Ausrottung für den Bestand der Beutetiere und den Wald hat.
c) Stelle in einem Plakat die Situation vor und nach der Ausrottung als Nahrungspyramiden dar und präsentiere die Ergebnisse.
d) Es gibt Bemühungen, diese Tiere in Deutschland wieder einzuführen. Diskutiere dieses Vorhaben und berücksichtige dabei die Gründe für die ursprüngliche Ausrottung.

Die Stadt – ein Mosaik verschiedener Lebensräume

Wer der Meinung ist, dass man nur außerhalb von Städten „Natur" finden kann, der täuscht sich sehr. Sogar mitten in den Städten leben zahlreiche Pflanzen und Tiere.

Es gibt einige gute Gründe für Tiere und Pflanzen, in die Stadt „umzuziehen": Klima und Nahrungsangebote sind gut und es gibt überall geeignete Lebensräume.

Aber die Lebensbedingungen sind zum Teil auch besonders schwierig: Fast überall greift der Mensch ein, der Boden ist oft zugepflastert und asphaltiert. Meistens ist es laut, Schadstoffe und Staub belasten die Luft. Müll, Streusalz und Tierkot verändern die Wachstumsbedingungen vieler Pflanzen.

Dennoch kommen im Stadtgebiet pro Quadratkilometer mehr Pflanzen- und Tierarten vor als in der freien Landschaft. Du wirst staunen, was es in der Stadt alles zu entdecken gibt!

Aufgaben

1 Betrachte die Fotos auf dieser Doppelseite.
a) Welche unterschiedlichen Lebensräume findest du dort dargestellt?
b) Welche weiteren Lebensräume gibt es in deiner Stadt?

2 a) Besorgt euch Schwarzweiß-Kopien von Stadtplänen eurer Stadt. Die Kopien dürfen nicht zu dunkel sein! Nehmt Filzschreiber oder Buntstifte und legt fest, welche Farbe ihr für welchen Lebensraum verwenden wollt, (zum Beispiel: Blau für Gewässer, Grün für Grünanlagen, Grau für Pflasterflächen, Violett für Industriegebiete usw.).
Kennzeichnet mit den verschiedenen Farben die einzelnen Lebensräume in eurer Stadt.

b) Besprecht die Ergebnisse in der Klasse, (zum Beispiel: Wo möchtest du wohnen? Welche Lebewesen könnten in den einzelnen Lebensräume vorkommen?).

1 Smog

„Smog" ist ein Kunstwort aus den beiden englischen Wörtern smoke (Rauch) und fog (Nebel). Smog entsteht u.a., wenn sich im Winter eine warme Luftschicht über die kalte und schadstoffhaltige Bodenschicht legt und den Luftaustausch nicht zulässt.

Städte sind „Wärmeinseln"

Weht an sonnigen Tagen kein Wind, zeigt das Thermometer in der Stadt oft bis zu 10 °C mehr an als im Umland. Welche Erklärungen gibt es dafür?
Die Steine der Häuser und Straßen heizen sich an sonnigen Tagen stark auf. Da sie die Sonnenenergie speichern, können sie die Wärme in der kühleren Nacht wieder abgeben. Wegen der hohen Gebäude gibt es in der Stadt kaum kühlenden Wind. Wenn Blätter Wasser verdunsten, wird die Luft kühler. In dicht bebauten Bereichen mit wenig Pflanzen fehlt diese Kühlung. Fabriken, Autos und vor allem die Heizungen in den Häusern geben zusätzlich Wärme ab. So kommt es, dass Städte „Wärmeinseln" sind (▷ B 2).

„Dicke Luft" in der Stadt

Die Luft in der Stadt ist nicht nur mit Staub, sondern auch mit Kohlenstoffmonooxid, Stickstoffoxiden und Schwefeldioxid belastet. Diese Gase werden von den zahlreichen Kraftfahrzeugen, Fabriken und Heizungen abgegeben. Bei bestimmten Wetterlagen kommt es zu dem gefürchteten **Smog** (▷ B 1).
Er kann zu ernsten Erkrankungen der Atemwegsorgane führen. Stadtkinder erkranken häufig an Asthma und bei alten und herzkranken Menschen treten an Tagen mit Smog häufiger Todesfälle auf.

▶ In der Stadt sind die Luftfeuchtigkeit und die Windgeschwindigkeit geringer als im Umland. Die Temperaturen und der Anteil an Schadstoffen in der Luft sind dagegen deutlich höher.

Boden und Wasser in der Stadt

Große Flächen in der Stadt sind bebaut, zubetoniert, gepflastert oder mit einer dicken Teerdecke überzogen. Fahrzeuge und Maschinen haben den Boden festgestampft. Stadtböden sind also versiegelt und verdichtet. Das Regenwasser kann daher nicht mehr versickern, sondern fließt oberflächlich ab. Unterirdische Kanäle leiten das Wasser schnell zur nächsten Kläranlage. Für die Pflanzen ist es damit nicht nutzbar. Das ist gerade in der Stadt, wo Böden und Mauern viel Wärme speichern, ein echtes Problem.

Zusätzlich sind die Böden und Gewässer oft noch durch Schadstoffe aus Haushalten, Fabriken und Verkehrsmitteln belastet. Bodenlebewesen haben es unter diesen Umständen sehr schwer, zu überleben und für den Abbau organischer Stoffe zu sorgen.

▶ Die Böden in den Städten sind häufig versiegelt und verdichtet. Deshalb versickert das Niederschlagswasser nur selten. Böden und Wasser sind oft mit Schadstoffen belastet.

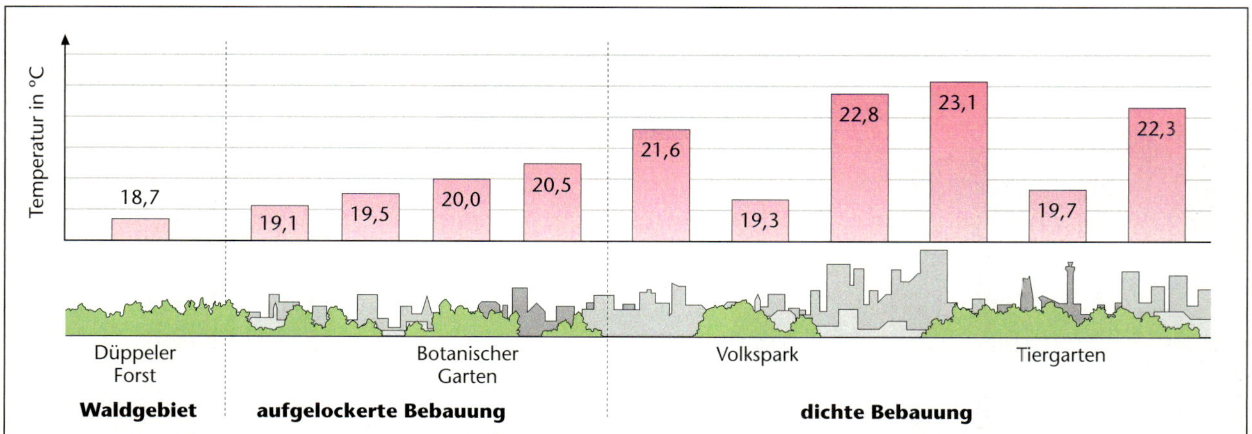

2 Lufttemperatur in Berlin, Frühsommertag

Werkstatt

Vor- und Nachteile des Stadtlebens

1 Staubbelastung in der Stadt

Wie hoch ist die Staubbelastung in der Stadt? Gibt es Unterschiede je nach Standort? Stelle zu diesen Fragestellungen Vermutungen an und überprüfe diese dann im Versuch.

Material
Leere Streichholzschachteln, durchsichtige Klebestreifen, Stift, Stereolupe oder Mikroskop

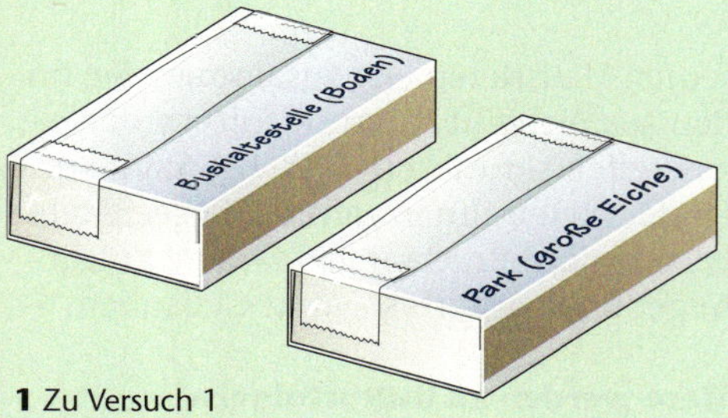

1 Zu Versuch 1

Durchführung
Befestige über mehreren Streichholzschachteln durchsichtige Klebestreifen so, dass die klebrige Seite oben ist.
Stelle die Schachteln einen Tag lang an verschiedenen Orten der Stadt auf. Überlege dir vorher sorgfältig, wo du die Messungen durchführen willst. Wähle dafür möglichst unauffällige Stellen und verschiedene Höhen. Beschrifte die Schachteln, damit du weißt, wo sie gestanden haben.
Nachdem du die Schachteln eingesammelt hast, werden die Klebestreifen unter ein Mikroskop oder eine Stereolupe gelegt. Du kannst jetzt bei kleinster Vergrößerung vergleichen, wie viele Staubteilchen sich auf den Streifen im Sichtfeld gesammelt haben.
Besprecht die Ergebnisse und zeichnet sie in euren Stadtplan ein.

2 Bodenverdichtung und Versiegelung

Material
Drei Bechergläser (mind. 250 ml), Gartenerde, Knetgummi, Uhr, Wasser, Zentimetermaß

2 Zu Versuch 2

Durchführung
Fülle drei Bechergläser mit der gleichen Menge Gartenerde. Drücke in zwei Gläsern die Erde fest. Lege bei einem dieser beiden Gläser eine etwa 0,5 cm dicke Schicht aus Knetgummi (als Ersatz für Asphalt) darüber. Das dritte Glas enthält nur die lockere Erde.
Gieße nun in jedes der drei Bechergläser die gleiche Menge Wasser und miss nach 30 min, wie viel Wasser noch in jedem Glas über dem Boden steht. Wiederhole die Messung nach 24 Stunden. Suche verschiedene Möglichkeiten, das Ergebnis darzustellen.

Aufgaben
a) Was bedeutet das Ergebnis für den Wasserhaushalt und die Bäume einer Stadt?
b) Auch über versiegelten Böden bleibt das Wasser nicht endlos lange stehen. Erkläre!

3 Klimaunterschiede in der Stadt

Stellt Vermutungen darüber an, wie sich das Klima innerhalb der Stadt verändert. Überprüft eure Vermutungen mithilfe des nachfolgenden Versuches.

Material
Digitalthermometer, Windmesser

Durchführung
Macht euch mithilfe der Gebrauchsanweisungen mit den Instrumenten vertraut. Führt dann an verschiedenen Stellen der Stadt zur gleichen Zeit mit den Instrumenten Messungen zur Luftfeuchtigkeit, Temperatur und Windgeschwindigkeit durch. Wiederholt diese Messungen zu verschiedenen Tageszeiten und bei verschiedenen Wetterlagen. Lest die Werte ab und notiert sie. Wertet die Ergebnisse in der Klasse gemeinsam aus.

4 Nitratgehalt am Fuß von Bäumen

Der Boden am Fuß der Straßenbäume ist oft stark überdüngt. Mithilfe von Teststäbchen kann der Nitratgehalt festgestellt werden.

Material
Je 100 g Erde vom Fuß verschiedener Baumstämme, destilliertes Wasser, Rundfilter, Bechergläser, Waage, Nitrat-Teststäbchen

Durchführung
Die Bodenproben werden mit jeweils 100 ml destilliertem Wasser etwa 3 min lang verrührt.
Die Filter werden zu Trichtern geformt und mit der Spitze nach unten in die Flüssigkeit getaucht.
Hat sich genügend Wasser in dem Filter-Trichter gesammelt, wird das Teststäbchen kurz eingetaucht.
Nach etwa 2 min kann anhand der Verfärbung der Nitratgehalt des Bodens festgestellt werden.
Wertet die Ergebnisse in der Klasse gemeinsam aus.

3 Zu Versuch 4

1 Haussperlinge im Straßencafé

2 Ein etwas ungewöhnlicher Nistplatz

3 Ein Waschbär plündert die Mülltonne.

„Anpassungsfähige" haben es leichter

Vor vielen tausend Jahren begannen die Menschen sesshaft zu werden. Sie rodeten Wälder und legten Sümpfe trocken. Äcker, Wiesen, Weiden und Siedlungen entstanden. Tiere, die mit diesen Veränderungen nicht zurecht kamen, zogen sich in weniger gestörte Gebiete zurück oder starben aus, wenn sie keine geeigneten Biotope mehr finden konnten. Wir nennen solche Tiere **Kulturflüchter**. Auerhahn, Baummarder und Kranich gehören zu dieser Gruppe.

Anpassungsfähigere Tiere dagegen finden gerade in der vom Menschen gestalteten Landschaft günstige Lebensbedingungen. Diese Lebewesen nennt man **Kulturfolger**. Beispiele dafür sind der Feldhase, die Feldmaus, der Haussperling und die Wanderratte.
In den menschlichen Siedlungen, vor allem in der Stadt, können sich selbstverständlich nur noch Kulturfolger halten. Die meisten leben mit dem Menschen und seinen Haustieren eng zusammen. Sie finden ausreichend Nahrung, oft werden sie zusätzlich gefüttert (▷ B 4). Die Städte und Dörfer bieten ihnen zahlreiche geeignete Lebens- und Bruträume. Manche Kulturfolger überwintern sogar in Gebäuden.

4 Viele Stadttiere werden sogar gefüttert

Tiere werden zu Kulturfolgern

Die Entwicklung eines Lebewesens zum Kulturfolger geschieht nicht plötzlich, sondern benötigt einen gewissen Zeitraum. Manche Tiere sind erst in den letzten Jahrzehnten dem Menschen in die Stadt gefolgt. Ein Beispiel dafür ist die Amsel, die noch vor 100 Jahren ein scheuer Waldvogel war. Heute gehört sie zu den häufigsten Brutvögeln in menschlichen Siedlungen. Nicht alle Tiere einer Art verhalten sich gleich: In Wäldern ist das Eichhörnchen scheu und nicht leicht aus der Nähe zu beobachten, in Stadtparks kann es geradezu aufdringlich sein. Den aus Nordamerika stammenden Waschbären bekommt man in Wäldern kaum zu Gesicht, in den Städten plündert er sogar die Mülltonnen (▷ B 3).

Zahlreiche Tiere sind in die Städte eingewandert. Wir bezeichnen sie als Kulturfolger.

Aufgaben

1. Kann man sagen, dass Kulturflüchter selten und Kulturfolger häufig sind? Begründe deine Antwort!
2. Welche Vor- oder Nachteile bietet das Leben in der Stadt der Amsel oder dem Eichhörnchen?

Ersatzfelsen

Viele Tiere, die sonst nur in den Felswänden des Berglandes leben, kannst du auch im Zentrum einer Großstadt beobachten. Die Dächer dienen dem Hausrotschwanz als Singwarte und dem Turmfalken als Ausguck. Damit haben die Dächer die Funktion der Felsspitzen übernommen. Die alten Häuser mit ihren Vorsprüngen, Nischen, Höhlen und Simsen sind in ihrer Struktur den Felswänden sehr ähnlich und werden als **Ersatzfelsen** angenommen. Hier brüten Dohlen, Stare, Turmfalken, Mauersegler und Schwalben. In Türmen finden Eulen und Fledermäuse Verstecke. Die Tiere jagen in den Straßen der Stadt, über Brachflächen oder im Umland der Stadt nach Nahrung. Sie haben in den Städten ideale Lebensbedingungen gefunden, konnten ihren Lebensraum ausdehnen und wurden zu Kulturfolgern.

Viele Vögel der dicht bebauten Stadtkerne sind ehemalige Felsbrüter, denen die Häuser mit ihren Nischen und Vorsprüngen als Ersatzfelsen dienen.

Artenvielfalt durch „ökologische Nischen"

Turmfalke und Mauersegler brüten zwar beide an Gebäuden, haben aber unterschiedliche Nistplätze. Auch die Art und Weise, wie sie ihre Nahrung erbeuten, die Ansprüche an den Ort der Nahrungssuche und an die Nahrung selbst sind nicht gleich. Sie übernehmen verschiedene Aufgaben und besetzen unterschiedliche Plätze innerhalb ihres Lebensraums. Dadurch vermeiden sie Konkurrenz. Man sagt: ihre ökologischen Nischen unterscheiden sich. Man versteht unter einer **ökologischen Nische** die Gesamtheit aller Umweltbedingungen (ökologische Faktoren), die für das Überleben einer Art notwendig sind.

1 Mauersegler

Durch die große Zahl der ökologischen Nischen wird eine schädliche Konkurrenz der Arten im Ökosystem vermieden. Auf diese Weise können viele Arten auf engstem Raum nebeneinander existieren.

Die ökologischen Nischen – die Gesamtheit aller Umweltbedingungen, die für das Überleben einer Art notwendig sind – ermöglichen das Zusammenleben vieler Arten im gleichen Lebensraum.

Aufgaben

1 Welche der Vogelarten von Abb. 2 findest du in deiner Innenstadt? Vergleiche die ökologischen Nischen der Tiere und berichte!

2 Warum sind in Altbauvierteln die Felsbewohner zahlreicher als in Neubauvierteln?

2 Türme dienen vielen Vögeln als Ersatzfelsen.

Brennpunkt

Taubenplage in der Stadt

1 Felsentaube

2 Verschmutzung durch Taubenkot

3 Tauben werden gefüttert

Ein Wildvogel zieht in die Stadt

Aus den wilden Felsentauben, die an den Küsten des Mittelmeeres und des Atlantiks leben, haben sich in Jahrhunderten durch Züchtung zahlreiche Rassen entwickelt, deren verwilderte Nachkommen heute in großen Mengen in den Städten leben. Man vermutet, dass es weltweit mehr als 500 Millionen Tauben gibt, die in den Städten an den Gebäuden mehr und bessere Brutplätze als an den Felswänden ihrer Brutheimat finden. Natürliche Feinde gibt es hier kaum. Bis zu achtmal im Jahr brüten die Weibchen ein Gelege mit zwei Eiern aus.

4 Schutzeinrichtungen

Lieber keine Taube auf dem Dach?

Über 10 kg Kot im Jahr produziert jeder Vogel. Dadurch wird die Taube zum Problemvogel vor allem für Hausbesitzer und Denkmalschützer. Der Kot verunstaltet das Stadtbild und schädigt durch seine Bestandteile Denkmäler und Gebäude. Er enthält zahlreiche Bakterien und sonstige Krankheitserreger, die durch die Tauben auf Kinderspielplätzen und in Parkanlagen verteilt werden.

Stadtverwaltungen, Hausbesitzer, Tierschutzverbände und einige Firmen haben zahlreiche Ideen und Methoden entwickelt, um mit der Taubenplage fertig zu werden. Taubennetze, Gitter, gespannte Drähte, Stacheln (▷ B 4), „Anti-Baby-Pillen" für die Vögel und andere Abwehrmaßnahmen haben nicht den gewünschten Erfolg gebracht. Viele dieser Maßnahmen sind außerdem sehr teuer und manche der technischen Schutzeinrichtungen führen zu schweren Verletzungen bei den Tieren.

Füttern schadet!

Einige Städte haben das Füttern von Stadttauben rigoros verboten, an manchen Orten werden Eier aus den Nestern entfernt oder die Vögel sogar vergiftet. Der Erfolg dieser Maßnahme ist aber nur begrenzt. Einerseits bieten weggeworfene Essensreste den Tauben ausreichend Nahrung. Andererseits sind die Verbote nur sehr schwer durchzusetzen, weil viele Menschen ihren Sinn nicht einsehen. Tierschutzvereine haben in einigen Städten Projekte gestartet, bei denen die Tauben eingefangen, zu einem Taubenhof gebracht und dort versorgt und gepflegt werden.

▶ Stadttauben, die verwilderten Nachkommen der Felsentaube, sind in vielen Städten wegen ihres Kots zu einem Problem geworden.

Aufgaben

1 Führt eine Umfrage zum Thema „Probleme mit Stadttauben" durch und wertet die Ergebnisse gemeinsam aus.

2 Informiere dich im Internet über Angebote zum Schutz vor Taubenschäden und über Aktionen zur Umsiedlung der Stadttaube.

3 Diskutiert in eurer Klasse, wie ihr das Taubenproblem lösen würdet, wenn ihr an verantwortlicher Stelle zu entscheiden hättet. Bedenkt dabei, dass Geld überall knapp ist!

Etwas andere „Haustiere"
Nicht nur Hund und Katze, Wellensittich und Goldfisch leben mit Menschen zusammen. Manche Tierarten haben sich von selbst in den Wohnungen eingefunden. Ihre Zahl ist recht groß, allein über 300 Insektenarten sind bekannt, die man als ausgesprochene Hausbewohner bezeichnen kann.
Einige dieser Tiere zählt der Mensch zu den Schädlingen, weil sie seine Vorräte, Materialien im Haus oder die Gesundheit beeinträchtigen. Ratte, Maus, Motte und Stubenfliege gehören dazu. Andere sind sogar bei der Schädlingsbekämpfung nützlich wie die Fledermaus, der Hausmarder und die Spinnen. Manche, wie das Pfauenauge und die Florfliege, suchen nur im Winter Schutz in Häusern.

Gefährliche Milben
Winzige Milben, nahe Verwandte der Spinnen, leben in riesigen Mengen in den Wohnungen. In 1 g Staub aus Matratzen können über 36 000 dieser kleinen Tiere vorkommen. Die Milben sind eigentlich unschädlich, weil sie nur von winzigen Pilzsporen oder anderen Milbenarten leben. Viele Menschen reagieren aber allergisch auf den Kot der Tiere und leiden deshalb unter erheblichen Atembeschwerden.

Von der Höhle in den Keller
Kleintiere wie Asseln und Erdkröten, die in der Natur in Bauen von Säugetieren und in Höhlen leben, findet man oft in Kellern. Auch hier ist es dunkel, feucht und kühl. Eingelagerte Lebensmittel machen außerdem die Kellerräume für viele Tiere zum idealen Lebensraum und Überwinterungsplatz.

Häuser sind der Lebensraum zahlreicher Tiere, die hier überwintern, an Materialien oder Nahrungsmitteln fressen oder Jagd auf andere Tiere machen.

Aufgaben

1 a) Informiere dich über die Lebensweise der abgebildeten Tiere.
b) Teile die Mitbewohner in unterschiedliche Gruppen ein.
Begründe deine Zuordnung!

2 Veranstalte eine „Safari" in deinem Wohnhaus oder Schulgebäude. Welche Tiere leben dort? Achte auch auf Tierspuren!

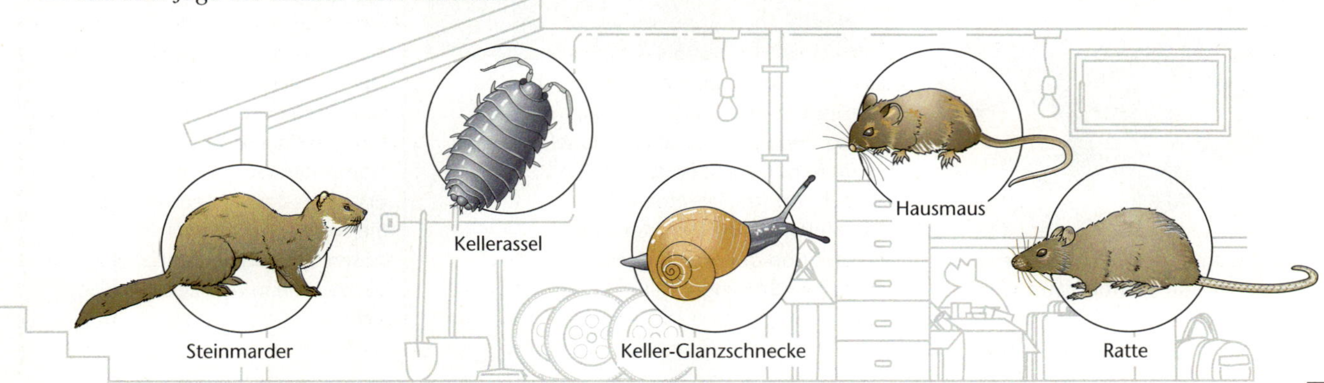

Neubürger in der Stadt

Die heutige Tierwelt Mitteleuropas ist das Ergebnis einer langen Entwicklung. Neue Arten wanderten ein, andere verschwanden. Als nach der Entdeckung Amerikas der Welthandel stark zunahm, stieg auch die Zahl der Neubürger in Europa schnell an. Arten, die nach 1492 – also der Entdeckung Amerikas – bei uns heimisch wurden, bezeichnen die Wissenschaftler als **Neozoen.**

Die Heimat der **Waschbären** ist Nordamerika. Die Tiere wurden 1934 in Hessen erstmals ausgesetzt und sind heute bereits in vielen Wäldern und Städten heimisch. Waschbären gehen nachts auf Jagd und erbeuten als Allesfresser Kleintiere, Obst und Beeren. Diese Kleinbären durchsuchen sogar Müll nach Nahrung.

Die ursprünglich aus Ostasien stammende **Wanderratte** wurde erst um 1730 mit Schiffen nach Mitteleuropa eingeschleppt. Heute ist die Art weltweit verbreitet. Sie kommt in manchen Städten in sehr großer Zahl vor und verursacht große Schäden an Lebensmitteln.
Ratten gelten als Überträger von Krankheiten, wie z. B. der Pest.

Die hübsche ostasiatische **Mandarinente** wurde in Parks und Volieren als Ziervogel gehalten. Entflogene Tiere haben sich in der Freiheit fortgepflanzt. Diese Enten nisten in Baumhöhlen und haben daher nur wenig Konkurrenten bei der Suche nach Brutplätzen.

Auch die **Nilgans** aus Afrika war ursprünglich in Mitteleuropa nur in Parks und Gehegen als Ziervogel anzutreffen. Gerade in den letzten Jahren haben frei lebende Nilgänse an vielen Stellen Deutschlands gebrütet und gehören heute zur heimischen Brutvogelwelt.

Rotwangen-Schmuckschildkröten stammen aus dem Flussgebiet des Mississippi (USA) und wurden in großer Zahl nach Europa importiert, weil sie hier beliebte Haustiere sind. Tiere, die bei uns vorkommen, sind ausgesetzt worden. Den Winter überstehen viele nicht. Die Tiere fressen Wasserinsekten und die Larven von Amphibien.

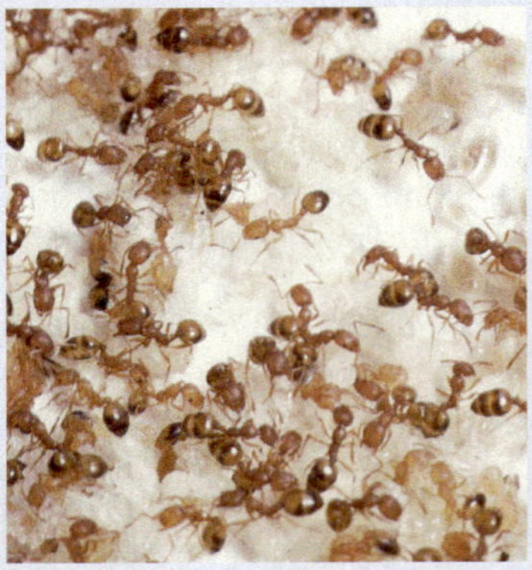

Die nur 2 mm große rotgelbe **Pharao-Ameise** ist seit einigen Jahrzehnten in geheizten Räumen unserer großen Städte zu finden. Sie legt ihre Nester gut versteckt im Mauerwerk von Großküchen, Bäckereien und vor allem Krankenhäusern an. Vom tropischen Indien aus haben sich diese Insekten über die ganze Welt verbreitet. Der Biss der Ameisen kann äußerst schmerzhaft sein. Neuerdings dringen Pharao-Ameisen auch in Computersysteme ein und verursachen dort Systemabstürze. Sie werden vom Geschmack der süßen Schutzgele der Kabel und der Wärme in den Rechnern angelockt.

Strategie

Ihre Meinung bitte …

Wir planen eine Umfrage
Umfragen sind bei Jugendlichen besonders beliebt. Im Unterricht überlegt ihr euch Fragen zu einem Thema, dann könnt ihr außerhalb der Schule auf Leute zugehen und erfahrt eine Menge Interessantes über die Einstellung der Befragten. Vielleicht fangt ihr „klein“ an und interviewt zuerst eure Banknachbarn, eure Klassenkameraden oder Mitschüler aus der Schule.

A. Mögliche Themen von Umfragen
„Parkplätze statt Bäume“ – Was meinen Sie dazu?
Ihre Meinung ist gefragt: „Tauben in unserer Stadt?“
„Wildkräuter oder Blumenbeete?“

B. Regeln für das Entwerfen eures Fragebogens
Formuliert einfache, klare und verständliche Fragen.
Weniger ist mehr! Lieber einige Fragen, die euch besonders wichtig sind, genau formulieren, als „alles abzufragen“ und am Ende wenig brauchbare Ergebnisse zu bekommen.
Euer Fragebogen sollte nicht mehr als 8 bis 10 Fragen enthalten, sonst wird die Umfrage schnell langweilig und die Auswertung dauert zu lange.

Es gibt unterschiedliche Frageformen:
- Alternativfragen: ja/nein oder richtig/falsch
- Auswahlfragen: Aus einer Anzahl von vorgegebenen Aussagen soll die ausgewählt werden, die am ehesten zutrifft.
- Schätzskalen
  trifft zu trifft nicht zu
  4 3 2 1
- Weiterführende Fragen: Diese lassen frei formulierte Antworten zu. Dieser Fragentyp kann euch wichtige Zusatzinformationen bringen.

Denkt auch an die äußere Form eures Fragebogens:
- Fragen übersichtlich anordnen
- genügend Platz für Antworten lassen
- Kästchen zum Ankreuzen einplanen

C. Jetzt kann es losgehen …
Wenn ihr fremde Menschen befragt, ist auch euer Verhalten wichtig.
Ihr müsst euch zuerst vorstellen und kurz sagen, worum es geht, z. B.: „Wir kommen aus der 7. Klasse der Schiller-Schule und wollen wissen, ob … .“
Dann müsst ihr das Einverständnis des Befragten einholen, denn ihr wollt ja aufschreiben, wie euer Gesprächspartner heißt, vielleicht auch, welchen Beruf er hat und wie alt er ist.
Am Schluss des Interviews solltet ihr euch höflich für die Mitarbeit bedanken.
Zu eurer Umfrage solltet ihr eine Schreibunterlage und Schreibzeug, noch besser einen Kassettenrekorder oder ein Diktiergerät, mitnehmen.

D. Jetzt geht's ans Auswerten
Bei der anschließenden Auswertung der Ergebnisse eurer Umfrage könnt ihr neben Texten vielleicht auch Schaubilder und Diagramme erstellen.

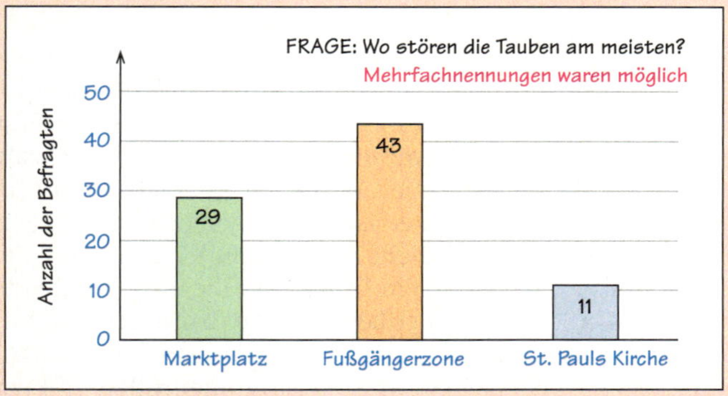

1 Fische: Beispiel Karpfen

2 Amphibien: Beispiel Wasserfrosch

3 Reptilien: Beispiel Zauneidechse

Stadttiere werden geordnet
Die Anzahl der Tierarten in der Stadt ist riesengroß. Es ist gar nicht so leicht, Ordnung in diese Menge zu bringen. Man kann die Tiere in Wasser- und Landtiere, Park- und Hausbewohner oder in Alt- und Neubürger einteilen. Sicherlich fallen dir noch einige andere Gesichtspunkte ein, nach denen du die Tiere einteilen kannst. Die Wissenschaftler haben sich darauf geeinigt, Lebewesen nach ihrer Ähnlichkeit im Körperbau in Gruppen zusammenzufassen. Sie sagen, dass diese Tiere miteinander verwandt sind.

Tiere wie der Karpfen, der Grasfrosch, die Rotwangen-Schmuckschildkröte, die Blaumeise und die Wanderratte werden deshalb in einer Gruppe zusammengefasst. Die Biologen rechnen alle genannten Tiere zum **Stamm** der **Wirbeltiere**, weil alle diese Tiere eine Wirbelsäule haben. Kellerassel, Rattenfloh, Küchenschabe und Pfauenauge gehören nicht in diese Gruppe. Sie gehören verschiedenen Stämmen der **wirbellosen Tiere** an. Diese Gruppe ist zwar riesengroß aber weniger bekannt. Von den etwa 1,5 Millionen Tierarten, die man heute kennt, gehören nur 5% zum Stamm der Wirbeltiere.

Eine bewegliche Säule
Tatsächlich finden wir bei allen Wirbeltieren eine Wirbelsäule. Sie ist ein Teil des Stützsystems des Körpers und schützt das empfindliche Rückenmark. Die zahlreichen Wirbelkörper bestehen fast immer aus harten Knochen (▷ B 6). Sie liegen dicht hintereinander und ermöglichen dem Lebewesen die notwendige Beweglichkeit. Deshalb kann sich der Aal durch das Wasser schlängeln, eine Schlange kann sich zusammenrollen und der Hausmarder gelangt mühelos durch kleine Öffnungen auf den Dachboden.
Wirbeltiere besitzen einen Körper, der in Kopf, Rumpf und Gliedmaßen unterteilt ist. Das Nervensystem besteht aus Gehirn, Rückenmark und peripherem Nervensystem. Das Blut wird von dem Herz durch Adern gepumpt.

Ein Stamm – fünf Klassen
Wenn wir uns die einzelnen Wirbeltierarten einer Stadt einmal genauer anschauen, merken wir auf den ersten Blick, dass sich einige Lebewesen dieses Stammes eigenen Gruppen, von den Biologen als Klassen bezeichnet, zuordnen lassen.
Viele Tiere haben ein mehr oder weniger dichtes Haarkleid (▷ B 5). Es sorgt dafür, dass die Körpertemperatur fast immer gleich bleibt. Ihre Jungen werden lebend zur Welt gebracht und müssen nicht erst ausgebrütet werden. Da sie alle ihre Jungen mit Milch versorgen und säugen, bezeichnen wir die Tiere dieser Klasse als **Säugetiere**.
Nicht nur der Fuchs und die Ratte gehören zu dieser Klasse, sondern auch die Fledermäuse und der Mensch.
Die Lebewesen aus der Klasse der **Vögel** kann man an ihrem Federkleid erkennen (▷ B 4). Es hilft wie Fell eine stets gleiche Körpertemperatur zu halten. Vögel legen Eier, die Jungen müssen ausgebrütet werden. Die vorderen Gliedmaßen sind zu Flügeln umgewandelt, deshalb können die meisten von ihnen fliegen.
In die Klasse der **Reptilien** oder **Kriechtiere** gehören so unterschiedliche Tiere wie die Schlangen, die Eidechsen (▷ B 3) und die Schildkröten. Bei allen ist die Haut mit trockenen Schuppen bedeckt, die Jungen entwickeln sich aus Eiern, die im Boden abgelegt werden. Im Winter suchen die heimischen Reptilien geschützte Orte auf,

4 Vögel: Beispiel Blaumeise

5 Säugetiere: Beispiel Fuchs

denn ihre Körpertemperatur hängt von der Temperatur der Umgebung ab.

Die Jungen der **Amphibien** oder **Lurche** entwickeln sich aus Eiern, die im Wasser abgelegt werden. Sie atmen zunächst mit Kiemen und stellen sich erst als erwachsene Tiere auf Lungenatmung um. Fast alle Lurche haben eine nackte und drüsenreiche Haut, die ständig feuchte Luft benötigt (▷B 2).

Die Klasse der **Fische** ist auf das Wasser als Lebensraum angewiesen. Kiemenatmung, Flossen, ein Seitenlinienorgan und fast immer eine Schwimmblase kennzeichnen die Vertreter dieser Gruppe (▷B 1). Auch bei den Fischen ist die Körpertemperatur von der Umgebung abhängig.

Wir können es noch genauer!
Auch die Klassen kann man wiederum in Gruppen mit gemeinsamen Merkmalen aufteilen. Tiere mit **Nagezähnen** wie Eichhörnchen und Hausmaus gehören zur Ordnung der **Nagetiere**. Die **Raubtiere** haben ein Fleischfressergebiss mit spitzen Fangzähnen und gezackten Reißzähnen. Tiere mit zweiteiligen Hufen wie Kuh, Reh und Schaf werden zur Ordnung der **Paarhufer** gezählt.
Mit der Aufteilung in Ordnungen geben sich die Biologen aber noch nicht zufrieden. Sie gliedern die Ordnungen nochmals in **Familien**, diese wieder in **Gattungen**, in denen man die sehr ähnlichen **Arten** zusammenfasst.

▶ Tiere mit gleichen Merkmalen im Körperbau werden zu Gruppen zusammengefasst. Der Stamm der Wirbeltiere besteht aus den Klassen der Fische, Amphibien, Reptilien, Vögel und Säugetiere.

Aufgaben

1 Welche Tiere werden in deinem Schulbuch im Kapitel über Stadt abgebildet oder erwähnt? Sortiere sie in einer Tabelle. Unterscheide zwischen wirbellosen Tieren und den einzelnen Klassen der Wirbeltiere.

2 Vergleiche in einer Tabelle den Körperbau der Wirbeltiere und der Insekten miteinander.

3 Vergleiche die fünf Klassen der Wirbeltiere miteinander. Stelle Gemeinsamkeiten und Unterschiede im Bauplan fest.

4 Informiere dich über das Silberfischchen und den Wal. Gehören beide zur Klasse der Fische?
Begründe deine Meinung.

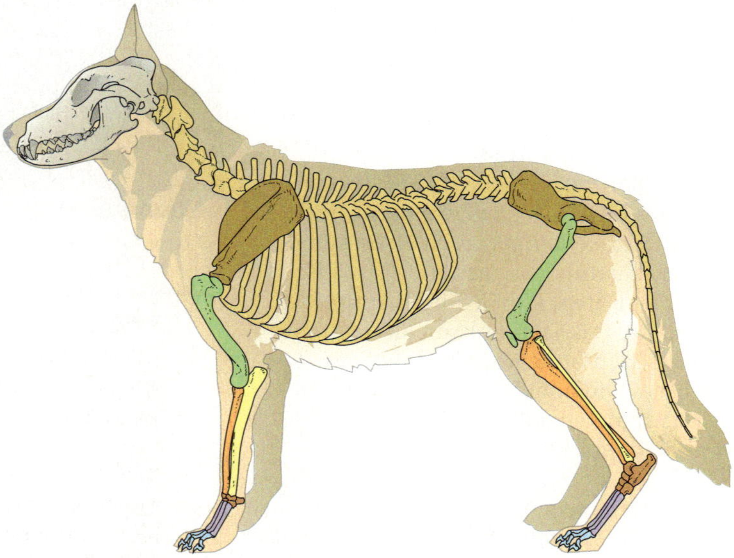

6 Skelett eines Hundes

Grün in unserer Stadt
In Parks, Gärten und Alleen bestimmen Pflanzen das Bild der Stadt. Die meisten von ihnen sind gesät oder gepflanzt und werden regelmäßig gepflegt. Aber auch Wildkräuter kannst du in der Stadt überall finden. Sie wachsen auf unbebautem Gelände und Fabrikhöfen, an Straßenrändern, Hafen- und Bahnanlagen, auf alten Mauern und Häusern. Sogar in den Pflasterritzen der Innenstädte kannst du einzelne Pflanzenarten entdecken (▷B 1).

Bunte Pflanzen auf ungepflegtem Boden
Die meisten Standorte der Wildpflanzen in der Stadt sind vom Menschen durch Eingriffe verändert und dann weitgehend sich selbst überlassen worden. Diese Bereiche – z. B. Gleisanlagen, unbebaute Grundstücke und nicht mehr genutzte Industrieanlagen – nennt man **Ruderalflächen**. Sie werden kaum bearbeitet, gemäht oder gar gedüngt. Manche sind trotzdem durch Abfälle, Hundekot oder abgestorbene Pflanzenbestände sehr gut mit Mineralsalzen versorgt. Viele große, bunt blühende Pflanzen bilden dort Hochstaudengesellschaften (▷B 2).

Die Stadt – ein Ersatzlebensraum für manche Pflanzenart
Andere Ruderalflächen der Stadt sind arm an Mineralsalzen und haben einen Boden, der aus Sand oder Schotter besteht. Hier finden sich auch Pflanzen trockener Standorte und der Ackerränder ein, weil sie die gleichen Biotopverhältnisse vorfinden wie an ihren ursprünglichen Wuchsorten. Sie sind dort aufgrund der intensiven Landbewirtschaftung schon an vielen Orten verschwunden.

Neubürger in der Stadt
Einige Pflanzen sind erst in den letzten 500 Jahren bei uns eingewandert. Die Samen dieser Neubürger, auch **Neophyten** (▷B 3) genannt, gelangen mit Handelsgütern über Häfen, Kanäle und Bahnhöfe in die Städte. Das Saatgut kann auf offenen, freien Böden ohne Konkurrenten aufwachsen. Die höheren Temperaturen in der Stadt bieten außerdem ideale Wachstumsbedingungen.

▶ Die verschiedenen Lebensräume der Stadt bieten zahlreichen Wildpflanzen geeignete Wachstumsbedingungen. Viele von ihnen sind Neophyten.

1 Auch in Pflasterritzen können Pflanzen wachsen. Strahlenlose Kamille

2 Ruderalfläche Klette

3 Neophyten neben einem Bahngleis Gemeiner Natternkopf

Aufgaben

1 Nenne einige Gründe dafür, warum es in der Stadt oft mehr Pflanzenarten gibt als auf einer gleich großen Fläche in der freien Landschaft.

2 Begründe, warum einige Neophyten aus anderen Erdteilen in unseren Städten häufiger anzutreffen sind als auf dem Land. Nenne drei Arten als Beispiele.

Nahrungsketten
Wie in jedem Lebensraum, so gibt es auch in der Stadt Nahrungsketten: Nährstoffe werden von grünen Pflanzen produziert, die man deshalb **Erzeuger** (Produzenten) nennt. Diese werden von Pflanzenfressern, z. B. Raupen, gefressen. Raupen sind also **Erstverbraucher** (Erstkonsumenten) und dienen anderen Konsumenten, z. B. der Kohlmeise, als Nahrung. Die Meise wird schließlich vom Sperber gefressen, der damit zum **Endverbraucher** wird.

Nahrungsnetze in der Stadt
Der Sperber frisst aber nicht nur Kohlmeisen, sondern auch Amseln und Finken. Die Raupe wird nicht nur von der Kohlmeise, sondern auch von der Amsel und dem Igel gefressen. Jedes Lebewesen gehört also mehreren Nahrungsketten an. Die Ketten sind untereinander so verknüpft, dass man von einem **Nahrungsnetz** spricht. In der Stadt sind die Nahrungsketten und -netze stark vom Menschen beeinflusst. Zahlreiche Nahrungsquellen der Stadttiere sind von ihm geschaffen. Für viele der natürlichen Fressfeinde ist die Stadt kein geeigneter Lebensraum.

Auch in der Stadt kennzeichnen Nahrungsketten und -netze die Nahrungsbeziehungen, diese sind aber stark vom Menschen beeinflusst.

1 Der Mensch schafft Nahrungsquellen für Stadttiere.

„Pendler"
Nicht immer stimmen bei Stadttieren die Brut- und Nahrungsreviere überein: Der Turmfalke z. B. jagt in der Nähe seines Horstes in der Stadt nach Jungvögeln, Kleinsäugern und Insekten. Oft sucht er aber die Nahrung für seine Jungen auch viele Kilometer von der Stadt entfernt in der freien Feldflur. Schwalben und Mauersegler entfernen sich bei der Jagd noch viel weiter von ihren Brutplätzen.

Regenwürmer sind die wichtig
In jedem Ökosystem sorgen Kleinstlebewesen – z. B. Würmer, Insekten, Bakterien und Pilze – im Boden für den Abbau der abgestorbenen Pflanzen oder toten Tiere. Sie zerlegen die Organismen in Wasser, Kohlenstoffdioxid und Mineralsalze. Diese **Zersetzer** (Destruenten) finden in der Stadt ungünstige Lebensbedingungen vor: Die Böden sind oft versiegelt, verdichtet oder mit Schadstoffen belastet. Dennoch ist z. B. die Zahl der Regenwürmer, die nicht nur wichtige Zersetzer sind, sondern auch die Böden lockern, in der Stadt immer noch recht groß: Alle Regenwürmer einer Großstadt wiegen mehr als viermal so viel wie alle Hunde und Katzen dieser Stadt.

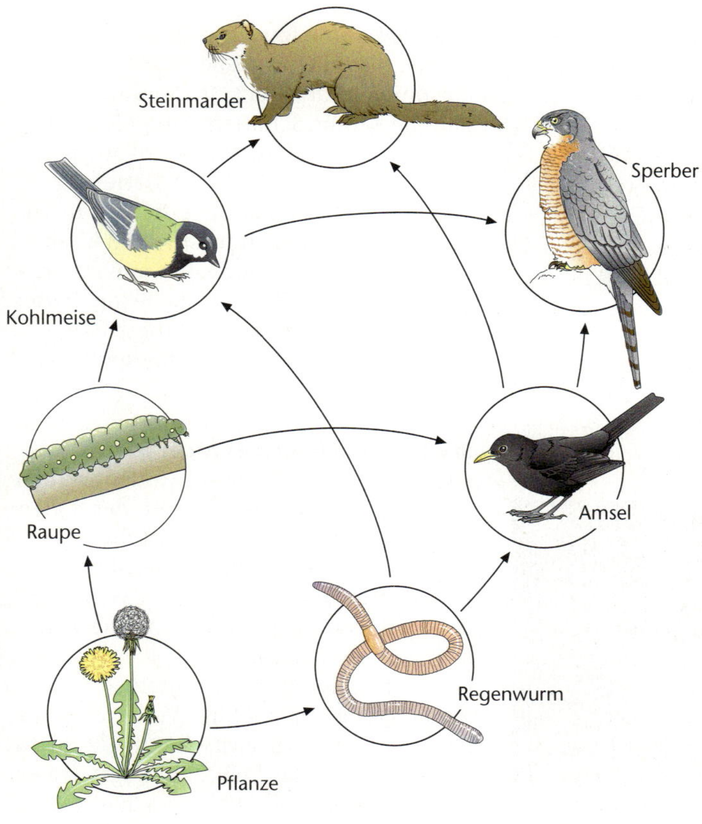

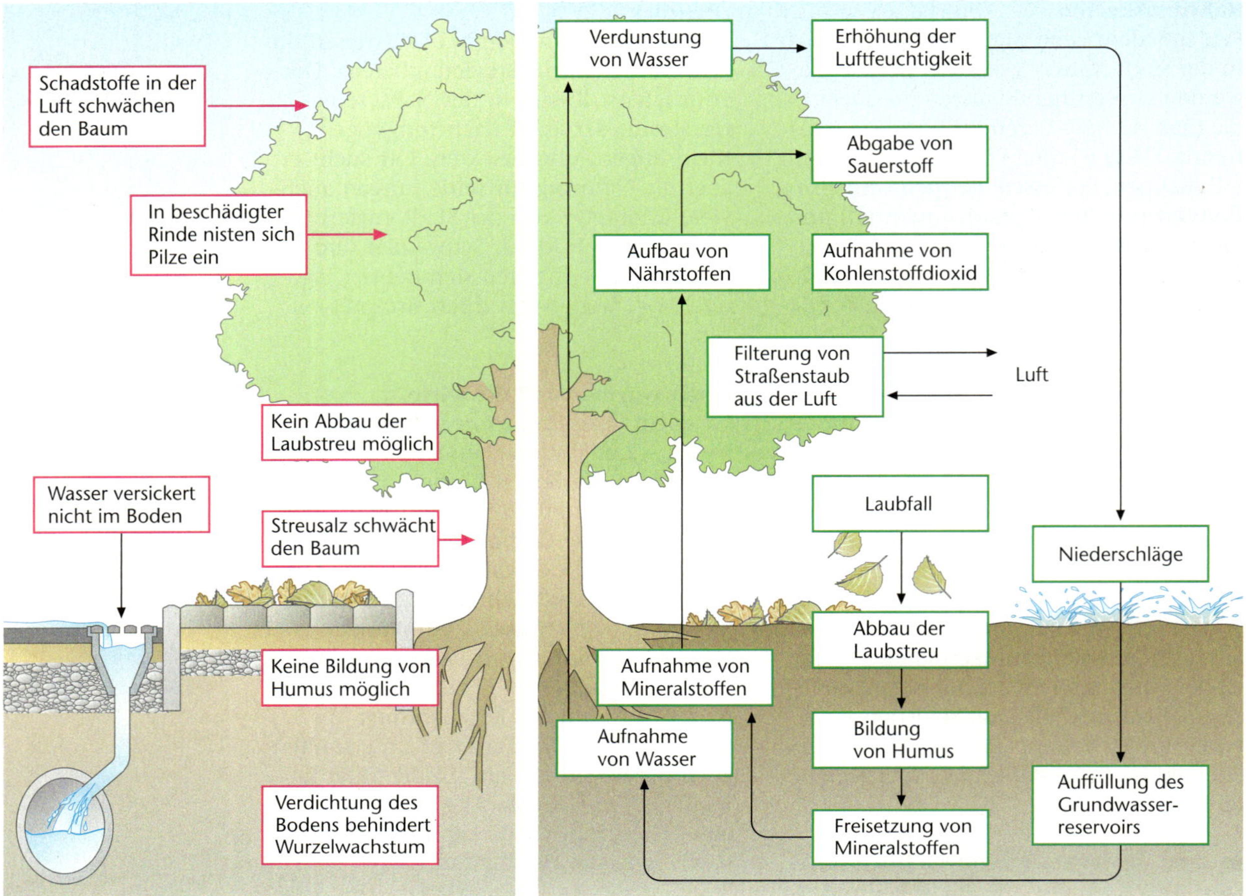

1 Probleme (li) und Leistungen (re) von Straßenbäumen

2 Straßenbäume

Straßenbäume leisten viel!
Bäume haben eine große Bedeutung für das Klima in der Stadt: Im Sommer spenden die Bäume Schatten. Ein großer, etwa 25 m hoher Straßenbaum kann am Tag bis zu 400 l Wasser über die Blätter verdunsten. Er kühlt dadurch die Luft in seinem engeren Bereich um bis zu 3 °C ab. Der gleiche Baum produziert außerdem etwa 1 m^3 Sauerstoff am Tag. Seine Blätter halten pro Jahr bis zu 1 t Staubteilchen fest, die jeweils bei Regen abgespült werden.

Stadtbäume haben es nicht leicht!
Die Wurzeln von Straßenbäumen werden oft bei Erdarbeiten beschädigt, der Boden ist verdichtet und meistens ist die Oberfläche mit Pflasterungen völlig abgedeckt. Diese Versiegelung des Bodens verhindert, dass genügend Regenwasser an die Wurzeln gelangen kann.
Die Baumrinde wird oft durch Autos oder Baufahrzeuge beschädigt. Verletzungen der Rinde und der Bastschicht führen zu Störungen bei der Versorgung mit Wasser und Mineralsalzen. An den Schadstellen finden sich oft zerstörerische Pilze ein. Besonders gefährlich sind auch Streusalz und vor allem Schadstoffe in der Luft. Sie können für ohnehin geschwächte Bäume den Tod bedeuten.

Straßenbäume haben eine große Bedeutung für das Stadtklima. Sie sind aber zahlreichen Belastungen ausgesetzt.

Aufgaben

1 Oft wird gesagt, dass vor allem Autos die Straßenbäume gefährden. Nenne Fakten, die diese Behauptung belegen.

2 Welche Maßnahmen könnte die Stadt ergreifen, um Straßenbäume zu erhalten?

Versuch

1 Stelle den Zweig eines Fliederstrauchs einen Tag in Salzwasser und einen zweiten Zweig in normales Leitungswasser. Beobachte, beschreibe und erkläre.

Parks – „grüne Lungen“ der Stadt

1 Inlineskaten im Park

2 Liegewiese im Stadtpark

Nachmittags im Park
Parks werden von den Stadtbewohnern vor allem zur Freizeit und Erholung genutzt. Hier kannst du joggen oder einfach auf einer Wiese liegen. Kinder tollen auf den Spielplätzen im Park herum und es macht Spaß, Eichhörnchen und Enten zu beobachten.

Parks verbessern das Stadtklima
Aber die Parkanlagen sind auch für das Klima in der Stadt wichtig. In Parks und Grünanlagen entstehen keine Luftverunreinigungen, dagegen wird Staub aus der Luft herausgefiltert. An Sommertagen ist die Temperatur niedrig und die Luftfeuchtigkeit angenehm hoch, weil die Blätter Wasser verdunsten. Es gibt hier ausreichend Schatten und keine Mauern, die Wärme speichern.
Die freien Flächen des Parks ermöglichen einen Luftaustausch mit der Umgebung. In Straßen, die von einem Park wegführen, kann man noch ziemlich weit die Auswirkungen des Parkklimas auf die bebauten Flächen der Stadt messen (▷B 3).

Aufgaben

1 Nicht alle Parks und Grünanlagen sind gleich. Informiert euch über die Geschichte der Parks in eurer Heimatstadt. Erarbeitet dazu ein Plakat.

2 Plant eine Exkursion zu einem Stadtpark. Ihr müsst möglichst früh am Morgen dort sein, um Tiere beobachten zu können. Stellt mithilfe eines Bestimmungsbuches fest, welche Vogelarten im Park leben.

Parks sind Lebensräume für Tiere
Viele Tiere, z. B Eichhörnchen, Igel, Fuchs, Wildkaninchen und zahlreiche Vogelarten, leben in den Parks der Städte, weil sie hier ähnliche Lebensbedingungen vorfinden wie in Wäldern.
Besonders in großen, dicht bewachsenen Parks mit alten Bäumen finden sich auch seltenere Tiere wie Hohltaube, Schwarzspecht und Abendsegler ein. Einige der Parktiere sind Kulturfolger und z. T. so zutraulich, dass sie sich aus der Hand füttern lassen.

▶ Stadtparks haben eine große Bedeutung für das Stadtklima, als Erholungsgebiete für die Menschen und Lebensräume für Tiere.

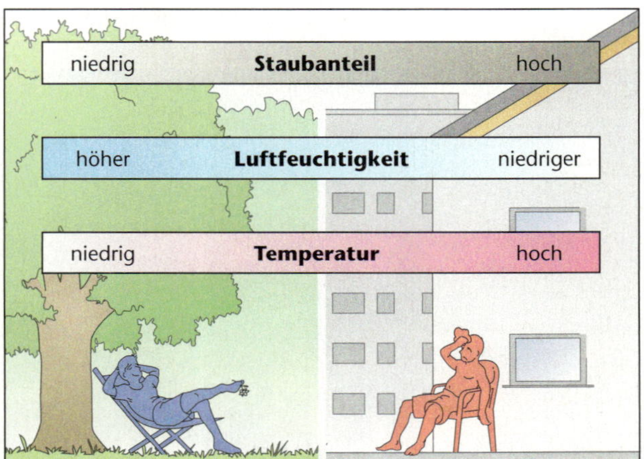

3 Parks beeinflussen das Stadtklima.

Die Stadt – ein Mosaik verschiedener Lebensräume

Ersatz für verlorene Lebensräume
Städte bestehen aus vielen verschiedenen Lebensräumen. Fassaden z. B. können Ersatz für Felswände bieten. Dies ist der Grund, weshalb in der Stadt vergleichsweise viele verschiedene Tier- und Pflanzenarten leben können.

Es gibt ein spezielles Stadtklima
Das Stadtklima unterscheidet sich von dem Klima des Umlands erheblich. Städte sind wärmer, der Luftaustausch und die Luftfeuchtigkeit sind geringer und die Bewohner leiden oft unter verunreinigter Luft.

Die Boden- und Wasserverhältnisse in der Stadt sind meistens ungünstig
Die Böden in der Stadt sind überwiegend verdichtet oder versiegelt. Die Niederschläge können daher nicht versickern, sondern werden in der Kanalisation abgeleitet. Böden und Gewässer sind oft noch durch Schadstoffe belastet.

Die Tiere in der Stadt sind Kulturfolger
Zahlreiche Tiere sind dem Menschen in die Stadt gefolgt. Es wurden dort aber nur die Arten heimisch, die an Lebensbedingungen in der Stadt angepasst sind. Einige dieser Kulturfolger waren früher Bewohner von Felswänden oder Höhlen. Manche dieser Tiere werden vom Menschen als Schädlinge betrachtet, weil sie Materialien oder Nahrungsmittel fressen.

Wildpflanzen in der Stadt
Vor allem die Ruderalstandorte ermöglichen vielen Pflanzen eine ungestörte Ausbreitung. Die Zahl der Neophyten ist in den Städten besonders groß, weil ihre Früchte und Samen mit Gütern aus aller Welt über Häfen, Bahnhöfe und Fernstraßen in die Stadt gelangen.

2 Allee

Nahrungsbeziehungen in der Stadt
In der Stadt existieren zahlreiche Nahrungsketten und -netze, die aber stark vom Menschen beeinflusst sind. Manche Nahrungsquellen sind von ihm geschaffen, die natürlichen Fressfeinde haben in der Stadt nur wenig Überlebenschancen.
Bei der Nahrungssuche vieler Stadtvögel ist auch das Umland von Bedeutung.

Wertvolle Bäume in der Stadt
Straßenbäume haben große Bedeutung für das Klima in der Stadt. Sie produzieren Sauerstoff, binden Staub, spenden Schatten, sorgen für angenehme Luftfeuchtigkeit – und bringen Grün in die Stadt.

Tiere lassen sich ordnen
Tiere mit gleichen Körpermerkmalen werden zu Klassen zusammengefasst.
Die Wirbeltiere kann man in Fische, Amphibien, Reptilien, Vögel und Säugetiere aufteilen.

1 Smog in der Stadt

3 Turmfalkenjunge in einem Blumenkasten

Aufgaben

1 Stuttgart liegt in einem Talkessel. Wie wirkt sich das auf das Klima in dieser Stadt aus? Begründe deine Meinung.

2 Nenne Gründe, warum an größeren Gewässern in der Stadt manchmal mehr Wasservögel überwintern als in der freien Landschaft.

3 Der Mauersegler frisst Insekten. Welche Wettersituationen in der City werden den Vogel zwingen, seine Nahrung über 100 km weit von seinem Brutplatz zu suchen?

4 Ein „Taubenproblem" gibt es nur in Städten und nicht in Dörfern. Begründe!

5 Welche Eigenschaften muss ein Vogel besitzen, damit er als typischer Kulturfolger in der Stadt leben kann?

6 Die typischen Pflanzen der Großstadt kann man auf dem Land und gelegentlich auch auf den Bahnhöfen und am Rande der Autobahnen finden. Begründe dies!

7 Nenne Gründe, warum die Pest sich in unseren Städten nicht mehr so schnell ausbreiten könnte wie im Mittelalter.

8 Vergleiche die ökologischen Nischen von Mauersegler und Mehlschwalbe miteinander.

9 Die großen Rasenflächen einer Parkanlage sollen in Wiesen umgewandelt werden, die nur zweimal im Jahr gemäht werden. Nenne Vor- und Nachteile einer solchen Maßnahme.

10 Für den Natternkopf sind die Schotterflächen an Bahndämmen Lebensräume geworden. Informiere dich über die ursprünglichen Biotope dieser Pflanze und berichte.

11 Was würde geschehen, wenn ein Glied einer Nahrungskette – z. B. der Steinmarder – ausgerottet würde? Beschreibe die Folgen.

12 Stelle Vermutungen darüber an, wie Neophyten einen Lebensraum langfristig beeinflussen könnten.

13 Du siehst hier die Bilder einiger typischer Lebensräume der Stadt. Daneben sind einige Pflanzen und Tiere abgebildet. Welcher Kulturfolger kann in welchem Lebensraum leben? Zwei Tiere könnten als Kulturflüchter in der Stadt nicht überleben. Begründe!

Distelfink

Fischadler

Eichhörnchen

Turmfalke

Ringeltaube

Stockente

Mauersegler

Auerhahn

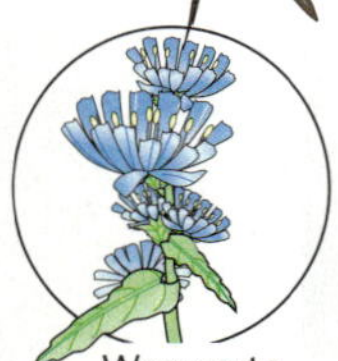
Wegwarte

Breitwegerich

Ökosystem Gewässer

Tümpel, Seen, Bäche, Flüsse und sogar die Meere – sie alle sind Gewässer. So verschieden sie sind, haben sie doch eines gemeinsam: Es sind Lebensräume für viele Pflanzen und Tiere.

Mit Kescher, Fernglas und Mikroskop kannst du die Lebewesen in und an Gewässern beobachten. Du wirst feststellen, dass es eine Fülle verschiedener und interessanter Arten gibt!

In diesem Kapitel wirst du einiges über die Lebewesen im und am Wasser erfahren.

Neben den Pflanzen und Tieren nutzt auch der Mensch die Gewässer. Häufig werden sie dadurch so stark beeinflusst, dass sich die Lebensbedingungen für die Pflanzen und Tiere drastisch verändern.
Es ist deshalb wichtig, über die Zusammenhänge in den Gewässern Bescheid zu wissen.

Aufgaben

1 Tümpel, Teiche und Bäche sind Gewässertypen, die auch an deinem Wohnort vorkommen. Welche weiteren Gewässerformen kennst du? Erstelle eine Liste. Was unterscheidet die Gewässertypen? Wie könnte man sie ordnen?

2 Welche Gewässer befinden sich in der Nähe der Schule? Plant eine Exkursion dort hin. Folgende Dinge solltet ihr mitnehmen: Bestimmungsbücher, Fernglas, Kescher, leere Gläser mit Deckeln, Notizbücher und Schreibzeug. Vielleicht kann auch jemand seine Digitalkamera mitnehmen.

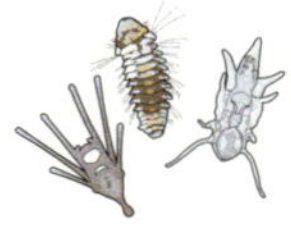

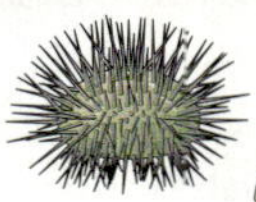

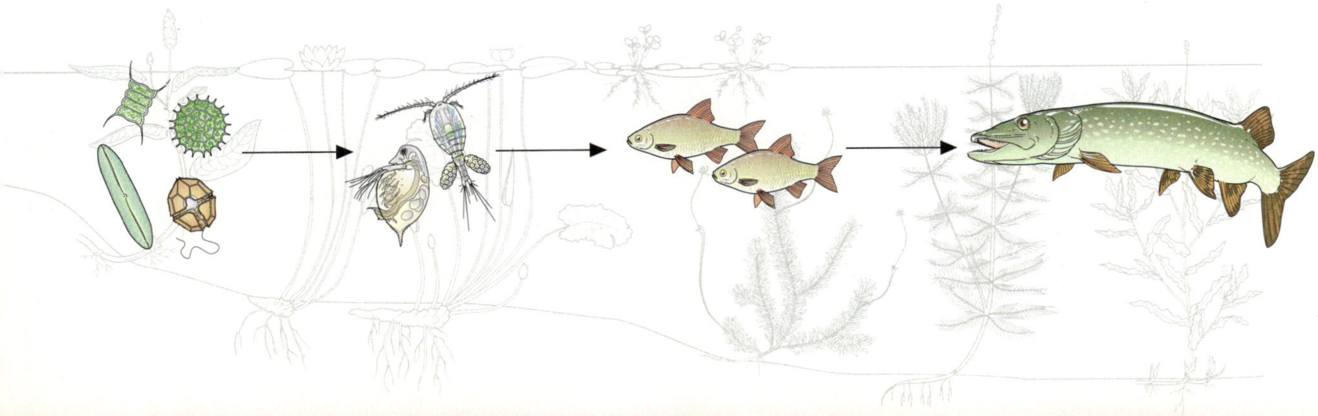

Ein Land – viele Landschaften

Von den Alpen ans Meer
Auf einer Reise kreuz und quer durch Deutschland kannst du viele verschiedene Landschaften entdecken.
Von den Küsten der Nord- und Ostsee über die Mittelgebirge bis zu den Hochgebirgsregionen der Alpen zeigt die Umwelt ständig ein neues Gesicht. Heidelandschaften wechseln mit Wäldern und Feldern. Du kannst Städte erkunden und Seen mit ihrer vielfältigen Tier- und Pflanzenwelt erforschen. In den folgenden Kapiteln wirst du viel über diese verschiedenen Regionen erfahren.

Geschlossen und doch offen
Ein Wald oder ein See ist gegenüber den benachbarten Gebieten deutlich abgegrenzt. Gleichzeitig ist aber auch ein Austausch mit der Umgebung möglich. Tiere wechseln von einem Bereich in den angrenzenden oder auch Pflanzensamen werden vom Wind in den jeweils anderen Bereich transportiert.

Ein abgegrenztes Gebiet wie ein Wald oder ein See wird **Ökosystem** genannt.

Das Teilgebiet der Biologie, das die Wechselbeziehungen zwischen Organismen und ihrer Umwelt erforscht, heißt **Ökologie**. Das Wort Ökologie kommt aus dem Griechischen und bedeutet so viel wie „Lehre vom Haushalt der Natur“.

Abiotische Umweltfaktoren

Wasserbeschaffenheit
- Säuregehalt
- Sauerstoffgehalt
- Temperatur
- Salzgehalt

Klimatische Bedingungen
- Temperatur
- Regenmenge
- Luftfeuchtigkeit
- Wind

Geografische Lage
- Gebirgssee
- See im Flachland

Biotische Umweltfaktoren

Konkurrenten
- um Nahrung
- um Lebensraum
- bei der Fortpflanzung

Fressfeinde
- Hecht
- Fischreiher
- Greifvögel

Nahrungsangebot
- Wasserpflanzen
- Wasserinsekten

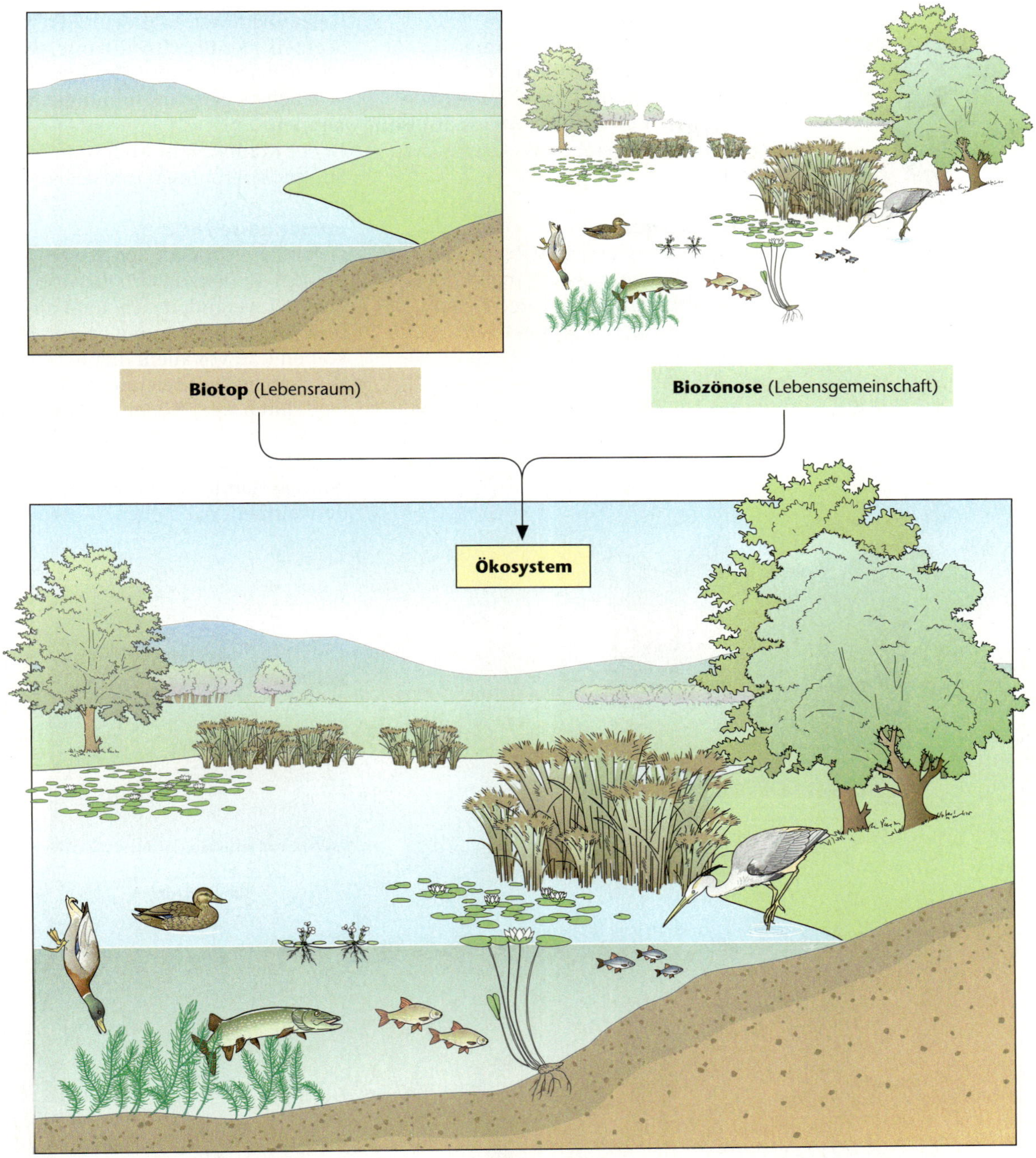

Keiner lebt für sich alleine
In einem Ökosystem bestehen vielfache Wechselbeziehungen zwischen den Lebewesen untereinander und zwischen den Lebewesen und ihrer unbelebten Umwelt. Am Beispiel eines Karpfens kannst du die komplizierten Wechselbeziehungen recht gut durchschauen. Das Leben dieses Fisches ist von vielen Einflüssen abhängig.

Zum einen sind dies die Faktoren der belebten Umwelt, die man **biotische Umweltfaktoren** nennt, und zum anderen sind es Bedingungen der unbelebten Umwelt, die man als **abiotische Umweltfaktoren** bezeichnet.

In der Natur geht nichts verloren
Alle Stoffe, aus denen ein Lebewesen aufgebaut ist, werden in einem endlosen Kreislauf immer wieder verwendet.
Auch diese Stoffkreisläufe untersucht die Ökologie.

Ein Ökosystem besteht aus dem Lebensraum, den Biologen **Biotop** nennen, und der dazugehörigen Lebensgemeinschaft, die **Biozönose** heißt.

Der Natur auf der Spur

In einem Naturschutzgebiet kannst du auf angelegten Wegen in Gebiete vordringen, in denen Pflanzen und Tiere weitgehend ungestört leben. Besonders interessant ist es, hier einmal ein stehendes Gewässer zu erkunden.

Matsch und Schlamm

In der Nähe des Seeufers ist der Boden nass und matschig, schnell steht man knöcheltief im Schlamm. Auch flache Wurzeln, die glitschig sind, machen es einem nicht leicht, an den Rand des Gewässers zu gelangen. Die Pflanzen, die hier wachsen, sind starken Schwankungen des Wasserstandes ausgesetzt. Zeitweise ist der Boden sogar überflutet. In diesem Bereich des Seeufers, der **Bruchwaldzone**, wachsen Bäume wie Erlen und Weiden, die gelegentliche Überschwemmungen ertragen können.
In der Krautschicht findest du hier häufig Sumpfdotterblumen und Seggen.

Immer nasse Füße

Gehst du weiter auf den See zu, folgt der Bereich, in dem dauerhaft Wasser steht. Dadurch verändert sich auch die Vegetation. Die **Röhrichtzone** ist durch Rohrkolben und vor allem dichte Schilfrohrbestände gekennzeichnet. Die Pflanzen sind durch waagerecht verlaufende, stark verzweigte Erdstängel fest im Boden verankert. An verschiedenen Stellen wachsen knotige Halme, die bis zu 4 m lang werden können, nach oben.

Bruchwaldzone

Röhrichtzone

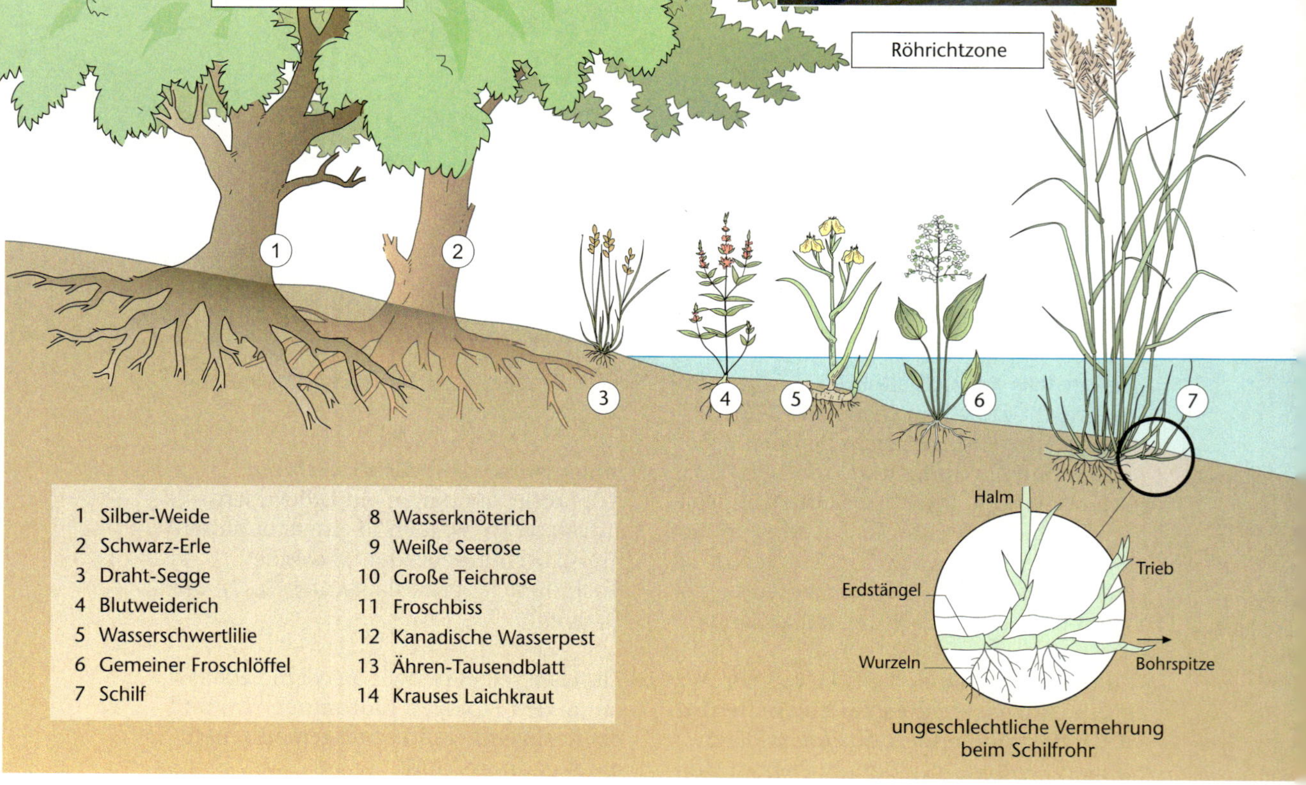

ungeschlechtliche Vermehrung beim Schilfrohr

1 Silber-Weide
2 Schwarz-Erle
3 Draht-Segge
4 Blutweiderich
5 Wasserschwertlilie
6 Gemeiner Froschlöffel
7 Schilf
8 Wasserknöterich
9 Weiße Seerose
10 Große Teichrose
11 Froschbiss
12 Kanadische Wasserpest
13 Ähren-Tausendblatt
14 Krauses Laichkraut

Große Blätter – schöne Blüten
Vor allem in stillen Buchten der Gewässer fallen die gelben Blüten der Teichrosen auf. Zusammen mit anderen Arten, wie z. B. dem Wasser-Knöterich, bilden diese Pflanzen die **Schwimmblattzone**. Die Blüten und die großen, lederartigen Blätter, die auf der Wasseroberfläche schwimmen, sind typisch für diese Pflanzen. Einige Vertreter dieser Zone, wie der Froschbiss, besitzen keine Wurzeln. Sie schwimmen frei umher.

Abgetaucht
Weiter vom Ufer entfernt kommen nur noch untergetauchte Pflanzen vor. Die Wasserpest und verschiedene Laichkraut-Arten gehören zur **Tauchblattzone**. Einige dieser Pflanzen sind mit ihren Wurzeln zwar im Boden verankert, Mineralsalze, Wasser und Kohlenstoffdioxid nehmen sie aber über die Blätter aus dem Wasser auf. Auch der von den Pflanzen produzierte Sauerstoff wird direkt ins Wasser abgegeben.

Je nach Trübung des Wassers erstreckt sich die Tauchblattzone bis zu einer Wassertiefe von 8 m. Dann reicht die Lichtmenge für die Pflanzen nicht mehr aus, um Fotosynthese betreiben zu können.

Die Pflanzen eines Seeufers werden, vom Land zum Wasser hin gesehen, verschiedenen Zonen zugeordnet: Bruchwaldzone, Röhrichtzone, Schwimmblattzone und Tauchblattzone.

Aufgaben

1 Häufig besitzen die Pflanzen der Tauchblattzone fein zerschlitzte Blätter. Nenne Gründe dafür.

2 Suche im Uferbereich eines Sees Pflanzen und bestimme sie mithilfe eines Bestimmungsbuches. Welchen Zonen kannst du sie jeweils zuordnen?

Schwimmblattzone

Tauchblattzone

Versuche

1 Untersuche das Blatt und den Stängel einer Seerose. Wie sind Blattoberseite und -unterseite beschaffen? Beschreibe den Blattrand sowie den Stängel (Länge, Beweglichkeit, Gewicht).

2 a) Nimm ein unbeschädigtes Seerosenblatt mit Stängel und halte es in einem Aquarium unter Wasser. Schneide den Stängel am Ende nochmals ab, stecke vorsichtig ein Stück Schlauch auf und puste anschließend sehr kräftig hinein. Erkläre deine Beobachtungen.
b) Wiederhole den Versuch mit einem zweiten Blatt, dessen Blattoberfläche mit Vaseline bestrichen wurde.
Was beobachtest du jetzt? Erkläre.
Welche Vorteile bietet der Pflanze dieser Blattaufbau?

Stängelquerschnitt der Seerose

2 Seerose

Schwimmblätter schwimmen immer oben
Die Weiße Seerose ist eine Schwimmblattpflanze. Mit einem dicken Wurzelstock ist sie im schlammigen Boden verankert. An der Wasseroberfläche sind ihre großen, herzförmigen Schwimmblätter zu erkennen. Auch wenn der Wasserstand deutlich steigt, gehen diese Blätter nicht unter. Dies ist möglich, weil die Seerose lange, biegsame Stängel besitzt (▷ B 2).

1 Verschiedene Formen des Froschlöffels

Eine Art – verschiedene Formen
An Gewässern wächst der Froschlöffel. Sein Name bezieht sich zum einen auf die löffelförmigen Blätter, zum anderen auf den Standort: Die Pflanze wächst dort, wo auch Frösche leben, im Uferbereich von stehenden Gewässern. Vergleichst du mehrere Pflanzen dieser Art miteinander, erkennst du, dass sich die Blätter, aber auch die Wuchsform stark voneinander unterscheiden (▷ B 1). Es kommen neben Landformen auch Sumpf- und Unterwasserformen vor.

Je nach Lebensraum sind die Blätter und Stängel der Pflanzen besonders ausgebildet.

Aufgaben

1 a) Ordne den verschiedenen Wuchsformen des Froschlöffels (▷ B 1) folgende Merkmale zu:
- Pflanze meist klein, Blätter wenig geteilt
- Pflanze meist länger gestreckt, Blätter feiner zerteilt

b) Erkläre, welche Vorteile die jeweilige Wuchsform für die Pflanze mit sich bringt.

2 Der Rohrkolben ist starkem Wind und Wellen ausgesetzt. Erkläre mithilfe der Abbildung rechts, wie er an diese Bedingungen angepasst ist.

3 Wieso besitzt die Wasserpest keine Spaltöffnungen?

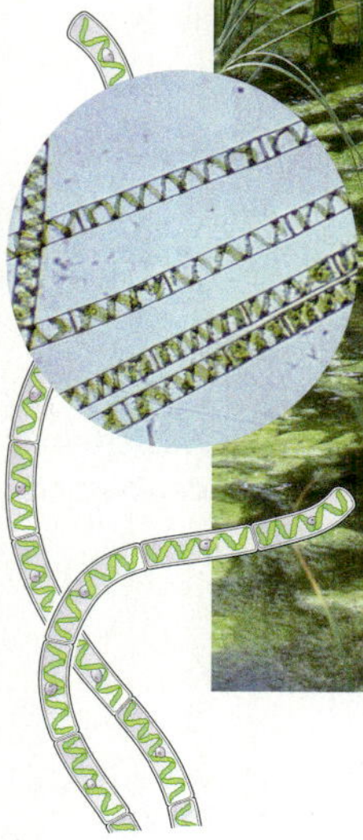

Grüne Watte? – grüne Algen!
An Steinen, aber auch im freien Wasser eines Sees kannst du ab und zu grüne, watteartige Beläge und Büschel sehen, die aus vielen einzelnen Fäden bestehen. Es sind Fadenalgen, die aus aneinander gereihten Zellen aufgebaut sind. Wie alle grünen Pflanzen betreiben auch Algen Fotosynthese. Bei intensiver Sonneneinstrahlung und hohem Nährstoffgehalt im Wasser vermehren sich die Algen sehr stark.

Klares Wasser voller Leben
Zieht man ein feinmaschiges Netz, ein Planktonnetz, einige Male durch das Wasser eines Sees, bleiben viele winzig kleine Organismen darin hängen. Erst unter dem Mikroskop sind die Kleinstlebewesen zu erkennen, die frei im Wasser schweben und lediglich durch Wasserströmungen bewegt werden. Sie werden deshalb als **Plankton** (griech. planktos: „Umhergetriebener") bezeichnet.
Neben den Blaualgen, die zu den Bakterien gehören, kommen auch Einzeller vor, die Chloroplasten besitzen: Grün- und Kieselalgen. Da all diese Organismen Fotosynthese betreiben, werden sie als **pflanzliches Plankton** zusammengefasst.

Im Frühjahr nimmt die Zahl der Lebewesen sehr stark zu. Man spricht von der „Algenblüte". Neben pflanzlichem Plankton gibt es noch das tierische Plankton. Hierzu zählen vor allem Wimpertierchen, Kleinkrebse und Rädertierchen. Die Organismen ernähren sich meist von Bakterien und pflanzlichem Plankton, einige Arten leben räuberisch.

Nur nicht untergehen!
Viele Planktonorganismen besitzen mehr oder weniger deutlich sichtbare Fortsätze an ihrer Oberfläche. Durch diese Oberflächenvergrößerung erhöht sich auch der Widerstand im Wasser: Die Lebewesen sinken nicht so schnell nach unten.
So besitzen zum Beispiel die Hüpferlinge lange Antennen, die es ihnen ermöglichen, im Wasser zu schweben.
Auch durch gefüllte Bläschen im Zellinnern kann das Absinken vermieden werden. Blaualgen enthalten gasgefüllte Vakuolen, Rädertierchen haben im Zellinnern Öltröpfchen eingeschlossen.

Mikroskopisch kleine pflanzliche und tierische Organismen im Wasser nennt man Plankton. Spezielle Fortsätze, gasgefüllte Bläschen und Öltropfen verhindern ein Absinken im Gewässer.

Aufgaben

1 Erläutere den Begriff „Plankton".

2 Betrachte die Organismen auf dieser Seite unten. Welche Schwebevorrichtungen besitzen sie jeweils?

3 Unter welchen Bedingungen kommt es zur Algenblüte?

Hüpferling

Rädertierchen
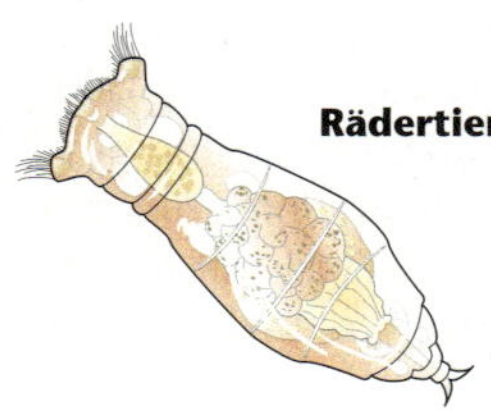

Trompetentierchen
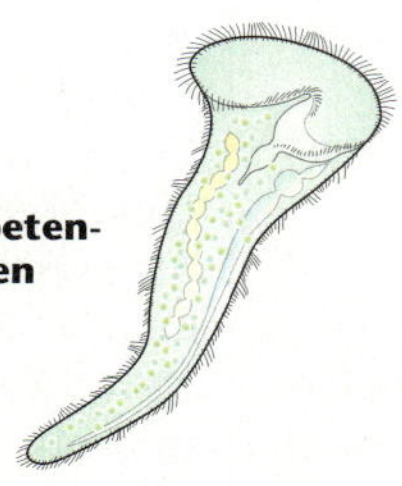

Goldalge
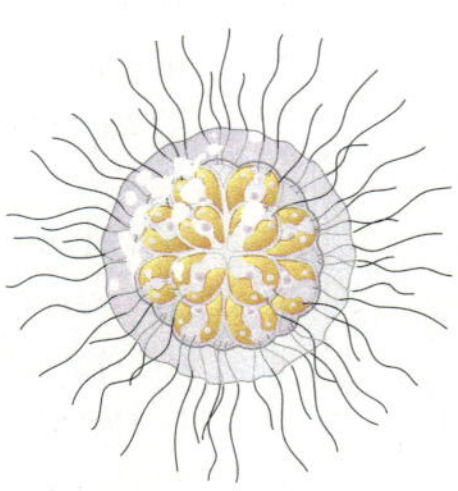

Blaualge
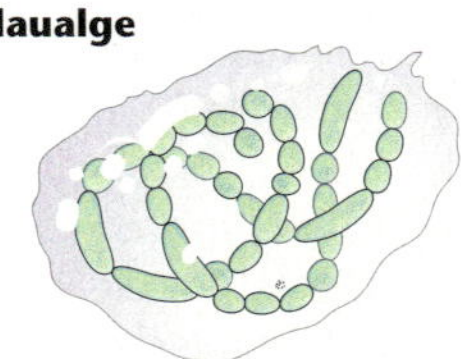

Werkstatt

Wir untersuchen ein Gewässer

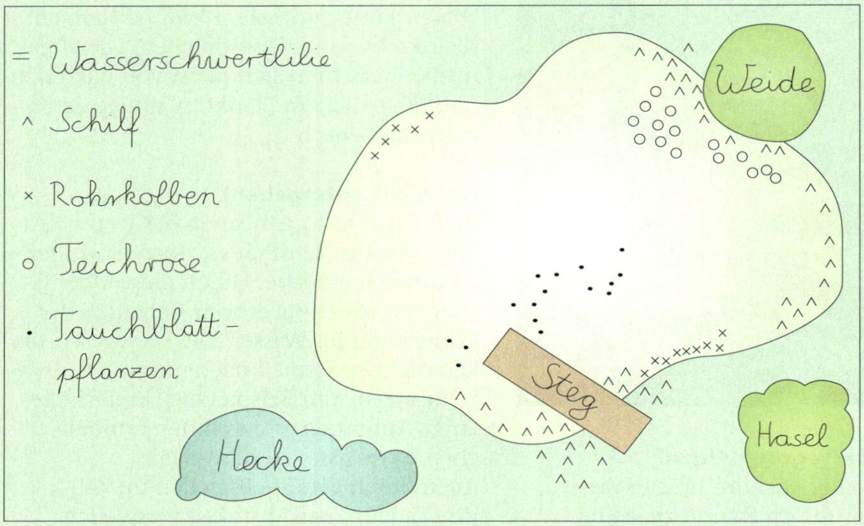

Neben den Pflanzen und Tieren, die im Bereich eines Gewässers leben, ist es auch wichtig, die physikalischen und chemischen Bedingungen zu kennen. Sie haben einen großen Einfluss auf die hier lebenden Arten. Ändern sich die Bedingungen, kann dies auch eine Veränderung der Tier- und Pflanzenwelt zur Folge haben.
Führt die Versuche in Gruppen durch. Notiert vor jeder Untersuchung auch die meteorologischen Daten wie z. B. Bewölkung, Niederschläge und Lufttemperatur an den Messtagen. Beachtet auch die Entsorgungshinweise für die eingesetzten Chemikalien.

1 Physikalische Daten: Messung der Sichttiefe

Die Messung der Sichttiefe gibt Auskunft über die Trübung des Wassers. Sie wird durch Algen oder andere Schwebstoffe, wie z. B. Lehmpartikel, beeinflusst.

Material

Weißer Topfdeckel (Durchmesser ca. 25 cm) mit Löchern, Schnur mit Markierungen (alle 10 cm), Papier, Stift

Durchführung

a) Befestigt die Schnur am Griff des Topfdeckels.
b) Lasst den Topfdeckel mit der Schnur an einer möglichst tiefen Stelle so weit eintauchen, bis ihr ihn gerade noch sehen könnt.
c) Wiederholt den Versuch an mehreren Tagen.

Aufgaben

1. Notiert die an den verschiedenen Tagen gemessenen Sichttiefen und erstellt eine Tabelle.

2. a) Vergleicht die verschiedenen Ergebnisse.
b) Wodurch wird die Sichttiefe in dem von euch untersuchten Gewässer jeweils beeinflusst?

2 Physikalische Daten: Messung der Temperatur

Die Wassertemperatur ist für biologische Prozesse, wie Fotosynthese oder Abbauvorgänge, wichtig. Bei höheren Temperaturen laufen diese Prozesse schneller ab.

Material

Thermometer mit Öse, an einer Schnur mit Markierungen (alle 10 cm) befestigt, Papier, Stift

Durchführung

a) Messt an mehreren Tagen, immer zur gleichen Zeit, an verschiedenen Stellen im Teich die Temperatur an der Wasseroberfläche.
b) Messt an einer Stelle die Temperatur in verschiedenen Wassertiefen. Wiederholt auch diese Messung an mehreren Tagen.

Aufgaben

1. Notiert eure Ergebnisse.

2. An welchen Stellen ist der Teich sehr kalt / warm?
Begründet eure Antwort.

3. Wie ändert sich die Wassertemperatur mit zunehmender Wassertiefe? Nennt Gründe.

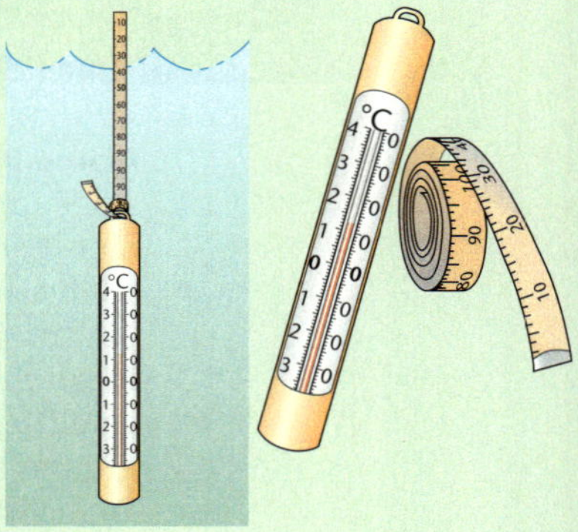

3 Chemische Daten: Sauerstoffnachweis

Sauerstoff ist lebensnotwendig für die meisten Wasserorganismen. Er gelangt ins Wasser, indem er darin aus der Luft gelöst oder durch Fotosynthese von Algen und anderen Wasserpflanzen gebildet wird. Die Menge des Sauerstoffs ist ein Anzeiger für die Güte des Gewässers.

Material

Testkit für chemische Messungen, Thermometer

Durchführung

a) Führt die Sauerstoffmessung entsprechend der Anleitung der Testkits durch.
b) Messt die Temperatur des Wassers wie in Versuch 3.
c) Vergleicht eure Messwerte mit Werten einer Tabelle, in der die Löslichkeit des Sauerstoffs in Abhängigkeit von der Temperatur angegeben ist.
d) Was könnt ihr über die Qualität des Wassers aussagen?

4 Chemische Daten: Messung des pH-Werts

Chemische Messungen führt man am einfachsten mit speziellen Testkits durch.

Der pH-Wert gibt an, ob ein Gewässer sauer (pH < 7), neutral (pH = 7) oder alkalisch (pH > 7) ist. Bei unbelasteten Gewässern liegt der pH-Wert zwischen 6,5 und 8. Weicht der pH-Wert hiervon ab, hat dies Auswirkungen auf die Pflanzen und Tiere.

Material
pH-Teststreifen, Farbskala, Papier, Stift

Durchführung
Führt die pH-Wert-Messung entsprechend der Anleitung des Testkits durch.

Aufgaben
1. Vergleicht die Verfärbung des Teststreifens mit der Farbskala.

2. Ermittelt den pH-Wert und notiert ihn. Gebt an, ob es sich um ein saures, neutrales oder alkalisches Gewässer handelt.

3. Informiert euch über die Abhängigkeit der im Wasser lebenden Tiere und Pflanzen vom pH-Wert.

5 Chemische Daten: Nitrate und Phosphate

Stickstoff und Phosphor sind wichtig für das Pflanzenwachstum. Im Wasser liegen sie gelöst, hauptsächlich in Form ihrer Salze (Nitrate, Phosphate), vor.
Bereits in geringen Konzentrationen besitzen Nitrate und Phosphate düngende Wirkung. Dadurch beschleunigt sich das Wachstum der Algen und der anderen Wasserpflanzen.

Material
Testkit für chemische Messungen, Papier, Stift

Durchführung
Führt die Messungen entsprechend den Anleitungen der Testkits durch.

a) Taucht einen Teststreifen zur Nitratbestimmung ins Wasser.

b) Wiederholt den Versuch mit einem neuen Teststreifen an verschiedenen Stellen.

c) Führt die Versuche mit Teststreifen zur Phosphatbestimmung entsprechend durch.

Aufgaben
1. Vergleicht die Verfärbung der Streifen mit der jeweiligen Farbskala und notiert eure Ergebnisse.

2. Für die Belastung eines Gewässers mit Nitrat gibt es folgende Einteilung:
< 0,1 mg/l: praktisch unbelastet
< 5,0 mg/l: mäßig belastet
> 5,0 mg/l: stark belastet

a) In welchem Bereich liegen die gefundenen Werte?

b) Welche Auswirkungen könnte der ermittelte Nitratgehalt auf die Pflanzen im Wasser haben?

c) Welche Folgen ergeben sich für das Gewässer?

3. Für die Belastung eines Gewässers mit Phospat gibt es folgende Einteilung:
< 0,03 mg/l: praktisch unbelastet
< 0,5 mg/l: mäßig belastet
> 0,5 mg/l: stark belastet

a) In welchem Bereich liegen die gefundenen Werte?

b) Welche Auswirkungen könnte der ermittelte Phosphatgehalt auf die Wasserpflanzen und das gesamte Gewässer haben?

6 Biologische Daten: Bestimmung von Pflanzen

Das Wachstum von Pflanzen wird von den physikalischen und chemischen Bedingungen beeinflusst. Es gibt Pflanzen, die hauptsächlich an Orten wachsen, an denen typische physikalische und chemische Bedingungen herrschen. Sie werden deshalb Zeigerpflanzen genannt.

Material
Bestimmungsbuch, Lupe, Papier, Stift

Durchführung
Bestimmt mithilfe des Bestimmungsbuches die Pflanzen, die ihr am und im Gewässer findet.

Aufgaben
1. Tragt die Fundorte der Pflanzenarten in eure Skizze ein.

2. Im Bestimmungsbuch sind für viele Pflanzen verschiedene Wachstumsbedingungen angegeben. Überprüft, ob diese Angaben mit den von euch gefundenen Daten übereinstimmen.

3. Stellt die Ergebnisse eurer Untersuchungen in Form einer kleinen Ausstellung in der Schule vor. Wählt euch dabei selbst Unterthemen und entwerft zu jedem dieser Unterthemen ein Plakat.

Probenstelle	Lufttemperatur	Bewölkung	Wassertemperatur	pH-Wert	Nitratgehalt	Phosphatgehalt
1						
2						
3						
4						
5						
6						
7						
8						

Kleinstlebewesen im See – Plankton

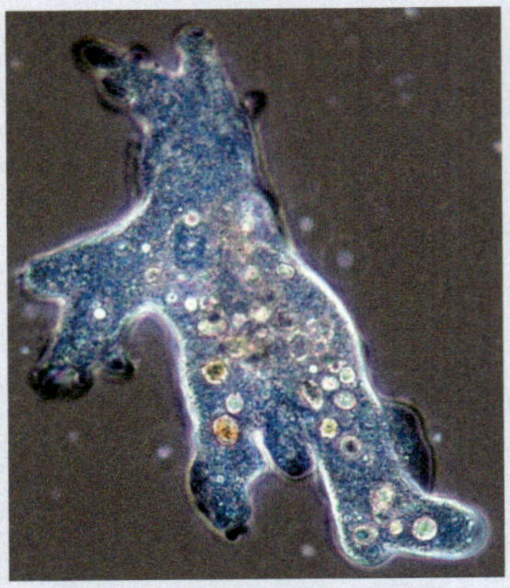

Amöben leben am Boden von stehenden Gewässern und an der Unterseite von Wasserpflanzen. Es sind einzellige Organismen, die sich mit ihren Scheinfüßchen fließend vorwärts bewegen. Da sich dadurch ständig ihre Körperform ändert, heißen sie auch **Wechseltierchen**.

Hüpferlinge gehören zu den Ruderfußkrebsen. Sie haben einen birnenförmigen Körper und deutlich erkennbare Antennen. Bei den Weibchen sitzen am Hinterleib zwei Eisäcke. Da sich die Tiere besonders im Winter vermehren, sind sie in dieser Zeit eine wichtige Nahrungsgrundlage für Fische.

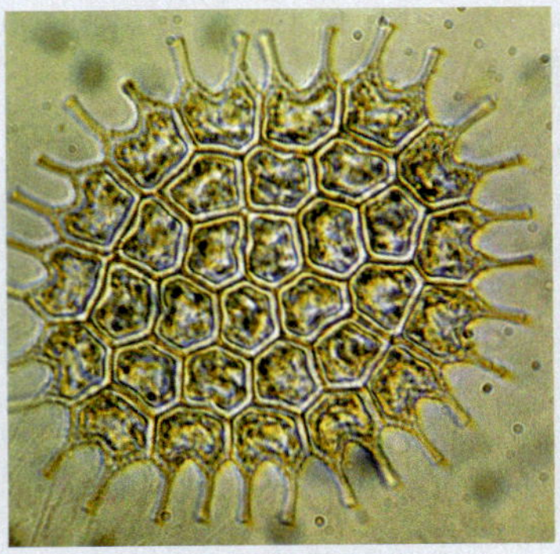

Zu den **Grünalgen** zählen einzellige, aber auch vielzellige Arten. Sie besitzen häufig unterschiedlich geformte Chloroplasten. Einige, meist einzellige Arten, leben in Gruppen zusammen, sie bilden Kolonien. Hierzu gehört auch das **Zackenrädchen**.

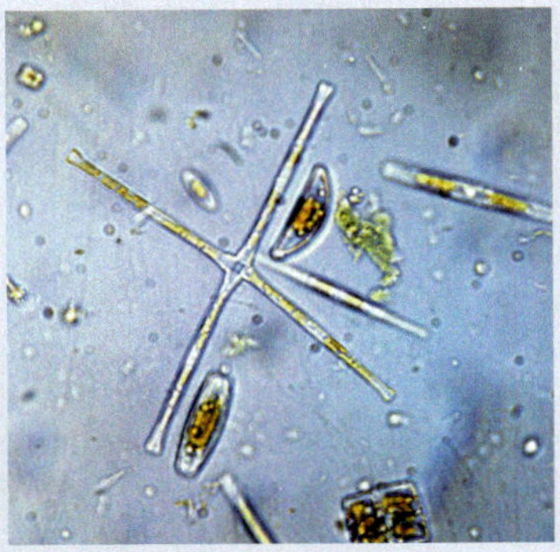

Das **Schwebesternchen** ist die häufigste **Kieselalgenart** im Plankton. Die sternförmigen Kolonien bestehen aus acht stabförmigen Einzelzellen.

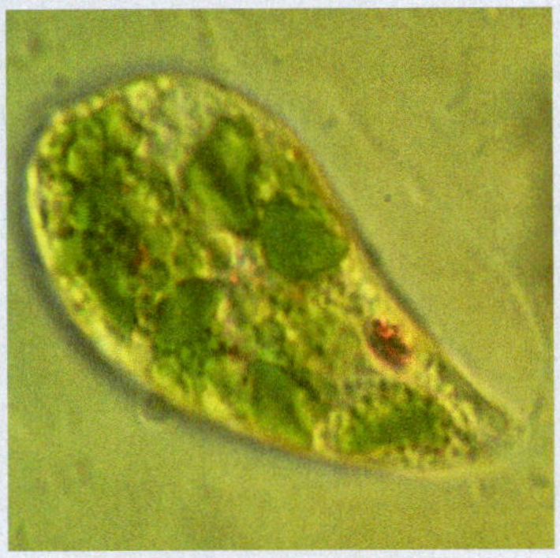

Augentierchen sind einzellige Geißelträger mit zwei Geißeln und einem orangeroten Augenfleck. Es kommen Augentierchen mit und ohne Chloroplasten vor. Je nachdem ernähren sie sich wie Pflanzen oder Tiere.

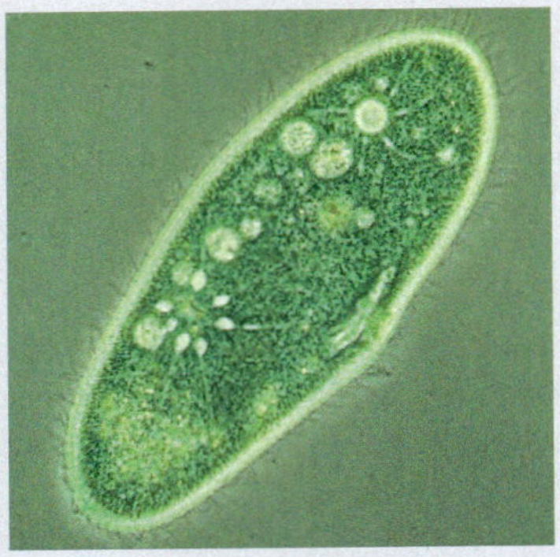

Ihre Körperform gab den **Pantoffeltierchen** den Namen. Die gleichmäßig bewimperten Einzeller ähneln nämlich in ihrer Gestalt Pantoffeln. Die Wimpern dienen zur Fortbewegung und zum Nahrungserwerb. Dabei werden Bakterien, Algen und andere Einzeller herangestrudelt und in einer bestimmten Zellregion, dem trichterförmigen Mundfeld, aufgenommen. Hier wird die Nahrung in Nahrungsvakuolen eingeschlossen, durch die Zelle transportiert und verdaut. Jede Zelle besitzt neben einem Kleinkern auch einen Großkern, der die Stoffwechselvorgänge steuert.
Auffallend sind die beiden pulsierenden Vakuolen, die sich regelmäßig zusammenziehen. Dadurch werden Abfallstoffe und überschüssiges Wasser aus der Zelle gepumpt.
Zur Feindabwehr besitzen Pantoffeltierchen Trichozysten, kleine, harpunenartige Stäbchen, die sie bei Gefahr ausstoßen.
Pantoffeltierchen kommen in fast allen Gewässern vor. Bei guten Nahrungsbedingungen treten sie in Massen auf. Sie selbst sind Nahrung für andere Wassertiere.

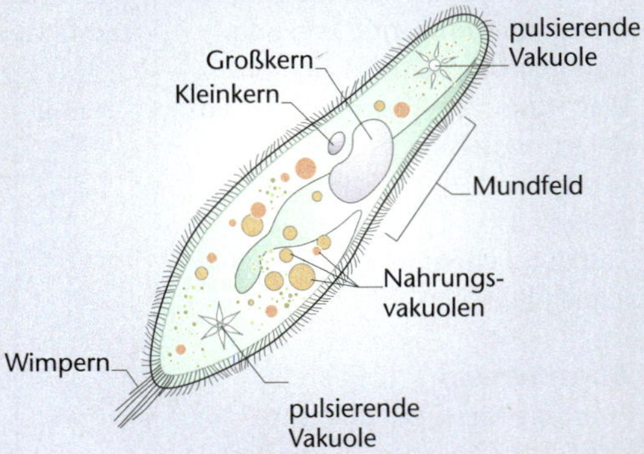

Der Wasserfloh – fast überall zu finden

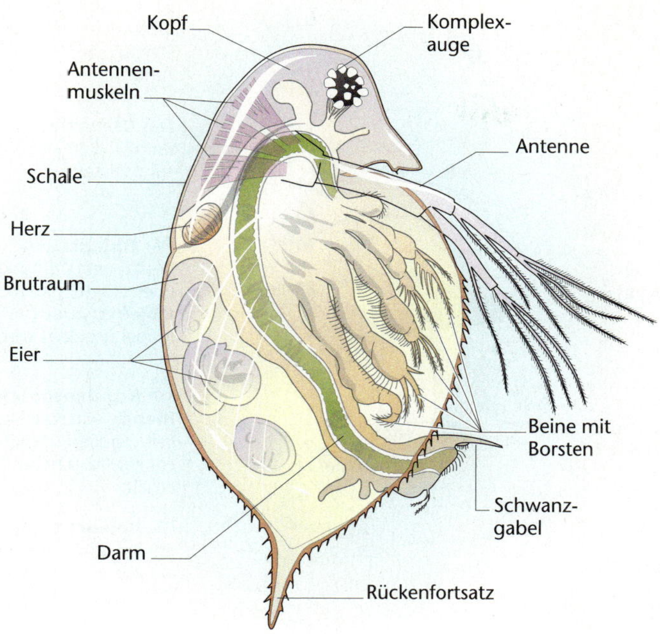

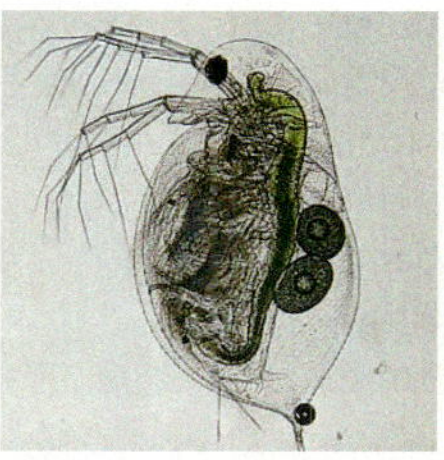

„Hüpfend" unter Wasser
Du kannst den Wasserfloh in den meisten stehenden Gewässern finden. Seinen Namen verdankt er den „hüpfenden" Bewegungen und der Ähnlichkeit mit einem Floh. Tatsächlich gehört der Wasserfloh aber zur Gruppe der Kleinkrebse, die fünf Beinpaare besitzen. Flöhe haben dagegen, wie alle Insekten, nur drei Beinpaare. Die Beine des Wasserflohs bewegen sich zwar ständig, dienen jedoch nicht der Fortbewegung. Vielmehr wird mit ihnen Wasser und somit Sauerstoff und Nahrung herangespült. An den Beinen sitzen Borsten, mit denen der Wasserfloh Bakterien, vor allem aber Planktonalgen, aus dem Wasser filtert.
Zur Fortbewegung benutzt der Wasserfloh die am Kopf sitzenden großen, zweiästigen Antennen.

Gut geschützt!
Unter dem Mikroskop ist der Körperbau des durchsichtigen, bis zu 5 mm großen Tieres gut zu erkennen. Der Kopf liegt frei, während der restliche Körper in einer zweiklappigen, unten offenen Schale sitzt. Diese Schale besteht aus einem hornähnlichen Material, dem **Chitin**. Deutlich sieht man das schlagende Herz und das in der Mitte des Kopfes liegende Auge.

Die Eier liegen im Brutraum
Wasserflöhe vermehren sich in der Regel ungeschlechtlich: Sie geben Eier in den Brutraum ab, in dem dann die Embryonen heranwachsen. Es entstehen nur Weibchen, die rasch wieder Nachkommen erzeugen. Bei ungünstigen Lebensbedingungen, zum Beispiel im Herbst, legen die Tiere auch Eier, aus denen Männchen schlüpfen. Die Wasserflöhe pflanzen sich jetzt geschlechtlich fort. In dieser Zeit werden dotterreiche Dauereier gebildet, die den Winter überdauern. Im Frühjahr schlüpfen aus diesen Eiern dann wieder Weibchen.

Fressen und gefressen werden
Im Frühsommer vermehren sich die Wasserflöhe aufgrund des hohen Nahrungsangebotes enorm.
Die Vermehrungsrate ist so groß, dass ein einziges Tier innerhalb eines Monats 30 Millionen Nachkommen hätte, wenn keines sterben würde.
Diese Zahl macht deutlich, warum Wasserflöhe auch als das „Brot" im See bezeichnet werden: Sie dienen vielen anderen Wassertieren als Nahrung.

▶ Der Wasserfloh ist ein Kleinkrebs, der im Süßwasser lebt und sich von pflanzlichem Plankton ernährt.
Er selbst ist eine wichtige Nahrungsquelle für andere Tiere.

Aufgaben

1 Im Sommer treten Wasserflöhe häufig massenhaft auf. Wie kann dies passieren?

2 Wie kannst du erklären, dass man Wasserflöhe in fast allen Gewässern findet?

3 Warum werden Wasserflöhe auch als das „Brot des Sees" bezeichnet?

Versuch

1 ▶ Mikroskopiere einen Wasserfloh.
a) Beschreibe seine Fortbewegung.
b) Wo entwickeln sich die unbefruchteten Eier?
c) „Füttere" die Wasserflöhe mit einer Farbstoffsuspension (Neutralrot), die du vorsichtig mithilfe einer Pipette zutropfst. Die Farbstoff-Moleküle werden dann von den Tieren aufgenommen. Beschreibe deine Beobachtungen.

Wir mikroskopieren Kleinstlebewesen

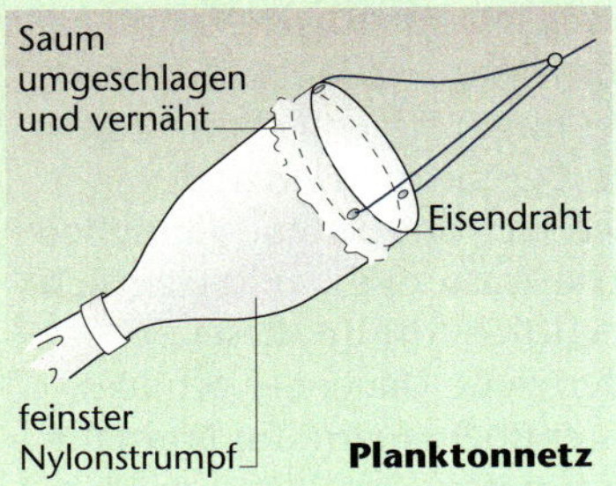

1 Plankton „fischen"

Plankton kannst du dir leicht aus stehenden Gewässern beschaffen. Häufig findest du Kleinstlebewesen an teilweise abgestorbenen Wasserpflanzen. Besser ist es jedoch, das Plankton aus dem Wasser zu „fischen". Hierzu benötigst du ein feinmaschiges Planktonnetz. Bringe nach deinen Untersuchungen die Lebewesen bitte wieder in das Gewässer zurück.

Material
Planktonnetz, Becherglas (ca. 250 ml)

Durchführung
a) Fülle 50 ml Wasser in das Becherglas.
b) Ziehe das Planktonnetz einige Male langsam im Wasser hin und her.
c) Stülpe das Netz vorsichtig um und gib den Inhalt in das Becherglas.
d) Halte das Becherglas gegen das Licht und kontrolliere, ob du Planktonorganismen erkennen kannst.

Aufgabe
Mikroskopiere, wie in Versuch 2 beschrieben, eine Wasserprobe mit Planktonorganismen.

2 Herstellen eines Präparates

Material
Mikroskop, Objektträger, Deckglas, Pipette mit Saugball, verdünnte Neutralrot-Lösung (0,5 %), Filterpapier, Papiertücher

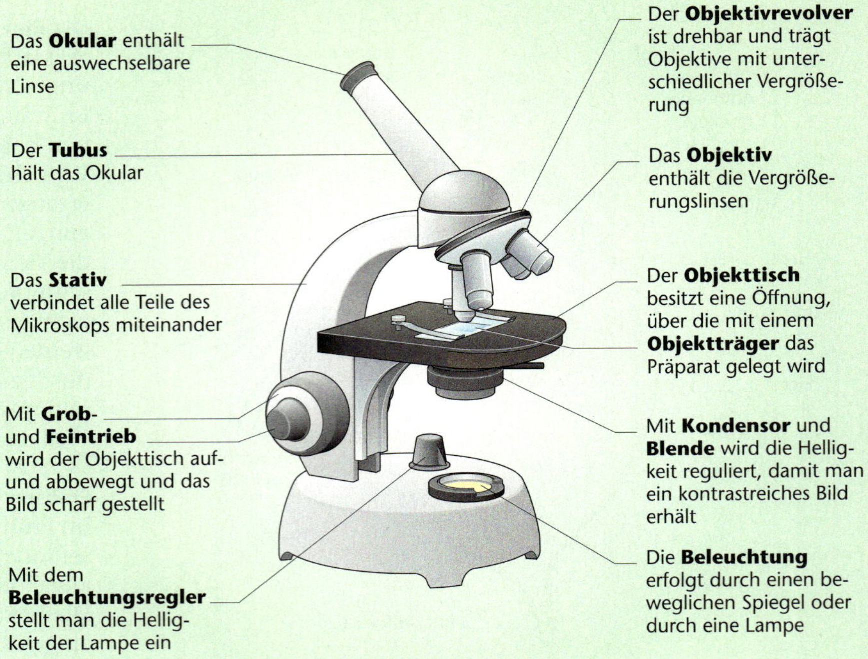

Durchführung
a) Nimm einen Objektträger und gib mithilfe der Pipette einen Tropfen deiner Probe darauf.

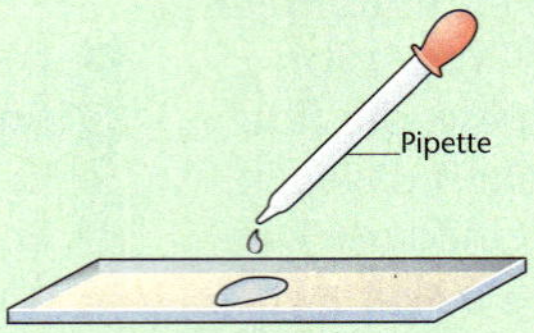

b) Lege vorsichtig ein Deckglas darüber. Achte darauf, dass keine Luftblasen zwischen Deckglas und Objektträger gelangen.

c) Sauge mit dem Filterpapier überschüssiges Wasser ab.

d) Lege den Objektträger unter das Mikroskop und betrachte das Präparat. Beginne mit der kleinsten Vergrößerung. Achte darauf, dass das Objektiv das Deckglas nicht berührt.

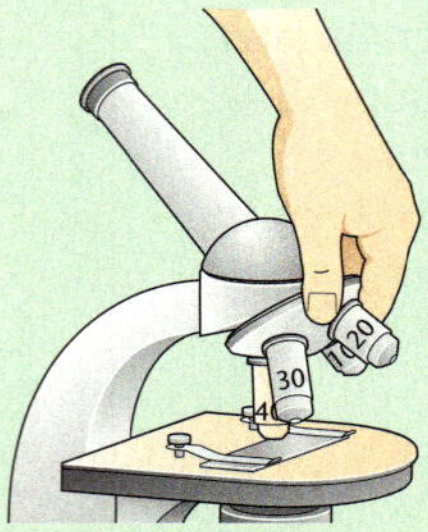

e) Um einen besseren Kontrast zu bekommen, ist es manchmal hilfreich, die Präparate anzufärben: Gib hierzu einen Tropfen der Neutralrot-Lösung neben das Deckglas und sauge ihn mithilfe eines Filterpapier-Streifens unter das Deckglas.

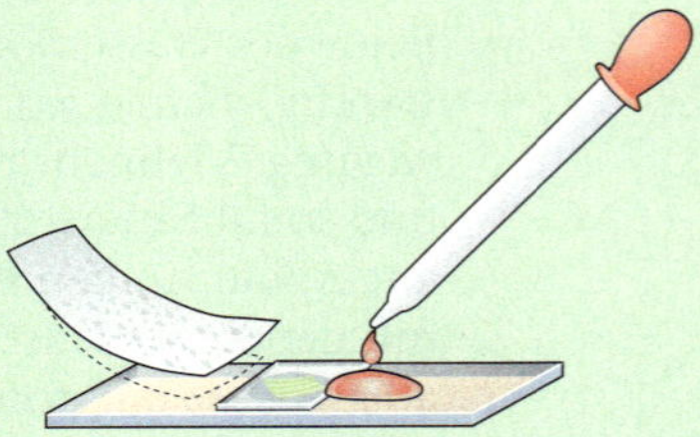

Aufgaben
1. Versuche mithilfe eines Bestimmungsbuches die Organismen zu bestimmen.

2. Zeichne einige der gefundenen Arten.

3. Welche „Schwebevorrichtungen" erkennst du bei den gefundenen Lebewesen?

Tümpelaquarien und Heuaufgüsse

1 Wir bauen ein Tümpelaquarium

Wenn du Kleinstlebewesen eines Gewässers beobachten willst, bietet es sich an, ein Tümpelaquarium einzurichten. Dieser Kleinstlebensraum bietet dir optimale Beobachtungsmöglichkeiten.
Ein kleines Glasgefäß genügt, Belüftung, Heizung oder eine Beleuchtung sind nicht nötig. Eine Abdeckung ist von Vorteil. Sie verhindert, dass das Wasser zu schnell verdunstet und Schmutzteilchen in das Gefäß fallen.
Da sich viele der Wassertiere gegenseitig fressen, ist es wichtig, dass du dich vorher genau über ihre Lebensweisen informierst. Folgende Tiere kannst du in deinem Aquarium halten:
Süßwasserpolypen, Pferdeegel, Posthornschnecken, Wasserflöhe, Hüpferlinge, Wasserasseln, Köcherfliegenlarven, Zuckmückenlarven, Gelbrandkäfer.

Wenn du deine Beobachtungen beendest hast, musst du die Lebewesen unbedingt wieder in ihr Gewässer bringen.

Material
Glasgefäß, Aquarienkies, Steinbrocken, Holzstücke, Wasserpflanzen, Wassertiere

Durchführung
a) Gib auf den Gefäßboden gewaschenen Aquarienkies.
b) Lege die gründlich gereinigten Holzstücke und Steinbrocken auf den Kies.
c) Fülle das Gefäß etwa bis zur Hälfte mit Wasser auf.
d) Setze einige Pflanzen aus der Tauchblattzone in den Kiesboden. Gut eignen sich auch frei schwimmende Arten wie Wasserpest oder Wasserlinsen.
e) Gib nun zusätzlich Teichwasser hinein, das Plankton enthält.
f) Stelle das Gefäß an einen hellen Ort, aber nicht direkt ins Sonnenlicht, da sonst zu viele Algen wachsen.
g) Entferne tote Tiere und abgestorbene Pflanzenteile sofort.

Aufgabe
Beobachte und notiere die Lebensweise der einzelnen Arten.

2 Ein Heuaufguss ist schnell gemacht

In einem Heuaufguss kannst du leicht Planktonorganismen züchten und sie über einen längeren Zeitraum beobachten.

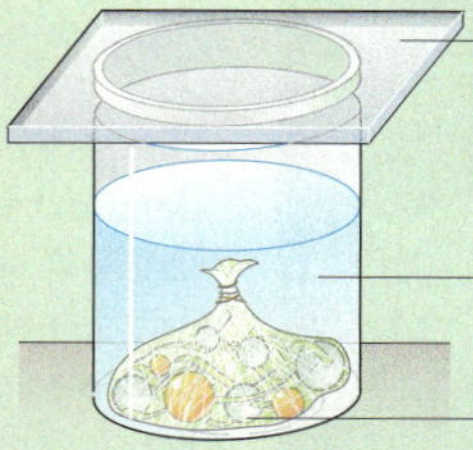

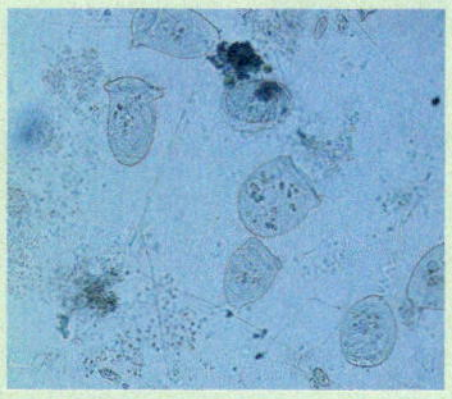

Kahmhaut mit Glockentierchen

Material
Glasgefäß (ca.1 l), Heu, Glasscheibe, Glasmurmeln, Mullbinde, Schnur, Pipette, Leitungswasser, Tümpelwasser

Durchführung
a) Fülle das Glas bis zur Hälfte mit Leitungswasser und gieße dann etwas Tümpelwasser dazu.
b) Wickle das Heu zusammen mit einigen Glasmurmeln in die Mullbinde und verschnüre das Ganze.
Lasse dieses „Säckchen" auf den Gefäßboden sinken.
Es ist wichtig, dass du nicht zu viel Heu nimmst, es würde sonst leicht faulen. Achte auch darauf, dass der Wasserspiegel deutlich über dem Heusäckchen ist.
c) Decke das Gefäß mit der Glasplatte ab.
d) Stelle diesen „Heuaufguss" bei Raumtemperatur an einen hellen Ort, aber nicht direkt in die Sonne und lasse ihn mehrere Tage stehen.

Aufgaben
1. Beobachte deinen Heuaufguss eine Woche lang. Fertige ein Beobachtungsprotokoll an.

2. Nach wenigen Tagen bildet sich auf der Wasseroberfläche eine dünne Haut, die „Kahmhaut". Sie besteht hauptsächlich aus Bakterien und Hefepilzen, die den anderen Kleinstlebewesen als Nahrung dienen. Häufig findest du in der Kahmhaut auch Einzeller.
Fertige von der Kahmhaut ein Präparat an und mikroskopiere es. Welche Organismen beobachtest du? Beschreibe und zeichne sie.

3. Entnimm zusätzlich mit einer Pipette Wasserproben direkt unterhalb der Kahmhaut und mikroskopiere sie.

4. Versuche mithilfe eines Bestimmungsbuches die gefundenen Arten zu bestimmen und zeichne sie.

3 Kleinstlebewesen im Bromelientrichter

Material
Grünes Wasser aus dem Blatttrichter einer Bromelie

Durchführung
Entnimm aus dem Blatttrichter einer Bromelie mit einer Pipette eine Wasserprobe und mikroskopiere sie. Versuche die gefundenen Arten zu bestimmen.

Aufgabe
1. Erstelle eine Zeichnungen der beobachteten Einzeller und beschrifte sie.

Strategie

Ein Referat wird geplant

Du hast den Auftrag bekommen, über die Vogelwelt am See ein Referat zu schreiben. Zunächst wählst du einen Wasservogel aus, zum Beispiel den Höckerschwan, über den du im Referat berichten willst.
Hier nun einige Tipps, wie du bei der Anfertigung eines solchen Referates vorgehen kannst.

A. Informationen zusammentragen
Beginne rechtzeitig, Informationen und Material zu sammeln. Dazu kannst du das Internet nutzen, aber auch einen Besuch in der Bibliothek machen.
Eventuell gibt es auch Videos zum Thema. Allerdings ist es nicht einfach, diese Bild-Infos in Worte zu übertragen.
Vergiss nicht, am lebhaftesten wirkt dein Referat, wenn du eigene Erlebnisse erzählen kannst: also recherchiere auch vor Ort, am See.

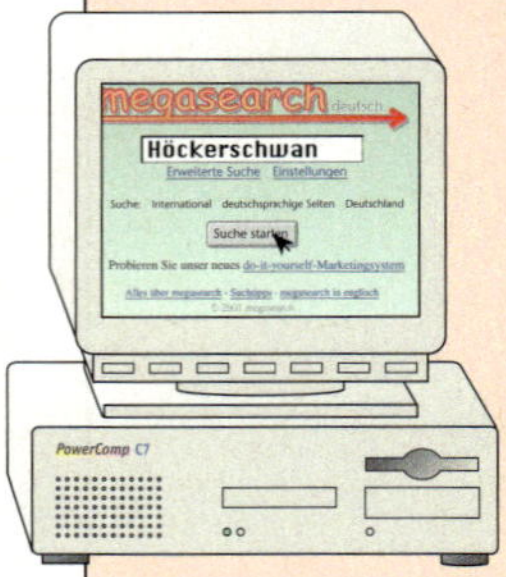

B. Informationen verarbeiten
Wenn du genügend Informationen gesammelt hast, musst alles erst mehrfach durchlesen.
Du solltest alles verstanden haben, bevor du anfängst.
Wenn du einen Begriff nicht kennst, kannst du im Lexikon, in anderen Büchern oder auch im Internet nach Erklärungen suchen.

Da das Referat eine Kurzfassung ist, darfst du den Text nicht wörtlich übernehmen. Du musst längere, sehr ausführlich geschriebene Sätze mit deinen eigenen Worten zusammenfassen und weniger wichtige Aussagen weglassen.
Bei der Menge an Informationsmaterial, die du finden wirst, ist es wichtig, eine Auswahl zu treffen.
Suche einige Fotos und Abbildungen aus, die den Höckerschwan deutlich zeigen. Bitte deine Lehrerin oder deinen Lehrer, die Bilder zu kopieren.

C. Das Referat schreiben
Nach mehrfachem Lesen solltest du den Text inhaltlich gliedern. Wie bei einem Aufsatz gibt es beim Referat

- eine Einleitung, in der du das Thema nennst und begründest, warum du dieses Thema gewählt hast,
- einen Hauptteil, in dem du das Wichtigste aus der Literatur wiedergibst und
- einen Schlussteil, in dem du deine Ausführungen zusammenfasst.

Füge am Ende deines Referats eine Literaturliste bei, damit man erfährt, woher deine Informationen stammen.
Schreibe dein Referat leserlich auf oder, wenn du einen Computer zur Verfügung hast, drucke das Referat aus.

Du kannst deinen Lehrer oder deine Lehrerin fragen, ob dein Referat nur schriftlich vorgelegt wird oder ob du es vor der Klasse vortragen sollst, damit deine Mitschülerinnen und Mitschüler auch erfahren, was du alles herausgefunden hast.

D. Der Vortrag

- Stelle dich aufrecht hin, damit du tief durchatmen kannst. Setze Hände und Arme ein, die Gestik und deine Mimik, um lebhaft zu wirken. Lächeln ist erlaubt!!!
- Beginne erst, wenn es still ist und dir alle zuhören. Sage deinen Zuhörern am Anfang, worum es geht. Gib eine kurze Einleitung.
- Lies dein Referat nicht ab, sondern versuche, frei zu sprechen. Notiere dir dazu vorher kurze Stichworte auf Karteikärtchen.
  Rede laut und deutlich und nicht zu schnell.

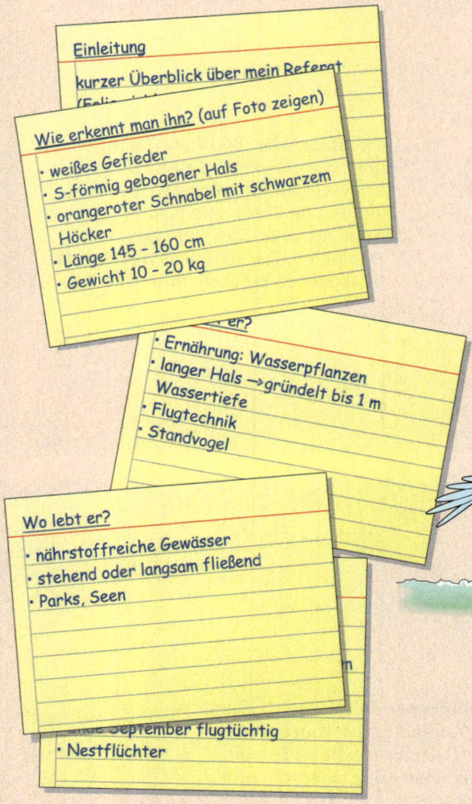

- Teile dein Referat in Absätze ein. Bringe regelmäßig Wiederholungen und kurze Zusammenfassungen.
- Schau deine Mitschülerinnen und Mitschüler beim Vortrag an. Das erhöht die Aufmerksamkeit. Sprich in einfachen kurzen Sätzen, damit dir deine Zuhörerinnen und Zuhörer folgen können.
- Rede nicht zu lange! Man kann nur 10 bis 15 Minuten ohne Pause zuhören und sich alles merken.

- Überlege dir, welche Hilfsmittel deinen Vortrag auflockern können. Vielleicht gibt es ein schönes Bild, das du zeigen möchtest, oder einen Filmausschnitt, der interessante Informationen über den Höckerschwan zeigt. Auch die Tafel kannst du mit einbeziehen: schreibe Fachausdrücke an oder fertige zum Verständnis eine kurze Zeichnung.

- Beteilige deine Zuhörer an deinem Referat. Entwirf ein Rätsel, ein Arbeitsblatt oder einen Lückentext, den du am Ende deines Referats austeilst.
- Natürlich kannst du für dein Referat vorher zu Hause üben. Trage es deinen Eltern, deinem Freund oder deiner Freundin vor. Nachdem du festgestellt hast, wo noch Schwierigkeiten bestehen, halte es noch einmal. Schon wirst du merken, dass du bereits viel sicherer bist als beim ersten Mal.

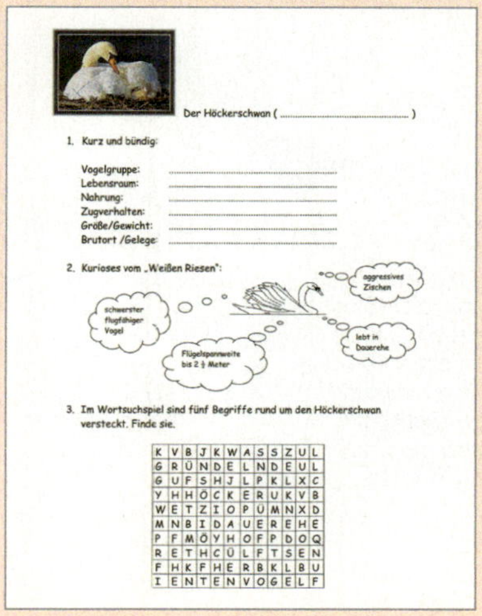

Der Höckerschwan (....................................)

1. Kurz und bündig:

Vogelgruppe: ....
Lebensraum: ....
Nahrung: ....
Zugverhalten: ....
Größe/Gewicht: ....
Brutort /Gelege: ....

2. Kurioses vom „Weißen Riesen":

schwerster flugfähiger Vogel
Flügelspannweite bis 2 ½ Meter
aggressives Zischen
lebt in Dauerehe

3. Im Wortsuchspiel sind fünf Begriffe rund um den Höckerschwan versteckt. Finde sie.

K	V	B	J	K	W	A	S	S	Z	U	L
G	R	Ü	N	D	E	L	N	D	E	U	L
G	U	F	S	H	J	L	P	K	L	X	C
Y	H	H	Ö	C	K	E	R	U	K	V	B
W	E	T	Z	I	O	P	Ü	M	N	X	D
M	N	B	I	D	A	U	E	R	E	H	E
P	F	M	Ö	Y	H	O	F	P	D	O	Q
R	E	T	H	C	Ü	L	F	T	S	E	N
F	H	K	F	H	E	R	B	K	L	B	U
I	E	N	T	E	N	V	O	G	E	L	F

Die Vogelwelt am See

Ein Lebensraum für viele

Wer sich einem See nähert, kann am und auf dem Wasser viele unterschiedliche Vogelarten entdecken. Wie ist es möglich, dass an einem See verschiedene Vogelarten leben können, ohne sich gegenseitig Konkurrenz zu machen?
Gründe hierfür sind unter anderem, dass sich jede Art anders ernährt und unterschiedliche Brutplätze beansprucht. Der Haubentaucher beispielsweise baut sein Nest auf dem Wasser und geht unter Wasser auf Nahrungssuche. Der Teichrohrsänger dagegen baut sein Nest in den Halmen des Schilfs und ernährt sich von Insekten, die in der Schilfzone leben. Diese beiden Arten stehen also nicht in Konkurrenz zueinander und können deshalb ohne Probleme nebeneinander leben.

Die verschiedenen Ansprüche eines Lebewesens an die Nahrung, den Wohnplatz und seine Anforderungen an die gesamte Umwelt nennen Biologen **ökologische Nische**. Jede Vogelart an einem See besetzt also eine andere ökologische Nische.

Jede Art besetzt eine ökologische Nische. Darunter versteht man die Gesamtheit aller Umweltbedingungen, die für das Überleben der Art notwendig sind.

Der **Graureiher** ist in etwa so groß wie ein Storch und an seiner grauen Farbe gut zu erkennen. Der Graureiher nistet meist in größeren Kolonien. Das große Nest baut er aus Reisig in Baumwipfeln. Neben Fischen frisst er auch Amphibien und Feldmäuse.

Die **Blässralle** (Blässhuhn) ist etwa so groß wie eine Ente. Sie ist ein häufiger Brutvogel an unseren Seen und baut ihr Nest im Schilf. Ihre Nahrung besteht aus Unterwasserpflanzen und Kleintieren. Der schwarze Wasservogel ist allerdings kein sehr guter Taucher.

Die **Reiherente** ist wesentlich kleiner als die Stockente. Der Vogel baut sein Nest am Ufer. Er taucht und ernährt sich von Schnecken, Würmern und auch Muscheln.

Die **Lachmöwe** kommt an vielen Binnengewässern als Brutvogel vor. Sie brütet gerne in Kolonien in einem Bodennest. Sie ernährt sich von Kleintieren aller Art, aber auch von menschlichen Abfällen. Deshalb kann man das Tier auch häufig in unseren Städten finden.

Aufgaben

1 Suche in Büchern oder im Internet Informationen zu den folgenden fünf Vogelarten, die am See leben.
- Kormoran
- Flussseeschwalbe
- Große Rohrdommel
- Zwergtaucher
- Graugans

Fertige zu jeder Vogelart einen kurzen Steckbrief an.

2 Beschreibe mithilfe einer Tabelle die ökologischen Nischen der Vögel auf dieser Seite.

Die **Rohrweihe** ist in etwa so groß wie ein Bussard. Sie lebt in Wassernähe und baut das Nest im dichten Uferbewuchs über dem Wasser. Der Vogel erbeutet hauptsächlich kleinere Wirbeltiere wie Mäuse, verschmäht aber auch größere Insekten nicht.

Die **Stockente** ist die größte und auch bekannteste Wildente bei uns. Sie baut ihr Nest in Wassernähe meist auf dem Erdboden unter Büschen. Aber sie brütet auch in Bäumen. Sie ernährt sich meist von Pflanzen; aber auch Schnecken und Wasserinsekten werden verzehrt.

Das Nest des **Teichrohrsängers** hängt, an Halmen des Schilfs befestigt, über der Wasseroberfläche. Der Teichrohrsänger ernährt sich überwiegend von Insekten, die er in der Schilfzone des Sees erbeutet.

Der **Höckerschwan** ist ein häufiger Bewohner unserer Binnengewässer. Der Schwan baut sein Nest meist auf festem Boden nahe am Wasser. An vielen unserer Seen wurde er von Menschen angesiedelt. Seine Nahrung besteht aus Unterwasserpflanzen, die er mit seinem langen Hals gut erreichen kann.

Der **Haubentaucher** lebt fast ausschließlich auf dem Wasser und taucht viel. Seine Hauptnahrung sind Fische. Aber auch Krebse, Kaulquappen und Wasserinsekten stehen auf seinem Speiseplan.
Er baut sein Nest auf dem Wasser und befestigt es am Schilfgürtel.

1 Gelbrandkäfer frisst eine Kaulquappe.

Leben in der Gemeinschaft

Grundlage jeder Lebensgemeinschaft sind die grünen Pflanzen, denn nur sie können mithilfe der Fotosynthese aus Wasser und Kohlenstoffdioxid ihre Nährstoffe selbst herstellen. Alle übrigen Lebewesen müssen ihren Nährstoffbedarf über das Fressen von Pflanzen oder Tieren decken. Deshalb nennt man die grünen Pflanzen **Erzeuger** oder **Produzenten**.

Von den Pflanzen ernähren sich die Pflanzenfresser. Das sind im See z. B. Kleinlebewesen wie der Wasserfloh. Aber auch Wasserschnecken oder Insektenlarven fressen die Pflanzen. Diese Pflanzenfresser nennt man **Erstverbraucher** oder **Erstkonsumenten**. Diese oft sehr kleinen Erstverbraucher werden von den **Zweitverbrauchern** gefressen. Dazu gehören beispielsweise der Gelbrandkäfer (▷ B 1), der Wasserskorpion und die Rotfeder. Größere Raubfische wie der Hecht und auch Wasservögel fressen die Zweitverbraucher und werden **Endverbraucher** genannt. Wie eine Kette baut sich so eine Folge von Fressen und Gefressenwerden auf. Je nach der Anzahl der beteiligten Lebewesen kann so eine **Nahrungskette** verschieden lang sein.

Schädlingsbekämpfungsmittel und andere giftige Stoffe werden im Körper der Erstverbraucher gespeichert. Diese Schadstoffe werden in der Nahrungskette weitergegeben. Sie reichern sich von Stufe zu Stufe immer mehr an. Die höchsten Werte findet man schließlich bei den Endkonsumenten.

Ein Netz aus vielen Ketten

Eine Libellenlarve ernährt sich nicht nur von Wasserflöhen, sie frisst auch andere kleine Wasserbewohner, wie z. B. Wasserasseln. Auch die Rotfeder ist nicht einseitig auf Libellenlarven spezialisiert. Sie

2 Beispiel für eine Nahrungskette im See

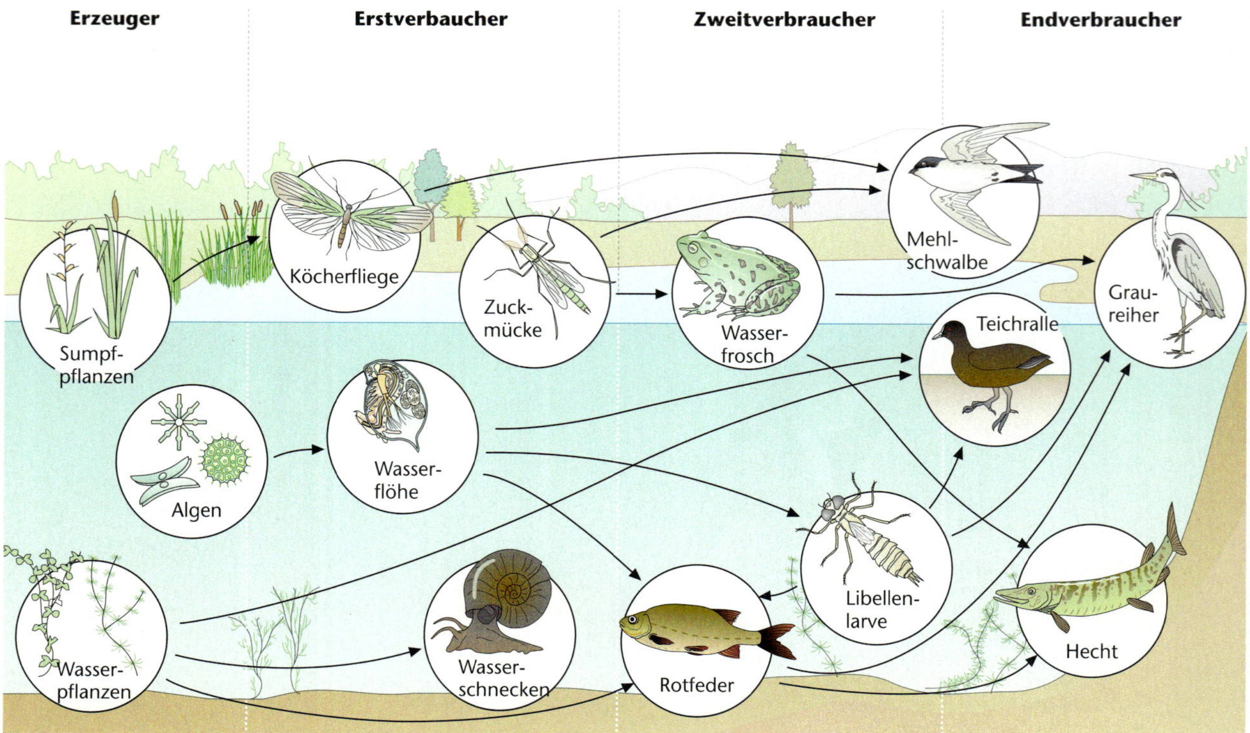

3 Nahrungsnetz im See

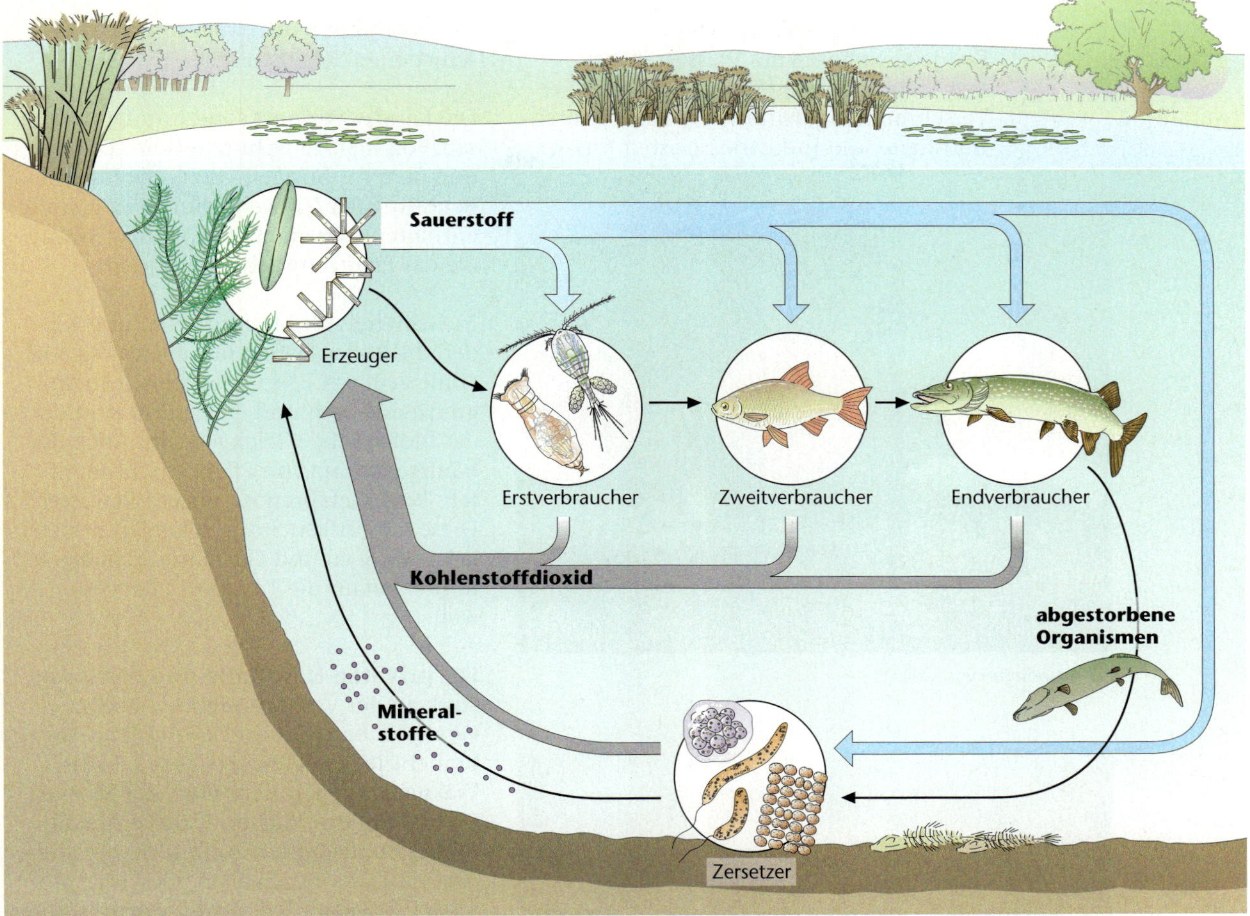

4 Stoffkreislauf im See

frisst ebenso gern andere Insekten oder Schnecken und Wasserpflanzen.
Der Hecht hat ebenfalls einen vielseitigen Speiseplan. Er erbeutet nahezu alle Arten von Fischen und anderen Wassertieren.
Aus vielen Nahrungsketten entsteht ein **Nahrungsnetz** wie du es in Abbildung 3 sehen kannst.

Ein ewiger Kreislauf

Alle abgestorbenen Pflanzen und Tiere sinken an den Grund des Sees und werden dort von Kleinlebewesen gefressen. Bakterien und Pilze zersetzen die letzten Reste.

Diese Kleinlebewesen nennt man **Zersetzer** oder **Destruenten**. Übrig bleiben am Ende nur Kohlenstoffdioxid und Wasser. Dies sind wiederum die Ausgangsstoffe für die Fotosynthese der grünen Pflanzen. Damit schließt sich der Kreislauf der Stoffe in einem Ökosystem.

In einem gesunden und vom Menschen nicht beeinflussten Ökosystem leben Erzeuger, Verbraucher und Zersetzer in einem bestimmten Zahlenverhältnis, sodass die Existenz einer Art von keiner anderen bedroht wird. Man spricht von einem **biologischen Gleichgewicht**.

Aufgaben

1 Stelle mithilfe von Abbildung 3 weitere Nahrungsketten mit mindestens vier Gliedern zusammen.

2 Überlege anhand eines Beispiels, was passiert, wenn ein Glied eines Nahrungsnetzes entfernt wird.

Dem Wasser geht´s dreckig

Fast jede Nutzung des Wassers durch den Menschen birgt die Gefahr einer Verschmutzung. Landwirtschaft, private Haushalte und Industrie belasten unsere Gewässer durch die Einleitung von verschiedenen Schadstoffen.

1 Ausbringen von Gülle

2 Auch Müll belastet unsere Gewässer.

3 Industrieabwasser wird in die Elbe eingeleitet, 1991

Die **Landwirtschaft** sorgt mit dem Einsatz von Pflanzenschutzmitteln, Dünger und dem Ausbringen von Gülle für eine Belastung der Umwelt. Dünger und Gülle enthalten sehr viel Phosphat bzw. Nitrat, die das Pflanzenwachstum fördern.

In Gebieten mit Massentierhaltung werden die Böden häufig mit übermäßig viel Gülle gedüngt. Die Gülle gelangt in angrenzende Seen und Flüsse und stört dort das biologische Gleichgewicht. Auch der häufige Einsatz von Pflanzenschutzmitteln birgt Gefahren für unsere Gewässer. Diese oft giftigen Stoffe gelangen in nahe gelegene Seen und Flüsse und schädigen dort ebenfalls die Tier- und Pflanzenwelt.

Die **privaten Haushalte** sind besonders stark an der Verunreinigung unserer Gewässer beteiligt. In Deutschland verbraucht jede Person pro Tag ca. 130 l Wasser. Das entspricht etwa der Menge von 13 Eimern Wasser. 130 l verbrauchtes Wasser bedeuten auch 130 l verunreinigtes Abwasser. Fäkalien, Geschirrspülmittel, Waschpulver, Badezusätze, Fette, Öle und viele andere Stoffe, gelangen täglich ins Wasser. Aber auch in noch so guten Kläranlagen kann das Wasser bis heute nicht vollständig gereinigt werden. Es bleiben immer gewisse Schadstoffe im Wasser zurück, die dann wieder in den natürlichen Wasserkreislauf gelangen.

Jeder kann durch sparsame Verwendung belastender Stoffe im Haushalt dazu beitragen, dass das Wasser weniger verunreinigt wird.

Industriebetriebe müssen stark verschmutztes Wasser reinigen, bevor sie es in Bäche, Seen und Flüsse einleiten dürfen. Aber es bleiben meist genügend Schadstoffe in den eingeleiteten Abwässern zurück, um den Naturhaushalt der Gewässer zu stören.

Unsere Gewässer werden von der Landwirtschaft, den privaten Haushalten und der Industrie verunreinigt.
Vor allem Gülle und Chemikalien sind eine Gefahr für das biologische Gleichgewicht der Gewässer.

Ohne Sauerstoff kippt er um

Durch Landwirtschaft, Industrie und private Haushalte gelangen ständig große Mengen Mineralsalze wie Nitrate und Phosphate in die Gewässer.
Für einen See, dem ständig zu viele Mineralsalze zugeführt werden, beginnt ein langsames Sterben. Diese Anreicherung von Mineralsalzen in einem See nennt man Überdüngung oder **Eutrophierung**.

Die Mineralsalze bewirken eine starke Vermehrung von Algen und anderen pflanzlichen Erzeugern im Gewässer.
Die massenhaft vorhandenen Algen sterben ab und bilden am Seegrund eine Schlammschicht, die **Faulschlamm** genannt wird. Beim Abbau dieser abgestorbenen Algen und anderer Pflanzenreste verbrauchen die beteiligten Organismen, meist Bakterien, viel Sauerstoff.
Der Sauerstoffgehalt des Wassers nimmt ab. Dadurch sterben Fische und andere Wassertiere. Auch diese toten Organismen werden wieder unter Verbrauch von viel Sauerstoff abgebaut. Die Faulschlammschicht am Boden wird immer dicker und der Sauerstoffgehalt im Wasser immer geringer. Das Wasser wird trüb und es gibt kaum mehr grüne Pflanzen, die noch Sauerstoff produzieren.
Die einzigen Lebewesen, die hier noch existieren, sind Bakterien, die ohne Sauerstoff leben können. Bei ihrer Arbeit entwickeln sich übel riechende Gase, die anzeigen, dass das Gewässer umgekippt ist. **Umkippen** heißt also, dass es in einem Gewässer nahezu keinen Sauerstoff und damit kaum noch Lebewesen gibt. Nur mit großem Aufwand kann man umgekippte, tote Seen wieder zum Leben erwecken.

Gelangen zu viele Mineralsalze in einen See, so beginnt eine langsame Eutrophierung. Wird diese nicht gestoppt, so kippt der See um. Das bedeutet, dass es kaum noch Leben im See gibt.

Aufgaben

1 Erkläre in eigenen Worten die Abfolge des Umkippens eines Sees.

2 Beschreibe die Störung eines Gewässers durch das Freizeitverhalten des Menschen.

3 Informiert euch über Bachpatenschaften bei den Landesumweltministerien oder Umweltschutzämtern der Gemeinde.

4 Erarbeitet gemeinsam Einspartipps für den Wasserverbrauch.

4 Eutrophiertes Gewässer

5 Eutrophierung

Bachforelle

Hakenkäfer

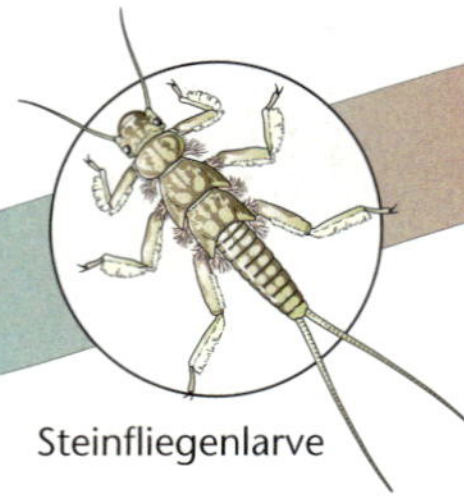

Steinfliegenlarve

Güteklasse I
(unbelastet bis sehr gering belastet)

Wasser nährstoffarm, sauerstoffreich

Güteklasse IV
(übermäßig verschmutzt)

Wasser übelriechend, Boden schwarz durch Faulschlamm

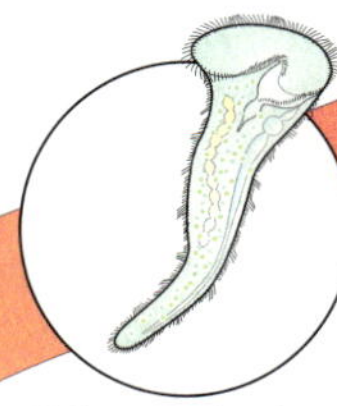

Wimperntierchen

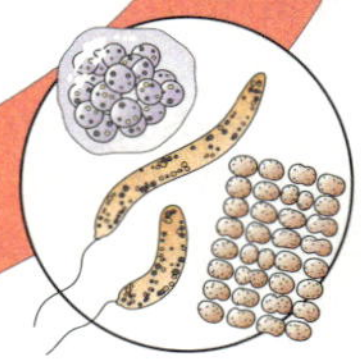

Schwefelbakterien

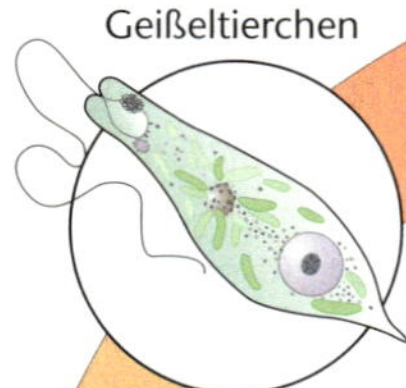

Geißeltierchen

Jetzt ist es passiert

Gelangt stark verschmutztes Abwasser in einen Bach, so verändern die im Schmutzwasser enthaltenen Stoffe die Lebensbedingungen der Bachbewohner. Die im Abwasser vorhandenen Mineralsalze und Verunreinigungen bewirken ein starkes Algenwachstum. Wie bei einem umkippenden See nimmt der Sauerstoffgehalt des Wassers stark ab und es können sich nur noch wenige Lebewesen behaupten. Dies sind meist Zersetzer, die teilweise sogar ohne Sauerstoff auskommen.

Selbstreinigung

Mit zunehmender Entfernung vom Ort der Verschmutzung verdünnt sich die Schmutz konzentration. Außerdem gelangt durch die Fließbewegung wieder mehr Sauerstoff ins Wasser. Nun können auch solche Kleinlebewesen existieren, die sich von den Zersetzern ernähren. Bei immer besser werdenden Sauerstoffverhältnissen können weiter bachabwärts auch Fische leben und sich von den dort vorkommenden Pflanzen und Kleinlebewesen ernähren. Die Schmutzstoffe im Wasser werden also nach und nach von verschiedenen Kleinstlebewesen wie beispielsweise Bakterien, Würmern, Schnecken und Asseln gefressen und so beseitigt.

Nach ca. sieben Kilometern ist's geschafft

Die vielen Kleinlebewesen brauchen lange, bis das Wasser wieder einigermaßen sauber ist. Auf einer Strecke von etwa 7 km wird durch ihre Arbeit aus übermäßig verschmutztem Wasser der Güteklasse IV wieder Wasser der Güteklasse I–II, in dem viele verschiedene Bachbewohner leben können.

Grenzen der Selbstreinigung

Dies ist aber nur bei einem natürlichen, nicht von Menschen veränderten Bachverlauf möglich. Bei einem begradigten Bach funktioniert die Selbstreinigung wegen der hohen Fließgeschwindigkeit erst nach einer Strecke von ca. 30–40 km. Außerdem kann diese Selbstreinigung nur gelingen, wenn unterwegs nicht zu viele Abwässer eingeleitet werden.

Was zeigen „Zeigerorganismen"?

In jedem Abschnitt eines verunreinigten Baches kommen dafür typische Lebewesen vor. Diese sind an die jeweils herrschenden Lebensbedingungen angepasst und werden Zeigerorganismen genannt. Findest du also in einem Bachabschnitt bestimmte Lebewesen, so kannst du auf

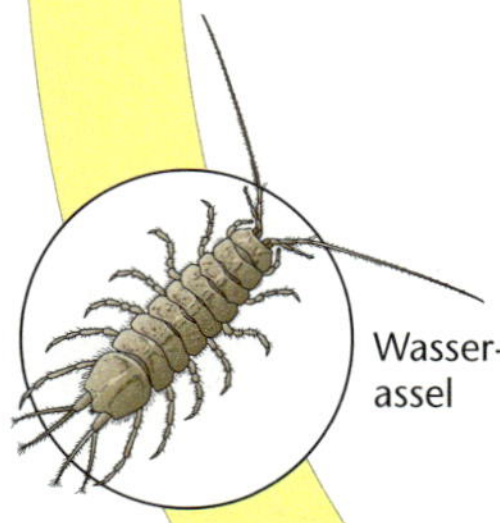

Wasserassel

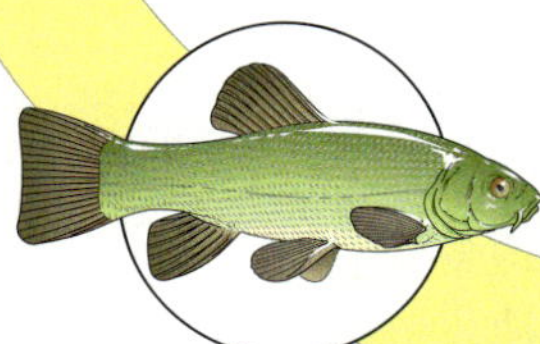

Schleie

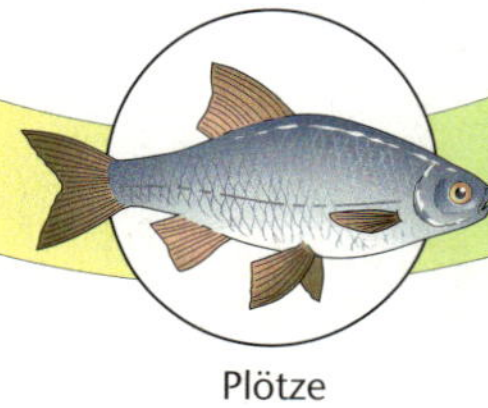

Plötze

den dort herrschenden Grad der Verschmutzung schließen. Die verschiedenen Verschmutzungsgrade des Wassers werden durch so genannte **Gewässergüteklassen** beschrieben. Die Gewässergüteklasse I bezeichnet ein nahezu unbelastetes Wasser und die Gewässergüteklasse IV beschreibt ein übermäßig stark belastetes Gewässer.

▶ Ein Bach kann sich mithilfe von Kleinstlebewesen, die sich von Schmutzstoffen ernähren, wieder selbst reinigen.
Durch Zeigerorganismen kann man die Gewässergüte bestimmen.

Aufgaben

1 Beschreibe mit eigenen Worten die Selbstreinigung eines Baches.

2 Versucht in einem Bach in eurer Nähe Zeigerorganismen zu finden.
Bestimmt und notiert eure Funde.

3 Plant ein Projekt zur Untersuchung eines Fließgewässers und führt es durch.

Güteklasse II
(mäßig belastet)

Wasser ziemlich klar, gering belastet mit organischen Stoffen

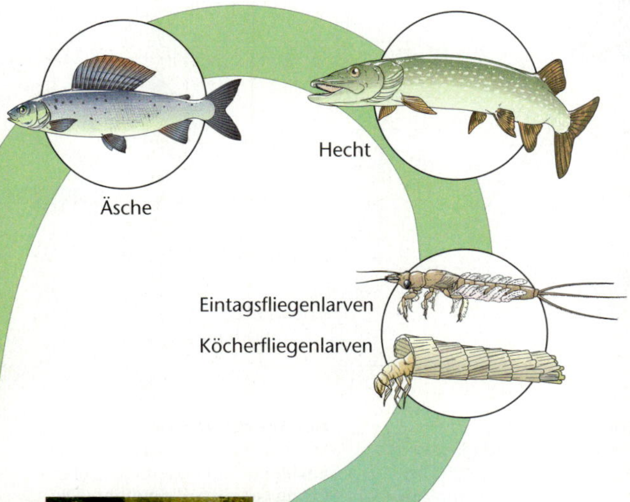

Güteklasse I
(unbelastet bis sehr gering belastet)

Wasser nährstoffarm, sauerstoffreich

Zeitpunkt

Der Rhein – eine wechselvolle Geschichte

1 Der Rhein als „Kloake Europas", 1970

2 Der Rhein heute

Der Rhein entspringt in den Alpen und mündet nach 1320 km bei Hoek van Holland in die Nordsee. Bis zur Rheinregulierung durch TULLA (1770–1828) wurden sehr viele Lachse und andere Fische im Rhein gefangen. Durch die immer stärkere Besiedlung der Rheinufer und die Industrialisierung gelangten große Mengen Abwasser und auch giftige Chemikalien in den Rhein. Das wurde so schlimm, dass Ende der 50er-Jahre die Lachse im Rhein ausstarben!

Erst als der Rhein in manchen Gebieten die Gewässergüte IV aufwies, begann ein Umdenken. Es wurden große Kläranlagen gebaut und die Industriebetriebe durften keine ungeklärten Abwässer mehr einleiten. So erholte sich der Rhein allmählich wieder. Aber 1986 flossen, nach einem Brand bei Sandoz in der Nähe von Basel, große Mengen von mit Chemikalien belastetem Löschwasser in den Rhein. Dies führte zu einem verheerenden Fischsterben. Mehrere Verträge der Rheinanliegerstaaten und große nationale Anstrengungen führten langsam zu einer Erholung des Rheins.

Heute hat der Rhein fast überall die Gewässergüteklasse II. Der Lachs wurde wieder angesiedelt und auch Fische wie Aal, Flussbarsch, Rotauge und Brachsen kommen wieder vor. Dies zeigt, dass durch entsprechende Maßnahmen die Qualität der Gewässer nachhaltig verbessert werden kann.

Aufgaben

1 Überlegt ein Projekt, in dem ihr herausfindet, was mit den Abwässern eurer Gemeinde geschieht. Informiert euch bei der Gemeindeverwaltung.

2 Stellt euch vor, was geschehen würde, wenn nach wie vor alle Abwässer der Gemeinden entlang des Rheins ungeklärt in den Fluss geleitet würden. Berichtet.

3 Falls es in eurer Schule einen Wasseruntersuchungskoffer gibt, so untersucht mithilfe von Teststäbchen den Nitratgehalt von Leitungswasser und Wasser aus dem Schulteich.

Wohin fließt unser Abwasser?

Hast du dich schon einmal gefragt, wo die Abwässer der Stadt oder der Gemeinde, in der du lebst, bleiben? Unter den Straßen führen oft riesige Kanäle unsere Abwässer zu einer Kläranlage, die in vielen Fällen weit außerhalb der Stadt liegt.
In der Kläranlage wird das Schmutzwasser in verschiedenen Stationen so behandelt, dass es mit Gewässergüteklasse II wieder an die Umwelt abgegeben werden kann.

Wer klärt das Wasser?

Interessant dabei ist, dass in der zentralen, der biologischen Reinigungsstufe das Abwasser fast wie bei einem Bach mithilfe von Kleinstlebewesen, vor allem Bakterien, gereinigt wird.

So kann eine Kläranlage aussehen

Eine moderne Kläranlage besteht aus
- der **mechanischen Reinigung** mit Rechen, Sandfang und Vorklärbecken und
- der **biologischen Reinigung** mithilfe von Mikroorganismen.

Eine weitergehende Abwasserreinigung wird durch das Nachklärbecken und die Flockungsfiltration erreicht. Nur wenn die Belastung sehr hoch ist, werden Phosphate mithilfe von Eisensalzen während des normalen Klärprozesses chemisch ausgefällt. Danach gelangt das geklärte Wasser über den Vorfluter, das ist meist ein kleiner Bach, in den natürlichen Wasserkreislauf zurück.

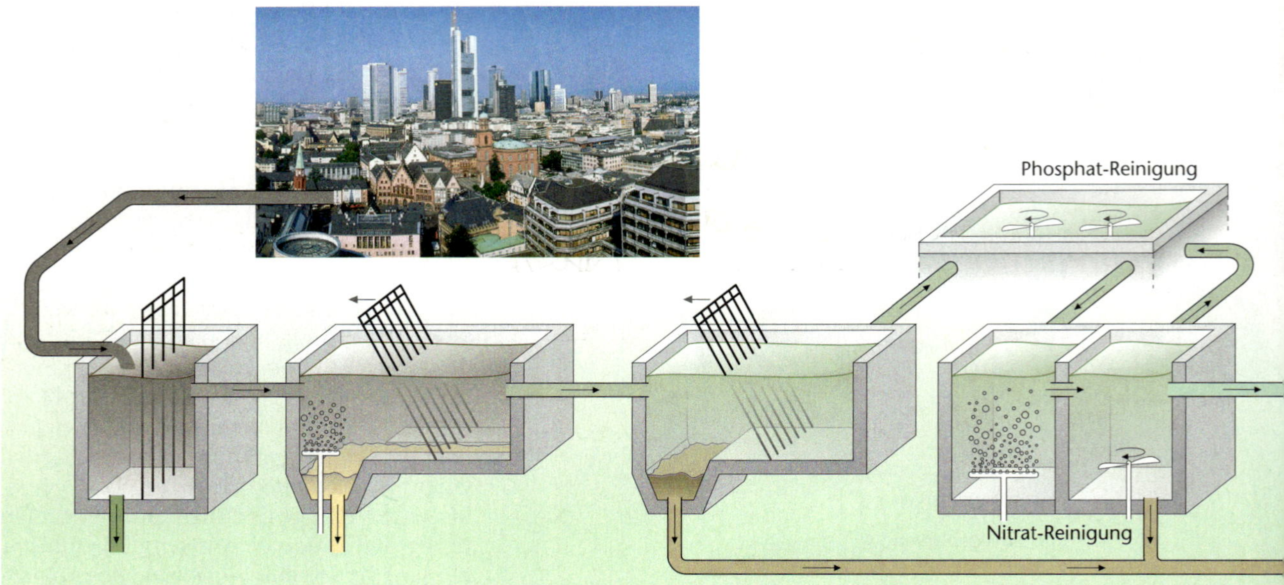

Rechen
Hier werden durch ein Gitter und Siebe grobe Stoffe aus dem ankommenden Wasser zurückgehalten.

Sandfang
In die Sandfangbecken wird Luft gepumpt, um das Abwasser aufzufrischen. Außerdem trennt sich der Sand so besser von den organischen Stoffen. Er setzt sich ab und wird mithilfe von Pumpen entfernt.
Bevor das Wasser in das Vorklärbecken gelangt, werden wasserunlösliche Stoffe wie Fette und Öle zurückgehalten.

Vorklärbecken
Die Fließgeschwindigkeit wird wiederum herabgesetzt. Das Wasser fließt nun so langsam, dass sich die meisten Schwebestoffe im Wasser als Schlamm absetzen können.
Dieser Rohschlamm wird abgepumpt und im Faulturm gelagert.

Belebtschlammbecken
Die Zufuhr von Sauerstoff bietet Bakterien und anderen Einzellern ideale Lebensbedingungen. Die Mikroorganismen ernähren sich u.a. von den im Wasser gelösten Nitraten und Phosphaten. Dadurch werden diese Verbindungen entfernt. Der überschüssige Belebtschlamm wird zum Faulturm geleitet.

mechanische Reinigung | biologische Reinigung

Eine schlammige Angelegenheit

In allen Klärungsstufen wird Schlamm erzeugt und in den Faulturm geleitet. Hier wird der Schlamm unter Abgabe von Methangas zersetzt. Das Gas wird in einem Turm gesammelt und für die Energiegewinnung verwendet. Bei der Zersetzung des Faulschlamms entsteht ein kompostartiges Produkt, das teilweise als Dünger verwendet werden kann. Aber viele Klärschlämme sind so stark mit Schwermetallen belastet, dass sie nicht als Dünger eingesetzt werden dürfen, sondern in Deponien gelagert und verbrannt werden müssen.

Immer besser

Chemiker und Abwassertechniker entwickeln immer bessere Methoden, damit das Wasser noch sauberer wird.

Eine Kläranlage reinigt Abwasser in verschiedenen Stufen so gründlich, dass es wieder an die Natur abgegeben werden kann. Die Hauptreinigungsstufe ist die biologische Reinigung.

1 Luftbild einer Kläranlage

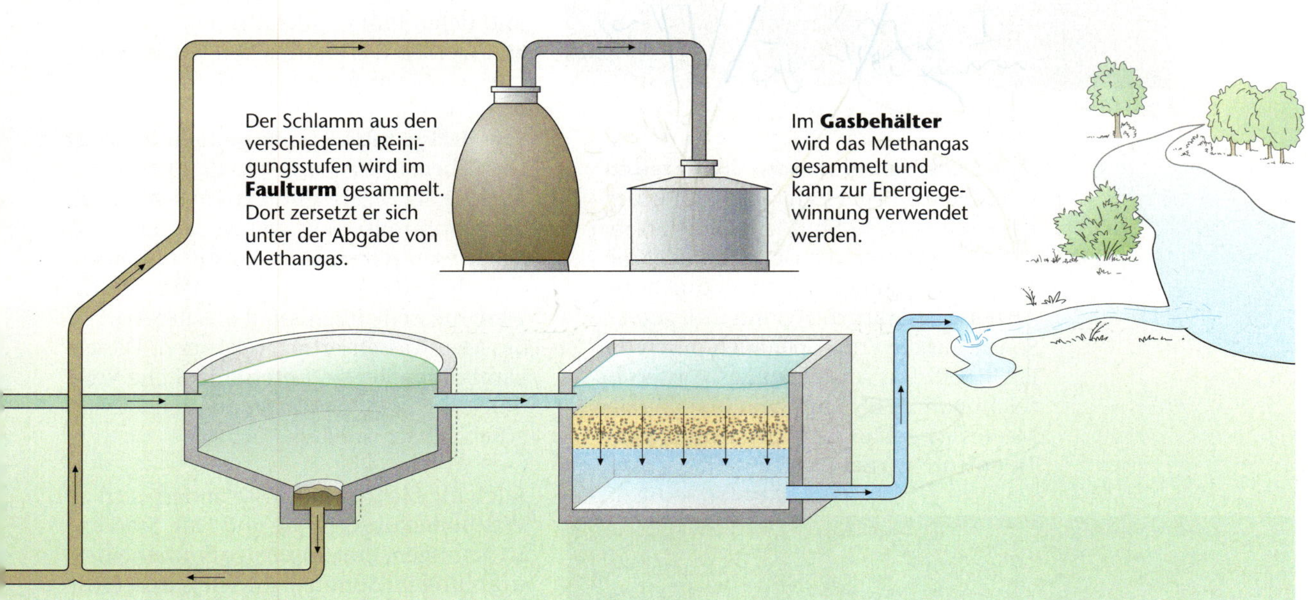

Nachklärbecken

Hier bleibt das Wasser einige Zeit stehen, damit sich die restlichen Flocken des Belebtschlamms absetzen können. Ein Teil des abgesetzten Belebtschlamms wird in den Faulturm gepumpt, der andere Teil wird nochmal in das Belebtschlammbecken zurückgepumpt.

Flockungsfiltration

Zum Schluss wird das Wasser noch von krank machenden Keimen und evtl. noch vorhandenen Phosphaten befreit. Dies geschieht mithilfe der Flockungsfiltration. Das Wasser hat nun fast Trinkwasserqualität.

Vorfluter

Über den Vorfluter, meist ein Fließgewässer, gelangt das gereinigte Wasser wieder in den natürlichen Wasserkreislauf.

(chemische Ausfällung nur nach Bedarf)

1 Flut

Hättest du das gedacht?

Anteil der Ozeane an der Erdoberfläche	70,7 %
Salzgehalt von 1 l Meerwasser	35 g
davon Kochsalz	27,21 g
Genaue mittlere Tidendauer (Nordsee)	12 Std. 25 min 53 sek.
Küstenlänge Deutschlands (Nordsee)	1155 km
davon Inselküsten	519 km
Höchster Mittlerer Tidenhub an der deutschen Küste (Wilhelmshaven)	3,70 m
Zahl der Fischarten i.d. Nordsee	ca. 250

2 Ebbe

Mond und Sonne steuern die Gezeiten
Der Meeresspiegel steigt und fällt innerhalb von etwa 12 Stunden. Diese Erscheinung nennt man die **Gezeiten** oder die **Tide**. Sie entstehen vor allem durch die Anziehungskraft von Mond und auch Sonne auf die Erde, aber auch durch die Fliehkraft. Das Ansteigen des Wassers bezeichnet man als **Flut**, bei **Ebbe** fällt der Meeresspiegel bis zum Tiefststand, dem Tideniedrigwasser (▷ B 3).

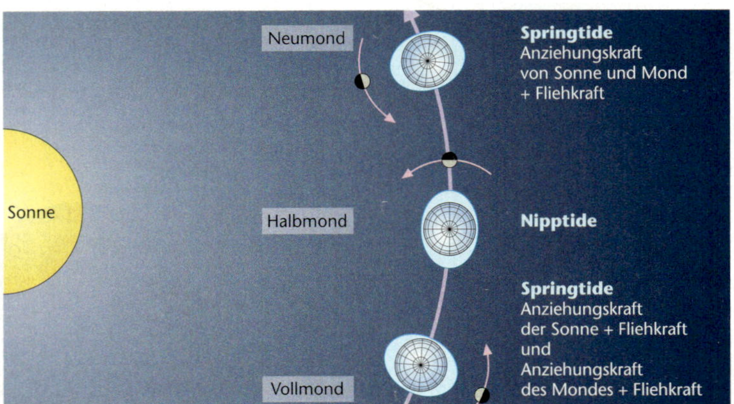

3 Ursache der Gezeiten

Der **Tidenhub**, also der Unterschied von Hoch- und Niedrigwasser, ist an der Küste überall verschieden.

Das Watt
Bei jeder Flut bringen die auflaufenden Wassermassen große Mengen Sand, Ton, Pflanzen- und Tierbestandteile mit und lagern sie ab, das **Watt** entsteht. Während der Ebbe fallen diese Flächen trocken und das Wasser läuft in unterschiedlich breiten und tiefen Rinnen, den **Prielen**, ab. Bei Flut werden die Wattflächen wieder vom salzigen Meerwasser bedeckt.

Schwierige Lebensbedingungen im Watt
Die Lebensbedingungen in den Randbereichen der Meere sind extrem schwierig, denn dort müssen wegen der Gezeiten alle Lebewesen zeitweise im Wasser und auch außerhalb des Wassers leben. Pflanzen und Tiere müssen außerdem den Salzgehalt des Meerwassers ertragen können. Dieser kann durch Regen, unterschiedliche Verdunstung und das Wasser aus den Flüssen erheblich schwanken.

Auch die Lichtverhältnisse ändern sich am Wattboden durch Ebbe und Flut. Starke Strömungen, eine intensive Sonneneinstrahlung im Sommer sowie Eis und Frost im Winter schaffen im Watt obendrein ungünstige Lebensbedingungen.

Pflanzen und Tiere des Watts müssen diesem Lebensraum also vielfach angepasst sein.

▶ Der Wechsel zwischen Ebbe und Flut, der Salzgehalt des Meerwassers und die unterschiedlichen Licht- und Temperaturverhältnisse kennzeichnen den Lebensraum Watt.

Überleben im Watt
Das Watt liegt als scheinbar öde, graue Fläche da. Aber der erste Eindruck täuscht; das Watt ist voller Leben.

Mikroskopisch kleine Kieselalgen bedecken in sehr großen Mengen den Wattboden. Strandschnecken weiden diesen Algenrasen ab. Auch die Pfeffermuschel (▷B 4) lebt von den Algen. Sie hat sich zwar in den Boden zurückgezogen, kann aber mit ihrem biegsamen Saugrohr die Nährstoffe in der Umgebung aufsaugen. Sternförmige Fraßspuren zeigen, wo sich diese Muschel aufhält.

Tiere, die im Wattboden leben, brauchen Sauerstoff und benötigen deshalb eine Verbindung zur Wattoberfläche. Die Herzmuscheln und Sandklaffmuscheln haben lange fleischige Röhren, durch die sie Wasser in ihren Körper strudeln und Abfallprodukte ausscheiden. Aus dem einströmenden Wasser filtern sie Nahrung und Sauerstoff heraus. Diese Technik ermöglicht es einigen Muscheln, bis zu 30 cm tief im Boden zu leben.
Um in den Boden zu gelangen, der ihnen Schutz vor Fressfeinden und der Austrocknung gibt, benutzen die Muscheln einen beilförmigen Grabfuß.

Das Watt – reich an Würmern
Kleine geringelte Kothäufchen zeigen an, dass hier ein Pierwurm in seiner u-förmigen Röhre lebt. Der Wurm nimmt den Oberboden auf und entzieht daraus die aus tierischen und pflanzlichen Resten bestehenden Sinkstoffe. Sand und die anderen unverdaulichen Reste werden als Kothäufchen an der einen Öffnung der Röhre wieder ausgeschieden.

Auch in den Prielen suchen verschiedene Wurmarten nach Nahrung. Junge Fische jagen dort in Schwärmen nach winzigen Wassertieren und Pflanzenteilchen, denn das Wattenmeer ist auch die „Kinderstube" vieler Fischarten.

Im Wattboden und in den Prielen leben zahlreiche Tierarten, die verschiedene Strategien entwickelt haben, um den Wechsel von Ebbe und Flut zu überstehen.

Aufgabe

1 Warum fahren die Fähren zu manchen Nordseeinseln an jedem Tag zu einer anderen Uhrzeit? Erkläre.

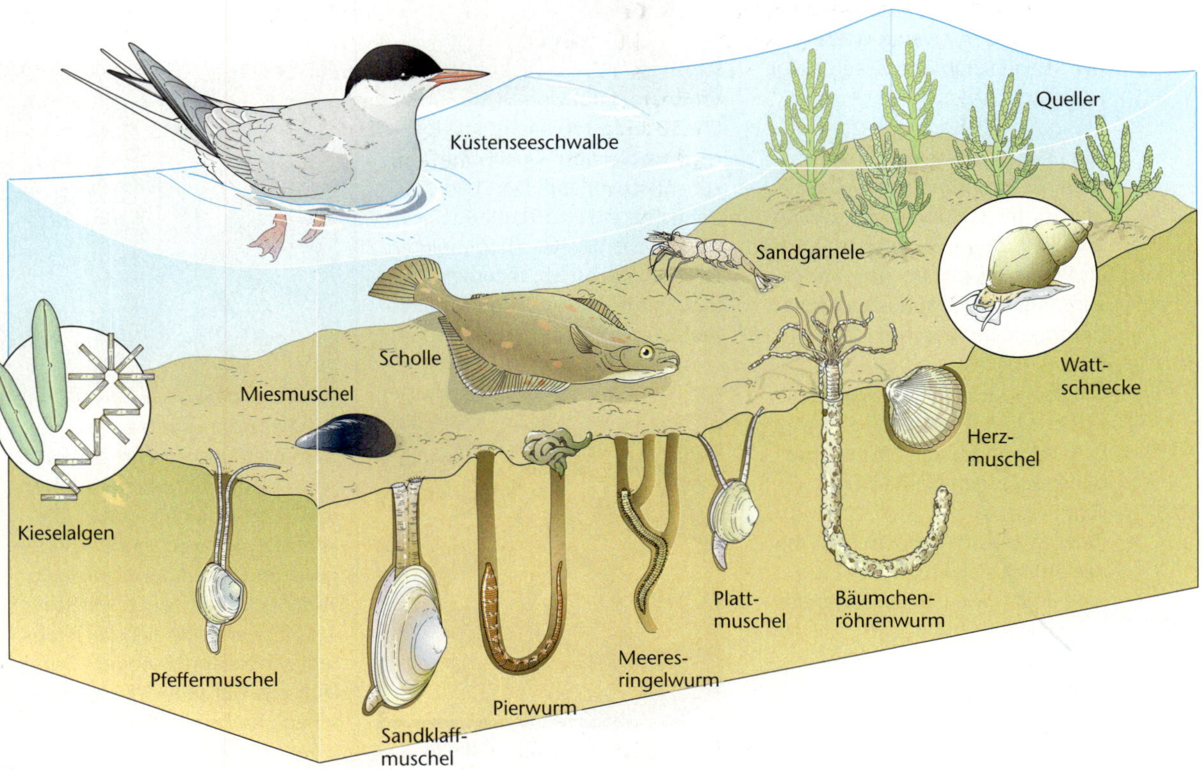

4 Tiere im Watt

Tiere und Pflanzen im Watt

Der **Queller** hat fleischige, grüne bis rötliche Stängel und Triebe. Queller sind Pionierpflanzen und vertragen – anders als die meisten anderen Pflanzen – regelmäßige Überflutungen durch Salzwasser. Um zu hohen Salzkonzentrationen im Zellsaft entgegen zu wirken, speichern sie größere Mengen Wasser. Dabei quellen die Pflanzen auf und werden deshalb Queller genannt. Der Queller hat nur kleine Blätter. So bleibt die Oberfläche gering, die Pflanze verdunstet bei Ebbe nur wenig Wasser und der Salzgehalt in den Zellen steigt kaum an.

Die Pflanzenbestände verlangsamen die Strömung des Wassers und sorgen so für die Ablagerung von Sinkstoffen. So hat der Queller als Pionierpflanze bei der Landgewinnung und dem Küstenschutz besondere Bedeutung.

Die Asche des Quellers wurde früher bei der Herstellung von Glas verwendet, die Pflanze trug daher auch den Namen Glasschmalz.
Queller ist essbar, indem man ihn wie Spinat, Salat oder – in Essig eingelegt – wie Gurken zubereitet.

Das **Schlickgras** wurde erst 1927 aus England eingeführt. Man pflanzte das Gras an den Küsten, weil man es bei der Landgewinnung und beim Küstenschutz nutzen konnte. Die Stängel schaffen wasserberuhigte Zonen, in denen sich die Sinkstoffe absetzen. Die Wurzeln halten den Wattboden fest und verhindern so, dass der Boden abgetragen wird.

Die **Strandaster** wächst im Übergangsgebiet vom Quellerwatt zum Deichvorland. Dort bildet sie dichte, bis zu 60 cm hohe Bestände. Die blasslila Zungenblüten fallen im Herbst ab, man sieht dann oft nur noch die gelben Röhrenblüten.

Seepocken sind Krebse, die in einem harten Kalkgehäuse leben.

Während der Flut öffnen die Tiere die Deckelklappen ihrer Gehäuse. Sie breiten dann sechs Rankenfüße aus, mit denen sie Plankton herbeistrudeln. Die Krebschen benötigen stets einen festen Untergrund. Man findet sie daher auf Steinen, Pfählen oder Muschelschalen.

Die winzige **Wattschnecke**, die meistens nur 7 mm lang wird (auf dem Foto dient die Miesmuschel zum Größenvergleich), kommt im Watt sehr häufig vor. Oft leben mehrere Tausend dieser Tiere auf nur einem m^2 Wattboden. Bei Ebbe graben sie sich in den Boden ein und kommen bei Flut wieder heraus, um Algen und Bakterien von der Wattoberfläche zu fressen.

Die **Strandkrabbe** wird bis zu 8 cm breit und ernährt sich räuberisch von Schnecken und Muscheln, aber auch von Aas. Die kräftigen Scheren sind besonders gut zum Öffnen der Schalen von Weichtieren geeignet. Mit seinen acht Beinen kann sich der Krebs sehr schnell fortbewegen. Dabei läuft das Tier seitwärts, im typischen „Krebsgang".

Der Wattboden wird höher
Nach jeder Flut lagert sich Schlick am Rand des Wattenmeers ab. Wo ablaufendes Wasser kein Material mehr wegspült, wird der Boden allmählich immer höher. Ist eine bestimmte Höhe erreicht, finden sich die ersten Pflanzen ein. An unseren Küsten sind es der Queller und das Schlickgras, die als Pionierpflanzen das höhere Watt besiedeln.

Mit den Wurzeln halten diese Pflanzen den Schlickboden fest und ihre Sprosse bremsen die Wasserströmung. Dadurch sinkt der Schlick schneller zu Boden und die Strömung kann nicht mehr so viel Bodenteilchen wegschwemmen. Wenn die Flächen durch Ablagerungen eine solche Höhe erreicht haben, dass sie nicht mehr täglich überflutet werden, können sich auch weitere Pflanzen einfinden: die **Salzwiese** (▷ B 1) entsteht. Sie heißt so, weil höher auflaufende Fluten sie immer wieder mit salzigem Meerwasser überspülen.

Ein Lebensraum für Spezialisten
Salzwiesen sind Lebensräume mit Pflanzen und Tieren, die ausgesprochene Spezialisten sind. Sie können nur überleben, wenn sie Salz und sogar gelegentliche Überschwemmungen ertragen. So kommen auch wenige Blütenpflanzen und verhältnismäßig wenige Insektenarten in den Salzwiesen vor.

Der niedrigere Teil der Salzwiese wird noch einige hundertmal im Jahr überflutet. Hier stehen Strandaster und Strandflieder, die im Sommer ein buntes Blütenmeer bilden.

Der etwas höhere Bereich der Salzwiese enthält die Strandnelke und den Strandbeifuß als typische Pflanzen. Er bildet das Deichvorland und wird oft beweidet. Auf den nur selten überfluteten Teilen der Salzwiese brüten viele Vogelarten, die im Watt ihre Nahrung suchen, wie z. B. der Rotschenkel.

1 Salzwiese

Salzwiesen benötigen Schutz
Die Salzwiesen gehören zu den seltenen Lebensräumen und sind stark gefährdet. Deichbauten, Entwässerung, Spaziergänger und Wassersportler bedrohen den Bestand der einmaligen Tier- und Pflanzenwelt.

Salzwiesen bilden den Übergang vom Land zum Meer; sie sind Lebensraum seltener Pflanzen und Tiere.

Aufgaben

1 Erkläre, warum man zum Schutz der Küsten Schlickgras anpflanzt.

2 Welcher besonderen Gefahr sind die Brutvögel der Salzwiesen ausgesetzt? Erkläre.

Rotschenkel

Strandgrasnelke

Strandbeifuß

Strandflieder

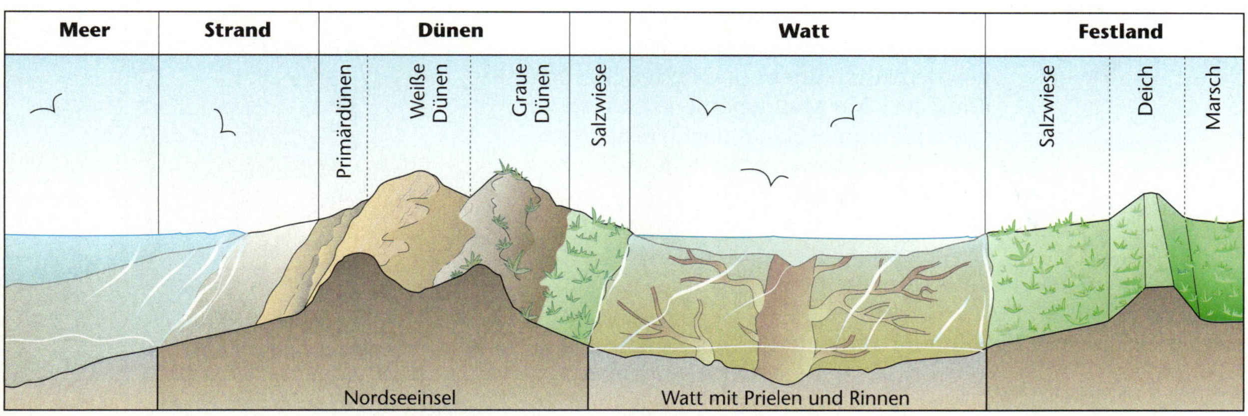

1 Ringelgänse

2 Vogelschwarm im Watt

3 Silbermöwe mit Jungen

Küstenseeschwalbe

Eiderente ♀

Brandgans

Möwen – typische Meeresvögel
Wenn du zu einer der Nordseeinseln hinüber fährst, folgen dem Schiff fast immer Möwen, die darauf warten, dass etwas Fressbares über Bord geht. Das Füttern ist aber meistens untersagt, denn zu oft „bedanken" sich die Möwen mit einem großen Klecks auf der Kleidung der Passagiere.

Von den wenigen Möwenarten, die bei uns brüten, ist die Silbermöwe besonders häufig. Sie wird bis zu 66 cm lang, junge Vögel haben ein braunes Gefieder. Die Tiere sind Kulturfolger und haben sich in den letzten Jahrzehnten stark vermehrt. Sie sind Allesfresser: Außer ihrer natürlichen Nahrung, den Fischen, fressen sie lebende und tote Tiere des Watts, rauben die Eier und Jungen anderer Vögel; sie folgen den Fischkuttern und betteln bei den Touristen. Auf Mülldeponien sitzen sie zu tausenden und suchen nach Fressbarem. Der Kot der Möwen enthält deshalb oft Krankheitserreger.

Silbermöwen sind Kulturfolger und vermehren sich daher stark.

Möwen können leicht mit Seeschwalben verwechselt werden. Diese geschickten Flieger sind Fischfresser und jagen nur im Sommerhalbjahr an unseren Küsten, den Winter verbringen sie in Afrika.

Gäste im Wattenmeer
Das enorme Nahrungsangebot des Watts lockt zu allen Jahreszeiten zahlreiche Vogelarten an. Im Sommer suchen hier die Brutvögel der Inseln und Küsten nach Futter. Im Herbst und Frühling bevölkern riesige Schwärme von Durchzüglern aus dem hohen Norden (▷ B 2) das Wattenmeer der Nordsee. Man schätzt, dass sich dann bis zu drei Millionen Vögel zur gleichen Zeit hier aufhalten. Viele dieser Vögel bleiben wegen des günstigen Nahrungsangebots den gesamten Winter über im Wattenmeer. Sie werden deshalb **Wintergäste** genannt. Zu ihnen gehören zahlreiche Gänse- und Entenarten.

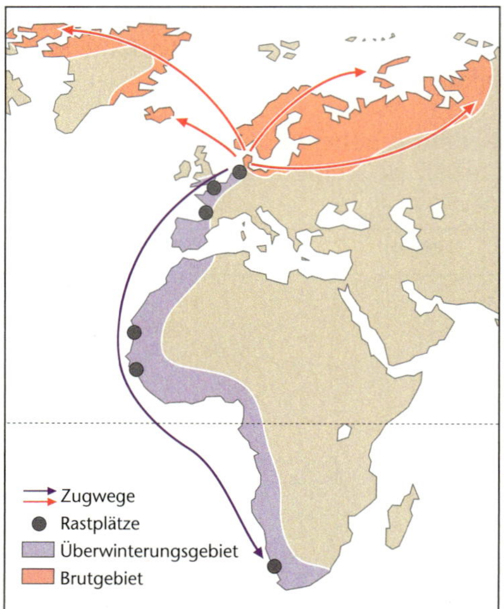

4 Die Deutsche Bucht dient Zugvögeln als Rastplatz.

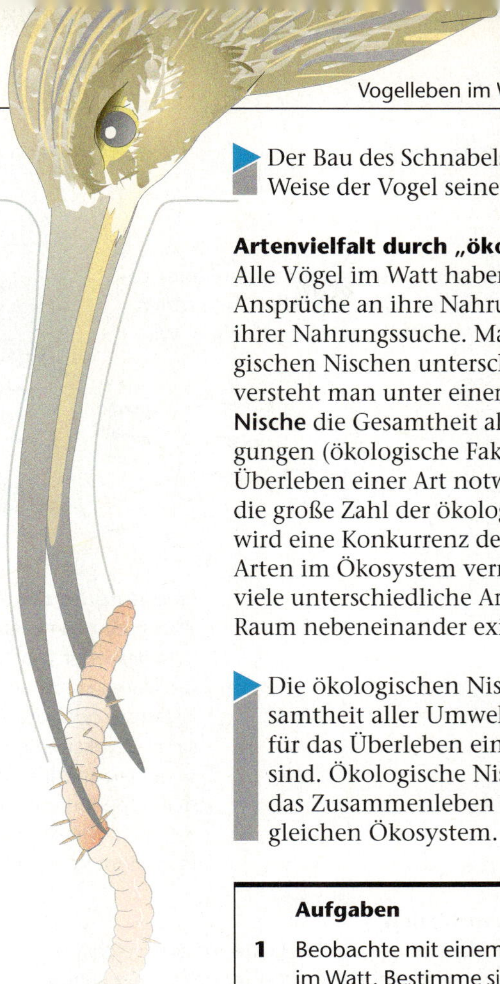

Das Watt bietet nicht nur heimischen Vögeln Nahrung und Rastplätze, auch zahlreiche Durchzügler und Wintergäste nutzen dieses Nahrungsangebot.

Zeige mir deinen Schnabel und ich sage dir, was du frisst!
Im Watt finden die unterschiedlichsten Vögel ihre Nahrung. An der Schnabelform einer Vogelart kannst du erkennen, wie das Tier seine Nahrung erbeutet (▷B5).

Die langbeinigen Großen Brachvögel haben gebogene, dünne und lange Schnäbel, mit denen sie tief im Watt nach Muscheln und Würmern stochern können.
Austernfischer können mit ihren kräftigen Schnäbeln Herz- und Miesmuscheln sowie Krebse aus dem Wattboden herausholen und durch Hiebe öffnen.
Die kleinen und kurzbeinigen Steinwälzer laufen flink am Strand umher. Sie drehen dort mit ihren kurzen und festen Schnäbeln Muscheln, Hölzer und Steine um und suchen darunter kleine Krebse und Insekten.
An den Sandstränden oder auf den Wattflächen trippeln die kleinen Sandregenpfeifer umher. Mit ihren kurzen und spitzen Schnäbeln, die sie wie Pinzetten nutzen, sammeln sie kleine Würmer, Schnecken und Krebstiere von der Wattoberfläche auf.
Säbelschnäbler besitzen einen nach oben gebogenen Schnabel. Diesen bewegen sie im flachen Salzwasser seitlich hin und her und stöbern damit ihre Beute auf, die vor allem aus kleinen Salzkrebschen besteht.

Der Bau des Schnabels zeigt, auf welche Weise der Vogel seine Nahrung erbeutet.

Artenvielfalt durch „ökologische Nischen"
Alle Vögel im Watt haben unterschiedliche Ansprüche an ihre Nahrung und den Ort ihrer Nahrungssuche. Man sagt: die ökologischen Nischen unterscheiden sich. Dabei versteht man unter einer **ökologischen Nische** die Gesamtheit aller Umweltbedingungen (ökologische Faktoren), die für das Überleben einer Art notwendig sind. Durch die große Zahl der ökologischen Nischen wird eine Konkurrenz der verschiedenen Arten im Ökosystem vermieden. So können viele unterschiedliche Arten auf engstem Raum nebeneinander existieren.

Die ökologischen Nische ist die Gesamtheit aller Umweltbedingungen, die für das Überleben einer Art notwendig sind. Ökologische Nischen ermöglichen das Zusammenleben vieler Arten im gleichen Ökosystem.

Aufgaben

1 Beobachte mit einem Fernglas die Vögel im Watt. Bestimme sie mit einem Bestimmungsbuch. Schreibe ihre Namen und besonderen Merkmale sowie die Verbreitung in einem Notizbuch auf.

2 Wähle zwei Wattvögel aus und vergleiche die ökologischen Nischen der Tiere. Erkläre inwiefern bei diesem Beispiel Konkurrenz vermieden wird.

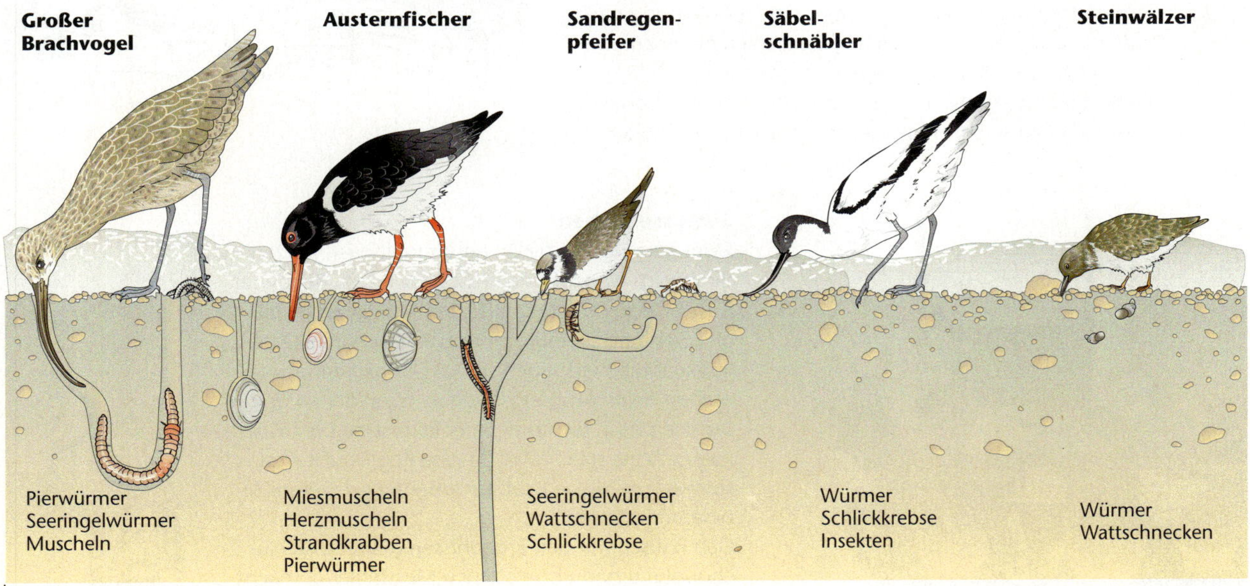

5 Wattvögel und ihre Nahrung

Strategie

Daten sammeln, ordnen und präsentieren

Du hast bei deiner Exkursion zum See interessante Informationen und Daten gesammelt. Nun willst du diese ordnen, systematisch bearbeiten und Schlüsse daraus ziehen. Wie geht das?

Probenstelle	Lufttemperatur	Bewölkung	Wassertemperatur	pH-Wert	Nitratgehalt	Phosphatgehalt
1						
2						
3						
4						
5						
6						
7						
8						

Ordnung ist das halbe Leben ...
Zuerst einmal musst du alle deine Daten ordnen und in Tabellen oder Grafiken umsetzen. Dabei kontrollierst du, ob die Daten stimmen. Vielleicht musst du die eine oder andere Messung oder Untersuchung noch einmal durchführen. Gesetzmäßigkeiten erkennst du am besten, wenn du die Daten in ein Diagramm mit x- und y-Achse einträgst. Vergleiche deine Ergebnisse mit den Angaben in den Handbüchern der Test-Kits. Mit dem Taschenrechner oder Rechenprogrammen in deinem PC kannst du viele Daten schnell verarbeiten.

Ergebnisse mitteilen
Da ihr in der Klasse bei eurer See-Exkursion an verschiedenen Aufgaben gearbeitet habt, sollst du deinen Klassenkameraden deine Ergebnisse vorstellen und erklären, wie du vorgegangen bist.
Du kennst dich mit den durchgeführten Untersuchungsmethoden und eingesetzten Test-Kits nun gut aus, deinen Zuhörern musst du erst erklären, was du gemacht und beabsichtigt hast.
Dazu musst du alle Daten kennen und Zahlen und Formeln in Worte fassen.
Deine Klassenkameraden wollen sicher wissen, wie du die Ergebnisse interpretierst und was sie deiner Meinung nach aussagen. Überlege dir, welche Nachfragen deine Zuhörer haben könnten. Kannst du darauf antworten?
Wenn du Fotos gemacht hast, solltest du erklären können, was darauf zu sehen ist und worauf man achten muss.

Schlüsse ziehen
Sämtliche Daten, die du gesammelt hast, nützen dir wenig, wenn du sie nicht auswertest. Bei dieser Auswertung musst du alle Werte miteinander vergleichen und sie interpretieren. Beziehe die Daten aufeinander, was sagen sie aus? Denke dabei immer an deine Ausgangsfrage. Je mehr Daten du gesammelt hast, um so sicherer kannst du bei deinem Folgeschluss sein. Willst du eine Regel aufstellen, so musst du deine Beobachtungen und Ereignisse zusammenfassen.
Geh kritisch mit den Ergebnissen deiner Untersuchungen um, du kannst auch Messfehler gemacht haben. Welche Gründe für Fehler könnte es geben?

Werkstatt

Watt und Strand

1 Wir untersuchen den Wattboden

Material
Spaten, kleine Schaufel, Zollstock, Sieb, Gläser, Notizbuch, Bleistifte, Lupe, Bestimmungsbücher

Durchführung
a) Grabt mit dem Spaten eine etwa 60 cm tiefe Grube in den Wattboden.
Lassen sich verschiedene Schichten erkennen? Fertigt eine Skizze an und notiert die Beobachtungen.
b) Stecht mit einer kleinen Schaufel jeweils vier große Stücke des Wattbodens aus verschiedenen Tiefen der Grubenwand und füllt die Proben in Gläser. Vergesst das Beschriften nicht!
c) Gebt im Unterrichtsraum die Bodenproben einzeln in ein möglichst feines Sieb und lasst so lange Wasser darüber laufen, bis die Bodenteile fortgeschwemmt sind.
d) Bestimmt die Lebewesen in dem Sieb, schätzt oder zählt ihre Anzahl und haltet die Ergebnisse schriftlich fest.

2 Untersuchungen an den Prielen

Material
Planktonnetz, Gläser, Bestimmungsbuch, Bleistift, Papier, Mikroskopierausrüstung

Durchführung
a) Zieht das Planktonnetz mehrmals durch einen Priel. Füllt das Wasser mit dem Plankton in ein kleines Glas.
b) Untersucht das Plankton im Unterrichtsraum mit dem Mikroskop.
c) Zeichnet die Lebewesen und versucht sie mit einem Fachbuch zu bestimmen.

Achtung!
Haltet euch genau an die Bestimmungen zum Schutz der Natur und die Nationalparkverordnungen. Setzt die Tiere wieder an ihrem Fundort aus, nachdem ihr sie bestimmt und beobachtet habt.

1 Muschelbrett

3 Nachweis von Salz im Meerwasser

Material
Mikroskop, Objektträger, Meerwasser

Durchführung
Ein größerer Tropfen Meerwasser wird flach auf einem Objektträger ausgestrichen. Bei eingeschalteter Mikroskopbeleuchtung kann man beobachten, wie die Salze mit dem Verdunsten des Wassertropfens auskristallisieren.
Zeichne einige Kristalle.

4 Anlegen einer Muschelsammlung

Zahlreiche Muschelschalen und leere Schneckengehäuse liegen am Strand. Du kannst sie sammeln, bestimmen und ausstellen.

Material
Brett mindestens 40 x 25 cm, Lack, Pinsel, Schaumstoff, Schere, Flüssigkleber, Klebeetiketten, 2 Aufhänger

Durchführung
a) Lackiere das Brett und bringe an der Rückseite zwei Aufhänger an.
b) Sammle am Strand leere Muschelschalen und Schneckengehäuse. Reinige deine Funde in warmer Seifenlauge. Suche nun aus deinen Strandfunden von jeder Art das schönste Exemplar aus und bestimme es mithilfe eines Bestimmungsbuches.
c) Lege die Teile so auf das Brett, wie sie später aufgeklebt werden sollen.
d) Schneide nun Schaumgummi in kleine passende Teile und klebe sie in die Muscheln und Schnecken.
e) Klebe dann die Schalen mit der Unterseite des Schaumgummis auf das Muschelbrett.
f) Beschrifte Etiketten sauber mit den richtigen Namen, dem Fundort und dem Funddatum und klebe sie unter die Muscheln und Schnecken.

Wellhornschnecke

Sägezähnchen

Sandklaffmuschel

Schwertmuschel

Plattmuschel

Auster

Herzmuschel

Miesmuschel

Venusmuschel

Trogmuschel

1 Ein Seestern frisst eine Muschel.

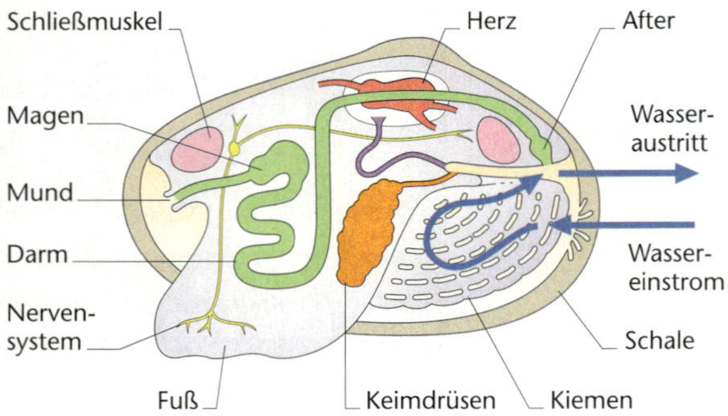

2 Aufbau einer Miesmuschel

Miesmuscheln sind Weichtiere

Am dritten Tag der Klassenfahrt ist eine Wattführung vorgesehen. Alle Schülerinnen und Schüler haben alte Turnschuhe angezogen, damit sie sich nicht an den Muschelschalen schneiden. Dann geht es los. Der Weg durch den zähen Schlick ist mühsam, aber nach einer halben Stunde ist die Muschelbank erreicht. Die Miesmuscheln liegen in dicken schwarzen Klumpen übereinander. Ihre Schalen sind dicht verschlossen. „Ja, die müssen jetzt einige Stunden lang die Klappe halten", sagt der Wattführer und dann erzählt er vom Leben der Miesmuscheln, die wie alle Muscheln und Schnecken zur großen Gruppe der **Weichtiere** gehören: Im Gegensatz zu den anderen Muscheln vergraben sie sich nicht im Boden. Um nicht weggespült zu werden, heften sie sich mit Eiweißfäden am Untergrund oder aneinander fest.

Lebende Wasserfilter

Wenn sie vom Meerwasser überspült werden, strudeln die Muscheln durch Wimpernbänder Wasser in den Körper und filtern das Plankton heraus. Die Kiemen entnehmen dem Wasser Sauerstoff. Auf diese Weise wird in einer Stunde 1 l Wasser gefiltert. Natürlich können so auch schädliche Stoffe in den Körper gelangen, an denen die Muscheln sterben. Bei Ebbe müssen die Schalen der Miesmuscheln selbstverständlich dicht geschlossen bleiben, sonst würden sie austrocknen.

Miesmuscheln kleben mit Eiweißfäden am Untergrund fest und filtern aus dem Wasser Nahrungsbestandteile heraus.

Ein Leckerbissen – auch für Seesterne

Miesmuscheln stehen in vielen Restaurants auf der Speisekarte. Ihre Bestände haben aber in den letzten Jahren immer mehr abgenommen, deshalb züchtet man sie bereits in Farmen. „Auch Seesterne fressen Muscheln gerne und haben sich sogar auf diese Speise spezialisiert", sagt der Wattführer und zeigt auf Tiere, die überall auf den Muscheln sitzen. Der Seestern gehört wie der Seeigel zu den **Stachelhäutern**. Die meisten dieser Tiere haben fünf Arme, es gibt auch Seesternarten mit bis zu 50 Armen. Mit den Saugfüßchen zieht das Tier langsam die Schalen der Muscheln auseinander und stülpt dann den Magensack durch seine Mundöffnung ins Innere. Der Seestern scheidet dann Verdauungssäfte aus, sodass die Muschel außerhalb seines Körpers verdaut wird. Mit den kleinen Saugfüßchen kann sich der Seestern an seiner Beute oder seinem Platz festhalten, aber auch längere Strecken fortbewegen.

Seesterne sind Stachelhäuter, die ihre Nahrung außerhalb des Körpers verdauen.

3 Wattwanderung

Aufgaben

1 Erkläre, warum Muscheln besonders empfindlich auf Verschmutzungen der Meere reagieren.

2 In Muscheln bilden sich manchmal Perlen. Sammle im Internet oder in Fachbüchern Informationen und berichte in einem Kurzreferat darüber.

3 Beschreibe, welche Gefahren der Miesmuschel bei Ebbe drohen und nenne entsprechende Anpassungen.

1 Fischmarkt

2 Fischfarm

Vielseitige Nahrung aus dem Meer

Der Mensch hat seit frühesten Zeiten das Meer als Nahrungsquelle genutzt. Fische, Krebstiere, Muscheln, Schnecken und Algen, aber auch große Meeressäugetiere wie Robben und Wale waren unentbehrliche Nahrungslieferanten und sind es noch heute. Der Fischfang war dabei sicherlich immer am wichtigsten.
Die Zahl der großen Fangschiffe wuchs und die Methoden des Fischfangs wurden immer erfolgreicher. Allerdings gingen die Fangergebnisse deshalb in den letzten Jahrzehnten weltweit stark zurück und viele Bereiche der Weltmeere sind bereits überfischt.

„Mastfische"

Die Fischindustrie hat inzwischen darauf reagiert: Fische, insbesondere Lachse und Tunfische, werden in riesigen Netzgehegen gehalten. Mit speziellem Futter sorgt man für schnelleres Wachstum. Farbstoffe im Futter sorgen für die gewünschte Färbung des Lachsfleisches. Zum Schutz vor Krankheiten werden manchmal auch Medikamente mit der Nahrung an die Fische gegeben. Durch dieses **„Fishfarming"** kann man immer mehr Fisch zu immer günstigeren Preisen produzieren.
Verschiedene Krebstiere, insbesondere Hummer, werden ebenfalls in Käfigen gehalten und für den Verkauf gemästet.

3 Nahrung aus dem Meer

Muscheln auf Zuchtbänken

Die natürlichen Vorkommen der Austern an der deutschen Nordseeküste – feste und schlickfreie Meeresböden, so genannte Austernbänke – wurden bereits vor Jahrzehnten völlig leergefischt. Heute setzt man dort junge Austern aus und mästet sie für den Verkauf.
Seit einigen Jahren werden auch Miesmuscheln gezüchtet. Junge, etwa 2 cm lange Muscheln werden auf so genannten Zuchtbänken ausgesetzt. Auf diese Weise erzeugt man in kurzer Zeit viele Tiere, die außerdem noch größer werden als die wild lebenden Miesmuscheln.

Zucht von Meerestieren – der richtige Weg?

Die Zucht der Meerestiere ist aber nicht ohne Probleme: Die Tiere leben oft in kleinen Käfigen, die Tierhaltung ist selten artgerecht. Reste von Medikamenten sind im Fleisch nachzuweisen und meistens schmecken die gezüchteten Tiere bei weitem nicht so gut wie ihre in Freiheit lebenden Artgenossen.

Algen gegen den Hunger?

Eine besondere Hoffnung für die Ernährung der Menschheit sind die Algen. In Japan werden bereits fast 10 % aller Nahrungsmittel aus diesen Meerespflanzen hergestellt. Da die Vorräte in den Weltmeeren nahezu unerschöpflich sind, hofft man über die Verwertung dieser Pflanzen den Hunger in der Welt bekämpfen zu können.

Für den Menschen sind Fische, Weichtiere, Krebse, Säugetiere und Algen der Meere wichtige Nahrungsmittel. Immer häufiger werden sie deshalb gezüchtet.

Aufgaben

1 Stelle in einem Fischgeschäft oder Supermarkt fest, welche Erzeugnisse aus dem Meer außer Fischen sonst noch verkauft werden und berichte in der Klasse.

2 Schreibe die Vor- und Nachteile des „Fishfarmings" auf und wäge sie ab.

3 Ermittle den Nährstoffgehalt (Fett, Eiweiß, Kohlenhydrat), eines Meerfisches, einer Krebsart und einer Muschelart. Vergleiche mit Schweine- und Rindfleisch.

1 Massentourismus

2 Gülle wird auf Felder ausgebracht.

3 Verölter Vogel

Müllkippe Weltmeer
In den Weltmeeren produzieren die grünen Pflanzen mehr Sauerstoff als auf den Landflächen der Erde. Gleichzeitig binden sie im Wasser gewaltige Mengen von Kohlenstoffdioxid. Die Meere sind daher sehr wichtig für das Leben auf der Erde, aber sie sind auch durch die Umweltverschmutzung gefährdet: Schadstoffhaltiger Industriemüll, Klärschlamm und sogar radioaktives Material werden z. T. von Schiffen aus direkt im Meer versenkt oder gelangen über die Flüsse ins Meer. Schadstoffe aus den Fabrikschornsteinen und Kraftfahrzeugen gelangen in die Atmosphäre und mit den Niederschlägen ins Meer.

Auch die Landwirtschaft hat ihren Anteil an der Verschmutzung der Meere: Phosphate und Nitrate, die aus der Düngung (▷ B 2) stammen und über die Flüsse ins Meer gelangen, führen zu einer Massenvermehrung von Algen. Man nennt diese Erscheinung **Algenpest**. Wenn die Algen absterben, verbrauchen Bakterien beim Abbau sehr viel Sauerstoff, der dann den Meerestieren fehlt und zu ihrem Tod führen kann.

Manche Schadstoffe gelangen über Pflanzen und Tiere in Nahrungsketten. Mit den Lebewesen werden diese Gifte weltweit verbreitet und man kann die Rückstände von Insektenvernichtungsmitteln sogar im Körper von Meerestieren nachweisen, die weit entfernt von den Küsten leben.

Gefahren durch Öl
Durch Schiffsunfälle, undichte Pipelines, vorsätzlich ins Meer geschüttetes Öl und ölhaltige Abwässer wird das Ökosystem stark belastet. Das Gefieder von Seevögeln wird verschmutzt, es ist dann nicht mehr Wasser abweisend. Die Tiere können nicht mehr fliegen und sterben an Unterkühlung. Öl schädigt auch den Magen-Darmtrakt und führt zu einem qualvollen Tod (▷ B 3).
Muscheln als Filtrierer leiden besonders unter solchen Verschmutzungen. Ein Ende der Belastungen ist nicht absehbar, da der Bedarf an Treibstoffen ansteigt und deshalb immer häufiger auch im Meer nach Öl gebohrt wird.

Touristen können zur Last werden
An den Küsten ist der Tourismus nicht nur für die Pflanzen- und Tierwelt eine Belastung. Die Natur wird durch die Menschenmassen gestört, ganze Küstenstreifen werden bebaut und der Abfall häuft sich am Strand. Die Abwässer der Hotels in manchen Feriengebieten können die Wasserqualität erheblich verschlechtern (▷ B 1).

Schadstoffe aus Industrie, Landwirtschaft, Haushalt und Verkehr sowie der Tourismus gefährden das Ökosystem Meer.

Aufgaben

1 Sammle aus Zeitungen und dem Internet Informationen über Meeresverschmutzungen und berichte. Sprecht das Thema auch im Chemieunterricht an.

2 Erstellt ein Plakat zum Thema „Die Meere sind in Gefahr".

3 Überlegt gemeinsam Schutzmaßnahmen für das Ökosystem Meer.

4 Der Unfall eines Öltankers bedeutet immer eine Umweltkatastrophe.

Nationalparks schützen die Natur
In den letzten Jahrzehnten sind mehrere Nationalparks an den deutschen Küsten entstanden. Große Teile der Ostseeküste werden durch die Nationalparks Vorpommersche Boddenlandschaft und Jasmund geschützt. In diesen Gebieten liegen u. a. die Halbinseln Darß und Zingst sowie die einzigartigen Kreidesteilküsten von Rügen.

Zum Schutz der empfindlichen Wattregionen an der Nordsee haben die Länder Niedersachsen, Hamburg und Schleswig-Holstein große Nationalparks eingerichtet. Auf einem Gebiet von 5 300 km², einer Fläche, die größer ist als das Saarland und Luxemburg zusammen, soll die Natur weitgehend sich selbst überlassen bleiben. Besucher werden nicht ausgesperrt, müssen aber einige Einschränkungen hinnehmen. Informationszentren, Führungen ins Watt und an den Rand von Vogelschutzgebieten sowie beschilderte Wanderwege sorgen dafür, dass die Gäste diesen Lebensraum besser kennen lernen.

Mit den Bestimmungen in den Nationalparks ist nicht jeder einverstanden. Naturschützer halten den Schutz für nicht ausreichend. Vertreter des Fremdenverkehrs, insbesondere der Inseln, glauben andererseits, dass die Verordnungen zum Schutz des Wattenmeers wirtschaftliche Nachteile mit sich bringen.

Zonen im Nationalpark Wattenmeer
Die Nationalparks sind in drei Zonen eingeteilt:
In der Zone 1, der **Ruhezone**, ist der Schutz der Natur sehr streng. Diese Gebiete dürfen nur auf besonders gekennzeichneten Wegen betreten werden.
Die Zone 2, die **Zwischenzone**, ist weniger streng geschützt. Man darf sie betreten, Landwirtschaft, Segeln und Fischfang sind hier mit einigen Einschränkungen erlaubt.
In der Zone 3, der **Erholungszone**, gibt es kaum Einschränkungen. Hier kann man baden und Sport treiben.

Beachte bei einem Besuch die Schutzbestimmungen im Nationalpark. Du hilfst so, diesen Lebensraum zu erhalten.

Zum Schutz des Wattenmeers und seiner Lebewesen wurden in Deutschland Nationalparks eingerichtet.

Aufgaben

1 Informiere dich bei den Verwaltungen der Nationalparks und den Naturschutzverbänden über die Schutzgebiete. Nutze auch das Internet.

2 Beschäftigt euch vor dem Besuch des Nationalparks mit den Bestimmungen für das Verhalten im Nationalpark. Erklärt den Sinn jeder einzelnen Regel.

3 Der Nationalpark hat auch Gegner. Besorgt euch entsprechende Informationen und erörtert in der Klasse, welche Bedenken geäußert werden.

1 Naturschutzschild

2 Ruhezoneschild

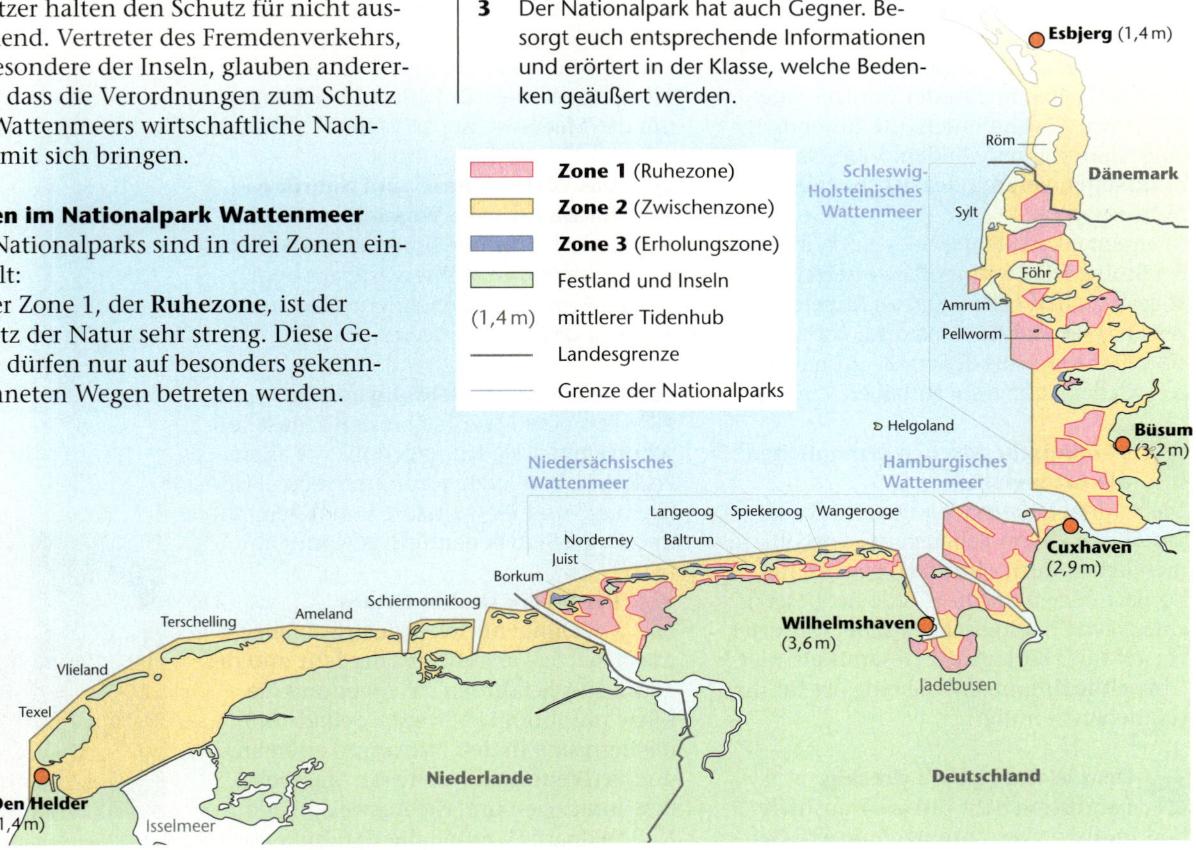

3 Nationalparks im Wattenmeer

Schlusspunkt

Ökosystem Gewässer

Die Zonierung eines Sees
An einem See kann man verschiedene Bereiche unterscheiden: Die Bruchwaldzone, die Röhrichtzone, die Schwimmblattzone und die Tauchblattzone. Alle Pflanzen sind durch ihren Bau sehr gut an die Lebensbedingungen in den verschiedenen Zonen angepasst.

Plankton – winzige Lebewesen
Zahlreiche winzige Lebewesen treiben frei im Wasser und werden nur von der Strömung bewegt. Es sind Planktonorganismen, die mithilfe verschiedener Fortsätze im Wasser schweben können.

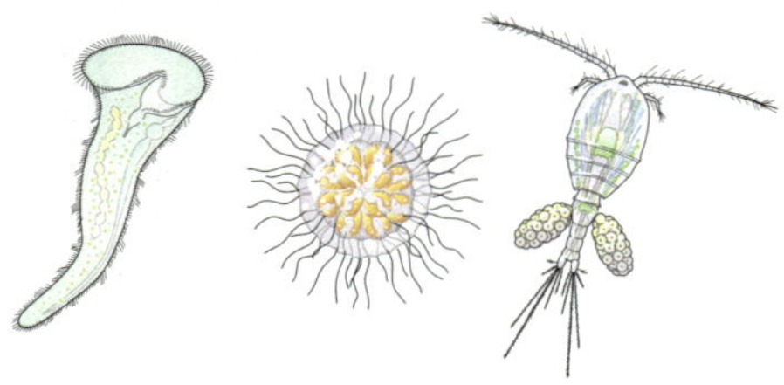

Leben in der Gemeinschaft
Eine Lebensgemeinschaft besteht aus Pflanzen, die als Produzenten mithilfe der Fotosynthese Nährstoffe herstellen. Danach folgt eine mehr oder weniger lange Reihe von Konsumenten, die zusammen eine Nahrungskette bilden. Viele Nahrungsketten verknüpfen sich zu einem Nahrungsnetz.
In einem Ökosystem gibt es einen Kreislauf der Stoffe: Die Destruenten zersetzen die abgestorbenen Lebewesen zu Mineralsalzen, Wasser und Kohlenstoffdioxid. Das sind die Stoffe, aus denen die grünen Pflanzen wieder Nährstoffe aufbauen.

Ökologische Nischen ermöglichen die Artenvielfalt
Die zahlreichen verschiedenen Lebewesen, die in einem Lebensraum vorkommen, leben dort, ohne sich gegenseitig Konkurrenz zu machen. Jede Art besetzt eine eigene ökologische Nische. Darunter versteht der Biologe die Gesamtheit aller Umweltbedingungen, die eine Art für ihr Überleben benötigt.

Dem Wasser geht's dreckig
Landwirtschaft, private Haushalte und Industrie verschmutzen unsere Gewässer mehr oder weniger z. B. mit Gülle, Chemikalien oder Schwermetallen. Gelangen zu viele Mineralstoffe ins Wasser, so eutrophieren die Gewässer und kippen schließlich um.
Ein mäßig verschmutztes Fließgewässer kann sich mithilfe von Kleinstlebewesen wieder selbst reinigen.
In Kläranlagen werden die Abwässer unserer Städte in verschiedenen Stufen so gereinigt, dass das Wasser wieder an die Natur abgegeben werden kann.

Das Watt – ein einzigartiger Lebensraum
Ebbe und Flut wechseln in einem Zeitraum von etwa 12 Stunden. Dieser Wechsel hat erhebliche Auswirkungen auf die Lebewesen im Meer und in den Randbereichen. Der Wattboden ist abwechselnd von Wasser bedeckt oder fällt trocken, der Salzgehalt, der Lichteinfall und die Temperaturen wechseln stark. Diese Lebensbedingungen können nur wenige Tiere und Pflanzen ertragen.

Die Tiere des Watts sind gut angepasst
Bei Tieren, die im Watt leben, haben sich verschiedene Formen der Anpassungen an die ungünstigen Lebensbedingungen entwickelt: Einige graben sich in den Boden ein, andere überstehen in den Prielen die Trockenheit oder schließen die Schalen, um das Meereswasser zu halten.

Das Watt ist Rast- und Nahrungsfläche für viele Vogelarten
Nicht nur heimische Brutvögel, vor allem Durchzügler und Wintergäste aus dem Norden nutzen das reichliche Nahrungsangebot des Wattenmeeres.

Das Meer als Nahrungsquelle
Aus dem Meer haben sich Menschen schon immer Nahrung geholt, vor allem Fische. In den letzten Jahren haben „Fishfarming" und die Nutzung von Algen eine immer größere Bedeutung gewonnen.

Die Meere sind in Gefahr
Öl, Düngemittel, Industrieabfälle, Abwässer, Schadstoffe aus der Luft und der Tourismus gefährden das Meer und die Küste mit ihren Lebewesen. Schadstoffe reichern sich in den Nahrungsketten an und verbreiten sich weltweit. Staatliche Bestimmungen und die Ausweisung von Nationalparks können die Gefahren etwas verringern.

1 Öl verschmutzter Strand wird gereinigt

Aufgaben

1 Betrachte Abbildung 2. Nenne Merkmale, die eine Zuordnung der Pflanze zur Röhricht-Zone bestätigt.

2 Zu Aufgabe 1

2 Überlege dir ein Modell, mit dem du das Schweben von Planktonorganismen zeigen kannst.

3 Erkläre, wieso ein Wasserläufer (▷ B 3) nicht untergeht.

4 Begründe, warum es gerade im Winter lebensbedrohend für die Wattvögel sein kann, wenn sie gestört werden.

5 Weshalb kann Klärschlamm heute nicht mehr als Dünger auf den Feldern ausgebracht werden?

6 Beschreibe die Anpassungen, die es Tieren im Watt ermöglichen, bei Ebbe zu überleben.

7 Nenne Beispiele für Nahrungsketten im Meer, die nur aus 2–3 Gliedern bestehen.

8 Erkläre, warum Muscheln geeignet sind, um die Wasserqualität zu testen!

9 Die Behörden haben vor einigen Jahren den Betrieb von Luftkissenbooten zwischen dem Festland und den Inseln verboten. Kannst du Gründe nennen, die gegen eine Fahrt dieser Boote insbesondere während der Ebbe sprachen?

10 Beschreibe, in welcher Weise auch die Landwirtschaft im Binnenland für die Verschmutzung der Meere verantwortlich sein kann.

11 Auch in Teichen des Binnenlands gibt es Muscheln. Vergleiche in einer Tabelle die Umweltbedingungen einer Wattmuschel mit denen einer Teichmuschel.

12 Wähle zu jedem der fünf abgebildeten Nahrungstiere den zugehörigen Fressfeind aus. (Bei richtiger Lösung benennen die Buchstaben bei den Grafiken einen Teil des Watts).
Begründe mit einigen erläuternden Sätzen deine Entscheidung.

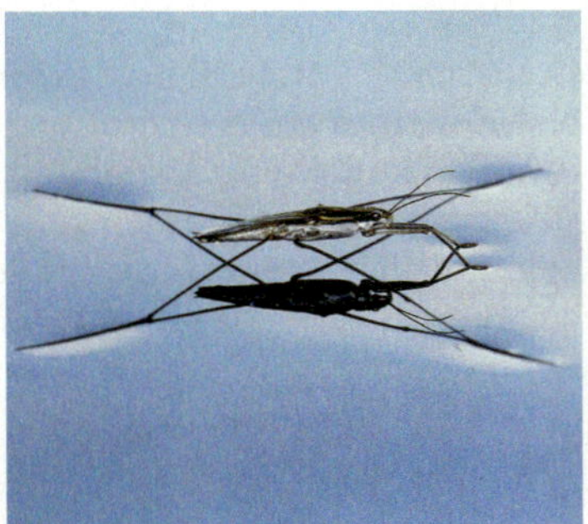

3 Zu Aufgabe 3

4 Zu Aufgabe 12

---

1 a) Stockente und Haubentaucher sind häufige Schwimmvögel an unseren Seen. Beschreibe deren Lebensräume, insbesondere den Nahrungserwerb.
b) Stelle Vermutungen darüber an, warum die beiden Arten nebeneinander existieren können.
c) Erfinde einen Fantasie-Schwimmvogel, der gemeinsam mit Stockente und Haubentaucher im selben Lebensraum existieren könnte. Beschreibe die Lebensweise dieses Vogels möglichst genau.
d) Wie bewertest du es, wenn Menschen Schwimmvögel aus fernen Ländern an unseren Gewässern ansiedeln?

5 Stockente und Haubentaucher

Stoffwechsel

„Fastfood ist ungesund und macht krank", sagen die einen. „Nur wenn du zu viel davon isst", meinen die anderen. Was stimmt denn nun?

Was ist eigentlich dran an der gesunden Ernährung? Steckt in Fastfood-Gerichten nicht dasselbe drin wie in Öko-Produkten? Das sind Fragen, die du dir vielleicht selbst schon gestellt hast.

Sicher ist auf jeden Fall, dass du Nahrung zu dir nehmen musst. Denn sie liefert deinem Körper wichtige Baustoffe und lebensnotwendige Energie für alle Körperfunktionen.

In diesem Kapitel erfährst du, was mit der Nahrung und anderen Stoffen, die du aufnimmst, in deinem Körper passiert – wie sie verarbeitet und umgewandelt werden. Es lohnt sich, diesen Stoffwechsel einmal genauer zu betrachten. Viel Spaß bei der Reise durch deinen Körper.

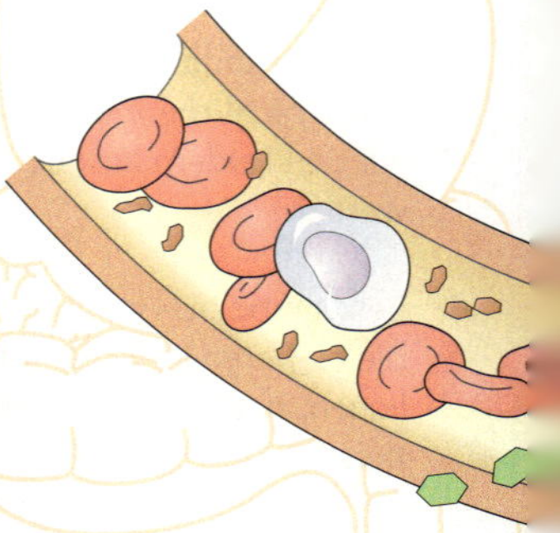

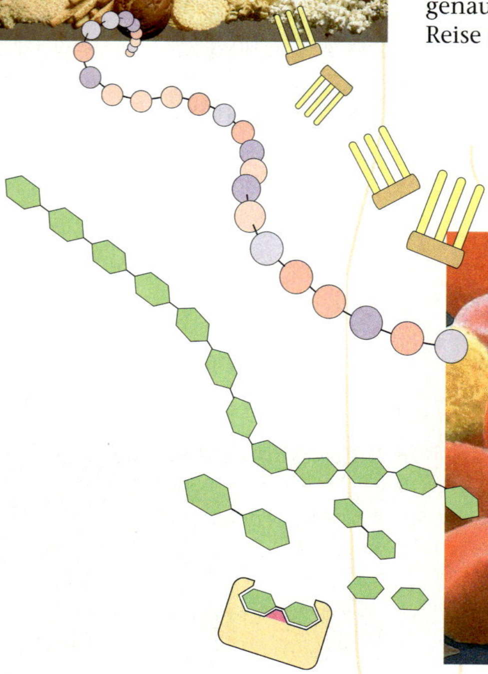

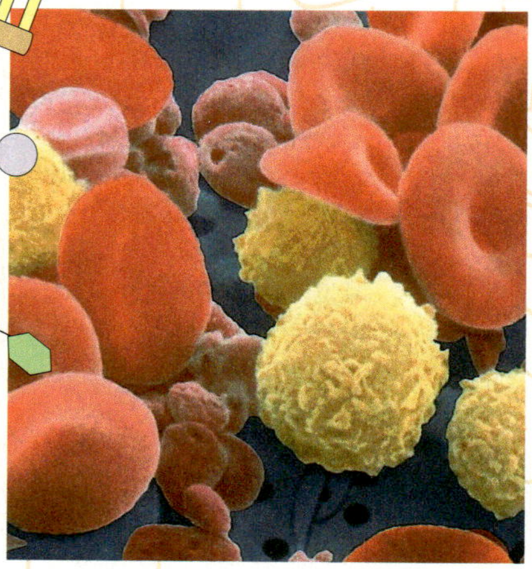

O2
CO2

Das steckt in unserer Nahrung

Kohlenhydrate, **Fette** und **Eiweiße**, auch Proteine genannt, sind **Nährstoffe**. Sie bilden die Grundpfeiler unserer Ernährung und sind in Nahrungsmitteln in unterschiedlichen Anteilen enthalten.
Mit der Nahrung nehmen wir auch unverdauliche Bestandteile auf. Diese so genannten **Ballaststoffe** findet man vor allem in Obst, Gemüse und Vollkornprodukten.
Vitamine sind für die Gesundheit unentbehrlich. Der Körper kann Vitamine nicht selbst herstellen, deshalb müssen sie täglich mit der Nahrung aufgenommen werden. Auch verschiedene **Mineralstoffe** benötigen wir in geringen Mengen.

▶ Neben den Nährstoffen braucht der Körper noch Vitamine, Mineral- und Ballaststoffe.

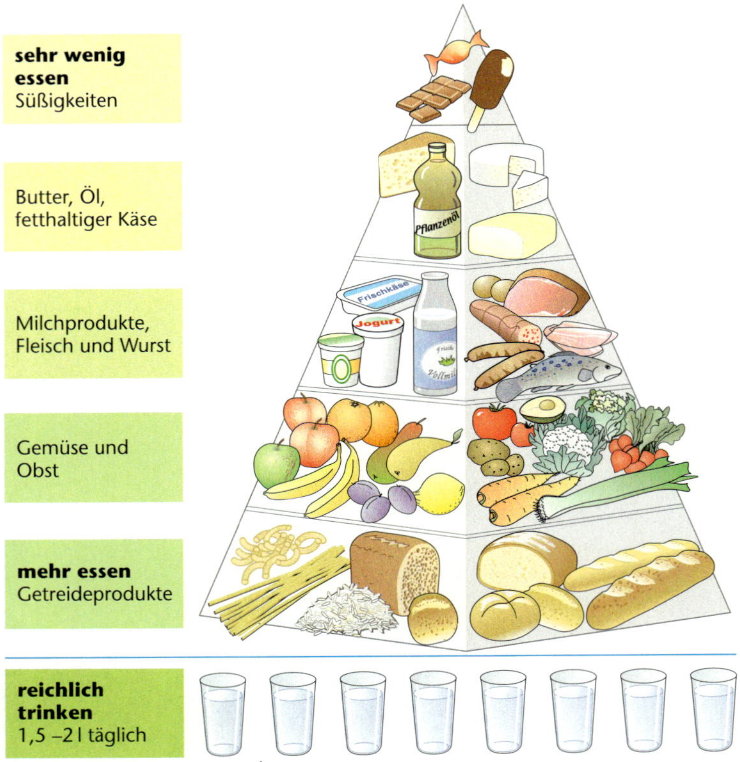

1 Ernährungspyramide

Wasser ist lebenswichtig

Wasser befindet sich in den Zellen, in Zellzwischenräumen und im Blut. Wasser dient als Transport- und Lösungsmittel für Nährstoffe und andere Stoffe. Es kann bis zu zwei Drittel deines Körpergewichtes ausmachen. Das Wasser in deinem Körper verdunstet über die Haut. Dabei kühlt der Schweiß den Körper und schützt ihn vor Überhitzung. Auch beim Atmen verlierst du Wasser. Der größte Teil des Wassers wird aber über den Urin ausgeschieden.

Bei warmem Wetter oder wenn du Sport treibst, kannst du über 2 l Wasser verlieren. Damit dein Körper leistungsfähig bleibt, musst du den Wasserverlust ausgleichen. Einen Teil der Flüssigkeit nimmst du mit der Nahrung auf, darüber hinaus solltest du täglich 1,5 bis 2 l trinken.

2 Fünf Mahlzeiten über den Tag verteilt werden empfohlen.

Unter extremen Bedingungen, wie z. B. in der Wüste, kann der Wasserbedarf sogar bis zu 15 l betragen.

▶ Trinken ist wichtig. Täglich solltest du 1,5 bis 2 l trinken.

Die richtige Menge – richtig verteilt

Entscheidend für eine ausgewogene Ernährung ist die richtige Auswahl von Nahrungsmitteln. Die **Ernährungspyramide** (▷ B 1) gibt dir wichtige Hinweise über die Zusammensetzung der Mahlzeiten.
Die Deutsche Gesellschaft für Ernährung empfiehlt einen Rhythmus von fünf Mahlzeiten am Tag.

Nahrung liefert Energie

Der tägliche Energiebedarf eines Menschen hängt vom Alter und von der Lebensweise ab, ebenso von seiner Tätigkeit. Aber wie viel Energie steckt in einem Lebensmittel? Wissenschaftler verbrennen hierzu die Nahrungsmittel in einem speziellen Gerät, dem Kalorimeter, und messen, wie viel Wärme entsteht. Diese Energie geben sie in der Einheit **Kilojoule (kJ)** an.

▶ Für eine ausgewogene Ernährung ist die richtige Zusammenstellung der Nahrung wichtig.

Kohlenhydrate – Energie, die fit macht

Morgen ist ein wichtiger Tag für die Leichtathleten der achten Klassen: Es geht um den Einzug ins Finale bei „Jugend trainiert für Olympia“. Herr Wiesend, der Sportlehrer, weist noch einmal darauf hin, am heutigen Abend und am Wettkampfmorgen vor allem Kohlenhydrate zu essen. Und das nicht ohne Grund: Kohlenhydrate sind die wichtigsten Energielieferanten für unseren Körper. Nahrungsmittel, die besonders viele Kohlenhydrate enthalten, zeigt Abbildung 1. Es handelt sich vor allem um Nahrungsmittel, die aus Pflanzen hergestellt werden.

1 Kohlenhydrathaltige Nahrungsmittel (Werte beziehen sich auf 100 g)

Einmal – zweimal – mehrmals

Neben Traubenzucker, der wie Fruchtzucker zu den Einfachzuckern gehört, zählen auch die Zweifachzucker und die Vielfachzucker zu den Kohlenhydraten (▷B 2). Der wichtigste Zweifachzucker ist der Rohr- bzw. Rübenzucker, auch Haushaltszucker genannt. Stärke ist ein Vielfachzucker, der aus vielen Einfachzucker-Bausteinen besteht, die miteinander verbunden sind.

Schokoriegel oder Nudeln?

Der Traubenzucker in einem Schokoriegel wird schnell ins Blut aufgenommen und der Körper kann die gespeicherte Energie sofort nutzen. Da der Traubenzucker dabei verbraucht wird, reicht die daraus gewonnene Energie nur für ca. 30 Minuten. Kurz vor einer zu erbringenden Leistung ist Traubenzucker deshalb sehr wirkungsvoll. Wenn es aber darum geht, sich für einen längeren Sportwettkampf fit zu machen, ist Traubenzucker kein geeigneter Energielieferant.

Hier leistet die Stärke, die beispielsweise in Nudeln vorhanden ist, gute Dienste. Stärke muss im Körper zuerst in ihre Bausteine zerlegt werden. Erst dann kann die darin gespeicherte Energie genutzt werden. Da die Zerlegung der Stärke schrittweise abläuft, dauert es eine gewisse Zeit, bis die Energie zur Verfügung steht. Dafür reicht die gespeicherte Energiemenge für eine längere Zeitspanne (▷B 3).

Stärke ist ein Vielfachzucker, der aus langen Ketten besteht. Um die Energie daraus nutzen zu können, müssen die Ketten vom Organismus zunächst in die Bausteine zerlegt werden.

Aufgabe

1 Informiere dich im Internet über die Ernährung eines Radprofis während der „Tour de France“. Was kannst du bei dessen Nahrungsauswahl feststellen? Nenne Gründe dafür und berichte darüber.

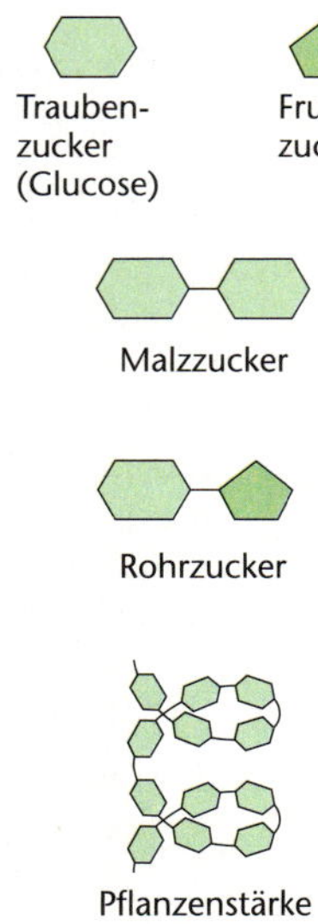

2 Kohlenhydrate

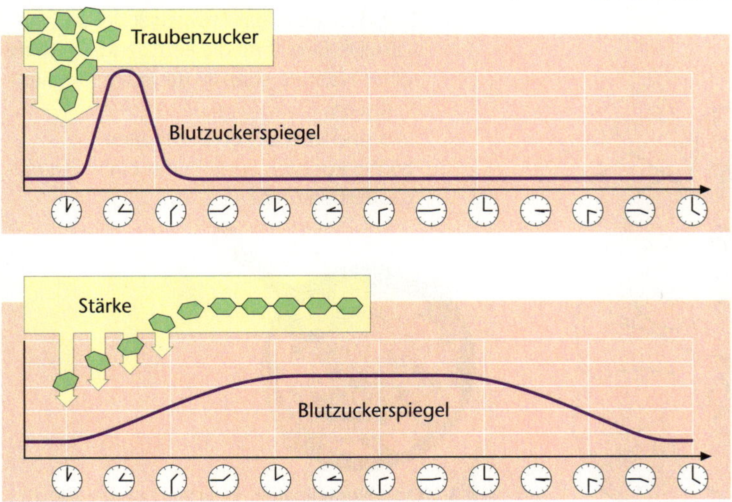

3 Wirkung verschiedener Kohlenhydrate auf den Blutzuckerspiegel

1 Fetthaltige Nahrungsmittel (Werte beziehen sich auf 100 g)

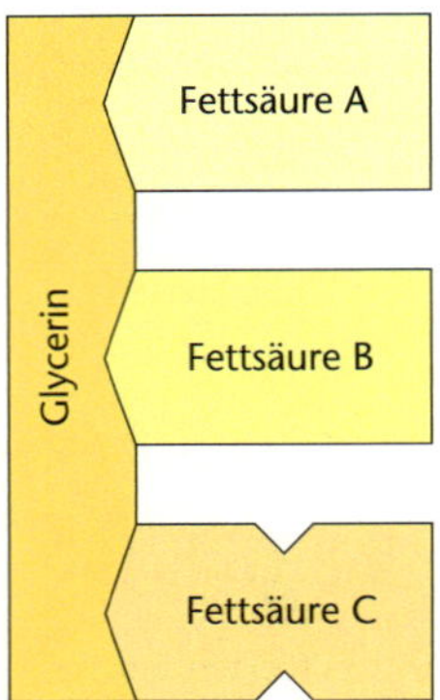

2 Fettmolekül, Schema

Was ist eigentlich ein Fett?

Es gibt tierische und pflanzliche Fette, die beide Bestandteile unserer Nahrung sein können (▷ B 1). Chemisch gesehen, besteht ein Fettmolekül aus dem Alkohol **Glycerin** und drei **Fettsäuren**, die sehr unterschiedlich aufgebaut sein können (▷ B 2). Einige dieser Fettsäuren können vom menschlichen Körper nicht selbst hergestellt werden. Sie müssen mit der Nahrung aufgenommen werden. Man nennt sie **essenziell**.

Wozu braucht der Körper Fette?

Fette werden von deinem Körper für verschiedene Aufgaben benötigt: Zum einen dienen sie zum Aufbau von Zellbestandteilen, wie z. B. Zellmembranen, zum anderen sind sie wichtig für die Energiegewinnung. Denn auch Fette sind sehr energiereich: So liefert 1 g Fett mehr als doppelt so viel Energie wie 1 g Kohlenhydrat. Nimmst du allerdings zu viele Fette auf, bildet sich **Depotfett**, das sich vor allem an Bauch und Hüfte anlagert und dick macht. In diesem eingelagerten Fett wird somit Energie gespeichert.

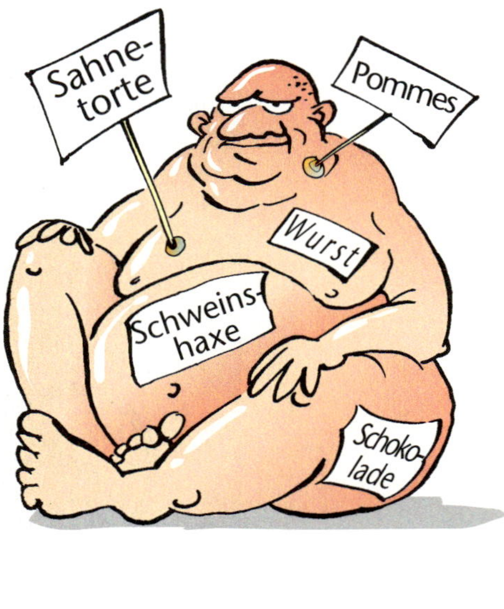

Schon 100 g sind fast zu viel

Marc isst für sein Leben gern Schinkencroissants. Das findet seine Mutter nicht so gut. „Die enthalten zu viel Fett, das ist ungesund", meint sie. Aber Marc winkt ab, „nie im Leben, ich hab doch nicht mal Butter drauf."

Der Tagesbedarf an Fett liegt beim Mann bei 1,5 g pro Kilogramm Körpergewicht, bei einer Frau bei 1 g pro Kilogramm Körpergewicht. Diese Menge wird schnell erreicht, denn häufig nehmen wir „versteckte" Fette zu uns. So enthält Marcs Schinkencroissant ohne Butteraufstrich bereits 10 g Fett im Teig und 25 – 30 g Fett im Schinken. Das entspricht bereits einem Drittel seines Tagesbedarfs!

Der übermäßige Verzehr von Lebensmitteln mit hohem Fettanteil ist meistens die Ursache dafür, dass Menschen zu dick sind. Vor allem in Ländern mit ausreichendem Nahrungsangebot kannst du dies beobachten. Dabei warnen Ärzte immer wieder vor den möglichen Folgen einer Überernährung: Herzinfarkt, Schlaganfall, Gefäßkrankheiten und Zuckerkrankheit.

▶ Fette sind sehr energiereich. Werden sie in überschüssigen Mengen aufgenommen, führen sie zu Übergewicht. Die Folgen können Herz- und Kreislauferkrankungen sein.

Aufgabe

1 a) Untersuche das Frühstück deiner Familie. Berechne die Fettmenge mithilfe einer Nährwerttabelle für jedes Familienmitglied.
Wo sind überall Fette enthalten?
b) Wo könnten Fette in der Nahrung eingespart werden?

3 100 g Chips enthalten 5x so viel Fett wie 100 g Bratkartoffeln.

1 Eiweißhaltige Nahrungsmittel (Werte beziehen sich auf 100 g)

Eiweiße machen stark

Ohne Eiweiße wäre unser Leben nicht möglich. Sie sind als Baustoffe unentbehrlich. So braucht unser Organismus Eiweiße, um Zellen und Organe zu bilden oder um Substanzen in die Zellen zu schleusen. Jugendliche benötigen während des Wachstums Eiweiße vor allem zum Aufbau der Muskeln. Auch an der Bildung von Abwehrstoffen, Hormonen oder Blutgerinnungsfaktoren sind Eiweiße beteiligt.
Für den Ablauf von chemischen Reaktionen im menschlichen Körper sind häufig Reaktionsbeschleuniger, so genannte **Katalysatoren**, nötig. Biologische Katalysatoren sind die **Enzyme**. Auch sie gehören zu den Eiweißen.

Wie viel Eiweiß braucht der Mensch?

Heutzutage ist bekannt, dass 0,45 g Eiweiß pro Kilogramm Körpergewicht das absolute Minimum sind, um den menschlichen Organismus funktionstüchtig zu halten. Um diesen Minimalzustand zu vermeiden, sollen Erwachsene jeden Tag 0,8 g Eiweiß pro kg Körpergewicht mit der Nahrung aufnehmen.

Aminosäuren – Bausteine der Eiweiße

Alle Eiweiße bestehen aus den gleichen Bausteinen, den **Aminosäuren**. In der Natur kommen 20 verschiedene Aminosäuren vor. Acht davon sind für uns Menschen essenziell. Da sie vom Körper nicht aufgebaut werden können, müssen sie mit der Nahrung aufgenommen werden. Die für den Körper wichtigen Aminosäuren finden wir sowohl in tierischen Nahrungsprodukten wie Eier, Käse, Fisch und Fleisch, als auch in Nahrungsmitteln pflanzlichen Ursprungs, beispielsweise in Sojaprodukten, Erbsen und Kartoffeln.

Essenzielle Aminosäuren können nicht im Organismus gebildet werden. Der Mensch muss sie mit der Nahrung aufnehmen.

Aufgabe

1 Informiere dich anhand von Fachbüchern, wie der Eiweißbedarf in der Schwangerschaft ansteigt. Wie könnte eine Schwangere sich entsprechend ernähren? Berichte in der Klasse über deine Ergebnisse.

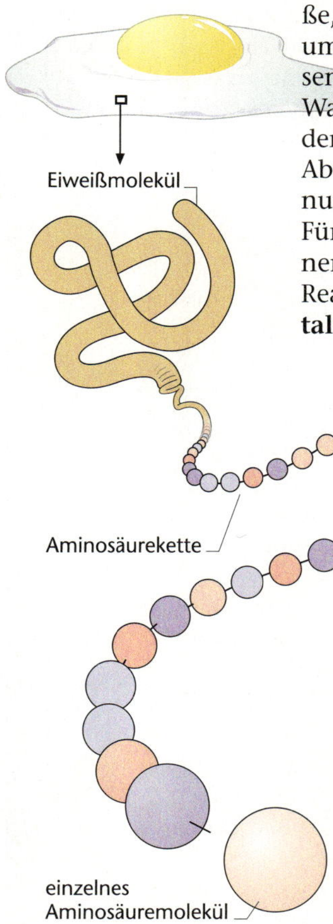

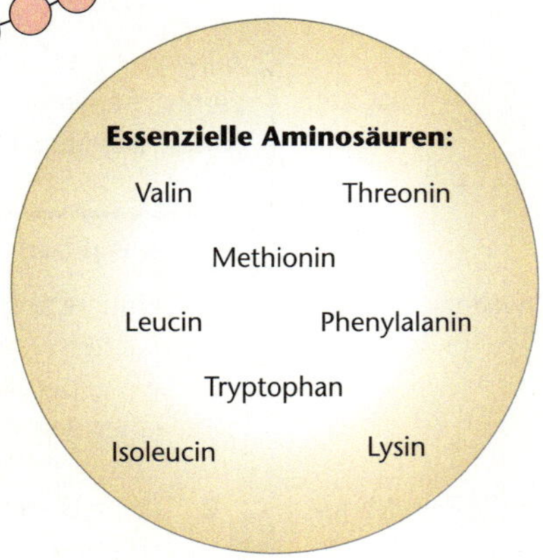

2 Vom Eiweißmolekül zur Aminosäure, Schema

Werkstatt

Wie weist man Nährstoffe nach?

Wenn wir essen oder trinken, nehmen wir meist ein Gemisch verschiedener Nahrungsbestandteile auf. Mit den folgenden Versuchen kannst du die einzelnen Bestandteile der Nahrung nachweisen. Trage bei allen Versuchen von Anfang an eine Schutzbrille.

1 Nachweis von Eiweiß (Biuret-Reaktion)

Material

Schutzbrille, Eiklar, Wasser, alkalische Kupfersulfatlösung (reizend, gesundheitsschädlich), 2 Reagenzgläser, Pasteurpipette

Durchführung

a) Fülle in das erste Reagenzglas ca. 2 cm hoch Wasser, in das zweite die gleiche Menge der Eiklarlösung.
b) Tropfe vorsichtig jeweils etwas alkalische Kupfersulfatlösung, verschließe mit einem Stopfen und schüttle.

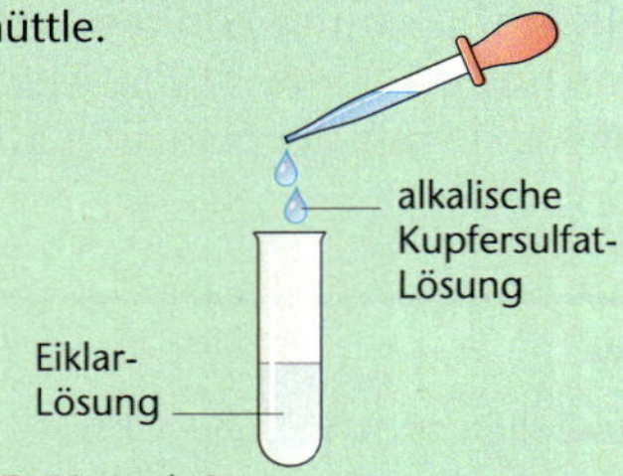

1 Zu Versuch 1

Aufgabe

Vergleiche die beiden Reagenzgläser. Was stellst du fest?

2 Nachweis von Traubenzucker (Glucose)

Material

Schutzbrille, 2 Reagenzgläser, Fehling I- und II-Lösung (ätzend, gesundheitsschädlich), Traubenzucker, Wasser, Becherglas

Durchführung

a) Mische in einem Reagenzglas 2 ml Fehling I- mit 2 ml Fehling II-Lösung.
b) Verteile die Mischung gleichmäßig auf die zwei Reagenzgläser.
c) Gib in das erste Reagenzglas 2 ml einer Traubenzuckerlösung, die du zuvor durch Mischen von einer Spatelspitze Traubenzucker und 10 ml Wasser hergestellt hast.
d) Fülle in das zweite Reagenzglas die gleiche Menge Wasser.
e) Erwärme beide Lösungen vorsichtig im Wasserbad.

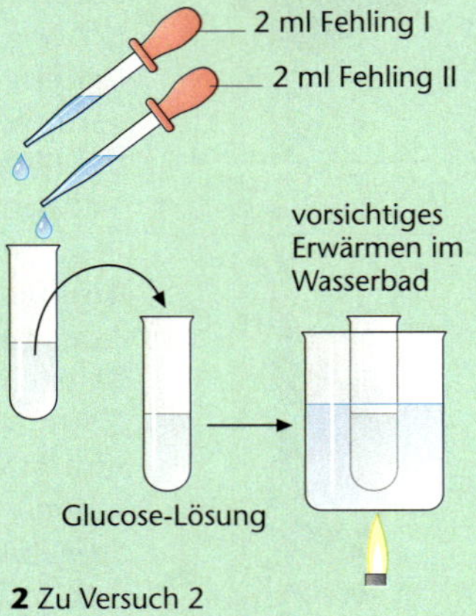

2 Zu Versuch 2

Aufgabe

Welche Veränderungen kannst du feststellen? Protokolliere.

3 Wir prüfen auf Fett

Material

Schutzbrille, 2 Reagenzgläser, Filterpapier, Salatöl, Sudan-III-Lösung, Wasser, Wasserbad, Fön, Löschpapier

Durchführung

a) Gib 1 ml Salatöl und 2 ml Wasser zusammen in ein Reagenzglas.
b) Gib nun 2 ml Sudan-III-Lösung dazu und erwärme das Gemisch vorsichtig im Wasserbad.

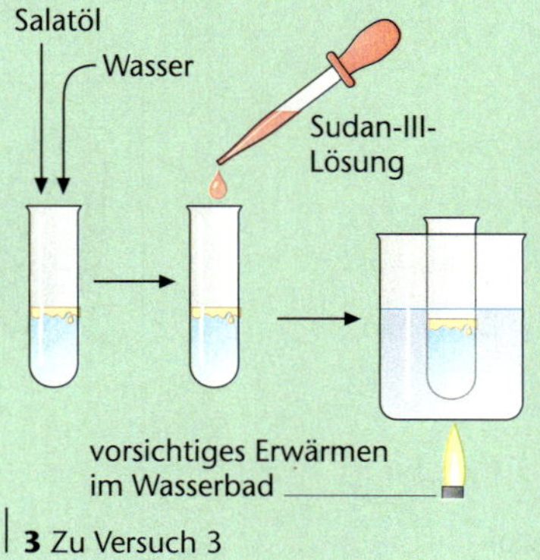

3 Zu Versuch 3

Aufgabe

Was stellst du nach einigen Minuten fest? Protokolliere.

Fett lässt sich auch mit der **Fettfleckprobe** nachweisen: Gib dazu einen Tropfen Salatöl und einen Tropfen Wasser auf ein Löschpapier und föhne es dann trocken.

Aufgabe

Was kannst du beobachten, wenn du das Löschpapier gegen das Licht hältst?

4 Stärkenachweis

Material

Schutzbrille, Kartoffelmehl, Pasteurpipette, 2 Reagenzgläser mit Stopfen, Spatellöffel, Iod-Kalium-iodidlösung, Wasser

Durchführung

a) Gib einen gehäuften Spatellöffel Kartoffelmehl in das erste Reagenzglas und füge 5 ml Wasser hinzu.
b) Verschließe jetzt das Reagenzglas mit dem Stopfen und schüttle die Mischung gut durch.
c) Öffne anschließend das Reagenzglas und gib mit der Pipette 5–10 Tropfen der Iod-Kalium-iodidlösung in das Gemisch.
d) Fülle das zweite Reagenzglas mit der gleichen Menge Wasser und tropfe 5–10 Tropfen der Iod-Kaliumiodidlösung zu.

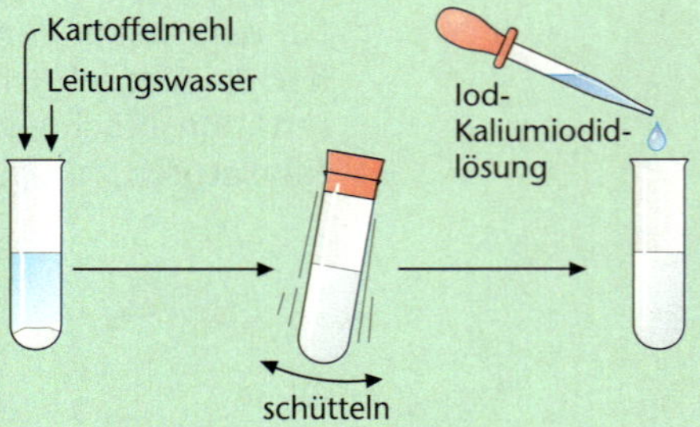

4 Zu Versuch 4

Aufgabe

Vergleiche die beiden Reagenzgläser. Was kannst du beobachten?

Aufgaben

1 Notiere anhand deiner Beobachtungen für die Nachweise der Nährstoffe jeweils einen Merksatz.

2 Führe die Versuche 1–4 mit verschiedenen Lebensmitteln durch und protokolliere jeweils deine Ergebnisse.

Strategie

Lernen in der Gruppe macht Spaß!

In der Gruppe geht's leichter
Anjas Mutter arbeitet im Kindergarten in einem Arbeitsteam, Fabians Vater in einer Montagegruppe. Stefanies Bruder gehört zur Bedienungsmannschaft einer Kantine. An fast allen Arbeitsplätzen in Industrie, Wirtschaft und Verwaltung ist für die Bewältigung moderner Aufgaben und zur Durchführung von Projekten Zusammenarbeit gefragt. Das ist auch in der Schule so.
Daher ist es wichtig, dass du Teamarbeit oder Gruppenarbeit übst.
In der Gruppe lernst du, selbst aktiv zu sein, du kannst gemeinsam mit anderen arbeiten, diskutieren, entscheiden und Probleme lösen.

1 Gruppenarbeit ist im Berufsleben besonders wichtig.

2 Nahrungsmittel werden in Gruppenarbeit untersucht.

A. Wie stellt ihr eure Gruppen zusammen?
Bei der Gruppenbildung sollte nicht nur Sympathie entscheiden. Effektiv lernt ihr zusammen, wenn Jungen und Mädchen, leistungsstarke und leistungsschwächere Schülerinnen und Schüler zusammenarbeiten. Die, die schon etwas vom Stoff verstehen und andere, die noch keine Ahnung haben, sollten sich zusammentun. Die Gruppe sollte drei, maximal vier Mitglieder haben, sonst können nicht alle gleich gut mitarbeiten. Auf diese Weise ergänzt ihr euch und bekommt ein gutes Gesamtergebnis.

B. Kennst du das „Ich – Du – Wir – Prinzip"?
a) Zuerst machst du dich eigenständig mit der Fragestellung vertraut, überlegst, was du schon zum Thema weißt und versuchst, eigene Schritte in Richtung auf die Lösung zu gehen. Nimm dir Zeit, lasse dich nicht hetzen. Das ist die „Ich-Phase".

b) Um Fortschritte zu machen, tauschst du dich mit einem Partner aus, ergänzt seine Ideen, versuchst zu verstehen, was sie oder er über die Fragestellung oder das Problem denkt.
Damit arbeitet ihr als Partner an der Lösung weiter. Das ist die „Du-Phase".

c) Zum Schluss überlegt die ganze Gruppe, was jeder schon weiß und wie ein gemeinsames Ergebnis erarbeitet werden kann. Das ist die „Wir-Phase".

C. Gruppenarbeit – so wird´s gemacht:
- In der Gruppe kann man im Klassenzimmer und draußen arbeiten. Ein Plakat gemeinsam zu erstellen, macht viel mehr Spaß. Im Freien könnt ihr in Gruppen Tiere und Pflanzen sammeln und bestimmen, Proben entnehmen und eure Beobachtungen zusammentragen.
- Verteilt die Arbeiten gerecht. Es kann nicht sein, dass Einzelne nur schreiben und andere nur die Versuche machen.
- Sprecht während der Gruppenarbeit immer wieder darüber, ob alle mit ihrer Aufgabe zufrieden sind.
- Denkt beim Arbeiten auch daran, wie ihr eure Ergebnisse später präsentieren wollt.
- Vielleicht haben deine Lehrerin oder dein Lehrer Beobachtungsaufgaben zu eurem eigenen Verhalten und zur eigenen Leistung im Team gegeben.
  Sprecht darüber in der Gruppe: Wer arbeitet besonders gut? Wer muss noch etwas mehr leisten? Wer stört den Arbeitsbetrieb?

fettlösliche Vitamine	Bedarf (in mg)	Funktion
A	0,90	– dient dem Aufbau des Sehpurpurs – Vorsorge gegen Bindehautschäden
D	0,05	– sorgt für die Kalkablagerung in den Knochen und beugt der Rachitis vor
E	12,00	– wichtiger „Radikalfänger“ – beugt der Arteriosklerose vor
K	0,50	– unentbehrlich für den Vorgang der Blutgerinnung
wasserlösliche Vitamine	**Bedarf** (in mg)	**Funktion**
B_1	1,1 – 1,6	– wachstumsfördernd – hilft beim Kohlenhydrat-Stoffwechsel
B_2	1,5 – 1,8	– fördert das Wachstum von Haaren, Haut und Fingernägeln – fördert die Entwicklung der Keimzellen
B_6	1,6 – 2,1	– wichtig für die Eiweiß- und Fettaufnahme – beugt Haut- und Nervenstörungen vor
B_{12}	0,003	– steigert das Wachstum und den Appetit – Verbesserung von Konzentration und Gedächtnisleistung
C	75	– unterstützt die Wundheilung – beugt Infektionen vor

1 Übersicht über die wichtigsten Vitamine und ihre Bedeutung

Kleine Dosis mit großer Wirkung
Vitamine sind Substanzen, die bereits in geringen Mengen wirken. Dein Körper benötigt sie für fast alle lebenswichtigen Funktionen. Da der menschliche Organismus Vitamine jedoch gar nicht oder nur in unzureichend kleinen Mengen herstellen kann, müssen sie mit der Nahrung aufgenommen werden.
Vitamine helfen Krankheiten vorzubeugen, indem sie das Immunsystem stärken. So sollte ein gesunder Erwachsener täglich 75 mg Vitamin C zu sich nehmen. Man unterscheidet zwischen wasser- und fettlöslichen Vitaminen (▷B 1). **Wasserlösliche Vitamine** können im Körper kaum gespeichert werden. Dadurch kann es leicht zu einer Unterversorgung kommen, die zu Mangelerscheinungen führen kann. **Fettlösliche Vitamine** können vom Körper nur bei gleichzeitiger Zufuhr von Fett aufgenommen werden. Diese Vitamine werden im körpereigenen Fettgewebe gespeichert und können nach Bedarf zur Verfügung gestellt werden.

Vitamine aus der „Dose“?
Zur Deckung ihres Vitaminbedarfs nehmen viele Menschen spezielle Vitaminpräparate zu sich. In einigen Fällen kann dies sinnvoll sein, wenn du auf eine ausgewogene Ernährung achtest, benötigst du die zusätzlichen Vitamine aus der Dose jedoch nicht.

Freie Radikale werden „abgefangen“
In unserem Körper laufen viele Prozesse ab, bei denen Molekülbruchstücke entstehen. Man nennt sie **freie Radikale**. Sie sind sehr reaktionsfreudig und verbinden sich leicht mit anderen Molekülen. Im Körper kann es so zu Fehlreaktionen kommen. Für den Menschen können vor allem Sauerstoffradikale gefährlich werden, da diese die Zellen schädigen und für die Tumorbildung mitverantwortlich gemacht werden. Um dies zu verhindern, müssen die freien Radikale „abgefangen“ werden. Bei einem gesunden Menschen geschieht dies ohne Probleme. Durch Mangelernährung oder übermäßigen Alkoholkonsum kann der Stoffwechsel jedoch gestört sein. Freie Radikale können dann eher angreifen. Speziell die Aufnahme der Vitamine C und E schützen die Körperzellen vor dem Angriff freier Radikale (▷B 2).

Vitamine sind lebenswichtige Wirkstoffe, die dem Körper durch die Nahrung zugeführt werden müssen und bereits in geringen Mengen wirken.

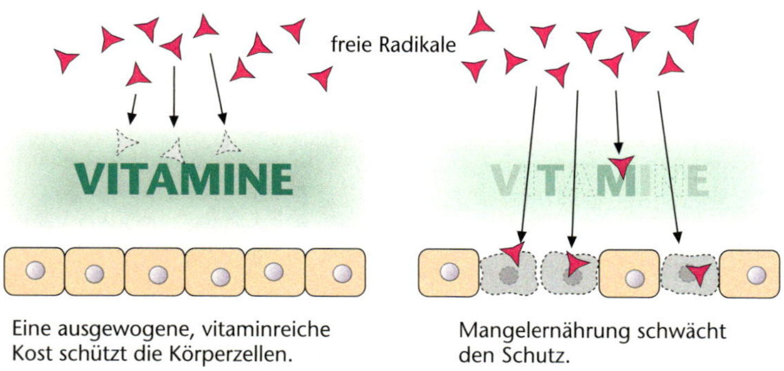

2 Vitamine schützen unsere Körperzellen vor freien Radikalen.

Aufgaben

1 Welche Nahrungsmittel sind besonders vitaminreich? Gib an, welche Vitamine hauptsächlich darin enthalten sind.

2 Informiere dich im Internet oder anhand eines Fachbuchs über die Vitaminmangelkrankheit „Skorbut“. Bereite hierzu ein Referat vor.

Mineralstoffe und Spurenelemente

Zu den **Mineralstoffen** zählen die Salze von **Calcium**, **Kalium** und **Natrium**. Aber auch **Eisen-**, **Iod-** und **Phosphorsalze** werden von deinem Körper benötigt; allerdings in wesentlich kleineren Mengen. Deshalb werden die drei letztgenannten Stoffe auch als **Spurenelemente** bezeichnet.
Damit der Knochenaufbau reibungslos ablaufen kann, musst du genügend Calciumsalze zu dir nehmen. Fast 95 % der Calciummenge werden in Knochen und Zähnen gebunden. Aber auch die Muskeln sind auf Calciumsalze angewiesen, sie könnten sich nicht kontrahieren, dein Herz würde aufhören zu schlagen.

Selbst wenn du diese Stoffe nur in sehr kleinen Mengen brauchst, viele Körperfunktionen könnten ohne diese Spurenelemente nicht ablaufen (▷ B 1).

▶ Mineralstoffe und Spurenelemente sind für viele Funktionen des menschlichen Organismus unersetzlich.

Zu einer ausgewogenen Ernährung gehören Ballaststoffe

Ballaststoffe sind fast ausschließlich in pflanzlichen Lebensmitteln enthalten, vor allem in Vollkornprodukten, Gemüse und Obst. Da sie der Organismus nicht verwerten kann, passieren sie den Darm schnell. Aufgrund ihrer chemischen Struktur binden die Ballaststoffe Wasser und quellen stark auf. Dadurch wird die Darmwand gedehnt und die Darmtätigkeit angeregt. Außerdem bilden die Darmzellen mehr Schleim, wodurch der Transport des Nahrungsbreis beschleunigt wird. Dieser Effekt führt dazu, dass sich der Enddarm regelmäßig entleert.

▶ Ballaststoffe helfen, eine Stuhlverstopfung zu vermeiden.

Aufgabe

1 Führt eine Expertenbefragung zum Thema gesunde Ernährung durch und erstellt dann einen Ernährungsplan.

Spurenelemente			
	Wichtig für:	**Vor allem in:**	**Mangelerscheinung:**
Eisen	das Blut	Vollkornprodukten Fleisch (Leber, Niere) Gemüse Pilzen (Pfifferlinge) Sojamehl Brennnesseln	Erschöpfung Anämie (Blutarmut)
Iod	die Schilddrüse	Seefischen (Schellfisch, Seelachs) Krustentieren	gestörte Schilddrüsenfunktion Kropfbildung
Phosphor	das Skelett	Käse Sojabohnen Getreide Leber	Muskelschwäche Knochenleiden
Fluor	das Skelett die Zähne	Trinkwasser und Mineralwasser Seefischen	Karies
Zink	die Enzyme die Insulinsynthese	Rindfleisch, Leber Fisch Milchprodukten Gemüse	Appetitlosigkeit erhöhte Infektionsgefahr verzögerte Wundheilung

1 Bedeutung einiger Spurenelemente

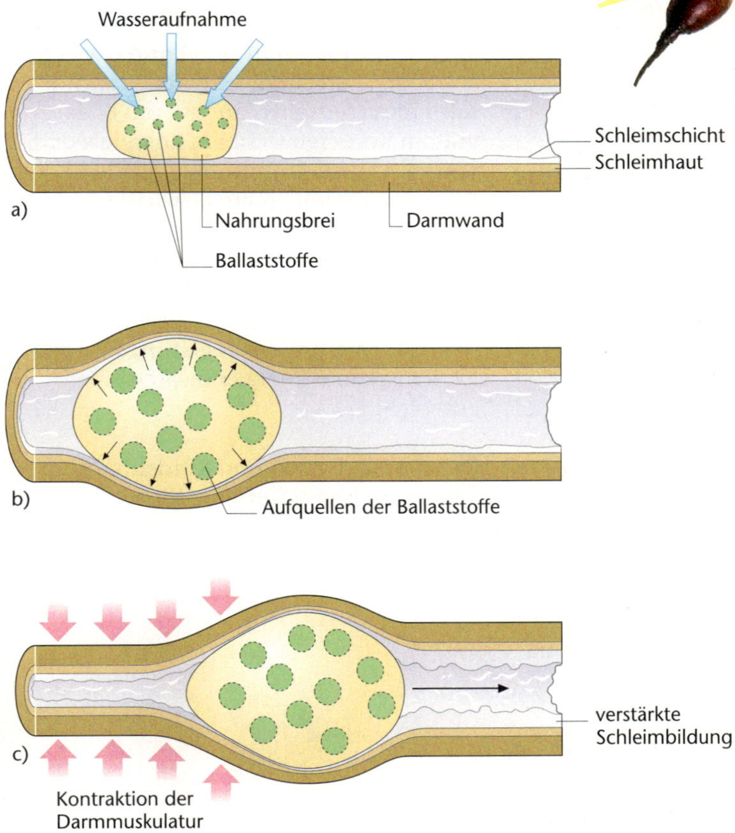

2 So wirken Ballaststoffe

1 Der Körper braucht Energie.

Tätigkeit	Energiebedarf (kJ/min), ungefähre Werte
Sitzen	6
Fernsehen	6
Fußball	40
Basketball	35
Lesen	7
Joggen	45
Yoga	17
Telefonieren	7
lebhafte Unterhaltung	9
Volleyball	16
Tennis	29

Nahrung ist verpackte Energie

Während du acht Stunden schläfst, schlägt dein Herz fast 32 000 Mal und pumpt dabei mehr als 4 500 l Blut durch deinen Körper. Du atmest weiter, auch deine Verdauung leistet sich keine Pause und deine Körpertemperatur beträgt weiterhin 37 °C. Für alle Körperfunktionen benötigst du Energie. Der Energiebedarf bei völliger Ruhe wird als **Grundumsatz** bezeichnet. Er ist von Geschlecht, Alter und Gewicht abhängig. Berechnet wird der Grundumsatz eines Menschen, indem pro Kilogramm Körpergewicht ein Energiebedarf von ca. 4 kJ pro Stunde angesetzt wird. Ein Erwachsener mit einem Gewicht von 70 kg benötigt somit an einem Tag ca. 7 000 kJ. Diese Berechnung ist jedoch relativ ungenau, denn bei jeder körperlichen oder geistigen Arbeit wird zusätzlich Energie verbraucht. Durch diesen **Leistungsumsatz** ist der gesamte Energieumsatz deshalb erheblich größer.

Männer, Frauen und Kinder haben wegen ihrer unterschiedlichen körperlichen Voraussetzungen einen unterschiedlichen Energiebedarf.

Alle Zellen brauchen Energie

Nicht nur Körperaktivitäten wie Bewegung, Atmung und Herzschlag sind auf Energie aus der Nahrung angewiesen. Ganz unbemerkt erneuern sich auch viele Gewebe unseres Körpers. So sterben Hautzellen ständig ab, während in der Unterhaut neue Hautzellen entstehen.

Um den Prozess der Zellerneuerung leisten zu können, braucht der Körper Baustoffe wie die Eiweiße aus der Nahrung. Dieser **Baustoffwechsel** ist die Grundlage dafür, dass spezialisierte Zellen im Körper Haare, Muskeln, Knochen, Knorpel und andere Gewebe aufbauen können.

Dagegen werden die Betriebsstoffe Kohlenhydrate und Fette dem **Betriebsstoffwechsel** zugerechnet. Diese Stoffe stellen dem Körper ausreichend Energie für alle Prozesse zur Verfügung.

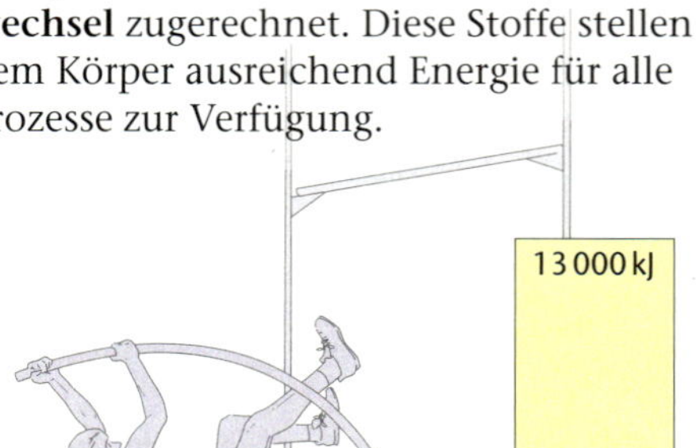

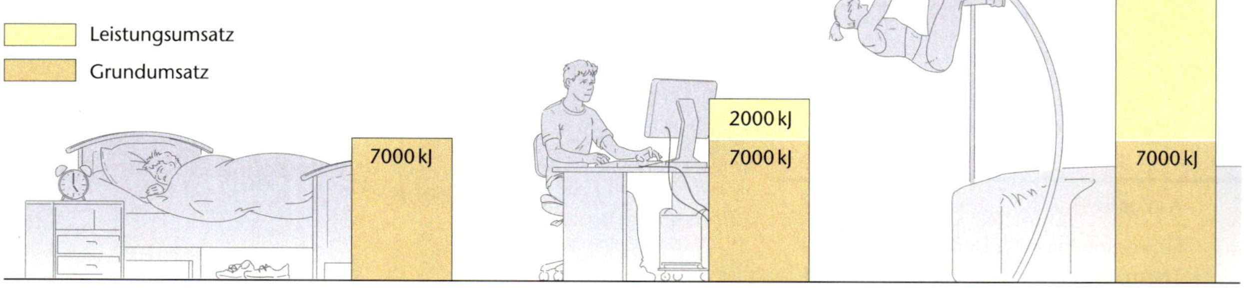

Schlafen (7000 kJ) **sitzende Tätigkeit (9000 kJ)** **Hochleistungssport (20 000 kJ)**

Der Baustoffwechsel schafft die Grundlage für die Erneuerung von Körperzellen. Der Betriebsstoffwechsel stellt Energie für den Ablauf aller Stoffwechselvorgänge zur Verfügung.

Genug Energie zum Speichern
Unsere tägliche Nahrung enthält mehr Energie als wir für den Bau- und Betriebsstoffwechsel benötigen. Wenn der menschliche Organismus ausreichend mit Traubenzucker (Glucose) versorgt ist, kann zusätzlicher Traubenzucker in der Leber und in den Muskelzellen in eine Speicherform überführt werden. Diese Speicherform des Traubenzuckers heißt **Glykogen** und ist ähnlich aufgebaut wie Stärke. Und wie diese kann Glykogen bei Energiebedarf wieder in die Grundbausteine zerlegt und verwertet werden.

	Eiweiß (in g)	Fett (in g)	Kohlenhydrate (in g)	Mineralstoffe (in mg)	Energiemenge (in kJ)
Schinken, gekocht	19	20	–	507	1145
Hühnereier	11	10	1	372	615
Vollmilch	3,5	3,5	5	368	275
Vollmilch-Jogurt	5	4	5	475	310
Hartkäse, vollfett	25	28	3	1436	1555
Butter	1	83	–	48	3240
Roggenvollkornbrot	7	1	46	558	1000
Mischbrot	7	1	52	577	1055
Weizenvollkornbrot	8	1	47	362	1010
Brötchen	7	1	58	251	1160
Kartoffeln	2	–	19	519	350
Pommes Frites	4	15	41	96	1361
Linsen	24	1	56	1302	1480
grüne Bohnen	2	–	5	321	130
Tomaten	1	–	3	324	75
Haselnüsse	14	62	13	1194	2890
Äpfel	0,3	–	12	147	210
Bananen	0,8	–	16	286	275
Marmelade	–	–	66	40	1090
Vollmilchschokolade	9	33	55	878	2355

2 Nährstoffgehalt verschiedener Lebensmittel bezogen auf 100 g

3 Nährstoffgehalt verschiedener Mittagessen (Werte beziehen sich auf die Portion)

Nicht nur auf die Energiemenge kommt es an
Die Nährstoffe enthalten nicht die gleiche Menge an verwertbarer Energie. So kann dein Körper aus 100 g Fett ungefähr doppelt so viel Energie gewinnen wie aus 100 g Traubenzucker (▷ B 4). Auf den ersten Blick erscheint deshalb die Ernährung mit fetthaltigen Nahrungsmitteln vorteilhaft. Schließlich kann so der Energiebedarf relativ schnell gedeckt werden.

Leider reicht dies allein nicht aus, denn auch die Aufnahme aller Nährstoffe in ausreichender Menge ist wichtig. So kann es bei einseitiger Ernährung leicht passieren, dass insgesamt zu viele Nährstoffe aufgenommen werden. Die jetzt zusätzlich vorhandene Energie wird vom Körper nicht genutzt. Die Folge: Speicherung der Kohlenhydrate und Fette in Form von Depotfett – man wird übergewichtig.

Aufgaben

1 Männer haben in der Regel einen höheren Muskelanteil als Frauen. Wie wirkt sich dies auf den Grundumsatz aus?

2 a) Berechne deinen Grundumsatz pro Tag.
b) Ermittle den gesamten Energieumsatz für eine Stunde Basketball spielen und zwei Stunden lesen. Nimm die Tabelle S. 138 zu Hilfe.

3 Glykogen kann vom Körper in Fett umgewandelt werden. Welche Auswirkung könnte dies haben?

4 Ist Fastfood ungesund? Beantworte die Frage, indem du die Nährstoff- und Energiemenge eines Fastfood-Gerichts ermittelst und mit den von Experten vorgeschlagenen Werten vergleichst.

Nährstoff	Energiegehalt
1g Kohlenhydrate	17 kJ
1g Eiweiß	17 kJ
1g Fett	39 kJ

4 Energiegehalt der reinen Nährstoffe

World Food, Diäten, Ess-Störungen

Nie mehr dick mit der Kartoffel-Diät

Gesund abnehmen mit der Atkins Diät

Jetzt schlank werden ohne zu hungern – mit der Vier-Jahreszeiten-Diät

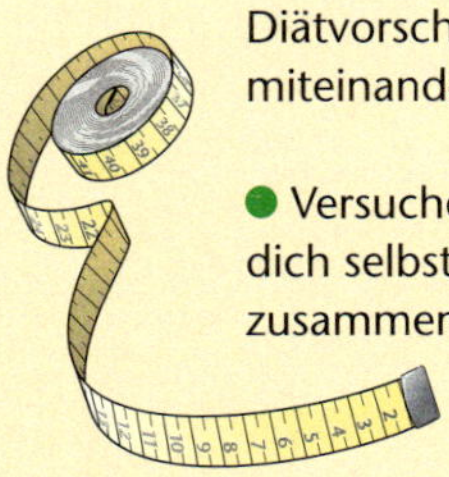

● Vergleiche die zwei Diätvorschläge rechts miteinander.

● Versuche einmal für dich selbst eine Diät zusammenzustellen.

Diäten

In Zeitschriften und Büchern findet man eine Fülle von Ernährungsvorschlägen zum Schlankwerden.

Kartoffeldiät

Montag	Dienstag

Mittwoch	Donnerstag

Freitag	Samstag u. Sonntag

Donnerstag

ZUTATEN
(ca. 1000 Kalorien)

125 g Beefhacksteak, 50 g Magerquark 1 EL Parmesankäse, 3 TL Öl, 1 Scheibe Vollkornbrot, 170 g gekochter Rundkorn-Naturreis (60 g Rohgewicht), 1 TL Sesamsamen, 1 TL Kürbiskerne, Gemüsebrühe (Instant), 1 kleine Banane, 125 g Weintrauben, 150 g grüne Bohnen, 5 kleine Tomaten, 1 kleine Zwiebel, Koriander, glatte Petersilie, Schnittlauch, Thymian, Pfeffer, Piment, Rosenpaprika, Salz, Zitrone

500 Kalorien zusätzlich: 3 Scheiben Rindfleischsülze (60 g) 2 TL Öl, 30 g Rundkorn-Naturreis, 1 Birne 175 g Weintrauben

FRÜHSTÜCK
Kräuterquark mit Parmesan
Eine Scheibe Vollkornbrot mit dem restlichen Quark (etwa 50 g) bestreichen. Eine Tomate aufschneiden, auf das Brot legen und mit einem Esslöffel Parmesankäse, frischen Kräutern und Pfeffer bestreuen.

EXTRA
Sesambanane
Bananenscheiben mit Zitronensaft beträufeln und einen Teelöffel Sesamsamen darüberstreuen.

WARME MAHLZEIT
Hackfleischröllchen mit Reis
125 g Beefhacksteak mit je einer Messerspitze Piment, Rosenpaprika, Salz, einem Teelöffel Zitronensaft, gehackter Petersilie und einer halben geriebenen Zwiebel verkneten. Kleine längliche Röllchen formen und in der Grill- oder Eisenpfanne ohne Fett braten. 300 g geputzte Bohnen in Salzwasser 10 Minuten garen und abgießen – die Hälfte ist für morgen. Die restliche Zwiebel würfeln, eine Tomate vierteln. Zwiebelwürfel in drei Esslöffel Gemüsebrühe aufkochen, die Hälfte vom vorgekochten Reis (von gestern, etwa 30 g Rohgewicht), dann die Tomatenwürfel und zum Schluss die gekochten Bohnen dazu rühren. Zwei Teelöffel Öl hinzu fügen. Über alles frischen Thymian streuen.

EXTRA
125 Gramm Weintrauben

IMBISS
Tomaten-Reis-Salat
3 Tomaten kleinschneiden und zusammen mit dem restlichen gekochten Reis (30 g Rohgewicht), einem Teelöffel Öl, Zitronensaft, Salz, Pfeffer, Schnittlauch und frischem Koriander mischen und ziehen lassen. Einen Teelöffel Kürbiskerne darüber streuen.

Tip für 1500 Kalorien:
Mittags gibt es die doppelte Portion Reis (zwei Esslöffel Reis zusätzlich aufsetzen). Den Tomatensalat mit drei Scheiben gewürfelter Sülze mischen, das zusätzliche Öl darüber träufeln. Zwischendurch kännen Sie das Obst essen.

Fragen Sie Dr. Hilfreich

Du kennst aus Zeitschriften die Ratgeber, die zu allen Problemen des Lebens eine Antwort wissen.

Lieber Dr. Hilfreich,

ich will das schlankeste und schönste Mädchen unserer Schule werden. Seit Wochen mache ich eine Diät und bin auch schon ganz dünn. Leider wackeln seit letzter Woche alle meine Zähne. Können Sie mir helfen? Was soll ich tun?

Mit freundlichen Grüßen

Martina

```
Liebe Martina,

vielen Dank für Deinen
Brief.

. . .

Mit freundlichen Grüßen
Dr. Hilfreich
```

● Teilt die Klasse in zwei Gruppen auf. Die erste Gruppe denkt sich Fragen an Dr. Hilfreich aus. Die zweite Gruppe versucht dann als Dr. Hilfreich diese Fragen zu beantworten.

● Krankenkassen, Apotheken oder euer Hausarzt informieren über Wege zu einer gesunden Ernährung. Auch dein Schulbuch kann dir weiterhelfen.

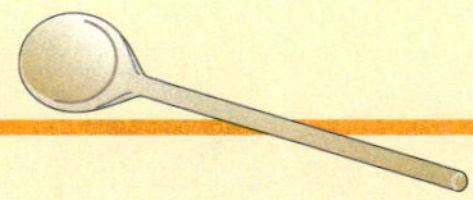

Rezepte

Habt ihr bei euren Aktionen Durst oder Hunger bekommen? Hier sind zwei Rezeptvorschläge für gesunde Fitness-Drinks und Müsli-Riegel. In Zeitschriften und Kochbüchern findet ihr bestimmt noch mehr.

● Solche Getränke, Müsli-Riegel oder andere gesunde Nahrungsmittel kann man auch prima für ein gemeinsames Klassenfrühstück, Schulfeste oder für einen Pausenverkauf einplanen.

Fitness-Drink (für zwei Personen)

Saft von zwei Orangen
1 kleine Banane
4 Esslöffel ungesüßter Sanddornsaft
300 g Buttermilch
2 Teelöffel Honig

Den Saft, die grob zerdrückte Banane und die anderen Zutaten werden im Mixer oder mit dem Pürierstab verquirlt.
Fertig ist der Drink!

Checkliste für Joule-Detektive

Der Energiegehalt von Lebensmitteln lässt sich gut vergleichen, wenn man ausrechnet, wie viele Zuckerstückchen man stattdessen essen müsste.

Produkt	**Würfelzucker** (3 g pro Stück)
Gummibärchen (Tüte 100 g)	19 Stück
Lakritze (Tüte 75 g)	15 Stück
Päckchen Kaugummi	9 Stück
Vollmilchschokolade (Tafel 100 g)	19 Stück
Milchschnitte	3 Stück
Müsli-Riegel	8 Stück
Nussnougat-Creme (Glas 400 g)	79 Stück
Limonade (Glas 0,3 l)	13 Stück
Orangennektar (Glas 0,3 l)	18 Stück
Orangensaft (Glas 0,3 l)	1 Stück

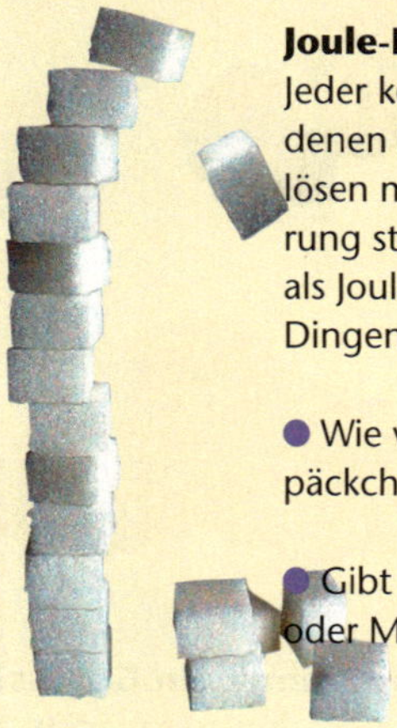

Joule-Detektive

Jeder kennt die Geschichten, in denen Detektive geheimnisvolle Fälle lösen müssen. Auch in unserer Nahrung stecken viele Geheimnisse. Geht als Joule-Detektive doch einmal den Dingen genau auf den Grund.

- Wie viel Zucker ist in einem Trinkpäckchen „Orangengeschmack"?
- Gibt es auch Zucker in Ketchup oder Majonäse?

Fremde Länder – fremdes Essen

Russland

Türkei

Frankreich

Italien

- Vergleicht die verschiedenen Gerichte und ermittelt die Zutaten!

Griechenland

Thailand

- Bestimmt kannst du von deinen Mitschülern viel über die Küche in fremden Ländern erfahren.
- Aus den Küchen fremder Länder kennen wir die verschiedensten Nahrungsmittel, Zubereitungsweisen und Gewürze. Aber kennen wir die Küche wirklich? Oder sind die Speisen beim „Chinesen" oder „Griechen" an unsere Gewohnheiten angepasst?

Müsli-Riegel selbst gemacht

(Rezept für ca. 20 Riegel)

50 g Haselnüsse, 50 g Kürbiskerne,
100 g getrocknete Feigen, 50 g Trockenpflaumen,
2 Äpfel, 50 g Sonnenblumenkerne,
150 g Weizenvollkornmehl, 150 g Haferflocken,
250 ml Wasser, 5 Esslöffel Sonnenblumenöl,
100 g Rosinen, 1/2 Teelöffel Salz,
2 Esslöffel Honig, 1 Teelöffel Zimt.

Trockenpflaumen, Feigen, Kürbiskerne und Haselnüsse grob hacken. Die Äpfel raspeln.

Mehl und Haferflocken in eine Schüssel geben. Wasser, Öl und die anderen grob gehackten Zutaten untermischen. Mit Salz, Honig und Zimt schmeckt ihr das Gemisch ab und verknetet es zu einem Teig. Legt ein Backblech mit Backpapier aus und streicht den Teig gleichmäßig darauf aus. Im vorgeheizten Backofen wird der Teig bei 180 °C 30 Minuten gebacken. Den warmen Teig schneidet ihr in Portionen und lasst ihn auskühlen.

1 Lebensmittel, gegen die häufiger Allergien auftreten

Essen – immer ein Genuss?

Nina sieht heute Morgen total zerkratzt aus. An den Armen und im Gesicht hat sie überall Kratzspuren. „Na, mit welchem Kater hast du dich gestern angelegt", spottet Manuel. „Von wegen Kater", antwortet Nina, „Vermutlich war´s der Pfirsichquark!" Seit drei Wochen bekommt Nina jedes Mal, nachdem sie ihren heiß geliebten Pfirsichquark gegessen hat, einen heftigen Hautausschlag. „Dann solltest du mal einen Test machen lassen" meint Manuel, „vermutlich reagierst du auf etwas in deinem Pfirsichquark allergisch."

Vorsicht reizend!

Bei einer Allergie reagiert der Körper aufgrund einer Störung des Immunsystems zu stark auf bestimmte Stoffe aus der Umwelt und aus Nahrungsmitteln. Diese Reizstoffe, so genannte **Allergene**, können mit der Nahrung in den Körper gelangen. Dabei reicht es aus, wenn man nur gegen einen Inhaltsstoff eines Lebensmittels allergisch reagiert. Die Folge können Hautausschlag oder Durchfall und Erbrechen, aber auch Atemnot sein.

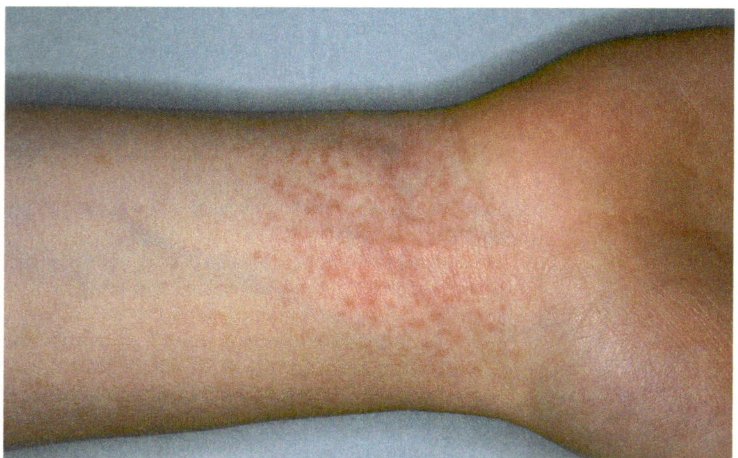

2 Allergische Reaktion

Lebensmittelallergien nehmen zu

In den letzten Jahren sind Lebensmittelallergien häufiger geworden. Dies könnte mit der gehäuften Verwendung von verarbeiteten Lebensmitteln zusammenhängen. Außerdem bestehen die meisten Produkte aus einem Gemisch vieler einzelner Lebensmittel. Von denen kann jedes eine Allergie hervorrufen. Auch die steigende Anzahl exotischer Lebensmittel und gentechnisch hergestellter Eiweiße auf unserem Speiseplan könnte einen Teil des Anstiegs der Lebensmittelallergien bedingen.

Ein Test schafft Klarheit

Um den Grund für ihre Allergie herauszufinden, bleibt Nina letztendlich nur der Gang zum Hautarzt. Empfohlen wird in der Regel folgendes Vorgehen: Nach einer Fastenperiode von einigen Tagen werden nacheinander Getreide-, Milch-, Fleisch- und Gemüseprodukte einzeln verzehrt. Außerdem werden dem Patienten die Inhaltsstoffe der verdächtigen Lebensmittel im so genannten **Prick-Test** unter die Haut injiziert. So stellt sich meist nach kurzer Zeit heraus, auf welches Lebensmittel der Patient allergisch reagiert. Die einzige Therapie, die dann bleibt, ist die systematische Vermeidung der Lebensmittel, die eine Allergie hervorrufen.

Nahrungszusatzstoffe, gentechnisch hergestellte Eiweiße und manche exotische Lebensmittel können zu Allergien führen. Erst ein ärztlich durchgeführter Allergietest schafft Klarheit.

Aufgabe

1 Frag nach, ob in deiner Klasse/deiner Schule Jugendliche von einer Lebensmittelallergie betroffen sind. Führe mit ihnen ein Interview über ihr Leben als Allergiepatient. Wie sieht ihr Alltag aus?

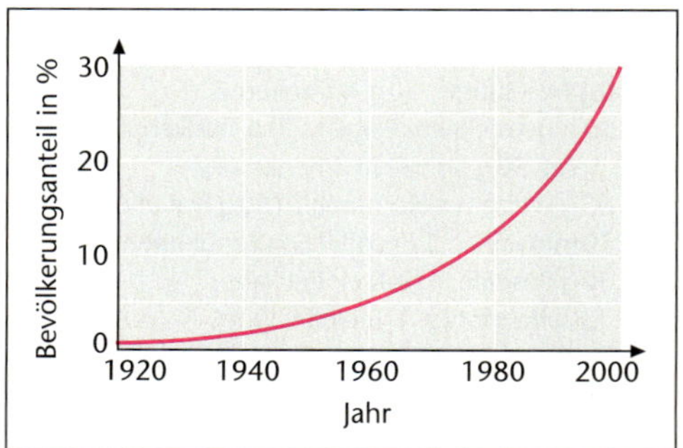

3 Lebensmittelallergien werden häufiger

Die Verdauung – ein langer Weg beginnt

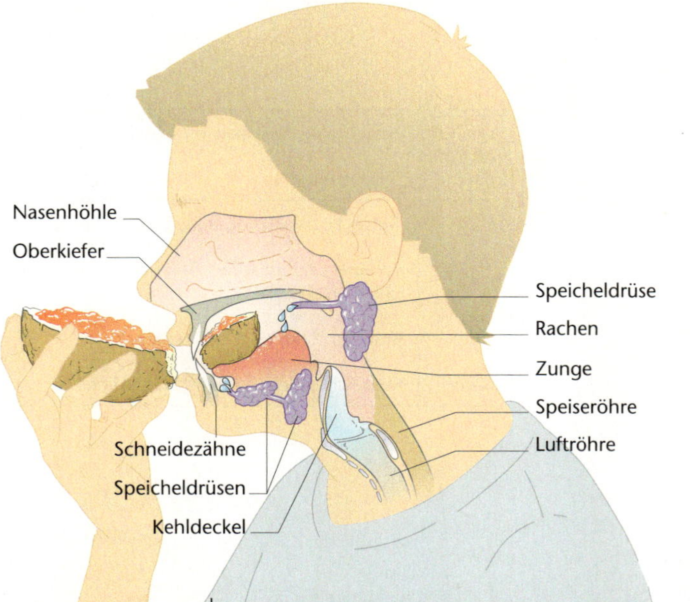

1 Die Verdauung beginnt im Mund.

Die zwei Stufen der Verdauung

Alle Zellen des Menschen sind ständig auf Energie, die aus den Nährstoffen gewonnen wird, angewiesen. Allerdings sind die Nährstoffteilchen sehr groß. Sie müssen zunächst zerkleinert – verdaut – werden. Denn erst die kleinsten Bausteine der Nährstoffe können durch die Darmwand ins Blut gelangen und dann zu allen Zellen des Körpers transportiert werden.

Gut gekaut ist halb verdaut

Bereits im Mund beginnt die Verdauung. Dabei wird die Nahrung zunächst durch Zähne und Zunge mechanisch in kleinere Bruchstücke zerlegt. Allerdings reicht das nicht aus. Die entstandenen Nahrungsteilchen sind immer noch zu groß. Erst durch die chemische Verdauung gelingt es, alle Nährstoffe in ihre Grundbausteine zu zerlegen. Dieser Vorgang beginnt zwar schon im Mund, läuft verstärkt jedoch erst im Magen und vor allem im Dünndarm ab.

Enzyme – ganz spezielle Eiweiße

Bei der chemischen Verdauung spielen bestimmte Eiweiße, die **Enzyme**, eine wichtige Rolle. Enzyme sind Biokatalysatoren. Sie ermöglichen, dass chemische Reaktionen schon bei Körpertemperatur ablaufen. Dabei binden die Ausgangsstoffe an das Enzym und werden in die Endstoffe umgewandelt. Da es für jeden Ausgangsstoff ein bestimmtes Enzym gibt, das wie ein Schlüssel in ein Schloss passt, sind an der Zerlegung der Nährstoffe viele Enzyme beteiligt: Im Mundspeichel ist das Enzym **Amylase** vorhanden. Es zerlegt Stärke in Zweifachzucker-Teilchen (▷ B 2). Diese werden im Dünndarm schließlich durch das Enzym **Maltase** in Einfachzucker zerlegt.

Es geht abwärts

Während des Kauens wird immer wieder ein Teil des Nahrungsbreis mit der Zunge in den hinteren Bereich der Mundhöhle geschoben. Beim anschließenden Schlucken drückt die Zunge gegen den Gaumen, dabei verschließt der Kehldeckel die Luftröhre. So wird verhindert, dass man sich verschluckt. Durch Muskelkontraktionen im Rachen wird der Nahrungsbrei anschließend in die Speiseröhre geschoben und gelangt über diesen fast 30 cm langen Muskelschlauch in den Magen.

▶ Die Verdauung läuft in zwei Stufen ab: Neben der mechanischen Verdauung ist vor allem die chemische Verdauung für die Zerlegung der Nährstoffe wichtig. Hierbei spielen Enzyme eine wichtige Rolle.

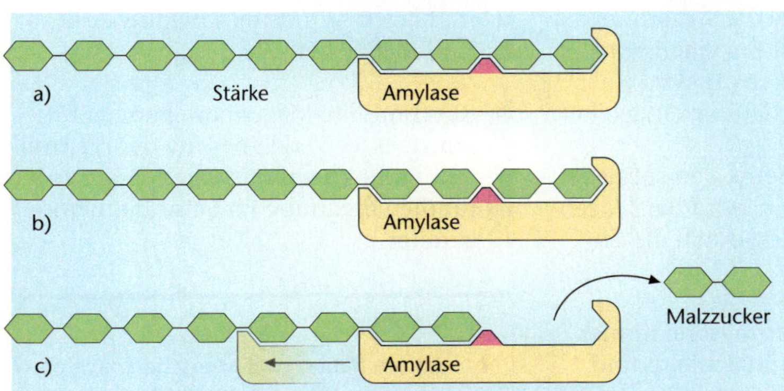

2 Enzyme sind Proteine, die eine chemische Reaktion fördern, ohne sich selbst dabei zu verändern.

Versuche

1 Kaue etwas Toastbrot langsam mindestens fünf Minuten.
Beschreibe den Geschmack des Brotes zu Beginn und am Ende des Versuches.
Welche Veränderungen kannst du wahrnehmen?
Gib hierfür eine Erklärung.

2 Überlege dir einen weiteren Versuch, mit dem du deine Erklärung belegen kannst.

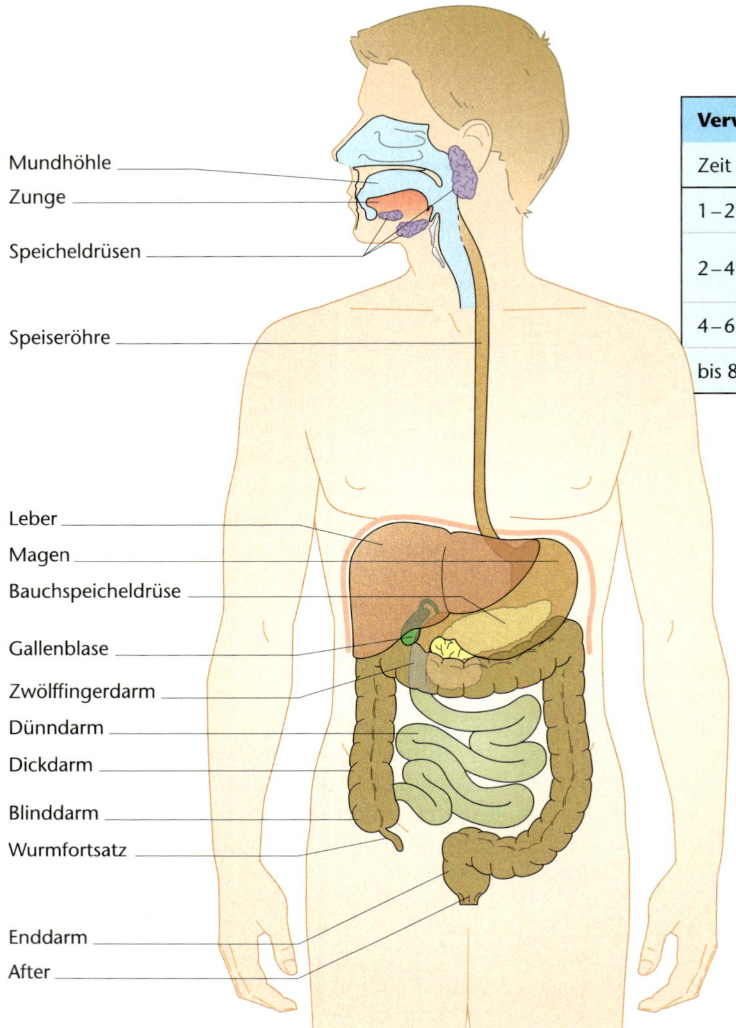

Verweildauer einiger Speisen im Magen	
Zeit	Lebensmittel
1–2h	Getränke, Weißbrot, Reis, Kartoffelpüree
2–4h	Bananen, gedünstetes Gemüse, mageres Fleisch, grüner Blattsalat
4–6h	Bratkartoffeln, gebratenes Fleisch
bis 8h	Fettreiches Fleisch (Gans), Ölsardinen

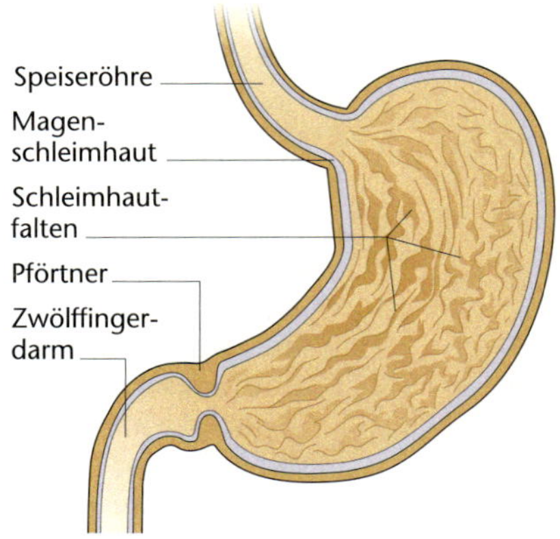

1 Schema des Verdauungssystems und Magen im Schnitt

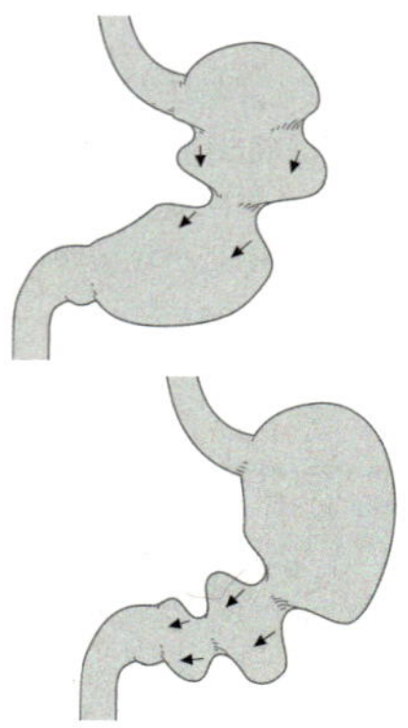

2 Magenbewegungen

Viel Zeit im Magen

Der Magen ist ein Muskel, der einen großen Hohlraum besitzt. In seinen Wänden befinden sich viele unterschiedliche Drüsenzellen. Einige produzieren einen Magensaft, der eine 0,3 %ige **Salzsäure** enthält. Zum einen vernichtet die Salzsäure Bakterien, die in den Magen gelangen, zum anderen zerstört sie die Struktur der Eiweiße. Zusammen mit Enzymen, von Bedeutung ist hier das **Pepsin**, wird im Magen so die Eiweißverdauung eingeleitet.

Durch einen Schutzschleim, den spezielle Magenzellen produzieren, wird der Magen vor einer Selbstverdauung durch die Enzyme geschützt.

Im Magen wird der Nahrungsbrei immer weiter durchgemischt, mit Schleim und Enzymen vermengt und dann in Portionen in den Dünndarm weitertransportiert.

Besonders für die Fettverdauung ist diese Durchmischung unverzichtbar: Fette neigen dazu, sich zu großen Fetttropfen zusammen zu schließen, was sie fast unverdaulich macht. Die Durchmengung im Magen führt dazu, dass aus großen Tropfen kleine Fetttröpfchen werden, die dann im Dünndarm verdaut werden können. Aus diesem Grund kann die Verweildauer verschiedener Nahrungsmittel im Magen sehr unterschiedlich sein (siehe Tabelle oben).

Rhythmische Magenbewegungen führen zu einer Verkleinerung der Fetttropfen. Dadurch wird fettreiche Nahrung für die Verdauung im Dünndarm vorbereitet.

Aufgabe

1 Warum haben viele Menschen nach einer sehr fetthaltigen Mahlzeit Magenschmerzen oder Sodbrennen?
Erkläre die Zusammenhänge.

Durch die „Pforte"
Nicht nur bei großen Firmen, auch in deinem Körper gibt es einen **Pförtner**. Im Körper handelt es sich um einen Muskel, der sich zwischen Magen und Dünndarm befindet. Erschlafft der Muskel, gelangen kleine Portionen des Nahrungsbreis vom Magen in den ersten Abschnitt des Dünndarms, den **Zwölffingerdarm**. Im Dünndarm findet die eigentliche Verdauung statt.

Aus dem Darm ins Blut
Die Verdauungsenzyme im Dünndarm spalten die Nährstoffe bis nur noch Grundbausteine vorhanden sind. Sie sind nun klein genug, um über die Dünndarmwand ins Blut aufgenommen werden zu können. Dieser Vorgang, die **Resorption**, kann bis zu 14 Stunden dauern. Dabei spielen die Dünndarmzotten, kleine Ausstülpungen der Darmwand, eine wichtige Rolle. Durch die Dünndarmzotten (▷ B 1) wird die Oberfläche des Dünndarms stark vergrößert: Aufgefaltet ergeben die Zotten eine Fläche von bis zu 300 m^2, was ungefähr der Größe eines Tennisplatzes entspricht.

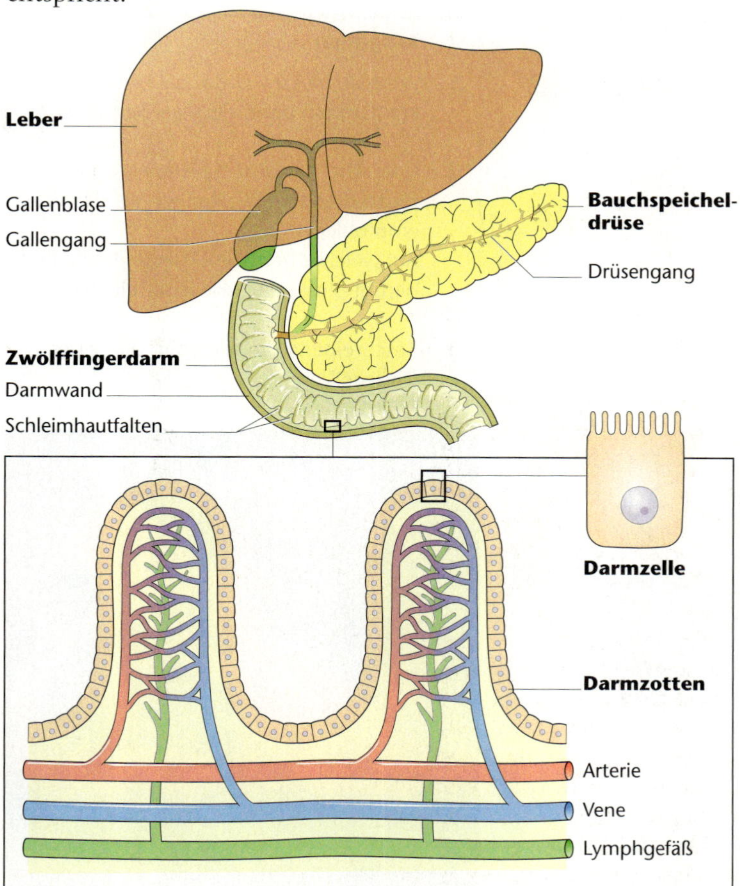

1 Leber, Gallenblase, Bauchspeicheldrüse und Dünndarm mit Zotten

2 So wirkt der Gallensaft auf Fett

Leber und Bauchspeicheldrüse – zwei wichtige Verdauungsorgane
Über den Gallengang gibt die Gallenblase, die an der Unterseite der Leber angewachsen ist, ihre gelblich-grüne Gallensäure in den Zwölffingerdarm ab. Die Gallensäure wird von der Leber gebildet und in der Gallenblase gespeichert. Die Gallensäure ist für die Fettverdauung sehr wichtig: Sie verhindert, dass kleinste Fetttröpfchen zu großen Fetttropfen zusammenfließen (▷ B 2). Die Verdauung kann so schneller ablaufen.

Die Leber erfüllt viele Aufgaben
Die Leber ist nicht nur für die Produktion von Gallensäure zuständig. Sie besitzt viele weitere Funktionen. So wird hier aus Traubenzucker Glykogen aufgebaut und gespeichert. Bei Energiebedarf kann aus dem Glykogen dann wieder Traubenzucker hergestellt werden. Die Leber ist auch für die Entgiftung des Blutes zuständig. Deshalb münden alle Venen des Verdauungssystems in die daumendicke **Pfortader**, eine Vene, die ihr Blut in die Leber führt.
Alkohol und viele Medikamente sind so genannte **Leberzellgifte**. Werden sie in übermäßiger Form aufgenommen, können sie zu einer **Leberzirrhose** führen: Leberzellen werden dann zu funktionsunfähigem Narbengewebe umgewandelt. Da die Leber durch kein anderes Organ ersetzt werden kann, wird der Mensch schwer krank oder stirbt.

Die Bauchspeicheldrüse
Auch die Bauchspeicheldrüse gibt ihre Verdauungsenzyme in den Zwölffingerdarm ab. Sie ist ein 10–12 cm langes, dünnes Organ, das hinter dem Magen auf der linken Bauchseite liegt. Ihre Zellen produzieren Enzyme für die Verdauung aller Nährstoffe.

Die eigentliche Verdauung findet im Dünndarm statt. Mithilfe von Enzymen werden Nährstoffe in ihre Grundbausteine zerlegt. Diese erreichen durch die Dünndarmwand das Blutgefäßsystem.

Was von der Nahrung übrig bleibt

Durch das Zusammenziehen der Muskeln wird der verbliebene Nahrungsbrei in den Dickdarm befördert. Im Nahrungsbrei sind jetzt nur noch unverdauliche Anteile und Flüssigkeit enthalten.

1 Der Weg des Wassers im Körper

Eindicken!

Pro Tag nimmt der Körper durch Getränke und Nahrung ca. 3 l Wasser auf, die in den Darm gelangen. Dazu kommen noch etwa 7 l Flüssigkeit durch Mundspeichel, Magensaft, Schleim und Gallensäure. Mit dem Stuhl werden normalerweise nur 200 ml ausgeschieden, die restliche Flüssigkeitsmenge gelangt über die Dickdarmschleimhaut wieder in die Blutgefäße. Diesen Vorgang nennt man **Rückresorption**. Der Nahrungsbrei wird dabei eingedickt.

Kleine Helfer

Im Dickdarm werden in den ersten Lebensmonaten durch Nahrungsaufnahme Bakterien angesiedelt. Viele Milliarden dieser harmlosen Bakterien befinden sich im Dickdarm. Sie stellen unter anderem mehrere lebensnotwendige Vitamine her, die dann vom Körper aufgenommen werden.

Die Stuhlausscheidung

Der eingedickte Brei, den wir jetzt **Stuhl** nennen, wird zum Enddarm befördert. Im Bereich des Dickdarmendes liegt eine höhlenartige Erweiterung. Ist diese mit Stuhl gefüllt, ist es an der Zeit, eine Toilette aufzusuchen.

Die mit der Nahrung aufgenommene Flüssigkeit wird zum größten Teil im Dickdarm über die Schleimhaut in die Blutgefäße rückresorbiert.

Antibiotika haben Nebenwirkungen

Sicherlich hast du von deinem Hausarzt oder deiner Hausärztin bei einer schweren Bakterieninfektion schon einmal Antibiotika bekommen. Diese Medikamente töten Bakterien ab. Doch leider nicht nur die Bakterien, die dich krank gemacht haben. Auch die im Dickdarm lebenden Bakterien werden abgetötet. Dadurch geraten dein Immunsystem und der Mechanismus der Wasserrückresorption durcheinander. Diese Störung kann zur Folge haben, dass du Durchfall bekommst, denn die Flüssigkeit verbleibt im Darm.

Aufgaben

1 Weshalb ist es wichtig, bei Durchfallerkrankungen besonders viel zu trinken?

2 Cola wird bei Durchfallerkrankungen oft zusammen mit Salzstangen als Heilmittel empfohlen.
Auf welcher richtigen Therapieannahme beruht dieses alte „Hausmittelrezept"?

3 Beschreibe und erkläre den Bau einer Darmzelle.

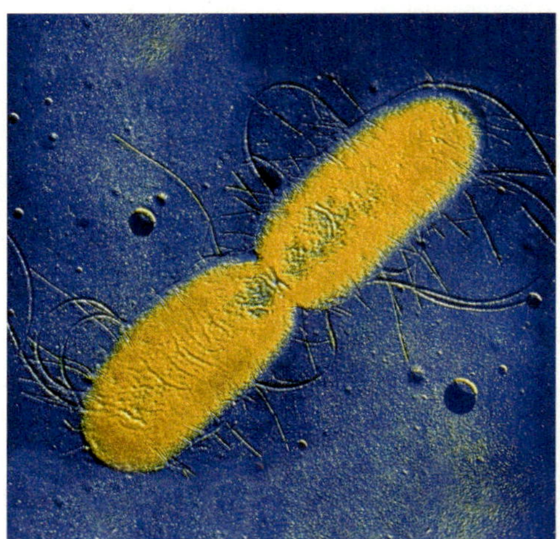

2 E. Coli-Bakterien sind typische Darmbakterien.

Erbrechen und mehr

Wenn du längere Zeit nichts gegessen hast, enthält dein Magen vor allem Flüssigkeit und Luft. Ziehen sich die Muskeln im Magen zusammen, werden Flüssigkeit und Luft bewegt. Dabei entsteht ein typisches Geräusch, das **Magenknurren**. Das Magenknurren ist somit ein Zeichen für „Hunger". Um das Knurren zu unterbinden, musst du etwas essen.

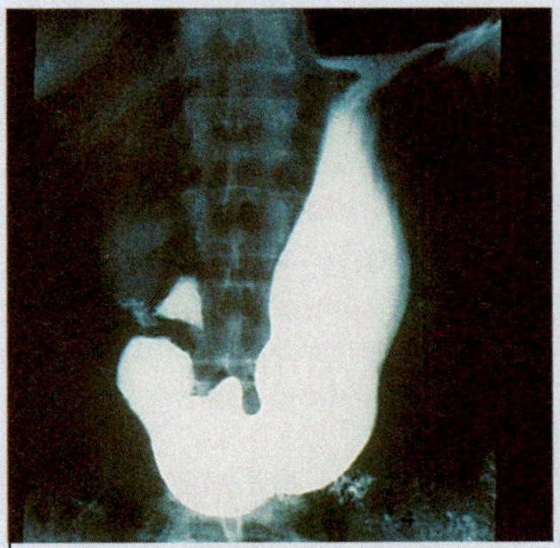

1 Röntgenaufnahme vom Magen

Hast du verdorbene oder giftige Speisen zu dir genommen, reagiert dein Magen „sauer". Dir ist übel und du musst dich **erbrechen**. Diese Reaktion schützt den Körper vor Vergiftungen.

Bewegt sich der Darm nur sehr langsam, so wird dem Darminhalt zu viel Wasser entzogen. Man bekommt eine **Verstopfung**. Ursachen sind oft zu wenig Ballaststoffe in der Nahrung, zu wenig Zufuhr an Getränken oder Bewegungsmangel.

2 ... das schadet dem Magen.

Eine der häufigsten Verdauungsbeschwerden ist **Durchfall**. Mehrmals täglich entleert sich dabei der Darm. Der Darminhalt ist wässrig. Dadurch kommt es zu starkem Flüssigkeitsverlust. Neben Wasser verliert der Körper auch wichtige Mineralstoffe. Das kann vor allem für Säuglinge und alte Menschen gefährlich werden. Durchfall kann verschiedene Ursachen haben. Oft sind es krankheitserregende Bakterien, die in verunreinigtem Trinkwasser oder in verdorbenen Speisen enthalten sind.

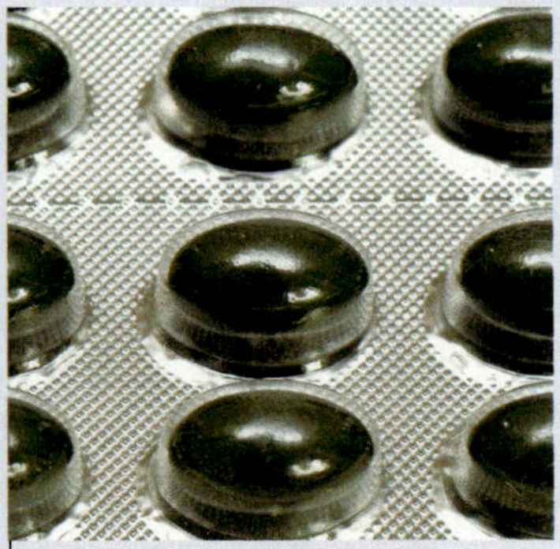

3 Kohletabletten, bei Durchfall

Sicherlich hast du das auch schon erlebt: Ein brennender Schmerz zieht entlang deiner Speiseröhre nach oben in Richtung Rachenraum: **Sodbrennen**. Schuld daran ist die Magensäure. Normalerweise bleibt die Magensäure im Magen, Muskeln am Mageneingang verhindern den Übertritt in die Speiseröhre. Ab und zu versagt diese Sperre, vor allem wenn du fette oder scharfe Speisen, aber auch Nikotin und Alkohol zu dir genommen hast.

Besonders Babys leiden häufig unter **Blähungen**, da sie beim Trinken sehr viel Luft verschlucken. Der Magen und der Darm sind dann durch Gase aufgebläht. Bei einem „Bäuerchen", dem Aufstoßen, entweicht die Luft wieder. Aber nicht nur Babys geht das so, wir alle verschlucken beim Essen immer etwas Luft, was dann zu Blähungen und Aufstoßen führen kann.
Gase, vor allem Wasserstoff, Methan und Kohlenstoffdioxid, werden auch von Darmbakterien produziert. Hauptsächlich nach dem Essen von Bohnen und Kohl entstehen dadurch Blähungen.

4 Säugling macht „Bäuerchen."

Wenn die Dünndarmzellen unvollständig ausgebildet werden, kommt es bei Babys oft zu ersten Anzeichen einer Störung der Nährstoffaufnahme. Bei der **Zöliakie** kann ein Eiweiß im Getreide, das Gluten, nur teilweise oder gar nicht verdaut werden. Dann muss von den Betroffenen eine besondere Diät („glutenfrei") eingehalten werden.

Wie ein kleines Säckchen hängt die zwei bis vier Zentimeter lange Abzweigung, der Wurmfortsatz, am Blinddarm. Da es im Wurmfortsatz immer warm und feucht ist, können sich Bakterien ideal vermehren. Übersteigt die Zahl der Bakterien die Abwehrkraft des Körpers, entzündet sich der Wurmfortsatz, fälschlicherweise oft **Blinddarmentzündung** genannt. Damit diese Entzündung nicht lebensbedrohlich wird, muss der Wurmfortsatz operativ entfernt werden.

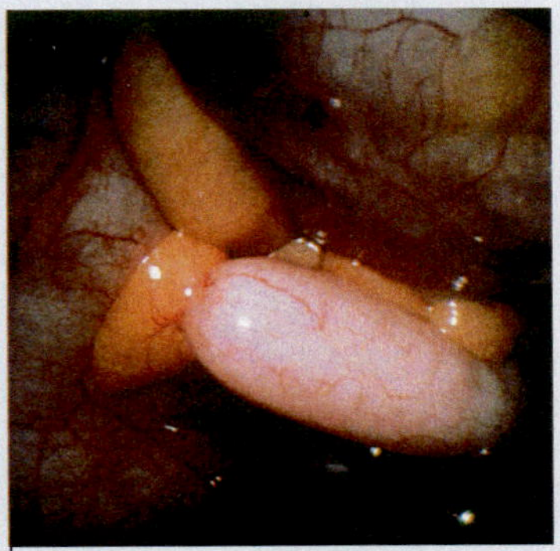

5 Entzündeter Wurmfortsatz

Werkstatt

Versuche zur Verdauung

Kohlenhydrate, Fette und Eiweiße können durch chemische Reaktionen in die jeweiligen Grundbausteine zerlegt werden. Bei 37 °C laufen diese Reaktionen allerdings sehr langsam ab.
In den Verdauungssäften des menschlichen Körpers sind Stoffe vorhanden, die chemische Reaktionen beschleunigen, die Enzyme. Mit einfachen Versuchen kannst du die Wirkung der Enzyme bei den Verdauungsvorgängen überprüfen.

1 Enthält Mundspeichel Amylase?

Material
3 Reagenzgläser, Reagenzglasständer, Tropf-Pipette, Spatel, Iod-Kaliumiodidlösung, Stärkelösung, Mundspeichel, Amylase

Durchführung
a) Fülle in ein Reagenzglas 6 cm hoch Stärkelösung und gib einige Tropfen Iod-Kaliumiodidlösung hinzu.
b) Gib in ein zweites Reagenzglas etwas Mundspeichel und schütte 2 cm der Lösung aus Reagenzglas 1 hinzu.
c) Schütte auch in das dritte Reagenzglas 2 cm hoch der Lösung aus Reagenzglas 1 und löse eine Spatelspitze Amylase darin auf. Verschließe mit einem Stopfen.
d) Schüttle die Reagenzgläser und lasse sie dann etwa 10 min stehen.
e) Beschreibe deine Beobachtungen. Wie kannst du diese erklären?

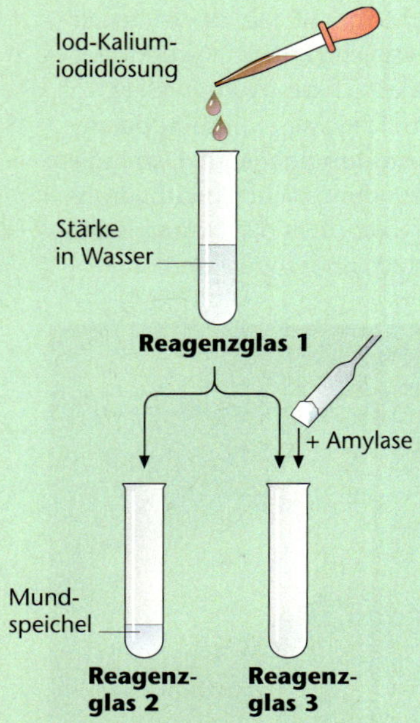

1 Zu Versuch 1

2 Chemische Zerlegung von Stärke

Material
Schutzbrille, 2 Reagenzgläser, Reagenzglasständer, Spatel, Wasserbad, Stärke, Iod-Kaliumiodidlösung, verdünnte Salzsäure (ätzend, c = 1 mol/l)

Durchführung
a) Gib in die beiden Reagenzgläser jeweils eine Spatelspitze Stärke und fülle 4 cm hoch mit Wasser auf. Verschließe mit einem Stopfen.
b) Schüttle bis die Stärke gelöst ist.
c) Stelle ein Reagenzglas in den Reagenzglasständer.
d) Gib in das zweite Reagenzglas zusätzlich 5 cm hoch Salzsäure und erwärme das Gemisch 10 Minuten lang im siedenden Wasserbad.
e) Füge nach dem Abkühlen in beide Reagenzgläser einige Tropfen der Iod-Kaliumiodidlösung.
f) Beschreibe deine Beobachtungen und erkläre sie.

2 Zu Versuch 2

Aufgabe
Vergleiche die Versuche 1 und 2. Was ist identisch, worin unterscheiden sie sich?

3 Die Wirkung des Gallensaftes

Material
2 Reagenzgläser mit Stopfen, Reagenzglasständer, Speiseöl, Rinder- oder Schweinegalle

Durchführung
a) Fülle ein Reagenzglas 5 cm hoch mit Wasser und gib 10 Tropfen Speiseöl hinzu.
b) Verschließe das Reagenzglas mit dem Stopfen und schüttle das Gemisch kräftig.
c) Stelle das Reagenzglas in den Reagenzglasständer.
d) Fülle das zweite Reagenzglas

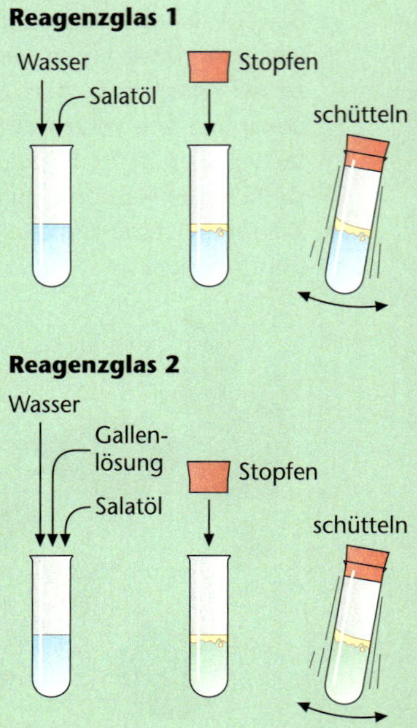

3 Zu Versuch 3

2 cm hoch mit Wasser und mit der gleichen Menge Gallenlösung.
e) Gib auch hier 10 Tropfen Speiseöl hinzu und verschließe das Reagenzglas.
f) Schüttle auch dieses Gemisch kräftig, bevor du es abstellst.
g) Beschreibe deine Beobachtungen.

Aufgabe
Was bedeutet dieses Ergebnis für die Fettverdauung im Dünndarm?

4 Eiweißspaltung durch Pepsin

Material
Schutzbrille, 4 Reagenzgläser mit Stopfen, Reagenzglasständer, Tropfpipetten, Gasbrenner, Spatel, gekochtes Ei, Leitungswasser, verdünnte Salzsäure (ätzend, c = 1 mol/l), Pepsinlösung, Wärmeschrank, wasserfester Stift

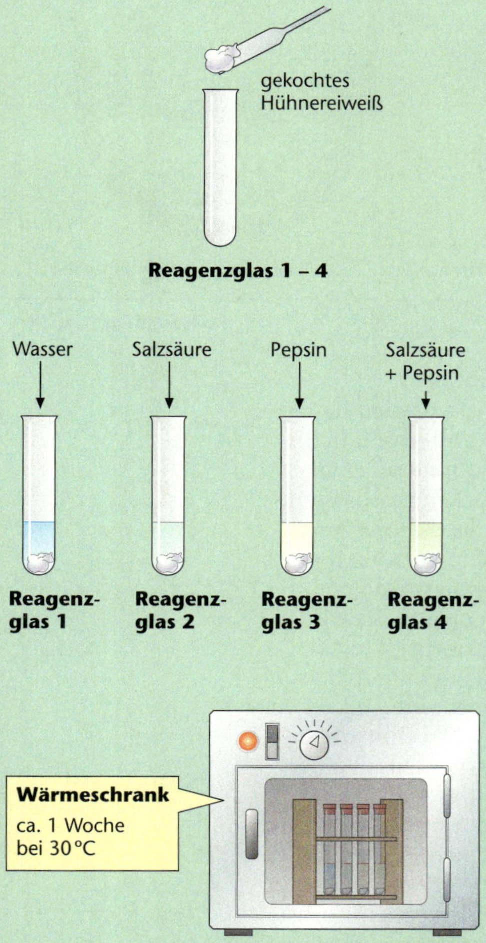

4 Zu Versuch 4

Durchführung
a) Nummeriere die Reagenzgläser und stelle sie in den Reagenzglasständer.
b) Gib in jedes Reagenzglas jeweils ein Stück des Eiweißes.
c) Fülle in Reagenzglas 1 etwa 4 cm hoch Leitungswasser.
d) Gib in Reagenzglas 2 vorsichtig die gleiche Menge der verdünnten Salzsäure.
e) Fülle in das dritte Reagenzglas 4 cm hoch von der Pepsinlösung.
f) In das vierte Reagenzglas füllst du mit der Pipette vorsichtig 2 cm Salzsäure und 2 cm Pepsinlösung. Schüttle vorsichtig.
g) Stelle den Reagenzglasständer mit den Reagenzgläsern für ca. 1 Woche bei 30 °C in den Wärmeschrank.
h) Beschreibe und erkläre deine Beobachtungen.

Aufgabe
Übertrage die gewonnenen Erkenntnisse auf die menschliche Verdauung.

5 Den Aminosäuren auf der Spur

Mithilfe der Dünnschichtchromatografie (DC) kann man die Aminosäuren der Eiweiße trennen. Hierzu müssen die Proteine zunächst über Nacht mit Säure hydrolysiert, d. h. gespalten, werden.

Material
DC-Platte, DC-Kammer, Lineal, Bleistift, feine Pipetten, Föhn, Messzylinder, Becherglas, Rundkolben mit Stopfen, Wärmeschrank, 1-Butanol (mindergiftig), Eisessig (ätzend), Wasser, verdünnte Salzsäure (ätzend), Ninhydrin-Sprühreagenz (leichtentzündlich), verschiedene Aminosäure-Lösungen, Probe von Versuch 4, Ansatz 4

Durchführung
a) Gib zur Spaltung der Proteine 2 ml der Lösung von Versuch 4, Ansatz 4, in den Rundkolben und füge 2 ml verdünnte Salzsäure hinzu. Verschließe den Kolben und stelle ihn für 24 Stunden bei 100 °C in den Wärmeschrank.
b) Stelle das Fließmittel für die Chromatografie her: Mische 40 ml 1-Butanol mit 10 ml Eisessig und 10 ml Wasser und fülle dieses Gemisch in die DC-Kammer. Verschließe die Kammer mit einem Deckel.
c) Markiere auf der DC-Platte die Startlinie. Achte darauf, dass diese Linie über dem Flüssigkeitsspiegel in der DC-Kammer ist.
d) Trage mithilfe feiner Pipetten folgende Proben vorsichtig auf: – Versuch 4 (Ansatz 4) – Ergebnis von Versuch 5a – verschiedene Aminosäure-Lösungen.

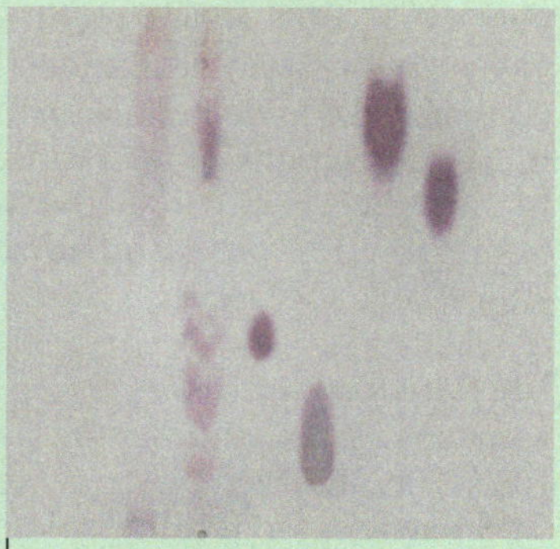

5 Zu Versuch 5

Föhne die aufgetragenen Substanzflecken trocken, stelle die DC-Platte in die Kammer und verschließe sie.
e) Entnimm die Platte kurz bevor das Fließmittel den oberen Rand der Platte erreicht hat. Trockne die Platte unter dem Abzug mit dem Föhn.
f) Besprühe die Platte unter dem Abzug mit dem Ninhydrin-Reagenz und lege sie dann für 10 min bei 80 °C in den Wärmeschrank. Betrachte sie anschließend.
g) Beschreibe deine Beobachtungen.

Aufgaben
1. Fertige vom Ergebnis der Chromatografie eine Zeichnung an.
2. Wie kannst du die Muster der einzelnen Bahnen erklären?
3. Was sagt das Ergebnis über die Funktionsweise des Magens aus?

1 Frische Luft!

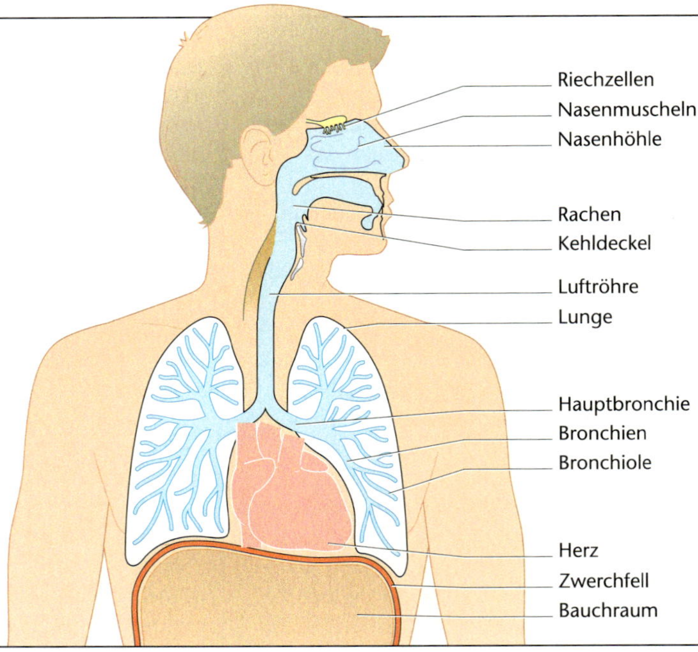

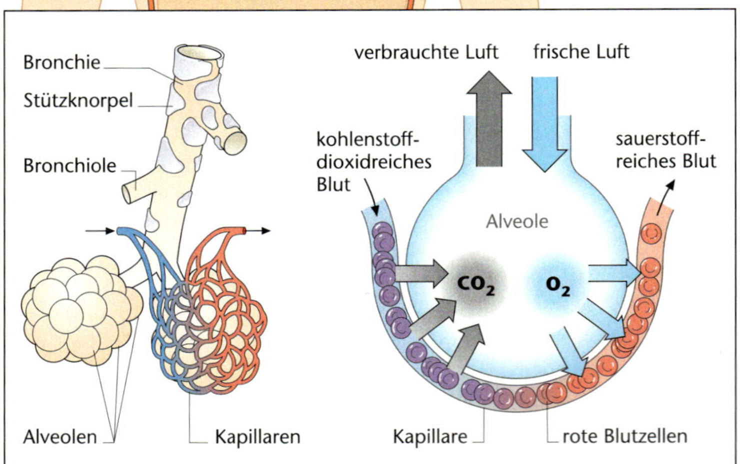

3 Gasaustausch bei der Atmung

Ich brauche frische Luft!
Damit in deinem Körper die Stoffwechselvorgänge ablaufen können, benötigt er Energie, die er aus den Nährstoffen gewinnt. Allerdings genügt die Aufnahme von Nährstoffen alleine nicht. Wie bei vielen chemischen Reaktionen ist auch für die Vorgänge in deinem Körper Sauerstoff nötig. Er gelangt beim Einatmen von Luft in die Lunge. Hier wird **Sauerstoff** aufgenommen und **Kohlenstoffdioxid** an die Umgebung abgegeben.

Die Nase hat's in sich
Meistens atmen wir über die Nase, die zusammen mit den Nasennebenhöhlen, dem Rachenraum und dem Mund zum oberen Atmungstrakt gehört.
Dabei wird Luft durch die Nasenlöcher eingesaugt. Die Nase ist mit einer Schleimhaut ausgekleidet. Hier sitzen viele Härchen, an denen die in der Luft befindlichen Fremdkörper hängen bleiben. Außerdem befinden sich in der Nasenschleimhaut viele kleinste Blutgefäße, durch die die Luft auf 37 °C angewärmt wird. Im Innern der Nase wird die Luft durch viele Schleimzellen angefeuchtet, bevor sie an den Riechzellen vorbeiströmt. Sie dienen als Erkennungs- und Warnsystem. So vermeidet man es beispielsweise, schlechte, verdorben riechende Nahrung zu essen.

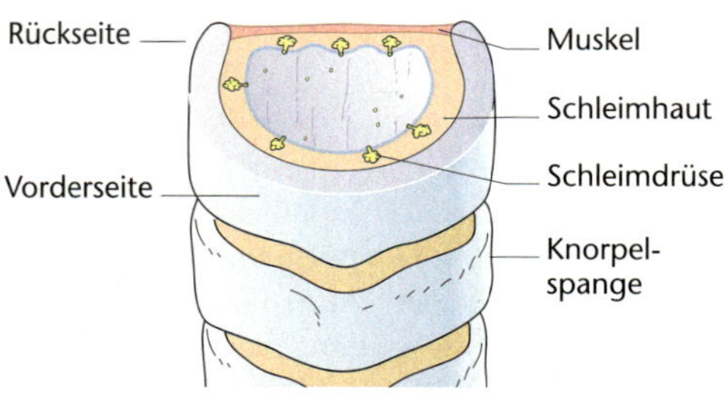

2 Luftröhre im Querschnitt

Rachenraum und Luftröhre
Nachdem die Luft die Nase passiert hat, gelangt sie in den Rachen und strömt in die Luftröhre, vorbei am geöffneten Kehldeckel, der nur beim Schlucken geschlossen wird. Kehlkopf und Kehldeckel werden zusammen mit der Luftröhre und den Bronchien zum unteren Atmungstrakt gezählt. Die Luftröhre ist ca. 20 cm lang. Sie wird von hufeisenförmigen Knorpelspangen gestützt, die durch Muskeln miteinander verbunden sind. An ihrem unteren Ende teilt sich die Luftröhre. Die rechte und linke Hauptbronchie führen jeweils in einen Lungenflügel. Die Hauptbronchien verzweigen sich weiter und münden in immer kleiner werdende Bronchien. Diese sind schließlich so klein, dass du sie nur noch bei starker Vergrößerung erkennen kannst. Die letzten Bronchien münden in die Lungenbläschen, die **Alveolen**.

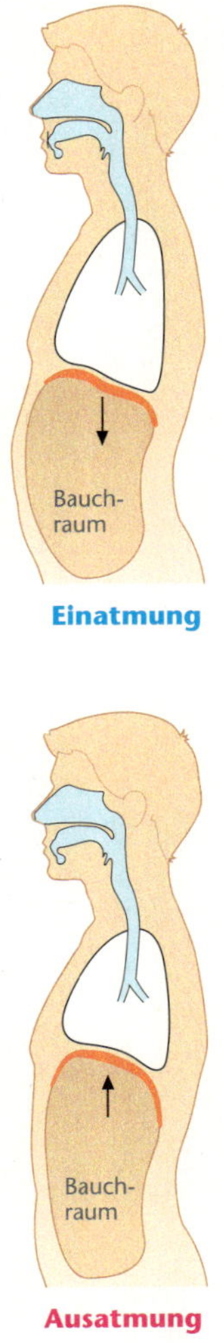

4 Lage des Zwerchfells bei der Atmung

Von hier gelangt der Sauerstoff der eingeatmeten Luft in die Kapillaren, wo er vom roten Blutfarbstoff, dem **Hämoglobin**, gebunden wird. Die roten Blutzellen transportieren ihn dann zu allen Körperzellen. Gleichzeitig wandert an den roten Blutzellen gebundenes und im Blutplasma gelöstes Kohlenstoffdioxid aus den Lungenkapillaren in die Lungenbläschen.

Die Atemluft gelangt über Nase und Mund in die Luftröhre und von dort in die Bronchien und Lungenbläschen. Dort wird der Sauerstoff von den roten Blutzellen aufgenommen.

Nährstoffe werden „verbrannt" – die Zellatmung

Bei der Verdauung werden die Nährstoffe in ihre Grundbausteine zerlegt und anschließend vom Blut zu den Körperzellen transportiert. Hier werden sie mithilfe von Sauerstoff schrittweise „verbrannt". Bei dieser chemischen Reaktion, der so genannten **Oxidation**, entstehen so z. B. aus Traubenzucker die Produkte Kohlenstoffdioxid und Wasser. Außerdem wird Energie frei, die für andere chemische Reaktionen in der Zelle benötigt wird. Ein Teil der Energie geht in Form von Wärme verloren. Da zur Oxidation der Nährstoffbausteine in den Zellen Sauerstoff gebraucht wird, nennt man den Vorgang auch **Zellatmung**.

Bei der Zellatmung werden in den Körperzellen die Nährstoffbausteine mithilfe von Sauerstoff „verbrannt".

Muskeln unterstützen die Atemmechanik

Die Lunge selbst besitzt keine Muskeln. Sie wird passiv durch Muskeln des Brust- und Bauchraums bewegt. Hierbei spielt das Zwerchfell eine wichtige Rolle. Das **Zwerchfell** ist ein großer Muskel unterhalb der Lunge, der den Brust- vom Bauchraum trennt. Beim Einatmen zieht sich das Zwerchfell zusammen und vergrößert so den Brustraum. Die Lungenflügel werden dabei nach unten und auseinander gezogen. Entspannt sich das Zwerchfell, verkleinert sich der Brustraum wieder. Dabei werden die Lungenflügel wieder nach oben geschoben und man atmet aus (▷ B 4).

Immer dann, wenn man stark ein- oder ausatmen muss, wird das Zwerchfell von weiteren Muskeln unterstützt (▷ B 5). Zwischen der Lunge und dem Brustkorb befindet sich ein Spalt, der mit einer Flüssigkeit gefüllt ist. Ähnlich wie zwei nasse Glasplatten die aneinander haften, kann die Lunge so gedehnt und zusammengezogen werden.

Das Zwerchfell und die Zwischenrippenmuskeln sind für die Atmung wichtig. Durch diese Muskeln wird die Lunge beim Einatmen gedehnt und Luft eingesaugt.

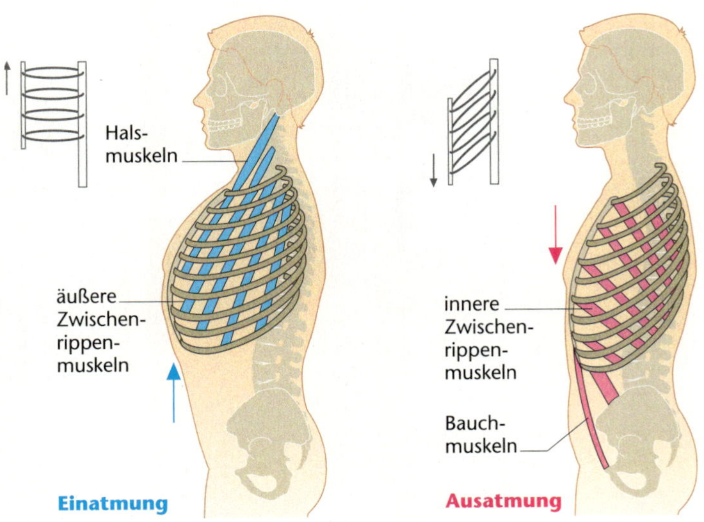

5 Hals- und Zwischenrippenmuskeln unterstützen die Atmung.

Aufgaben

1 Während der Atmung werden viele verschiedene Muskeln genutzt. Besorge dir eine Fotokopie des menschlichen Skeletts und zeichne die beteiligten Muskelgruppen ein.

2 Die äußere Oberfläche der Lunge beträgt etwa 0,1 m^2, die innere dagegen 70 m^2. Wie kommt dieser Unterschied zustande? Welcher Vorteil ergibt sich daraus für den Körper?

3 Worin unterscheiden sich die „Lungenatmung" und die „Zellatmung"?

4 Vergleiche den Vorgang der Zellatmung mit der Fotosynthese. Suche Gemeinsamkeiten und Unterschiede.

Wenn die Nase läuft …
„Hatschi!" – mit einem lauten Niesen macht er sich bemerkbar – der Schnupfen. Du fühlst dich matt und die Nase läuft. Manchmal hast du auch noch Kopfschmerzen im Nasen- und Stirnbereich und Fieber. Dann handelt es sich vermutlich auch noch um eine Entzündung der Nasennebenhöhlen. Beide Erkrankungen betreffen den oberen Bereich der Atemwege und verlaufen meist harmlos. Auch eine Mandelentzündung, die so genannte **Angina**, betrifft die oberen Atemwege. Ursachen dieser Erkrankungen sind eingedrungene Viren oder Bakterien.

Bronchitis und Lungenentzündung
Infektionen der unteren Atemwege reichen von einer leichten Bronchitis bis zur Lungenentzündung. Bei der **Bronchitis** sind die Schleimhäute der Bronchien aufgrund einer Bakterieninfektion entzündet. Neben starkem Husten sind Schmerzen und Fieber Kennzeichen dieser Erkrankung. Ist das Lungengewebe selbst entzündet, spricht man von einer **Lungenentzündung**. Auch sie beruht meist auf einer Infektion mit Bakterien. Neben den Krankheitssymptomen der Bronchitis treten bei einer Lungenentzündung zusätzlich noch hohes Fieber und Schüttelfrost auf. Ohne medikamentöse Behandlung kann eine Lungenentzündung lebensbedrohlich werden.

▶ Durch Infektionen mit Viren oder Bakterien können Erkrankungen der Atemwege hervorgerufen werden.

Gifte in der Atemluft
In der Luft sind verschiedene Schadstoffe enthalten, wie z. B. Benzindämpfe oder Asbestfasern, die Krebs auslösen können. Die Gefährlichkeit der Stoffe hängt von ihrer Konzentration in der Atemluft ab. Bei vielen Menschen ist es vor allem der Zigarettenrauch, dessen Teerstoffe die Schleimhäute der Bronchien schädigt. Nach einigen Jahren ist die Bronchienschleimhaut von Rauchern derart verklebt, dass Fremdkörper nur mit großen Anstrengungen abgehustet werden können. Das führt zu einer andauernden Entzündung der Bronchien, dem **Raucherhusten**. Eine Folge dieser chronischen Entzündung kann Lungenkrebs sein.

▶ Zigaretten enthalten Krebs erregende Stoffe. Diese können bei Rauchern Lungenkrebs verursachen.

Werkstatt

Versuche zur Atmung

1 Ein Modellversuch zur Bauchatmung

In Ruhe bewegt sich der Brustkorb kaum beim Atmen. Bei der Bauchatmung hebt und senkt sich lediglich der Bauch. Das liegt an der Bewegung des Zwerchfells (▷B 1).

Material
Glasglockenmodell

Durchführung
Halte das Modell mit der einen Hand fest und ziehe mit der anderen Hand an der Gummihaut.

Aufgaben
1. Was beobachtest du, wenn du an der Gummihaut ziehst? Was geschieht beim Loslassen?

2. Ordne die einzelnen Teile des Modells den entsprechenden Bereichen des Atmungssystems zu: Glasglocke, Glasrohr mit Gabelung, Luftballons, Gummihaut.

3. Die Glasglocke ist ein Modell. Erläutere, was dieses Modell erklärt und was nicht.

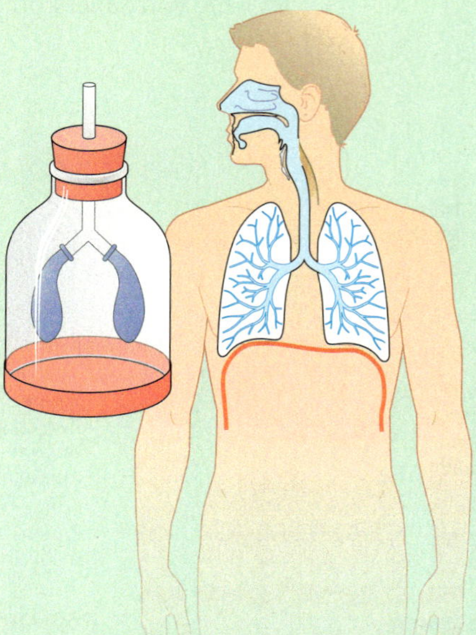

1 Zu Versuch 1

2 Wie viel Luft passt in die Lunge?

Material

Glaswanne, Glasglocke mit Hahn, Stativmaterial, Wasserstrahlpumpe, 2 Gummischläuche, gewinkeltes Glasrohr, Wasser

Durchführung

Baue die Apparatur entsprechend Abbildung 2 auf. Verbinde mithilfe des Gummischlauchs den Hahn der Glasglocke mit der Wasserstrahlpumpe.
Fülle die Glasglocke mit Wasser, indem du die Wasserstrahlpumpe anstellst und den Hahn öffnest. Wenn die Glasglocke vollständig mit Wasser gefüllt ist, schließt du den Hahn und die Wasserstrahlpumpe.
Setze das gewinkelte Glasrohr auf den zweiten Gummischlauch und halte diesen so in die Glaswanne, dass sich das Glasrohr unter der Glasglocke befindet.
Zur Bestimmung des Atemvolumens musst du so kräftig wie möglich in den Schlauch blasen. Atme vorher einige Male tief ein.

Aufgabe

Notiere dein maximales Atemvolumen. Vergleiche deinen Wert mit denen deiner Mitschülerinnen und Mitschüler. Suche Gründe für die unterschiedlichen Werte.

2 Bestimmung des Atemvolumens

3 Untersuchung einer Schweinelunge

Material

Schweinelunge (möglichst mit Luftröhre), Präparierschale, Einmal-Handschuhe, 50 cm langer Gummischlauch mit Mundstück, 10 cm langes Glasrohr, Bindfaden

Durchführung

a) Lege die Lunge in die Präparierschale und untersuche die Lunge mit den Händen.

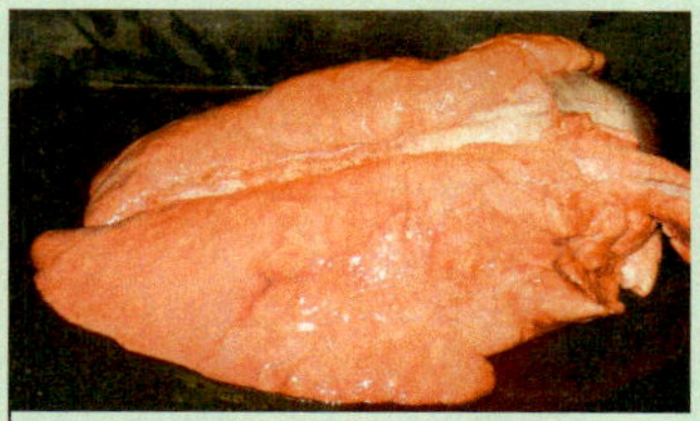

3 Lunge eines Hausschweines

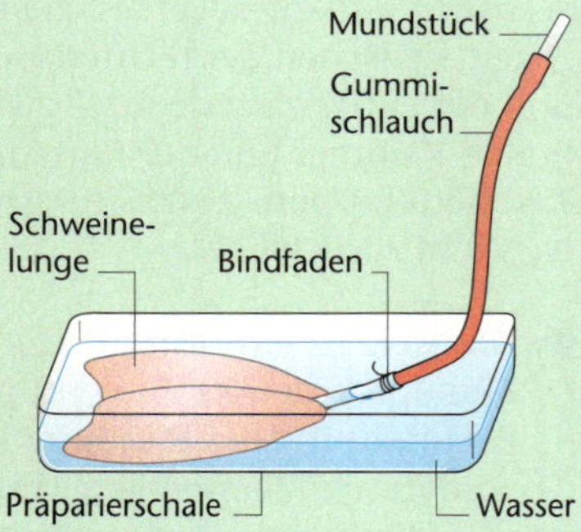

4 Zu Versuch 3 b)

b) Stecke das Glasrohr in den Gummischlauch und schiebe es durch die Luftröhre in die Schweinelunge. Binde mithilfe des Bindfadens die Luftröhre fest um den Gummischlauch.
Blase Luft durch den Schlauch in die Lunge.

Aufgaben

1. Beschreibe das Aussehen und die Form der Lunge.
Wie fühlt sich die Lunge an?
Welche Teile kannst du finden?
Fertige eine Zeichnung der Lunge an und beschrifte sie.

2. Was kannst du beobachten, wenn du in die Lunge bläst?

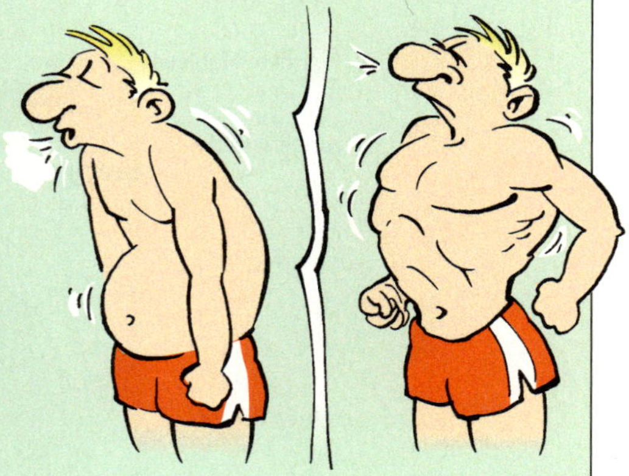

4 Einatmen – ausatmen

Material

Stativmaterial, 2 Gaswaschflaschen, Schlauchstücke, Kalkwasser (ätzend), Mundstück

Durchführung

Befestige die Gaswaschflaschen am Stativmaterial und verbinde sie, wie in Abbildung 5 gezeigt, miteinander. Fülle in beide Gaswaschflaschen ca. 2 cm hoch Kalkwasser.
Atme durch den Schlauch vorsichtig und gleichmäßig ein und aus.

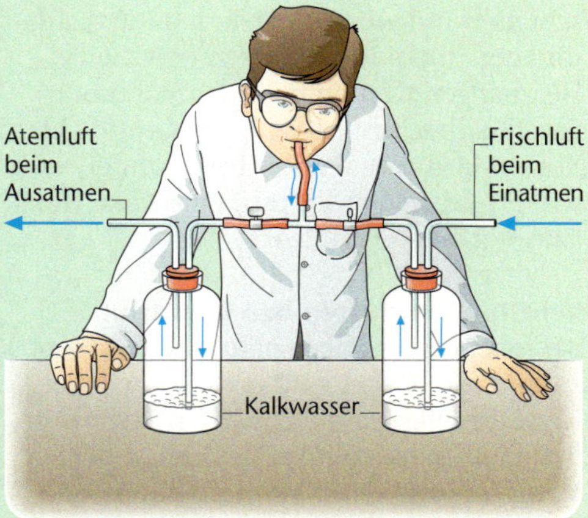

5 Zu Versuch 4

Aufgaben

1. Welche Veränderungen kannst du nach einigen Minuten feststellen?

2. Gib eine Erklärung für deine Beobachtungen.

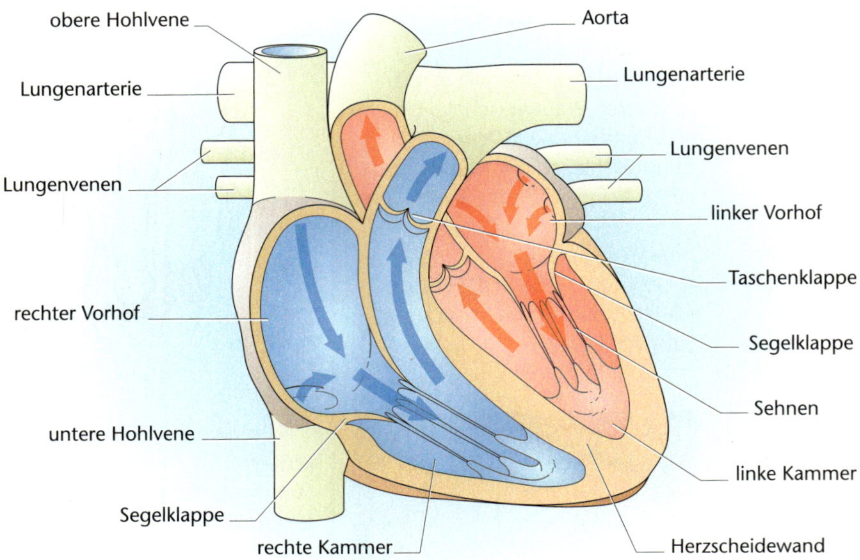

1 Bau des Herzens

Die lebenswichtige Pumpe

Damit das Blut alle Organe und jedes Gewebe im Körper erreichen und mit Sauerstoff versorgen kann, muss es mit kräftigem Druck durch die Blutgefäße gepumpt werden. Diese Aufgabe erfüllt das **Herz**, das durchschnittlich 60–70-mal pro Minute schlägt. Unser Herz ist ein faustgroßer Hohlmuskel, der vom Herzbeutel umschlossen wird. Durch die Herzscheidewand wird das Herz in eine rechte und eine linke Herzhälfte geteilt. Beide Herzhälften werden noch einmal durch Segelklappen unterteilt, sodass ein rechter Vorhof und eine rechte Herzkammer, sowie ein linker Vorhof und eine linke Herzkammer entstehen (▷ B 1).

Ventile beeinflussen den Blutstrom

Bei jedem Herzschlag zieht sich das Herz zusammen. Dabei wird das Blut aus den Herzkammern in die Lunge und den restlichen Körper gepumpt. Zwischen den Vorhöfen und den Kammern auf jeder Seite liegt jeweils eine **Segelklappe** (▷ B 1 und B 2). Durch sie wird verhindert, dass Blut aus den Herzkammern in die Vorhöfe zurückfließt. Die Segel der Segelklappen sind durch dünne Sehnenfäden an kleinen Muskeln befestigt. Wenn sich die Muskeln kontrahieren, werden die Sehnenfäden gespannt und die Segel fest zusammengezogen. Zwischen der rechten Herzkammer und der Lungenarterie, bzw. zwischen der linken Kammer und der Aorta liegen die **Taschenklappen**. Auch sie verhindern, dass Blut zurückfließt.

Aufgabe

1 Informiere dich im Internet oder bei deinem Hausarzt/Hausärztin, wie ein Herzschrittmacher funktioniert. Welche „natürliche" Aufgabe nimmt er wahr? Halte darüber ein Kurzreferat.

> Das Herz ist ein Hohlmuskel, der das Blut durch den Körper pumpt. Die Fließrichtung des Blutes im Herzen wird durch Klappen geregelt. Segel- und Taschenklappen verhindern, dass das Blut zurückfließt.

Ein endloser Kreislauf im Körper

Das Blut fließt in einem verzweigten Gefäßsystem ständig durch den Körper. Dabei unterscheidet man den Lungen- und den Körperkreislauf. Es handelt sich somit um ein **doppeltes geschlossenes Kreislaufsystem**.

Der Lungenkreislauf

Im **Lungenkreislauf** fließt das kohlenstoffdioxidreiche Blut aus der rechten Herzkammer zu den Lungen und gelangt über die Lungenarterien in die Lungenkapillaren. Dort geben die roten Blutzellen das Kohlenstoffdioxid in die Lungenbläschen ab und nehmen Sauerstoff auf. Das Blut fließt hier sehr langsam, sodass jede rote Blutzelle optimal mit Sauerstoff beladen werden kann. Von den Kapillaren fließt das Blut in die Lungenvenen, die in den linken Vorhof des Herzens münden.

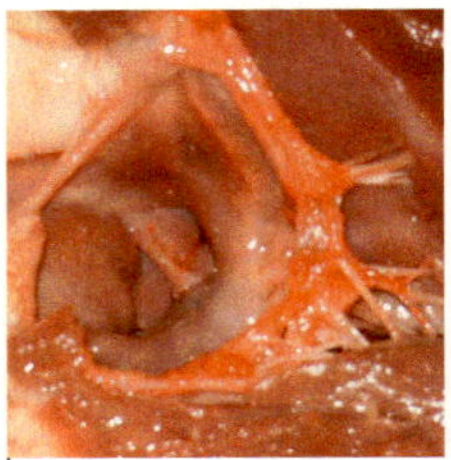

2 Segelklappe, frei präpariert

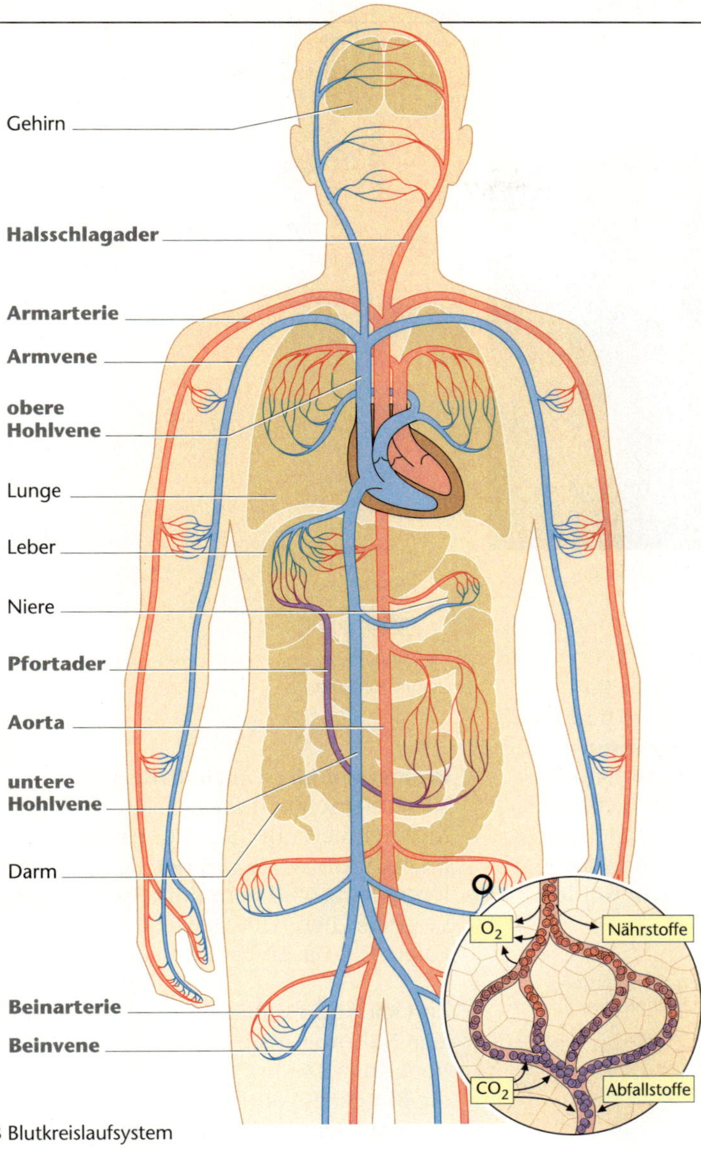

3 Blutkreislaufsystem

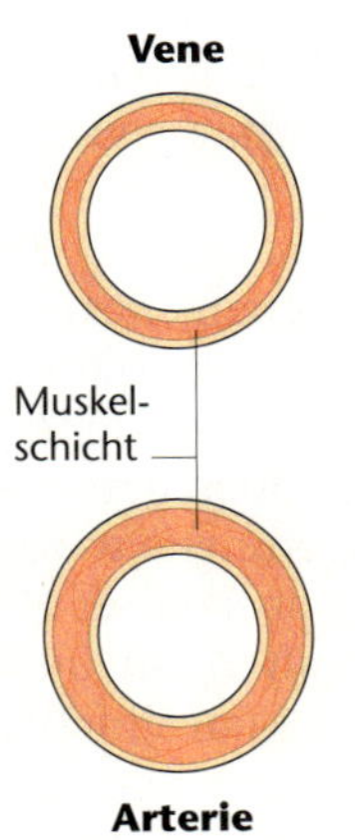

4 Arterien und Venen sind unterschiedlich gebaut.

Der Körperkreislauf

Aus dem linken Vorhof wird das sauerstoffreiche Blut über die linke Herzkammer in die Hauptschlagader, die Aorta und in die Körperarterien gepumpt. Da das Blut auf diesem Weg in den gesamten Körper gelangt, wird dieser Kreislauf **Körperkreislauf** genannt. Den Druck, mit dem das Herz das Blut in die Aorta und den Körperkreislauf pumpt, bezeichnet man als **Blutdruck**.

> Das Blut fließt in einem geschlossenen Kreislauf durch den Körper. Man unterscheidet den Lungen- und den Körperkreislauf.

Durch Arterien und Venen

Dein Herz pumpt das sauerstoffreiche Blut in die **Aorta**. Diese führt durch den Brustkorb und den Bauch bis ins Becken. Auf ihrem Weg dorthin zweigen mehrfach so genannte Arterien ab. Diese Arterien münden in die großen Organe, wie Gehirn, Magen, Milz, Leber, Nieren aber auch in Eierstöcke und Hoden sowie in den Darm.

Im oberen Brustkorb und im Becken spaltet sich die Aorta in die Arm-, bzw. Beinarterien auf. Jede Arterie verästelt sich immer weiter in viele kleine Blutgefäße, die **Kapillaren**. Diese durchziehen wie ein Netz das Organ und geben Sauerstoff und Nährstoffe direkt in die einzelnen Zellen ab. Abführende Kapillaren nehmen Abfallstoffe und Kohlenstoffdioxid auf und münden in eine zugehörige **Vene**.
Die Venen der Beine, sowie der Bauch- und Brustorgane münden in die **untere Hohlvene**, die Venen der Arme und des Kopfes in die **obere Hohlvene**. Beide Hohlvenen münden in den rechten Herzvorhof.

> Das Blutgefäßsystem besteht aus Arterien, Venen und Kapillaren.
> Die Arterien führen vom Herzen weg, die Venen führen zum Herzen hin.

Der Gefäßaufbau

Arterien und Venen sind unterschiedlich aufgebaut (▷ B 4). Arterien besitzen eine kräftige Muskelschicht, damit sie dem hohen Blutdruck standhalten und das Blut weiterpumpen können.
Venen besitzen dagegen nur eine dünne Muskelschicht sowie Klappen, die verhindern, dass das Blut zurückfließt. Außerdem liegen Venen an Muskeln und Arterien, sodass durch die Muskelanspannung und den Puls der Arterien das venöse Blut passiv zum Herzen gepresst werden kann.

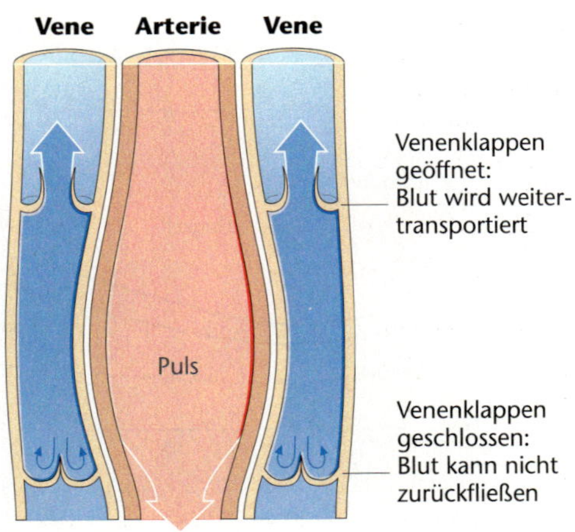

5 Bluttransport in den Venen

1 Fastfood

2 Übergewichtig durch Bewegungsmangel

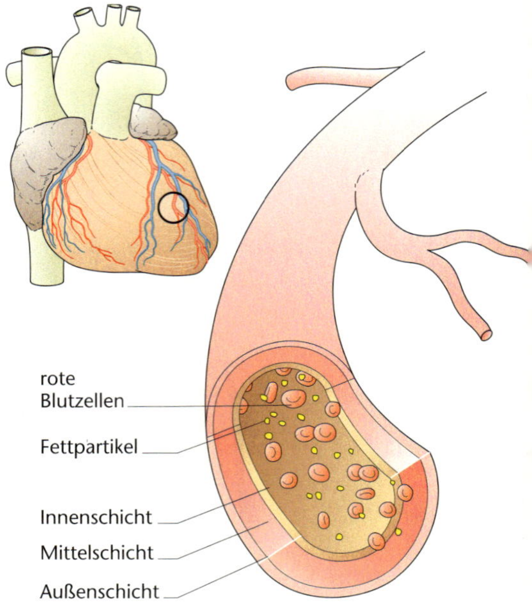

4 Querschnitt durch eine Arterie und Entstehung eines Herzinfarkts

Bei uns geht es vielen gut
In den meisten Familien gibt es Kühlschrank, Waschmaschine, Auto und Fernseher. Unser Leben ist relativ bequem. Auch die Arbeit vieler Leute ist dank moderner Maschinen körperlich nicht sehr anstrengend. Da das Lebensmittelangebot jedoch sehr reichhaltig ist, kann der Umgang damit zu einem Problem werden.

Der Body-Mass-Index (BMI) ist ein Zahlenwert, der angibt, ob du unter-, normal- oder übergewichtig bist. Dieser Wert ist ein Durchschnittswert.

So wird der Body-Mass-Index berechnet:

$$\frac{\textbf{Körpergewicht in kg}}{(\textbf{Körpergröße in m})^2} = \textbf{BMI}$$

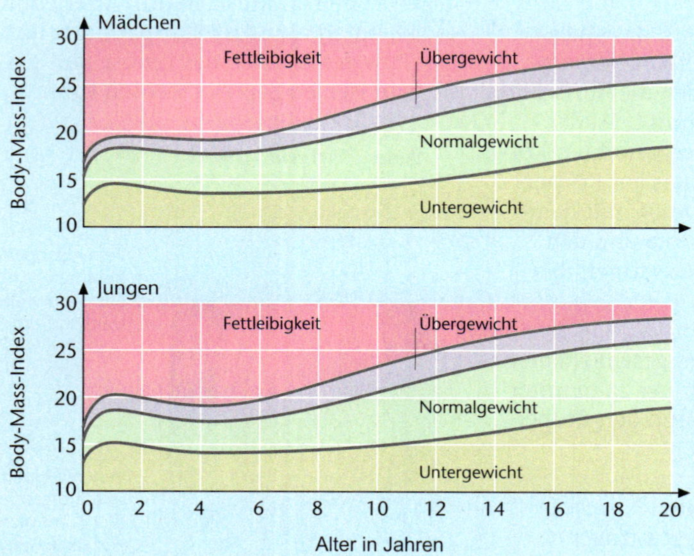

3 Berechnung des BMI und Tabelle zum Ablesen

Wohlstand birgt auch Risiken
Viele Menschen bewegen sich zu wenig und nehmen mit ihrer Nahrung mehr Energie auf, als sie verbrauchen. Dieser Überschuss wird vom Körper als Fettreserve gespeichert. Übergewicht (▷ B 2) ist die Folge. Es belastet Herz und Kreislauf.

Zu viele Süßigkeiten, zu fette und zu salzige Nahrungsmittel bewirken meist Bluthochdruck. Zu hoher Blutdruck schädigt die Blutgefäße und fördert die Entstehung weiterer Herz-Kreislauf-Erkrankungen.
In Deutschland stirbt jeder zweite Mensch an Herz-Kreislauf-Erkrankungen, wie z. B. dem Herzinfarkt.

Mangelnde Bewegung und falsche Ernährung begünstigen die Entstehung von Herz-Kreislauf-Erkrankungen.

Zu viel Fett ist ungesund ...
Durch falsche Ernährung gelangen zu viele Fettbestandteile ins Blut. Werden sie nicht verbraucht, können sich manche von ihnen in den Innenwänden der Arterien ablagern. Diese Ablagerungen werden Plaques genannt (▷ B 4). Dort kommt es zu Verhärtungen und dauerhaften Entzündungen in der Gefäßwand. Man spricht von **Arteriosklerose**.
Die Arterien können sich dann z. B. bei körperlicher Belastung durch Sport nicht entsprechend erweitern, um das zu versorgende Gewebe ausreichend zu durchblu-

ten. Das könnte im Unterschenkel zu schmerzhaften Wadenkrämpfen führen. Die Arteriosklerose wird auch durch Rauchen und zu hohen Blutdruck begünstigt. Zudem gibt es eine erbliche Veranlagung. Schon bei Jugendlichen tritt diese meist vermeidbare Krankheit auf.

... und sogar gefährlich

In den Gefäßwänden platzen manchmal die Plaques auf. Dann bildet sich im Gefäß schnell ein Blutgerinnsel, das wie ein Pfropf das Blutgefäß verschließt. Ein solches Blutgerinnsel heißt **Thrombus**. Durch das verschlossene Gefäß kann nun ein Bereich des Körpers nicht mehr ausreichend mit Nährstoffen und Sauerstoff versorgt werden.

Dazu wird ein Venenstück z.B. aus dem Oberschenkel verwendet.
Einen Herzinfarkt können diese Maßnahmen jedoch nicht verhindern.

Vorbeugen lohnt sich!

Willst du dem Risiko einer Herz-Kreislauf-Erkrankung vorbeugen, solltest du dich regelmäßig bewegen, Sport treiben, dich gesund ernähren und ein normales Gewicht halten.
Achte darauf, wenig Salz, wenig tierisches Fett und wenig Zucker zu essen.

▶ Das Risiko, an Arteriosklerose und Herzinfarkt zu erkranken, kann jeder selbst möglichst gering halten.

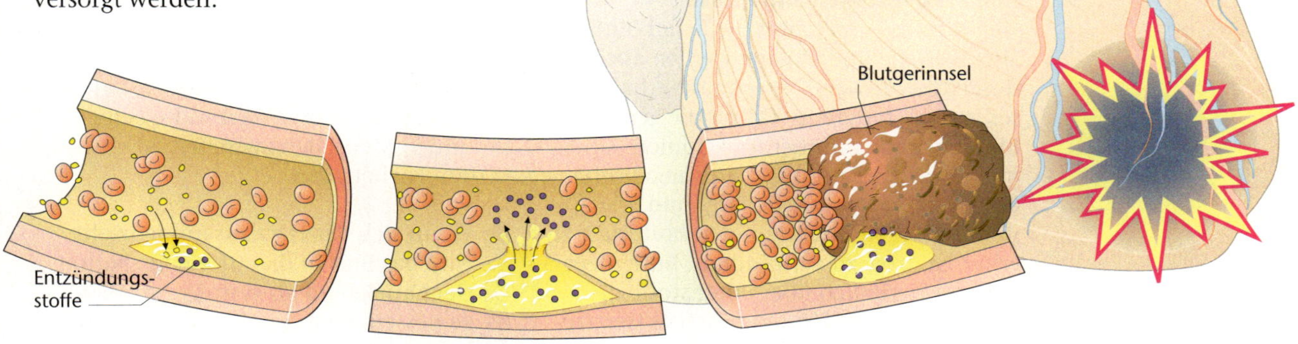

Überschüssiges Fett lagert sich in den Arterienwänden ab. Zusammen mit weiteren Stoffen aus dem Blut bildet sich eine zähe Plaque. Außerdem beginnen sich Entzündungsstoffe in der Plaque zu sammeln.

Die Plaque dehnt sich mit der Zeit aus und kann aufreißen. Durch den Riss gelangen die entzündungsfördernden Stoffe aus der Plaque ins Blut.

Durch die Entzündungsstoffe gerinnt das Blut. Es entsteht ein Blutgerinnsel, das die Arterie verstopfen kann. Die Sauerstoffversorgung des Gewebes wird unterbrochen.

Wird der Herzmuskel nicht mehr mit Sauerstoff versorgt, stirbt er ab. Man spricht dann von einem **Herzinfarkt**.

Sind die Arterien verschlossen, die den Herzmuskel versorgen, spürt man dort starke Schmerzen, die in den linken Arm ausstrahlen. Es tritt Herzstechen auf. Einige Betroffene leiden auch unter starker Übelkeit. Ein Teil des Herzmuskels stirbt wegen der Unterversorgung ab, es ist zum **Herzinfarkt** gekommen.

Ein Infarkt kann auch im Gehirn stattfinden. Er wird **Schlaganfall** oder **Hirninfarkt** genannt.

Eine Arteriosklerose am Herzen kann ein Druck- und Engegefühl hinter dem Brustbein hervorrufen. Wird sie erkannt, haben Ärzte einige Möglichkeiten, um dieses Symptom zu lindern. Das betroffene Blutgefäß kann mit einem kleinen Ballon geweitet oder die Plaques können mithilfe eines Laserstrahls entfernt werden. Es kann auch operativ eine Umleitung, ein so genannter **Bypass**, gelegt werden.

Aufgaben

1 Bei einem Herzstillstand setzen Ärzte häufig einen „Defibrillator“ ein. Informiere dich über die Einsatzmöglichkeiten dieses Gerätes. Verfasse einen Bericht, stelle Vor- und Nachteile in einer Tabelle gegenüber.

2 a) Überlegt in Gruppen, welche Risiken für Herz-Kreislauf-Erkrankungen es in eurem Alltag gibt.
b) Diskutiert über Änderungsvorschläge.
c) Stellt euer Ergebnis der Klasse vor.

3 a) Mithilfe des Body-Mass-Index (▷ B 3) kannst du dein Körpergewicht leicht einordnen. Prüfe, ob du Normalgewicht hast.
b) Beschaffe dir Informationen über die Anteile Unter-, Normal- und Übergewichtiger in der Bevölkerung.
c) Erfasse diese Anteile im Kreisdiagramm.

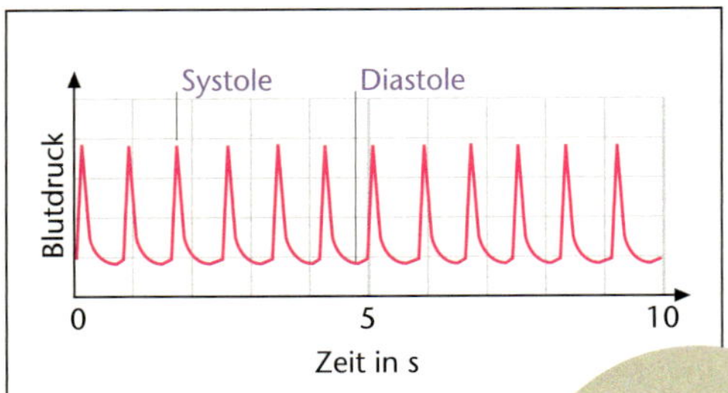

1 Blutdruck in Ruhe

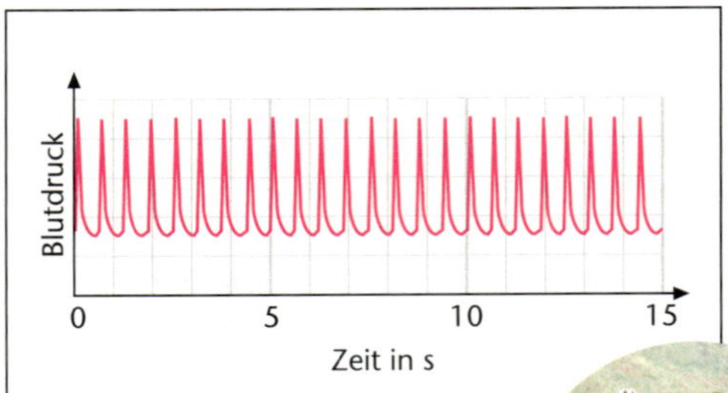

2 Blutdruck unter Belastung

Allen Lebenslagen angepasst
Der Blutfluss und damit die Durchblutung aller Gewebe und Organe werden auch bei unterschiedlichen Schwerkraftverhältnissen aufrechterhalten. Damit die genannte Blutversorgung immer funktioniert, sind mehrere Steuerungsmechanismen vorhanden: Nerven steuern die Eng- und Weitstellung der Arterien, um den Blutdruck zu erhöhen, bzw. zu vermindern. Außerdem können zusätzlich über Botenstoffe die Pumpmenge des Herzens und die Herzfrequenz verändert werden.

Der Blutdruck
Eigentlich ist der Blutdruck als die Kraft definiert, die das Blut auf die Gefäßwände ausübt. Ärzte dagegen messen bei ihren Patienten immer nur den **arteriellen Blutdruck**. Der Blutdruck ist abhängig von der Gesamtblutmenge im Körper, von der Herzfrequenz und von der Blutmenge, die pro Herzschlag aus dem Herzen herausgepumpt wird.

Jedes Mal, wenn sich der Herzmuskel zusammenzieht, steigt somit der Blutdruck in den Arterien. Es entsteht eine Druckwelle, die durch die Arterien wandert. An Stellen, an denen Arterien nahe der Körperoberfläche verlaufen, kannst du dies als **Puls** fühlen. Die Pulsfrequenz entspricht dabei der Frequenz des Herzschlages.

Während sich die Herzkammern zusammenziehen, Mediziner sprechen von der **Systole**, kann der Blutdruck in den Arterien beim gesunden Menschen im Ruhezustand bis zu 120 mmHg (Millimeter Quecksilbersäule) ansteigen. Man nennt diesen oberen Blutdruckwert den **systolischen** Wert. Als **diastolischer** Wert wird der Blutdruck bezeichnet, der entsteht, wenn die Herzkammern nach der Pumpaktion erschlaffen (auch **Diastole** genannt) und der Druck in den Arterien abfällt (▷ B 3). Dieser Wert sollte beim gesunden Menschen zwischen 70 und 90 mm Hg betragen.

Wenn sich das Herz zusammenzieht, wird das Blut in die Arterien gepumpt. Der Druck wird als systolischer Wert gemessen. Beim Erschlaffen der Herzkammern misst man den diastolischen Wert.

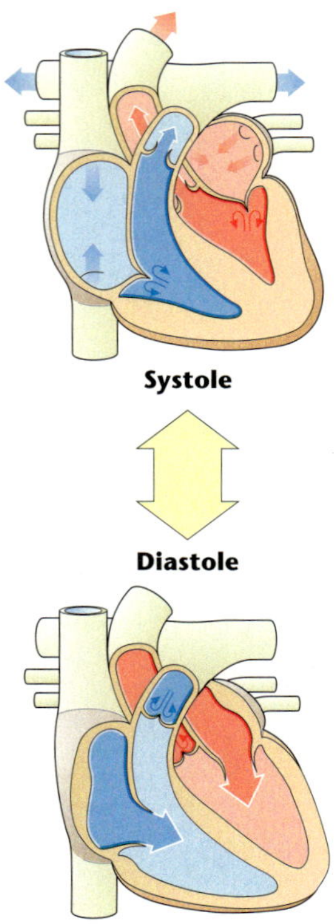

3 Funktion des Herzens

4 Riva Rocci (1863–1937)

Alter in Jahren	**Blutdruck** in mm Hg
bis 10	90/60
10–30	110/75
30–40	125/85
40–60	140/90
über 60	150/90

5 Blutdruck

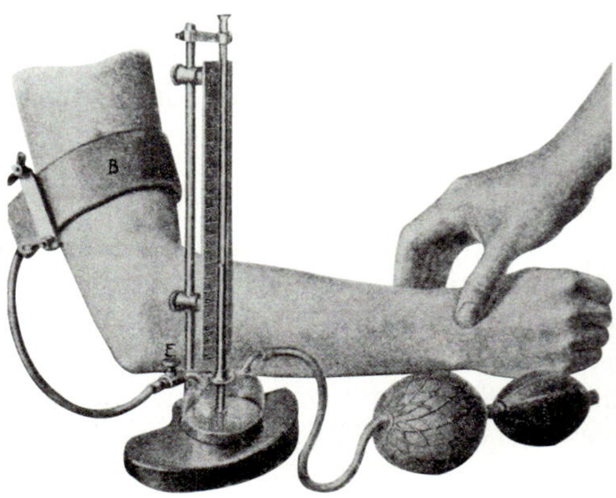

6 Messung des Blutdrucks nach Riva Rocci

Die Messung von Puls- und Blutdruck

Auf einen gesunden Kreislauf kommt es an!
Du weißt bereits, dass das Herz durch seine Pumpkraft dafür verantwortlich ist, dass jede einzelne Zelle mit Sauerstoff versorgt wird. Damit der Pumpmechanismus auch in jeder „Lebenslage" funktioniert, muss ein ausreichender Blutdruck vorhanden sein. Blut kann, wie jede andere Flüssigkeit auch, nur dann durch Gefäße wie Arterien und Venen fließen, wenn zwischen Anfang und Ende ein Druckunterschied besteht. Der Anfang unseres Kreislaufsystems ist die Aorta, das Ende sind die beiden Hohlvenen. Das folgende Praktikum soll dir zeigen, dass der Blutdruck an unterschiedlichste Bedingungen angepasst werden kann.

1 Pulsmessung

Üblicherweise misst man die Herzfrequenz an einer nah an der Körperoberfläche verlaufenden Arterie (Schlagader), z. B. der Schlagader am Handgelenk.

Material
Stoppuhr, Millimeterpapier, Schreibzeug

Durchführung
a) Arbeite mit einem Partner oder einer Partnerin zusammen.
b) Miss, wie in Abbildung 1 gezeigt, am Handgelenk deines Partners 30 Sekunden lang den Puls.
c) Multipliziere den gezählten Wert mit 2.
d) Die Messung wird wiederholt, nachdem ihr jeweils 30 Kniebeugen gemacht habt.
e) Nun entspannt ihr euch drei Minuten, bevor ihr die nächste Messung durchführt.
f) Nach weiteren drei Minuten Entspannungspause erfolgt die letzte Messung.

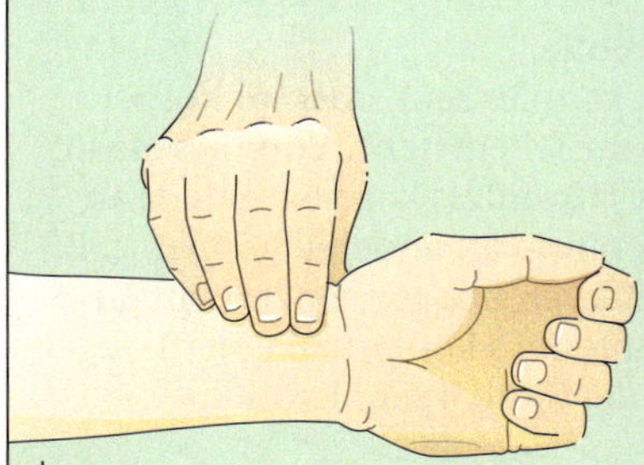

1 Pulsmessung am Handgelenk

Aufgaben
1. Wie kommt der Pulsschlag zustande?
2. Notiere die Werte, die du im Sitzen gemessen hast sowie nach 30 Kniebeugen.
3. Erstelle anhand deiner Werte ein Balkendiagramm.
4. Beschreibe das Diagramm und erläutere es.

2 Pulsschlag an verschiedenen Stellen

Durchführung
a) Versuche, mit deiner rechten Hand den Puls an der Halsschlagader zu fühlen.
b) Suche jetzt mit deiner linken Hand den Puls am rechten Handgelenk.
c) Bleib am Puls und fühle gleichzeitig mit der rechten Hand den Puls an der Halsschlagader. Somit kannst du gleichzeitig den Puls an zwei verschiedenen Stellen messen.

Aufgabe
Was fällt dir beim Vergleich der beiden Pulsschläge (am Handgelenk und an der Halsschlagader) auf? Begründe deine Beobachtung.

3 Blutdruckmessung

Material
Blutdruckmessgerät, Stoppuhr, Zeichenmaterial

Durchführung
a) Lege deinem Partner, deiner Partnerin, die Blutdruckmanschette wie in Abbildung 2 am Oberarm an. Achte darauf, dass der Arm entspannt auf dem Tisch aufliegt. Außerdem sollte man sich während der Messung möglichst nicht bewegen und auch nicht sprechen. Miss anschließend den Blutdruck gemäß der Geräteanleitung.
b) Wiederhole die Messung nach 30 Kniebeugen sowie nach einer Ruhepause von drei bzw. sechs Minuten.

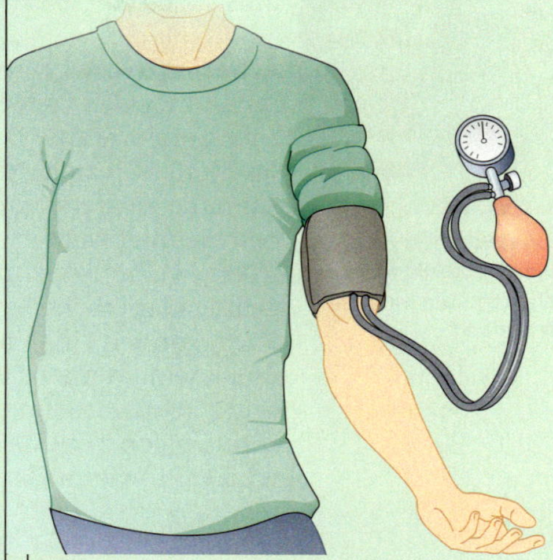

2 Anlegen der Blutdruckmanschette

Aufgabe
Erstelle auch für diese Messreihe ein Balkendiagramm. Vergleiche die Werte mit denen der Pulsmessung. Was kannst du daraus ableiten?

4 Herzfrequenzen verschiedener Tiere

Material
Kassette mit Herztönen verschiedener Tiere

Durchführung
Hör die Tonbandkassette „Herztöne" an.

Aufgaben
1. Ermittle die Zahl der Herzschläge für die Tiere auf der Kassette.
2. Lege eine Tabelle an, in die du die auf der Kassette gemachten Angaben über Art des Lebewesens, Alter, Gewicht und die Herzfrequenz (Zahl der Herzschläge pro Minute) einträgst.
3. Formuliere: „Die Herzfrequenz, ist abhängig von ...".
Erkläre diesen Zusammenhang.
4. Rechenaufgabe: Unser Herz pumpt in einer Minute ca. 7 l Blut durch den Körper. Berechne die Pumpleistung für: 1 Stunde, 1 Tag, 1 Monat, 1 Jahr, im Laufe eines Lebens (75 Jahre).

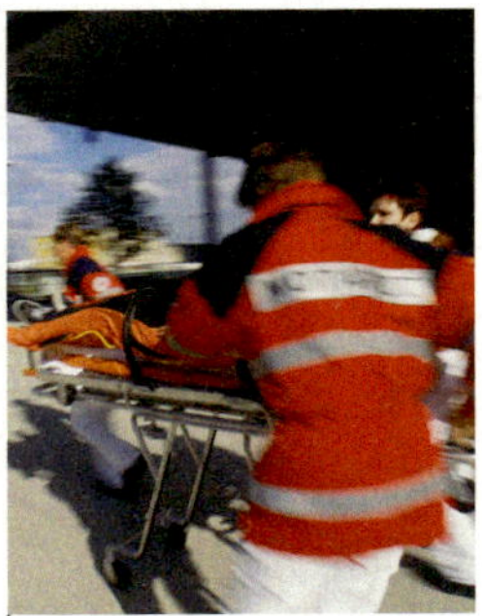

1 In Deutschland erleiden ca. 300 000 Menschen pro Jahr einen Herzinfarkt.

Erkrankungen des Herz- und Kreislaufsystems gehören zu den häufigsten Erkrankungen in Deutschland. Was sind die Ursachen dafür? Ist vielleicht der Organismus „Mensch" selbst das größte Risiko?

Arteriosklerose
Im Blut werden viele Stoffe transportiert, auch Fette wie das Cholesterin. Liegt dieses Blutfett in zu hoher Konzentration vor, kann die Entstehung einer Arteriosklerose beschleunigt werden.
Übergewicht, Fehlernährung und mangelnde körperliche Bewegung aber auch Stress können Ursachen für Bluthochdruck sein. Meistens verursacht Bluthochdruck keinerlei Schmerzen. Unbehandelt kann er jedoch zu Gefäße- und Augenschäden sowie zu Herzerkrankungen führen.

Aufgaben

1 Was sind die Ursachen der jeweiligen Erkrankungen? Erstelle hierzu eine Tabelle.

2 Überlege dir, welche Erkrankungen der Mensch durch sein Verhalten am meisten beeinflussen kann. Begründe deine Antwort und diskutiert in der Klasse darüber.

Schlaganfall
Wird das Gehirn mit zu wenig Sauerstoff und Traubenzucker versorgt, kann es zu einem Schlaganfall kommen. Ursache ist die Verstopfung einer der Kopfschlagadern durch ein Blutgerinnsel.

Herzinfarkt
Durch die krankhafte Verengung der Herzkranzgefäße kann es bei körperlicher Anstrengung zu Sauerstoffmangel im Herzen kommen. Die Folge ist ein beengender Schmerz in der Brust, der einige Minuten anhält. Man spricht von einem Angina-Pectoris-Anfall.
Angina-Pectoris-Anfälle gelten als Vorboten von Herzinfarkten.

Venenthrombose
Vor allem in den Unterschenkeln kann es zur Ausbildung von Krampfadern kommen. So nennt man funktionsuntüchtige Venen. Hier versagen die Venenklappen und das Blut kann in der Vene zurückfließen. Es kommt so zu einer Blutstauung und zur Erweiterung der Gefäße. Als weitere Folge hiervon kann es zur Bildung von Blutpfropfen kommen.

Lungenembolie
Manchmal kann es sein, dass im Körper ein Blutgerinnsel entsteht. Von diesem so genannten Thrombus können sich dann Teile ablösen und an anderen Stellen, z. B. in den Kapillaren der Lungen, erneut Gefäße verstopfen. Es kommt zu einer Lungenembolie, die tödlich sein kann.

Durchgecheckt – Untersuchungen von Herz und Kreislauf

Um mögliche Herzerkrankungen festzustellen bzw. zu behandeln, gibt es verschiedene Methoden.

Jeder Pumpfunktion des Herzens geht eine elektrische Erregung voraus, die sich über das Herz ausbreitet. Bei einem **Elektrokardiogramm (EKG)** wird diese elektrische Aktivität des Herzmuskels mithilfe von Elektroden registriert und als so genannte „Herzstromkurve" aufgezeichnet. Die Anfang des letzten Jahrhunderts entwickelte Technik ist die wichtigste Methode um einen Herzinfarkt oder Störungen der Herzfrequenz und des Herzrhythmus nachzuweisen.

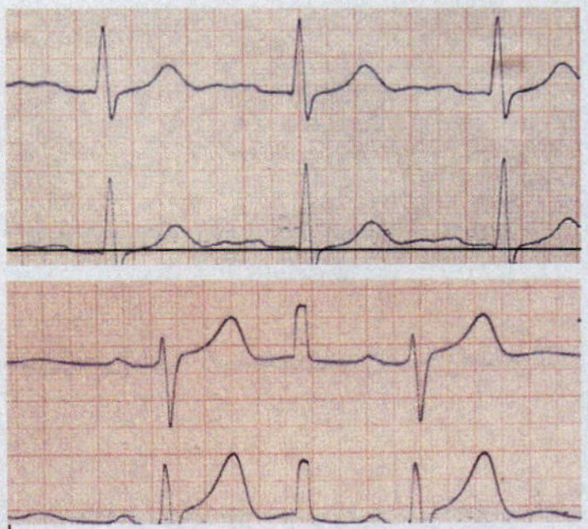

1 EKG gesundes und krankes Herz

Will man testen, wie das Herz unter Belastung arbeitet, wird ein **Belastungs-EKG** erstellt. Hierbei werden die Herzströme aufgezeichnet, während der Patient Fahrrad fährt. Liegt eine Herzerkrankung vor, die unter Belastung zu Sauerstoffmangel führt, wird dies im EKG sichtbar.

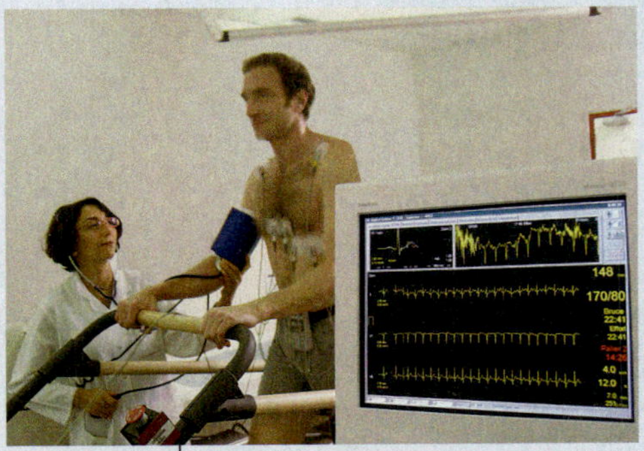

2 Belastungstest-EKG

Um die Herzaktionen sichtbar zu machen, wird die **Ultraschall-Untersuchung** eingesetzt. Dabei werden Schallwellen, die ausgesandt und vom Herzgewebe wieder reflektiert werden, auf einem Bildschirm dargestellt. So kann die Funktion der Herzkammern und der Herzklappen, aber auch die Dicke und die Struktur der Herzwand genau untersucht werden.

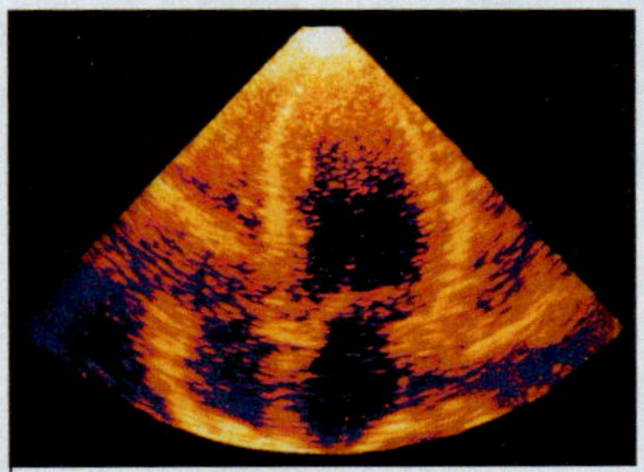

3 Ultraschall-Bild des Herzens

Die **Multislice-Computertomografie (MSCT)** verbindet die Ultraschall-Untersuchung mit einer Computertomografie. Dabei wird das Gewebe durch Röntgenstrahlen in einzelne Scheiben „geschnitten". An Computern werden diese Scheiben anschließend zu einer präzisen dreidimensionalen Aufnahme des Herzens und der Herzkranzgefäße zusammengesetzt. So können Gefäßverengungen und eventuell vorhandene Plaques sichtbar gemacht werden.

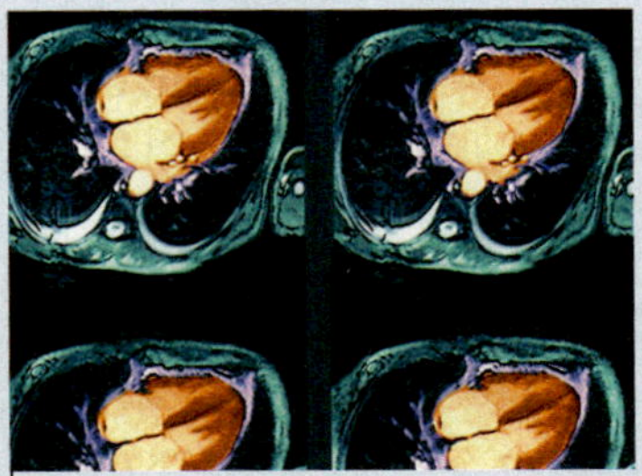

4 Ergebnis der MSCT

Herzklappen, die ihre Funktion nicht mehr erfüllen, können durch **künstliche Herzklappen** ersetzt werden. Diese bestehen meist aus Kunststoff und Metall. Es werden aber auch speziell präparierte Herzklappen von Schweinen oder Menschen, so genannten Bioprothesen, eingesetzt.

5 Künstliche Herzklappe

Ein **Herzschrittmacher** gibt in einem gewünschten Rhythmus kleine Stromstöße an das Herz ab. Er kann eingesetzt werden, wenn der Herzschlag verlangsamt ist. Das Gerät wird unterhalb des Schlüsselbeins eingepflanzt und ist über ein dünnes Kabel mit dem Herzen verbunden.
Ein Herzschrittmacher kann mehrere Jahre im Körper bleiben, bevor er ausgetauscht werden muss, allerdings sind regelmäßige Kontrollen erforderlich. Der erste Herzschrittmacher wurde 1958 in Zürich implantiert.

6 Herzschrittmacher in Originalgröße

Bei bestimmten Herzkrankheiten, kann den Patienten nur durch eine Transplantation geholfen werden. Ihnen wird dann das Herz eines Verstorbenen eingepflanzt. Da es aber zu wenige Organspender gibt, wurden auch **künstliche Herzen** entwickelt. Diese Maschinen sollen die Pumparbeit des Herzens übernehmen. Allerdings ist ihre Lebensdauer begrenzt. Auch die Energieversorgung ist noch nicht befriedigend, denn es müssen ständig Akkus außerhalb des Körpers mitgeführt werden.

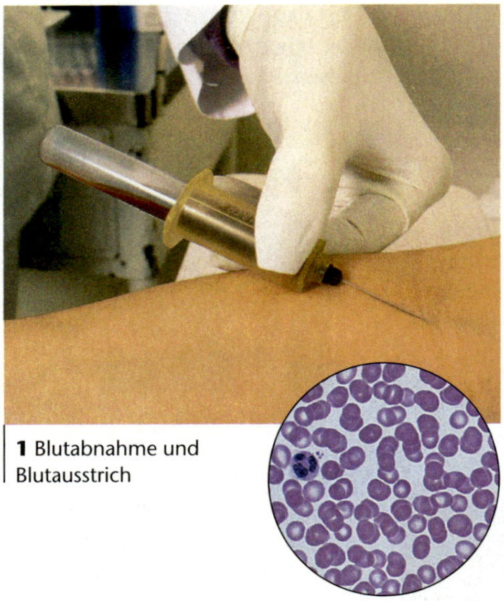

1 Blutabnahme und Blutausstrich

Blut – was gehört dazu?

Auf den ersten Blick sieht Blut wie eine einheitlich rote Flüssigkeit aus. Aber menschliches Blut besteht aus vielen Bestandteilen: Neben dem **Blutplasma**, kommen im Blut auch **rote** und **weiße Blutzellen**, sowie **Blutplättchen** vor.

Feste und flüssige Bestandteile

Das gesamte Blutvolumen macht beim Menschen ungefähr 5 – 7 l aus. Das Blutvolumen besteht ungefähr zur Hälfte aus dem gelblich durchsichtigen **Blutplasma**, zur anderen Hälfte aus den festen Bestandteilen, den Blutzellen.

Weiße Blutzellen dienen der Abwehr

Um Bakterien, Viren oder Krebszellen abwehren zu können, besitzt unser Körper auch unterschiedliche weiße Blutzellen, die **Leukozyten**.

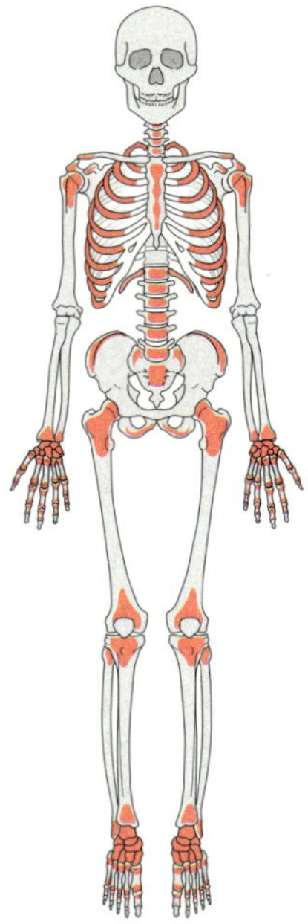

3 Lage des roten Knochenmarkes

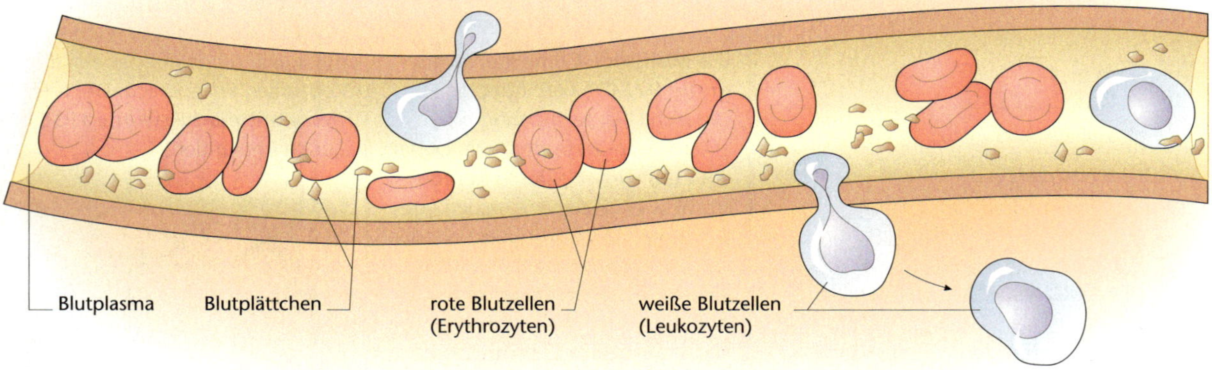

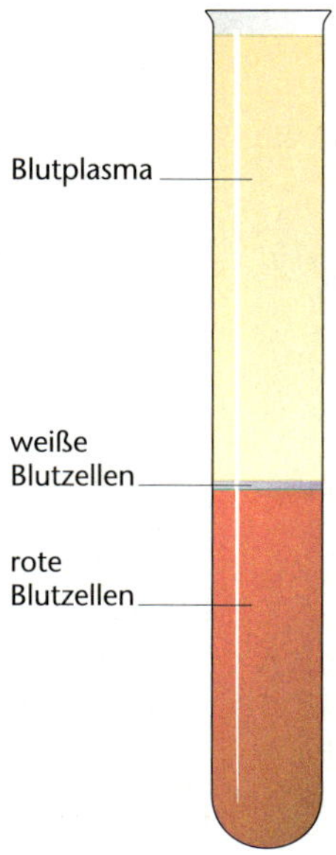

2 Zusammensetzung des Blutes

Die Transportfunktion des Blutes

Das Blutgefäßsystem mit Arterien, Venen und Kapillaren durchzieht jede Körperregion. So ist es möglich, dass die roten Blutzellen und das Blutplasma Sauerstoff (O_2), Nährstoffe und andere Stoffe zum jeweiligen Bestimmungsort transportieren, um alle Gewebe zu versorgen.
Umgekehrt werden anfallende Abfallprodukte über das Blut zur Leber, zu den Nieren oder, wie beim Kohlenstoffdioxid (CO_2), zur Lunge abtransportiert.

▶ Über das Blut werden vor allem Sauerstoff und Nährstoffe zu allen Körperzellen transportiert.

4 Größenvergleich

Blut reguliert die Körpertemperatur
Eine weitere Funktion des Blutes ist der Wärmetransport. Durch die ständige Blutzirkulation erhält sich der Körper in seinem Inneren eine immer gleich bleibende Kerntemperatur von 37 °C.

Die Blutzellbildung
Alle Blutzellen werden im Knochenmark deiner Röhrenknochen und Beckenknochen aus Vorläuferzellen, den so genannten **Stammzellen**, gebildet. Eine einzige Stammzelle ist in der Lage, je nach Bedarf rote oder weiße Blutzellen oder Blutplättchen zu bilden.

Alle Blutzellen werden im roten Knochenmark aus den Stammzellen gebildet.

Die roten Blutzellen
Rote Blutzellen besitzen keinen Zellkern. Sie können sich also nicht durch Zellteilung vermehren.
Ihr rotes Aussehen erhalten die roten Blutzellen, auch **Erythrozyten** genannt, durch ihren Farbstoff, das **Hämoglobin**. Dieser Farbstoff ist in der Lage, Sauerstoff aufzunehmen und zu binden. Nach der Sauerstoffaufnahme in den Lungenkapillaren transportiert die rote Blutzelle ihn zu Organen und Geweben. Hier gibt die Blutzelle den Sauerstoff ab, nimmt Kohlenstoffdioxid in gelöster Form auf und transportiert es zurück zu den Lungenkapillaren, wo es in die Lungenbläschen abgegeben und schließlich ausgeatmet wird.

Rote Blutzellen transportieren mithilfe ihres Farbstoffes Hämoglobin Sauerstoff aus den Lungenkapillaren zu Organen und Geweben.

Der „Friedhof" der roten Blutzellen
Eine rote Blutzelle hat einen Durchmesser von 8 µm. Während sie durch die Blutbahn im Plasma transportiert wird, muss sie auch die **Milz** passieren. Die Milz besteht im Inneren aus vielen kleinen Netzen, deren Poren einen Durchmesser von 4 µm haben. Ungefähr 115 Tage lang ist die rote Blutzelle elastisch genug, um dieses Netzgitter passieren zu können. Dann verliert die Zellwand der roten Blutzelle ihre Elastizität und wird brüchig. Durch kleine Einrisse in der Zellmembran dringt nun Blutplasma in die rote Blutzelle ein. Jetzt kann sie nicht mehr durch das Netzgitter der Milz hindurch, sie bleibt stecken. Fresszellen, Makrophagen, die zu den weißen Blutzellen gehören, zerlegen die rote Blutzelle.

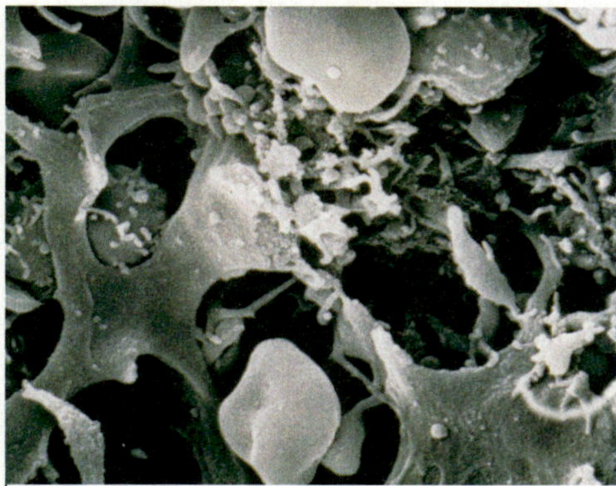
5 Erythrozyten in der Milz

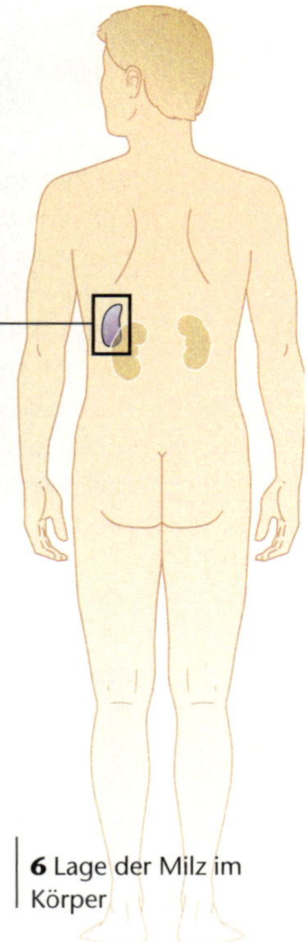
6 Lage der Milz im Körper

Aufgaben

1 Wenn ein Mensch im Sommer zu wenig trinkt, sagen manche Leute, sein Blut sei eingedickt.
Erkläre, was damit gemeint ist.

2 Weshalb können Erkrankungen der Stammzellen immer eine verheerende Auswirkung auf den menschlichen Organismus haben?

3 Viele Sportverbände schicken ihre Spitzensportler 4–6 Wochen vor großen internationalen Wettkämpfen zum Höhentraining in die Alpen. Dort in 1800–2400 m Höhe herrscht ein niedrigerer Luftdruck, der anfangs das Atmen erschwert.
a) Wie reagiert der Körper auf diese erschwerte Situation?
b) Warum können vor allem Ausdauersportler anschließend im Flachland bessere Leistungen erbringen?

4 Erstelle eine Tabelle und trage die Eigenschaften der festen Bestandteile des Blutes ein: Anzahl, Größe, Form, Lebensdauer, Bildungsort, Funktion.
Benutze neben deinem Buch auch andere Informationsquellen.

7 Höhentraining …

Wir untersuchen Blut

Im Blut können sich viele Krankheitserreger aufhalten. Deshalb musst du bei allen Versuchen folgendes beachten:
Trage stets Handschuhe. Wenn du dich trotzdem einmal verletzt, desinfiziere die Wunde sofort und melde den Vorfall deinem Biologielehrer oder deiner Biologielehrerin!

1 Blutausstrich

Material

2–3 ml Schweineblut, Tropfpipetten, 2 Objektträger, Deckglas, Mikroskop, Färbelösung (Methylenblau), Löschpapier

Durchführung

a) Entnimm mit der Tropfpipette etwas Blut und gib vorsichtig einen Tropfen an den Rand des ersten Objektträgers.

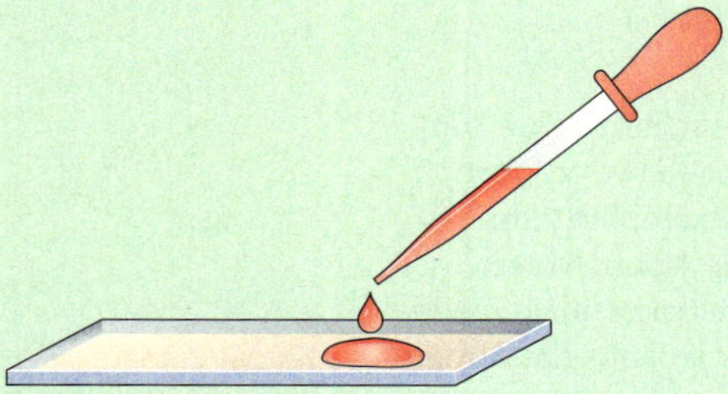

b) Nimm den zweiten Objektträger und setze ihn in einem Winkel von 70° an den Blutstropfen auf den ersten Objektträger auf, wie es in der Abbildung dargestellt ist.

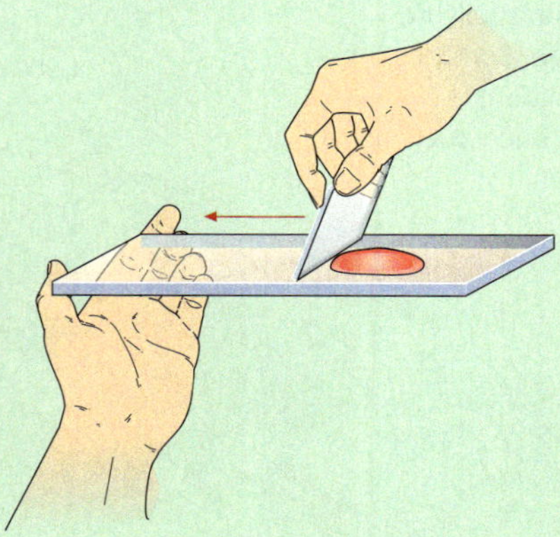

c) Ziehe den schräg aufgesetzten Objektträger langsam vom Blutstropfen weg. Beachte dabei, dass sich die zwei Objektträger immer berühren.
d) Lass den Objektträger trocknen und gib dann einen Tropfen der Färbelösung darauf.
e) Warte 2 Minuten, gib einen Tropfen Wasser darauf und lege ein Deckglas auf. Sauge eventuell überschüssiges Wasser mithilfe des Löschpapiers ab.

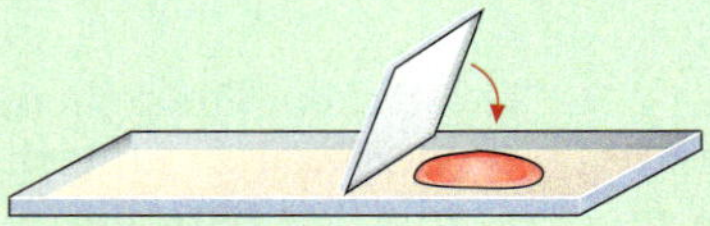

f) Mikroskopiere dein Präparat. Beginne zunächst mit der kleinsten Vergrößerung.

Aufgabe

Zeichne den betrachteten Ausschnitt möglichst groß. Woran kannst du die einzelnen Zellen erkennen?

2 Nachweis der Sauerstoff- und Kohlenstoffdioxidaufnahme

Material

Frisches Schweineblut, 2 Gaswaschflaschen, Stativmaterial, Gummischläuche, Kohlenstoffdioxid und Sauerstoff aus Gasflaschen

Durchführung

a) Befestige die Gaswaschflasche mithilfe des Stativmaterials, sodass sie sicher steht.
b) Fülle ca. 3 cm hoch frisches Schweineblut ein.
c) Verbinde die Gaswaschflasche mit der Sauerstoff-Flasche.
d) Bitte deinen **Lehrer** oder deine **Lehrerin**, vorsichtig einige Minuten Sauerstoff in die Gaswaschflasche einzuleiten.
e) Fülle die zweite Gaswaschflasche auch mit Blut, diesmal wird aber Kohlenstoffdioxid aus der Gasflasche eingeleitet (**darf nur von Unterrichtenden durchgeführt werden!**).
f) Notiere deine Beobachtungen, die du bei den beiden Versuchen machst. Gib hierfür eine Erklärung.

Aufgabe

Überlege dir, was passiert, wenn du jetzt in die erste Gaswaschflasche Kohlenstoffdioxid und in die zweite Sauerstoff einleiten würdest?
Führe den Versuch anschließend gemeinsam mit deinem Lehrer oder deiner Lehrerin durch.

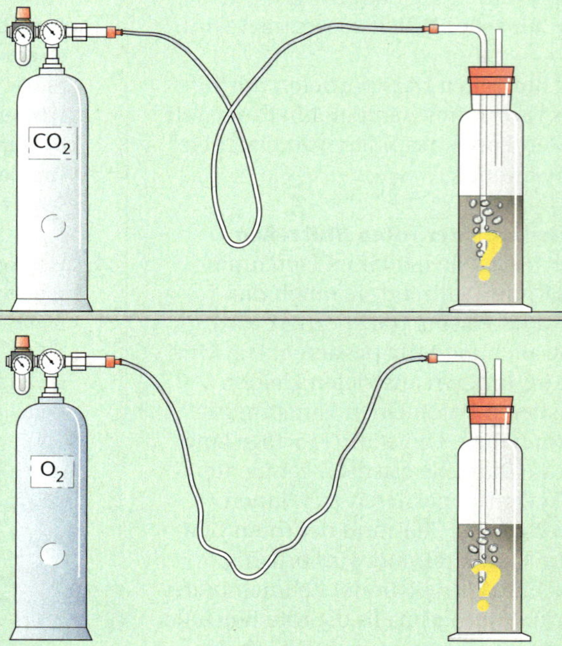

1 Zu Versuch 2, Stativmaterial wurde zugunsten der Übersichtlichkeit weggelassen.

Blutgerinnung ist lebensnotwendig

Bestimmt hast du dich auch schon mal in den Finger geschnitten. Zuerst blutete die Wunde stark, nach einigen Minuten ließ der Blutstrom nach und kam letztlich ganz zum Stillstand. Die **Blutgerinnung** verhindert, dass wir bei einer Verletzung verbluten. An der Blutgerinnung sind die Blutplättchen beteiligt. Es sind scheibenförmige, kernlose Zellen, deren Lebensdauer 10–12 Tage beträgt. Danach werden sie in der Milz abgebaut.

Schritt für Schritt wird die Blutung gestoppt

Bei einer blutenden Wunde greifen mehrere Mechanismen ineinander: Durch chemische Stoffe angeregt, verengt sich zunächst das verletzte Blutgefäß, sodass weniger Blut aus der Wunde austreten kann. Zusätzlich lagern sich an den Wundrändern Blutplättchen an und verstopfen die Wunde. Mehrere Faktoren bewirken anschließend, dass das wasserlösliche Bluteiweiß **Fibrinogen** in das wasserunlösliche, fadenartige **Fibrin** umgewandelt wird. So entsteht ein Netz aus vielen kleinen Fäden, das die Wunde überzieht. Nach 2–4 Minuten ist sie ganz verschlossen. Lücken des Verschlussnetzes werden mit roten und weißen Blutzellen gefüllt. Im Laufe der Zeit wird das Verschlussnetz fest und trocken, man spricht von **Wundschorf**.
Neben dem Fibrinogen sind noch 14 andere Eiweiße, die so genannten **Gerinnungsfaktoren** aus der Leber und **Calciumsalze** an der Blutgerinnung beteiligt.

Zusammen mit Gerinnungsfaktoren, die in der Leber gebildet werden, verschließen Blutplättchen eine blutende Wunde.

Wenn Blut nicht gerinnt

Die häufigste Störung der Blutgerinnung ist die so genannte **Bluterkrankheit**. Bei dieser Erkrankung fehlt ein Blutgerinnungsfaktor, weshalb die betroffenen Patienten schon bei kleinsten Verletzungen schwere Blutungen vor allem in den Gelenken erleiden. Im Verletzungsfall muss den Betroffenen sofort der fehlende Gerinnungsfaktor gespritzt werden.

Aufgaben

1 Bei schweren Leberschäden, wie sie beispielsweise bei Alkoholismus oder Hepatitis vorkommen, bluten die betroffenen Patienten teilweise sehr stark. Versuche den Zusammenhang zu erklären.

2 Erkläre, weshalb sich Blutplättchen nicht vermehren können.

3 Überlege dir, welchen Vorteil dieser komplizierte Ablauf der Blutgerinnung besitzt.

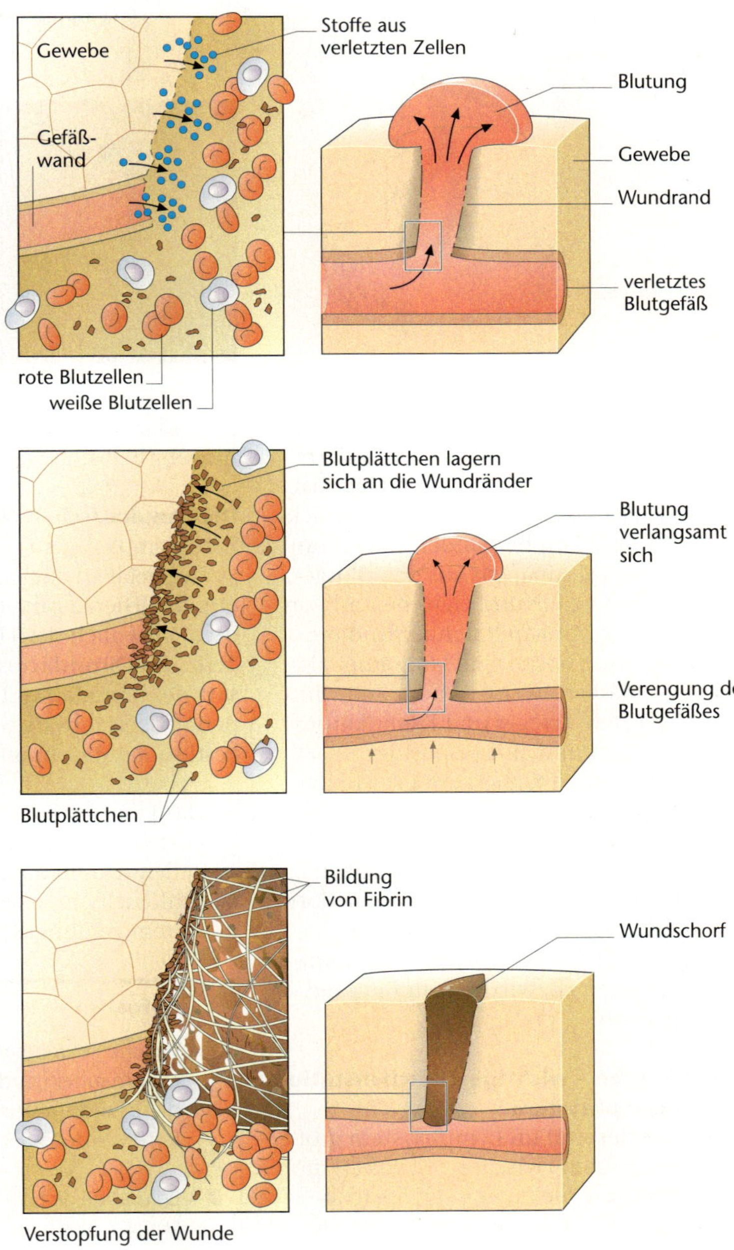

1 Entstehung von Wundschorf

Die Lymphe

Das Lymphsystem stellt neben dem Blutgefäßsystem ein zweites Gefäßsystem in deinem Körper dar. Fast überall im Körper beginnen Lymphkapillaren, die in zunehmend größer werdende Lymphgefäße münden. Wie bei den Venen verhindern Taschenklappen, dass die in den Gefäßen fließende Flüssigkeit, die **Lymphe**, zurückfließt. Bei der Lymphe handelt es sich um filtriertes Blutplasma, das aus den Blutgefäßen in die Organe und Gewebe und von dort in die Lymphkapillaren diffundiert. Da die Lymphe wesentlich langsamer als das Blut zirkuliert, werden mehr Zelltrümmer, abgetötete Erreger und Fremdkörper aufgenommen und abtransportiert. Insgesamt werden täglich etwa zwei Liter Lymphe gebildet. Hat die Lymphe auf ihrem Weg durch den Körper den großen Lymphbrustgang unter dem linken Schlüsselbein erreicht, wird sie in die dort verlaufende Vene entleert. So wird die Flüssigkeit, die im Bereich der Blutkapillaren ausgetreten ist, wieder dem Blutkreislauf zugeführt.

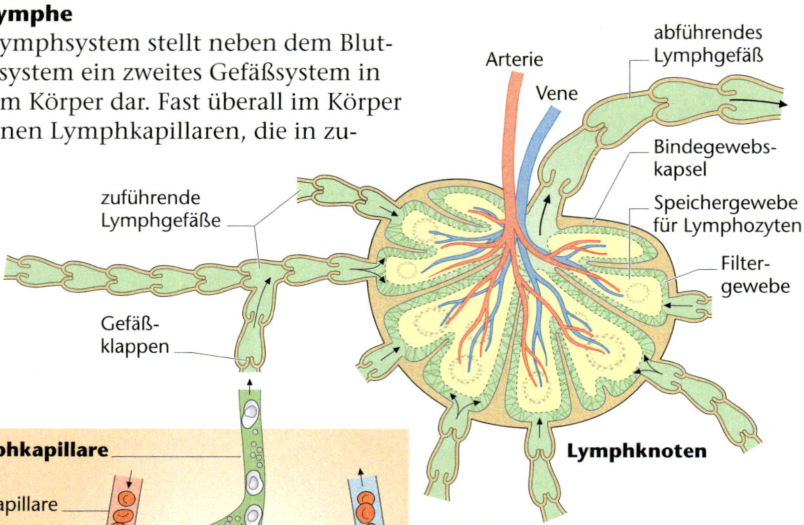

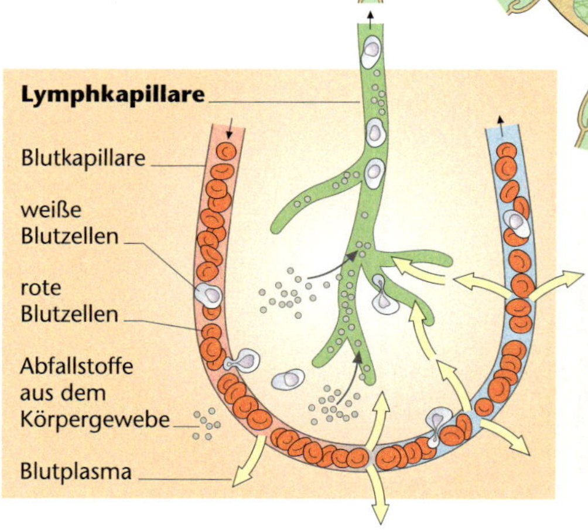

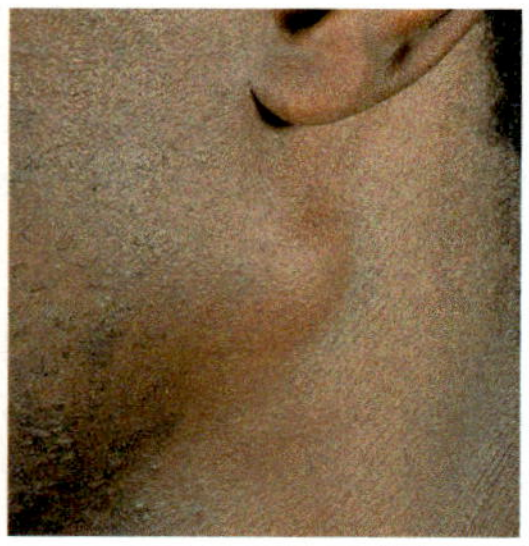

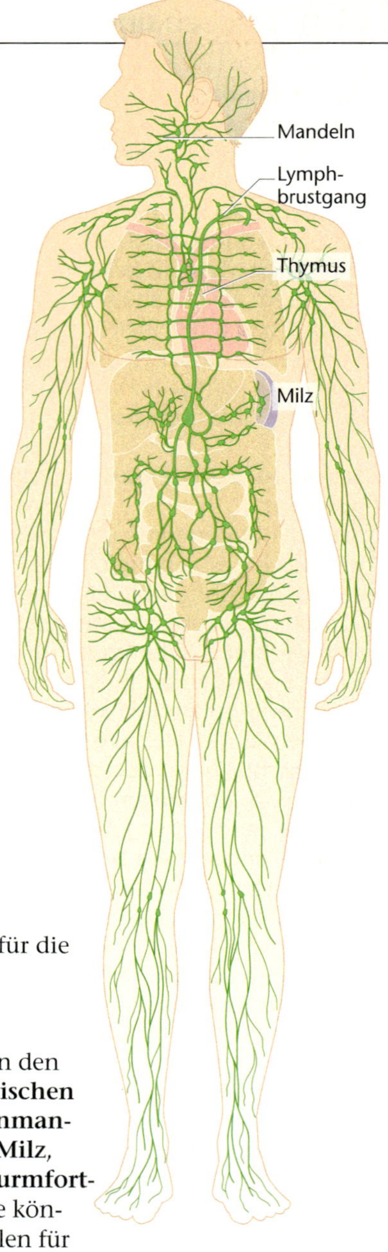

Lymphknoten – wichtige Zwischenstationen im Lymphsystem

Immer wieder sind im Lymphsystem große Auffangstationen zwischengeschaltet, die **Lymphknoten**. Sie dienen der Speicherung von bestimmten weißen Blutzellen, den Lymphozyten. Wenn du krank bist, schwellen die Lymphknoten an, weil dann besonders viele weiße Blutzellen für die Abwehr benötigt werden.

Die lymphatischen Organe

Zum Lymphsystem gehören neben den Lymphgefäßen auch die **lymphatischen Organe**. Hierzu zählen die **Rachenmandeln**, aber auch der **Thymus**, die **Milz**, **Teile des Dünndarms** und der **Wurmfortsatz** des Blinddarms. Diese Organe können unspezialisierte weiße Blutzellen für bestimmte Abwehraufgaben ausbilden.

Das Lymphsystem dient dem Abtransport von Zelltrümmern und fremden Zellen. Durch die Entleerung in die Schlüsselbeinvenen wird das Lymphsystem gereinigt.

Aufgaben

1 Welche Folgen hat der Verlust von Rachenmandeln und Wurmfortsatz, wenn diese aufgrund einer Entzündung entfernt wurden? Begründe deine Erklärung.

2 Erkundige dich bei einem Physiotherapeuten, was man unter „Lymphdrainage" versteht und wann diese angewandt wird. Berichte darüber.

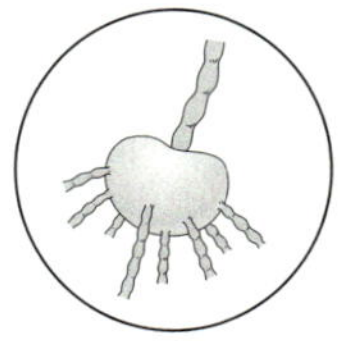

1 Lymphknoten in Originalgröße

Strategie

Prinzipien erkennen – vernetzt denken

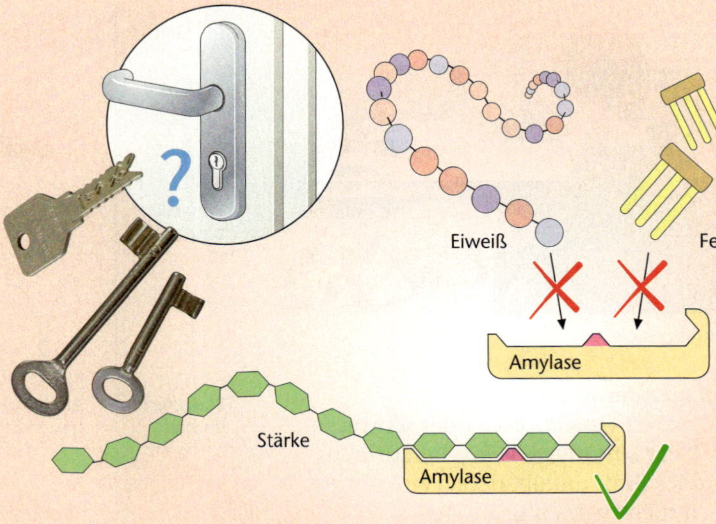

Beim Thema „Stoffwechsel“ hast du zum ersten Mal etwas über das **„Schlüssel-Schloss-Prinzip“** gehört. Du hast das Prinzip „Wer den richtigen Schüssel hat, darf eintreten“ verstanden und in deinem Gedächtnis gespeichert.

Im Unterricht solltest du aber den gelernten Stoff nicht nur in einzelnen „Schubladen“ deines Gehirns ablegen, sondern in Zusammenhängen denken. Dieses Erkennungssystem gibt es auch in anderen Bereichen der Biologie, nicht nur beim Stoffwechsel.

Mach dir klar, dass die Biologie ein großes vernetztes System ist, in dem es immer wiederkehrende Gesetzmäßigkeiten gibt, die du nur zu übertragen brauchst. Dazu musst du kombinieren und „offen“ denken. Die Wirklichkeit um dich herum besteht ja auch nicht aus Einzelbausteinen, sondern sie ist ein ineinander greifendes Gefüge von Wirkungen und Rückwirkungen.

Wissenschaftler nennen dieses Denken „vernetzt“, weil es nicht an Einzelheiten klebt, sondern flexibel und über den „Tellerrand schauend“ ist.Überlege, wo Vorgänge nach ähnlichem Muster ablaufen. Denke an die Begriffe „Schlüssel“, „Schloss“ und „Rezeptor“. Vielleicht findest du weitere Situationen, in denen dieses Prinzip in der Natur angewendet wird. Suche in Themengebieten wie „Hormone“ oder „Blutgruppen“.

Versuche, wenn du ein neues Thema behandelst, zu überlegen, ob du das Prinzip nicht schon in anderem Zusammenhang kennen gelernt hast.

Du hast gehört, dass die Oberfläche des Dünndarms bis zu 300 m² beträgt. Diese **Oberflächenvergrößerung** ist sehr wichtig für die Resorption der Nährstoffe ins Blut. Die Größe der Austauschfläche spielt aber auch in anderen Bereichen der Biologie eine Rolle. Denke an die Zellorganellen, ihren Aufbau und ihre Aufgaben sowie an andere Organsysteme im menschlichen und tierischen Körper. Wenn du verstanden hast, wie Bau und Funktion zusammenhängen, kannst du dieses Prinzip auch in anderen Fachbereichen, z. B. der Technik, suchen.

1 Das Prinzip der Oberflächenvergrößerung findet man z. B. bei Dünndarm und Gehirn. In der Technik nutzt man es z. B. beim Katalysator.

1 Kreuzprobe

Blutgruppe	A	B	AB	0
	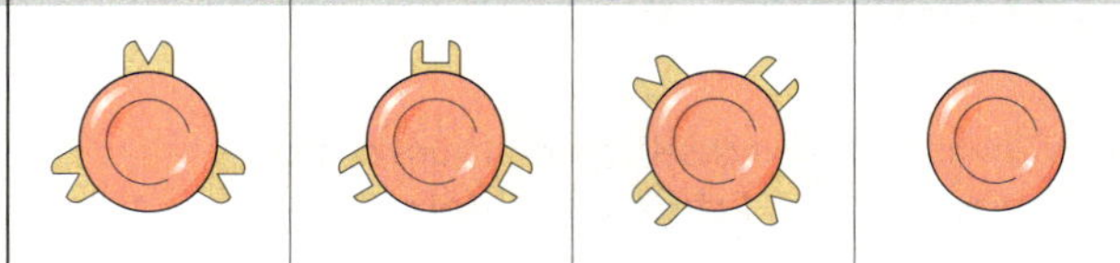			
Blutzellen besitzen:	A-Antigene	B-Antigene	A- Antigene B-Antigene	keine Antigene

Blutserum enthält:	Antikörper gegen B	Antikörper gegen A	keine Antikörper	Antikörper gegen A und B
	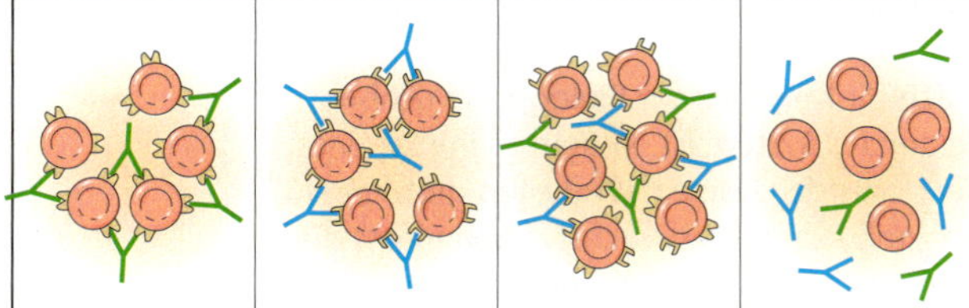			
Blutzellen verklumpen mit:	Antikörpern gegen A	Antikörpern gegen B	Antikörpern gegen A und B	keine Verklumpung

2 Blutgruppen

Blutspender gesucht!
Bei großen Operationen oder schweren Unfällen benötigen Menschen oftmals fremdes Blut, um überleben zu können. Doch nicht jedes Blut ist gleich.

Die Blutgruppen
Die roten Blutzellen besitzen auf ihrer Oberfläche charakteristische Merkmale, die so genannten **Antigene**. Man hat festgestellt, dass es vier verschiedene Antigen-Typen gibt. Aufgrund dieser vier Typen wird Blut in **vier Blutgruppen** eingeteilt: **A**, **B**, **AB** und **0 (Null)**. Den Blutgruppen entsprechend, unterscheidet man rote Blutzellen mit dem **Antigen A**, **Antigen B**, **Antigen AB** und solche, die **kein Antigen** tragen, die roten Blutzellen der Blutgruppe 0.

Menschliches Blut wird nach Strukturmerkmalen der Oberfläche roter Blutzellen in vier Blutgruppen unterteilt: A, B, AB und 0 (Null).

Wie Schlüssel und Schloss
Im Blutserum findet man bestimmte Moleküle, so genannte **Antikörper**, die sich mit den Antigenen der roten Blutzellen verbinden können. Wie der Schlüssel zu einem Schloss, passt der Antikörper A zum Antigen A, der Antikörper B zum Antigen B. Während Menschen der Blutgruppe AB keine Antikörper im Serum haben, besitzen Menschen der Blutgruppe 0 Antikörper A und B (▷ B 2). Treffen Antikörper und Antigene des gleichen Typs aufeinander, verbinden sie sich. Man spricht von der **Antigen-Antikörper-Reaktion**. Das Blut verklumpt.

„Übertragungsfehler" sind gefährlich
Damit Blut von einem Menschen auf einen anderen übertragen werden kann, müssen die **Antigene** zwischen Spender und Blutempfänger übereinstimmen. Kommt es aber bei einer Blutübertragung, auch **Bluttransfusion** genannt, zu einem Fehler, hat dies lebensbedrohliche Folgen: Durch die Antigen-Antikörper-Reaktion verklumpen die roten Blutzellen. Im schlimmsten Fall könnte dies zum Tod des Empfängers führen.
Aus diesem Grund müssen Ärzte vor jeder Transfusion eine **Kreuzprobe** durchführen. Dabei wird je ein Tropfen Blut von Empfänger und Spender miteinander verrührt, um festzustellen, ob es verklumpt.

Der Rhesusfaktor
Auf der Oberfläche der roten Blutzellen sind neben den Antigenen A und B noch andere Antigene vorhanden. Hierzu gehört auch das Rhesussystem. Es erhielt seinen Namen, weil es erstmals bei Rhesusaffen entdeckt worden war. Menschen, die das Rh-Antigen tragen, werden als **Rh-positiv** oder **D-positiv** bezeichnet.

3 Blutspenden kann Leben retten!

Aufgabe

1 In Schweden und den USA hat die Entdeckung von „künstlichem Blut" großes Aufsehen erregt. Es handelt sich um ein Pulver, das Eigenschaften des menschlichen Blutes besitzt.
Recherchiere im Internet, um welche Eigenschaften es sich handelt und berichte über deine Ergebnisse.

Zeitpunkt

Entdeckung der Blutgruppen

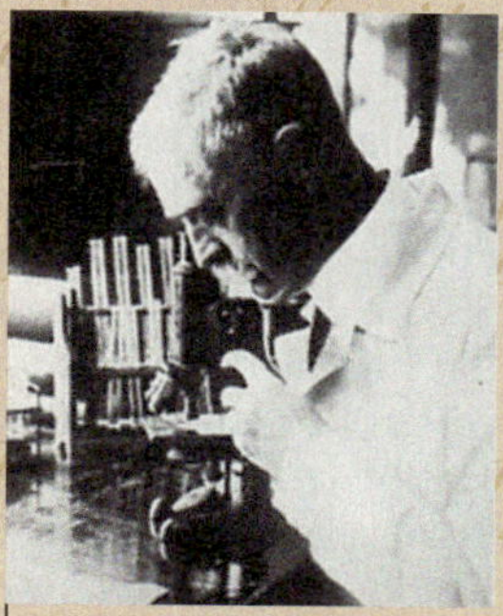

1 Karl Landsteiner

Blutübertragung war ein Glücksspiel

Bei vielen Verletzungen, Operationen, aber auch bei Geburten, verlieren Menschen Blut. Dass Blut für die Menschen lebensnotwendig ist, war Ärzten schon seit langer Zeit bekannt. Um den Patienten das Leben zu retten, übertrugen sie Blut von anderen Menschen oder von Tieren. Häufig erfüllte sich die Hoffnung, Leben zu retten, jedoch nicht: Viele Patienten starben nach einer Blutübertragung. Warum war lange Zeit ein Rätsel. Aus diesem Grund war es gegen Ende des 19. Jahrhunderts in vielen Ländern, teilweise unter Androhung der Todesstrafe, verboten, Blut zu übertragen.

Landsteiner findet des Rätsels Lösung

In einer Veröffentlichung des Jahres 1901 schrieb der österreichische Arzt Karl Landsteiner (1868–1943) Folgendes: *„Vor einiger Zeit habe ich beobachtet und mitgetheilt, dass öfters Blutserum von normalen Menschen rothe Blutkörperchen anderer gesunder Individuen zu verklumpen im Stande ist."*
Seine Beobachtung war der Anlass für eine Versuchsreihe, die er zusammen mit fünf Kollegen an der Universität in Wien durchführte. Landsteiner entnahm allen Versuchspersonen Blut und trennte jeweils das Blutserum von den roten Blutzellen. Er vermischte die einzelnen Proben wechselseitig und stellte folgendes fest:
„... so liessen sich die Sera in den meisten Fällen in drei Gruppen eintheilen: In einer Anzahl von Fällen (Gruppe A) reagiert das Serum auf die Körperchen einer anderen Gruppe (B), nicht aber auf die der Gruppe A, während wieder die Körperchen A vom Serum B in gleicher Weise beeinflusst werden. In der dritten Gruppe (C) agglutinirt das Serum die Körperchen von A und B, während die Körperchen C durch die Sera von A und B nicht beeinflusst werden."

Das AB0-Blutgruppensystem

Im Jahr 1902 wurde eine weitere Blutgruppe, die seltener auftritt, entdeckt.
Diese vier Blutgruppen werden heute mit A, B, AB und 0 (Null) bezeichnet. Man spricht deshalb auch vom **AB0-Blutgruppensystem**. Durch die Forschungsergebnisse Landsteiners konnten von nun an die Blutgruppen genau bestimmt werden. Blutübertragungen können seit dieser Zeit gezielt und erfolgreich durchgeführt werden. Für seine Arbeit erhielt Karl Landsteiner 1930 den Nobelpreis.

Aufgaben

1 Fasse die Beobachtungen und die Deutung der Versuche von Landsteiner mit eigenen Worten zusammen.

2 Welche drei Blutgruppen entdeckte Landsteiner? Begründe deine Antwort.

3 Ordne allen Mitarbeitern die richtige Blutgruppe (A, B, AB oder 0) zu.

4 „Landsteiner hatte bei seinen Experimenten viel Glück." Nimm zu dieser Aussage Stellung.

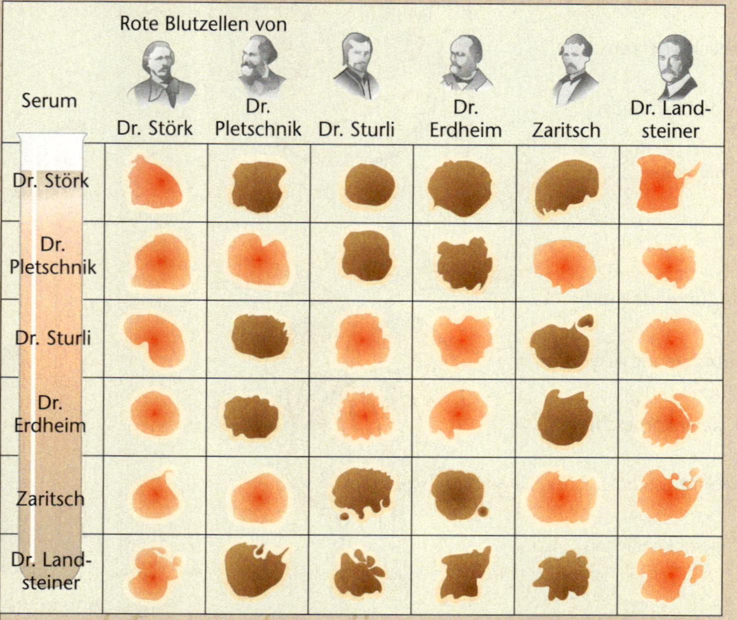

2 Landsteiners Ergebnisse; braun = verklumpt, hellrot = verklumpt nicht

Blutreinigung

Die Nieren liegen rechts und links neben der Wirbelsäule im hinteren Bauchraum. Sie sind die wichtigsten Ausscheidungsorgane des Menschen. Die Nieren erfüllen verschiedene Funktionen. Über sie werden Gift- und Abfallstoffe mit dem Harn abgegeben. Außerdem regeln die Nieren den Wasser- und Mineralstoffhaushalt im menschlichen Körper.

Bau der Niere

Im Nierenquerschnitt erkennt man einen äußeren dunkelroten **Rindenbereich** und einen inneren, heller gefärbten **Markbereich**. Ganz innen liegt das Nierenbecken. Die gesamte Blutmenge des Körpers wird an einem Tag viele Male über die Nierenarterien in die unzähligen Nierenkörperchen in der Rindenregion gepumpt. Das entspricht in 24 Stunden einer Gesamtmenge von ca. 1500 Litern!

Die Nierenkörperchen bestehen aus einem Knäuel an Kapillaren, das von einer schützenden Kapsel umgeben ist. Da das Blut in diese Kapillaren gepresst wird, erhöht sich dort der Blutdruck. Durch den hohen Blutdruck in den Nierenkörperchen wird das Wasser aus dem Blut in den Kapillaren herausgepresst.

Wegen ihrer Größe können Blutzellen und große Eiweißmoleküle nicht durch die Kapillarenwände herausgelangen und verbleiben in den Kapillaren.

Pro Tag ergibt sich so eine Filtrationsmenge von 180 Litern. In diesem so genannten **Primärharn** befinden sich neben Giftstoffen auch Aminosäuren, Harnstoff, Traubenzucker und verschiedene gelöste Salze.

Das Nierengewebe besteht aus dem Rinden- und Markbereich. Die Nierenrinde enthält eine Vielzahl an Nierenkörperchen, in denen der Primärharn gebildet wird.

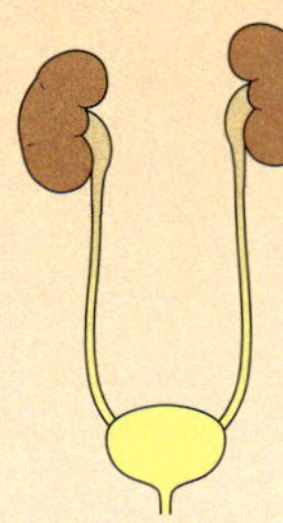

Aus 180 werden zwei!

Der Primärharn fließt aus dem Nierenkörperchen in das Nierenkanälchen. Auf dem Weg durch das Nierenkanälchen werden aus dem Primärharn ein Großteil der Salze und des Wassers sowie die gesamte Traubenzuckermenge zurückgewonnen. Diesen Vorgang nennt man Rückresorption. Es bleibt ein Flüssigkeitsfiltrat von zwei Litern, der **Urin**, zurück. Mehrere Nierenkanälchen münden in ein Sammelröhrchen, mehrere Sammelröhrchen vereinigen sich zu größeren Kanälen, die zum Nierenbecken führen.

Über das Nierenbecken gelangt der Urin durch den Harnleiter in die Harnblase und wird ausgeschieden.

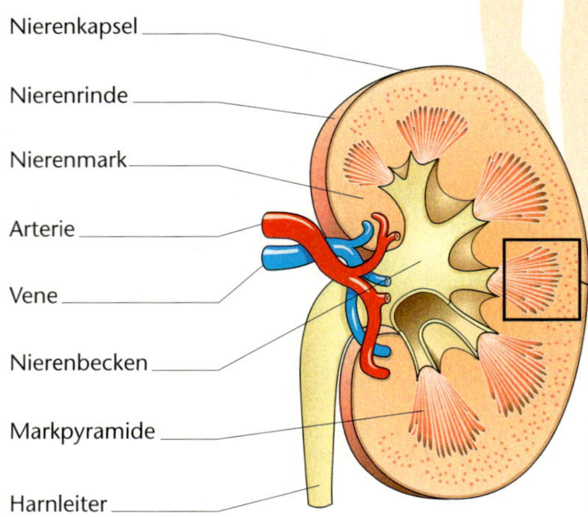

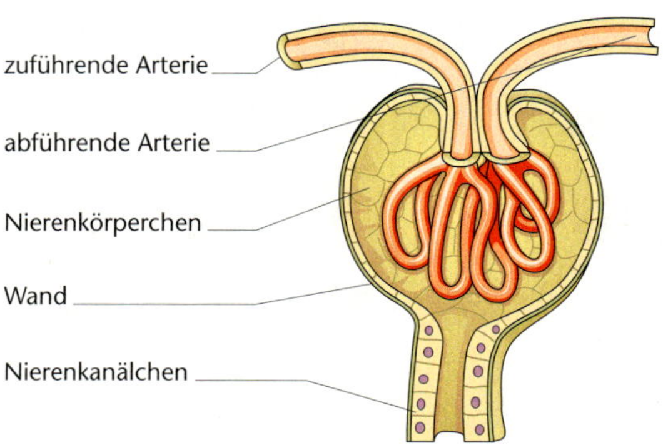

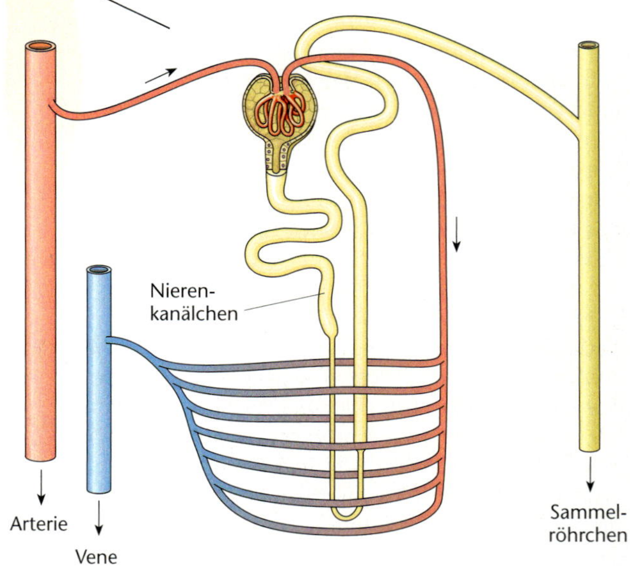

1 Aufbau der menschlichen Niere

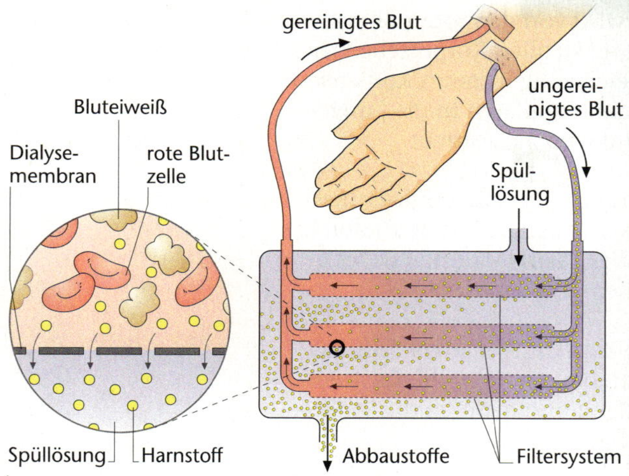

2 Dialyse

Entgiftung ist nicht alles
Die Niere steuert über die Ausscheidung auch den Wasser- und Mineralstoffhaushalt deines Organismus. Befinden sich zu viele Kalium- oder Natriumsalze im Blut, werden sie durch den Urin ausgeschieden. Umgekehrt sind die Nierenkanälchen auch in der Lage, Salze zurückzuhalten.

Die Nieren entgiften das Blut von wasserlöslichen Abfallsubstanzen. Sie regulieren auch den Wasser- und Mineralsalzhaushalt.

Die künstliche Niere
Sterben beide Nieren ab, kann kein anderes Organ die Funktionen im Körper übernehmen. Die erkrankten Menschen müssen dann 2–3 Mal pro Woche zur Blutwäsche oder **Dialyse**: Sie werden für mehrere Stunden an eine künstliche Niere angeschlossen (▷ B 2). Es handelt sich um eine Maschine, die Giftstoffe aus dem Blut der Patienten herausfiltert. Die Dialyse stellt allerdings nur eine Lösung für eine bestimmte Zeit dar. Dann müssen Ärzte eine geeignete Spenderniere suchen, um sie zu transplantieren. Leider gibt es bei uns noch immer zu wenige Organspender, um allen Nierenkranken helfen zu können.

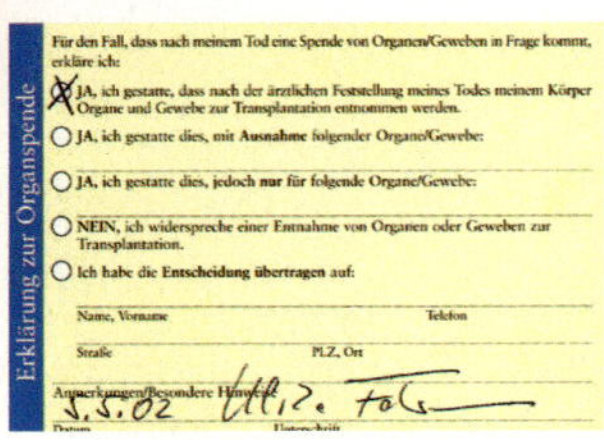

Werkstatt

Präparation einer Schweineniere

Eine Schweineniere entspricht in ihrer Größe und Form der eines Menschen.

Material
Schweineniere (mit Ansätzen der Blutgefäße und Harnleiter), Präparierschale, Skalpell, Glasstab, Wasserflasche, Einmal-Handschuhe

Durchführung
a) Lege die Schweineniere in die Präparierschale. Schneide die Niere mit dem Skalpell vorsichtig der Länge nach auf. Achte darauf, dass der Schnitt waagerecht verläuft.
Nimm die abgeschnittene obere Hälfte ab und betrachte die untere Hälfte.
b) Untersuche die Zu- und Abflüsse der Niere mithilfe des Glasstabes.

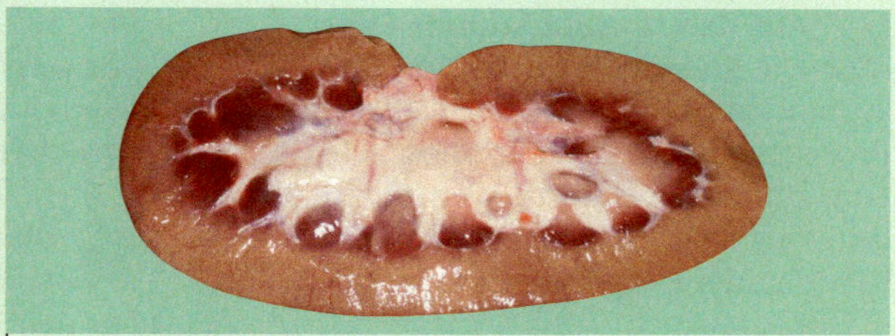
1 Längsschnitt einer Niere

Aufgaben
1. Fertige eine Übersichtsskizze der unteren Nierenhälfte an.

2. Suche und beschreibe folgende Teile der Niere:
Nierenmark – Nierenrinde – Nierenbecken – Nierenarterie und -vene – Harnleiter.

3. Zeichne die gefundenen Teile in deiner Skizze ein und beschrifte diese.

Aufgaben

1 Informiere dich beim DRK oder bei Ärzten wie du Organspender werden kannst und berichte darüber.

2 Vergleiche in einer Internetrecherche das österreichische und deutsche Organspendegesetz. Welche Unterschiede stellst du fest? Berichte über deine Recherche.

3 Sammelt in der Klasse Argumente für und gegen das Spenden von Organen und diskutiert darüber.

Stoffwechsel

Der Stoffwechsel – ein System, das ineinander greift
Nahrung wird im menschlichen Körper verdaut, indem alle Bestandteile in ihre Bausteine zerlegt werden. Diese gelangen in die Blutbahn und werden so allen Zellen zur Verfügung gestellt. Durch das Blut gelangen Abfallprodukte aus den Zellen wieder in den Darm oder zur Niere, wo sie ausgeschieden werden.

Nährstoffe
Im menschlichen Organismus sind Kohlenhydrate wichtigste Energielieferanten. Fette brauchen wir zum Aufbau von Zellwänden. Eiweiße sind die Grundlage zum Aufbau von Zellen.

Auf den Umsatz kommt es an
Die Energie, die der Körper im Ruhezustand benötigt, um alle Stoffwechselprozesse ausführen zu können, wird Grundumsatz genannt. Wenn man allerdings arbeitet, lernt oder Sport treibt, benötigt der Körper mehr Energie.

Vitamine und mehr
Vitamine sind lebenswichtige Wirkstoffe, die dem Organismus mit der Nahrung zugeführt werden müssen.
Viele Körperfunktionen sind ohne die ausreichende Aufnahme von Mineralstoffen und Spurenelementen nicht möglich. Regelmäßig aufgenommene Ballaststoffe helfen, Verstopfungen zu vermeiden.

Die Verdauung
Bei der Verdauung werden die langkettigen Nährstoffe in ihre Grundbausteine zerlegt. Hierfür sind Biokatalysatoren, die Enzyme, nötig. Sie beschleunigen den Ablauf der Reaktionen im Körper. Die endgültige Verdauung aller Nahrungsstoffe findet im Dünndarm statt. Hier gelangen die Spaltprodukte über die Dünndarmzotten in die Blutbahn.

Tief Luft holen
Damit in deinem Körper Stoffwechselvorgänge ablaufen können, wird, neben den Nährstoffen, auch Sauerstoff benötigt. Dieser gelangt über die Nase und den Mund in die beiden Lungenflügel. In den Lungenbläschen findet hier der Gasaustausch statt: Sauerstoff gelangt in die Kapillaren, wird von den roten Blutzellen gebunden und zu allen Körperzellen transportiert. Gleichzeitig wandert Kohlenstoffdioxid aus den Kapillaren in die Lungenbläschen und wird ausgeatmet.

Bei der Atmung unterstützen Zwischenrippenmuskeln das Zwerchfell. Dadurch wird die Lunge beim Einatmen gedehnt und so Luft eingesaugt.

Schadstoffe der Luft, vor allem Teer aus dem Zigarettenrauch, können die Atemwege schädigen und dadurch die Sauerstoff-Aufnahme erschweren.

Das Herz – die Pumpe des Körpers
Das Blut fließt in einem geschlossenen Kreislauf durch den Körper. Dabei hat das Herz die Funktion einer Pumpe. Etwa 70-mal pro Minute zieht sich dieser Hohlmuskel zusammen und pumpt so das Blut aus den Herzkammern sowohl in den Lungen- als auch in den Körperkreislauf. Hierbei verhindern Klappen, dass das Blut zurückfließt.

Blut – unverzichtbar für den Transport
Für den Nährstofftransport ist das Blut unverzichtbar. Aber auch Wärme und die Atemgase werden mithilfe des Blutes im ganzen Körper verteilt. So transportieren die roten Blutzellen Sauerstoff zu allen Organen und Zellen und bringen von dort Kohlenstoffdioxid zur Lunge. Weiße Blutzellen übernehmen alle Abwehraufgaben. Die Blutplättchen spielen beim Wundverschluss eine wichtige Rolle.

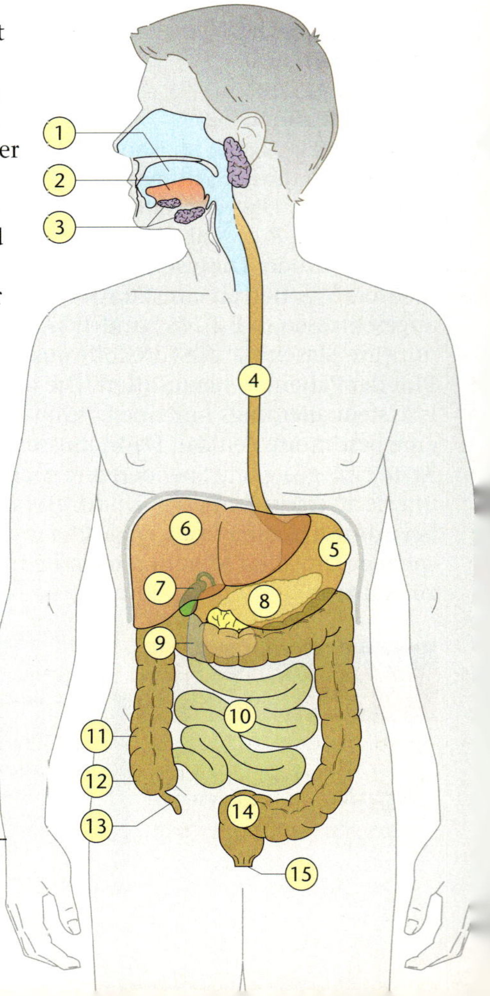

1 Verdauungsorgane des Menschen

Antigene und Antikörper
Auf der Oberfläche der roten Blutzellen findet man die Blutgruppenantigene. In einem fremden Organismus können sie die Bindung mit Antikörpern bewirken und mit diesen verklumpen. Um dies zu verhindern, muss vor jeder Bluttransfusion das Spender- mit dem Empfängerblut verglichen und überprüft werden.

Die Nieren
Mithilfe der Nieren wird das Blut von wasserlöslichen Abfallprodukten gereinigt. Im Laufe eines Tages entstehen bei diesem Prozess ca. 180 l Primärharn. Davon wird der Großteil gereinigt wieder ins Blut zurück geführt, nur etwa zwei Liter werden als Urin ausgeschieden.

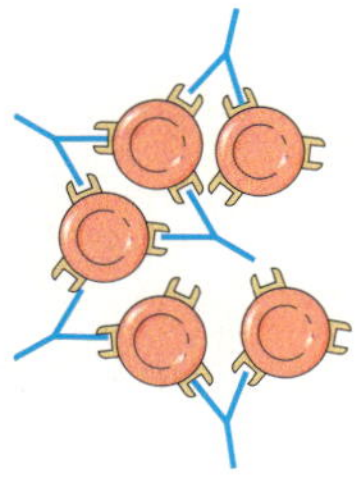

Aufgaben

1 Benenne die in der Abbildung 1 angegebenen Organe und gib ihre Funktion an.

2 Nenne drei Beispiele für Prozesse, bei denen der Körper Eiweiße benötigt.

3 Begründe den altbekannten Satz „Nicht mit vollem Magen schwimmen gehen!"

4 Wie wird der Magen vor einer Selbstverdauung geschützt?

5 Wodurch können die Speisen, die ein Verstorbener kurz vor seinem Tod gegessen hat, den Rechtsmedizinern helfen, den Todeszeitpunkt zu bestimmen?

6 Benenne die nachfolgenden Gefäße. Woran kannst du sie sicher erkennen?

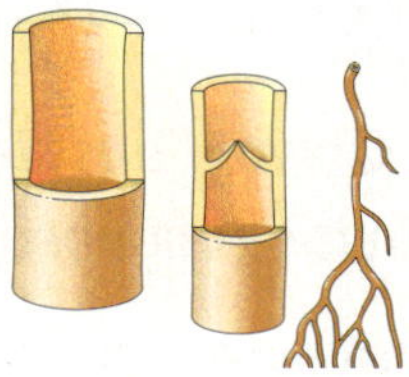

7 Beschreibe den Weg einer roten Blutzelle von der oberen Hohlvene zur Aorta.

8 Mittlerweile erleiden schon Jugendliche einen Herzinfarkt. Welche Gründe für diese lebensbedrohliche Erkrankung gibt es?

9 Nach einem Schlaganfall können sich manche Betroffene nicht mehr an ihren Namen erinnern. Wie ist das zu erklären?

10 Zeichne eine menschliche Niere im Längsschnitt. Benenne die einzelnen Bereiche und gib ihre jeweilige Funktion an.

11 Welches biologische Prinzip liegt der Funktionsweise der Gallensäure zugrunde? Suche weitere Beispiele.

12 Das Schlüssel-Schloss-Prinzip ist in der Tier- und Pflanzenwelt weit verbreitet.
Nenne und beschreibe mehrere Beispiele aus verschiedenen Bereichen der Biologie.

13 Während stundenlangem Sitzen schwellen bei vielen Menschen beispielsweise auf langen Flügen die Beine und Füße an.
Erkläre dieses Phänomen.

1 a) Beschreibe und vergleiche die beiden dargestellten Ernährungspyramiden.
b) Erstelle ein Balkendiagramm, in dem du die Prozentzahlen der beiden Pyramiden einträgst.
c) Überlege dir Gründe, weshalb die rechte „Pyramide" eine völlig andere Form hat.
d) Notiere dir eine Woche lang alle Nahrungsmittel, die in deiner Familie eingekauft und verzehrt werden. Erstelle für deine Familie eine eigene „Ernährungspyramide".
e) Besprecht eure Ergebnisse in der Klasse und vergleicht sie mit den beiden dargestellten Pyramiden. Diskutiert, wie Abweichungen erklärt werden können.

Für die Gesundheit kann jeder etwas tun

Krank? Gesund! Obwohl uns ständig riesige Mengen sehr kleiner Krankheitserreger umgeben, sind wir fast immer gesund.

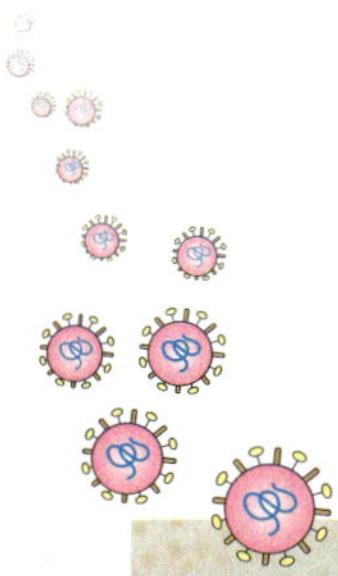

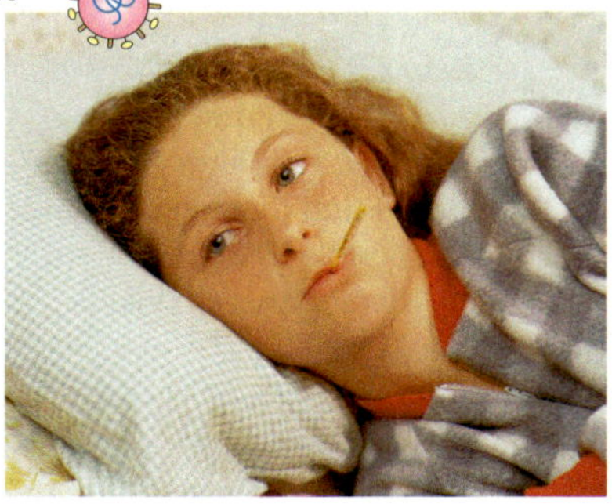

Manchmal werden wir aber doch krank. Uns plagt z. B. eine starke Erkältung und wir haben Fieber. Dann konnte unser Körper diese Krankheit nicht abwehren.

Sind wir krank geworden, gibt es verschiedene Wege, die eine Heilung ermöglichen und beschleunigen können.

Eine gesunde Lebensweise kann helfen, vielen Krankheiten vorzubeugen.

Du kannst in diesem Kapitel viel über Gesundheit und Krankheit, Vorbeugen und Heilen erfahren.

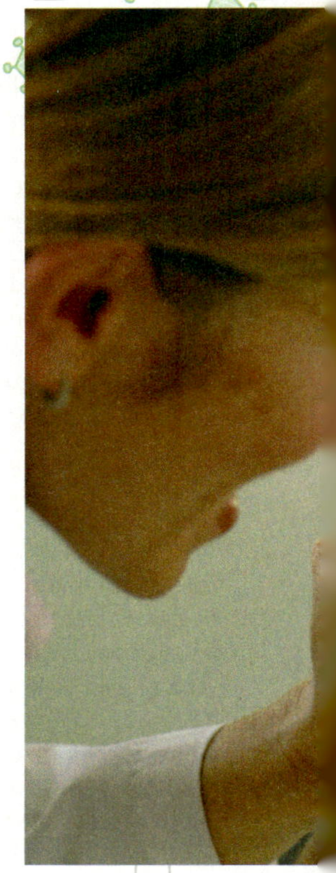

Aufgabe

1 a) Beschreibe die letzten drei Krankheiten, die du hattest.
b) Was hast du jeweils getan, um wieder gesund zu werden?

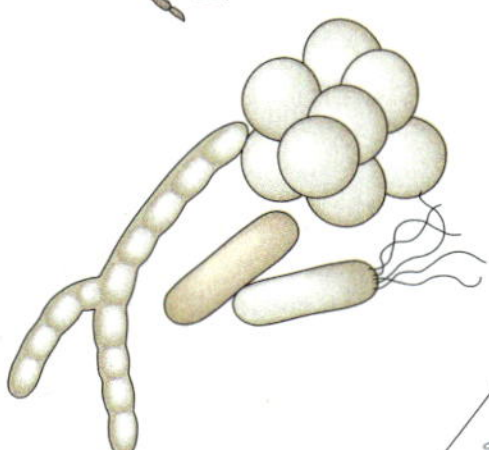

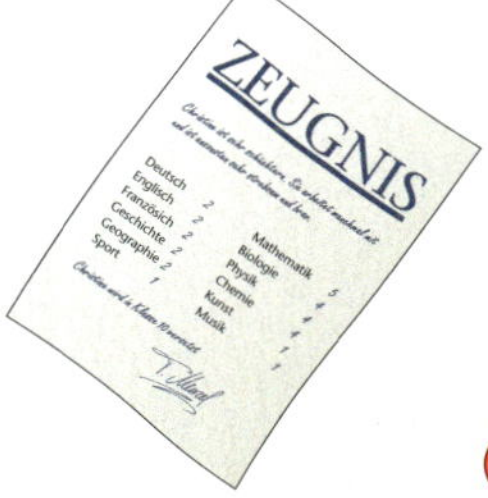

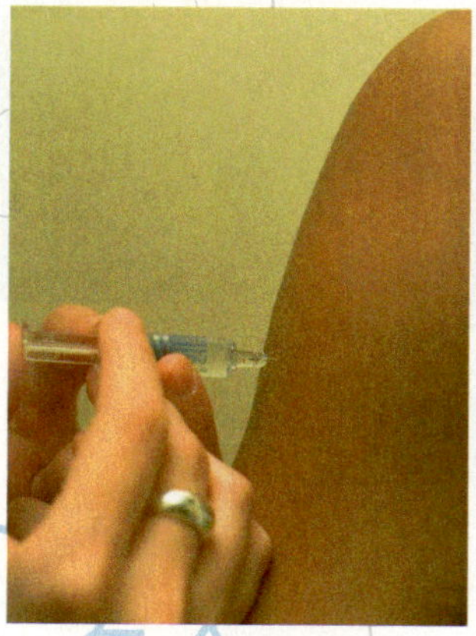

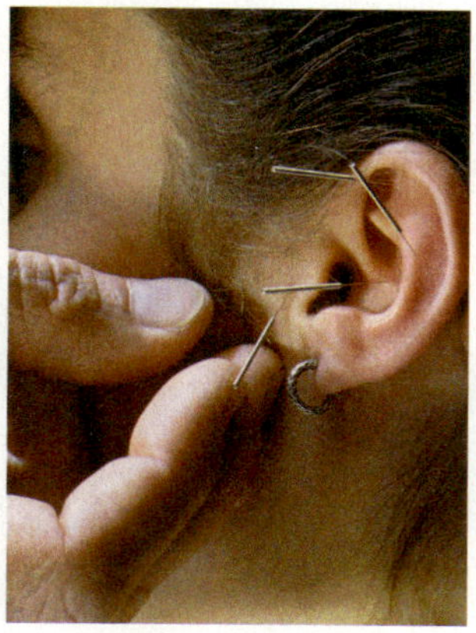

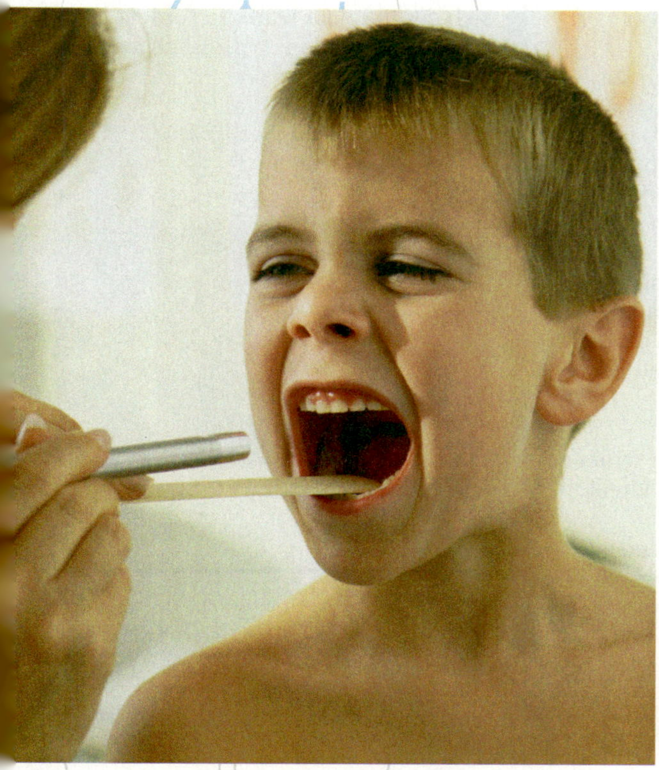

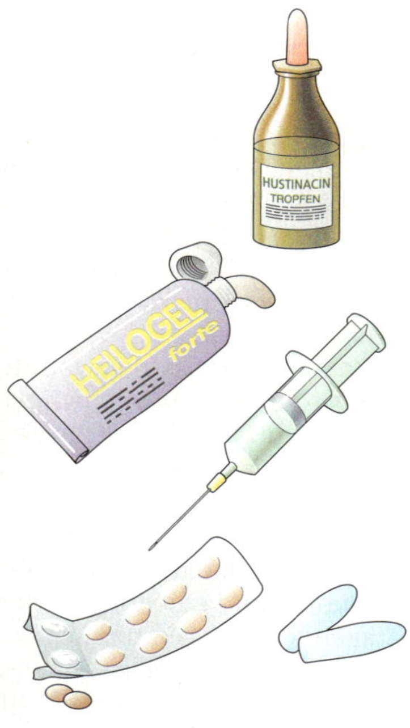
HUSTINACIN
TROPFEN
HEILOGEL
forte

1 Drei Schulfreunde: Luca (links), Anna (Mitte) und Jannis (rechts)

Drei Schulfreunde

Seit gestern liegt Luca mit Fieber im Bett. Er hat Husten, Hals- und Kopfschmerzen, seine Nase läuft. Ein paar Tage wird es noch dauern, bis dieser grippale Infekt überstanden ist.

Anna hat zwei Hobbies: Tanzen und ausgefallene Outfits. Ihre Kleidung muss sie bei guter Beleuchtung aussuchen. Dann kann sie Hell und Dunkel voneinander unterscheiden, aber Umrisse nimmt sie nur schemenhaft wahr, Anna kann nicht normal sehen.
Deshalb ist sie in ungewohnter Umgebung unsicher und bittet manchmal fremde Leute um Hilfe. Einige haben dann großes Mitleid, das mag Anna nicht. Ihr geht es prima.

Jannis sitzt neuerdings oft allein in seinem Zimmer und grübelt, ob sich seine Eltern auch seinetwegen trennen wollen.
Dann bekommt er oft Bauchschmerzen. In der Schule wird er immer schlechter. Nicht einmal das Leichtathletiktraining macht Jannis noch Spaß. Früher war ihm keine Übung zu anstrengend und er war gern mit seinen Freunden beim Training. Doch nun hat Jannis zu nichts mehr Lust.

Gesund oder krank?

Gesund zu sein ist ein ganz persönliches Gefühl. Wie Anna kann man sich trotz großer Beeinträchtigungen gesund fühlen. Sie schafft es, ihr Leben zu meistern. Anna kommt mit sich und ihrer Umgebung gut zurecht. Zur Umgebung gehören neben den Freunden und der Familie auch die Schule und die Lebensbedingungen.

Luca und Jannis geht es nicht gut. Luca wird bald wieder gesund sein und sich wohl fühlen. Jannis weiß zwar nicht, ob er richtig krank ist, er fühlt sich aber sehr schlecht.

Sich gesund oder krank zu fühlen, ist manchmal ein ganz persönlicher Eindruck.

2 So sieht Anna ihre Umgebung.

Aufgaben

1 a) Vergleiche die Situationen von Luca und Jannis.
b) Wer ist gesund, wer ist krank? Begründe.

2 Überlege dir eine Geschichte, in der die Begriffe „gesund", „krank", „behindert", „Spaß", „traurig", „Freunde" und „Eltern" vorkommen.
Schreibe die Geschichte auf.

3 a) Stelle dir vor, Anna wäre in deiner Klasse, und schreibe auf, welche Schwierigkeiten Anna hätte.
b) Sammelt zu zweit Ideen, wie ihr Anna helfen könntet.
Tragt eure Ideen der Klasse vor.

Eine typische Kinderkrankheit

Erste Krankheitsanzeichen sind ein feuerroter Rachen, hohes Fieber, Kopfschmerz, Erbrechen und Schluckschmerz. Man fühlt sich sehr matt. Bald bildet sich ein Hautausschlag und die Zunge ist entzündet. Man nennt dieses Symptom **Himbeerzunge** (▷B1). Es ist ein deutliches Anzeichen für **Scharlach**. Da Scharlach meist im Kindesalter auftritt, spricht man von einer **Kinderkrankheit**.
Die Erreger dieser Krankheit sind Bakterien (▷B2). Sie sind auch in winzigen Tröpfchen der Ausatemluft von Erkrankten enthalten. Atmet ein anderer Mensch diese Tröpfchen ein, kann er sich mit dem Bakterium angestecken. Mediziner sprechen von einer **Infektion**, bei Scharlach wegen des Ansteckungsweges von einer **Tröpfcheninfektion**.

Der Zeitraum von der Ansteckung bis zum Auftreten der ersten Krankheitsanzeichen, der Symptome, heißt **Inkubationszeit**. Sie beträgt bei Scharlach 3–4 Tage. In dieser Zeit vermehrt sich der Erreger in der Rachenschleimhaut.

Nach etwa acht Tagen geht der Hautausschlag zurück und das Fieber sinkt. Die Krankheitssymptome klingen ab und die Erkrankung lässt nach. Dieser Zeitraum bis zum Gesundwerden wird **Rekonvaleszenz** genannt.

▶ Scharlach ist eine bakterielle Infektionskrankheit, die zu den typischen Kinderkrankheiten gehört.

Besonders wirksam – Penicillin

Weil andere Medikamente nicht helfen, wird Scharlach mit **Penicillin** behandelt. Dadurch wird die Dauer der Krankheit verkürzt und die Symptome werden abgeschwächt. Ein Stoff, der Bakterien abtötet oder ihre Vermehrung verhindert, heißt **Antibiotikum**. Hierzu zählt das Penicillin. Es gibt unterschiedliche Penicillin-Varianten gegen verschiedene bakterielle Erkrankungen. Antibiotika werden beispielsweise gegen Entzündungen der Atemwege wie Bronchitis verordnet. Natürlich haben Antibiotika auch Nebenwirkungen: Sie zerstören z. B. auch nützliche Bakterien im Darm. Antibiotika dürfen nur unter ärztlicher Kontrolle eingenommen werden.

▶ Antibiotika töten Bakterien oder stoppen ihre Vermehrung.

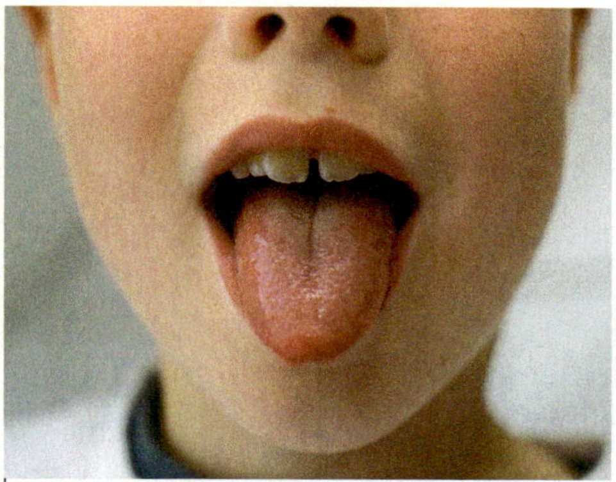

1 Himbeerzunge

2 Erreger von Scharlach

Aufgaben

1 Beschreibe den Verlauf der Kinderkrankheit Scharlach.

2 Erkläre die Begriffe Infektion, Inkubationszeit und Rekonvaleszenz mit eigenen Worten.

3 Was ist Penicillin und wie wirkt es?

Zeitpunkt

Schimmelpilze im Kampf gegen Bakterien?

1 Alexander Fleming

Eine zufällige Entdeckung

1928 experimentierte Alexander Fleming (1881–1955) mit Bakterienkulturen. Als er vergessene Kulturen nach einigen Wochen zufällig wiederfand, fiel ihm etwas auf: Dort, wo Schimmelpilz wuchs, hatte sich die Bakterienkultur nicht ausgebreitet. Um den Schimmelpilz herum gab es einen bakterienfreien Bereich, einen so genannten Hemmhof (▷B2).
Fleming schloss daraus, dass dieser Penicillium notatum (▷B3) genannte Schimmelpilz einen Stoff freisetzt, der die Vermehrung der Bakterien verhindert. Nach dem Pilz nannte Fleming den Stoff **Penicillin**. Damit war das erste Antibiotikum entdeckt.

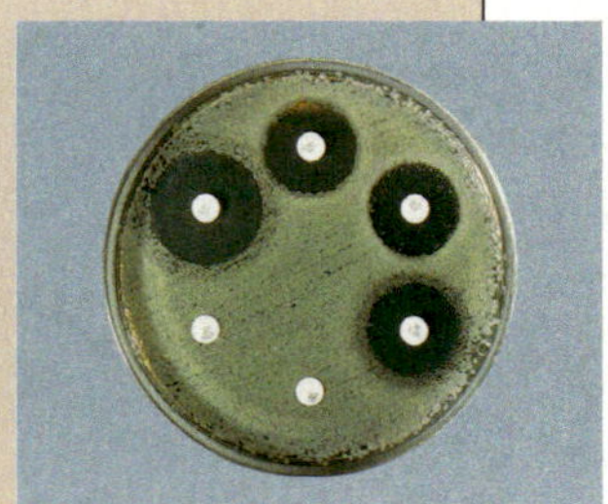

2 Wirkung von Penicillin

3 Penicillium notatum

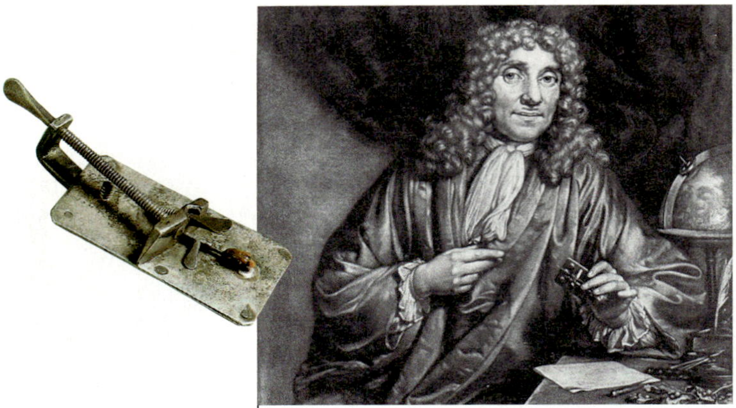

3 ANTONY VAN LEEUWENHOEK und sein Mikroskop

Klein, aber stark

In der Luft, im Wasser, im Boden – sogar im Menschen leben **Bakterien**. Mit bloßem Auge kannst du sie nicht sehen, denn sie sind winzig klein. Die meisten von ihnen sind nur wenige tausendstel Millimeter groß. Deshalb werden sie **Mikroorganismen** genannt.

ANTONY VAN LEEUWENHOEK (1632–1723) hat als erster Mensch mithilfe eines sehr einfachen Mikroskops (▷ B 3) Bakterien gesehen. Schon 1678 betrachtete er sie in Regenwasser, das er zuvor mit Pfeffer versetzt hatte.

Nur eine einzige Zelle

Bakterien sind Einzeller (▷ B 5). Nur die Größten von ihnen werden unter dem Lichtmikroskop sichtbar. Die Kleineren können mit einem Elektronenmikroskop betrachtet werden.

Nach der äußeren Form werden drei Bakteriengruppen unterschieden: die **Kugelbakterien**, die **Stäbchenbakterien** und die **Schraubenbakterien** (▷ B 4).

Aus einer Zelle werden viele

Unter günstigen Bedingungen vermehren sich Bakterien sehr schnell durch Zweiteilung, pflanzen sich also ungeschlechtlich fort. Ein neu entstandenes Bakterium teilt sich wiederum schon nach etwa 20 Minuten.

Die meisten Bakterien können extreme Temperaturen nicht überleben. Die optimale Temperatur der meisten Bakterien, die Krankheiten verursachen, liegt bei 20–40 °C.

Herrschen schlechte Bedingungen, hüllt sich das Bakterium vorübergehend in eine Kapsel. In diesem Ruhezustand wird es **Spore** genannt.

Einige Sporen bleiben mehrere tausend Jahre lebensfähig, andere überleben sogar Temperaturen von 130 °C.

▶ Bakterien sind winzige Einzeller, die als Sporen längere Zeit überdauern können.

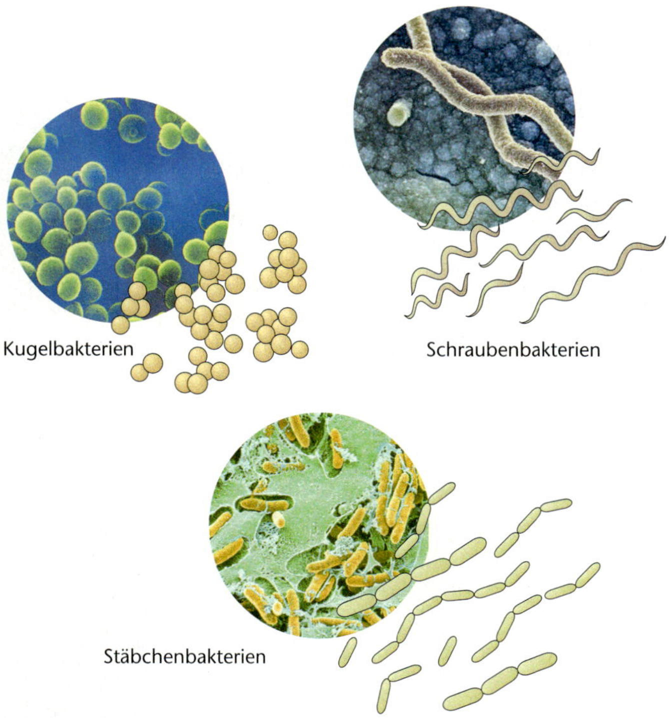

4 Bakterien, verschiedene Formen

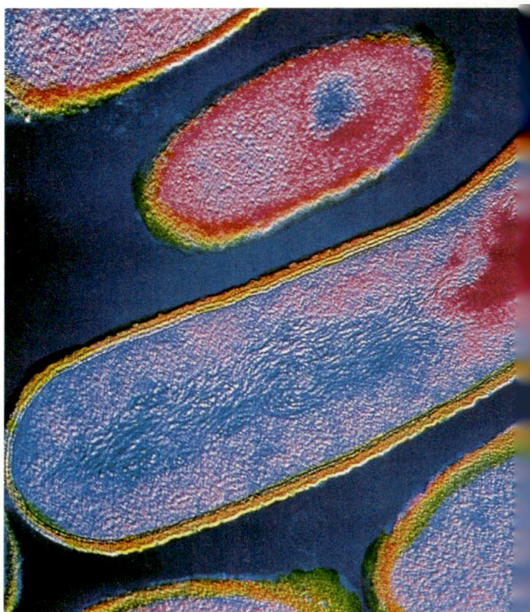

5 Aufbau eines Bakteriums

Zeitpunkt

Louis Pasteur

Louis Pasteur (1822–1895) entwickelte ein Verfahren, bei dem empfindliche Lebensmittel schonend bei 62–85 °C erhitzt und dann schnell wieder abgekühlt werden. Dabei sterben sehr viele der enthaltenen Mikroorganismen ab. Besonders widerstandsfähige Mikroorganismen und Bakteriensporen überleben das so genannte **Pasteurisieren**. Daher sind die pasteurisierten Lebensmittel keimarm, aber nicht keimfrei.
Man erreicht aber eine längere Haltbarkeit und auch krankheitserregende Mikroorganismen werden abgetötet. Geschmack, Farbe, Vitamin- und Mineralstoffgehalt werden kaum beeinträchtigt. Insbesondere Milch, aber auch Sauergemüse und Säfte werden heutzutage pasteurisiert. In der Milch werden auch die Milchsäurebakterien abgetötet. Die Milch wird dann nicht so schnell sauer. Das Pasteurisieren unter hohem Druck ist eine viel versprechende neue Entwicklung. Lebensmittel können so noch schonender haltbar gemacht werden.

Bakterien sind vielseitig
Einige Krankheiten des Menschen, wie Masern und Akne, werden von Bakterien verursacht.
Aber viele Bakterien sind äußerst nützliche Helfer. Milchsäurebakterien erzeugen Jogurt, Quark und auch Sauerkraut. Essigsäurebakterien wandeln Wein in Essig um und auch in der Medikamentenherstellung werden Bakterien genutzt.
Sogar im Darm des Menschen sorgen Milliarden von Bakterien für eine gut funktionierende Verdauung.
Aber die Hauptaufgabe der Bakterien in der Natur ist der Abbau toter Substanz.

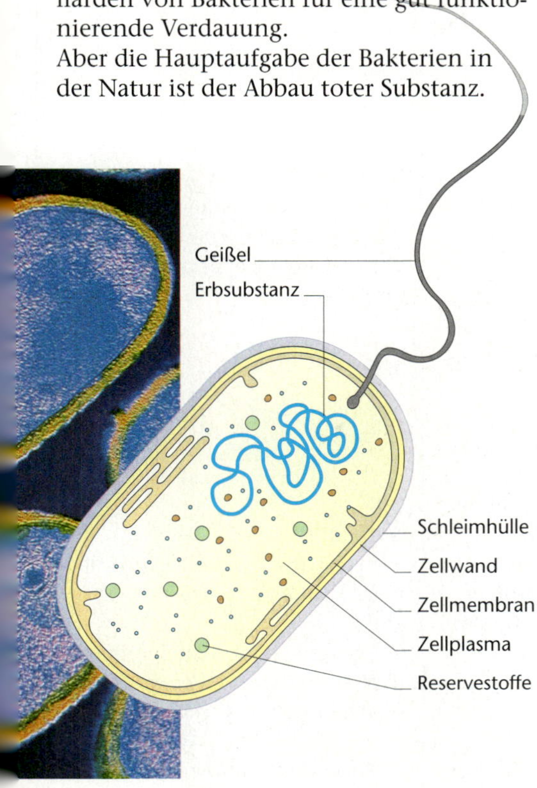

Aufgaben

1 Fertigt in Partnerarbeit Modelle der drei Bakteriengruppen an und stellt sie in der Schule aus.

2 a) Vergleiche den Bau eines Bakteriums mit dem einer tierischen Zelle.
b) Fasse die Unterschiede in einer Tabelle zusammen.

3 Berechne, wie viele Bakterien in vier Stunden aus einer Bakterienzelle hervorgehen, wenn die Zellteilung nach jeweils 20 Minuten erfolgt.

4 a) Sammelt in Gruppenarbeit Informationen über Leben und Forschung von Alexander Fleming, Ignaz Phillip Semmelweis oder Louis Pasteur.
b) Haltet ein Kurzreferat dazu.

5 a) Welcher Temperaturbereich ist für bakterielle Krankheitserreger besonders günstig?
b) Ziehe Schlussfolgerungen für das Aufbewahren und Haltbarmachen von Lebensmitteln.

6 Erstelle eine Tabelle, in der du von drei bakteriellen Erkrankungen Infektionsweg, Inkubationszeit, Symptome und Vorbeugungs- oder Heilungsmöglichkeiten zusammenfasst.

7 Vor allem im Mittelalter war die Pest eine gefürchtete Krankheit. Informiere dich über diese Krankheit und erstelle ein Plakat.

Wir untersuchen Bakterien

Um Bakterien untersuchen zu können, muss man sie „sichtbar" machen. Deshalb werden die Mikroorganismen in speziellen Nährmedien gezüchtet. Diese enthalten alle Stoffe, die Bakterien zum Wachsen und zur Vermehrung benötigen. Nährmedien können flüssig oder fest sein. Ein Flüssignährmedium besteht aus Wasser, dem Nährstoffe zugesetzt wurden. Um ein festes Nährmedium herzustellen, gibt man in ein Flüssignährmedium Agar hinzu und erwärmt das Ganze. Agar ist eine Substanz, die aus Algen gewonnen wird. Ähnlich wie Gelatine, die du vom Kuchenbacken kennst, sorgt Agar dafür, dass sich das Medium beim Abkühlen verfestigt. Das warme, noch flüssige Medium wird in so genannte Petrischalen gegossen. Hier kühlt es ab und wird langsam fest. Nun können Bakterien gezüchtet werden. Sie wachsen heran und bilden sichtbare Kolonien.

1 Herstellung von Agar-Platten

Beim Umgang mit Bakterien musst du einige Regeln beachten:
- Vor dem Arbeiten müssen die Glasgeräte sterilisiert werden. Dazu werden sie vorsichtig durch die Brennerflamme gezogen.
- Achte darauf, dass du die Bakterien nicht mit den Händen berührst.
- **Bebrütete Petrischalen dürfen nicht mehr geöffnet werden** und müssen in einem Schnellkochtopf oder Autoklaven entsorgt werden. In diesem Gerät werden die Bakterien in heißem Wasserdampf unter Druck bei ca. 120 °C abgetötet.
- Reinige nach den Versuchen die Geräte und deinen Arbeitsplatz mit Desinfektionsmittel oder 70 %-igem Alkohol.
- Wasche dir anschließend unbedingt die Hände.

1 Anlegen von Bakterienkulturen

Material

Sterile Petrischalen mit Nährboden, Impföse, Bunsenbrenner, Drigalski-Spatel, 2 Bakterienlösungen (z. B. E.coli K12, Mikrococcus luteus) Pasteurpipette, Wärmeschrank, wasserfester Folienstift, durchsichtiges Klebeband, Becherglas mit Wasser-Alkoholgemisch (Vorsicht brennbar!).

a) Ausplattieren:

Durchführung

Öffne die Petrischale ein wenig und gib mit der sterilen Pipette einen Tropfen einer Bakterienlösung hinein. Tauche den Drigalski-Spatel in die Alkohol-Lösung und flamme ihn vorsichtig ab. Verreibe mit dem abgekühlten Drigalski-Spatel die Bakterien in der Petrischale.
Verschließe die Petrischale, klebe sie rundherum zu und beschrifte sie (Name, Datum, Bakterienart). Bebrüte die Petrischale im Wärmeschrank bei 30 °C für mindestens 4 Tage.

b) Verdünnungsausstrich:

Durchführung

Halte eine Impföse in die Brennerflamme bis sie glüht. Tauche die abgekühlte Impföse in die Bakterienlösung und gib einen Tropfen in die leicht geöffnete Petrischale. Streiche dabei die Impföse vorsichtig über den Nährboden. Verschließe die Petrischale mit dem Klebeband und beschrifte sie (Name, Datum, Bakterienart). Halte die Impföse zur Sterilisation nochmals in die Brennerflamme. Gib die Petrischale für mindestens 4 Tage bei 30 °C in den Wärmeschrank.

Aufgaben

1. Was kannst du in der Petrischale beobachten? Beschreibe.

2. Erkläre, wieso man von einem „Verdünnungsausstrich" spricht.

2 Wo kommen Bakterien vor?

Material

Mehrere Petrischalen mit Nährboden, durchsichtiges Klebeband, wasserfester Folienstift, Wärmeschrank

Durchführung

Mit einfachen Versuchen kannst du feststellen, wo überall Bakterien vorkommen. Klebe nach den Versuchen die Petrischalen zu und beschrifte sie mit Namen und Datum. Gib auch an, welchen Versuch du in welcher Petrischale durchgeführt hast. Bebrüte die Petrischalen für mindestens 4 Tage bei 30 °C im Wärmeschrank.

Mögliche Versuche:
a) Öffne eine Petrischale, huste kräftig hinein und verschließe sie.
b) Lass die zweite Petrischale für 30 Minuten geöffnet in der Nähe der Heizung stehen.
c) Lege in die dritte Petrischale eine Münze.

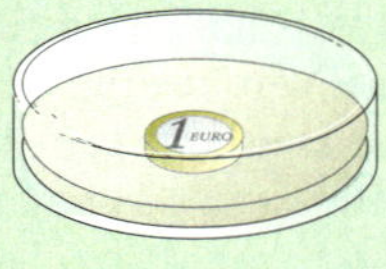

d) Drücke vorsichtig deine ungewaschenen Finger auf den Nährboden. Wasche dir anschließend die Hände und wiederhole den Versuch. Benutze hierzu eine neue Petrischale.

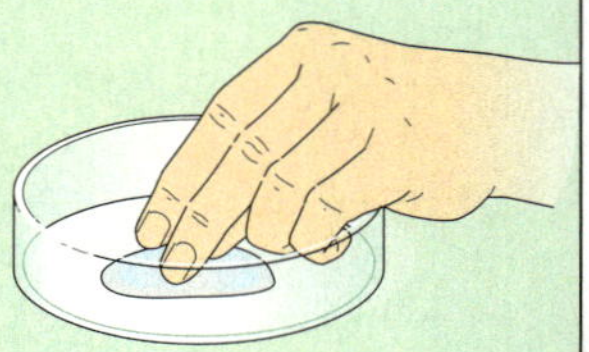

Aufgaben

1. Überlege dir weitere Experimente und führe sie durch.

2. Betrachte nach dem Bebrüten die Petrischalen. Notiere deine Beobachtungen und erkläre sie.

3. Wo findest du überall Bakterien? Nenne Gründe dafür.

Bakterielle Erkrankungen

Alle auf dieser Seite vorgestellten Krankheiten sind sehr gefährlich. Daher muss in jedem Fall ein Arzt oder eine Ärztin aufgesucht werden, wenn der Verdacht auf eine dieser Erkrankungen vorliegt!

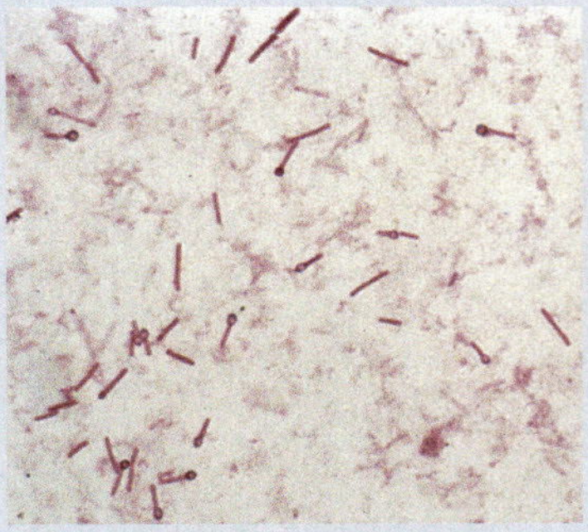

Tetanus entsteht, wenn mit Erde oder Schmutz ganz bestimmte Bakterien in eine Wunde gelangen. Diese Bakterien geben einen Stoff ab, der nach 4–14 Tagen zu starken Muskelkrämpfen führt. Im deutschen Namen **Wundstarrkrampf** finden sich entscheidende Merkmale der Krankheit wieder. Unbehandelt führen die Krämpfe in kürzester Zeit zum Tod.

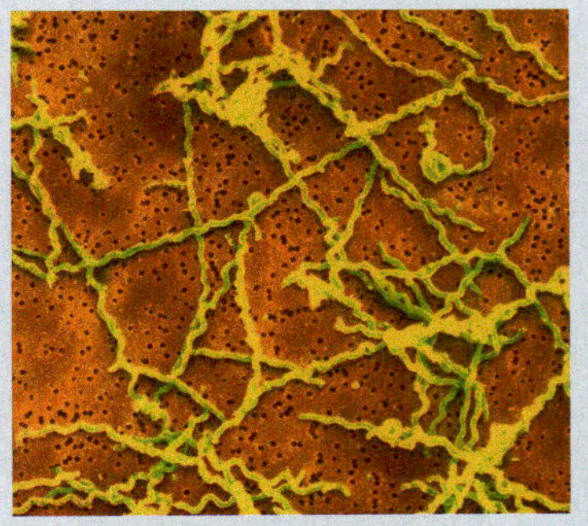

Die **Syphilis** oder **Lues** oder **Harter Schanker** ist eine meldepflichtige Krankheit. Sie wird durch Geschlechtsverkehr übertragen. Die Infektion erfolgt über kleinste Hautverletzungen. Ein rötlicher Knoten an der Infektionsstelle verschwindet nach wenigen Wochen.

Zwei bis drei Monate später zeigen sich Symptome wie Hautausschlag, Kopfschmerzen, Fieber und Müdigkeit.

Spätestens jetzt muss eine Behandlung mit Penicillin erfolgen. Geschieht das nicht, werden Organe im ganzen Körper angegriffen und die Krankheit endet tödlich. Vor einer Infektion schützt die Verwendung von Kondomen.

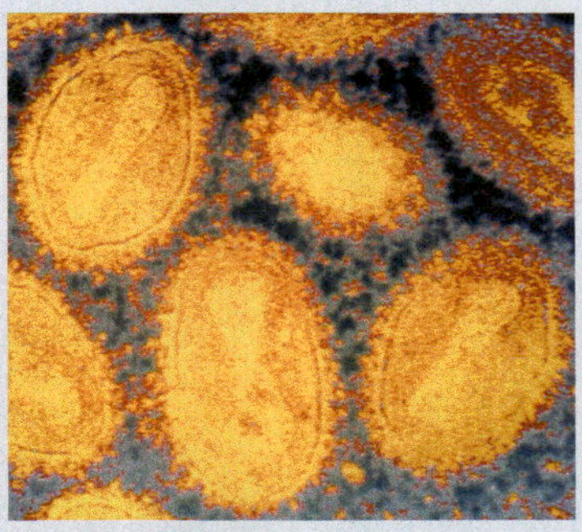

An **Keuchhusten** erkranken meist Säuglinge und Kinder. Die Ansteckung erfolgt über Tröpfcheninfektion. Ein bis zwei Wochen später kommt es zu keuchendem, krampfartigem Husten mit Erbrechen. Die nächtlichen Hustenanfälle können zum Ersticken führen.
Ursache des Keuchhustens ist eine bakteriell hervorgerufene Entzündung der Atemwege. Keuchhusten ist in den ersten sechs Wochen extrem ansteckend und daher meldepflichtig.

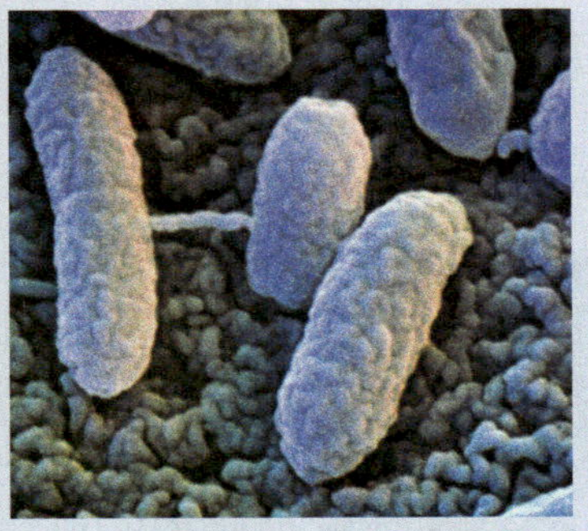

Wird mit Geflügel oder Eiern nicht hygienisch umgegangen und werden sie dann verzehrt, kann es zur **Lebensmittelvergiftung** durch **Salmonellen** kommen. Dabei gibt es über 1600 verschiedene Bakterienarten, die eine solche Lebensmittelvergiftung hervorrufen können.

Die nach 20–24 Stunden auftretenden Symptome sind Erbrechen und wässriger Durchfall. Sie halten ein bis zwei Tage an. Wegen des Flüssigkeitsverlustes muss viel getrunken werden. Gefährlich wird diese Krankheit für Kinder, alte und abwehrgeschwächte Menschen. Sie ist meldepflichtig, d. h. das Auftreten der Krankheit muss dem Gesundheitsamt gemeldet werden.
Durch vollständiges Garen von Eiern, Geflügel und ihren Produkten kann man die Infektion vermeiden.

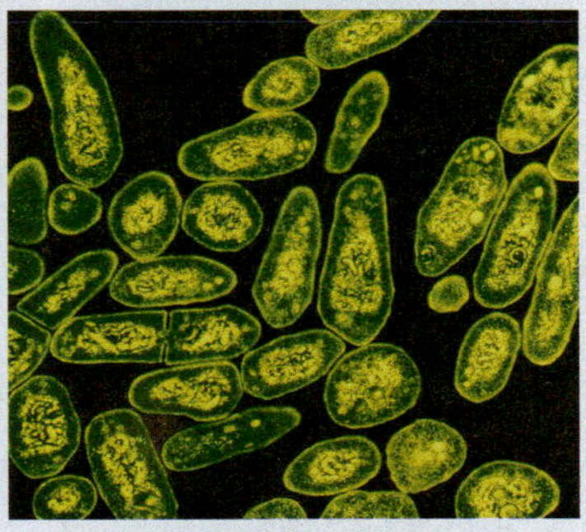

Eine der häufigsten Infektionskrankheiten der Lunge ist Tbc, die **Tuberkulose**. Weltweit sterben pro Jahr mehr als 2 Millionen Menschen an der in Deutschland meldepflichtigen Erkrankung. Früher wurde diese Krankheit Schwindsucht genannt und war noch viel stärker verbreitet.
Der Erreger wird durch Tröpfcheninfektion übertragen und befällt die Lunge. Nach vier bis sechs Wochen Inkubationszeit wird das Lungengewebe zerstört. Zusätzlich treten Fieber, Schwäche, Husten mit blutigem Auswurf und Gewichtsabnahme auf. Auch alle anderen Organe können durch Streuung der Bakterien geschädigt werden.

Tuberkulose kann auch heute nur schwer behandelt werden. Es wird ein Antibiotika enthaltendes Medikament verordnet.
Da meist dort Tuberkulose auftritt, wo viele Menschen auf engem Raum unter schlechten hygienischen Bedingungen leben, ist Hygiene eine gute Vorbeugung.

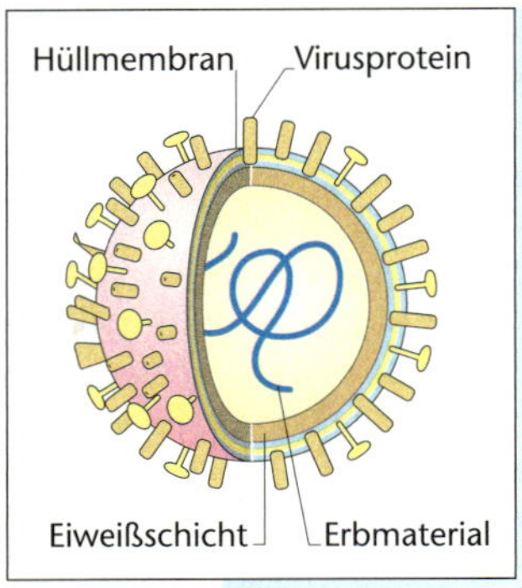

Aufbau eines Virus

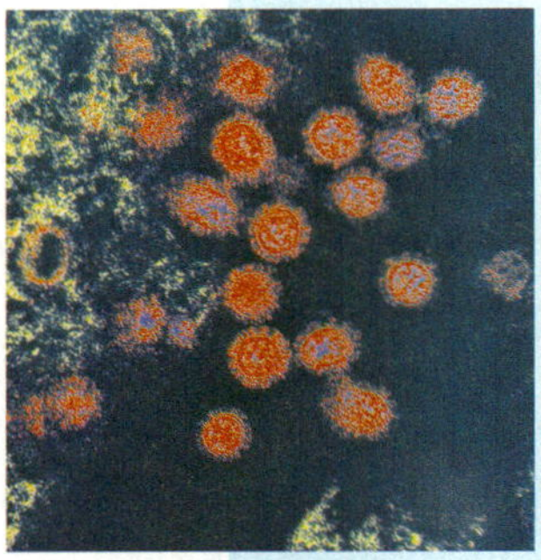
Grippe-Viren

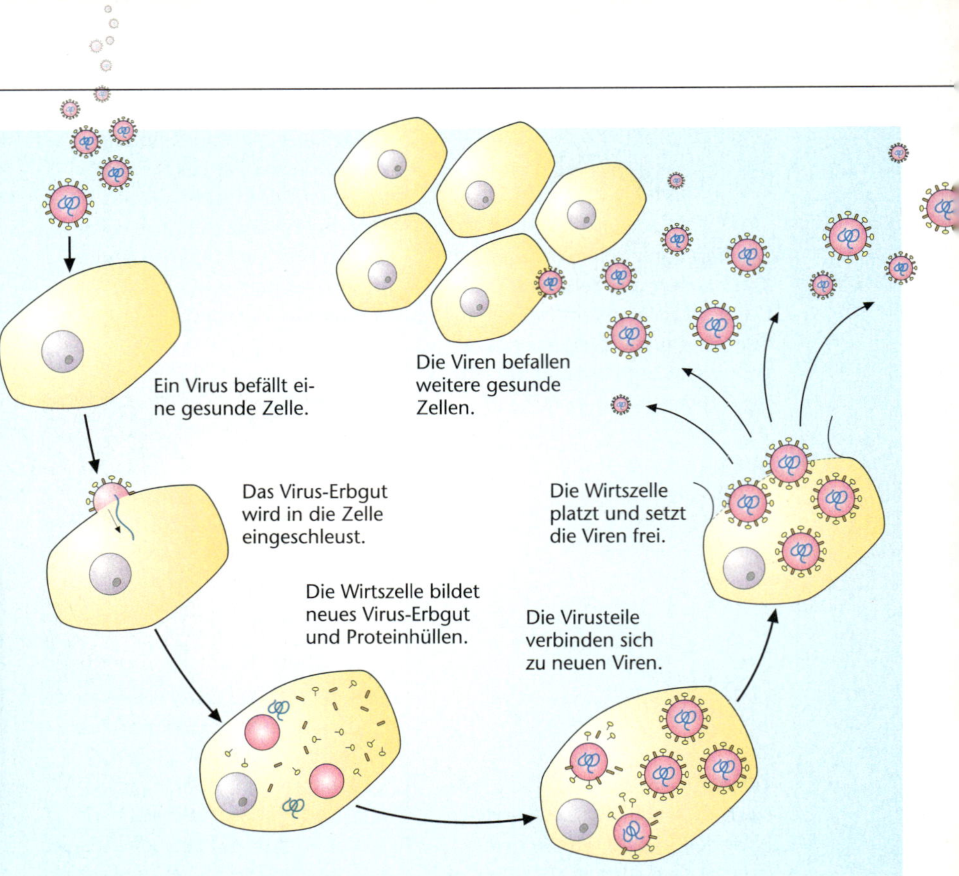

1 Verlauf einer Virusinfektion

Sehr klein und sehr gefährlich

Einen grippalen Infekt kennst du als starke Erkältung. Zunächst verspürst du einen Niesreiz, bald „läuft" die Nase für einige Tage. Die Ursache sind Viren, die die Nasenschleimhaut befallen (▷ B 1).
Sie sind sehr klein, ihr Durchmesser erreicht nur 0,02–0,3 µm, das ist ein Bruchteil von einem tausendstel Millimeter. Viren kann man deshalb nur unter einem Elektronenmikroskop sehen. Viren bestehen größtenteils aus Erbmaterial und einer Proteinhülle (▷ B 1). Sie erfüllen nicht alle Lebenskriterien: Sie wachsen und bewegen sich nicht, haben einen eingeschränkten Stoffwechsel und pflanzen sich nicht selbst fort.
Für die Vermehrung ist jedoch Stoffwechsel nötig. Deshalb befällt das Virus eine Zelle, die daraufhin neue Viren herstellt. Dabei ruht der eigentliche Stoffwechsel der Zelle. Eine solche befallene Zelle heißt **Wirtszelle**. Die vielen neu gebildeten Viren bringen die Wirtszelle zum Platzen und befallen anschließend weitere Zellen.

▶ Viren bestehen aus Erbmaterial und Proteinhülle. Für ihre Fortpflanzung nutzen sie Wirtszellen.

Viren sind Krankheitserreger

Sehr viele Erkrankungen werden von Viren verursacht. Es sind beispielsweise Grippe, Hepatitis, AIDS und einige Kinderkrankheiten, wie Masern, Windpocken und Mumps.

Auch **Röteln** sind virusbedingt. Das Röteln-Virus (▷ B 2) vermehrt sich in den Zellen der oberen Atemwege und gelangt danach ins Blut. Die Inkubationszeit beträgt 2–3 Wochen, dann entwickeln sich leichtes Fieber und Halsschmerzen.

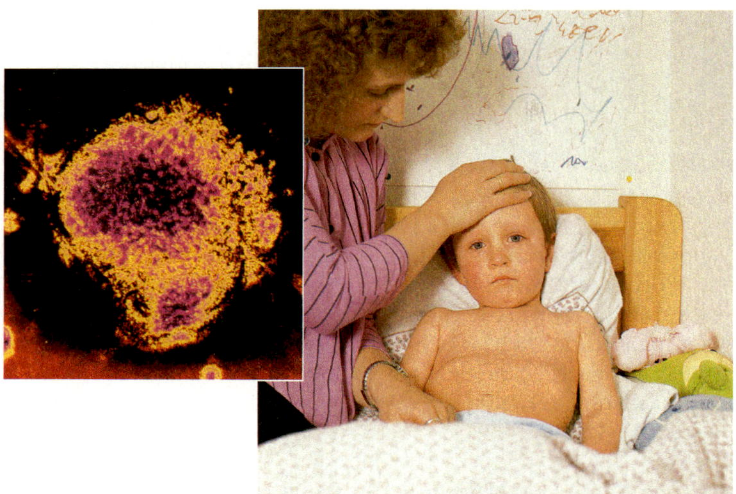
2 Kind mit Röteln, Rötelnvirus links

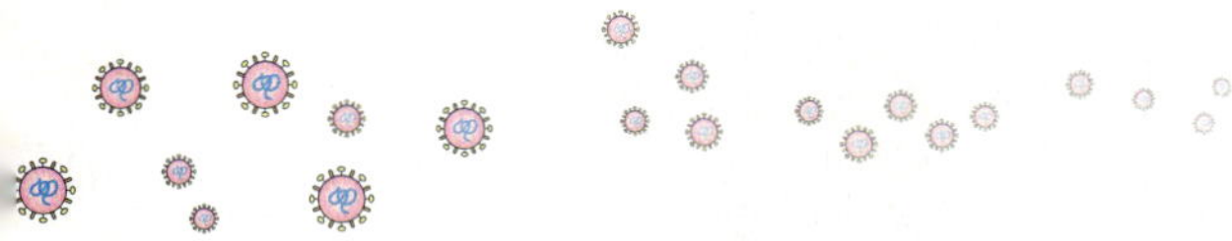

Aufgaben

1 Ist ein Virus ein Lebewesen? Begründe deine Antwort.

2 a) Informiert euch in Partnerarbeit über Windpocken, Masern und Mumps. Nutzt Lexika, Internet oder befragt eure Hausärzte.
b) Erstellt eine Tabelle, in die ihr Erreger, Inkubationszeit und Symptome eintragt.
c) Hattet ihr selbst eine dieser Krankheiten?

3 Mädchen sollen gegen Röteln geimpft werden. Erkläre.

4 a) Informiere dich, wie Hepatitiserkrankungen entstehen und übertragen werden.
b) Wie kann man vorbeugen?

Der typische Ausschlag (▷ B 2) mit kleinen roten Flecken beginnt am Kopf und breitet sich über den ganzen Körper aus. Nach höchstens drei Tagen verschwindet der Ausschlag. Die Übertragung des Virus auf andere Menschen beginnt schon eine Woche bevor sich der Ausschlag bildet.

Das Röteln-Virus wird durch Tröpfcheninfektion oder Schmierinfektion übertragen. Für Kinder sind Röteln relativ harmlos. Gefährlich ist die Krankheit für Schwangere, die noch keine Röteln hatten oder nicht dagegen geimpft sind: Es kann zu Fehlgeburten oder zu Schäden beim Fetus kommen. Dabei sind meistens Herz, Gehör und Augen betroffen.
Deshalb sollten alle Mädchen unbedingt vor Beginn der Pubertät gegen Röteln geimpft sein.

Da Viruserkrankungen auch bakterielle Infektionen begünstigen, kann es zu schwer wiegenden Folgeerkrankungen kommen.

▶ Viele Krankheiten werden durch Viren hervorgerufen. Dazu gehören die Röteln.
Gegen Röteln sollten alle Mädchen geimpft werden.

Brennpunkt

Die echte Grippe kann sehr gefährlich sein

Alle Jahre wieder
Jeden Winter gibt es eine Grippewelle. Die **echte Grippe** ist eine Viruserkrankung der oberen Atemwege. Das hoch infektiöse **Influenza-Virus** wird durch Tröpfcheninfektion übertragen. 1–3 Tage nach der Infektion treten hohes Fieber, Kopf-, Muskel- und Gliederschmerzen, Schüttelfrost und trockener Husten auf. Nach 8–10 Tagen ist die Grippe überwunden.
Häufig kommt es jedoch durch schwere Folgeinfektionen zu Herzversagen, Kreislaufkollaps oder Lungenentzündung. An diesen Folgeinfektionen sterben in Deutschland jährlich 5000–8000 Menschen. Im Winter 1995/96 breitete sich das Virus stärker als gewöhnlich aus und brachte in Deutschland etwa 20000 Menschen den Tod.

Nicht nur der Mensch hat Grippe
Influenza-Viren gibt es auch bei Vögeln und Hausschweinen. Durch eine Kombination des Erbmaterials von Menschen- und Tiervirus kann ein neues, sehr ansteckendes und für Menschen oft tödliches Mischvirus entstehen (▷ B 1).
Die Grippe kann wüten wie die Pest, 1918/19 starben weltweit über 40 Millionen Menschen. 1957 folgte eine nächste tödliche Grippewelle. Eine weitere konnte 1997 in Hongkong gestoppt werden: Ein gefährliches Tier-Influenza-Virus wurde durch die Tötung von 1,5 Millionen Hühnern unter Kontrolle gebracht.

Impfen
Das Influenza-Virus verändert sich schnell. Deshalb sammeln Fachleute weltweit Informationen über die aktuellen Viren und sagen vorher, welche Virus-Varianten für den nächsten Winter wahrscheinlich sind. Dem entsprechend werden Impfstoffe gegen Grippe hergestellt.

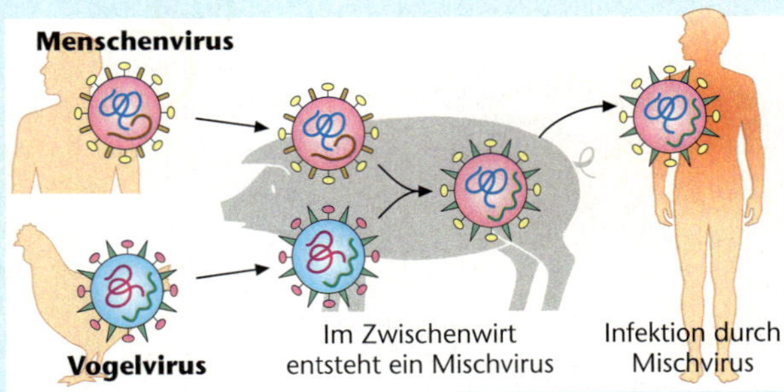

1 Mischvirus

Viruserkrankungen

An **Kinderlähmung** können auch Erwachsene erkranken. Sie wird von Polioviren hervorgerufen. Erkrankte leiden an Kopf-, Rücken- und Gliederschmerzen und schwitzen stark. Bald darauf setzen Lähmungen ein. In schweren Fällen muss künstlich beatmet werden. Die Rekonvaleszenz dauert bis zu zwei Jahre. Oft bleiben Veränderungen an Skelett und Gelenken zurück.

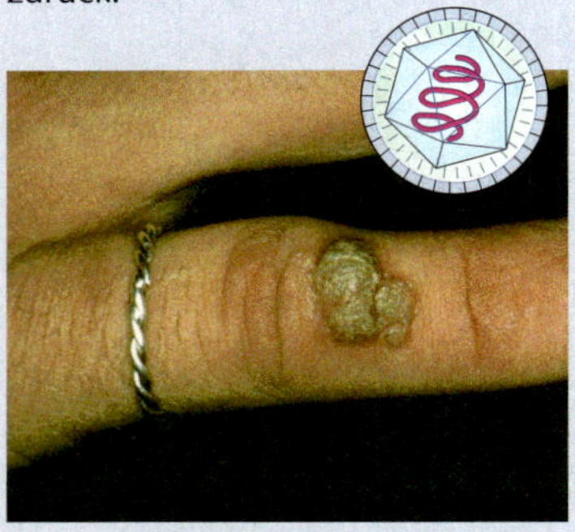

Viren sind auch für die Bildung von **Warzen** verantwortlich. Sie bewirken nach einer Inkubationszeit von sechs Wochen bis zwanzig Monaten ein unnormales Wuchern von Hautzellen. Oft heilen Warzen von selbst ab.

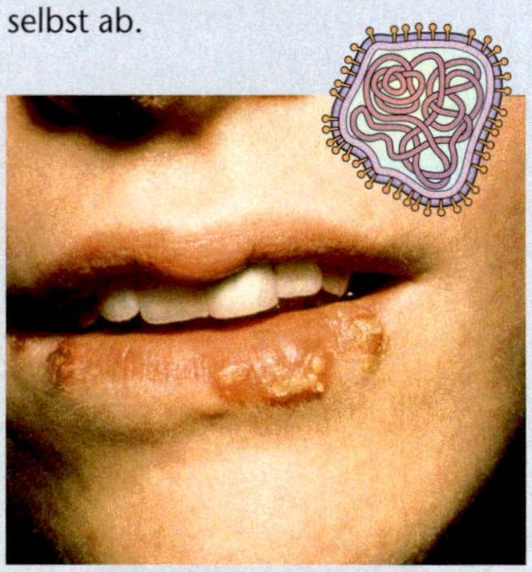

Auch die mit klarer Flüssigkeit gefüllten **Lippen-Herpesbläschen** sind das Werk von Viren. Sie befinden sich nach einer Erstinfektion dauerhaft und ohne Symptome in Nervenzellen. Signale wie Fieber, UV-Licht oder Stress reaktivieren das Virus. Nach Kribbeln und Stechen an den Lippen oder auch Naseneingängen bilden sich Herpesbläschen. Sie trocknen ab und verheilen in ca. 10 Tagen narbenlos. Medikamente verkürzen das Abheilen.

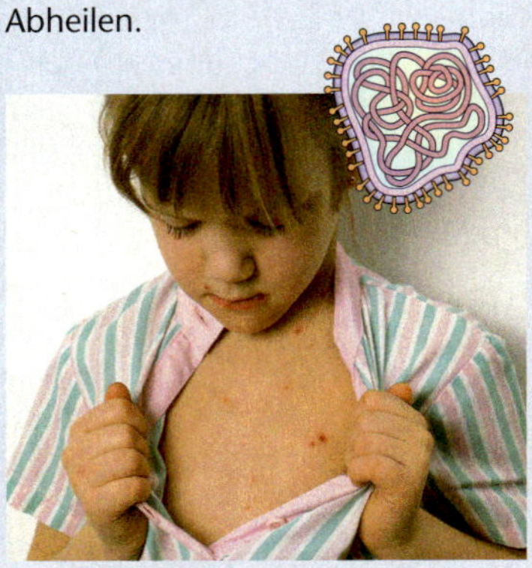

Windpocken werden meist durch Tröpfcheninfektion übertragen. Von der Infektion bis zum Ausbruch dieser Kinderkrankheit vergehen 10–21 Tage. Infizierte sind schon in den letzten 3–4 Tagen der Inkubationszeit und den fünf folgenden Tagen ansteckend. Typische Symptome sind leichtes Fieber und rote stecknadelkopfgroße Hautflecken, aus denen sich in wenigen Stunden Bläschen entwickeln, die später verschorfen und abheilen. Der Ausschlag ist zuerst am Kopf sichtbar, breitet sich aber über den ganzen Körper aus. Nur wenn wegen des starken Juckreizes gekratzt wird, bilden sich Narben. Die Krankheit dauert eine Woche und nach 2–3 Wochen sind alle Hautveränderungen abgeheilt. Hat man die Windpocken überstanden, erkrankt man daran nicht wieder.

Hepatitis B ist eine Leberentzündung und meldepflichtig. Das Virus wird mit dem Blut weitergegeben und ist hoch infektiös, d. h. schon geringste Konzentrationen führen zu einer Infektion. Die Inkubationszeit beträgt 40–160 Tage. Die Lebertätigkeit wird gestört, es tritt Gelbsucht auf. Einige Menschen überwinden die Krankheit in vier Monaten völlig, andere erleiden ein Leberversagen oder die Leber arbeitet nur noch eingeschränkt. Bei 30 % der Patienten ist die Behandlung erfolgreich. Vorbeugen kann man durch Impfen.

Auch das **Masern**-Virus wird über Tröpfcheninfektion übertragen. Nach 10–14 Tagen Inkubationszeit treten Husten, Schnupfen und leichtes Fieber auf. Nach weiteren vier Tagen zeigt sich am Hals und hinter den Ohren ein Hautausschlag, der sich über den ganzen Körper ausbreitet. Dieses Stadium der typischen Kinderkrankheit dauert 3–4 Tage. In der folgenden Rekonvaleszenz schuppt die Haut ab. Masern sind 1–2 Tage vor dem Auftreten der ersten Symptome bis zur kompletten Ausbreitung des Hautausschlags hoch ansteckend.

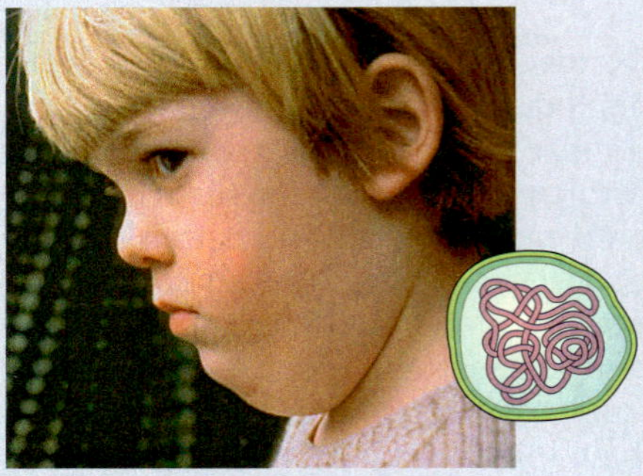

Mumps ist eine Kinderkrankheit, bei der es neben Fieber und Kopf- und Gliederschmerzen zum Anschwellen meist beider Ohrspeicheldrüsen kommt. Nach 5–8 Tagen sinkt das Fieber und die schmerzhafte Schwellung geht zurück. Die Inkubationszeit beträgt 12–35 Tage. Infizierte übertragen das Mumps-Virus schon 4 Tage vor bis 7 Tage nach Beginn der Krankheitsanzeichen durch Tröpfchen- oder Schmierinfektion.

Strategie

Schüler fragen – Experten antworten

Vor Ort die richtigen Leute fragen!
Weder die Lehrer noch das Schulbuch oder das Internet können uns alle Fragen beantworten. Hier helfen uns Fachleute weiter. Wenn wir sie an ihrem Arbeitsplatz besuchen, bekommen wir gleichzeitig einen Einblick in ihr Arbeitsfeld.
Gerade zum Thema „Gesundheit" können uns Fachleute eine Menge sagen. Wie wäre es, wenn ihr einen Besuch beim Gesundheitsamt oder bei einem Facharzt plant?

Mein kleiner Bruder spielt mit Freunden oft im Wald. Da jetzt die Zeckenzeit kommt, müssen wir ihn gegen FSME impfen?

Im Kindergarten meiner Schwester gehen gerade die Windpocken um. Ob wohl alle Kinder, mit denen sie spielt, nacheinander krank geworden sind, ist sie noch gesund. Kann ich mich anstecken?

Manche sagen, dass Impfschäden manchmal schlimm sein können. Andere behaupten, man sollte Kinder auf jeden Fall impfen. Wo bekomme ich Informationen?

Die Klasse plant gemeinsam!
Die Idee für einen Besuch entsteht meistens im Unterricht und muss nicht immer von der Lehrerin oder dem Lehrer kommen. Auch an der Planung des Besuchs sollten sich alle beteiligen.

Nehmt Kontakt auf
Die richtigen Ansprechpartner müssen zunächst gefunden werden. Telefonbuch, „Gelbe Seiten" oder Internet können dabei nützlich sein. Es muss dann festgelegt werden, wer den Gesprächspartner anspricht. Vereinbart den Termin und den Ablauf.

Wie bereitet ihr euch vor?
Sammelt zuerst alle Fragen, ordnet sie nach Themenschwerpunkten und schreibt sie auf. Überlegt, wie ihr die Befragung durchführen wollt. Verteilt die Aufgaben (Fragen stellen, Mitschreiben, Fotos machen usw.).
Ganz ohne Vorwissen hat es wenig Sinn, einen Experten zu „löchern". Versucht, die Antworten zuerst in eurem Biologiebuch zu finden, vielleicht hilft auch das Internet weiter.

Worauf muss man beim Besuch eines Experten achten?
Ihr könnt den Experten auch an seinem Arbeitsplatz besuchen. Vergesst nicht, Fotoapparat und Diktiergerät mitzunehmen. Macht euch Notizen und lasst euch Material mitgeben, dann erinnert ihr euch zu Hause besser an Einzelheiten.
Wenn ihr die komplizierte Expertensprache nicht versteht, fragt sofort nach. Lasst euch alles noch einmal mit einfachen Worten, eventuell an einem Beispiel, erklären. Nach jedem Gespräch mit Experten werdet ihr selbstbewusster und mutiger im Befragen!

Die Nachbereitung
Nach der Expertenfragung solltet ihr die Ergebnisse in der Klasse diskutieren und schriftlich festhalten. Dabei könnt ihr auch besprechen, was man beim nächsten Mal noch besser machen könnte.

Adressen von Experten aus dem Internet
- Bundeszentrale für gesundheitliche Aufklärung BzgA www.bzga.de
- Robert Koch Institut www.rki.de
- Apotheken www.aponet.de
- Ärzte www.arzt.de

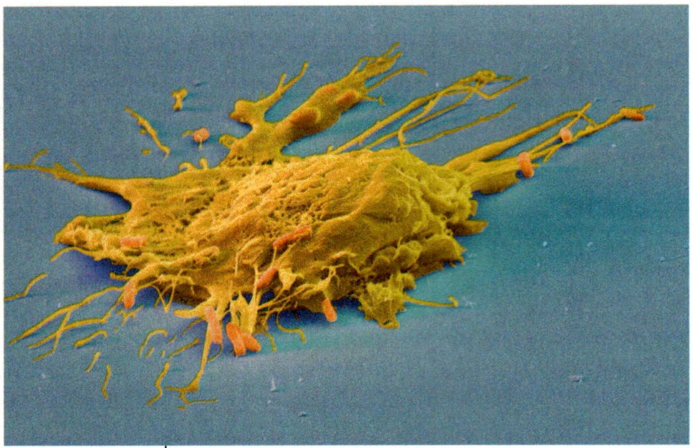

1 Fresszelle (gelb) attackiert Bakterien (rot).

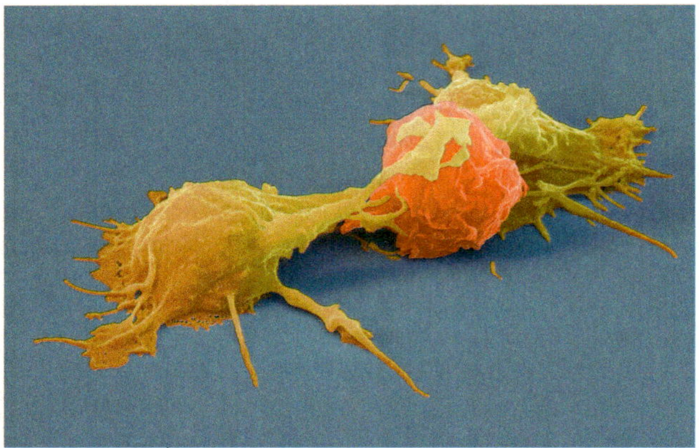

2 Fresszellen (gelb) attackieren Krebszelle (rot).

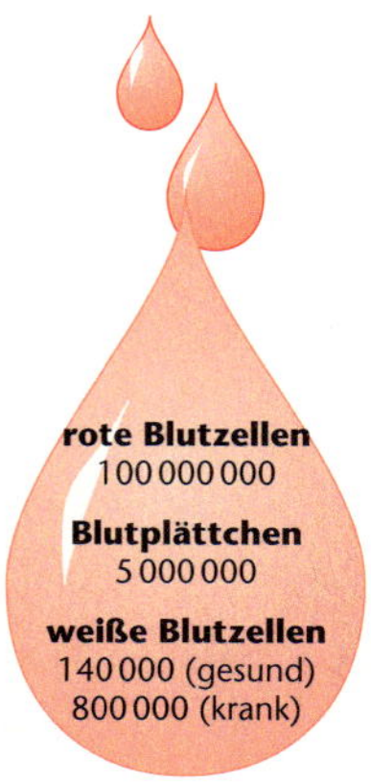

3 Ein Tropfen Blut enthält ...

In ständiger Abwehr

Obwohl dein Körper ständig einer Vielzahl von Krankheitserregern ausgesetzt ist, wirst du trotzdem nur manchmal krank. Der Körper setzt den Erregern nämlich viele Barrieren: Die Schleimhäute bilden abwehrenden Schleim, Tränenflüssigkeit wirkt keimtötend, der Magensaft enthält Salzsäure und die Haut bildet eine Bakterien abwehrende Schicht, den Säureschutzmantel. Hin und wieder gelingt es jedoch einigen Krankheitserregern, diese Barrieren zu überwinden und in den Körper zu gelangen.

Von Fressern, Killern und Helfern

In deinem Körper sind die **weißen Blutzellen** für die Abwehr zuständig. Mit dem Blut oder der Lymphflüssigkeit können sie an jede Stelle im Körper gelangen. Es gibt verschiedene weiße Blutzellen, die unterschiedliche Aufgaben erfüllen. Dringen zum Beispiel einzelne Krankheitserreger in den Körper ein, werden sie von so genannten **Fresszellen** erkannt und „gefressen" (▷ B 1 und 2). Ist aber eine sehr große Zahl von Erregern in den Körper vorgedrungen, können sie von den Fresszellen allein nicht bekämpft werden. Dann gelingt es den Erregern, sich im Körper zu vermehren. Die Fresszellen informieren aber **T-Helferzellen** über bestimmte Merkmale der Erreger. Die T-Helferzellen setzen daraufhin zwei Abwehrmechanismen in Gang:

- Zum einen regen sie **Plasmazellen** zur Bildung ganz spezieller Eiweiße an, die man **Antikörper** nennt. Diese Antikörper binden sich gezielt an die Erreger und machen sie dadurch unschädlich.
- Zum anderen werden Killerzellen angeregt, nach infizierten Zellen zu suchen und diese abzutöten.

Die Antikörper-Erreger-Klümpchen und die abgetöteten infizierten Zellen können schließlich von den Fresszellen beseitigt werden.

Während der Immunreaktion werden **Gedächtniszellen** gebildet. Diese speichern Informationen über die Eigenschaften des bekämpften Erregers. Wird der Körper zu einem späteren Zeitpunkt erneut durch den gleichen Erreger befallen, können sofort sehr viele passende Antikörper gebildet werden. Damit kann der Krankheitserreger sehr rasch bekämpft werden, bevor es ihm gelingt, sich im Körper stark zu vermehren. Deshalb erkrankt der Mensch meist nicht noch einmal an dieser Krankheit, er ist **immun** gegen den Erreger geworden.

Ist der Erreger jedoch ein Virus, versagt die Abwehr über die Gedächtniszellen oft. Das Virus-Erbmaterial verändert sich sehr schnell. Dadurch entstehen rasch zahlreiche neue Varianten des Virus, die von den Gedächtniszellen nicht wiedererkannt werden können. Weil die schnelle Abwehr über die Gedächtniszellen überlistet wird, können Viruserkrankungen, wie z. B. die Echte Grippe, immer wieder sehr gefährlich werden.

Verschiedene weiße Blutzellen bewirken die Abwehr von Krankheitserregern. Nach überstandenen Erkrankungen ist der Mensch gegen diesen speziellen Erreger oft immun.

Vorbeugung hilft

Das Immunsystem kann in seinem täglichen Abwehrkampf unterstützt werden. Zum Beispiel sorgen ausreichend Schlaf und Erholung sowie eine ausgewogene

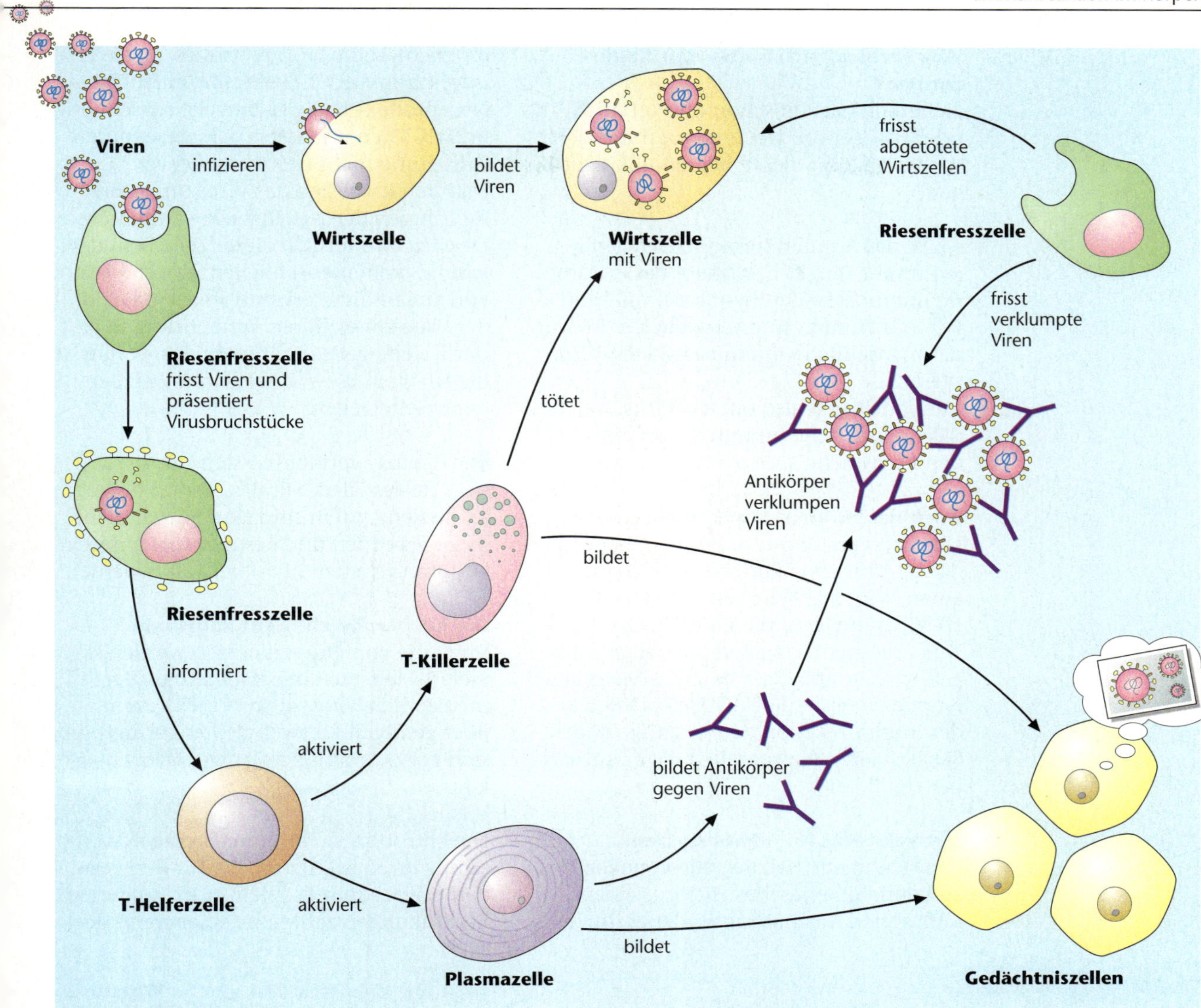

4 Immunreaktion, Schema

Ernährung und Sport für eine Stärkung des Immunsystems. Die Krankheitsabwehr funktioniert auch besser, wenn man glücklich und zufrieden ist.

Eine gesunde Lebensweise stärkt das Immunsystem und beugt so Krankheiten vor.

5 Sport und gesunde Ernährung sind wichtig.

Aufgaben

1 Beschreibe die Immunreaktion deines Körpers, wenn er von Krankheitserregern befallen wird.

2 Überlege, welche Bedeutung Fieber bei Erkrankungen haben könnte.
Tipp: Denke dabei auch an chemische Reaktionen.

3 a) Wie stärkst du dein Immunsystem?
b) Nenne weitere Möglichkeiten, mit denen du einer Immunschwäche vorbeugen kannst.

Was verbirgt sich hinter den Abkürzungen?
Sicherlich hast du schon oft von AIDS oder HIV gehört. Doch was verbirgt sich wirklich hinter diesen beiden Abkürzungen?

AIDS, das **A**quired **I**mmune **D**eficiency **S**yndrome (engl.) beschreibt das erworbene Immunschwächesyndrom, während HIV das **H**uman **I**mmunodeficiency **V**irus, das menschliche Immunschwäche-Virus meint.
Es handelt sich also um ein Virus, welches das menschliche Immunsystem entscheidend schwächt.

Auch das HI-Virus braucht Wirtszellen
Um sich vermehren zu können, benötigt das HI-Virus, wie übrigens alle Viren, einen Wirt. Die Wirtszelle, welche das HI-Virus nutzt, ist die T-Helferzelle. Diese Zelle, die zu den weißen Blutzellen zählt, gehört zum Abwehrsystem des Menschen. Normalerweise spielen T-Helferzellen bei der Immunreaktion eine wichtige Rolle: Sie aktivieren Plasmazellen dazu, Antikörper zu bilden.

Gut versteckt im Abwehrsystem
Um sich in der T-Helferzelle vermehren zu können, besitzt das HI-Virus einen raffinierten Mechanismus, der es ihm ermöglicht, seine Erbinformation in die Erbinformation der T-Helferzelle einzubauen. Nun produziert die Helferzelle ausschließlich HI-Viren und kann sich selber durch Zellteilung nicht weiter vermehren. Dadurch kann sich das Virus ungestört im Inneren der T-Helferzelle vermehren. Da es sich innerhalb dieser Zelle befindet, kann es vom menschlichen Abwehrsystem von außen nicht erkannt werden. Reicht der Platz zur weiteren Vermehrung in einer T-Helferzelle nicht mehr aus, verlassen die HI-Viren die Wirtszelle und befallen neue Helferzellen.

HI-Viren vermehren sich nur in T-Helferzellen. Für das menschliche Abwehrsystem sind sie dadurch nicht zu erkennen und können von unserem Immunsystem nicht bekämpft werden.

Die Körperabwehr geht zugrunde
Im Laufe von einigen Jahren werden so viele T-Helferzellen befallen, dass der menschliche Organismus nicht mehr über genügend Abwehrzellen verfügt, um sich gegen Krankheitserreger wehren zu können.

Die betroffenen Patienten sterben dann häufig an Krankheiten, die für den gesunden Körper kein Problem sind. Zu diesen Erkrankungen zählen beispielsweise der

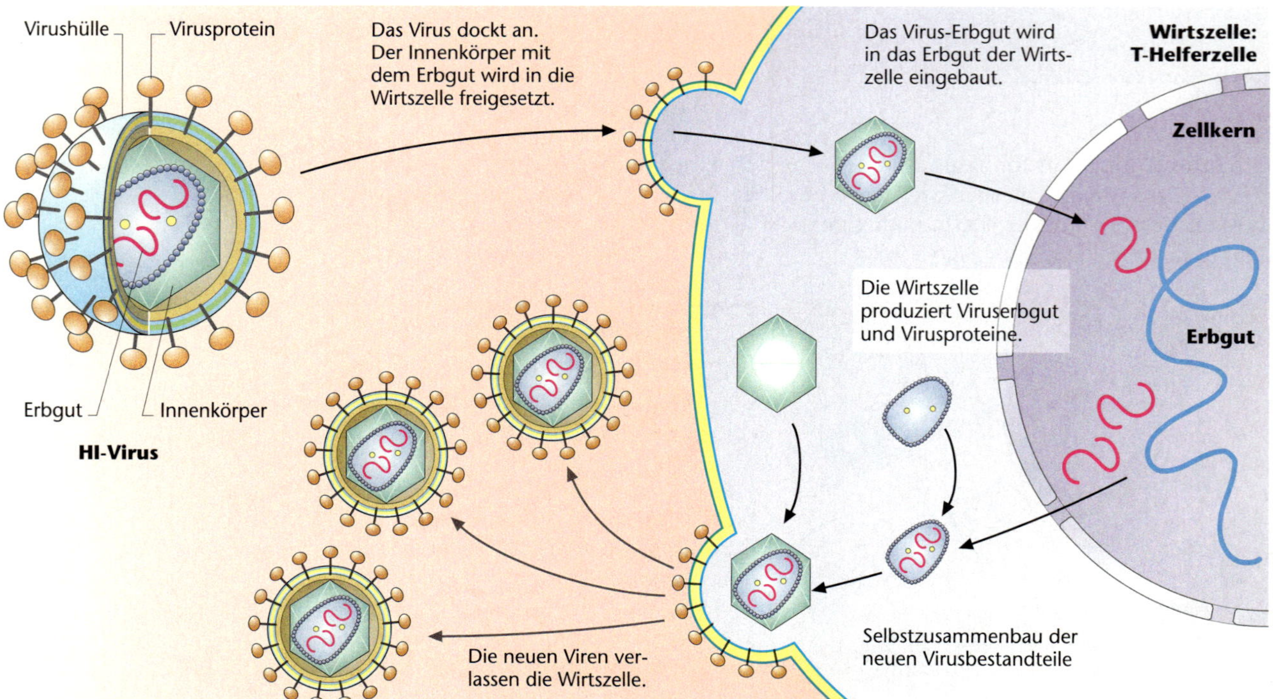

1 Vermehrung des HI-Virus in der T-Helferzelle

grippale Infekt oder ein einfacher Pilzbefall.

HIV oder AIDS – eine Begriffsbestimmung
Immer wieder kommt es vor, dass die beiden Begriffe durcheinander gebracht werden: Die HIV-Infektion läuft in fünf Phasen ab. Erst wenn ein Patient das letzte Stadium erreicht hat, sprechen Mediziner von AIDS. In den ersten vier Stadien spricht man von **HIV-positiv**, das bedeutet, dass das Virus im Blut des Patienten nachgewiesen werden konnte.

Unnötige Angst?
Tom hat einen guten Freund, Jakob, in seiner Clique, dessen Bruder an HIV erkrankt ist. Mediziner sagen, er ist HIV-positiv. Immer wenn Tom bei Jakob zu Besuch ist, hat er Angst sich anzustecken.

Er traut sich nicht mehr bei Jakob zu essen oder sich im Bad die Hände abzutrocknen. Tom befürchtet, dass er sich durch das gemeinsame Essbesteck oder durch gemeinsam benutzte Handtücher anstecken könnte. Früher hat Jakobs Bruder Tom Nachhilfe in Mathe gegeben, auch dieses Angebot nimmt Tom nicht mehr an.

Dabei ist Toms Angst vollkommen falsch. Denn HI-Viren können nicht durch Geschirr, Handtücher, Bettwäsche oder normalen Körperkontakt übertragen werden.

Du kannst also einem HIV-positiven Menschen ruhig die Hand geben oder ihn in den Arm nehmen!

Hier ist Vorsicht geboten!
Doch weißt du, wo du wirklich aufpassen musst? Gefährlich ist vor allem der ungeschützte Geschlechtsverkehr. Deshalb solltest du als junger Mann immer ein Kondom benutzen. Als junge Frau musst du darauf achten, dass dein Partner immer ein Kondom benutzt, wenn ihr zusammen schlafen wollt.

Aber es gibt auch andere gefährliche Situationen: So dürfen Drogenabhängige niemals untereinander die Injektionsnadeln austauschen.
Auch wenn du beispielsweise einmal im Krankenhaus ein Praktikum machst, musst du dir immer Schutzhandschuhe anziehen, wenn du Blut- oder Urinproben transportierst.

2 Gib AIDS keine Chance

In letzter Zeit haben Wissenschaftler festgestellt, dass auch Tränen- und Speichelflüssigkeit eine ganz geringe Anzahl von Viren enthalten können. Aber ob diese geringe Erregermenge ausreicht, um eine Infektion auslösen zu können, ist noch nicht erforscht.

Wenn du die oben genannten Vorsichtsmaßnahmen beachtest, kann dir nichts passieren!

Beim Geschlechtsverkehr kannst du dich durch die Benutzung eines Kondoms vor der Ansteckung durch HI-Viren und andere sexuell übertragbare Krankheiten schützen.

Aufgaben

1 Erkläre, worin sich eine HIV-Infektion von einer Infektion mit Masern-Viren unterscheidet.

2 Nenne Situationen, in denen du dich mit HIV infizieren könntest. Wie kannst du dich schützen?

3 Plant eine Exkursion zur Aidshilfe. Informiert euch im Internet über die nächstgelegene Kontaktstelle.

1 EDWARD JENNER

Impfen – die Idee ist schon alt!
Ende des 18. Jahrhunderts waren die Pocken eine der häufigsten Todesursachen. Damals machte EDWARD JENNER (1749–1823) eine Beobachtung:
Viele Bauern, die vorher an harmlosen Kuhpocken erkrankt waren, bekamen nie die echten Pocken, eine oft tödlich verlaufende Krankheit. Und die wenigen Menschen, die die echten Pocken überlebt hatten, erkrankten daran kein zweites Mal.
JENNER hatte eine Idee: Er infizierte einen Jungen mit Kuhpocken. Einige Wochen später übertrug er Erreger der echten Pocken auf den Jungen.
Wie vermutet, erkrankte der Junge nicht an dieser gefährlichen Krankheit. Er war **immun** geworden.

Zwei Möglichkeiten der künstlichen Immunisierung
JENNERS Methode wird heute weltweit mit Erfolg angewandt. Abgeschwächte Erreger, sie sind den echten sehr ähnlich, werden ins Blut gespritzt. Dadurch setzt die normale Immunreaktion ein. Antikörper werden gebildet und Gedächtniszellen ermöglichen später ein schnelles Abwehren des sehr ähnlichen, echten Krankheitserregers. Die Gedächtniszellen bleiben oft bis ans Lebensende im Körper, gegen manche Erreger muss aber in regelmäßigen Abständen erneut geimpft werden.
Der geimpfte Mensch ist immun. Bei dieser Schutzimpfung bildet der Mensch die Antikörper selbst, es ist eine **aktive Immunisierung** (▷B 2).

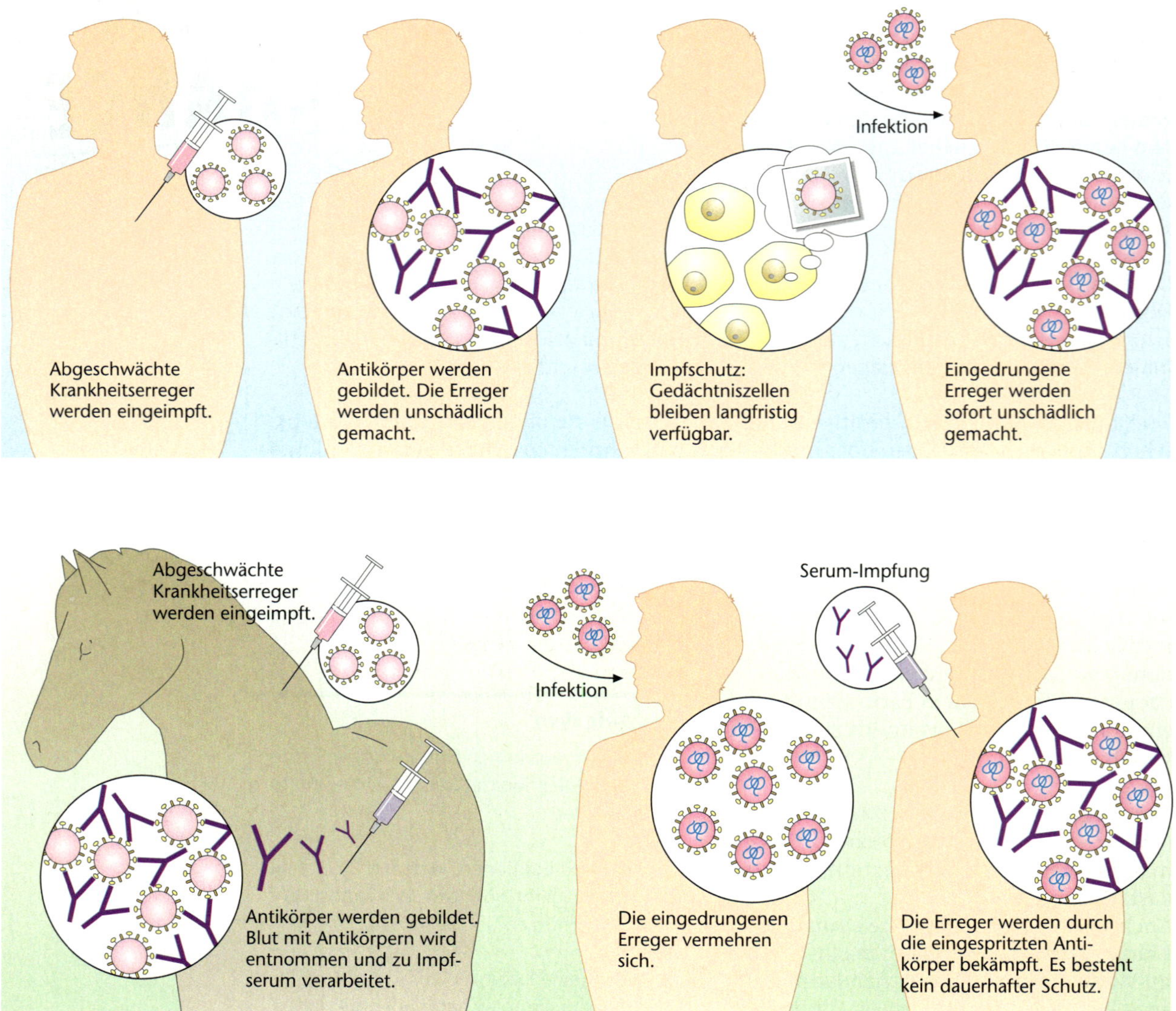

2 Aktive (oben) und passive (unten) Immunisierung

Auch für Menschen, die keine Schutzimpfung erhielten und erkranken, gibt es eine Impfmöglichkeit. Ihnen werden passende Antikörper gespritzt, die den Erreger unschädlich machen und so die Krankheit heilen können. Diese Heilimpfung bietet nur für kurze Zeit Schutz. Das Immunsystem ist nicht aktiv geworden, es hat keine Gedächtniszellen gebildet. Deshalb heißt diese Impfung **passive Immunisierung**.

Die benötigten Antikörper werden von Tieren, z. B. Pferden gebildet, die zuvor aktiv immunisiert wurden. Das Blut dieser Tiere wird entnommen und zu Impfstoffen verarbeitet, die die gewünschten Antikörper enthalten.

Die aktive Immunisierung bietet langfristigen Schutz. Die passive Immunisierung schützt nur sehr kurzfristig.

Es piekt nur ein bisschen

Weltweit sind viele Krankheiten, wie z. B. Kinderlähmung und Pocken durch Schutzimpfungen stark zurückgegangen.
Auch Diphtherie, bei der es zu Herzkomplikationen kommen kann, und Tetanus treten kaum noch auf.
Da die Gefahr einer Erkrankung inzwischen gering ist, macht sich eine „Impfmüdigkeit" breit. Viele Eltern lassen ihre Kinder nicht mehr impfen. Es entsteht eine so genannte **Impflücke**, die die Ausbreitung von Erregern begünstigt.
So können wieder Fälle von Kinderlähmung auftreten.

Um den sicheren Impfschutz zu erleichtern, gibt es mittlerweile Kombinationsimpfstoffe. Mit nur einmaligem Spritzen erreicht man die Immunität gegen sechs Krankheiten.

Aus einem Impfplan (▷ B 3) oder beim Hausarzt kannst du erfahren, wann welche Impfung sinnvoll ist. Ist die Immunisierung erfolgt, wird sie in deinen Impfpass (▷ B 4) eingetragen.

In wenigen Fällen hat eine Impfung mit abgeschwächten Erregern Erkrankungen verursacht. Nach Impfungen gegen Kinderlähmung gab es solche **Impfschäden**. Da diese Fälle aber sehr selten auftreten und die Gefahr, ohne Impfung an Kinderlähmung zu erkranken, viel größer ist, sollte sich jeder Mensch impfen lassen. Alle Menschen sollten unbedingt auch

Impfstoff	**Lebensmonat**				**Lebensjahr**			
	2	3	4	12	2	4	14	ab 18
Diphtherie, Tetanus, Keuchhusten	●	●	●	●				
Diphtherie, Tetanus						●	●	●
Keuchhusten							●	
Hämophilus influenza B	●	●	●	●				
Kinderlähmung	●	●	●	●			●	
Hepatitis B	●	●	●	●				
Masern, Mumps, Röteln				●	●			
Grippe								●
Pneumokokken								●

3 Impfplan, Ausschnitt

gegen **Tetanus** geimpft sein. Eine Infektion kann schon erfolgen, wenn in kleine alltägliche Verletzungen, wie etwa Kratzer, Erde oder Schmutz gelangt. Es wäre unverantwortlich, nicht gegen diese tödliche Krankheit geimpft zu sein.
Welche Impfungen genau für den Einzelnen ratsam sind, sollte mit dem Hausarzt oder der Hausärztin besprochen werden.

Impfungen sind ein sinnvoller Schutz vor Infektionskrankheiten.

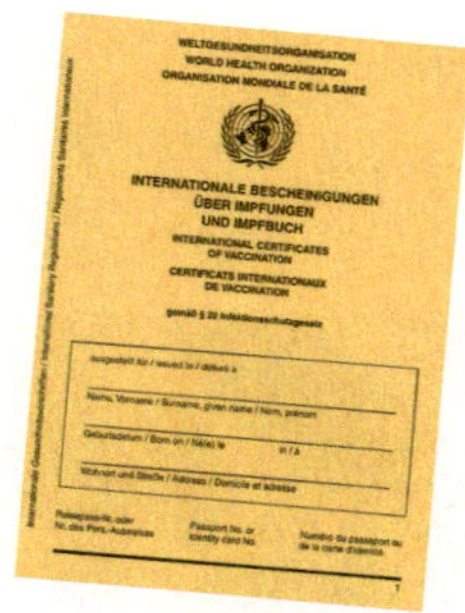

4 Impfpass

Eine gute Reisevorbereitung

Wer Urlaub in tropischen Ländern machen möchte, sollte sich lange vorher über mögliche Krankheitsrisiken informieren. Gegen einige Tropenkrankheiten ist eine Schutzimpfung angebracht, manchmal sogar vorgeschrieben. Da eine Immunisierung mehrere Impfungen umfassen kann, ist ein „Last-Minute"-Impfschutz nicht immer möglich.

Aufgaben

1 Erläutere mithilfe von Abbildung 2 die beiden Formen der Immunisierung.

2 a) Informiere dich über die Krankheit Diphtherie.
b) Schreibe dazu einen Steckbrief.

3 a) Vergleiche deinen Impfpass mit den Vorgaben des Impfplans in Bild 3.
b) Bist du ausreichend geschützt?

4 JENNER infizierte ein Kind, um seine Vermutung zu überprüfen.
Diskutiert in der Gruppe, ob dieses Vorgehen verantwortungsvoll war.

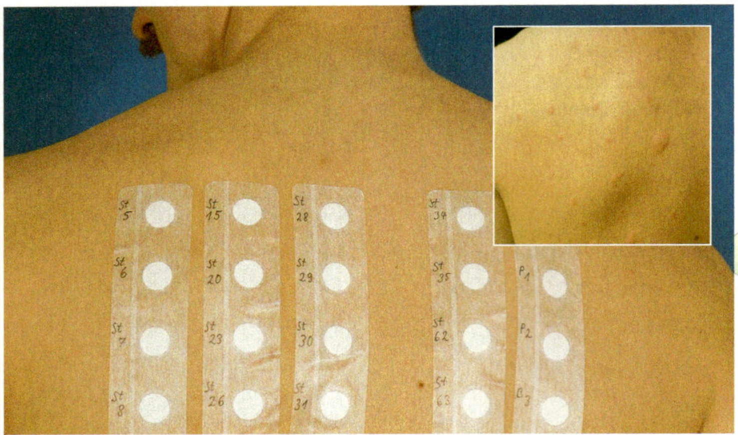

1 Allergietest, Testergebnis rechts

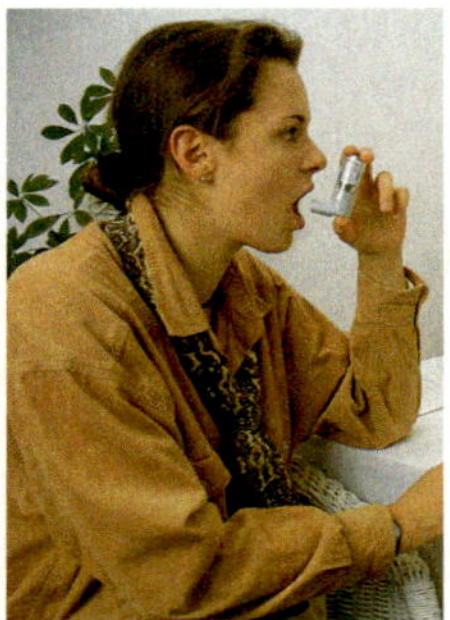

2 Gebrauch eines Inhalators bei allergischem Asthma

Hatschi!
Paul musste schon wieder niesen, das fünfte Mal hintereinander. Außerdem ist er müde, die Nase läuft und sein Kopf tut weh. Und die Augen erst! Sie sind gerötet, jucken und tränen. Paul vermutet eine Erkältung, aber irgendwie ist es anders. Und gerade heute passiert das – am ersten schönen Tag im Frühling.

Ein paar Tage später erfährt Paul beim Arzt, dass er unter **Heuschnupfen** leidet. Bei einem Test wurde die Haut eingeritzt und dabei mehrere Testflüssigkeiten in die Haut eingebracht (▷ B 1). Anhand von Rötungen und kleinen Schwellungen stellte der Arzt fest, dass Paul besonders auf Hasel- und Birkenpollen reagiert.

Da immer mehr Leute von Heuschnupfen betroffen sind, gibt es in den Medien täglich Pollenflugvorhersagen. Aus Pollenflugkalendern (▷ B 4) kann man ablesen, wie lange die Belastung durch bestimmte Pollen etwa andauern wird.

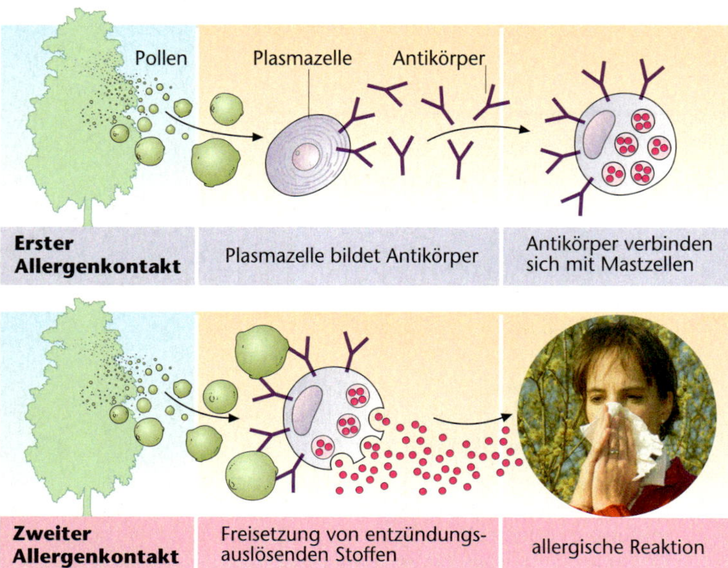

3 Allergische Reaktion

Das Immunsystem rastet aus
In Pauls Körper werden harmlose Pollen wie Krankheitserreger behandelt und bekämpft. Eine solche Überreaktion des Immunsystems auf Stoffe aus der Umwelt heißt **Allergie**. Allergieauslöser werden als **Allergene** bezeichnet. Diese Stoffe gelangen über die Atemluft, die Nahrung oder durch den direkten Kontakt in den Körper. Theoretisch könnten alle körperfremden Stoffe Allergien hervorrufen.
Manche Leute haben noch größere Schwierigkeiten als Paul. Sie leiden zusätzlich an Atemnot, weil sich Luftröhre und Bronchien verengen. Diese gefährliche Reaktion wird **allergisches Asthma** genannt. Linderung kann ein Medikament bringen, das inhaliert, also eingeatmet wird (▷ B 2).

Beim ersten Kontakt mit dem Pollenallergen bilden die Plasmazellen Antikörper. Ein Teil dieser Antikörper bindet an die Allergene (Pollen), ein Teil heftet sich jedoch auch an so genannte Mastzellen. Diese enthalten Stoffe, die eine Entzündung auslösen. Es hat eine **Sensibilisierung** stattgefunden. Beim zweiten Einatmen der Pollen werden diese über die Antikörper an die Mastzellen gebunden. Die Mastzellen setzen nun ihre entzündungsauslösenden Stoffe frei, wodurch es zur Schleimhautschwellung und den weiteren Heuschnupfensymptomen kommt (▷ B 3). Diese Bekämpfung des eigentlich harmlosen Allergens bezeichnet man als **allergische Reaktion**.

Allergien sind Überreaktionen des Immunsystems auf harmlose Stoffe aus der Umwelt.

Es gibt viele Allergene
Die Reaktionen auf Allergene können vielfältig sein.
Bei **Lebensmittelallergien** treten Durchfall und Erbrechen, Hautausschlag, Gesichtsschwellung und Atemnot auf. Auslöser können z. B. Milch und Milchprodukte, Zitrusfrüchte, Erdbeeren, Hülsenfrüchte, Tomaten oder Nüsse sein.
Zu **Insektengiftallergien** kommt es nach Bienen- oder Wespenstichen. Sie führen zu Schwellungen, Hautausschlägen, Übelkeit, Erbrechen und Schüttelfrost. Atem-

not und Kreislaufkollaps können lebensbedrohlich werden.
Auch Luftschadstoffe und Arzneimittel, z. B. Penicillin, können als Allergene verschiedene Symptome hervorrufen.

Katzen, Milben und Co
An den Haaren von Haustieren trocknen Rückstände von Speichel, Urin und Kot an. Diese Rückstände können Auslöser der **Tierhaarallergie** sein. Reaktionen sind neben tränenden Augen, Niesreiz und laufender Nase auch verengte Bronchien, wodurch die Atmung erschwert ist.

Auch Kot von mikroskopisch kleinen Milben, die im Hausstaub leben, ist ein Allergen. Die Milben kommen hauptsächlich in Decken, Kissen, Teppichen und Polstermöbeln vor. Das Allergen wird eingeatmet. Diese **Hausstauballergie** äußert sich in allergischem Schnupfen und Asthma.

Eine allergische Entzündung der Haut, die **Kontaktdermatitis**, tritt nur an den Körperstellen auf, die direkten Kontakt mit dem Allergen haben. Die Haut rötet sich und juckt. Kosmetika, Reinigungsmittel und Metalle (z. B. Nickel) können diese Reaktion bewirken.

▶ Viele Stoffe aus unserer Umwelt wirken Allergie auslösend.

Umgang mit Allergien
Damit die allergische Reaktion verhindert wird, kann das Allergen gemieden werden. Hausstauballergiker müssen dafür sorgen, dass Milben schlechte Lebensbedingungen vorfinden. Sie säubern die Räume häufiger, verzichten auf Teppiche und benutzen Decken und Kissen, die so heiß gewaschen werden können, dass Milben dabei absterben. Für Kissen, Bettdecken und Matratzen gibt es spezielle Überzüge, die so kleine Poren haben, dass der Milbenkot nicht hindurchpasst.

Doch nicht jedes Allergen kann gemieden werden. Manchmal schwächen Medikamente die allergische Reaktion ab. Bei Insektengiftallergien kann die starke Sensibilität manchmal durch eine schrittweise Gewöhnung an das Allergen, eine **Desensibilisierung**, teilweise rückgängig gemacht werden. Auch die eiweißarme Ernährung oder das Einstechen von Nadeln an vorgegebenen Körperstellen, die **Akupunktur**, können einige Allergiesymptome lindern.

Nicht allein die Allergene verursachen die allergische Reaktion. Oft kommen mit starken Belastungen, schlechten Ernährungsgewohnheiten und schwierigen Lebenssituationen weitere Faktoren dazu. Daher solltest du auf gute Ernährung, ausreichende Entspannung und ein zufriedenes, ausgeglichenes Leben viel Wert legen.

Tierhaare

▶ Mit Allergien kann man oft leichter umgehen, indem man Allergene meidet, spezielle Medikamente nutzt und gesund lebt.

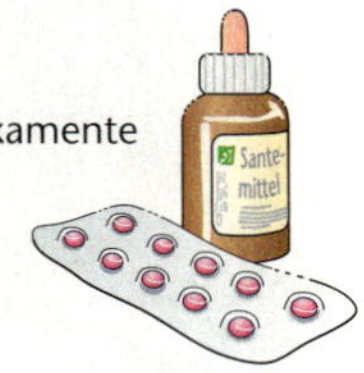

Medikamente

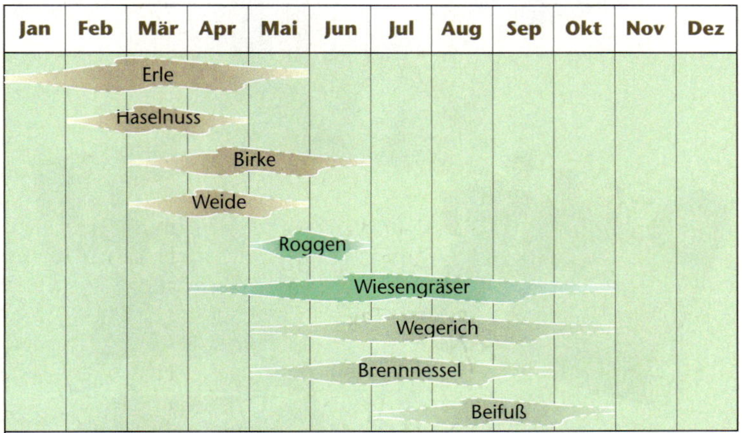

4 Pollenflugkalender

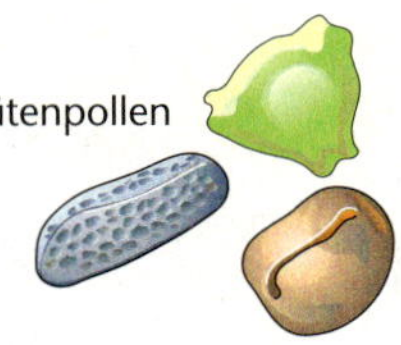
Blütenpollen

Aufgaben

1 a) Beschreibe die Symptome der Pollenallergie.
b) Bei welchen anderen Allergien können ähnliche Symptome auftreten?

2 a) Führe bei deinen Freunden und Bekannten eine Umfrage durch:
– Welche Allergien treten bei ihnen auf?
– In welchem Alter trat die allergische Reaktion zum ersten Mal auf?
– Wie gehen sie mit der Allergie um?
b) Fasse die Antworten in einer Tabelle zusammen.

Metalle

3 Nina trägt schon lange am liebsten Jeans. Seit einer Woche hat sie dort, wo der Metallknopf sitzt, eine Kontaktdermatitis. Allergien treten also plötzlich auf. Wie kannst du das erklären?

4 Überlege dir, weshalb ein Wespenstich bei den meisten Menschen nur zu einer Schwellung und Rötung an der Einstichstelle, bei manchen jedoch zu einem lebensbedrohlichen Kreislaufkollaps führt.

Bienen- und Wespengift

So ein Stress!
Auf dem Heimweg hupt neben Katharina plötzlich ein Bus – mit einem blitzschnellen Sprung erreicht sie den Gehweg.

1 Stress kann viele Ursachen haben.

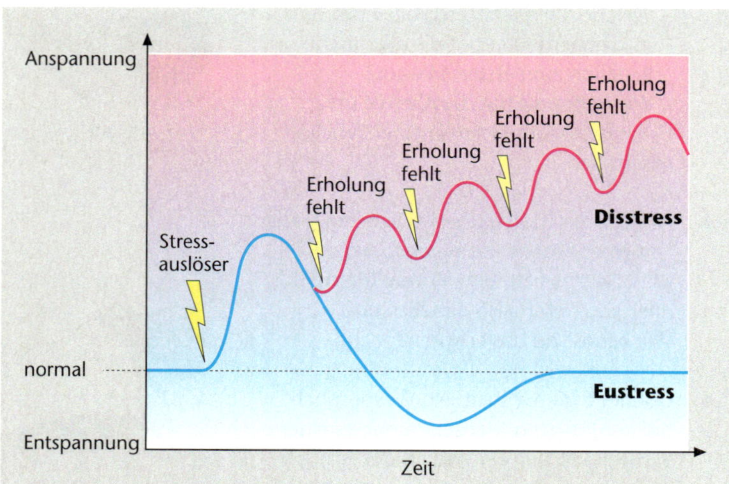

2 Eustress und Disstress im Vergleich

Der Schreck sitzt ihr noch im Körper, das Herz schlägt laut und schnell, sie atmet tief, schwitzt und ist hellwach.
In Katharinas Körper wurde viel Energie bereit gestellt. Dabei sind Stoffe freigesetzt worden, die die schnelle Versorgung der Muskeln mit Nährstoffen und Sauerstoff ermöglichen. Diese körperliche Reaktion steigert die Leistungsfähigkeit und wird als **Stress** bezeichnet. Der Körper stellt sich so auf gefährliche Situationen ein.
Die Ursachen für Stress können sehr vielfältig sein (▷ B 1).

▶ Stress kann unterschiedliche Ursachen haben, er steigert die Leistungsfähigkeit.

Zwei Arten von Stress
Lampenfieber vor einem Auftritt, Verliebtsein, Aufregung vor der Arbeit oder dem Sportwettkampf: Diesen angeregten Zustand kennst du sicher auch, er lässt dich tolle Leistungen vollbringen. Es ist positiver Stress, er heißt **Eustress**. Wichtig ist dabei, dass du dich nach dem Auftritt oder der Arbeit, also nach einer Leistungsphase, wieder erholst.

Fehlt die Erholung und folgt ein Belastungszustand dem anderen, stehst du unter Dauerstress (▷ B 2). Die immer neu bereit gestellte Energie wird nicht mehr abgebaut. Dieser negative Stress wird **Disstress** genannt. Er kann Schlafstörungen und auch Süchte auslösen. Erschöpfung und Krankheit sind die Folge.
Wann Eustress zu Disstress wird, erlebt jeder Mensch anders.

▶ Der Eustress kann sich in Disstress verwandeln, wenn die notwendigen Erholungspausen fehlen.

Aufgaben

1 In Stresssituationen sind Herzschlag und Atmung intensiver. Begründe.

2 Überdenke deinen gestrigen Tag.
a) Wodurch wurde Stress ausgelöst?
b) Was empfandest du als Eustress und was als Disstress?
Vergleiche mit deinen Klassenkameraden.

3 Du kannst selbst verhindern, dass aus Eustress Disstress wird.
Beschreibe drei Beispiele.

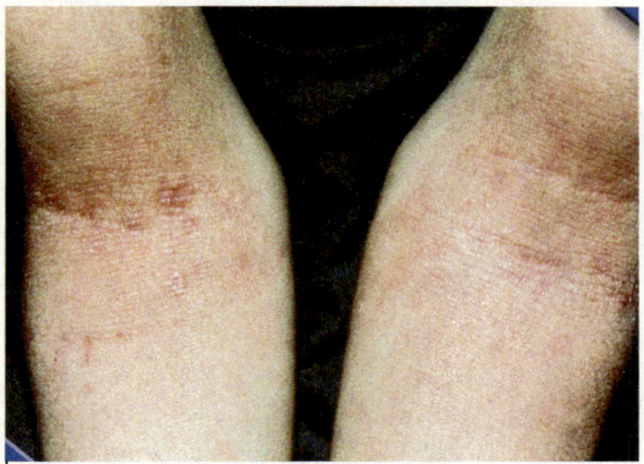

1 Neurodermitis

Die „Kummerkrankheiten"
Es gibt einen Zusammenhang zwischen Gefühlen, seelischen Belastungen, Stress und dem Abwehrsystem deines Körpers gegen Krankheiten.

Wenn du an dich gestellte Anforderungen gut bewältigst, glücklich und zufrieden bist und deine Probleme löst, fördert das deine Gesundheit.

Fühlst du dich aber oft hilflos, siehst keinen Ausweg oder bist überfordert, dann kann das deiner Gesundheit schaden. Dir kann „etwas auf den Magen geschlagen" sein.
Seelische Probleme können also dein Immunsystem schwächen und bewirken, dass der Körper krank wird.
Man spricht von **psychosomatischen Erkrankungen**. Dazu gehören beispielsweise Magen-, Darm-, Herz-Kreislauf- und Hauterkrankungen.

Psychosomatische Erkrankungen können durch seelische Probleme ausgelöst werden.

Aufgaben

1 Psychosomatische Erkrankungen sind schwer zu heilen.
Begründe.

2 a) Informiert euch in Gruppen über die Schuppenflechte und das Bronchialasthma. Ihr könnt Experten dazu befragen oder das Internet und Bücher nutzen.
b) Erstellt dazu ein Plakat.

3 Lies das Fallbeispiel von Maike (▷ B 2).
a) Welche Ursachen hat ihre Erkrankung?
b) Die Therapie ist noch nicht vollständig. Was müsste ergänzt werden?

Meine Haut ist sehr trocken. Vor ein paar Jahren bildeten sich in den Ellenbeugen rote, schuppende und manchmal nässende Stellen. Diese Ekzeme jucken unerträglich. Besonders, wenn ich wegen Streitereien meiner Eltern oder in der Schule unter Stress stehe, bekomme ich nachts Kratzanfälle und kann nicht schlafen. Ich lasse mir dann eiskaltes Wasser über die blutig gekratzte Haut laufen.

Meine Ärztin sagt, ich habe Neurodermitis. Sie hat mir eine Salbe verschrieben, damit die Ekzeme nicht so stark jucken und auch schneller abheilen. Aber immer, wenn ich vor irgendetwas Angst habe und unter Druck stehe, treten diese scheußlichen Ekzeme wieder auf. Erst vor kurzem habe ich im Nacken eine neue Stelle bemerkt.

2 Fallbeispiel Maike

Die Diagnose ist schwierig
Es sind viele Faktoren, die zur Entstehung einer Erkrankung beigetragen haben können.
Um psychosomatische Erkrankungen zu erkennen, müssen Ärzte deshalb nicht nur über die körperlichen Symptome Bescheid wissen, sondern benötigen auch viele Informationen über die Lebensgeschichte und den Alltag der Patienten.

Der lange Weg der Heilung
Um eine psychosomatische Erkrankung zu heilen, müssen die Ursachen bekannt sein. Da seelische Probleme die Krankheit auslösen, ist meist eine psychologische Betreuung notwendig. Hier können Patienten lernen, wie sie mit Menschen und Situationen besser umgehen können. Dazu brauchen sie viel Geduld. Wichtig ist vor allem, dass man lernt, über den eigenen Kummer zu sprechen. Dabei ist es sehr hilfreich, wenn man es schafft, vor anderen auch Schwächen einzugestehen.

Begleitet wird diese Therapie oft durch Medikamente, die die Krankheitssymp tome lindern.

Die oft vielfältigen Ursachen erfordern neben Medikamenten meist auch eine psychologische Therapie.

Strategie

Stress lass nach!

Das Wort Stress kommt aus dem Englischen und bedeutet „Druck". Unter Druck fühlen wir uns in Situationen, in denen wir unter Anspannung stehen. Unser Körper befindet sich dann in einem Zustand erhöhter Alarmbereitschaft, das ist auf Dauer nicht gesund. Da niemand zugleich gestresst und entspannt sein kann, ist Entspannung der beste Weg zur Stressbewältigung. Entspannung kann über den Körper, also deine Muskulatur sowie deine Atmung, oder über deine Gedanken eingeleitet werden. Wenn sich dein Körper entspannt, kann sich auch deine Psyche entspannen. Wenn deine Gedanken zur Ruhe kommen, folgt auch eine körperliche Entspannung.

Es gibt hilfreiche Strategien, um Stress zu vermeiden:

A. Zeit einteilen

Schiebe die Hausaufgaben und das Lernen nicht vor dir her. Du vermeidest Stress-Situationen, indem du deine Zeit besser einteilst. Man nennt das Zeitmanagement, wenn man z. B. früh genug beginnt, auf eine Klassenarbeit zu lernen, und nicht erst zwei Tage vor der Arbeit. Vielleicht führst du einen Terminkalender.

8.00 - 13.00 Schule
13.30 Mittagessen
14.00 Ausruhen
14.30 Hausaufgaben
16.00 Pause
16.30 Tischtennis
18.00 Abendessen ...

B. Rechtzeitig Pausen einlegen

„Gewaltaktionen" nützen beim Lernen überhaupt nichts. Ein kurzer Spaziergang an der frischen Luft, ein bisschen Ausruhen auf dem Bett und Musikhören sind einfache Methoden, Stress abzubauen.

C. Sorge für ausreichend Bewegung und Sport

Stress setzt nicht nur deine Psyche unter „Strom", sondern auch deinen Körper. Ausdauersport entschärft den Stress, er hält dein „Standgas" niedrig und macht einen „breiten Rücken".

D. Stresspuffer

Verschaffe dir positive Erlebnisse, denn sie sind der beste „Stresspuffer". Unternimm gemeinsam etwas mit deinen Freunden oder deiner Familie.

Setze dich entspannt hin und reibe deine Handinnenflächen aneinander, bis sie ganz warm sind. Lege dann die beiden Hände auf deine geschlossenen Augen. Genieße die Wärme, die von deinen Händen auf deine Augen übergeht.

Versuche, einige Minuten ganz bewusst mit geschlossenen Augen ruhig ein- und auszuatmen und dabei an ein angenehmes Erlebnis zu denken. Beim Öffnen der Augen wirst du eine deutliche Entspannung fühlen.

E. Probleme richtig bewerten

Stelle dir ab und zu folgende Fragen: Ist alles wirklich so schlimm, wie ich es empfinde? Mache ich gerade aus einer Mücke einen Elefanten? Hat meine Situation nicht auch etwas Positives? Sprich mit jemandem über dein „Stressproblem", danach sieht sicher vieles wieder anders aus!

Zellen werden verändert
Der Körper eines einzigen Menschen besteht aus Billionen von Zellen. In fast jeder Zelle ist im Zellkern Erbmaterial vorhanden, welches die Entwicklung dieser Zelle steuert. Auch neu entstehende Zellen erhalten dieses Erbmaterial. Umwelteinflüsse können das Erbmaterial und damit auch die Zellen verändern. Die auftretenden Veränderungen können repariert werden. Doch wenn zu viele Reparaturen am Erbmaterial nötig sind, bleiben einige Veränderungen bestehen. So kann **Krebs** entstehen.

Krebs – was ist das?
Die veränderten, geschädigten Zellen teilen sich unnatürlich häufig und sehen anders aus als die normalen Nachbarzellen. Sie bilden bösartige Tumore, das sind Geschwülste, die als Krebs bezeichnet werden.
Bei gutartigen Tumoren verbleiben die abnormen Zellen am Entstehungsort, bei bösartigen **Tumoren** dringen sie in das benachbarte Gewebe ein und zerstören es. Außerdem können sich Teile des Tumors lösen und in anderen Organen Tochtergeschwülste, so genannte **Metastasen**, bilden. Gutartige Tumore können sich zu bösartigen entwickeln.

Zigarettenrauch, Stoffe, die von einigen Schimmelpilzarten gebildet werden, ultraviolette Strahlung der Sonne und giftige Lösemittel in vielen Filzstiften, Klebern und Lacken können das Erbmaterial in den Zellkernen schädigen. Diese Stoffe können **Krebs erregend** sein.
Um das Risiko einer Krebserkrankung so gering wie möglich zu halten, solltest du Krebs erregende Stoffe meiden.

Verschiedene äußere Einflüsse können Zellen so verändern, dass sie Krebsgeschwülste bilden.

Die Sonne strahlt
Endlich Sonne! Das verbessert sofort deine Laune. Aber die Sonne sendet auch **UV-Strahlung** aus. Bist du zu lange ohne Schutz in der Sonne, bewirkt die UV-Strahlung einen **Sonnenbrand**. Deine Haut ist so gereizt, dass sie sich rötet. Die Hautzellen werden durch die UV-Strahlung geschädigt und nicht in allen kann das Erbmaterial wieder repariert werden. Diese Zellschäden können später zu **Hautkrebs** führen.
Schutz vor der Sonne und damit ein geringeres Hautkrebsrisiko bieten luftige lange Kleidung und Lotionen oder Cremes mit hohem Lichtschutzfaktor. Außerdem solltest du dich nicht zu lange der Sonne aussetzen.

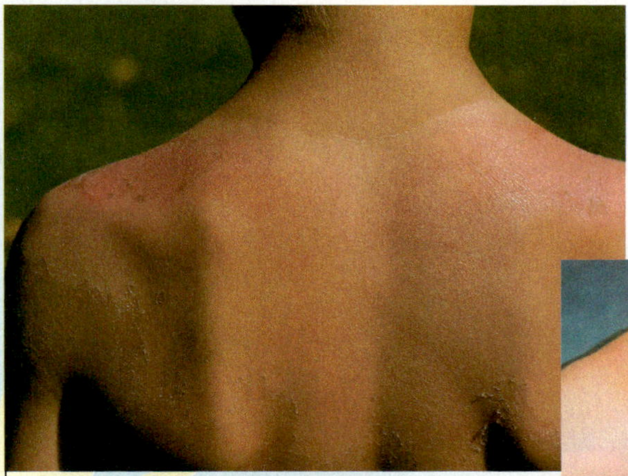
1 Sonnenbrand

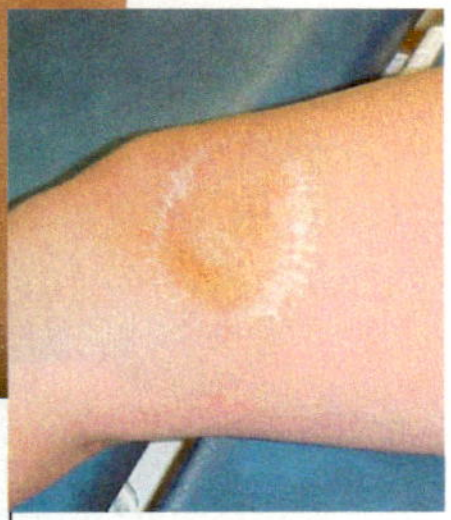
2 Hautkrebs muss großflächig entfernt werden.

Die UV-Strahlung der Sonne kann Hautkrebs verursachen.

Diagnose Krebs: Was dann?
Werden Krebserkrankungen bereits in frühen Stadien erkannt, sind die Heilungsaussichten meist gut. Daher gibt es für einige Krebsarten **Vorsorgeuntersuchungen**.
Wird eine Krebsgeschwulst entdeckt, entfernt man sie meist operativ. Es ist auch möglich, die Tumorzellen mit Medikamenten oder besonderen Bestrahlungen abzutöten. Trotz alledem ist Krebs in Deutschland die zweithäufigste Todesursache.

Aufgaben

1 „Die Haut vergisst nie." Erkläre diese Aussage.

2 Informiere dich beim Arzt oder der Ärztin über Krebsvorsorgeuntersuchungen. Warum sind sie so wichtig?

3 Erkundige dich bei Ärzten oder im Internet und erarbeite ein Referat zu folgenden Fragestellungen: Wie kannst du deine Haut am besten schützen? Wie kann Hautkrebs von harmlosen Leberflecken unterschieden werden?

4 Stellt in Partnerarbeit Regeln für das Verhalten in der Sonne auf.

5 a) Was bedeutet der Lichtschutzfaktor 18 (LSF 18) auf einer Sonnencreme?
b) Wirst du mit einem LSF 18 weniger braun als mit einem LSF 8?

Zecke leer

Zecke vollgesogen

1 Stechsaugrüssel einer Zecke, 530fach vergrößert

2 Verbreitung der Hirnhautentzündung

Dem einen nutzt, was anderen schadet

Es gibt Lebewesen, die andere Tiere oder Pflanzen benutzen, ihnen dabei schaden, sie aber nicht unmittelbar töten. Solche Lebewesen heißen **Parasiten**. Zu ihnen gehören neben Einzellern und Egeln auch Zecken und Bandwürmer.

Blutsauger

Im Wald und auf Wiesen leben kleine Spinnentiere, die sich von Säugetierblut ernähren, die **Zecken**. Meist sitzen sie an Gräsern, lassen sich abstreifen und suchen an Säugetieren, also auch am Menschen, eine gut durchblutete, warme und dünnhäutige Stelle. Hier bohren sie sich mithilfe ihres Stechsaugrüssels (▷ B 1) in die Haut und saugen Blut. Ihr Gewicht kann dabei auf das 100 bis 200fache ansteigen. Viele Monate können sie sich vom aufgenommenen Blut ernähren.

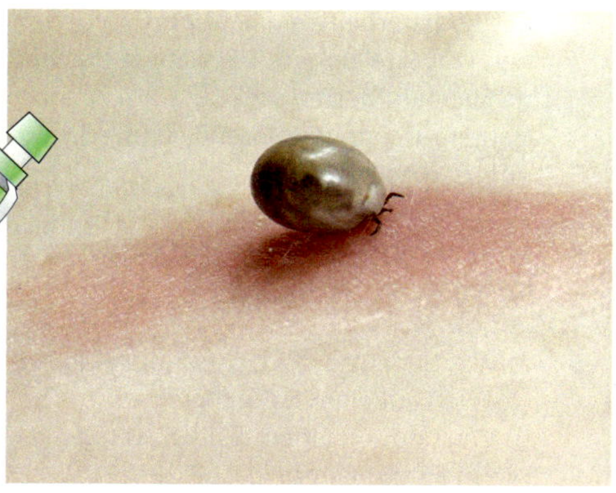

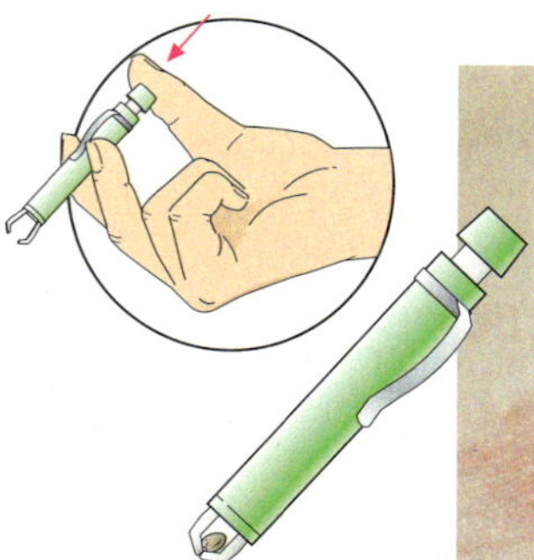

3 Zur Entfernung von Zecken gibt es spezielle Zeckenzangen.

Damit das Blut beim Saugen nicht gerinnt, gibt die Zecke Speichel in die Wunde ab. So können Bakterien und Viren aus dem Speichel der Zecke ins menschliche Blut gelangen.

Ein gefährliches Virus ist vor allem bei den Zecken in Süddeutschland verbreitet. Es ruft bei 10 % der infizierten Menschen **Hirnhautentzündungen** und Gehirnentzündungen hervor, die zu bleibenden Schäden führen können. Gegen diese Virusinfektion ist eine Impfung möglich und wird für die entsprechenden Gebiete (▷ B 2) teilweise angeraten.

Ein Bakterium im Zeckenspeichel ist der Erreger der **Borelliose**. Bis zu vier Wochen nach dem Zeckenbiss bildet sich dort meist eine ringförmige Rötung. Jetzt sollte spätestens ein Arzt oder eine Ärztin aufgesucht werden, die Heilungsaussichten sind sehr gut. Unbehandelt riskiert man spätere Lähmungen, Gedächtnisstörungen und chronische Gelenkentzündungen. Das Borelliosebakterium wird von 20–30 % aller Zecken übertragen.

Wenn du eine Zecke an deinem Körper findest, ziehe sie vorsichtig mit einer Zeckenzange (▷ B 3) heraus oder lege deinen Zeigefinger auf und entferne die Zecke durch kreisende Bewegungen. Entzündet sich die Einstichstelle, suche einen Arzt oder eine Ärztin auf.

▶ Zecken ernähren sich von Blut und können gefährliche Krankheitserreger übertragen.

Ein Bandwurm auf Abwegen

Der 3,5 mm lange **Fuchsbandwurm** lebt normalerweise im Dünndarm von Füchsen. Dort hält er sich mit vier Saugnäpfen und zwei Hakenkränzen (▷ B 4) fest. Mit dem Kot gelangen Wurmeier nach außen, die vom Wind verbreitet und von Mäusen mit der Nahrung aufgenommen werden. In den Mäusen bilden sich aus Eiern Larven, die sich in der Leber festsetzen. Aus Larven entwickeln sich dort vielkammerige Blasen oder **Finnen**, die das Lebergewebe durchsetzen. Wird die kranke Maus vom Fuchs gefressen, gelangen Finnen in den Fuchsdarm und wachsen dort zu Bandwürmern heran.

Dieser Ablauf kann verändert sein. Werden Wurmeier auf ungewaschenen Waldfrüchten z. B. Blaubeeren oder Fallobst vom Menschen mitgegessen, gelangen sie in den Darm. In der Leber bilden sich Finnen, die operativ nicht zu entfernen sind. Medikamente können das Fortschreiten der Erkrankung zwar bremsen, meist endet diese aber tödlich.

▶ Die Finnen des Fuchsbandwurms sind für den Menschen lebensbedrohend.

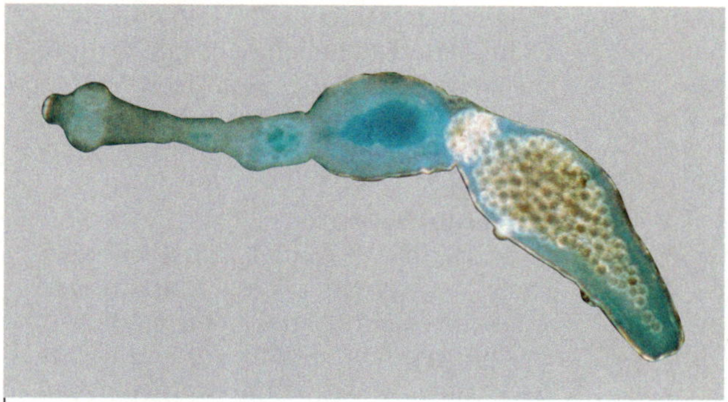

4 Kleiner Fuchsbandwurm

Aufgaben

1 a) Welches Medikament wird bei Borelliose vermutlich verschrieben?
b) Warum hilft es nicht gegen die Erreger der Hirnhautentzündung?

2 Es gibt weitere Bandwurmarten. Informiere dich über eine Art und erarbeite dazu ein Referat.

3 Erfrage in der Apotheke, ob und wo die Impfung gegen Hirnhautentzündung ratsam ist. Berichte.

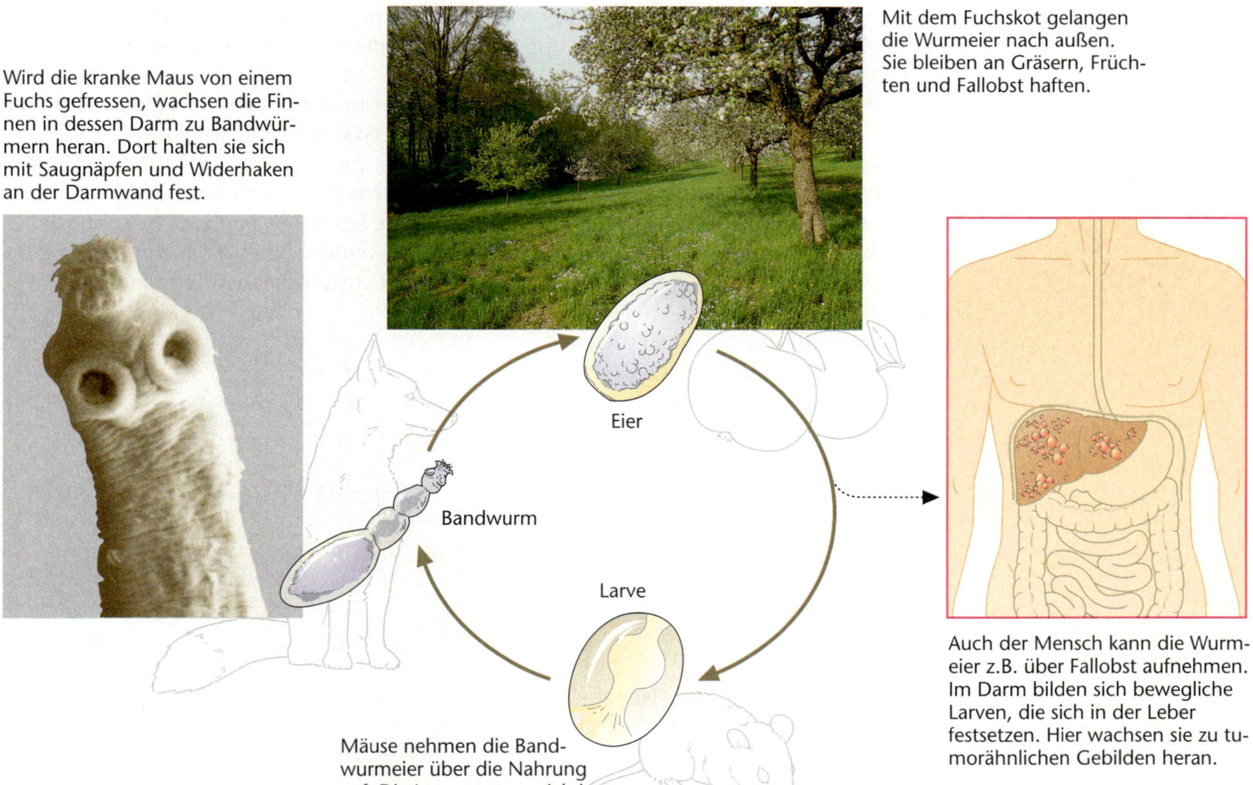

5 Lebenszyklus des kleinen Fuchsbandwurmes

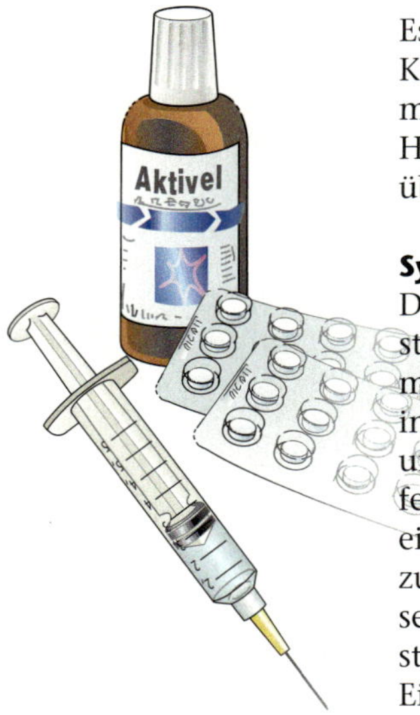

Es gibt unterschiedliche Möglichkeiten, Krankheiten zu heilen oder ihre Symptome zu lindern. Daher benötigen Ärzte und Heilpraktiker umfassende Informationen über ihre Patienten.

Synthetische Mittel
Diese Heilmittel werden künstlich hergestellt. Viele **synthetische Medikamente** müssen verschrieben werden, sie sind nur in Apotheken erhältlich. Dosierung, Art und Dauer der Einnahme werden genau festgelegt. Zu jedem Medikament gibt es einen **Beipackzettel**, auf dem Hinweise zur Einnahme und zu Neben- und Wechselwirkungen mit anderen Medikamenten stehen. Diese Hinweise musst du vor der Einnahme des Medikaments unbedingt lesen. Falls du sie nicht verstehst, frage deine Eltern oder die Fachleute in der Apotheke oder Arztpraxis.

Kräuter gegen Krankheiten
Mit Pflanzen und anderen Stoffen aus der Natur lindert oder heilt der Mensch schon immer verschiedene Krankheiten. Salbei hilft zum Beispiel als Tee bei Halsschmerzen und Erkältungen. Kamille wirkt entzündungshemmend und wird bei Erkrankungen im Magen-Darm-Bereich als Tee getrunken und Ringelblumensalbe unterstützt die Heilung bei Schnittwunden und leichten Verbrennungen.
Hausmittel können so manche Tablette überflüssig machen. Bei dauerhafter Anwendung kann es jedoch zu unerwünschten Nebenwirkungen kommen. Daher muss man sich vorher in der Apotheke informieren.

Homöopathische Mittel
Eine weitere Heilmöglichkeit ist die **Homöopathie**. Die Grundidee der Homöopathie, Gleiches mit Gleichem zu heilen, geht auf SAMUEL HAHNEMANN (1755–1843) zurück. Er ging davon aus, dass all die Stoffe, die einen krank machen, auch als Heilmittel dienen können. Deshalb werden bei der Homoöpathie die krankheitsverursachenden Stoffe den Patienten in sehr stark verdünnter Form verabreicht.

Akupunktur
Diese asiatische Heilmethode ist sehr alt. Es gibt ganz bestimmte Körperstellen, so genannte Akupunkturpunkte (▷B 1), die in direktem Zusammenhang mit dem Funktionieren von Organen stehen. Werden Nadeln in die Akupunkturpunkte gestochen, kann es gelingen, dass die Organe wieder normal arbeiten.

Mit synthetischen Mitteln, Hausmitteln, Homöopathie und Akupunktur stehen sehr verschiedene Heilmethoden zur Verfügung.

Aufgaben

1 Nenne einige Krankheiten, bei denen Hausmittel allein nicht helfen. Begründe.

2 Eine Klassenkameradin hat oft Kopfschmerzen und nimmt dann meist eine Schmerztablette.
a) Welche Vor- und Nachteile hat das? Diskutiert in der Klasse darüber. Befragt auch einen Experten dazu.
b) Es gibt andere Möglichkeiten wie sie die Kopfschmerzen behandeln könnte.

3 Viele Medikamente sind „rezeptfrei", man kann sie sich deshalb selbst „verordnen". Erkläre anhand von Beispielen, wieso dieses Vorgehen gefährlich werden kann.

4 Informiere dich im Internet über die Homoöpathie und arbeite ein Referat aus.

5 Suche nach einem Rezept für eine Ringelblumensalbe und stelle diese her.

6 Erstelle eine Kräutertee-Kartei. Informiere dich darüber, welche Pflanzen sich eignen, wie dieser Tee zubereitet wird und welche Wirkung er hat. Fertige außerdem eine Tabelle an, in der du mögliche Beschwerden alphabetisch auflistest und den entsprechenden Tee zuordnest.

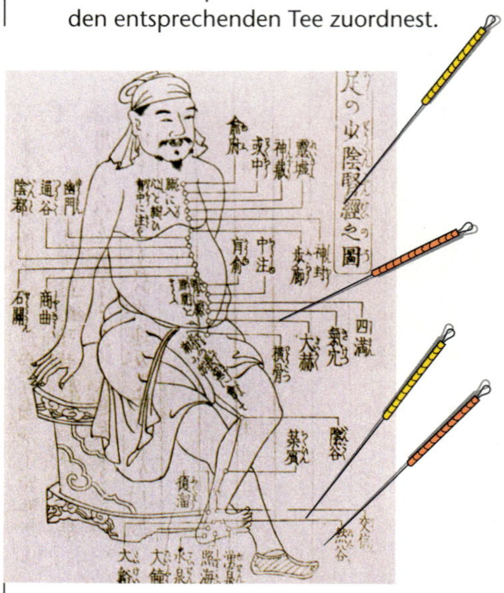

1 Akupunkturpunkte

Bevor es zu spät ist
So viele verschiedene Krankheiten es gibt, so viele Chancen hast du auch, dafür zu sorgen, möglichst gar nicht krank zu werden – gesund sein ist das Ziel.

Aufgabe

1 Schau dir die verschiedenen Tipps zur Vorbeugung an.
Wie beugst du Krankheiten vor?

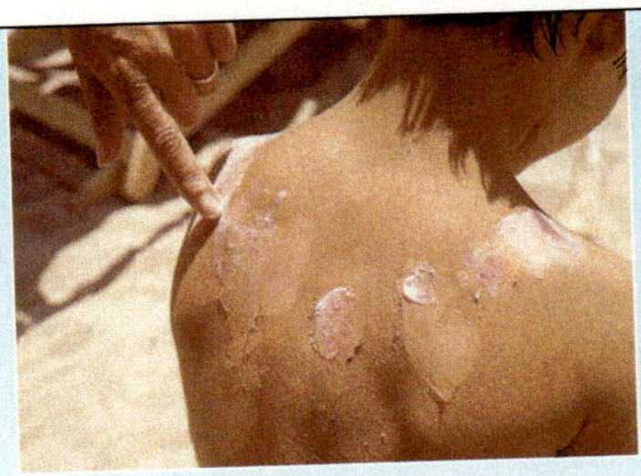

Viele schädliche Umwelteinflüsse kann man vermeiden. Vor zu viel Sonne sollten wir uns schützen, um nicht an Krebs zu erkranken. Filzstifte und Kleber gibt es auch ohne giftige Lösemittel. Und schimmelige Lebensmittel muss man komplett wegwerfen, da sie Krebs auslösen können.

Ohne **Hygiene** haben Krankheitserreger ein leichtes Spiel. Vor dem Essen und nach dem Gang zur Toilette muss man sich die Hände waschen. Obst sollte immer gewaschen werden und in vielen Urlaubsländern darf nur abgekochtes Wasser getrunken werden.

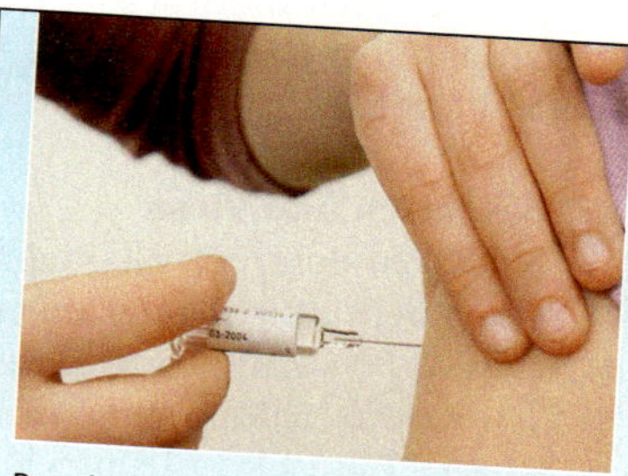

Regelmäßige **Schutzimpfungen** laut Impfkalender können uns vor schweren Erkrankungen wie Kinderlähmung, Keuchhusten und Tetanus bewahren.

Bewegung muss unbedingt sein. nicht nur die Muskulatur, auch das Herz-Kreislaufsystem wird dadurch gestärkt und vor Krankheiten geschützt.

Eine **kalte Dusche** härtet ab. Man sollte erst warm duschen und dann kalt nachduschen. So wird das Immunsystem in Schwung gehalten.

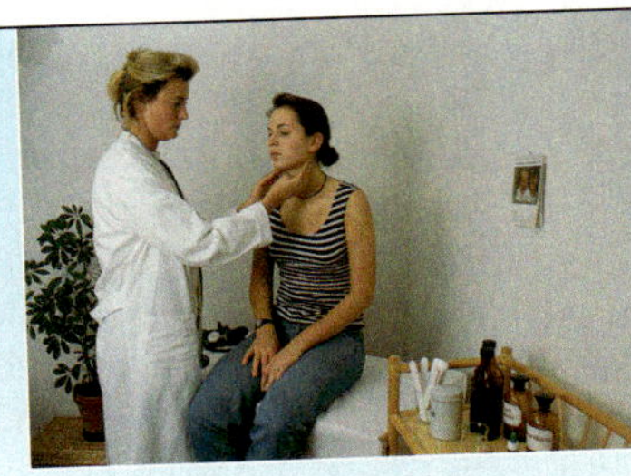

Untersuchungen durch Ärzte dienen auch der Früherkennung von Krankheiten. Viele Krankeiten sind umso besser oder nur dann zu heilen, wenn sie früh genug erkannt werden.

Gesunde Ernährung ist entscheidend, damit unser Immunsystem richtig funktioniert und damit wir nicht übergewichtig werden.

Entspannen hilft gegen Disstress. Erholungspausen sind wichtig, wenn wir wieder leistungsfähig sein wollen.

Nicht ein einziger Tag sollte ohne **Lachen und Spaß** vergehen. Auch das stärkt unser Immunsystem und es macht das Leben gleich viel schöner.

Schlusspunkt

Für die Gesundheit kann jeder etwas tun

Gesund oder krank?
Gesund oder krank zu sein, ist ein ganz persönlicher Eindruck, der vom Menschen selbst und von seiner Umgebung abhängt.

Bakterien und Viren
Bakterien kommen als Kugel-, Stäbchen- oder Schraubenbakterien vor. Als Sporen können sie ungünstige Bedingungen überdauern. Bakterien verursachen u. a. Scharlach und Wundstarrkrampf. Antibiotika verhindern die Vermehrung von Bakterien.
Manche Bakterien sind sehr nützlich und werden z. B. bei der Herstellung von Lebensmitteln eingesetzt.
Viren sind für ihre Vermehrung auf Wirtszellen angewiesen. Grippe, Hepatitis und manche Kinderkrankheiten sind virusbedingt. Gegen Röteln sollten alle Mädchen zu Beginn der Pubertät geimpft sein.

Immunreaktion im Körper
Fresszellen, T-Helferzellen, Plasmazellen, Killerzellen und Gedächtniszellen sorgen für die Abwehr von Krankheitserregern. Diese weißen Blutzellen bewirken, dass Antikörper gebildet werden. Deshalb kann nach überstandenen Erkrankungen für den speziellen Erreger teilweise Immunität bestehen.

AIDS
Das HI-Virus wird vor allem durch Sexual- und Blutkontakt übertragen. Einmal in einem menschlichen Organismus eingebunden, benutzt es als Wirt zur weiteren Vermehrung die T-Helferzelle.

Impfen
Die passive Immunisierung ist eine Heilimpfung und wirkt kurzfristig.
Die aktive Immunisierung ist eine Schutzimpfung. Die vom Geimpften gebildeten Antikörper verbleiben meist langfristig im Blut. Gegen viele Erreger sind Schutzimpfungen möglich und ratsam. Erkrankungen wie Kinderlähmung und Diphtherie sind dadurch stark zurückgegangen.

Allergien
Allergien sind Überreaktionen des Immunsystems. Allergene sind beispielsweise Pollen oder Tierhaare. Sie können

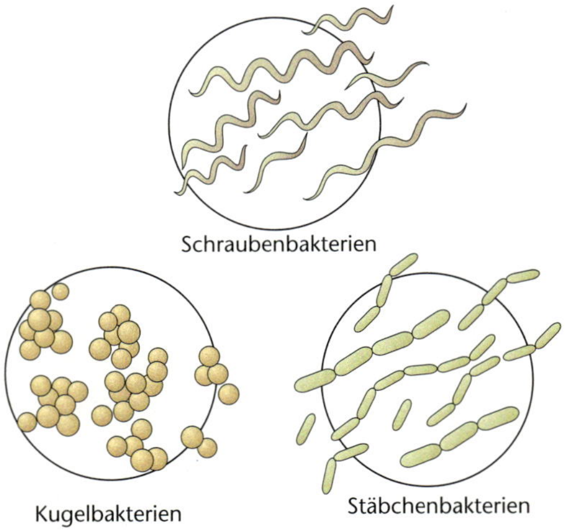

1 Bakterien, verschiedene Typen

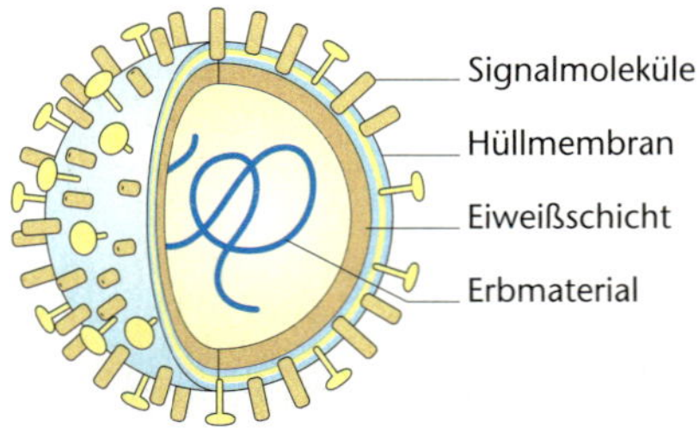

2 Aufbau eines Virus (Bsp. Rhinovirus)

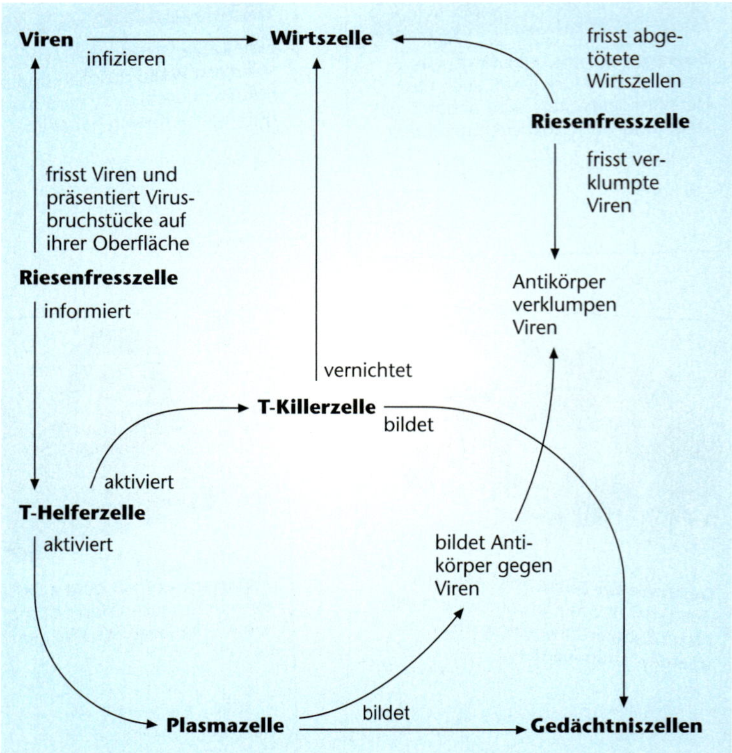

3 Immunreaktion, Schema

4 Allergene

u. a. Schnupfen, Atemnot und Hautausschläge hervorrufen.

Stress
Stress erhöht kurzfristig die Leistungsfähigkeit des Körpers. Fehlen zwischen den Belastungen durch Stress die Erholungspausen, kann aus dem positiven Eustress der krank machende Disstress werden.

Psychosomatische Erkrankungen
Seelische und soziale Aspekte wirken auf das Abwehrsystem des Menschen. Sie können es schwächen und psychosomatische Erkrankungen hervorrufen. Diese Erkrankungen betreffen oft die Haut, den Verdauungstrakt oder das Herz-Kreislauf-System.

Krebs
Bei Krebserkrankungen vermehren sich krankhaft veränderte Zellen unkontrolliert. Äußere Einflüsse können derartige Zellveränderungen bewirken. Das UV-Licht der Sonne kann z. B. Hautkrebs verursachen.

Parasiten
Parasiten sind auf andere Lebewesen angewiesen und können Krankheiten verursachen oder übertragen.

Heilung
Zur Heilung werden synthetische Mittel, Hausmittel, homöopathische Mittel und auch Akupunktur eingesetzt. Sie unterscheiden sich in Anwendungsgebieten und Nebenwirkungen.

Vorbeugung
Zufriedenheit, gesunde Ernährung, ausreichende Bewegung und Schutzimpfungen helfen mit, gesund zu bleiben.

Aufgaben

1 a) Beschreibe die Stressreaktion.
b) Erkläre den Unterschied zwischen Eustress und Disstress.

2 a) Wie kann Krebs entstehen?
b) Welche Vorsorgemaßnahmen gegen Hautkrebs sollte man treffen?

3 a) Was ist eine psychosomatische Erkrankung?
b) Wie kann sie vermieden werden?

4 „Eine Infektion ist eine Krankheit." Überprüfe, ob dieser Satz richtig ist.
Begründe deine Antwort.

5 a) Warum können Durchfälle eine Nebenwirkung von Antibiotika sein?
b) Können Antibiotika gegen Grippe helfen? Begründe.

6 Scharlach, Masern, Windpocken und Mumps sind typische Kinderkrankheiten.
Begründe, warum Erwachsene später meist kein 2. Mal an diesen Krankheiten leiden.

7 Patienten erhalten bei und nach Organtransplantationen Medikamente, die das Immunsystem unterdrücken.
Weshalb ist das notwendig?

8 „Vorbeugen ist besser als Heilen." Welche Möglichkeiten kennst du, mit denen man Krankheiten vorbeugen kann?

9 Vergleiche in einer Tabelle die aktive mit der passiven Immunisierung.

---

1 Das Impfen ist umstritten.

a) Informiere dich über die verschiedenen Standpunkte von Medizinern. Erläutere den Konflikt und äußere deine Meinung dazu.

b) Bildet eine Pro- und eine Contra-Gruppe und diskutiert die verschiedenen Standpunkte. Benützt Fachbegriffe.
c) Kann es sinnvoll sein, Jungen gegen Röteln zu impfen? Begründe.

Mediziner stellen immer häufiger Lücken im Impfschutz bei Kindern fest.
Nur etwa 90 % der Kinder sind mit dem empfohlenen Impfschutz versorgt.
Befürworter und Kritiker von Impfungen führen heftige Auseinandersetzungen über den Sinn von Vorsorgeimpfungen im Kindesalter.

Als Argumente der Befürworter werden vor allem angeführt:
- Nur frühzeitige Impfungen schützen bestmöglich vor gefährlichen Krankheiten.
- Die Umgebung der geimpften Person ist vor Ansteckung geschützt.
- Durch Impfungen können z. B. Epidemien verhindert werden.
- Jede Impfung bietet maximalen Schutz bei meist geringem Risiko.
- Nur in seltenen Fällen kommt es zu schweren Nebenwirkungen.
- Impfstoffe gehören zu den sichersten Arzneimitteln, da sie ständig kontrolliert werden.

Die Gegner von systematischen Impfungen bei Kindern führen dagegen ins Feld:
- Geimpft wird auch gegen vergleichsweise harmlose Kinderkrankheiten, die ein gesundes Kind ohne jede Schwierigkeit, oftmals sogar ohne Symptome, durchlebt.
- Impfungen können schwere Nebenwirkungen, wie z. B. allergische Reaktionen verursachen.
- Kinderkrankheiten sind zwar unangenehm, aber bei gesunden Kindern nicht gefährlich.
- Geimpfte Kinder sind nicht gesünder als ungeimpfte.
- Eine Unterdrückung von Krankheiten kann in Folge zu einer Zunahme chronischer Erkrankungen führen.
- Erlebte Kinderkrankheiten schützen meist vor schweren Erkrankungen im Erwachsenenalter.

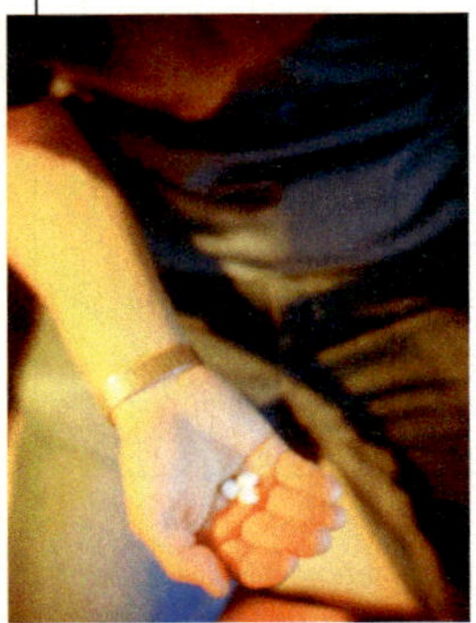

Sucht
macht unfrei!

Ein paar Zigaretten mit Freunden rauchen, Alkohol auf einer Party trinken, endlos telefonieren oder lieber mit dem Computer spielen als schon wieder für die Klassenarbeit zu lernen – was hat das alles mit Sucht zu tun?

Süchtige – das sind nach Meinung vieler die Alkoholiker, die mit der Weinflasche in der Hand vor dem Bahnhof herumlungern. Süchtig war der Tote auf dem Foto in der Zeitung, mit der Heroinspritze, die noch in seinem Arm steckte. Wenn jemand viel raucht, sagt man, er sei nikotinsüchtig. Es gibt sogar Leute, die kaufsüchtig sind. Esssucht, Magersucht, Fernsehsucht, Spielsucht – so richtige Süchte sind das doch gar nicht, oder doch?
Welche Arten von Sucht es gibt, was Sucht eigentlich ist, wie harmlos sie oft beginnt und wie man Sucht vermeidet, erfährst du in diesem Kapitel.

Flucht aus dem Alltag

Sven hat in letzter Zeit schlechte Noten in der Schule. Daher machen ihm seine Eltern häufig den Vorwurf, er wäre nicht fleißig genug. Nun hat er schon wieder eine Fünf in Mathe! Wie soll er das seinen Eltern nur klar machen? Zu allem Überfluss hat er sich jetzt auch noch mit seiner Freundin gestritten. Eigentlich müsste er sich mit ihr aussprechen. Aber irgendwie hat Sven das Gefühl, dass ihn zurzeit sowieso keiner versteht.

Richtig wohl fühlt er sich dagegen beim Computerspielen. Oft sitzt er an mehreren Tagen viele Stunden allein vor seinem Computer und alles andere ist ihm egal. Allerdings hat er dadurch auch immer weniger Zeit für seine Hausaufgaben.

Auch wenn Sven mit seinen Freunden zusammen ist, hat er viel mehr Spaß als in der Schule. Einige von Svens Freunden rauchen und Sven raucht auch, weil er dazu gehören will. Manchmal trinken Sven und seine Freunde heimlich Bier. Sven fühlt sich dann ziemlich stark und redet mehr und lauter als sonst. In diesen Momenten vergisst Sven alle seine Sorgen.

Einfach Wohl fühlen?

Nicht nur Jugendliche wie Sven versuchen, sich von den Problemen des Alltags abzulenken. Jeder Mensch hat den Wunsch, sich wohl zu fühlen. Schon ein gutes Essen schafft Wohlbefinden. Mit Freunden kannst du viel Spaß haben. Auf Erfolge in der Schule oder beim Sport bist du vielleicht besonders stolz. Beim Musik hören kannst du dich entspannen und erholen. All diese positiven Gefühle helfen dir, dich gut zu fühlen und neue Kraft zu schöpfen.

Erfolge in der Schule oder im Sport erzielst du aber nur, wenn du dir über längere Zeit Mühe gibst und dich nicht von gelegentlichen Misserfolgen entmutigen lässt. Für einen guten Freund musst du Zeit und Verständnis aufbringen, auch wenn ihr euch einmal nicht so gut versteht.

Da erscheint es oft einfacher, den Fernseher einzuschalten, um zu entspannen. Spaß mit einem Computerspiel kann man auch allein haben. Manche Jugendliche versuchen, bei ihren Freunden Anerkennung zu gewinnen, indem sie rauchen oder Alkohol trinken. Auch viele Erwachsene trinken Bier oder sehen fern, um sich nach der Arbeit zu entspannen. Gibt es also einfache Wege zum Wohlfühlen?

Aufgaben

1 a) Nennt Gründe, warum Sven stundenlang vor seinem Computer sitzt, und warum dies ein Problem ist.
b) Diskutiert in der Klasse, wie Sven seine Probleme lösen sollte. Muss er auf das Computerspielen verzichten?

2 a) Welchen Konflikten gehst du lieber aus dem Weg?
b) Womit lenkst du dich dann ab?

3 a) Mit welchen Tricks vertreibt ihr eure schlechten Gefühle im Alltag?
b) Seid Ihr dabei lieber allein oder mit anderen zusammen?

4 Diskutiert in eurer Klasse, was Vor- und Nachteile der einfachen Wege zum Wohlbefinden sein könnten.

5 Nennt Gründe, warum es auch anstrengend sein kann, Freunde zu haben.
Was gewinnt ihr durch Freunde in eurem Leben?

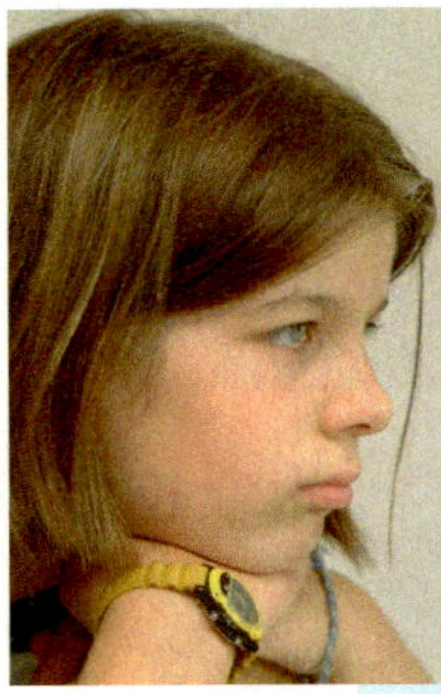

1 „Irgendwie ist jetzt alles anders …" – Lisas E-Mail an ihre beste Freundin

Hallo Isabel,
ich finde es bescheuert, dass unsere Clique sich so sehr geändert hat! Was meinst du?

Seitdem Jonna einen Freund hat, sind wir uninteressant geworden. Mattias ist ein richtiger Angeber, der redet nur noch von seinem neuen Handy. Neulich hat mich Sofie darauf angesprochen, wie ich nur diese Klamotten anziehen könnte. Die Jungs haben nur gelacht und gemeint, ich würde in nichts anderes reinpassen. Dabei bräuchte ich nur mehr Taschengeld, dann könnte ich mir auch was Cooleres leisten.

Und diese blöden Saufereien. Wenn die Jungen so viel Bier trinken, dann werden sie unerträglich. Ich trinke nur, weil ich mich dann gut fühle und keine Angst mehr vor diesen Typen habe. Außerdem rauchen jetzt auch alle in der Clique.

Weißt du noch, wie uns dieser Typ neulich auf dem Konzert so kleine weiße Pillen angeboten hat? Hättest du die Dinger genommen? Ich weiß doch gar nicht, was da alles drin ist! Was meinst du?
Mail mal wieder. Deine Lisa

Von der Angewohnheit zur Abhängigkeit
Manche Menschen essen sehr viel, weil sie sich nach einem anstrengenden Arbeitstag belohnen möchten. Andere gehen zum Einkaufen, nicht weil sie etwas brauchen, sondern um sich ein bisschen abzulenken. Viele Erwachsene und Jugendliche sehen auch fern oder trinken Alkohol, um Ärger und Stress am Arbeitsplatz oder in der Schule zu vergessen.

Macht ein Mensch die Erfahrung, dass er durch bestimmte Verhaltensweisen, zum Beispiel beim Computerspiel oder durch Alkohol seine Sorgen wenigstens für eine kurze Zeit vergessen kann, wird er beim nächsten Konflikt vielleicht wieder diesen Ausweg suchen. Mit der Zeit lernt er so, seinen Problemen auszuweichen, anstatt zu versuchen sie zu lösen.

Daraus kann eine **Abhängigkeit** entstehen: Das Verlangen, immer häufiger der Wirklichkeit mit ihren Problemen zu entrinnen, und der Wunsch nach angenehmen Gefühlen werden dann übermächtig.

Die Abhängigkeit von Stoffen wie Alkohol, die man einnimmt, oder von bestimmten Verhaltensweisen wie Fernsehen oder Einkaufen, nennt man auch **Sucht**.

Sucht – was heißt das?
Sucht bedeutet nicht nur den zwanghaften Gebrauch von Stoffen, die bestimmte Gefühle erzeugen sollen, sondern kann auch unkontrollierte Verhaltensweisen wie übermäßiges Essen, Fernsehen oder Arbeiten beinhalten. Dabei sollen unangenehme Gefühle wie Angst oder Ärger beseitigt und Wohlbefinden erzeugt werden.

Süchtige können diese Wirkungen nur noch erreichen, wenn sie ihrer Sucht nachgehen. Sie tun dies auch dann noch, wenn es sie krank macht oder sie dafür Schulden machen müssen. Sie sind seelisch abhängig. Um sich Geld zu beschaffen, begehen einige Süchtige sogar Diebställe und Raubüberfälle. Man spricht dann von **Beschaffungskriminalität**.

Viele Stoffe machen aber auch körperlich abhängig: Wenn ihre Wirkung nachlässt, fühlen sich die Süchtigen schlecht und unruhig oder sie haben sogar Schmerzen. Weil Süchtige sich mit der Zeit an die Wirkung eines Stoffes oder eines Verhaltens gewöhnen, brauchen sie immer mehr davon.

▶ Sucht bedeutet seelische oder körperliche Abhängigkeit von einem Stoff oder von einem zwanghaften Verhalten. Weil Süchtige sich an die Wirkung gewöhnen, brauchen sie immer mehr davon.

Aufgaben

1 Was hat sich in Lisas Clique im Vergleich zu früher verändert?

2 Nennt die Gründe, warum Lisa gerne mehr Geld für Kleidung hätte und warum sie Bier trinkt.

3 Überlegt eine Antwort auf Lisas E-Mail.
a) Soll sie ihre Eltern um mehr Taschengeld bitten?
b) Wie soll sie sich verhalten, wenn andere in der Clique rauchen und trinken? Soll sie einfach mitmachen?
c) Was würdest du tun, wenn dir Freunde auf einer Party Pillen anbieten, durch die man sich besonders gut fühlen soll?

4 Sollte sich der Junge in dem Cartoon von seiner Mutter ein Beruhigungsmittel geben lassen? Begründe deine Antwort.

5 a) Erkläre, wie Sucht entstehen kann.
b) Nenne die Kennzeichen von Sucht.
c) Nenne Beispiele von Sucht.

Was sind Drogen?
Stoffe, die man einnimmt, um damit bestimmte Gefühle zu erzeugen, nennt man **Drogen**. Dabei handelt es sich um Substanzen, die auf unser Nervensystem und vor allem das Gehirn einwirken. Viele Drogen können Wohlempfinden verursachen, uns beruhigen oder auch aufputschen. Andere Drogen können falsche Wahrnehmungen, so genannte **Halluzinationen** auslösen. Diese sind zum Teil äußerst unangenehm, sodass man auch von einem **Horrortrip** spricht.

Man unterscheidet legale Drogen und illegale Drogen. **Legale Drogen** sind Stoffe wie Alkohol in Bier, Wein und Schnaps oder Nikotin in Zigaretten. Aber auch rezeptfreie Medikamente wie einige Schlaf- und Schmerzmittel gehören dazu.
Illegale Drogen sind Substanzen, deren Verkauf und Einnahme verboten ist, weil sie besonders gesundheitsschädlich sind. Dazu gehören Haschisch und Marihuana, Heroin, LSD, Kokain und Ecstasy. Starke Schmerz- und Beruhigungsmittel wie Morphium und Valium dürfen nur von Ärzten für Kranke verschrieben werden.

Alle Drogen, legale und illegale, können süchtig machen, manche wie Kokain und Heroin schon bei einmaliger Einnahme! Die Alkohol- und die Zigarettenindustrie verdienen viele Milliarden durch den Verkauf ihrer Produkte. Illegale Drogen werden von Kriminellen verkauft, die an der Sucht der Drogenabhängigen verdienen.

Meist sind es Freunde, die einen zum Gebrauch von Drogen auffordern. Aber auch Erwachsene, die rauchen oder Alkohol als Stimmungsmacher missbrauchen, können Kindern und Jugendlichen ein schlechtes Vorbild sein.

Drogen sind Stoffe, die Wahrnehmungen und Gefühle verändern. Sie greifen in die Funktion des Gehirns ein und schädigen es. Drogen machen süchtig.

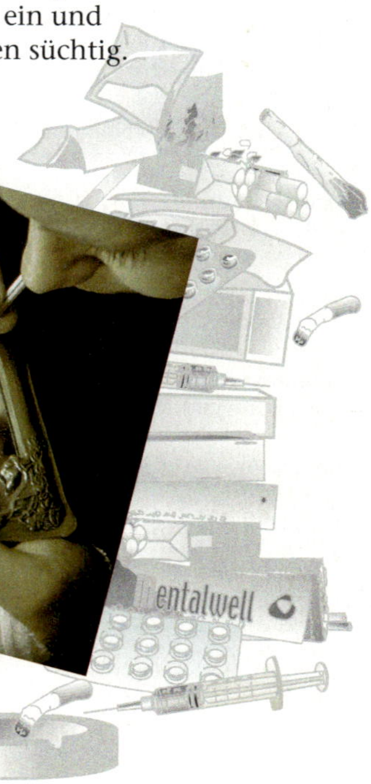

Raucher vergiften sich freiwillig
Wenn in den Städten die Konzentration an Schadstoffen durch Auto- und Industrieabgase zu hoch ist, wird Smogalarm ausgelöst. Auch an Arbeitsplätzen dürfen bestimmte Schadstoffwerte nicht überstiegen werden. Zu viel Gift in der Luft schadet der Gesundheit.

Auch der Rauch von Zigaretten ist gesundheitsschädlich. Trotzdem wird in Gaststätten, an öffentlichen Plätzen und in Wohnungen geraucht. Viele Menschen vergiften sich freiwillig, indem sie rauchen. Rauchen macht süchtig. Man kann nur sehr schwer wieder damit aufhören.

Warum fangen Menschen an zu rauchen?
Menschen, die rauchen, haben damit meistens schon als Kinder angefangen. Häufig sind es Freunde, die sie dazu verleitet haben. Würde es dir leicht fallen, eine Zigarette abzulehnen, wenn ein Freund sie dir anbietet? Vor allem in der Gruppe ist es manchmal schwierig, nein zu sagen. So bringen einige wenige, die sich wichtig machen, viele andere dazu, mitzurauchen. Wer als Kind oder Jugendlicher mit dem Rauchen anfängt, macht zunächst nur schlechte Erfahrungen damit: Husten, Übelkeit und Schwindel sind die Folgen. Doch das versuchen die meisten vor ihren Freunden zu verbergen. Mit der Zeit und einiger Gewöhnung geht es immer „besser". Auf den ersten Lungenzug ohne Hustenanfall sind viele stolz. Dabei haben sie ihre Atemwege bereits so geschädigt, dass der natürliche Abwehrreflex gegen den giftigen Rauch unterbleibt.

Die Gifte wirken langsam, aber sicher
Der **Teer** im Rauch verklebt in den Bronchien die Flimmerhärchen, die normalerweise Schadstoffe abtransportieren. Teer und die nicht abtransportierten Schadstoffe verursachen bei Rauchern häufig eine **chronische Bronchitis** (Raucherhusten) und sogar **Kehlkopf**- und **Lungenkrebs**.

Weil sich Teer auch in den Lungenbläschen ablagert, behindert er die Aufnahme von Sauerstoff ins Blut. Auch das **Kohlenstoffmonooxid** im Rauch vermindert die Sauerstoffversorgung des Körpers, weil es den Transport des Sauerstoffs im Blut behindert. Wer raucht, ist daher körperlich weniger leistungsfähig.

Nikotin ist ein Nervengift und macht süchtig. Es verengt die Arterien und beschleunigt den Herzschlag. Dadurch steigt der Blutdruck. Viele Organe, auch das Herz, werden durch die Verengung der Arterien schlechter durchblutet und erhalten so zu wenig Sauerstoff. Rauchen erhöht auch das Risiko einen Herzinfarkt zu erleiden. Verengte Blutgefäße in den Beinen führen zum „Raucherbein", was eine Ursache für Beinamputationen ist.

Die wichtigsten Giftstoffe im Tabakrauch sind Teer, Kohlenstoffmonooxid und Nikotin. Rauchen schadet der Gesundheit und macht süchtig.

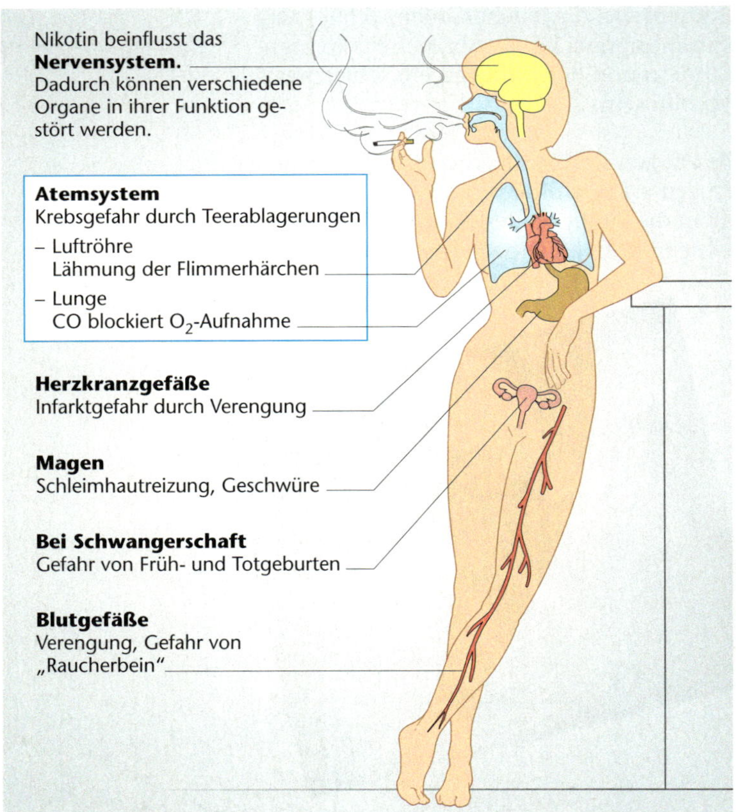

1 Organschäden bei Nikotinmissbrauch

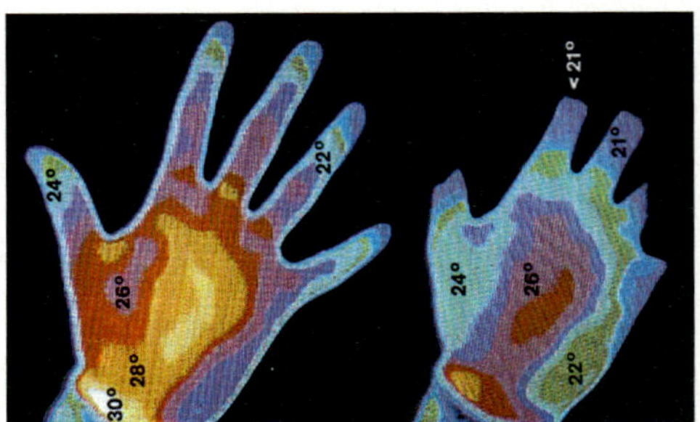

2 Thermografie der Hand, vor (links) und nach (rechts) dem Rauchen

Unfreiwillige Opfer der Sucht

Wer selbst nicht raucht, aber dem Rauch anderer ausgesetzt ist, atmet dieselben Giftstoffe ein. Man spricht von **passivem Rauchen**. Dadurch schädigen rauchende Eltern ihre Kinder. Eine schwangere Frau, die raucht, beeinträchtigt die Entwicklung des ungeborenen Kindes, da die Gifte vom Blut der Mutter auch in den Blutkreislauf des Kindes übertreten. Kinder von rauchenden Müttern haben im Durchschnitt ein geringeres Geburtsgewicht und häufiger gesundheitliche Schäden.

Rauchen schadet nicht nur der eigenen Gesundheit, sondern auch der anderer Menschen.

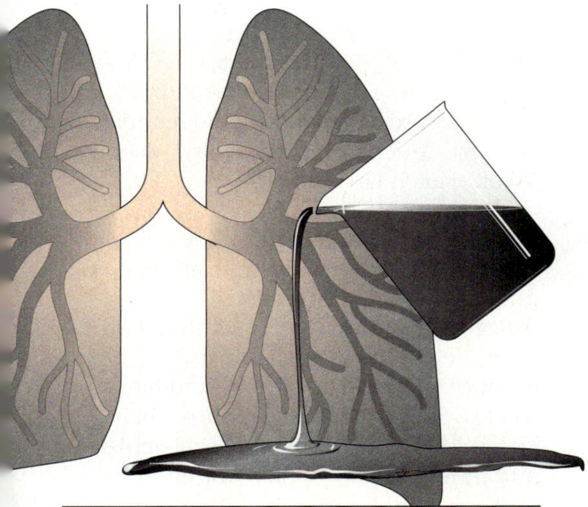

Hättest du das gedacht?

- In Deutschland rauchen 35 % der Männer, 22 % der Frauen und über 20 % der 15-Jährigen.
- Bis zu einem Viertel aller Herz-Kreislauf-Erkrankungen werden vom Rauchen verursacht.
- In Deutschland sterben täglich fast 300 Menschen durch das Rauchen, weltweit etwa 3 Millionen pro Jahr.
- 9 von 10 Lungenkrebstoten waren starke Raucher.
- Der Staat nimmt pro Jahr über 20 Milliarden Euro Tabaksteuer ein.

Aufgaben

1 Nennt Gründe dafür, warum schon Kinder anfangen zu rauchen.

2 a) Versucht euch an Situationen zu erinnern, in denen ihr etwas getan habt, nur weil andere es euch vorgemacht oder von euch verlangt haben.
b) Diskutiert in der Klasse, wie man sich in der Gruppe dagegen wehren kann.

Werkstatt

Rauchen schadet

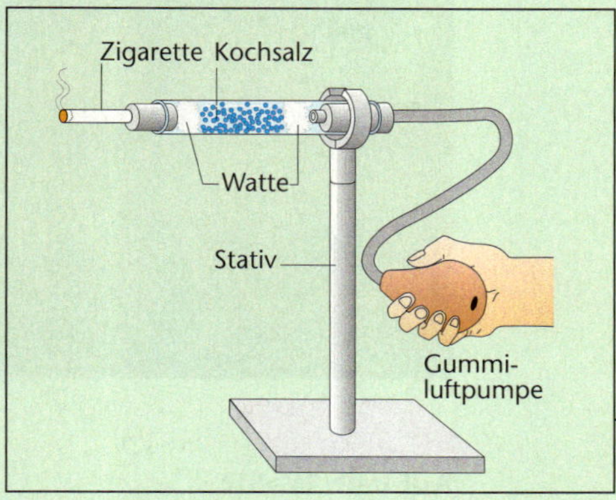

2 Aufbau von Versuch 1

1 Nachweis von Ablagerungen aus dem Zigarettenrauch

Setze eine Zigarette mit einem Gummistopfen auf ein Glasrohr. Das Glasrohr wird mit Kochsalz gefüllt. Das andere Ende des Glasrohres verbindest du mit einer Gummiluftpumpe. Die Zigarette wird angezündet und der Rauch mit der Pumpe durch das Glasrohr gesaugt. Beobachte, wie sich das Kochsalz verändert. Öffne anschließend das Glasrohr und löse das Salz in einem Glas Wasser. Wonach riecht das Wasser? Überlege, was deine Beobachtungen für die Lunge eines Rauchers bedeuten.

2 Projekt: Rauchfrei ist besser!

Führt ein Projekt gegen das Rauchen durch.
a) Sammelt Informationen über das Rauchen aus Broschüren und dem Internet. Womit wirbt die Zigarettenwerbung? Welche wissenschaftlichen Ergebnisse sprechen gegen das Rauchen?

b) Legt die Ziele eurer Aktion fest. Mit welchen Argumenten könntet ihr zum Beispiel andere vom Rauchen abhalten?

c) Gestaltet ein Plakat mit Werbung gegen das Rauchen. Erstellt Informationsblätter über das Rauchen und gebt darin auch Adressen von Suchtberatungsstellen an.

d) Versucht in Rollenspielen folgende Szenen darzustellen:
- Ein Zigarettenhändler wirbt um Käufer. Mehrere Kinder erklären ihm, warum sie keine Zigaretten von ihm haben wollen.
- Ein Patient erklärt seinem Arzt, warum er nicht mit dem Rauchen aufhören kann.
- Mehrere Kinder versuchen ein anderes Kind zum Rauchen zu überreden. Das Kind lehnt die angebotene Zigarette ab und begründet dies.

Alkohol – ein zweifelhafter Freund

Auf dein Wohl?
Mäßiger Alkoholkonsum gehört für die meisten Erwachsenen zum Alltag. Sie trinken alkoholische Getränke zum Abendessen, bei Festen und Feiern oder zum Entspannen. Doch bei manchen dient Alkohol auch dazu, sich Mut anzutrinken oder traurige Stimmungen und Ärger hinunterzuspülen. Zu besonderen Anlässen oder aus schlechter Gewohnheit trinken manche Menschen auch deutlich mehr als das eine Glas.

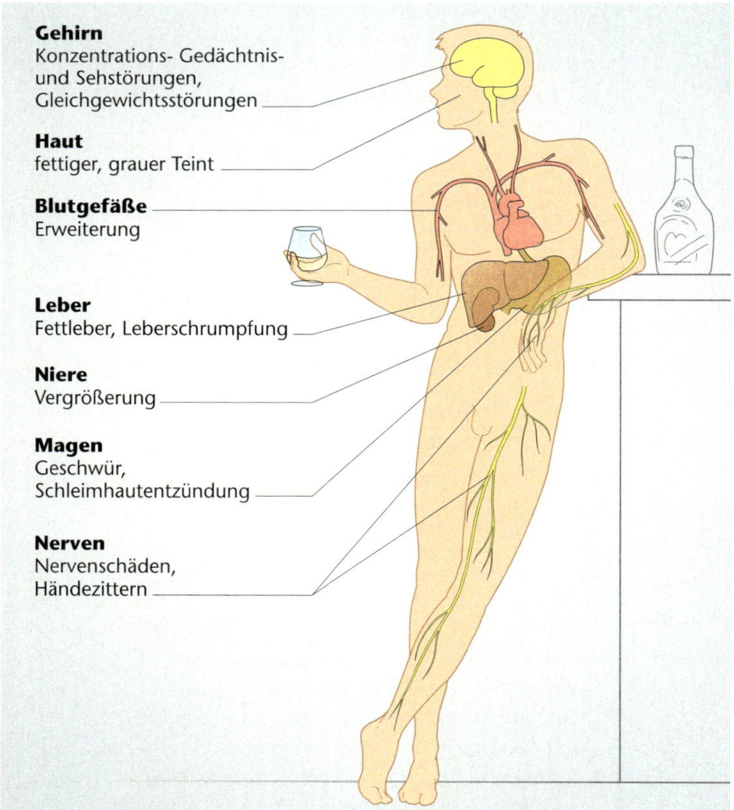

1 Organschäden bei Alkoholmissbrauch

Kinder trinken oft schon im Alter zwischen 10 und 14 Jahren zum ersten Mal Alkohol. Zum regelmäßigen Alkoholkonsum werden sie meist von Freunden verleitet. Ihnen ist nicht bewusst, dass Alkohol auch ein Gift ist.

Wirkungen des Alkohols
Alkohol gelangt vom Verdauungssystem direkt ins Blut und verteilt sich so im ganzen Körper. Dadurch beeinflusst er auch die Funktion des Gehirns.
Alkohol wirkt enthemmend und belebend. Schon ein Glas Bier führt bei vielen Menschen dazu, dass sie leichter mit anderen ins Gespräch kommen, fröhlicher sind und sich wohler fühlen. Alkohol hat aber auch eine beruhigende Wirkung. Darum dient er einigen Menschen als Schlafmittel. Zugleich schränkt Alkohol das Reaktionsvermögen und die Leistungsfähigkeit ein. Gefahren werden nicht mehr richtig eingeschätzt. Daher verursacht Alkohol viele Unfälle im Verkehr, bei der Arbeit und sogar beim Sport. Sehr große Alkoholmengen führen zu Bewusstlosigkeit und sogar zum Tod durch Atemstillstand.

Zu viel des Schlechten
Schon unter Kindern und Jugendlichen halten es viele für normal, sich auf Partys zu betrinken. Sie möchten etwas erleben, dazugehören und die Probleme des Alltags vergessen. Große Mengen Alkohol schädigen aber das Gehirn, das sich bei Kindern und Jugendlichen noch in der Entwicklung befindet. Daher ist der Verkauf von Alkohol an Personen unter 16 Jahren verboten.

Das wahre Gesicht des falschen Freundes
Je früher Kinder oder Jugendliche beginnen, regelmäßig Alkohol zu trinken, desto größer ist die Gefahr, dass sie davon abhängig werden.
Über 150 000 Kinder und Jugendliche sind in Deutschland alkoholabhängig oder stark gefährdet, es zu werden. Das Trinken dient dann nicht mehr dem Genuss, sondern dazu, solche **Entzugserscheinungen** abzustellen. Trinkt der Abhängige weiter, schädigt er Leber, Herz und Gehirn.

Alkohol im Blut
Alkohol verteilt sich über das Blut im ganzen Körper. Die Konzentration des Alkohols im Blut wird in **Promille (‰)** gemessen. 1 ‰ bedeutet, dass ein Tausendstel des Blutes aus Alkohol besteht. Die Alkoholkonzentration im Blut in Promille kann für Erwachsene mithilfe einer Formel berechnet werden.

$$\frac{\text{Getrunkener Alkohol in Gramm}}{\text{Körpergewicht in Kilogramm} \times 0{,}7 \text{ (Männer)} \quad \times 0{,}6 \text{ (Frauen)}}$$

Beispiel: Trinkt ein männlicher Erwachsener mit einem Körpergewicht von 70 kg einen halben Liter Bier mit einem Alkoholgehalt von 25 g, beträgt die Alkoholkonzentration in seinem Blut etwa 0,5 ‰.

Mit 0,5 ‰ ist man schon **fahruntüchtig**, weil Alkohol die Funktion des Gehirns stört. Alkohol wird in der Leber wieder abgebaut, wobei die Konzentration im Blut pro Stunde aber nur um etwa 0,15 ‰ sinkt. Männer bauen Alkohol schneller ab als Frauen. Zu große Mengen Alkohol überfordern die Leber und zerstören sie. Die Leber von Kindern kann Alkohol nur sehr schwer abbauen. Alkohol ist für Kinder daher sehr gefährlich. Schwangere Frauen, die viel Alkohol trinken, schädigen das ungeborene Kind.

2

Tod nach der Disco

Vergangenen Samstag sind erneut zwei Jugendliche mit ihrem Motorroller auf der Heimfahrt von der Disco tödlich verunglückt. Wie erste Untersuchungen ergaben, war der Fahrer alkoholisiert.

Leider Polize „Don and d den cher wese

▶ Zu viel Alkohol schadet der Gesundheit. Alkohol kann süchtig machen. Der Genuss von Alkohol erfordert besondere Verantwortung und Zurückhaltung.

Aufgaben

1 Lies die Geschichte von Leon.
a) Nenne Gründe dafür, warum Leon angefangen hat, Alkohol zu trinken.
b) Warum trank er immer mehr?
c) Wie könnte die Geschichte weitergehen? Setze sie fort.

2 Überlegt, mit welcher Begründung ihr alkoholische Getränke ablehnen würdet.

3 Nenne die gesundheitlichen Folgen des übermäßigen Alkoholtrinkens.

4 Berechne nach der im Text angegebenen Formel: Wie viel Promille Alkohol im Blut hat eine Frau mit 60 kg Körpergewicht, wenn sie ein Glas Wein getrunken hat, das 18 g Alkohol enthielt?

5 Stellt eine Liste mit „Tipps für Klare" auf: Wie sollten Erwachsene, Jugendliche und Kinder mit Alkohol umgehen?

Am Anfang war alles ganz harmlos.
Mein Eltern haben eigentlich jeden Tag Alkohol getrunken. Daher fand ich auch nichts dabei, als meine Freunde in unserer Clique angefangen haben, Bier zu trinken. Später kamen auch härtere Sachen wie Schnaps und Likör dazu. Da musste man einfach mittrinken, sonst wurde man sofort als Schwächling verspottet. Je mehr ich trank, desto angesehener war ich bei meinen Freunden.
Mit der Zeit konnte ich immer mehr vertragen. Mit Alkohol fühlte ich mich richtig stark. Allerdings habe ich dann irgendwann damit angefangen, auch alleine zu trinken. Zuletzt habe ich mir schon morgens Mut für den Tag angetrunken. „Meine Noten in der Schule wurden immer schlechter. Aber da konnte ich schon nicht mehr ohne Alkohol sein. Ich flog von der Schule. Danach fing ich eine Lehre an. Die musste ich abbrechen, weil ich immer öfter blau zur Arbeit kam. Mit meinen Eltern habe ich Zoff, weil ich zuhause Geld für Schnaps geklaut habe. Keine Ahnung, wie es jetzt weitergehen soll.

Leon, 16 Jahre, Alkoholiker

1 Ess-/Brechsucht

Meine Eltern haben sich eigentlich immer nur gestritten. Als ich 13 war, ließen sie sich scheiden. Danach begann meine Mutter ganztags zu arbeiten. Zeit hatte sie kaum noch für mich. Wegen meiner guten Schulnoten, war sie aber immer zufrieden mit mir.
Etwa zu dieser Zeit fing ich an, meinen Körper zu hassen. Wenn ich vor dem Spiegel stand, fand ich mich einfach nur fett. Dass mein Busen größer und mein Po dicker wurden, war mir richtig peinlich.

Ich begann dann immer weniger zu essen, an manchen Tagen nur einen Apfel und ein trockenes Brot. Außerdem fing ich an, jeden Tag kilometerweit zu laufen. Nach dem Sport habe ich nur ein wenig getrunken, aber nichts gegessen. Wenn ich dann am nächsten Morgen auf die Waage stieg, war ich stolz, wenn ich wieder abgenommen hatte. Meine Freundinnen bewunderten mich, weil ich so schlank war. Irgendwann bin ich dann zusammengebrochen.

Jetzt bin ich 15, wiege nur noch 37 Kilo und bin in einer Suchtklinik. Diagnose: Magersucht.

2 Tanja berichtet

Süchtig nach nichts

Magersüchtige versuchen mit allen Mitteln abzunehmen. Sie essen möglichst wenig und verausgaben sich sehr stark beim Sport. Manche halten sich sogar in kalten Räumen auf, um ihrem Körper Energie zu entziehen. Auch Abführmittel und harntreibende Substanzen werden von einigen eingenommen, um noch mehr Gewicht zu verlieren.
Magersüchtige sind stolz darauf, wenn sie ihrem Hunger widerstehen und abnehmen. Wie abgemagert sie sind und wie sehr sie durch diesen falschen Ehrgeiz ihrem Körper schaden, können sie oft nicht mehr richtig einschätzen. Wenn Magersüchtige nicht ärztlich behandelt werden, sterben sie an Unterernährung.

Vom Essen und Brechen

Durch ständiges Erbrechen verliert der Körper Flüssigkeit und Mineralstoffe. Daher ist **Ess-/Brechsucht (Bulimie)** ähnlich gesundheitsschädlich wie Magersucht. Manche Betroffene leiden auch an beiden Krankheiten abwechselnd.
Auslöser für dieses Fehlverhalten sind oft seelische Probleme. Angst vor dem Versagen, vor dem Erwachsenwerden oder davor, nicht geliebt zu werden, können Ursachen sein. Zunehmend sind auch Jungen von diesen Krankheiten betroffen. Helfen können nur Ärzte und Psychologen.

Magersucht und Ess-/Brechsucht (Bulimie) sind Verhaltenssüchte mit schweren gesundheitlichen Folgen. Die Betroffenen müssen in psychologische Behandlung.

„Ich finde euch zum Kotzen"!
Ilona ist 15 Jahre alt. Sie hat eine hübsche Figur, macht sich aber nicht so viel aus schicker Kleidung. In letzter Zeit zieht sie sich immer mehr zurück. Ilona hat ein Geheimnis, das sie noch keinem verraten hat:
Nach jeder größeren Mahlzeit geht sie zur Toilette und erbricht sich. In manchen Nächten ist ihr Hunger so stark, dass sie zum Kühlschrank geht und alles, was sie darin findet, aufisst. Danach geht sie ins Bad und schließt sich ein, um sich zu übergeben.

Ilona schämt sich. Sie schämt sich, weil sie sich zu dick fühlt, sie schämt sich für ihren unersättlichen Hunger und weil sie sich absichtlich mehrmals täglich übergibt. Eigentlich weiß sie keinen Ausweg mehr. Sie weiß nur, dass sie gerne so schlank wäre wie Tanja. Alle anderen Menschen, die normal aussehen, verachtet sie, so wie sich selbst. Ilona leidet an Ess-/Brechsucht (Bulimie).

3 Wie sich Ilona fühlt

Aufgaben

1 Diskutiert, was die Ursachen dafür sein könnten, dass Tanja magersüchtig wurde.

2 Worin bestehen Gemeinsamkeiten und Unterschiede zwischen Magersucht und Ess-/Brechsucht?

Süchtige ohne Drogen
Manche Jugendlichen sind süchtig nach dem Computer. Besonders Computerspiele ziehen sie in den Bann. Aber auch der Wunsch nach immer neueren Handymodellen, elektronischen Geräten oder ständig neuer Kleidung kann zur Sucht werden.

Über meinen ersten eigenen Computer hatte ich mich riesig gefreut. Endlich konnte ich alle Computerspiele, die ich von meinen Freunden kannte, bei mir zu Hause spielen. Vor allem, wenn ich Ärger in der Schule oder Stress mit meinen Eltern hatte, war das eine ideale Ablenkung.
Mit der Zeit spielte ich immer mehr, jeden Tag viele Stunden bis tief in die Nacht. Zeit zum Lernen oder für meine Freunde hatte ich keine mehr. Wegen der schlechten Noten und weil ich mich oft einsam fühlte, spielte ich nur noch mehr. Ich musste ständig neue Spiele ausprobieren, um mir selbst zu beweisen, dass ich der Beste bin. Irgendwann habe ich gemerkt, dass ich gar nicht mehr aufhören kann. Versuche ich einmal einen Tag nicht zu spielen, fühle ich mich schrecklich. Ich kann mich auf nichts anderes mehr konzentrieren. Meine Mutter will mit mir zu einer Suchtberatungsstelle gehen.
Aber ich bin doch nicht drogensüchtig!
(Marco, 15 Jahre)

Ekstase nur mit Ecstasy?
Auf dem Mega-Rave geben sich die Techno-Fans in ausgefallener Kleidung und in bester Laune den schnellen Rhythmen hin. Sie tanzen die ganze Nacht, ohne müde zu werden.

Tanzen bis zum Umfallen
Ecstasy ist ein Aufputschmittel, das zugleich die Wahrnehmung verändert. Viele Jugendliche wollen sich damit auf Tanzveranstaltungen in eine besonders gute Stimmung bringen, ohne müde zu werden.
Sie missachten dabei die erheblichen Risiken wie Schwindel und Übelkeit. Weil die Droge Warnsignale des Körpers ausschaltet, kann es im Laufe einer durchtanzten Nacht auch zu einem lebensbedrohlichen Kreislaufzusammenbruch kommen. Jugendliche, die die Droge länger einnehmen, leiden häufig an Gedächtnisstörungen sowie Leber- und Nierenschäden. Eine große Gefahr geht auch von unbekannten Zusatzstoffen in den Pillen aus.

Ecstasy ist eine gesundheitsschädigende Droge. Wegen der unbekannten Zusatzstoffe sind Ecstasy-Pillen besonders gefährlich.

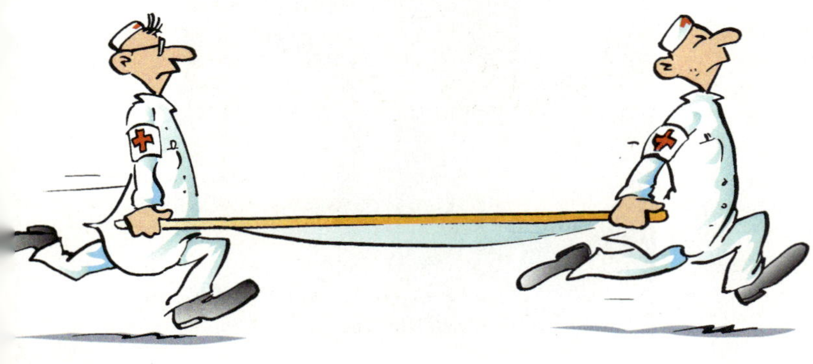

Aufgaben

1 Nennt Gemeinsamkeiten von Kaufsucht, Spielsucht, Alkoholismus und Ess-Störungen.

2 a) Was würdest du Marco raten, wenn er dein Freund wäre?
b) Überlege dir Argumente, um ihn zum Besuch einer Beratungsstelle zu bewegen.

Neue Stärken statt alter Gewohnheiten
Viele Wege führen in die Sucht. Aber wie schützt man sich vor der Gefahr, süchtig zu werden?

Gewohnheiten überdenken
Viele Süchte beginnen als schlechte Gewohnheiten. Daher lohnt es sich, die eigenen Verhaltensweisen einmal näher zu betrachten. Setze ich mich regelmäßig vor den Fernseher, um meine Sorgen zu vergessen? Esse ich andauernd Süßigkeiten, weil ich mich damit am einfachsten belohnen kann?
Es gibt bessere Möglichkeiten, sich gut zu fühlen. Sport treiben, ein Hobby haben oder mit Freunden zu sprechen sind Beispiele dafür.

Entdecke deine Stärken
Sport ist gesund und macht Spaß. Im Verein oder im Jugendzentrum lernst du neue Freunde kennen. Ein Hobby ist ein guter Ausgleich zum Alltag. Dabei entwickelst du ganz neue Fähigkeiten, von denen du vorher vielleicht gar nichts gewusst hast. Du wirst anderen etwas beibringen können. Wer auf sich und seine Leistung stolz ist, braucht nicht mit Zigaretten oder Alkohol vor anderen anzugeben.

Ich nehme meine Gefühle ernst
Jeder Mensch fühlt sich ab und zu schlecht. Versuche herauszufinden, in welchen Situationen du angespannt, ängstlich, wütend oder traurig bist. Was hilft dir dann am besten? Worüber freust du dich? Kannst du mit anderen über deine Gefühle sprechen? Das ist mutiger als sie zu verschweigen. Wer über seine Gefühle und Ängste sprechen kann, braucht keine Drogen, um sich Mut zu machen.

Rede dir deine Problem von der Seele
Probleme hat jeder mal. Und jeder braucht irgendwann mal Hilfe. Mach doch einfach den Versuch, geh auf jemanden zu und sprich mit ihm über das, was dich bedrückt. Dadurch fühlst du dich schon erleichtert. Zusammen mit jemand anderem findet man auch eher eine Lösung für das Problem.

Wenn es Ärger gibt
Konflikte sind unvermeidlich. Kann ich im Streit dem anderen meine Meinung sagen, ohne ihn dabei zu verletzen? Kann ich ihm auch zuhören und versuche ich, ihn zu verstehen? Konflikte so auszutragen und sich dabei zu behaupten, kannst du üben, indem du es immer wieder versuchst. Das baut Ärger ab und stärkt dein Selbstbewusstsein.

„Nein" sagen
Verlangt man von dir etwas, was du nicht willst, sag „nein"! Du brauchst nicht mitzurauchen oder mitzutrinken, um dazuzugehören. Wer das von dir verlangt, ist nicht dein Freund oder deine Freundin. Oftmals lassen sich Jugendliche zu seltsamen Mutproben hinreißen, nur damit sie dazugehören. Wirklich Mut beweisen kannst du aber, wenn du klar sagst, was du möchtest und was nicht. Leute, die eine eigene Meinung haben, sind doch viel interessanter.

Niemand ist perfekt
Auch beim besten Willen kann niemand perfekt sein. Rückschläge gibt es immer wieder. Eine schlechte Note in der Schule, eine Niederlage im Sport, Streit mit einem Freund oder einer Freundin gehören dazu. Also bleib gelassen, wenn nicht alles so läuft, wie du möchtest oder wenn es mit den guten Vorsätzen nicht immer klappt. Deine Stärke ist es, es immer wieder zu versuchen! Damit wirst du auf Dauer Erfolge und Selbstbewusstsein erzielen.

Aufgaben

1 Du kommst müde von der Schule nach Hause und willst dich entspannen. Sammelt in der Klasse Ideen dazu.

2 Nennt eure Hobbies. Sammelt Ideen für weitere Beschäftigungen in der Freizeit.

3 Spielt folgende Situationen durch und wechselt euch in den Rollen ab:
a) Dein Freund hat ein wichtiges Versprechen nicht gehalten und streitet ab, es jemals gegeben zu haben.
Stelle ihn zur Rede.
b) Deine Freundin hat sich über dich lustig gemacht. Du fühlst dich verletzt. Sprich sie darauf an.

4 Versucht euch an eine Situation zu erinnern, in der ihr glaubt, versagt zu haben. Schreibt eure Ideen auf, wie ihr euch Mut machen könnt, es beim nächsten Mal besser zu machen.

5 Nennt etwas, von dem ihr glaubt, dass ihr es besonders gut könnt.

6 Erinnert euch an Situationen, in denen ihr stolz auf etwas gewesen seid.

7 Betrachtet die nebenstehenden Comics. Diskutiert, um welche Arten von Stärke es sich jeweils handelt.

Hilfe bei Problemen
Wenn du ein ernsthaftes Problem hast, das du allein nicht lösen kannst, dann kannst du dich an Menschen wenden, die dafür da sind, anderen Menschen zu helfen. Ob Vertrauenslehrer, psychologische **Beratungsstellen** oder Ärzte, für jedes Problem gibt es Spezialisten, die dir mit Rat und Tat zur Seite stehen können.

Der erste Schritt
Gründe dafür, nicht mehr weiter zu wissen, gibt es viele: Ein scheinbar unlösbarer Konflikt oder ein schreckliches Erlebnis, das einen nicht mehr loslässt, sind Beispiele dafür. Auch das Gefühl einsam zu sein, Ängste oder Suchtprobleme können so übermächtig werden, dass man Hilfe braucht. Auch wenn du dir um jemanden anderen Sorgen machst, kannst du dir Rat holen. Wichtig ist es, den ersten Schritt zu tun und jemanden anzusprechen.

Ganz im Vertrauen
Beratungsgespräche können anonym am Telefon geführt werden oder persönlich in der Beratungsstelle. Jede beratende Person muss den Inhalt des Gespräches vertraulich behandeln. Niemand anderes erfährt also davon.

Wie läuft ein Beratungsgespräch ab?
Bei einem ersten Anruf wird dir als Ratsuchendem vielleicht ein Termin gegeben. In dringenden Fällen wirst du aber sofort mit jemandem sprechen können. Zuerst wird man dich bitten, dein Problem zu schildern. Niemand erwartet, dass dir das leicht fällt. Dann entscheidet sich, ob du an eine spezielle Beratungstelle verwiesen wirst, oder ob dir schon sofort hilfreiche Tipps gegeben werden können. Du kannst eine Beratung jederzeit abbrechen, wenn du dies möchtest.

Der erste Schritt ist getan
Hat ein Hilfesuchender diese erste Hürde genommen, ergibt sich alles Weitere von selbst. Für hartnäckige Probleme muss man viel Geduld haben. Aber mit der nötigen Ausdauer gibt es für fast alles eine Lösung.

Jede Beratung beginnt damit, jemanden anzusprechen. Es gibt viele Ansprechpartner, die dir in einer schwierigen Situation helfen können.

Wer hilft?
Namen, Adressen und Telefonnummern von verschiedenen Organisationen an deinem Wohnort kannst du der Tageszeitung und dem Telefonbuch entnehmen. Auch über eine Suche im Internet gelangt man an diese Informationen. In Schulen und Rathäusern liegen Broschüren aus oder hängen Infoblätter. Auch Krankenkassen und Jugendämter helfen weiter.

Hier erhältst du Hilfe
- Örtliche Suchtberatungstellen
- Jugendämter
- Selbsthilfegruppen
- kirchliche Organisationen
- ärztliche Dienste und Hausärzte
- Bundeszentrale für gesundheitliche Aufklärung (BzgA)
- Deutsche Hauptstelle gegen Suchtgefahren (DHS)
- Auch Vertrauens- oder Beratungslehrer unterliegen der Schweigepflicht.

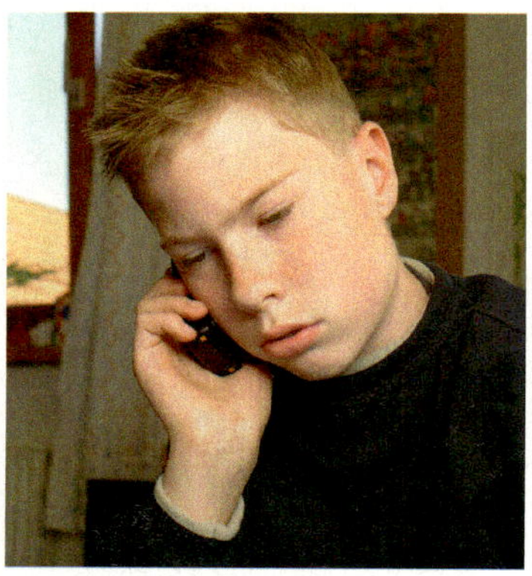

Schlusspunkt

Sucht macht unfrei!

Viele Menschen versuchen sich von Problemen abzulenken
Bei Erwachsenen, aber auch bei Jugendlichen, ist oft das Bedürfnis, zu entspannen oder den Problemen des Alltags entrinnen zu wollen eine Ursache für schlechte Angewohnheiten wie übermäßiges Fernsehen oder das Trinken von Alkohol.

Viele Verhaltensweisen können zur Sucht werden
Fernsehen, Computerspielen, Essen oder Einkaufen können vorübergehend von Problemen ablenken, sie aber nicht lösen. Auf Dauer kann dies zur Sucht werden.

Sucht bedeutet Abhängigkeit, Gewöhnung und steigendes Verlangen
Das zwanghafte Verhalten, eine Droge einzunehmen oder eine bestimmte Verhaltensweise auszuführen, auch wenn sie einem schadet, nennt man Sucht.

Drogen sind Stoffe, die Wahrnehmungen und Gefühle verändern
Legale Drogen wie Alkohol und Nikotin und illegale Drogen wie Heroin und Ecstasy greifen in die Funktion des Gehirns ein und schädigen es. Drogen machen süchtig. Es gibt eine körperliche und eine seelische Abhängigkeit.

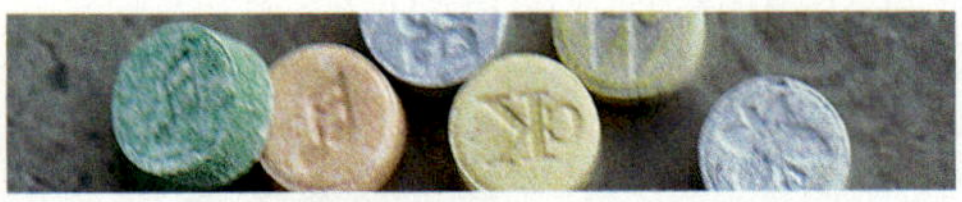

Rauchen schadet der Gesundheit und macht süchtig
Rauchen und Passivrauchen können Krebs oder Schäden an Herz und Kreislaufsystem verursachen. Rauchen mindert das körperliche Leistungsvermögen.

Kinder dürfen keinen Alkohol trinken
Alkohol sollte von Erwachsenen nicht regelmäßig und nur in geringen Mengen konsumiert werden. Zu viel Alkohol schädigt das Gehirn und kann Krebs verursachen. Kinder und Schwangere dürfen gar keinen Alkohol trinken.

Schon Kinder und Jugendliche müssen Drogen und Süchte vermeiden
Zu Rauchen, Alkohol zu trinken oder Drogen zu nehmen sind die schlechtesten Wege, zu entspannen oder sich Freunde zu machen.
Computerspiele und Einkaufen können ablenken, lösen aber keine Probleme.

Es gibt Strategien um Sucht zu vermeiden
Du kannst gesund, selbstbewusst und ohne Sucht leben, indem du
- deine Gewohnheiten überprüfst,
- dich bei Sport und Hobby entspannst,
- deine Gefühle ernst nimmst,
- mit anderen über Probleme sprichst,
- Konflikte austrägst,
- „nein“ sagen lernst,
- zu große Ansprüche an dich selbst vermeidest und
- deine Ziele mit Ausdauer verfolgst.

1 Erfolg beim Sport

In Krisensituationen gibt es Hilfe
Wenn du ein schwer wiegendes Problem hast oder wenn du dir um eine Freundin oder einen Freund ernsthafte Sorgen machst, kannst du Rat und Hilfe bei Beratungsstellen erhalten.

Aufgaben

1 a) Nenne die Kennzeichen einer Sucht.
b) Fasse zusammen: welche Süchte kennst du?

2 a) Nenne Beispiele für die erwünschten Wirkungen verschiedener Drogen
b) Nenne Schäden, die von Drogen verursacht werden.

3 Überlege, warum man eine Droge als „falschen Freund“ bezeichnen kann.

4 Nenne Gründe, warum in Deutschland Verkauf und Abgabe von alkoholischen Getränken an Jugendliche unter 16 Jahren verboten sind.

5 Stelle dir eine Gesellschaft ohne Regeln zum Umgang mit Drogen vor. Würden in ihr alle Menschen süchtig? Begründe deine Auffassung.

6 Warum macht Sucht unfrei?

Willst du mit mir gehen …?
Erste Freundschaften

Schmetterlinge im Bauch? Verliebtsein ist wunderbar! Manchmal kann es aber auch ganz schön aufregend sein.

Tarek sitzt da wie auf Kohlen: Er wartet auf einen Anruf von Kim. Sie wollte mit ihm ins Kino gehen. Eigentlich hat er aber versprochen, seinen großen Bruder Erik am Bahnhof abzuholen. Erik hat erzählt, dass er am letzten Wochenende das erste Mal mit seiner Freundin geschlafen hat. Tarek will Erik dazu ausquetschen, er will wissen, wo Erik Kondome gekauft hat oder wie die beiden sonst verhütet haben.

Neulich in der Pause hat Tarek aufgeschnappt, wie Kim zu ihrer Freundin meinte, die Jungs könnten ruhig auch Verantwortung übernehmen …
Ganz schön anstrengend alles!

So sind wir doch nicht!
Mike, Tina, Benjamin und Tarek schauen im Deutschunterricht Zeitschriften mit Werbeanzeigen an. Zuhause sollen sie einen Aufsatz schreiben, in welcher Werbung sie sich wiederfinden. „So ein Blödsinn", lacht Tina, „Von euch dreien hat doch keiner solche Muskeln". „Du hast ja allen Grund uns anzumachen", spottet Benjamin zurück, „Wo ist denn deine Werbebräune? Außerdem finde ich es bescheuert, dass Männer für Frauen in der Werbung immer irgendwelche Kartons schleppen müssen und die Mädels hocken gelangweilt herum und trinken Cappuccino. Was soll dieser ganze Werbeblödsinn, kein Mensch ist doch so wie diese Typen dargestellt werden!"

Müssen Männer immer stark und Frauen stets schön sein?
Sicherlich hast du auch schon mal gesehen, dass in der Werbung ein besonderes Rollenbild für Frauen und Männer aufgezeichnet wird. Aber bestimmt hast du in deiner Umwelt auch schon erkannt, dass dieses Rollenbild so gut wie nie zutrifft.

Du allein bestimmst, wer du bist
Wie möchtest du sein? Was ist dir wichtig? Diese Dinge darfst du allein entscheiden. Nur Menschen, die nicht richtig nachdenken und unsicher sind, machen immer nur das, was ihnen die Mode und andere Menschen vorschreiben. Du bist wichtig! Du bestimmst, wie du deine Stärken und Schwächen einsetzt. Nur so kannst du zu dir selbst finden und glücklich werden.

Jeder Mensch hat eine eigene Persönlichkeit. Menschen können selber entscheiden, was sie machen und wie sie wirken wollen.

Aufgabe

1 Schaut euch Werbungen an: Welches Männer- und Frauenbild wird in der Werbung deutlich?
Diskutiert darüber in der Klasse.

Willst du mit mir gehen?

Hanna weiß nicht, wie sie es anfangen soll. Seit zwei Wochen gefällt ihr ein Junge, den sie immer an der Bushaltestelle sieht. Weil sie unsicher ist, wie sie ihn kennen lernen kann, schickt sie eine E-Mail an ihre beste Freundin:

Hallo Jenny,
ist dir auch dieser Junge an der Bushalte „Neutorstr." aufgefallen? Ich finde ihn total süß und habe rausbekommen, dass er Ben heißt und auf die Dollinger-Realschule geht. Jedes Mal, wenn wir uns sehen, schauen wir uns nur an – ich trau mich einfach nicht ihn anzusprechen. Das Blöde ist, dass es ihm genauso zu gehen scheint wie mir!!! Was soll ich nur machen? Hast du nicht einen Tipp? Wie war das bei dir und Tim? Ihr habt euch doch auf der Schülerdisco kennen gelernt – hast du ihn angesprochen oder er dich? Wenn ja, was hast du gesagt? Ich bin völlig durcheinander, mir fällt wirklich nichts ein! Mail schnell zurück mit einer grandiosen Idee!
Deine Hanna :-)

Sieht sie nicht super aus?

Ben ist verunsichert. Ab und an sieht er an seiner Bushaltestelle ein Mädchen, das ihm unheimlich gut gefällt. Er hat schon ein paar Mal gehört, wie ihre Freundinnen sie rufen. Hanna heißt sie. Der Name lässt ein Kribbeln in seinem Körper entstehen. Sie ist immer total cool angezogen und hat ganz braune Augen, die ihm so sehr gefallen.
Wie soll er sie nur ansprechen?

Das erste Mal verliebt

Geschafft! Als Hanna letzten Samstag auf der Schulparty war, hat Ben Getränke verkauft. Vor lauter Ablenkung hat er ihren Bananensaft mit Cola gemixt und so sind sie ins Gespräch gekommen. Später haben sie zusammen getanzt. Dabei hat Ben seine Wange ganz eng an Hannas gedrückt, das war richtig schön!
Hanna hat kaum noch die Musik gehört, sie war einfach in Bens Armen versunken.
Um zehn hat Ben Hanna nach Hause gebracht. Vor ihrer Haustür wollte keiner die Hand des anderen loslassen. Dann hat sich Hanna ganz schnell vorgebeugt und Ben einen Kuss auf die Wange gehaucht, bevor sie in ihren Hausflur gelaufen ist.
Beide konnten in dieser Nacht lange nicht einschlafen, weil sie aneinander denken mussten.

Eine neue Liebe

In der Pubertät verändern sich auch deine Gefühle. Hast du bisher nur deine Eltern oder Geschwister lieb gehabt, so kommt jetzt eine andere Art der Zuneigung hinzu. Die Liebe zu einem dir anfangs fremden Menschen. Du beginnst für ein Mädchen oder einen Jungen zu schwärmen, der andere Körper interessiert dich und du möchtest wiedergeliebt werden. Diese Gefühle sind oft sehr verwirrend. Anfangs bist du unsicher und weißt nicht, wie du diesen Jungen oder dieses Mädchen kennen lernen sollst. Wichtig ist, dass du ehrlich bist und mit dem anderen Menschen zu reden versuchst. Wenn dich ein Mädchen oder ein Junge anspricht, dann lache sie oder ihn nicht aus. Denk daran, was du empfinden würdest, wenn du ausgelacht wirst!

Aufgaben

1 Du findest ein Mädchen oder einen Jungen interessant. Welche Möglichkeiten kennst du, sie oder ihn anzusprechen?

2 Mit welchen Worten kannst du einen Menschen, in den du verliebt bist, beschreiben? Schreibe einen Liebesbrief.

Wir oder sie?
Heute will Hanna Ben abholen, um mit ihm ins Kino zu gehen. Als sie Ben trifft, fragt er ganz komisch: „Hast du nicht Lust auf was anderes?" Hanna ist enttäuscht. „Was soll das jetzt?!", fragt sie. Sie weiß nicht, dass Ben Ärger mit seinen Freunden hat, weil er nicht mit ihnen ins Kino geht, um den neuen Science-Fiction-Film anzuschauen. Aber Ben hat nur Geld für einen Kinobesuch und außerdem macht sich seine Clique sowieso schon lustig über das Getue mit Hanna. Sollte er mal mit Hanna reden?

Sprich über deine Probleme!
Ben fällt ein Stein vom Herzen. Er hat ihr gesagt, dass er hin- und hergerissen ist. Hanna hat das verstanden und akzeptiert, dass er mit seinen Freunden ins Kino gegangen ist. Dafür machen sie und Ben am Freitag einen Stadtbummel, auf den Ben erst keine Lust gehabt hatte.

Miteinander reden schafft Probleme aus der Welt. Wenn du nur tust, was dein Partner verlangt, wirst du bald unzufrieden und die Beziehung wird langweilig. Beide Menschen in einer Partnerschaft haben eigene Wünsche und Vorstellungen. Du musst darüber mit deinem Partner oder deiner Partnerin reden und deine Ansichten erklären. Meistens findet ihr dann einen Mittelweg, den beide gehen können.

In einer Partnerschaft ist es wichtig, über alles miteinander zu reden. Du darfst dich nicht verstellen, nur um deinem Partner zu gefallen.

Das ist mir zu viel
Ben und Hanna kuscheln auf Hannas Sofa Das ist unheimlich schön! Trotzdem ist Ben nervös. Er hat Angst, dass Hannas Mutter hereinkommen könnte. Deshalb hört er auch nicht so genau zu, als Hanna mit ihm redet. Sie möchte, dass Ben mehr für sie da ist. „Das war ja in Ordnung, dass du mit Mike und Tarek neulich ohne mich ins Kino gegangen bist. Aber musst du auch noch die gesamten Osterferien mit denen auf die Fußballfreizeit fahren? Liebst du mich nicht mehr?" Ben fühlt sich genervt. Immer sagt Hanna zu ihm, dass er mehr Zeit für sie haben soll.
Ihm wird die ganze Beziehung langsam zu eng. Als Hanna auch noch sagt, dass er sich entscheiden soll, ist es passiert. Er hat ihr gesagt, dass ihm auch seine Freunde viel bedeuten, dass er mit ihnen lachen und Witze machen kann.
Darauf hat Hanna Schluss gemacht und sie haben sich beide beschimpft.

Ben ist wütend nach Hause gefahren. Doch am nächsten Tag hat er sich wieder etwas beruhigt und ruft Hanna an. Auch ihr tut es Leid. Beide merken jedoch, dass ihre Liebe nicht mehr so richtig da ist, dass beide etwas anderes wollen. Ben fragt Hanna: „Können wir trotzdem Freunde bleiben und uns noch manchmal sehen?"

Eine Trennung tut weh. Trotzdem ist es schön, wenn man hinterher noch miteinander reden kann.

Aufgaben

1 Schreibt ein Rollenspiel, in dem sich zwei Partner wegen eines Interessenkonflikts auseinandersetzen. Wie kann diese Auseinandersetzung fair ablaufen?

2 Warum gehört zu vielen Beziehungen eine Trennung dazu?

3 Nimm die drei Comics auf dieser Seite zum Anlass, eine Trennungsgeschichte zu schreiben.

1 „Selbstbefriedigung soll schädlich sein? Das ist doch Blödsinn!“

2 „Es ist doch angenehm und ganz normal, den eigenen Körper zu entdecken.“

Selbstbefriedigung – kein Thema?
Für die Generationen vor dir, besonders für deine Großeltern, war das Thema Selbstbefriedigung noch ein absolutes Tabu. Gerade als Mädchen sprach man nicht darüber und es wurde erwartet, dass man sich auch nicht selbst befriedigte. Über die Sprüche von damals: „Hände gehören über die Bettdecke“ oder „Bei der Selbstbefriedigung läuft dein Gehirn aus.“ wirst du heute sicher nur lachen. Vielen Jungen und Mädchen haben diese Verbote aber Angst und ein schlechtes Gewissen gemacht.

Sich selbst zu befriedigen, wird auch **onanieren** oder **masturbieren** genannt. Menschen streicheln sich dabei an verschiedenen Körperstellen, die für sie selbst eine angenehme Erregung auslösen. Meist sind es die Geschlechtsorgane, die berührt werden. Aber auch andere Regionen des Körpers, die so genannten **erogenen Zonen**, können, wenn sie berührt werden, einem Mann oder einer Frau helfen, einen Orgasmus zu bekommen.
Als erogene Zonen werden beispielsweise die Brustwarzen, die Ohrläppchen oder auch die Innenseiten der Oberschenkel beschrieben. An diesen Körperstellen verlaufen sehr viele Nerven an der Hautoberfläche. Deshalb empfinden viele Menschen Berührungen dort als sehr angenehm.

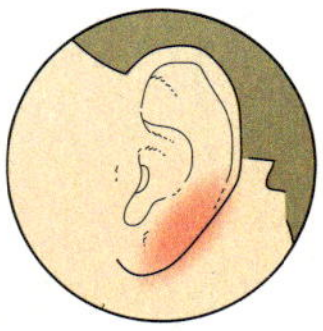

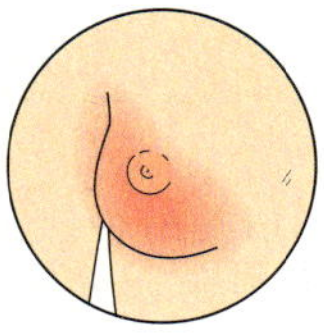

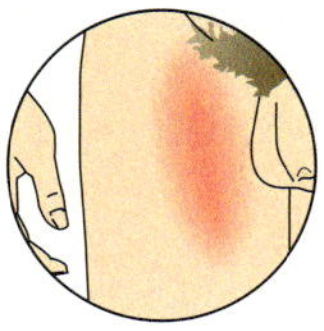

Onanieren ist nicht schädlich
Die Schüler der 8. Klasse müssen schmunzeln, sie haben in alten Aufklärungsbüchern geblättert und gelesen, dass Onanieren schädlich und ungesund sei.

Durch Informationsmaterial wissen sie, dass diese Aussagen falsch sind. Sie haben bestätigt gefunden, was beide eigentlich schon längst wussten: Wenn sich Menschen selber befriedigen, können sie dabei ihren eigenen Körper entdecken. Sie finden heraus, welche Berührungen ihnen gefallen und welche sie nicht mögen. Deshalb können sie später ihrem Partner oder ihrer Partnerin sagen, welche Berührungen für sie selbst angenehm sind.

Es ist wichtig, dass beide Partner rücksichtsvoll miteinander umgehen.

Sich selbst zu befriedigen, ist ein normales Erlebnis. Es hilft Frauen und Männern zu entdecken, welche Berührungen ihnen gefallen.

Aufgabe

1 Kennst du noch andere alte Vorurteile in der Sexualität, die früher von Menschen geglaubt wurden?

3 Schüler lesen Informationsmaterial.

Willst du mit mir schlafen?
Anne und Mike sind schon ein halbes Jahr zusammen. Sie verbringen viel Freizeit gemeinsam. Sie mögen es, miteinander zu reden, ins Kino zu gehen oder einfach nur zusammen durch einen Park zu laufen. Anne liebt es auch, mit Mike zu kuscheln. Sie küssen sich dann beide sehr intensiv und streicheln dabei den Körper des anderen. Doch in letzter Zeit wollen beide einfach mehr. Sie möchten zusammen schlafen. Deswegen gehen sie beide morgen zusammen zu Annes Frauenärztin, um mit ihr zu besprechen, wie sie beide eine Schwangerschaft verhüten können. Anne ist froh, dass Mike mitkommen will. Er hat zu ihr gesagt, dass Verhütung doch auch Männersache ist; er findet es altmodisch, dass sich immer nur die Frau darum kümmern muss.

Anne und Mike wissen beide, dass sie noch viel zu jung sind, um für ein Baby Verantwortung übernehmen zu können.

Wenn ein Mann und eine Frau zusammen Geschlechtsverkehr haben, spricht man von **Heterosexualität**. Hierbei ist es wichtig, dass beide Partner den Wunsch haben, miteinander zu schlafen.

Über Verhütung müssen beide Partner miteinander sprechen, denn schließlich tragen sie gemeinsam die Verantwortung.

Hilfe, bin ich nicht normal?
Viele Jungen reden in ihrer Clique über Mädchen. Wie toll es ist, sie zu küssen. Niko hat erzählt, dass er seine Freundin sogar schon an der Brust gestreichelt und dabei eine Erektion bekommen hat.
Jan hat bei diesen Erzählungen gemerkt, dass er Mädchen gar nicht ansprechend findet. Wenn er aber an seinen Klassenkameraden Tim denkt, bekommt Jan Herzklopfen – und Angst. Er kennt die ganzen Schwulenwitze, die in der Clique erzählt werden. Er hat auch schon gehört, dass Schwule kranke Typen sind. Jan weiß nicht mehr, was er machen soll. Mit wem könnte er bloß reden?

Haben zwei Männer miteinander sexuellen Verkehr, spricht man von **Homosexualität**. Derselbe Begriff wird auch für die gleichgeschlechtliche Beziehung unter Frauen verwendet.

1 Junges Paar bei einer Frauenärztin

Jans Angst, krank zu sein, ist unbegründet. Homosexualität ist eine normale Form der sexuellen Orientierung. Viele Schwierigkeiten, die Homosexuelle mit sich selbst, miteinander und ihrer Umgebung haben, liegen darin, dass ihre Umwelt sie als „nicht normal" ansieht. Das kannst du anders machen, indem du ihr Fühlen und Verhalten nicht verurteilst, sondern so siehst, wie es ist: eine der vielen Möglichkeiten, liebevoll miteinander umzugehen.

Man weiß übrigens heute, dass jeder Mensch eine Mischung von hetero- und homosexuellen Neigungen in sich trägt.

Aufgaben

1 Beide Partner tragen gemeinsam die Verantwortung, richtig zu verhüten. Erkläre diesen Satz.

2 „Meistens sind es die Mädchen, die Angst vor dem Geschlechtsverkehr haben." Stimmt diese Aussage? Schreibe hierzu deine Meinung auf.

3 a) Wo kann Jan Informationen über Homosexualität finden?
b) Entwerft ein Plakat zum Thema Homosexualität.
Achtet darauf, dass ihr sensibel und sachlich mit dem Thema umgeht.

4 Sollen Lesben und Schwule ihre Neigungen in der Öffentlichkeit verstecken? Diskutiert darüber in der Klasse.

2 Verliebt

3 Verliebt

4 Verliebt

1 Hormone im Blut

Winzige Mengen, große Wirkung
Ob Stimmbruch oder Wachstum der Brüste, Bartwuchs oder erste Menstruation – diese Veränderungen, die in der Pubertät auftreten, werden durch winzige Mengen von chemischen Stoffen ausgelöst. Sie heißen **Hormone** und werden in den Hormondrüsen gebildet. Überall im menschlichen Körper beeinflussen sie biologische Vorgänge. Sie steuern unser Verhalten und unsere Gefühle.
Hormone lösen aber nicht nur die Pubertät aus, sondern bestimmen auch viele weitere Funktionen des Körpers.

In der **Zirbeldrüse** wird **Melatonin** produziert, ein Hormon, das die „innere Uhr" des Menschen, also Wachen und Schlafen, steuert.

Die **Nebennieren** sind Drüsen, die auf den Nieren sitzen und Hormone abgeben, die als „Stresshormone" bezeichnet werden. In Sekundenschnelle versetzen sie den Körper in Alarmbereitschaft und mobilisieren Energiereserven. Weitere Hormone der Nebenniere regulieren den Wasserhaushalt im Körper.
Die **Thymusdrüse** steuert mit ihren Hormonen die Immunzellen in den Lymphknoten.

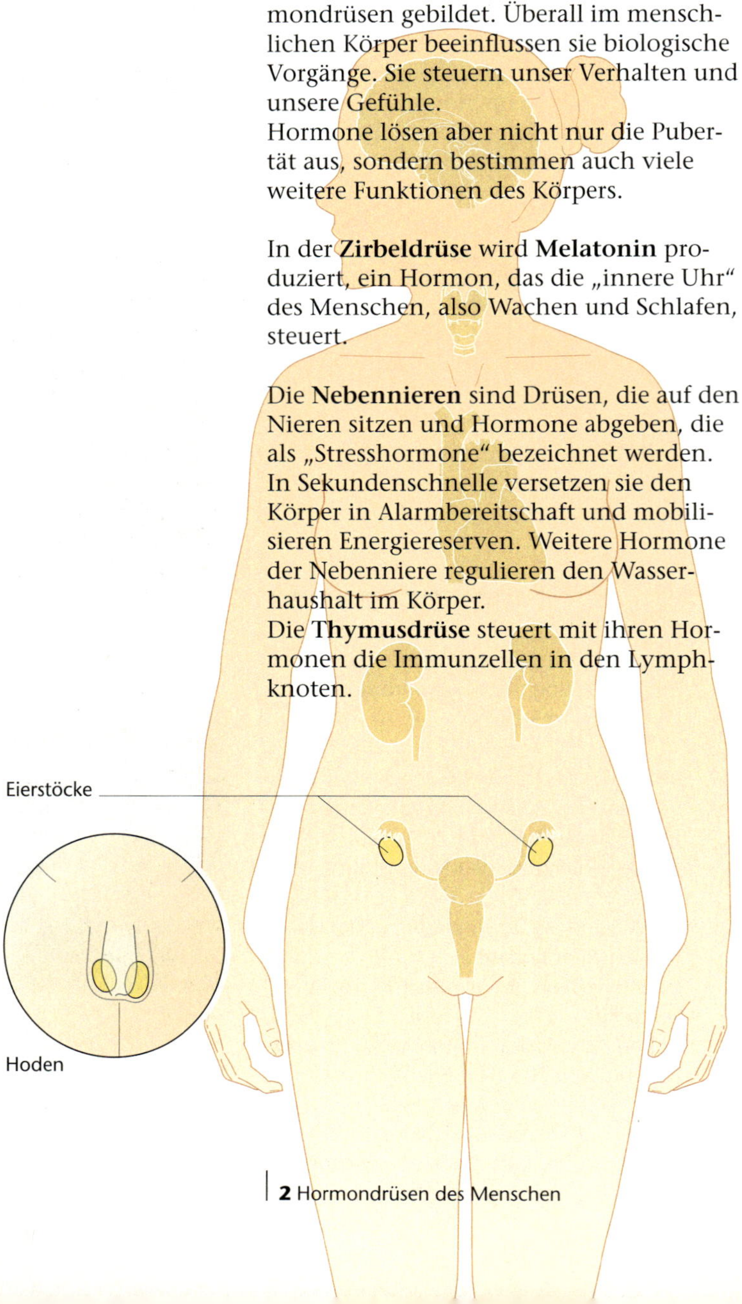

2 Hormondrüsen des Menschen

Hoden und **Eierstöcke** produzieren Sexualhormone, welche die geschlechtliche Entwicklung bestimmen (▷ B 2).

▶ Hormone werden in Hormondrüsen gebildet und steuern viele wichtige Funktionen des Körpers.

Der Einfluss der Sexualhormone
Die Sexualhormone steuern die Entwicklung und Funktion der Sexualorgane. Man unterscheidet **Androgene**, **Östrogene** und **Gestagene**.

Androgene sind die männlichen Sexualhormone, das wichtigste ist das **Testosteron**. Seine Wirkung beruht vor allem auf der Entwicklung und Reifung der primären männlichen Geschlechtsorgane und Spermien. Außerdem beeinflusst es die sekundären Geschlechtsorgane wie den Bartwuchs und die Muskelmasse.
Testosteron hat auch Auswirkungen auf die Stimmung und das Verhalten des Mannes. Die sexuelle Erregung wird ebenfalls vom Testosteron gesteuert.
Testosteron wird in den Hoden gebildet und von dort über das Blut zu den Wirkungsorten transportiert. Im Leistungssport wird Testosteron unerlaubt als Dopingmittel eingesetzt, Bodybuilder benutzen es manchmal zum Aufbau der Muskelmasse.
Männer besitzen auch in geringen Mengen weibliche Sexualhormone.

Östrogene sind weibliche Sexualhormone. Diese werden in den Eierstöcken gebildet. Es gibt über 30 verschiedene Hormone, die in dieser Gruppe zusammengefasst werden. Es sind, wie das Testosteron beim Mann, die Hormone, welche die größte Wirkung auf die körperliche Entwicklung jeder Frau besitzen und ihr seelisches Gleichgewicht bestimmen.

Unter dem Einfluss der Östrogene entstehen beim Mädchen die Brüste. Schamlip-

3 Das Gehirn ist der Boss!

pen, Eileiter und Gebärmutter wachsen, das Becken verbreitert sich.
Östrogene sorgen für das typische weibliche Erscheinungsbild in Figur, Haut und Behaarung. Östrogene beeinflussen im Wechselspiel mit dem Gestagen **Progesteron** den monatlichen Zyklus und schaffen die Voraussetzungen für die Schwangerschaft. Östrogene und Gestagene sind Bestandteile der Pille. Auch Frauen besitzen männliche Geschlechtshormone.

Der Hormonspiegel von Mann und Frau ist ein kompliziertes Wechselspiel verschiedener Hormone.

Schlüssel-Schloss-Prinzip
Wenn die Hormondrüsen Wirkstoffe ausschütten, verteilen sich die Moleküle dieses Hormons über das Blut im ganzen Körper. Damit sie die gewünschte Wirkung entfalten können, muss immer eine bestimmte Menge davon im Blut vorhanden sein. Die Hormone, die sich im Blutstrom befinden, müssen nun zu den Zielzellen gelangen. Diese verfügen über ein „Erkennungszeichen", den **Rezeptor**.
Für die unterschiedlichen Hormone gibt es verschiedene Typen von Rezeptoren. Hormon und Rezeptor passen jeweils zusammen wie Schlüssel und Schloss (▷ B 4).
Man nennt dieses Erkennungssystem auch **„Schlüssel-Schloss-Prinzip"**. Hat das Hormon mit seinem Schlüssel das Rezeptorschloss aufgeschlossen, löst es in der Zelle die Stoffwechselvorgänge aus.

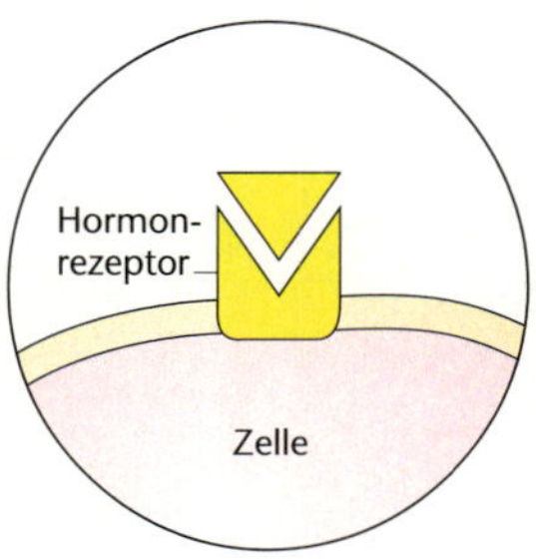

4 Schlüssel-Schloss-Prinzip

Manche Stoffwechselvorgänge kommen nur dann zustande, wenn die Reaktionspartner zueinander passen wie der Schlüssel in ein Schloss.

Das richtige Maß
Etwa ab der siebten Woche sorgen die Erbanlagen auf den Geschlechtschromosomen dafür, dass Hormone die eigentliche Geschlechtsentwicklung einleiten. Fehlen männliche, also Y-Geninformationen, entstehen automatisch weibliche Hormone. Mädchen, die im Mutterleib und nach der Geburt zu viel Testosteron im Körper hatten, können nicht nur männliche Geschlechtsorgane entwickeln, sie verhalten sich auch später eher „jungentypisch".

Winzig klein – aber der Boss
Die Hypophyse, auch Hirnanhangsdrüse genannt, ist ein kleines bohnenförmiges Organ. Sie hängt wie ein Tropfen am Boden des Zwischenhirns und besteht aus zwei Teilen, einem Vorderlappen und einem Hinterlappen. Die Hypophyse sorgt dafür, dass Hormondrüsen im Körper zur richtigen Zeit die richtige Menge an Hormonen ausschütten.

Der Hinterlappen bildet selbst keine Hormone. Er ist ausschließlich Lager und Speicherraum für Hormone. Der Vorderlappen bildet eine Vielzahl von Hormonen und gibt winzige Mengen von stimulierenden Hormonen ins Blut ab. Jedes von diesen Steuerungshormonen ist auf eine bestimmte Drüse im Körper spezialisiert und regt sie zur Hormonproduktion an.

Aufgabe

1 Stelle zusammen, welche Aufgaben die männlichen bzw. weiblichen Sexualhormone haben.

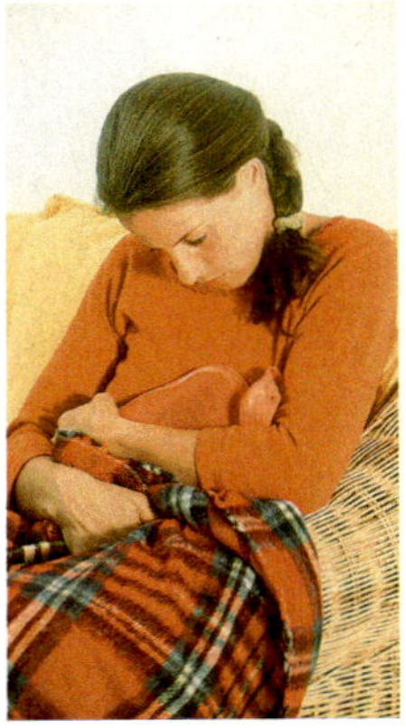

Jede Frau empfindet anders

Anne fühlt sich heute nicht gut. Sie hat starke Bauchschmerzen und ist müde. Jeden Monat, wenn sie ihre „Tage“ hat, legt sie sich mit einer Wärmflasche ins Bett und hofft, dass die Schmerzen schnell vergehen. „Könnte es mir doch bloß so ergehen wie Lina“, denkt sie. Lina, eine ihrer Freundinnen, hat während der Menstruation gar keine Schmerzen. Im Gegenteil, Lina fühlt sich am besten, wenn sie während ihrer Tage zum Basketball geht. „Sport lenkt mich ab und hält mich fit“, ist ihre Devise.

So wie Lina und Anne mit ihrer Menstruation umgehen, macht es jede Frau. Sie findet heraus, was ihr während ihrer Tage am besten hilft, und handelt danach.

▶ Ab der ersten Regelblutung ist ein Mädchen geschlechtsreif und kann Kinder bekommen.

Was geschieht während der Menstruation im Körper einer Frau?

Ab dem ersten Eisprung haben alle Mädchen und Frauen ihren eigenen Menstruationszyklus, der zwischen 24 und 35 Tagen lang sein kann. Dieser Zyklus wird durch ein zusammenhängendes Hormonsystem im Gehirn und in den Eierstöcken geregelt. **Hormone** sind Botenstoffe, die durch die Blutbahn transportiert werden und im Körper immer eine bestimmte Reaktion auslösen.

Das Gehirn regelt auch den Eisprung

Im menschlichen Gehirn liegen viele wichtige Steuerzentren, so auch der Hypothalamus und die Hypophyse, die Hirnanhangsdrüse (▷B 1).
Diese Zentren sorgen durch eigene Botenstoffe dafür, dass verschiedenste Hormondrüsen im Körper stimuliert werden, ihre eigenen Hormone zum richtigen Zeitpunkt auszuschütten.
Bei einer Frau gibt der Hypothalamus beispielsweise einen bestimmten Botenstoff ab. Dieser bewirkt, dass die Hypophyse das **Follikel stimulierende Hormon FSH** und das **luteinisierende Hormon LH** ausschüttet. FSH und LH gelangen über die Blutgefäße zu den Eizellen im Eierstock. Im Eierstock und in der reifen Eizelle veranlassen sie, dass genau zur richtigen Zeit die beiden Sexualhormone **Östrogen** und **Progesteron** in die Blutbahn abgegeben werden.

▶ Die Eierstöcke und die Eizellen sind der Produktionsort der weiblichen Sexualhormone Östrogen und Progesteron. Deren Ausschüttung wird durch die Zwischenhirnhormone FSH und LH geregelt.

Was heißt hier eigentlich Periode?

Der Zyklus einer Frau beginnt am ersten Tag mit der **Menstruationsblutung**. Diese Blutung, die viele Frauen einfach als „die Tage“ bezeichnen, dauert drei bis sechs Tage. Bereits während dieser Zeit schüttet die Hypophyse viel FSH aus, das im Eierstock das Heranreifen von ein bis zwei Eizellen bewirkt.

Gleichzeitig wird im Eierstock viel Östrogen produziert, das für den erneuten Aufbau der Schleimhaut in der Gebärmutter verantwortlich ist. Der komplette Aufbau dauert ungefähr 12 Tage.

Bakterienschutz durch Schleimpfropf

Die ersten 11 Zyklustage verschließt ein Schleimpfropf den Muttermund und sorgt dafür, dass keine Bakterien und Fremdkörper in die Gebärmutter und in die Eileiter gelangen. Dadurch werden Gebärmutter und Eileiter vor einer Entzündung geschützt.

Freie Bahn für Spermien

Bereits um den 12. Zyklustag bewirkt Östrogen, dass dieser feste Schleimpfropf dünnflüssig wird. Nun können die Spermien hindurch zum Eileiter gelangen, um eine Eizelle zu befruchten.

Um die Gebärmutterschleimhaut auf eine mögliche Schwangerschaft vorzubereiten, sorgt die Ausschüttung von Progesteron vom 15. bis zum letzten Zyklustag dafür,

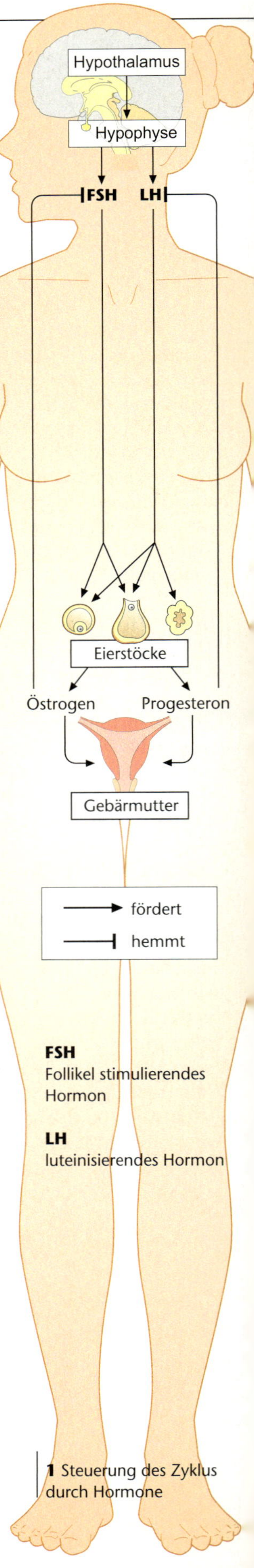

1 Steuerung des Zyklus durch Hormone

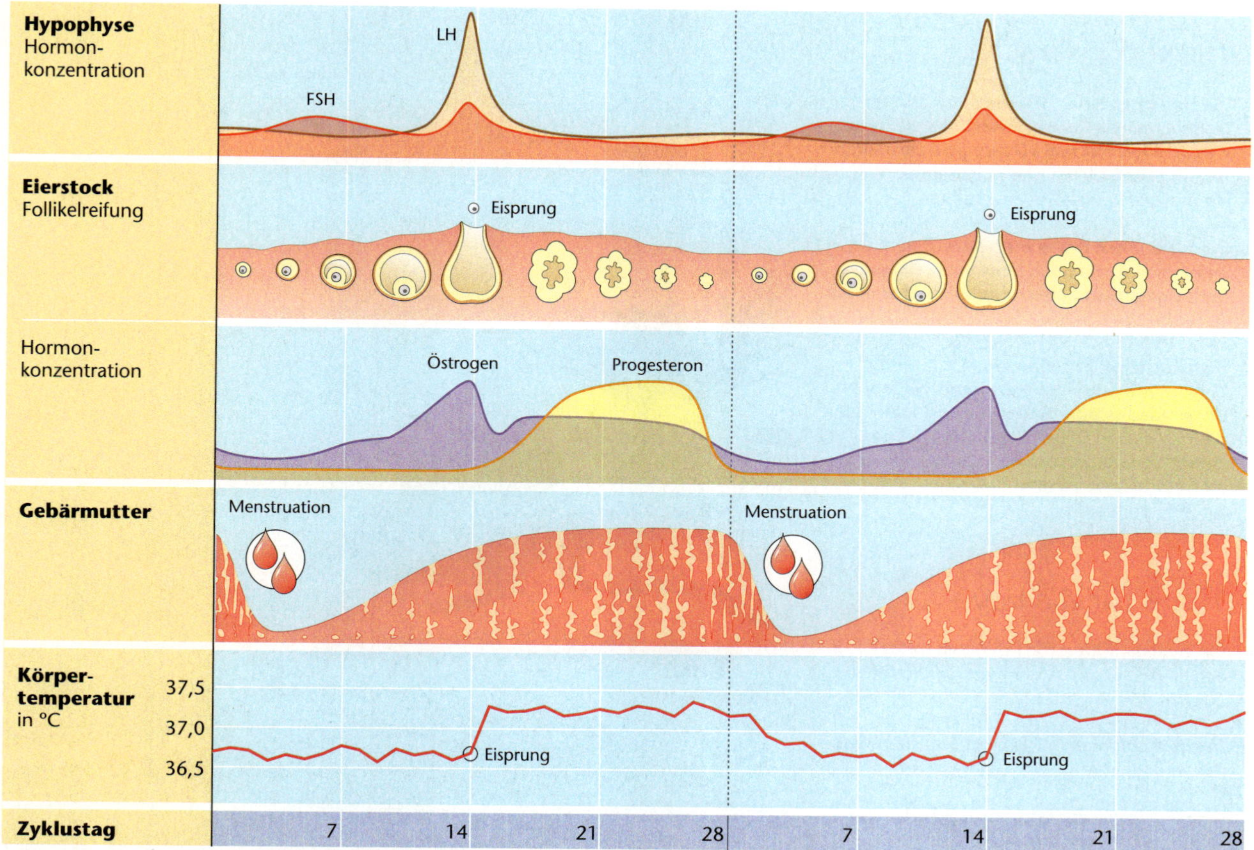

2 Menstruationszyklus

dass sich in der Schleimhaut viele Drüsen bilden, die Nährstoffe bereithalten.

Der Eisprung

Zwischen dem 12. und dem 14. Zyklustag bildet die Hypophyse die größte Menge an LH und FSH. Beide Hormone erreichen über das Blut die Eileiter und bewirken dort den Eisprung.
Kommt es zu keiner Schwangerschaft, bewirkt das Hypophysenhormon LH, dass im Eierstock die Bildung von Östrogen und Progesteron unterdrückt wird.

Spermien leben maximal 72 Stunden. Eine Befruchtung ist deshalb nur zwischen dem 12. und 17. Zyklustag möglich.

Die Menstruationsblutung

Die Unterdrückung von Östrogen und Progesteron hat zur Folge, dass die obere Schleimhautschicht in der Gebärmutter abstirbt und von der Gebärmutterwand abgestoßen wird. Hierbei reißen viele Kapillaren, die zuvor für eine gute Durchblutung der Schleimhaut gesorgt haben. Die Regelblutung, die für jede Frau den Beginn eines neuen Zyklus bedeutet, wird durch diesen Kapillarenabriss eingeleitet. Auch die Körpertemperatur passt sich diesem Rhythmus an: Direkt nach dem Eisprung steigt die Körpertemperatur um ca. 0,5 °C an (▷ B 2).

Die Menopause

Alle diese Vorgänge im weiblichen Körper kehren periodisch jeden Monat wieder. Sie werden nur durch eine Schwangerschaft unterbrochen.

Zwischen 45 und Anfang 50 Jahren hören die Hormondrüsen auf, ihre Sexualhormone zu bilden, dann erfolgt kein Eisprung mehr. Wochen bis Monate später unterbleibt auch die Regelblutung, Biologen sprechen von der **Menopause**.

Aufgaben

1 „Hormone sind Botenstoffe." Was bedeutet diese Aussage?

2 Werte Abbildung 2 zum Menstruationszyklus aus. Beschreibe den Zyklus mit deinen eigenen Worten.

3 Frau in der Menopause

Tipps für die girls …

Die Haut hat einen pH-Wert von 5,5. Im Intimbereich ist der pH-Wert viel niedriger, nämlich 4,4. Normale Duschgels zerstören dieses saure Milieu. Die Scheide nur mit klarem, warmem Wasser waschen.

Beim Waschen muss man darauf achten, immer von vorne nach hinten zu reinigen, sonst gelangen Keime aus dem After in die Scheide.

Synthetische Slips lassen nicht genug Luft an die Geschlechtsorgane. Besser ist Unterwäsche aus Baumwolle, die kann auch sehr chic sein! Slipeinlagen und zu enge Hosen können zu einem Feuchtigkeitsstau im Intimbereich führen. Das kann Pilzinfektionen hervorrufen.

Tipps für die boys …

Die Hygiene-Tipps für Mädchen unterscheiden sich nicht sehr von denen für die Jungen.

Den Intimbereich mit klarem, warmem Wasser waschen.

Beim Penis die Vorhaut zurückziehen, damit das Smegma sorgfältig entfernt wird.

Nach dem Waschen gut abtrocknen, die Eichel vorsichtig trocken tupfen. Das feuchtwarme Klima unter der Vorhaut ist ein guter Nährboden für Bakterien. Auch für Jungen gilt: nicht jeder verträgt synthetische Unterwäsche.

Hygiene – gerade im Intimbereich
Händewaschen, Duschen, Zähneputzen – das sind Vorgänge, bei denen du gar nicht mehr nachdenken musst. Aber weißt du auch, wie man den Intimbereich richtig pflegt und reinigt?

Es gibt ein paar grundlegende Regeln, die du wissen solltest, um Infektionen zu vermeiden und die Sicherheit zu haben, „rundherum“ frisch und sauber zu sein.

Smegma – schon gehört?
Auf der Vorhautinnenseite und an den Schamlippen befinden sich viele Drüsen, die ständig Talg absondern. Diese weißliche Absonderung hat den Sinn, die Intimregion geschmeidig zu halten. Sammelt sich dieses Smegma (griech. schmieren) aber unter der Vorhaut des Mannes oder bei der Frau im Bereich der kleinen Schamlippen, so begünstigt es Entzündungen. Außerdem riecht Smegma, das sich zersetzt, sehr unangenehm.

▶ Intimhygiene ist für Jungen und Mädchen gleichermaßen wichtig.

Beschneidung
Die Beschneidung von Männern hat eine lange Tradition und ist bei den Juden und Moslems religiöse Pflicht. Aber auch in den USA wurden zeitweilig fast alle neugeborenen Jungen beschnitten. Dabei spielen eher hygienische Gründe eine Rolle. Bei der Beschneidung wird die Vorhaut teilweise oder völlig entfernt. Diese Operation wird unter Lokalbetäubung oder Vollnarkose durchgeführt. Einen Einfluss auf die Sexualität hat man bislang nicht nachweisen können. Bewiesen ist allerdings, dass die Hygiene bei beschnittenen Männern einfacher und leichter ist.

Was sind Geschlechtskrankheiten?

Geschlechtskrankheiten werden auch „sexuell übertragbare Krankheiten“ genannt, weil sie beim Sex weitergegeben werden, auch durch Petting, Oral- oder Analverkehr. Ob die Krankheit durch Bakterien, Viren oder Pilze verursacht wird, stellen Ärzte mit einem Abstrich schnell fest.

Warnsignale für eine Ansteckung können Brennen beim Wasserlassen, auffälliger Ausfluss aus Scheide oder Glied sowie Juckreiz, Rötung, Pusteln oder Bläschen an den Geschlechtsorganen sein. Wenn die Lymphdrüsen in der Leiste anschwellen oder Schmerzen im Unterleib auftreten, sollte sofort ein Arzt aufgesucht werden. Abwarten ist die falsche Strategie. Geschlechtskrankheiten können, wenn sie nicht auskuriert werden, Spätschäden wie Unfruchtbarkeit oder Krebs bewirken.

Geschlechtskrankheiten werden durch sexuelle Kontakte verbreitet. Sie können wirksam mit Medikamenten bekämpft werden.

Aber ich doch nicht!

Geschlechtskrankheiten kann jeder bekommen, egal ob Mann oder Frau. Weil die Krankheiten sexuell übertragen werden, muss sich auch der jeweilige Geschlechtspartner oder die Partnerin einer Behandlung unterziehen, sonst wandert die Krankheit wie beim Ping-Pong-Spiel hin und her.

1 Kondome verhüten auch Krankheiten.

Jährlich erkranken mehrere Millionen Deutsche an den verschiedenen Geschlechtskrankheiten. Für Ärzte ist die Behandlung Routine.

Safer Sex

Einen absolut sichereren Schutz vor Geschlechtskrankheiten gibt es nicht, höchstens bei völligem Verzicht auf Sex. Wer einen Partner oder eine Partnerin sucht und geschlechtliche Kontakte hat, muss sich entsprechend schützen. Kondome verhindern, dass die Schleimhäute der Genitalien mit den Krankheitserregern in Kontakt kommen. Aber auch die Schleimhäute im Mund sollten nicht mit Scheidenflüssigkeit, Sperma oder Blut in Berührung kommen.

Bis zum Ausheilen einer Geschlechtskrankheit und Abschluss der Behandlung ist Sex völlig tabu!

Kondome sind nicht nur ein zuverlässiges Verhütungsmittel, sie können auch vor der Übertragung von Geschlechtskrankheiten schützen.

Krankheit	Erreger	Symptome	Behandlung	Was du noch wissen solltest
Herpes genitalis	Virus	kleine juckende Bläschen an den Genitalien	virushemmende Medikamente, meist Salben	Herpesbläschen gibt es auch an den Lippen. Wer einmal Virusträger ist, bleibt es sein Leben lang.
Hepatitis B	Virus	Beschwerden wie bei einer Grippe	Schutzimpfung	Die Viren kommen in allen Körperflüssigkeiten vor, auch im Speichel.
AIDS	Virus	Schwächung des Immunsystems	noch keine Heilung möglich	HI-Viren sind in Blut, Samen- und Scheidenflüssigkeit.
Chlamydien	Bakterien	Brennen beim Wasserlassen, schleimig-eitriger Ausfluss	Antibiotika	sehr verbreitete Geschlechtskrankheit, im Jahr über 1 Million Erkrankungen in Deutschland
Gonorrhöe (Tripper)	Bakterien	grünlich-gelber Ausfluss, Brennen beim Wasserlassen	Antibiotika	Eine Spätfolge kann Unfruchtbarkeit sein.
Syphilis	Bakterien	Knoten im Genitalbereich	Antibiotika	Die Krankheit verläuft in drei Stadien.
Candidosen	Pilze	gerötete, juckende Scheide oder Eichel	Medikamente speziell gegen Pilze	Hefepilze, die immer im Körper vorkommen, bei Einnahme der Anti-Baby-Pille aber überhand nehmen

2 Geschlechtskrankheiten

Schwangerschaftsverhütung – auch Infektionsschutz?

Einige aus deiner Klasse machen sich, wie Anne und Mike, jetzt vielleicht schon Gedanken, ob sie mit ihrem Freund oder ihrer Freundin schlafen wollen.
Sex kann sehr schön sein. Aber sicher weißt du auch, dass du noch viel zu jung bist, um die Verantwortung für ein Baby zu übernehmen. Denn die Pflege und Erziehung eines kleinen Kindes braucht sehr viel Zeit, Kraft und Geduld.

Verantwortung geht beide an!

Um Verantwortung zu zeigen, musst du, wenn du mit deinem Freund oder deiner Freundin Sex haben willst, auf jeden Fall verhüten!

Wie verhüte ich richtig?

Die **Antibabypille** ist ein verschreibungspflichtiges Medikament. Die Pille, wie sie meistens nur genannt wird, besteht entweder nur aus einem Östrogenanteil oder aus kombinierten Östrogen-Gestagenanteilen. Frauen, die mit der Pille verhüten, müssen sie nach Vorschrift regelmäßig zu einer bestimmten Uhrzeit einnehmen. Durch den Östrogenanteil wird die Ausschüttung von FSH und LH unterdrückt. Da FSH für die Eizellreifung unverzichtbar ist, unterbleibt diese und damit letztendlich auch der Eisprung. Deshalb kann es auch zu keiner Schwangerschaft mehr kommen. Sollte dennoch einmal eine Eireifung und damit auch der Eisprung erfolgen, ist eine Schwangerschaft auch deshalb ausgeschlossen, weil die Schleimhaut der Gebärmutter nicht vorbereitet worden ist. Aber auch die Einnahme der Pille bietet keine Garantie für die Schwangerschaftsverhütung. Daran musst du denken, wenn du dich beispielsweise einmal nach der Einnahme erbrechen musst!

Richtig angewendet, bietet die Antibabypille einen hohen Schwangerschaftsschutz. Sie kann aber nicht vor Infektionen schützen.

Nebenwirkungen

Wenn sich Mädchen und Frauen für die Pille entscheiden, müssen sie bedenken, dass diese wie alle Medikamente auch Nebenwirkungen hat. Es können Kopfschmerzen auftreten und bei dickeren Frauen oder Raucherinnen auch Blutgerinnsel, die zu Venenverstopfungen führen. Diese Venenverstopfung, Mediziner nennen sie **Thrombose**, kann lebensbedrohliche Folgen haben.

Auch Jungen können verhüten

Jungen und Männer müssen Verantwortung zeigen, indem auch sie an die Verhütung denken. Für sie gibt es das **Kondom**, das du in verschiedenen Größen kaufen kannst. Selbstüberschätzung ist hier gefährlich. Beachte, dass das Kondom immer eng über den steifen Penis gezogen werden muss und nur einmal benutzt werden darf. Seifen und Gleitcremes, wie sie beispielsweise gebraucht werden, um das Eindringen des Penis in eine enge Vagina zu erleichtern, zerstören den Latex und machen das Kondom undicht. Dasselbe passiert, wenn man spermienabtötende Schaumzäpfchen oder Gels zusammen mit einem Kondom verwendet. Achte auch auf das Verfallsdatum eines Kondoms. Kondome schützen bei richtiger Anwendung nicht nur vor einer Schwangerschaft; sie verhindern auch eine Ansteckung mit sexuell übertragbaren Krankheiten wie AIDS oder Tripper.

Richtig angewendet ist das Kondom ein sicheres Verhütungsmittel, das vor einer Schwangerschaft und vor sexuell übertragbaren Krankheiten schützt.

Aufgaben

1 Informiere dich, wo Jungen und Mädchen Kondome kaufen können.

2 Welche Produkte darfst du auf gar keinen Fall zusammen mit einem Kondom benutzen? Erkläre, warum.

3 Informiere dich über die Sicherheit und die Anwendung von Pille und Kondom anhand der Beipackzettel. Fasse die Informationen mit eigenen Worten zusammen.

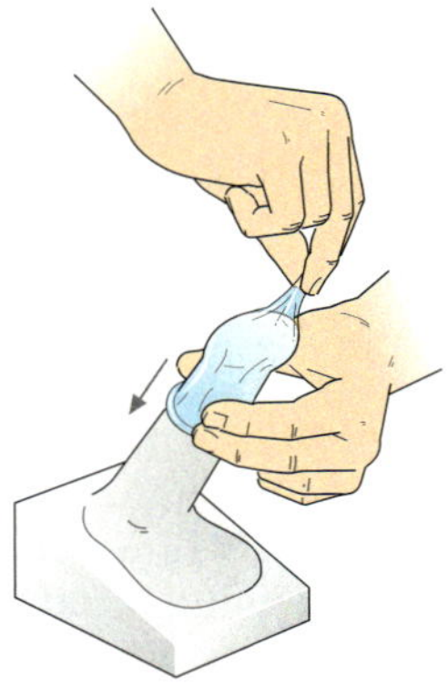

a) Das Kondom auf die Eichel aufsetzen. Eine Hand hält das Reservoir, mit der anderen wird das Kondom vollständig abgerollt.

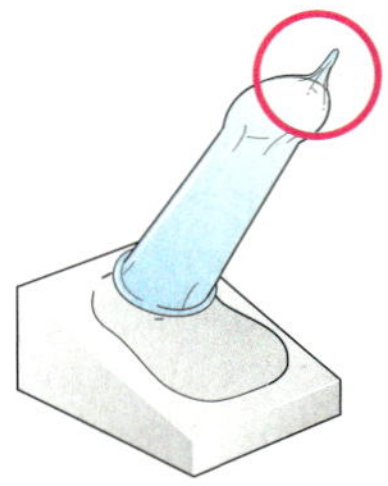

b) So sitzt das Kondom richtig.
Wichtig: Es darf keine Luft im Reservoir sein.

c) Wenn nach dem Verkehr der Penis aus der Scheide gezogen wird, muss das Kondom festgehalten werden, damit es nicht abrutscht.

1 Richtige Anwendung eines Kondoms

Methoden zur Empfängnisverhütung

Der amerikanische Biologe RAYMOND PEARL (1879–1940) formulierte 1936 den nach ihm benannten **Pearl-Index (PI)**. Dieser gibt an, wie viele von 100 Frauen bei Verwendung derselben Verhütungsmethode schwanger geworden sind. Je niedriger der PI eines Verhütungsmittels ist, desto sicherer ist die Verhütungsmethode.

Wollen Paare verhüten, ist die Wahl des richtigen Mittels nicht immer einfach. Am besten ist es, wenn sich die Paare rechtzeitig mit einem Arzt oder einer Ärztin besprechen.

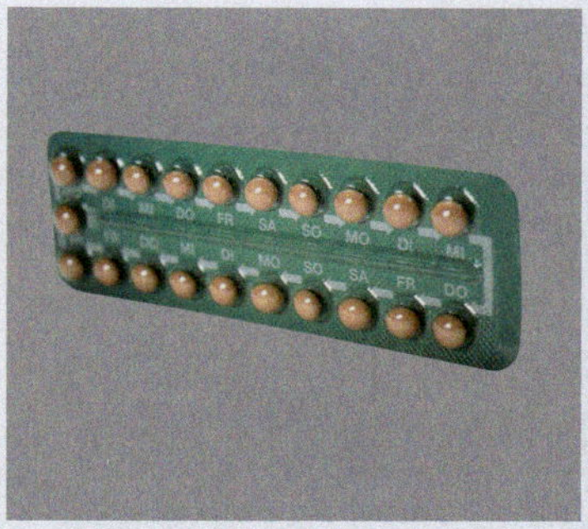

Die **Minipille** hat nur einen geringen Gestagenanteil und keinen Östrogenanteil. Sie bewirkt, dass der Schleimpfropf, der jeden Monat gebildet wird und vor dem Muttermund haftet, nicht wie üblich abgebaut wird.
Dieser bildet ein mechanisches Hindernis und versperrt den Spermien den Weg zu Gebärmutter und Eileiter. Der Eisprung findet dennoch statt. Deshalb ist die Minipille ein relativ unsicheres Verhütungsmittel. **(PI 3)**

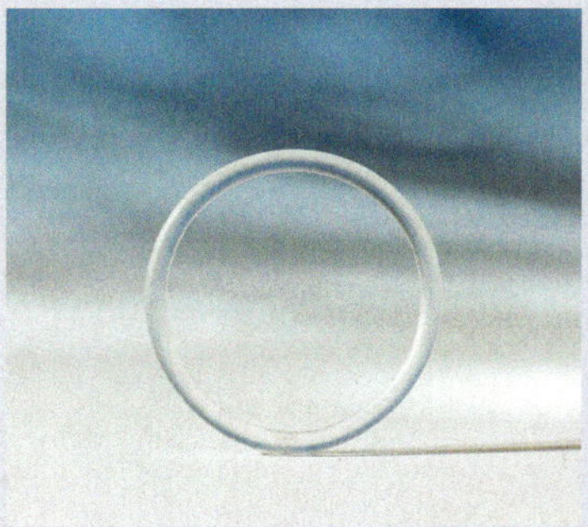

Relativ neu ist der **Nuva Ring**, ein mit Östrogen und Gestagen bestückter Plastikring von ca. 2,6 cm Durchmesser, der in die Scheide eingeführt wird, wo er 21 Tage verbleibt. Er muss an keiner bestimmten Stelle platziert werden. Durch Körperwärme und Feuchtigkeit wird eine kontinuierliche Hormonabgabe ausgelöst. Drei Tage nach dem Entfernen des Ringes setzt die Monatsblutung ein, dann muss ein neuer Ring eingesetzt werden. Wird er zu früh entnommen, erlischt der Verhütungsschutz und die Anwenderin muss zusätzlich verhüten. **(PI 0,65)**

Bei der **Temperaturmessmethode nach Knauss-Ogino** muss die Frau ihre Temperatur jeden Morgen zur selben Uhrzeit im After messen. Während die Körpertemperatur einer gesunden Frau tagtäglich gleich hoch ist, steigt die Temperatur am Tag des Eisprungs um ca. 0,5 °C an. An diesem und den nachfolgenden vier Tagen kann eine Schwangerschaft entstehen. Diese Methode ist sehr ungenau, da schon eine kleine Erkältung die Körpertemperatur durcheinander bringen kann. **(PI 38)**

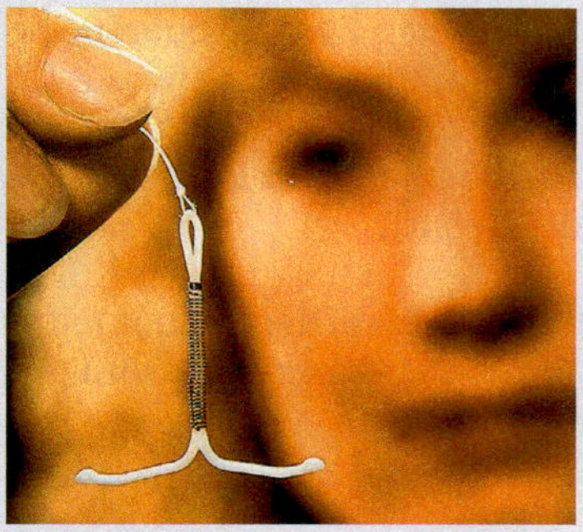

Die **Spirale**, ein ca. 3 cm langes T-förmiges Instrument, wird von Frauenärzten durch die Scheide in die Gebärmutter eingeführt. Die Spirale besteht aus Kunststoff, der mit Kupferdraht umwickelt sein kann. Dadurch wird die Gebärmutterschleimhaut gereizt, sodass sich befruchtete Eizellen nicht einnisten können.
Die Spirale kann zusätzlich Östrogene enthalten. Diese haben dieselbe Wirkung wie eine Antibabypille. **(PI 0,4)**

Das **Diaphragma** besteht aus Latex, das über einen Kunststoffreif gezogen ist. Es besitzt einen Durchmesser von 4–7 cm. Das Diaphragma wird vor dem Verkehr in die Scheide eingeführt und auf den Muttermund gesetzt. Dort bietet es einen mechanischen Schutz vor Spermien. Es ist sehr wichtig, dass das Diaphragma die richtige Größe besitzt. Deshalb muss es vom Frauenarzt oder von der Frauenärztin angepasst werden. Bei jeder Gewichtsveränderung der Benutzerin muss ein neues Diaphragma angepasst werden, damit es optimalen Schutz bieten kann. **(PI 7)**

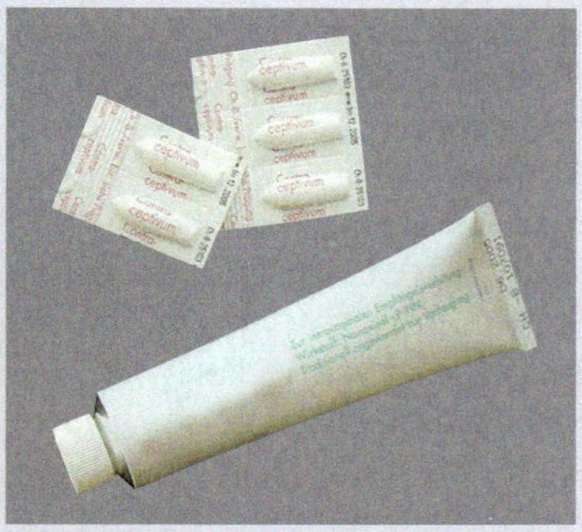

Viele junge Paare verwenden auch **Schaumzäpfchen oder Schaumgels**. Diese chemischen Präparate werden 10 Minuten vor dem Geschlechtsverkehr in die Scheide eingeführt. In dieser Zeit, am besten während der gesamten Dauer des Geschlechtsverkehrs, muss die Frau auf dem Rücken liegen bleiben, damit das flüssig gewordene Zäpfchen oder Gel nicht auslaufen kann. Diese Verhütungsmittel enthalten einen Spermien abtötenden Zusatz. **(PI 21)**

Startschuss für ein neues Leben

Eines von 100 bis 500 Millionen Spermien hat den Weg in den Eileiter gefunden und dort die reife Eizelle befruchtet. Man nennt diese befruchtete Eizelle nun **Zygote**. In den nächsten Stunden finden die ersten Zellteilungen statt. Im Abstand von 12 bis 15 Stunden entsteht erst das **Zweizellenstadium**, dann das **Vierzellenstadium**. Dabei wandert das Ei langsam durch den Eileiter. Auf der Schleimhaut des Eileiters befinden sich Millionen von Flimmerhärchen, die helfen, das Ei in die richtige Richtung zu lenken. Nach drei Tagen erreicht der Keim, der jetzt einer **Maulbeere** gleicht, die Gebärmutter. Die erste kritische Phase in der Entwicklung des Kindes ist überstanden. Der Keim teilt sich weiter, er sieht nun wie ein Bläschen aus. Am 6. oder 7. Tag nach der Befruchtung nistet sich dieser **Bläschenkeim** in der Gebärmutterschleimhaut ein. Jetzt spricht man vom **Embryo**.

▶ Bis zur Einnistung erfolgen bereits viele Zellteilungen.

Rasante Entwicklung

In den nächsten drei Wochen geht die Entwicklung schnell voran: Aus dem Bläschenkeim entwickeln sich nicht nur der Embryo, auch die **Fruchtblase** mit dem **Fruchtwasser**, in dem das Ungeborene schwimmt, werden gebildet. Teile des Bläschenkeims und der Gebärmutterschleimhaut bilden die **Plazenta**. Bis zum Ende der dritten Schwangerschaftswoche hat sich ein kleiner Körper entwickelt, bei dem Kopf und Rumpf schon zu erkennen ist. Als erstes Organ ist das Herz zu sehen. Es beginnt zu schlagen. Mit fünf Wochen sind auch Arm- und Beinanlagen sichtbar.

In der sechsten Woche bekommt der Embryo deutlich menschliche Umrisse, obwohl er erst 1,5 cm lang ist. In der achten Woche sind alle Organe angelegt.

▶ In der frühen Embryonalentwicklung werden alle Organe angelegt.

Gut versorgt

Die **Nabelschnur** verbindet den Embryo mit der **Plazenta**, auch Mutterkuchen genannt. Über sie ist das Lebewesen mit dem mütterlichen Blutkreislauf verbunden und erhält alle nötigen Nährstoffe sowie den lebenswichtigen Sauerstoff. In der Plazenta fließen mütterliches und embryonales Blut eng nebeneinander her, ohne sich jedoch miteinander zu vermischen. Schadstoffe aus dem Tabakrauch oder Alkohol können trotzdem vom Blut der Mutter auf das Ungeborene übergehen.

▶ Über die Nabelschnur sind Mutter und Kind verbunden.

Mit anderem Namen geht es weiter

Zu Beginn des vierten Monats ist die Embryonalzeit abgeschlossen. Nun beginnt das eigentliche Größenwachstum. Das Ungeborene wird **Fetus** genannt. Jetzt kann man auch erkennen, ob es ein Mädchen oder ein Junge wird. Der Fetus ist ungefähr 35 mm lang, wiegt 13 Gramm und wächst monatlich um fünf bis sechs Zentimeter. Das Ungeborene bewegt sich, das kann die Mutter spüren. Ungefähr 266 Tage nach der Befruchtung oder 280 Tage nach der letzten Monatsblutung beginnt die Geburt.

▶ Ab dem dritten Monat reift der Fetus weiter heran. Er wird größer und schwerer.

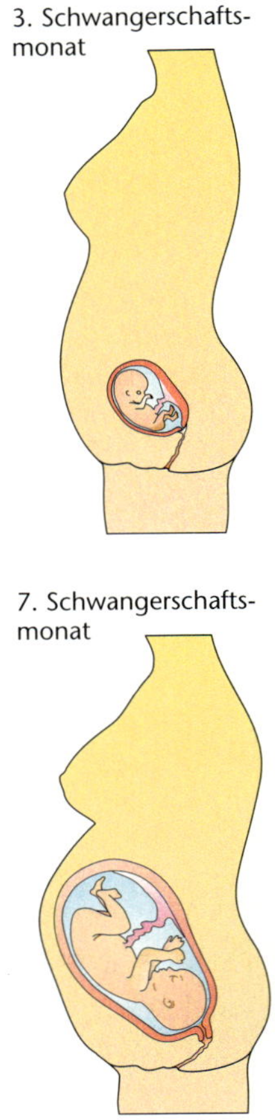

1 Entwicklung vom Embryo zum Fetus

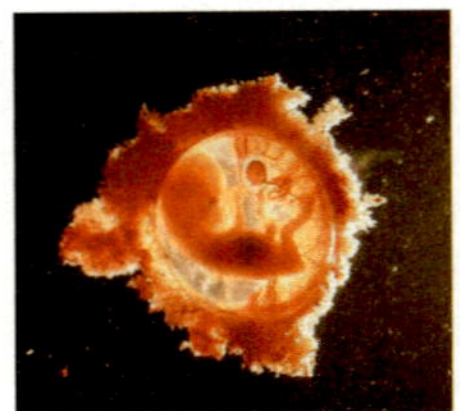

2 Embryo

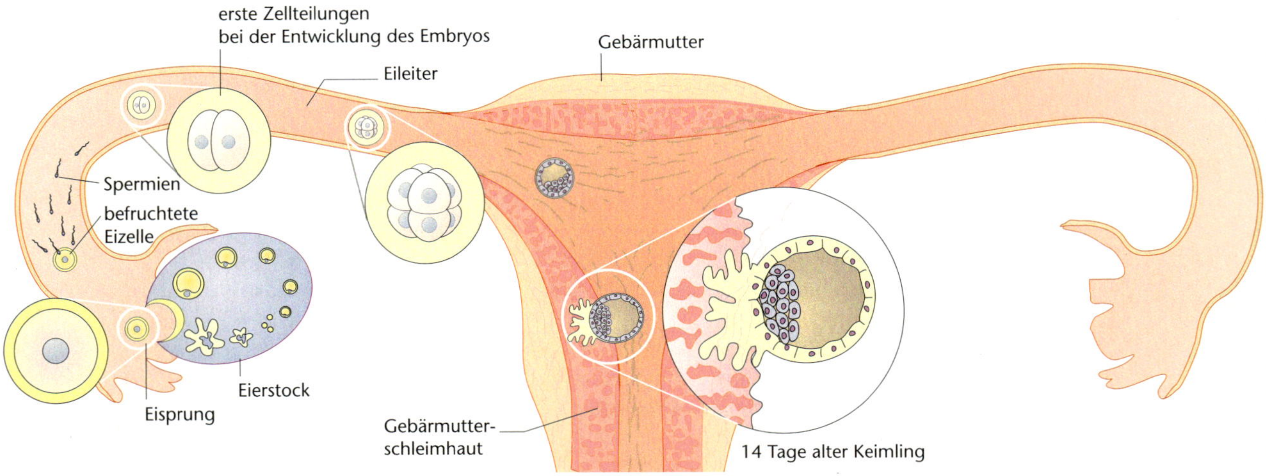

Eine schwere Zeit für Tanja
Seit Tanja auf der Faschingsparty der Parallelklasse war, hat sie ihre Periode nicht mehr bekommen. Gemeinsam mit ihrer Freundin Elke stand sie schon dutzend-mal vor dem Kalender und hat nachgerechnet: es ist nun schon acht Wochen her. Täglich schaut sie mehrfach auf der Toilette in ihren Slip – nichts. Tanja wagt nicht, zu ihrer Mutter zu gehen: die hat zurzeit genug eigene Sorgen: die Trennung von ihrem Freund und keinen Job mehr.
Hätte sie doch an diesem Abend nicht mit Tim geschlafen. Der war genau so angetrunken wie sie und vor lauter Leichtsinn haben sie nicht verhütet. Mit Tim kann sie auch nicht reden, er hat schon eine Neue.

Verdrängen bringt nichts
Tanja ist es jetzt jeden Morgen übel und sie weiß: weiter hinausschieben kann sie das Problem nicht. Sie kauft sich in der Apotheke einen **Schwangerschaftstest**. Heute ist es möglich, schon am 7. Tag nach der Befruchtung der Eizelle das Hormon HCG nachzuweisen. Es wird vom Embryo gebildet und ist damit charakteristisch für die beginnende Schwangerschaft. Der Teststreifen bringt Klarheit: Tanja ist schwanger. Der Besuch bei ihrer Frauenärztin bringt ihr Gewissheit. Sie ist in der 8. Schwangerschaftswoche.

Die Pille danach
Die Ärztin teilt Tanja mit, dass 72 Stunden nach dem ungeschützten Verkehr noch eine Schwangerschaft hätte verhindert werden können. Mit der „Pille danach" oder „Morning-after pill" wird das Einnisten der befruchteten Eizelle in die Gebärmutter nach dem Geschlechtsverkehr unterbunden. Empfohlen wird diese Pille nach einer Verhütungspanne, z. B. bei einem gerissenen Kondom oder nach einer Vergewaltigung. Die „Pille danach" ist verschreibungspflichtig und hat Nebenwirkungen wie Übelkeit und Erbrechen.

Vor dem Eingriff – die Beratung
Tanja erzählt der Ärztin, dass sie bald die Abschlussprüfung machen wird und bereits eine Ausbildungsstelle in Aussicht hat. Die Frauenärztin schickt Tanja nun zur Beratungsstelle. In Deutschland ist eine Abtreibung zwar rechtswidrig, aber straffrei, wenn die Schwangere eine anerkannte **Beratungsstelle** aufgesucht hat. Tanja kann sich anonym z. B. bei pro familia oder einer kirchlichen Beratungsstelle Rat holen. Da zwischen Beratung und Abtreibung mindestens drei Tage liegen müssen, hat sie Zeit, ihre Situation zu überdenken und die Entscheidung zu treffen.

Die Beratung ist Voraussetzung für die Straflosigkeit einer Abtreibung.

Der Abbruch
Der Eingriff muss innerhalb von 12 Wochen nach der Empfängnis stattfinden. In Deutschland werden über 80 % der Schwangerschaftsabbrüche mit der **Absaugmethode** durchgeführt. Anschließend wird die Gebärmutter noch ausgeschabt (Kürettage). Der Eingriff dauert nur wenige Minuten. Die Frauen können dann wieder nach Hause gehen. Eine Alternative zum chirugischen Eingriff ist die Abtreibungspille Mifegyne (RU 486). Sie ist bis zum 49. Schwangerschaftstag wirksam und bewirkt, dass die eingenistete Eizelle abgestoßen wird. Eine Abtreibung kann zur Unfruchtbarkeit führen und belastet viele Frauen seelisch.

Ein Schwangerschaftsabbruch sollte wohl überlegt sein.

Aufgabe

1 a) Spielt das Gespräch mit Tanjas Mutter nach.
b) Wie könnte sich Tanja entscheiden?

Verschiedene Arten von Sexualität

Marquis de Sade

Von den bekannten amerikanischen Sexualforschern William H. Masters und Virginia E. Johnson stammt der Ausspruch: „In der menschlichen Sexualität gibt es nichts, was es nicht gibt. Wer will da schon sagen, was normal ist?"

Einige Arten von Sexualität sind verboten, andere sicher für viele befremdlich, hier ist es wichtig, dass beide Partner diese Art der Intimität mögen.

Erneuter Fall von brutaler Kindesmisshandlung

Seit Montag muss sich ein 35-jähriger vor der Strafkammer verantworten. Ihm wird vorgeworfen, seine neunjährige Tochter und deren gleichaltrige Freundin seit zwei Jahren sexuell missbraucht zu haben. Die Kinder machte er sich u.a. durch Androhung von Schlägen gefügig. Seine Ehefrau wusste davon, benachrichtigte aber nicht

Wenn Erwachsene, vor allem Männer, Kinder zum Sex missbrauchen, nennt man diese Veranlagung **Pädophilie**. Die Täter können aus dem engsten Familienkreis stammen.
Pädophilie ist verboten und wird mit Gefängnis bestraft.
Kinder müssen vor solchen Menschen geschützt werden, indem ihre Persönlichkeit gestärkt wird. Sie brauchen auch einen Ansprechpartner, dem sie vertrauen können und der sie beschützt!

Wenn sich Partner gegenseitig mit dem Mund oder der Zunge an den Geschlechtsorganen küssen, spricht man von **Mund- oder Oralverkehr**. Wichtig ist, dass beide Partner diese Art der Sexualität als angenehm empfinden.

Bevor junge Paare das erste Mal miteinander schlafen, haben sie sich schon viele Male zuvor nur an den Geschlechtsorganen berührt und gestreichelt. Obwohl diese Art der körperlichen Zärtlichkeit wahrscheinlich schon sehr alt ist, haben Sexualforscher erst 1954 den Begriff **Petting** für diese Art der Intimität geprägt.

Wenn homosexuelle Männer beim Sex mit ihrem Penis in den After, den Ausgang des Mastdarmes, ihres Partners eindringen, spricht man von **Analverkehr**.
Auch heterosexuelle Paare mögen manchmal diese Art des Geschlechtsverkehrs. Dabei dringt der Mann mit seinem Penis in den After der Frau ein.

Menschen, die möchten, dass man ihnen beim Sex Schmerzen zufügt, sind Anhänger des **Masochismus**. Hierfür benützen die Partner Peitschen, Nadeln oder Schlagstöcke. Ohne Schmerzen kommen Masochisten nicht zum Orgasmus.
Aber es müssen beide Partner entscheiden, ob sie diese Art der Sexualität mögen.

Als **Pornos** oder **Pornografie** werden Bilder oder Filme bezeichnet, bei denen menschliche Geschlechtsorgane in ihrer sexuellen Aktivität bewusst betont werden. Die Konsumenten sollen dadurch sexuell erregt werden.

Menschen, die ihren Partnern Schmerzen zufügen, um selbst den sexuellen Höhepunkt erreichen zu können, werden **Sadisten** genannt.
Der Name **Sadismus** geht auf den französischen Adligen **Marquis de Sade** zurück (1740–1814), der seinen Sexualpartnerinnen starke Schmerzen zufügte, bis hin zur Folter. Sadismus und Masochismus gehören oft zusammen.

Als **Exhibitionisten** werden Menschen bezeichnet, die sich öffentlich nackt zeigen. Dies kann im Schwimmbad, im Park oder auf der Straße geschehen. Häufig sind Männer die Täter. Sie erregen sich dabei, wenn die unfreiwilligen Beobachter beim Anblick des Penis erschrecken.
Auch diese Art der sexuellen Zurschaustellung ist strafbar.

Voyeure oder **Spanner** sind Leute, die anderen heimlich beim Sex zusehen und dadurch selbst sexuell erregt werden.

Sexueller Missbrauch von Jugendlichen

1 Selbstverteidigung

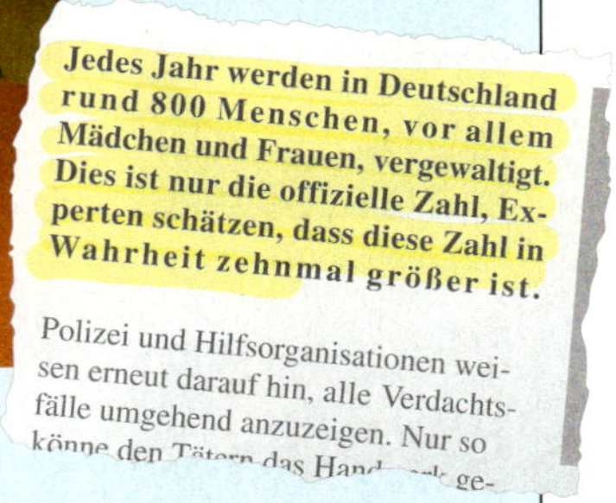
Jedes Jahr werden in Deutschland rund 800 Menschen, vor allem Mädchen und Frauen, vergewaltigt. Dies ist nur die offizielle Zahl, Experten schätzen, dass diese Zahl in Wahrheit zehnmal größer ist.

Polizei und Hilfsorganisationen weisen erneut darauf hin, alle Verdachtsfälle umgehend anzuzeigen. Nur so könne den Tätern das Hand[...] ge-

Schweigen – ein Alarmsignal?

Seit zwei Wochen sitzt Steffi schweigend beim Frühstück. Auf Fragen ihrer Eltern und Geschwister gibt sie allgemeine oder gar keine Antworten. Was ist mit Steffi los?

Schon seit längerem lauert ihr ein fremder Mann immer wieder an der Bushaltestelle auf und macht ihr Komplimente über ihren Busen und ihre langen Beine. In den letzten Wochen ist dieser Mann immer aufdringlicher geworden, er hat sogar versucht sie zu berühren und versprochen, von ihr Bilder zu machen für ein Modemagazin.

Wie bekommen Betroffene Hilfe?

Steffi weiß nicht, was sie machen soll: Natürlich wären ihre Freundinnen Naomi und Lena neidisch, wenn ihr Bild in einem Modemagazin wäre. Aber kann sie diesem fremden Mann trauen? Verunsichert fragt sie Anne um Rat. Anne hat auch gleich eine Idee: Sie rät Steffi mit Frau Klee, der Vertrauenslehrerin, zu sprechen. In den nächsten Tagen stellt Frau Klee den Kontakt für Steffi zwischen Schule, Eltern und Polizei her.

Steffi ist froh. Ihre Eltern haben nicht sauer reagiert. Ihr Vater hat mit dem fremden Mann gesprochen und ihm verboten, Steffi anzusprechen. Auch weiß dieser Mann jetzt, dass er angezeigt wird, wenn er sich nicht an dieses Verbot hält.

Steffi hat noch einmal Glück gehabt; nicht immer läuft so eine Sache glimpflich ab! Wäre Steffi mit diesem Mann in seine Wohnung gegangen, hätte durchaus eine Vergewaltigung am Ende ihrer Geschichte stehen können.

Auch Jungen sind gefährdet

Niko geht in seiner Freizeit oft schwimmen. In letzter Zeit beschleicht ihn jedoch ein ungutes Gefühl, wenn er ans Hallenbad denkt. Jedes Mal, wenn er nach dem Training duschen will, wartet im Duschraum schon ein älterer Mann auf ihn. Zuerst hat der Typ immer nur auffällig auf Nikos Penis geschaut. Doch nun hat er Niko angesprochen und ihm Komplimente über seine sportliche Figur gemacht. Niko hat den Mann angebrüllt und ihm mit der Polizei gedroht. Jetzt hat Niko Angst und weiß nicht, was passiert, wenn dieser Mann wieder im Schwimmbad auf ihn wartet.

Viele Betroffene trauen sich nie oder erst nach langer Zeit sexuelle Belästigungen oder eine Vergewaltigung bei der Polizei zu melden. Der Grund hierfür ist oft die Scham, die Menschen empfinden, wenn sie vergewaltigt worden sind. Oft wissen sie nicht, dass es heute viele Beratungsstellen gibt, die das Ereignis anonym behandeln und ihnen helfen können.

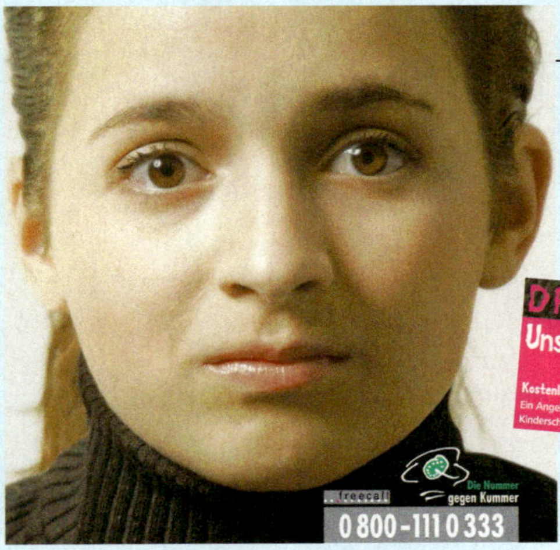

2 Nummer gegen Kummer: 0800-111 0 333

Aufgaben

1 a) Was hättest du Steffi geraten?
b) Wie würdest du dich an ihrer Stelle entscheiden?

2 Welche Personen würdest du um Rat und Hilfe bitten, wenn du an Steffis Stelle wärst?

3 Wie könnte sich Niko wehren? Überlegt euch mehrere Möglichkeiten und diskutiert sie in der Klasse.

Schlusspunkt

Willst du mit mir gehen ...? Erste Freundschaften

1 Diaphragma

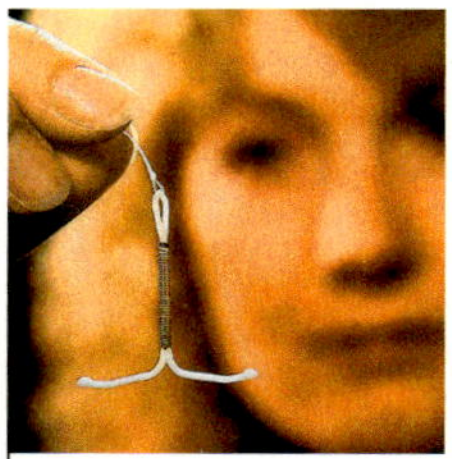

2 Spirale

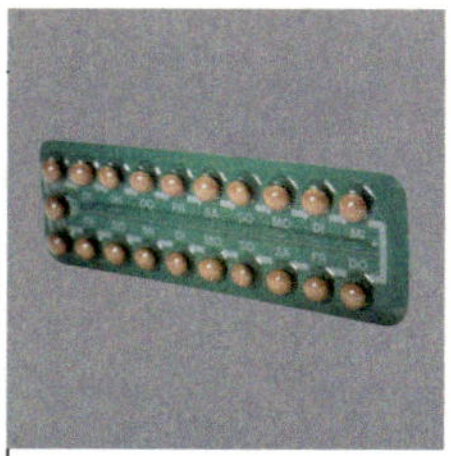

3 Minipille

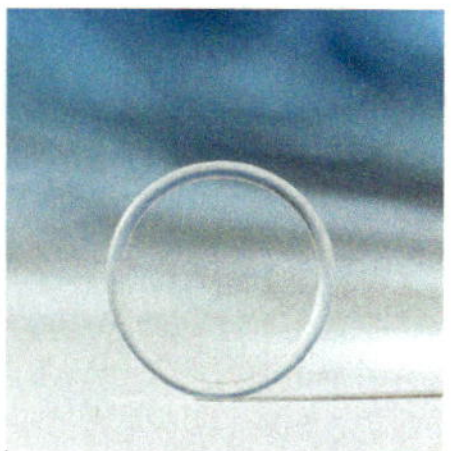

4 Nuva Ring

Rollenverhalten
Frauen und Männer sind auch im Berufsleben gleichberechtigt. Beide entscheiden aufgrund ihrer Vorlieben und Eigenschaften, wo ihr berufliches Arbeitsfeld liegen soll.

Liebe
Wenn man in einen anderen Menschen verliebt ist, muss man Wege finden, es diesem Menschen mitzuteilen. Nur so findet man einen Partner.

Veränderte Gefühlswelt
Die Pubertät bringt nicht nur körperliche Veränderungen mit sich. Auch das Gefühlsleben verändert sich. Hierzu gehört auch, dass man fremde Menschen attraktiv und interessant findet.

Interessenkonflikte
Eine Liebesbeziehung bedeutet nicht, dass die beiden Partner blind für ihre Umwelt sind und nur noch sich selbst wahrnehmen. Beide Partner sind Menschen, die einen Freundeskreis brauchen und sich selbst nicht aufgeben dürfen. Es ist wichtig, dass jeder der Partner den Freundeskreis des anderen akzeptieren lernt.

Trennung
Eine Trennung ist für die meisten Menschen sehr schmerzlich. Es ist wichtig und schön, wenn man den anderen bei einer Trennung und nach einer Trennung respektvoll und fair behandelt.

Verantwortung
Beim Geschlechtsverkehr müssen gerade Jugendliche an Verhütungsmittel denken. Sie sind noch zu jung, um die Verantwortung für ein eigenes Kind tragen zu können.

Kondome
Bei der Verwendung von Kondomen muss auf das Qualitätssiegel des TÜV, das Verfallsdatum und die richtige Größe geachtet werden. Ein zu groß ausgewähltes Kondom vermindert die Sicherheit, da Spermien zwischen dem Kondom und dem Penis austreten können.

Kondome können bei richtiger Anwendung nicht nur eine Schwangerschaft verhüten; sie schützen auch vor sexuell übertragbaren Krankheiten wie zum Beispiel AIDS.

Antibabypille
Die Pille ist ein sehr sicheres Verhütungsmittel. Sie muss wie alle Verhütungsmittel richtig angewendet werden. Im Gegensatz zum Kondom bietet sie keinen Infektionsschutz.

Sichere Verhütung
Der Pearl-Index beschreibt die Sicherheit einer Verhütungsmethode. Je kleiner der Index ist, desto sicherer ist eine Methode.

Homosexualität
Eine Liebesbeziehung zweier gleichgeschlechtlicher Menschen wird Homosexualität genannt. Sie ist weder krankhaft noch unnormal.

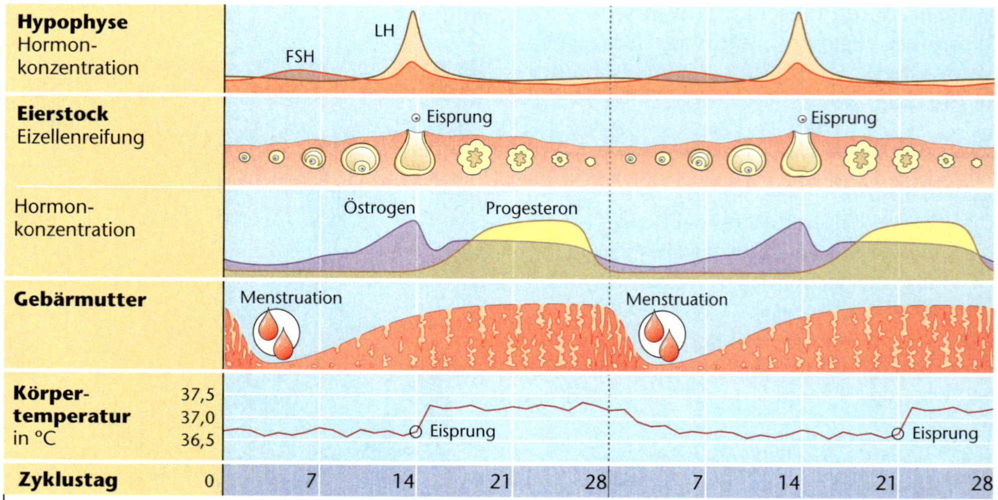

5 Menstruationszyklus

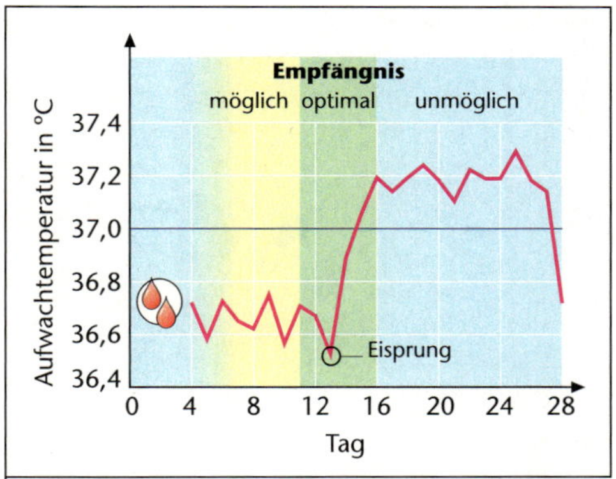

6 Temperaturmessmethode

Sexualhormone
Hormone sind Botenstoffe. Sie werden in Drüsen gebildet. Die Steuerung dieser Hormondrüsen unterliegt der Stimulation durch Zentren im Gehirn.

Menstruationszyklus
Der weibliche Zyklus beginnt am Tag 1 mit der Menstruationsblutung. Er dauert meist zwischen 24 und 35 Tage.

Zentrale Hormonsteuerung
Die Geschlechtshormone Östrogen und Progesteron, die im Eierstock bzw. in der Eihülle der reifen Eizelle gebildet werden, unterliegen der Stimulation durch FSH und LH. FSH und LH sind Hormone der Hypophyse.

Sexueller Missbrauch
Jugendliche beiden Geschlechts können das Opfer von sexuellem Missbrauch und sexueller Gewalt sein. Wichtig ist, dass sich die Opfer melden, damit weitere Gewalthandlungen vermieden und verhindert werden können.

Aufgaben

1 Nur du selbst entscheidest, wie du auf andere Menschen wirkst. Erkläre diese Aussage.

2 Viele Menschen haben Homosexuellen gegenüber Vorurteile. Diskutiere darüber.

3 Was musst du beim Kauf von Kondomen beachten?

4 Ordne die in der linken Randspalte abgebildeten Verhütungsmethoden nach ihrer Sicherheit.

5 Auf welchem Wirkungsprinzip beruht die Schwangerschaft verhütende Wirkung der Pille?

6 Wie jedes Medikament hat auch die Pille ihre teilweise gefährlichen Nebenwirkungen. Nenne diese.

7 Recherchiere im Internet, wann die Pille entwickelt wurde. Warum haben damals so viele Frauen die Einführung der Pille als sexuelle Befreiung erlebt?

8 Aus welchem Grund kann der Menstruationszyklus zu Beginn der Pubertät noch sehr unregelmäßig sein?

9 Beschreibe die Abhängigkeit von Östrogen und Progesteron zu FSH und LH.

10 Bewundert zu werden ist schön. In welchen Situationen musst du aber aufpassen? Definiere für dich selbst, ab wann dir Komplimente lästig oder sogar gefährlich erscheinen.

1 a) Vergleiche die Kurven A und B in der Abbildung 7.

b) Erkläre die Unterschiede. Benütze dabei die Fachbegriffe.

c) Wie müsste eine Kurve zum Hormonspiegel direkt nach der Geburt aussehen? Zeichne den Verlauf in dein Heft und begründe.

7 Zur komplexen Aufgabe

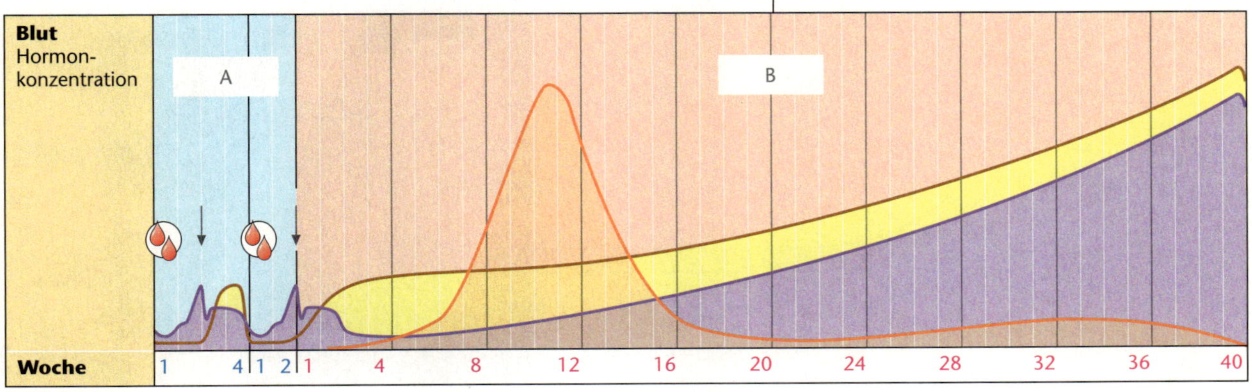

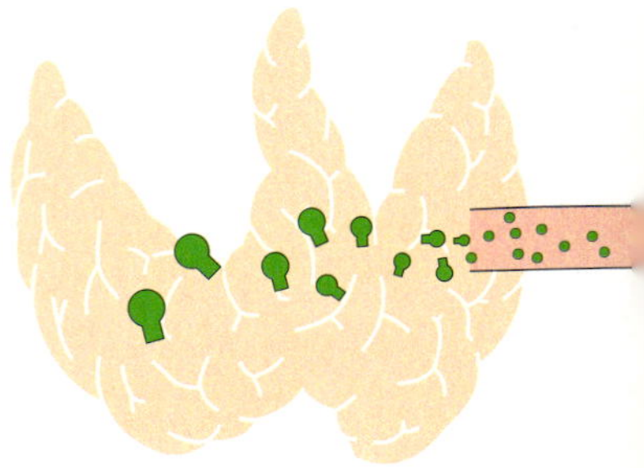

Sinne, Nerven, Hormone

Ständig müssen in unserem Körper Informationen ausgetauscht und gespeichert werden. Dabei darf es keine Missverständnisse geben. Wie funktioniert das genau?

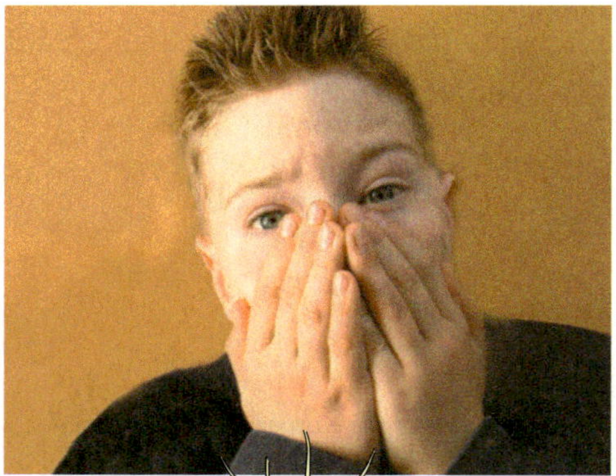

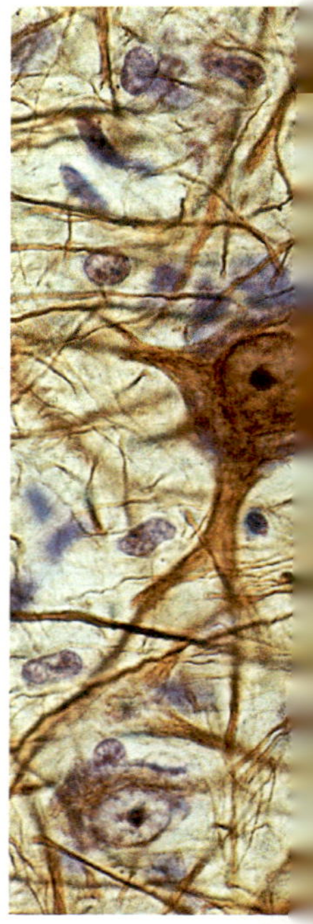

Wenn du gegen ein Glas gestoßen bist, versuchst du es zu greifen, damit es nicht umkippt. Du hast vorher nicht über diese Reaktion nachgedacht, doch trotzdem blitzschnell gehandelt. Wie wird der Befehl zum Handeln im Körper übermittelt?
Wir sehen, riechen, schmecken, hören, fühlen: Der Mensch nimmt mit allen Sinnen Informationen aus seiner Umgebung auf.
Sie werden über Nerven an das Gehirn weitergegeben, welches zum einen das Gedächtnis damit anreichert und zum anderen meist Befehle für Reaktionen aussendet.
Alle Körperfunktionen unterliegen den Befehlen des Nervensystems, das eng mit dem Hormonsystem zusammenarbeitet. Gemeinsam regeln beide Systeme, dass z.B. immer ausreichend Energie bereit gestellt wird.
Wenn du das kippende Glas gerade noch festhalten konntest, sitzt dir immer noch der Schreck im Körper: Du spürst dein Herz schnell und kräftig schlagen.

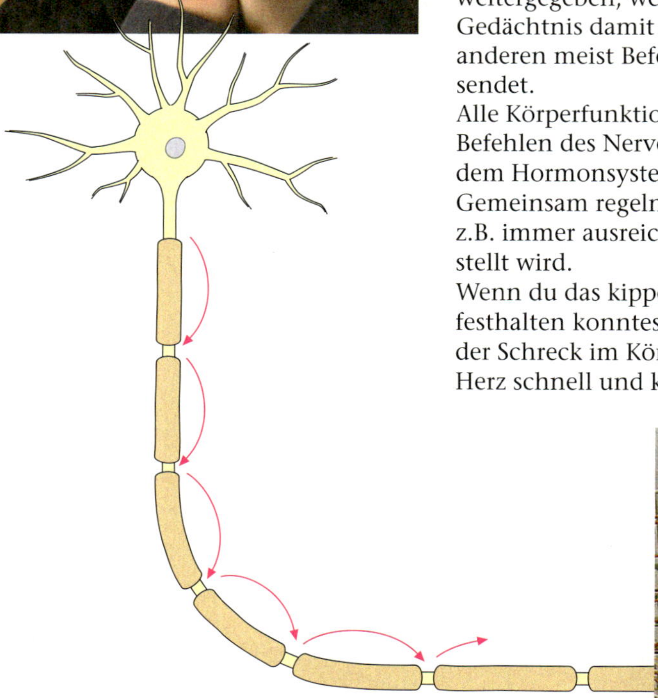

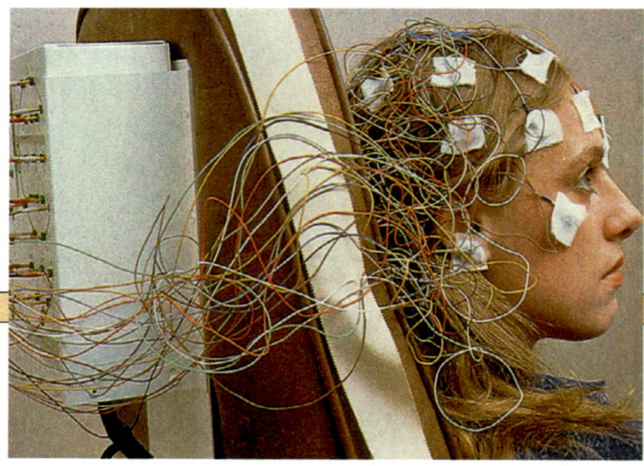

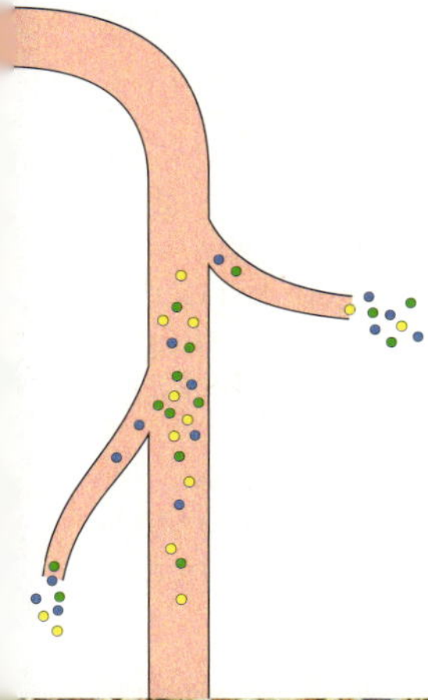

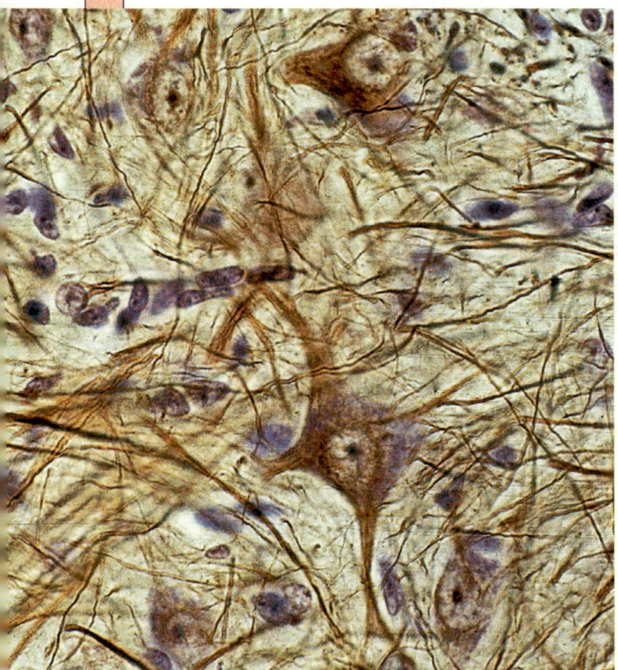

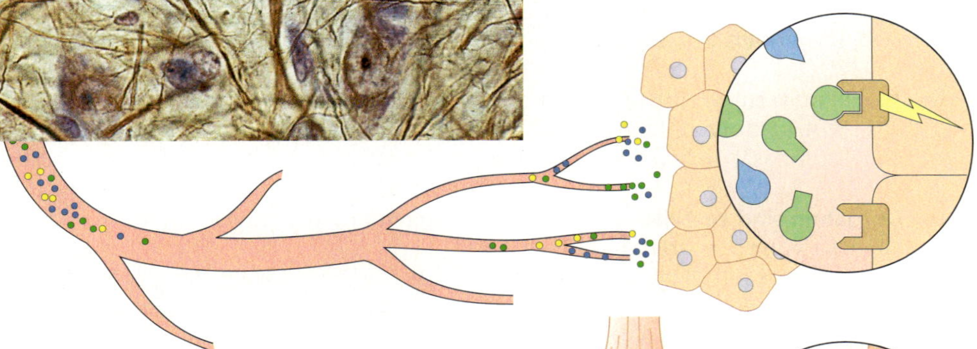

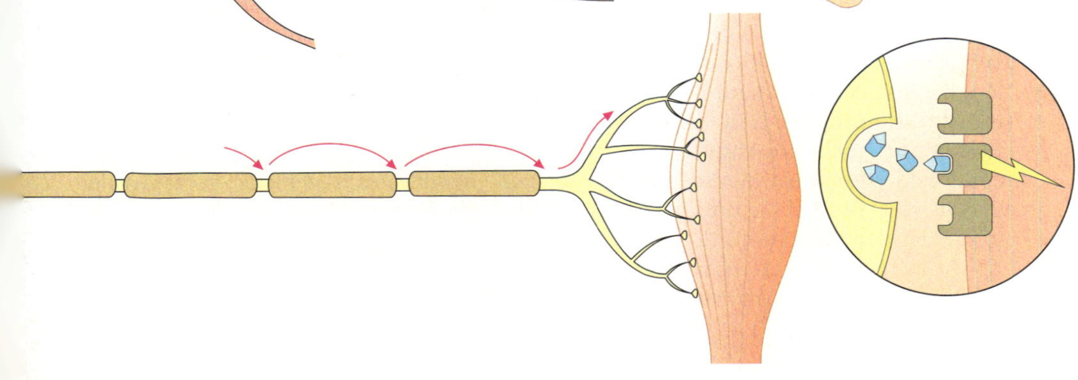

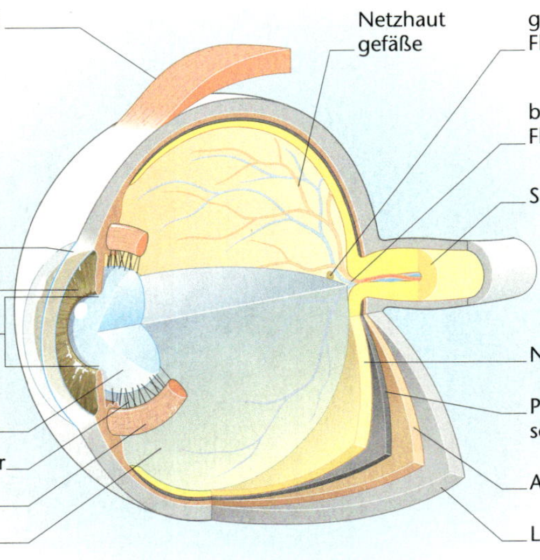

1 Der Aufbau des menschlichen Auges

Wichtiges wird gut geschützt

Ein so wichtiges Sinnesorgan wie das Auge ist vielfach geschützt. Die Brauen sorgen dafür, dass herablaufender Schweiß nach außen abläuft. Gelangen kleine Insekten oder Staub an die Wimpern, schließen sich die Augenlider sofort. Bei jedem Lidschluss befeuchten sie die Augen mit Tränenflüssigkeit und bewahren sie so vor dem Austrocknen.
Ist doch einmal ein Staubkorn ins Auge gelangt, wird von den Tränendrüsen mehr Tränenflüssigkeit produziert, die den Fremdkörper aus dem Auge spült.
Zusätzlich schützen die knöchernen Augenhöhlen, die mit Fettpolstern ausgekleidet sind, die empfindlichen Augen.

Die Augen verfügen über mehrere Schutzeinrichtungen. Manchmal müssen wir für zusätzlichen Schutz sorgen.

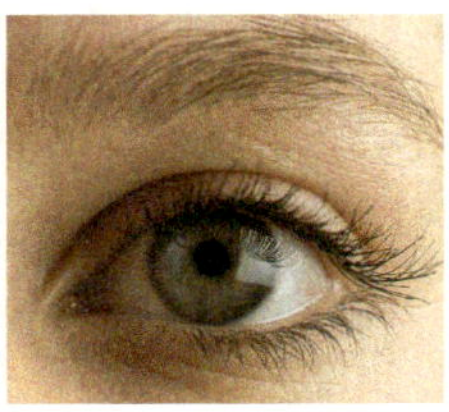

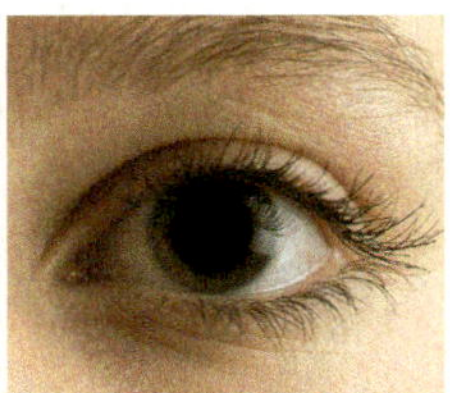

2 Hell und Dunkel-Adaptation

Die Aufgaben sind verteilt

Das Auge ist von einer dreischichtigen Augenwand umgeben (▷ B 1). Außen befindet sich die schützende harte **Lederhaut**, an der auch sechs Muskeln ansetzen. Sie ermöglichen die Bewegung des Auges. Der vordere Bereich der Lederhaut ist durchsichtig, wird ständig mit Tränenflüssigkeit befeuchtet und heißt **Hornhaut**.
Unter der Lederhaut liegt die **Aderhaut**. Sie enthält viele Blutgefäße und versorgt die angrenzenden Schichten. Im vorderen Teil des Auges geht die Aderhaut in einen Ringmuskel über. An diesem Muskel ist mithilfe der Linsenbänder die Linse aufgehängt.
Eine dünne, der Aderhaut von innen aufgelagerte Schicht enthält schwarzen Farbstoff. Sie lässt keine Lichtstrahlen hindurch und reflektiert sie auch nicht. Diese Farbstoffschicht wird auch **Pigmentschicht** genannt.

Die innerste Schicht der Augenwand ist die **Netzhaut**. Dort befinden sich die Lichtsinneszellen. Direkt gegenüber der Pupille liegt eine kleine gelbe Vertiefung in der Netzhaut. Es ist der **Gelbe Fleck**, die Stelle des schärfsten Sehens.
Dort wo der Sehnerv das Auge verlässt, gibt es keine Lichtsinneszellen. Diese Stelle auf der Netzhaut bezeichnet man daher als **Blinden Fleck**.

Das Auge besteht aus Lederhaut bzw. Hornhaut, Netzhaut mit den Lichtsinneszellen, Aderhaut und Pigmentschicht. Der Gelbe Fleck ist die Stelle des schärfsten Sehens auf der Netzhaut.

Die von außen sichtbare farbige Regenbogenhaut nennt man **Iris**. In der Mitte der Iris befindet sich eine Öffnung, die **Pupille**. Durch die Pupille fällt Licht ins Augeninnere. Die Größe der Pupille verändert sich mithilfe von Muskeln in der Iris: Bei zunehmender Helligkeit wird die Pupille verengt, bei abnehmender Helligkeit wird sie erweitert. Diese Anpassung an die Umgebungshelligkeit heißt **Adaptation** (▷ B 2).

Vor der Iris liegt die vordere Augenkammer, hinter ihr die kleinere hintere Augenkammer. Beide enthalten Kammerwasser, welches Hornhaut und Linse mit Nährstoffen versorgt. Der Glaskörper füllt den Innenraum des Augapfels aus. Er bestimmt seine Form und besteht aus einer gallertartigen durchsichtigen Masse.

Die Pupille passt sich der Helligkeit an, dies nennt man Adaptation.

Aufgaben

1 Beschreibe den Aufbau des Auges.

2 a) Auf Fotos taucht leider immer wieder der Rote-Pupillen-Effekt auf. Wieso erscheinen die Pupillen rot?
b) Viele Kameras verfügen über einen Vorblitz. Welchen Sinn hat er?

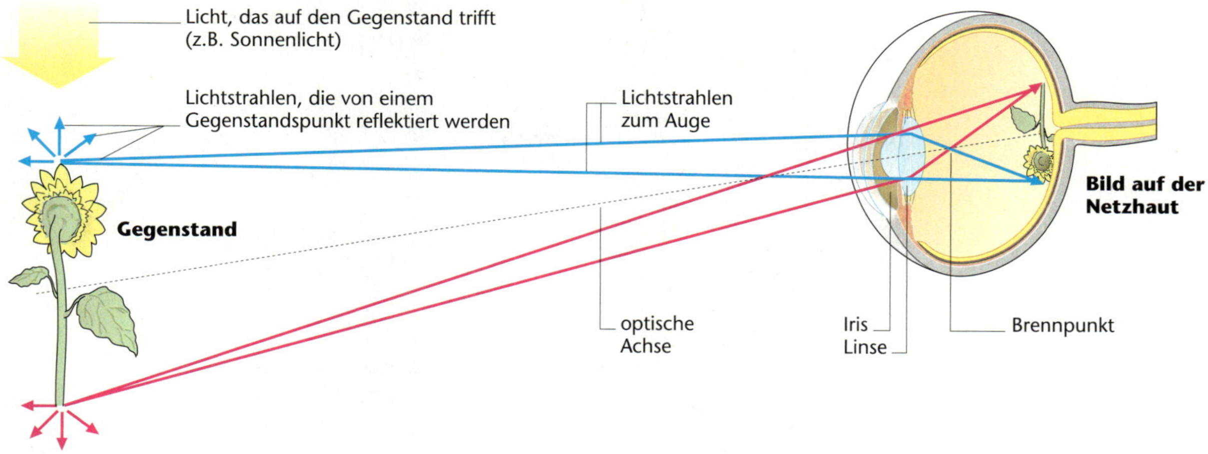

1 Das reflektierte Licht wird in der Linse gebrochen und zusammengeführt.

Lichtstrahlen fallen ins Auge
Es muss hell sein, damit Gegenstände oder andere Menschen gut zu sehen sind. Das Sonnenlicht fällt auf eine Sonnenblume und nur Grün, Gelb und Braun werden von ihr reflektiert. Das reflektierte Licht breitet sich in durchsichtigen Stoffen wie Luft, Glas oder Wasser geradlinig aus. Beim Übergang von einem in einen anderen durchsichtigen Stoff wird es in eine andere Richtung gelenkt. Diese Lichtbrechung erfolgt auch in der **Augenlinse**.

Die Linse im Auge gehört in die Gruppe der **Sammellinsen** (▷ B 2). Die gebrochenen Lichtstrahlen werden hinter der Linse zusammengeführt und treffen aufeinander.

Eine andere Linsenart sind die **Zerstreuungslinsen** (▷ B 2). Wie der Name aussagt, werden die einfallenden Lichtstrahlen so gebrochen, dass sie geradlinig auseinanderlaufen.

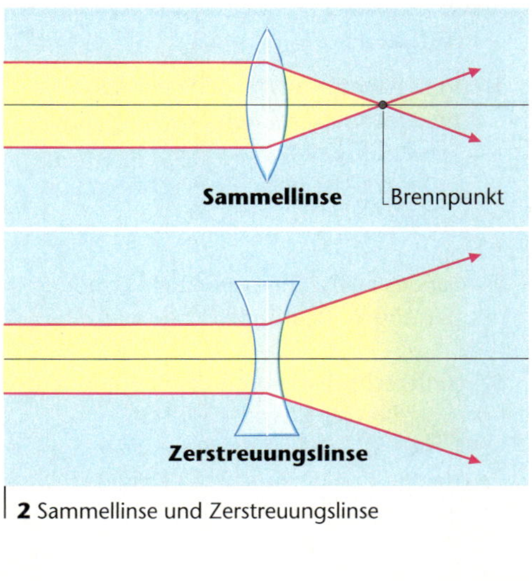

2 Sammellinse und Zerstreuungslinse

Viele Punkte ergeben ein Bild
Die von einer Stelle der Sonnenblume reflektierten geradlinigen Lichtstrahlen werden im Auge gebrochen (▷ B 1). Dadurch werden die Strahlen von ihrer ursprünglichen Richtung abgelenkt und treffen in einem Punkt auf der Netzhaut zusammen. Von der Blüte einfallende Strahlen treffen auf den unteren Netzhautbereich, vom linken Blatt reflektierte Strahlen werden rechts auf der Netzhaut abgebildet. Von jedem einzelnen Punkt der Sonnenblume entsteht ein Bildpunkt auf der Netzhaut. Aus diesen Bildpunkten setzt sich ein Abbild der Sonnenblume auf der Netzhaut zusammen. Es ist verkleinert, seitenverkehrt und steht auf dem Kopf (▷ B 3). Dass wir die uns umgebende Welt trotzdem nicht kopfüber sehen, ist eine Leistung des Gehirns.

Das auf der Netzhaut entstehende Abbild eines Gegenstandes ist verkleinert, seitenverkehrt und steht auf dem Kopf.

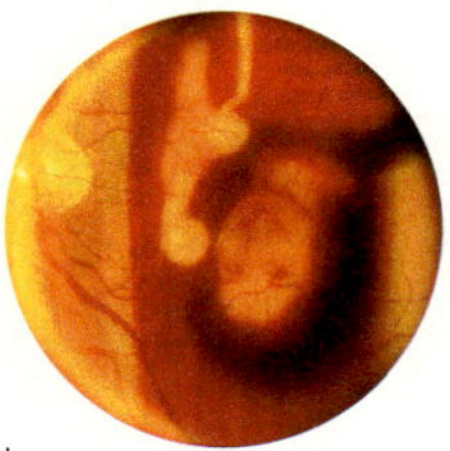

3 Das Bild auf der Netzhaut

Aufgaben

1 Wo werden in der Technik Linsen verwendet?
Unterscheide Sammellinsen und Zerstreuungslinsen.

2 Oft haben nachtaktive Tiere besonders große Augen. Erkläre.

3 Erstelle eine Lernkartei, die die neuen Fachbegriffe dieser Doppelseite enthält.

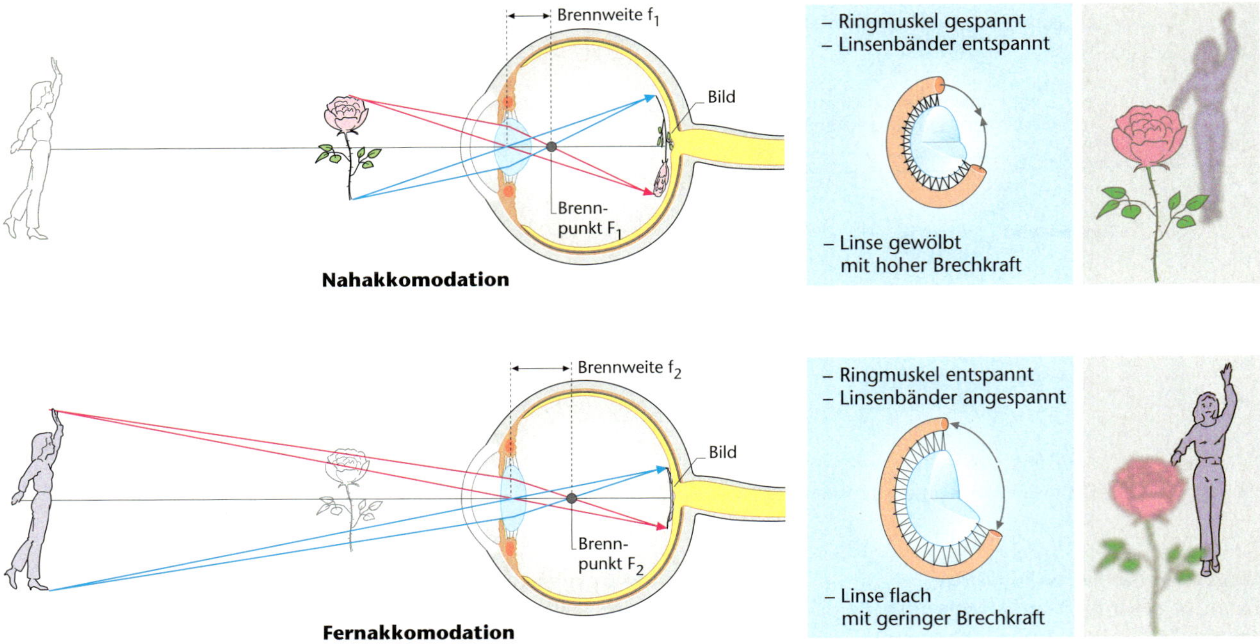

1 Akkomodation mithilfe des Ringmuskels

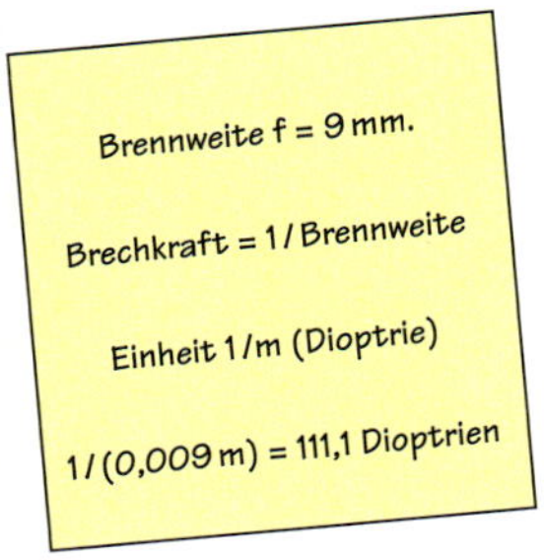

2 Die Berechnung der Brechkraft

Scharf soll es sein

Du kannst die Rose, die du in der Hand hältst, und den Menschen, der von weitem auf dich zukommt, nie gleichzeitig scharf sehen. Deine Augen stellen sich automatisch auf eine bestimmte Entfernung ein. Du siehst entweder die Rose oder den Menschen scharf (▷ B 1).

Wird die Rose betrachtet, zieht sich im Auge der Ringmuskel zusammen. Er verkürzt sich und nähert sich der Linse. Die Linsenbänder erschlaffen daher etwas und ziehen nicht mehr so stark an der Linse. Da diese elastisch ist, wölbt sie sich jetzt stärker. Diese stärkere Wölbung erhöht die Brechkraft der Linse und die Bildpunkte werden genau auf der Netzhaut abgebildet. Dadurch sieht man die Rose scharf.

Fixiert man den Menschen auf der gegenüber liegenden Seite des Platzes, erschlafft der Ringmuskel. Er wird länger und zieht die Linsenbänder sehr straff. Die Linse wird stark abgeflacht und ihre Brechkraft ist nun verringert. Die Bildpunkte entstehen genau auf der Netzhaut und der von weitem näher kommende Mensch kann erkannt werden.

Das Auge kann durch die elastische Linse seine Brechkraft verändern. Es passt sich so an verschiedene Entfernungen an. Diese Anpassung wird **Akkomodation** genannt.

Die Berechnung der Brechkraft

Die Brechkraft von Linsen wird in **Dioptrien** (dpt) angegeben. Sie ist abhängig vom Abstand (Brennweite) zwischen der Linsenmitte und dem Punkt (Brennpunkt), in dem sich die gebrochenen Lichtstrahlen treffen (▷ B 1).
Eine Linse mit der **Brennweite** von 1m hat eine **Brechkraft** von genau 1/1m = 1dpt. Die Brechkraft ist also der Kehrwert der Brennweite.

▶ Akkomodation ist die Anpassung des Auges an unterschiedliche Entfernungen durch Veränderung der Brechkraft der Linse. Die Brechkraft wird in Dioptrien angegeben.

Aufgaben

1 a) Betrachte von der Seite ein Auge deines Nachbarn während der Nah- und Fernakkomodation.
b) Beschreibe deine Beobachtung und erkläre.

2 Langes Nahsehen bewirkt ein Ermüden der Augen. Begründe.

3 a) Berechne, wie groß die Brennweite bei einer Brechkraft von 40 dpt ist.
b) Wie würde sich die Brennweite ändern, wenn die Brechkraft steigt? Begründe.

Was steht dort vorn auf dem Straßenschild?

Manche Menschen haben es als Beifahrer in fremden Städten besonders schwer. Im Stadtplan erkennen sie alles gut, aber die Straßenschilder erscheinen unscharf. Menschen, die in der Nähe alles scharf, aber entfernte Dinge nur verschwommen erkennen können, leiden an **Kurzsichtigkeit**. Bei Kurzsichtigen arbeitet die Linse normal, aber der Augapfel ist zu lang (▷B 1a). Daher entsteht das scharfe Abbild eines Gegenstandes vor der Netzhaut. Diese Fehlsichtigkeit lässt sich durch eine Zerstreuungslinse ausgleichen, die das scharfe Abbild auf die Netzhaut verlegen kann (▷B 1b).

Eine andere Sehschwäche ist die **Weitsichtigkeit**. Entferntere Gegenstände werden deutlich gesehen, nahe Gegenstände werden nur unscharf wahrgenommen. Auch hier ist die Augenlinse nicht die Ursache, der Augapfel ist zu kurz. Das scharfe Abbild des Gegenstandes entsteht hinter der Netzhaut. Eine Sammellinse vor dem Auge kann hier für eine stärkere Brechung der Lichtstrahlen sorgen.

▶ Kurzsichtigkeit und Weitsichtigkeit sind häufige Sehfehler, bei denen die Länge des Augapfels verändert ist.

Die Arme sind nicht mehr lang genug

Wenn beim Lesen der Abstand von Augen und Text sehr groß sein muss, liegt meist eine **Altersweitsichtigkeit** vor. Diese Sehschwäche wird durch die altersbedingt abnehmende Elastizität der Linse hervorgerufen. Die Linse wölbt sich nicht mehr so stark, ihre Brechkraft sinkt. Das scharfe Abbild naher Gegenstände entsteht hinter der Netzhaut (▷B 1c). Reicht die Länge der Arme als Ausgleich nicht mehr aus, ist eine Lesebrille mit Sammellinsen erforderlich.

▶ Die Altersweitsichtigkeit wird durch eine abnehmende Linsenelastizität hervorgerufen.

Um Sehschwächen auszugleichen, werden oft Brillen verwendet. Sie können so schick sein, dass manche Menschen sogar Brillen mit Fensterglas tragen, weil sie gar keinen Sehfehler haben.

Häufig werden auch Kontaktlinsen bevorzugt (▷B 2). Diese feinen, beinahe unsichtbaren Linsen aus Kunststoff schwimmen direkt vor der Hornhaut in der Tränenflüssigkeit. Sie müssen aufwändiger gepflegt werden als Brillen.

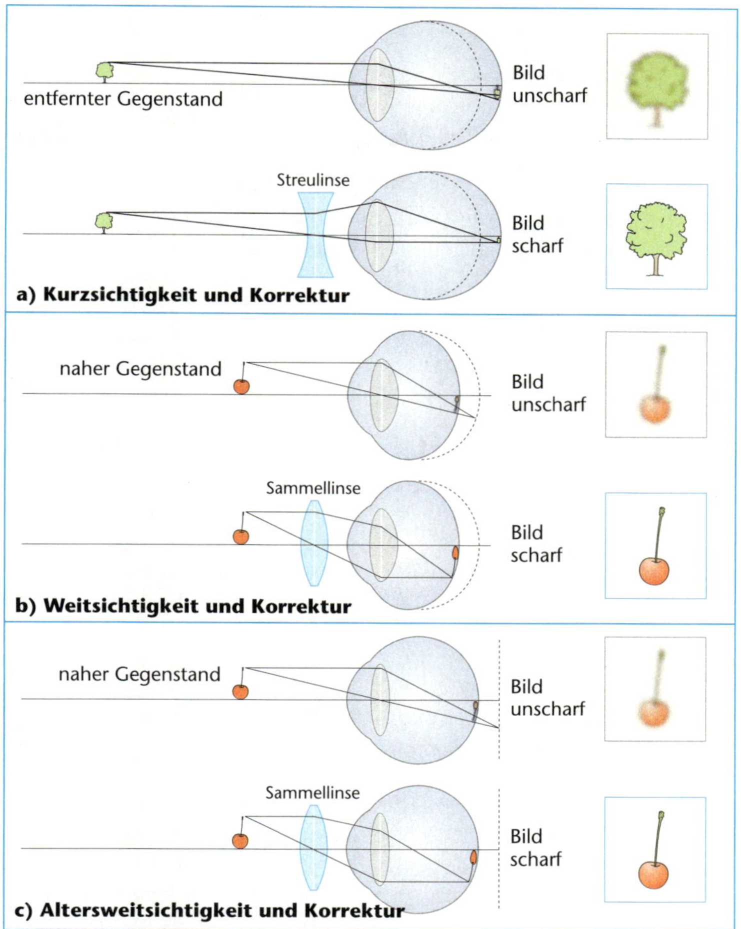

1 Kurzsichtigkeit, Weitsichtigkeit, Altersichtigkeit

Aufgaben

1 Unterscheide Weitsichtigkeit und Altersweitsichtigkeit voneinander.

2 a) Beschreibe Ursache und Symptome der Kurzsichtigkeit.
b) Welche Hilfsmittel werden bei Kurzsichtigkeit verwendet? Wie wirken sie?

3 Eine weitere Sehschwäche ist der Astigmatismus. Sammle Informationen dazu und halte darüber ein Kurzreferat.

4 a) Schaue dir einen Brillenpass an und informiere dich, welche Angaben er enthält. Was bedeuten die Abkürzungen Sph., Zyl., Ach. und Add.?
b) Warum soll der Brillenpass im Portemonnaie aufbewahrt werden?

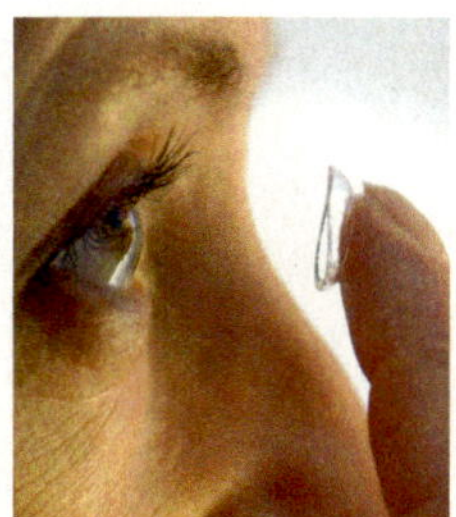

2 Aufsetzen einer Kontaktlinse

Werkstatt

Versuche zum Sehen

1 So wird das Auge geschützt

Material
Lidschlussbrille oder Schutzbrille, Gummischlauch und Gummiball

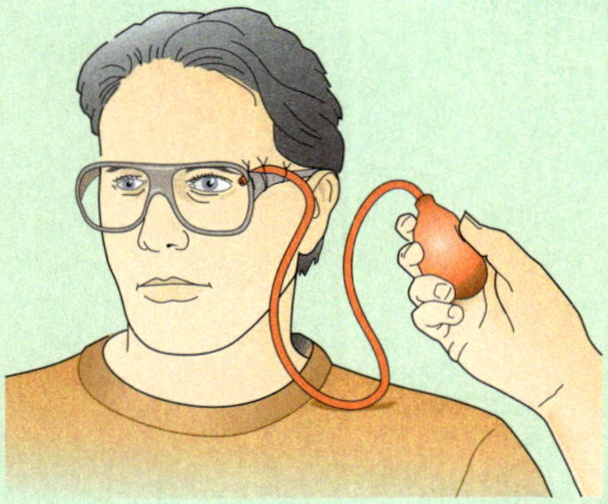

Durchführung
Arbeitet paarweise.
a) Setze die Lidschlussbrille auf. Deine Augen bleiben geöffnet. Dein Nachbar drückt aus dem Gummiball kurz und kräftig Luft heraus und beobachtet dabei deine Augenlider.

b) Führt den Versuch auch mit vertauschten Rollen durch.

Beschreibt eure Beobachtungen und erklärt.

2 Wie reagieren die Pupillen?

Führt diesen Versuch in Partnerarbeit durch.

1 Zu Versuch 2

2 Zu Versuch 3

a) Dein Nachbar schließt beide Augen und hält sie sich zusätzlich mit den Handflächen zu (▷ B 1). Nach etwa einer halben Minute werden die Hände weggenommen und die Augen geöffnet. Der Blick wird schnell zur Lampe oder zum hellen Fenster gerichtet. Beobachte sofort die Pupillen deines Nachbars. Erläutere.

b) Wie a), aber es wird nur ein Auge geschlossen und abgedeckt. Beobachte wieder sofort die Pupillen. Ziehe eine Schlussfolgerung.

3 Siehst du das Kreuz?

Halte das Biologiebuch mit ausgestreckten Armen vor dich hin. Fixiere mit dem rechten Auge den dicken schwarzen Punkt in der Abbildung 2. Halte das linke Auge geschlossen.
Führe nun langsam das Buch auf dein geöffnetes Auge zu. Der schwarze Punkt wird weiterhin fixiert, achte aber gleichzeitig auf das unscharf erscheinende schwarze Kreuz. Notiere deine Beobachtung und begründe.

4 Wie nah dürfen Gegenstände sein?

Material
Lineal (30 cm lang), Stift

Durchführung
Führt diesen Versuch zu zweit durch.

a) Dein Partner/in sollte links von dir sitzen. Er/sie hält ein 30 cm-Lineal mit der Nullmarke an deine Nasenwurzel.
Du hältst in der rechten Hand einen Stift an das entfernte Ende des Lineals.
Schließe das linke Auge. Fixiere den Stift und bewege ihn langsam am Lineal auf das rechte Auge zu. Stoppe die Bewegung, wenn du den Stift nicht mehr scharf siehst.

Dein Partner liest die Entfernung des Stifts vom Auge auf dem Lineal ab.

b) Wie a), doch jetzt mit dem linken Auge.

Alter (Jahre)	Nahpunkt (cm)
10	7
20	9
30	12
40	22
50	40
60	100
70	400
75	∞

3 Nahpunkttabelle

Aufgaben
1. Welcher Wert ist zu erwarten (Tabelle ▷ B 3)?
2. Notiere die Ergebnisse beider Augen und vergleiche.
3. Wie müsste sich der Wert bei einem Weitsichtigen verändern? Begründe.

5 Wie groß ist dein Gesichtsfeld?

Material
Tafel-Geodreieck, Korken, rotes Klebeband, Tafel-Zirkel oder selbst gebauter Messzirkel (aus zwei 80 cm langen dünnen Leisten oder Bambusstäben, Musterklammer oder Blumendraht, zwei weiß bemalten Korken, Klebstoff)

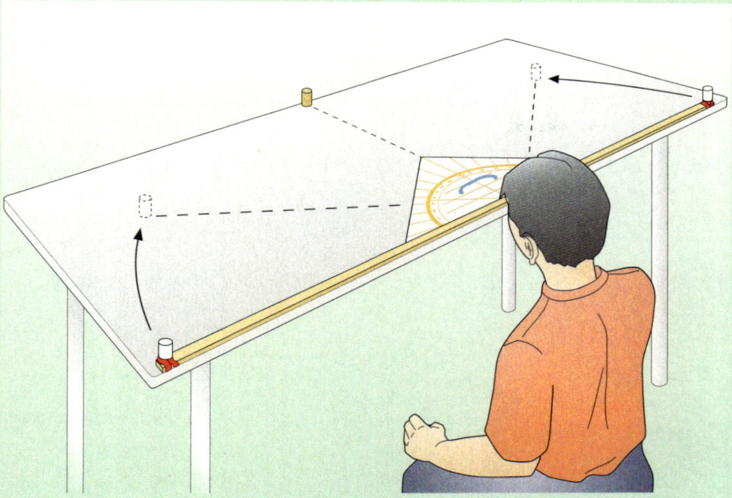

4 Messung des Gesichtsfeldwinkels

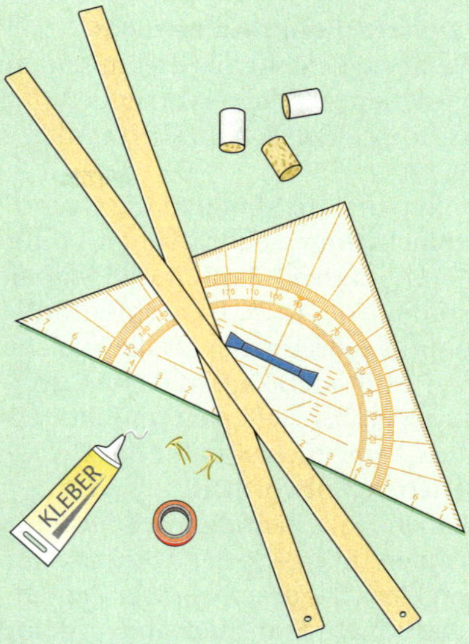

5 Material zu Versuch 5

Durchführung
Wenn nicht ausreichend Tafel-Zirkel vorhanden sind, baut ihr euren Messzirkel selbst (▷ B 5).
Die zwei Leisten werden an je einem Ende mit einer Bohrung versehen.
Mithilfe der Musterklammer werden die Leisten so verbunden, dass sie sich wie ein Zirkel bewegen lassen. An den Zirkelspitzen werden die Korken festgeklebt.

Arbeitet zu dritt.
a) Der Zirkel liegt aufgeklappt auf dem Tisch.
Die Versuchsperson kniet oder sitzt so vor dem Tisch, dass sich die Korken in Augenhöhe befinden (▷ B 4).
Sie fixiert den mittig aufgestellten Korken.
Jetzt führen die zwei Helfer die Schenkel des Zirkels gleichmäßig zusammen. Sie verkleinern langsam den Ausgangswinkel von 180°.
Die Versuchsperson signalisiert, wenn die äußeren Korken zu sehen sind. Jetzt wird mit dem Geodreieck der Winkel gemessen.

b) Vertauscht die Rollen und ermittelt für alle aus eurer Gruppe das Gesichtsfeld.

Aufgabe
Vergleicht die Werte von a) und b).

6 Funktioniert diese Kamera wie das Auge?

Dieser Versuch kann gut zu Hause durchgeführt werden.

Material
2 Pappröhren, die ineinander passen, 1 Stück Pappe (rund), Stricknadel oder spitzer Bleistift, Pergamentpapier, Klebstoff

Durchführung
Stelle dir eine Lochkamera her.
Auf das Ende der äußeren Pappröhre klebst du das runde Pappstück (▷ B 7), in dessen Mitte du vorher mit der Stricknadel ein kleines Loch gestochen hast (▷ B 6).
Ein Ende der inneren Röhre wird mit Pergamentpapier verschlossen (▷ B 8). Beide Röhren werden ineinander gesteckt.

Betrachte durch die Lochkamera einen hell beleuchteten Gegenstand im Raum.
Verschiebe die Röhren so ineinander, dass du den Gegenstand gut erkennen kannst.

Aufgaben
1. Beschreibe das Abbild des Gegenstandes.
2. Vollziehe in Gedanken den Verlauf der Lichtstrahlen nach und skizziere ihn.
3. Vergleiche mit dem menschlichen Auge.

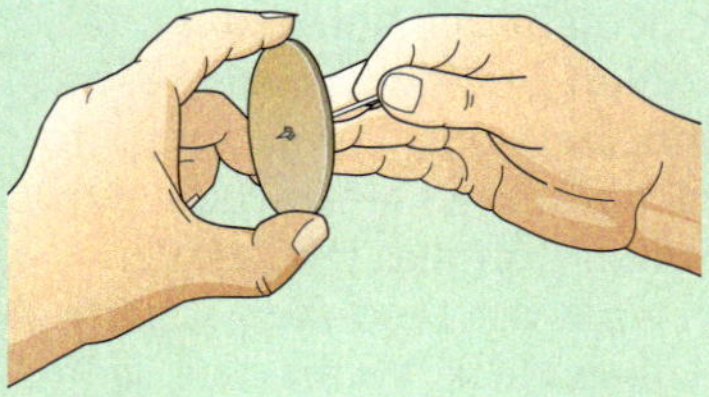

6 Einstechen des Lochs

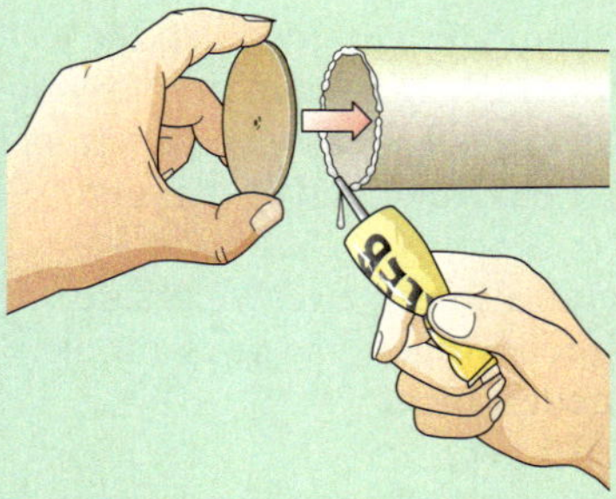

7 Aufkleben der Scheibe

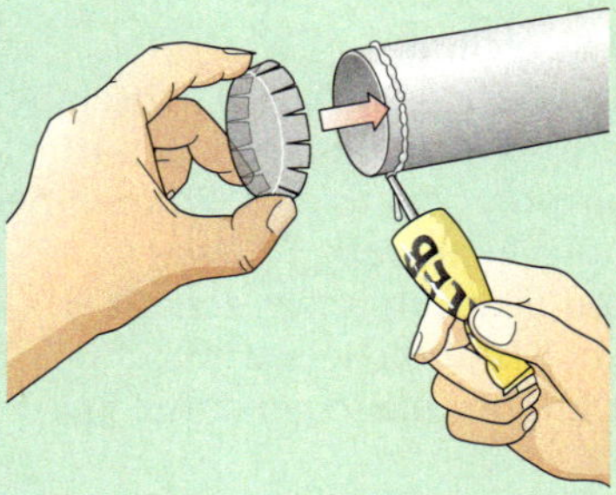

8 Befestigung der Mattscheibe

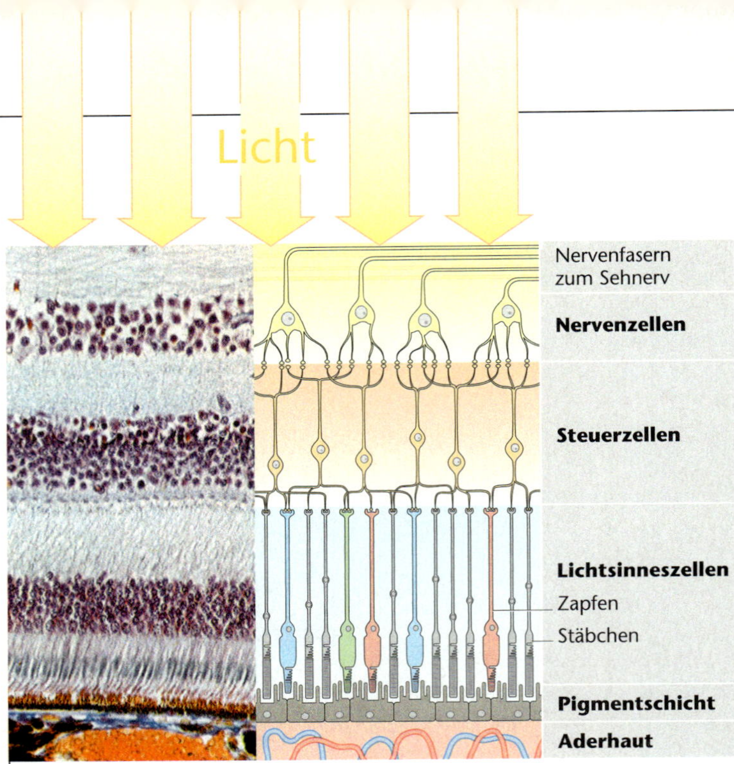

1 Die verschiedenen Zellschichten der Netzhaut

Drei Zellschichten sind vernetzt

Die Netzhaut besteht aus drei miteinander verbundenen Schichten von Zellen (▷ B 1): Lichtsinneszellen, Schaltzellen und Nervenzellen.
Die äußerste Schicht bilden die eigentlichen Lichtsinneszellen. Anhand ihrer Form werden sie in **Zapfen** und **Stäbchen** unterschieden (▷ B 2). Die Zapfen sind kürzer und gedrungener als die Stäbchen. Die 6–7 Millionen Zapfen dienen dem Farbensehen bei Helligkeit und die 125 Millionen Stäbchen sind für das Hell-Dunkel-Sehen verantwortlich.
Im Gelben Fleck befinden sich ausschließlich Zapfen. Je größer der Abstand zum Gelben Fleck ist, desto weniger Zapfen und desto mehr Stäbchen sind vorhanden. In den Randbereichen der Netzhaut gibt es nur Stäbchen.

Die mittlere Schicht der Netzhaut wird von **Schaltzellen** gebildet. Sie stehen mit den Lichtsinneszellen in Verbindung. Im Gelben Fleck hat immer eine Schaltzelle zu einem Zapfen Kontakt. Die 1:1-Verschaltung bewirkt das besonders scharfe Sehen im Gelben Fleck. Wenn dort Licht auf die Zapfen fällt, ergeben sich so viele Bildpunkte wie Zapfen belichtet wurden. In den anderen Netzhautbereichen sind bis zu 100 Sinneszellen mit einer Schaltzelle verbunden.

Die Schaltzellen kontaktieren auch die innerste Schicht der Netzhaut, die **Nervenzellen**. Deren lange Fortsätze verlassen im Blinden Fleck das Auge und bilden den Sehnerv.
Das Licht muss also erst zwei Netzhautschichten durchdringen, bevor es auf die Lichtsinneszellen trifft.

▶ Die Netzhaut besteht aus Lichtsinneszellen, Schaltzellen und einer dritten Schicht Nervenzellen, deren Fortsätze den Sehnerv bilden.

Zerfall und Recycling

Die Lichtsinneszellen enthalten lichtempfindliche Farbstoffe. In den Stäbchen ist es der **Sehpurpur**, der aus dem Vitamin A im Körper aufgebaut wird.
Fällt Licht auf den Sehpurpur, zerfällt er sofort in zwei Bestandteile. Es entsteht ein elektrischer Impuls, die so genannte Erregung.

Diese Erregung reizt die nachfolgende Schaltzelle und diese wiederum eine Nervenzelle, die die Erregung über den Sehnerv an das Gehirn weiterleitet. Im Stäbchen wird der Sehpurpur aus den zwei Bestandteilen wieder aufgebaut (▷ B 2).

▶ Sehfarbstoffe in den Lichtsinneszellen zerfallen bei Belichtung und die entstehende Erregung wird zum Sehnerv weitergeleitet. Zerfallene Sehfarbstoffe werden aus ihren Bestandteilen wieder aufgebaut.

Nachts sind alle Katzen grau

Ist man nachts oder in der Dämmerung unterwegs, kann man Farben kaum wahrnehmen, jedoch unterschiedliche Grautöne. Wenn wenig Licht vorhanden ist, werden in der Netzhaut nur die Stäbchen erregt. Für das Farbensehen sind die Zapfen zuständig. Deren Sehfarbstoffe zerfallen erst bei relativ hellem Licht.
Nur drei verschiedene Zapfentypen ermöglichen es uns, alle denkbaren Farbtöne zu unterscheiden. Blaues, grünes oder rotes Licht erregt je einen Zapfentyp (▷ B 3). Fällt weißes Licht ins Auge, das sich aus roten, grünen und blauen Anteilen zusammensetzt, geht von allen drei Zapfentypen eine Erregung aus. Sind aber nur Rot- und Grün-Zapfen angesprochen, wird nach dem Prinzip der **additiven Farbmischung** (▷ B 4) die Farbe Gelb wahrgenommen.

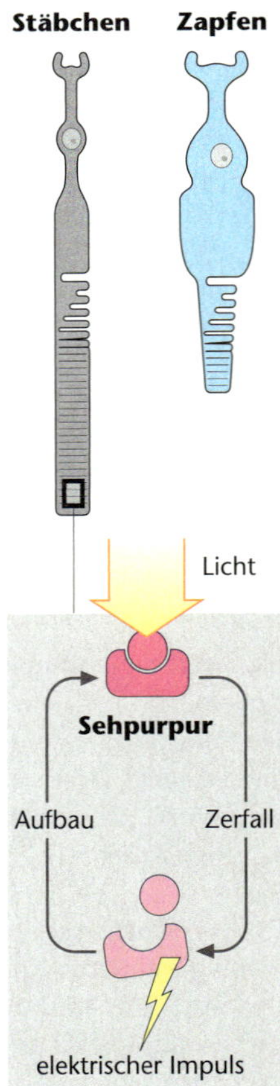

2 Zerfall des Sehpurpurs durch Licht

Bewegte Bilder
Betrachtet man einen Filmstreifen oder die Seiten eines Daumenkinos, sieht man viele Einzelbilder. Bei jedem Bild werden Lichtsinneszellen erregt. Diese Erregung klingt erst nach 1/18 Sekunde ab, die Sinneszellen sind träge. Sieht man das folgende Bild bereits während der abklingenden Erregung, kommt es zu einer Überlagerung abklingender und neuer Erregung. Dann entsteht im Gehirn der Eindruck einer kontinuierlichen Bewegung. Filmgeräte zeigen etwa 20 Bilder pro Sekunde.
Bei Katzen und Meerschweinchen sind etwa 30, bei Fliegen sogar 240 Bilder pro Sekunde erforderlich, damit Einzelbilder zu einem Film verschmelzen. Der Kinoabend des Menschen wäre also für einige Tiere eine Diashow.

Räumliches Sehen
Jedes Auge nimmt Informationen aus einem bestimmten **Gesichtsfeld** auf. Im Überschneidungsbereich der zwei Gesichtsfelder (▷ B 6) werden die Gegenstände mit beiden Augen gesehen. Betrachtet man einen Stift aus der Nähe und schließt mehrmals abwechselnd ein Auge, scheint der Stift hin- und herzuspringen. Dieser Eindruck entsteht, weil wir wegen des Augenabstands den Stift aus zwei verschiedenen Blickrichtungen sehen. Beim Sehen mit beiden Augen verarbeitet das Gehirn zwei Bilder und es entsteht ein räumlicher Eindruck. Die Raumwirkung verringert sich mit zunehmender Entfernung vom betrachteten Gegenstand, da die Netzhautbilder beider Augen immer ähnlicher werden.

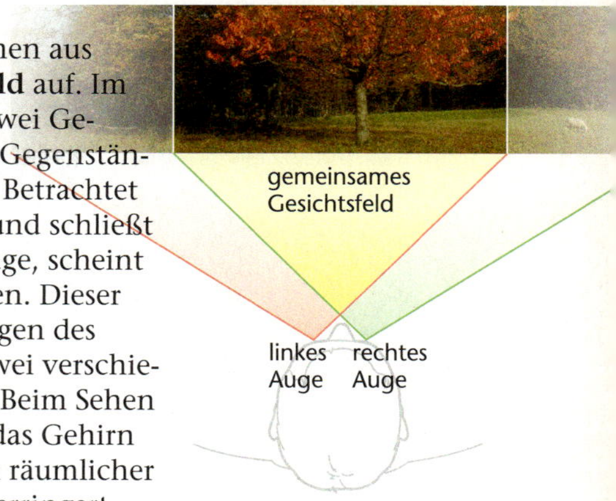

5 Räumliches Sehen

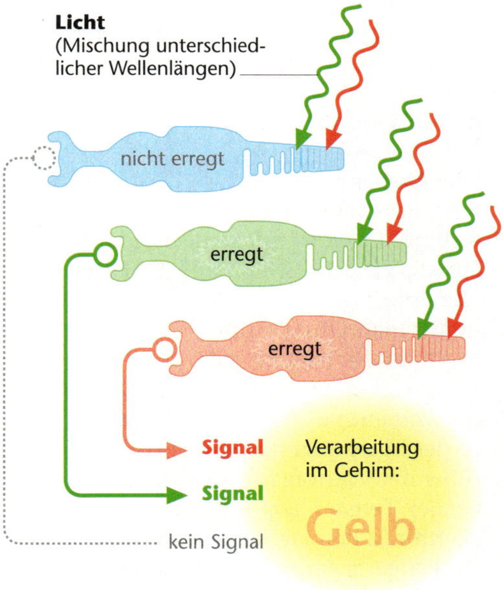

3 Zapfen reagieren auf unterschiedliche Farbspektren.

Versuche

1 a) Lege ein weißes Blatt neben das Buch. Fixiere mit einem Auge den kleinen Punkt im Zentrum von Abbildung 6. Sieh nach einer Minute mit dem offenen Auge auf das weiße Blatt.
b) Was kannst du sehen?
c) Informiere dich über das Thema „Nachbilder" und erkläre das Versuchsergebnis.

2 Leuchte im abgedunkelten Raum mit einer roten und einer blauen Glühlampe so auf den Tisch, dass sich die Lichtkegel teilweise überschneiden. Welche Farbe entsteht bei dieser additiven Farbmischung?

6 Zu Versuch 1

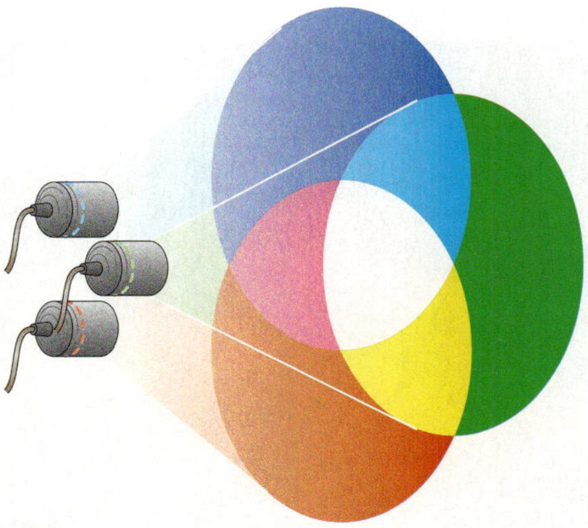
4 Farbaddition

Aufgaben

1 Erfasse alle neuen Begriffe dieser Doppelseite in der Lernkartei.

2 Beschreibe anhand des Netzhautaufbaus den Sehvorgang.

3 Wenn du in einer klaren Nacht einen Stern fixieren möchtest, scheint er zu verschwinden. Begründe.

4 Informiere dich über das Farbmischungsprinzip in der Kunst. Berichte.

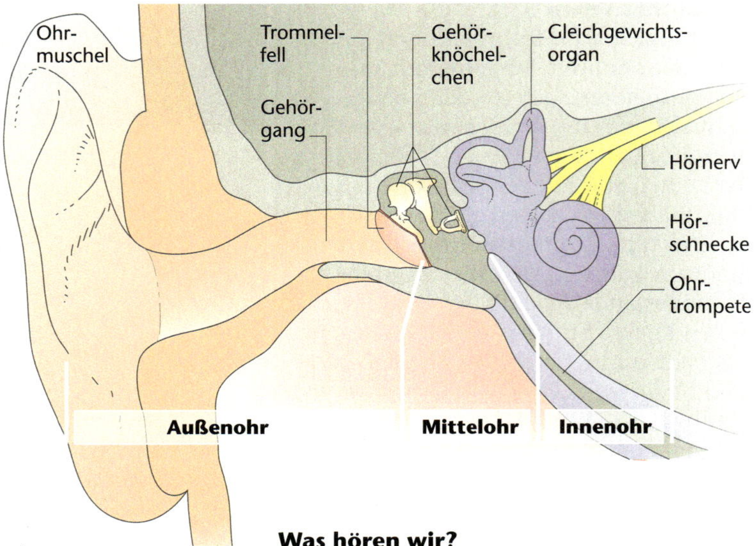

1 Der Aufbau des menschlichen Ohrs

Was hören wir?
Das Hörorgan unterstützt den Sehsinn äußerst effektiv. Es ist sehr empfindlich und liegt geschützt im Schädel.
In der Entwicklungsgeschichte des Menschen war es überlebenswichtig, Gefahren und Tiere an Geräuschen zu erkennen.
Geräusche sind **Schalldruckwellen**, die sich in alle Richtungen, auch um die Ecke ausbreiten. Sie entstehen, wenn z. B. Stimmbänder, Klaviersaiten oder ein Gong in Schwingung versetzt werden. Die Schwingungen werden an die Luft übertragen und breiten sich als Luftdruckschwankungen aus. Sie können in gasförmigen, flüssigen oder festen Stoffen weitergegeben werden.

Der Weg der Schalldruckwellen im Ohr
Über die Luft gelangen die Druckwellen zum Außenohr (▷ B 1). Von der Ohrmuschel werden sie wie in einem Trichter gesammelt, wodurch der Schalldruck verstärkt wird. Die Druckwellen werden in den leicht gebogenen Gehörgang geleitet. Der 2 cm lange Gang endet am Trommelfell, einem Häutchen, welches das Außenohr und eine kleine Knochenhöhle, das Mittelohr, voneinander trennt.

Am **Trommelfell** ist innen das erste Gehörknöchelchen, der **Hammer**, angewachsen. Trifft die Druckwelle auf das Trommelfell, gerät der Hammer und mit ihm die zwei weiteren Gehörknöchelchen **Amboss** und **Steigbügel** in Schwingung. Alle drei sind wie Hebel miteinander verbunden. Dadurch wird die Übertragung des Drucks verbessert.
Der Steigbügel überträgt die Druckwellen auf das **Ovale Fenster**, ein winziges Knochenfenster, das mit einem Häutchen Mittelohr und Innenohr abgrenzt.

Die Druckerhöhungen sind notwendig, weil die Schalldruckwelle aus dem luftgefüllten Mittelohr nur schlecht auf die mit Flüssigkeit gefüllten Gänge der **Hörschnecke** übertragen wird. Diese Flüssigkeit nennt man **Ohrlymphe**. Die Hörschnecke im Innenohr besteht aus 2,5 Windungen. Sie ist mit einem Hautschlauch ausgekleidet und enthält drei häufige Gänge (▷ B 2). In der Mitte liegt der Schneckengang, darüber der Vorhofgang, der hinter dem Ovalen Fenster beginnt und am Schneckentor in den Paukengang übergeht. Der Paukengang endet am **Runden Fenster**, das wieder zum Mittelohr führt.

Die Druckwellen bringen das Ovale Fenster und damit auch die Ohrlymphe zum

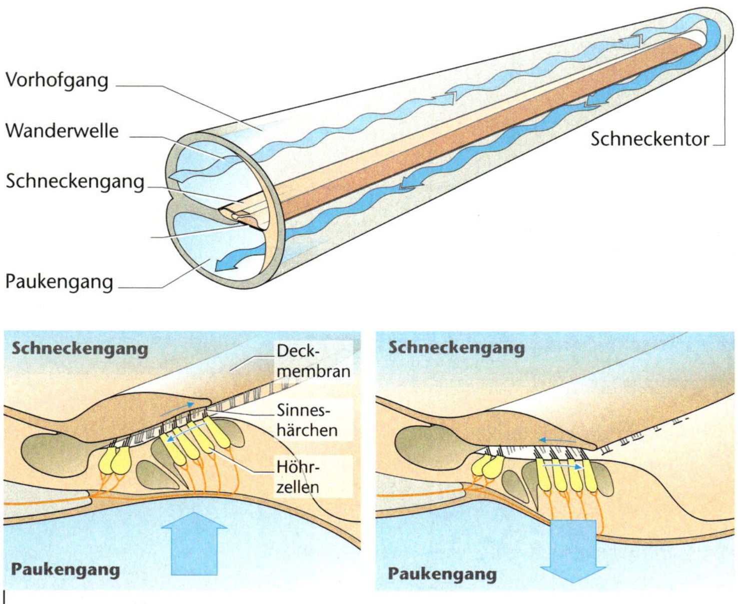

2 Der Hörvorgang in der Hörschnecke (gestreckt)

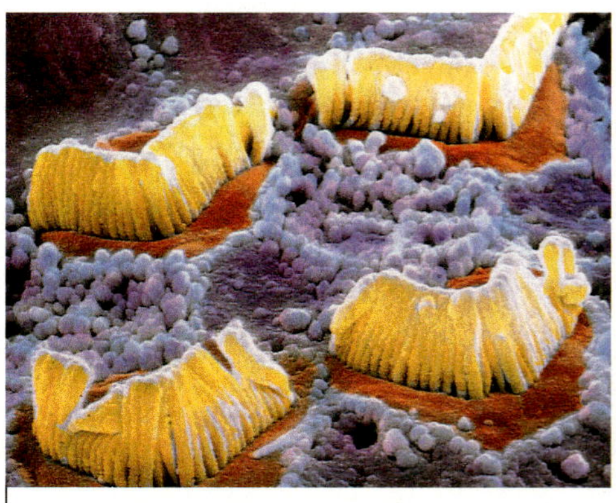

3 Hörsinneszellen (EM-Aufnahme)

Schwingen. Sie durchlaufen den Vorhofgang und den Paukengang. Über das Runde Fenster werden die Druckwellen wieder in das luftgefüllte Mittelohr entlassen. Die Paukenhöhle ist über die Ohrtrompete mit dem Rachenraum verbunden. Druckänderungen wie beim Starten oder Landen mit dem Flugzeug oder beim Fahrstuhlfahren kann man deshalb durch Schlucken und Gähnen ausgleichen.

Der Hörvorgang

Die Schwingungen im Vorhofgang und im Paukengang übertragen sich auf den Schneckengang (▷ B 2). Dadurch schwingt auch die Basilarmembran gegen die Deckmembran. Die dazwischen stehenden Sinneshaare (▷ B 3) der Sinneszellen werden verbogen.
Dieser mechanische Reiz erregt die Sinneszellen, die die elektrischen Impulse auf die nachfolgenden Nervenzellen übertragen. Deren lange Fortsätze vereinigen sich zum Hörnerv, und leiten die Erregung zum Gehirn weiter, wo der Höreindruck entsteht.

Die Schalldruckwellen bewirken eine mechanische Reizung der Sinneszellen.

Hoch oder tief

Unterschiedliche Tonhöhen variieren in der Anzahl der Schwingungen pro Zeiteinheit, man spricht von der **Frequenz**. Die Einheit Hertz (Hz) ist nach dem Physiker HEINRICH HERTZ (1857–1894) benannt.
Ein Hz entspricht einer Schwingung pro Sekunde. Hohe Töne haben eine hohe Frequenz, niedrige Töne eine geringe Frequenz (▷ B 4).
Man hat herausgefunden, dass bei verschiedenen Tonhöhen unterschiedliche Bereiche des Hautschlauchs stark schwingen, die anderen bewegen sich kaum.
Bei hohen Tönen schwingt der vordere Teil des Hautschlauchs nahe am Ovalen Fenster besonders heftig. Je niedriger die Frequenz, desto näher am Schneckentor schwingt der Hautschlauch.

Unterschiedliche Tonhöhen werden über die Orte der mechanischen Reizung wahrgenommen.

Woher kommt das Geräusch?

Das Ohr, welches der Schallquelle zugewandt ist, nimmt die Geräusche ein wenig früher und etwas lauter wahr als das abgewandte. So kommen die Signale beider Ohren mit zeitlich winzigen Unterschieden im Gehirn an.
Anhand dieser Differenzen kann das Gehirn die Richtung ermitteln, in der die Schallquelle liegt.

Durch das Hören mit zwei Ohren ist das Richtungshören möglich.

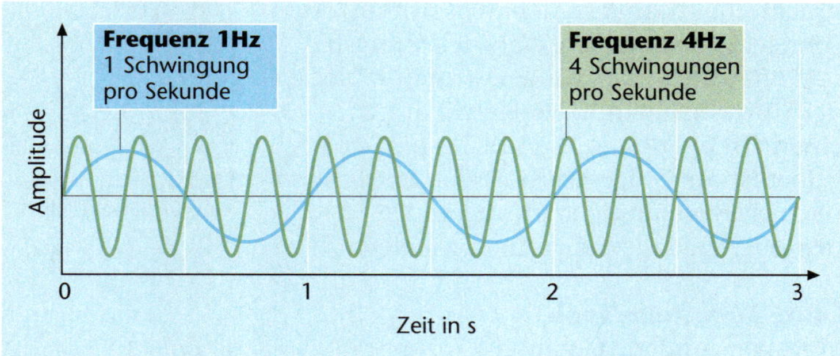

4 Hohe und niedrige Frequenzen

Aufgaben

1 Beschreibe den Weg der Schalldruckwellen im Ohr.

2 a) Erkläre, wo und wie es zu Schalldruckverstärkungen kommt.
b) Warum sind die Druckverstärkungen nötig?

3 Bei Schnupfen können auch Ohrenschmerzen auftreten. Begründe.

4 Erkläre deinem Nachbarn/deiner Nachbarin den Hörvorgang.

5 a) Informiere dich über die Funktion des Ohrenschmalzes und berichte.
b) Ist die Verwendung von Wattestäbchen zum Reinigen des Gehörgangs sinnvoll? Begründe.

6 Erläutere, warum es beim Tauchen zu einem Druckgefühl in den Ohren kommt.

Versuch

1 Hänge zwei Tamburine wie in (▷ B 5) auf. Ein Tischtennisball wird so aufgehängt, dass er am Trommelfell eines Tamburins anliegt.
a) Trommle auf das andere Tamburin. Was beobachtest du? Erläutere.
b) Übertrage deine Beobachtung auf das Ohr.

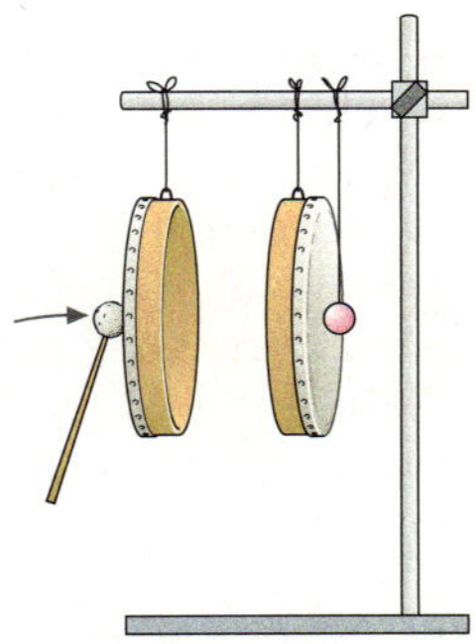

5 Zu Versuch 1

Der Hörbereich des Menschen

Im Verlauf des Lebens ändert sich der **Hörbereich**. Der tiefste hörbare Ton liegt bei 16 Hz, der höchste hörbare Ton beträgt bei Kindern etwa 20 kHz und ist vom Alter abhängig (▷ B 1). Das Hörvermögen nimmt mit zunehmendem Alter im Hochtonbereich dramatisch ab. Das liegt an der Abnutzung der Sinneshärchen. Alle Schalldruckwellen wandern über den Anfang der Schnecke hinweg, den Wahrnehmungsbereich für die hohen Töne. Die Abnutzung der Sinneshärchen ist vergleichbar mit einem Treppenhaus, das mit Teppich ausgelegt ist: Im Erdgeschoss ist der Teppich nach einigen Jahren stark abgenutzt, in den oberen Etagen aber noch wie neu.

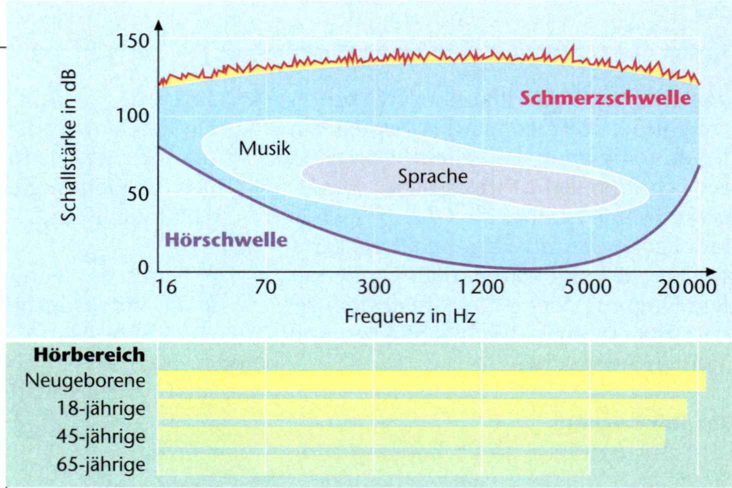

1 Hörbereiche in Abhängigkeit vom Alter

Laute Töne, leise Töne

Wahrgenommene Geräusche variieren in der Lautstärke. Werden laute Geräusche erzeugt, schwingen die Schallquellen stärker. Dementsprechend ist die **Amplitude** der Schalldruckwelle größer (▷ B 2), sie führt zu einer stärkeren Reizung der Hörsinneszellen.

Die Lautstärke wird in Dezibel (dB) gemessen. Eine Erhöhung der Lautstärke um 10 dB entspricht der Verzehnfachung der Schallstärke, die auf unsere Ohren trifft. Diese Verzehnfachung nehmen wir jedoch nur als doppelte Lautstärke wahr. Deshalb ist bei sehr lauten Geräuschen Vorsicht geboten (▷ B 3), da sie die feinen Hörsinneszellen im Innenohr beschädigen können.

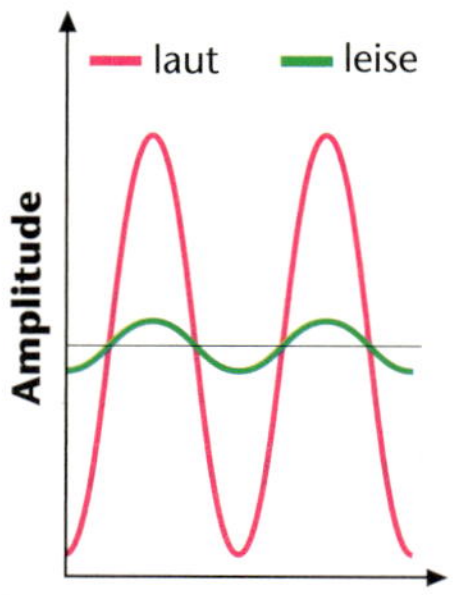

2 Amplituden eines lauten und leisen Tons

▶ Die zehnfache Schallstärke nehmen wir nur als doppelte Lautstärke wahr.

Hörschwelle und Schmerzschwelle

Die Mindestlautstärke, die an unser Ohr gelangen muss, damit wir überhaupt etwas hören, heißt **Hörschwelle**. Bei sehr hohen und tiefen Tönen ist die Hörschwelle recht hoch. Im mittleren Hörbereich ist das menschliche Ohr ausgesprochen empfindlich, die Hörschwelle ist niedrig (▷ B 1).

Geräusche können auch Schmerzen verursachen. Die **Schmerzschwelle** ist bei verschiedenen Tonfrequenzen auch unterschiedlich hoch (▷ B 1).

In dem Bereich, wo Hörschwelle und Schmerzschwelle am weitesten entfernt liegen, befindet sich der Sprechbereich. Er umfasst Frequenzen von 250 – 5000 Hz.

Geräusch	Schallstärke
Explosion	130 dB
Düsenjet	120 dB
Motorrad	100 dB
laute Musik	80 dB
Straßenverkehr	70 dB
lautes Sprechen	60 dB
leises Sprechen	40 dB
Flüstern	30 dB
Blätterrauschen	20 dB

Die Ohren können wir nicht schließen

Unser Ohr nimmt pausenlos die Reize aus der Umgebung auf. Ist der Schalldruck zu hoch oder dauert er zu lange an, kann er das Gehör schädigen und zu Schwerhörigkeit oder Taubheit führen.

Für Arbeitsplätze ist ab 85 dB ein Gehörschutz empfohlen. Im Straßenverkehr gibt es Tempolimits, die den Dauerlärm für Anwohner reduzieren.

Im privaten Bereich muss jeder selbst darauf achten, dass die Hörsinneszellen nicht geschädigt werden. Nur dann kann man sich weiterhin wie gewohnt mit anderen verständigen. Beim Musikhören mit Kopfhörern ist die Lautstärke oft sehr hoch, es sollten häufig längere Pausen eingelegt werden. Und nach einem lauten Diskoabend brauchen die Ohren mindestens acht Stunden Ruhe. Manche Musikstars leiden unter dauerhaften Hörschäden, sie tragen bei Konzerten oft einen Gehörschutz. Auch Konzertbesucher vor den Boxen sollten ihre Ohren vor Dauerschäden schützen.

▶ Sehr hohe oder lang andauernde Schalldrücke können zu dauerhaften Gehörschäden führen.

Aufgaben

1 Betrachte das Diagramm in Bild 1.
a) Erkläre ausführlich den Verlauf von Hörschwelle und Schmerzschwelle.
b) Die Sprache liegt besonders günstig im Hörbereich des Menschen. Begründe.

2 Überlege, in welchen Berufsgruppen ein Gehörschutz getragen werden muss.

3 Erstelle ohrenfreundliche Verhaltensregeln für den Diskothekenbesuch.

Im Innenohr liegen zwei weitere Sinne
Wenn du dich auf Inlinern schnell gedreht hast, musst du dich oft neu orientieren. Der **Drehsinn** (▷ B 1a) lässt uns Drehbewegungen bewusst empfinden und dient zusammen mit dem Lagesinn der Orientierung im Raum. Über den **Lagesinn** nimmt man die Kopfhaltung wahr.
Beide Sinne liegen geschützt im Innenohr: Die Drehsinnesorgane befinden sich in den Bogengängen, die Lagesinnesorgane in den Vorhofsäckchen (▷ B 1b). Sowohl die Bogengänge als auch die Vorhofsäckchen sind mit Lymphflüssigkeit gefüllt.

Der Drehsinn
Die drei Bogengänge stehen wie die drei Raumebenen senkrecht aufeinander. Jeder Bogengang endet mit einer Erweiterung, der Ampulle. In der **Ampulle** sitzen die Sinneszellen, ihre Sinneshärchen ragen in eine hohe Gallertkappe hinein.
Wird der Kopf gedreht, bewegt sich die träge Lymphe im Bogengang zunächst nicht mit. Daher verbiegt sich die **Gallertkappe** und mit ihr die Sinneshärchen. Dieser Reiz erregt die Sinneszellen. Diese senden Impulse aus, welche über Nervenzellen zum Gehirn gelangen. Der Eindruck der Drehbewegung wird aus den Impulsen aller Drehsinnesorgane ermittelt.

▶ Drehbewegungen des Kopfes werden über die drei Bogengänge wahrgenommen.

Der Lagesinn
Jedes Ohr enthält zwei Lagesinnesorgane. Bei normaler Kopfhaltung liegt das Lagesinnesorgan in der Horizontalen, das andere in der Vertikalen. Ein **Lagesinnesorgan** besteht aus Sinneszellen, die mit Sinneshärchen versehen sind. Diese ragen in eine Gallertplatte hinein, in die **Kalkkristalle** eingelagert sind (▷ B 1b).
Bei einer Seitneigung des Kopfes werden die Sinneshärchen durch die Schwerkraft, die auf die Gallertplatte wirkt, verbogen. Dieser **mechanische Reiz** führt zur Erregung der Sinneszellen, die über den Nerv an das Gehirn weitergeleitet wird. Das Gehirn verarbeitet die Impulse aller Lagesinnesorgane und informiert über die Kopfhaltung. Auch die Körperhaltung wird dadurch beeinflusst.

▶ Der Lagesinn registriert anhand der Schwerkraft die Kopfhaltung.

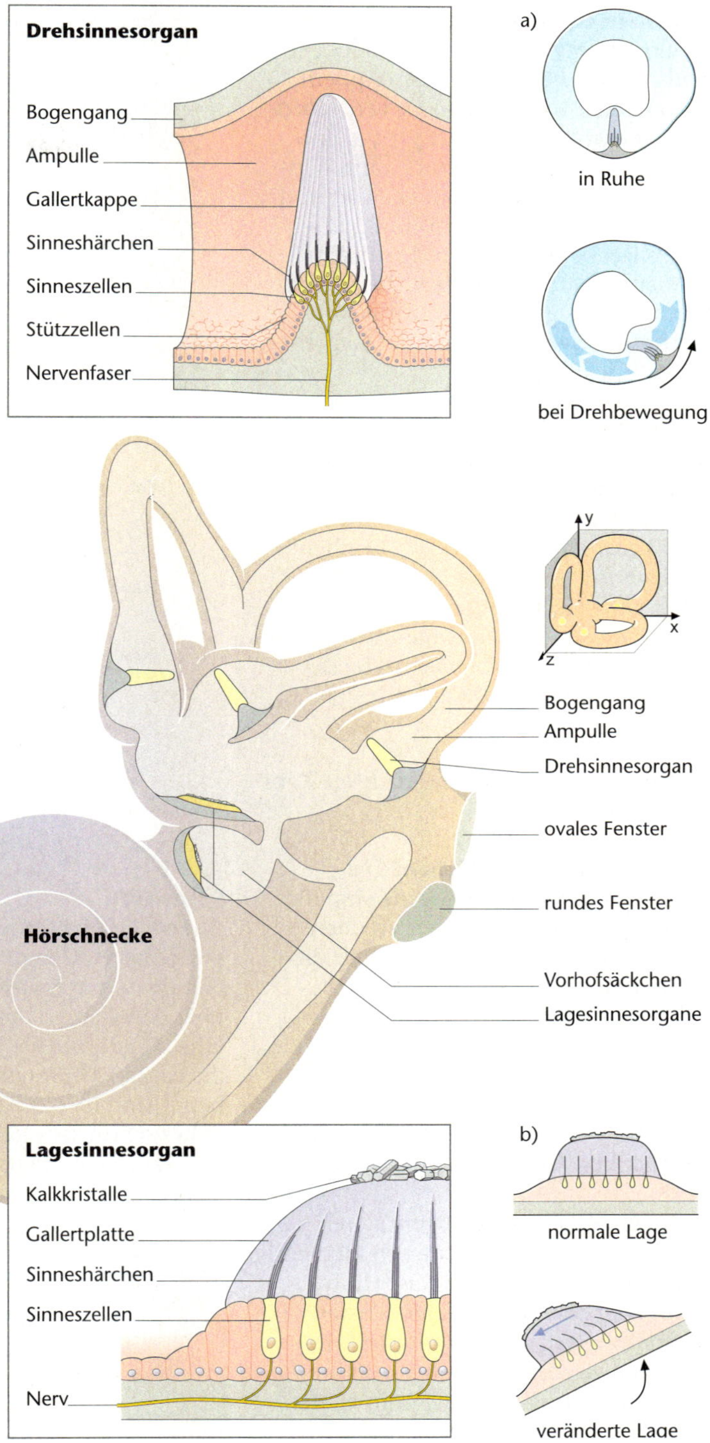

1 Lage- und Drehsinnesorgane

Aufgabe

1 Stelle dir vor, du liegst morgens im Bett und stehst dann auf. Beschreibe anhand dieses Lagewechsels die Funktionsweise des Lagesinns.

Das Riechen ist ein wichtiger Sinn

Der Duft frischer Erdbeeren oder einer leckeren Spaghettisoße machen Appetit. Wenn aber ein Ei oder Gemüse verdorben ist, riecht es unangenehm. Es tritt sofort ein Ekelgefühl auf. Der Geruchssinn kontrolliert die Geruchsstoffe in der Luft und kann so vor Verdorbenem warnen. Das funktioniert bei Lebensmitteln oft sehr gut. Aber vor giftigen Stoffen, die geruchlos sind wie das giftige Auspuffgas Kohlenstoffmonooxid, kann uns der Geruchssinn nicht schützen.

Manchmal sind auch Erinnerungen eng an Gerüche geknüpft. Man erinnert sich leichter an Begebenheiten, die mit starken Gefühlen und intensiven Gerüchen gekoppelt waren. Der Duft von frischem Popcorn bringt uns gedanklich ins Kino und der ganz eigene Duft eines vertrauten Menschen vermittelt Geborgenheit. Selbst bei der Wahl eines Partners entscheidet der Geruchssinn mit: Man „kann sich gut riechen".

Der Geruchssinn hat eine wichtige Kontrollfunktion.

Wie funktioniert das Riechen?

Die eigentlichen Geruchsorgane sind die **Riechfelder** (▷ B 1). Sie liegen im oberen Teil der Nasenhöhlen und enthalten die **Riechschleimhaut**. Sie besteht aus säulenförmigen Stützzellen, Riechzellen und außerdem aus so genannten Basalzellen, aus denen sich immer wieder neue Riechzellen bilden. Der Mensch verfügt über 20–30 Millionen Riechzellen. Deren Lebensdauer beträgt etwa einen Monat.

Die **Riechzellen** sind die eigentlichen Sinneszellen. Ihre mikroskopisch kleinen Riechhärchen ragen in die Nasenhöhlen und reagieren mit verschiedensten Geruchsstoffen der Einatmungsluft. Die Riechzellen werden dadurch gereizt und leiten die Erregung an das Gehirn weiter. Dort entsteht aus dem Erregungsmuster sehr vieler Riechzellen z. B. der Eindruck des Geruchs frischer Erdbeeren. Bei längerem Einwirken eines Geruchsstoffs mit etwa gleicher Konzentration tritt ein Gewöhnungseffekt auf. Der Geruch wird dann nur stark abgeschwächt wahrgenommen.

Geruchsstoffe werden über die Riechfelder in der Nase wahrgenommen.

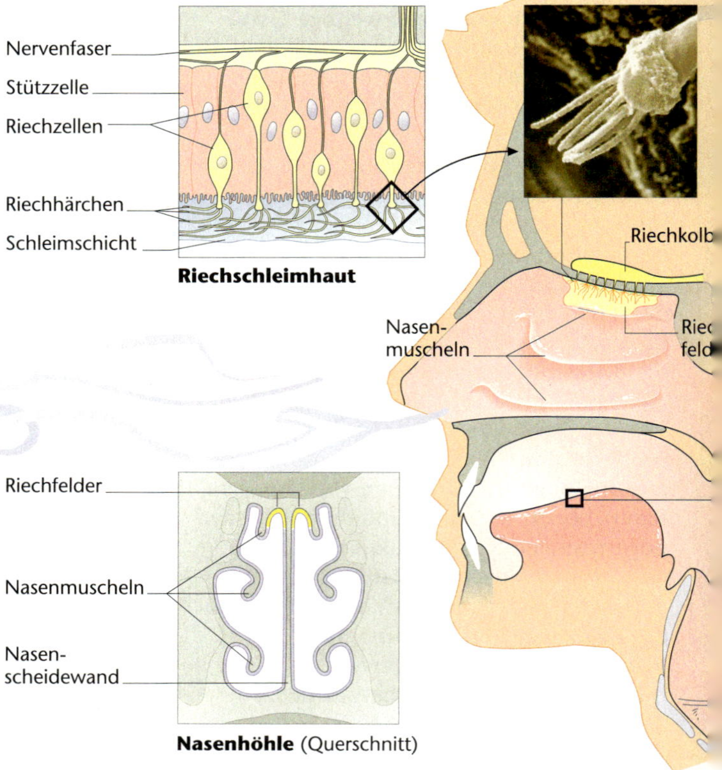

1 Riechfeld und Nasenhöhle

Spürnasen

Andere Lebewesen verfügen über einen viel feineren Geruchssinn als Menschen. Hunde nehmen viel mehr Informationen über den Geruch auf, sie verfügen über eine 20mal größere Riechschleimhaut, in die ca. 230 Millionen Riechzellen eingebettet sind (▷ B 2). Den Hunden genügen daher schon sehr geringe Konzentrationen der Geruchsstoffe in der Luft, um diese wahrzunehmen.

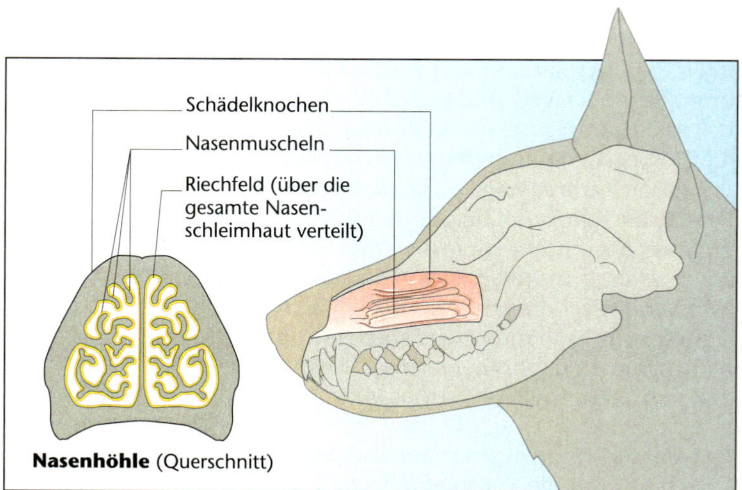

2 Riechorgan des Hundes

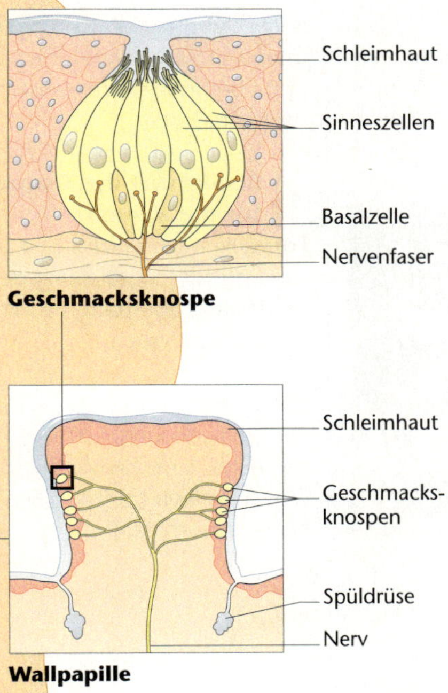

3 Geschmacksknospe und Blätterpapille

Mit viel Geschmack

Neben dem Geruch ist der Geschmackssinn der zweite chemische Sinn des Menschen. Er kontrolliert, ob die Nahrung wirklich geschluckt werden darf. Der Geschmack von Verdorbenem ist eklig, man spuckt es sofort aus. Auch stark Bitteres ruft diese Reaktion hervor, denn Gifte schmecken oft bitter.

Hauptsächlich auf der Zunge befinden sich winzige Erhebungen, die **Papillen** (▷B3). Sie verleihen der Zunge ihr samtartiges Aussehen. Die Pilz-, Wall- und Blattpapillen sind mit **Geschmacksknospen** (▷B3) besetzt, die viele Sinneszellen enthalten. Isst man etwas, lösen sich die Geschmacksstoffe aus der Nahrung im Speichel. Manche dieser Stoffe gelangen ins Zellinnere der Sinneszellen, andere binden sich an spezielle Rezeptoren an den Fortsätzen der Sinneszellen. In beiden Fällen finden in den Sinneszellen mehrere chemische Reaktionen statt, die die Reizung von Nervenzellen zur Folge haben. Die Nervenzellen geben die entstehende Erregung an das Gehirn weiter.

Geschmacksqualitäten

Lange bekannt ist die Wahrnehmung von süß, sauer, salzig und bitter. Eine fünfte **Geschmacksqualität** kam hinzu: Der Fleischgeschmack wurde in Japan erforscht und heißt umami. Ein Würzmittel und Geschmacksverstärker, das Glutamat, ruft diesen Geschmack hervor. Wissenschaftler diskutieren über weitere Geschmacksqualitäten, wie „metallisch" oder „alkalisch".

Für die bekannten Geschmacksqualitäten gibt es entgegen bisherigen Vermutungen keine spezialisierten Geschmacksknospen. Eine Ausnahme bildet bitter, es wird am Zungengrund geschmeckt.

Das komplexe Erregungsmuster aller gereizten Sinneszellen wird vom Gehirn zu einem Geschmackseindruck verarbeitet.

▶ Die Geschmackssinneszellen auf der Zunge können süß, sauer, salzig, bitter und umami wahrnehmen.

Aroma ist mehr als Geschmack

Erst das Zusammentreffen verschiedener Faktoren bewirkt den typischen Gesamteindruck einer Speise. Außer den Geschmacksqualitäten sind es die Geruchswahrnehmungen, die das Aroma eines Essens ausmachen. Aber auch die Temperatur der Speise, eventuell leichte Schmerzempfindungen durch die Schärfe der Soße und die von einer vierten Papillenart auf der Zunge wahrgenommene Beschaffenheit von z. B. Nudeln und Soße sind unentbehrlich für den typischen Gesamteindruck eines Gerichts.

Das mögen fast alle

Die meisten Menschen mögen Süßes und Salziges. Man geht davon aus, dass diese Vorlieben hauptsächlich erblich bedingt sind. Süß schmeckende Kohlenhydrate versprechen einen hohen Energiegehalt. Eine ausreichende Energiezufuhr war lange Zeit in der Menschheitsgeschichte nicht gewährleistet.

Salz ist nötig, da durch Schwitzen und Ausscheidung ständig kleine Salzmengen abgegeben werden. Außerdem ist die Salzkonzentration entscheidend für die normale Kreislauffunktion, denn Blut enthält 0,9 % Kochsalz.

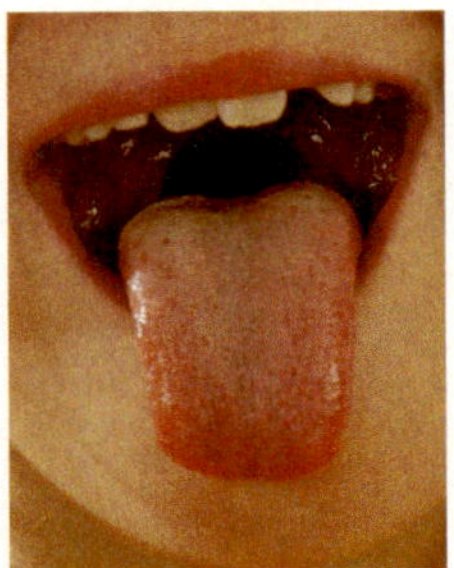

4 Zunge mit Papillen

Aufgaben

1 Ist man erkältet, schmeckt das Essen oft fade. Finde eine Begründung.

2 Die Menschen in einem Raum bemerken oft nicht, wie schlecht und verbraucht die Luft schon ist. Betritt man diesen Raum, empfindet man oft als einziger die Luft als unangenehm. Begründe.

Werkstatt

Riechen und Schmecken

1 Geschmackstest

Material

Augenbinde, Schmeckproben (pürierte Äpfel, Birnen, Karotten und Kartoffeln, Zucker, Zimt und Zucker, Kaffee, schwarzer Tee, Früchtetee), Wasser, Glas, Schüssel, Löffel

Durchführung

a) Die Versuchsperson legt die Augenbinde an und kostet nacheinander die Schmeckproben. Die Versuchsperson probiert herauszufinden, worum es sich handelt. Der Versuchspartner reicht die Schmeckproben und zwischendurch Wasser zum Mundspülen und protokolliert die Ergebnisse.

b) Wie a), jedoch mit zugehaltener Nase.

Protokoll: Geschmackstest

Schmeckprobe	a)	b)
pürierter Apfel	+	-
pürierte Birne	+	+
pürierte Karotte	-	

Vergleiche die Ergebnisse aus a) und b). Erkläre.

2 Riechmemory

Material

10 Filmdosen (Deckel mit grober Nadel mehrfach durchstoßen, auf der Unterseite Nummerierung 1 bis 10, Inhalt: Zimt, Essig u.a.)

Durchführung

Spielt zu zweit nach den bekannten Memory-Regeln. Hier gilt es zwei zueinander gehörende Filmdosen „herauszuschnuppern".

1 Riechmemory

Notiert auf einem Ergebnisbogen die gefundenen Paare (Nummern) und stellt eine Vermutung über den Inhalt an.

Vergleicht mit der Lösungsvorlage von eurem Lehrer oder eurer Lehrerin.

3 Ein lang anhaltender Duft?

Material

2 Reagenzgläser, Sirup (Himbeere und Zitrone), 2 Stopfen, Reagenzglasgestell, Stoppuhr

Durchführung

Himbeer- und Zitronensirup werden in je ein Reagenzglas gefüllt. Die Reagenzgläser werden verschlossen.

a) Die Versuchsperson riecht an dem Himbeersirup. Zu Beginn, nach 1 min und nach 2 min Riechdauer wird die Geruchsempfindung beschrieben. Der Versuchspartner protokolliert.

b) Wie a), aber mit dem Zitronensirup.

c) Wie a), aber erneut mit dem Himbeersirup.

Protokoll: Duft

Zeit	a) Himbeersirup	b) Zitronensirup
0 min	intensiv	
1 min	leicht	
2 min		

Begründe die Beobachtungen aus a) und b). Formuliere eine Regel und überprüfe sie zu Hause an drei weiteren Düften.

4 Beeinflusst die Temperatur das Aroma?

Formuliere schriftlich deine Vermutung zur Fragestellung des Versuches und überprüfe sie mit dem folgenden Versuch.

Material

Saccharoselösung, Löffel, 3 Thermometer, 3 Bechergläser (50 ml), 2 Bechergläser (300 ml), Dreifuß, Mineralfasernetz, Eis

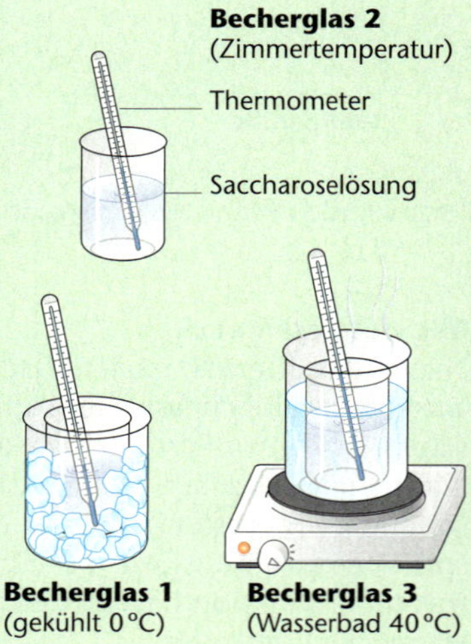

Durchführung

Befülle die 50-ml-Bechergläser zur Hälfte mit Saccharoselösung und gib je ein Thermometer hinein.

Stelle Becherglas 1 in ein 300-ml-Becherglas mit Eis.

Lasse Becherglas 2 bei Zimmertemperatur stehen.

Becherglas 3 wird im Wasserbad auf 40 °C erwärmt.

Vergleiche den Geschmack der drei Proben nach 5 min.

Protokoll: Aroma	Saccharoselösung bei		
	0 °C	20 °C	40 °C
Geschmack			

Welchen Einfluss hat die Temperatur auf den Geschmack von Saccharoselösung und auf die Geschmacksqualität Süß?

Ein besonderes Organ
Die Haut eines Menschen wiegt mehrere Kilogramm und bedeckt 1,5–2 m². Sie grenzt den Körper nach außen ab, reguliert den Wärmehaushalt und schützt vor Verletzung, Austrocknung, UV-Strahlen und Krankheitserregern.

Aufbau der Haut
Drei Schichten bilden die Haut (▷ B 2).
Die **Oberhaut** ist die äußerste Schicht. Ihre Zellen werden in der Keimschicht durch Zellteilung ständig neu gebildet. Sie werden an die Oberfläche geschoben, verlieren dabei ihre Zellkerne und verhornen allmählich. Der äußerste Bereich der Oberhaut heißt deshalb **Hornschicht**. Die Oberhautzellen werden dort als tote Hornschuppen abgerieben.

Im unteren Keimschichtbereich liegen farbstoffhaltige Zellen. Sie bilden die Pigmentschicht. Der Farbstoff in den Pigmentzellen färbt die Haut schützt vor UV-Strahlen.

Die mittlere Hautschicht heißt **Lederhaut**. Sie enthält unzählige Bindegewebszellen und macht die Haut elastisch und reißfest. Viele Kapillaren durchziehen die Lederhaut. Sie dienen der Versorgung und der Regulation der Wärmeabgabe.
Die Wärme- und Kältekörperchen registrieren **Temperaturreize**. Muss die vorhandene Wärme im Körper gehalten werden, verengen sich die Kapillaren und wenig Blut fließt zur Körperperipherie. Ist Kühlung notwendig, sind die Kapillaren weit. Viel Blut gelangt dann in die Körperperipherie und gibt Wärme nach außen ab.

Die Schweißdrüsen unterstützen die Wärmeabgabe. Über Hautporen sondern sie Flüssigkeit ab, die verdunstet und einen Kühleffekt bewirkt. Im Schweiß sind Stoffe gelöst, die den Säureschutzmantel der Haut bilden. Sie hemmen das Wachstum von Krankheitserregern auf der Haut.

In der Lederhaut liegen auch viele freie Nervenendigungen für die Schmerzwahrnehmung und besonders in den Fingerbeeren befinden sich viele **Tastkörperchen**.

Wie Schnurrhaare bei Katzen dienen die Haare auch beim Menschen als Tastorgan. In der Lederhaut liegen Haarbälge, aus denen die Haare herauswachsen. Am Haarbalg sitzen kleine Muskeln und viele Nervenendigungen. Bei Kälte kontrahieren sich die kleinen Muskeln und richten dadurch die Haare auf. Man spricht von einer Gänsehaut.
Die dickste Hautschicht ist die **Unterhaut**. Sie besteht aus lockerem Bindegewebe und schließt an Muskeln, Knochen und Organe an. In ihr liegen Lamellenkörperchen, die Schwingungsreize registrieren.
Die vielen Fettzellen im Unterhautfettgewebe dienen als Energiespeicher und schützen vor Kälte und Stößen.

▶ Die Haut ist ein lebenswichtiges Sinnesorgan, das verschiedenste Reize aufnehmen kann. Sie besteht aus drei Schichten.

Aufgaben

1 a) Reibe mit einem dunklen Tuch über deinen Arm.
b) Betrachte die weiße Verfärbung auf dem Tuch mit der Lupe und fertige eine Skizze von den Hornschuppen an.

2 Überlege, woher der Begriff Lederhaut stammt. Erkläre.

3 Fasse alle Aufgaben der Haut in einer Präsentation zusammen.

1 „Gänsehaut"

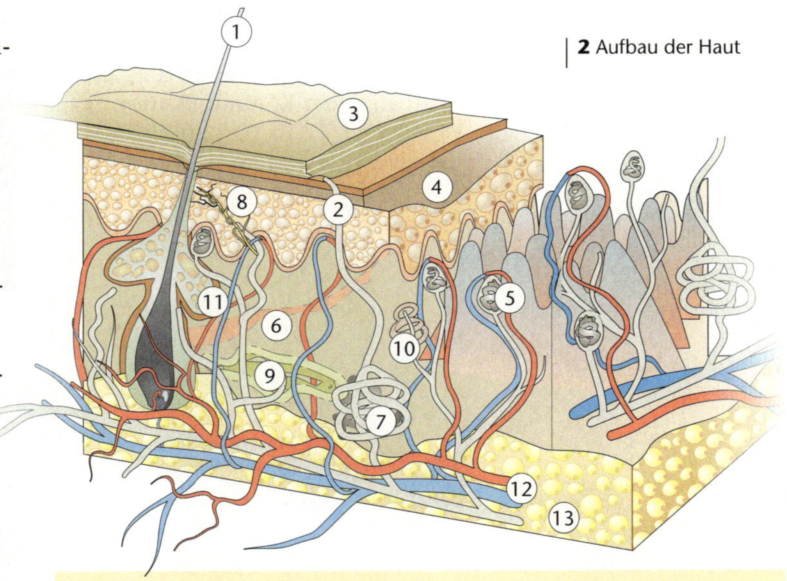

2 Aufbau der Haut

Oberhaut	**Lederhaut**	**Unterhaut**
1 Haar	5 Tastkörperchen	12 Blutgefäße
2 Schweißpore	6 Haarmuskel	13 Fetteinlagerungen
3 Hornschicht	7 Schweißdrüse	
4 Keimschicht	8 freie Nervenendigungen	
	9 Wärmekörperchen	
	10 Kältekörperchen	
	11 Talgdrüsen	

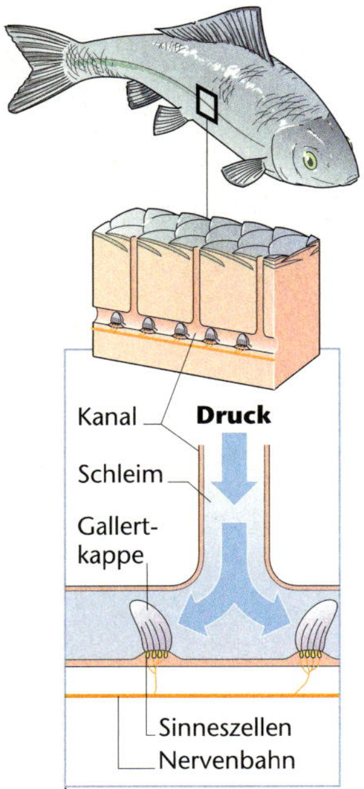

1 Seitenlinienorgan des Fisches

An jeder Seite ist eine wichtige Linie

Nur bei wasserlebenden Amphibien und Fischen findet man **Seitenlinienorgane**. Sie werden so genannt, weil winzige Poren, die von Kopf bis Schwanz aneinander gereiht sind, an den Körperseiten je eine Linie bilden. Die Poren führen zu einem Kanal, in den Sinneszellen mit Gallertkappen hineinragen (▷ B 1).
Verändert die Wasserströmung die Lage der Gallertkappen, wird durch die Wasserbewegung ein Feind oder ein Beutetier wahrgenommen. Selbst blinde Aquarienfische kehren kurz vor der Aquarienwand um, da sie die Veränderung der Wasserbewegung bemerken.

Elektrische Orientierung

Die Augen und Seitenlinienorgane sind bei nachtaktiven Fischen in trüben und stark turbulenten Flüssen nicht effektiv genug. Daher gibt es bei einigen Süßwasserfischarten in Südamerika und Afrika einen **elektrischen Sinn** (▷ B 2).
Organe, die in der Schwanzregion sitzen, erzeugen ein schwaches elektrisches Feld. Die Schwanzspitze ist gegenüber dem Kopfende negativ geladen. Gelangen Gegenstände mit anderer Leitfähigkeit als Wasser in das elektrische Feld, werden die Feldlinien abgelenkt. Elektrorezeptoren an der Körperoberfläche registrieren dies. Der elektrische Sinn ist sehr leistungsstark, sogar 2 mm dünne Glasstäbe werden wahrgenommen. Neben der Orientierung dient dieser Sinn auch der Kommunikation, z. B. beim Werben um Weibchen und beim Drohen oder Unterwerfen.

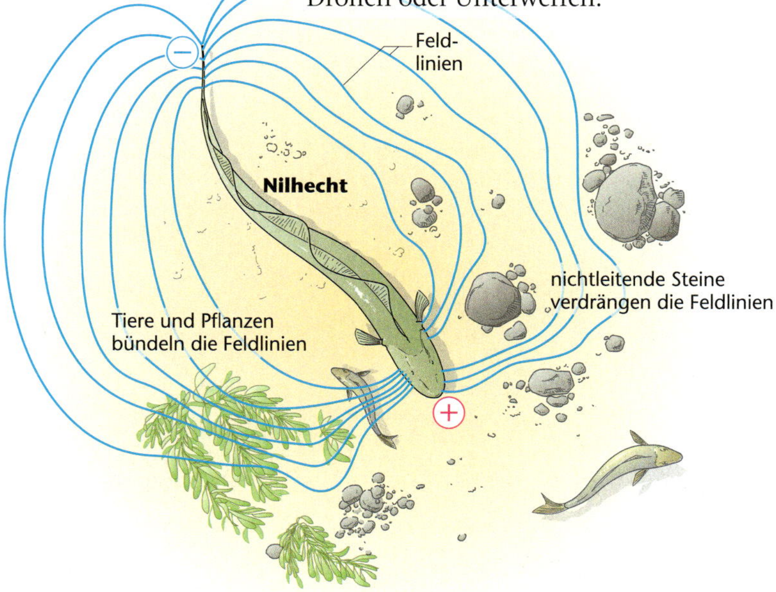

2 Ferntastsinn des Nilhechts

Die Supernasen

Während der Mensch über den Lichtsinn die meisten Informationen aus der Umgebung aufnimmt, ist bei Raubtieren und ihren möglichen Beutetieren oft der Geruchssinn der so genannte **Leitsinn**, z. B. bei Hunden, Kaninchen und Rehen.
Auch der exzellente Geruchssinn von Schweinen wird genutzt. Normalerweise durchwühlen sie den Boden nach allem Fressbaren. Und da besonders wertvolle Speisepilze, die Schwarzen und Weißen Trüffel, in Frankreich und Italien in der obersten Bodenschicht wachsen, hat man Schweine zu Spezialisten – zu Trüffelschweinen – ausgebildet. Die Trüffelschweine finden die begehrten, sehr teuren Pilze (▷ B 3). Doch ihre Besitzer müssen aufpassen, dass die Schweine die Trüffel nicht sofort auffressen.

Es gibt auch Menschen, die nach jahrelangem Üben 2 000 bis 3 000 Gerüche auseinanderhalten können. Diese weltweit nur etwa 200 Parfümeure mischen verschiedene Duftstoffe und kreieren so neue Parfüms (▷ B 4).

3 Schwein auf der Suche nach Trüffel

4 Parfümeur bei der Geruchsprobe

5 Greifvögel sehen aus weiter Entfernung scharf

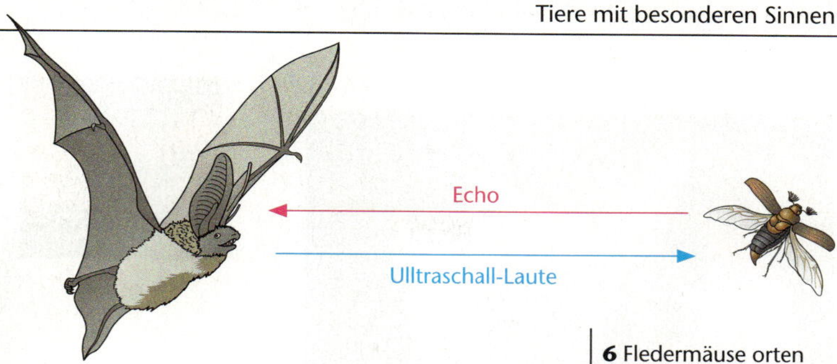

6 Fledermäuse orten Beute durch Ultraschall

Mit „Adleraugen" ausgestattet

Jemandem, der auch aus großer Entfernung kleine Dinge scharf sehen kann, werden „Adleraugen" nachgesagt.
Die Augen der Greifvögel sind denen aller anderen Lebewesen an Sehschärfe überlegen. Bei ihnen ist die Dichte der Zapfen im Gelben Fleck sehr hoch. Während beim Menschen dort knapp 285 000 Zapfen zu finden sind, sitzen bei Greifvögeln 1 Million Zapfen dicht gedrängt im Gelben Fleck.
Bei Falken gibt es eine Besonderheit: Bevor sie die Maus weit unter sich auf dem Feld sehen, entdecken sie schon die Spuren ihres Beutetieres. Der Mäuse-Urin ist kräftig ultraviolett gefärbt und Falken können mit einem vierten Zapfentyp Ultraviolett erkennen.

Zugvögel fliegen auch nachts

Um die Erde herum befindet sich ein Magnetfeld, das manche Tiere für ihre Orientierung nutzen können. Bei einigen Vögeln vermutet man ein **magnetisches Sinnesorgan** im Kopf. Überwiegend orientieren sich Vögel am Stand der Sonne. Doch nachts und bei bedecktem Himmel finden z. B. manche Zugvögel mithilfe des Erdmagnetfelds auch ihren Weg.
Bei Brieftauben fand man heraus, dass sie bei bedecktem Himmel den Heimweg nicht finden, wenn sie einen Stabmagneten auf dem Rücken tragen. Der magnetische Sinn wird durch diesen Magneten gestört.

Die Nutzung des Schalls in Perfektion

Die Hörbereiche mancher Tiere weisen extreme Obergrenzen auf. Hunde hören Töne bis 135 kHz, noch höhere Frequenzen nehmen Delfine (200 kHz) und einige Nachtschmetterlinge (240 kHz) wahr.
Doch Fledermäuse sind die perfekten Nutzer des Schalls, sie „sehen" mit den Ohren. Manche Arten registrieren Ultraschall-Frequenzen bis 400 kHz.
Da Fledermäuse nachtaktiv sind, müssen sie ohne Licht Insekten jagen und Hindernisse erkennen. Sie erzeugen Ultraschalllaute, deren Schallwellen z. B. von Hindernissen reflektiert werden. Dem Echo, das die Fledermaus hört, kann sie Informationen über Lage, Größe, Oberfläche und Entfernung des Hindernis entnehmen.

Wärme sehen

Klapperschlangen verfügen über zwei **Grubenorgane**, die jeweils zwischen Auge und Nasenöffnung liegen. In jedem Grubenorgan befindet sich ein dünnes, stark durchblutetes Häutchen, das viele freie Nervenendigungen enthält. Eine Temperaturänderung von nur 0,003 °C reicht aus, um die Nervenendigungen zu erregen. So ist die Klapperschlange in der Lage, eine 70 cm entfernte Maus, die nur 10 °C wärmer ist als die Umgebung, durch ihre Wärmestrahlung zu finden und zu fressen. Die Richtung, in der sich die Maus befindet, stellt die Schlange so fest: Ihre Grubenorgane sind eingesenkt und die Wärmestrahlung reizt nur einen Teil des Grubenorgans (▷ B 7).

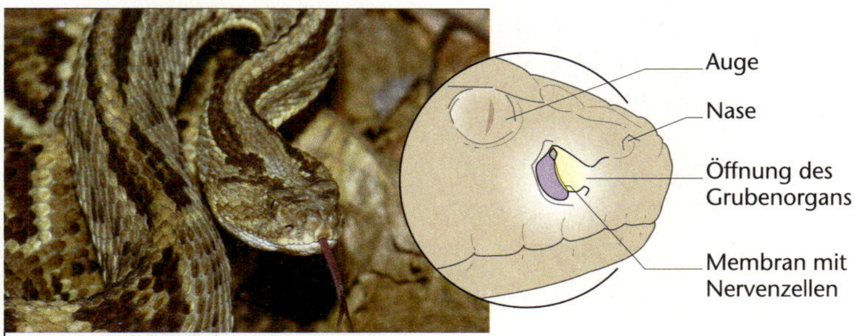

7 Grubenorgan der Klapperschlange

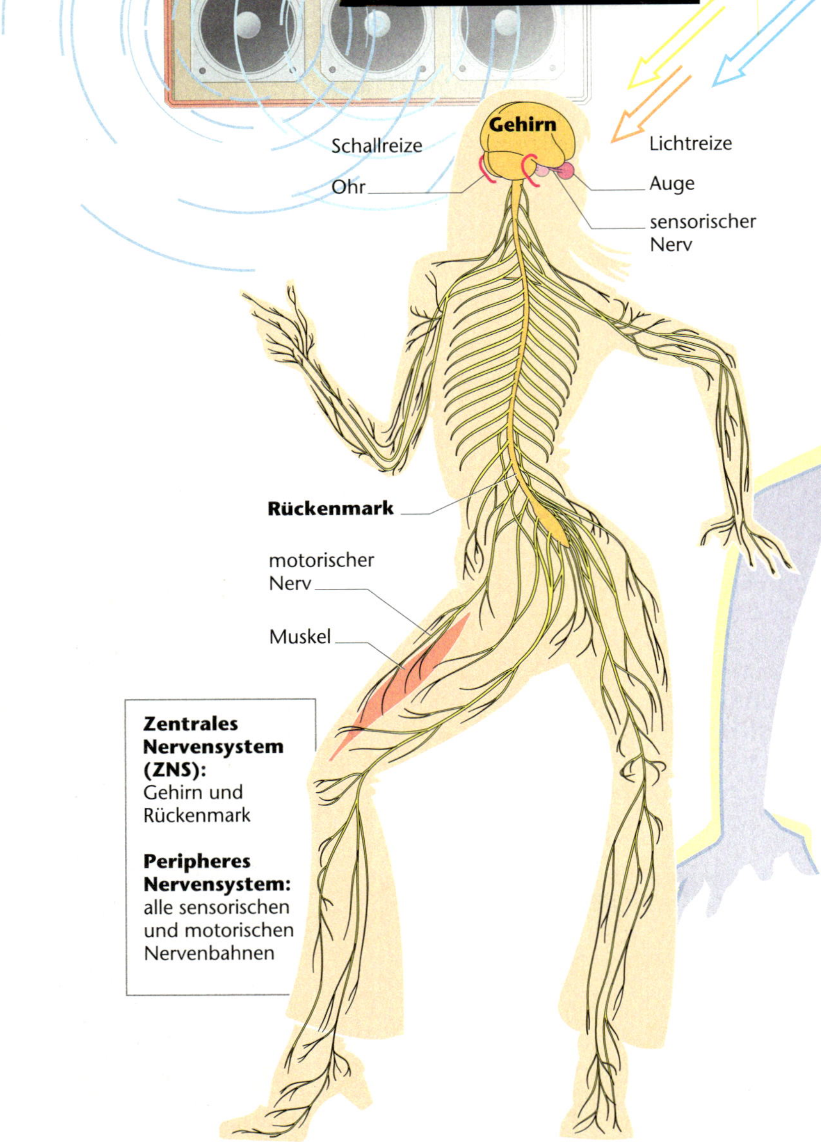

1 Zentrales und peripheres Nervensystem

Tanz mit dem Nervensystem
Ein Junge und ein Mädchen tanzen zur Musik einer Live-Show. Sie bewegen sich rhythmisch zum Takt der Musik und der Lichter. Die Melodie und die Texte rufen besondere Stimmungen in ihnen hervor, die sie im Tanz durch ihre Bewegungen ausdrücken. Wie kommt es zum Einklang der Gefühle und Bewegungen der Tanzenden mit Musik und Songs?
Was auf den ersten Blick selbstverständlich erscheint, beruht auf komplexen Funktionen des Nervensystems.

Informationen werden aufgenommen
Licht- und Schallreize werden in den Augen und Ohren zu Nervenerregungen umgewandelt. Diese werden über Seh- und Hörnerven zum Gehirn weitergeleitet. Das Gehirn erhält aber auch Informationen über die Bewegungen des Körpers. Das geschieht über Erregungen aus dem Gleichgewichtsorgan im Innenohr und von Sinneszellen, die die Stellung der Gelenke messen. Alle eingehenden Informationen erreichen das Gehirn über Sinnesnerven, die man als **sensorische Nerven** bezeichnet. Die Nervenerregungen aus dem Körper gelangen über das Rückenmark zum Gehirn.

Informationen werden verarbeitet
Das Gehirn analysiert die eingehenden Informationen. Dort werden Helligkeit, Farbe und Bewegung von Lichtreizen wahrgennommen. Bei Schallereignissen unterscheidet das Gehirn Lautstärke, Tonhöhe und Rhythmus. Die Sinneswahrnehmungen erregen aber auch Teile des Gehirns, in denen Gefühle entstehen.

Aus Informationen werden Befehle
Lassen Wahrnehmungen und Gefühle den Wunsch entstehen zu tanzen, dann erreicht die Erregung Bewegungszentren im Gehirn. Von dort werden Befehle ans Rückenmark gesendet, wo **motorische Nerven** die Skelettmuskulatur steuern.

Gehirn und Rückenmark bilden zusammen das **Zentralnervensystem.** Die sensorischen und motorischen Nerven gehören zum **peripheren Nervensystem** (▷B 1).

Erregungen aus den Sinnesorganen erreichen über sensorische Nerven das Gehirn. Das Gehirn steuert über motorische Nerven die Skelettmuskulatur.

Aufgaben von Nervenzellen

Das Nervensystem besteht aus vielen Milliarden Nervenzellen. Sie dienen der Aufnahme und der Weiterleitung von Informationen in Form elektrischer Erregungen. Die meisten Nervenzellen weisen einen ähnlichen Bau auf (▷B 1).

Bau und Funktion von Nervenzellen

Nervenzellen nehmen die Erregung von Sinneszellen oder anderen Nervenzellen mithilfe spezieller Fortsätze, den **Dendriten**, auf.
Im **Zellkörper** der Nervenzelle befinden sich Zellkern und Zellorganellen. Die Zellkörper verschiedener Nervenzelltypen sind unterschiedlich groß. Manche haben einen Durchmesser von nur 5 µm und sind damit etwa so klein wie eine rote Blutzelle, andere sind mit einer Größe von 250 µm deutlich dicker als ein menschliches Haar.
Die meisten Nervenzellen leiten die Erregung mit einem dünnen Fortsatz, dem **Axon**, weiter. Axone sind beim Menschen nur etwa 1 bis 20 µm dick. Das Axon kann verzweigt sein und so die Erregung auf mehrere andere Nervenzellen gleichzeitig übertragen. Nerven sind Bündel von Axonen.

Vielfalt in Bau und Funktion

So verschieden wie die Aufgaben von Nervenzellen sind, so unterschiedlich ist ihr Aufbau. Im Gehirn, wo sehr viele Informationen verarbeitet werden, gibt es Zellen, die bis zu 100 000 Kontakte mit anderen Nervenzellen besitzen. Sie haben dazu stark verzweigte Dendriten (▷B 1).
Die Axone, die Befehle von motorischen Nervenzellen im Rückenmark zur Fußmuskulatur weiterleiten, können über 1 m lang sein.
Sinneszellen sind spezialisierte Nervenzellen. Sie wandeln in den Sinnesorganen Reize in elektrische Erregungen um. Die Haarsinneszellen im Innenohr besitzen kein eigenes Axon. Ihre Erregung wird von sensorischen Nervenzellen aufgenommen und zum Gehirn weitergeleitet. Bei diesen gehen Dendrit und Axon direkt ineinander über. Der Zellkörper zweigt dann seitlich davon ab.

▶ Nervenzellen bestehen aus Dendriten, dem Zellkörper und einem Axon. Je nach Funktion gibt es starke Abwandlungen dieses Grundbauplans.

Aufgaben

1 Nenne wichtige Funktionen des Nervensystems.

2 Beschreibe den Aufbau einer Nervenzelle und die Funktion der einzelnen Teile.

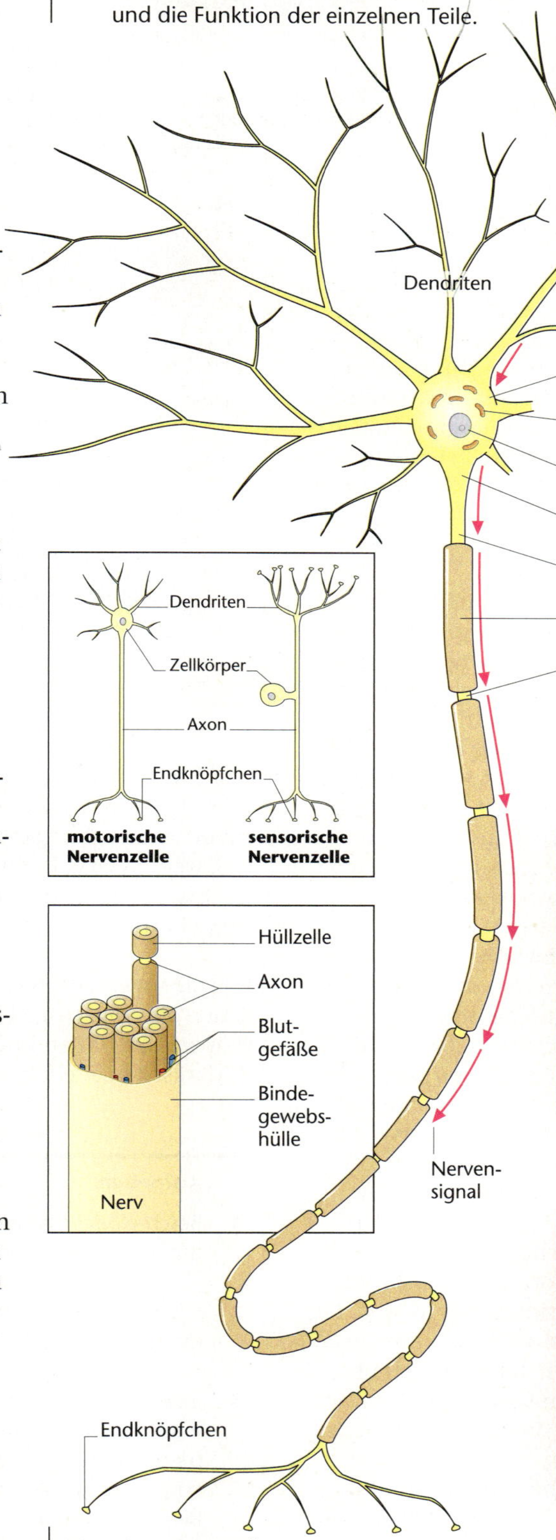

1 Bau einer Nervenzelle

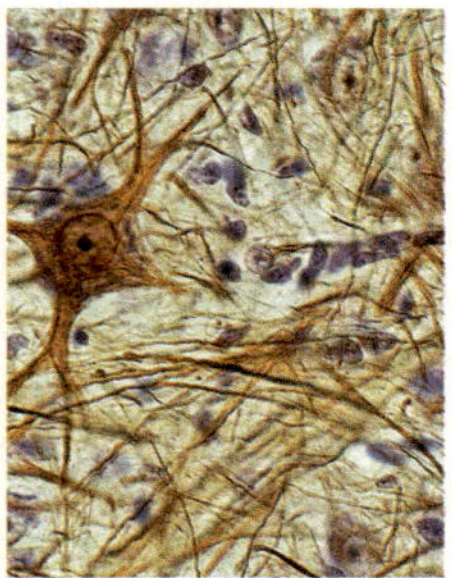

2 Vernetzte Nervenzellen

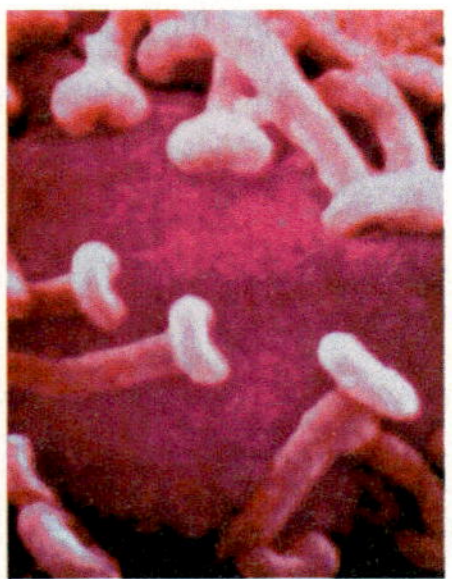

3 Endknöpfchen (EM -Aufnahme)

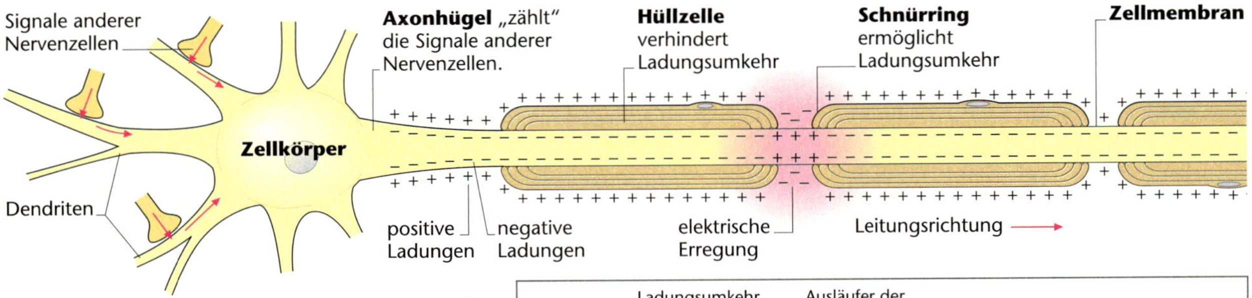

1 Die Erregungsleitung über ein Axon

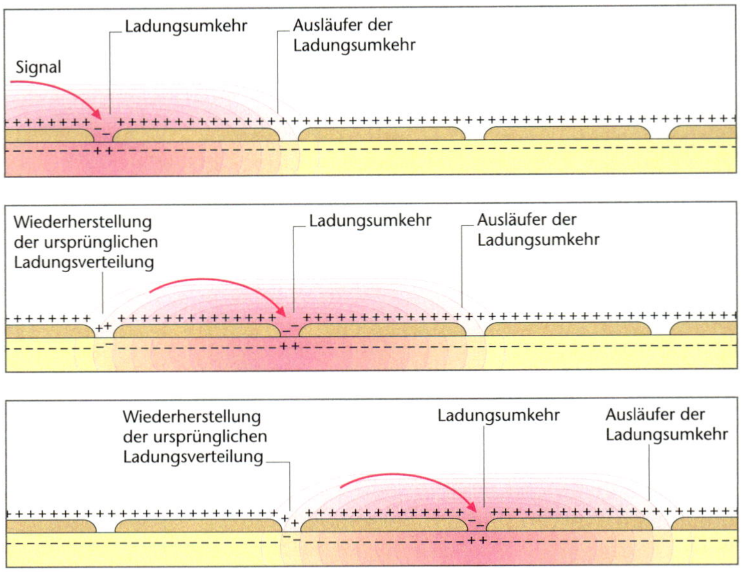

1a Die Erregungsleitung „springt"

Eilige Botschaften
Damit Sinneswahrnehmungen möglichst rasch zu einer motorischen Reaktion führen können, müssen die Erregungen der Nervenzellen schnell weitergeleitet werden. Was ist eine elektrische Erregung und wie wird sie weitergleitet?

Die elektrische Erregung
Nervenzellen tragen auf ihrer Zellmembran eine elektrische Ladung. In Ruhe ist diese Membran außen positiv und innen negativ geladen. Wird nun eine Nervenzelle über einen ihrer Dendriten erregt, dann kehrt sich die Ladung für kurze Zeit um. Die kurzfristige Ladungsumkehr am Dendriten breitet sich über die Zellmembran bis zum Zellkörper aus. Aber nur wenn diese Erregung stark genug ist, wird sie auch über das Axon weitergeleitet.

Erregungsleitung über das Axon
Mit der Länge der Strecke, über die sich die elektrische Erregung ausbreitet, wird sie immer schwächer. Das Axon hat die Eigenschaft, sie immer wieder zu verstärken, bis sie an seinem Ende angekommen ist. Dort wird sie auf benachbarte Nervenzellen oder Muskelzellen übertragen.
Bei Wirbeltieren und beim Menschen sind fast alle Axone von Markscheiden umhüllt. Die Markscheiden werden von Hüllzellen gebildet, die alle 1 bis 2 mm durch einen Schnürring getrennt sind. Die Erregung springt dann von Schnürring zu Schnürring, anstatt sich allmählich über die Axonmembran auszubreiten. Dadurch wird die Erregung schneller weitergeleitet.

So werden motorische Befehle vom Rückenmark mit einer Geschwindigkeit von 120 m/s zu den Skelettmuskeln geleitet.
Axone, die keine Markscheide besitzen, leiten dagegen deutlich langsamer. Die anhaltenden Schmerzen einer Hautverletzung werden zum Beispiel nur mit einer Geschwindigkeit von 1 m/s an das Rückenmark übermittelt.

Erregungen von Nervenzellen breiten sich als kurzzeitige Ladungsumkehr über die Zellmembran aus. Axone mit Markscheide leiten besonders schnell.

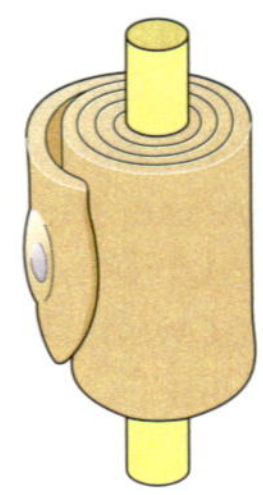

2 Axon von einer Hüllzelle umwickelt

Aufgaben

1 Beschreibe die Ausbreitung einer Erregung vom Dendriten bis zum Axon.

2 Erläutere den Bau eines Axons und nenne die Funktionen seiner Bestandteile.

3 Insekten haben keine Markscheiden. Bei ihnen können nur die Nervenzellen mit besonders dicken Axonen Erregungen schnell weiterleiten.
Begründe, warum dieses Prinzip beim Menschen nicht funktionieren würde.

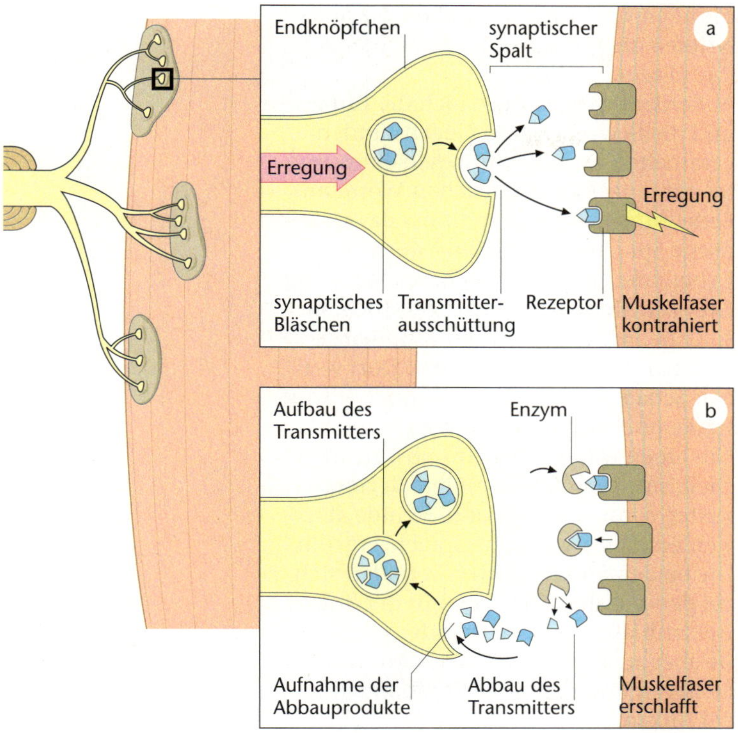

1 Erregungsübertragung durch Synapsen.

Nerven"geflüster"
Informationen werden im Nervensystem als elektrische Erregung weitergeleitet. Dazu muss diese von einer Sinnes- oder Nervenzelle an eine andere Nervenzelle weitergegeben werden. Das geschieht an besonderen Kontaktstellen, den **Synapsen**. Die Übertragung der Erregung von einer Nervenzelle auf eine Muskelzelle verläuft über eine besondere Synapse, die motorische Endplatte (▷ B 1).

Aufbau einer Synapse
Das Axon einer Nervenzelle bildet an den Enden seiner Verzweigungen kleine Verdickungen, die synaptischen Endknöpfchen. Diese liegen dicht an der benachbarten Nervenzelle an, sodass die beiden Zellen an der Synapse nur durch einen winzigen Spalt von etwa 20 nm, den synaptischen Spalt, getrennt sind.

2 Indianer mit Blasrohr

Funktion einer Synapse
Läuft über das Axon einer Nervenzelle eine elektrische Erregung zur Synapse, werden aus den Endknöpfchen Überträgerstoffe, so genannte **Transmitter**, in den synaptischen Spalt ausgeschüttet. Wegen der geringen Entfernung diffundieren die Transmitter sehr rasch zur benachbarten Zelle. Dort binden sie an spezielle Moleküle auf der Membran, die **Rezeptoren**. Dadurch wird nun die zweite Zelle erregt. Der ganze Vorgang der Erregungsübertragung an der Synapse dauert nur etwa 1 ms. Danach werden die Transmitter wieder von den Rezeptoren entfernt und abgebaut.

Verbindung lahm gelegt
Manche Medikamente blockieren die Rezeptoren von Synapsen und verhindern dadurch die Erregungsübertragung. Das nutzt man bei Operationen, bei denen so die Schmerzleitung unterbrochen wird. Bei größeren Operationen werden die Patienten in Narkose versetzt, einen schlafähnlichen Zustand, in dem sie von dem Eingriff nichts mitbekommen. Damit sie sich in der Narkose nicht bewegen, erhalten sie zusätzlich ein Medikament, das die Erregungsübertragung an den motorischen Endplatten der Skelettmuskulatur unterbricht. Die gesamte Skelettmuskulatur ist dann gelähmt.

Falsche Verbindung
Viele Drogen beeinflussen die synaptische Übertragung im Gehirn. Morphium hat die gleiche Wirkung wie hirneigene Stoffe, die die Schmerzleitung dämpfen. Andere Drogen steigern die Ausschüttung von Transmittern in Gehirnregionen, in denen angenehme Empfindungen entstehen. Sie können daher sehr leicht süchtig machen. Dazu gehört auch Alkohol.

Synapsen sind Kontaktstellen, die der Erregungsübertragung zwischen Sinnes-, Nerven- und Muskelzellen mithilfe von Transmittern dienen. Medikamente und und Drogen stören die natürliche Funktion der Synapse.

Aufgaben

1 Beschreibe den Vorgang der Erregungsübertragung an einer Synapse.

2 Warum müssen Patienten bei Operationen unter Narkose künstlich beatmet werden?

3 Südamerikanische Indianer verwenden bei der Blasrohrjagd Pfeile, die mit dem Pflanzengift Curare behandelt sind. Recherchiere im Internet, welche Wirkung dieses Nervengift hat. Berichte.

1 Tamara im Tonstudio

Konzert im Gehirn

Tamara ist voll konzentriert. Sie steht im Aufnahmestudio vor dem Mikrofon, gleich beginnt die Aufnahme. Eigentlich kann sie den Song sicher singen, aber jetzt ist sie doch aufgeregt. Sie hat Noten und Text vor sich und hört die ersten Takte der Musik, die über Kopfhörer eingespielt wird. Die Melodie versetzt sie in eine besondere Stimmung und sie bewegt sich nach dem Rhythmus des Schlagzeugs. Nun kommt ihr Einsatz und sie beginnt zu singen. Alles andere um sie herum, das Studio, den Techniker und den Aufnahmeleiter hinter der Glasscheibe, nimmt sie jetzt nicht mehr wahr.
Tamara muss in dieser Situation vieles auf einmal tun und in Einklang bringen: Lesen, Singen, Zuhören, dem Rhythmus folgen und ihre Gefühle zum Ausdruck bringen. Wie sind diese verschiedenen Leistungen zur gleichen Zeit möglich? Was passiert dabei in Tamaras Gehirn?

Verschiedene Bereiche des Gehirns arbeiten zusammen

Das Gehirn besteht aus verschiedenen Teilen. Man unterscheidet **Großhirn**, **Zwischenhirn**, **Stammhirn**, **Kleinhirn** und **Limbisches System** (▷B2). Innerhalb dieser Teile lassen sich wieder kleinere Regionen unterscheiden, die alle unterschiedliche Aufgaben haben. An bestimmten Funktionen, wie Lesen, Singen oder Tanzen sind immer mehrere Regionen des Großhirns zugleich beteiligt.
Es macht beim Menschen etwa 80% des gesamten Hirnvolumens aus. Die Oberfläche des Großhirns, die **Großhirnrinde**, ist stark gefaltet. Nur dadurch hat sie trotz ihrer großen Ausdehnung ausreichend Platz im Kopf.
Wenn du liest, werden zunächst Nervenzellen im Sehzentrum, einem Teil der hinteren Großhirnrinde, aktiv. Sie analysieren die gelesenen Buchstaben nach ihrer Form.
Außerdem werden dort auch die Farbe und die Bewegung von Gegenständen verarbeitet. Damit beim Lesen eines Textes aus einzelnen Buchstaben Worte mit Bedeutungen entstehen, muss das sensorische Sprachzentrum aktiv werden.
Es befindet sich im seitlichen Bereich der Großhirnrinde. Hören wir gesprochene Sprache, wird auch das unmittelbar benachbarte **Hörzentum** erregt. Dort werden Schallereignisse nach Tonhöhe, Lautstärke und Richtung analysiert.
Um einen gelesenen Text selbst zu sprechen, muss noch eine andere Region weiter vorne in der Großhirnrinde aktiv werden, das motorische Sprachzentrum. Die beiden Sprachzentren befinden sich bei den meisten Menschen in der linken Gehirnhälfte. Bei Linkshändern können sie aber auch in der rechten Grohhirnrinde liegen und musische Begabungen in der linken.

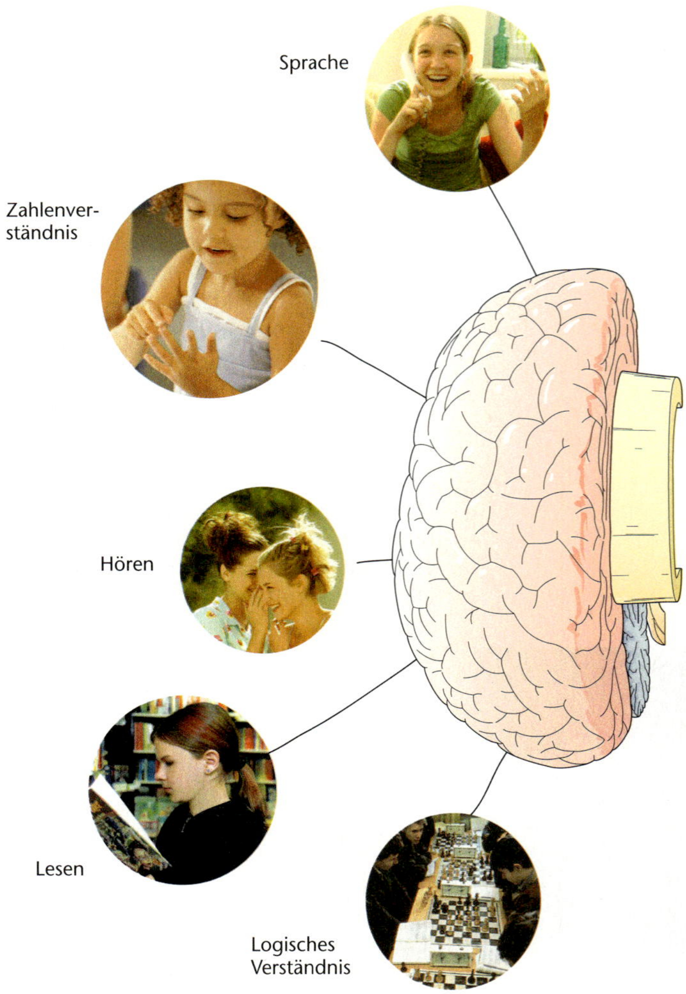

Ein ganzes Orchester

Will Tamara den gelesenen Songtext nicht nur sprechen, sondern auch singen und mit Gefühlen zum Ausdruck bringen, müssen noch andere wichtige Großhirnbereiche hinzukommen: Musikalität und Gesang haben ihren Sitz meist in der rechten Großhirnhälfte, so wie andere künstlerische Begabungen auch. Dort entstehen auch Gefühle. Außerdem befinden sich dort Nervenzellen, die für das räumliche Sehen zuständig sind. Rechnen und logisches Denken dagegen finden meist in der linken Hirnhälfte statt. Damit beide Großhirnhälften zusammen arbeiten können, sind sie durch ein dickes Bündel von Axonen verbunden, den **Balken**.

Bewegung ist das halbe Leben

Wenn Tamara beim Singen ihren Mund bewegt und ihre Arme rhythmisch im Takt schwingt, werden in ihrem Gesicht und ihrem Körper viele Muskeln gleichzeitig präzise gesteuert. Dafür ist das **Bewegungszentrum** der Großhirnrinde in beiden Hirnhälften zuständig. In der unmittelbar benachbarten Körperfühlregion werden Tastempfindungen des ganzen Körpers verarbeitet. Dabei ist jeweils die rechte Hirnhälfte für die linke Körperseite zuständig und umgekehrt.

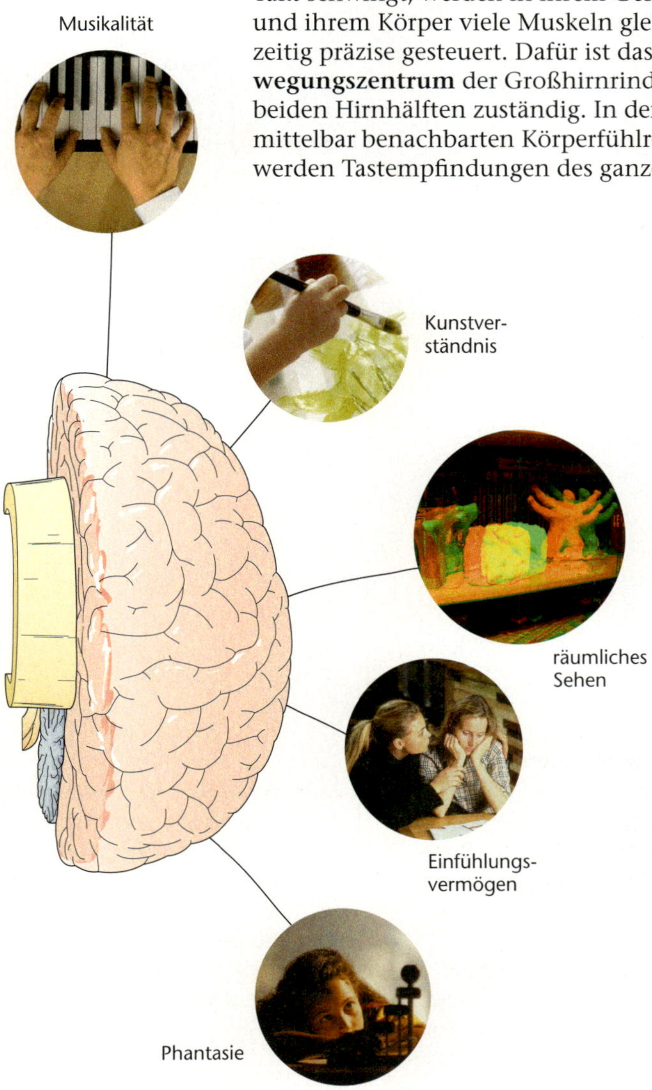

Die verschiedenen Teile des Gehirns haben unterschiedliche Funktionen. An einer Aufgabe sind immer mehrere Teile zugleich beteiligt.

Teamarbeit

Die Zentren im Großhirn könnten ihre Aufgaben allein nicht erfüllen. Für komplizierte Bewegungen arbeitet zum Beispiel die Großhirnrinde mit anderen Bewegungszentren wie dem Kleinhirn zusammen (▷ B 2). Das Kleinhirn ist auch dafür zuständig, dass bei ausgeführten Bewegungen das Gleichgewicht nicht verloren geht. Wenn Wahrnehmungen Gefühle hervorrufen, sind außer der Großhirnrinde auch Bereiche des Zwischenhirns, das so genannte Limbische System, beteiligt. Tamara hat ihr Sache gut gemacht. Jetzt ist sie durstig und hat einen Bärenhunger. Während der Aufnahme hatte sie davon nichts gemerkt. Neben den Funktionen des Großhirns, die uns bewusst sind, sorgen andere Teile des Gehirns dafür, dass lebenserhaltende Funktionen weiterlaufen. Dazu befinden sich im Zwischenhirn und im Stammhirn (▷ B 2) Zentren für die Regulation des Stoffwechsels, des Hormonhaushalts, der Herz- und der Atemtätigkeit.

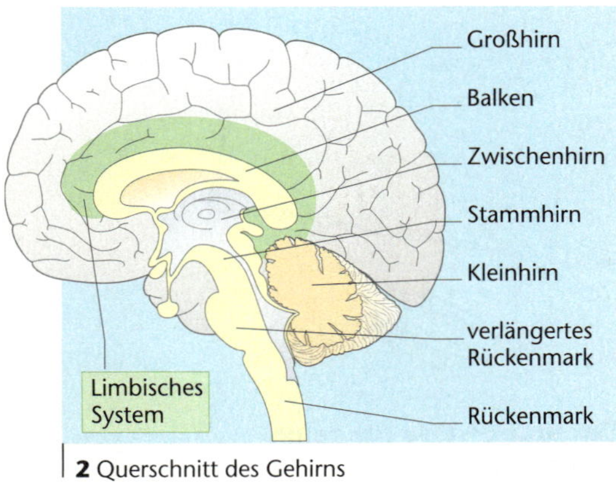

2 Querschnitt des Gehirns

Aufgaben

1 Nenne die wichtigsten Teile des Gehirns und ihre Funktionen.

2 Bei manchen Erkrankungen des Gehirns muss der Balken durchtrennt werden. Welche Folgen könnte das für die Betroffenen im Alltag haben?

Mind-Mapping – die andere Art sich Notizen zu machen

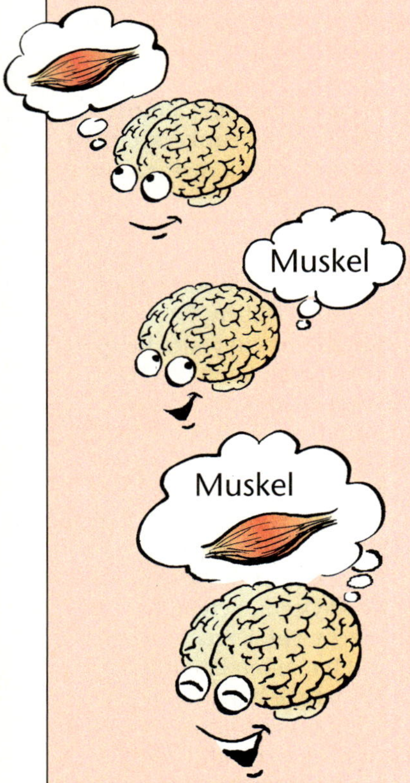

Wissenswertes über dein Gehirn
Dein Großhirn besteht aus zwei Hälften, einer linken und einer rechten. Gehirnforscher haben nachgewiesen, dass – je nach Tätigkeit – mehr die rechte oder die linke Hälfte aktiv ist.
Bei den meisten Menschen ist die linke eher für die Sprache zuständig, für Lesen und Schreiben. In der rechten Hirnhälfte werden eher Bilder und grafische Strukturen verarbeitet. Hier werden komplexe Zusammenhänge erfasst.

So wie du beim Training immer alle Muskeln – rechts und links in deinem Körper – trainierst, solltest du auch beide Hirnhälften nutzen. Das hilft dir beim Denken und Lernen.

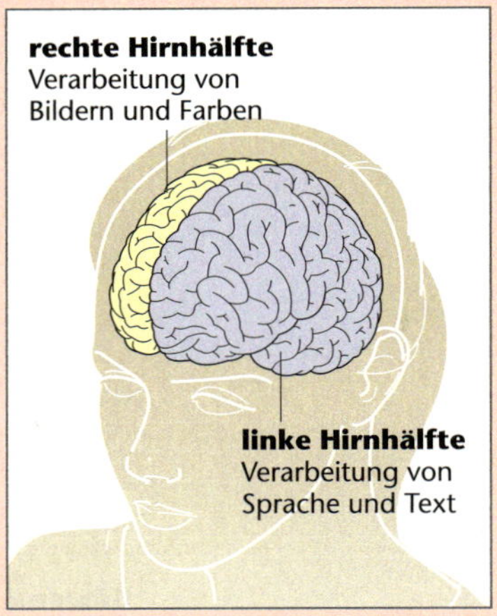

Was bedeutet das für deine Lerntechnik?
Wenn du dir Notizen machst – schön geordnet untereinander – arbeitet verstärkt deine linke Gehirnhälfte.
Wenn du etwas zeichnest, Bilder malst oder Farben benutzt, ist die rechte Seite deines Gehirns aktiver. Beide Hirnhälften sollten beim Lernen aktiv sein.

Die Mind-Mapping-Technik
Der Engländer TONY BUZAN (geb. 1942) entwickelte 1971 eine Notiz- und Merktechnik und nannte sie Mind-Mapping. Dahinter verbirgt sich eine Arbeitsmethode, die dein Gehirn in Topform bringen kann.

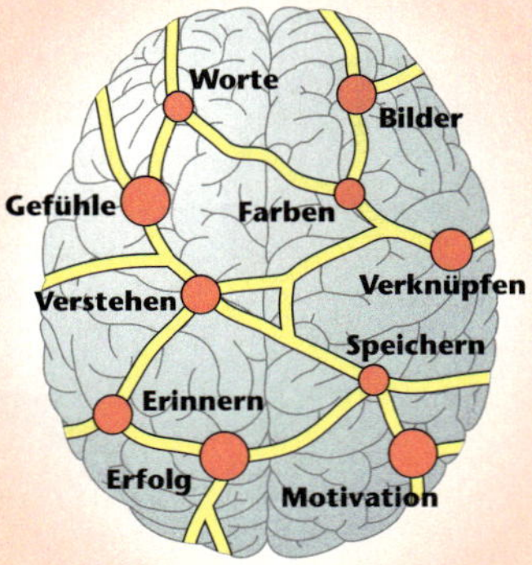

Das brauchst du für deine Mind-Map:
- Leere Blätter ohne Linien und Karos
- Verschiedene Stifte, wie Bleistift, Buntstifte und Textmarker in unterschiedlichen Farben
- Dein Biologie-Buch und dein Heft mit den Notizen aus dem Unterricht

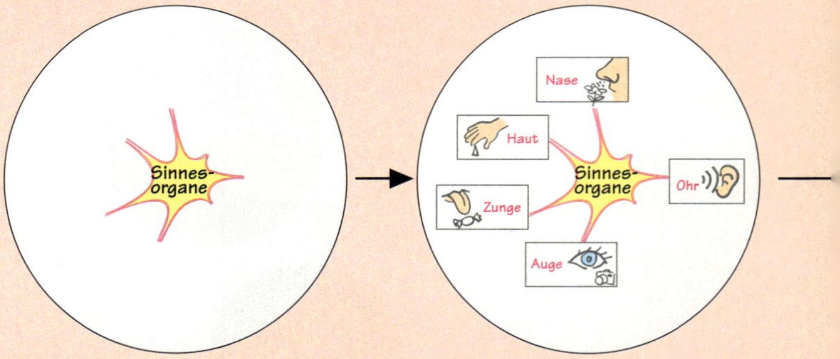

Und so wird´s gemacht:
1. Lege das Papier quer. Schreibe das Thema oder den zentralen Begriff, um den es geht – BUZAN nannte ihn „Keyword", das heißt „Schlüsselwort" – in die Mitte. Rahme den Begriff ein. Male, wenn genug Platz vorhanden ist, ein Bild dazu. Ein Bild, so lautet ein alter Spruch, sagt mehr als 1000 Worte und hilft dir später, dich besser zu erinnern.

2. Betrachte dann das Thema und dein gemaltes Bild und zeichne anschließend, ausgehend vom Schlüsselbegriff, Hauptäste ein, auf die du Oberbegriffe zum Thema schreibst. Dabei helfen dir die Überschriften oder dick gedruckte Begriffe in deinem Biologiebuch.

Mind-Maps – vielseitig einsetzbar

Mit Mind-Maps kannst du leichter lernen. Klebe deine „Gehirn-Karte" in deinem Heft gleich hinter das Thema, das du im Unterricht behandelt hast. Vor der Prüfung oder der Klassenarbeit schaue auf deine Mind-Map und rede – am besten laut – über das Thema. Gehe dabei auf jedes Schlüsselwort ein. Fällt dir nichts ein, schaue noch einmal im Heft oder Biologiebuch nach.

Wenn du ein Referat halten sollst, hilft dir eine Mind-Map, einen Überblick über das Thema zu gewinnen.

Mind-Maps können auch eingesetzt werden, wenn ihr eine Ausstellung plant, eine Exkursion vorbereitet oder eine Klassenfahrt durchführen wollt. Hier könnt ihr mit einer Mind-Map eure Ideen sammeln.

Aufgaben

1 Informiere dich im Internet über TONY BUZAN und erstelle eine Präsentation.

2 a) Suche im Internet nach Mind-Map-Programmen. Frage auch in deiner Schule nach, ob es dort eines gibt.
b) Versuche, damit eine Mind-Map zum Thema „Auge" zu erstellen.

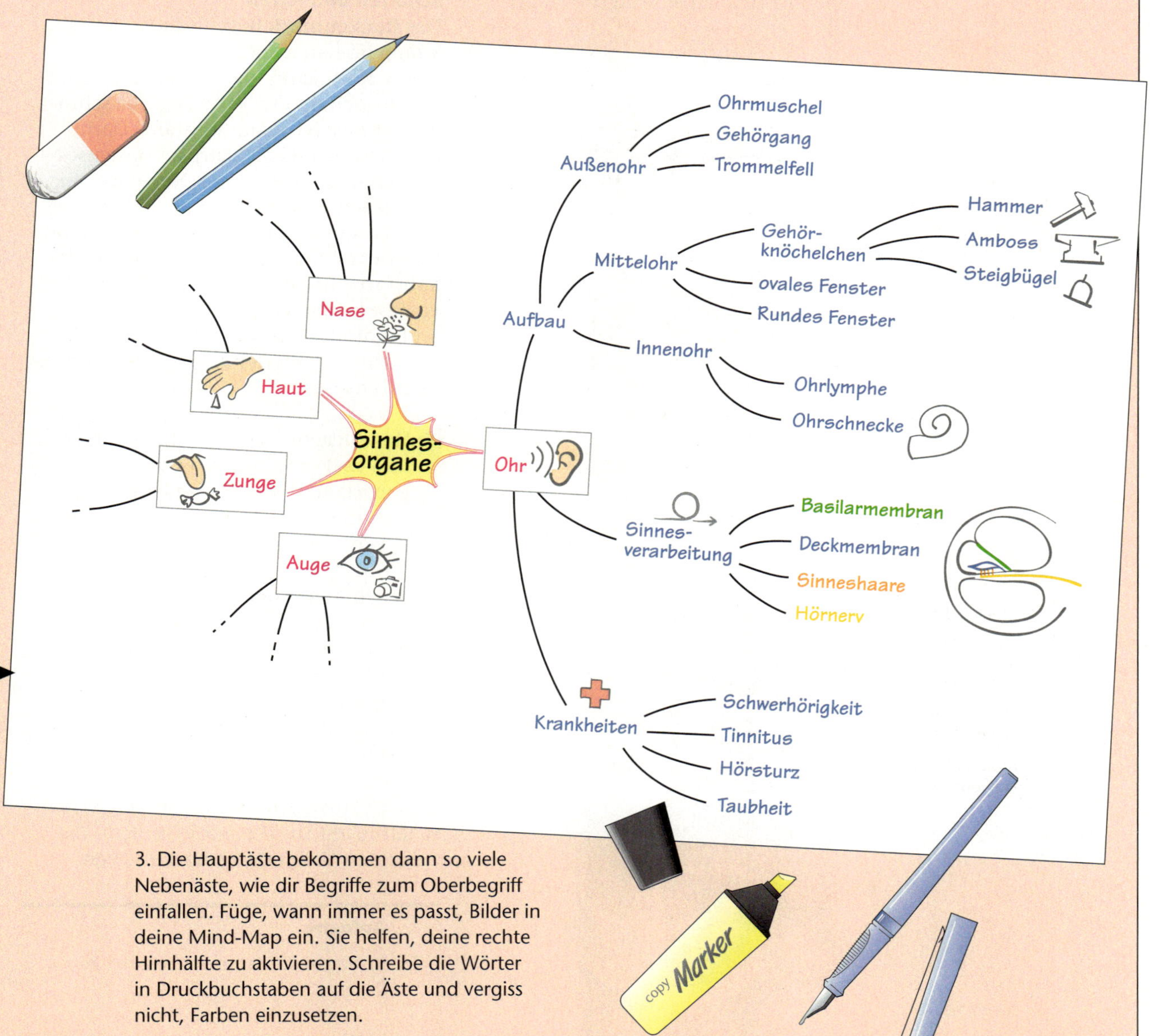

3. Die Hauptäste bekommen dann so viele Nebenäste, wie dir Begriffe zum Oberbegriff einfallen. Füge, wann immer es passt, Bilder in deine Mind-Map ein. Sie helfen, deine rechte Hirnhälfte zu aktivieren. Schreibe die Wörter in Druckbuchstaben auf die Äste und vergiss nicht, Farben einzusetzen.

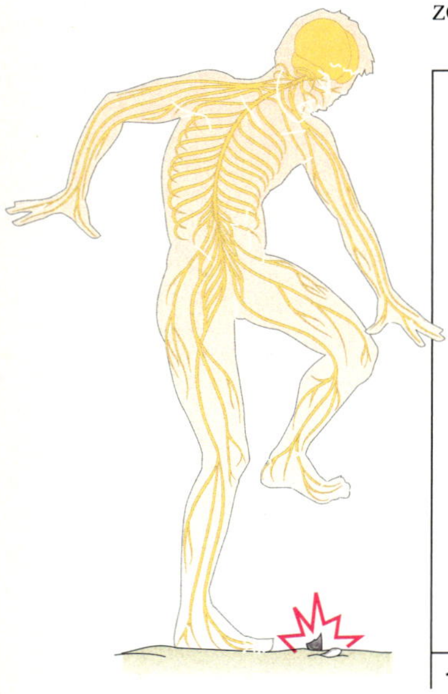

Auch das Rückenmark verarbeitet Reize
Wenn du im Sommer barfuß auf einen spitzen Stein trittst, knickt dir unwillkürlich das Bein ein, sodass dein Fuss entlastet wird. Dies ist ein Schutzreflex, der die Fußsohle vor Verletzungen bewahren soll. Dabei kannst du gut beobachten, dass dir der Vorgang erst bewusst wird, wenn der **Reflex** schon abgelaufen ist. Das liegt daran, dass er bereits im Rückenmark ausgelöst und gesteuert wird. Danach erst werden Schmerzreiz und Bewegung des Beins ans Gehirn gemeldet. Das Rückenmark stellt also nicht nur eine Verbindung zwischen peripheren Nerven und Gehirn dar, sondern ist auch eine eigene Steuerzentrale.

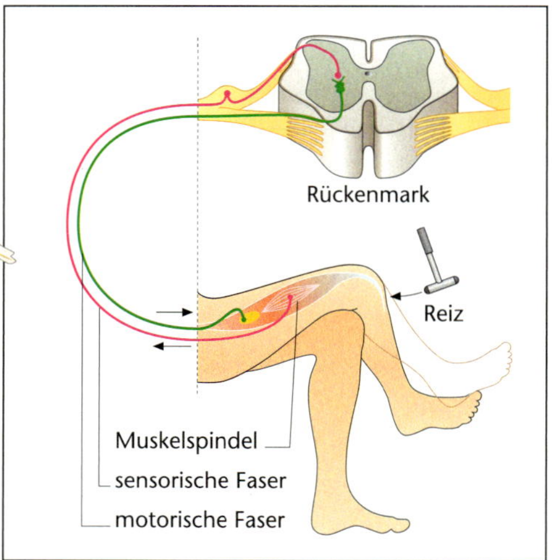

1 Kniesehnen-Reflex

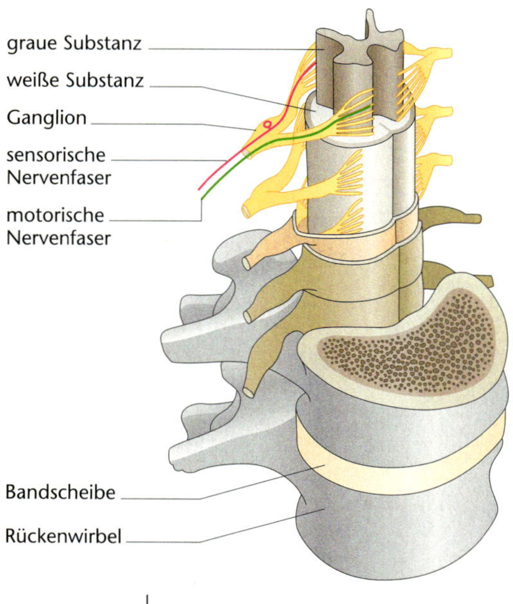

2 Aufbau des Rückenmarks

Wenn es schnell gehen muss
Reflexe sind dadurch gekennzeichnet, dass sie sehr schnell und immer nach dem gleichen Muster ablaufen. Sie sind willentlich kaum zu beeinflussen. Zu den vom Rückenmark gesteuerten Reflexen gehört neben dem Kniesehnen-Reflex (▷ B 1) auch das Zurückziehen der Hand von einer heißen Herdplatte. Daneben gibt es noch weitere Schutzreflexe, wie den Husten- und den Lidschlussreflex. Diese werden von Nerven gesteuert, die direkt aus dem Gehirn kommen. Schutzreflexe sind angeboren.

Schalten und leiten
Das **Rückenmark** liegt als fingerdicker Strang im Kanal der Wirbelsäule. Im Querschnitt kann man zwei Bereiche unterscheiden. In der Mitte liegt die schmetterlingsförmige graue Substanz. Darin befinden sich die Zellkörper von sensorischen und motorischen Nervenzellen, von denen viele auch für die Reflexsteuerung zuständig sind. Außen um die **graue Substanz** herum erkennt man die **weiße Substanz**. In ihr verlaufen zahlreiche Nervenfasern, die Axone von sensorischen und motorischen Nervenzellen. Sie dienen der Erregungsleitung zwischen Körper und Gehirn.

Das Rückenmark besteht aus grauer und weißer Substanz. Es dient der Erregungsleitung zwischen Körper und Gehirn sowie der Steuerung von Reflexen.

Querschnittslähmung
Wird durch eine Verletzung der Wirbelsäule das Rückenmark beschädigt, kann die Verbindung zum Gehirn unterbrochen werden. Die Verletzten können dann die Muskeln nicht mehr bewegen, die vom Teil des Rückenmarks unterhalb der Verletzung gesteuert werden. Sie sind querschnittsgelähmt. In neuesten wissenschaftlichen Studien wird versucht, die zerstörten Verbindungen zu ersetzen.

Aufgabe

1 a) Nenne die Kennzeichen eines Reflexes.

b) Wenn ein Torwart beim Fußball sehr schnell reagiert, sagt man, er habe gute Reflexe. Ist diese Aussage neurobiologisch korrekt? Begründe.

Das vegetative Nervensystem – der Autopilot im Körper

Allzeit bereit
Vor einem sportlichen Wettkampf oder wenn du vor der Klasse ein Referat halten musst, bist du vielleicht besonders aufgeregt. Dann merkst du, dass dein Puls schneller geht, deine Hände zu schwitzen beginnen und dein Mund trocken wird. Dies sind normale Reaktionen des Körpers auf eine aufregende oder als bedrohlich wahrgenommene Situation. Das **Zentralnervensystem** versetzt dabei deinen Körper in einen Alarmzustand, damit er die erforderliche körperliche Leistung für eine passende Reaktion bereitstellt. Tiere würden in einer als bedrohlich empfundenen Situation angreifen oder flüchten.

Der Autopilot übernimmt
Hat das Gehirn eine Situation wahrgenommen, in der Leistung abgerufen werden muss, geht alles Weitere automatisch. Zentren im Stammhirn steuern über Nerven, die aus dem Stammhirn und dem Rückenmark entspringen, die Funktion der inneren Organe. Herz und Kreislauf werden aktiviert, die Muskeln werden besser durchblutet und die Schweißdrüsen verstärken die Sekretion. Gleichzeitig wird die Aktivität der Verdauungsorgane gedrosselt. Die steuernden Stammhirnzentren und die zugehörigen Nerven werden als **vegetatives** oder auch **autonomes Nervensystem** bezeichnet, weil es von selbst aktiv wird.
Im Unterschied dazu wird die Skelettmuskulatur über Nerven des **somatischen Nervensystems** direkt von der Großhirnrinde gesteuert, wodurch es unserer willentlichen Kontrolle unterliegt.

Die ungleichen Brüder
Die Nerven des vegetativen Nervensystems, die den Organismus auf eine Belastungssituation einstellen, fasst man unter dem Namen **Sympathikus** zusammen. In Phasen der Ruhe und Regeneration dagegen werden andere Teile des vegetativen Nervensystems aktiv. Diese Nerven fasst man man unter dem Namen **Parasympathikus** zusammen. Unter seinem Einfluss werden die Aktivität von Herz und Kreislauf gesenkt und gleichzeitig die Organe des Verdauungssystems angeregt, um neue Energie aufzunehmen und im Körper zu speichern.
Sympathikus und Parasympathikus sind also Gegenspieler. Die meisten inneren Organe werden von ihnen gegensätzlich beeinflusst.

Das vegetative Nervensystem passt über Sympathikus und Parasympahtikus die Aktivität der inneren Organe an den momentanen Bedarf des Organismus an.

Aufgaben

1 Nenne die jeweiligen Funktionen von Sympathikus und Parasympathikus.

2 Gib Beispiele für Situationen aus deinem Alltag, in denen deine inneren Organe vom Sympathikus gesteuert werden.

3 Informiere dich im Internet über den Harnblasenreflex. Welchen Unterschied gibt es in der Steuerung der Blasenfunktion zwischen Babies und Erwachsenen?

1 Sympathicus und Parasympathicus

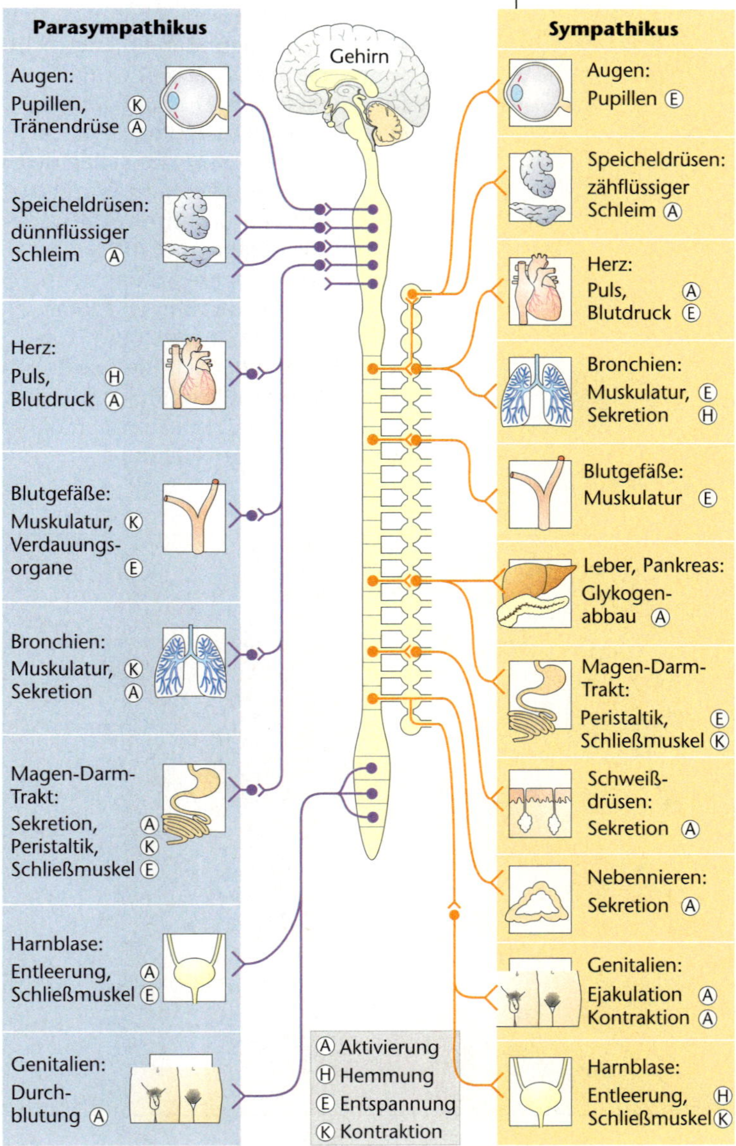

1 Den Wärmehaushalt regulieren Hormone.

Flüssige Rohrpost

Wenn im Spätherbst die Temperaturen fallen, empfinden wir die ungewohnte Kälte als besonders unangenehm, weil sich unser Körper noch nicht darauf eingestellt hat. Er muss mehr Wärme produzieren, um nicht auszukühlen. Die Schilddrüse schüttet dazu einen chemischen Botenstoff aus, der über das Blut alle Zellen des Körpers erreicht. Der Botenstoff dringt in die Zellen ein und erhöht ihren Stoffwechsel. Diese erzeugen dabei mehr Wärme, wodurch die Körpertemperatur ansteigt. Botenstoffe, die über das Blut zu ihrem Wirkungsort gelangen, nennt man **Hormone**. Das Hormon der Schilddrüse heißt Thyroxin. Bei Kindern beeinflusst es außer der Körpertemperatur auch noch das Wachstum und die Entwicklung.

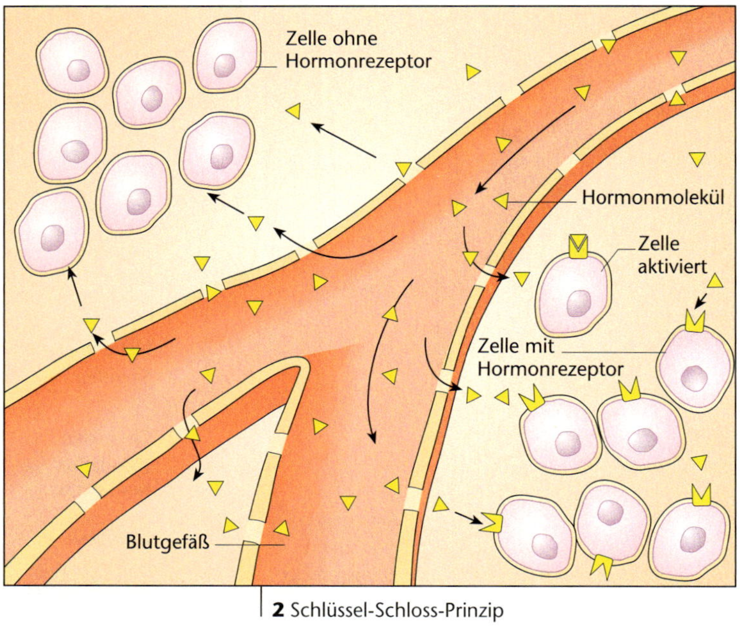

2 Schlüssel-Schloss-Prinzip

Eine Flut von wichtigen Botschaften

Viele Funktionen des Körpers werden durch Hormone geregelt (▷ B 1). Die Bauchspeicheldrüse produziert das Hormon Insulin, das dafür sorgt, dass die Zellen des Körpers Glucose aus dem Blut aufnehmen. Die Nebennieren sind Drüsen, die auf den Nieren sitzen und das Hormon Noradrenalin abgeben. Dieses bewirkt, dass die Leberzellen Glucose als Energiespender freisetzen. Außerdem erhöht es die Durchblutung der Muskulatur und es steigert die Herztätigkeit. Es versetzt den Körper also in Leistungsbereitschaft und unterstützt dadurch die Wirkung des Sympathikus. Hoden und Eierstöcke produzieren Sexualhormone, die die geschlechtliche Entwicklung bestimmen.

Sender und Empfänger

Wenn die Nebennieren Noradrenalin ausschütten, verteilen sich die Moleküle dieses Hormons über das Blut im ganzen Körper. Damit die Leberzellen oder Muskelzellen auf das Hormon reagieren, muss dieses an spezielle Moleküle auf der Oberfläche der Zellen binden. Solche Moleküle nennt man Rezeptoren. Für die unterschiedlichen Hormone gibt es verschiedene Typen von **Rezeptoren**. Hormon und Rezeptor passen jeweils zusammen wie Schlüssel und Schloss. Andere Hormone, wie das Thyroxin der Schilddrüse, können direkt in die Zellen des Körpers eindringen und dort ihre Wirkung entfalten.

▶ Hormone sind Botenstoffe, die in speziellen Drüsen gebildet und über die Blutbahn im Körper verteilt werden. Sie greifen in den Stoffwechsel der Zellen ein.

Das richtige Maß

Alle Hormone wirken schon in geringsten Mengen. In den 5 l Blut eines Erwachsenen befinden sich nur Bruchteile eines Milligramms davon.
Zu hohe Konzentrationen im Blut sind genauso schädlich wie zu geringe und verursachen Krankheiten. So führt eine zu hohe Konzentration des Wachstumshormons Somatotropin bei Kindern zu Riesenwuchs, eine zu geringe dagegen zu Zwergenwuchs. Wie wird aber dafür gesorgt, dass jedes Hormon immer in der richtigen Konzentration vorliegt?

Das Gehirn ist der Boss

Das Gehirn sorgt mit einer kleinen, erbsengroße Drüse dafür, dass die Hormondrüsen im Körper zur richtigen Zeit die richtige Menge an Hormonen ausschütten. Die Hirnanhangsdrüse oder Hypophyse gibt dazu winzige Mengen von stimulierenden Hormonen ins Blut ab (▷ B 3). Jedes von diesen Steuerungshormonen ist auf eine bestimmte Drüse im Körper spezialisiert und regt sie zur Hormonproduktion an. Daneben produziert die Hirnanhangsdrüse auch Hormone mit direkter Wirkung auf die Organe (▷ B 3). Das Gehirn steuert die verschiedenen Körperfunktionen also nicht nur über Nerven, sondern auch über Hormone im Blut.

3 Funktion verschiedener Hormondrüsen

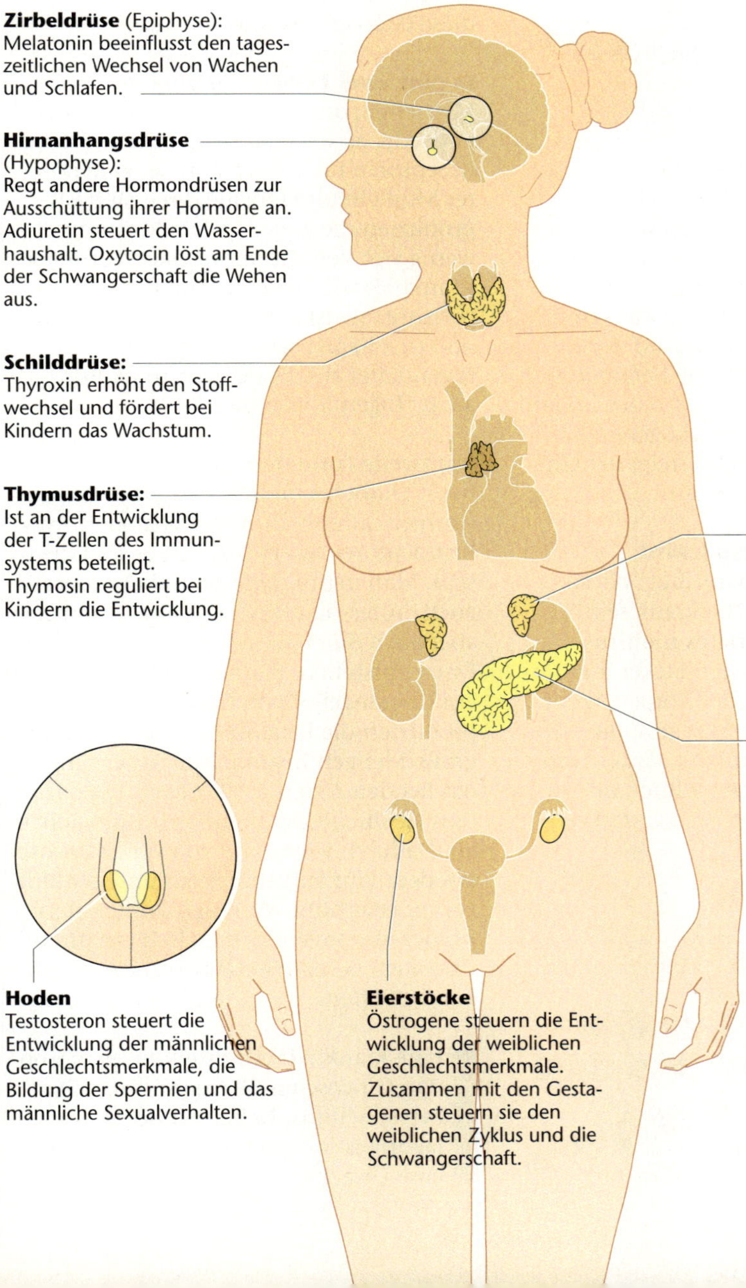

Messen und Regeln

Nervenzellen im Zwischenhirn messen die Konzentration der verschiedenen Hormone im Blut. Übersteigt ein Hormon eine bestimmte Konzentration, veranlasst das Zwischenhirn die Hypophyse weniger von dem zugehörigen Steuerungshormon auszuschütten.
Dadurch produziert die entsprechende Drüse weniger von ihrem Hormon. Fällt dessen Konzentration zu stark ab, schüttet das Gehirn mehr von dem Steuerungshormon aus. Dieser Mechanismus regelt die Hormonkonzentration im Blut, es liegt ein Regelkreis vor (▷ B 4).

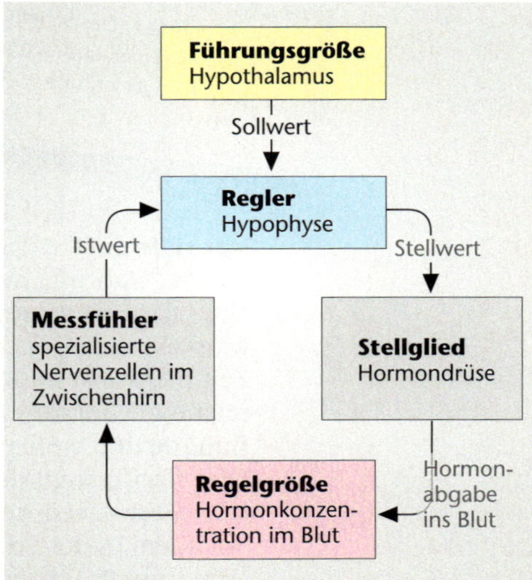

4 Regelkreis der Hormonkonzentration

Aufgabe

1 a) Nenne fünf Hormondrüsen des Körpers. Welche Wirkung haben die von ihnen ausgeschütteten Hormone?

b) Wie beeinflusst das Gehirn ihre jeweilige Konzentration im Blut?

Ein bitterer Anfang

Eigentlich fing alles ganz harmlos an. Torben hatte andauernd großen Durst und trank entsprechend viel. Deswegen musste er sehr oft zur Toilette. Außerdem fühlte er sich oft müde und schlapp. Als er jedoch auch noch ständig hungrig war und abnahm, obwohl er immer mehr aß, ging seine Mutter mit ihm zum Arzt. Nach einer Blutuntersuchung stand die Diagnose fest: Diabetes mellitus. Torben ist zuckerkrank.
Seitdem muss Torben genau aufpassen, welche Nahrungsmittel er isst. Er muss auch darauf achten, seine Mahlzeiten sehr regelmäßig zu sich zu nehmen. Das Schlimmste war für ihn am Anfang aber, dass er sich mehrmals täglich einen Tropfen Blut abnehmen und Insulin spritzen muss.

Der süße Saft
Mit der Nahrung nehmen wir Glucose auf. Über das Blut gelangt sie schnell zu den Muskeln und Organen. Essen wir längere Zeit nichts, ist im Blut nicht mehr ausreichend Glucose enthalten. Wir werden hungrig und wollen wieder etwas essen. Gleichzeitg greift der Körper auf seine Glucosereserven zurück. Die befinden sich vor allem in der Leber in Form des Glykogens. Durch Abbau des Glykogens und durch Nahrungsaufnahme steigt der Glucosegehalt im Blut wieder an.

Wenn der Harn honigsüß wird
Der Zucker gehört also ins Blut. Wieso kann jemand dann zuckerkrank sein? Menschen, die an **Diabetes mellitus** erkrankt sind, haben zu viel Zucker im Blut, weil er von den Zellen des Körpers nicht mehr in ausreichender Menge aufgenommen wird. Die Muskeln, das Gehirn und alle Organe werden dadurch mit zu wenig Glucose versorgt. Zuckerkranke, die nicht behandelt werden, fühlen sich daher oft hungrig, schwach und müde. Sie können sogar bewusstlos werden, weil die Nervenzellen im Gehirn keinen anderen Nährstoff verarbeiten können. Zugleich können die Nieren die große Menge an Glucose im Blut nicht mehr zurückhalten. Sie scheiden den Zucker mit dem Harn aus. Diabetes mellitus heißt so viel wie "honigsüßer Harndurchfluss". Außerdem lagert sich Zucker in den Blutgefäßen und den inneren Organen ab und schädigt sie dadurch.

1 Harnzuckerteststreifen, Urinstreifen

Nur ein kleines Molekül
Bei Gesunden sorgt das Hormon Insulin dafür, dass die Glucose aus dem Blut in die Zellen gelangt. Bindet Insulin an den passenden Rezeptor einer Zelle, nimmt diese Glucose aus dem Blut auf.

Es gibt zwei Zuckerkrankheiten
Menschen, die zuckerkrank sind, besitzen entweder zu wenig Insulin oder zu wenig Rezeptoren für Insulin auf den Zellen ihrer Muskeln und Organe. Im ersten Fall produziert die Bauchspeicheldrüse zu wenig von dem Hormon. Diese Form der Krankheit wird **Diabetes mellitus Typ I** genannt. Sie ist zum Teil erblich bedingt und tritt häufig schon im Kindes- und Jugendalter auf. Daher nennt man sie auch "Jugenddiabetes".

Die zweite Form der Zuckerkrankheit heißt **Diabetes mellitus Typ II**. Ursache kann ein altersbedingter Abbau der Insulinrezeptoren auf den Zellen des Körpers sein. Man nennt diese Krankheit daher auch "Altersdiabetes". Daneben kann sie aber auch durch jahrelanges übermäßiges Essen entstehen. Befindet sich andauernd ein Überangebot von Glucose im Blut, produziert die Bauchspeicheldrüse ständig große Mengen Insulin. Auf Dauer führt das bei den Zellen des Körpers aber dazu, dass sie ihre Rezeptoren für Insulin abbauen. Dadurch wird dann zu wenig Glucose aus dem Blut aufgenommen und der Blutzucker ist erhöht. Weil sich immer mehr Kinder und Jugendliche falsch ernähren, sind auch sie zunehmend von der Krankheit betroffen.

Eine krankhaft erhöhte Konzentration von Glucose im Blut nennt man Diabetes mellitus. Neben erblicher Veranlagung ist oft auch falsche Ernährung eine Ursache.

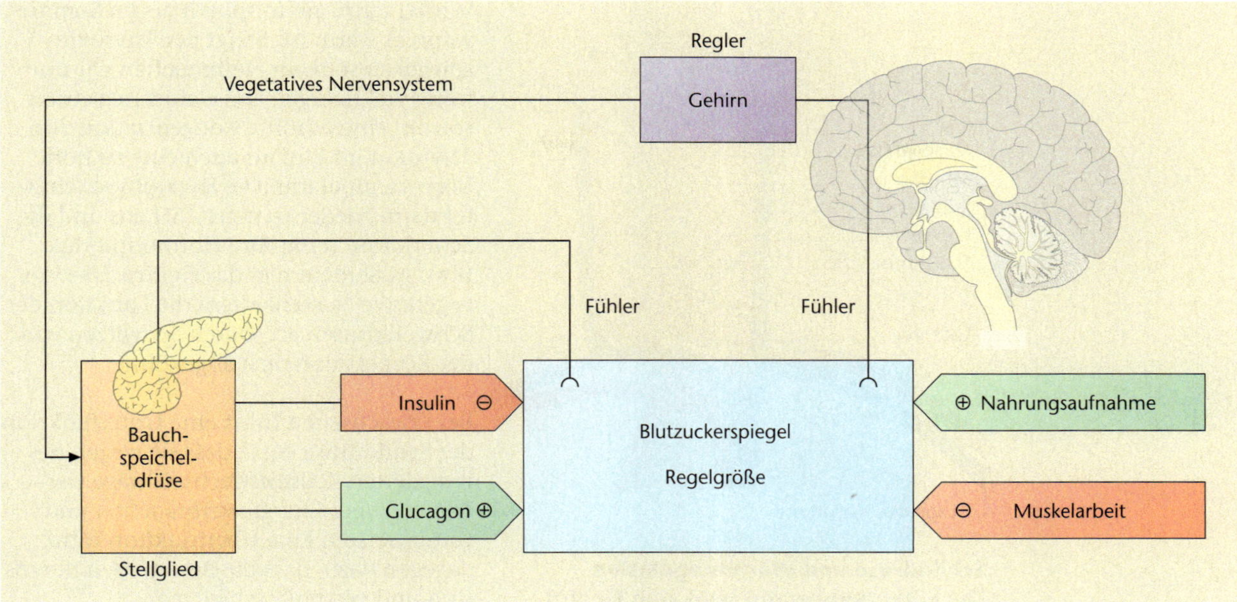

2 Regulierung des Blutzuckerspiegels

Die Regulation des Blutzuckerspiegels
Der Körper des Gesunden hält die Glucosekonzentration im Blut zwischen 0,6 und 1,1 g/l konstant. Steigt der Blutzuckerspiegel nach der Nahrungsaufnahme an, schütten die Zellen in der Bauchspeicheldrüse **Insulin** aus. Sinkt der Blutzuckergehalt nach einer körperlichen Anstrengung ab, schüttet die Bauchspeicheldrüse ein anderes Hormon aus, das **Glucagon**. Im Gegensatz zum Insulin veranlasst es die Leberzellen, Glykogen abzubauen und Glucose ins Blut abzugeben. Für die Messung des Blutzuckergehalts verfügen die Zellen der Bauchspeicheldrüse über spezielle Glucoserezeptoren. Auch das Gehirn misst so den Blutzucker. Über das vegetative Nervensytem reguliert es zusätzlich die Tätigkeit der Bauchspeicheldrüse, zum Beispiel, um den Muskeln für eine bevorstehende Anstrengung Glucose bereit zu stellen.

Kein süßes Ende

Eine Zeit lang hielt sich Torben an alle Vorschriften, die ihm der Arzt mitgegeben hatte. Dann aber begann er wieder öfter mal zu naschen, ließ Mahlzeiten ausfallen und hatte immer weniger Lust, sich ständig mit einer Nadel zu pieksen. Bis zu dem Tag, als Torben von seiner Mutter bewusstlos auf dem Fußboden gefunden wurde. Er kam ins Krankenhaus.
Seitdem hält er sich an alle Spielregeln, mit denen ein Zuckerkranker leben muss. Torben ist jetzt 15 Jahre alt, geht zur Schule und treibt Sport wie seine Freunde auch.

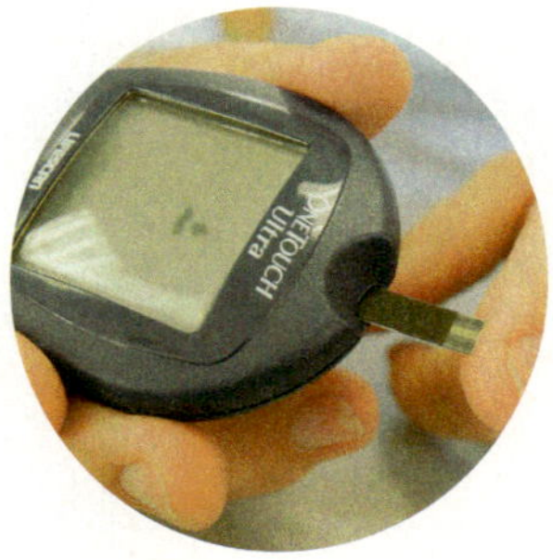

Aufgaben

1 Erkläre, warum sich Zuckerkranke trotz einer hohen Glucosekonzentration im Blut oft schlapp fühlen.

2 In Apotheken gibt es Teststreifen, die man in den Harn hält. Wieso kann man damit eine Zuckerkrankheit nachweisen?

3 Warum kann die Bezeichnung "Altersdiabetes" irreführend sein?

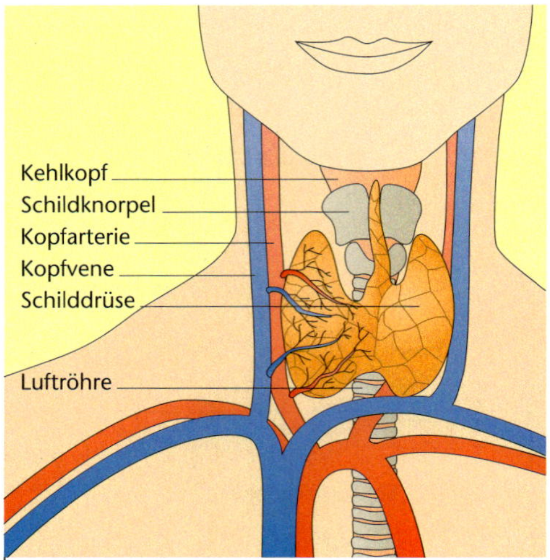

1 Lage der Schilddrüse

Schilddrüse und Wärmeregulation

Die Körpertemperatur wird vom Gehirn über die Temperatur des Blutes gemessen. Sinkt sie, schüttet die Hypophyse das Hormon TSH (Schilddrüsen-stimulierendes Hormon) aus, das die Schilddrüse anregt, mehr Thyroxin zu produzieren.

Die Schilddrüse liegt etwas unterhalb des Schildknorpels vor dem Kehlkopf (▷ B 1). Sie wiegt etwa 20 g und produziert 0,1 mg Thyroxin am Tag. Das Thyroxin regt in allen Zellen des Körpers den Stoffwechsel an, wodurch unser Organismus mehr Energie umsetzt und mehr Wärme erzeugt. Durch den erhöhten Energiebedarf der Zellen unseres Körpers verspüren wir im Winter auch mehr Appetit als im Sommer, wenn es warm ist. Steigt der Thyroxinspiegel zu stark an, verbrauchen wir unnötig viel Energie. Das Gehirn registriert sowohl eine erhöhte Konzentration von Thyroxin im Blut als auch eine zu hohe Körpertemperatur. Die Hypophyse schüttet dann wieder weniger TSH aus und die Schilddrüse senkt ihre Hormonproduktion. Außerdem regt das Gehirn über das vegetative Nervensystem die Funktion der Schweißdrüsen an. Durch Schwitzen wird der Körper zusätzlich abgekühlt.

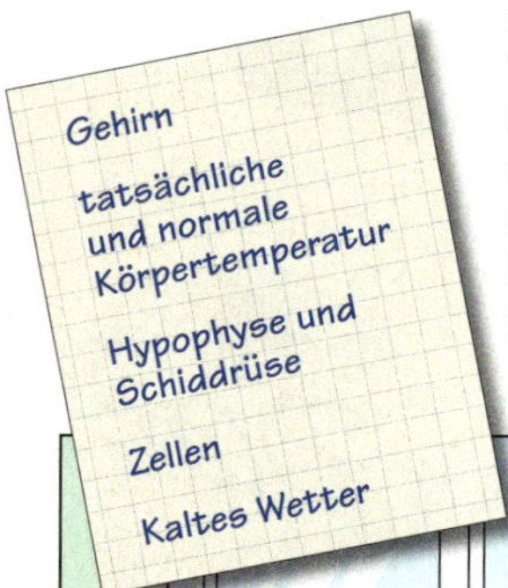

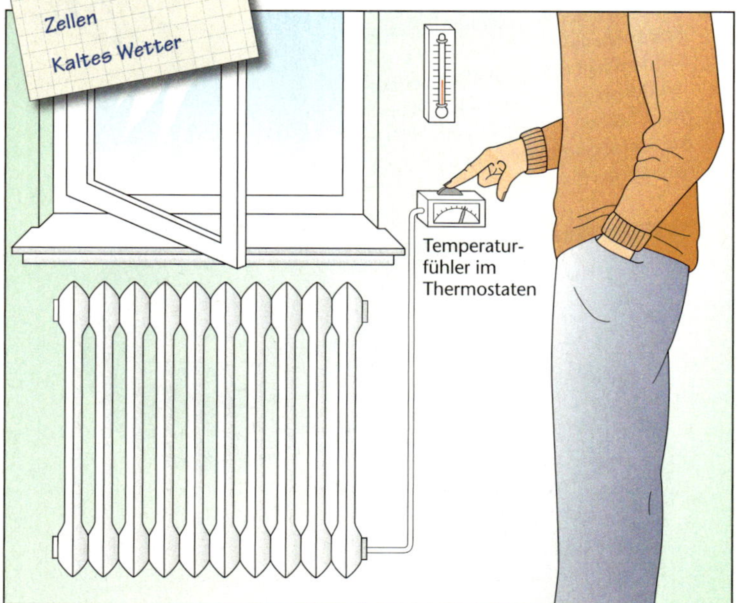

2 Regelkreis einer Raumheizung

Bei Erwachsenen führt eine Unterfunktion der Schilddrüse dazu, dass sie wegen des reduzierten Zellstoffwechsels träge werden, weniger Energie verbrauchen und Fett ansetzen. Eine Überfunktion führt dagegen dazu, dass die Betroffenen nervös sind und verstärkt schwitzen.
Die Wärmeregulation des Körpers kann man mit der Regelung der Raumtemperatur mithilfe eines Thermostaten vergleichen (▷ B 2).

Mangelstoff Iod

Das Hormon Thyroxin enthält Iod. Daher kann die Schilddrüse nicht genügend Thyroxin herstellen, wenn der Mensch nicht ausreichend Iod aufnimmt. Dies ist in fast ganz Deutschland der Fall, weil hier das Trinkwasser zu wenig Iod enthält. Nur wer in der Nähe des Meeres wohnt oder viel Meeresfisch isst, erhält ausreichend Iod. In den übrigen Gebieten muss es mit iodiertem Speisesalz oder in Tablettenform aufgenommen werden. Andernfalls kann es zu einer krankhaften Vergrößerung der Schilddrüse kommen, dem Kropf.

▶ Das Schilddrüsenhormon Thyroxin ist für den Stoffwechsel und den Wärmehaushalt des Körpers sowie für das Wachstum zuständig. Seine Konzentration im Blut wird vom Gehirn geregelt.

Aufgabe

1 a) Ordne den Elementen des Regelkreises einer Raumheizung (▷ B 2) die entsprechenden Begriffe aus der Liste zur Regulation der Körpertemperatur zu.

b) Ordne den Vorgang der direkten Reaktion des Gehirns auf einen erhöhten Thyroxinspiegel den richtigen Teilen zu. Beginne mit Hypophyse und Schilddrüse, die gemeinsam den Regler darstellen.

Schlusspunkt

Sinne, Nerven, Hormone

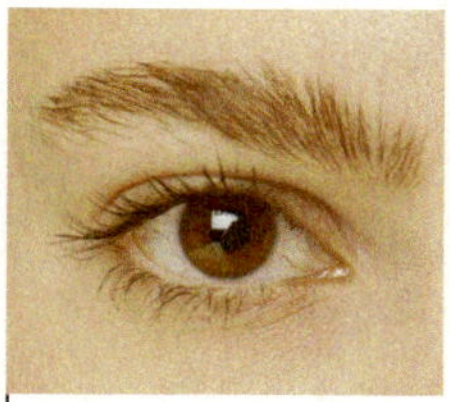

1 Das Auge

Das Auge ist gut geschützt und angepasst

Die Brauen, die Augenlider, die Tränendrüsen und die knöchernen mit Fettpolstern ausgekleideten Augenhöhlen schützen die Augen. Bei starker Sonneneinstrahlung und manchen Tätigkeiten ist ein zusätzlicher Augenschutz notwendig.
Adaptation: Durch Verengen oder Erweitern der Pupille können sich die Augen an die Umgebungshelligkeit anpassen.
Akkomodation: Die elastische Linse kann ihre Brechkraft verändern und sich so an verschiedene Entfernungen anpassen.

Das Sehen

Die Linse bricht das einfallende Licht und lässt auf der Netzhaut ein verkleinertes, seitenverkehrtes und auf dem Kopf stehendes Abbild des Gegenstandes entstehen.
Fällt Licht in das Auge, zerfallen in den Stäbchen und Zapfen der Netzhaut Sehfarbstoffe. Die entstehende Erregung wird über Schaltzellen und Nervenzellen an das Gehirn weitergeleitet.
Zapfen dienen dem Farbensehen, Stäbchen dem Hell-Dunkel-Sehen.
Ein räumlicher Eindruck entsteht durch die Überschneidung der Gesichtsfelder beider Augen.

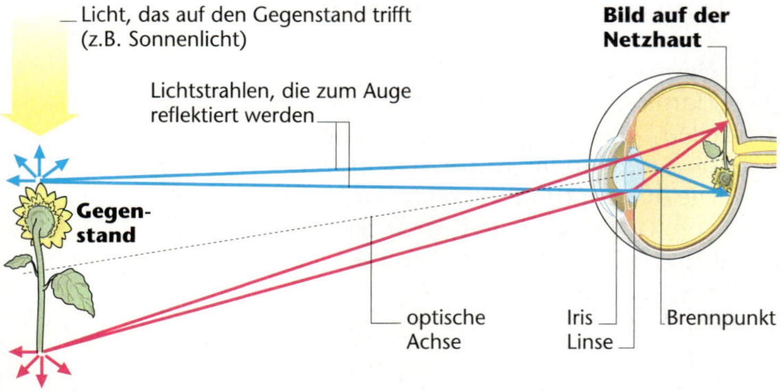

2 Strahlengang beim Sehen

Das Hören

Schalldruckwellen gelangen über Außenohr und Mittelohr ins Innenohr. Im Schneckengang bewirken sie ein Verbiegen der Sinneshaare. Die dadurch entstandene Erregung wird von den Hörsinneszellen auf Nervenzellen übertragen, die die Erregung an das Gehirn weitergeben.
Da wir über zwei Ohren verfügen, ist wegen der Zeitdifferenz der eintreffenden

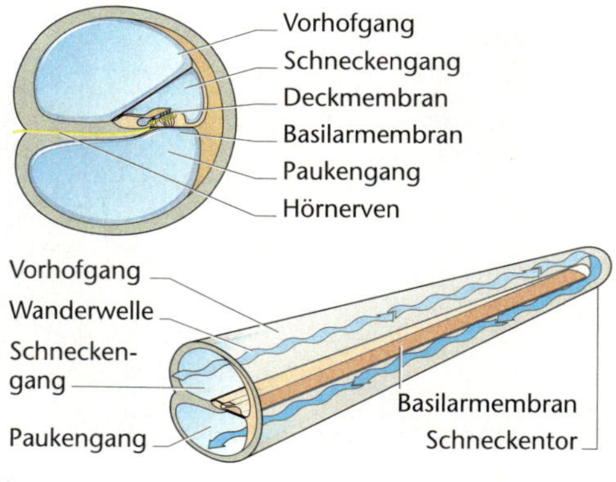

3 Querschnitt der Hörschnecke

Schalldruckwelle ein Richtungshören möglich.
Mit sinkender Frequenz wird ein Ton immer tiefer. Die verschiedenen Tonhöhen werden an unterschiedlichen Orten der Hörschnecke wahrgenommen. Im Bereich der hohen Töne nimmt das Hörvermögen im Laufe des Lebens ab.
Je größer die Amplitude der Schalldruckwelle ist, desto lauter hören wir einen Ton. Sehr laute Geräusche können die Hörsinneszellen schädigen.

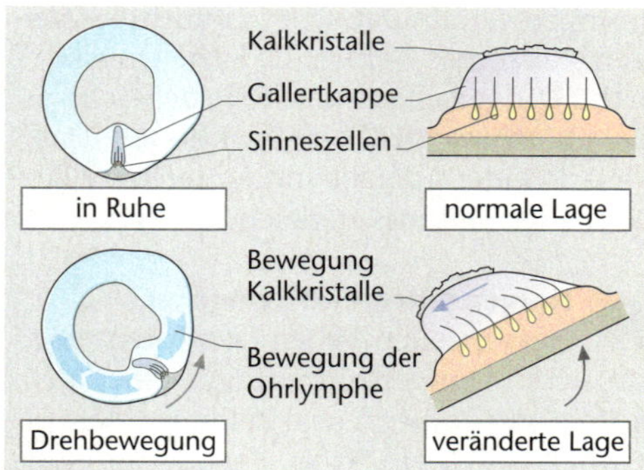

4 Drehsinnesorgan und Lagesinnesorgan

Lagesinn und Drehsinn

In jedem Innenohr befinden sich drei Drehsinnesorgane und zwei Lagesinnesorgane, über die wir Drehbewegungen des Kopfes und anhand der Schwerkraft die Haltung des Kopfes wahrnehmen.

Riechen und Schmecken

Die Riechfelder in der Nase nehmen Geruchsstoffe wahr, wodurch z.B. Speisen auf Verdorbenes geprüft werden. Auch der Geschmack hat eine solche Kontrollfunktion. Die Geschmackssinneszellen nehmen die Geschmacksqualitäten süß, sauer, salzig, bitter und umami wahr.

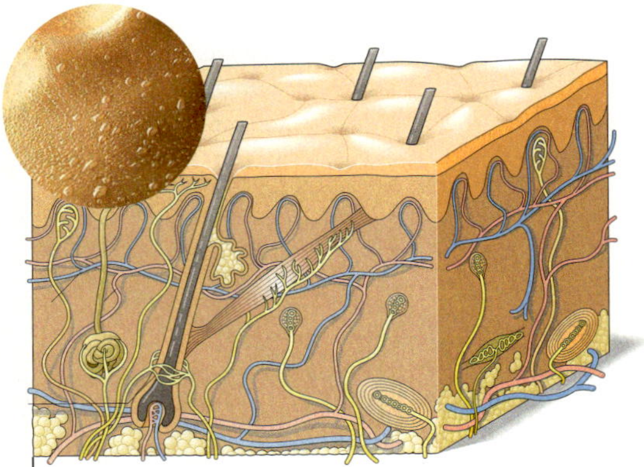

5 Die Haut

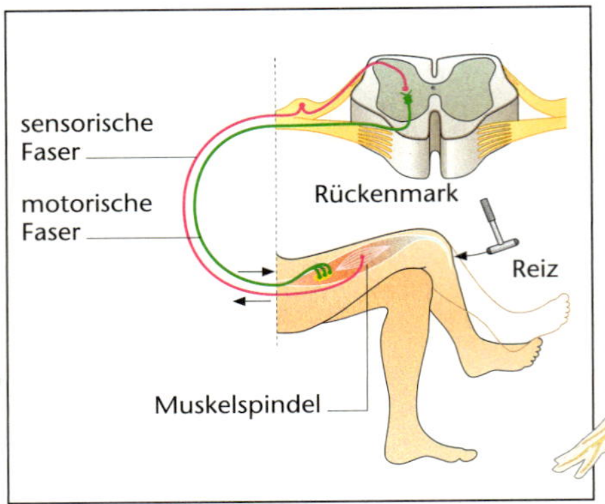

7 Kniesehnen-Reflex

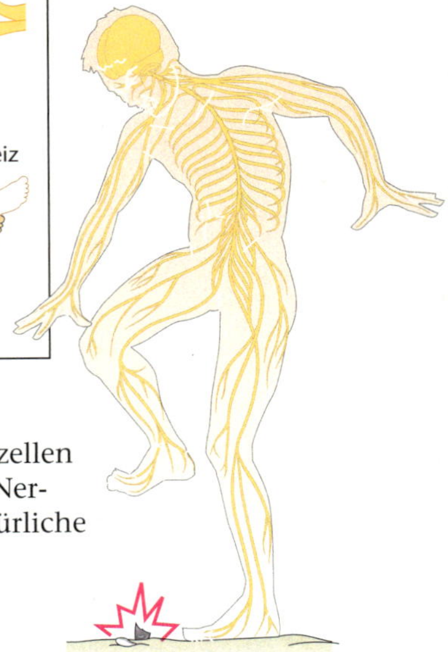

Die Haut

Die Haut besteht aus Oberhaut, Lederhaut und Unterhaut. Sie dient als Tastorgan und registriert Temperatur und Schmerzen. Die Haut ist die äußere Abgrenzung des Körpers, schützt ihn vor Verletzung, Austrocknung, UV-Strahlen und Krankheitserregern und sie reguliert den Wärmehaushalt.

Informationsverarbeitung

Erregungen aus den Sinnesorganen erreichen über sensorische Nerven das Gehirn. Dort werden die Sinneswahrnehmungen verarbeitet. Über motorische Nerven steuert das Gehirn die Skelettmuskulatur. Die verschiedenen Teile des Gehirns haben unterschiedliche Funktionen. Dabei sind an einer Aufgabe immer mehrere Bereiche des Gehirns zugleich beteiligt.

Nervenzellen und Synapsen

Nervenzellen haben Dendriten, über die sie Erregungen aufnehmen, einen Zellkörper, der Zellkern und Zellorganellen enthält, sowie ein Axon, über das Erregungen weitergeleitet werden. Je nach Funktion gibt es starke Abwandlungen dieses Grundbauplans. Synapsen sind Kontaktstellen, die der Erregungsübertragung zwischen Sinnes-, Nerven- und Muskelzellen mithilfe von Transmittern dienen. Nervengifte und Drogen stören die natürliche Funktion der Synapsen.

Datenautobahn und Schaltzentrale

Das Rückenmark besteht aus grauer Substanz, in der sich vor allem Zellkörper von Nervenzellen befinden, und weißer Substanz, die hauptsächlich aus Axonen besteht. Das Rückenmark dient der Erregungsleitung zwischen Körper und Gehirn sowie der Steuerung von Reflexen.

Das vegetative Nervensystem

Das vegetative Nervensystem stellt den Organismus auf Leistungssituationen und Ruhephasen ein. Dazu passt es über Sympathikus und Parasympathikus die Aktivität der inneren Organe an den momentanen Bedarf des Organismus an.

Hormone

Hormone sind Botenstoffe, die in speziellen Drüsen gebildet werden und über die Blutbahn im Körper verteilt werden. Die Ausschüttung von Hormonen wird vom Gehirn gesteuert. Sie wirken bereits in geringsten Mengen und beeinflussen den Zellstoffwechsel. Insulin reguliert den Blutzuckerspiegel. Bei Diabetes mellitus ist dieser krankhaft erhöht. Dadurch werden die inneren Organe geschädigt. Das Schilddrüsenhormon Thyroxin ist für den Stoffwechsel und den Wärmehaushalt des Körpers zuständig.

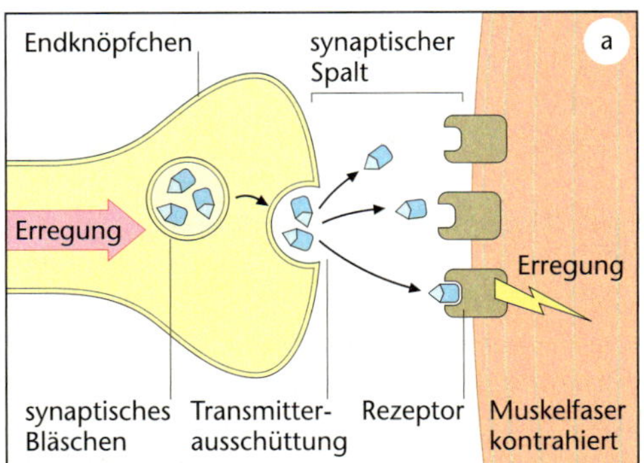

6 Synapse

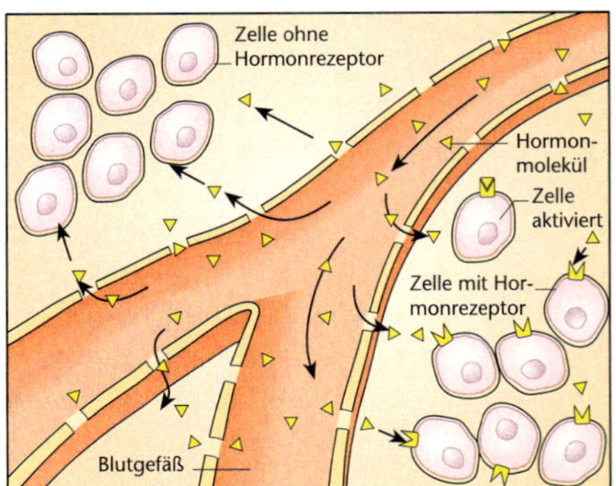

8 Hormone

Aufgaben

1 Man kann günstige dunkle Sonnenbrillen kaufen, die jedoch keinen UV-Schutz bieten. Beim Tragen einer solchen Brille wird die Schädigung durch das UV-Licht sogar verstärkt. Begründe.

2 a) Fasse die Ursachen, Symptome und Hilfsmittel bei Kurzsichtigkeit, Weitsichtigkeit und Altersweitsichtigkeit in einer Tabelle zusammen.
b) Skizziere auch die Strahlenverläufe.

3 a) Beschreibe den Aufbau der Netzhaut.
b) Was wird im Diagramm (▷ B 9) dargestellt? Ordne die verschiedenen Lichtsinneszellen der durchgezogenen und der gestrichelten Linie im Diagramm zu. Beschreibe die Verteilung der Lichtsinneszellen in der Netzhaut. Erläutere die Besonderheiten der Stellen A und B im Diagramm.

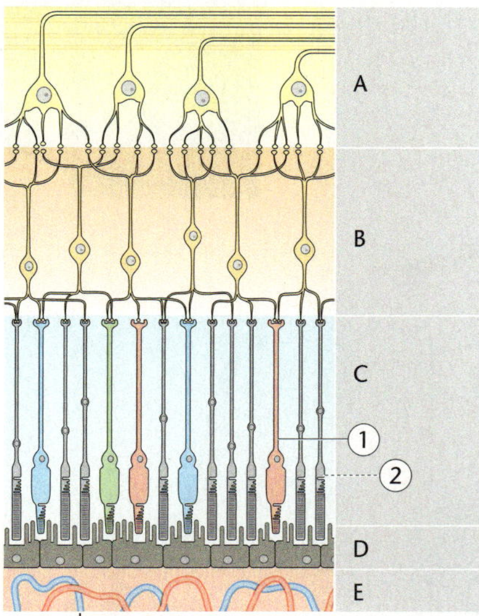

9 Zu Aufgabe 3

4 Den Blinden Fleck kann man im Versuch nachweisen. Bei diesem Versuch darf nur ein Auge geöffnet sein. Begründe.

5 Das Gehirn bestimmt entscheidend mit, was wir sehen. Untermauere diese Aussage mit drei Beispielen.

6 Die Zahl der von Gehörschäden Betroffenen nimmt zu. Nenne Ursachen für verschiedene Gehörschäden und entsprechende Vorbeugungsmaßnahmen.

7 a) Beschreibe den Bau und die Funktionsweise der Drehsinnesorgane.
b) Alkohol erweitert die Bogengänge. Erläutere, warum Betrunkene oft das Gefühl haben, Karussell zu fahren.

8 Manche Leute halten sich die Nase zu, wenn sie ein unangenehm schmeckendes Medikament einnehmen müssen. Wie sinnvoll ist das? Begründe.

9 Die Haut ist ein sehr vielseitiges Organ.
a) Erstelle eine Mindmap zur Haut.
b) Großflächige Verbrennungen der Haut sind lebensbedrohlich. Erläutere.

10 Andere Lebewesen verfügen über Sinnesorgane, mit denen der Mensch nicht ausgestattet ist. Fasse diese Sinnesorgane, ihre Träger und die adäquaten Reize in einer Mindmap zusammen.

11 Beschreibe am Beispiel eines Korbwurfs beim Basketball den Weg von einer Sinneswahrnehmung über die Verarbeitung im Gehirn bis zur Steuerung des Verhaltens.

12 Welche beiden Möglichkeiten hat das Gehirn, die Funktion der inneren Organe zu beeinflussen?

13 Welchen biologischen Sinn macht es, dass in Stresssituationen die Haut weniger durchblutet wird?

14 Was sind Hormone? Nenne Beispiele für ihre Funktionen im Körper.

15 a) Versuche zu begründen, warum übergewichtige Menschen häufiger an Diabetes mellitus erkranken als schlanke.
b) Um welchen Typ Diabetes handelt es sich dabei meist?

16 Erkläre, warum manche Menschen durch eine Schilddrüsenüberfunktion abnehmen.

10 Zu Aufgabe 5

1 a) Beschreibe den Aufbau des Ohres und den Hörvorgang.

b) Alle Säugetiere besitzen zwei Ohren, die ihnen das Richtungshören ermöglichen. Plane einen Versuch, mit dem du das Richtungshören beim Menschen nachweisen kannst, führe ihn durch und halte das Ergebnis fest.

c) Stelle den Versuch und sein Ergebnis der Klasse vor und verwende dabei die Fachbegriffe. Interpretiere dein Ergebnis und veranschauliche die Situation anhand einer Tafelskizze.

d) Gesetzliche Vorschriften zwingen Beschäftigte an besonders lärmintensiven Arbeitsplätzen dazu einen Hörschutz zu tragen. Bewerte diesen Umstand.
In welchen Situationen deines Alltags müsstest du eigentlich auch einen Hörschutz tragen?

Aspekte des Verhaltens

Eine Katze schleicht sich an ihre Beute heran – und schlägt dann blitzschnell zu. Eine „Jagdszene“, die du vielleicht schon einmal beobachtet hast.

Auf dieser Seite siehst du noch weitere Situationen, aus dem täglichen Leben von Menschen und Tieren. Dabei setzen sie sich aktiv mit ihrer Umwelt auseinander - sie zeigen ein ganz bestimmtes Verhalten.

Zum Verhalten zählen alle beobachtbaren Aktionen und Reaktionen. Deshalb ist für die Verhaltensforscherinnen und -forscher das Beobachten, aber auch die Durchführung von Experimenten von großer Bedeutung. Sie wollen klären, wie sich Tiere und Menschen in bestimmten Situationen verhalten. Und auch die Frage nach dem „Warum“ ist für die Verhaltensforscher wichtig.

Auf Reize folgen Reaktionen
Ständig nimmt ein Lebewesen mithilfe seiner Sinnesorgane **Reize** aus der Umwelt auf. Diese Reize können dazu führen, dass das Lebewesen darauf **reagiert** und eine bestimmte Verhaltensweise zeigt. Bei dem in Abbildung 1 beschriebenen Unfall sind es optische Reize, die die Autofahrer unaufmerksam werden lassen. Die Folge davon ist hier ein Massenunfall.

Ein Fisch sieht „Rot"
Der Niederländer NIKOLAAS TINBERGEN (1907–1988) bemerkte zufällig, dass die Stichlinge in seinem Aquarium am Fenster jedes Mal sehr unruhig und aggressiv wurden, wenn ein rotes Postauto vorbeifuhr. Er wollte wissen, was die Ursache hierfür sein könnte und führte deshalb mehrere Versuche durch: TINBERGEN bastelte verschiedene Stichlingsnachbildungen (▷ B 3), so genannte **Attrappen** und bewegte diese vor dem Aquarium hin und her. Er beobachtete, dass Attrappen, die an der Unterseite rot gefärbt waren, bei den männlichen Stichlingen dieselbe Reaktion auslösten wie ein Postauto. Anscheinend betrachteten die Fische diese Attrappen als Eindringlinge in ihr Revier und die rote Farbe war dabei ein entscheidendes Merkmal.

Wichtige Reize – die Schlüsselreize
Reize, auf die Tieren mit einer ganz bestimmten Verhaltensweise reagieren, werden **Schlüsselreize** genannt. Sie müssen als solche erkannt werden. Verhaltensforscher vermuteten, dass es hierzu im Gehirn der Tiere einen Mechanismus geben muss, der alle eintreffenden Informationen filtert. Die Forscher nannten ihn den **angeborenen Auslösemechanismus (AAM)**. Er entscheidet darüber, ob ein Reiz als Schlüsselreiz wirkt oder unbeantwortet bleibt. Neben einem Schlüsselreiz muss jedoch auch die Bereitschaft des Tieres zum Handeln vorhanden sein. Die **Handlungsbereitschaft** hängt von äußeren und inneren Faktoren ab und ist somit nicht immer gleich groß. So zeigten die Stichlinge bei TINBERGENS Versuchen vor allem zur Fortpflanzungszeit das aggressive Verhalten; denn nur in dieser Zeit werden andere Männchen als Konkurrenten um die Weibchen angesehen.

▶ Außenreize werden durch einen angeborenen Auslösemechanismus zu Schlüsselreizen. Diese lösen bei Tieren bestimmte Verhaltensweisen aus.

1 Ein Plakat und seine Folgen

Die Forschung geht weiter
Durch weitere Beobachtungen wurde erkannt, dass ein Schlüsselreiz nicht nur auf ein bestimmtes Merkmal festgelegt ist, er besteht meist aus einer Kombination verschiedener Merkmale. Und auch die Reaktionen des Tieres können vielfältiger sein als von TINBERGEN beschrieben.

Aufgaben

1 Erkläre den Begriff „Schlüsselreiz" anhand eines Beispiels.

2 Einige bodenbrütende Vögel legen braun gesprenkelte Eier. Liegt eines dieser Eier einmal außerhalb des Nestes, so rollt der Vogel das Ei zurück ins Nest. Bei einem Attrappen-Versuch werden zwei Eier neben das Nest gelegt: ein Ei aus dem Nest und eine weiße Attrappe.
Bei diesem Versuch beobachtet man, dass der Altvogel bevorzugt die weiße Ei-Attrappe ins Nest zurückrollt.
a) Wie kannst du dieses Verhalten des Vogels erklären?
b) Welche Bedeutung könnte es haben, dass die arteigenen Eier trotzdem braun gesprenkelt sind?

2 Vogel rollt ein Ei zurück ins Nest.

3 Stichlingmännchen reagiert auf Attrappen.

1 Baby mit Kindchen-Schema

2 Tiere mit und ohne Kindchen-Schema

Stupsnase und Kulleraugen

„Sind die süß!" rufen Hanna und Eva, als sie in der Zoohandlung vor den kleinen Zwerg-Kaninchen stehen. Die Stupsnase, die dunklen großen Augen, aber auch der im Verhältnis zum Körper sehr große Kopf der Zwerg-Kaninchen sind Merkmale, die ein Gefühl der Zuneigung hervorrufen. Die Kombination dieser typischen Merkmale findet man nicht nur bei jungen Tieren, sondern auch bei Säuglingen und Kleinkindern (▷ B 1). Man spricht vom **„Kindchen-Schema"**. Die Merkmale sind **Schlüsselreize**, die bei Menschen eine **Betreuungsreaktion** auslösen.
Die Personen richten ihre Aufmerksamkeit auf das Kind und verhalten sich fürsorglich. Eine Gefährdung des Kindes wird somit verringert. Vermutlich liegt darin der biologische Sinn des Kindchen-Schemas.

In der Regel ist das Kindchen-Schema vor allem im Jugendstadium von Tieren besonders ausgeprägt (▷ B 3). Bei einigen Arten, wie z. B. den Zwerg-Kaninchen, zeigen aber auch noch die erwachsenen Tiere die typischen Merkmale. Diese Tiere finden wir dann viel sympathischer als die anderen, bei denen das Kindchenschema nicht so stark ausgeprägt ist (▷ B 2).

Teddys und mehr

Teddy-Bären und Puppen, aber auch einige Comic-Figuren wie Micky Maus oder Ernie und Bert aus der Sesamstraße sind einfach zum „Liebhaben". Und das nicht ohne Grund. Denn die Hersteller dieser Produkte machen sich das Kindchen-Schema zunutze, um deren Attraktivität zu steigern.

3 Kindchen-Schema, schwach ausgeprägt

Manchmal nutzt die Werbung das Kindchen-Schema sogar dazu, um für Produkte zu werben, die nichts mit Kindern zu tun haben. Ziel der Werbefachleute ist es, die Zuneigung, die Käufer den kleinen Kindern entgegen bringen, auf ihr Produkt zu übertragen, um den Verkauf zu fördern.

▶ Das „Kindchen-Schema" ruft ein Gefühl der Zuwendung und Zuneigung hervor. Dies wird häufig auch von der Werbeindustrie genutzt.

Aufgaben

1 Suche Beispiele, bei denen das Kindchen-Schema in der Werbung eingesetzt wird und erkläre, warum es benutzt wird.

2 Erkundige dich im Tierheim, welche Hunde gut und welche schlecht zu vermitteln sind. Hängt dies nur vom Alter der Tiere ab oder gibt es auch Unterschiede zwischen verschiedenen Hunderassen? Überlege dir, was die Gründe sein könnten.

3 a) Untersuche verschiedene Comics darauf, ob hier das Kindchen-Schema vorkommt.
b) Kannst du anhand der Art und Weise, wie die einzelnen Figuren gezeichnet wurden, auf ihre Charaktereigenschaften schließen? Begründe.

1 Angeborenes Schnabelaufsperren

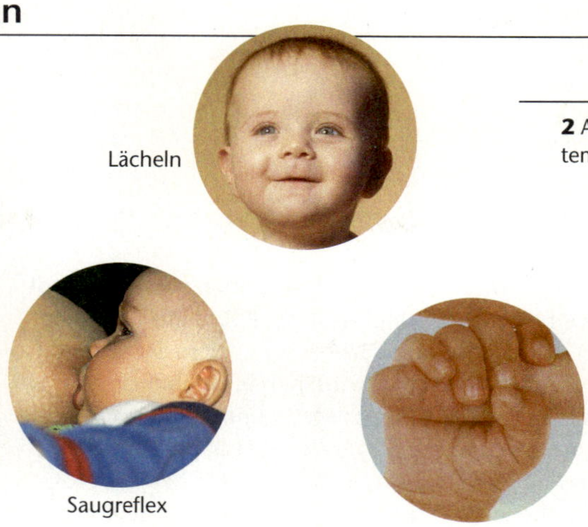

2 Angeborenes Verhalten von Säuglingen

Tiere zeigen angeborenes Verhalten
Scheinbar teilnahmslos, nackt und blind liegen die eben geschlüpften Amseljungen im Nest. Doch sowie ein Altvogel mit Futter ans Nest kommt, heben sie die Köpfe und sperren die Schnäbel weit auf (▷B 1). Alle Jungvögel im Nest zeigen die gleiche Verhaltensweise. Sie ist ihnen **angeboren**, muss also nicht erlernt werden.

Angeborenes Verhalten gibt es auch beim Menschen
Ein Säugling ist völlig hilflos und unselbstständig. Er ist auf die Pflege von Mutter oder Vater angewiesen. Trotzdem kann ein Säugling schon einiges: Lächeln, Schreien und Weinen, aber auch das Anklammern und der Saugreflex gehören zu den Verhaltensweisen, die dem Säugling angeboren sind und seiner Versorgung und der Stärkung der Mutter-Kind-Bindung dienen (▷B 2).

▶ Ein Verhalten, das sich ohne erkennbare Umwelteinflüsse entwickelt, wird angeborenes Verhalten genannt.

Eine harte Nuss
Das junge Eichhörnchen hält die Nuss mit seinen Pfoten und versucht, sie mit den Zähnen zu öffnen. Dies gelingt ihm erst nach langer mühevoller Arbeit. Ein älteres Eichhörnchen knackt die Nuss dagegen mühelos. Offensichtlich ist den Eichhörnchen das Nagen angeboren, die richtige Technik **lernen** sie dagegen durch Erfahrung.

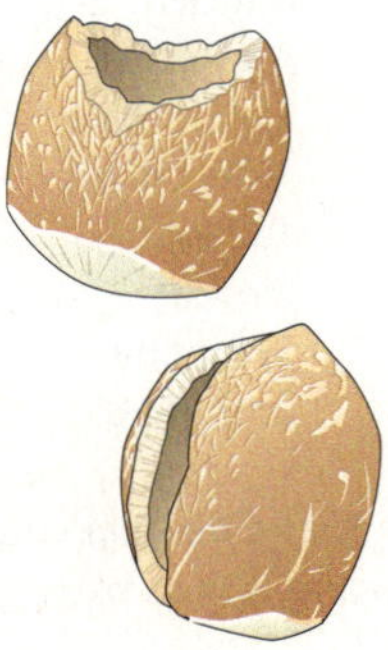

Häufig enthalten Verhaltensweisen neben angeborenen Elementen auch solche, die erlernt werden müssen. Dabei ist eine Abgrenzung in „angeboren" und „erlernt" nicht immer möglich.

Entzugserscheinungen
Der Entzug von sozialen Kontakten kann vor allem bei Säugetieren zu tief greifenden Störungen des gesamten Verhaltens führen. So sind isoliert aufgezogene Rhesusaffen sehr ängstlich und verstört. Ähnliche Beobachtungen werden auch bei Menschen gemacht, die isoliert aufgewachsen sind. Das berühmteste Beispiel ist KASPAR HAUSER (1812–1833), dessen Geschichte auch heute noch die Menschen berührt. Nach diesem Fall werden Versuche unter **Erfahrungsentzug** auch **Kaspar-Hauser-Versuche** genannt.

▶ Mithilfe von Versuchen mit Erfahrungsentzug kann untersucht werden, ob Verhaltensweisen angeboren oder erlernt sind.
Meist besteht Verhalten aus angeborenen und erlernten Elementen.

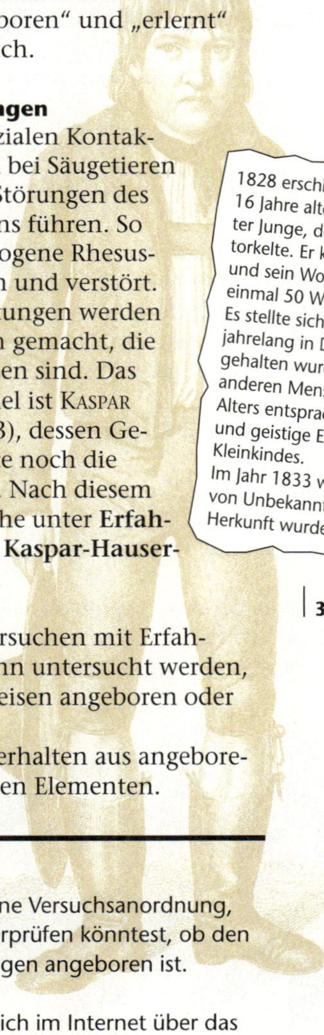

1828 erschien in Nürnberg ein etwa 16 Jahre alter, verwahrloster, verstörter Junge, der wie ein Betrunkener torkelte. Er konnte nur stammeln und sein Wortschatz umfasste nicht einmal 50 Worte – KASPAR HAUSER. Es stellte sich heraus, dass der Junge jahrelang in Dunkelheit gefangen gehalten wurde, ohne Kontakt zu anderen Menschen. Trotz seines Alters entsprach seine körperliche und geistige Entwicklung der eines Kleinkindes.
Im Jahr 1833 wurde KASPAR HAUSER von Unbekannten ermordet. Seine Herkunft wurde nie geklärt.

3 KASPAR HAUSER

Aufgaben

1 Überlege dir eine Versuchsanordnung, mit der du überprüfen könntest, ob den Vögeln das Fliegen angeboren ist.

2 a) Informiere dich im Internet über das Schicksal von KASPAR HAUSER und erstelle dazu eine Präsentation.
b) Welche Verhaltensstörungen waren die Folge seiner Isolationshaft?

Formen der Gewalt

Krieg

Frankreich 1915: In einem morastigen Schützengraben nahe der Stadt Armentières trinkt der britische Fernmeldeoffizier J. R. Wilton geruhsam eine Tasse Tee. Der erste Weltkrieg hat sich zu einem Stellungskrieg entwickelt, bei dem in den Schützengräben in wochenlangen, blutigen Schlachten lediglich um ein paar Meter unfruchtbaren Ackerbodens gestritten wird. Hin und wieder gibt es aber auch ein paar ruhige Momente, und Wilton genießt gerade einen solchen, als plötzlich eine Granate kreischend über seinen Kopf hinwegfliegt und in der Nähe explodiert. Die englischen Soldaten flüchten in die Gräben, entsichern ihre Waffen und verfluchen die deutschen Soldaten. Plötzlich steht oben auf dem Wall ein deutscher Soldat und ruft herüber: „Tut uns leid, und wir hoffen, dass niemand verletzt wurde. Es war nicht unsere Schuld, das war die verdammte Preußische Artillerie!"...

- Wie viele Kriege haben seit deiner Geburt in Europa stattgefunden?

- Finde heraus, was jeweils die Gründe dafür waren.

Fremdenhass

In einem Experiment wurden Studenten auf einer Leinwand verschiedene Gesichter, unbekannte Worte oder fremde Schriftzeichen gezeigt. Bestimmte Gesichter, Wörter und Zeichen wurden einer Studentengruppe häufiger, einer anderen Gruppe seltener gezeigt. Abschließend beantworteten die Studenten beider Gruppen einzeln folgende Fragen:
- Ist Ihnen dieses Gesicht sympathisch oder unsympathisch?
- Bedeutet dieses Wort etwas Positives oder etwas Negatives?
- Bedeutet dieses Zeichen etwas Positives oder etwas Negatives?

Wurde ein Gesicht häufiger gesehen, so empfanden es die Studenten als sympathischer. Ebenso wurde den oft gesehenen Wörtern und Zeichen häufiger eine positive Bedeutung zugemessen.

- Was hat dieses Experiment mit „Fremdenhass" zu tun?

„Ohne Worte"

- Suche Definitionen für den Begriff „Aggression".

Faktoren, die Aggressionen fördern
- Hormonelle Zustände
- Schmerzen in Verbindung mit Angst
- Sozialfaktoren
- Die Aussicht, anonym bleiben zu können
- Ärger
- Extreme Außentemperaturen

Faktoren, die Aggressionen mindern
- Geschlecht/ Sexualität
- persönliches Bekanntsein mit dem Aggressor
- Gefühle wie Fröhlichkeit, Trauer, Freude, Sympathie und Mitleid

- Suche Beispiele für Faktoren, die Aggressionen hemmen bzw. fördern.

Gewalt in der Schule

1. Die Schülerin Jana verweigert das Bereitlegen von notwendigen Arbeitsmaterialien. Der Lehrer brüllt sie an: „Du wirst schon merken, was du davon hast!"

2. Eine Lehrerin kommt ins Lehrerzimmer und beschwert sich lautstark beim Klassenlehrer über einen Schüler und seinen unmöglichen Umgangston ihr gegenüber.

3. Bernd foult seinen Gegenspieler durch Beinstellen.

4. Ein Polizist schießt einen flüchtenden Bankräuber ins Bein.

5. Ein Lehrer gibt einem Schüler im Aufsatz eine schlechte Note.

6. Ein Schüler wirft einen Mitschüler zu Boden, um ihn daran zu hindern, dass er einen kleinen Jungen verprügelt.

7. Im Clubraum stehen mehrere Schüler am Billardtisch und sehen Stefan und Alex beim Spiel zu. Kevin möchte auch spielen, mag aber nicht warten. Um das Spiel von Stefan und Alex zu verkürzen, rollt er je eine Kugel vom Tisch.

- Welche der Handlungen würdest du als Aggression bezeichnen? Begründe.

- „Mobbing von Mitschülern gegen einen Kameraden hat in den letzten Jahren deutlich zugenommen."
Nimm zu dieser Aussage Stellung.

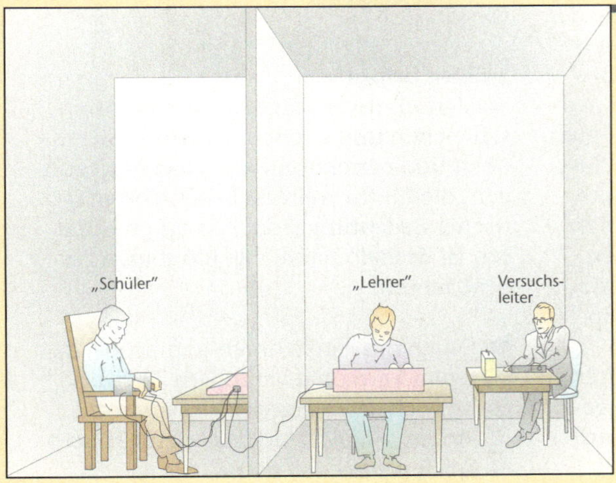

Autorität und Gehorsam

STANLEY MILGRAM (1933–1984) führte an der Yale-Universität ein Experiment durch. Ein streng wirkender Versuchsleiter bat die eingeladenen Versuchspersonen („Lehrer"), einem angeblichen Schüler Wortpaare zu lehren. Bei einem Fehler sollte dem Schüler, jeweils steigernd, ein Elektroschock verabreicht werden.

Ergebnis: Während der Versuche waren bis zu 64 % der Versuchspersonen bereit, Elektroschocks bis zu 450 V zu geben.

- Informiere dich über den genauen Ablauf des „Milgram-Experiments". Erläutere deiner Klasse die Durchführung. Diskutiert gemeinsam über das Versuchsergebnis.

1 Bedingter und unbedingter Reflex

Reize bewirken Reaktionen
Der russische Naturwissenschaftler IWAN PAWLOW (1849–1936) beschäftigte sich mit Fragen der Verdauung. Er untersuchte unter anderem den Speichelfluss bei Hunden. PAWLOW beobachtete, dass jedes Mal, wenn ein Hund sein Futter sah, der Speichel stärker floss. Auf den **Reiz** „Futter" antwortet der Körper des Hundes mit einem Reflex – dem „Speichelfluss". Da der Reflex hier auf jeden Fall dem Reiz folgt, spricht man von einem **„unbedingten" Reflex**. Ein Reflex ist die einfachste Antwort auf einen Reiz. Ein Reflex ist nicht steuerbar, er läuft immer gleich ab und ist eine angeborene Verhaltensweise.

2 Makaken waschen Kartoffeln.

Auch neue Reize zeigen Wirkung
Läutet PAWLOW mit einer Glocke, zeigte der Hund keine Reaktion. Der Glockenton ist ein neutraler Reiz, da er keinen Speichelfluss auslöst. Kombiniert Pawlow den neutralen Reiz „Glocke" mit dem unbedingten Reiz „Futter", stellt er wieder Speichelfluss fest. Nach einiger Zeit bemerkte Pawlow sogar, dass nun allein das Glockensignal ausreichte, um Speichelfluss auszulösen. Aus dem neutralen Reiz „Glocke" wurde ein so genannter bedingter Reiz. Der Speichelfluss wurde zu einem erworbenen oder bedingten Reflex. Die Hunde hatten aufgrund einer gemachten Erfahrung gelernt. Dieser Lernvorgang wird als **Konditionierung** bezeichnet.

Auf bestimmte Reize antworten Lebewesen mit angeborenen Reflexen. Durch Erfahrungen können ursprünglich neutrale Reize einen bedingten Reflex auslösen.

Der Stadtfuchs
Ein Fuchsbau mitten in der Stadt? Ein ungewöhnlicher Anblick. Denn in der Regel flüchten wilde Füchse, sobald sich ein Mensch nähert. Die „Stadtfüchse" haben jedoch gelernt, dass die Menschen keine Gefahr für sie bedeuten. Sie haben sich im Laufe der Zeit an die Anwesenheit der Menschen **gewöhnt** und dadurch ihr Verhalten geändert.

Haben sich Tiere an Reize, die für sie bedeutungslos sind, gewöhnt bleibt eine Reaktion aus.

„Wie ein Großer!"
Mit zittrigen Händen nimmt der 3-jährige Tim die Mineralwasserflasche und gießt davon etwas in sein Glas. Kein Tropfen geht daneben. „Wie ein Großer", lobt ihn seine Mutter. Durch intensives Beobachten und **Nachahmen** gelingt es Kindern, aber auch Erwachsenen, sich Verhaltensweisen anderer anzueignen.

Nachahmer gibt's überall!
Sprechende Papageien oder Stare, die Laute imitieren, kennt jeder, aber auch bei anderen Tierarten lernen Tiere durch Nachahmung. In Japan wurde bei einer bestimmten Kolonie von Makaken beobachtet, wie ein junges Weibchen schmutzige Süßkartoffeln im Meer wusch. Erst danach hat sie die Kartoffeln gefressen. Die anderen Affen ahmten dieses Verhalten nach und im Laufe der Zeit reinigten alle Affen der Gruppe die Kartoffeln vor dem Fressen (▷B 2).

Spielen bringt's
Spielerisch üben junge Katzen das Anschleichen und Greifen der Beute. Sie üben und perfektionieren dabei Bewegungen, die für ihr weiteres Leben von praktischer Bedeutung sind. Das **Spielverhalten** ist deshalb häufig bei Jungtieren zu beobachten.

Durch das Nachahmen von beobachtetem Verhalten verändern Tiere und Menschen ihr eigenes Verhalten, sie lernen. Häufig wird das Erlernte durch Spielen weiter eingeübt.

3 Blaumeise beim „Milchklau"

Traditionen werden weitergegeben

In England wurde viele Jahre lang Milch in Flaschen direkt an die Haustüren der Kunden verteilt. Blaumeisen gelang es, den Aluminiumverschluss der Flaschen zu öffnen, um so an den Rahm auf der Milch zu kommen (▷B3). Dieses Verhalten der Vögel war zunächst nur auf wenige Orte begrenzt, breitete sich jedoch mit der Zeit immer weiter aus. Auch die Nachkommen der Vögel konnten die Flaschen öffnen, diese Verhaltensweise wurde wohl von Generation zu Generation weitergegeben. Man spricht von **Tradition**. Im Unterschied zur Vererbung von Merkmalen erfolgt die Weitergabe der Information durch Tradition nicht auf genetischem Weg, sondern durch Lernen.

▶ Werden erlernte Verhaltensweisen auch an folgende Generationen weitergegeben, spricht man von Tradition.

Am Anfang stand die „Box"

Um das Lernverhalten bei Labortieren zu untersuchen, entwickelte BURRHUS F. SKINNER (1904–1990) einen speziellen Käfig, der mit verschiedenen Tasten ausgerüstet war – die so genannte **„Skinner-Box"** . Wenn ein Versuchstier darin zufällig eine bestimmte Taste berührte, wurde es mit Futter belohnt (▷B5). SKINNER beobachtete, dass das Tier zunächst nur durch **Versuch und Irrtum** zu Futter gelangte. Nach einiger Zeit berührte das Versuchstier gezielt die Futtertaste. Man spricht dabei vom **Lernen am Erfolg**.

5 Skinner-Box

Forscher variierten die Experimente mit der „Skinner-Box" und ließen die Tiere immer kompliziertere Aufgaben bewältigen. Das Ergebnis war meist ähnlich: Eine anfangs zufällige Verhaltensweise wurde durch eine gezielte Tätigkeit (lat.: opera) der Versuchstiere abgelöst. Man spricht deshalb von der **operanten Konditionierung**. Die Ausführung dieser Handlung wurde dabei durch die **Belohnung**, das Futter, gefördert. Erwünschtes Verhalten kann durch die Belohnung mit Futter oder mit lobenden Gesten gefördert werden.
Es ist jedoch auch möglich, Tieren durch **Bestrafung** „falsche" Verhaltensweisen abzugewöhnen. So wird einigen Dompteuren vorgeworfen, vor allem die Methoden der Bestrafung mit Schlägen oder Elektroschocks einzusetzten, um die Tiere gefügig zu machen.

▶ Durch Versuch und Irrtum lernen Tiere bestimmte Verhaltensweisen.
Eine Belohnung führt zum verstärkten Auftreten dieses Verhaltens.

Aufgaben

1 Manche Rehe besuchen regelmäßig ganz bestimmte Plätze, an denen sie fressen.
a) Welchen Grund könnte dies haben?
b) Könnte dieses Verhalten für die Tiere auch nachteilig werden? Begründe.

2 Bestehende Gewohnheiten werden von den Eltern an die Kinder weitergegeben. Neuerungen lernen Eltern oft von ihren Kindern. Suche Beispiele aus deinem Alltag, bei denen dies zutrifft!

3 Suche ein Beispiel aus dem Schulalltag, bei dem eine Belohnung eine bestimmte Handlung verstärkt.

4 Informiere dich genau über das Leben von TINBERGEN, PAWLOW und SKINNER und präsentiere dein Ergebnis.

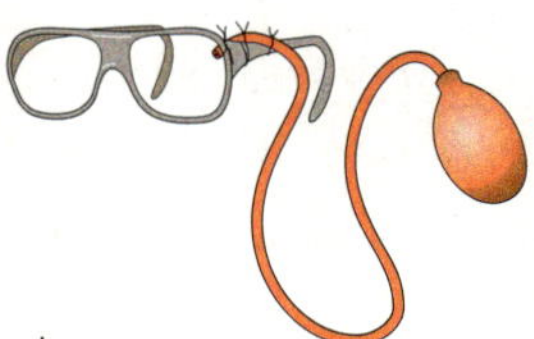

4 Zu Versuch 1

Versuch

1 Führt den Versuch in Partnerarbeit durch.
a) Ein Partner setzt sich eine Lidschlussbrille auf, der andere pustet mithilfe des Gummiballs Luft gegen die Augen. Beobachtet dabei die Augenlider. Erklärt eure Beobachtung.
b) Nun wird zeitgleich zum Luftstrom mit einer Pfeife gepfiffen. Wiederholt diesen Versuch einige Male.
Was beobachtet ihr jetzt?
c) Abschließend wird nur noch kurz gepfiffen, ohne Luft in die Brille zu blasen.
Was könnt ihr diesmal beobachten? Erklärt.
d) Vergleiche den Lidschluss-Reflex mit den Versuchen PAWLOWS.

1 Lernen im Unterricht

Menschen lernen von klein auf
Schon ungeborene Kinder reagieren im Mutterleib auf Reize. In Versuchen konnte gezeigt werden, dass sie schon tasten, riechen, schmecken und hören können. Ungeborene Kinder machen also erste Erfahrungen mit ihrer Umwelt – sie lernen. Bei uns Menschen findet das Lernen ein Leben lang statt. Bis zum Tod setzen wir uns mit der Umwelt auseinander, wobei bei uns Menschen dieselben Lernformen zu finden sind wie bei den Tieren. So lernen auch wir Menschen häufig durch **Versuch und Irrtum**, wenn es beispielsweise darum geht, ohne Bedienungsanleitung die Funktionen eines neuen Handys kennen zu lernen.

Die typische Lernform der Menschen ist das „**Lernen durch Einsicht**". Im Unterschied zu den meisten anderen Lebewesen sind Menschen in der Lage, planvoll zu handeln. Nur sie können die Folgen ihres Handelns abschätzen und somit für die Zukunft planen.

Welchem Lerntyp gehöre ich an?
Um diese Frage beantworten zu können, solltest du dich über einen längeren Zeitraum selbst beobachten. Am besten probierst die verschiedenen Lernwege aus. Dabei kannst du erkennen, welche Form des Lernens dir am besten liegt.
Natürlich ist die Form des Lernens auch vom Lernstoff abhängig. Auch wenn du einen bestimmten Weg bevorzugst, solltest du die anderen Möglichkeiten ausprobieren und anwenden. Wichtig ist dabei, dass du dich nicht von anderen beeinflussen lässt.

Menschen lernen ihr Leben lang. Neben den Augen sind vor allem die Ohren und die Hände an der Informationsaufnahme beteiligt.

Lernen ist manchmal nicht einfach
Bei einigen Versuchen mit der „Skinner-Box" wurden die Tiere bei einem falschen Verhalten bestraft. Vermutlich kennst du ähnliche Situationen aus deinem Schulalltag. Auch hier gibt es Situationen, bei denen durch **Angst** vor Versagen oder mit Strafandrohungen der Lernerfolg erhöht werden kann.
Allerdings besitzt diese Möglichkeit einen großen Nachteil. Vielleicht hast du dies schon selbst erlebt. Vor der Prüfung wusstest du noch alle Vokabeln, aber jetzt hast du einen „Black-out". Du weißt nichts mehr. Denn Angst blockiert. Und nicht nur Angst, auch andere Faktoren können sich negativ auf das Lernen auswirken. Hierzu zählen Stress, Zeitdruck und Lärm, aber auch Kopfschmerzen oder Übelkeit. Unter diesen Bedingungen ist ein erfolgreiches Lernen nicht möglich.

Lernen kann auch Spaß machen
Ähnlich wie bei einer Tier-Dressur sollten sich auch Menschen beim Lernen belohnen. Diese **Belohnung** kann zum Beispiel in Form von Freizeit erfolgen. Aber auch der Erfolg, der sich nach dem Lernen einstellt, ist eine Belohnung. Voraussetzung für erfolgreiches Lernen ist das richtig Organisieren. Hilfreich ist dabei ein genauer Zeitplan und eine entspannte Arbeitsatmosphäre.
Ein „Patentrezept" gibt es allerdings nicht. Jeder Lernende muss jedoch selbst für sich entscheiden, welche Faktoren das eigene Lernen fördern.

Um erfolgreich zu lernen ist eine positive Lernumgebung wichtig. Die muss jeder Lernende für sich selbst entdecken. Angst und Stress sind auf jeden Fall störend für den Lernerfolg.

Aufgabe

1 Überlege dir, welche Bedingungen für deinen persönlichen Lernerfolg positiv und negativ sind. Erstelle eine Liste. Versuche dir deine Lernumgebung so zu gestalten, dass sie deinen Lernerfolg fördert.

Schlusspunkt

Aspekte des Verhaltens

Reize und Reaktionen
Alle Lebewesen sind ständig Umweltreizen ausgesetzt. Durch einen Filtermechanismus, den angeborenen Auslösemechanismus, werden bestimmte Reize zu Schlüsselreizen. Auf Schlüsselreize reagieren Tiere und Menschen mit einem ganz bestimmten Verhalten.

1 Stichling

Angeborenes Verhalten
Alle Arten zeigen für sie typische Verhaltensweisen. Hat sich ein Verhalten ohne den Einfluss der Umgebung entwickelt, spricht man vom angeborenen Verhalten. Die meisten Verhaltensweisen setzen sich jedoch aus angeborenen und erlernten Teilen zusammen.

Durch Lernen ändert sich das Verhalten
Jede Erfahrung mit der Umwelt, die eine länger bestehende Verhaltensänderung ergibt, wird als „Lernen" bezeichnet. Es gibt viele Möglichkeiten des Lernens. Neben der Konditionierung kann auch durch Gewöhnung oder Nachahmung gelernt werden.
Lernen durch Versuch und Irrtum oder durch einsichtiges Verhalten, aber auch durch Prägung sind typische Lernformen.

Lernen mit Bedacht
Nicht alle Menschen lernen gleich. Es ist möglich, verschiedene Lerntypen zu unterscheiden. Jeder muss für sich selbst herausfinden, zu welchem Lerntyp er gehört. Zusätzlich wird das Lernen durch viele Faktoren positiv oder negativ beeinflusst. Es ist deshalb auch wichtig, sich das richtige Lernumfeld zu schaffen.

2 Das richtige Lernumfeld ist wichtig.

Aufgaben

1 Tanzbären (▷ B 3) lernen das Tanzen häufig dadurch, dass man sie auf ein heißes Metallblech stellt und gleichzeitig Musik spielt. Später tanzen sie zu Musik. Erkläre.

2 Viele Kinder beginnen schon zu weinen, wenn sie nur den weißen Kittel eines Arztes sehen. Wie ist dieses Verhalten zu erklären?

3 Erkläre die verschiedenen Formen des Lernens jeweils anhand eines Beispiels.

4 Versuchspersonen, die während des Betrachten eines Bildes Vanilleduft wahrnehmen, haben später allein schon beim Betrachen des Bildes Verlangen nach Vanille. Erkläre.

3 Tanzbär

5 Nenne fünf Faktoren, die die Handlungsbereitschaft von Tieren beeinflussen können.

6 Überlege dir, woran du erkennen kannst, dass auch Tiere durch Einsicht lernen? Suche Beispiele.

7 Erkläre was passiert, wenn ein Tier nicht von Artgenossen aufgezogen wird.

8 Nenne Spiele, bei denen Kinder das Verhalten Erwachsener nachahmen. Welche Bedeutung könnten diese Spiele haben?

Die Zelle – Baustein des Lebendigen

Alle Aktivitäten von Pflanze, Tier und Mensch lassen sich auf Vorgänge in Zellen zurückführen. Muskelzellen bewegen die Augen, während du diesen Text liest. Nervenzellen übermitteln die Bilder, die wir aufnehmen, zum Gehirn, wo die Informationen schließlich als Sinneswahrnehmungen bewusst gemacht werden.

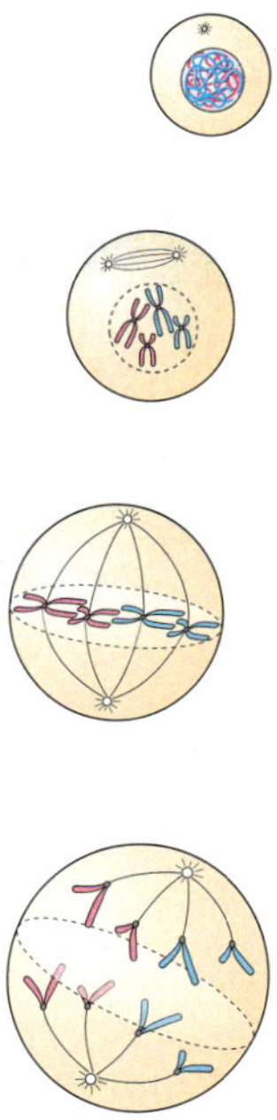

In diesem Kapitel begeben wir uns in die kleine Welt der Zellen. Dabei wird das Mikroskop ein wichtiges Hilfsmittel sein. Doch selbst damit wirst du nicht sämtliche Vorgänge entschlüsseln können. Hier helfen nur Modellvorstellungen weiter, wie du sie schon im naturwissenschaftlichen Unterricht kennen gelernt hast.

Es gibt Lebewesen, die wie die Einzeller nur aus einer Zelle bestehen. Andere bestehen aus vielen Zellen, die unterschiedliche Aufgaben übernehmen. Wie arbeiten diese Zellen zusammen? Wie wachsen sie? Das sind nur einige der vielen Fragen in der Zellbiologie, auf die wir heute von den Wissenschaftlern sehr konkrete Antworten erhalten.

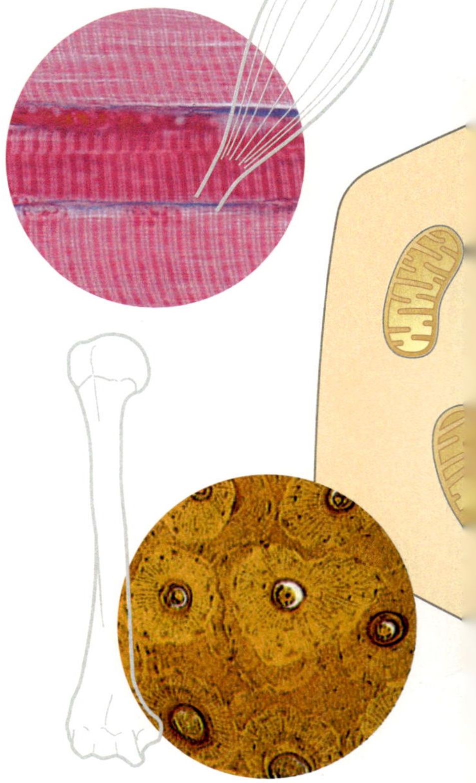

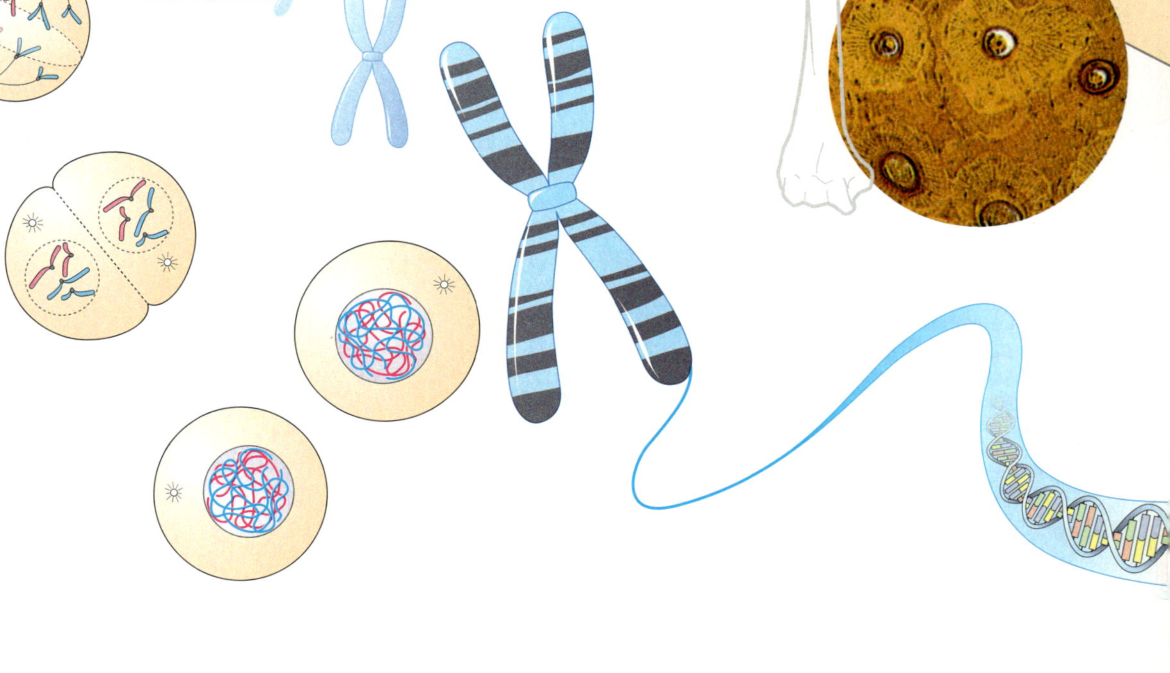

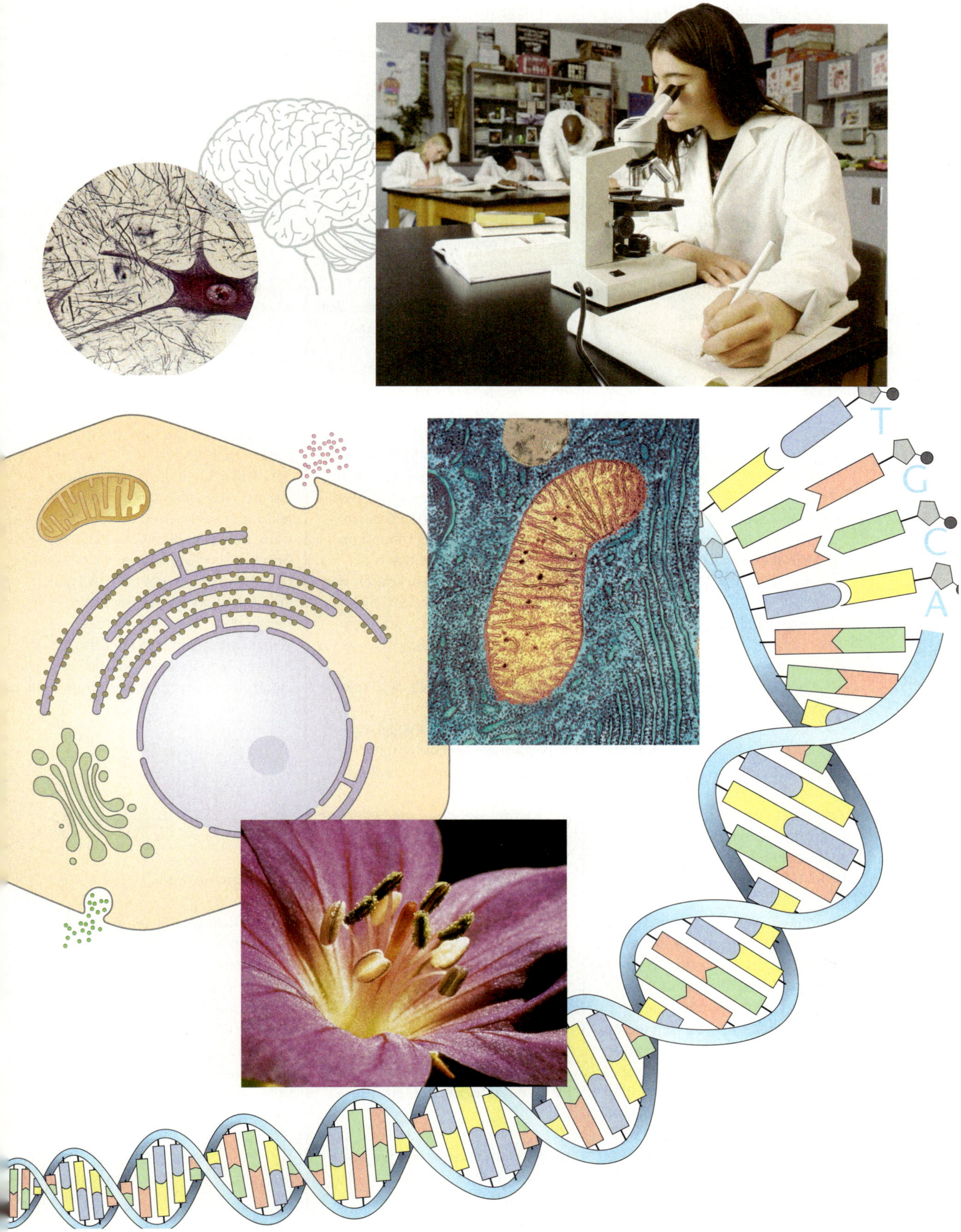
T
G
C
A

Wir arbeiten mit dem Lichtmikroskop

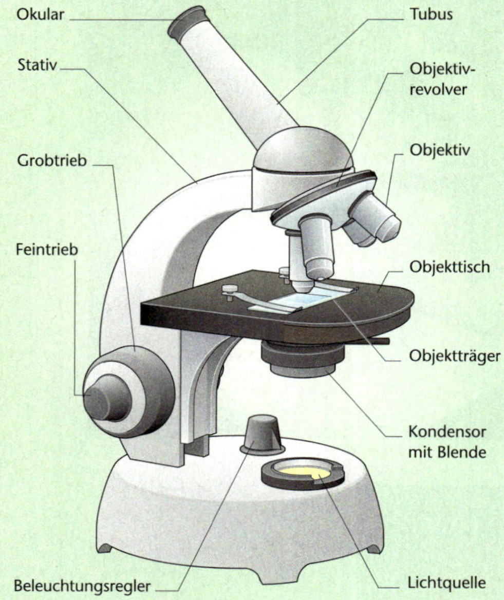

1 Ein modernes Kursmikroskop

1 Wir stellen die Bildschärfe ein

Material
Mikroskop, beliebiges Präparat

Durchführung
Da die Präzisionslinsen an Mikroskopen sehr teuer sind, müssen sie besonders geschützt werden. Sie dürfen auf keinen Fall mit dem Deckglas des Präparates in Berührung kommen. Möchtest du Zellen bei starker, z. B. 400facher Objektivvergrößerung betrachten, solltest du folgende Reihenfolge beachten:

a) Stelle die Bildschärfe zunächst bei kleiner Vergrößerung ein und drehe erst anschließend das gewünschte Objektiv mithilfe des Revolvers in den Strahlengang.
b) Ist das Bild unscharf, schaue das Mikroskop von der Seite her an und bewege nun mit dem Grobtrieb den Objekttisch mit dem Präparat dicht an das Objektiv heran. Dabei darf die Frontlinse auf keinen Fall das Präparat berühren! Bei manchen Mikroskopen musst du das Objektiv an das Präparat heranführen. Hier gelten die gleichen Sicherheitsmaßnahmen.
c) Nun kannst du die Bildschärfe einstellen, indem du durch das Okular schaust und das Präparat langsam vom Objektiv wegdrehst. Mit dem Feintrieb kannst du die Bildschärfe nachregulieren.
d) Ist eine Irisblende am Kondensor oder eine Tischblende unterhalb des Mikroskoptisches vorhanden, solltest du damit die Helligkeit regulieren, bis ein kontrastreiches Bild entsteht.

2 Wir schätzen die Maße der Untersuchungsobjekte

Material
Mikroskop mit Okular 10 × 18 mm und Objektiv beliebig

Schon mit einfachen Mitteln kann man die ungefähren Maße eines Objektes bestimmen. Dazu muss man erst einmal wissen, welchen Durchmesser das runde Gesichtsfeld beim Blick in das Mikroskop hat. Dazu teilt man einfach die Sehfeldzahl des Okulars durch den Abbildungsmaßstab des Objektivs. Beide Werte sind auf modernen Bauteilen angegeben.
Beispiel:
- Abbildungsmaßstab des Objektivs 40 x
- bei einem 10fach-Okular beträgt die Sehfeldzahl bei Kursmikroskopen in der Regel 18 mm
- Durchmesser des Gesichtsfeldes: 18 mm/40 = 0,45 mm

2 Ein menschliches Haar unter dem Mikroskop

Ist der Durchmesser des Kreises bekannt, kannst du nun z. B. die Dicke eines Haares abschätzen. Dazu überschlägst du, wie viele Haare nebeneinander gelegt werden müssten, um den gesamten Durchmesser des Kreises auszufüllen. Anschließend wird der Durchmesser durch die Anzahl der Haare geteilt. Könnten in unserem Beispiel fünf Haare das Gesichtsfeld ausfüllen, hätte das Haar eine Dicke von 0,09 mm (0,45 mm : 5 = 0,09 mm). Durchschnittliches Menschenhaar hat eine Dicke von 0,07 mm.

3 Wir stellen ein Nasspräparat her

Material
Mikroskop, Objektträger, Deckglas, kleine Kartoffel, Messer, Nadel, Pipette, Wasser

Durchführung
Wir schneiden die Kartoffel in der Mitte durch und schaben von der Schnittfläche einen Tropfen Material ab. Wir tupfen ihn auf den Objektträger und geben mit der Pipette einen Tropfen Wasser hinzu. Anschließend verrühren wir mit der Nadel und legen das Deckglas auf, indem wir es mit der Kante neben dem Tropfen im spitzen Winkel aufsetzen und vorsichtig auf den Tropfen fallen lassen. Das Deckglas darf nicht schwimmen.

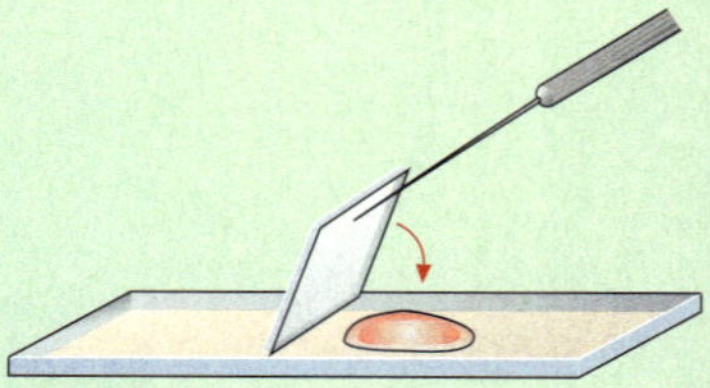

3 Das Deckglas vorsichtig absenken

Überschüssiges Wasser wird mit Filterpapier aufgesaugt. Unter dem Mikroskop erkennen wir jetzt Stärkekörner, die wir mit Iod-Kaliumiodid anfärben können, indem wir einen Tropfen an den Deckglasrand tupfen und mit Filterpapier von der anderen Deckglasseite her unter das Glas saugen.

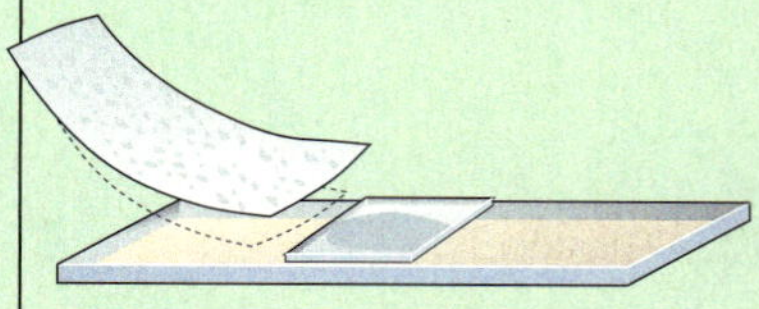

4 Überschüssiges Wasser absaugen

4 Wir zeichnen kleinste Objekte

Material

Mikroskop, Bleistift, Präparat der Kartoffelstärke, unliniertes Papier

Die Mikroskope der Forscher früherer Jahrhunderte waren vergleichsweise einfach. Gerade deshalb ist es bewundernswert, wie genau THEODOR SCHWANN (1810–1882) und andere Wissenschaftler beobachteten und ihre Untersuchungsobjekte zeichneten.
Beim Zeichnen solltest du versuchen, mit einem Auge durch das Mikroskop, mit dem anderen auf das daneben liegende Zeichenpapier zu schauen. Zeichne zunächst die größeren Umrisse und Strukturen und ergänze anschließend die Feinheiten. Sehr gut geeignet für eine erste Anfängerzeichnung ist das Präparat von den Stärkekörnern der Kartoffel.

5 THEODOR SCHWANN

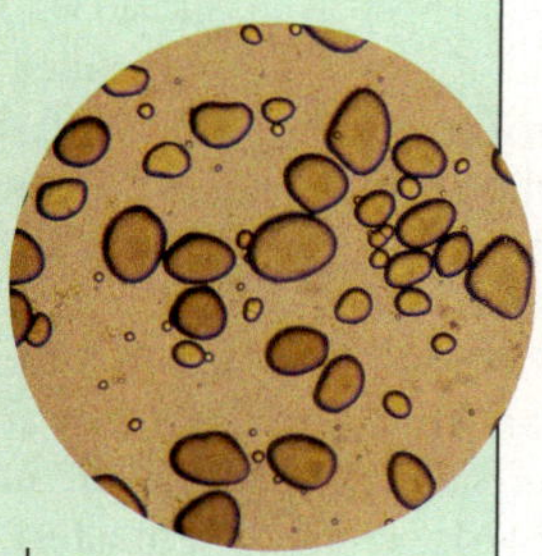

6 Stärkekörner einer Kartoffel

5 Wir untersuchen im Dunkelfeld

Material

Dünner schwarzer Karton, Schere

Manche Objekte, wie z. B. Kleinlebewesen und Zellpräparate, lassen sich kontrastreich im Dunkelfeld untersuchen. Hierfür sind besondere Dunkelfeld-Kondensoren erforderlich. Doch diese teuren Zusatzgeräte benötigen wir nicht. Unterhalb des Mikroskoptisches befindet sich bei vielen Mikroskopen ein herausklappbarer Halter für Farbgläser. Aus schwarzer dünner Pappe wird ein so genannter Zentralzylinder herausgeschnitten und in den Halter eingelegt. Der Durchmesser des inneren schwarzen Kreises darf nicht zu klein sein. Bei Objektiven mit 10fachem Abbildungsmaßstab kannst du gute Ergebnisse erzielen.

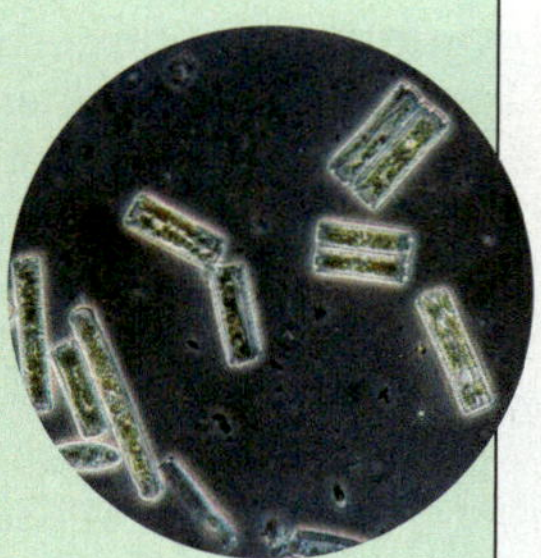

7 Kieselalgen im Dunkelfeld

8 Zentralzylinder aus schwarzem Karton

Die numerische Apertur

Ein Maß für die Auflösungsfähigkeit
Forschungsmikroskope besitzen Spitzenobjektive mit hoher Auflösungsfähigkeit. Sie bilden noch Punkte getrennt ab, die nur 1/5000 mm voneinander entfernt liegen. Das menschliche Auge schafft gerade mal 1/10 mm. Bei Objektiven gilt: Je größer der Öffnungswinkel, um so höher die Auflösung. Die Auflösungsfähigkeit wird auf den Objektiven durch den Wert der **numerischen Apertur** angegeben. Dabei handelt es sich um den Sinuswert des halben Öffnungswinkels. Je höher dieser Wert ist, um so stärker ist also die Auflösungsfähigkeit des Objektivs. Die Grenze der Auflösungsfähigkeit auch der besten Objektive ist bei einer numerischen Apertur von 0,95 erreicht.

Aufgaben

1 Notiere von deinem Schulmikroskop die numerische Apertur der einzelnen Objektive, deren Vergrößerung und die Vergrößerung der Okulare. Trage in eine Tabelle die möglichen Kombinationen der Okulare und der Objektive ein und berechne die Gesamtvergrößerungen, indem du beide Werte miteinander multiplizierst.

2 Welchen Öffnungswinkel hat das abgebildete Objektiv mit der numerischen Apertur von 0,65? Diese Aufgabe kannst du erst lösen, wenn dir trigonometrische Kenntnisse zur Verfügung stehen.

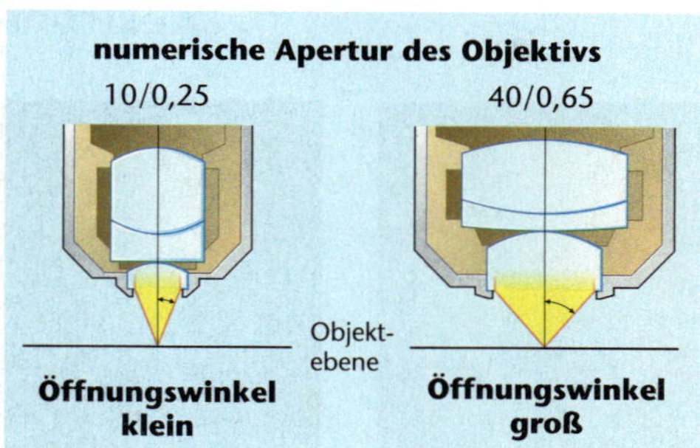

1 Zusammenhang von numerischer Apertur und Öffnungswinkel

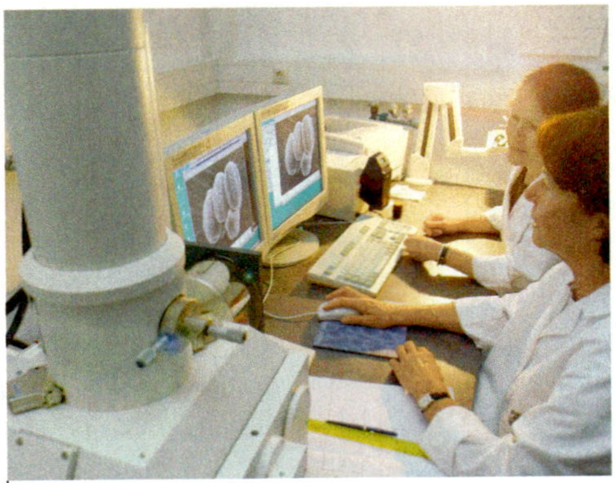

1 Elektronenmikroskop

Jetzt wird es richtig klein
Auch mit den besten Lichtmikroskopen kann man nur Objekte sehen, die größer als 0,3 µm (= 3/10 000 mm) sind.
Will man in kleinere Dimensionen vorstoßen, so kann nur das **Elektronenmikroskop** helfen, mit dem man über 500 000fache Vergrößerungen erreicht. Dazu ist es allerdings notwendig, dass man Ultradünnschnitte herstellen kann, durch die die Elektronenstrahlen auch hindurchtreten können. Solche speziellen Dünnschnitte haben nur noch etwa eine Dicke von 40 nm.

1 µm (Mikrometer) = 1/1 000 Millimeter
1 nm (Nanometer) = 1/1 000 000 Millimeter

Elektronenmikroskope, bei denen die Objekte von den Elektronenstrahlen durchstrahlt werden, nennt man **Transmissionselektronenmikroskope (TEM)** (▷ B 4).
Für die Entwicklung der Elektronenmikroskope im Jahre 1932 erhielt der deutsche Physiker ERNST RUSKA (1906–1988) im Jahre 1986 den Nobelpreis. Er hatte das erste Elektronenmikroskop zusammen mit MAX KNOLL (1897–1969) entwickelt.

3-D-Bilder
Es gibt aber auch Elektronenmikroskope, die die Oberflächenstruktur von Objekten abtasten. Diese so genannten **Rasterelektronenmikroskope (REM)** zeichnen das dreidimensionale Bild einer Oberfläche auf (▷ B 5). Der Elektronenstrahl durchdringt das Objekt nicht, sondern tastet ganz exakt die Oberfläche ab und liefert das Bild an einen Monitor.
Auch hier ist eine ausgeklügelte Präparationstechnik nötig. Die Präparate werden mit einer hauchdünnen Goldschicht bedampft, damit sie elektrisch leitfähig werden.
Das REM wird heute in Technik und Wissenschaft in vielfacher Weise verwendet. In der Materialforschung hilft es, Materialfehler zu erkennen. In der Medizin kann es die Wissenschaftler unterstützen, kleinste Krankheitserreger zu identifizieren. Aber auch in der Kriminalistik kann es helfen, Spuren zu erkennen und so einen Täter zu überführen.

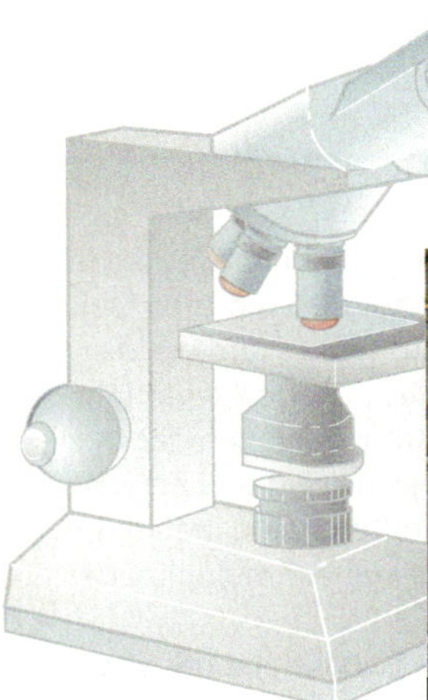

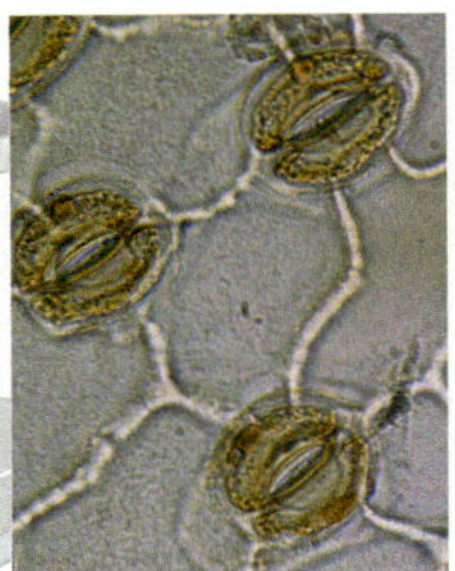

2 Spaltöffnung (Lichtmikroskop)

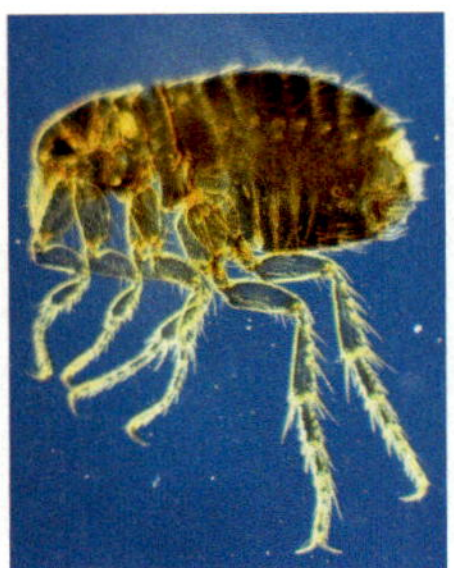

3 Menschenfloh (Lichtmikroskop)

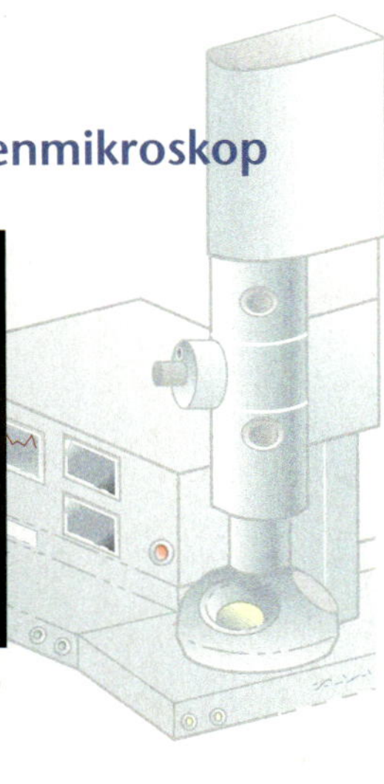

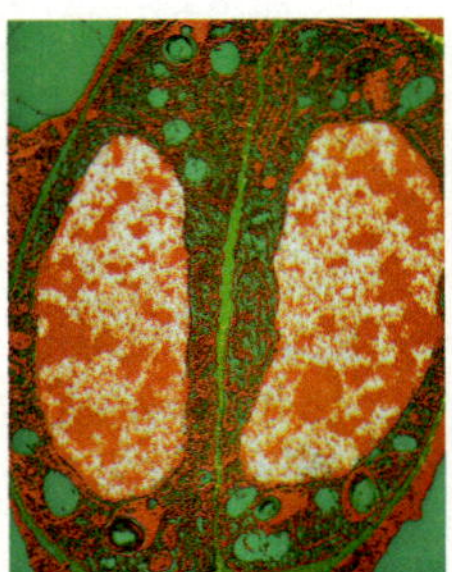

4 Spaltöffnung (TEM)

5 Menschenfloh (REM)

▶ Mithilfe der Elektronenmikroskope können Biologen kleinste Strukturen in den Zellen erkennen und ihre Struktur entschlüsseln.

Aufgabe

1 Stelle zu einem thematischen Schwerpunkt eine kommentierte Sammlung elektronenmikroskopischer Bilder zusammen. Solche Bilder findest du z. B. im Internet.
Beispiele können sein: Körperbau der Insekten oder der menschliche Körper.

Strategie

Mit kleinen Kärtchen zum großen Lernerfolg

Viele Leute schreiben kleine Zettelchen, wenn sie etwas nicht vergessen wollen. Für sie sind diese Notizen ihr „Hilfsgedächtnis". Auch beim Vokabellernen benützt du kleine Kärtchen.

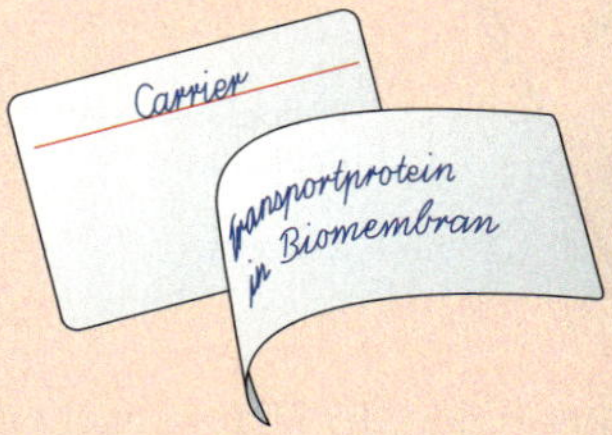

Deine Biologie-Lernkartei

Du willst ein bestimmtes Stoffgebiet, z.B. „Die Zelle", lernen und wiederholen. Lies zuerst den Text in deinem Biologiebuch. Suche die wichtigsten Begriffe – meist fett gedruckt – heraus.
Schreibe die Begriffe auf nicht zu kleine Kärtchen (mindestens 7 x 10 cm), die du fertig kaufen oder aus Karton selber schneiden kannst. Auf die Vorderseite kommt der Begriff, auf die Rückseite schreibst du die Definition oder einen Satz als Erklärung.

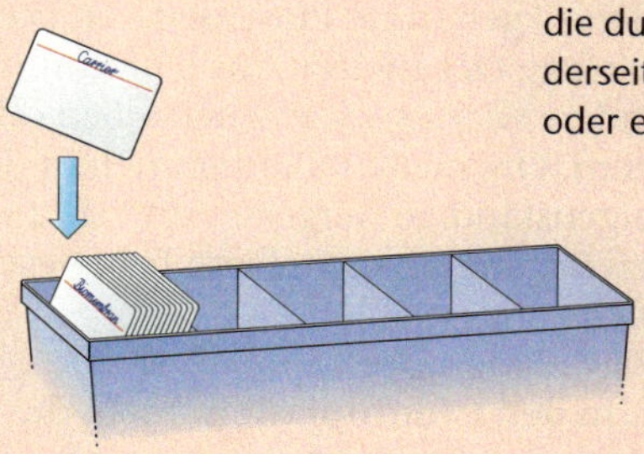

Allein lernen

Wenn du allein lernen willst, brauchst du nur noch einen Karteikasten, den du in fünf Fächer unterteilst.
Alle Kärtchen kommen in das vorderste Fach und wandern, wenn du die Erklärung auf der Rückseite richtig gewusst hast, ins zweite Fach.
Begriffe, die du nicht konntest, bleiben im ersten Fach. Jeden Tag rutschen die Kärtchen bei richtiger Wiederholung ein Fach weiter nach hinten, bis du alle Begriffe gelernt hast.

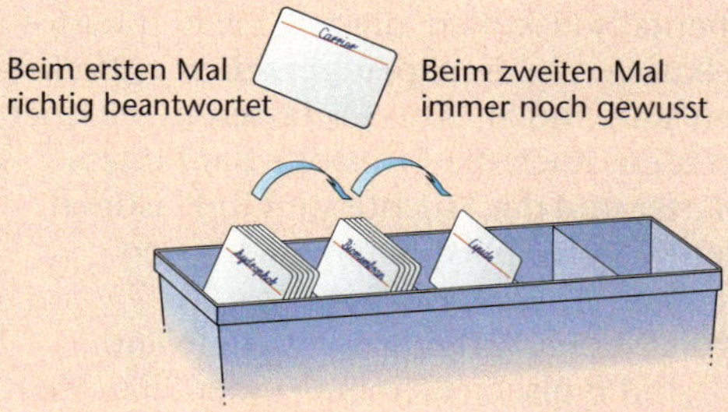

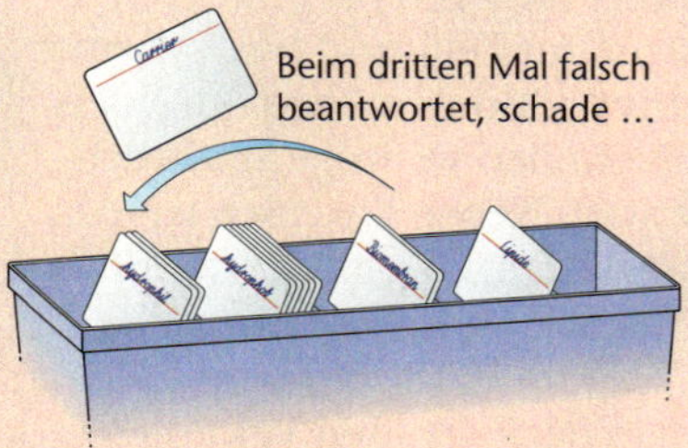

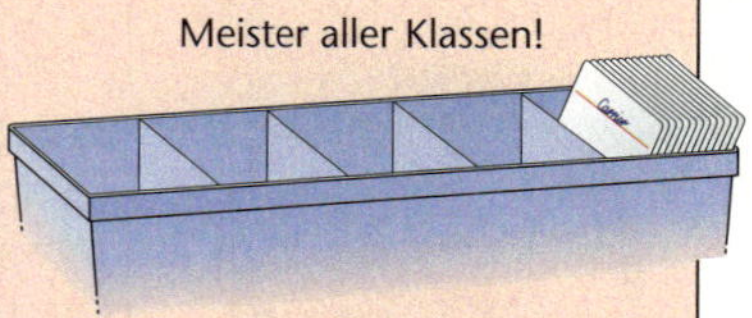

Zu zweit lernen

Ihr könnt mit den Kärtchen auch zu zweit lernen. Teilt die Kärtchen untereinander auf und fragt euch gegenseitig ab. Dabei könnt ihr euch den Begriff oder die Erklärung auf der Rückseite nennen.

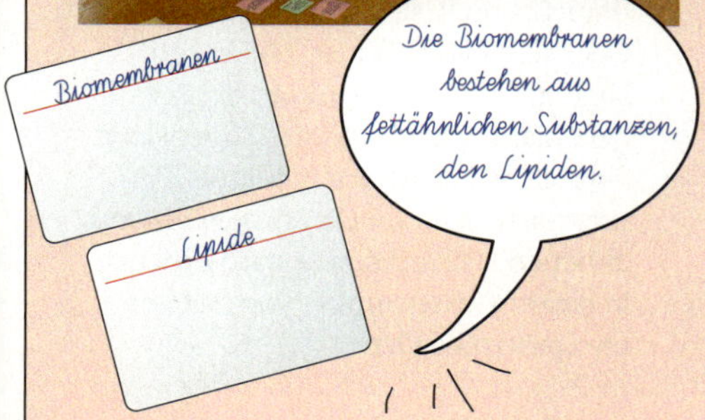

Lernen in der Gruppe

Auch zu dritt oder viert könnt ihr mit der Kärtchen-Methode lernen.
Teilt die Kärtchen untereinander auf. Der Erste legt einen Begriff, z.B. „Biomembranen", auf den Tisch. Der Nächste darf seinen Begriff nur anlegen, wenn er einen sinnvollen Satz mit beiden Begriffen bilden kann. Mit dem nächsten Begriff geht es genau so weiter.

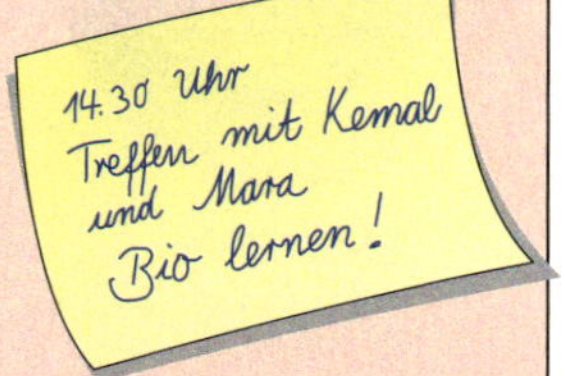

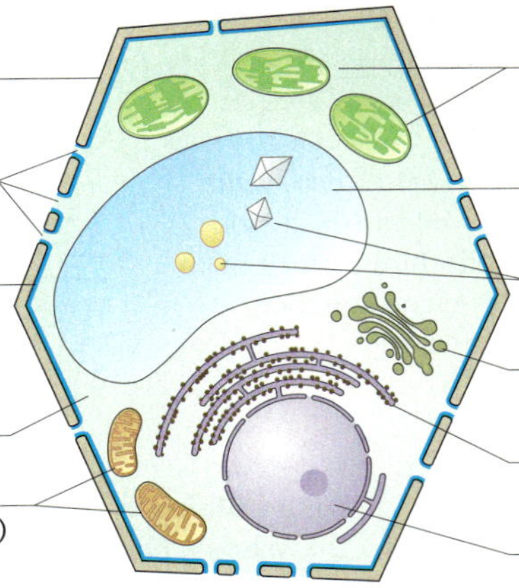

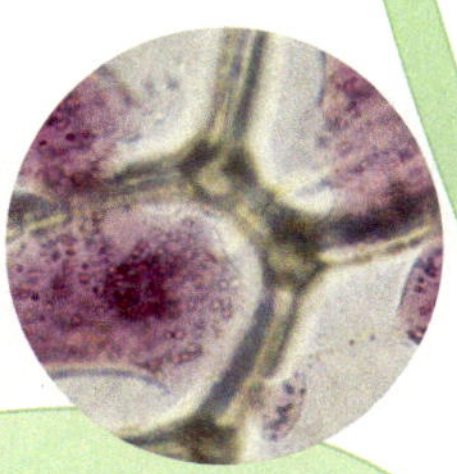
Zellwand

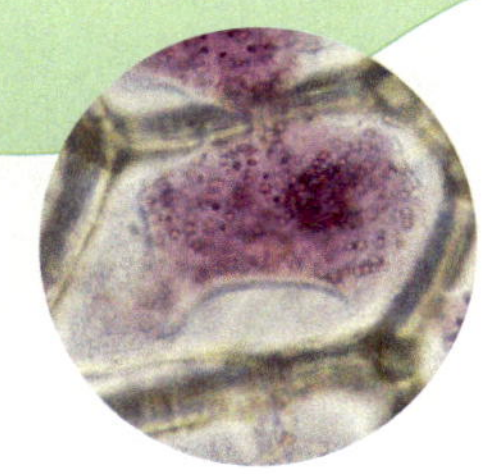
Vakuole

Chloroplast

Pflanzen sind aus Zellen aufgebaut

Alle Lebewesen entwickeln sich bei sexueller Fortpflanzung aus einer einzigen Zelle. Wächst der Organismus, so bilden sich im Laufe der Zeit nach und nach unterschiedliche Zelltypen heraus. Sie sind in Geweben zusammengeschlossen.

Zellen speichern viele Stoffe

Pflanzenzellen werden von einer festen **Zellwand** aus Cellulose umschlossen. Zu den Nachbarzellen gibt es feine Verbindungskanäle, die den Stoffaustausch ermöglichen. Der Innenraum der Zelle wird weitgehend vom **Zellplasma** (Cytoplasma) ausgefüllt, einer flüssigen bis gelartigen Masse. Diese ist zur Zellwand hin mit einer 6–11 nm dünnen **Biomembran** umgeben. Im Zellplasma finden wichtige Stoffwechselvorgänge statt. Neben Eiweißen werden viele andere Substanzen gebildet, darunter organische Säuren, verschiedene Zucker, Lipide und Farbstoffe. Die Stoffe werden in Zellsafträumen der Zelle, den **Vakuolen**, gespeichert. Die Vakuolen sind für Pflanzenzellen geradezu typisch.
Zum Zellplasma hin sind sie ebenfalls durch eine dünne Biomembran abgegrenzt. Vakuolen sind mit Zellsaft angefüllt, der meistens einen pH-Wert von etwa 5,5, bei Zitronen sogar von 2,5 hat. Deshalb schmecken sie auch so sauer. Durch die hohe Konzentration der Inhaltsstoffe des Zellsaftes wird Wasser durch die Biomembran angesogen. Es entsteht ein Innendruck, der die Zellwand strafft. Bekommt eine Pflanze zu wenig Wasser, nimmt der Druck in den Zellen ab – die Pflanze beginnt zu welken.

Plastiden sind Zellorganellen

Zellen und Gewebe unterscheiden sich bei Pflanzen und Tieren in einigen wesentlichen Merkmalen. In Pflanzenzellen kommen so genannte **Plastiden** vor. Das sind winzige **Organellen**, die Chlorophyll und andere wichtige Stoffe herstellen oder speichern. Organellen übernehmen in der Zelle eigenständige Aufgaben und sind somit den Organen mehrzelliger Lebewesen vergleichbar.
Eine Plastidengruppe ist dir bereits bekannt: In den **Chloroplasten** findet die Fotosynthese statt. Stärkekörner sind ebenfalls Plastiden, die z. B. bei den Kartoffelknollen in den **Speicherzellen** enthalten sind und als **Amyloplasten** bezeichnet werden. Auch die Farbstoffe der Blütenblätter und der Früchte sind in Plastiden, den **Chromoplasten** eingeschlossen.

Plastiden, Vakuolen und Zellwand sind typische Elemente einer Pflanzenzelle.

Zellen und Gewebe bei Tier und Mensch

Pflanzen- und Tierzellen unterscheiden sich in einigen wesentlichen Bestandteilen: Tierzellen besitzen vor allem keine

Versuch

1 Besorge dir dickfleischige Blätter verschiedener Pflanzenarten, z.B. Iris, Tulpe, Porree, Alpenveilchen. Außerdem brauchst du Rasierklinge, Pinzette, Deckglas, Objektträger, Mikroskop. Lege das jeweilige Blatt um ein Reagenzglas und ritze mit der Rasierklinge ein kleines Rechteck ein. Mit der Pinzette lässt sich nun ein Stück Epidermis abheben. Mikroskopiere das Häutchen in einem Wassertropfen und zeichne die Epidermiszellen.

Zellwand und keine Chloroplasten. Auch Vakuolen gibt es nur ganz selten bei Tierzellen. Die Zellen von Tieren und Menschen sind von einer Membran umschlossen. Tierzellen besitzen wie Pflanzenzellen einen Zellkern, Zellplasma und Mitochondrien (▷B 2).

Wie bei den Pflanzenzellen, so gibt es auch bei Tier- und Menschenzellen zahlreiche Spezialisierungen. Nach außen hin wird jeder Körper durch das **Epitel** abgegrenzt. Epithelzellen finden sich aber auch als Begrenzung in allen Hohlräumen des Körpers, etwa im Darm oder in den Blutgefäßen, wo sie als Endothelien bezeichnet werden. In der Lunge sondern sie ständig Schleim ab – ein Schutz gegen mechanische und chemische Schädigungen. Epithelzellen erzeugen oftmals hart werdende Schutzschichten, die **Kutikula**. Ein Beispiel hierfür ist der Außenpanzer der Krebse.

Versuch

1 Lege etwas Fleisch auf einem Objektträger in einen Tropfen 1%ige Kochsalzlösung. Zerzupfe es mit zwei Präpariernadeln, mikroskopiere und zeichne.

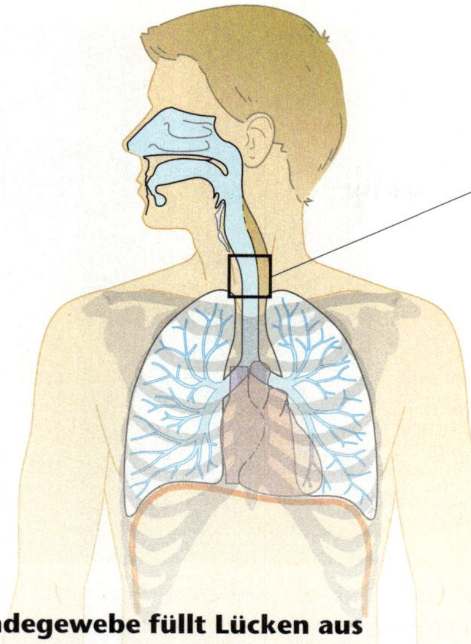

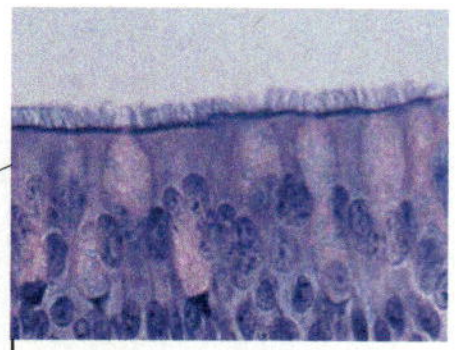

1 Epithel der Luftröhre

Bindegewebe füllt Lücken aus

Unter dem Epithel befinden sich Zellen, die das Binde-, Stütz-, Speicher- und Muskelgewebe bilden. Zellen des **lockeren Bindegewebes** umhüllen Organe und füllen die Lücken zwischen anderen Geweben aus. Dadurch halten sie die Organe zusammen und ermöglichen bei Bewegungen die Gleitfähigkeit gegeneinander.

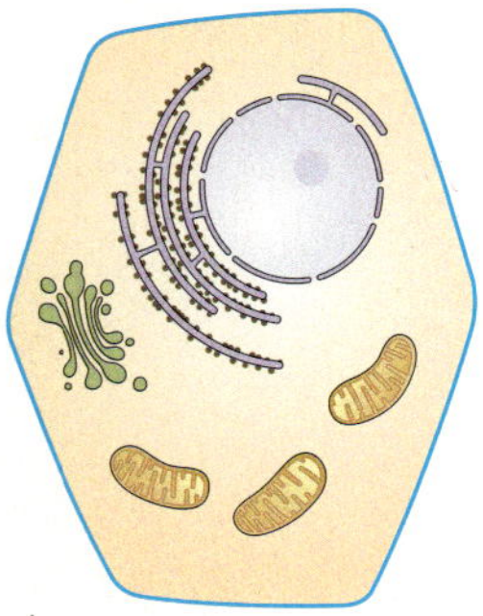

2 Tier- und Menschenzelle

Tierzellen haben wie Pflanzenzellen eine Zellmembran, jedoch keine Zellwand. Spezialisierte Zellen bilden verschiedene Gewebe, z. B. Epithel und Bindegewebe.

Werkstatt

Pflanzen brauchen Wasser

Stellst du eine Schnittblume statt in Wasser in eine Rohrzuckerlösung, so lässt sie bald den „Kopf hängen“ und verwelkt. Stelle eine Vermutung auf, was in der Blume passiert ist. Führe folgenden Versuch durch, um deine Vermutung zu überprüfen.

Material

Zwiebel, Wasser, Zuckerlösung, Pipette, Filterpapier, Neutralrotlösung, Mikroskop, Deckglas, Objektträger

Durchführung

Stelle ein Präparat von einem Zwiebelhäutchen her und gib unter das Deckglas etwas stark verdünnte Neutralrotlösung. Sauge mit einem Stück Filterpapier langsam einen Tropfen konzentrierte Zuckerlösung unter das Deckglas und beobachte den Zellinhalt der Zwiebelzelle.

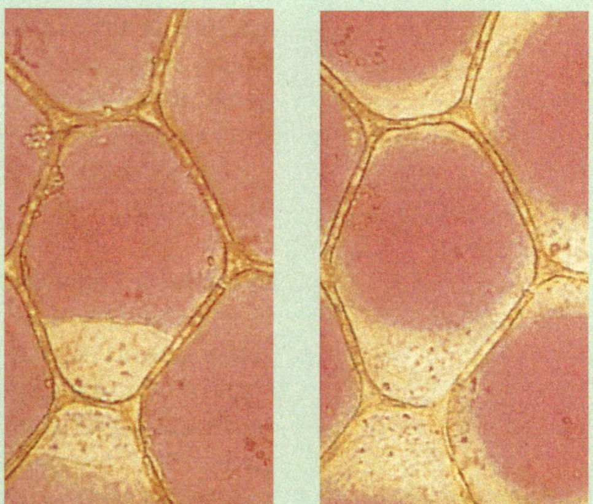

1 Osmotisch erzwungene Wasserabgabe führt zur Verkleinerung der Vakuole (Plamolyse)

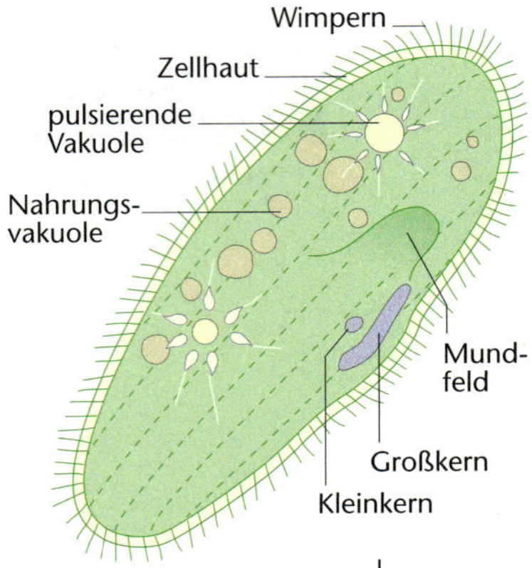

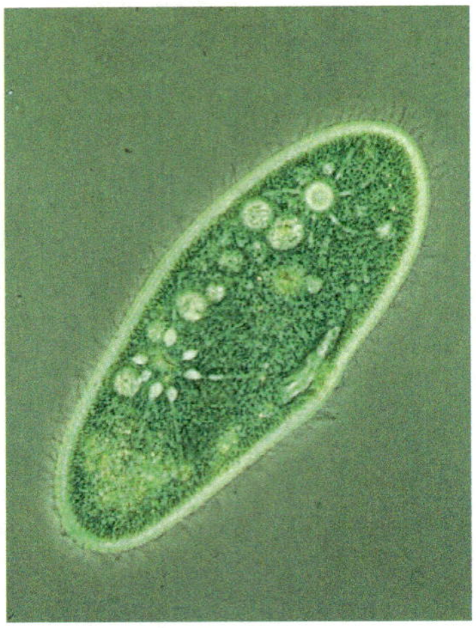

1 Pantoffeltierchen Paramaecium

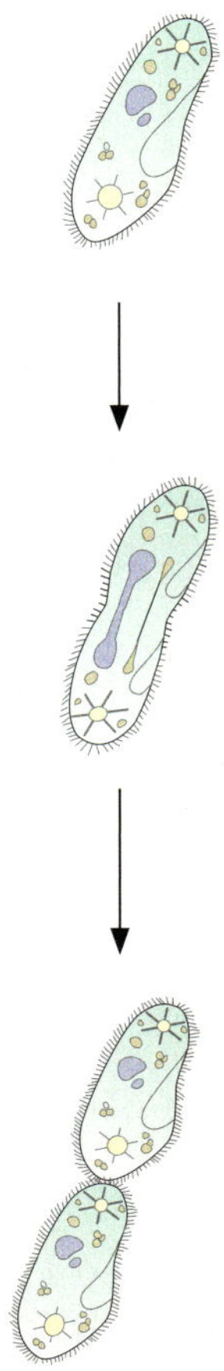

2 Pantoffeltierchen vermehrren sich durch Teilung.

Pantoffeltierchen sind Einzeller

Gewässer sind Lebensräume für eine Vielzahl von Tier- und Pflanzenarten. Dabei denkt man zunächst an Fische und Seerosen. Doch das Mikroskop eröffnet einen Einblick in die Welt kleinster Lebewesen. Viele von ihnen sind Einzeller. Sie bestehen nur aus einer einzigen Zelle, die alle Kennzeichen des Lebendigen zeigt.

Das Pantoffeltierchen ist etwa 0,3 mm groß und findet sich häufig in nährstoffreichen Gewässern. Auch in Heuaufgüssen ist es regelmäßig zu beobachten. Pantoffeltierchen sind **Wimpertierchen**, die es im Süßwasser und im Meer in einer unübersehbar großen Artenzahl gibt. Der gesamte Zellkörper ist von Wimpern besetzt, die in Längsreihen stehen. Die Wimpern schlagen entgegen der Schwimmrichtung, wobei sie eine erstaunliche Koordination zeigen. Dadurch sind die Tiere in jede Richtung beweglich. Nahrung strudeln die Pantoffeltierchen mit den Wimpern ins Mundfeld. Als Schutz vor Fressfeinden sitzen zwischen den Wimpern in der Außenhaut so genannte Trichocysten. Das sind winzige geschossähnliche Gebilde, die bei Reizung als lange Fäden abgeschossen werden.

Einzeller – Tiere ohne Organe

Organe besitzen die winzigen Tiere nicht. Dafür befinden sich im Zellkörper kleine Organellen, die Organfunktionen übernehmen. So schließen sie Bakterien und andere Nahrungsteilchen in **Nahrungsvakuolen** ein und verdauen sie mithilfe von Verdauungssäften aus dem Zellplasma. Unverdaute Reste bleiben in den Nahrungsvakuolen. Deren Inhalt wird anschließend durch den Zellafter ausgeschieden.
Sauerstoff nehmen die Tiere durch ihre Zellmembran aus dem umgebenden Wasser auf.
Eine Besonderheit vieler Einzeller des Süßwassers sind die **pulsierenden Vakuolen**. Das sind kleine Bläschen, die sich in einem bestimmten Rhythmus zusammenziehen und wieder ausdehnen. Sie entfernen überschüssiges Wasser, das durch Osmose ständig von außen eindringt, aus dem Zellkörper. Für einen kurzen Moment sind nach dem Zusammenziehen winzige zuführende Kanäle zu beobachten. Die Fortpflanzung erfolgt durch Teilung der Zelle, wobei sich auch der Zellkern teilt (▷ B 2).

Tier oder Pflanze?

In Wasserproben stehender Gewässer findest du oft einzellige Lebewesen, die sowohl Merkmale von Tieren als auch von Pflanzen besitzen. Es sind **Augenflagellaten** (Euglena), die ihren Namen aufgrund ihres roten Augenflecks erhalten haben. In ihrem Zellkörper finden sich Chloroplasten, die Fotosynthese betreiben können. Bei Lichtmangel nehmen sie jedoch auch organische Nahrung zu sich.
Euglena besitzt eine nach innen gerichtete Ausstülpung, das Geißelsäckchen, in der sich eine kurze und eine lange Geißel befinden. Hier sind auch die eigentlichen Lichtrezeptoren. Der rote Augenfleck dient nur zur Beschattung.
Ebenfalls im vorderen Körperbereich befindet sich eine pulsierende Vakuole, die wie bei den Wimpertierchen überschüssiges Wasser und Abfallstoffe beseitigt.
Der Zellkern liegt als Steuerzentrale im unteren Bereich der Zelle. Er spielt bei der Zellteilung eine besondere Rolle.
Wegen ihrer Fähigkeit zur Fotosynthese ordnen die Wissenschaftler die Augenflagellaten heute den Pflanzen zu.

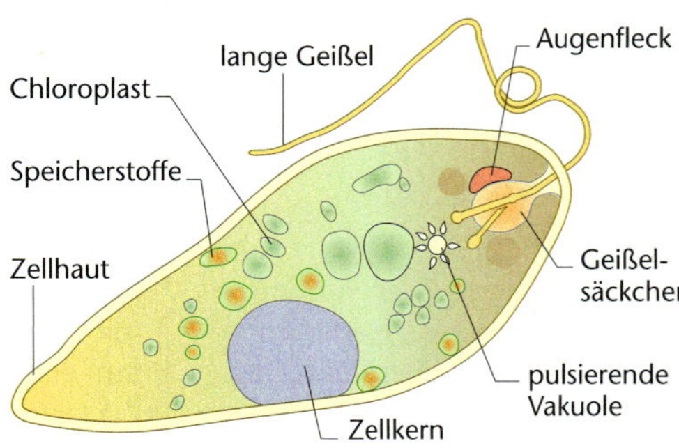

3 Der Augenflagellat Euglena

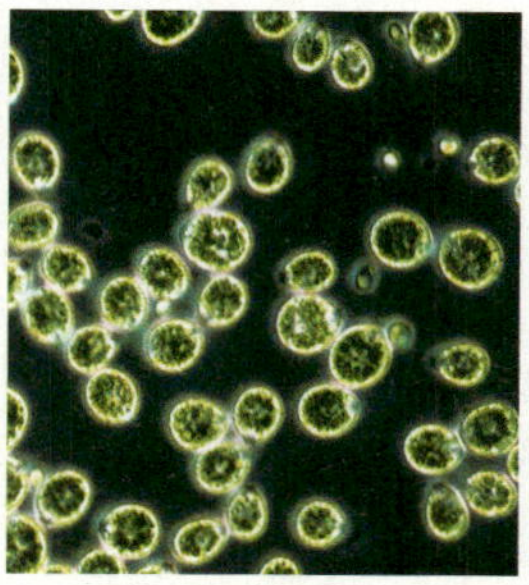

Einzeller
Hüllenflagellat (Ø 10µ)

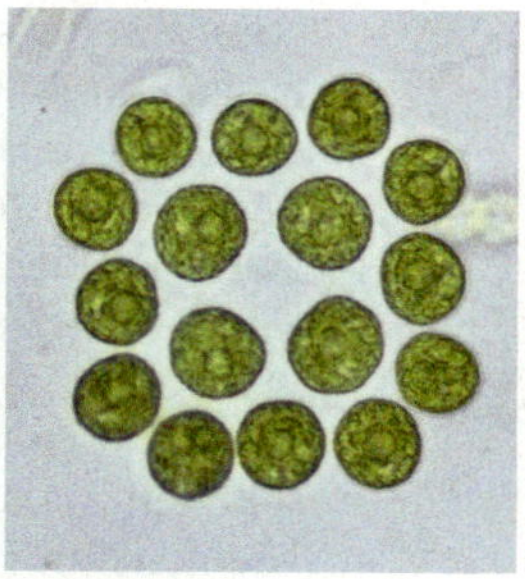

Kolonie
Mosaik-Grünalge (Ø 50µ)

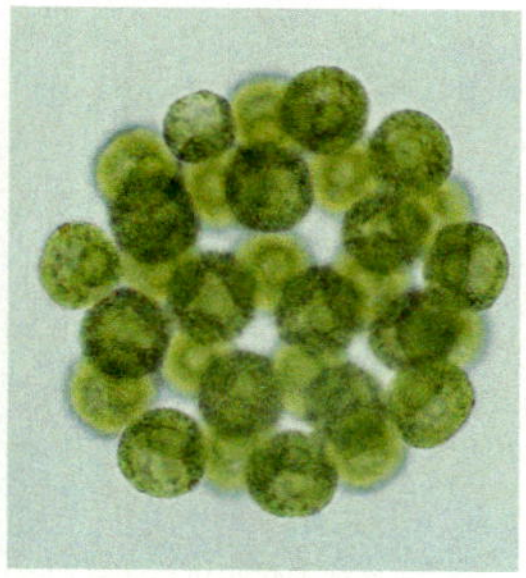

Kolonie
Geißelkugel-Grünalge (Ø 100µ)

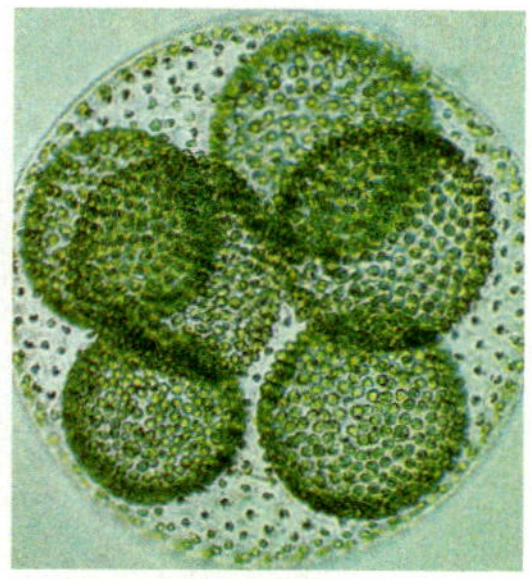

Vielzeller
Große Wimpernkugel (Ø 300µ)

Vom Einzeller zum Vielzeller

Der Hüllenflagellat (Chlamydomonas ehrenbergi), eine einzellige Grünalge, kommt in Kleingewässern sehr häufig vor und ist ähnlich aufgebaut wie Euglena. Er hat aber zwei lange Geißeln. Ein pulsierendes Bläschen fehlt.

Ebenfalls in Kleingewässern lebt die Mosaik-Grünalge (Gonium pectorale). Ein Vergleich mit dem Hüllenflagellat ergibt ein erstaunliches Ergebnis. Die Mosaik-Grünalge besteht aus 16 Einzelzellen, die alle nach dem Bauplan des Hüllenflagellaten aufgebaut sind. Sie werden durch eine gallertartige Masse verbunden und haben dadurch die Form einer Scheibe. Es hat den Anschein, als ob sich die einzelnen Zellen nach mehreren Teilungen nicht getrennt hätten. In der **Kolonie** ergänzen sie sich und arbeiten beim Schwimmen in eine Richtung zusammen.

Bei der Geißelkugel-Grünalge (Eudorina elegans) sind bereits 32 Zellen zu einer Hohlkugel verbunden. Neben der ungeschlechtlichen Fortpflanzung bildet Eudorina bereits Geschlechtszellen aus. Die höchste Organisation hat die Große Wimperkugel (Volvox globator) erreicht, bei der durchschnittlich 10 000 Zellen – alle mit zwei Geißeln und Augenfleck – eine millimetergroße Hohlkugel bilden. Bei Volvox sind die Zellen durch Plasmastränge miteinander verbunden. Volvox ist keine **Zellkolonie** mehr, sondern ein vielzelliges Lebewesen. Die einzelnen Zellen sind für sich allein nicht lebensfähig, da eine Aufgabenteilung stattfindet. Nur wenige Zellen am Hinterende dienen der Fortpflanzung, andere der Fortbewegung und Fotosynthese.

Einzeller zeigen alle Kennzeichen des Lebendigen. Bei den Vielzellern ergänzen sich die einzelnen Zellen und übernehmen spezielle Aufgaben.

Versuch

1 Lege mehrere verschiedene Aufgüsse für die Zucht von Einzellern an. Dazu wird einfach etwas Heu von verschiedenen Standorten zu einer lockeren Kugel geformt, in ein Becherglas gedrückt und mit Tümpelwasser übergossen. Bereits nach wenigen Tagen bildet sich auf der Wasseroberfläche eine Kahmhaut aus Bakterien, in der Pantoffeltierchen nach Nahrung suchen.
Setze in arbeitsteiliger Gruppenarbeit auch Aufgüsse mit anderen Pflanzenmaterialien an, z. B. mit trockenem Laub oder zerkleinerten – möglichst getrockneten – Futterrüben. Färbe mit Neutralrot, indem du mit Filterpapier einen kleinen Tropfen unter das Deckglas saugst. Untersuche auch im Dunkelfeld! Welche Arten kommen vor (Bestimmungsbuch!)? Gib an, in welcher zeitlichen Reihenfolge die Arten auftreten (Beobachtungszeit ca. 2–3 Wochen). Zeichne oder fotografiere!

4 Vermehrung von Volvox

Aufgaben

1 Vergleiche die Tätigkeit der Organellen mit Organen des Menschen. Fertige dazu eine Tabelle an.

2 Welche Vorteile ergeben sich aus dem Zusammenschluss mehrerer Zellen zu Zellkolonien und mehrzelligen Lebewesen?

3 Schreibe in eine Tabelle, welche Merkmale sich bei Euglena einem Tier, welche einer Pflanze zuordnen lassen.

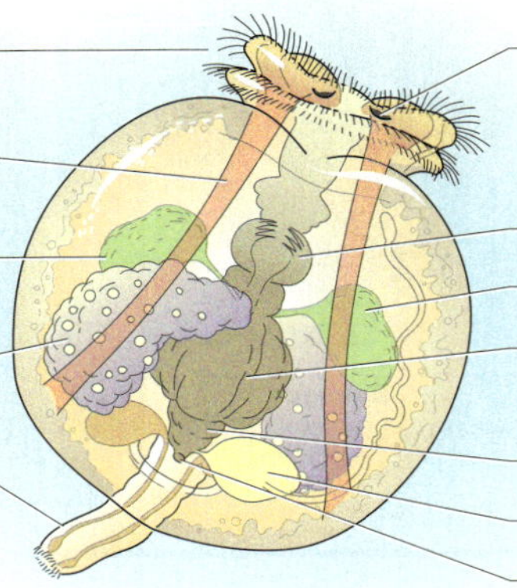

1 Das Rädertierchen Testudinella

2 Eine Kolonie von Rädertierchen an einer Wasserpflanze

Rädertiere besitzen Organsysteme

Zu den faszinierendsten Lebewesen des Süßwassers gehören die **Rädertiere**. Trotz ihrer geringen Körpergröße von 40 µm bis 2 mm enthalten sie bereits alle Organsysteme eines **höheren Lebewesens** – wenn auch auf einfacher Entwicklungsstufe. Bereits die aus dem Ei schlüpfenden Tiere besitzen sämtliche Körperzellen eines erwachsenen Tieres. Ihren Namen haben sie wegen ihres so genannten Räderorgans am Kopf erhalten. Dabei handelt es sich um Wimperfelder, die den Eindruck kreisender Räder vermitteln. Durch den Wimperapparat wird ein Wasserstrudel zum Mundfeld hin erzeugt. Gleichzeitig bewegen sich die Tiere dadurch vorwärts. Der durchsichtige Körper lässt im Lichtmikroskop Verdauungsorgane, Nervensystem, Muskeln, Ausscheidungs- und Geschlechtsorgane erkennen.

Das Zusammenspiel der einzelnen Organe ist unter dem Mikroskop gut zu beobachten. Sobald das Tier durch Erschütterungen des Objektträgers gereizt wird, ziehen beidseitig im Körper liegende Muskelstränge den Kopf in den Panzer zurück. Tastborsten und die beiden lichtempfindlichen roten Augenflecke sind über Nervenstränge mit dem Gehirn verbunden ebenso wie die reagierenden Muskeln.

Mehr Leistung durch Gewebe und Organe

Bei den Rädertieren spezialisieren sich die einzelnen Zellen auf bestimmte Aufgaben. Sie sind zu Geweben und Organen zusammengeschlossen. So sehr sich die einzelnen Rädertierarten in ihrer äußeren Gestalt unterscheiden können, ihr innerer Bauplan ist stets gleich. Durch den Körper zieht sich der Verdauungskanal, der beim Kauapparat und beim Magen erweitert ist. Der Kauapparat ist ständig in Bewegung und zerkleinert aufgenommene Nahrungsteilchen.

Die meisten Tiere, die gefangen werden, sind Weibchen. Gut zu erkennen sind der Eierstock und der mit großen Zellkernen angefüllte Dotterstock.

Vielzellige Lebewesen besitzen spezialisierte Gewebe und sind durch ihre Beweglichkeit, die Art der Nahrungsaufnahme und den Bau der Sinnesorgane an ihren jeweiligen Lebensraum angepasst.

Gewebe und Organe arbeiten im Team

Obwohl Einzeller über alle Merkmale eines Lebewesens verfügen, sind ihnen hinsichtlich der Körpergröße Grenzen gesetzt. Größere Organismen sind stets vielzellig.

Versuche

1 Rädertiere sind an Wasserpflanzen, im Plankton und auf dem Boden von Gewässern zu finden. Auch im freien Wasser kommen viele Arten vor. Fange Tiere mit dem Planktonnetz und untersuche Teile von Wasserpflanzen und Mulm vom Gewässerboden. Färbe die Tiere mit Neutralrotlösung, indem du einen kleinen Tropfen mit Filterpapier unter das Deckglas saugst. Mikroskopiere – auch im Dunkelfeld – und zeichne den Verdauungskanal.

2 Führe Lebendfärbungen auch mit anderen stark verdünnten Farbstofflösungen durch. Geeignet sind Methylenblau, Scharlach R (für Fette), Anilingelb, Alizarin und andere. Welche Organe lassen sich unterscheiden? Mikroskopiere und zeichne.

3 Mit einer Zugabe von etwas wasserlöslicher Methylcellulose lassen sich die schnellen Bewegungen der Tiere bremsen. Du erhältst das Pulver in der Apotheke oder stellst eine Lösung von Tapetenkleister her: 3 g auf 95 cm^3 Wasser.

Ihre Zellen haben sich spezialisiert und gleichartige Zellen sind zu Geweben verbunden. Nicht mehr die einzelne Zelle, sondern die Aufgabenteilung und das Zusammenspiel unterscheidet den **Vielzeller** von einem bloßen Zellverband. Verschiedene **Gewebe** haben sich in seinem Körper zu abgegrenzten **Organen** zusammengeschlossen, die eine ganz bestimmte Funktion haben. Die Blätter der Pflanzen oder das menschliche Auge sind hierfür nur zwei Beispiele.

Blätter sind Organe der Pflanzen

Alle Farn- und Samenpflanzen haben drei Grundorgane: Sprossachse, Blatt und Wurzel. Diese Organe unterscheiden sich je nach Standort und Pflanzenart mehr oder weniger stark.
Laubblätter zum Beispiel enthalten bei genauer Untersuchung immer wieder die gleichen Gewebearten: Die Epidermis schließt das Blatt nach außen hin ab. Das Palisadengewebe übernimmt wegen des hohen Anteils an Chloroplasten den Hauptanteil der Fotosynthese. Im Schwammgewebe findet vorwiegend der Gasaustausch statt. Leitbündel sorgen für den Wasser- und Stofftransport durch die gesamte Pflanze.

Auch im Auge arbeiten Gewebe zusammen

Herz, Gehirn, Haut und Auge sind wie alle anderen Organe unseres Körpers aus verschiedenen Gewebearten aufgebaut. Bei einem Blick in den Spiegel kannst du in deinem Auge mehrere davon erkennen. Wie die weiße Lederhaut schützt die gleichmäßig gewölbte Hornhaut das Auge nach außen. Sie besteht aus einem durchsichtigen Gewebe ohne Blutgefäße. Die Regenbogenhaut steuert den Lichteinfall in die Pupille. Ihr Gewebe ist pigmentreich und durch Muskelgewebe beweglich. Dadurch kann sie die Pupille verengen oder erweitern. Andere Gewebe wie zum Beispiel die lichtempfindliche Netzhaut oder der Sehnerv sind von außen nicht sichtbar. Jede Gewebeart hat im Auge ihre ganz besondere Aufgabe zu erfüllen. Erst die funktionierende Zusammenarbeit macht jedoch die Leistungsfähigkeit eines Organs aus.

In Organen hat jedes Gewebe seine besondere Funktion und leistet damit einen Beitrag zu dessen Aufgabe im Gesamtorganismus.

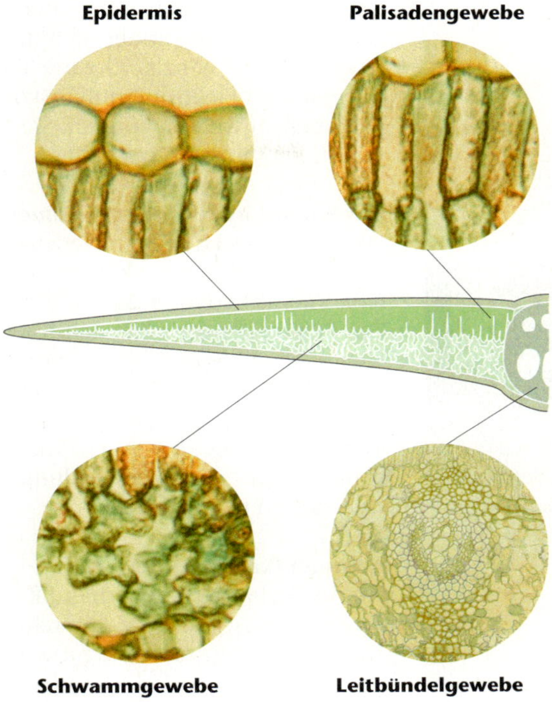

3 Typische Gewebe des Laubblatts einer Pflanze

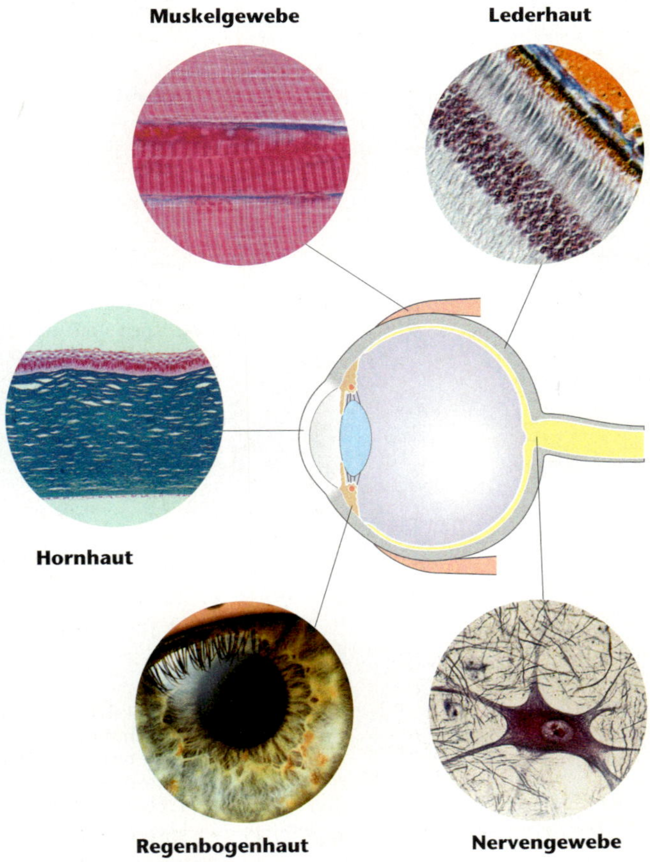

4 Typische Gewebe des menschlichen Auges

Zellorganellen übernehmen differenzierte Aufgaben

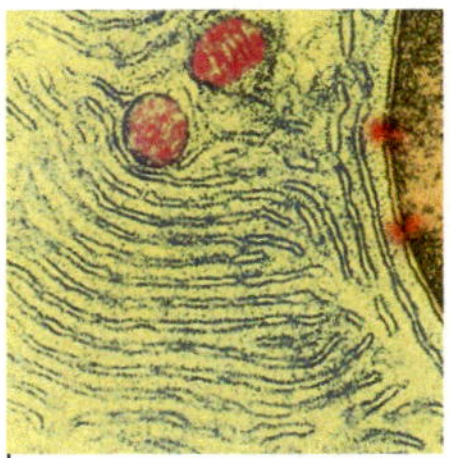

1 Endoplasmatisches Reticulum (EM-Aufnahme)

Neben Chloroplasten, Zellkernen und Nahrungsbläschen finden sich in jeder lebenden Zelle winzige Organellen, die nur mit dem Elektronenmikroskop sichtbar gemacht werden können. Sie sind von Biomembranen umhüllt.

Das Endoplasmatische Reticulum (ER)
Das **ER** zieht sich wie ein Netz solcher Membranen durch die Zelle. Es umschließt eine Vielzahl von Kanälen und Räumen. Das ER arbeitet wie eine Membranfabrik. Hier werden Lipide und Proteine hergestellt, die für den Aufbau weiterer Biomembranen benötigt werden. Außen an den Membranen des ER können winzige **Ribosomen** sitzen, die an der Bildung von Eiweißstoffen beteiligt sind.

Kommunikation in der Zelle
Für die Verbindung zwischen ER und anderen Bereichen der Zelle steht ein Transportsystem zur Verfügung. Kleine Membranteile schnüren sich vom ER als Bläschen ab. Diese Bläschen heißen Vesikel. Sie können Stoffe an andere Bestimmungsorte transportieren. Unter anderem bauen sie Lipide und Proteine in die Plasmamembran der Zelle ein. Andere Vesikel füllen in Pflanzenzellen die großen Vakuolen mit Inhaltsstoffen auf. Die Steuerung dieser vielfältigen Vesikeltransporte übernimmt der **Golgi-Apparat**. Er besteht aus Stapeln abgeflachter Hohlräume und Röhren, die untereinander verbunden sind. Hier werden Stoffe sortiert, in Vesikel verpackt und an ihre Bestimmungsorte versandt. Dazu zählen zum Beispiel Enzyme, die im Pantoffeltierchen zu den Nahrungsvakuolen geleitet werden. Dort sorgen sie für den Abbau der aufgenommenen Nahrung. Die Nahrungsvakuolen selbst sind ebenfalls Vesikel, die am Zellmund der Tiere gebildet wurden. Andere Vesikel transportieren Stoffe aus der Zelle heraus, indem sie mit der

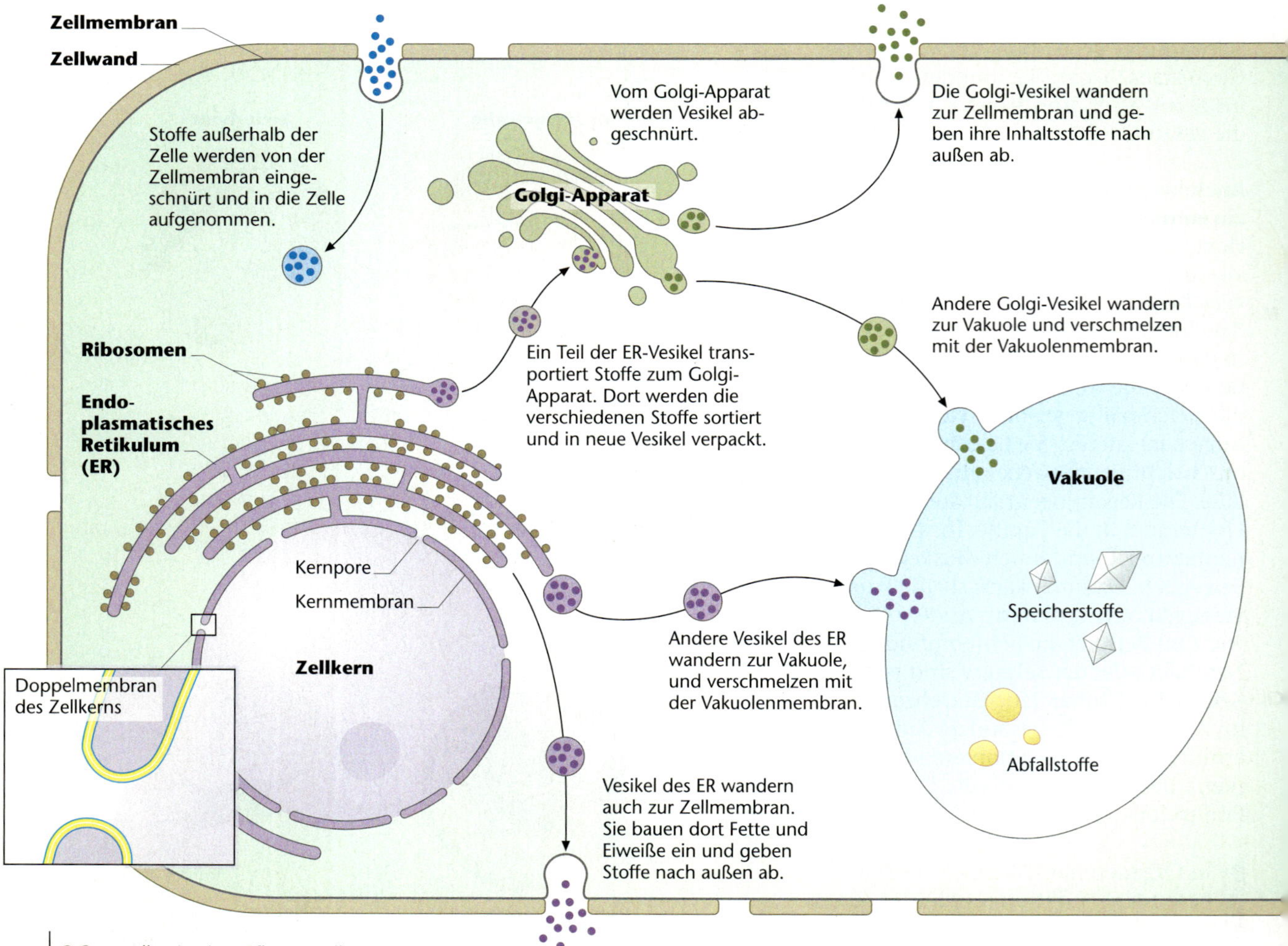

2 Organellen in einer Pflanzenzelle

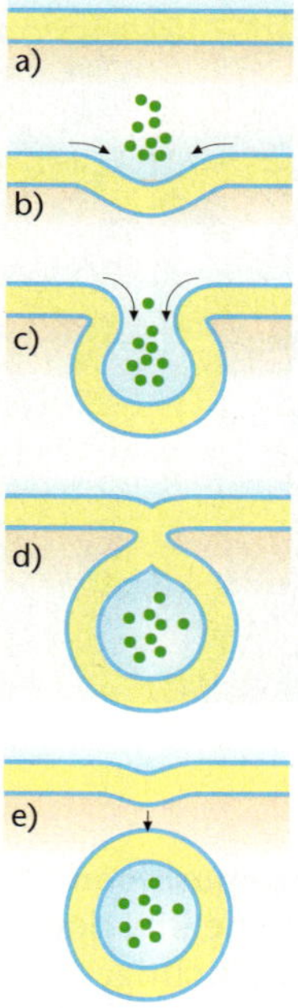

3 Aufnahme von Stoffen in die Zelle durch Vesikel-Bildung

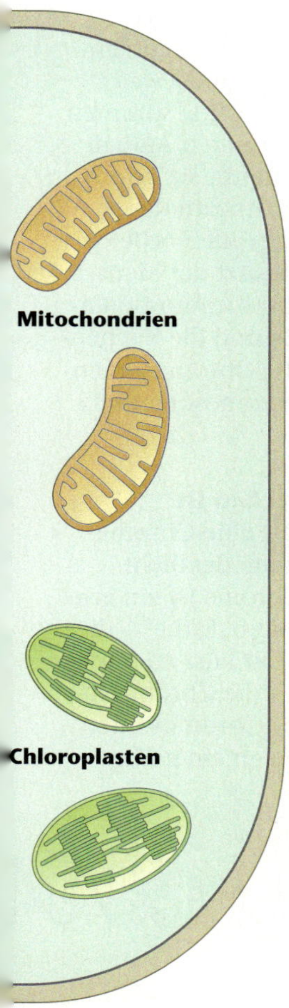

Plasmamembran verschmelzen und ihren Inhalt nach außen hin abgeben.

Aber auch die Zellmembran selbst kann Vesikel bilden, indem sie Stoffe von außerhalb der Zelle in eine Membran einschließt und in das Innere der Zelle aufnimmt. Auf diese Weise nehmen das Pantoffeltierchen und viele andere Einzeller ihre Nahrungsteilchen auf, wie wir bereits erfahren haben.

▶ In der Zelle übernehmen Vesikel den Stofftransport zwischen den einzelnen Organellen. Auch die Vesikel sind von einer Biomembran umschlossen.

Chloroplasten bauen Zucker auf

Chloroplasten bestehen aus mehrfach geschichteten Membranen. Sie enthalten Carotinoide und Chlorophyll-Farbstoffe, die an den Reaktionen bei der Fotosynthese beteiligt sind.
Die Chloroplasten sind den Mitochondrien vom Aufbau her sehr ähnlich. Das sind kleine Zellorganellen mit einer Größe von 1–12 µm.

Mitochondrien – Kraftwerke der Zelle

In den Zellen werden ständig lebenswichtige Stoffe benötigt, die über Stoffwechselvorgänge hergestellt werden. Das funktioniert nur, wenn ausreichend Energie bereitgestellt wird. Hauptenergieträger in allen Zellen ist eine chemische Verbindung, die kurz als **ATP** (Adenosintriphosphat) bezeichnet wird. Sie gibt die gespeicherte Energie für chemische Reaktionen besonders leicht ab. Das ATP wird in den Mitochondrien aufgebaut, wobei Traubenzucker als Energielieferant genutzt wird.

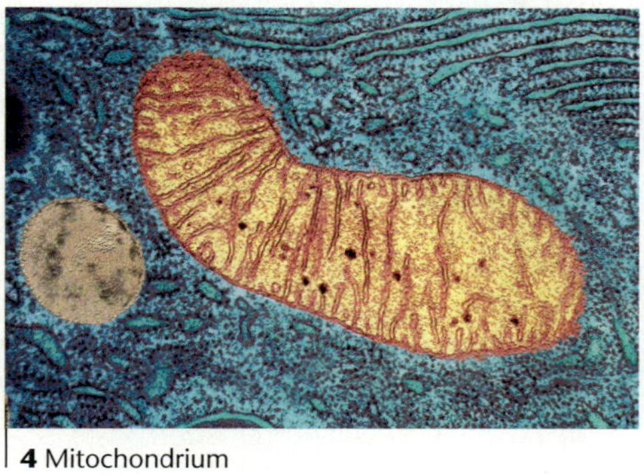

4 Mitochondrium

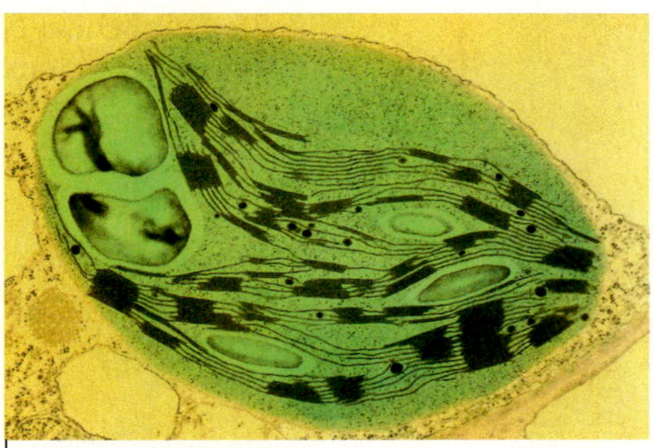

5 Chloroplast

Biomembranen schaffen Reaktionsräume

Mitochondrien sind unter dem Lichtmikroskop nur mit besonderen Färbetechniken sichtbar zu machen. Ihre Lage im Zellplasma ist nicht genau festgelegt. Sie ändern ihre Position und auch ihre Form ständig. Erst das Elektronenmikroskop lässt ihre Struktur erkennen. Danach sind sie aus zwei Biomembranen aufgebaut. Die äußere Membran grenzt den Innenraum zum Zellplasma hin ab. Die innere Membran ist mehrfach eingestülpt und erreicht dadurch eine erhebliche Vergrößerung ihrer Oberfläche. Hier findet der Aufbau von ATP mithilfe von Enzymen statt, die an die innere Membran gebunden sind. Für den Aufbau von ATP werden Traubenzucker und Sauerstoff benötigt. Man nennt diesen Vorgang **Zellatmung**.
In Energie verbrauchenden Herzmuskelzellen sind übrigens wesentlich mehr Mitochondrien vorhanden als in anderen Zellen.
Sowohl Chloroplasten als auch Mitochondrien enthalten eigene Erbinformationen. Wenn sie sich teilen und dadurch vermehren, geben sie dieses Erbgut an die neu gebildeten Organellen weiter.

▶ Mitochondrien bauen ATP als Hauptenergieträger der Zellen auf. Chloroplasten enthalten Farbstoffe, die an der Fotosynthese beteiligt sind.

Aufgaben

1 Fertige eine Tabelle an und trage alle Zellorganellen mit ihren Funktionen ein.

2 Erkläre die Zusammenarbeit von ER und Golgi-Apparat.

3 Erkläre, auf welche Weise Mitochondrien und Chloroplasten an der Energieversorgung der Pflanzenzelle beteiligt sind.

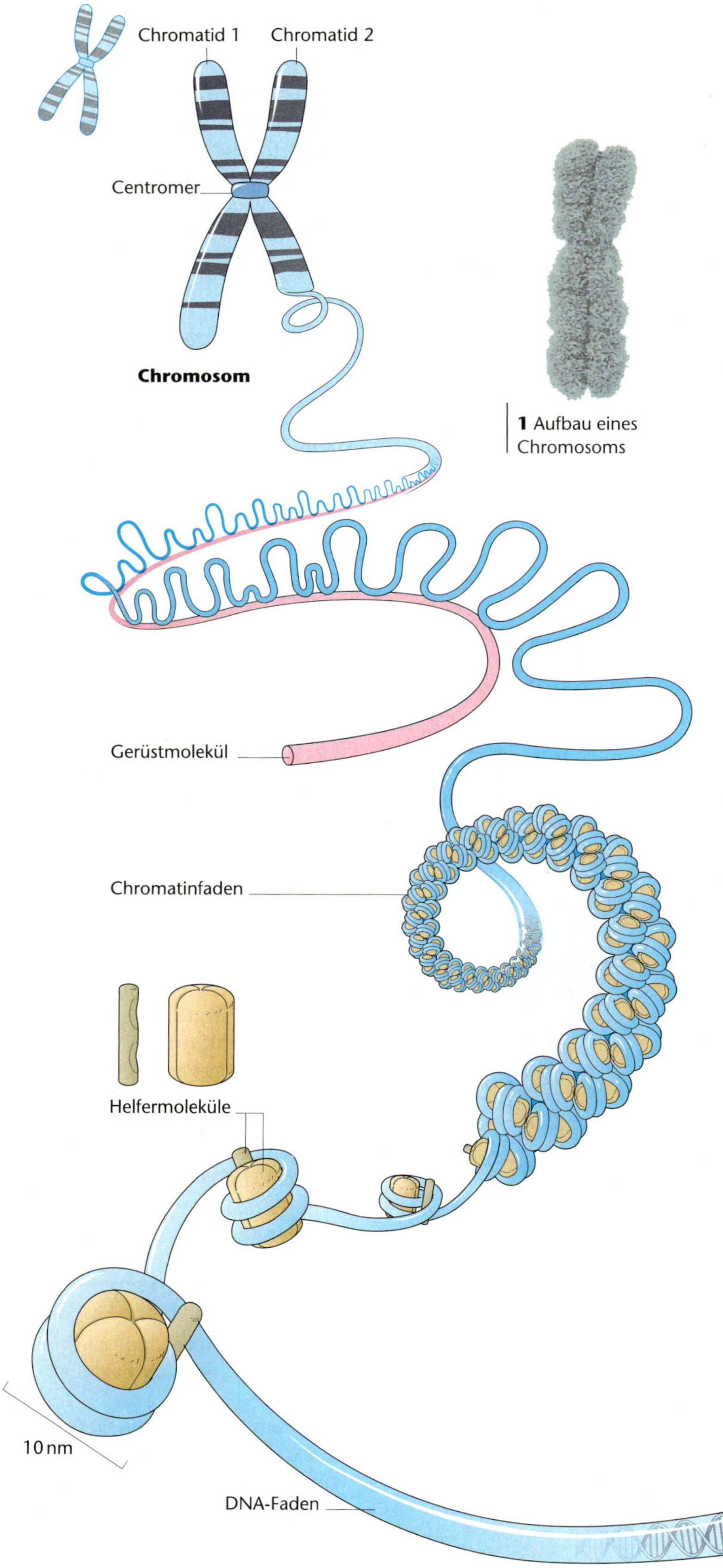

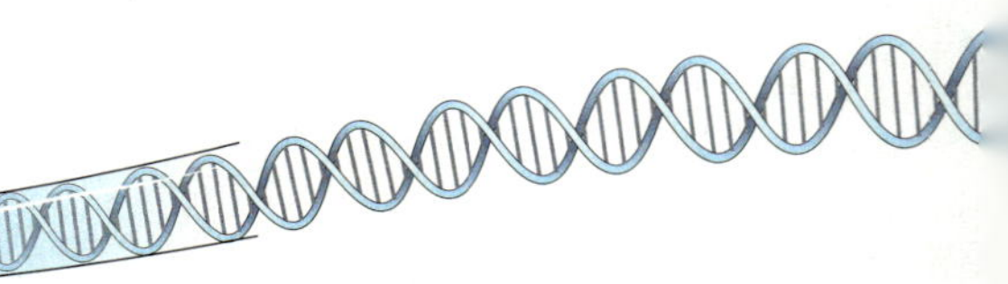

1 Aufbau eines Chromosoms

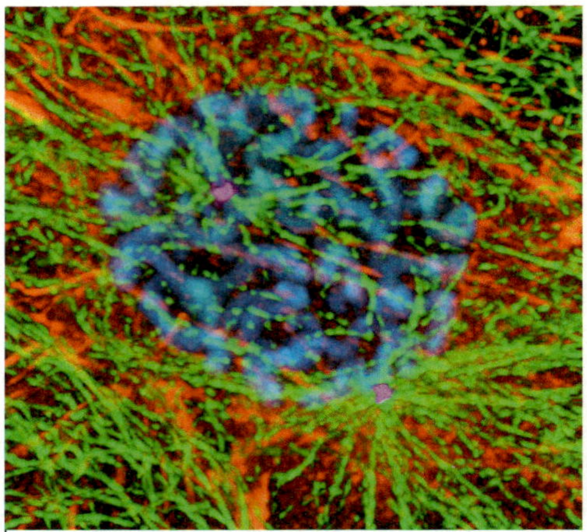

2 Zellkern mit Chromosomen

Im Zellkern liegen die Chromosomen
Das elektronenmikroskopische Bild des Zellkerns zeigt eine doppelschichtige Kernhülle, die das Kernplasma vom Zellplasma der Zelle trennt. An verschiedenen Stellen befinden sich Poren, die auch großen Molekülen einen Durchlass ermöglichen. Werfen wir einen Blick in das Innere des Zellkerns, so können wir kurz vor einer Zellteilung kompakte Körper erkennen. Es sind Chromosomen, die jeweils paarweise vorhanden sind. Beide stimmen vom Aussehen und vom inneren Aufbau her genau überein. Man nennt sie **homologe Chromosomen**. Die Anzahl dieser Chromosomenpaare ist bei allen Lebewesen einer Art gleich. So besitzt der Mensch in seinen Körperzellen 23 Chromosomenpaare, der Schimpanse 24 und die Küchenzwiebel 8. Dieser doppelte Chromosomensatz wird als diploider Chromosomensatz (2 n) bezeichnet.

Der Stoff, aus dem das Leben ist
Jedes Chromosom enthält eine Chromatinfaser, die wie eine Spiralfeder dicht zusammengepackt ist. Chroma ist ein griechisches Wort und bedeutet „Farbe" – die Fasern sind gut färbbar. Erst kurz vor einer Zellteilung schließen sich die Chromatinfasern zu den kompakten Chromosomen zusammen. Diese werden an einer Ein-

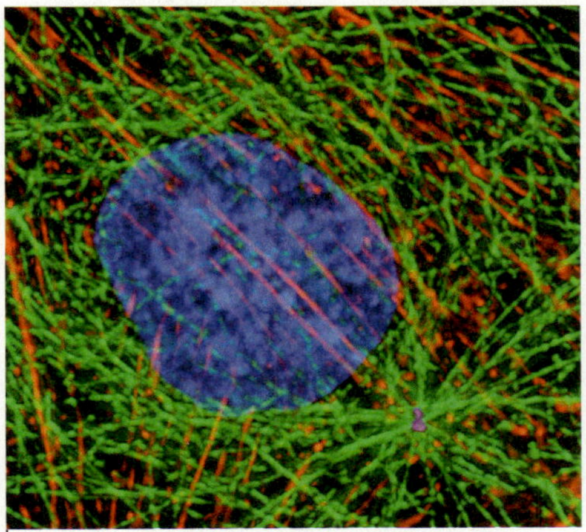

3 Zellkern mit Chromatingerüst

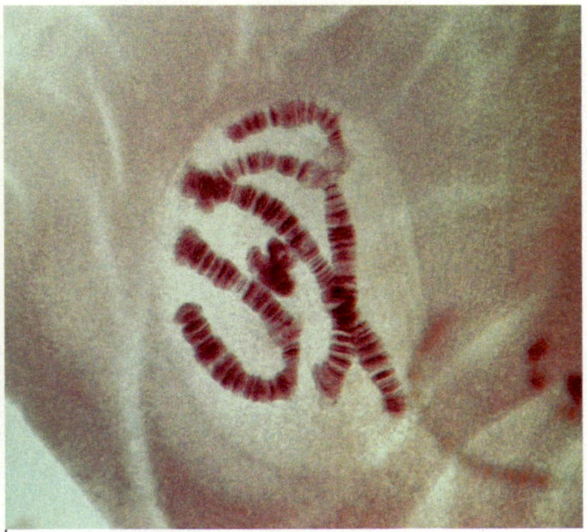

4 Riesenchromosom

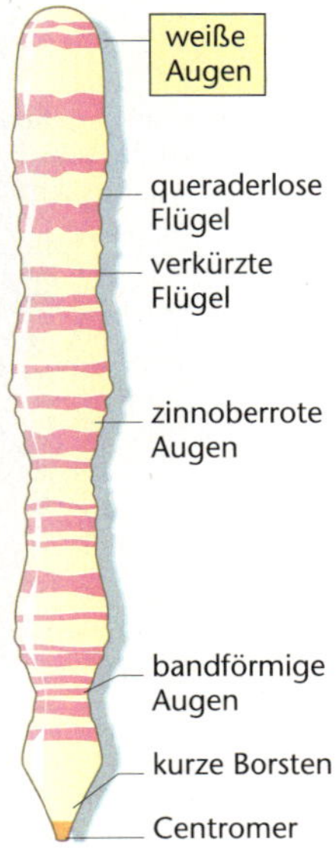

Position der Erbmerkmale auf Chromosom 1

Fruchtfliege mit weißen Augen

schnürungsstelle, dem Centromer, in zwei Hälften, die Chromatiden, geteilt. Auch im Lichtmikroskop sind die Chromosomen jetzt gut zu unterscheiden. Während der Zeit zwischen den Zellteilungen – in der so genannten Interphase – liegen die Chromatinfasern in entspiralisierter Form im Zellkern.

Die Chromatinfasern bestehen aus einem Stoff, dessen Struktur die Wissenschaftler heute weitgehend entschlüsselt haben. Er heißt Desoxyribonucleinsäure, kurz DNS oder **DNA** (engl. Acid = Säure). Das DNA-Molekül besitzt eine schraubenartige Struktur und ist der Träger der Erbanlagen. Seine Länge beträgt in jedem menschlichen Zellkern insgesamt etwa 2m.

Chromosomen sind aus langen Chromatinfäden aufgebaut. Diese bestehen aus DNA-Molekülen.

Aufbau der Chromosomen

Betrachten wir den Zellkern einer Zelle des Zwiebelhäutchens oder der Mundschleimhaut unter dem Mikroskop, so suchen wir in seinem Inneren vergeblich nach Chromosomen. Die DNA liegt in Form von Chromatinfäden im Kern und verdichtet sich erst vor einer Zellteilung zu Chromosomen. Aber es gibt Ausnahmen: In den Speichelzellen der Larven mancher Fliegenarten, z. B. der Fruchtfliege Drosophila, finden sich **Riesenchromosomen**, die bereits unter dem Lichtmikroskop manches von ihrem Feinbau erkennen lassen. Sie sind 15-25 µm dick und 100-250 µm lang. Deutlich sind Querbandenmuster zu erkennen, die parallel nebeneinander liegen. Die Chromatiden sind an diesen Stellen zu unterschiedlich starken Knötchen verdickt. Inzwischen weiß man, dass hier auf bestimmten Abschnitten der Chromosomen die Baupläne für die Merkmale eines Lebewesens gespeichert sind.
Bei der Fruchtfliege sind das unter anderem die Form der Flügel und die Farbe des Körpers und der Augen. Solche Erbmerkmale werden auch als Gene bezeichnet und auf Genkarten festgehalten.

Chromosomen enthalten die Erbanlagen, die als Gene bezeichnet werden.

Aufgaben

1 Erkläre den Aufbau eines Chromosoms und verwende dabei die Begriffe Chromatinfäden, Centromer, Chromatiden, DNA.

2 Schreibe die Begriffe auf Karteikarten und die Erklärungen jeweils auf die Rückseiten. Füge die Kärtchen deiner Lernkartei hinzu.

3 Fruchtfliegen werden durch überreifes Obst angelockt und lassen sich leicht mit verschraubbaren Gläsern einfangen. Beschreibe Augen- und Körperfarbe sowie Flügelmerkmale der Tiere.

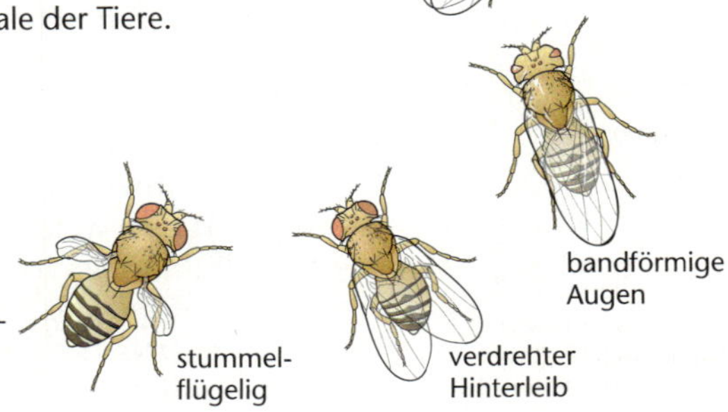

5 Mutanten von Drosophila

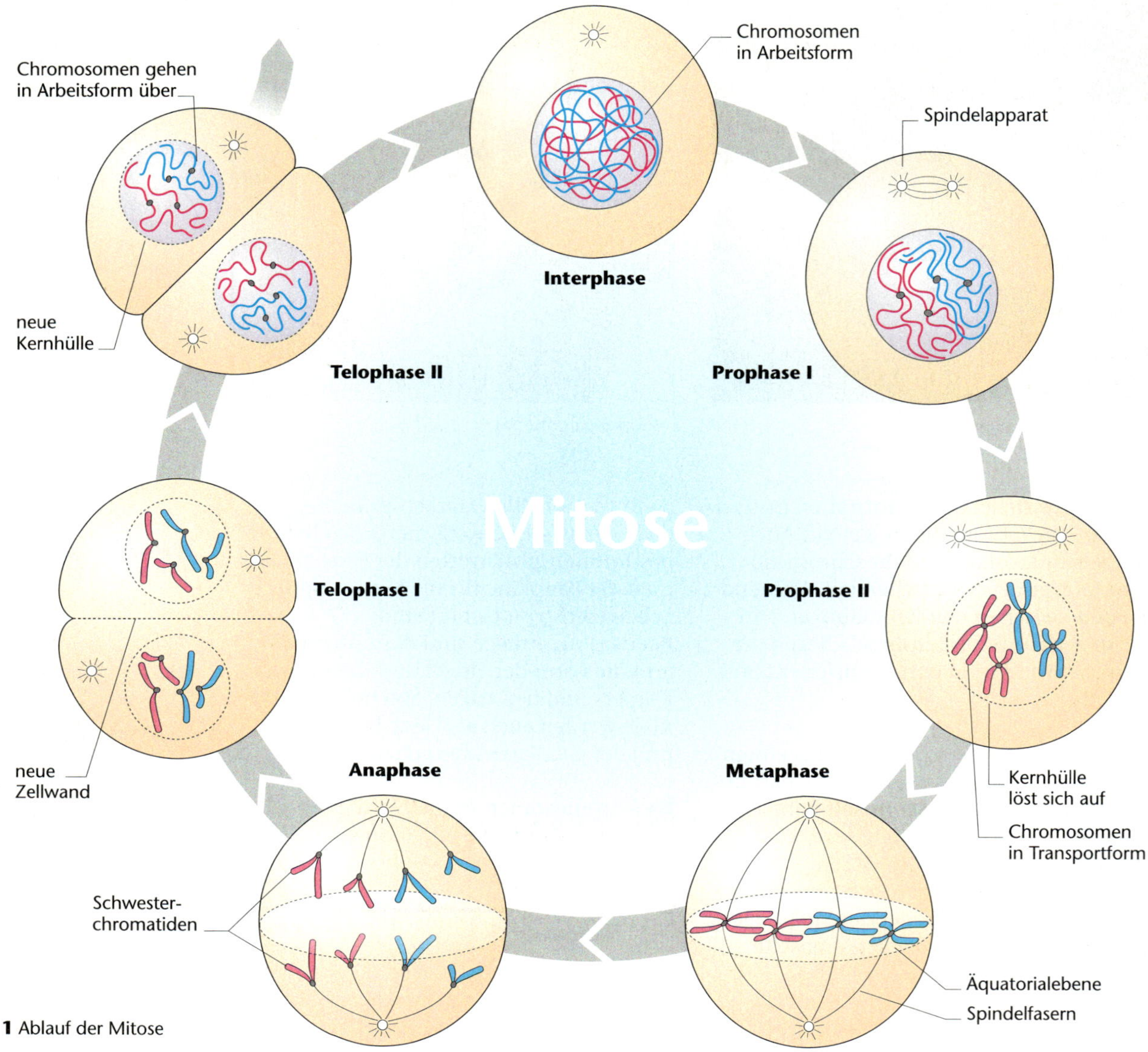

1 Ablauf der Mitose

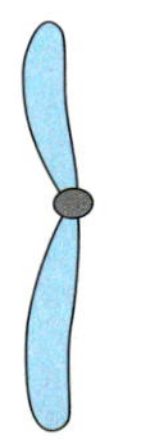

Ein-Chromatid-Chromosom

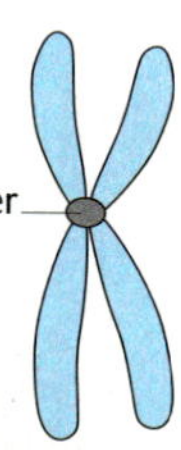

Zwei-Chromatid-Chromosom (zwei Schwesterchromatiden)

Zellen teilen sich

Ob bei Pflanze, Tier oder Mensch – wenn Lebewesen wachsen, müssen ständig neue Zellen gebildet werden. Bei Pflanzen sind es zum Beispiel im Frühjahr die jungen Blätter und beim Kind die stetig zunehmenden Hautzellen – neues Gewebe ist ohne Bildung neuer Zellen nicht denkbar. Zellen entstehen durch Teilung einer Ausgangszelle. Von Wissenschaftlern wird dieser Vorgang auch **Mitose** genannt. Dabei müssen die Erbinformationen vollkommen identisch auf die beiden Tochterzellen übertragen werden. Jede Zelle, die aus einer Teilung hervorgeht, muss also eine genaue Kopie der Ausgangszelle sein. Dabei ist die DNA des Zellkerns der wichtigste Bestandteil.

Die Zellteilung läuft in Phasen ab

Interphase: Zwischen den Zellteilungen liegt die Interphase als eigentliche „Arbeitsphase" des Zellkerns. Sie ist die längste Phase im Leben der Zelle. Zellteilung und Interphase wechseln also einander ab.
Bevor eine Zellteilung stattfindet, verdoppelt sich im Zellkern die Erbinformation. Jedes Chromosom besteht nun aus zwei Tochterchromatiden, die in der Mitte durch das Centromer verbunden sind.

Prophase: Die Chromosomen beginnen sich zu verdichten und werden im Lichtmikroskop mit ihren Chromatiden sichtbar. Am Ende der Prophase löst sich die Kernmembran auf. Kerninhalt und Zell-

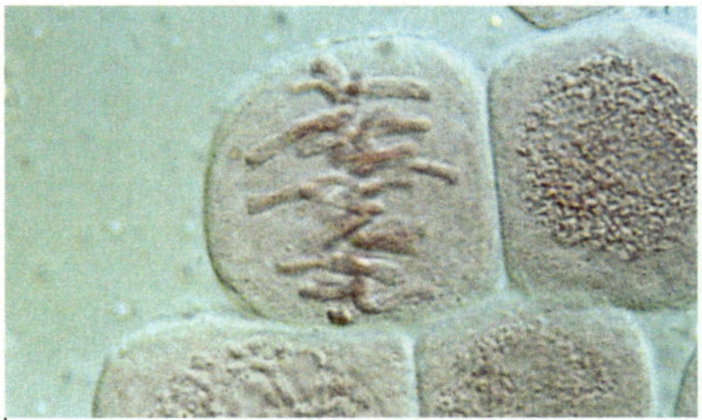

2 Metaphase einer Zellteilung

plasma vermischen sich. Langsam beginnt sich der Spindelapparat zu bilden. Sein Name deutet die Ähnlichkeit mit der Form der Spindeln an, wie sie am Webstuhl verwendet werden. Der Spindelapparat besteht aus tausenden feiner Eiweißfäden, die von den beiden Centriolen ausgehen. Das sind Zellorganellen, die sich an den Polen der Zelle anordnen und die Teilungsrichtung bestimmen. Die Fäden sind mit dem Centromer der Chromosomen verbunden und können sich zusammenziehen oder ausdehnen.

Metaphase: Die Chromosomen sind jetzt stark verdichtet. Sie werden durch Fasern des Spindelapparates in der Zellmitte, der so genannten Äquatorialebene, angeordnet. Jetzt kann man die einzelnen Chromosomen besonders gut erkennen.

Anaphase: Die Chromosomen werden im Bereich des Centromers durch Spindelfasern auseinandergezogen. Hierdurch entstehen zwei gleiche Schwesterchromatiden, die nun in Richtung der beiden Centriolen gezogen werden. Es werden zwei getrennte Chromatidengruppen sichtbar.

Telophase: Der Spindelapparat löst sich langsam auf und es bilden sich Kernmembranen. Vesikel transportieren Membranelemente zur Äquatorialebene, wo die Plasmamembran nun zwei Tochterzellen voneinander trennt. Damit ist die Zellteilung abgeschlossen.

▶ Wachstums- und Erneuerungsprozesse werden durch Zellteilungen ermöglicht, die als Mitosen bezeichnet werden.
Die Mitose ist eine Kern- und Zellteilung, in deren Verlauf Tochterzellen mit gleichem Chromosomensatz entstehen.

Werkstatt

Versuche zur Mitose

1 Ein Modell der Mitose

Material

Vier unterschiedlich gefärbte Wollfäden, Schere, Papier, Klebstoff

Durchführung

Schneide von farbiger Wolle zwei „Chromosomenpaare" ab, die sich vor der Zellteilung bereits verdoppelt haben.
Insgesamt benötigst du also acht kleine Wollfäden, die du nun zu einem Prophasekern zusammenlegst.
Schneide weitere Fäden aus und klebe sie den einzelnen Teilungsphasen entsprechend auf ein Blatt Papier.

2 Zellteilungsstadien unter dem Mikroskop

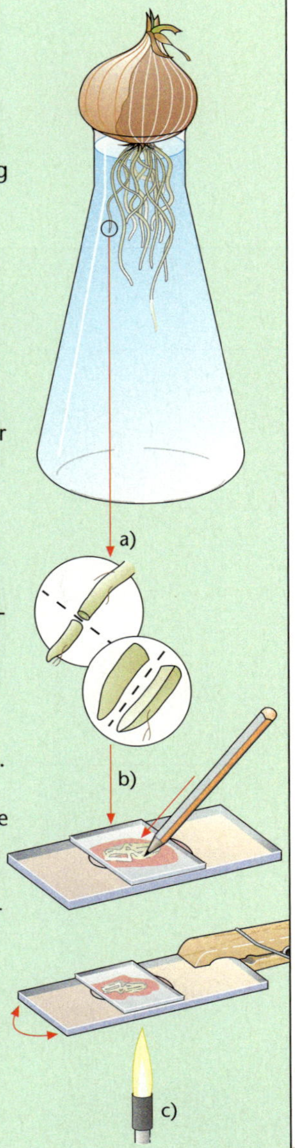

Material

Küchenzwiebel, Erlenmeyerkolben, Reagenzglas, Reagenzglashalter, Alkohol (92 %), Eisessig (ätzend), Karminessigsäure (ätzend), Zeichenpapier, Bleistift

Durchführung

Setze die Zwiebel auf den wassergefüllten Erlenmeyerkolben und stelle sie dunkel, bis sich nach 2–4 Tagen kleine Wurzeln gebildet haben. Am frühen Morgen werden 1–2 mm der Wurzelspitze abgeschnitten und mindestens für 30 min zur Fixierung in ein Gemisch aus Alkohol und Eisessig (2 : 1) gelegt.

Achtung:
Die Fixierung der Wurzelspitzen darf nur von einem Lehrer oder einer Lehrerin durchgeführt werden!

Zur Untersuchung halbiere die Wurzelspitzen der Länge nach und bringe sie auf einen Objektträger mit einem Tropfen Karminessigsäure.

Lege anschließend ein Deckglas auf und drücke vorsichtig mit einem weichen Bleistift darauf, bis die Wurzelspitzen zerquetscht sind.
Ziehe nun den Objektträger mit dem Reagenzglashalter durch die Gasflamme und erhitze ihn dabei vorsichtig.
Die einzelnen Teilungsstadien sind jetzt im Präparat verstreut zu erkennen und sollen nun in der richtigen Reihenfolge skizziert werden.

Statt der Zwiebel kannst du auch keimende Bohnen verwenden.

Entschlüsselung der Erbinformation
Katzen gehören zu den beliebtesten Haustieren. Es gibt viele verschiedene Rassen, die sich durch Körperform, Fell und Farbe unterscheiden.
Die Fellfarbe wird vor allem durch die Gene in den Chromosomen einer Katze beeinflusst. Elterntiere geben die Erbinformationen der Zellen an ihre Jungen weiter. Die Gene können aber das Katzenfell selbst nicht färben. Dafür sind Farbstoffe, so genannte Melanine, in den Pigmentzellen der Tiere verantwortlich. Die Melanine werden mithilfe zahlreicher Enzyme aufgebaut. Aber wie genau wird nun der Aufbau eines ganz bestimmten Farbstoffes gesteuert? Der Schlüssel für dieses Geheimnis liegt in den Chromosomen und dort vor allem in der DNA. Diese Verbindung muss folgende Eigenschaften besitzen:

1. Sie muss genaue Informationen enthalten, nach denen in Organellen des Zellplasmas eine ganz bestimmte Reaktion erfolgen kann.
2. Es muss eine weitere Verbindung geben, die diese Anweisungen übernimmt und zu den Organellen übermittelt.
3. Die DNA muss sich selbstständig verdoppeln können, damit nach einer Zellteilung in jeder Tochterzelle die gleichen chemischen Vorgänge ablaufen können.

Die DNA besitzt den „Bauplan" für den gesamten Organismus.

Zeitpunkt

Der Nobelpreis für die Entschlüsselung der DNA

1 Rosalind Franklin

Für die Entschlüsselung der DNA erhielten die beiden englischen Wissenschaftler James Watson (geb.1928) und Francis Crick (1916–2004) zusammen mit Maurice Wilkins (1916–2004) im Jahr 1962 den Nobelpreis.

Bei ihrer Entdeckung stützten sie sich unter anderem auf Untersuchungen der Wissenschaftlerin Rosalind Franklin (1920–1958), die mithilfe von Röntgenstrahlen Molekülstrukturen erforschte. Leider starb Rosalind Franklin bereits im Alter von 38 Jahren an Krebs und konnte die Verleihung des Nobelpreises nicht mehr miterleben.

2 Watson und Crick

Aufgabe

1 Gestalte mithilfe einer Präsentationssoftware wie z. B. Powerpoint eine Präsentation über die Entschlüsselung der DNA. Berücksichtige dabei auch die Biographien von Watson, Crick und Franklin.

Die Doppelhelix
Um verstehen zu können, wie die Information über die Haarfarbe vom Zellkern in die Pigmentzellen der Katze gelangt und dort zur Herstellung von Melanin führt, muss man zunächst die Struktur der DNA kennen.
Die DNA besteht aus einem spiralig gewundenen Doppelfaden, der wie eine gedrehte Strickleiter aussieht. Diese „**Doppelhelix**" ist aus einzelnen Nucleotiden zusammengesetzt. Jedes **Nucleotid** besteht aus drei Bausteinen:

- einem Zucker (Desoxyribose)
- einem Phosphat
- einer von vier organischen Basen: Adenin (A), Guanin (G), Cytosin (C) oder Thymin (T).

Jeweils zwei Basen bilden eine Stufe der Strickleiter. Außen sitzen im Wechsel Zucker und Phosphat. Das Entscheidende ist jedoch der Bau der Strickleiterstufe: Hier sind jeweils zwei Basen miteinander verknüpft und zwar immer nach dem gleichen Muster: Adenin ist mit Thymin und Cytosin stets mit Guanin verbunden. Diese Basenpaare werden auch als **komplementäre Basen** bezeichnet.
Lautet also die Basenreihenfolge auf der linken Seite bei vier aufeinander folgenden „Strickleiterstufen" Guanin – Cytosin – Adenin – Thymin, so ergibt sich folgender Aufbau komplementärer Basen:

Guanin – Cytosin
Cytosin – Guanin
Adenin – Thymin
Thymin – Adenin

Für die Reihenfolge der Basenpaare gibt es auf einem solchen Kettenmolekül mit zahllosen Gliedern unendlich viele Möglichkeiten. Hierin liegt die „Sprache" der Erbinformation verborgen. Wie bei jeder Sprache, so gibt es auch bei der Erbinformation verschiedene Wörter. Jedes Wort besteht hier aus drei auf einer DNA-Seite aufeinanderfolgenden Basen, einem so genannten **Basentriplett**. Lautet also auf einer Seite der DNA die Basenreihenfolge G – A – G – G – C – T, so bilden GAG und GCT jeweils ein Wort.

▶ Die DNA bildet eine Doppelhelix aus Nucleotiden. Dabei ist die Erbinformation durch die Abfolge der vier verschiedenen Basen verschlüsselt.

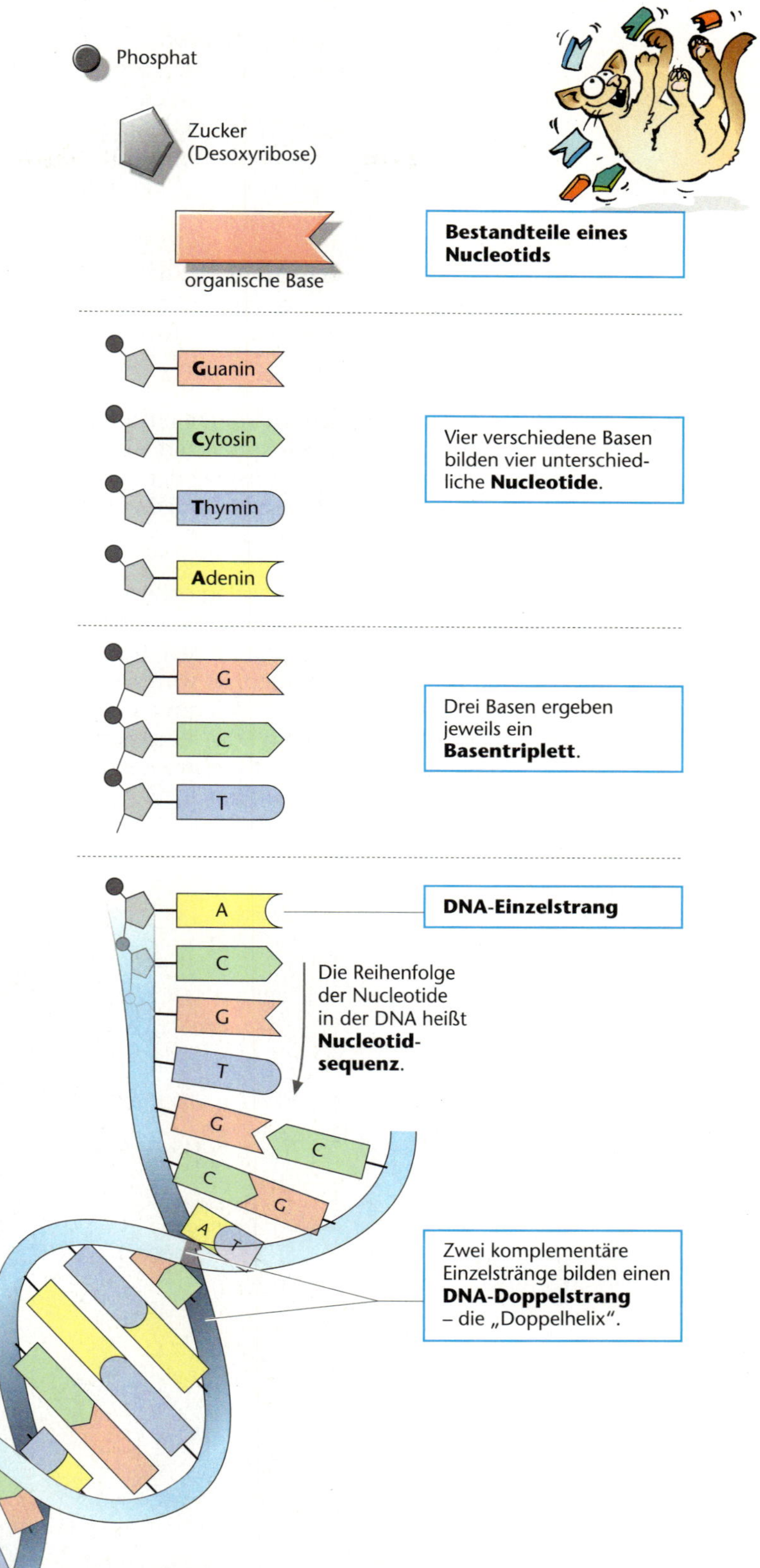

Aufgabe

1 Auf einer Seite der DNA-Kette lautet die Basenreihenfolge G – A – G – G – C – T. Wie lautet die Reihenfolge auf dem komplementären Strang?

Die DNA verdoppelt sich selbst
Bei der Zellteilung geben Zellen ihr Erbgut an die beiden entstehenden Tochterzellen weiter. Wenn die DNA Träger des Erbgutes ist, muss sie sich zwangsläufig vorher verdoppeln. Dieser Vorgang läuft in folgenden Schritten ab:

1. In der Interphase trennen Enzyme die DNA an der Bindung der beiden komplementären Basen wie einen Reißverschluss auf.

2. Gleichzeitig sorgen andere Enzyme dafür, dass die DNA entspiralisiert wird. Das ist notwendig, weil sonst bei der Auftrennung der Spirale Verknäuelungen und Risse auftreten könnten.

3. An die nun freiliegenden organischen Basen heften wiederum Enzyme passende Einzelnucleotide an, die sich bereits im Zellplasma befinden. So wird also ein Nucleotid mit der Base Adenin an eine Base Thymin auf dem DNA-Einzelstrang angeheftet. Auf diese Weise werden die Einzelstränge nach und nach zu DNA-Doppelsträngen ergänzt.

In einem menschlichen Chromosom befinden sich in der ausgestreckten DNA-Doppelhelix eines Chromatids etwa 150×10^6 Basenpaare. Würden die Enzyme an einem Ende der Doppelhelix mit der **DNA-Verdoppelung** beginnen und sich bis zum anderen Ende durcharbeiten, so benötigten sie hierfür mehrere Wochen oder Monate. Und das, obwohl sie bereits mit großer Geschwindigkeit arbeiten. Bei Säugetieren schaffen sie etwa 50 Nucleotide pro Sekunde. Da die Enzyme jedoch an mehreren Startpunkten gleichzeitig mit der Verdoppelung der DNA beginnen, geht alles sehr viel schneller. Die gesamte menschliche DNA wird auf diese Weise in wenigen Stunden verdoppelt.

Bei der DNA-Verdopplung trennen Enzyme den DNA-Strang auf. Andere Enzyme heften an die nun freien Basen passende Nucleotide, sodass zwei identische Doppelstränge entstehen.

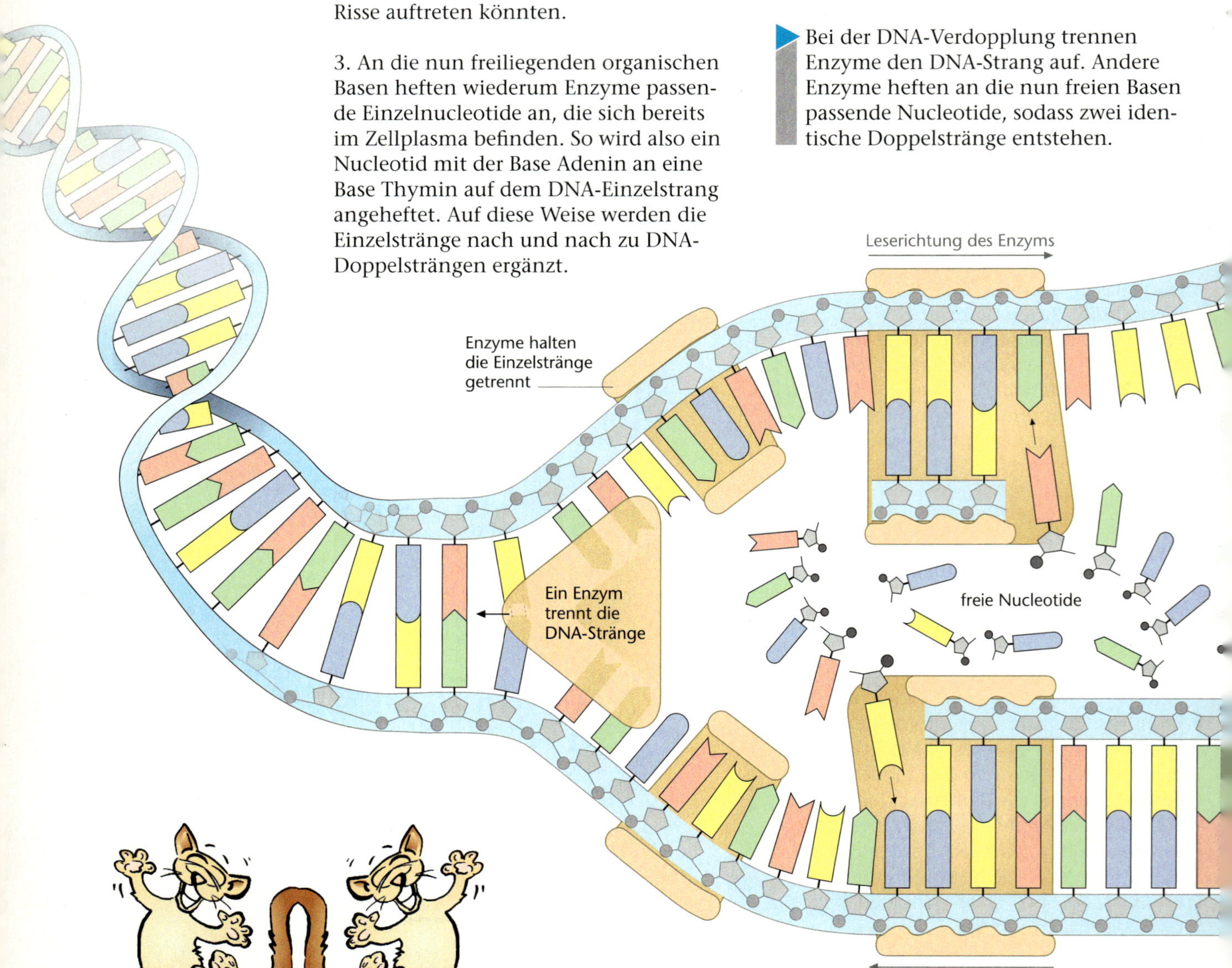

Die Zelle repariert DNA-Schäden

Bei der hohen Geschwindigkeit und den komplizierten Abläufen bei der DNA-Verdopplung bleiben Pannen nicht aus. Aber auch durch äußere Einflüsse, etwa UV-Bestrahlung, kann es zu Schäden im DNA-Doppelstrang kommen. Hierfür hält die Zelle einen „Reparaturtrupp“ in Form von Enzymen bereit. Sie schneiden die fehlerhafte Stelle aus der DNA heraus, ergänzen die fehlenden Nucleotide und heften den Strang wieder zusammen. Auf diese Weise werden schwer wiegende Schäden im Erbgut weitestgehend vermieden. Glücklicherweise kommen solche Fehler nur selten vor. Bei der DNA-Verdopplung ist die Fehlerquote vergleichbar mit nur einem einzigen Tippfehler auf 500 000 Schreibmaschinenseiten.

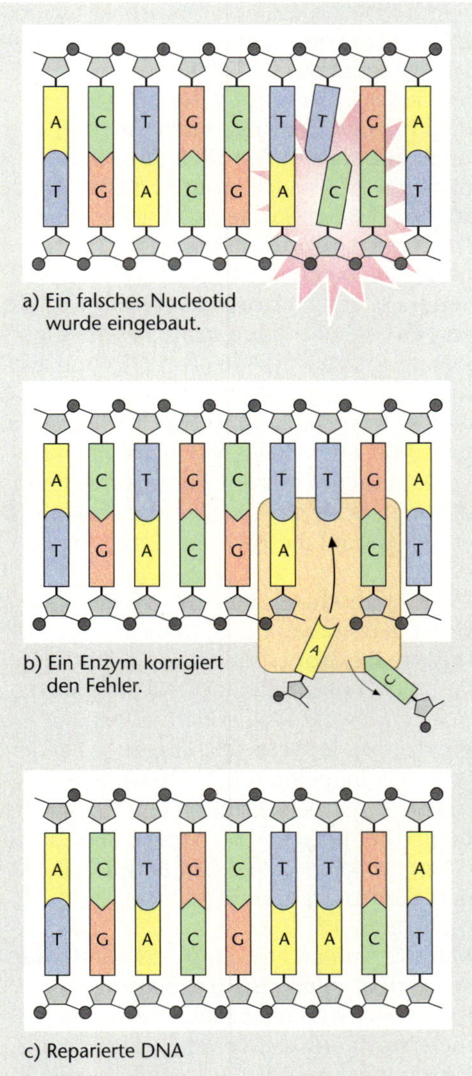
a) Ein falsches Nucleotid wurde eingebaut.
b) Ein Enzym korrigiert den Fehler.
c) Reparierte DNA

1 Verdoppelung und Reparatur der DNA

Werkstatt

Wir untersuchen die DNA

Material

Ansatz für die ganze Klasse:
Banane, Tomate oder Kiwi, 2 Bechergläser, Glastrichter, Plastikröhrchen, Filterpapier, Handmixer oder Mörser, 100 ml Spülmittel, $\frac{1}{2}$ TL Kochsalz, 44 g Natriumcitrat, Wasser, Ethanol (gekühlt), Farbstoffe Toluidinblau oder Fuchsinschweflige Säure, dünner Glas- oder Holzstab (z. B. Schaschlikspieß)

Durchführung

a) Vermische Spülmittel, Natriumcitrat und Salz gründlich und fülle mit Wasser auf 1 l auf. Schneide die Banane oder Tomate sehr klein und gib von dem Gemisch hinzu. Lasse das Becherglas 10 min stehen.
b) Zerreibe das Gemisch mit dem Mörser zu einer körnigen Masse. Falls du einen Mixer benutzt, betätige ihn nur wenige Sekunden!
c) Lege ein Filterpapier in einen Glastrichter und gieße die Masse hinein. Fange die Flüssigkeit mit der darin gelösten DNA in einem Becherglas auf.
d) Gib 2 ml davon in ein 15 ml Plastikröhrchen.
e) Gib 2 ml Wasser dazu und überschichte vorsichtig mit kaltem Ethanol.

Die DNA fällt in Schlieren aus und kann mit einem Stab aufgewickelt und untersucht werden. Färbe sie dazu mit einigen Tropfen von einem der oben angegebenen Farbstoffe. Nach Zugabe von Wasser muss die DNA gefärbt bleiben. Welche Stoffeigenschaften kannst du feststellen?

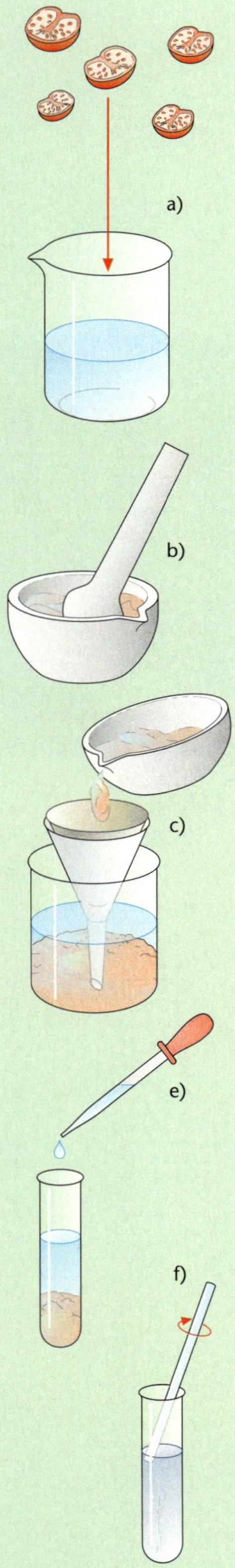

Aufgabe

1 Besorgt euch bunt umwickelten Draht, bunte Glasperlen und Verbindungsstege aus ummanteltem, biegsamem Draht oder Plastik. Überlegt, wie ihr aus den Materialien ein Modell der DNA-Verdopplung erstellen könnt.

Modellvorstellungen in den Naturwissenschaften

Vor Beginn einer Reise in einen anderen Erdteil bietet der Globus eine schnelle Orientierung. Gebirge, Meere und Ländergrenzen sind gut zu erkennen. Dabei spielt es überhaupt keine Rolle, dass der Globus mit seiner Kugelform nicht dem wirklichen Erdkörper entspricht. Wie wir wissen, ist dieser an den Polen abgeflacht. Für den Reisenden ist das Kugelmodell der Erde als grobe Orientierung vollkommen ausreichend.

Modelle helfen, die Wirklichkeit zu verstehen. Sie bilden das Original in vereinfachter Form ab und berücksichtigen nur die Merkmale, die zum Verständnis wichtig sind. Je nach Erkenntnisstand können sich Modellvorstellungen verändern: Frühere Kulturen kannten von der Erde nur einen kleinen Teil. Im alten Mesopotamien reichte das Weltbild gerade mal bis Indien im Osten, Kreta im Westen und Ägypten im Südwesten. Ihr Modell der Erde findet sich auf einer alten Tontafel mit dem Euphrat als senkrecht verlaufendem Balken. Ein Querbalken stellt Babylon als Mittelpunkt der damaligen Welt dar. Überwölbt wurde die scheibenförmige Erde vom Sternenhimmel, am Horizont war sie begrenzt durch das Meer.

Das moderne Weltbild entsteht

Erst NIKOLAUS KOPERNIKUS (1473–1543) konnte beweisen, dass sich die Erde um die Sonne dreht. GALILEO GALILEI (1691–1736) und JOHANNES KEPLER (1571–1630) bestätigten durch Himmelsbeobachtungen, dass die Sonne von den Planeten umkreist wird, wobei KEPLER deren ellipsenförmige Bahnen beschrieb. Durch moderne Satellitentechnik wird dieses heliozentrische Weltbild als Modell immer präziser beschrieben.

Modelle in der Zellbiologie

Die Erforschung der Zelle weist einige Parallelen auf: Erst 1855, also 190 Jahre nach der Entdeckung der Zelle durch ROBERT HOOKE (1635–1703), beantwortet der Arzt RUDOLF VIRCHOW (1821–1902) die Frage nach der Herkunft der Zellen: Jede Zelle geht aus einer anderen hervor.

Bis dahin bestand nur eine unvollkommene Vorstellung der Zelle, von der neben der Zellwand nur wenige Strukturen bekannt waren.

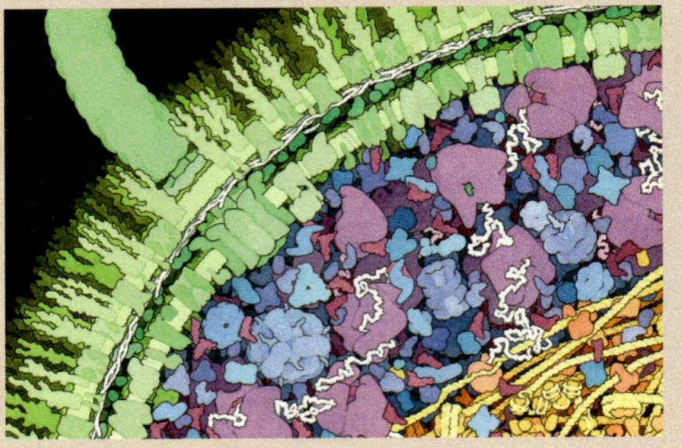

Zwar hatten bereits mehrere Wissenschaftler zu Beginn des 19. Jahrhunderts die Zellteilung beschrieben. Die Kernteilungsstadien mit den Chromosomen waren jedoch noch unbekannt. Erst 1873 musste das bisherige Zellmodell gründlich überdacht werden. Mit der Entdeckung geeigneter Farbstoffe gelang die Färbung der Chromosomen und damit die Entdeckung der Teilungsstadien während der Mitose. Doch erst weitere zwei Jahre später beschreiben EDUARD STRASBURGER (1844– 1912) und andere Forscher die Mitose als Vorgang, bei dem sich der Zellkern in zwei Tochterkerne teilt. Aber auch dieses Modell ist noch unvollkommen. Es erklärt nur unzureichend die Weitergabe der Erbinformation von einer Zelle auf die Tochterzellen.

1953 veranschaulichten WATSON und CRICK den Aufbau der DNA. Selbst das stärkste Elektronenmikroskop reicht nicht aus, die Doppelhelix der DNA sichtbar zu machen. Das Modell erklärt jedoch auf überzeugende Weise alle Vorgänge bei der Selbstverdoppelung der DNA und bei der Informationsweitergabe zu den Ribosomen. Allerdings hat das Modell auch seine Grenzen: So erklärt es zum Beispiel nicht den Aufbau des Chromosoms.

Modelle werden erst dann verändert oder verworfen, wenn sie zur Erklärung von Beobachtungen oder gemessener Daten nicht mehr ausreichen oder wenn neue Forschungsergebnisse das Modell wesentlich verfeinern.

Von der DNA zum Protein
Wie von der DNA die Informationen für den Zusammenbau eines Proteins weitergegeben werden und wie der Zusammenbau schließlich erfolgt, kann im Mikroskop nicht beobachtet werden. Die Vergrößerung des Lichtmikroskops reicht hierfür nicht aus und das Elektronenmikroskop ermöglicht keine Beobachtung lebender Objekte. Eine Modellvorstellung der Vorgänge muss deshalb helfen, die einzelnen Schritte zu verstehen:

1. Der Doppelstrang der DNA wird durch ein Enzym getrennt.

2. Im Kernplasma befinden sich RNA-Nucleotide (RNA = ribonucleic acid). Sie sind ähnlich aufgebaut wie DNA-Nucleotide, enthalten jedoch die Base Uracil statt Thymin. Als Zucker enthält die RNA Ribose statt Desoxyribose – daher die Bezeichnung **RNA**.

3. An den DNA-Strang heften sich ähnlich wie bei der DNA-Verdoppelung jeweils passende RNA-Nucleotide. Die Reihenfolge der Basen eines DNA-Stranges wird also auf einen RNA-Strang kopiert. An Adenin auf der DNA bindet jedoch Uracil. Der RNA-Strang kopiert nur den Teil der DNA, der die erforderlichen Informationen für den Zusammenbau des betreffenden Proteins trägt. Das Umschreiben der DNA auf die RNA nennen die Wissenschaftler **Transkription**.

4. Die RNA löst sich von der DNA und wandert aus einer Kernpore ins Zellplasma. Da sie eine Botschaft (engl. message) in Form der Basenreihenfolge mit sich trägt, wird sie als **m-RNA** bezeichnet.

5. Die DNA-Einzelstränge schließen sich wieder zum Doppelstrang zusammen.

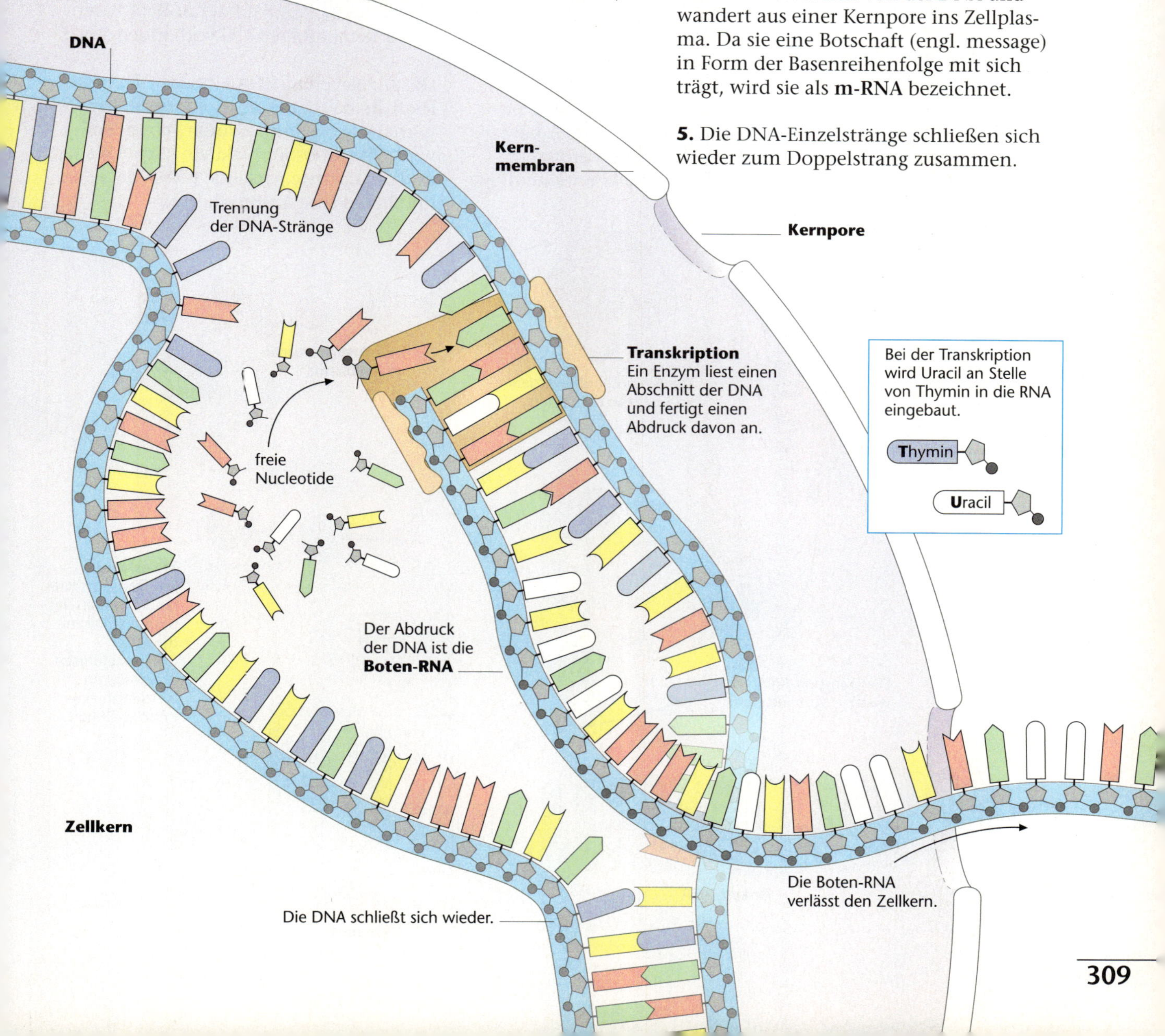

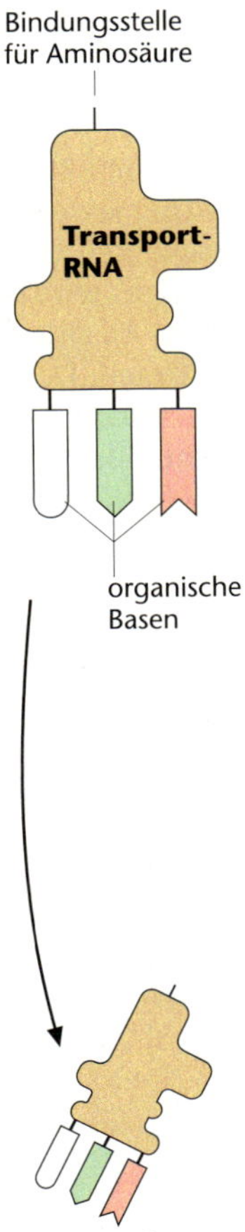

Die RNA arbeitet als Botenstoff

Nachdem eine Kopie der DNA in Form der RNA angefertigt worden ist, kann diese nun die Anweisung zur Herstellung des benötigten Proteins in die Zelle überbringen. Dieser Vorgang läuft in mehreren Schritten ab:

6. Im Zellplasma befinden sich Aminosäuren, die vom Organismus zum Teil als essentielle Aminosäuren über die Nahrung aufgenommen worden sind. Andere wurden durch Stoffwechselvorgänge hergestellt.

7. Außerdem befindet sich hier eine weitere Sorte RNA, die so genannten t-RNAs. Aus deren Molekül ragen drei organische Basen besonders heraus. Man spricht von einem Basentriplett. Dieses herausgehobene Basentriplett auf der t-RNA entspricht genau einem Basentriplett der DNA (bzw. der entsprechenden m-RNA) und steht für den Einbau einer ganz bestimmten Aminosäure. Die **t-RNA** hat ihren Namen (engl. transfer) erhalten, weil sie die Botschaft der Basenreihenfolge weitergibt.

8. An die t-RNAs wird durch Enzyme jeweils eine spezifische Aminosäure gebunden. Jede der 20 Aminosäuren bindet dabei an eine ganz bestimmte t-RNA mit ihren besonderen Basentriplett. Bei vier verschiedenen Basen gibt es 64 unterschiedliche Möglichkeiten, ein Triplett zu bilden. Deshalb kann jede Aminosäure durch mehrere Tripletts gebunden werden. Die Basentripletts GGU, GGC, GGA und GGG sind zum Beispiel die „Codewörter" für die Aminosäure Glycin.

9. Die mit einer Aminosäure beladene t-RNA wandert zu einem Ribosom. Dort wird sie vorübergehend an die m-RNA gebunden, falls sich dort eine passende Stelle zum Andocken findet. Das Basentriplett GGC auf der t-RNA kann also nur angelagert werden, wenn auf der m-RNA Basen in der Reihenfolge CCG vorhanden sind.

Die angelagerte t-RNA gibt das Glycinmolekül ab, das dabei an die Kette der bereits vorhandenen Aminosäuren gebunden wird. Das Ribosom rückt eine Stelle weiter und die nächste passende t-RNA dockt an und liefert ihre Aminosäure ab.

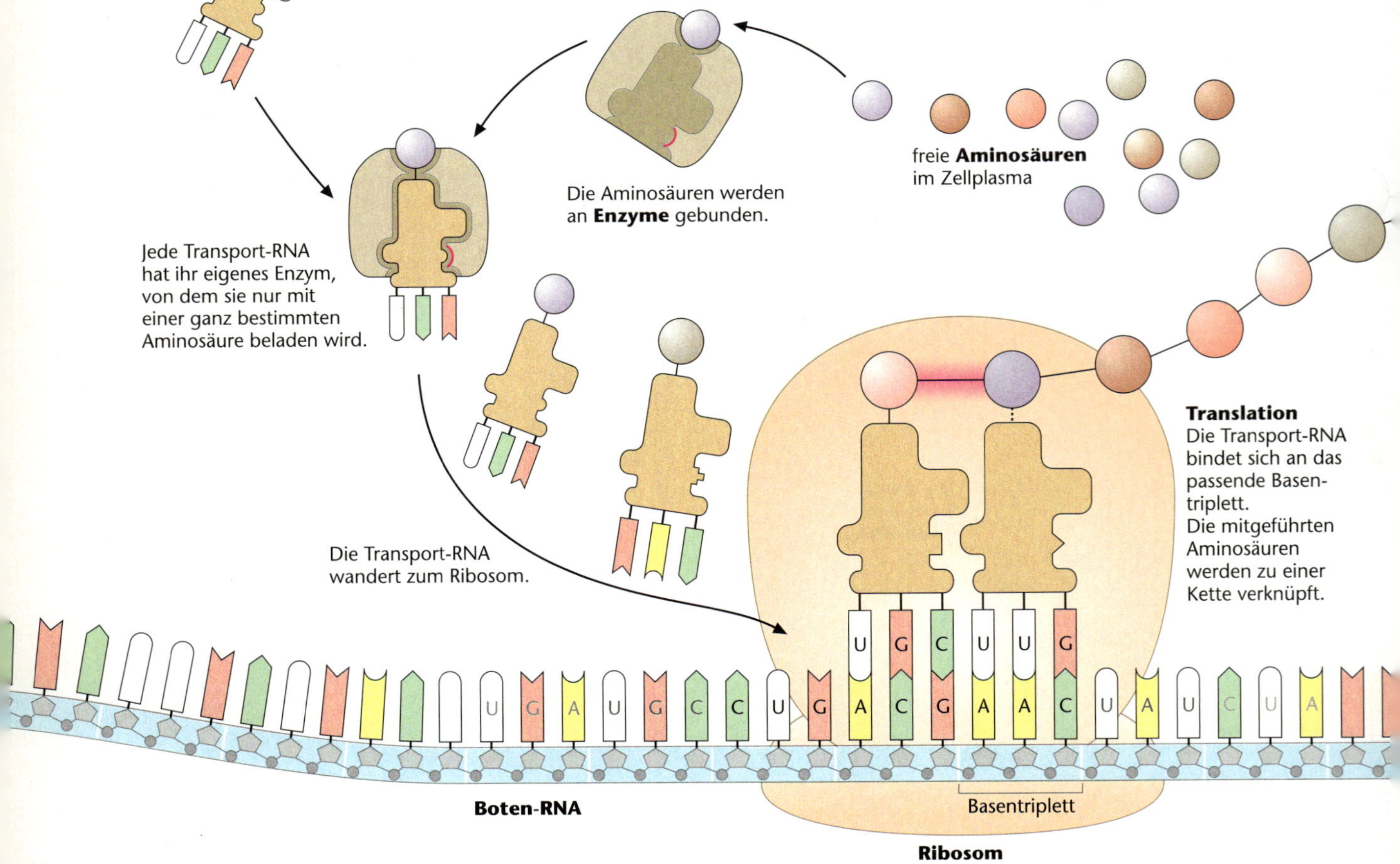

Nach und nach bildet sich auf diese Weise eine lange Eiweißkette. Die Übersetzung (**Translation**) der Botschaft aus dem Zellkern in eine richtige Reihenfolge der Aminosäuren ist damit geschafft.

10. Die t-RNA verlässt das Ribosom und steht für weitere Transportaufgaben zur Verfügung.

11. Die m-RNA kann zu einem anderen Ribosom wandern, wo sich der Transkriptionsvorgang wiederholt. Auf diese Weise können rasch sehr viele Proteinmoleküle hergestellt werden.

Die m-RNA hatte auf der DNA genau den Abschnitt kopiert, der für die Herstellung des gewünschten Proteins, z. B. des Farbstoffenzyms verantwortlich war. Anders ausgedrückt: Die m-RNA hatte nur die Gene kopiert, von denen die Proteinsynthese des Enzyms gesteuert wird. Nachdem der Vorgang abgeschlossen ist, steht das Enzym für die Bildung von Melatonin zur Verfügung. Der Farbstoff für die Fellfärbung der Katze ist nun hergestellt.

Aufgaben

1 Fertige Kärtchen für die Fachbegriffe der vorangehenden Seiten an. Schreibe auf die Vorderseite den Namen und auf die Rückseite die passenden Informationen. Mische die Karten und frage mit einem Partner ab.

2 Fasse die Vorgänge der Proteinsynthese in Kurzform zusammen, indem du ein Flussdiagramm erstellst.

3 Wieso entscheidet die Reihenfolge der Basen in einem Gen auf der DNA über die Zusammensetzung des Proteins?

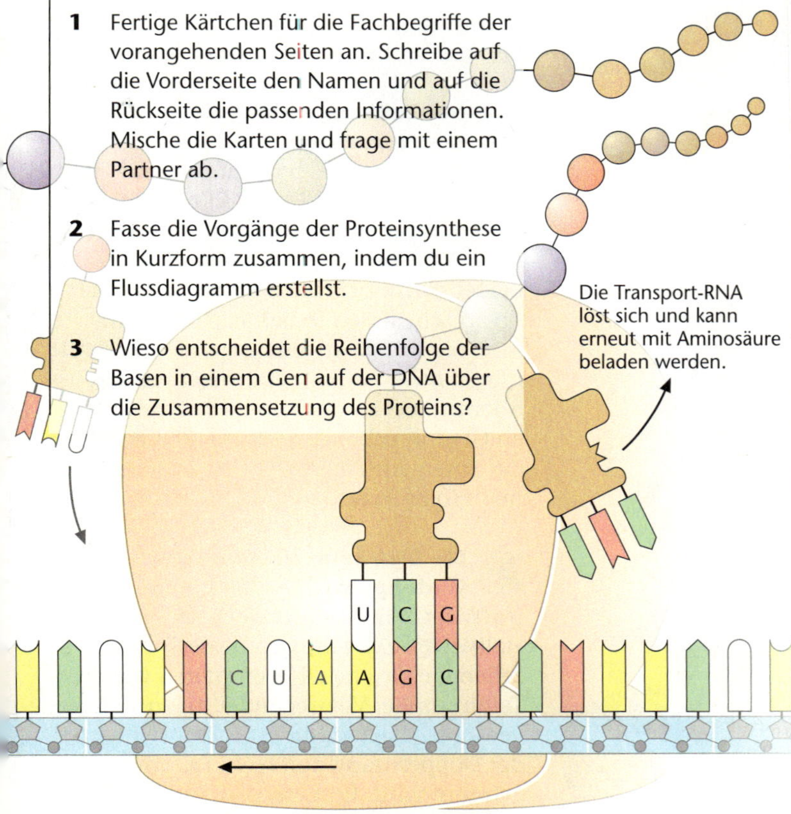

Das Ribosom wandert jeweils um ein Basentriplett weiter.

Brennpunkt

Ohne Proteine kein Leben

Enzyme sind Proteine, die aus Aminosäuren zusammengesetzt sind. Es sind genau 20 natürliche Aminosäuren bekannt, die als Bausteine in unterschiedlicher Reihenfolge lange Proteinketten bilden. Die Proteinmoleküle haben eine schraubige oder gefaltete Struktur, wodurch sich eine gewisse Stabilität ergibt. Von der Reihenfolge der Aminosäuren und der räumlichen Struktur hängt die Eigenschaft des jeweiligen Proteins ab. Ein Enzym, das in der Zelle Farbstoffe herstellt, wird also aus ganz bestimmten Aminosäuren in einer genau festgelegten Reihenfolge aufgebaut sein. Wird diese Reihenfolge verändert, besitzt das Protein nicht mehr die gewünschten Eigenschaften, kann also keinen Farbstoff mehr herstellen.

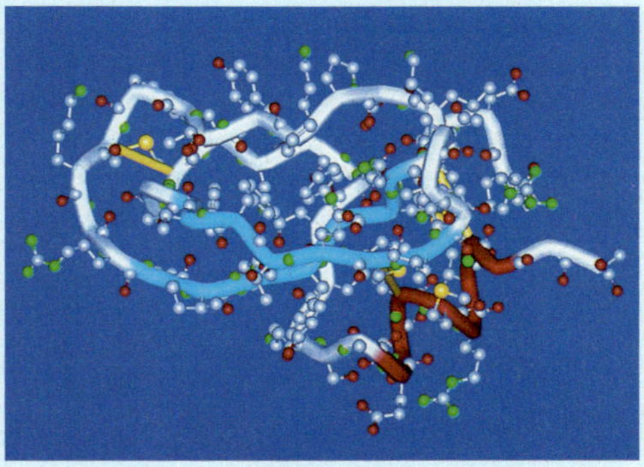

Es gibt Proteine, die nur aus knapp 100 Aminosäuren bestehen, wie z. B. das Insulin, während andere Proteine bis zu 100 000 Aminosäuren enthalten.
Die meisten Aminosäuren kann unser Körper selbst herstellen, sofern genügend Stickstoffverbindungen mit der Nahrung aufgenommen werden. Folgende acht Aminosäuren sind dagegen **essenziell**, d. h., sie müssen in unserer Nahrung bereits fertig enthalten sein: Isoleucin, Leucin, Lysin, Methionin, Phenylalanin, Threonin, Tryptophan und Valin, bei Kleinkindern zusätzlich Histidin.

Aufgabe

1 Kann ein Vegetarier den Bedarf an essenziellen Aminosäuren decken?
Begründe, indem du pflanzlicher Nahrung mithilfe des Internet oder Fachliteratur (Hauswirtschaft) die essenziellen Aminosäuren zuordnest.

Schlusspunkt

Die Zelle – Baustein des Lebendigen

Pflanzen und Tiere sind aus Zellen aufgebaut

Pflanzen- und Tierzellen unterscheiden sich in zwei wesentlichen Punkten. Tierzellen haben keine feste Zellwand und keine Chloroplasten. Wie Pflanzenzellen sind Tierzellen von einer Membran umschlossen. Pflanzenzellen können eine Vakuole und im Plasma Plastiden in folgenden Formen enthalten:
Chloroplasten – Chlorophyllträger
Chromoplasten – Farbstoffträger
Amyloplasten – Stärkekörnchen

Mehrzeller besitzen spezialisierte Zellen

Bei den Einzellern muss eine Zelle alle Lebensfunktionen erfüllen. Sie ist fähig zur Fortbewegung, zur Fortpflanzung, zur Nahrungsaufnahme und verfügt über einen eigenen Stoffwechsel. Außerdem kann sie Reize aus der Umwelt empfangen und darauf reagieren. Bei mehrzelligen Lebewesen werden diese Aufgaben von zahlreichen spezialisierten Zellen übernommen.

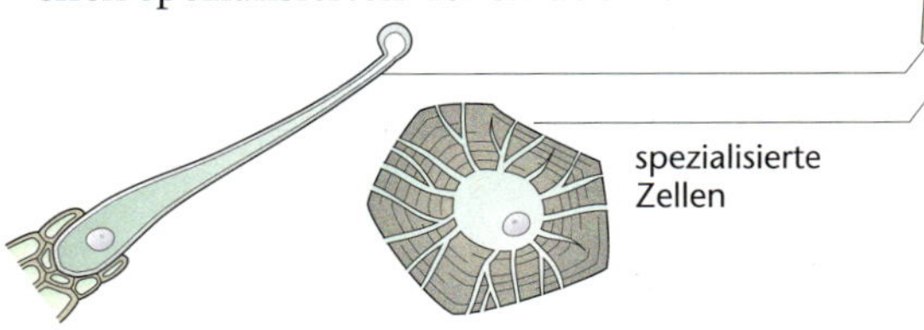

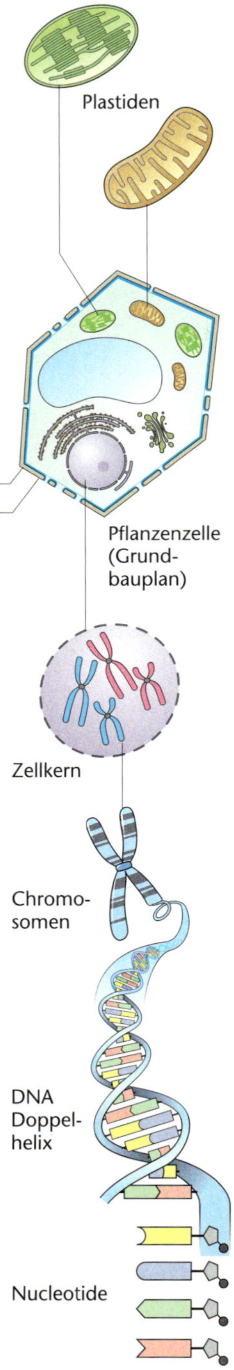

Zellen schließen sich zu Geweben und Organen zusammen

Gleichartige Zellen schließen sich bei Pflanzen und Tieren zu Geweben zusammen. Sie übernehmen gemeinsam bestimmte Aufgaben. Ein Organ besteht immer aus mehreren Gewebearten. Blätter sind zum Beispiel Organe der Pflanzen. Sie enthalten ein Palisadengewebe, das für die Fotosynthese zuständig ist und ein Schwammgewebe, über das der Gasaustausch abläuft. Die Epidermis schützt als Abschlussgewebe gegen Einflüsse von außen.

1 Mehrzeller

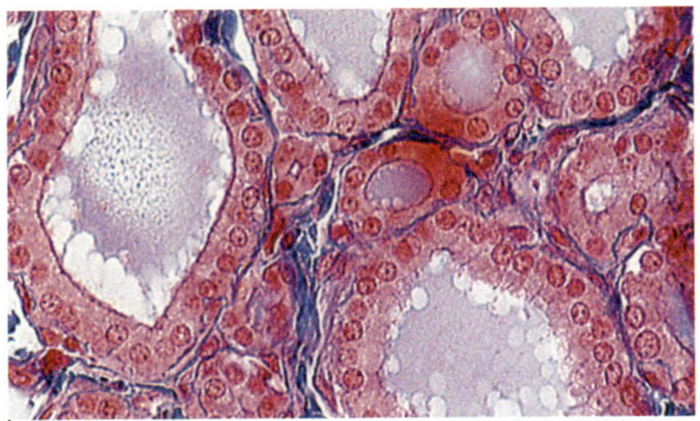

2 Gewebe der Schilddrüse

Zellorganellen tauschen Stoffe aus

Biomembranen sind keine geschlossenen Hüllen. Sie ermöglichen manchen Stoffen den ungehinderten Durchlass. Der gezielte Stofftransport von einem Ort der Zelle zu einem anderen wird durch Vesikel ermöglicht.

Die Mitose läuft in Phasen ab

Bei der Mitose werden die Erbinformationen der Zelle identisch verdoppelt und auf die beiden entstehenden Tochterzellen verteilt. Dazu verdichten sich zunächst die Chromosomen und ordnen sich in der Äquatorialebene an. Die Fasern des Spindelapparates ziehen die Chromatiden auseinander, sodass zwei getrennte Gruppen entstehen. Diese werden durch Kernmembranen voneinander getrennt, bis zwei Tochterzellen entstanden sind.

Der Zellkern enthält die Erbinformation

Jede lebende Zelle von Pflanzen und Tieren besitzt einen Zellkern. Er enthält die Erbinformationen in Form der DNA. Die DNA-Doppelhelix trägt auf ihren beiden Einzelsträngen vier verschiedene organische Basen in beträchtlicher Anzahl. Sie sind paarweise gegenüberliegend miteinander verbunden, wobei die Base Adenin stets an Thymin und Cytosin stets an Guanin gebunden ist. Die Reihenfolge der Basen enthält den Code für die einzelnen Erbinformationen.

Die DNA kann sich selbst verdoppeln

Nach der Teilung einer noch nicht spezialisierten Zelle müssen beide Tochterzellen die gleiche DNA enthalten wie die Teilungszelle. Vor der endgültigen Teilung verdoppelt sich deshalb die DNA, indem der Doppelstrang durch ein Enzym aufgetrennt wird. Im Kern vorhandene Nukleotide binden sich an passende Stellen und ergänzen so die beiden Einzelstränge zu zwei vollkommen gleichen Doppelsträngen.

Die DNA steuert die Proteinsynthese An Ribosomen werden Aminosäuren zu Protein-Ketten verknüpft. Dabei kommt es auf die richtige Reihenfolge der Aminosäuren an. Diese Reihenfolge ist indirekt durch die Basensequenz auf der DNA vorgegeben. Dabei ist ein Basentriplett das Codewort für eine bestimmte Aminosäure. Die m-RNA stellt eine Kopie der DNA her und wandert aus dem Kern zu einem Ribosom. Eine t-RNA mit passendem Basentriplett heftet sich dort kurzzeitig an die m-RNA und gibt eine Aminosäure für den Einbau in die Aminosäurekette frei.

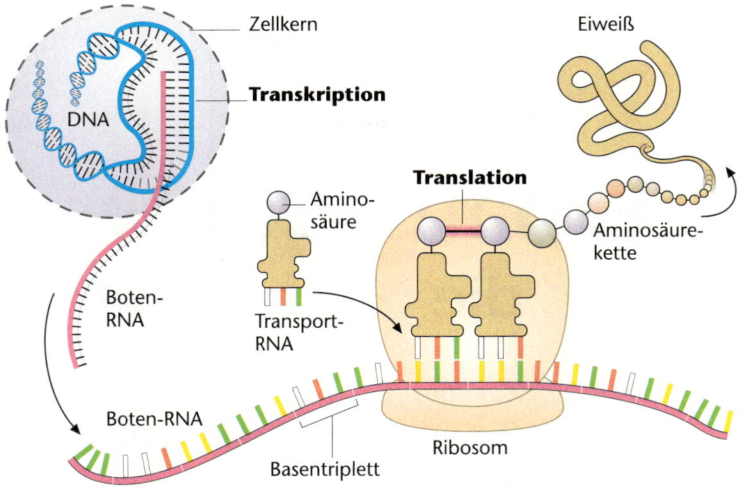

Aufgaben

1 Erkläre, warum manche preisgünstige Mikroskope enttäuschende Ergebnisse liefern.

2 Nenne die Hauptbauteile eines Lichtmikroskops und deren Funktionen.

3 Welche Zellstrukturen kannst du mit dem Lichtmikroskop, welche nur mit dem Elektronenmikroskop erkennen? Stelle die Ergebnisse in einer Tabelle gegenüber.

4 Vergleiche die Zelle mit einer Fabrikanlage und nenne die Aufgaben der einzelnen Zellstrukturen.

5 Beschreibe die Funktionen der Plastiden in Pflanzenzellen.

6 a) Begründe, warum nach der Mitose in beiden Tochterzellen das gleiche Erbgut vorhanden ist.
b) Die DNA besitzt die Fähigkeit zur Selbstverdoppelung. Beschreibe diesen Vorgang in seinen einzelnen Phasen.

7 Die organischen Basen der DNA binden paarweise aneinander. Begründe, welche Bedeutung die Bindung zwischen den stets gleichen Basen hat.

8 Erkläre, wie ein Gen im Zellkern „abgeschrieben" wird. Nenne den Fachbegriff.

9 Erkläre den Begriff „Organelle", nenne einige Beispiele und beschreibe deren Aufgaben in der Zelle.

10 Welche Zellorganellen sind in den Zellen der Bauchspeicheldrüse wohl besonders häufig?

11 Wodurch unterscheiden sich verschiedene DNA-Moleküle und welche Gemeinsamkeiten haben sie?

12 Einzellige Lebewesen sind in ihrer Körpergröße begrenzt. Gib hierfür eine Begründung.

13 Die Erbinformationen sind in der DNA codiert und liefern die Informationen für den Aufbau von Proteinen an den Ribosomen. Beschreibe den Informationsfluss von der DNA im Zellkern bis zu den Ribosomen.

14 Basentripletts sind die Codewörter für den Transport einer bestimmten Aminosäure. Begründe, warum Kombinationen aus 2 oder 4 Basen wenig sinnvoll wären.

15 Rote Blutzellen werden in isotonischer Lösung untersucht, also in einer Lösung, die den gleichen osmotischen Druck wie das Zellplasma besitzt. Begründe!

16 Begründe, warum ein Pantoffeltierchen nicht platzt, obwohl sein Zellplasma einen höheren osmotischen Druck besitzt als das Wasser.

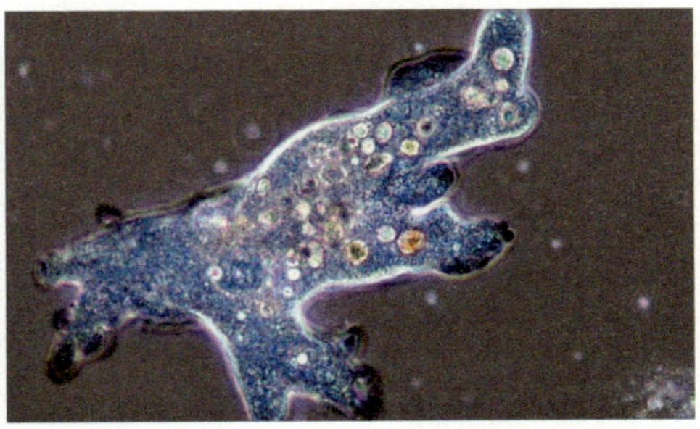

17 Amöben schließen ihre Nahrung mit Fortsätzen ein, die an allen Körperstellen entstehen können. Erkläre diesen Vorgang mithilfe deiner Kenntnisse über den Vesikeltransport in der Zelle.

18 Erkläre den Begriff „Enzym" und erläutere mindestens drei Beispiele von Enzymwirkungen im menschlichen Körper.

Erbanlagen werden an die Nachkommen weitergegeben

Bei Pflanzen, Tieren und Menschen ähneln die Nachkommen in Aussehen und Eigenschaften oft stark ihren Eltern.

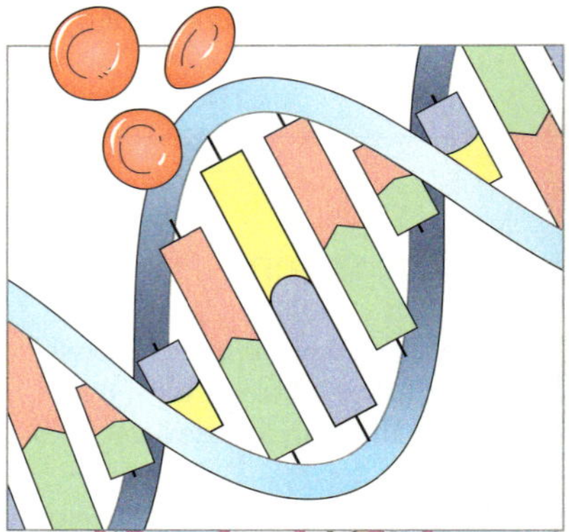

In manchen Familien ist die Ähnlichkeit zwischen den verschiedenen Generationen so groß, dass man glauben könnte, jeweils nur eine verjüngte Kopie zu sehen. Wie kommt es zu diesen Übereinstimmungen und warum unterscheiden sich die Nachkommen von Pflanzen, Tieren und Menschen dennoch von ihren Eltern?

Die „moderne" Vererbungslehre oder Genetik hatte ihre Geburtsstunde im Jahre 1851 in einem Klostergarten. Der Augustinermönch GREGOR MENDEL (1822–1884) beschäftigte sich erstmals experimentell mit der Vererbung von Merkmalen bei Erbsen. Die Ergebnisse seiner Arbeiten fanden damals keine Beachtung.

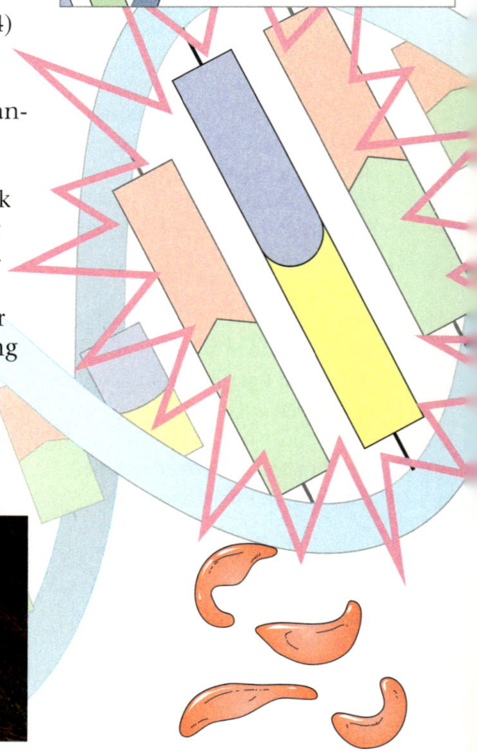

In den folgenden 150 Jahren wurde dank intensiver Forschung das Geheimnis der Erbinformation immer weiter entschlüsselt.
Heute sind Wissenschaftler bereits in der Lage, aktiv in die Vorgänge der Vererbung einzugreifen.
Wichtig ist es, mit diesem Wissen heute und in Zukunft verantwortungsvoll umzugehen.

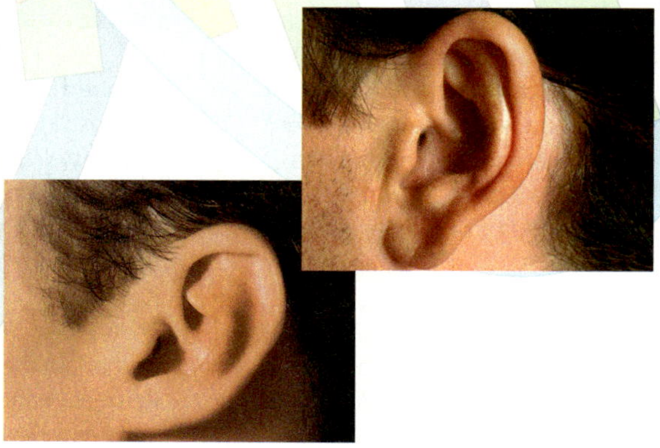

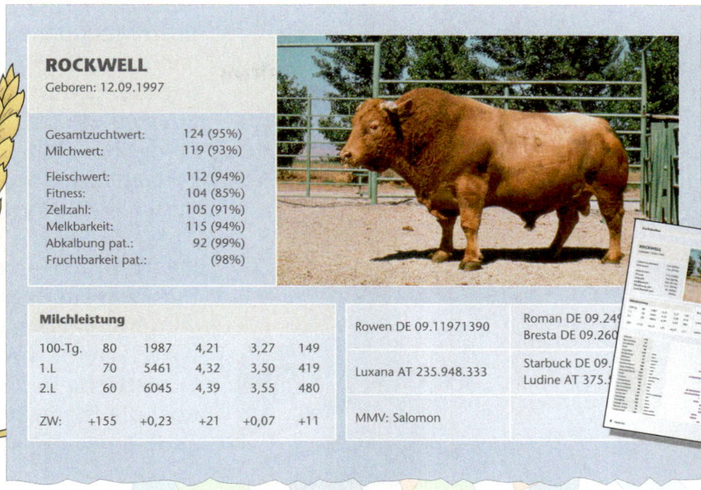
ROCKWELL
Geboren: 12.09.1997
Gesamtzuchtwert: 124 (95%)
Milchwert: 119 (93%)
Fleischwert: 112 (94%)
Fitness: 104 (85%)
Zellzahl: 105 (91%)
Melkbarkeit: 115 (94%)
Abkalbung pat.: 92 (99%)
Fruchtbarkeit pat.: (98%)
Milchleistung
100-Tg. 80 1987 4,21 3,27 149
1.L 70 5461 4,32 3,50 419
2.L 60 6045 4,39 3,55 480
ZW: +155 +0,23 +21 +0,07 +11
Rowen DE 09.11971390
Luxana AT 235.948.333
MMV: Salomon

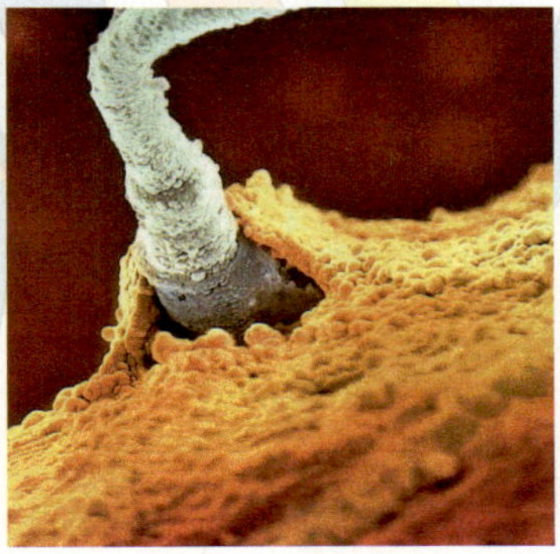
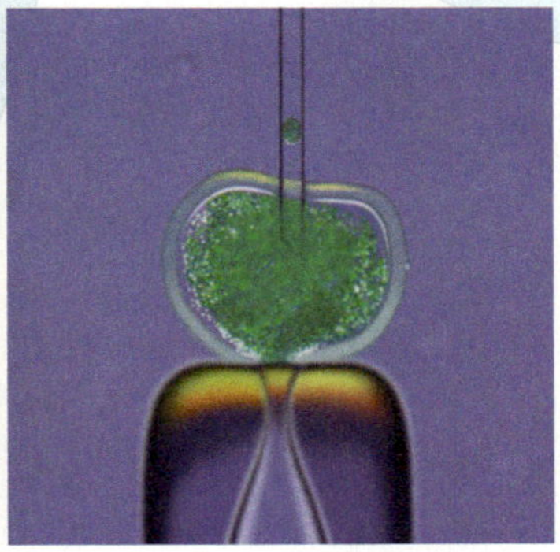

1 „Wie aus dem Gesicht geschnitten"

„Wie aus dem Gesicht geschnitten"
Beim Blick ins Familienalbum sind dir sicher schon einmal Ähnlichkeiten zwischen dir und deinen Verwandten aufgefallen. Dabei sind nicht nur Übereinstimmungen z. B. in Nasen- und Lippenform, Statur oder Haaren zwischen Eltern und Kindern zu sehen, sondern auch zwischen den Großeltern und ihren Enkeln. Neben äußeren Ähnlichkeiten gibt es in manchen Familien auch besondere Begabungen, die in verschiedenen Generationen immer wieder auftreten.

Eltern geben Merkmale an ihre Nachkommen weiter
„Du bist deiner Mutter wie aus dem Gesicht geschnitten", oder „du hast die lockigen Haare deines Vaters". Solche oder ähnliche Äußerungen kennst du bestimmt. Gemeint ist, dass Eltern Merkmale an ihre Kinder weitergeben, also vererben.
Eltern geben bei der Fortpflanzung mit Eizelle und Spermium Erbanlagen als „Bauplan" für bestimmte Merkmale an ihre Nachkommen weiter. Die Erbanlagen werden **Gene** genannt. Alle Gene, die du von deinem Vater und deiner Mutter geerbt hast, bilden dein **Genom**.

Alle ererbten Gene von Vater und Mutter bilden das Genom der Kinder.

Methoden zur Erbforschung beim Menschen
Menschen unterscheiden sich in unzähligen Merkmalen. Manche lassen sich leicht beschreiben. Bei anderen, etwa bei Begabungen ist es schwierig, sie exakt zu erfassen. Da sich Versuche zur Vererbung beim Menschen aus ethischen Gründen verbieten, werden in der Humangenetik verschiedene Verfahren genutzt:

Die **Familienforschung** untersucht mithilfe von Stammbäumen, wie ein bestimmtes Merkmal über Generationen weitervererbt wird.
Statistische Verfahren geben Auskunft über die Häufigkeit, Verteilung und Veränderung eines Merkmals in der Bevölkerung.
Die **Zwillingsforschung** untersucht den Zusammenhang zwischen Genen und Umwelteinflüssen. Bei eineiigen Zwillingen, die getrennt aufgewachsen sind, kann dies besonders gut erforscht werden.
Mikroskopische und biochemische Untersuchungen geben Hinweise auf Veränderungen des Genoms oder einzelner Gene.
Um möglichst genaue Aussagen machen zu können, werden meistens mehrere Verfahren eingesetzt, die sich in ihren Aussagen ergänzen.

2 So werden in der Genetik Stammbäume aufgeschrieben.

Aufgaben

1 Erkläre die Redewendung: „Der Apfel fällt nicht weit vom Stamm".

2 Sucht Beispiele von berühmten Familien, bei denen besondere Begabungen in mehreren Generationen auftraten. Verfasst in Gruppenarbeit Lebensläufe der jeweiligen Familienmitglieder und stellt sie vor.

Sind wir Marionetten unserer Gene?

Wenn du auf einen Personalausweis schaust, findest du neben Name und Adresse Angaben zur Körpergröße und Augenfarbe. Diese Körpermerkmale verändern sich im Laufe des Lebens kaum. Deine Ohrmuschelform und dein Fingerabdruck zählen auch zu diesen unveränderbaren Merkmalen. Man nennt sie deshalb **umweltstabil**.
Im Unterschied dazu können wir unser Aussehen beeinflussen, wenn wir z. B. durch Training Muskulatur aufbauen. Dabei bestimmen immer die geerbten Veranlagungen, wie viel und wie schnell sich die Muskelmasse bei jedem einzelnen verändern lässt. Heute gehen Wissenschaftler davon aus, dass durch die Lebensumstände auch Begabungen und Intelligenz unterschiedlich ausgeprägt werden. Solche Merkmale, bei denen die Umwelt entscheidet welcher Ausschnitt der genetischen Veranlagung erscheint, heißen **umweltlabil**.
Sind wir also hauptsächlich genetisch vorprogrammiert? Antworten auf diese Fragen kann man nur bei Menschen finden, die identisches Erbgut besitzen, aber nicht in gleicher Umwelt aufgewachsen sind. Optimale „Untersuchungsobjekte" sind dabei eineiige Zwillinge.

> Genetische Merkmale, die sich im Laufe des Lebens kaum verändern, heißen umweltstabil. Werden sie durch Umwelteinflüsse verändert, nennt man sie umweltlabil.

Erkenntnisse aus der Zwillingsforschung

Zwillingsforscher konzentrieren sich in ihren Untersuchungen vor allem auf eineiige Zwillinge, die kurz nach der Geburt getrennt wurden. Sie untersuchen Lebensgewohnheiten, Persönlichkeitsmerkmale und Interessen, sowie das Auftreten bestimmter Krankheiten. Dabei zeigen sich erstaunliche Übereinstimmungen (▷ B 4). Allerdings gibt es in Intelligenztests, die logisches Denken, Zahlenverständnis und Gedächtnisleistung erfassen, bei gemeinsam aufgewachsenen Zwillingen geringere Unterschiede als bei getrennt aufgewachsenen. Denn diese ererbten Anlagen geben nur einen Rahmen vor. Durch Erziehung und Lernangebote werden die Merkmale verschieden ausgeprägt. Da es sich statistisch gesehen um eine relativ kleine Anzahl (ca. 100) untersuchter eineiiger Zwillingspaare handelt, sind die Wissenschaftler vorsichtig in ihrem abschließenden Urteil über den prozentualen Anteil der Bestimmung durch Gene.

1 Eineiige Zwillinge

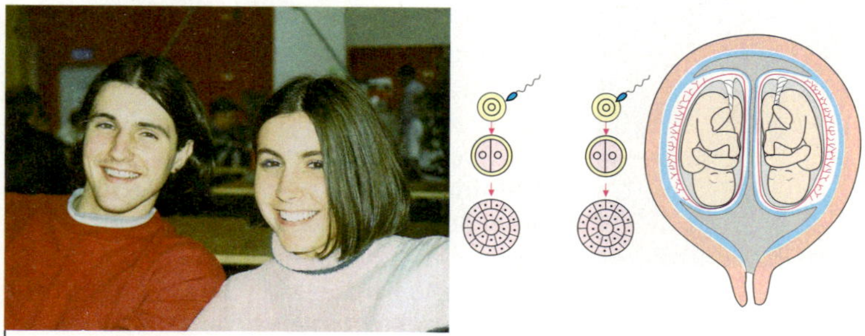

2 Zweieiige Zwillinge

Untersuchte Zwillingsgruppe	**Durchschnittlicher Unterschied**		
	Körpergröße (cm)	Körpergewicht (kg)	IQ (Punkte)
Zweieiige Zwillinge	4,4	4,4	8,5
Eineiige Zwillinge (getrennt aufgewachsen)	1,8	4,5	6,0
Eineiige Zwillinge (gemeinsam aufgewachsen)	1,7	1,8	3,1

3 Unterschiede bei Zwillingen

Zweieiige Zwillinge ähneln sich nicht mehr als andere Geschwister. Obwohl diese Zwillingspaare meistens in gleicher Umwelt heranwachsen, zeigen sie die größten Abweichungen in den Untersuchungen. Die Forschungsergebnisse belegen: Das Verhalten eines Menschen und seine individuellen Besonderheiten werden ganz erheblich von den Genen festgelegt.
Wir könnten uns also fast wie Marionetten unserer Gene vorkommen. Doch jeder Mensch hat selber die Chance und die Pflicht, seine angeborenen Fähigkeiten und Eigenheiten im Leben verantwortungsvoll zu nutzen!

	zweieiig	eineiig
Zuckerkrankh.	37 %	84 %
Asthma	38 %	63 %
Tumor	24 %	59 %
Keuchhusten	94 %	96 %

4 Anteil der Geschwister haben dieselbe Krankheit

Aufgaben

1 Belege mithilfe der Grafiken über die Entstehung von Zwillingen, dass eineiige Zwillinge dasselbe Erbgut besitzen.

2 Wertet in Partnerarbeit die Statistiken (▷ B 3 und ▷ B 4) der Zwillingsforschung aus. Tragt die Ergebnisse vor.

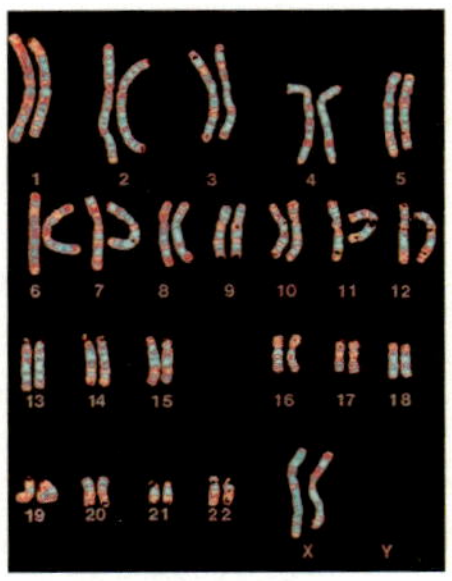

Keimzellen unterscheiden sich von Körperzellen

Jede Zelle des menschlichen Körpers enthält im Zellkern 46 Chromosomen. Müsste dann nicht die bei der Befruchtung entstehende Zelle, die Zygote, 92 Chromosomen haben?

Mikroskopische Untersuchungen zeigen, dass Eizelle und Spermium aber jeweils nur 23 Chromosomen besitzen. Die Keimzellen unterscheiden sich also in der Chromosomenzahl von allen anderen Körperzellen. Bei der Bildung von Eizelle und Spermium muss der doppelte, also **diploide Chromosomensatz** (2n) auf den einfachen, **haploiden** Satz (n) reduziert werden. Dies geschieht bei der **Meiose**. Die Meiose wird in zwei große Abschnitte eingeteilt, die man als **erste** und **zweite Reifeteilung** bezeichnet.

Trennung der homologen Chromosomen

Die erste Reifeteilung beginnt mit der **Prophase I** und dauert oft viele Tage bis Wochen. Das Chromatin wird hierbei in eine Transportform gebracht und als Chromosomen sichtbar. Ist dieser Prozess beendet, besteht jedes Chromosom aus zwei **Chromatiden**. Immer zwei Chromosomen, die in Größe und Gestalt gleich sind, lagern sich zu Paaren zusammen; sie heißen **homologe Chromosomen**. Unter dem Mikroskop erkennt man die Paare als vier parallel angeordnete Chromatiden.

Am Ende der Prophase I bilden sich die Spindelfasern. Die Kernmembran löst sich auf.

Die **Metaphase I** ähnelt den Vorgängen bei der Mitose:
Die Chromosomenpaare ordnen sich beiderseits der Äquatorialebene an. Spindelfasern heften sich an die Centromere.

In der **Anaphase I** ziehen die Spindelfasern die Chromosomen zu den Zellpolen. Dabei trennen sich die homologen Chromosomen und wandern in entgegengesetzte Richtungen. Die Verteilung von väterlichen und mütterlichen Chromosomen ist hierbei rein zufällig. Im Unterschied zur Mitose werden in der Anaphase I ganze Chromosomen verteilt. Erreichen sie die Zellpole, hat die **Telophase I** begonnen.
An jedem Pol sammelt sich so ein gemischter haploider Chromosomensatz, wobei jedes Chromosom immer noch aus zwei Chromatiden besteht. Die Zelle teilt sich bald, allerdings findet jetzt keine Interphase statt.

Trennung der Chromatiden

Sehr schnell schließt sich in jeder der zwei entstandenen Tochterzellen die zweite Reifeteilung an. Sie entspricht im Ablauf genau einer Mitose.
Jetzt erst werden die Chromatiden eines jeden Chromosoms getrennt. Am Ende der zwei Teilungsabschnitte sind vier hap-

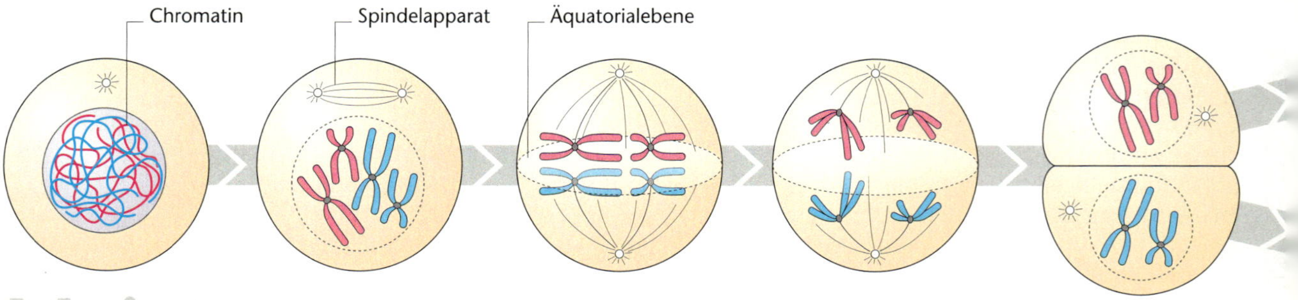

Meiose

1. Reifeteilung (Reduktionsteilung)				
	Prophase I	**Metaphase I**	**Anaphase I**	**Telophase I**
Zelle mit doppeltem (diploiden) Chromosomensatz.	Das Chromatin nimmt die Transportform an. Die Kernmembran löst sich auf.	Die homologen Chromosomenpaare richten sich an der Äquatorialebene aus.	Die homologen Chromosomenpaare werden getrennt.	Der Kernmembranen werden gebildet und die Zelle teilt sich.

loide Tochterzellen mit einfachem Chromosomensatz entstanden.

In der anschließenden **Interphase** wird das genetische Material durch DNA-Verdopplung wieder ergänzt. Aus den haploiden Zellen entwickeln sich die Keimzellen.

Während der Meiose wird in der ersten Reifeteilung der doppelte Chromosomensatz auf die Hälfte reduziert.
Die entstandenen haploiden Zellen teilen sich in der zweiten Reifeteilung wie bei einer Mitose.

Mögliche Veränderungen durch ein Crossing-over

Bisher hast du gehört, dass jedes Chromosom ausschließlich DNA von Mutter oder Vater enthält. Das muss nicht sein. Im Verlauf der Prophase I der Meiose paaren sich die homologen Zwei-Chromatid-Chromosomen. Dabei kann es zu einem Genaustausch kommen. Man spricht von **Crossing-over**. Dieser Stückaustauch lässt sich in der Metaphase I als Überkreuzung (**Chiasma**) erkennen, wenn sich die homologen Chromosomen wieder trennen. Durch dieses Crossing-over entstehen Chromosomen mit gemischtem mütterlichen und väterlichen Erbgut (▷B 1). Dieses Ereignis beobachtet man beim Menschen etwa zwei bis dreimal pro Chromosomenpaar.

Aufgaben

1 Erkläre, warum es sinnvoll ist, dass in Keimzellen der doppelte Chromosomensatz auf den einfachen reduziert ist.

2 Stelle Gemeinsamkeiten und Unterschiede von Meiose und Mitose tabellarisch gegenüber.

3 Bei einem Chromosomensatz mit $n = 3$ gibt es insgesamt $2^3 = 8$ Möglichkeiten der Verteilung von mütterlichen und väterlichen Chromosomen bei der 1. Reifeteilung. Berechne die Möglichkeiten für den menschlichen Chromosomensatz.

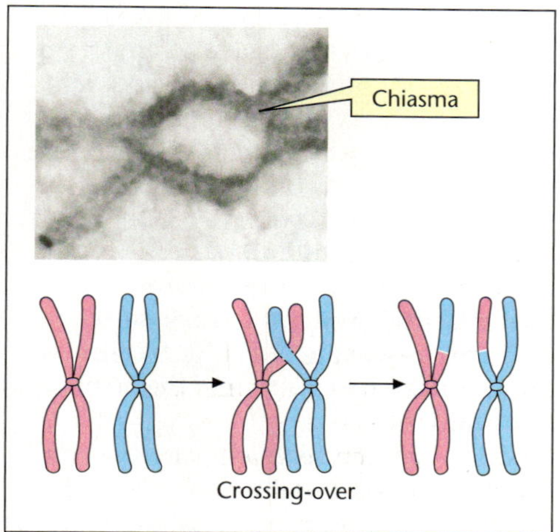

1 Chiasma (oben) als Folge von Crossing-over (unten)

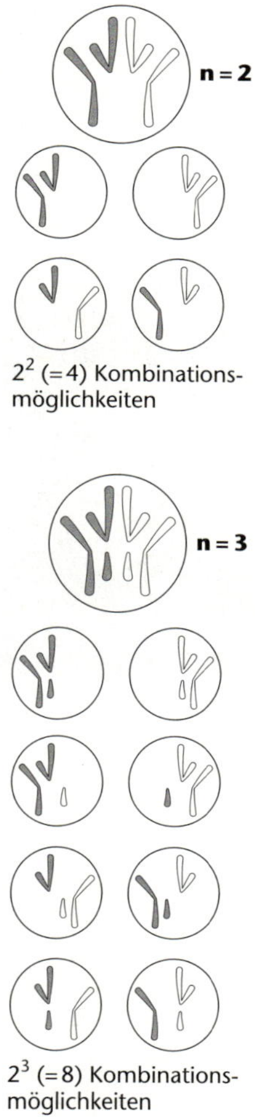

2 Zu Aufgabe 3

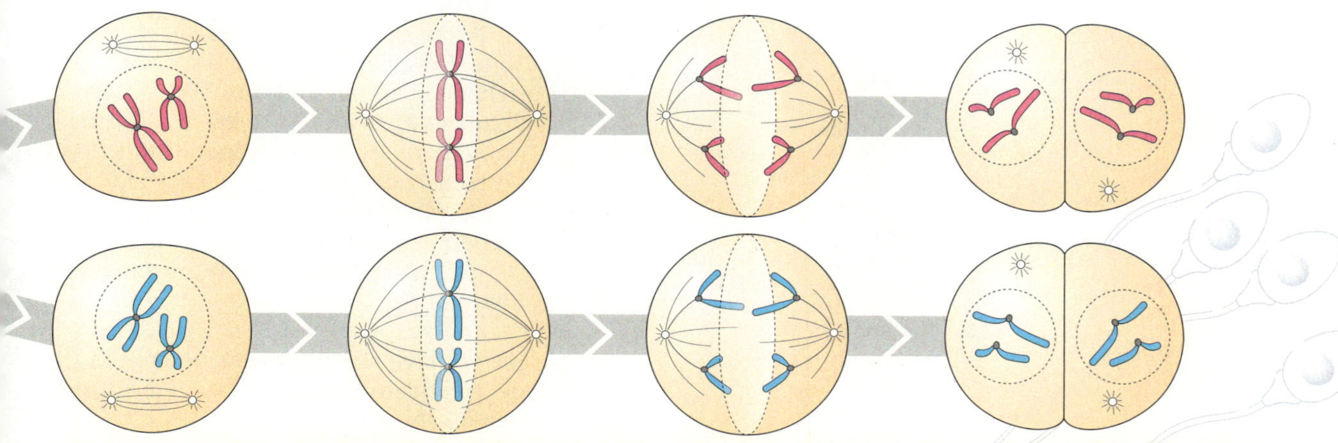

2. Reifeteilung			
Prophase II	**Metaphase II**	**Anaphase II**	**Telophase II**
Zwei Tochterzellen mit haploidem Chromosomensatz sind entstanden. Die Kernmembranen lösen sich auf.	Die Chromosomen werden an der Äquatorialebene ausgerichtet.	Die Schwesterchromatiden werden getrennt.	Es entstehen insgesamt vier Tochterzellen. Jede besitzt einen haploiden Chromosomensatz. Jedes Chromosom besteht nur noch aus einem Chromatid.

Wie die Gartenerbse berühmt wurde

1 Gregor Mendel

Der Bauernsohn wird Augustinermönch

Johann Mendel (1822–1884) wächst in einem kleinen Bauerndorf in Böhmen auf. Die Region gehörte damals zu Österreich, heute zur Tschechischen Republik. Die ländliche Bevölkerung, die von Ackerbau und Obsternten lebt, ist arm. Den Schulbesuch ihrer Kinder können sich viele Bauern nicht leisten, denn er kostet Geld. So ist es für Johann Mendel ein großes Glück, dass er das Gymnasium in Olmütz besuchen darf.

Als er nach der Schulzeit 1843 in das Augustinerkloster Brünn eintritt, bekommt er den neuen Namen Gregor. Drei Jahre studiert er dort Theologie und erhält dann eine Stelle als Aushilfslehrer. Leider fällt er beim Lehrerexamen durch. Das Kloster schickt ihn daraufhin an die Universität nach Wien, wo er von 1851 bis 1853 studiert. Zwei Professoren, ein Physiker und ein Botaniker, beeindrucken ihn besonders. Von ihnen lernt er Naturphänomene experimentell und mit mathematischen Methoden zu analysieren. Sie wecken bei Mendel das Interesse für die Vielfalt in der Pflanzenwelt.

Nach seinem Studium lebt er wieder im Kloster und beginnt dort 1857 im Klostergarten mit seinen Experimenten.

2 Kreuzungsversuche von Mendel

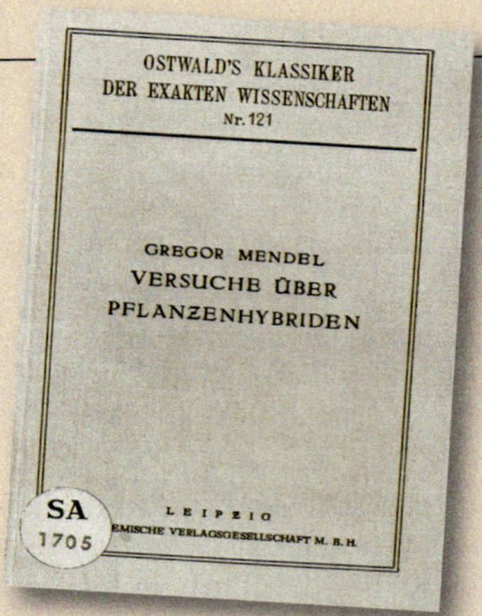

3 Titelblatt von Mendels Veröffentlichung

Warum ausgerechnet Erbsen?

Im Kloster hat es schon eine lange Tradition der Pflanzenzüchtung gegeben, auch die von Erbsen. So liegt es nahe, dass Mendel mit Erbsen experimentiert, zumal es diese Hülsenfrüchte in vielen Sorten gibt und sie relativ schnell in großen Mengen zur Verfügung stehen.

Mendel konzentriert sich zunächst auf die Blütenfarbe und wählt als Eltern, der **Parentalgeneration**, eine Sorte mit roten und eine mit weißen Blüten. Die Blütenfarbe ist hier das vererbte Merkmal. Er achtet darauf, dass seine Versuchspflanzen vor seinen Experimenten alle immer das gleiche Merkmal für die entsprechende Blütenfarbe zeigen, also **reinerbig** sind.

Bei der Erbse kann Mendel die Befruchtung leicht kontrollieren. Normalerweise bestäuben sich Erbsen selbst, ein Vorgang, der zur Selbstbefruchtung führt. Da er aber eine Selbstbestäubung verhindern will, entfernt er die Staubblätter und bestäubt die Narbe mit den Pollen der anderen Sorte. Die aus einer solchen Kreuzung entstehenden Erbsen sind **mischerbig**. Man nennt sie **Hybride**. Sie stellen die Tochtergeneration oder **1. Filialgeneration F_1** dar und sehen alle gleich aus, nämlich rot (▷ B2). Nun bringt die Neugierde Mendel dazu, hier nicht aufzuhören, sondern eine weitere entscheidende Kreuzung durchzuführen.

Mendel lässt nun die Selbstbefruchtung der Hybriden zu und untersucht die daraus hervorgehende **2. Filialgeneration F_2**. Er zählt 3-mal so viel rot blühende wie weiß blühende Pflanzen.

Tausende solcher Kreuzungen führt er durch. Die Ergebnisse, auch die Anzahl der Veränderungen notiert er genau, stellt also eine Statistik auf. Das ist neu zur damaligen Zeit.

Das Modell-Kreuzungsschema erklärt Erbgänge

Rot blühende Erbsen haben als Selbstbestäuber immer Nachkommen mit roten Blüten, wenn sie bezüglich des Merkmals Blütenfarbe **reinerbig** oder **homozygot** sind. Kreuzt man sie mit reinerbig weiß blühenden Erbsen, haben die Nachkommen alle rote Blüten. Das Gen für die rote Blütenfarbe hat die Anlage für Weiß überdeckt, man sagt, es ist **dominant**. Das unterlegene oder überdeckte Merkmal ist **rezessiv**.
Im Kreuzungsschema (▷ B 3) erhalten dominante Gene große Buchstaben.
Zum Beispiel: **A**. Rezessive Gene erhalten den entsprechenden kleinen Buchstaben.
Zum Beispiel: **a**.

Diese beiden Buchstaben bezeichnen in den diploiden Körperzellen die Erbanlagen, den **Genotyp**. Die beiden Elternpflanzen, die **Parentalgeneration P**, bilden haploide Keimzellen, die jeweils nur ein Gen für das Merkmal enthalten:
A oder a.

Die nächste Generation, ist die 1. Filialgeneration oder **F_1-Generation**. Sie zeigt im äußeren Erscheinungsbild, dem **Phänotyp**, nur rote Blüten. In ihren Körperzellen kommen die Gene beider Eltern mischerbig, also **heterozygot** vor: **Aa**.
Alle Erbsen der 1. Filialgeneration sind Hybride. Dieses Ergebnis ist in der 1. mendelschen Regel zusammengefasst, die auch für Kreuzungen bei anderen Pflanzen- und Tierarten gilt. Sie heißt **Uniformitätsregel**:

Kreuzt man zwei reinerbige Individuen einer Art, die sich in einem Merkmal unterscheiden, so sind die Nachkommen der F_1-Generation untereinander gleich – uniform.

Aufgaben

1 Stelle das Kreuzungsschema auf für den dominant-rezessiven Erbgang zweier reinerbiger Mäuse, die sich in dem Merkmal Fellfarbe unterscheiden. Braun (B) ist dominant über weiß (b).
Wie sieht die F_1-Generation aus?

2 Lege für alle fett gedruckten Begriffe eine Lern-Kartei an. Präge dir die neuen Fachbegriffe mithilfe der Kartei ein.

1 Rot blühende Erbsen

2 Weiß blühende Erbsen

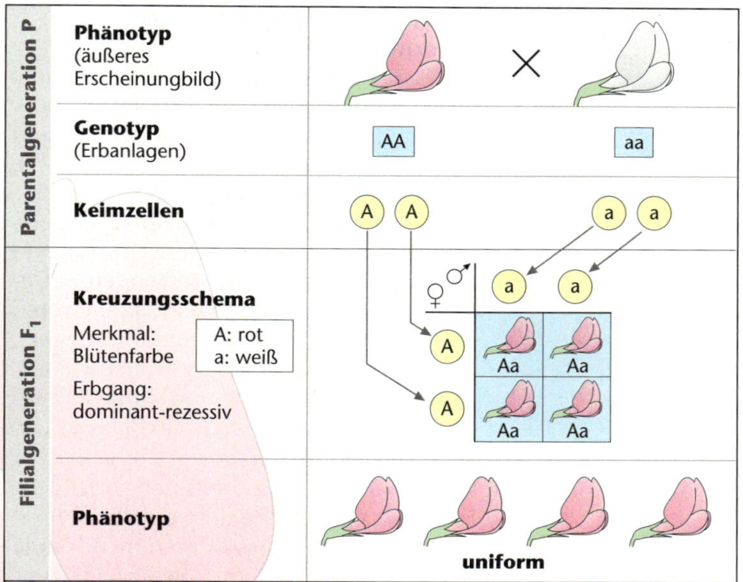

3 Kreuzungsschema zur 1. mendelschen Regel (Uniformitätsregel)

4 Phänotyp der F_1-Generation

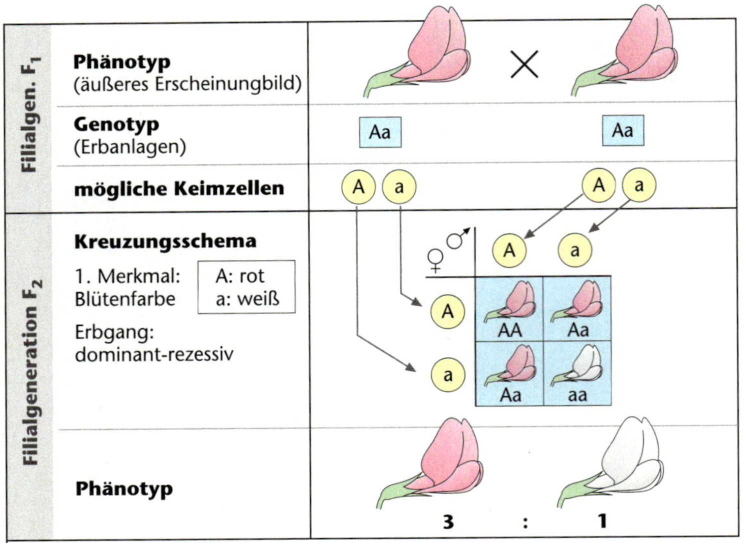

1 Kreuzungsschema zur 2. mendelschen Regel (Spaltungsregel)

Kreuzungen mit Hybriden der 1. Tochtergeneration

Die bisher vorgestellten Erbgänge betrafen nur reinerbige, also homozygote Sorten. Welche Ergebnisse erhält man, wenn man Hybride miteinander kreuzt?
MENDEL überließ die Hybriden der F_1-Generation, die alle ein dominantes und ein rezessives Merkmal der Eltern besaßen, der Selbstbestäubung. In der folgenden F_2-Generation trat das rezessive Merkmal weiße Blütenfarbe aus der P-Generation wieder auf. Er zählte alle Pflanzen immer wieder aus und erhielt für rote und weiße Blüten ein Verhältnis von 3:1. Statistisch fand er auch bei Hybridkreuzungen mit gelben und grünen, sowie glatten und runzligen Erbsen das gleiche Zahlenverhältnis. So stand für ihn fest, dass es sich nicht um einen Zufall, sondern um eine Regel bei der Aufspaltung handelt. Diese Regel wurde **Spaltungsregel** genannt.

Kreuzt man Mischlinge der F_1-Generation untereinander, so treten bei den Nachkommen die Merkmale der P-Generation in einem bestimmten Zahlenverhältnis auf.

Die **Rückkreuzung** ist eine Testkreuzung. Drei Viertel der Erbsenblüten sind dem Erscheinungsbild, also dem Phänotyp, nach rot blühend. Nur ein Viertel davon müsste das dominante Merkmal reinerbig besitzen.
Wie kann man das herausfinden aus der Vielzahl der gleich aussehenden Pflanzen?

MENDEL kreuzte nach theoretischen Überlegungen solche rot blühenden Erbsen der F_2-Generation mit einem reinerbig rezessiven weißen Exemplar der P-Generation und erhielt bei allen mischerbig rot blühenden Pflanzen Nachkommen im Zahlenverhältnis 1:1. Wenn er reinerbig rot blühende Erbsen in dieser Weise kreuzte, waren die Nachkommen alle wieder gleich rot blühend.
Die Aufspaltung 1:1 bei der Rückkreuzung eines mischerbigen mit einem rezessiv-reinerbigen Lebewesen kann also als Test dienen, ob es sich bei phänotypisch gleichen Nachkommen der F_2-Generation um Hybride oder Reinerbige handelt.

Aufgabe

1 Erstelle ein Kreuzungsschema bis zur F_2-Generation für den dominant-rezessiven Erbgang zweier reinerbiger Kaninchen, die sich in dem Merkmal Fellbeschaffenheit unterscheiden: angorahaarig (H), kurzhaarig (h).

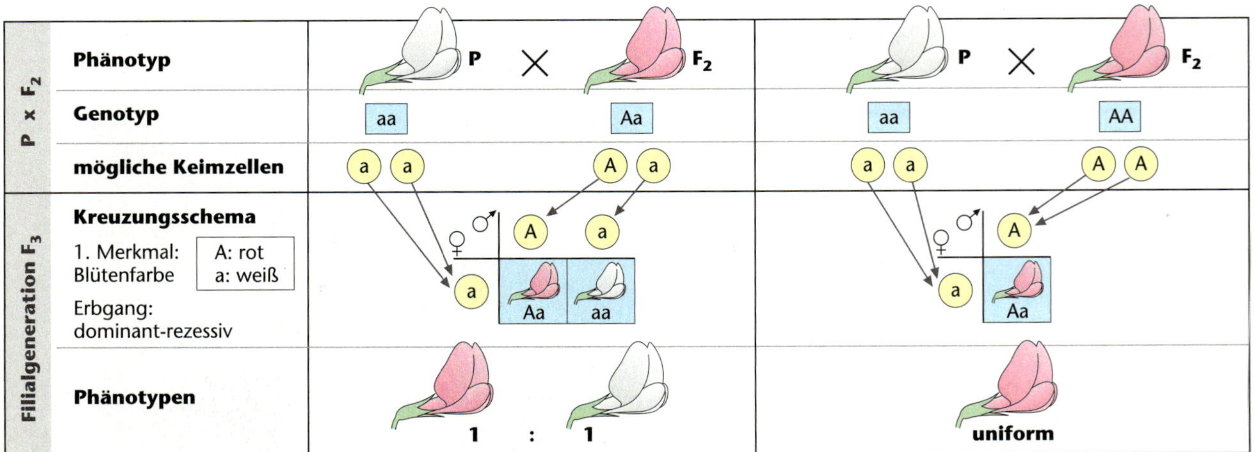

2 Kreuzungsschema zur Rückkreuzung

Eltern mit zwei verschiedenen Merkmalen
Unterscheiden sich die Eltern in der P-Generation in zwei unterschiedlichen Merkmalen, z. B. rund/kantig und gelb/grün so nennt man den Erbgang **dihybrid** (▷ B 1).

MENDEL kreuzte Erbsensorten, die sich in Samenfarbe und Samenform unterschieden. In der F_1-Generation erhielt er entsprechend der Uniformitätsregel phänotypisch gleiche Nachkommen; diese waren doppelt mischerbig und dihybrid. Daraus erkannte MENDEL, dass gelb über grün und rund über runzlig dominierte.

Da jeweils vier verschiedene Keimzellsorten gebildet werden, gibt es in der F_2 16 Kombinationsmöglichkeiten. Die vier verschiedenen Phänotypen treten hier im Zahlenverhältnis 9 : 3 : 3 : 1 auf (▷ B 1). MENDEL entdeckte neben den Ausgangsformen der Eltern aus der F_1 und den Großeltern aus der P-Generation auch neue, vorher noch nie vorgekommene Sorten: Neu kombiniert kamen die Erbanlagen für das Merkmal grün oder gelb der Erbsenfarbe sowie die Anlagen für das Merkmal rund oder runzlig vor.

Heute wissen wir, dass diese Gene unabhängig voneinander einzeln auf je einem Chromosom liegen. Sie werden bei der Keimzellenbildung neu kombiniert und können so Erbsen mit neuen Merkmalskombinationen hervorbringen.
MENDEL hielt seine Angaben nach dem Auszählen in Statistiken fest und formulierte die **Unabhängigkeitsregel**:

> Kreuzt man zwei Lebewesen einer Art, die sich in mehr als einem Merkmal reinerbig unterscheiden, so können die Merkmalspaare in neuen Kombinationen auftreten. Die Gene werden also unabhängig voneinander verteilt.

Die Ergebnisse sind in der Tier- und Pflanzenzüchtung von großer Bedeutung.

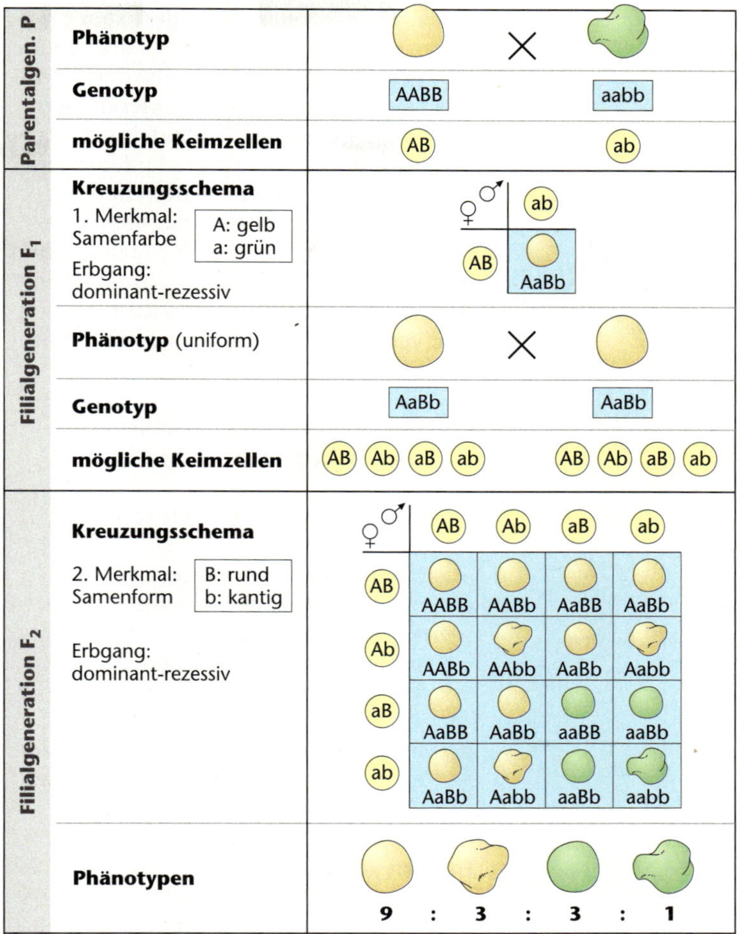

1 Kreuzungsschema zur 3. mendelschen Regel (Unabhängigkeitsregel), vereinfacht

Versuch

1 Führt in Gruppen folgenden Modellversuch zur 3. mendelschen Regel durch: Je zwei Schüler erhalten je zwei verschiedene Münzen. Ihr legt fest, welche Seiten der Münzen den dominanten (A, B) und welche den rezessiven (a, b) Merkmalen entsprechen sollen. Ordnet diesen vier mögliche Phänotypen zu, z. B. Erbsenfarbe gelb/grün und Erbsenform rund/runzlig. Notiert sie in Tabellenform.
Beide Schüler lassen gleichzeitig ihre Münzen aus geringer Höhe auf den Tisch fallen. Die Protokollführer übertragen die zugehörigen Phänotypen in die passende Spalte der Strichliste.
Es werden 48 Würfe durchgeführt. Addiert alle Striche pro Spalte und ermittelt ein Zahlenverhältnis. Vergleicht mit den Ergebnissen der anderen Gruppen. Bildet jeweils Mittelwerte. Erklärt eventuelle Abweichungen von 9:3:3:1.

2 Zu Versuch 1

Aufgabe

1 Ein Züchter hat schwarze, einfarbige Rinder und eine rotbraune, gefleckte Rasse. Formuliere einen Vorschlag, wie er schwarz gefleckte Tiere züchten könnte. Die Gene für schwarze Fellfarbe und Einfarbigkeit sind jeweils dominant.

1 Mutagene

Erbanlagen können verändert sein

Korkenzieherformen bei Hasel und Weide, krause Blätter bei der Petersilie oder Albinos bei Wirbeltieren – allen Merkmalen ist eines gemeinsam: Es handelt sich um **Mutationen**, also Erbgutveränderungen in der Zelle. Die Beispiele betreffen Veränderungen der Gene in den Keimzellen und werden deshalb an die Nachkommen weitergegeben. Die meisten Mutationen geschehen allerdings in den Körperzellen und verschwinden mit dem Tod des Lebewesens wieder.

Mutationen können unterschiedliche Ursachen haben, die man Mutagene nennt:
- Fehler bei der Keimzellbildung der Eltern
- Fehler bei der DNA-Verdoppelung
- Umweltfaktoren, wie Chemikalien, elektromagnetische und radioaktive Strahlung
- Fehler bei der DNA-Reaparatur

Mutationen sind plötzlich auftretende Veränderungen im Erbgut. Lebewesen mit Mutationen heißen Mutanten.

Formen von Mutationen

Ist von einer Mutation nur ein Gen betroffen, liegt eine Genmutation vor. Am häufigsten wird dabei eine Base gegen eine andere ausgetauscht oder durch chemische Veränderungen in eine andere umgewandelt. Normalerweise haben Mutationen negative Auswirkungen. Bei der Sichelzellenanämie, einer krankhaften Veränderung der Roten Blutzellen, ist nur ein Basentriplett betroffen. Statt Glutaminsäure (GAG) wird die Aminosäure Valin in das Hämoglobin eingebaut.

Aufgaben

1 Nenne weitere Beispiele für Mutanten im Tier- und Pflanzenreich.

2 Stelle eine Liste von Mutagenen zusammen, die auch für den Menschen schädlich sind. Wie kann der Mensch sich davor schützen?

3 Hausmaus (li), Albinomaus (re)

4 Hasel (li), Korkenzieherhasel (re)

2 Hainschnirkelschnecke Grundfärbung (li), gebändert (re)

5 Petersilie glatt (li) und kraus (re)

Bei **Chromosomenmutationen** verändern sich ganze Teile von Chromosomen. So kann es zu Abbrüchen von Chromosomenteilen kommen oder zu Ringbildungen. Bruchstücke können falsch wieder anwachsen oder sich an das benachbarte homologe Chromosom anheften. Alle Veränderungen haben schwer wiegende Folgen, da auf den Bruchstücken hunderte von Genen liegen können. Ein Bruchstückverlust führt immer zum Zelltod.

Eine **Genommutation** bedeutet die zahlenmäßige Veränderung des gesamten Chromosomenbestandes. Sie ist oft die Folge eines Fehlers bei der Meiose. Werden homologe Chromosomen nicht getrennt, entstehen Keimzellen, in denen ein Chromosom überzählig vorkommt oder ganz fehlt. Beim Menschen kommen Genommutationen am häufigsten bei den Geschlechtschromosomen vor. So haben Männer mit dem Klinefelter-Syndrom ein oder mehrere zusätzliche X-Chromosomen geerbt.

Mutationen können einzelne Gene, das Chromosom oder den ganzen Chromosomensatz betreffen.

Es müssen nicht immer Mutationen sein

Du findest Löwenzahnpflanzen an ganz unterschiedlichen Standorten: in der Pflasterfuge eines Parkplatzes, am Wegrand, auf dem feuchten Boden einer Wiese oder sogar auf einer Bruchsteinmauer. Wenn die Samen einer einzigen Pflanze mit dem Wind dorthin geflogen sind, müssten dann die Nachkommen nicht alle gleich aussehen? Tatsächlich sehen sie aber je nach Standort verschieden aus: sie haben stark gelappte, fiederförmige oder gezähnte Blätter in einer kleinen oder üppigen Blattrosette. Ihre Pfahlwurzeln sind unterschiedlich lang.
Wachsen Stecklinge dieser Pflanzen gemeinsam in einem Beet heran, tauchen diese Unterschiede nicht mehr auf. Offensichtlich sind die unterschiedlichen Phänotypen nicht durch Vererbung entstanden, sondern durch Bedingungen der verschiedenen Standorte.
Umwelteinflüsse wie Licht, Feuchtigkeit, Temperatur, pH-Wert und Mineralstoffgehalt des Bodens können das Erscheinungsbild verändern. Solche Anpassungen heißen **Modifikationen**.

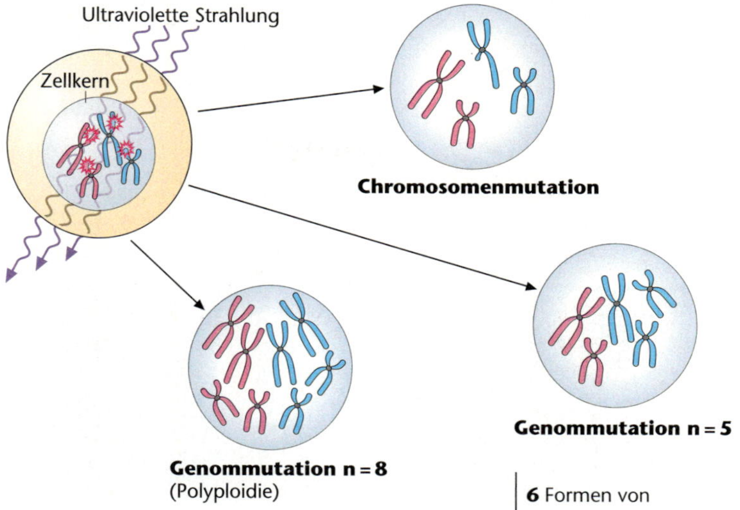

6 Formen von Mutationen

Modifikationen bei Tieren

Auch die Entwicklung von Tieren wird durch verschiedene Umweltbedingungen beeinflusst. So sehen verschiedene Generationen eines Tagfalters, des Landkärtchens, unterschiedlich aus. Die Frühjahrsfalter unterscheiden sich in Farbe und Flügelfleckung deutlich von den Sommerfaltern. Hier entscheidet die Tageslänge bei der Puppenruhe über die phänotypische Ausprägung.

Veränderungen des Phänotyps, die durch Umwelteinflüsse ausgelöst werden, heißen Modifikationen.

Versuch

1 Ein Baum ist im Prinzip von seinem Genotyp bestimmt. Dennoch zeigt er je nach Lage der Sonne und zum Wind unterschiedliche Blätter. Besorge dir einen Rotbuchenzweig mit etwa 100 Blättern, sowie ein Lineal und kariertes Papier. Ordne die Blätter je nach ihrer Länge in fünf Gruppen. Zähle die Anzahl der Blätter in den einzelnen Gruppen und übertrage die Zahlen in eine Variationskurve.

7 Modifikationen beim Löwenzahn

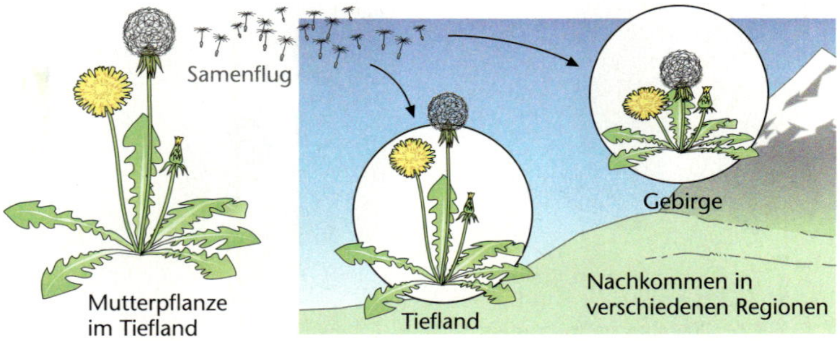

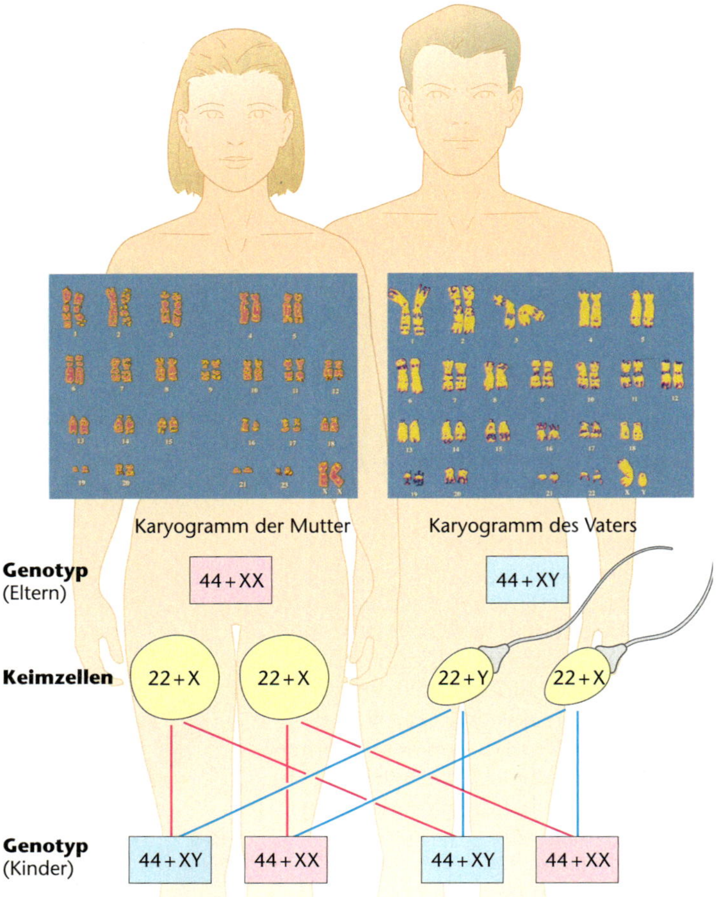

1 Vererbung des Geschlechtes

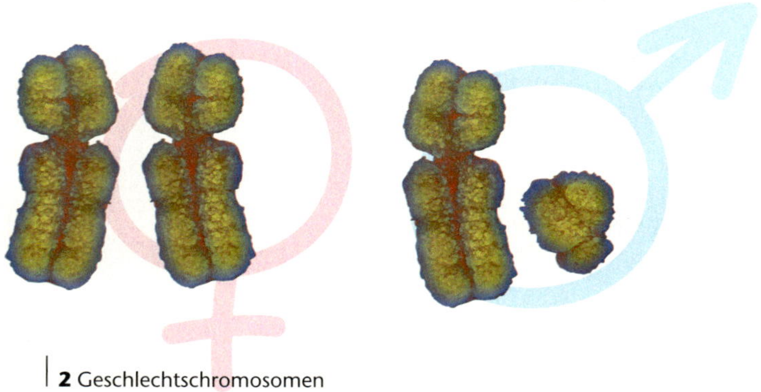

2 Geschlechtschromosomen

Zwei besondere Chromosomen bestimmen das Geschlecht

Frauen und Männer unterscheiden sich offensichtlich in vielen körperlichen und seelischen Merkmalen, obwohl beide Geschlechter 46 Chromosomen in den Kernen ihrer Körperzellen haben. Wie kommt es dann zu diesen Unterschieden?
Erst seit dem Jahr 1956 kennt man eine Methode, mit der menschliche Chromosomen identifiziert und gezählt werden können. Dazu reicht ein Tropfen Blut, aus dem in einem genetischen Labor ein Chromosomenpräparat gewonnen wird. Aus einem Mikrofoto schneidet man die homologen Chromosomen heraus und ordnet sie zu 23 Paaren. Vergleicht man solche **Karyogramme**, fällt auf, dass bei Männern zwei Chromosomen davon nicht homolog vorkommen. Das Größere wird als **X-Chromosom**, das Kleinere als **Y-Chromosom** bezeichnet. Das 23. Paar gilt also als Geschlechtschromosomenpaar. Jedes Karyogramm kann in einer Kurzformel, dem **Karyotyp**, beschrieben werden: Frauen haben somit den Karyotyp 44, XX, Männer den Karyotyp 44, XY. Mann und Frau bilden also auch unterschiedliche Keimzellen. Eizellen enthalten immer nur ein X-Chromosom, während die Spermienzellen des Mannes verschieden sein können – entweder besitzen sie das X-Chromosom oder das Y-Chromosom (▷ B 1). Bei der Befruchtung wird das Geschlecht des Kindes deshalb allein durch die Spermienzelle bestimmt.

Das Geschlecht eines Menschen wird bei der Befruchtung durch die Kombination der Geschlechtschromosomen X und Y festgelegt: XX für weiblich, XY für männlich.

Aufgaben

1 In früheren Zeiten wurden in vielen Herrscherhäusern Frauen verstoßen, die zwar Mädchen, aber keine männlichen Thronerben zur Welt brachten. Begründe, warum es damals eine Fehlentscheidung war.

2 Im statistischen Mittelwert werden über Jahre Mädchen und Jungen etwa im Verhältnis 1:1 geboren. Begründe.

3 Was müssen Wissenschaftler beachten, wenn sie aus Kernen von Blutzellen ein Karyogramm erstellen wollen?

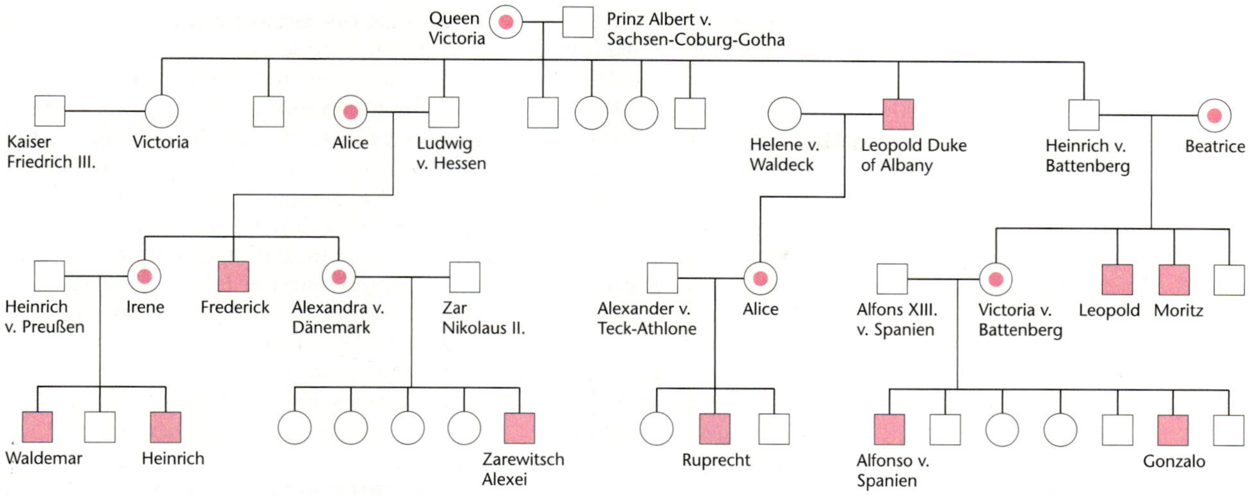

1 Historischer Stammbaum der Bluterkrankheit in europäischen Fürstenhäusern

Nicht alle Männer sehen Rot

Menschen mit Rot-Grün-Sehschwäche sehen bestimmte Rot- und Grüntöne als Graustufen. Wenn diese Fehlsichtigkeit stark ausgeprägt ist, spricht man von **Rot-Grün-Blindheit**.
Die entsprechenden farbempfindlichen Zellen in der Netzhaut fehlen. In Europa sind 8 % der Männer, aber nur 0,5 % der Frauen betroffen. Woran liegt das?

Für das Fehlen farbempfindlicher Zellen in der Netzhaut ist ein defektes Gen auf dem X-Chromosom verantwortlich. Es wird rezessiv vererbt. Bei männlichen Nachkommen tritt diese Fehlsichtigkeit nur deshalb auf, weil auf dem genarmen Y-Chromosom keine Anlage für Farbsehen vorhanden ist.
Da die meisten Frauen auf dem zweiten X-Chromosom das entsprechende dominante Gen für normale Farbsichtigkeit besitzen, sind sie phänotypisch gesund. Nur selten tragen beide X-Chromosomen das defekte Gen und die betroffenen Frauen können rot und grün nicht unterscheiden. Statistiken ist zu entnehmen, dass alle rezessiven Gene auf dem X-Chromosom beim männlichen Geschlecht ausgeprägt werden. Daraus folgt, dass viel mehr Männer als Frauen geschlechtsgebundene Erbkrankheiten zeigen. Für Frauen ist die Wahrscheinlichkeit gering, zwei rezessive Gene auf beiden X-Chromosomen vom Vater und der Mutter erhalten zu haben.

Wenn Blut nicht gerinnt

Blut gerinnt normalerweise in 4–7 Minuten. Dauert es länger als 15 Minuten, liegt die **Bluterkrankheit** vor, denn es fehlt ein Faktor für die Blutgerinnung. Diese Krankheit kommt fast nur bei Männern vor. Auf dem Y-Chromosom existiert kein Gen für die Blutgerinnung, dieses gibt es nur auf dem X-Chromosom und ist dort mit dem Gen für Rot-Grün-Schwäche gekoppelt. Jeder männliche Nachkomme erbt die Bluterkrankheit von seiner Mutter, die **Überträgerin** genannt wird, wenn sie phänotypisch gesund ist.

Stammbäume für die Ahnenforschung

Kenntnis über die genetischen Ursachen der Krankheit erhielt man durch Ahnentafeln von Adeligen, die über Generationen hinweg ihre familiäre Herkunft in Sippentafeln festhielten. Oft wurden nahe Verwandte geheiratet. Das sicherte zwar Reichtum und Macht, begünstigte aber auch das Auftreten von Erbkrankheiten.

Rezessive Gene auf dem X-Chromosom wirken sich bei Männern oft negativ aus, weil auf dem Y-Chromosom kaum Erbanlagen liegen, die ausgleichend wirken könnten.

Aufgaben

1 Werte den Stammbaum für die Bluterkrankheit aus.

2 Ein bluterkranker Mann hat mit einer Überträgerin zwei gesunde Töchter und einen gesunden Sohn.
Erstelle ein Erbschema, bei dem in der nächsten Generation zwei bluterkranke Enkel auftreten.

Blut ist nicht gleich Blut

Eltern vererben ihren Kindern neben vielen anderen Merkmalen auch die Anlagen für die **Blutgruppe**: A, B, AB oder 0. Die Gene für die Blutgruppenmerkmale liegen auf dem Chromosom Nr. 9 und werden **dominant-rezessiv** vererbt: Anlagen für A und B sind dominant über 0. Bei der Blutgruppe AB werden beide Merkmale gleichberechtigt, man sagt **codominant**, ausgebildet. Es gelten also die mendelschen Regeln. Inzwischen kennt man über hundert weitere Blutgruppensysteme, nach denen menschliches Blut unterschieden werden kann. Nur das Blut eineiiger Zwillinge ist in allen Eigenschaften identisch.

♀ ♂	A	B	0
A	AA	AB	A0
B	AB	BB	B0
0	A0	B0	00

1 Vererbung der Blutgruppe

Aufgaben

1 Der Vater hat die Blutgruppe 0, die Mutter AB. Erstelle ein Erbschema, aus dem hervorgeht, welche Blutgruppen ihre Kinder haben könnten.

2 Eine Mutter hat den Rhesusfaktor rh⁻, der Vater Rh⁺. Erstelle ein Kreuzungsschema und beschreibe die möglichen Phänotypen bei den Kindern.

Rhesus-Faktor-Vererbung

Rhesus-Affen besitzen auf der Membran der roten Blutzellen ein Protein, das auch beim Menschen vorkommt: den so genannten **Rhesus-Faktor**. Die 85 % Mitteleuropäer, die ihn besitzen, nennt man **rhesuspositiv (Rh^+)**, die restlichen 15 % **rhesusnegativ (rh^-)**. Ihnen fehlt dieses Protein und damit auch das Gen für das unabhängige Blutgruppenmerkmal. Der Erbgang verläuft dominant-rezessiv. Dabei ist die Anlage Rh^+ dominant gegenüber rh^-. Da wieder zwei Gene existieren, kann der Genotyp eines rhesuspositiven Menschen reinerbig Rh^+Rh^+ oder mischerbig Rh^+rh^- sein.

Rhesusfaktor im Immunsystem

Im Blut eines rhesusnegativen Menschen gibt es normalerweise keine Antikörper gegen den Rhesus-Faktor. Zu einer Antigen-Antikörper-Reaktion kann es jedoch durch eine Schwangerschaft kommen, wenn eine rhesusnegative Mutter ein rhesuspositives Kind austrägt. Während des Geburtsvorganges kann es durch kleine Risse in den Gefäßen der Plazenta zur Berührung mit rhesuspositivem Blut kommen. Dadurch wird das Immunssystem der Mutter angeregt, Antikörper zu bilden. Bei einer erneuten Schwangerschaft dringen diese durch die Blutgefäße der Plazenta in den Kreislauf des Kindes und zerstören dort rote Blutzellen, sodass der Fetus oder das Neugeborene sterben kann. Mediziner kennen heute Möglichkeiten, die Antikörperentwicklung in der werdenden Mutter zu unterdrücken.

▶ Bluteigenschaften werden wie viele andere körperlichen Merkmale nach den mendelschen Regeln vererbt und bleiben ein Leben lang erhalten.

2 Entstehung der Rhesus-Unverträglichkeit

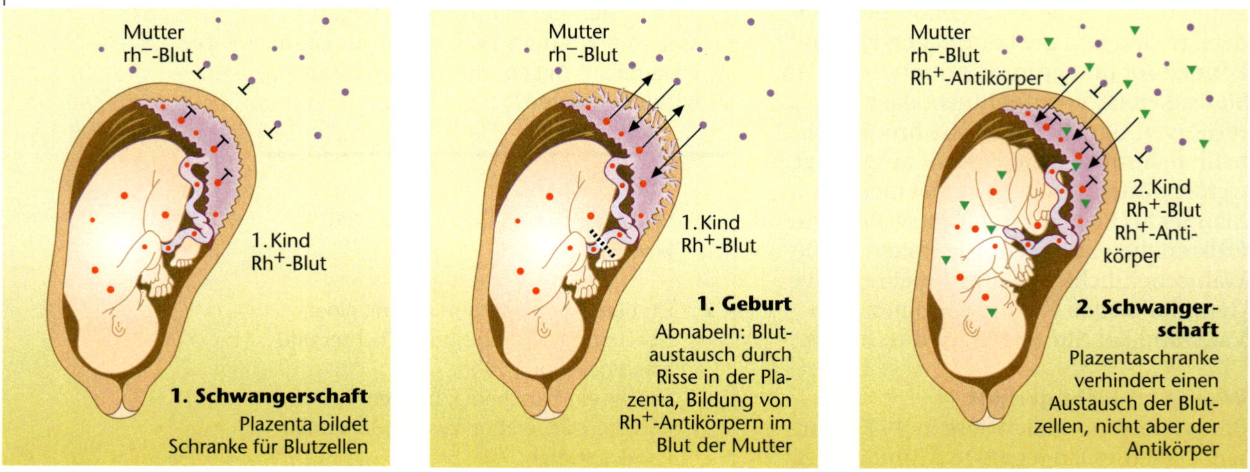

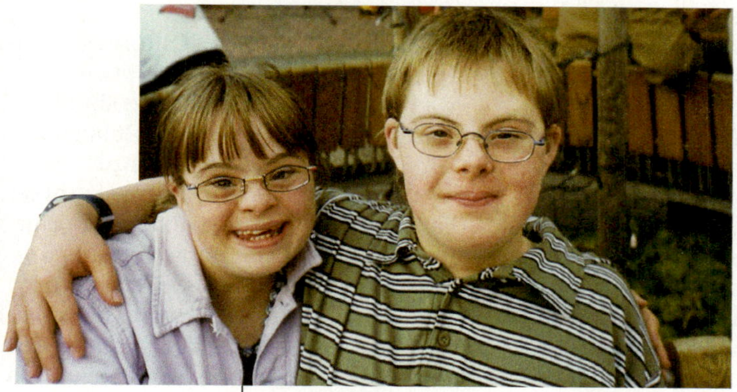

1 Kinder mit Down-Syndrom

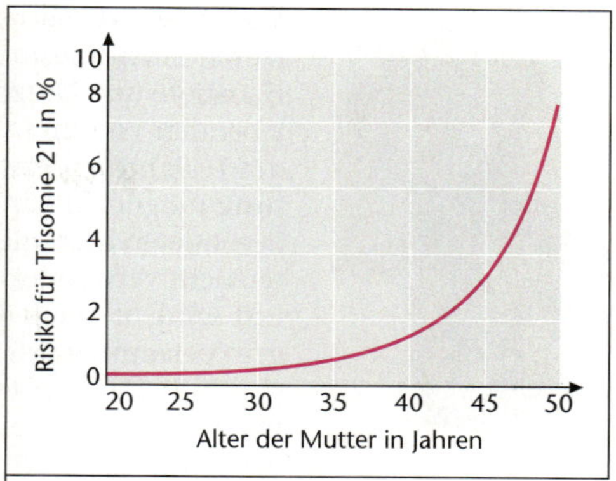

2 Altersabhängigkeit der Trisomie 21

Ein Chromosom zu viel

Der englische Kinderarzt LANGDON DOWN (1828–1896) beschrieb schon im 19. Jahrhundert die Anzeichen einer Krankheit, die statistisch bei einem von etwa 700 Neugeborenen auftritt. Die Kinder sind von kleinem Körperwuchs, haben einen kurzen Hals und kurzfingrige Hände. Auffällig ist das breitflächige Gesicht und die Augen mit einer schmalen Lidfalte. Die Summe all dieser Krankheitsanzeichen fasst man als **Down-Syndrom** zusammen. Die genetische Ursache ist die Verdreifachung – die Trisomie – des Chromosoms 21. Sie tritt als Fehler in der Meiose spontan auf. Werden bei der 1. oder 2. Reifeteilung die Chromosomen nicht gleichmäßig verteilt, können Keimzellen entstehen, die das Chromosom 21 zweimal enthalten. Bei der Befruchtung entsteht dann die Trisomie. Diesen Meiosefehler bringt man mit dem Alter der Mütter in Verbindung. Ob auch das Alter des Vaters eine Rolle spielt, ist noch nicht endgültig geklärt. Kinder mit Down-Syndrom bleiben in ihrer geistigen Entwicklung zurück, sind aber meist sehr freundlich, liebenswert und oft auch sehr musikalisch. Die geistige und körperliche Entwicklung der Kinder hängt sehr stark davon ab, wie früh mit einer Förderung begonnen wird.

Auch Geschlechtschromosomen können falsch verteilt werden

Falsch verteilte Chromosomen in der Meiose können nicht nur die Körperzellchromosomen betreffen, sondern auch die Geschlechtschromosomen. Daraus können Eizellen mit zwei X-Chromosomen oder Samenzellen mit XY-Chromosomen entstehen. Nach der Befruchtung entstehen Embryonen mit der Trisomie 47, XXY. Jungen und Männer mit diesem Karyotyp leiden am **Klinefelter-Syndrom**.

Das Klinefelter-Syndrom ist kaum bekannt, da die Betroffenen äußerlich völlig gesund erscheinen. Hauptsymptome sind unterentwickelte Hoden und Unfruchtbarkeit sowie ein überdurchschnittliches Längenwachstum. Die zu geringe Testosteronproduktion der Hoden kann den Beginn der Pubertät verzögern oder ganz verhindern.

Oft erfahren Eltern und Betroffene erst durch diese Entwicklungsstörungen von der Krankheit. Manchmal wird der Mann aber auch erst durch den nicht erfüllten Kinderwunsch mit der Krankheit konfrontiert. Rechtzeitige Testosterongaben können die Symptome weitgehend aufheben, sodass die Jungen und Männer ein völlig normales Leben führen können.

Verteilungsfehler bei der Meiose führen zu einer Veränderung der Chromosomenzahl.

Untersuchungsmethoden vor der Geburt

Bei einer über 35-jährigen Schwangeren raten Ärzte oftmals zu einer **Fruchtwasseruntersuchung** (▷ B 3). Bestimmte Krankheiten können dadurch frühzeitig entdeckt werden. Da im Fruchtwasser auch immer Zellen des Embryos schwimmen, können aus deren Zellkernen die Chromosomen isoliert und ein fotografisches Bild, das Karyogramm, erstellt werden. Veränderungen in der Struktur oder Anzahl der Chromosomen werden sichtbar.

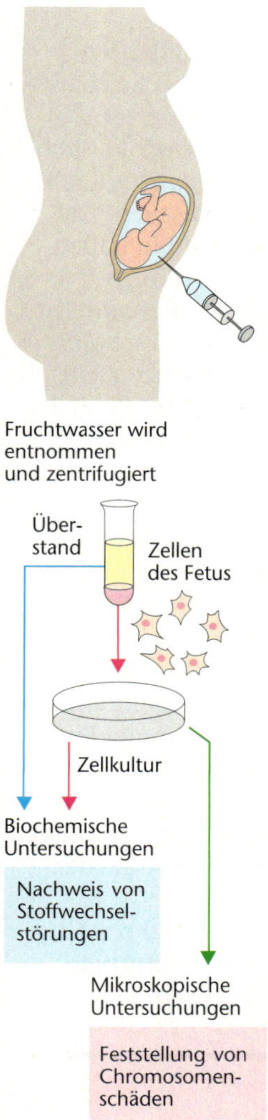

3 Fruchtwasseruntersuchung

Aufgaben

1 Zeige mit Skizzen, welche Folgen bei einer Fehlverteilung des Chromosomenpaares 21 in der 1. Reifeteilung zu erwarten sind.

2 Informiere dich über die Zeitschrift „Ohrenkuss" und halte darüber ein Referat.

Verschiedene Methoden der Züchtung
Durch Züchtungsmethoden sind unsere Haustiere und Nutzpflanzen aus wild lebenden Vorfahren entstanden. Bis Ende des 19. Jahrhunderts war nur **Auslesezüchtung** möglich. Pflanzen und Tiere mit besonderen Merkmalen wurden zur Weiterzucht verwendet.
Erst seitdem durch die mendelschen Regeln bekannt wurde, dass die Kreuzungen von Individuen einer Art mit verschiedenen Merkmalen Neukombinationen ergeben, werden gezielt neue Hybride mit erwünschten Eigenschaften erzeugt. Durch diese **Kreuzungszüchtungen** erhält man z. B. Rinder mit großem Milchertrag und gutem Fleischanteil. Bei Zuckerrüben können Ernteerträge und Zuckergehalt gesteigert werden. Da jedoch auch unerwünschte Eigenschaften in diese Verbindungen mit eingehen, müssen auf jede Kreuzung mehrere Generationen der Auslese folgen. Damit will man den Anteil solcher negativen Merkmale verringern.

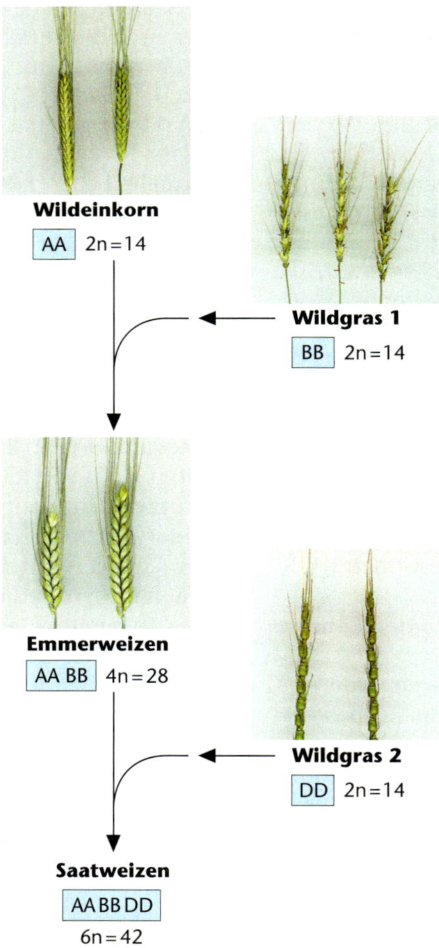

1 Entstehung von polyploiden Saatweizen

Mehreren Chromosomen
Eine Vervielfachung des Chromosomensatzes bewirkt bei Pflanzen größeren Wuchs und bessere Erträge. So sind beim Kulturweizen, der vom Wildeinkorn abstammt, die Chromosomensätze von zwei weiteren Wildgrasarten hinzugekommen. Die ältesten Weizensorten besitzen nur kleine Chromosomensätze von $2n = 14$, während die heutigen Brotweizenarten bis zu $6n = 42$ aufweisen. Es handelt sich um Mutationen, die in den vergangenen Jahrhunderten von den Weizenzüchtern aussortiert und vermehrt wurden. Solche Mutationen lassen sich auch künstlich durch Colchizin erreichen.
Unter Kulturpflanzen ist Polyploidie sehr häufig, denn diese Formen sind nicht nur ertragreicher, sondern auch widerstandsfähiger. So sind Hafer, Baumwolle, Kartoffel und Tabak polyploide Arten.

Hybride haben Vorteile
Besondere Eigenschaften von Pflanzen und Tieren, die immer wieder in Erscheinung treten sollen, müssen reinerbig dominant vorliegen. Sie sollen schließlich eventuell vorhandene negative Merkmale beim Kreuzungspartner überdecken. Die daraus hervorgehenden Hybriden haben deutliche Vorteile: Ertragsleistungen, Überlebenschancen und Fortpflanzungserfolge können dadurch verbessert werden. Pflanzenzüchter haben so Farbenvielfalt, Größe und Menge von Blüten bei Zierpflanzen gesteigert.

Vorteile nur in einer Generation
Auf Samentütchen von Kürbis, Tomate und Kohl findet sich oft die Bezeichnung „F_1-Hybriden“. Werden diese Hybrid-Samen ausgesät, ergeben sich nach der Spaltungsregel wieder Pflanzen mit ungünstigen Eigenschaften der großelterlichen Generation. Um das zu vermeiden, müssten die Hybride auf vegetative Art und Weise, also durch Stecklinge oder Ausläufer vermehrt werden. Ständig neues Saatgut zu entwickeln, ist aber einfacher.

Vor allem durch Auslese und Kreuzung züchtet der Mensch aus Wildformen Kulturpflanzen und Nutztiere.

Aufgabe

1 Kulturpflanzen, die sich längere Zeit selbst überlassen bleiben, „verwildern“. Erkläre dies mithilfe der Hybridisierung.

Bullensamen aus dem Katalog

Um in der Landwirtschaft Pflanzen und Tiere mit besonders hohen Ertragsleistungen in möglichst kurzer Zeit zu züchten, werden biotechnische Verfahren eingesetzt. In speziellen Besamungsstationen hält man als Samenspender zum Beispiel Zuchtbullen mit überragenden Eigenschaften. Landwirte können dann per Katalog Samen mit den gewünschten Eigenschaften auswählen und ihre Kühe damit künstlich befruchten lassen. So ein Zuchtbulle kann auf diese Weise tausende von Kälbern zeugen.

Auch das Erbgut von Hochleistungskühen lässt sich mit biotechnischen Verfahren vielfach weitergeben. Durch eine Hormonbehandlung reifen bei der Kuh vorzeitig viele Eizellen. Sie werden dann mit dem Sperma eines Zuchtbullen künstlich besamt. Nach der Befruchtung werden die Embryonen in einem sehr frühen Stadium aus der Gebärmutter ausgespült und dann jeweils „normalen" Ammenkühen eingepflanzt. Statt eines Kalbes können so durch Embryotransfer gleichzeitig viele Kälber zur Welt kommen.

Durch künstliche Besamung und Embryotransfer wird das Erbgut von Hochleistungsrindern vielfach weitergegeben.

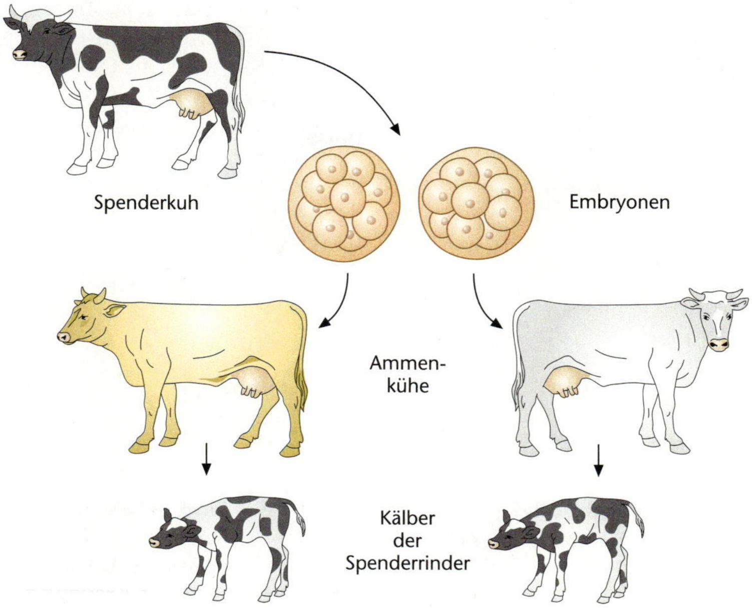

1 Embryonentransfer bei Kühen

Klonen im Reagenzglas

Im Jahre 1950 gelang es Wissenschaftlern im Labor, aus dem Gewebestückchen einer Möhre wieder eine vollständige Pflanze heranzuziehen. Heute wird die alte Methode einer vegetativen Vermehrung von Pflanzen in Gärtnereien in ganz neuen Dimensionen angewendet. Gewebestückchen bilden auf speziellen Nährböden zunächst ein undifferenziertes Gewebehäufchen. Wird während der Wachstumsphase die Zusammensetzung des Nährbodens geändert, sprießen aus den Gewebehäufchen Sprosse und Wurzeln. Um Klone zu gewinnen, wird es mehrfach geteilt. Die „Reagenzglaspflänzchen" werden dann in Erde umgesetzt und entwickeln sich zur vollständigen Pflanze (▷ B 2). So werden heute die Qualitäten von „Superobstbäumen" und Orchideen reproduziert und in tausendfachen Kopien gehandelt.

Aufgabe

1 Begründe, warum vegetative Vermehrungsmethoden in der Pflanzenzucht immer größere Bedeutung gewinnen.

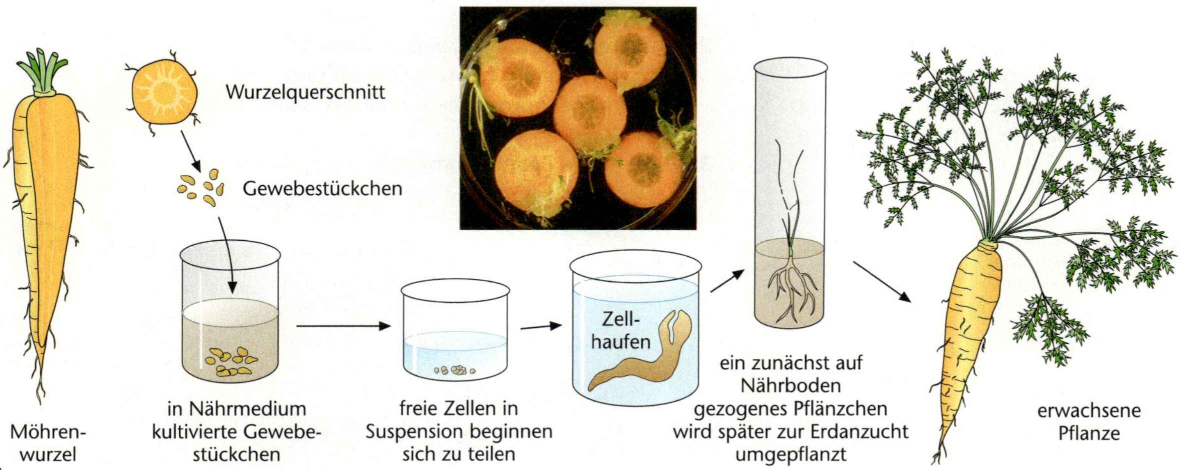

2 Möhrenpflanzen werden geklont

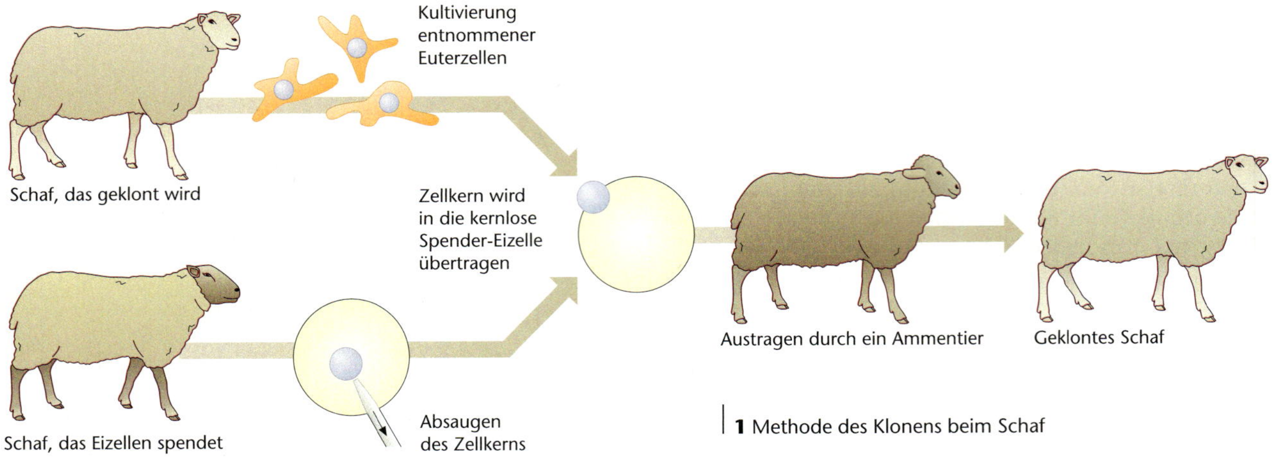

1 Methode des Klonens beim Schaf

Wie entstand Dolly?
Im Jahre 1997 wurde der Öffentlichkeit das Schaf Dolly vorgestellt. Wochenlang beherrschte die Geschichte von Dolly die Presse, denn es war das erste Klonschaf der Welt. Dolly sah nicht außergewöhnlich aus, aber es war die identische Kopie eines anderen Schafes. Diesem Schaf waren Euterzellen entnommen und deren Zellkerne entfernt worden. Ein weiteres Schaf lieferte eine unbefruchtete Eizelle, die ebenfalls entkernt wurde. Den Zellkern der Euterzelle übertrug man in die kernlose Eizelle und pflanzte diese in die Gebärmutter eines dritten Schafes ein. Das gelang erst nach zahlreichen Fehlversuchen. Ein Ammenschaf brachte dann Dolly zur Welt. 2002 starb Dolly – ungewöhnlich früh. Wissenschaftler vermuten, dass durch Klonen Alterungsprozesse beschleunigt werden.

Identische Mehrlinge für die Tierzucht
Klone werden in der Tierzucht auch dadurch erzeugt, dass man z. B. einer Hochleistungskuh einige Tage nach der Befruchtung den Embryo im Vielzellstadium aus der Gebärmutter spült und teilt. Die genetisch identischen Embryonenhälften setzt der Züchter in die Gebärmutter von Ammenkühen ein. Sie bringen dann die Klonkälber zur Welt.

Sind Lebewesen eines Klons identisch?
Amerikanische Forscher haben in einer Studie an Schweinen nachgewiesen, dass Genkopien keine wirklich identischen Organismen sind. Zwei Gruppen von Klonferkeln zeigten die gleichen Variationsbreiten im Verhalten wie zwei Vergleichsgruppen herkömmlicher Schweine: z. B. bei der Vorliebe für bestimmtes Futter oder im Temperament. Selbst in der Wachstumsgeschwindigkeit der Klone konnten die Wissenschaftler Unterschiede feststellen.

Klone sind Gruppen genetisch identischer Lebewesen, die trotzdem individuelle Unterschiede zeigen. Sie werden in der Tierzucht zur Vervielfachung von Tieren mit besonderen Eigenschaften erzeugt.

Aufgaben

1 Finde Gründe für die Unterschiede bei geklonten Lebewesen.

2 Äußere Vermutungen, warum nur eine unbefruchtete, kernlose Eizelle das Genmaterial der Körperzelle aufnehmen kann.

3 Erkläre den Begriff Ammentier.

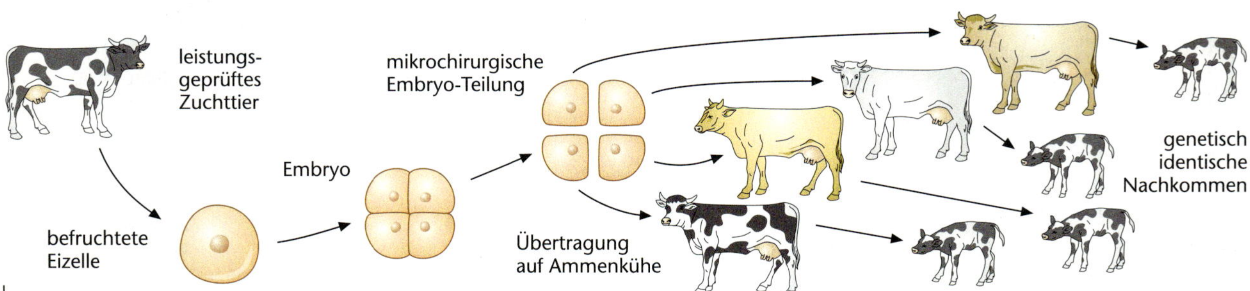

2 Erzeugung von Klonen als identische Mehrlinge

Mikroorganismen nutzen

Schon seit vielen hundert Jahren verwenden die Menschen z. B. Milchsäurebakterien zur Herstellung von Sauermilchprodukten, Quark und verschiedenen Käsesorten. Aber auch für Salami und Sauerkraut nutzen wir sie immer noch. Sie verändern die Lebensmittel nicht nur geschmacklich, sondern bewirken auch eine längere Haltbarkeit.
Heute setzt man bei biotechnischen Verfahren Mikroorganismen ein, um industriell die unterschiedlichsten Produkte herzustellen.
Die Biotechnik half weltweit vor allem mit der Antibiotika-Produktion aus Pilzen, dem Penicillin, Infektionsepidemien in Schach zu halten.

Bakterien helfen Diabetikern

Der Blutzuckerspiegel jedes Menschen wird durch ein Hormon, das **Insulin**, reguliert.
Bei Diabetikern stellt die Bauchspeicheldrüse kein Insulin mehr her.
Früher musste Insulin aus riesigen Mengen Bauchspeicheldrüsen von Rindern oder Schweinen gewonnen werden. Da es sich nicht um menschliches Insulin handelte, traten bei manchen Diabetikern Komplikationen auf.

Als Wissenschaftler das Gen für die menschliche Insulinproduktion entschlüsselt hatten, hielten sie es für möglich, das Hormon durch andere Organismen herstellen zu lassen. Für Genetiker ist nämlich das Erbgut aller Lebewesen nahezu beliebig austauschbar. Da der genetische Code aus den gleichen Bauteilen besteht, müsste auch ein eingebautes menschliches Insulin-Gen z. B. Bakterien dazu veranlassen, das artfremde Hormon zu produzieren.

Wie kommt das fremde Gen in ein Bakterium?

Bei manchen Bakterien liegt die DNA in Ringform frei im Plasma vor. Man nennt diese ringförmige DNA **Plasmid**. Sie setzt man als Träger für Fremdgene ein. Um in die Zielzelle zu gelangen und dort eingebaut zu werden, brauchen Spender-Gene zusätzliche überhängende DNA-Sequenzen.

Gentechniker „schneiden“ das Plasmid mithilfe von Enzymen auf. An der Schnittstelle verbindet ein „Klebe-Enzym“ das fremde Gen mit dem Plasmid. So entsteht durch Gen-Transfer ein Bakterium mit neu kombinierter DNA, das den gewünschten Stoff herstellt. Bei jeder Teilung, die alle 20 min. stattfindet, entstehen neue identische Kopien des übertragenen Gens.

In sehr großen Nährstoff-Tanks der Industrie vermehren sich die gentechnisch veränderten Bakterien. Am Ende des technischen Verfahrens werden sie getötet und das Insulin wird aus der Zellmasse gewonnen. Bevor es Diabetikern zur Verfügung steht, wird es noch gereinigt und weiter aufbereitet.

Bestimmte Erbanlagen einer Art können mit gentechnischen Verfahren auf eine andere Art übertragen werden und dort wirken.

Aufgaben

1 Erkläre am Beispiel der künstlichen Insulin-Herstellung das Prinzip der Gentechnik.

2 Begründe, warum Bakterien für die Gentechniker ideale Forschungsobjekte sind.

3 Informiere dich über Pro-Vitamin-A-Reis (goldener Reis) und trage dazu ein Kurzreferat vor.

4 Gentechnisch veränderte Organismen enthalten neuartige Proteine.
Können sie eventuell Allergien auslösen? Führt gemeinsam eine Expertenbefragung dazu durch.

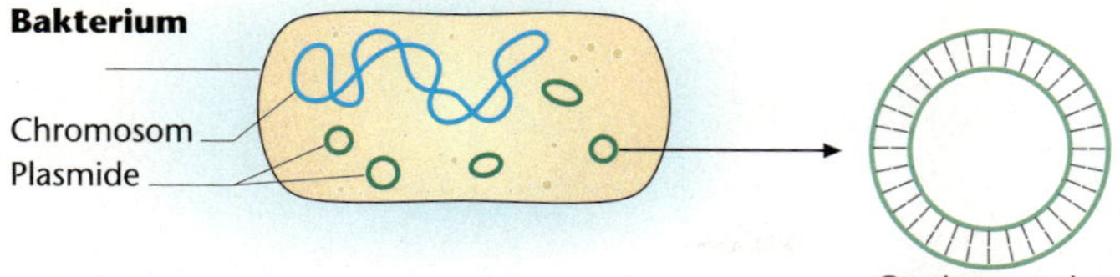

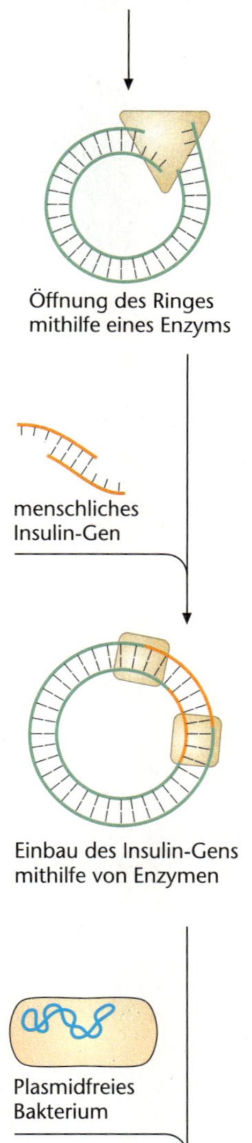

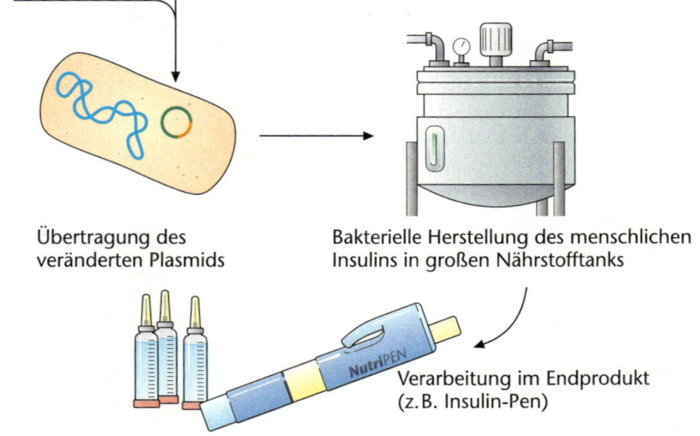

1 Gewinnung von menschlichem Insulin mithilfe von Bakterien

Gentechnisch veränderter Mais

Allgemein
Man schätzt, dass im Jahre 2025 etwa 8 Milliarden Menschen die Erde bevölkern werden. Deren gesunde und ausreichende Ernährung ist ein wichtiges Ziel der Landwirtschaft. Die Produktion von Nahrungsmitteln lässt sich durch Methoden der Gentechnik möglicherweise deutlich steigern. Das soll an einem Beispiel, nämlich dem Mais, untersucht werden.

- Wie könnte das gelingen?
- Welche Folgen ergeben sich?

Der Schädling und hohe Ernteverluste
Mais wird zwar zu fast 80 % als Tiernahrung für Schweine, Rinder bzw. Hühner genutzt. In verarbeiteter Form findet er sich auch in Lebensmitteln für den Menschen, zum Beispiel in Backwaren, Soßen und Suppen, in Majonäse, Öl und Margarine sowie in Kaugummi, Glasuren und angedickten Getränken. Mais ist neben Weizen und Reis das wichtigste Getreide. Weltweit werden knapp 600 Millionen Tonnen geerntet. Es könnten aber noch 7 – 8 % mehr sein, wenn nicht Schädlinge schon vor der Ernte einen Teil vernichtet hätten. Der wichtigste Verursacher des Schadens ist der Maiszünsler. Der Maiszünsler (*Ostrinia nubilalis*) ist ein Schmetterling, dessen Größe 2,6 bis 3 cm beträgt. Die Raupen bohren sich in die Stängel verschiedener Pflanzen ein. Sie ernähren sich von dem Pflanzengewebe und die Stängel knicken ab.

- Informiere dich über den Lebenszyklus des Maiszünslers und berichte darüber.
- – Der Maiszünsler ist ursprünglich eine rein europäische Schmetterlingsart.
  – Der Mais ist eine Kulturpflanze, deren wilde Vorfahren in den Anden beheimatet sind.
  – Der Maiszünsler ist heute weltweit in allen Maisanbaugebieten verbreitet.
  Welche Erklärung kannst du dafür angeben?
- Wo liegen die Hungergebiete der Erde?
- Wovon ernähren sich die Menschen dort hauptsächlich?

Alle 3,6 Sekunden stirbt ein Mensch an Hunger; 75 % davon sind Kinder unter fünf Jahren!

Bt-Mais – die Lösung?

Das Bakterium *Bacillus thuringiensis*, abgekürzt Bt, besitzt eine Eigenart, die bereits 1911 entdeckt wurde: Wenn bestimmte Schmetterlingslarven, z. B. die Raupen des Kohlweißlings oder des Maiszünslers, diese Bakterien mit ihrer Nahrung aufnehmen, so sterben sie wenig später. Woran kann das liegen?

Bt besitzt in seiner Zelle Eiweißkristalle, die im Darm der Larve aufgelöst werden. Verdauungsenzyme spalten diese Eiweiße weiter auf und so entsteht ein Gift, das die Darmwand des Insekts durchlöchert. Die Larve hört auf zu fressen und stirbt. Es ist gelungen, das Bt-Gen des Bakteriums auf Maispflanzen zu übertragen. Dieser Bt-Mais stellt in seinen Zellen also die gleichen Eiweißkristalle her wie Bacillus thuringiensis. Dem Bt-Mais kann der Maiszünsler nichts anhaben.

- Inwiefern ist dieser Bt-Mais die Lösung?

- Gene lassen sich mit Methoden der Gentechnik von einem Organismus auf einen anderen übertragen. Berichte deiner Klasse wie das geschieht.

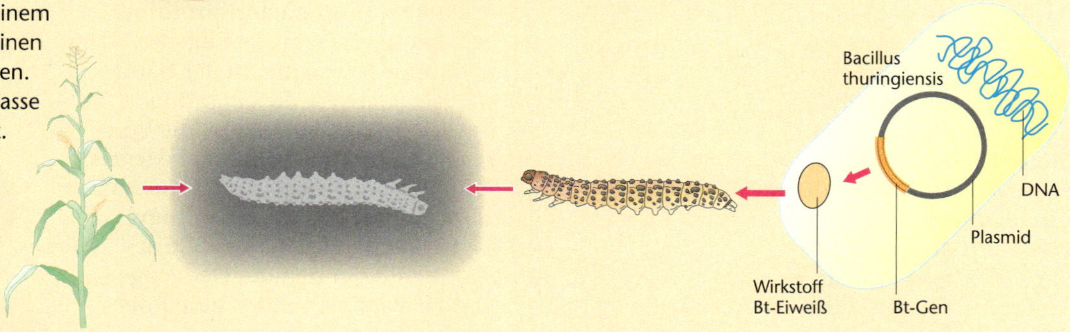

Zur Diskussion: Thesen zu möglichen Folgen

1. Im Bt-Mais befindet sich ein Protein, das natürlicherweise dort nicht vorkommt. Eiweiße können Allergien hervorrufen. Es besteht also ein Gesundheitsrisiko für den Menschen.
2. „Gentechnische Methoden sind sicher und gut kontrollierbar." Das behaupten Gentechniker und Industrie.
3. Das Problem des Welthungers ist ein Verteilungsproblem. Das kann auch durch Bt-Mais nicht gelöst werden.
4. Länder der dritten Welt werden wirtschaftlich von Großkonzernen abhängig, weil sie das Saatgut teuer kaufen müssen.
5. Durch Bt-Mais kann der Ernteertrag um etwa 40 % gesteigert werden.
6. Bt-Mais vernichtet ausschließlich Schadinsekten, die vom Gewebe der Pflanze fressen.
7. Florfliegen, die Larven des Maiszünslers fressen, nehmen auf diesem Weg ebenfalls das Bt-Eiweiß auf und sterben. Florfliegen sind aber sehr nützliche Insekten.
8. Pollen von Bt-Mais wird durch den Wind auf „normale" Maispflanzen übertragen. Er verbreitet sich dadurch unkontrolliert.
9. Für gentechnisch hergestellte Nahrungsmittel besteht eine Kennzeichnungspflicht. Der Verbraucher kann selbst entscheiden, ob er solche Produkte kaufen möchte.
10. Die landwirtschaftlich nutzbare Fläche lässt sich nicht beliebig vergrößern. Also muss man neue Produktionsmethoden einsetzen.
11. Bt-Mais ist wesentlich umweltschonender und billiger als der Einsatz von Schädlingsbekämpfungsmitteln.

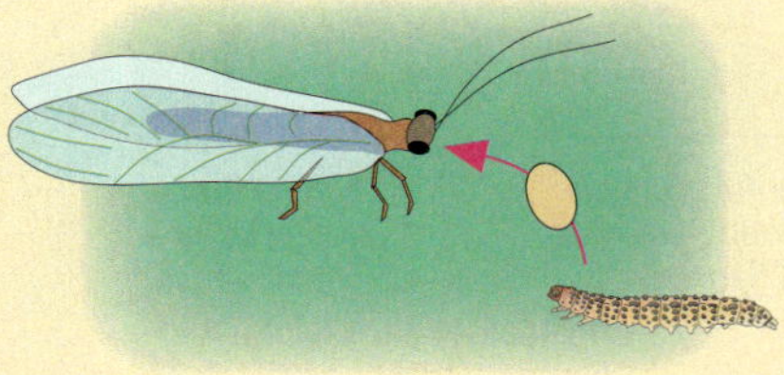

- Es gibt noch andere Nutzpflanzen, die gentechnisch verändert sind. Auch Gene von Tieren und Menschen werden auf andere Organismen übertragen. Sammle Berichte über solche Pflanzen und Tiere! Suche im Internet nach weiteren Beispielen!

- Stelle dir vor, du solltest als Politiker an Gesetzen zur Gentechnik mitarbeiten. Worauf würdest du besonderen Wert legen? Begründe!

- Wieso gibt es so unterschiedliche Aussagen zum Nutzen bzw. Risiko der Gentechnik?

1 Reifung von Tomaten mithilfe von Ethen

Bei manchen Früchten trügt der Schein
In den USA ist es wirtschaftlich von großem Interesse, die Reifung von Früchten zu kontrollieren. Tomaten z. B. müssen noch grün geerntet werden, um die langen Transportwege zu überstehen. Erst vor Ort lässt man sie mit Ethen-Gas schnell künstlich reifen (▷ B 1). Da Früchte aber selber Ethen produzieren, musste die Erbanlage für die Ethensynthese „ausgeschaltet" werden. Die Früchte reifen so nicht mehr, werden aber, sobald man sie mit Ethen begast, schnell rot. Der Geschmack ist fade. Außerdem besteht die Möglichkeit, Gene auszuschalten, die für das Weichwerden der Frucht zuständig sind. In der Natur bewirken sie, dass die Samen freigesetzt werden können. Die Vorteile der **Gentomate** scheinen auf der Hand zu liegen: Sie kann am Strauch reifen und sieht auch nach langer Lagerung noch appetitlich frisch aus. Innerlich altern jedoch auch diese Tomaten, was zu einem Aromaverlust führt. Da der Verbraucher aber die frische Tomate von der länger gelagerten nicht mehr unterscheiden konnte, wurde die Gen-Tomate nicht mehr gekauft. Sie verschwand vom Markt.

Schutz gegen die „chemische Keule"
Chemische Unkrautvernichter, die Herbizide, vernichten nicht nur unerwünschte Pflanzen, sondern auch die Nutzpflanzen. Durch Einbau geeigneter Gene sollen die Nutzpflanzen gegen die „chemische Keule" unempfindlich gemacht werden. Herbizide zeigen bei resistenten Pflanzen dann keine Wirkung mehr. Bei Kartoffeln, Mais, Baumwolle und Soja gibt es bereits herbizidresistente Sorten.

Auf die gleiche Weise stellt man auch Pflanzensorten her, die außerdem noch Resistenzgene gegen Insektenbefall, Pilz- oder Viruskrankheiten oder auch gegen ungünstige klimatische Bedingungen besitzen.

Gen-Fähre
Bodenbakterien (**Agrobacterium tumefaciens**) sind für die Transferaufgabe von Genen besonders geeignet. In der Natur infizieren sie Pflanzen, die daraufhin Tumore an den Wurzeln bilden, die Wurzelhalsgallen. Die Tumorbildung bedeutet, dass die Zellen umprogrammiert wurden. Gene auf dem Plasmid des Bakteriums sind dafür verantwortlich. Anstelle des Tumorgens wird ein fremdes Gen eingesetzt, das die Bakterien durch eine Infektion auf die Pflanze übertragen.

Bei vielen Pflanzen kann man einzelne Zellen dazu veranlassen, durch fortlaufende Mitosen Zellhäufchen (Kallus) zu bilden (▷ B 3). Daraus entwickelt sich eine vollständige Pflanze. Die genetische Veränderung lässt sich an solchen Einzelzellen leichter vornehmen. Teilt man dann die ersten Gewebestückchen, erhält man zahlreiche Pflanzenklone, die alle das veränderte Gen in sich tragen.

2 „Matsch"tomaten

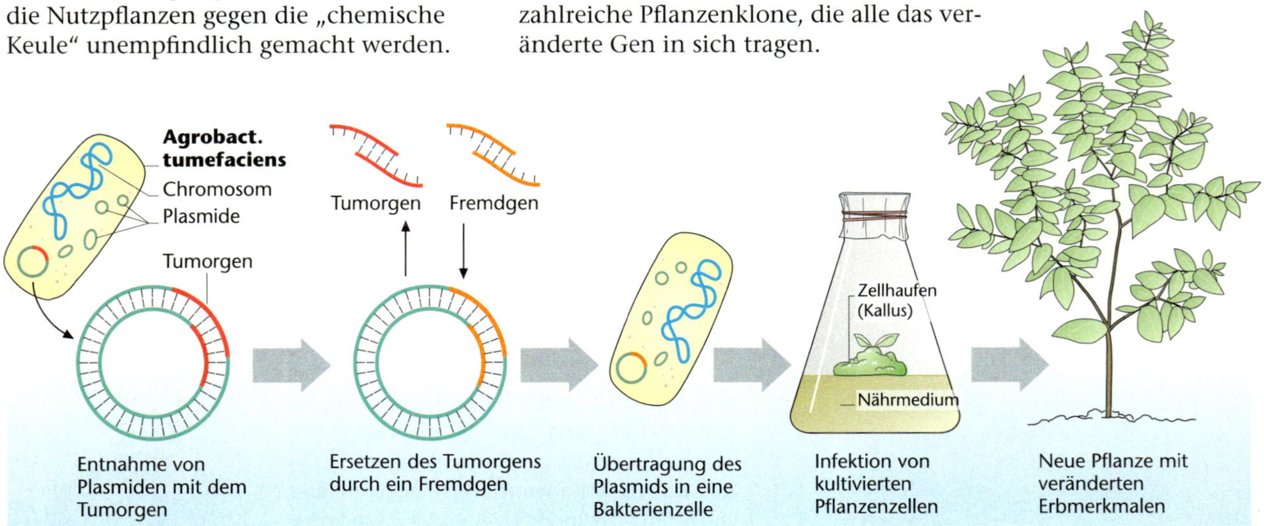

3 Gentransfer mithilfe eines Gen-Taxis

Gentechnik für die Tierzucht
Für die Landwirtschaft hält die Industrie zahlreiche gentechnisch entstandene Produkte bereit. Vor allem die Massentierhaltung erfordert den Einsatz immer neuer oder veränderter Impfstoffe oder auch gentechnisch gewonnener Wachstumshormone, um größere Erträge zu erzielen.

Auch Tiere nach Plan?
Gentechniker können nicht nur das Erbgut von Pflanzen manipulieren, sondern auch fremde Gene in die DNA von Tieren einbauen. Dies geschieht entweder mit Bakterien-Plasmiden, die als Gen-Fähre dienen oder die entsprechende DNA wird direkt in die Zelle injiziert. Gentechnisch veränderte Organismen heißen **transgen**.

Transgene Tiere als Nährstofflieferanten
Transgene Tierarten sind auch für die menschliche Ernährung vorgesehen.
So wird den in großen Mengen gezüchteten Speisefischen wie Regenbogenforellen und Lachsen erfolgreich ein kloniertes Gen für Wachstum injiziert. Dadurch erreichen die Tiere in einem Jahr die Größe, die sie sonst erst in 2–3 Jahren erreichen würden.

Transgene Tiere als Arzneimittel-Fabriken
Von außerordentlicher Bedeutung ist die Produktion von menschlichen Wirkstoffen in transgenen Nutztieren. Zur Behandlung der Bluterkrankheit, Hepatitis oder anderer schwerer Krankheiten können so preisgünstige Medikamente gewonnen werden.
Dazu schleust man menschliche Gene in das Genom z. B. von Schafen ein. Mit einer Mikrosonde wird in die frisch befruchtete Eizelle eines Schafes eine Kombination von Genen eingespritzt. Sie sollen bewirken, dass in der Schafsmilch ein Enzym produziert wird, das für Lungenkranke die Atemnot beheben soll. Es stellt die Elastizität der Lungenbläschen wieder her.
Bisher gewinnt man das Enzym aus großen Mengen von menschlichem Spenderblut. Diese herkömmliche Methode kann demnächst den Bedarf nicht mehr decken. Die wirtschaftliche Bedeutung der Stoffe, die von transgenen Tieren erzeugt werden, nimmt ständig zu.
Dieses Anwendungsgebiet der Gentechnik wird **Gen-Pharming** genannt, weil die Pharma-Industrie durch transgene Tiere bestimmte menschliche Enzyme als Medikamente gewinnt. Dadurch kann tausenden kranken Menschen und Tieren geholfen werden.

Mithilfe der Gentechnik sollen transgene Organismen bessere Qualität und höhere Leistung bringen.
Beim Gen-Pharming produzieren transgene Tiere Stoffe, die der menschlichen Gesundheit dienen.

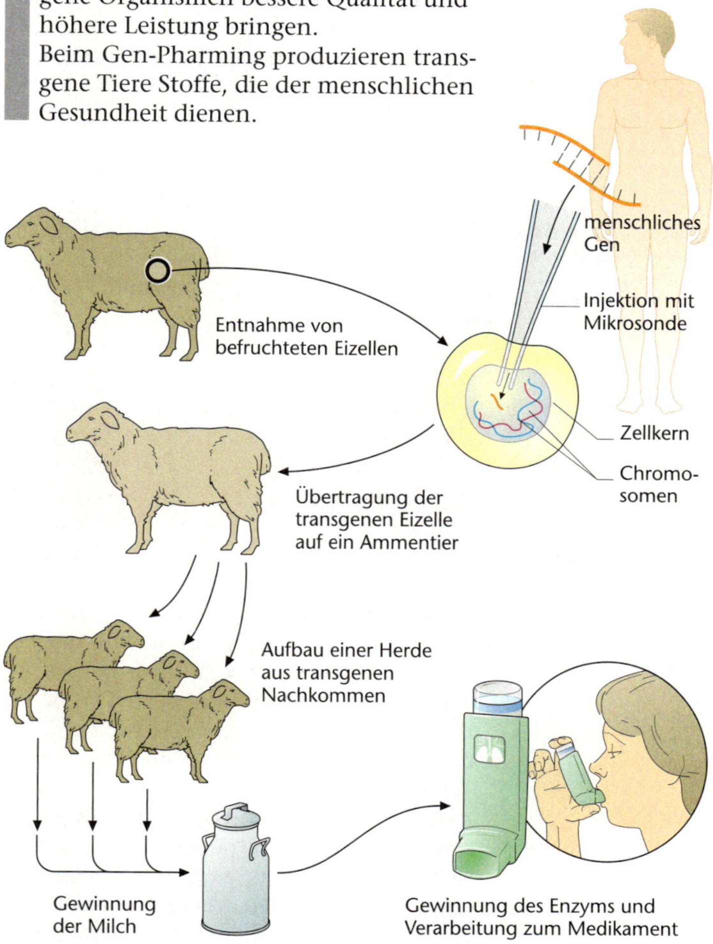

4 Herstellung von Medikamenten mithilfe transgener Tiere

Aufgaben

1 Informiere dich im Internet über die Novel-Food-Verordnung und berichte.

2 Beschreibe das Verfahren zur Herstellung pharmazeutisch wichtiger Proteine aus Milch von transgenen Schafen.

3 Führe Argumente der Kritiker gegen die Produktion transgener Tiere an.

4 Begründe, warum Pflanzen mit Herbizid-Resistenz-Genen eine Gefahr darstellen können?

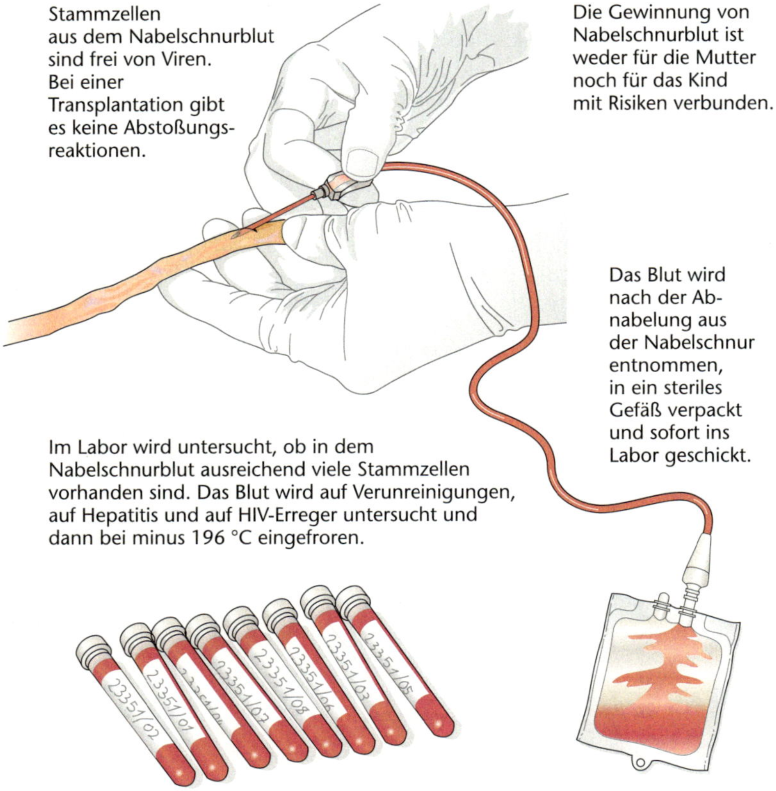

1 Gewinnung von Stammzellen

Unspezialisierte Körperzellen

In einigen Organen deines Körpers wie Knochenmark, Haut und Darm sterben laufend Zellen ab, die zu ersetzen sind. Diese entstehen aus unspezialisierten Zellen, den **Stammzellen**. Sie haben ihre Teilungsfähigkeit dauerhaft beibehalten. In der medizinischen Forschung werden solche Stammzellen transplantiert, damit sich geschädigte Organe oder Gewebe regenerieren können. Verwendet man eigene Stammzellen des Erkrankten, bekämpft das Immunsystem das neu entstehende Gewebe nicht.

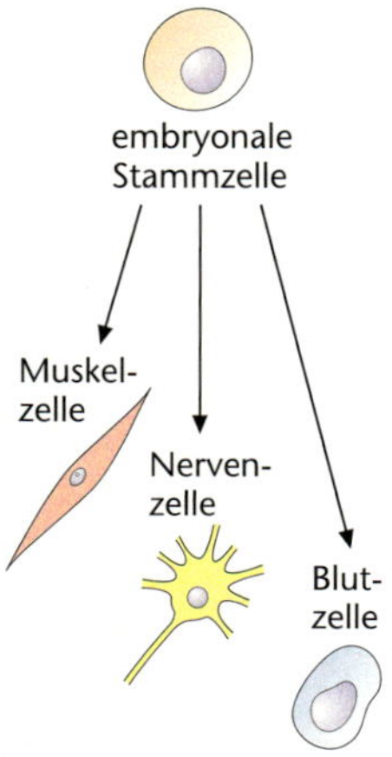

Stammzellen auch im Nabelschnurblut

Bei Untersuchungen von Nabelschnurblut entdeckten Wissenschaftler nicht nur Stammzellen für das gesamte blutbildende System, sondern auch für Knorpel-, Muskel-, Herzmuskel- und andere Gewebe. Blut aus der Nabelschnur kann nach der Geburt ohne Risiko für Mutter und Kind gewonnen werden. Viele Menschen lassen bereits die enthaltenen Stammzellen für ihre Kinder als Krankheitsvorsorge in Blutbanken aufbewahren.

Embryonale Stammzellen

Eineiige Zwillinge zeigen, dass sich aus den ersten embryonalen Zellen auf natürliche Weise komplette, genetisch identische Lebewesen als Klon entwickeln können. **Embryonale Stammzellen** sind für die medizinische Forschung deshalb von besonderem Wert, weil sich aus ihnen jedes Organ und jedes Gewebe des Körpers bilden lässt. Mediziner sehen darin die Möglichkeit, gezielt „Ersatzteile" für den Menschen zu produzieren. Man spricht von **therapeutischem Klonen**. Dazu werden hauptsächlich embryonale Stammzellen von überzähligen Embryonen aus In-Vitro-Fertilisationen verwendet.

Verjüngte Menschen oder Klon-Babys?

Könnten die ausdifferenzierten Zellen eines Erwachsenen dazu veranlasst werden, sich wie eigene embryonale Stammzellen zu verhalten?
Könnte das, was beim Schaf Dolly gelang, auch beim Menschen möglich sein?
Der Zellkern einer Körperzelle wird dazu in eine kernlose Eizelle eingesetzt. Das Eizellplasma wirkt auf die DNA der Körperzelle so ein, dass sich die Gene tatsächlich wie in embryonalen Stammzellen verhalten. Nach einigen Zellteilungen könnten eine oder mehrere Kopien des Gen-Spenders in Leihmüttern zu Klon-Babys heranwachsen.

Diese Technik, neue Lebewesen als Klon zu erzeugen, ist bisher nicht erfolgreich und muss für den Menschen grundsätzlich abgelehnt werden. Gewinnt man aber aus den embryonalen Stammzellen durch Klonen alle erforderlichen Gewebe, die ein Patient zur Heilung oder gar zur „Verjüngung" benötigt, könnte zukünftig auf Spenderorgane verzichtet werden.
Rückt der Traum von der ewigen Jugend näher?

Embryonale Stammzellen sind unspezialisierte Zellen, aus denen sich unterschiedliche Gewebe, Organe oder vollständige Lebewesen entwickeln können.

Aufgaben

1 Erkläre, warum es günstig wäre, aus patienteneigenen Zellen Organe zu züchten und zu implantieren.

2 Dürfen Embryonen und ihre Zellen für Forschungszwecke in Deutschland benutzt werden? Informiere dich im Internet darüber und berichte.

Viele Fragen der Gentechnik sind heute noch offen. Wissenschaftler, Juristen, Theologen, Ethiker und Politiker versuchen Antworten auf diese Fragen zu finden. Da bei der Manipulation des Erbmaterials Nutzen und Gefahren sehr eng beieinander liegen, ist es wichtig, verantwortungsvoll mit dem Thema umzugehen.

Aufgaben

1 Sucht im Internet nach der Verordnung über die Sicherheitsstufen und Sicherheitsmaßnahmen bei gentechnischen Arbeiten in gentechnischen Anlagen. Fasst die 4 Sicherheitsstufen in wenigen Sätzen zusammen.

2 Sucht passende Beispiele für alle Pro- und Contra-Argumente und formuliert kritische Bewertungen.

Pro

Das Aussterben bedrohter Tier- und Pflanzenarten, könnte durch Klonen verhindert werden.

Contra

Das Aussterben bedrohter Tier- und Pflanzenarten, könnte durch gentechnisch veränderte Lebewesen beschleunigt werden.

Transgene Lebewesen könnten Arzneimittel kostengünstig und in großen Mengen liefern.

Tieren werden krankmachende Gene eingepflanzt, um die Wirkung von Medikamenten zu testen.

Die Auswirkungen von genmanipulierten Nahrungsmitteln auf die menschliche Gesundheit sind nicht absehbar.

Gentechnisch veränderte Bakterien oder Viren könnten aus den Labors in die Umwelt entweichen.

Schädlingsresistente Nutzpflanzen vermindern den Einsatz von Pestiziden.

Das Aussterben bedrohter Tier- und Pflanzenarten, könnte durch Klonen verhindert werden.

Der Mensch spielt Schöpfer und verletzt damit die Menschenwürde.

Das Aussterben bedrohter Tier- und Pflanzenarten, könnte durch gentechnisch veränderte Lebewesen beschleunigt werden.

Die Stammzellenforschung kann helfen, die Zahl der Tierversuche zu verringern.

Gentechnisch manipulierte Pflanzen können helfen, den Hunger in der Welt zu bekämpfen.

Brennpunkt

Tomate + Kartoffel = Tomoffel?

Obwohl sich Tomaten- und Kartoffelpflanzen mit herkömmlichen Methoden nicht kreuzen lassen, ist es Forschern gelungen, eine „Tomoffel" herzustellen. Mithilfe spezieller Enzyme entfernten sie die Zellwände der Pflanzenzellen beider Arten. Zurück bleiben so genannte **Protoplasten**, „nackte" Zellen, die nur noch von der Zellmembran umgeben sind. Durch die Einwirkung von Chemikalien oder Stromstößen erreicht man, dass einige der Kartoffelprotoplasten mit Tomatenprotoplasten zu Hybriden verschmelzen. Man spricht von **Protoplasten-Fusion**. Über undifferenzierte Gewebehäufchen entwickeln sich im Reagenzglas daraus anschließend kleine Pflänzchen.

Leider besitzen die so hergestellten Tomoffeln keinen praktischen Nutzen, denn die Knollen und Früchte sind viel zu klein. Die Herstellung von Protoplasten dient deshalb hauptsächlich dazu, Pflanzen im Reagenzglas zu klonen.

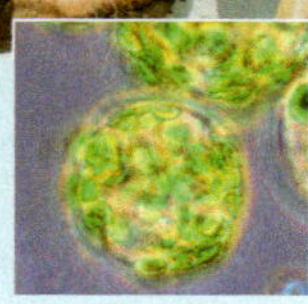

Erbanlagen werden an die Nachkommen weitergegeben

1 Geschlechts-chromosomen

Merkmale werden vererbt
Den Merkmalen eines Lebewesens liegen Erbanlagen oder Gene zugrunde, die in den Zellkernen fast aller Zellen vorkommen. Alle Gene zusammen bilden das Genom. Bei Lebewesen, die sich geschlechtlich fortpflanzen, stammen die Chromosomen von Mutter und Vater. Nur eineiige Zwillinge haben ein identisches Genom.
Moderne Zellforschungen ergaben, dass Plasmagene in Mitochondrien und bei Pflanzen auch in Plastiden außerhalb des Zellkerns vorkommen.

Genetisch identische Nachkommen
Bei der ungeschlechtlichen Fortpflanzung gibt ein Elter durch mitotische Teilungen Kopien all seiner Gene an die Nachkommen weiter. Es entsteht ein Klon, d. h. eine Gruppe genetisch identischer Lebewesen.

Aus zwei mach eins
Damit bei der Befruchtung der diploide Chromosomensatz erhalten bleibt, muss bei der Bildung der Keimzellen die Anzahl der Chromosomen auf die Hälfte reduziert werden. Während der Meiose entstehen nach zwei Teilungsschritten haploide Eizellen und Spermien. Auch die geschlechtsbestimmenden Chromosomen XX (weiblich) und XY (männlich) werden dabei getrennt.

MENDEL entdeckt die Erbregeln
Nach Kreuzungsversuchen mit Gartenerbsen fasste er seine Ergebnisse in Statistiken zusammen und leitete daraus die später nach ihm benannten mendelschen Regeln ab: Uniformitätsregel, Spaltungsregel und Unabhängigkeitsregel.
Durch Rückkreuzungen stellt man Reinerbigkeit fest. Erbgänge können mithilfe eines Kreuzungsschemas dargestellt werden.

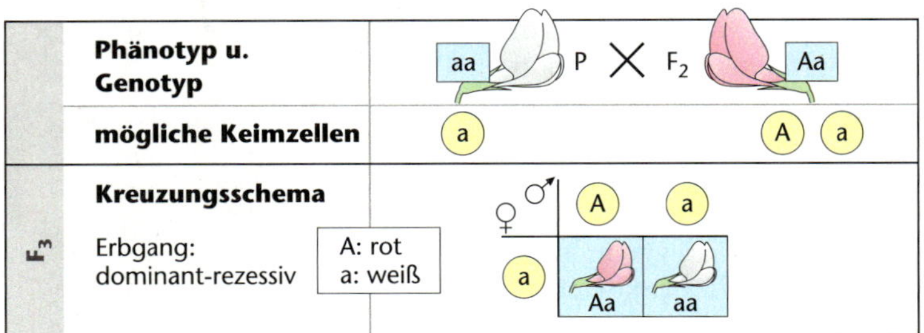

2 Kreuzungsschema

3 Kürbis Hybrid

Mutationen und Modifikationen
Mutationen sind plötzlich auftretende Veränderungen im Erbgut. Sie können einzelne Gene, das Chromosom oder den ganzen Chromosomensatz betreffen.
Modifikationen sind nicht vererbbare Veränderungen des Phänotyps.

Pflanzen- und Tierzucht
Durch Auslese und Kreuzung werden aus Wildformen Kulturpflanzen und Nutztiere gezüchtet.
Durch biotechnische Methoden lässt sich Erbgut mit besonderen Eigenschaften beliebig oft vervielfachen.

Bakterien für die Gentechnik
Mithilfe der Gentechnik werden z. B. Bakterien veranlasst, artfremde Substanzen zu bilden.
Bestimmte Erbanlagen einer Art können durch Mikroorganismen als Gen-Fähren sogar auf eine andere Art übertragen werden.

Gentherapie als Lösung?
Beim Menschen versuchen Wissenschaftler auch defekte Gene zu ersetzen, um so Krankheiten zu heilen.

Stammzellen sind Alleskönner
Embryonale Stammzellen sind nicht spezialisierte Zellen, die sich noch beliebig oft teilen können. Aus ihnen lassen sich vollständige Lebewesen oder verschiedenartige Gewebe und Organe als „Ersatzteile" bilden.
Um eine identische Kopie z. B. eines Schafes zu erzeugen, übertrugen Forscher den Kern einer Schaf-Körperzelle in eine entkernte Eizelle. Dort verhielten sich die Gene wie in embryonalen Zellen. In einem Ammentier entwickelte sich das Klon-Schaf.

Aufgaben

1 Sind wir Marionetten unserer Gene? Lege dar, welche Antworten Forscher auf diese Frage gefunden haben und mit welchen Methoden.

2 Außer der Halbierung des Chromosomensatzes ist die Vermischung des elterlichen Erbmaterials eine wesentliche Funktion der Meiose. Erkläre.

3 Eine rhesuspositive Mutter mit der Blutgruppe 0 fordert Unterhalt von dem angeblichen Vater ihres rhesusnegativen Kindes der Blutgruppe 0. Ermittle die möglichen Blutgruppen und den Rhesusfaktor für den Mann, der als Vater infrage kommt.

4 Begründe, warum eine Bakterienkolonie ein Klon ist.

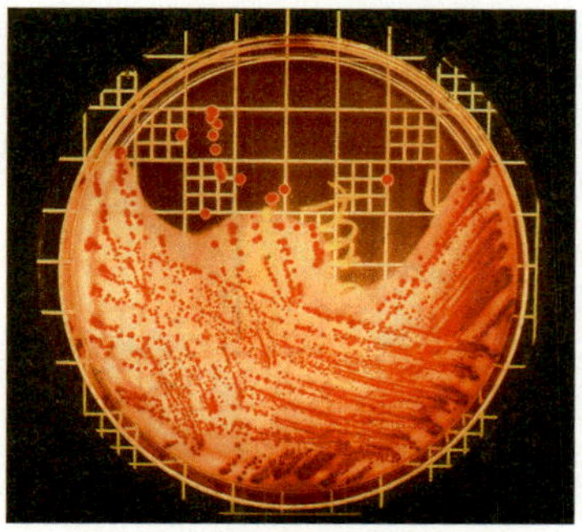

5 Du kaufst im Zoohandel ein schwarzes, rauhaariges Meerschweinchenpaar. Bei den Nachkommen treten auch einzelne weiße, glatthaarige Tiere auf:
a) Wie müssen die Genotypen der Eltern ausgesehen haben?
b) Erstelle das zugehörige Kreuzungsschema.
c) Welche weiteren Phänotypen wären bei den Nachkommen zu erwarten?
d) In welchem Zahlenverhältnis träten diese auf?
e) Wie müsste eine Kreuzung aussehen, die klarstellen könnte, welche der vielen schwarzen, rauhaarigen Meerschweinchen reinerbig sind?

6 Vergleiche die Auslesezüchtung mit der Kombinationszüchtung.
Erkläre Gemeinsamkeiten und Unterschiede in der Methode.

7 Begründe, warum sich rezessive Gene auf dem X-Chromosom beim männlichen Geschlecht ausprägen.

8 Beim Turner-Syndrom zeigt das Karyogramm nur ein X- Chromosom. Erkläre, wie dieser Fehler sowohl bei der Meiose als auch bei Mitosen im Embryonalstadium entstehen kann.
Bezeichne die Mutationsart.

9 Die Nachfrage der Verbraucher nach Zier- und Nutzpflanzen mit immer gleich bleibend guter Qualität steigt ständig. Erkläre, mit welcher Methode die Biotechnik diese Wünsche erfüllt.

10 Eine gängige Methode der Tierzucht, identische Mehrlinge zu erzeugen, ist der Embryotransfer. Beschreibe mit eigenen Worten dieses biotechnische Verfahren.

11 Nenne Gründe, warum das Klon-Schaf Dolly von Gentechnikern gefeiert wurde.
Führe Argumente von Kritikern an, die eine mögliche Anwendung der Technik beim Menschen befürchten.

12 Erkläre anhand der Grafik unten das Verfahren der Gentechnik, bei dem Gene von einem Lebewesen auf ein anderes übertragen werden.

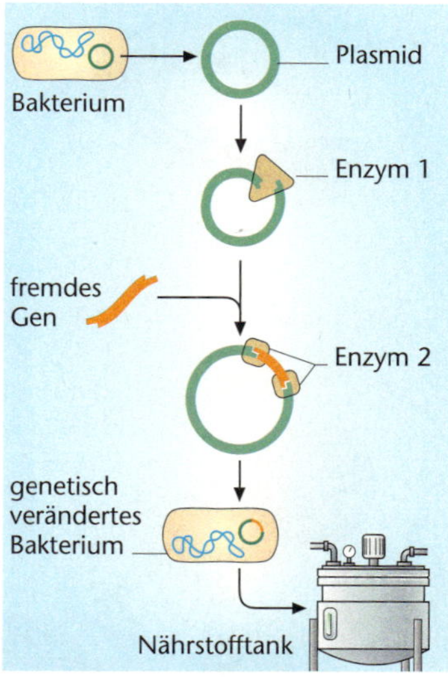

---

1 Die Abbildung zeigt einen Stammbaum.
a) Übertrage alle von dir erkannten Informationen aus der Symbolsprache des Stammbaums in eigenen Worten.
b) Ordne dem Stammbaum geeignete Genotypen zu. Vergleiche dein Ergebnis mit dem von Mitschülern.
c) Plane ein Experiment, mit dem du dein Ergebnis bestätigen kannst. Erläutere den Erbgang mit den Fachbegriffen.
d) Bewerte die Aussagekraft des dargestellten Stammbaums.

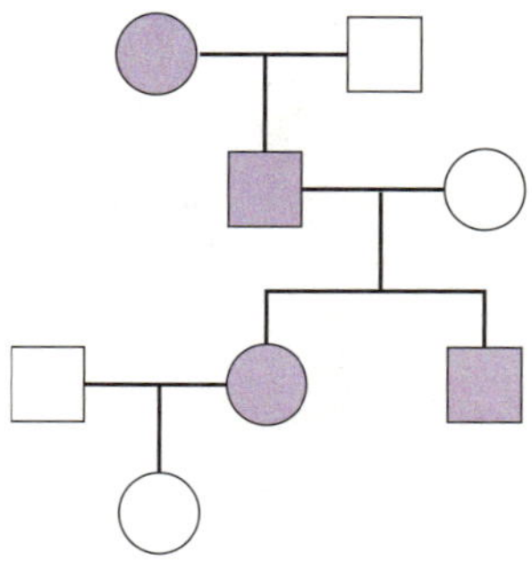

Die unendliche Geschichte der Evolution

Unglaublich aber wahr: Vor etwa 3,5 Milliarden Jahren entstanden die ersten einfachen Organismen. Aus ihnen entwickelte sich die unüberschaubare Vielfalt von Tier- und Pflanzenarten, die wir heute auf unserem Planeten vorfinden.

Seit der Entstehung der Erde vor über 4 Milliarden Jahren, hat sich ihr Gesicht ständig verändert.

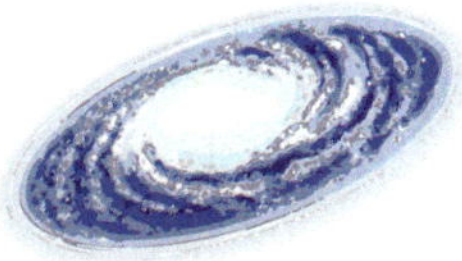

Auch die Lebensformen wandeln sich beständig. Millionen und Abermillionen verschiedener Pflanzen- und Tierarten sind im Laufe der Geschichte des Lebens aufgetaucht und wieder verschwunden. Der Begriff „Evolution" kommt aus dem Lateinischen und bedeutet so viel wie Entwicklung.

Doch wie ist das Leben auf der Erde entstanden? Wie hat es sich immer weiterentwickelt? Weshalb starben manche Tier- und Pflanzenarten aus? Wo und wann erschienen die ersten Menschen auf diesem Planeten?

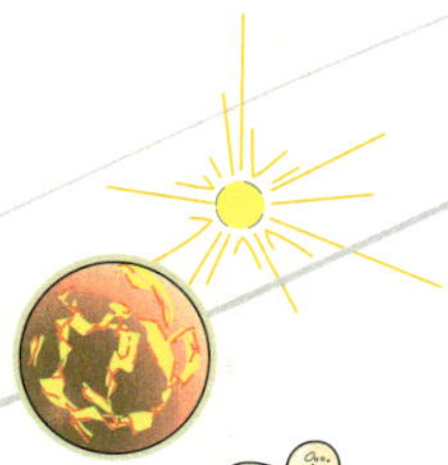

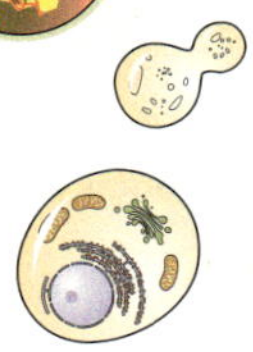

Die Geschichte des Lebens birgt noch viele Geheimnisse, die es zu entdecken gilt. Die Evolution ist nicht abgeschlossen. Wie wird die Entwicklung des Lebens weitergehen? Wird der Mensch die Evolution beherrschen lernen?

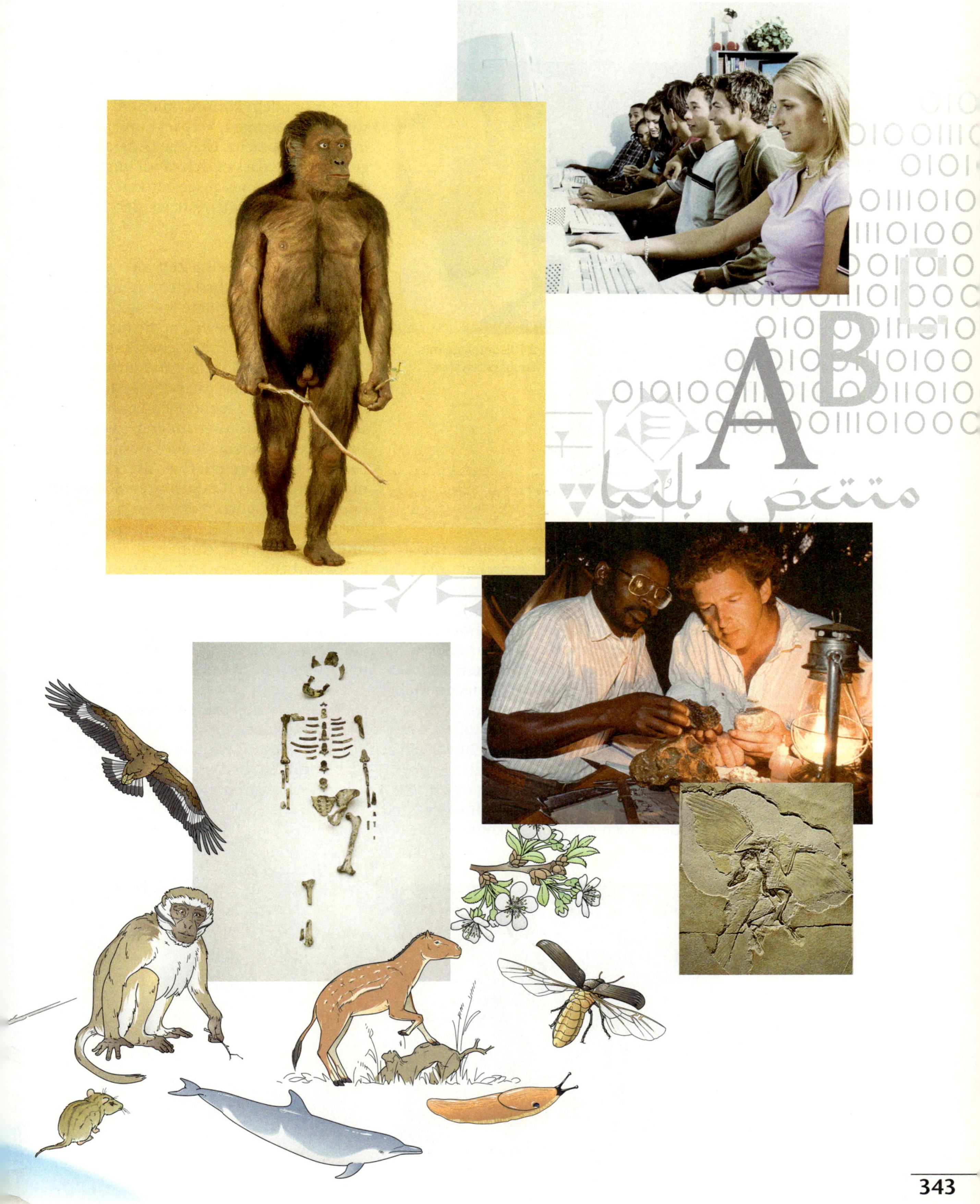

1 Gesteinsschichten

2 Paläontologe mit Equus przewalskii

3 Fossiles Urpferd

Knochenarbeit

Professor Johnson ist Paläontologe. Die **Paläontologie** ist die Wissenschaft, die sich mit den Überresten ausgestorbener Lebewesen beschäftigt.
Wieder einmal macht sich Professor Johnson mit einem Team von Wissenschaftlern auf, um nach Spuren vergangener Lebensformen zu suchen. Nach tagelanger harter Ausgrabungsarbeit bei glühender Hitze und in unwegsamem Gelände stoßen zwei Mitarbeiter auf etwas, das aussieht wie ein Knochen. Die Spezialisten beginnen sofort damit, das Fundstück vorsichtig freizulegen und entdecken dabei noch mehr Knochen. Auch ein Schädel kommt zum Vorschein.

4 Fossilien von Ammoniten

Ein Pferd wird entdeckt

Professor Johnson betrachtet die Fundstücke genau und vermutet dann, dass es sich hierbei um die Überreste eines ausgestorbenen Vorfahren unseres heutigen Pferdes handeln könnte. Alle Teile werden sorgfältig geborgen, verpackt und ins Labor gebracht. Genaue Untersuchungen ergeben, dass es sich tatsächlich um die Überreste eines ausgestorbenen Pferdes handelt. Solche Überreste werden **Fossilien** genannt.

Leitfossilien geben die Zeit an

In manchen Gesteinsschichten findet man nur bestimmte Fossilien. Solche Überreste ausgestorbener Lebewesen, die für eine spezielle Gesteinsschicht charakteristisch sind, nennen Paläontologen **Leitfossilien**. Kennt man also das Alter der Gesteinsschicht und der zugehörigen Leitfossilien, so kann man das Alter anderer, in dieser Schicht vorhandene Funde bestimmen. Diese so genannte **relative Altersbestimmung** ist in etwa für die letzten 600 Millionen Jahre möglich.
Die bekanntesten Leitfossilien sind die Ammoniten (▷ B 4). Ammoniten sind die ausgestorbenen Verwandten unserer heutigen Tintenfische. Sie lebten von vor ca. 370 Millionen Jahren bis vor 65 Millionen Jahren in den Meeren der Erde. Die Größe der Tiere betrug von wenigen Zentimetern bis zu 2 m Gehäusedurchmesser.

Mithilfe von Leitfossilien können Paläontologen das Alter vieler anderer Überreste ausgestorbener Lebewesen bestimmen. Bedeutende Leitfossilien sind z. B. Ammoniten.

Zeugnisse der Vergangenheit

Die Paläontologie beschäftigt sich auch mit der Entstehung von Fossilien. Normalerweise werden alle toten Organismen mit der Zeit vollständig abgebaut, d. h., es bleiben nur Wasser und Kohlenstoffdioxid übrig. Aber unter besonderen Bedingungen können tote Lebewesen in verschiedenen Formen erhalten bleiben.

Versteinerungen

Wird ein toter Organismus relativ schnell mit Sedimenten (das sind mineralische Ablagerungen) überdeckt, so können die Weichteile verfaulen und es bleibt ein Hohlraum zurück. Dieser Hohlraum wird von anderen Gesteinsmaterialien ausgefüllt. Durch den großen Druck der oberen Schichten wird das Material zu Stein umgewandelt und es entsteht ein Abdruck des Körperinneren. Diese Art Fossilien nennen Paläontologen **Steinkern** (▷ B 6).

Ein weiterer Prozess der Versteinerung findet statt, wenn das organische Material Molekül für Molekül durch Kalk oder Kieselsäure ersetzt wird. Dadurch bleibt der Organismus bis ins kleinste Detail erhalten. Sehr schöne Beispiele hierfür sind versteinerte Baumstämme, bei denen selbst die Jahresringe zu erkennen sind.

Abdrücke

Ein toter Körper sinkt im Wasser auf den Grund und wird in weichem Schlamm eingebettet. Der Körper wird zersetzt, aber der **Abdruck** im Schlamm bleibt erhalten. Der Schlamm erhärtet und der Abdruck wird so konserviert (▷ B 7).

Aufgaben

1 Informiere dich über den Beruf des Paläontologen und berichte darüber.

2 Versuche, mithilfe von Büchern oder durch das Internet Informationen über andere Leitfossilien zu finden und stelle eine Tabelle der Erdzeitalter und der dazugehörigen Leitfossilien zusammen.

3 Informiere dich darüber, wie „Ötzi“ gefunden wurde und was man heute bereits über dessen Leben weiß.
Stelle deine Ergebnisse mithilfe einer Computerpräsentation oder anhand von Plakaten dar.

5 Ötztalmumie

6 Steinkern eines Ceratit

7 Abdruck eines Haselnussblattes

8 Inkohlung eines Schachtelhalmes

Inkohlung

Abgestorbene Pflanzen werden unter hohem Druck, hoher Temperatur und Sauerstoffabschluss zu **Braun- und Steinkohle**. Dies geschieht durch die Anreicherung von Kohlenstoff im Pflanzengewebe. Oft bleiben dabei Pflanzenteile erhalten. So findet man beim Abbau von Steinkohle Reste von Baumfarnen oder Schachtelhalmgewächsen (▷ B 8).

Mumifizierung

Wird ein totes Lebewesen in Eis eingeschlossen und damit tiefgefroren, so bleiben auch die Weichteile erhalten. Das Gleiche gilt für abgestorbene Organismen, denen in heißen Gegenden schnell alles Wasser entzogen wird. Auch im sauren Moorwasser bleiben Leichen fast vollständig über lange Zeiträume erhalten. Bekannte Beispiele sind die **Mumien** von Mammuts im Eis Sibiriens, der berühmte „Ötzi“ (▷ B 5) aus den Alpen oder Moorleichen.

Durch Versteinerungen, Abdrücke, Inkohlung und Mumifizierung bleiben die Körper abgestorbener Lebewesen über lange Zeiträume hinweg gut konserviert erhalten.

Fossilien bleiben oft besser erhalten und ihr Abdruck deutlicher sichtbar, je feinkörniger das Material ist, in dem das Fundstück eingebettet liegt. Feiner Sand, Kies oder Schlamm in ehemaligen Buchten sind oft reiche Fundgruben für Fossilien.

Wichtig ist auch, dass tote Lebewesen so schnell wie möglich unter Sauerstoffabschluss kommen. Nur auf diese Weise kann verhindert werden, dass Bakterien und Pilze mit der Zersetzung beginnen.

Unter den feucht-warmen Bedingungen, wie wir sie zurzeit in den Tropen vorfinden, gibt es so gut wie keine Fossilien, wohl aber in Dauerfrostböden, die eine Art Tiefkühltruhe für abgestorbene Tiere und Pflanzen sind.

Von den ehemaligen Lebewesen fossilieren in der Regel nur die harten Bestandteile wie Knochen, Chitinpanzer und Kalkschalen.

Bei der Entstehung von Fossilien spielen das umgebende Material, die herrschende Temperatur und die Sauerstoffzufuhr eine Rolle.

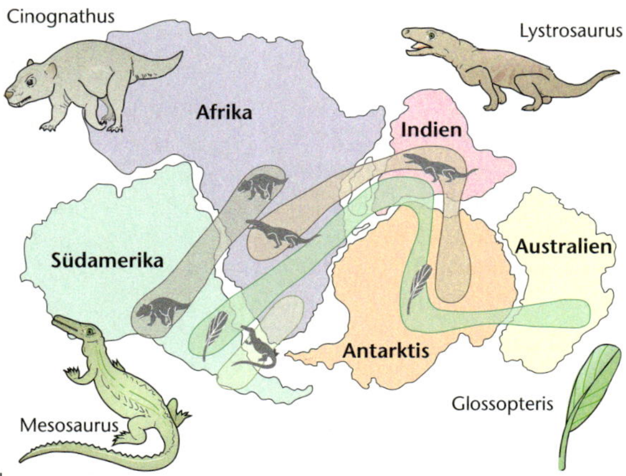

1 Hier wurden Fossilien gefunden

Werkstatt

So sind Fossilien entstanden – ein Modellversuch

Material

Leere Milchpackung, Handcreme, Schere, Löffel, Becher, großes Gurkenglas, Wasser, Gips, Sand, Kies, Hammer, „Fossilien" wie Hühnerknochen, Schneckengehäuse, Blatt oder kleiner Ast

Durchführung

Schneide den oberen Rand einer leeren Milchpackung ab. Wähle ein „Fossil" aus und bestreiche es mit Handcreme.

Mische in einem Gurkenglas einen halben Becher kaltes Wasser mit Gips im Verhältnis 1:1.
Gib einen halben Becher Kies dazu. Rühre die Mischung gut um und gieße sie in die Milchpackung.

Lege dein „Fossil" auf die Mischung.
Verrühre nun einen halben Becher Wasser mit Gips (siehe oben) und gib einen halben Becher Sand dazu. Gieße die zweite Mischung über die erste.
Lasse alles gut austrocknen, das dauert sicher einige Tage.

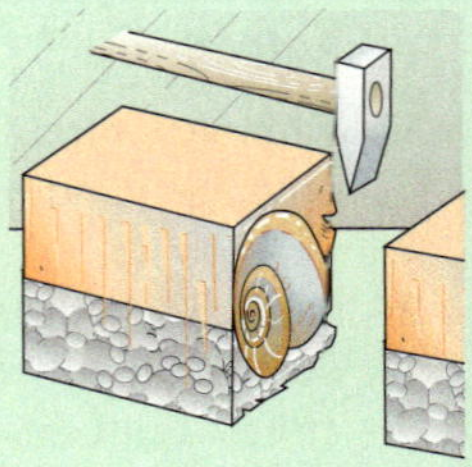

Schneide die Milchpackung auf und nimm den ganzen Block heraus. Klopfe mit dem Hammer darauf. Wenn das „Gestein" zerspringt, kannst du die einzelnen Lagen und die darin liegenden Fossilien bzw. ihre Abdrücke erkennen.

Aufgaben

1 Organisiert eine Ausstellung mit euren selbst hergestellten Fossilien.

2 Plant eine Exkursion in einen Steinbruch, in dem Fossilien „geklopft" werden können.

Wie bestimmt man das Alter von Fossilien?

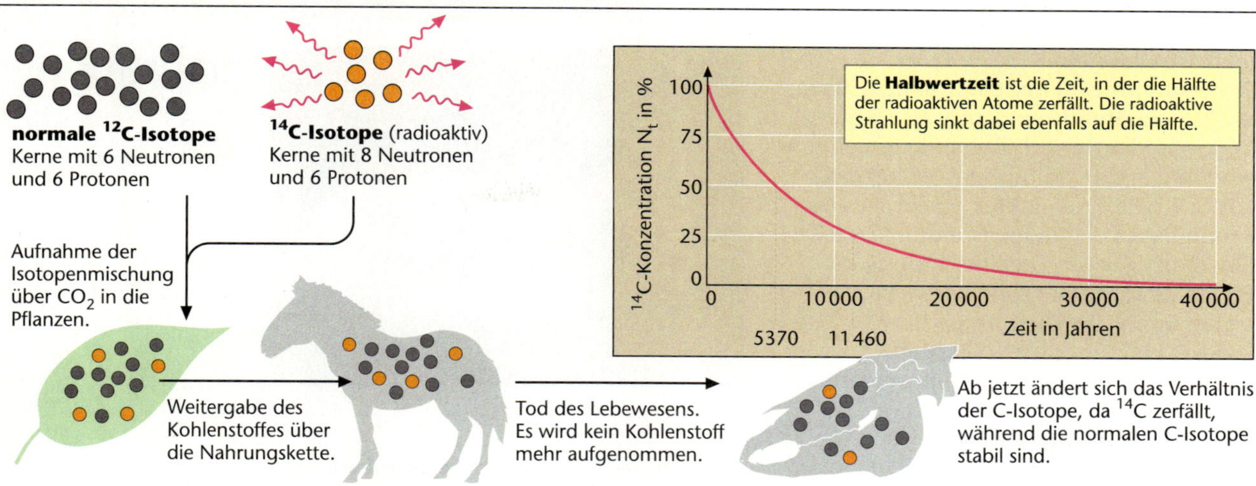

1 Radiocarbonmethode

Radioaktivität
Aussenden von energiereicher Strahlung durch ein Element bei Zerfall

Isotope
Atome eines Elements, die sich in der Masse unterscheiden

Der Pferdeknochen wird datiert

Vorsichtig legt Professor Johnson im Labor den Pferdeknochen in eine Schale. Der Paläontologe bestimmt nun zuerst das Alter des Fundstücks. Dabei helfen ihm die Kenntnisse aus verschiedenen Wissenschaften weiter.

Erste Schätzungen

Die erste – noch recht ungenaue Methode – das Alter des Fossils zu bestimmen, ist die **relative Altersbestimmung**. Hierbei wird nicht das Alter des Knochens selbst bestimmt, sondern das Alter der Schicht, in der er gefunden wurde. Geologen haben eine Faustregel: je dicker eine Schicht ist, desto mehr Zeit war zu ihrer Ablagerung nötig. Je weiter unten eine Schicht liegt, desto älter ist sie meist.

▶ Gesteinsschichten geben durch ihr Alter Hinweise auf das Alter der in ihnen gefundenen Fossilien.

Exakte Messungen folgen

Wesentlich genauer ist die **absolute Altersbestimmung**. Hier machen sich Wissenschaftler physikalisch-chemische Gesetzmäßigkeiten zu Nutze.
Professor Johnson muss zuerst eine Probe der Knochensubstanz so aufbereiten, dass sie nur noch reinen Kohlenstoff enthält. Dieser wird anschließend zu Kohlenstoffdioxid (CO_2) verbrannt, welches direkt in ein Geiger-Müller-Zählrohr eingefüllt wird.

Die Radiocarbonmethode, auch ^{14}C-Methode genannt

Bevor das Ergebnis bekannt wird, erklärt Professor Johnson die chemisch-physikalischen Zusammenhänge:
„Im CO_2 der Luft befindet sich, neben den normalen ^{12}C – Atomen, ein sehr geringer Anteil eines instabilen Kohlenstoff-Isotops, ^{14}C. Dieses Kohlenstoff-Isotop zerfällt und sendet dabei radioaktive Strahlen aus, die vom Geiger-Müller-Zählrohr gemessen werden. Bei der Fotosynthese nehmen die Pflanzen beide Arten von Kohlenstoff auf und geben sie über die Nahrungskette auch an Tiere und Menschen weiter. Der ^{14}C- Gehalt im Organismus entspricht dem der Atmosphäre. Stirbt nun ein Organismus, so wird kein Kohlenstoff in Form von Kohlenstoffdioxid mehr aufgenommen“.

Die Isotopen-Uhr im Fossil

„Nach dem Tod nimmt der Anteil der ^{14}C-Isotope im Organismus gemäß der Halbwertszeit von ^{14}C ab. Die„radioaktive Uhr“ im Leichnam beginnt zu ticken, das heißt, wir können das Alter des Fossils bestimmen, da sich der Anteil des radioaktiven Kohlenstoffs im Verhältnis zum normalen kontinuierlich verringert. Nach etwa 5000 Jahren ist nur noch die Hälfte der ^{14}C-Isotope vorhanden, nach 10000 Jahren nur noch ein Viertel. Andere radioaktive Substanzen wie Uran, die in Fossilien vorkommen, haben längere Halbwertzeiten. Aus dem Gehalt des Knochens an ^{14}C-Isotopen kann man nun das mehrere tausend Jahre alte Fundstück bestimmen.“

▶ Mithilfe der Zerfallszeiten radioaktiver Isotope lässt sich das Alter von Fossilien recht genau bestimmen. Dabei unterscheidet man relative und absolute Altersbestimmung.

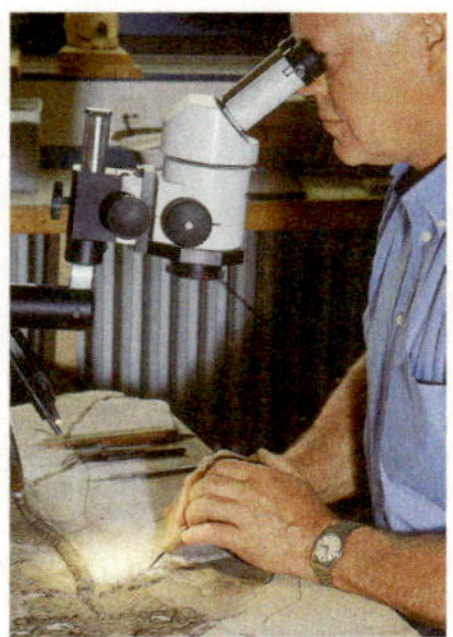

2 Paläontologe präpariert ein Fossil.

Aufgabe

1 Informiere dich über andere physikalische Altersbestimmungen und berichte darüber.

Jetzt ist alles klar

Professor Johnson hatte mit seinem Team die Knochenfunde eindeutig als Pferdeknochen identifiziert. Es handelte sich um ein Pferd aus der Pliohippus-Reihe, das vor ca. 8 Millionen Jahren gelebt hat. Der Stammbaum der Pferde ist fast bis in jede Einzelheit geklärt. Die Entwicklung der Pferde verläuft über viele Entwicklungsstufen und viele Seitenlinien hinweg. Hier können aber nur die wichtigsten Vertreter dieser Entwicklung vorgestellt werden.

„Das Pferd der Morgenröte"

Die Entwicklung der Pferde begann vor ca. 55 Millionen Jahren im **Eozän**. Die Zeit ist nach der griechischen Göttin der Morgenröte Eos benannt. Nachdem die Saurier vor 65 Millionen Jahren am Ende der Kreidezeit ausgestorben waren, konnten sich die Säugetiere erst richtig entwickeln. Diese Zeit war also die Morgenröte für die Säugetiere.
Unendliche Urwälder bedeckten vor 55 Millionen Jahren weite Teile von Amerika und Europa. In diesen Wäldern lebte das Urpferdchen **Hyracotherium**. Ursprünglich hatte es den Namen Eohippus (Pferd der Morgenröte) bekommen. Hyracotherium sah nicht aus wie ein Pferd. Es war nur etwa fuchsgroß und besaß einen runden Rücken. Es hatte an den Vorderbeinen vier und an den Hinterbeinen drei Zehen, die jeweils mit einem Hornschuh versehen waren.

Das Gebiss war zum Kauen weicher Pflanzennahrung bestens geeignet.
Hyracotherium lebte in Amerika und Europa. Die Gruppe, die in Europa lebte, starb aus und die weitere Entwicklung fand nahezu ausschließlich in Amerika statt. Etwa 20 Millionen Jahre lang lebten Vertreter von Hyracotherium erfolgreich in den Wäldern der Erde.

Das Urpferdchen entwickelt sich

Vor etwa 35–40 Millionen Jahren, im **Oligozän**, tauchte **Mesohippus** (mittleres Pferd) auf. Es war mit einer Schulterhöhe von etwa 50–55 cm deutlich größer als sein Vorfahre. Auffällig sind die Veränderungen an den Zehen und dem Gebiss. Mesohippus besitzt nun nur drei Zehen, wobei der mittlere Zeh deutlicher hervortritt. Die Zähne weisen bereits Schmelzfalten auf, was zum Zerkauen der härteren Grasnahrung der Steppen besser geeignet ist.

Auch in der Steppe kann man leben

Im **Miozän**, der Epoche, die von vor etwa 25 Millionen Jahren bis vor etwa 5 Millionen Jahren dauerte, wurde das Klima kälter aber auch trockener. Die großen Wälder wurden durch steppenartige Landschaften verdrängt. Für das Leben in der Steppe waren andere Anpassungen nötig, als für das Leben in den Wäldern.

In diesen Steppen lebte **Merychippus** vor etwa 20 Millionen Jahren. Das Pferd war bereits etwa 90 cm groß. Der Schädel zeigt schon deutliche Formen des heutigen Pferdes. Das Tier war noch dreizehig, aber der Mittelzeh war bereits zu einem Huf ausgebildet. Die Zähne hatten bereits hohe Furchen mit einer dicken Zahnschmelzschicht. Damit waren die Zähne bestens geeignet zum Zerkauen der harten Grasnahrung der Steppen. Mit diesen Eigenschaften war das Tier bereits sehr gut an das Leben in der Steppe angepasst.

Vor ca. 10–15 Millionen Jahren erschien **Pliohippus**. Es hatte am Ende seiner Entwicklung nur noch eine Zehe und besaß das typische Pferdegebiss. Die Anpassun-

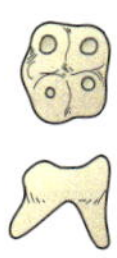

Backenzahn

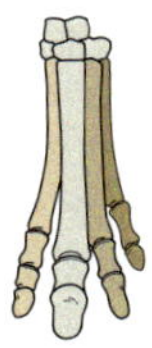

Vorderfuß vierzehig

Hyracotherium

Eurasien

vor ca. 10 000 Jahren

vor ca. 4 Millionen Jahren

vor ca. 10 – 15 Millionen Jahren

vor ca. 25 Millionen Jahren

vor ca. 35 – 40 Millionen Jahren

vor ca. 55 Millionen Jahren

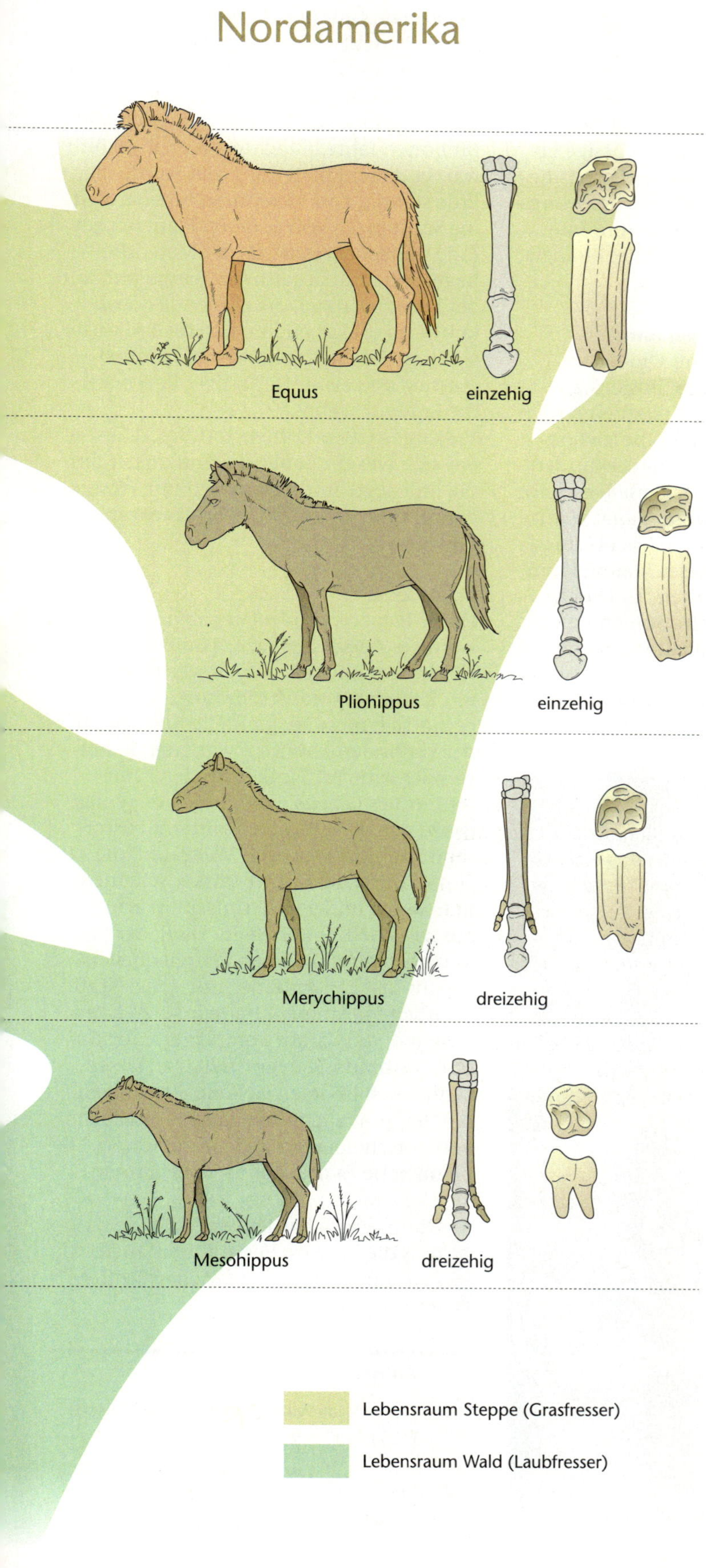

gen an das Leben in der offenen Graslandschaft sind offensichtlich: Das Tier war bereits über 1 m groß und hatte Beine, die sich zur schnellen Fortbewegung auf hartem Steppenuntergrund eigneten. Das Gebiss bestand aus Zähnen mit Schmelzfalten, die bestens geeignet waren, die harte Grasnahrung zu kauen.
Pliohippus kann als direkter Vorfahre unserer heutigen Pferde betrachtet werden.

Vor etwa vier Millionen Jahren erschien **Equus**, was nichts anderes heißt als Einzeher. Er war mit ca. 1,30 m Körpergröße etwa so groß wie ein heutiges Pony.

Amerika ohne Pferde
Zu Beginn des **Pleistozäns**, also vor ca. 2 Millionen Jahren, waren Nordamerika und Asien noch über eine Landbrücke verbunden. Einige Equusarten wanderten über diese Landbrücke nach Asien aus. Sie besiedelten bald den gesamten Kontinent und gelangten auch nach Europa und Afrika. Vor etwa einer Million Jahren starben in Nord- und Südamerika alle Pferdearten aus. Der Grund hierfür ist nicht genau bekannt, könnte aber in einer Klimaveränderung liegen. Erst mit den spanischen Eroberern im 16. Jahrhundert gelangten wieder Pferde nach Amerika. Von den vielen verschiedenen Pferdearten in Eurasien und Afrika starben am Ende der letzten Eiszeit, also vor ca. 12 000 Jahren die meisten aus. Übrig blieb der mögliche Stammvater unseres heutigen Pferdes, das **Przewalski-Pferd**, benannt nach seinem Entdecker, dem russischen Forscher PRZEWALSKI (1839–1888). Diese These ist aber nicht exakt belegt.
Neben dem Przewalskipferd könnte auch der **Tarpan**, ein Wildpferd Osteuropas als Urahn der heutigen Hauspferde angesehen werden.

Die Entwicklung der Pferde begann vor ca. 55 Millionen Jahren und fand ihren vorläufigen Abschluss mit dem Przewalskipferd, dem möglichen Stammvater der heutigen Pferde.

Aufgaben

1 Informiere dich über die Herkunft und die Lebensweise des Przewalskipferdes und halte ein Referat darüber.

2 Stellt die Evolution der Pferde mithilfe von Plakaten dar.

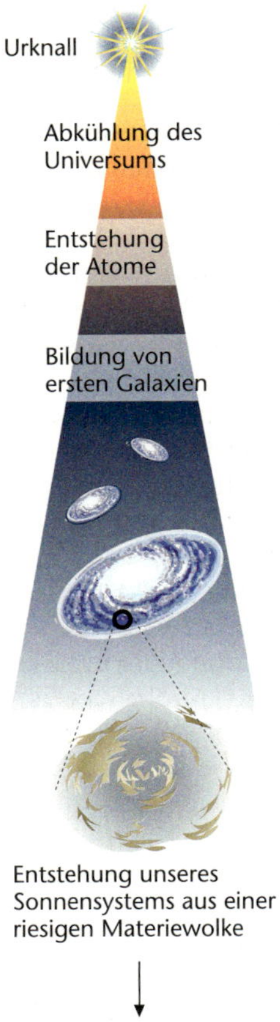

Wie ist alles entstanden, was uns umgibt?

Diese Frage hat sich der Mensch schon immer gestellt. Die Antwort hat er manchmal in der Religion, manchmal in seiner Fantasie gesucht. Aber eine schlüssige Erklärung für die Entstehung des Lebens lieferte erst die Wissenschaft mit Forschungsergebnissen im Bereich der Astronomie (Sternenkunde), Physik, Chemie, Biologie, Chemie und Geologie.

Der Geburtstag des Universums

Man nimmt an, dass unser Universum durch eine gigantische „Explosion" entstanden ist. Vor etwa 15 Milliarden Jahren kam es zu einer plötzlichen Energiekonzentration. In Bruchteilen von Sekunden wurde Energie zu Materie. Diese hatte eine unvorstellbare Dichte: unser ganzes Universum hätte auf einem Teelöffel Platz gehabt. Die Temperatur dieses Materieklumpens betrug viele Milliarden °C. Durch diese Explosion – die Astronomen nennen sie **„Urknall"** oder „Big Bang" – wurde die Materie zerstreut und das Universum dehnte sich aus. Die **physikalische Evolution** hatte begonnen.

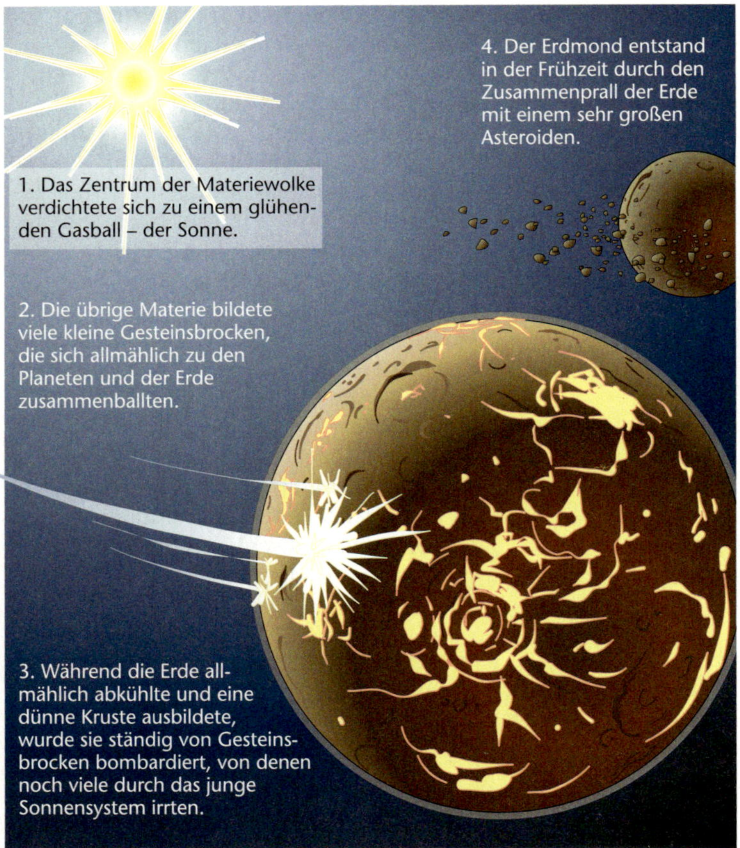

1 Die Entstehung unserer Galaxie

Die ersten Augenblicke unserer Erde

Unser Planet Erde entstand vor mehr als 4 Milliarden Jahren. Am Beginn seiner langen Entstehungsgeschichte war er ein Ball aus glühender Materie, der noch 500 Millionen Jahre brauchte, bis er abgekühlt war. In dieser Entstehungszeit wurde die Erde ständig von Meteoriten bombardiert, die Substanzen von anderen Planeten zur Erde transportierten. Als der Meteoritenhagel abnahm, begann die Temperatur auf der Erde zu sinken, die glühende Masse kühlte ab und es bildete sich die Erdkruste, während Wasserdampf in den Himmel aufstieg und als sintflutartiger Regen auf die Erde zurückfiel.
Vulkane stießen Kohlenstoffdioxid aus, das sich wie ein nebliger Schutzmatel um die Erde legte und zusammen mit Wasserdampf und Stickstoff die **Uratmosphäre** bildete.

Labor Erde

Unser Planet kühlte weiter ab und im lauwarmen Wasser der Seen, Tümpel und Ozeane sammelten sich die verschiedensten Elemente und Verbindungen an. Aber damit sich diese Bestandteile untereinander verbinden konnten, war Energie notwendig, eine Art Funken an der Zündschnur des Lebens. Energie gab es genug: Blitze von gewaltigen Gewittern, kosmische Strahlung aus dem Weltraum, die UV-Strahlen der immer stärker scheinenden Sonne und geothermische Wärme aus zahlreichen Vulkanen. Dank der Wirkung der verschiedenen Energiequellen begann das „Labor Erde" mit voller Kraft zu arbeiten, Atome miteinander zu kombinieren, um daraus komplizierte organische Verbindungen entstehen zu lassen. Schließlich bildeten sich die Substanzen, die für die Weiterentwicklung des Lebens von entscheidender Bedeutung waren. Die **chemische Evolution** hatte begonnen.

> Die Wissenschaftler gehen davon aus, dass die Erde im Verlauf sehr langer Zeiträume aus anorganischen Stoffen entstanden ist.

Aufgaben

1 Der Urknall wird auch als „physikalische Evolution" bezeichnet. Begründe.

2 Informiere dich auch in deinem Geografiebuch über die Entstehung der Erde und berichte darüber.

Wasserstoff

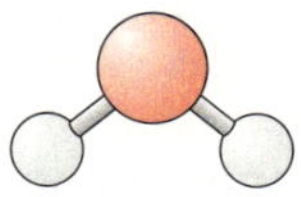
Wasser

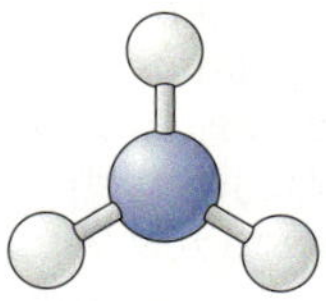
Ammoniak

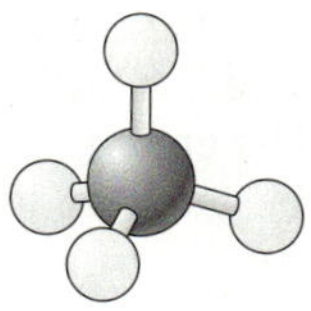
Methan

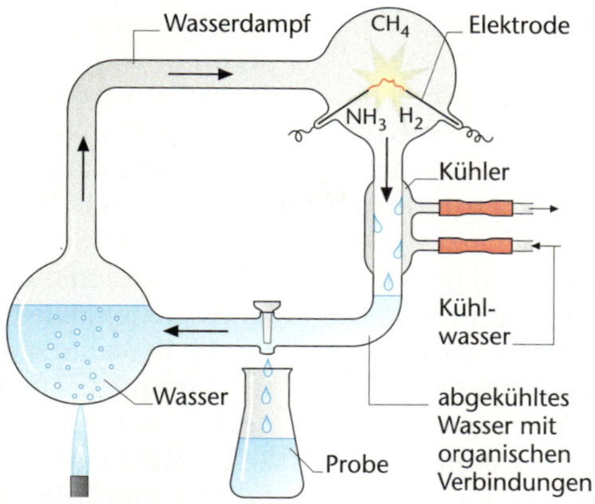

1 Experiment von MILLER

Eine ungewöhnliche Kraftbrühe

Im Jahr 1953 machte der amerikanische Forscher STANLEY MILLER (*1930) eine große Entdeckung, die bis heute als Grundlage für das Verständnis der Entstehung von Leben auf der Erde angesehen wird. Der Biochemiker MILLER ahmte im Labor die Bedingungen der Uratmosphäre nach, indem er in einem geschlossenen Glasgefäß die Gase Methan (CH_4), Ammoniak (NH_3), Wasserstoff (H_2) und Wasserdampf (H_2O) mischte.

Als das Leben entstand, herrschten auf der Erde gewaltige Unwetter mit starken elektrischen Entladungen. MILLER simulierte diese Blitze mit zwei Wolframelektroden, die „blitzartig" eine Temperatur von 600 °C erzeugten. Acht Tage durchlief das Gemisch die Versuchsapparatur (▷ B 1). Nach dem Abkühlen der Mischung machte MILLER seine sensationelle Entdeckung: Die übelriechende und giftige „Kraftbrühe", auch **„Ursuppe"** genannt, die im Reaktionsgefäß entstanden war, enthielt mehrere organische Verbindungen, wie Amino-, Carbon- und Fettsäuren, aber auch Zuckermoleküle. Das sind die Grundbausteine, aus denen sich das heutige Leben auf der Erde entwickelt hat.

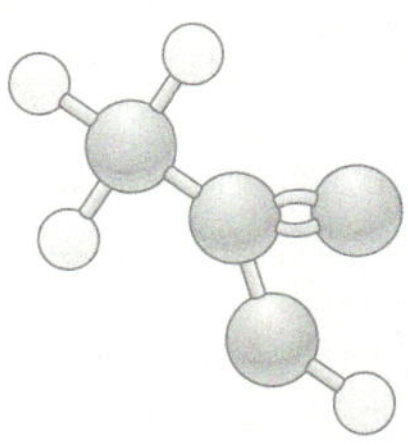

STANLEY MILLER wies 1953 in Experimenten nach, dass durch Funken in einem Gasgemisch die ersten Grundbausteine des Lebens entstanden.

Black Smokers in der Tiefsee

Doch wie ging es nach der Simulation der „Ursuppe" weiter?

Viele Forscher halten heute die Tiefsee für die wahre „Brutstätte" des Lebens. In der Nähe von Bruchzonen auseinander driftender ozeanischer Platten, dort, wo glutflüssiges Magma direkt unter dem Meeresboden fließt, tritt ständig kochend heißes Wasser aus.

Diese „heißen Quellen" der atlantischen Tiefsee z. B. vor Island oder Kanada bezeichnet man als **„Black Smokers"** (▷ B 2) (Schwarze Raucher). Sie spucken Schwefelwasserstoff und stoßen schwarze Wolken aus schwerlöslichen Metallsulfiden aus. In dieser höllischen Umgebung glaubte man, kein Leben zu finden, bis man bei Temperaturen von 350 °C und einem bis zu 300fachen atmosphärischen Druck kleine kugelige Strukturen fand, die **Mikrosphären** genannt werden. Sie vermehren sich durch eine Art von Knospung und sitzen wie ein „organischer Film" auf der Oberfläche des Tiefseebodens. So könnten die Vorläufer der ersten Lebewesen entstanden sein. Damit waren die Voraussetzungen für die **biologische Evolution** geschaffen.

In den „Black Smokers" fand man Mikrosphären. Das sind kugelförmige Gebilde, die die Vorläufer der ersten Lebewesen sein könnten.

2 „Black Smokers"

Aufgaben

1 Informiere dich im Internet über die Einzelheiten des MILLER-Versuchs und berichte.

2 Diskutiert über folgende Aussage: „Im MILLER-Versuch steht die Gasmischung für die Uratmosphäre, der Funke für den Blitz und das brodelnde Wasser für das Meer. Was stellt der Wissenschaftler dar, der den Versuch durchführt?"

3 Gib in eine Suchmaschine die Begriffe „Black Smokers" oder „Mikrosphären" ein. Halte dazu ein Kurzreferat.

Im Wasser fing alles an

Das Leben auf der Erde hatte seinen Ursprung vor etwa 3,5 Milliarden Jahren in den Gewässern dieser Zeit, die meist als Ursuppe bezeichnet werden. Zu den ersten Lebensformen gehörten einfache Einzeller wie z. B. Bakterien. Der nächste Schritt in der Entwicklung des Lebens war wohl die Nutzung des Sonnenlichts. Mithilfe des Chlorophylls wurde es möglich, aus anorganischen Stoffen organische Verbindungen herzustellen. Dabei wurde Sauerstoff frei.

Im Laufe des **Präkambriums**, das von der Entstehung der Erde bis vor etwa 570 Millionen Jahre dauerte, entwickelten sich nun auch Lebewesen, die den von grünen Pflanzen produzierten Sauerstoff für ihre Lebensvorgänge benötigten.

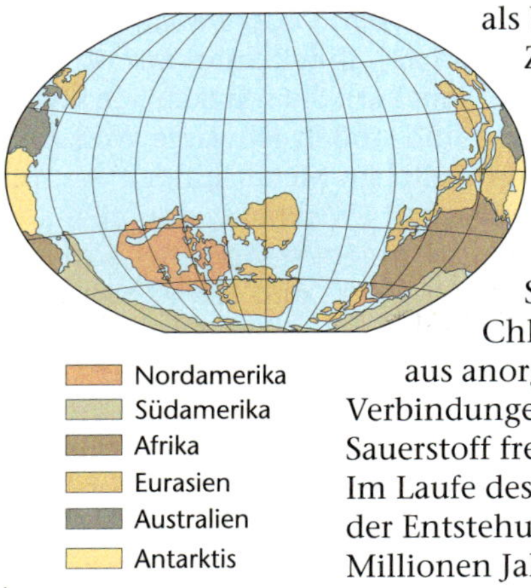

1 Die Erde im Kambrium

Im Kambrium „explodiert" das Leben

In der folgenden Epoche, dem **Kambrium**, das ca. 70 Millionen Jahre dauerte, entwickelte sich eine große Vielzahl an Lebewesen. Die verschiedensten Pflanzen- und Tierarten bevölkerten die Meere. Das Land war noch immer unbesiedelt. Durch die ständige Kontinentalverschiebung wurden Gebirge aufgefaltet und Ozeane geschaffen. Klimatische Veränderungen sorgten dafür, dass sich die Meeresspiegel hoben und senkten. Aber die Entwicklung des Lebens in den Meeren ging unaufhörlich weiter.

Land in Sicht

Wann und wie haben die ersten Lebewesen das Festland erobert?

Im **Silur**, das von 435–410 Millionen Jahren dauerte, begann die Besiedlung des Landes. Durch die Abtragung der Gebirge wurden viele Sedimente in die Meere gespült. Dadurch bildeten sich riesige Sumpflandschaften. Hier war die geeignete Basis für die Besiedlung des Festlandes. Die ersten Landpflanzen waren noch sehr klein und einfach gebaut. Sie besaßen noch keine Blätter. Als Verdunstungsschutz besaß der Sproß eine dicke Wachsschicht. Tiere wie Milben, Spinnen und Insekten folgten den Pflanzen bei der Besiedlung des Landes.

Die ersten primitiven Lebensformen entwickelten sich vor etwa 3,5 Milliarden Jahren im Wasser. Die ersten Pflanzen, die das Land besiedelten lebten vor ca. 400 Millionen Jahren, im Silur.

Im darauf folgenden **Devon**, das von 410–360 Millionen Jahren dauerte, wurden alle Kontinente besiedelt. Eine der bekanntesten Pflanzen dieser Zeit ist

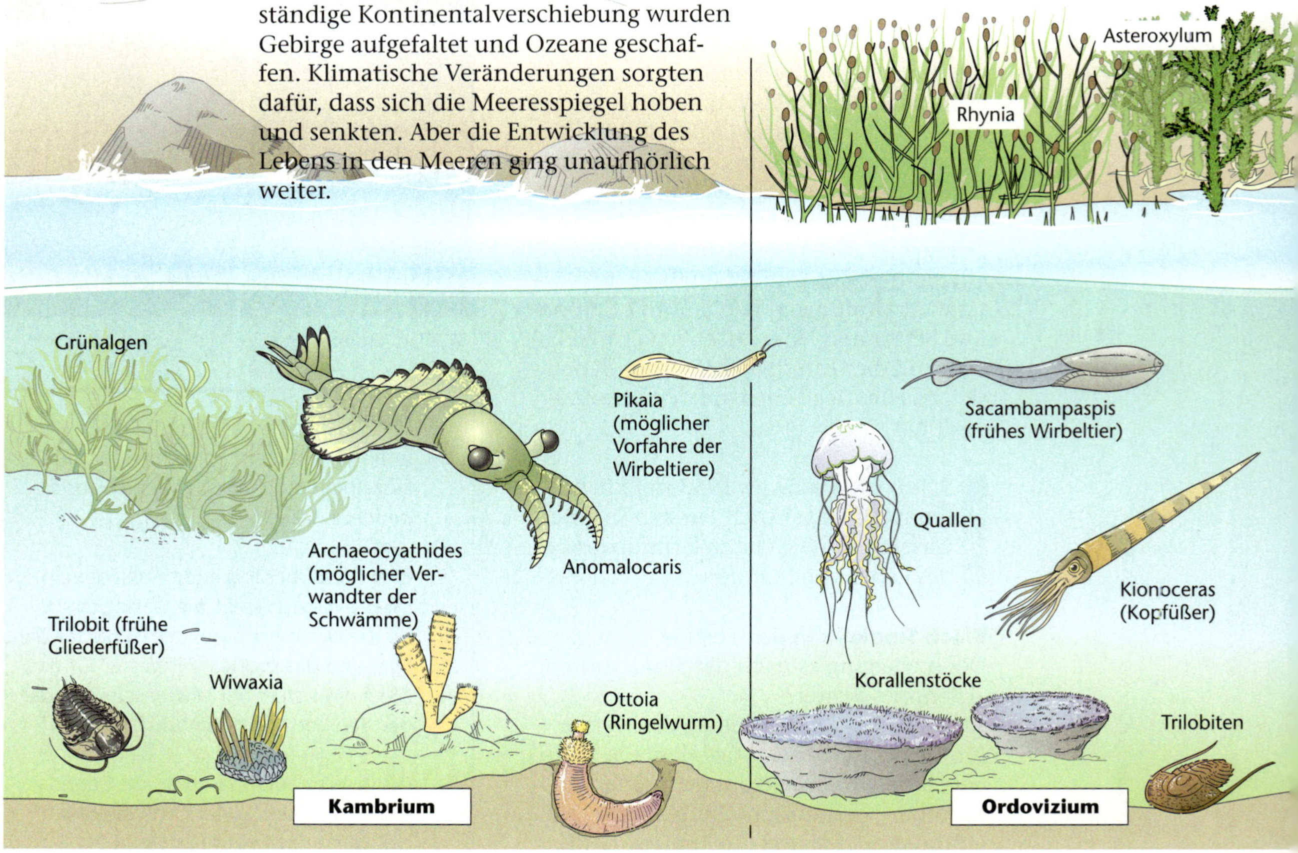

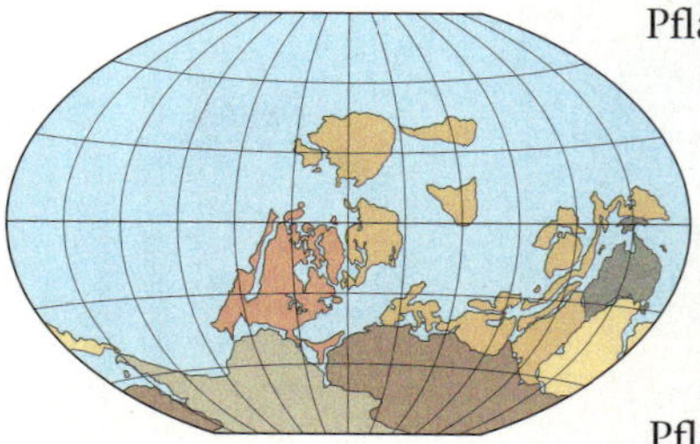

2 Erde im Devon

Rhynia. Die Pflanze erhielt ihren Namen nach der Ortschaft Rhynie in Schottland. Sie hatte zwar noch keine Blätter aber bereits wurzelähnliche Ausläufer, die die Pflanzen im Boden verankerten. Allmählich entwickelten sich auch größere Pflanzen. Am Ende des Devon gab es auf der Erde bereits Bäume von über 30 m Höhe. Ausgedehnte Sumpflandschaften mit einer vielfältigen Pflanzen- und Tierwelt prägten das Bild der Erde dieser Zeit.

Landgang der Tiere

Bei den ersten Wirbeltieren, die das Land eroberten, mussten sich Organe entwickeln, die es möglich machten, Sauerstoff aus der Luft aufzunehmen. Die heute noch in Afrika und Südamerika vorkommenden Lungenfische zeigen diese Entwicklung. Sie leben im Wasser und atmen mit Kiemen. Trocknet das Gewässer aus, so können die Tiere lange Zeit mithilfe von einfachen Lungen atmen und so die Trockenzeit ohne Probleme überleben.
Der Übergang von der schwimmenden zur laufenden Bewegung geschah über verschiedene Zwischenstufen.

Ichthyostega – das erste Tier zwischen zwei Welten

1931 wurden bei einer Grönlandexpedition fossile Wirbeltiere gefunden, die den Namen **Ichthyostega** bekamen. Ichthyostega ist das erste bekannte vierbeinige Landtier. Es lebte vor ca. 350 Millionen Jahren. Der Körper war stromlinienförmig und besaß kräftige Gliedmaßen. Als ursprüngliches Fischmerkmal hatte das Tier noch eine Schwanzflosse mit Seitenlinienorgan. So kann man also annehmen, dass Ichthyostega noch mehr Zeit im Wasser als an Land verbrachte.

Ichthyostega ist das erste Wirbeltier, das zu einer amphibischen Lebensweise fähig war.

Die ersten echten Landtiere waren wohl die Reptilien, die nicht mehr auf eine amphibische Lebensweise angewiesen waren. In den folgenden Jahrmillionen entwickelte sich eine unübersehbare Fülle von Tieren und Pflanzen, die bald alle Lebensräume besiedelten.

Die Eroberung des Landes durch die Tiere war nur durch die Entwicklung neuer Organe zur Aufnahme des Sauerstoffs aus der Luft möglich.

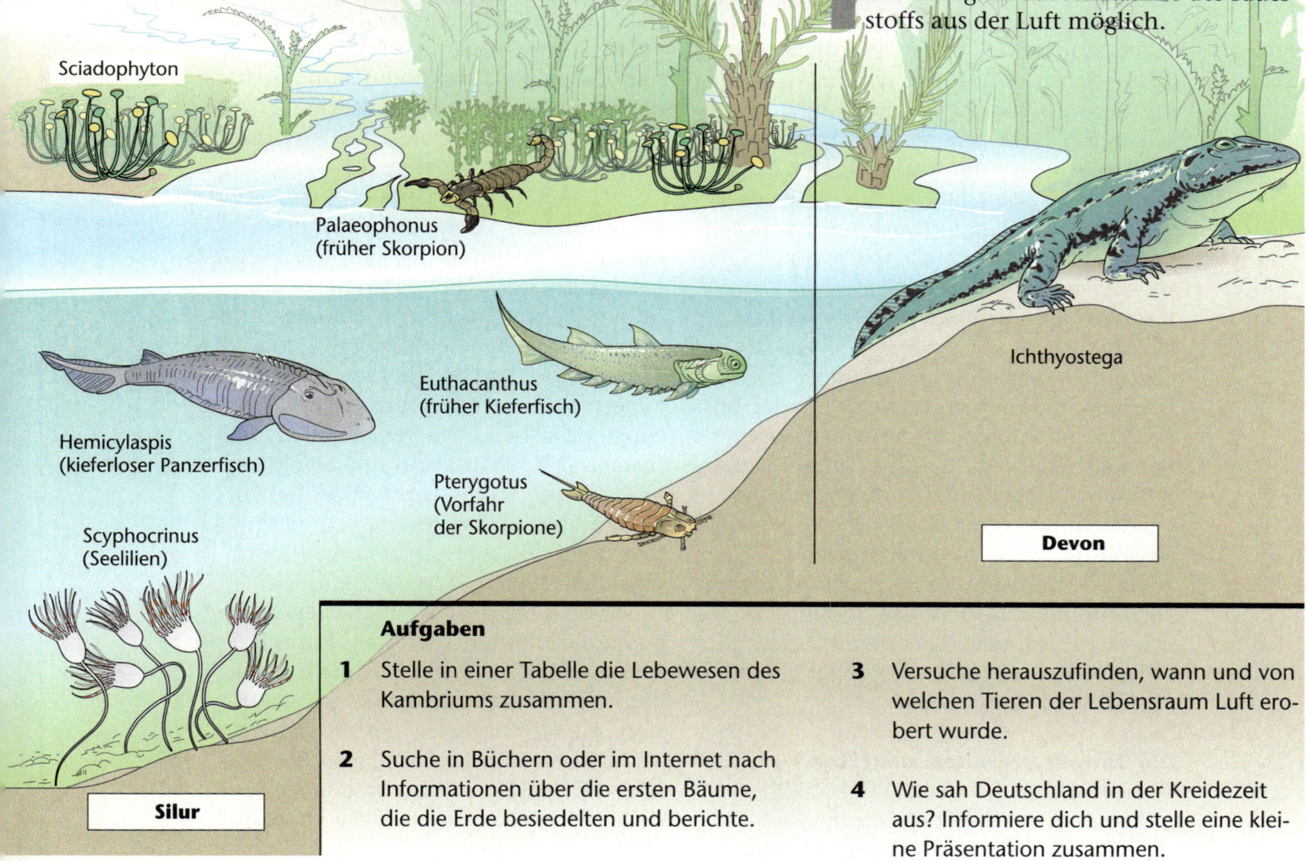

Aufgaben

1 Stelle in einer Tabelle die Lebewesen des Kambriums zusammen.

2 Suche in Büchern oder im Internet nach Informationen über die ersten Bäume, die die Erde besiedelten und berichte.

3 Versuche herauszufinden, wann und von welchen Tieren der Lebensraum Luft erobert wurde.

4 Wie sah Deutschland in der Kreidezeit aus? Informiere dich und stelle eine kleine Präsentation zusammen.

Zeitpunkt

Meilensteine der Evolutionsgeschichte

CARL VON LINNÉ

GEORGES BARON DE CUVIER

JEAN BAPTISTE DE LAMARCK

CHARLES DARWIN

Der Erfinder der binären Nomenklatur

CARL VON LINNÉ (1707–1778) veröffentlichte 1735 sein Hauptwerk „Systema naturae". Darin beschreibt er die gesamte bis dahin bekannte Pflanzenwelt. Die von LINNÉ entwickelte binäre Nomenklatur, in der ein Lebewesen mit Gattungs- und Artnamen benannt wird, verwenden Biologen bis heute weltweit. „Binär" bedeutet „aus zwei Einheiten bestehend", „Nomenklatur" heißt „Namensverzeichnis". Später dehnte LINNÉ sein System auch auf die Tiere aus und gliederte darin den Menschen als Homo sapiens ein. LINNÉ vertrat die **Theorie von der Konstanz der Arten**. Diese besagt, dass die Lebewesen einmal geschaffen wurden und sich seither nicht mehr verändert haben.

Katastrophen bringen die Erde weiter

GEORGES BARON DE CUVIER (1769–1832) erkannte aufgrund seines Interesses an Fossilien, dass es bereits früher Lebewesen gab, die seit langem ausgestorben waren. Er erklärte das damit, dass es immer wieder Naturkatastrophen gegeben habe, bei denen weitgehend alle Lebewesen ausgerottet wurden. Danach seien sie wieder neu entstanden. Er begründete die Paläontologie als die Wissenschaft von den ausgestorbenen Lebewesen. Seine **Katastrophentheorie** wurde später von der Geologie widerlegt.

Die Umwelt verändert das Erbgut

JEAN BAPTISTE DE LAMARCK (1744–1829) stellte als Erster die Theorie auf, dass sich die heutigen Lebewesen aus früher existierenden Formen entwickelt haben. Er nahm an, dass sich **Organe durch Gebrauch bzw. Nichtgebrauch verändern** würden. LAMARCK glaubte, diese erworbenen Veränderungen würden auf die Nachkommen vererbt. Er erklärte den langen Hals der Giraffen damit, dass sich die Tiere immer sehr stark strecken mussten, um an das Laub der Bäume zu gelangen. Dabei habe sich im Laufe vieler Generationen der Hals immer mehr gestreckt. LAMARCK nahm an, dass diese Modifikationen an die Nachkommen vererbt werden. Erst die moderne Genetik bewies, dass Modifikationen nicht vererbbar sind.

Mutation und Selektion bestimmen die Evolution

CHARLES DARWIN (1809–1882) kam auf seinen Weltreisen mit dem Vermessungsschiff „Beagle" zu dem Ergebnis, dass die Theorie von der Unveränderbarkeit der Lebewesen falsch sein müsse. Er war überzeugt, dass sich die heute lebenden Organismen durch **Mutation** und **Selektion** aus früheren Formen entwickelt haben. Mutationen sind spontane Veränderungen im Erbgut, die zufällig und ungerichtet auftreten. Selektion ist die natürliche Auslese, bei der nur die am besten angepassten Lebewesen den Kampf ums Dasein überleben. Seine Werke „Die Entstehung der Arten durch natürliche Zuchtwahl" und „Die Abstammung des Menschen" wurden weltweit beachtet, aber auch bekämpft. Heute hat sich von den verschiedenen Evolutionstheorien die Theorie DARWINS durchgesetzt.

Mutation und Selektion – spielend verstehen

Material
Bunte Tapete (1 x 1 m), Locher oder Motivstanzer (muss große Plättchen lochen), 10 Blatt farbiges Papier

1 Vorbereitung
Ihr braucht dazu ein Stück möglichst bunter Tapete (1 x 1 m).
Stanzt nun mit einem Locher aus buntem Papier je 10 Spielmarken aus. Die ausgestanzten Plättchen sollten nicht zu klein sein und alle die Farben zeigen, die ihr auch in der Tapete wiederfindet.
Ein Spielführer verteilt die 10 x 10 Plättchen gleichmäßig auf der Tapete. Das soll die Ausgangssituation von 100 Individuen darstellen, die sich farblich unterscheiden.

2 So spielt ihr
Die Tapete wird mit den 100 Plättchen auf einem Tisch ausgebreitet.
Fünf Schülerinnen und Schüler stellen die „Räuber" dar. Sie dürfen die Verteilung der Plättchen vorher nicht gesehen haben. Nun sollen sie schnellstmöglich ein „Individuum", sprich ein Plättchen, aufnehmen, das ihnen im „Biotop" auffällt.
Dabei dürfen sie die Individuen nur mit den Augen suchen, nicht aber über die Tapete tasten!
Jede Schülerin und jeder Schüler darf nacheinander 15 Plättchen aufnehmen.
Diese kommen, nach Farbe getrennt, in zehn verschiedene Schälchen.

3 So geht es weiter
Nun sind 75 Plättchen entfernt. Die 25 übrig gebliebenen Plättchen werden von der Tapete abgenommen, geordnet und gezählt. Alle 25 Individuen, die überlebt haben, können sich wieder fortpflanzen. Ergänzt jede Spielmarke um drei neue in derselben Farbe. Eventuell müsst ihr noch einmal nachstanzen.

Nun ist die Population der „Beutetiere" wieder auf 100 Exemplare angewachsen. Der Spielführer verteilt die Plättchen wieder auf der Tapete und der Vorgang der Selektion wird noch ein- bis zweimal wiederholt.

Je nach Muster der Tapete werdet ihr das Ergebnis deutlich sehen.

1 Versuchsaufbau

2 Modell-Biotop zu Spielbeginn

3 Modell-Biotop nach dem Durchgang der „Räuber"

Aufgaben

1 Stellt vor Beginn des Spieles Vermutungen über den Ausgang an.

2 Führt dann ein Protokoll über den Spielverlauf, in das ihr alle Ergebnisse und Zahlen eintragt.

3 Haben sich eure Vermutungen bestätigt? Diskutiert das Ergebnis in der Gruppe.
Leitet eine allgemeine Gesetzmäßigkeit aus euren Ergebnissen ab und formuliert diese schriftlich.

1 Alle Hunderassen sind durch Züchtung entstanden.

Was treibt den Motor der Evolution an?
Mutation, Selektion und Isolation sind die treibenden Evolutionsfaktoren. Wahrscheinlich sind die meisten Mutationen für die Lebewesen schädlich oder sogar tödlich. Nur in wenigen Fällen sind auftretende Mutationen für den Organismus ohne Folgen oder sogar vorteilhaft.

Die natürliche Selektion
Mutationen alleine bewirken aber noch keine Weiterentwicklung. Erst das Zusammenspiel mit der **natürlichen Selektion** ermöglicht letztlich eine Anpassung an veränderte Umweltbedingungen. Für die natürliche Selektion gelten folgende Tatsachen:

1. Jedes Lebewesen erzeugt wesentlich mehr Nachkommen, als für die reine Erhaltung der Art notwendig wären.
2. Unter den Nachkommen finden heftige Kämpfe um Nahrung, Lebensraum und Geschlechtspartner statt.
3. Manche der Nachkommen sind für diesen Kampf aufgrund von Mutationen besser ausgerüstet. Sie überleben und können ihr Erbgut weitergeben.

Es überleben also nur diejenigen, die am besten an den Lebensraum angepasst sind und damit ihr Erbgut an die Nachkommen weitergeben können. Solche Weiterentwicklungen dauern sehr lange.

Die künstliche Selektion
Die Züchtung von Pflanzen und Tieren ist eine **künstliche Selektion** durch den Menschen. Zufällig auftretende Veränderungen bei einem Lebewesen werden vom Menschen ausgelesen und weitergezüchtet. Unsere heutigen Hunderassen sind hierfür ein anschauliches Beispiel (▷ B 1). Züchter suchen aus einem Wurf die Tiere heraus, die bestimmte veränderte Merkmale aufweisen. Und nur diese Tiere dürfen sich weiter fortpflanzen. Auf diese Weise sind im Laufe der Zeit die vielen verschiedenen Hunderassen entstanden.

Wie entsteht eine neue Art?
Als **Art** bezeichnen Biologen Lebewesen, die unter natürlichen Bedingungen fortpflanzungsfähige Nachkommen zeugen können.
Neue Arten entstehen meist nur, wenn zu Mutation und Selektion noch ein weiterer Faktor hinzutritt: die **Isolation**. Der wichtigste Faktor bei der Entstehung neuer Arten ist die Trennung des so genannten **Genpools**. So nennt man den Vorrat aller Erbeigenschaften in einer Population. Es können also nur neue Arten entstehen, wenn die Fortpflanzung mit den ursprünglichen Ausgangsformen verhindert wird. Dies kann durch verschiedene Faktoren geschehen.

2 Nachtigall und Sprosser

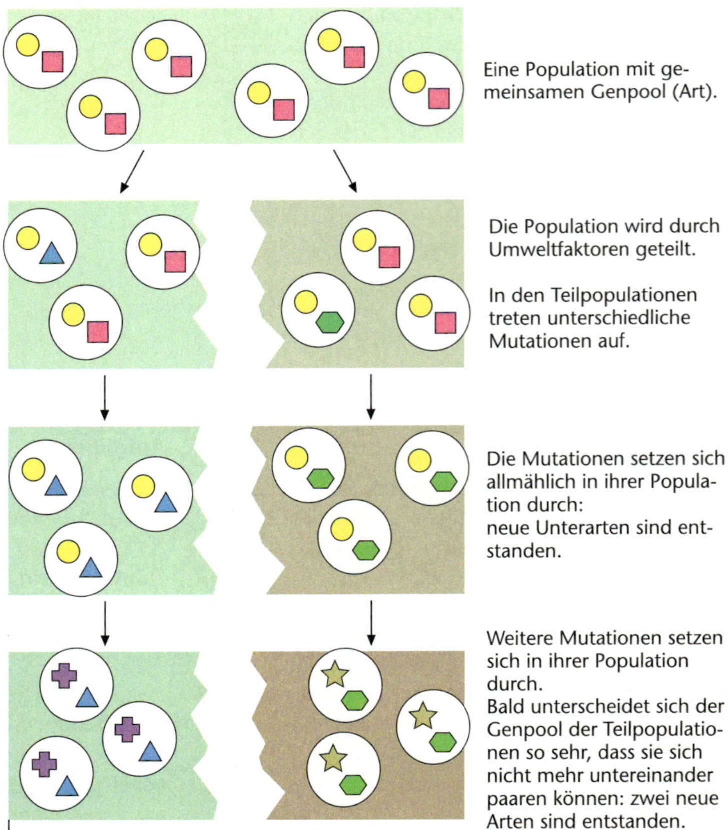

3 Entstehung von Arten

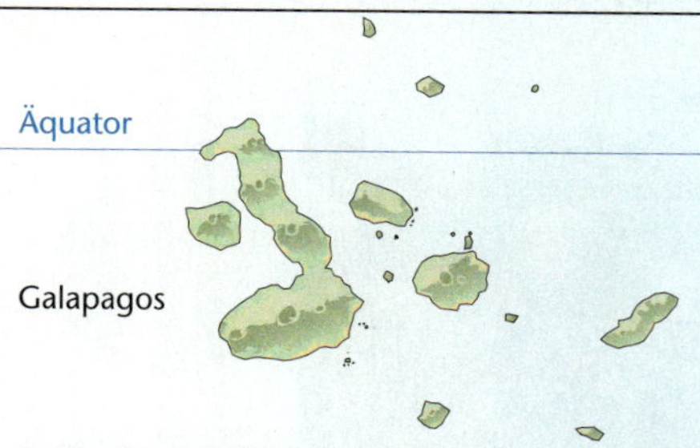

Isolationsfaktoren
Solche Isolationsfaktoren können Meere, Gebirge oder andere große räumliche Entfernungen sein. Klimaveränderungen können dazu führen, dass Teile einer Population in ein anderes Gebiet abwandern und sich dort anders weiterentwickeln.
Als Beispiel hierfür können Nachtigall und Sprosser angesehen werden (▷ B 2). Beide sind aus einer Art hervorgegangen. Teile dieser Ausgangsform wurden während der letzten Eiszeit getrennt. In Osteuropa entwickelte sich der Sprosser und in Westeuropa die Nachtigall. Beide sehen sich äußerst ähnlich, haben sich aber dennoch so weit auseinander entwickelt, dass sie sich nicht mehr untereinander paaren können. Diese geographische Isolation nennt man auch **Separation**.
Eine neue Art kann sich aber auch in relativ kurzen Zeiträumen entwickeln, wenn z. B. verschiedene ökologische Nischen in einem begrenzten Gebiet besetzt werden.

Neue Arten durch ökologische Isolation
Ein bekanntes Beispiel für eine solche ökologische Isolation sind die **Darwinfinken** der Galapagos Inseln westlich von Südamerika.
Wahrscheinlich kamen durch Umwelteinflüsse wie Stürme oder andere Faktoren einige Finken auf die Galapagos Inseln. Da sie dort keine natürlichen Feinde hatten, konnten sich die Boden bewohnenden Körnerfresser schnell stark vermehren. Dadurch wurden Lebensraum und Nahrungsangebot mit der Zeit knapp. Durch Mutationen entstanden im Laufe langer Zeiträume andere Schnabelformen, sodass neue Nahrungsquellen erschlossen werden konnten. So entwickelten sich im Laufe der Zeit 14 verschiedene Finkenarten, die unterschiedliche ökologische Nischen besetzen (▷ B 4).

▶ Mutation, Selektion und Isolation haben auf der Erde zu einer immer weiteren Entwicklung von neuen Arten geführt. Die Evolution ist nicht abgeschlossen, sodass auch in Zukunft weitere Arten entstehen können.

4 Darwinfinken

Aufgaben

1 Welche Folgen kann es haben, wenn der Mensch in die natürliche Selektion eingreift?

2 Informiere dich über die Züchtung unserer Kohlsorten und stelle eine Präsentation dazu zusammen.

3 Überlege, welche Folgen Albinismus in der Natur normalerweise für das betroffene Lebewesen haben kann.
Halte deine Überlegungen schriftlich fest.

4 Informiere dich, z. B. im Internet, welche anderen Tierarten durch Isolationsfaktoren in neue Arten aufgespalten wurden.

Indizien
Wissenschaftler haben in vielen Jahren mit akribischer Genauigkeit Indizien zusammengetragen, die die Evolution belegen können.

Verschieden und doch gleich
Ein wichtiger Beleg für die Evolution sind die **homologen Organe**. Der Flügel einer Fledermaus, die Grabhand eines Maulwurfs und der Vorderlauf eines Pferdes scheinen auf den ersten Blick keine Gemeinsamkeiten zu besitzen. Sie sehen völlig verschieden aus und haben auch sehr unterschiedliche Funktionen. Eine genaue anatomische Untersuchung lässt aber erkennen, dass die Vertreter der genannten Beispiele einen gemeinsamen **Grundbauplan** aufweisen. Alle besitzen die typischen Bestandteile der Vorderextremität von Wirbeltieren: Oberarm, Elle, Speiche, Handwurzel, Mittelhand und Finger (▷ B 1). Homologe Organe weisen also auf die Abstammung von gemeinsamen Vorfahren hin.

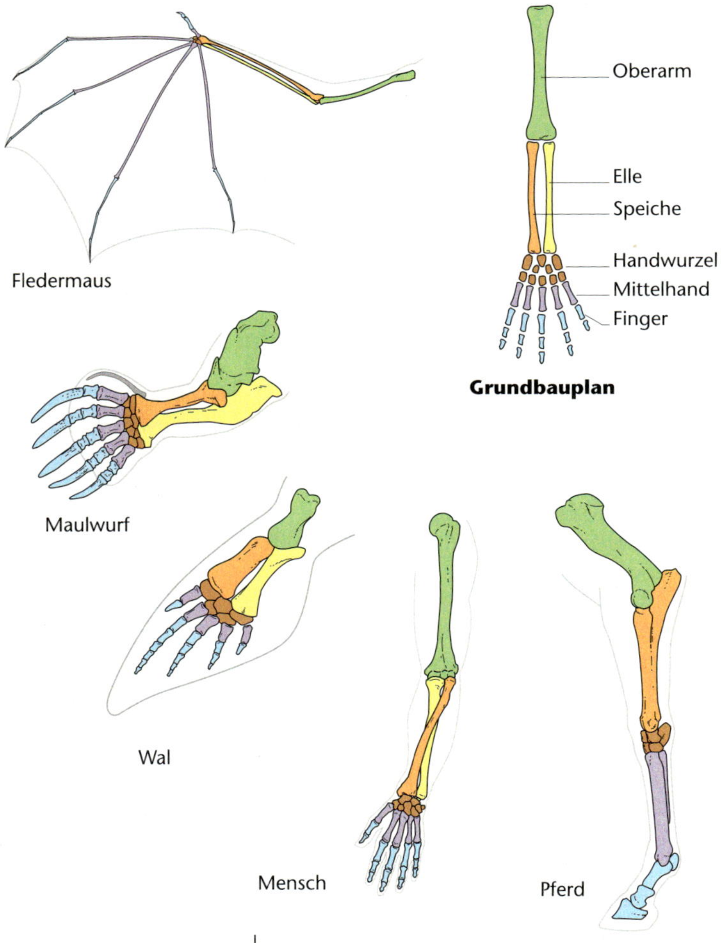

1 Homologe Organe

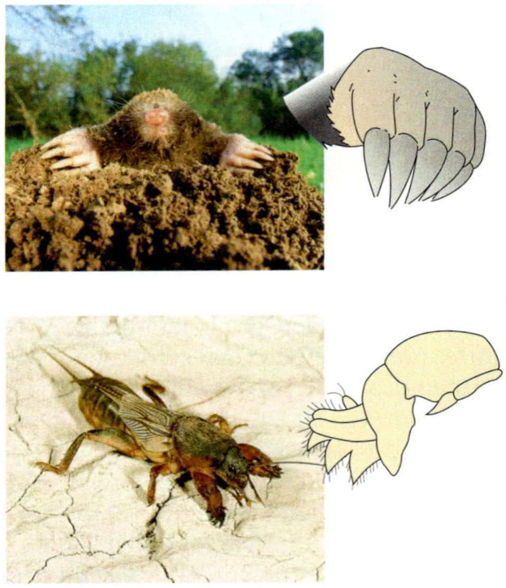
2 Analoge Organe beim Maulwurf und der Maulwurfsgrille

Gleich und doch verschieden
Anders liegen die Verhältnisse beim Flügel der Fledermaus und dem Flügel von Insekten. Beide Flügelarten erfüllen dieselbe Funktion. Eine anatomische Untersuchung macht jedoch sofort klar, dass der Grundbauplan völlig verschieden ist. Organe, die keinen gemeinsamen Ursprung haben, aber die gleiche Funktion erfüllen, nennen Biologen **analoge Organe**. Es sind Anpassungen an den gleichen Lebensraum. Solche Anpassungen von Lebewesen an den gleichen Lebensraum heißen **Konvergenz**.
Ein weiteres typisches Beispiel für analoge Organe sind die verschiedenen Grabhände von Maulwurf und Maulwurfsgrille (▷ B 2). Das eine Tier gehört zu den Säugetieren und das andere ist ein Insekt. Durch Mutation und Selektion sind Grabhände entstanden, die beiden Tieren ein Leben unter der Erde ermöglichen.
Analogien geben keine Hinweise auf die stammesgeschichtliche Entwicklung, zeigen aber, dass verschiedene Lebensformen in gleichen Lebensräumen ähnliche Organe ausbilden.

Aufgaben

1 Informiere dich über Homologien bei Pflanzen und schreibe ein Referat darüber.

2 Was lässt sich aus dem Vergleich der Flossen von Hai und Delfin ableiten? Fertige dazu ein Plakat.

Übergangsformen – von beiden etwas
Ein ganz wichtiger Beleg für die Evolution sind **Übergangsformen** oder **Brückentiere**. Lange wurde den Anhängern der Evolutionstheorie vorgehalten, dass man noch nie Übergangsformen zwischen zwei Lebensformen gefunden habe. Als 1877 das erste fast vollständige, versteinerte Skelett eines Tieres gefunden wurde, das sowohl Kriechtier- als auch Vogelmerkmale aufwies, war die erste Übergangsform entdeckt. Das Tier bekam den Namen **Archaeopteryx**, was so viel heißt wie alte Feder. Die wichtigsten Merkmale sind die Federn vom Vogel und das Gebiss vom Reptil. Archaeopteryx lebte von ca. 140 Millionen Jahren und war etwa so groß wie eine Taube. Er stammte wahrscheinlich von zweibeinig laufenden Reptilien ab. Wie gut sein Flugvermögen entwickelt war, ist nicht klar, aber ein sehr guter Flieger konnte er wohl nicht gewesen sein. Seine Knochen waren noch nicht hohl und auch die Flugmuskulatur war noch nicht sehr stark ausgeprägt, da er noch ein sehr kleines Brustbein besaß. Es ist eher wahrscheinlich, dass das Tier eher ein Gleitflieger war, sich also von Bäumen, auf die er mit seinen Krallen geklettert war, hinabgleiten ließ. Vielleicht konnte er aber auch schon vom Boden aus kleinere Flüge starten.

> Übergangsformen zeigen Merkmale der stammesgeschichtlich älteren mit der neueren Form.

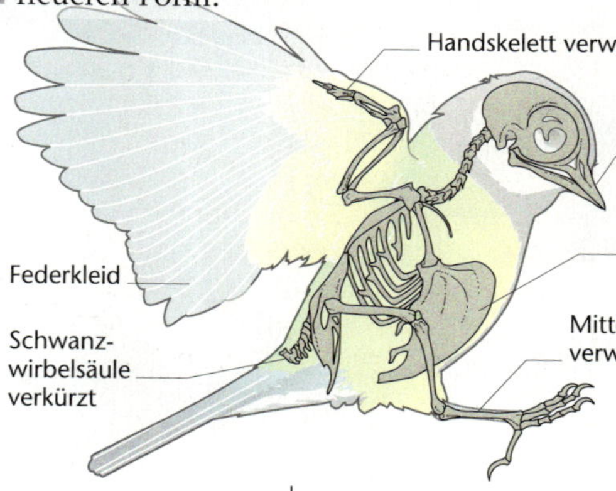

1 Skelett eines Vogels

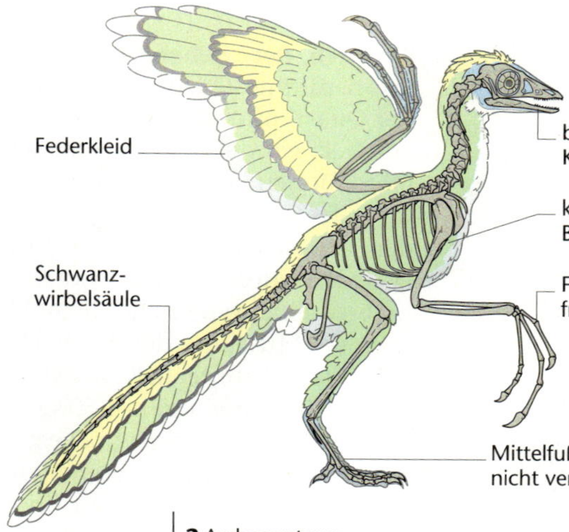

2 Archaeopteryx

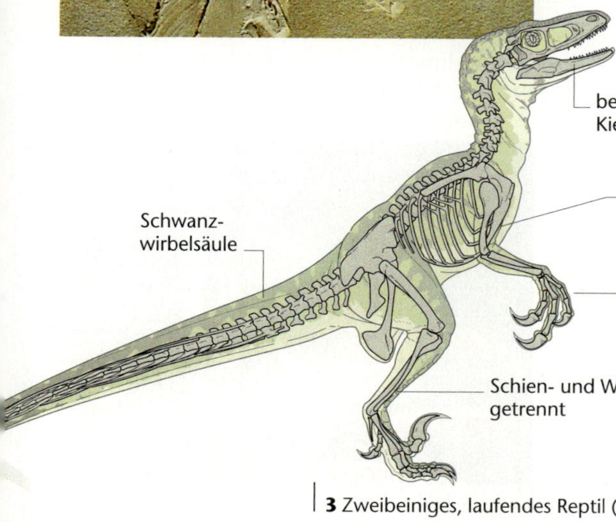

3 Zweibeiniges, laufendes Reptil (Velociraptor)

Aufgaben

1 Stelle Vermutungen darüber an, ob Archaeopteryx wechselwarm oder gleichwarm gewesen ist. Begründe.

2 Suche in der Literatur oder im Internet nach Angaben zu weiteren Brückentieren und ordne diese systematisch ein.

3 Fertige eine Präsentation zur Fundgeschichte des Archaeopteryx an.

1 Quastenflosser

2 Skelett und Fossil eines Quastenflossers

Ein Fisch, der „gehen“ kann

Das berühmteste lebende Fossil ist wohl der **Quastenflosser** Latimeria. Als er 1938 entdeckt wurde, galt er bereits seit über 60 Millionen Jahren als ausgestorben. Als im Hafen des Städtchens East-London an der Ostküste Südafrikas ein Fischkutter entladen wurde, sah Miss COURTENAY-LATIMER, eine wissenschaftliche Mitarbeiterin des Museums, den Fisch. Da sie den Fisch nicht kannte, ließ sie das Tier, das über 1,50 m lang und fast 60 kg schwer war, ins Museum bringen. Die großen Schuppen des Fisches waren blau und das Tier besaß einen starken Unterkiefer. Sie konnte den Fund nicht einordnen und verständigte Professor SMITH, einen bedeutenden Gelehrten. Dieser kam, untersuchte das Tier und die Sensation war perfekt. Es war ein Quastenflosser.

Bemerkenswert sind vor allem seine vier paarigen knochenverstärkten Flossen. Sie zeigen bereits das Skelett einer Amphibienextremität. So können der Quastenflosser und seine Verwandten wahrscheinlich als früheste Form des Übergangs zum Landleben angesehen werden.
Erst 15 Jahre später wurde ein weiteres Exemplar bei den Komoren gefangen. Bis heute sind über 200 Quastenflosser gefangen worden.

Der große Widerspruch

Fossilien sind Überreste ausgestorbener Lebewesen. Der Begriff „**lebende Fossilien**“ scheint daher ein Widerspruch zu sein. Doch es gibt heute Lebewesen, die in mehr oder weniger direkter Linie Nachkommen von urweltlichen Lebewesen sind.
Bei lebenden Fossilien finden die Forscher Merkmale, die deutliche Zusammenhänge mit den ausgestorbenen Vorfahren herstellen. Es gibt noch einige solcher lebender Fossilien: Quastenflosser, Lungenfische, Schlammspringer, Riesensalamander, Schnabeltier, Brückenechsen, Nautilus sowie einige Schnecken und Muscheln im Tierreich. Bei den Pflanzen finden wir den Ginkgo, die Metasequoia und Schuppenbäume.

Lebende Fossilien geben Hinweise auf die Abstammung der Lebewesen. Bei lebenden Fossilien finden sich viele Merkmale von früheren Entwicklungsstufen.

Eine Ente mit Fell, die Milch gibt?

Das Tier hat einen Schnabel wie eine Ente, besitzt ein Fell wie ein Biber, legt Eier wie ein Reptil und säugt seine Jungen wie ein Säugetier. Wo soll dieses Tier zugeordnet werden? Seit das **Schnabeltier** in Australien entdeckt wurde, gab es immer wieder Unstimmigkeiten über seine zoologische Zuordnung. Zwar gibt es keine fossilen Vorfahren vom Schnabeltier, aber es besitzt so viele urtümliche Merkmale, dass wir es ruhig als lebendes Fossil einordnen können.
Es stellt mit seinen Merkmalen wohl eine Übergangsform vom Reptil zum Säugetier dar. Reptilienmerkmale sind die weichschaligen dotterreichen Eier. Säugetiermerkmale sind das Fell und die Milchdrüsen.

3 Schnabeltier

4 Von oben nach unten: Lungenfisch, Schlammspringer, Brückenechse

Nautilus – ein Kopffüßer

Nautilus ist ebenfalls ein bedeutendes lebendes Fossil. Er ist ein Nachkomme der Ammoniten, die am Ende der Kreidezeit ausgestorben sind. Wie Nautilus diese Katastrophe überlebte, wissen wir nicht, aber er lebt in kleinen Teilen der tropischen Meere in 400–600 m Tiefe. Nur selten kommt er näher an die Oberfläche. Sein Gehäuse ist wie das der Ammoniten gekammert (▷ B 5). Das Tier selbst lebt nur in der vordersten Kammer; die hinteren Kammern sind mit Luft gefüllt und dienen dazu, im Wasser schweben zu können. Die relativ großen Augen besitzen noch keine Linsen. Die heute lebende Form ernährt sich von Krebsen und Krabben.

5 Nautilus

Ginkgo – eine Pflanze als lebendes Fossil

Den **Ginkgo** (▷ B 7) gibt es seit ca. 270 Millionen Jahren. Zunächst war er über die gesamte Erde verbreitet. Aber in Europa und Amerika starb er schon vor einigen Millionen Jahren aus. Der 30–40 m hohe Baum konnte sich nur in kleinen Gebieten von China behaupten. Von China aus war er nach Japan gelangt und dort vor allem in Klostergärten angepflanzt worden. Um 1730 wurde der Baum in den botanischen Gärten Europas angepflanzt. Dass er bei uns so beliebt ist, kommt wohl daher, dass er äußerst widerstandsfähig gegenüber schädlichen Umwelteinflüssen ist. Selbst nach dem Atombombenabwurf über Hiroschima war der Ginkgo das erste Lebewesen, das im nächsten Jahr wieder austrieb.

Der Baum besitzt zweilappige Fächerblätter. Nach dem Aussehen des Blattes und der Blattverfärbung im Herbst könnte man den Ginkgo zu den Laubbäumen zählen. Er ist aber weder ein Laub- noch ein Nadelbaum, sondern stellt eine eigene Pflanzengruppe dar, die Ginkgoaceae.
Die Pflanze genoss in China großes Ansehen und wird seit langem als Heilpflanze gegen Durchblutungsstörungen verwendet.

6 Spitzahorn

Aufgaben

1 Finde heraus, was GOETHE zum Ginkgobaum schrieb. Berichte darüber.

2 Erkläre mit eigenen Worten die Bedeutung der lebenden Fossilien.

3 Vergleiche das Ginkgoblatt mit dem Ahornblatt. Worin liegt der Unterschied?

7 Ginkgo

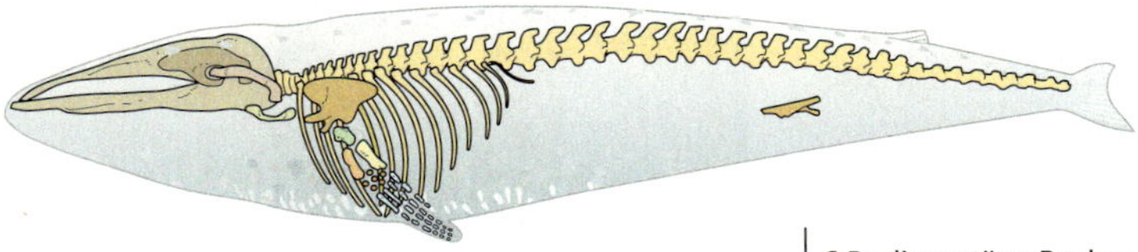

1 Rudimentärer Beckenknochen beim Wal

Reste – ohne Bedeutung?

Einen weiteren Beleg für die Evolutionstheorie stellen so genannte **rudimentäre Organe** dar. Das sind Organe oder Organreste, die keine Funktion mehr haben oder zumindest ihre ursprüngliche Funktion nicht mehr erfüllen. Der Strauß z. B. besitzt zwar noch Flügel, aber zum Fliegen kann er sie nicht mehr verwenden, da sie zu klein sind für den schweren Körper des Vogels.
Bei einigen Bartenwalen gibt es noch rudimentäre Reste eines Beckenknochens (▷ B 1) und von Extremitäten.

Auch der Mensch besitzt Rudimente

Aber auch beim Menschen finden sich noch einige rudimentäre Organe. Reste einer Nickhaut, ausgeprägter Eckzahn, Weisheitszähne, Steißbein, Wurmfortsatz, Körperbehaarung, Muskeln zur Ohrbewegung, segmentierte Bauchmuskulatur. Solche rudimentären Organe weisen darauf hin, dass heutige Lebewesen noch Reste früherer Entwicklungsstadien besitzen können (▷ B 4).

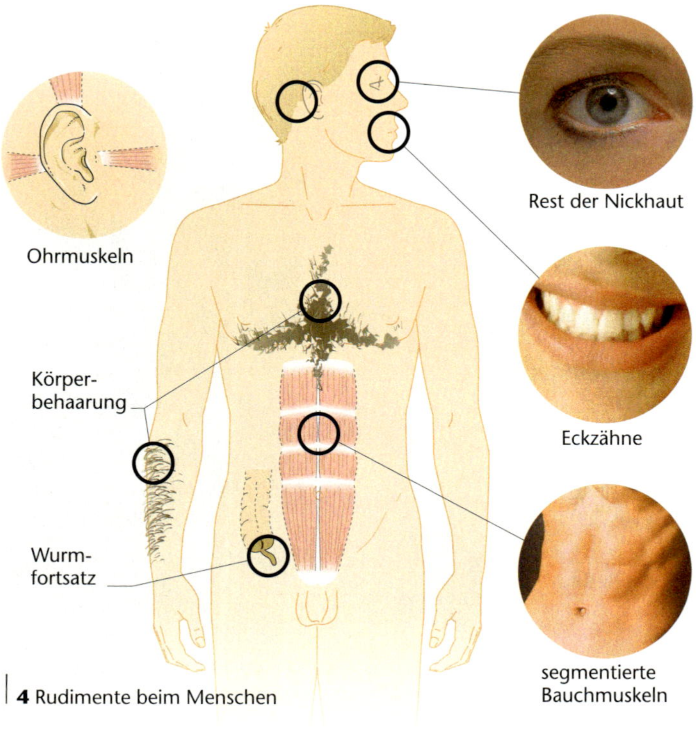

4 Rudimente beim Menschen

Evolution im Rückwärtsgang

Ein ganz besonderer Beleg für die stammesgeschichtliche Entwicklung sind so genannte **Atavismen** oder Rückschläge. Bei Mensch, Tier und Pflanze kommt es gelegentlich vor, dass körperliche Merkmale früherer Entwicklungsstufen in Erscheinung treten. Gelegentlich werden Pferde mit einem zusätzlichen kleinen Huf geboren (▷ B 2), ein Hinweis auf die Entwicklung des Pferdes vom Mehrzeher zum Einzeher.

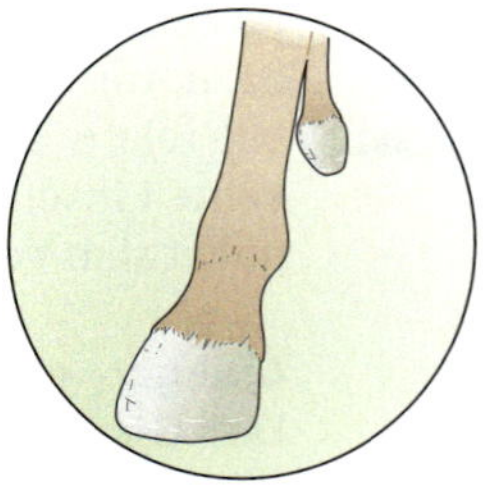

2 Pferd mit zusätzlichem kleinen Huf

3 Komplett behaartes Kind

Atavismen gibt es auch beim Menschen

In Malaysia wurde 1983 ein Kind mit einem verlängerten Steißbein geboren. Dies lässt den Schluss zu, dass frühe Vorfahren des Menschen einen Schwanz besessen haben könnten. Es kann auch vorkommen, dass bei Menschen entlang der Milchleisten zusätzliche Brustwarzen ausgebildet werden. Oder es kommen Kinder zur Welt, die völlig behaart sind (▷ B 3), sodass man daraus ableiten kann, dass der Mensch früher einmal ein Fell besessen haben muss.

▶ Durch rudimentäre Organe und Atavismen wird deutlich, dass Lebewesen sich aus einfacheren Vorformen entwickelt haben können.

Aufgaben

1 Welche Funktionen könnten die rudimentären Organe des Menschen einmal gehabt haben?

2 Informiere dich über rudimentäre Organe bei der Pythonschlange und berichte darüber.

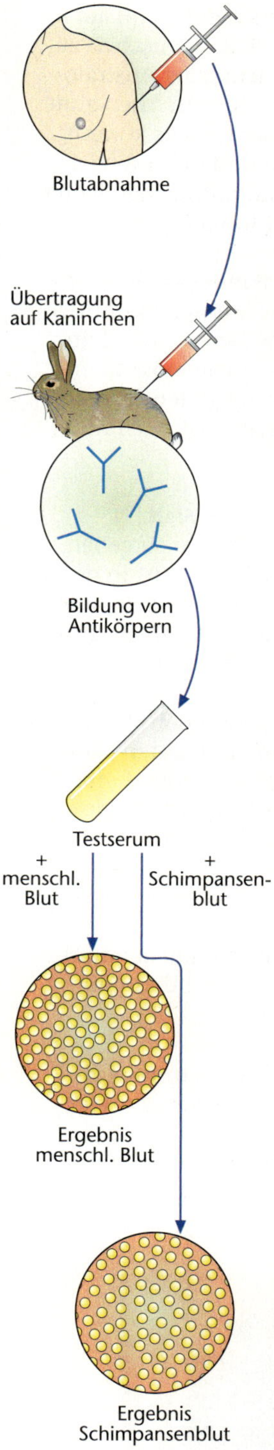

2 Präzipitin-Test

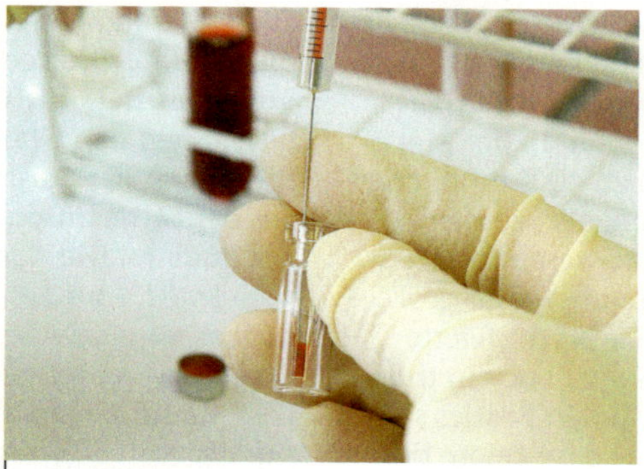

1 Test im Labor

Eiweißverwandtschaften

Auch mit der Serumreaktion kann man stammesgeschichtliche Verwandtschaftsbeziehungen belegen. Alle Lebewesen besitzen artspezifische Eiweiße. Fremde Eiweiße werden von den Antikörpern des Immunsystems verklumpt. Durch den so genannten **Serum-Präzipitin-Test** kann man den Grad der Ähnlichkeit von Eiweißen und damit den Grad der Verwandtschaft von Lebewesen ermitteln. Je ähnlicher sich Eiweiße sind, desto näher sind die Lebewesen, von denen die Eiweiße stammen, miteinander verwandt. Der Test verläuft folgendermaßen:

1. Einem Menschen werden aus dem Blut Eiweißstoffe entnommen und einem Kaninchen gespritzt.
2. Das Kaninchen bildet Antikörper gegen das fremde Eiweiß.
3. Entnimmt man nach der Antikörperbildung dem Kaninchen Blut, so kann man daraus ein Testserum gewinnen.
4. Bringt man menschliches Blut mit diesem Testserum in Verbindung, so wird das Eiweiß des menschlichen Blutes zu 100 % ausgefällt.

Wird Schimpansenblut zum Testserum hinzugegeben, so werden etwa 85 % des Schimpanseneiweißes ausgefällt.
Das bedeutet, dass 85 % des menschlichen Eiweißes mit dem des Schimpansen übereinstimmen. Dies lässt den Schluss zu, dass Mensch und Schimpanse relativ nahe verwandt sind und wahrscheinlich gleiche Vorfahren hatten.
Mit dem Serum-Präzipitin-Test kann man also die Verwandtschaftsbeziehungen von Lebewesen klären.

▶ Je mehr sich die Eiweiße verschiedener Lebewesen ähneln, desto näher sind die Lebewesen miteinander verwandt.

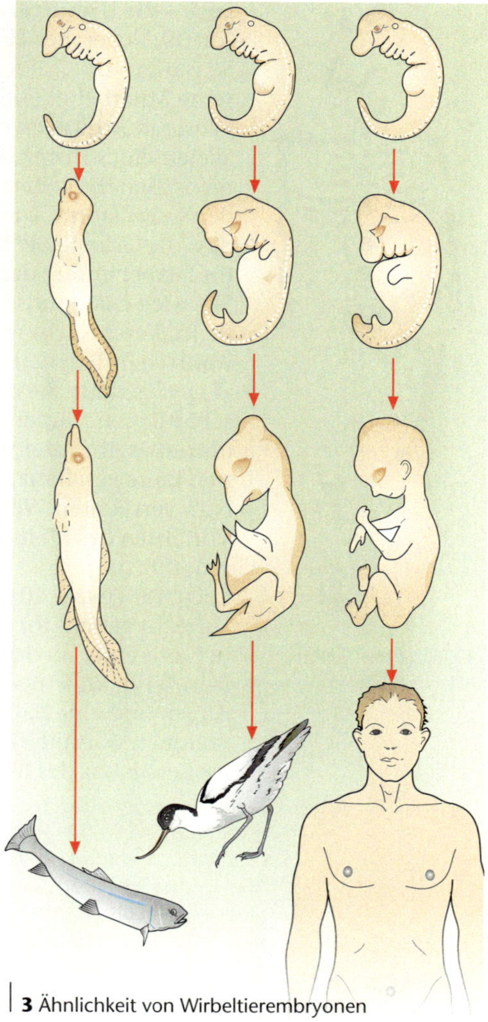

3 Ähnlichkeit von Wirbeltierembryonen

Am Anfang sind sie sich sehr ähnlich

Der deutsche Zoologe Ernst Heinrich Haeckel (1834–1919) entdeckte bei Untersuchungen an verschiedenen Wirbeltierembryonen, dass diese sich in ihren frühen Entwicklungsstadien sehr ähnlich sind. Er formulierte zwischen 1866 und 1869 die **Biogenetische Grundregel**, die besagt, dass die Embryonalentwicklung der Wirbeltiere eine verkürzte Wiederholung der Stammesentwicklung sei. Das heißt, dass die Wirbeltiere im Laufe ihrer Embryonalentwicklung Merkmale früher Vorfahren aufweisen (▷ B 3). So zeigt z. B. der menschliche Embryo in einem frühen Entwicklungsstadium Kiemenanlagen.

▶ Die Ähnlichkeit der Wirbeltierembryonen in ihrer frühen Entwicklung weist darauf hin, dass die Lebensformen gemeinsame Verwandte hatten.

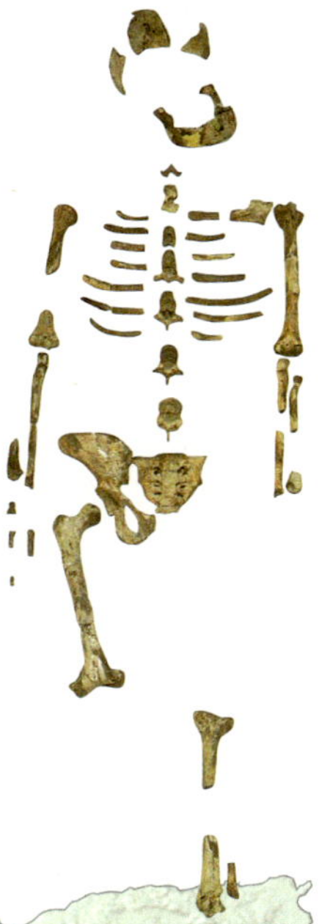

1 Gefundene Skelettteile von Lucy

Lucy – die Urmutter aus Afrika

Am 30. November 1974 ereignete sich eine Sensation: DONALD JOHANSON (*1943) und seine Mitarbeiter entdeckten in der Afar-Wüste in Äthiopien ein zu 40 % erhaltenes Skelett eines **Hominiden**, also zu den menschenähnlichen Lebewesen gehörenden Lebensform. Die Freude war so groß, dass die Gruppe die halbe Nacht feierte und dabei immer den Song „Lucy in the Sky with Diamonds" von den Beatles spielte. In dieser Nacht wurde das Skelett, das wahrscheinlich von einer Frau stammt, „Lucy" getauft. Sie erhielt den wissenschaftlichen Namen **Australopithecus afarensis**. Ihr Alter wird auf ca. 3,2 Millionen Jahre geschätzt.
Nun versuchten Wissenschaftler, diesen Vorfahren des Menschen zu rekonstruieren (▷ B 3).
Lucy war etwa 1,10 m groß und konnte aufrecht gehen. Ihr Gesicht war affenähnlich mit einer niedrigen Stirn. Sie hatte kein Kinn, knochige Wülste über den Augen und eine flache Nase. Ihr Gehirnvolumen war mit 375 bis 550 cm^3 bereits größer als das des heutigen Schimpansen.
Diese Merkmale treffen weitgehend auf die gesamte Gruppe der Vormenschen zu. Vielleicht stellt die Gattung der Australopithecinen den Übergang vom Affen zum Menschen dar. Australopithecus kommt aus dem Griechischen und heißt so viel wie Südaffe. Die Australopithecinen lebten vor etwa 4,4 bis 1,8 Millionen Jahren in Afrika.
Ständig werden neue Funde gemacht, sodass Stammbäume des Menschen immer nur als vorläufig angesehen werden können. Alle Jahreszahlenangaben können immer nur als Richtwerte gelten, denn eine eindeutige Festlegung ist noch nicht möglich.

Auf zwei Beinen durch die Welt

Die Fähigkeit, auf zwei Beinen zu gehen, war wohl ein wesentlicher Schritt in der Evolution des Menschen. Die zweibeinige Fortbewegung brachte in der Steppe große Vorteile hinsichtlich der Sicherheit und des Jagderfolges.
Die Umstellung von der affenähnlichen Fortbewegung hin zum aufrechten Gang hat sicherlich mehrere Millionen Jahre gedauert, denn es waren tief greifende Umbildungen von Muskeln und Knochen notwendig.
In Tansania bei Laetoli fanden Wissenschaftler 1978 Fußspuren (▷ B 4), die ca. 3,6 Millionen Jahre alt sein dürften und eindeutig von aufrecht gehenden Vormenschen stammen.

Der aufrechte Gang war ein wesentlicher Evolutionsfaktor auf dem Weg zum Menschen.
Die frühesten Menschenfunde stammen aus Süd- und Ostafrika.

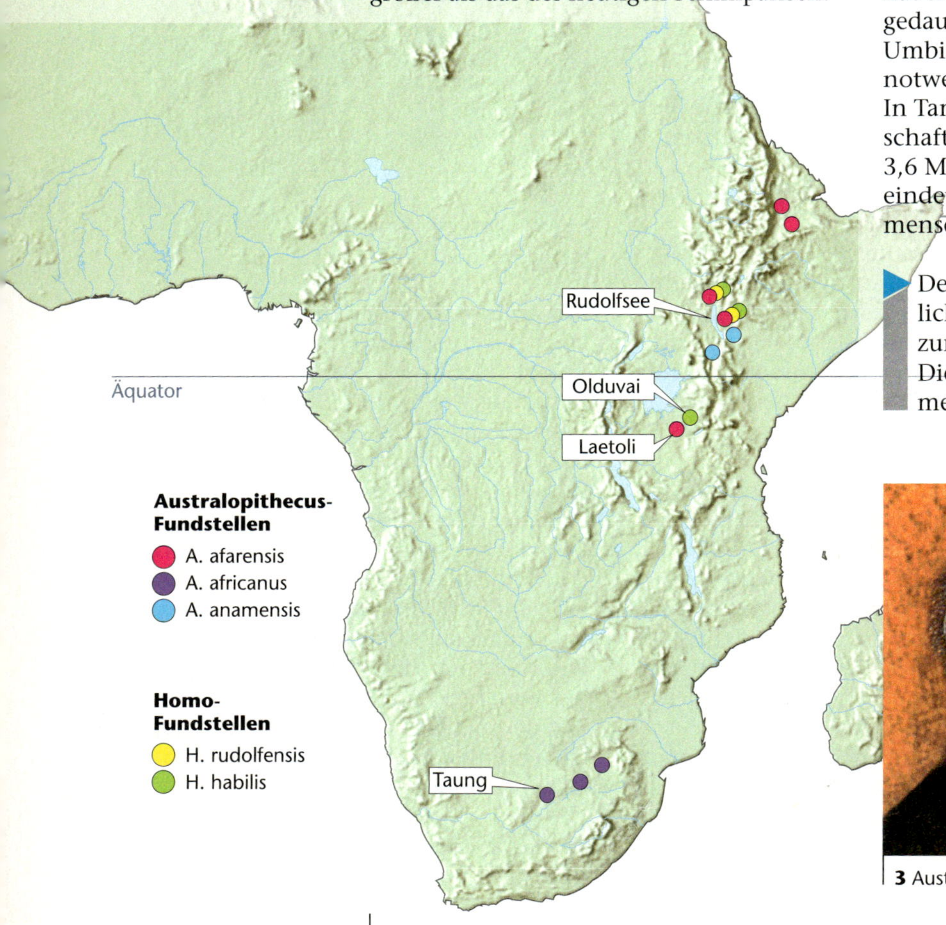

2 Fundstellen von Australopithecus

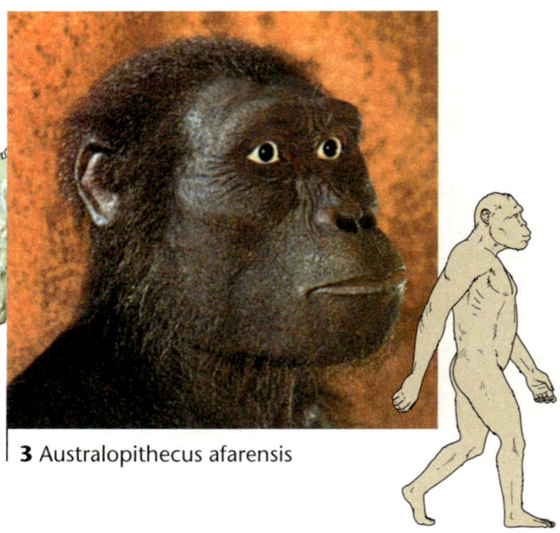

3 Australopithecus afarensis

4 Fußspuren von Laetoli

Ein weiteres Puzzleteil

Bereits 1924 fand Professor RAYMOND DART (1893–1988) den etwa 2,3 Millionen alten Schädel eines 4 bis 6 Jahre alten Jungen. Da der Fund in der Nähe der Stadt Taung in Südafrika gefunden wurde, erhielt er den Beinamen „Das Kind von Taung". Es ist größer als Lucy und hat bereits ein größeres Gehirn. Es wird zur Gruppe des **Australopithecus africanus** gerechnet. Diese lebte vor etwa 2 bis 3 Millionen Jahren in Südafrika.
Das Kind von Taung ist, nach Spuren an den Knochen zu schließen, gewaltsam ums Leben gekommen. Man kann vermuten, dass es von einem wilden Tier wie z. B. einem Leoparden getötet wurde.

Homo rudolfensis – der Mensch vom Rudolfsee

1972 wurde am Rudolfsee in Kenia der Schädel eines Hominiden gefunden.
Er lebte vor etwa 2,5 bis 1,9 Millionen Jahren im südöstlichen Afrika und unterschied sich in einigen Merkmalen von den Australopithecinen: Er war etwa 1,55 m groß und hatte ein Hirnvolumen von ca. 600 bis 800 cm^3. Er benutzte bereits einfachste Steinwerkzeuge.

1991 entdeckte der deutsche Forscher FRIEDEMANN SCHRENK (*1956) am Malawisee in Südafrika den Unterkiefer eines **Homo rudolfensis**. Einige Forscher meinen heute, dass der Homo rudolfensis das eigentliche Bindeglied zum heutigen Menschen sei. Der Mensch vom Rudolfsee scheint der erste Vertreter der Gattung Homo zu sein. Andere Wissenschaftler sind jedoch der Ansicht, dass Homo rudolfensis und Homo habilis den Australopithecinen noch näher standen als den Menschen.

Homo habilis – der geschickte Mensch

Auf die Gattung der Australopithecinen folgte die Gattung des Homo, was Mensch heißt.
Homo habilis und Homo rudolfensis sind die frühesten Arten dieser Gattung. 1960 entdeckten MARY (1913–1996) und LOUIS LEAKEY (1903–1972) in der Olduvai-Schlucht in Tansania Teile des Skeletts eines etwa 1,8 Millionen Jahre alten Hominiden, der höher entwickelt schien als die Australopithecinen. Da sie auch einfache Werkzeuge aus Stein fanden, erhielt der Fund den Namen Homo habilis, der geschickte Mensch.
Homo habilis lebte von ca. 2,5 bis 1,5 Millionen Jahren in Ostafrika. Sein Gehirnvolumen betrug zwischen 500 bis 800 cm^3.

Homo rudolfensis und Homo habilis sind wahrscheinlich die frühesten Menschen.

8 Steinwerkzeuge von Homo habilis

Aufgabe

1 Stelle in einer Tabelle die wesentlichen Unterschiede zwischen Australopithecus afarensis und Homo sapiens zusammen.

5 Australopithecus africanus

6 Homo rudolfensis

7 Homo habilis

Homo erectus – der erste richtige Mensch?

Homo erectus stellt die nächste und vielleicht bedeutendste Stufe in der Entwicklung zum heutigen Menschen dar. Am besten erhalten ist das Skelett eines wahrscheinlich 11-jährigen Jungen, der in den 80er Jahren in Nordkenia ausgegraben wurde. Der Fund ist etwa 1,6 Millionen Jahre alt und ist das vollständigste Exemplar von Homo erectus, das bis heute bekannt ist. Sein Gehirnvolumen lag bei 880 cm^3 und kann damit für einen Erwachsenen auf ca. 950 cm^3 geschätzt werden. Der Junge wog wohl 48 kg und war bereits 1,60 m groß, was auf eine Erwachsenengröße von etwa 1,80 m schließen lässt, also wesentlich größer als die bisherigen Hominiden. Homo erectus war wahrscheinlich der erste Hominide, der das Feuer beherrschte und Werkzeuge zum Zerlegen der Beute herstellte. Das relativ kleine Gehirn weist darauf hin, dass Homo erectus noch kein Mensch in unserem heutigen Sinne gewesen sein dürfte. Sprechen konnte er wohl ebenfalls noch nicht.

Homo erectus – der erste Auswanderer?

Eine Theorie besagt, dass der Homo erectus bereits von 1,8–1,4 Millionen Jahren als Erster aus Afrika ausgewandert ist. Funde in Georgien, China und Java belegen, dass Homo erectus in diese Gebiete vorgedrungen war.
Der Javamensch, der 1891 erstmals von dem Holländer DUBOIS (1858–1912) entdeckt wurde, zeigt, dass Homo erectus bereits bis Java gekommen war. Der Fund ist etwa 1,3 bis 1,4 Millionen Jahre alt.
Etwa 40 km von Beijing (Peking) entfernt, fand man Skelettteile, die etwa 500 000 bis 300 000 Jahre alt sein dürften und beweisen, dass Homo erectus auch diese Region bereits besiedelte. Der Pekingmensch gehört nämlich ebenfalls zur Homo erectus-Gruppe.

Wer war der erste Europäer?

In Europa gibt es keine sicheren Belege für eine Besiedlung, die älter als 780 000 Jahre ist. Diese älteste Fundstelle ist Gran Dolina in Spanien, die erst 1994 entdeckt wurde. Bis dahin galt der **Homo heidelbergensis** mit einem Alter von ca. 500 000 (700 000) Jahren zu den ältesten Zeugnissen menschlicher Besiedlung in Europa. 1907 wurde von Arbeitern einer Kiesgrube ein Unterkiefer gefunden (▷ B 11). Sie übergaben ihn dem Anthropologen SCHOETENSACK (1850–1912), der ihn als Kiefer eines Hominiden erkannte. Auch Homo heidelbergensis wird der Gruppe der Homo erectus zugerechnet.

11 Kiefer von Homo heidelbergensis

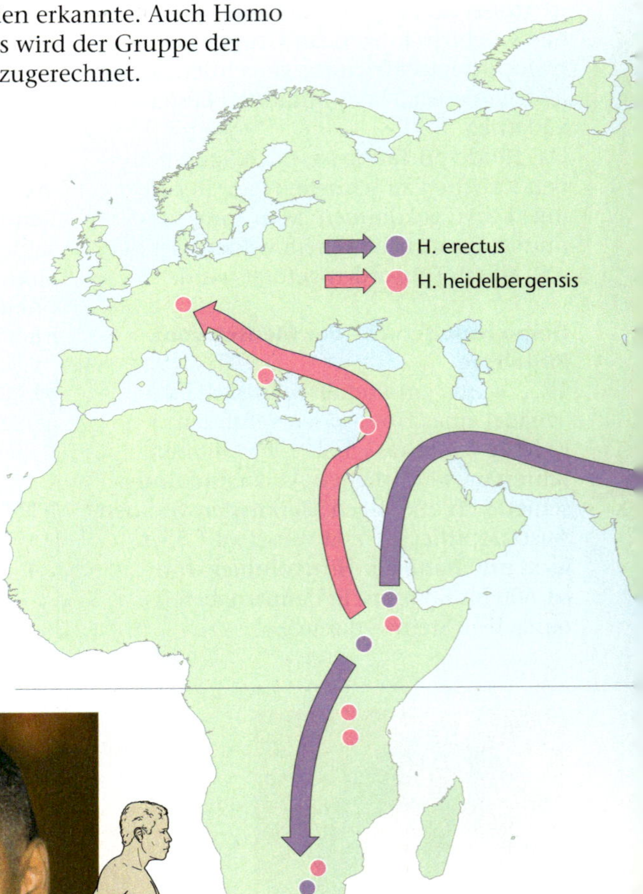

12 Wanderung von Homo erectus und Homo sapiens

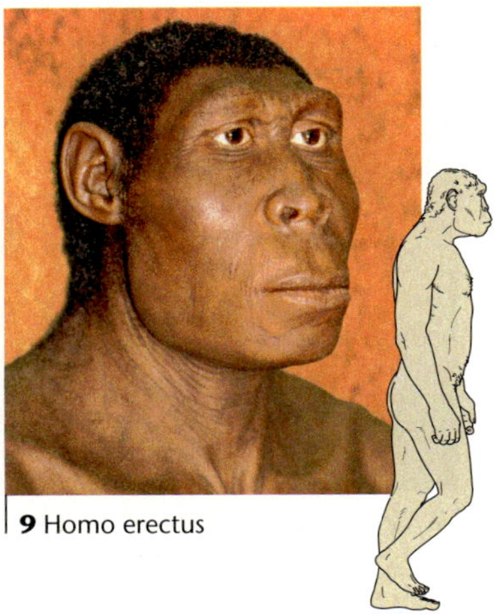

9 Homo erectus

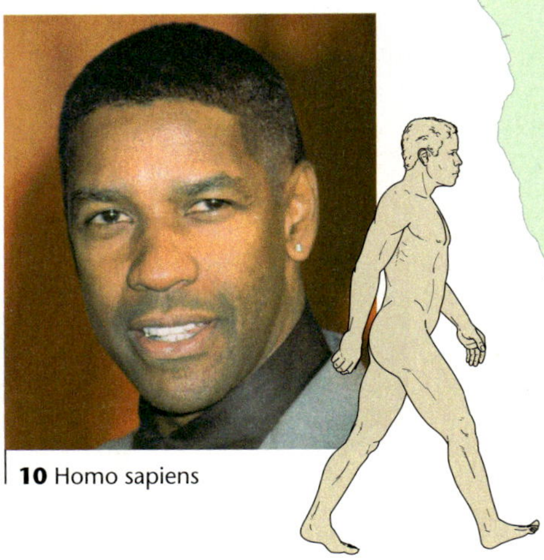

10 Homo sapiens

13 Kulturgegenstände von Cro-Magnon-Menschen

14 Lebensbild der Cro-Magnon-Menschen

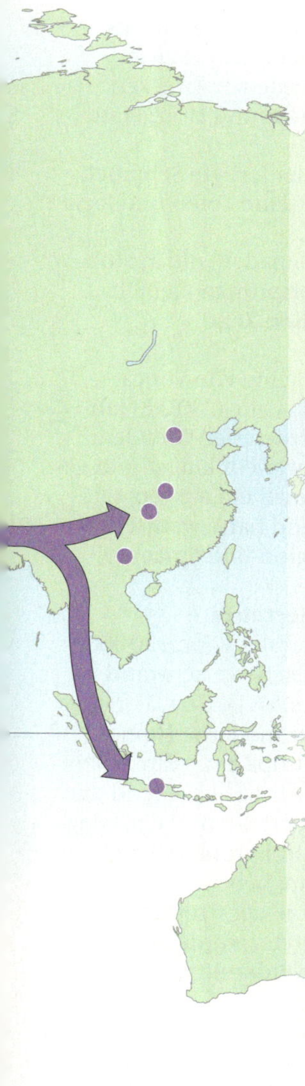

Auch Homo sapiens ist Afrikaner

Die ältesten Funde des modernen **Homo sapiens** (Homo sapiens = der wissende Mensch) stammen aus Afrika vor 120 000 Jahren. Einige Forscher datieren einen so genannten archaischen, also aus früherer Zeit stammenden, Homo sapiens auf ein Alter von 400 000 bis 200 000 Jahren. Der eigentlich moderne Mensch ist aber nur etwa 120 000 Jahre alt.

Auch Homo sapiens wanderte aus

Der älteste bekannte Beleg eines Homo sapiens außerhalb Afrikas wird um 1930 in der Quafzeh-Höhle in der Nähe des heutigen Nazareth gefunden. Das Alter des Fundes kann auf 100 000 Jahre festgelegt werden. Die ersten Vertreter von Homo sapiens lebten in einem Zeitraum von etwa 50 000 Jahren gleichzeitig mit dem **Neandertaler** in dieser Region. Der Neandertaler verschwand dann aus bis heute nicht erkennbaren Gründen.
Die ersten modernen Menschen zeigten alle Merkmale des heutigen Menschen. Das Gehirnvolumen beträgt ca. 1350 cm^3, die Stirn ist steil, die Überaugenwülste sind verschwunden, das Kinn ist vorstehend und das Skelett grazil. Er stellte bereits verfeinerte Werkzeuge und Schmuck her, schuf erste Kunstwerke in Höhlen und beerdigte seine Toten. Auch der Homo sapiens verbreitete sich über die Erde. Vor ca. 40 000 Jahren besiedelte der Homo sapiens Europa und drang in die übrige Welt vor.

▶ Der Homo sapiens hat vor etwa 120 000 Jahren von Afrika aus die übrige Welt besiedelt.

Die Künstler von Cro-Magnon

1868 fanden Arbeiter beim Bau einer Eisenbahnlinie bei Les Eyzies im Vezèretal in Südfrankreich die Skelette von drei Männern, einer Frau und einem Kind. Nach dem Fundort, dem Felsdach Cro-Magnon, nannte man diese Vorfahren **Cro-Magnon-Menschen**. Sie lebten als Sammler und Jäger und benutzten Felsvorsprünge und Höhlen als Wohnungen. Aber sie bauten auch bereits einfache Unterkünfte. Die Tier- und Pflanzenwelt war vielfältig und bot reichlich Nahrung. Mit Speeren und anderen einfachen Waffen gingen die Menschen auf die Jagd. Faszinierend sind die Kunstwerke, die sie in Höhlen und unter Felsvorsprüngen hinterließen. Sie malten die Tiere ihrer Zeit: Wisent, Auerochse, Hirsch und Steinbock. Aber auch die wilden Höhlenlöwen, Höhlenbären und Wollnashörner wurden abgebildet. Ähnliche Höhlenzeichnungen, die im Kaukasus gefunden wurden, lassen den Schluss zu, dass die Cro-Magnon-Menschen auch diese Gebiete bereits besiedelten.
Sie sind also unsere eigentlichen Vorfahren. Mit ihrer technischen und sozialen Überlegenheit verdrängten sie wahrscheinlich den zeitgleich mit ihnen in Europa und Palästina lebenden Neandertaler.

▶ Der eigentliche Vorfahre von uns heutigen Menschen ist der Cro-Magnon-Mensch, der vor etwa 40 000 Jahren in Europa erschien.

Aufgaben

1 Suche Informationen zum Cro-Magnon-Menschen und stelle das Lebensbild einer Sippe zusammen. Verwende dafür auch (▷ B 14).

2 Stelle eine Sammlung der Kunstwerke des Cro-Magnon-Menschen zusammen. Verwende dafür Kopien und Bilder aus dem Internet.

Der Verwandte aus dem Neandertal

In der Würmeiszeit vor 70 000 Jahren bedeckte eine Eisdecke den gesamten Norden Europas und reichte fast bis ins heutige Ruhrgebiet. In dieser Zeit lebte der Neandertaler. Wegen der zahlreichen Funde wissen wir heute viel über ihn. Er lebte von vor ca. 130 000 Jahren bis vor 30 000 Jahren in Europa, Vorderasien (Usbekistan) und dem Nahen Osten (Israel).
1865 wurde im Neandertal bei Düsseldorf in der Feldhofer Höhle das erste Skelett eines Neandertalers gefunden. Der Fund erhielt später den Namen Homo sapiens neanderthalensis. Wie wir heute aus Untersuchungen der DNA wissen, war der Neandertaler nicht unser Vorfahre.

Er wurde lange unterschätzt

Der typische Neandertaler hatte große Augen und eine große, breite Nase. Mit 1,60 m Körpergröße war er eher klein. Er wog durchschnittlich etwa 70 kg und war damit recht stämmig. Im Vergleich zum heutigen Menschen hatte er längere Arme und kürzere Beine. Das Hirnvolumen war mit 1500 cm^3 größer als beim Homo sapiens sapiens. Die starken Überaugenwülste, die fliehende Stirn und das fliehende Kinn waren typische Schädelmerkmale. Der Neandertaler konnte eine Vielzahl von Lauten hervorbringen, was vielleicht bereits eine Art Sprache war.

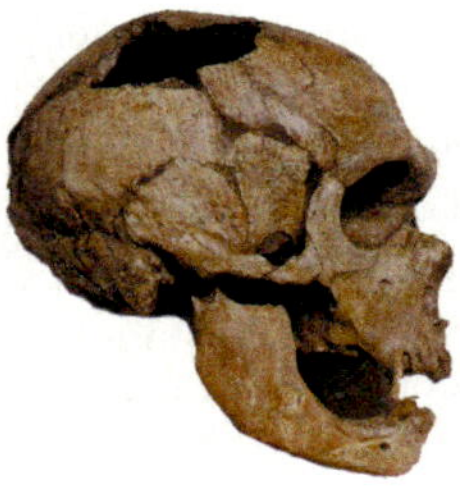

1 Schädel eines Neandertalers

Bei Neandertalers war das Leben hart

Viele der gefundenen Neandertalerskelette weisen Spuren von Verletzungen auf. Der bekannteste Fund dieser Art stammt aus einer Höhle im Nordirak. Der Verstorbene hatte einen verletzten Schädel. Wahrscheinlich war er auf einem Auge blind. Arme und Beine waren mehrfach gebrochen und wieder verheilt. Ein Arm war völlig verkrüppelt. Dieser Mann konnte wohl nur mit der Hilfe seiner Sippe überleben. Die Jagd auf Tiere dürfte so gefährlich gewesen sein, dass dabei mancher Mann ums Leben kam oder schwer verletzt wurde. Sehr alt wurden die Neandertaler nicht. Wissenschaftler nehmen heute an, dass sie in der Regel nicht älter als 40 Jahre wurden.

Aufgaben

1 Versuche, einen Tag im Leben einer Neandertalersippe zu beschreiben.

2 Fertigt ein Plakat mit den wesentlichen Aussagen zum Neandertaler.

2 Lebensbild vom Neandertaler

Das tägliche Leben des Neandertalers

Die Werkzeuge des Neandertalers waren einfach, aber wirkungsvoll. Geräte aus Stein, Faustkeile, Schaber und Messer dienten wohl verschiedenen Zwecken. Auch wurden Knochen- und Holzgeräte gefunden.
Der späte Neandertaler fertigte Schmuckstücke an, bestattete seine Toten und legte Gaben in die Gräber.
Die Sippen waren Nomaden, die in Höhlen und unter Felsvorsprüngen lebten. Auch besaßen sie schon Zelte.

Der Neandertaler lebte von vor ca. 100 000 Jahren bis vor ca. 30 000 Jahren in Europa, Vorderasien und dem Nahen Osten. Er war ein kluger und geschickter Jäger, besaß ein ausgeprägtes Sozialverhalten und hatte wahrscheinlich eine Art Religion und Sprache.

Das Ende des Neandertalers

Weshalb der Neandertaler vor ca. 30 000 Jahren von der Bildfläche verschwand, ist bis heute nicht restlos geklärt. Vor etwa 40 000 Jahren zog der moderne Homo sapiens sapiens in Europa ein. Wahrscheinlich eroberte er von Afrika ausgehend die gesamte Welt. Neandertaler und Cro-Magnon-Mensch lebten in Europa wahrscheinlich noch 10 000 Jahre nebeneinander.
In dem Maße aber, wie der Cro-Magnon-Mensch sich ausbreitete, wurde der Neandertaler vermutlich verdrängt und starb schließlich aus.
Die genauen Ursachen des Aussterbens des Neandertalers sind allerdings noch nicht geklärt.

Als der Cro-Magnon-Mensch auftauchte, wurde der Neandertaler verdrängt und starb aus.

Strategie

Umgang mit verschiedenen Quellen

Im täglichen Leben werden das Lesen und der Umgang mit Informationen geradezu als selbstverständlich vorausgesetzt: Texte aus Zeitungen oder Büchern, Grafiken oder Diagramme aus der Fachliteratur erfordern es, zu lesen und zu verstehen.
Immer wieder werden dir auch unterschiedliche Aussagen begegnen, die du bewerten sollst und zu denen du Stellung beziehen musst. Bei einem Referat zum Thema „Evolution des Pferdes" stößt du auf zwei verschiedene Texte:

Werte zuerst beide Texte aus, indem du folgende Punkte bedenkst:

1. Verschaffe dir einen Überblick über beide Texte (Überschrift, Gliederung in Textabschnitte).
2. Lies die Texte genau durch und markiere die Hauptaussagen.
3. Schreibe diese Kernaussagen aus beiden Texten heraus und vergleiche sie.

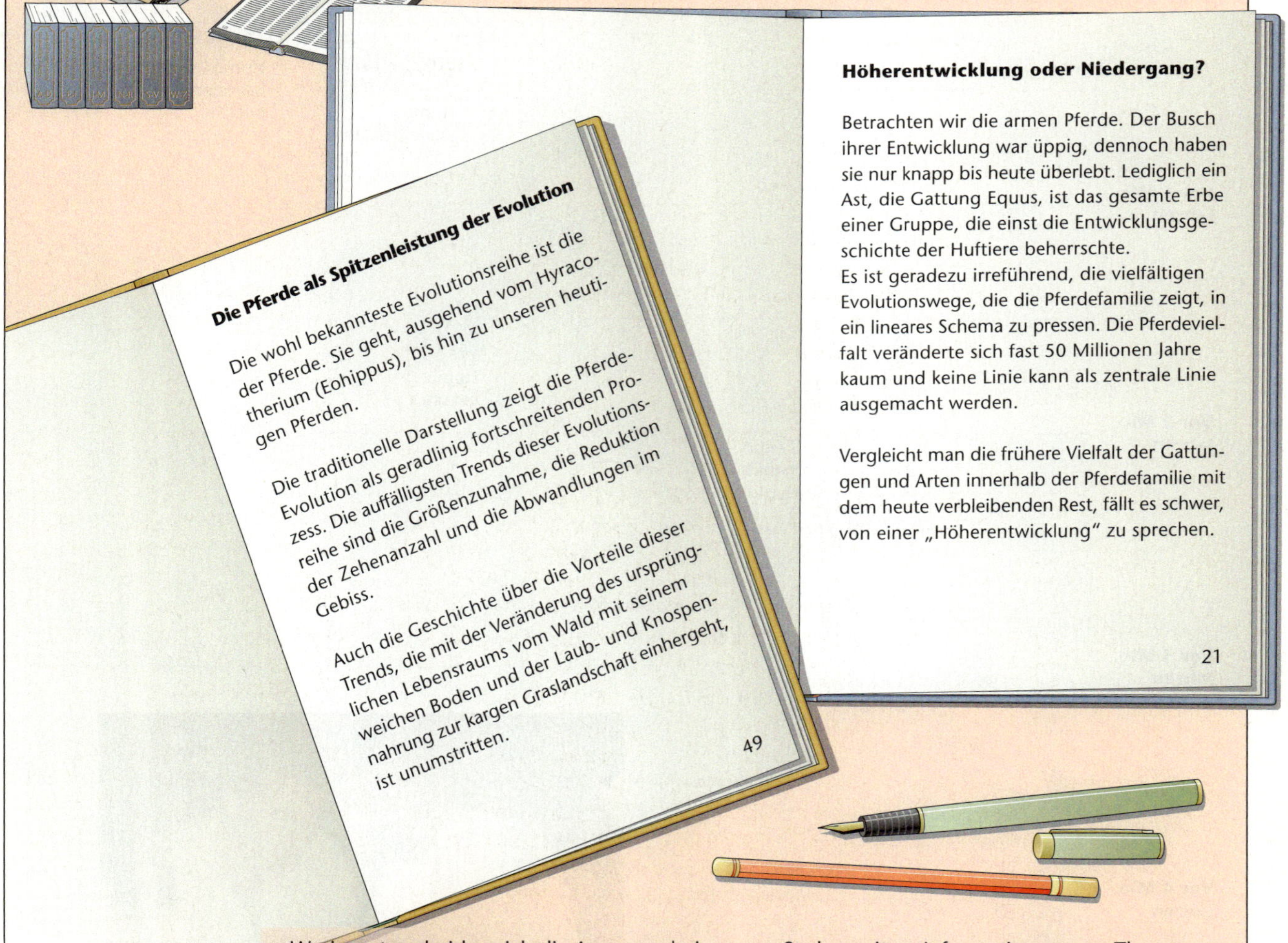

Die Pferde als Spitzenleistung der Evolution

Die wohl bekannteste Evolutionsreihe ist die der Pferde. Sie geht, ausgehend vom Hyracotherium (Eohippus), bis hin zu unseren heutigen Pferden.

Die traditionelle Darstellung zeigt die Pferde-Evolution als geradlinig fortschreitenden Prozess. Die auffälligsten Trends dieser Evolutionsreihe sind die Größenzunahme, die Reduktion der Zehenanzahl und die Abwandlungen im Gebiss.

Auch die Geschichte über die Vorteile dieser Trends, die mit der Veränderung des ursprünglichen Lebensraums vom Wald mit seinem weichen Boden und der Laub- und Knospennahrung zur kargen Graslandschaft einhergeht, ist unumstritten.

49

Höherentwicklung oder Niedergang?

Betrachten wir die armen Pferde. Der Busch ihrer Entwicklung war üppig, dennoch haben sie nur knapp bis heute überlebt. Lediglich ein Ast, die Gattung Equus, ist das gesamte Erbe einer Gruppe, die einst die Entwicklungsgeschichte der Huftiere beherrschte.
Es ist geradezu irreführend, die vielfältigen Evolutionswege, die die Pferdefamilie zeigt, in ein lineares Schema zu pressen. Die Pferdevielfalt veränderte sich fast 50 Millionen Jahre kaum und keine Linie kann als zentrale Linie ausgemacht werden.

Vergleicht man die frühere Vielfalt der Gattungen und Arten innerhalb der Pferdefamilie mit dem heute verbleibenden Rest, fällt es schwer, von einer „Höherentwicklung" zu sprechen.

21

- Worin unterscheiden sich die Aussagen beider Texte?
- Vergleiche die Aussagen mit dem, was du in deinem Biologiebuch gelesen hast.
- Bringe die neuen Informationen mit deinem bereits vorhandenen Wissen in Verbindung.
- Suche weitere Informationen zum Thema. Im Internet oder in Fachbüchern findest du sicherlich noch mehr Gesichtspunkte.
- Diskutiere mit deinen Klassenkameradinnen und -kameraden über die verschiedenen Sichtweisen, tausche Informationen aus. Vielleicht interpretiert jemand den Text anders als du?

Theoretische Verwandtschaft
In Fachbüchern, Zeitschriften und im Internet findet man immer wieder Stammbäume des Menschen veröffentlicht, die eindeutige Verwandtschaftsbeziehungen zwischen den einzelnen Vorfahren des Menschen zeigen.

Solche Veröffentlichungen spiegeln jedoch lediglich die Theorien wider, die verschiedene Forschergruppen anhand der archäologischen Funde aufgestellt haben, um die Entwicklung des Menschen zu erklären. Die Richtigkeit ihrer Theorien können die Forscher bisher aber nicht beweisen, denn es ist bis heute nicht möglich, eindeutige Verbindungen zwischen den einzelnen Vorfahren herzustellen.
So können die Funde bisher lediglich nach ihrem Alter und ihrer Entwicklungshöhe geordnet werden.
Die Entwicklungshöhe lässt sich aus Übereinstimmungen ableiten, die ein bestimmter Skelettfund mit dem Körperbau des Homo sapiens hat. Auch die Herstellung und der Gebrauch von Werkzeugen sowie die Nutzung des Feuers lassen auf die Entwicklungshöhe schließen.

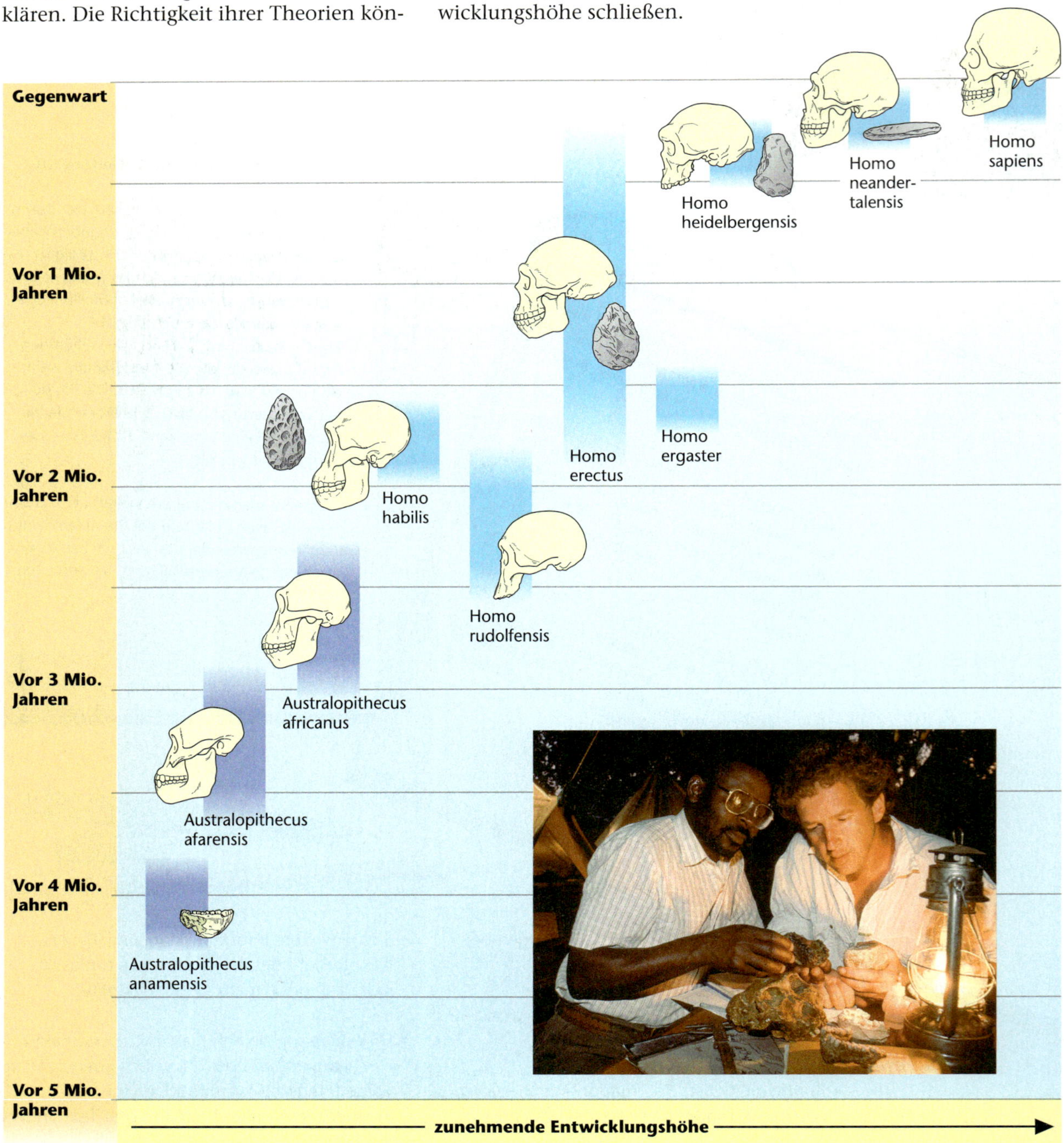

Die Kunst der Rekonstruktion

1 Am Fundort müssen die Knochen zunächst vorsichtig freigelegt werden. Nichts darf zerbrechen oder verkratzt werden. Nach dieser mühsamen Arbeit werden die Fossilien zu ersten Untersuchungen in ein nahes Labor gebracht.

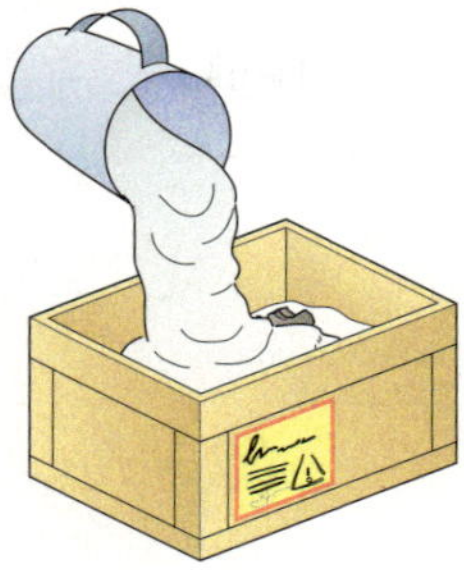

2 Dann wird alles fertig gemacht für den Transport in das Museum: zerbrechliche Teile gipsen Paläontologen vorsichtshalber ein, jedes einzelne Paket wird nummeriert und beschriftet.

3 Im Museum angekommen, wird die schützende Verpackung entfernt. Mit Spezialwerkzeugen, wie sie auch Chirurgen benutzen, werden die Fossilien präzise aus dem umgebenden Gestein herauspräpariert.

4 Um letzte Gesteins- oder Gipsreste zu entfernen, legt man die Fossilien manchmal auch kurz in ein Säurebad. Dabei darf die Oberfläche des Fossils nicht verletzt werden.

5 Anschließend werden die Knochen mit Hightech-Kameras aus verschiedenen Blickwinkeln fotografiert. Bis zu 200 000 Aufnahmen werden gemacht, die dann von einem Computer in ein 3-D-Bild umgesetzt werden.

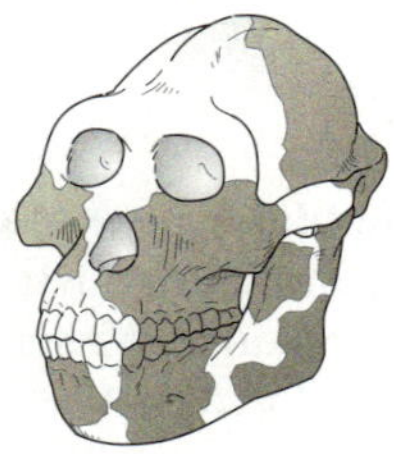

6 Mithilfe der Notizen vom Fundort werden die Teile zusammengesetzt. Da man nur selten ein komplettes, unbeschädigtes Skelett findet, muss man den Fund mit ähnlichen Skeletten vergleichen, um voranzukommen. Fehlende Teile werden dann aus Gips oder Kunststoff ergänzt.

7 Um die Muskulatur zu rekonstruieren, sucht der Präparator nach Muskelansatzpunkten am Skelett. Mit einem komplizierten Berechnungssystem bestimmt er deren Größe. Dann modelliert er das Gewebe aus Ton oder Kunststoff nach.

8 Mit Plastilin gibt der Präparator dem Modell Haut und Gesicht.
Funde von Hautresten oder Haaren sind selten. So ist man bei der Rekonstruktion von Hautfarbe und Dichte der Behaarung z. T. auf Vermutungen angewiesen.

Einfach ist es nicht, ein Skelett aus fossilen Knochen zu rekonstruieren. Das erfordert wissenschaftliche Daten, Präzision und künstlerisches Geschick. Deshalb arbeiten bei der Rekonstruktion von Fossilien Wissenschaftler wie Paläontologen, Gerichtsmediziner und Präparatoren zusammen. Aber auch Modellierer und Maskenbildner werden hinzugezogen.
Ihre Arbeit besteht darin, die gefundenen Knochenstücke zu einem Ganzen zusammenzusetzen und das Lebewesen so zu rekonstruieren, dass wir es uns als lebendig vorstellen können.

Die kulturelle Evolution

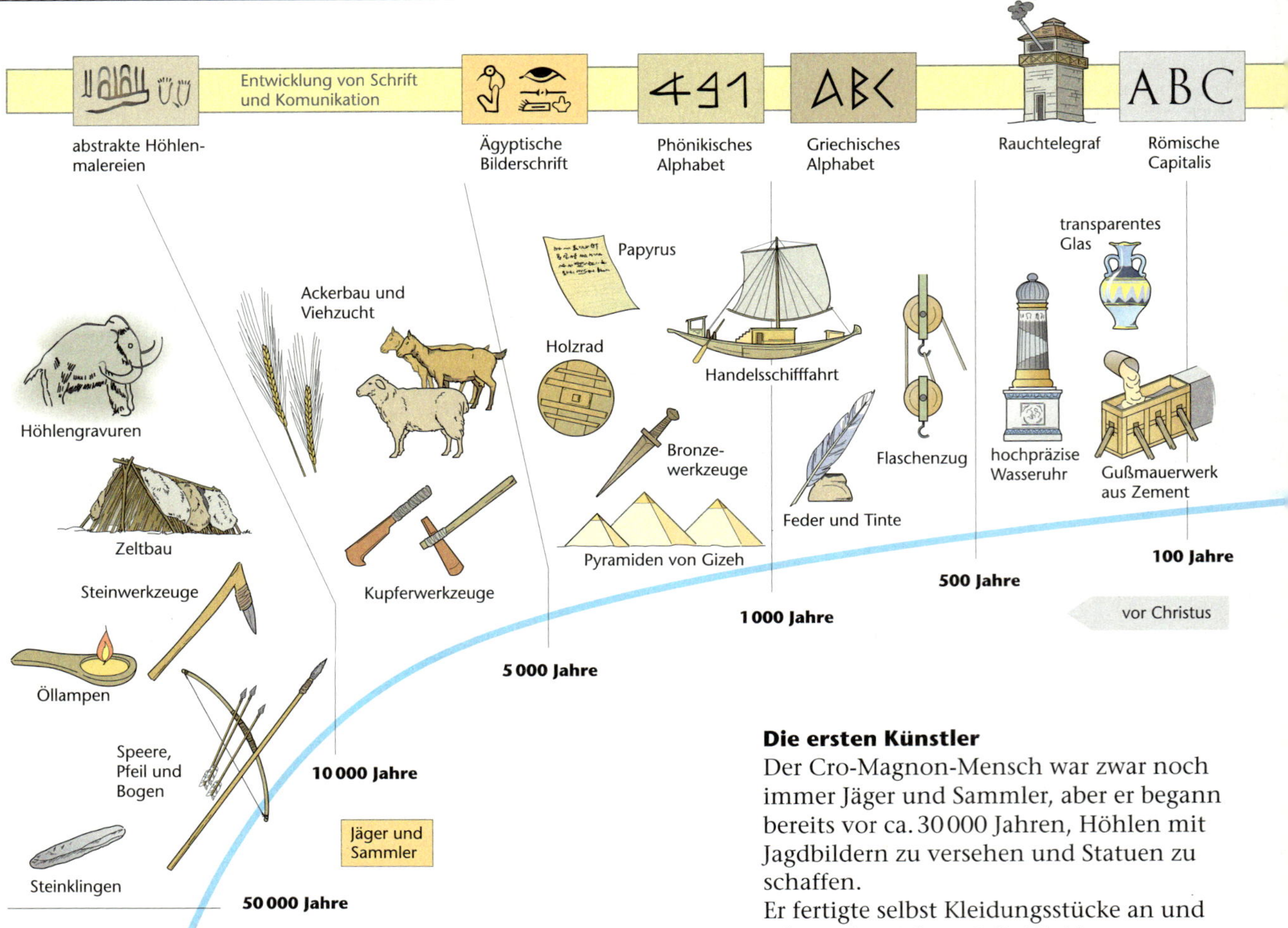

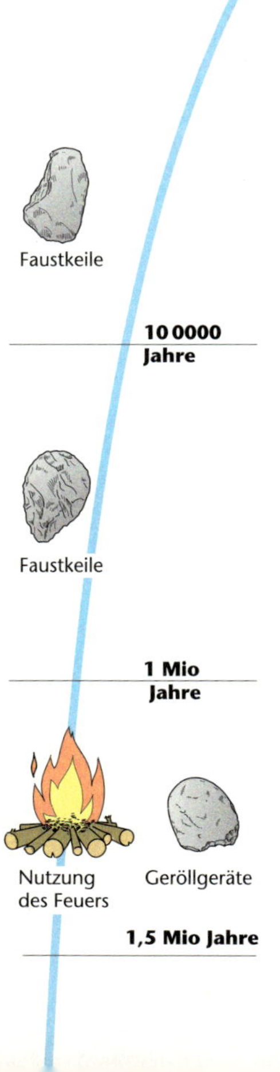

Und wo bleibt die Kultur?
Zur Kultur rechnen wir allgemein folgende Bereiche: Kunst, Wissenschaft, Technik, Moral und Religion.
Die kulturellen Leistungen des Menschen beruhen vor allen Dingen auf den Fähigkeiten seines Gehirns und der damit verbundenen sprachlichen Kommunikationsfähigkeit.

Ohne Feuer läuft fast nichts
In der Frühgeschichte der Menschheit, also beim Homo erectus waren es vor allem die Beherrschung des Feuers und die Entwicklung der Werkzeuge, die ein besseres Überleben in einer feindlichen Umwelt garantierten.
Funde belegen, dass es bereits vor ca. 1,4 Mio. Jahren Lagerfeuer gab. Vor etwa 400 000 Jahren beherrschte der Mensch wahrscheinlich die Kunst des Feuermachens.

Religion entsteht
Mit dem Totenkult entwickelte sich bereits beim Neandertaler eine Art religiöse Vorstellung vom Leben und vom Tod.

Die ersten Künstler
Der Cro-Magnon-Mensch war zwar noch immer Jäger und Sammler, aber er begann bereits vor ca. 30 000 Jahren, Höhlen mit Jagdbildern zu versehen und Statuen zu schaffen.
Er fertigte selbst Kleidungsstücke an und schmückte sich und die Kleidung.

Waffen zum Überleben
Speere, Pfeil und Bogen als Jagd- und Kampfwaffen waren für das Leben in der damaligen Welt unerlässlich. Ab ca. 5 000 v. Chr. begann der Mensch Metall zu gewinnen und zu verarbeiten. Bessere Werkzeuge und Waffen waren die Folge.

Der Jäger und Sammler wird sesshaft
Durch die langsame Entwicklung von Ackerbau und Viehzucht vor ca. 12 000 Jahren vollzog sich ein grundlegender Wandel in der Lebensweise. Viele Menschen gaben das Nomadendasein auf und wurden sesshaft. Ab ca. 5 000 v. Chr. begannen die Menschen Städte zu bauen und eine konsequente Arbeitsteilung einzuführen.
Eine Folge davon war, dass die Bevölkerungszahl schnell anstieg und die Umwelt teilweise stark belastet wurde.

Gesundheit
Die Entwicklung der Impfung durch EDWARD JENNER (1749–1823) und EMIL V. BEHRING (1854–1917) bewahrte viele Menschen vor gefährlichen Krankheiten.

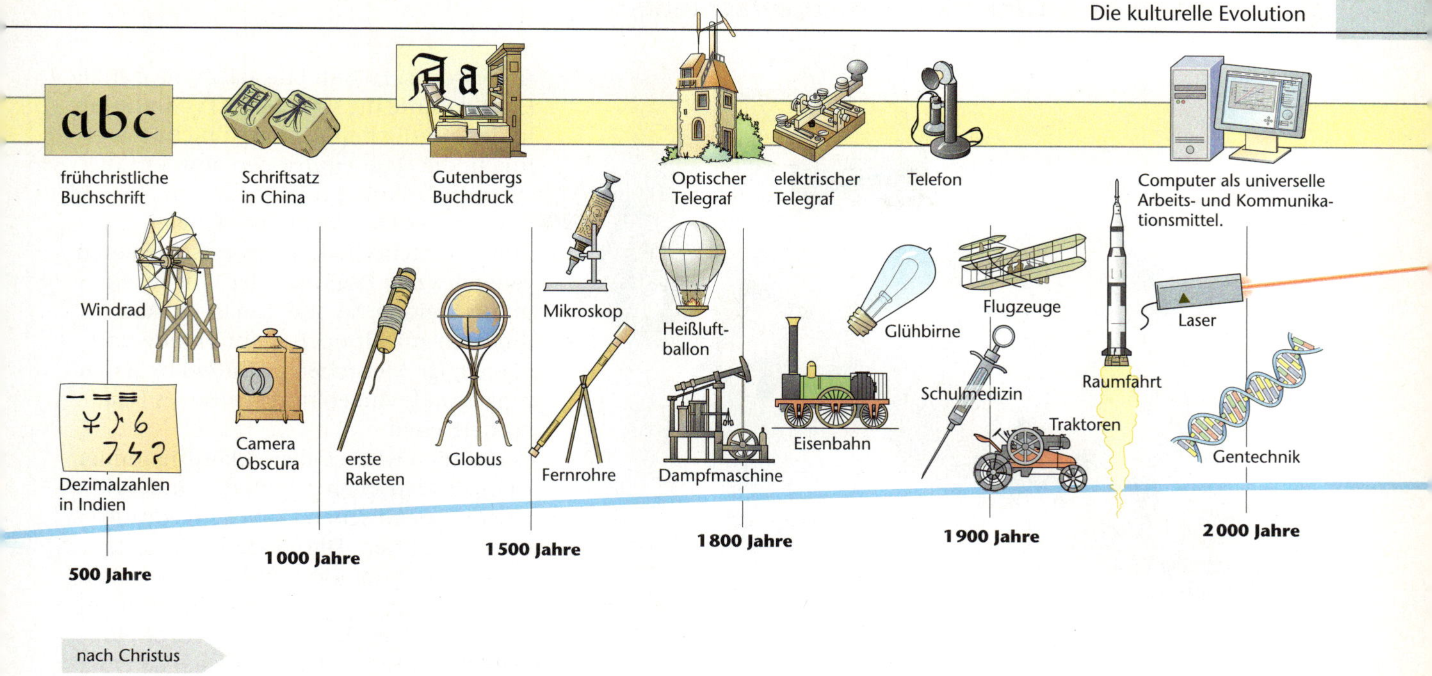

Als ALEXANDER FLEMING (1881–1944) das Penicillin entdeckte, konnten viele bisher tödliche Krankheiten geheilt werden.

Die Welt wird größer und kleiner

Als 1492 Amerika entdeckt wurde, konnten neue Besiedlungsräume erschlossen werden.
Der Suezkanal (1869) eröffnete neue Verkehrswege.
Als die Gebrüder WRIGHT 1903 das erste Motorflugzeug bauten, wurde die Welt schlagartig kleiner. Größere Entfernungen waren plötzlich kein Problem mehr.

Wir verlassen die Erde

1957 schossen die Russen den Sputnik-Satellit ins All und eröffneten damit die Eroberung des Weltalls. 1969 landete der erste Mensch auf dem Mond und zeigte damit, dass eine Besiedlung anderer Planeten einmal möglich sein könnte.

Moderne Technik macht das Leben leichter

Die Dampfmaschine von JAMES WATT (1736–1819) erleichterte den Menschen die schwere Arbeit in Fabriken und Bergwerken. 1866 ersetzt ALFRED NOBEL (1833–1896) das Schwarzpulver durch Dynamit und ermöglichte so ein einfacheres Sprengen von Fels. Damit wurde der Umgang mit Sprengstoff sehr viel ungefährlicher.
1879 wurde die Glühbirne entwickelt und brachte Licht in alle Städte und Wohnungen.

Mit Schreiben und Lesen zur Kultur

Als etwa ab 3000 v. Chr. die Schrift entwickelt wurde, war der Schritt zur modernen Kultur vollzogen. Die Geschichte der Menschen kann ab dieser Zeit aus schriftlichen Zeugnissen erschlossen werden. Man war nicht mehr auf die überlieferten Erzählungen angewiesen.
Die Erfindung des Buchdrucks mit beweglichen Lettern durch GUTENBERG (um 1400–1468) im Jahre 1445 machte es möglich, dass das Wissen in Buchform weit verbreitet werden konnte.

Totale Kommunikation

1989 wird das World Wide Web vorgestellt und ermöglicht damit eine unbegrenzte Kommunikation rund um die Welt.

Immer jung und gesund?

Die Gentechnologie zeigt immer neue Möglichkeiten, Leben gezielt zu schaffen und zu verändern. Ob die Menschen die Gentechnologie zum Nutzen oder Schaden für uns alle einsetzen werden, kann erst die Zukunft zeigen.

Aufgaben

1 Stelle in einer Tabelle die wichtigsten biologischen Entdeckungen und Erfindungen der letzten fünfzig Jahre zusammen.

2 Vermittle mithilfe in einer Präsentation (Computer oder Plakate) weitere Meilensteine der kulturellen Evolution.

Alle heute auf der Erde lebenden Menschen gehören zur gleichen Art: Homo sapiens. Trotzdem gleicht kein Mensch genau dem anderen. Es gibt aber Ähnlichkeiten, die offensichtlich abhängig von der geografischen Region sind, in der die Menschen leben oder aus der sie stammen.

Was haben wir gemeinsam?
Wir wissen durch Forschungsergebnisse der Evolution und der Genetik, dass alle heute lebenden Menschen einen gemeinsamen Ursprung haben und in wesentlichen Merkmalen übereinstimmen. Alle Menschen sind untereinander fruchtbar und bringen nach etwa gleicher Schwangerschaftsdauer fruchtbare Nachkommen zur Welt. Skelett, Muskulatur und Gehirn sind gleich aufgebaut. Alle Menschen verfügen über die gleiche Anzahl an Chromosomen, außerdem stimmen Blut- und Serum-Eigenschaften überein.

Was unterscheidet uns?
Im Laufe der Evolutionsgeschichte hat es jedoch verschiedene Anpassungen an die jeweiligen Lebensumgebungen gegeben. Ein typisches Merkmal, in dem wir Menschen uns unterscheiden, ist die Hautfarbe. Sie steht mit der UV-Strahlung in Zusammenhang. Die Bewohner Afrikas sind durch ihre dunkle Haut viel wirkungsvoller vor der Sonne geschützt als die Bewohner Europas. Hätten Europäer eine dunkle Haut, könnte die schwache UV-Strahlung in den nördlichen Regionen nicht tief genug in die Haut eindringen, um dort die Vitamin-D-Produktion anzuregen.
Auch in anderen Körpermerkmalen können sich Menschen, die in verschiedenen geografischen Regionen der Erde leben, unterscheiden. So findet man in Skandinavien zurzeit noch mehr blonde und blauäugige Menschen, während in Südeuropa dunkle Augen und schwarzes Haar vorherrschen.
Vermutlich wird es aber zukünftig immer weniger Menschen geben, die eindeutig einem geografischen Gebiet zugeordnet werden können. Die Globalisierung der Wirtschaft, Migration und auch der Massentourismus führen die Menschen heute viel stärker zusammen als noch vor einigen Jahrzehnten. Das führt auch zu einer Durchmischung der Gene.

Fremdenfeindlichkeit
Unterschiede in den geistigen Fähigkeiten bei Menschen unterschiedlicher Herkunft zu vermuten, ist biologisch unhaltbar. Trotzdem wurde immer wieder behauptet, es gäbe Menschen von höherem und geringerem Wert. Beispiele dafür waren das Sklaventum in den Südstaaten der USA, die Judenverfolgung im Dritten Reich und die Apartheid in Südafrika. Unterschiede, die auch heute noch aufgrund der Zivilisationsentwicklung auftreten, haben keine biologischen, sondern gesellschaftliche Ursachen.

Aufgaben

1 Versuche zu erklären, warum sich die Ausprägung der Hautfarbe nicht mehr streng nach den Breitengraden richtet.

2 Diskutiert über den Ausspruch „Im Grunde genommen sind wir alle Afrikaner."

„Der Mensch ist einer der erfolgreichsten Teilnehmer am Spiel des Lebens und er bestimmt in zunehmendem Maße selbst, wie lange er daran teilnimmt."

Ein Gespräch über die Zukunft

Im letzten Jahrzehnt des 19. Jahrhunderts trafen sich in New York die klügsten Köpfe der Nation zu einem Gespräch über die Zukunft des 20. Jahrhunderts. Vom Fortschritt der Technik erwarteten sie sich ein wahres Paradies und die Lösung vieler Probleme. Manche Voraussagen trafen ein: der Siegeszug der Elektrizität und die weltweite Mobilität. Andere Prognosen entpuppten sich als naive Wunschvorstellungen: dass die Menschen über 100 Jahre alt, alle Krankheiten geheilt und die Umweltverschmutzung verschwinden würden.

Die Uhr tickt schneller

Heute – zu Beginn des 21. Jahrhunderts – wissen wir, dass die Zukunft des Lebens nicht so leicht vorauszusagen ist. Eins ist aber klar: die Entwicklung wird immer schneller voranschreiten. Für den Schritt des Lebens vom Meer auf das Land brauchte die Evolution etwa eine Milliarde Jahre, der Siegeszug der Sprache dauerte weniger als eine Million Jahre, die Entschlüsselung des menschlichen Genoms keine 20 Jahre und das Internet entwickelte sich explosionsartig in nur 10 Jahren. Die Zeiträume der Evolution sind lang, technischer Fortschritt entwickelt sich stürmisch.

Der Zukunftsforscher und Science-Fiction-Autor Isaac Asimov antwortete auf die Frage, wie viele Menschen die Erde ernähren könne, mit der Gegenfrage: „Bei welchem Stand der Würde?"

Die Gentechnik beherrscht die Evolution

Zukunftsforscher gehen mit Sicherheit davon aus, dass wir in einigen Jahrzehnten viel stärker am Erbgut des Menschen manipulieren werden. Dann wird die genetische Technik so weit fortgeschritten sein, dass der normale Evolutionsprozess praktisch bedeutungslos geworden ist. Das bedeutet für die Art „Homo sapiens", dass die Technik mehr und mehr Herrschaft über die biologische Welt gewinnen wird. Die Menschen der Zukunft werden voraussichtlich langlebiger und widerstandsfähiger sein. All das ist aber eine Folge technischer Eingriffe und hat nichts mit Evolution zu tun.

Ein Interview mit der Futuristin (Zukunftsforscherin) Annie Macbeth (*1946)

Wie wird man Futuristin?

Annie: Dieses Fach wird bereits an vielen Universitäten als Studiengang angeboten.

Was sagen Sie für das 21. Jahrhundert voraus?

Annie: Futuristen bezeichnen das 21. Jahrhundert als das Jahrhundert der Heilung, des Weiblichen und der Pazifik-Region. Das bedeutet, dass wir in den nächsten Jahrzehnten die Ausrottung vieler heute noch tödlicher Krankheiten erwarten. Dann wird es ein Umdenken im Gebrauch des Gehirns geben: wir werden vom linearen Denken viel mehr zum vernetzten Denken übergehen, also mehr die rechte, „weibliche" Gehirnhälfte nutzen.

Außerdem wird die asiatische Region in den nächsten Jahrzehnten an Bedeutung gewinnen, die europäische Kultur wird an Einfluss verlieren.

Gibt es Schlüsselbegriffe, die für uns in Zukunft wichtig sein werden?

Annie: Ja – Verantwortung und Würde.

„Das Gedächtnis der Erde ist lang und geduldig und darf nicht unterschätzt werden. Kleine Sünden werden sofort bestraft, größere erst später."

Aufgaben

1 Wie stellst du dir deine Zukunft vor? Schreibe einen Text, der mit den Worten beginnt: „Im Jahr 2050 …"

2 Was ist mit den Schlüsselbegriffen „Verantwortung und Würde" gemeint?

Die unendliche Geschichte der Evolution

1 Fossil

Fossilien geben Auskunft
Fossilien sind Überreste ausgestorbener Lebewesen. Leitfossilien sind charakteristisch für eine bestimmte Epoche der Erdgeschichte. Fossilien entstehen auf verschiedene Weise: Versteinerungen, Abdrücke, Inkohlung, Mumifizierung.

Das Alter von Fossilien
Geologen ermitteln das Alter von Fossilien nach der relativen und der absoluten Altersbestimmung.
Die Radiocarbon-Methode (^{14}C-Methode) beruht zum Beispiel auf der Messung des Zerfalls der in Fossilien enthaltenen Isotope des Kohlenstoffs.

Die Entwicklung des Pferdes
Die Entwicklungsgeschichte der Pferde begann vor etwa 55 Millionen Jahren. Das ca. fuchsgroße Eohippus (Hyracotherium) entwickelte sich im Laufe von Millionen von Jahren über viele Zwischenstufen zu unserem heutigen Pferd, dem Equus.

2 Urpferd

3 Heutiges Pferd (Equus)

Die Entstehung des Universums
Die Theorie des „Urknalls" ist eine Erklärung für die Entstehung und Entwicklung des Universums.
Sie besagt, dass unser Universum vor ca. 15 Milliarden Jahren entstand und sich seitdem immer weiter ausdehnt.

4 Dr. Miller

Die Ursuppe des Dr. Miller
In einem Simulationsexperiment stellte Dr. Miller eine „Modell-Ursuppe" her. In dieser befanden sich einfache Grundbausteine wie Aminosäuren, Carbon- und Fettsäuren sowie Zuckermoleküle.

Die Entwicklung des Lebens auf der Erde
Die Erde ist ca. 4 bis 6 Milliarden Jahre alt. Die ersten primitiven Lebensformen entwickelten sich vor ca. 3,5 Milliarden Jahren. Vor etwa 400 Millionen Jahren besiedelten die ersten Pflanzen die Kontinente. Vor etwa 300 Millionen Jahren lebte Ichthyostega, das erste vierbeinige Tier, das amphibisch lebend, das Land eroberte.

Bedeutende Evolutionsforscher
- Carl von Linné (1707–1778)
- Georges Baron de Cuvier (1769–1832)
- Jean Baptiste de Lamarck (1744–1829)
- Charles Robert Darwin (1809–1882)

Evolutionstheorie von Darwin
Die Evolutionstheorie von Darwin besagt, dass Mutation und Selektion die treibenden Faktoren der Evolution sind. Neben Mutation und Selektion ist auch die Isolation ein wesentlicher Faktor für die Entstehung neuer Arten. Als Art bezeichnen Biologen Lebewesen, die unter natürlichen Bedingungen fortpflanzungsfähige Nachkommen zeugen können.

Indizien für die Richtigkeit der Evolutionstheorie sind:
- Homologe Organe
- Übergangsformen
- Lebende Fossilien
- Rudimentäre Organe
- Atavismen
- Eiweißverwandtschaften
- Ähnlichkeit der Wirbeltierembryonen

Der Ursprung des Menschen in Afrika
Den Übergang vom Tier zum Menschen dürften, nach bisherigen Erkenntnissen, die Australopithecinen darstellen. Die berühmteste Vertreterin ist Lucy, die vor ca. 3,2 Millionen Jahren lebte. Die frühesten Menschen sind wohl Homo rudolfensis und Homo habilis.
Zur Evolution der Hominiden werden immer wieder neue Funde gemacht, sodass oftmals die Aussagen über verwandtschaftliche Beziehungen korrigiert werden müssen.

Cro-Magnon-Mensch und Neandertaler
Der eigentliche Vorfahre des heutigen Menschen ist der Cro-Magnon-Mensch, der vor ca. 40 000 Jahren in Europa erschien. Der Neandertaler wurde wahrscheinlich vom Cro-Magnon-Menschen verdrängt und starb vor ca. 30 000 Jahren aus. Die genaue Ursache des Aussterbens des Neandertalers ist noch nicht geklärt.

5 Homo sapiens

Der Stammbaum des Menschen
Der Stammbaum des Menschen ist noch immer nur ein vorläufiger, denn ständig werden neue Funde gemacht.

Die kulturelle Evolution
Die kulturelle Evolution ist das Ergebnis menschlichen Geistes und vor allem der Fähigkeit zur Kommunikation.
Die kulturelle Revolution begann wohl mit der Beherrschung des Feuers durch den Menschen.

Der vielfältige Mensch
Alle heutigen Menschen gehören zur gleichen Art: Homo sapiens. Sie stimmen in wesentlichen Merkmalen überein, jedoch gibt es geografisch bedingte Anpassungen. Die Zukunft des Menschen wird weniger von der Evolution als durch technische Eingriffe in das menschliche Erbgut bestimmt.

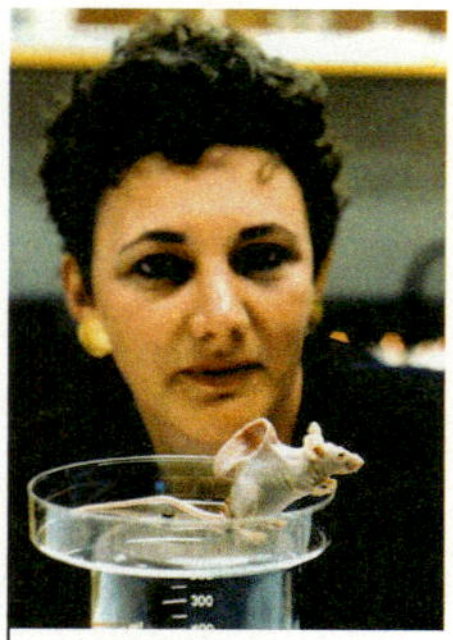

6 Leistungen der Gewebetechnik

Aufgaben

1 Weshalb sind Ammoniten so wichtige Leitfossilien?

2 Nenne Gründe, weshalb die relative Altersbestimmung recht ungenau ist.

3 Bei der Radiocarbon-Methode greifen physikalische und chemische Verfahren ineinander. Begründe.

4 Vergleiche in einer Tabelle die Anpassungen von Eohippus und Equus an den Lebensraum.

5 Welche grundsätzlichen Anpassungen brauchten Tiere, die das Land besiedelten?

6 Stelle in einer Tabelle physikalische, chemische und biologische Evolution einander gegenüber.

7 Vergleiche die Uratmosphäre mit unserer heutigen.

8 Wieso kann man Züchtung als künstliche Evolution bezeichnen?

9 Weshalb geben homologe Organe Aufschluss über die Evolution?

10 Fertige eine Tabelle, in der du die wesentlichen Anpassungen der Darwinfinken an den Lebensraum zusammenstellst.

11 Ein Wissenschaftler schreibt ein neues Werk über die Wirbeltiere. Würde er Archaeopteryx bei den Vögeln oder bei den Reptilien einordnen? Begründe.

12 Stelle das Lebensbild eines Schnabeltieres zusammen. Informiere dich hierfür in Büchern oder im Internet.

13 Weshalb kann man behaupten, dass der Neandertaler nicht unser direkter Vorfahre ist?

14 Vergleiche den Stammbaum des Menschen in diesem Buch mit Stammbäumen aus anderen Quellen. Wie unterscheiden diese sich? Überlege, weshalb man heute mit dem Erstellen von Stammbäumen vorsichtiger ist.

15 Wird in Zukunft die Gentechnik den Evolutionsprozess bedeutungslos machen? Begründe deine Meinung.

16 Es wird behauptet, dass es in 100 Jahren keine blonden, blauäugigen Finnen mehr geben wird. Nimm zu dieser Aussage Stellung.

7 Finnischer Junge

1 Bei Ausgrabungen finden Forscher in Afrika Teile eines Schädels.
a) Versetze dich in die Lage des Wissenschaftlers und beschreibe seine ersten Arbeitsschritte.
b) Wo würdest du den Schädel im Stammbaum einordnen? Begründe mit Fachbegriffen.
c) Stelle anhand der weiteren Funde Vermutungen darüber an, was dieser Vorfahre bereits beherrschte.

8 Funde bei Ausgrabungen

Der Mensch und seine Umwelt

Wasser, Boden, Luft, Pflanzen, Tiere, Nahrungsmittel und Rohstoffe sind unsere Lebensgrundlagen. Die schnell wachsende Weltbevölkerung nutzt und verbraucht diese Grundlagen recht sorglos.

Die Ausplünderung der Erde ist nur durch die Beachtung des Prinzips der Nachhaltigkeit zu verhindern. Darunter verstand man früher in der Forstwirtschaft, dass man nicht mehr Holz schlagen durfte, als nachwachsen konnte.

In neuerer Zeit wird der Begriff auf alle Lebensgrundlagen angewendet: wir dürfen nicht auf Kosten der Natur, anderer Menschen, anderer Regionen oder anderer Generationen handeln und wirtschaften. Die drei Bereiche Schutz der Umwelt, wirtschaftlicher Wohlstand und soziale Gerechtigkeit sind also bei einer nachhaltigen Entwicklung gleichwertig.

1 Begradigtes Flussbett

Jäger und Sammler werden zu Bauern

Noch vor 6000 Jahren war Mitteleuropa fast vollständig bewaldet. Hier lebten nur einige Tausend Menschen als Sammler, Jäger und Fischer. Sie nutzten zwar ihre natürliche Umgebung, veränderten diese aber kaum. Als sie aber als Acker- und Viehbauern sesshaft wurden, hatte das für die Landschaft weit reichende Folgen: Wälder wurden gerodet; Äcker, Wiesen und Dörfer entstanden.

Wirtschaft und Umwelt im Gleichgewicht

Die Bauern der Jungsteinzeit mussten ihre Felder nach einigen Ernten aufgeben und neue Rodungen vornehmen, denn die Mineralsalze im Boden waren verbraucht. Diese Form der Bewirtschaftung nennt man **Wanderfeldbau**. Später wurden die brachliegenden Felder beweidet; hier spricht man von **Feld-Graswirtschaft**.

Ein entscheidender Fortschritt war dann die so genannte **Dreifelderwirtschaft**, die um 800 n.Chr. eingeführt wurde. Dabei teilte man die gesamte Anbaufläche eines Dorfes in drei Bereiche auf. Ein Teil wurde mit Sommergetreide, ein zweiter mit Wintergetreide bebaut. Der dritte Teil, die **Brache**, diente als Viehweide. Sie wurde dabei gedüngt und konnte sich erholen. Im folgenden Jahr wurde die Brache wieder bebaut, und ein anderes Drittel blieb unbewirtschaftet. Auch mit der Dreifelderwirtschaft schaffte es die Landbevölkerung kaum, sich selber und die wenigen Stadtbewohner mit Lebensmitteln zu versorgen. Natur und Umwelt blieben weitgehend intakt, aber Hungersnöte waren keine Seltenheit.

Seit mehr als 6 000 Jahren ist der Mensch sesshaft und betreibt Landwirtschaft. Frühe Formen der Bodennutzung veränderten Natur und Landschaft nur wenig.

Das 19. Jahrhundert brachte viele Fortschritte

Einschneidende Änderungen in der Wirtschaft und damit auch in der Landschaft erfolgten seit Mitte des 19. Jahrhunderts. Die Einführung der künstlichen Mineraldünger, der Tier- und Pflanzenzüchtung, der Pflanzenschutzmittel und vor allem der Dampfmaschine, bald darauf des Verbrennungsmotors und der elektrischen Energie ermöglichte es, mehr Nahrungsmittel und Güter zu produzieren.
Der medizinische Fortschritt erhöhte die Lebenserwartung und es starben immer weniger Kinder. Die Bevölkerungszahl stieg sprunghaft an. Mit neuen Verkehrsmitteln konnten Güter schneller verteilt werden oder große Menschenmassen in die neuen Siedlungsgebiete anderer Erdteile gelangen.

Die Landschaft wird verändert

Um mehr Ackerland zu gewinnen, wurden Sümpfe und Moore trockengelegt, Heiden und Waldflächen beseitigt. Flüsse wurden begradigt und Verkehrswege zerschnitten die Landschaft. Damit moderne Maschinen eingesetzt werden konnten, wurde die Acker- und Wiesenlandschaft in große Flächen mit Monokulturen umgewandelt. Immer mehr Menschen zogen in die Städte, die ins Umland hineinwuchsen. Große Industriekomplexe gaben den Bewohnern Arbeit.

Die Grundlagen des Lebens aber – Wasser, Boden, Luft, Tier- und Pflanzenwelt – wurden immer stärker gefährdet. Umweltschäden wurden zahlreicher, die Müllberge wuchsen an und es wurde immer schwieriger, den wachsenden Bedarf an Energie abzudecken.

Einschneidende Veränderungen in der Landschaft erfolgten vor allem in den letzten 150 Jahren seit der Einführung von Mineraldünger und Maschinen.

2 Die Zunahme der Weltbevölkerung

3 Megastadt Mexico City

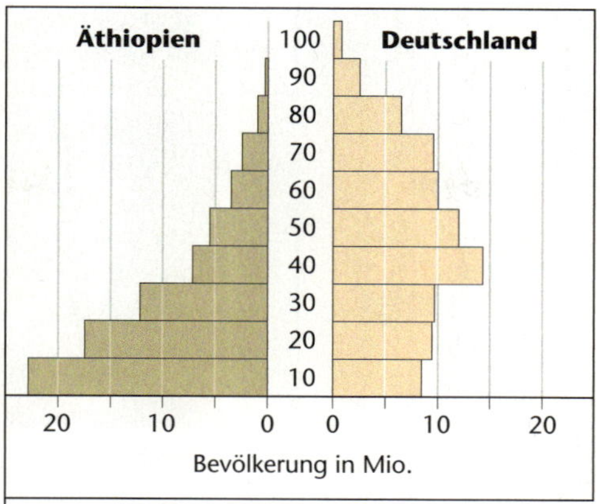

4 Bevölkerungspyramiden

Die Weltbevölkerung wächst
Jährlich kommen etwa 97 Millionen Menschen zur Welt, das sind etwa 185 in jeder Minute. Vor allem in den Entwicklungsstaaten wächst die Bevölkerung trotz der unzureichenden Lebensgrundlagen. Im Jahr 2005 ist die Weltbevölkerung auf etwa 6,5 Milliarden Menschen angewachsen und man vermutet, dass es im Jahr 2050 etwa 10 Milliarden sein werden.

Ist eine Wende in Sicht?
Es gibt einige Entwicklungen, die hoffen lassen: Das Wachstumstempo der Weltbevölkerung sinkt seit 1987. Die durchschnittliche Zahl der Kinder pro Frau in den Entwicklungsstaaten hat sich von 6,1 im Jahr 1950 auf etwa 3,4 um 1995 verringert. Die UN rechnen ab 2050 aufgrund des wachsenden Bildungsstandards der Menschen und der Anwendung von Verhütungsmitteln sogar mit einem leichten Rückgang der Weltbevölkerung.

Verstädterung - ein neues Phänomen
Um 1800 wohnten 3 % der Weltbevölkerung in Städten, 1900 waren es etwa 14 %, heute ist es mehr als die Hälfte. Viele Menschen glauben, dass sie dort eher Arbeit finden. Die Zuwanderung in die Ballungsräume hält insbesondere in den Entwicklungsstaaten an. Vor allem junge Menschen wandern in städtische Gebiete ab, das Bevölkerungswachstum ist deshalb dort besonders hoch.

Gab es um 1900 nur 13 Millionenstädte, so sind es heute schon über 275, die meisten davon befinden sich in Asien, Afrika und Südamerika.

Die Ballungsräume haben eine extrem hohe Verkehrsdichte, die Luft ist oft verschmutzt, die Müllberge wachsen, sauberes Trinkwasser wird knapp und in vielen Städten wachsen die Elendsviertel und die Kriminalität nimmt zu.

Das Wachstum der Weltbevölkerung hat sich in den letzten Jahrzehnten vervielfacht und damit auch die Zahl der Probleme.

Aufgaben

1 Kann der wachsende Bildungsstandard zum Rückgang der Weltbevölkerung beitragen? Begründe deine Meinung.

2 Vergleiche die beiden Bevölkerungspyramiden in Abb. 4. Welche Probleme ergeben sich für die Zukunft der beiden Länder?

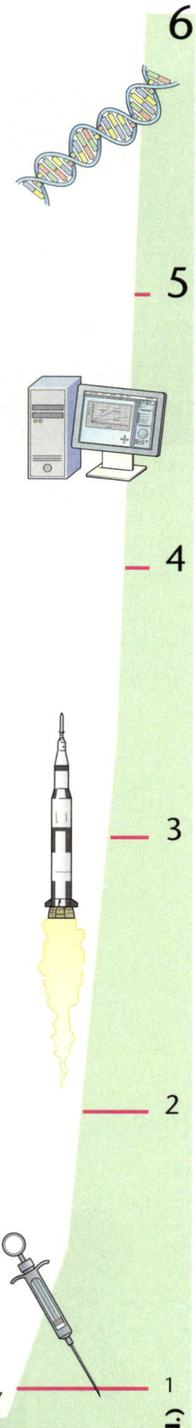

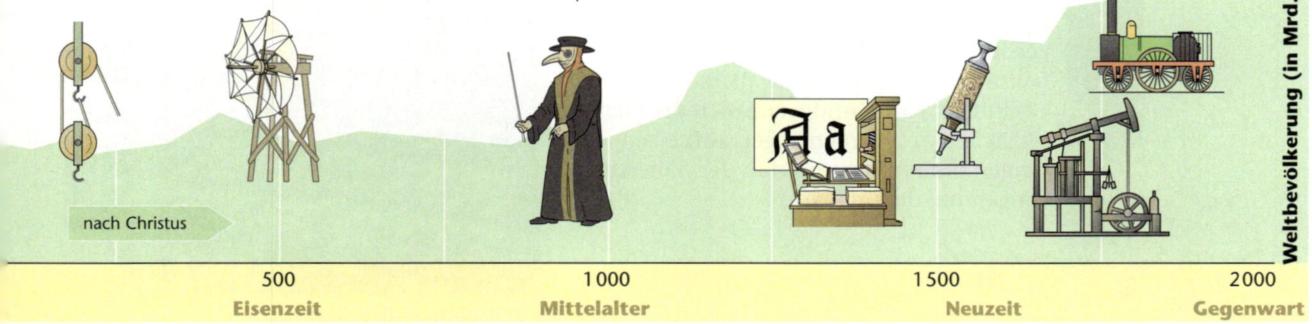

1 Künstliches Überschwemmungsgebiet

2 Natürliches Überschwemmungsgebiet

Fläche wird knapp

Der **Flächenverbrauch** ist eines der größten derzeitigen und künftigen Umweltprobleme. So gibt es kaum noch ein großes Waldgebiet in Deutschland, das nicht von Autobahnen durchschnitten wird. Für die Anlage moderner Schnellzugstrecken müssen gewaltige Tunnel geschaffen werden, das dabei abgebaute Gestein wird in der Landschaft abgelagert.

Obwohl die Bevölkerung der Bundesrepublik Deutschland zurzeit nicht mehr wächst, sind Städte und Dörfer in den letzten Jahrzehnten geradezu in einen Wettbewerb eingetreten, wer die größten Flächen für Baugebiete anbietet oder die meisten Gewerbegebiete erschließt. Dörfer und Städte wachsen so immer mehr in das Umland hinein. Die Gewerbegebiete bringen den Gemeinden Steuern ein und innerhalb der Ortschaften sind die Grundstücke teuerer als am Ortsrand. Für die Erschließung neuer Siedlungs- und Verkehrsflächen werden pro Tag in Deutschland ca. 130 ha freie Landschaft verbraucht.

Bodenversiegelung

Neu angelegte Gewerbe- und Baugebiete, Straßen und Parkplätze werden asphaltiert oder gepflastert, die Böden sind versiegelt. Das Regenwasser kann nicht mehr versickern, sondern fließt direkt in die Kanalisation. Im Boden enthaltenes Wasser verdunstet kaum und wenn sich die Pflasterflächen an warmen Tagen aufheizen, steigen die Temperaturen in der näheren Umgebung dadurch an.

Hochwasser

Fallen besonders große Regenmengen auf die versiegelten Flächen, so nehmen die Kanalisationssysteme innerhalb kürzester Zeit das Oberflächenwasser auf und leiten es in Flüsse. Diese steigen dann sehr schnell stark an. Natürliche Überschwemmungsgebiete wie Wiesen und Auwälder gibt es kaum noch. Sie mussten dem Bau von Dämmen, Deichen und Wohngebieten weichen. Die Flüsse wurden meistens begradigt, vertieft und ausgebaut. Dadurch erhöht sich die Fließgeschwindigkeit des Wassers.

Die Kombination aus **Bodenversiegelung**, Flussverbauung und Begradigung führt bei bestimmten Wettersituationen oft zu verheerenden Überschwemmungen. Diese sind also nicht immer Naturkatastrophen, sondern vom Menschen verursachte Ereignisse.

Flächenverbrauch und Bodenversiegelung wirken sich auf Wasserhaushalt und Klima negativ aus. Überschwemmungen sind oft direkte Folgen menschlicher Eingriffe.

Aufgaben

1 Informiere dich über den Rheinausbau im 19. Jahrhundert durch TULLA und berichte.

2 Überlegt, welche Maßnahmen den Flächenverbrauch stoppen könnten. Stellt eure Vorschläge in einer Präsentation der Klasse vor!

3 Große Supermärkte werden heute meistens in den Gewerbegebieten außerhalb der Ortschaften angelegt. Stelle die Vor- und Nachteile dieser Entwicklung in einer Tabelle dar!

3 Gepflasteter Riesenparkplatz

1 Wir zerstören die Artenvielfalt

Der Bestand an Arten ändert sich

Jede Veränderung der Umwelt hat auch Folgen für die Tier- und Pflanzenwelt. Als der Mensch sesshaft wurde und die dichten Urwälder in Acker- und Weideland umwandelte, gelangten mit dem Ackerbau Steppenpflanzen und Steppentiere nach Mitteleuropa. Kornblume, Mohn, Feldhase, Feldlerche und Feldmaus gehören seitdem zu unserer heimischen Pflanzen- und Tierwelt. Die Großtiere der Wälder – Auerochse, Wisent, Elch, Bär und Wolf – fielen aber den Veränderungen zum Opfer und waren bereits im Mittelalter in weiten Teilen Mitteleuropas ausgerottet. Die Raubtiere Bär und Wolf galten auch als Gefahr für den Menschen und wurden gnadenlos verfolgt.

Unter dem Einfluss des Menschen veränderte sich die Natur im Laufe der Jahrhunderte nur allmählich. Industrialisierung und Intensivierung der Landwirtschaft führten jedoch zu einem starken Rückgang der Pflanzen- und Tierarten. Diese Entwicklung hält heute noch unvermindert an. Zahlreiche Arten sind ausgestorben oder man findet sie nur noch in Schutzgebieten.

Wer verursacht den Artenschwund?

Für die moderne Landwirtschaft werden Hecken und Feldränder beseitigt, feuchte Wiesen entwässert und nährstoffarme Flächen gedüngt. Gegen unerwünschte Pflanzen und Tiere wird Gift eingesetzt. Alle diese Maßnahmen führen zu einem enormen Artenrückgang.

Die Landwirtschaft ist zwar in erster Linie für den Artenschwund verantwortlich. Aber auch Tourismus, Freizeitsport, Stadtplanung, Industrie, Wasserwirtschaft, Straßenbau und Forstwirtschaft wirken am Rückgang des Artenbestands mit.

„Rote Listen" geben Auskunft über die Gefährdung

Wissenschaftler haben für Deutschland und die meisten Bundesländer „rote Listen" erstellt, aus denen man entnehmen kann, welche Art in ihrem Bestand gefährdet oder sogar ausgestorben ist. Diese Tabellen werden öfter aktualisiert und bei jeder Neufassung müssen mehr Arten aufgenommen werden.

Möglichkeiten des Schutzes

Zum Schutz der Natur gibt es das Bundes-Naturschutzgesetz und zahlreiche Schutzbestimmungen. Viele Pflanzen- und Tierarten sind vom Gesetzgeber geschützt, nicht aber ihre Lebensräume, und so ist dieser Schutz nur unvollkommen. Nur in **Naturschutzgebieten** genießen diese Pflanzen und Tiere Vorrang vor den Menschen. In Deutschland sind etwa 2,3 % des Landes als Naturschutzgebiet ausgewiesen.

Zahlreiche Tier- und Pflanzenarten sind in ihrem Bestand gefährdet. Hauptursache ist die intensive Bewirtschaftung und Nutzung der Landschaft. In Schutzgebieten finden seltene Arten Zuflucht.

Aufgaben

1 Außer den Naturschutzgebieten gibt es noch andere Schutzgebiete. Informiere dich mithilfe des Bundes-Naturschutzgesetzes (BNatG) und berichte.

2 Stelle fest, welche roten Listen in deinem Bundesland existieren, besorge dir die Texte und berichte darüber.

3 Welche Schutzgebiete gibt es an deinem Wohnort? Besorge dir Informationen und plane eine Exkursion.

2 Kornrade

3 Kleines Knabenkraut

4 Uhu

5 Fischotter

1 Üppiges Buffet im Hotel

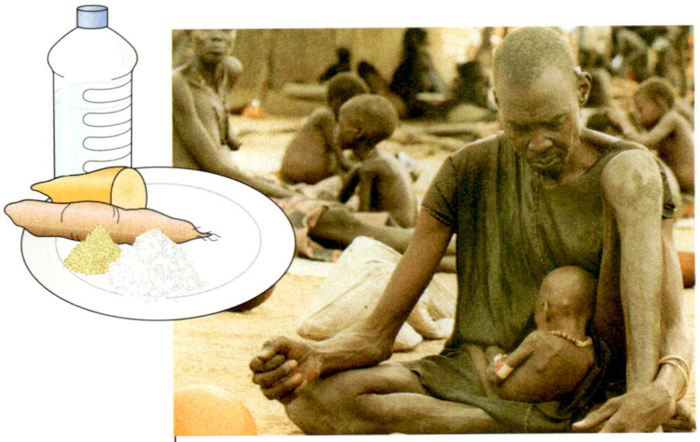

2 Hungernde Menschen

Hunger und Überfluss

In Äthiopien, einem der ärmsten Länder der Welt, leben Tausende von Kindern, die extrem abgemagert sind und sich noch nie in ihrem Leben satt essen konnten. Ihre Lebenserwartung ist gering, 18 % aller Kinder sterben, bevor sie volljährig sind.
Nur knapp 5 000 km weiter nördlich in Europa stellen übergewichtige Kinder für die Gesellschaft ein Problem dar. Lebensmittel wandern in die Mülltonne und Bauern erhalten Geld dafür, dass sie weniger produzieren.
Das sind Gegensätze, wie sie schlimmer nicht sein können!

Ursachen für den Hunger in den Entwicklungsstaaten

In Entwicklungsstaaten wächst die Bevölkerung besonders schnell. Die Böden sind dort oft schlecht und in vielen Gebieten regnet es kaum. Meistens fehlen moderne landwirtschaftliche Geräte. Saatgut, Düngemittel und Insektizide müssen teuer aus den Industriestaaten gekauft werden. Dies alles ist mitverantwortlich für Armut und Hunger.
Hinzu kommen politische Probleme: Viele dieser Staaten sind in Kriegshandlungen verwickelt, das Geld fließt in die Rüstung und die Staaten sind vom Geld der reichen Länder abhängig.
Aber sogar die Getreidelieferungen, die von westlichen Industriestaaten gegen die Hungersnot gespendet werden, bringen neue Probleme: Bauern verlassen mit ihren Familien die Dörfer und Äcker und ziehen in die großen Städte, um möglichst nahe bei den Ausgabestellen der Hilfslieferungen zu sein. Diese Menschen vergrößern die Zahl der Slumbewohner. Wegen der großen Mengen von eingeführtem Getreide sinken außerdem die Preise für die einheimischen Produkte und die eigene Landwirtschaft wird ruiniert.

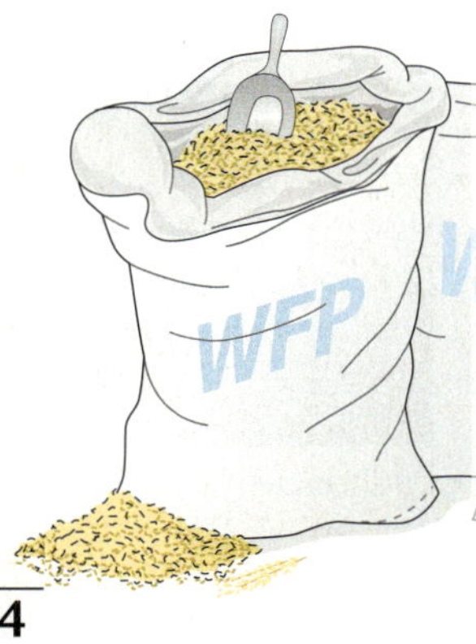

> Der Hunger in den Entwicklungsstaaten wird vor allem durch das ungünstige Klima, eine schlecht entwickelte Landwirtschaft, politische Probleme und ein starkes Bevölkerungswachstum verursacht.

Intensivlandwirtschaft und ihre Folgen

Anders sieht es in den westlichen Industriestaaten aus: Hier produziert eine moderne Landwirtschaft viel mehr, als im Land benötigt wird. Für den Export sind die landwirtschaftlichen Produkte meistens zu teuer, andere Länder produzieren billiger!

Dennoch erzielen die Landwirte nur sehr geringe Gewinne aus ihrer Arbeit und so bleibt ihnen oft nur übrig, möglichst viel zu produzieren, um bestehen zu können. Die Folgen dieser Intensivlandwirtschaft sind bekannt: Pflanzen- und Tierarten sterben aus, Boden, Luft und Wasser werden mit Schadstoffen belastet.

Aufgaben

1 a) Führt eine Expertenbefragung zum Thema „Hunger in den Entwicklungsstaaten" durch. Wendet euch dazu an die Kirchen oder andere Hilfsorganisationen.
b) Diskutiert die Ergebnisse eurer Befragung in der Klasse.
c) Stellt die Ergebnisse anschaulich dar.

2 Die Produkte unserer Landwirtschaft sind für den Weltmarkt zu teuer, die erzielten Gewinne im Inland aber zu niedrig. Informiere dich bei Fachleuten über diesen scheinbaren Widerspruch und berichte!

Viel hilft nicht immer viel

Der Zwang zu hoher Produktion führt in Ackerbaubetrieben dazu, dass sehr viel Mineraldünger ausgebracht wird. Viehzuchtbetriebe können nur existieren, wenn sie sehr große Tierbestände haben. Dort entstehen oft Probleme mit den riesigen Mengen an Tierkot. In flüssiger Form wird dieser als Gülle auf Äcker und Grünland ausgebracht. Es kommt also immer wieder zu erheblicher Überdüngung.

Die Mineralsalze aus den überdüngten Nutzflächen schädigen das Grundwasser und eutrophieren die Oberflächengewässer. Es kommt dort zu einem übermäßigen Wachstum von Pflanzen, die nach ihrem Absterben beim Abbau den Sauerstoff der Gewässer verbrauchen. Fische und andere Tiere können nicht mehr existieren. Über 60 % der Stickstoffeinträge in Deutschlands Flüssen kommen aus der Landwirtschaft. Die Düngemittel gelangen in die Meere und führen auch dort zu Algenvermehrung und Sauerstoffmangel.

Pflanzen, die auf mineralstoffarme Böden angewiesen sind, werden selten oder verschwinden.

Überdüngung führt zur Belastung der Gewässer und fördert den Artenschwund.

Monokulturen – Paradiese für Schädlinge

Um möglichst wirtschaftlich zu arbeiten und Maschinen optimal einzusetzen, benötigen die Landwirte große zusammenhängende Ackerflächen, auf denen oft nur eine Feldfruchtart wächst. So werden ausgedehnte Monokulturen angelegt, in denen sich Pflanzenschädlinge sehr rasch ausbreiten können. Um die Ernten zu retten, setzen die Landwirte Schädlingsbekämpfungsmittel ein, die man unter dem Namen **Pestizide** zusammenfasst. Mit **Herbiziden** bekämpfen sie unerwünschte Wildkräuter, **Insektizide** wirken auf Insekten und **Fungizide** gegen Pilzbefall.

Gift auf Wiesen und Weiden

Landwirtschaftliche Nutzflächen dürfen mit Totalherbiziden behandeln werden. Landwirte wenden dieses Verfahren an, bevor die Flächen erneut eingesät werden. Die neue Weide soll nur die Futtergräser enthalten, die für die Milch- oder Fleischproduktion optimal sind, andere Pflanzen sind auf der Fläche unerwünscht.

1 Blühende Wiese

2 Golfplatz

Mit den Schädlingen sterben die Nützlinge

Durch den Einsatz dieser Gifte werden natürlich nicht nur jene Arten vernichtet, die Nahrungskonkurrenten des Menschen sind und daher als „Schädlinge“ bezeichnet werden. Mit den Acker-Wildkräutern verschwinden z. B. auch Insekten, die diese Pflanzen für die Entwicklung ihrer Larven benötigen. Zahlreiche Schmetterlings-, Käfer- und Wildbienenarten stehen deshalb auf den “roten Listen”.

Manche Pestizide enthalten schwer abbaubare Substanzen, die in die Nahrungsketten gelangen können. Sie finden sich in der höchsten Konzentration im Körper der Endverbraucher. So werden bei Greifvögeln und deren Eiern extrem hohe Giftwerte festgestellt. In vielen Eiern dieser Vögel stirbt der Embryo ab und die Art ist in ihrem Bestand gefährdet.

In den letzten Jahren wurden Pestizide entwickelt, die schneller abbaubar sind, und auch die gesetzlichen Bestimmungen für diese Produkte sind strenger geworden.

Der Einsatz von Pestiziden schädigt den Boden, das Wasser und bedroht die Tier- und Pflanzenwelt. Manche dieser Gifte werden in der Nahrungskette an die Endverbraucher weitergegeben.

3 Mittlerer PCB-Gehalt in den Eiern.
ppm = Parts per million

Aufgaben

1 Begründe, warum sich Schädlinge in Monokulturen besonders schnell ausbreiten können.

2 Suche im Internet Beispiele für die Massenvermehrung von Insekten in Monokulturen und berichte darüber.

1 Trinkwasserbrunnen

2 Maisacker

3 Achtlos gelagerter Giftstoffe werden zur sickernden Zeitbombe für das Grundwasser

Gefahren für den Boden: Erosion und Verdichtung

Fehlt dem Boden eine schützende Pflanzendecke, so können Wasser und Wind die fruchtbare und humusreiche obere Schicht abtragen. Man bezeichnet diesen Vorgang als **Erosion**; durch sie wird die Bodenfruchtbarkeit erheblich vermindert. Diese Gefahr besteht vor allem bei Hanglagen und sehr großen Ackerflächen.
In jedem gesunden Boden gibt es ein feinmaschiges Netz von Hohlräumen, durch die auch tiefer gelegene Bodenschichten und Pflanzenwurzeln mit Luft und Wasser versorgt werden. Überschüssiges Regenwasser kann versickern, und für trockene Zeiten wird Wasser in den Hohlräumen gespeichert.
Moderne landwirtschaftliche Maschinen sind meistens sehr schwer und groß. Bei ihrem Einsatz wird der Ackerboden stark belastet und zusammengedrückt. Diesen **verdichteten Böden** fehlen die Hohlräume, bei starken Niederschlägen bleibt das Wasser lange auf den Feldern stehen. Die Anzahl der Bodenlebewesen geht wegen des Sauerstoffmangels in diesen Böden stark zurück.

Erosion und Verdichtung verschlechtern die Lebensbedingungen der Bodenlebewesen und gefährden so die Bodenfruchtbarkeit.

4 verdichteter und lockerer Boden

Schadstoffe im Boden

Wenn diese Böden zusätzlich mit Schadstoffen belastet werden, kann ihre Leistungsfähigkeit noch mehr absinken. Luftschadstoffe, Pflanzenschutzmittel und Düngemittel lagern sich ab. Die winzigen pflanzlichen und tierischen Bodenlebewesen ertragen diese Stoffe nicht, sie sterben ab. Pflanzen nehmen über die Wurzeln auch die schädlichen Stoffe auf, so gelangen diese über die Nahrungsketten nicht nur in Tiere, sondern auch in den menschlichen Körper.

Belastetes Grundwasser

Schadstoffe im Boden können auch das Grundwasser belasten. Das ist besonders Besorgnis erregend, wenn man weiß, dass 70% des Trinkwassers aus dem Grundwasser gewonnen werden.
Durch die Überdüngung der Äcker reichert sich das Grundwasser mit Nitraten an. Aus diesen können aber im Körper auch Krebs erregende Stoffe entstehen. Die Nitratwerte waren in einigen Gebieten Deutschlands bereits so hoch, dass man Trinkwasserbrunnen schließen musste und den Bürgern die Empfehlung gab, Babynahrung nur mit Mineralwasser und nicht mit Leitungswasser zuzubereiten.

Schadstoffe aus der Luft, Düngemittel und Pflanzenschutzmittel sind eine Gefahr für den Boden und das Grundwasser und damit auch für die Gesundheit des Menschen.

Aufgabe

1 Erkundige dich bei den Wasserversorgungsbetrieben, welche Schadstoffgrenzen für Nitrate existieren. Frage nach den Werten des Trinkwassers an deinem Wohnort. Stelle Vergleiche mit den Werten aus anderen Orten an (Internet).

Methoden des ökologischen Landbaus

Der ökologische Landbau, der ein Wirtschaften im Einklang mit der Natur zum Ziel hat, könnte Lösungswege für die ökologischen Probleme der Landwirtschaft aufzeigen: Stärker als bei anderen Anbaumethoden ist hier ein möglichst **geschlossener Nährstoffkreislauf** das Ziel. Der eigene Betrieb soll das nötige Futter für das Vieh und den Dünger für die Böden liefern.
Biobauern bemühen sich um gesunde Böden. Den Einsatz schwerer Maschinen vermeiden sie, die Böden sind daher weniger verdichtet.

Massentierhaltung lehnt der ökologische Landbau ab; eine **artgerechte Haltung** ist selbstverständlich. So entstehen nicht zu große Mengen an Naturdünger, die auf die Nutzflächen ausgebracht werden können. Außerdem sät man Pflanzen, die Stickstoff speichern, und pflügt sie als **Gründüngung** unter. Die Nutzflächen werden so ausreichend mit Mineralstoffen versorgt.

Nahrungskonkurrenten werden nicht vorrangig bekämpft, es sollen vielmehr alle Kulturmaßnahmen wie Standort-, Sortenwahl, Bodenbearbeitung, Fruchtwechsel und Düngung so gewählt werden, dass es möglichst erst gar nicht zu einem starken Schädlingsbefall kommt. Wenn sich Schädlinge massenhaft vermehren, setzt man möglichst deren natürliche Feinde zur Bekämpfung ein. Auf den Einsatz von Pestiziden wird weitgehend verzichtet.

Durch den Verzicht auf chemische Pflanzenschutzmittel und den geringeren Einsatz von Mineraldüngern wird die **Vielfalt des Tier- und Pflanzenlebens** erhalten. Feld- und Wegränder, Hecken, Feldgehölze und Feuchtbiotope bleiben als Lebensraum für Nützlinge erhalten. Durch **aktiven Gewässerschutz** wird die Gesundheit der Bevölkerung geschützt.

Eine Hoffnung für die Zukunft?

Die ökologische Landwirtschaft ist arbeitsintensiv und schafft Arbeitsplätze. Zwar sind die produzierten Mengen gering, Bioprodukte erzielen aber auf dem Markt etwas höhere Preise. Da die Ökolandwirte auch nicht die hohen Kosten für Pflanzenschutzmittel, Mineraldünger und Spezialfutter aufbringen müssen, verdienen sie durchschnittlich pro Arbeitskraft mehr

1 Phacelia wird zur Gründüngung angebaut.

als die anderen Bauern. Ob der ökologische Landbau weiterhin an Bedeutung gewinnt, hängt davon ab, ob die Verbraucher bereit sind, für ökologisch erzeugte Produkte höhere Preise zu bezahlen und damit auch die Umweltleistungen der Biobauern zu belohnen.

Aber auch diese Landwirte haben Zukunftssorgen. Bioprodukte werden immer etwas teurer sein und nicht alle Käufer können sich diese leisten. Bei stärkerer Konkurrenz werden die Gewinne der Bauern geringer ausfallen. Außerdem entsteht ein wesentlich größerer Landbedarf, wenn noch mehr Produkte auf extensiv genutzten Flächen produziert werden sollen.

Der ökologische Landbau bemüht sich, die natürlichen Lebensgrundlagen zu schonen. Er benötigt aber für die Produktion eine größere Fläche und mehr Arbeitsaufwand. Die Erzeugnisse sind daher teurer.

Aufgabe

1 "Biolandwirtschaft - die Lösung für die Zukunft".
a) Sammelt Argumente für und gegen diese These. Befragt auch Fachleute (Landwirtschaftskammer, Naturschutzverbände).
b) Befragt Händler nach dem Absatz ökologischer Erzeugnisse und dem Kundenkreis.
c) Tauscht die Erkenntnisse und Argumente in einem Rollenspiel aus.
d) Erstellt eine Wandzeitung zu dem Thema.

Boden und Luft

1 Ein Modellversuch zur Entstehung von Smog

Smog ist in großen Städten an Wintertagen ziemlich häufig. Mit einem einfachen Modellversuch kannst du die Entstehung des Smogs darstellen.

Material
2 große Bechergläser, 2 Standzylinder, 2 Räucherkegel, Thermometer, Kochsalz, Eis, Wasser, Streichhölzer

Durchführung
Fülle die beiden Bechergläser je zur Hälfte, das eine mit Wasser, das andere mit einer Kältemischung aus Kochsalz und Eis. Stelle in jedes Becherglas einen Standzylinder.

Miss nach einigen Minuten die Temperatur der Luft im unteren Bereich des Standzylinders und die Temperatur im oberen Bereich. Notiere die Messwerte. Gib anschließend in beide Standzylinder einen glimmenden Räucherkegel.

Aufgabe
Beobachte wie sich der Rauch in den beiden Zylindern ausbreitet. Kannst du Unterschiede erkennen? Erkläre deine Beobachtung.

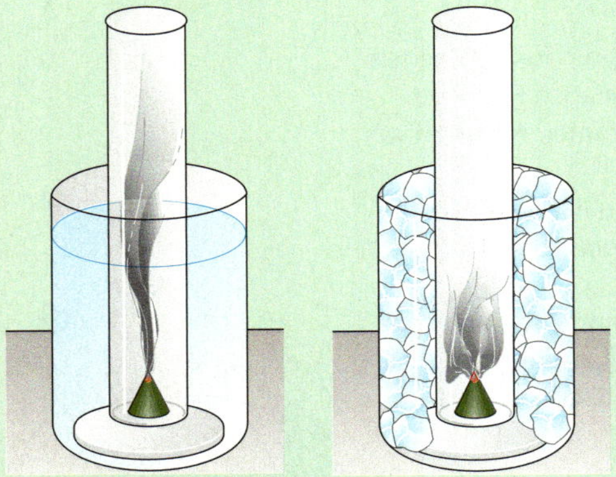

1 Zu Versuch 1

2 Wie hoch ist die Ozonbelastung?

Material
Ozonmesspapier (in manchen Apotheken oder Umweltbüros erhältlich)

Durchführung
a) Die Gebrauchsanleitung der Packung muss sorgfältig durchgelesen werden.

b) Ein Ozonmesspapier wird aus dem Schraubgefäß genommen und in den mitgelieferten Halter eingesetzt.

c) Das Papier wird im Freien an einen schattigen, windstillen Ort gehängt.

d) Nach etwa 10 Minuten wird das Papier mit der Farbtafel der Packung verglichen. Du weißt dann, wie hoch die Ozonbelastung ungefähr ist.

e) Bewerte die Ergebnisse mithilfe der Tabelle auf dieser Seite.

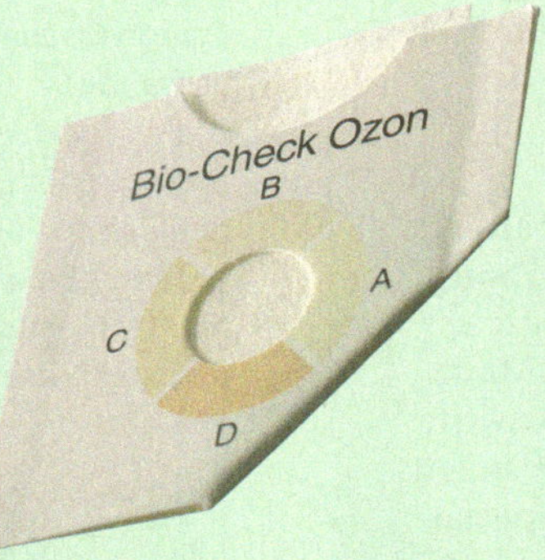

2 Ozonmesspapier

Ozonkonzentration in µg/m³	Abweichungen vom Richtwert 180 µg/m³
Farbwert A 30–90	Richtwert deutlich unterschritten
Farbwert B 90–150	Richtwert unterschritten
Farbwert C 150–210	Im Bereich des Richtwerts
Farbwert D 210–240	Richtwert überschritten

3 Tabelle zur Beurteilung der Ozon-Messwerte

f) Welche Verhaltensregeln kannst du aus dem Ergebnis ableiten?

3 Lebensmittel werden auf Nitrat geprüft

Pflanzen speichern einen Teil des Nitrats, das durch die Düngung auf die Kulturflächen ausgebracht wird. In größeren Mengen ist Nitrat für die Gesundheit schädlich. Die täglich aufgenommene Nitratmenge soll 3,3 mg pro kg Körpergewicht nicht überschreiten.

Material
Messzylinder, Waage, Mörser mit Pistill, Messer, Trichter, Filterpapier, Becherglas, destilliertes Wasser, Nitrat-Teststäbchen (0–500 ppm), 2 große Salatköpfe

Durchführung
a) Wasche einen großen Salatkopf unter fließendem Wasser gründlich ab. Der andere Kopf wird nicht gewaschen.

b) Wiege von jedem Salatkopf je 10 g äußere Blätter (ohne Mittelrippe),

10 g innere Blätter (ohne Mittelrippe),
10 g Mittelrippen von äußeren Blättern und
10 g Mittelrippen von inneren Blättern ab.

c) Gib die Proben mit je 40 ml destilliertem Wasser in einen Mörser und zerreibe die Proben sehr gründlich.

d) Gieße das Gemisch durch einen Filter und bestimme den Nitratgehalt mithilfe der Nitrat-Teststäbchen.

Aufgaben
1. Berechne für jede Probe den Nitratgehalt in mg pro kg Salat. Bedenke dabei, dass du die Proben verdünnt hast!

2. Vergleicht eure Werte mit den Angaben in der Tabelle (▷ B 4).

Trinkwasser	max. 50 mg / l
Säuglingsnahrung	max. 250 mg / kg
Salat (Winter)	max. 4 500 mg / kg
Salat (Sommer)	max. 3 500 mg / kg
Salat (nur Freiland)	max. 2 500 mg / kg

4 Zulässige Nitratwerte

4 Erkennt man Kartoffeln aus ökologischem Anbau?
Material
Kartoffeln aus ökologischem und herkömmlichem Anbau, Nitrat-Teststäbchen (0–500 ppm)

5 Nitrattest an Kartoffel

Durchführung
a) Zerschneide jeweils eine Kartoffel und drücke etwa 3 Sekunden lang je ein Nitrat-Teststäbchen auf die frischen Schnittflächen. Vergleiche nach 2 Minuten mit der vorgegebenen Farbskala.

b) Welche Schlüsse kannst du aus den Ergebnissen ziehen?

5 Streusalz in Laubblättern?
Material
Blätter von Laubbäumen einer Art an Standorten mit und ohne Streusalzbelastung, 10 %ige Silbernitratlösung, destilliertes Wasser, 4 Reagenzgläser, Reagenzglasständer, Messbecher, Filter, Waage, Mörser mit Pistill

Durchführung
a) Blätter von Bäumen, unter denen Streusalz ausgebracht wird, und von unbelasteten Standorten werden sorgfältig voneinander getrennt gesammelt und in einem Backofen 1 Stunde lang bei etwa 100 °C getrocknet. Anschließend werden die Blätter in einem Mörser pulverisiert.

6 Streusalzbelastung

b) Je 1 g des Pulvers der beiden Blattproben wird mit 10 ml destilliertem Wasser übergossen.

c) Die Lösungen werden nach 30 Minuten abfiltriert und in jeweils 1 Reagenzglas gegossen.

d) Zur Kontrolle wird je 1 Reagenzglas mit destilliertem Wasser und mit Leitungswasser neben die beiden Proben gestellt.

e) In jedes Reagenzglas werden 10 Tropfen Silbernitratlösung gegeben. An der Menge des weißen Niederschlags kannst du grob abschätzen, wie hoch der Anteil an Rückständen von Streusalz in den Blättern ist.

f) Informiere dich, welche Folgen die erhöhte Salzkonzentration in den Pflanzen hat und berichte!

1 Frankfurt bei guter Wetterlage

2 Frankfurt bei Smog

Ist die Luft rein?
Luft, Wasser und Sonnenlicht gehören zu den Lebensgrundlagen, auf die Tiere, Pflanzen und Menschen nicht verzichten können. Mit jedem Atemzug nehmen wir etwa einen $\frac{1}{2}$ l Luft auf, das sind am Tag über 10 000 l!

Dass für uns stets genug Luft zum Atmen zur Verfügung steht, nehmen wir als Selbstverständlichkeit hin. Aber auch diese Grundlage unseres Lebens ist manchmal in Gefahr.

Smog
Vor allem an nasskalten Wintertagen ist der Nebel in den Städten von schwefelhaltigen Abgasen und Rußpartikeln gelbgrau gefärbt. Er bildet eine Dunstglocke und lässt nur einen Teil des Sonnenlichts durch; es herrscht **Smog**. "Smog" ist ein Kunstwort, zusammengesetzt aus den beiden englischen Begriffen **smoke** (Rauch) und **fog** (Nebel). Das Problem ist seit über 150 Jahren in allen Industriestädten der Welt bekannt. Die Dunstglocke verursacht vor allem bei alten und kranken Menschen, sowie bei Säuglingen und Kleinkindern Erkrankungen der Atemwege und Kreislaufstörungen. Länger anhaltende Smogbelastung kann bei diesen Risikogruppen zum Tode führen. Die Sterblichkeitsrate bei alten Menschen liegt an Smogtagen um ca. 15 % höher als normal.

3 Entstehung der Smogsituation

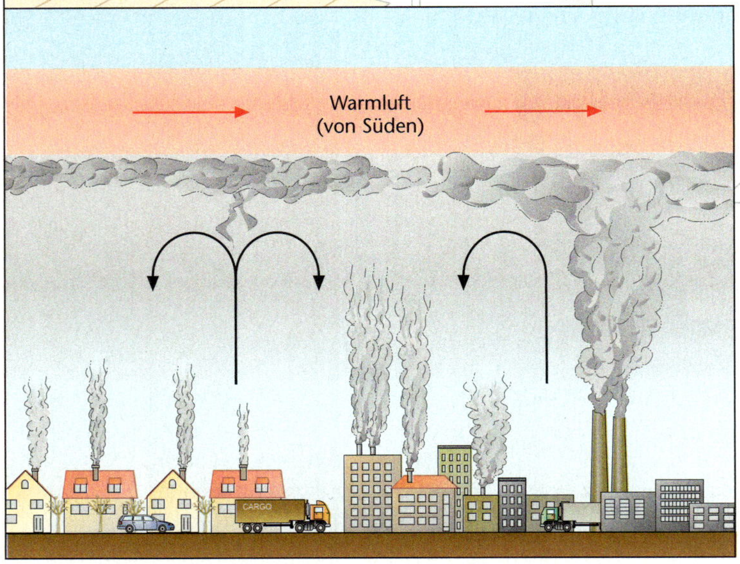

Smog entsteht bei **Inversionswetterlagen**, die im Winterhalbjahr ziemlich häufig sind. Dabei werden Kaltluftmassen unter einer Warmluftschicht wie unter einem Topfdeckel festgehalten. Ein Luftaustausch kann nicht stattfinden und in den bodennahen Luftschichten sammeln sich Ruß und Verbrennungsabgase aus Industrie, Gebäudeheizungen und Verkehr an.

Bei bestimmten Wetterlagen und starker Luftverschmutzung kann eine für die menschliche Gesundheit schädliche Smog-Situation entstehen.

Maßnahmen gegen die Luftverschmutzung
Die Zeiten, in denen im Ruhrgebiet keine Wäsche zum Trocknen im Freien aufgehängt werden konnte, weil sie nach kurzer Zeit schwarz von Ruß war, sind schon lange vorbei. Eingebaute Filter und strenge Bestimmungen für Kraftwerke, Fabriken und private Heizungen und regelmäßige Kontrollen haben vor allem den Ausstoß an Ruß und Schwefeldioxid erheblich vermindert. Sauber ist die Luft aber deshalb nicht, und neue Umweltprobleme sind entstanden.

Keine unbeschwerten Sommertage!
An schönen Sommertagen kann es zu einem weiteren Problem kommen: Aus Automotoren, Industrieanlagen und Schornsteinen gelangen bei der Verbrennung von

4 Ozonmessstation in der Stadt

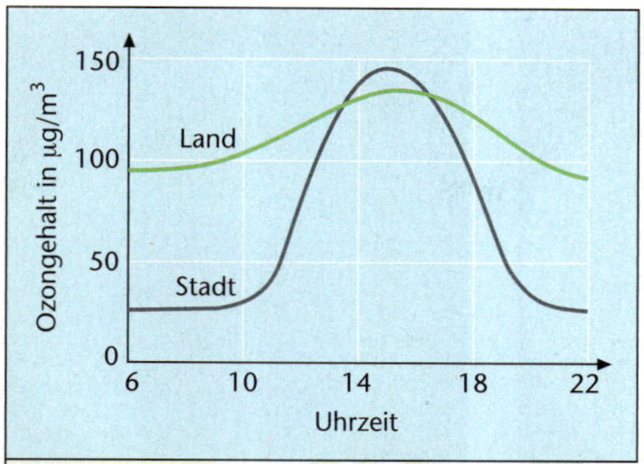

5 Ozongehalt in der Stadt und auf dem Land

Benzin, Öl, Gas und Kohle Stickstoffoxide in die Luft. Diese begünstigen unter dem Einfluss der Sonnenstrahlen in Bodennähe die Bildung des Gases Ozon (O_3). Es besteht im Gegensatz zum Sauerstoff (O_2) nicht aus zwei, sondern aus drei Sauerstoffatomen. In Gebieten mit starkem Straßenverkehr und dichter Besiedlung kann also an Sonnentagen die Ozonkonzentration stark ansteigen.

Ozon – ein giftiges Gas
Der Ozon-Gehalt in bodennahen Luftschichten schwankt zwischen 60 und 100 µg/m³ Luft. In diesen Mengen ist Ozon für den Menschen unschädlich. In höheren Konzentrationen dagegen wirkt **Ozon** giftig. Es führt zu Reizungen der Atemwege und Augen sowie zur Schädigung der Schleimhäute. Erkrankungen der Bronchien, Husten und Kopfschmerzen können die Folge sein. Für Kinder sowie alte und kranke Menschen kann das den Tod bedeuten. Wenn der O_3-Wert auf über 180 µg/m³ steigt, sollten sich deshalb empfindliche Menschen nicht mehr körperlich im Freien betätigen, also schwere Arbeit und Sport meiden.

Hohe Ozonkonzentrationen schädigen nicht nur den Menschen, sie können auch das Wachstum von Pflanzen hemmen und sind für das Waldsterben mitverantwortlich.

Bei Luftverschmutzung entsteht unter Sonneneinwirkung giftiges Ozon, das Gesundheitsschäden verursachen kann.

Wälder sind keine Garantie für gesunde Luft
In den Städten steigt am Tag die Ozonkonzentration an. In der Nacht wird sie durch die reichlich vorhandenen Stickstoffoxide jedoch wieder verringert. Da die Schadstoffe in der Luft aber über größere Entfernungen transportiert werden, kann man das schädliche Ozon auch außerhalb der Ballungszentren nachweisen. Hier sind die Ozonwerte manchmal sogar höher als in der Stadt. So wurden über dem Schwarzwald besonders hohe Werte gemessen. Einer der Gründe ist das Fehlen der Stickstoffoxide, die nachts den Abbau des Ozons unterstützen. Zusätzlich geben Böden und vor allem Nadelbäume chemische Verbindungen ab, die bei Sonneneinstrahlung die Bildung von Ozon begünstigen.

Die Ozonkonzentration ist oft auch außerhalb von Städten und Industriegebieten besonders hoch.

Mit Technik gegen die Luftverschmutzung
Durch unterschiedliche Maßnahmen versucht man, die schädliche Ozonbildung zu verringern. So hat der Einbau von Katalysatoren in Autos die negative Entwicklung gebremst, weil dadurch die Schadstoffe im Abgas verringert werden. Dennoch muss vor allem bei besonderen Wettersituationen im Sommer durch Fahrverbote ein Ansteigen der Werte über die kritische Grenze verhindert werden. Ein dichtes Netz von Messstationen überwacht die Sauberkeit der Luft.

Aufgaben

1 Begründe, warum in einigen Industriestädten der Entwicklungsstaaten trotz enormer Luftbelastung durch Ruß und andere Stoffe die Ozonwerte im Sommer nicht besonders hoch sind.

2 Bei Smogsituationen sind Kinder, die im Freien herumtoben, besonders stark gefährdet. Erkläre!

6 Pflanze mit Ozonschaden

7 Gesunde Pflanze

1 Ozonloch alt

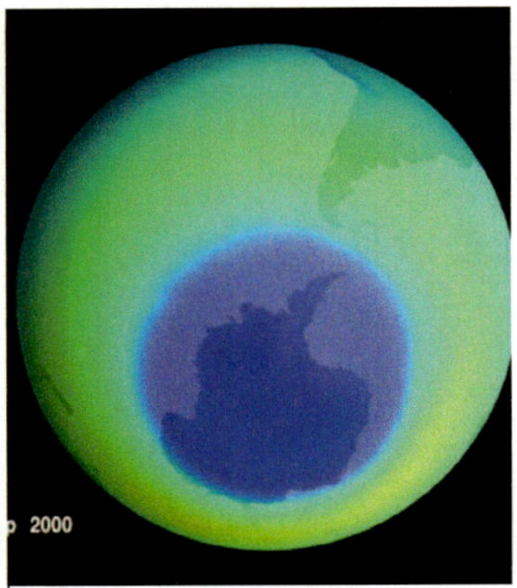

2 Ozonloch neueren Datums

3 Australische Kinder am Strand

Die Ozonschicht schützt die Erde
Etwa 90% des Ozons befinden sich in den höheren Schichten der Atmosphäre. Hier, in etwa 15–50 km Höhe, wirkt die Ozonschicht wie ein Schutzschild, denn sie absorbiert die energiereichen "harten" UV-Strahlen des Sonnenlichts. Diese Strahlen können für Organismen schädlich sein und sind u. a. für die Entstehung von Hautkrebs verantwortlich.

Löcher in der Schutzschicht
Seit 1977 beobachtet man eine Schwächung der Ozonschicht über dem Südpol; 1986 wurde dort das „Ozonloch" entdeckt. Die Entwicklung und die Schwankungen der Größe des Ozonlochs werden weltweit intensiv beobachtet und erforscht. Inzwischen wird auch eine Verdünnung der schützenden Ozonschicht über der nördlichen Erdhalbkugel festgestellt. Sicher ist, dass bestimmte Luftschadstoffe den Abbau der schützenden Ozonschicht fördern. Vor allem wirken Chlorfluorkohlenwasserstoffe (CFKW) bei der Zerstörung von Ozonmolekülen mit und können noch Jahre nach ihrer Freisetzung Schäden verursachen. CFKW wird zwar inzwischen bei uns nur noch selten als Treibgas in Spraydosen genutzt, andere Länder können aber wegen ihrer Armut die Produktion nicht so schnell umstellen. Welche weiteren Ursachen für die Veränderung der Ozonschicht verantwortlich sind, ist noch nicht genau bekannt.

Sonnenbaden um jeden Preis?
Von den Folgen dieser Umweltkatastrophe sind besonders die Menschen in Australien betroffen. Obwohl die Gesundheitsbehörden eindringlich vor den Schäden der direkten Sonnenbestrahlung warnen und in den Schulen umfangreiche Aufklärungsaktionen über das richtige Verhalten bei starkem Sonnenschein durchgeführt werden, steigt die Zahl der Hautkrebserkrankungen in diesem Land immer noch an.

Die Ozonschicht wirkt in der Atmosphäre wie ein Schutzschild gegen schädliche UV-Strahlen. Vor allem CFKW gefährden diesen Schutz.

Der natürliche Treibhauseffekt
Die Sonnenstrahlen können fast ungehindert durch die Erdatmosphäre auf die Oberfläche der Erde gelangen. Hier werden sie überwiegend in Wärmeenergie umgewandelt und zum Teil vom Boden absorbiert. Zurückgestrahlte Wärme wird teilweise von der Atmosphäre festgehalten und heizt diese auf. Würde das nicht geschehen, läge die Durchschnittstemperatur auf unserem Planeten um mehr als 30 °C niedriger als jetzt.
Im Prinzip verlaufen diese Vorgänge wie in einem gläsernen Gewächshaus (Treibhaus): Das Glas der Wände und des Daches ist für Sonnenlicht durchlässig. Die Strahlen erwärmen den Boden und die Pflanzen. Für die abgegebene Wärmestrahlung ist das Glas des Treibhauses jedoch undurchlässig, deshalb steigt die Temperatur im Gewächshaus an.
Bei der Erde übernehmen u. a. Kohlenstoffdioxid, Methan, Stickstoffoxide, vor allem aber Wasserdampf die Aufgabe der Glasscheiben in einem Treibhaus. Wegen der Ähnlichkeit im Ablauf der Vorgänge, sprechen wir bei der Erwärmung der Atmosphäre durch die zurückgehaltenen Wärmestrahlen auch vom **„natürlichen Treibhauseffekt"**.

Menschen verstärken den Treibhauseffekt
Durch das Verbrennen fossiler Energieträger ist der Gehalt an Kohlenstoffdioxid in der Luft gestiegen. Bei der Massentierhaltung in der Landwirtschaft entweicht aus der Gülle und dem Kot der Tiere auch Methan. Der natürliche Treibhauseffekt wird so verstärkt.

Die Belastung der Luft mit Kohlenstoffdioxid und anderen Gasen hat den Treibhauseffekt zur Folge, der u. a. eine Erhöhung der Temperaturen auf der Erde bewirkt.

Wird die Erdatmosphäre wärmer?
Wissenschaftler sind sich sicher, bereits erste Hinweise für die Erwärmung der Erdatmosphäre entdeckt zu haben: im Winter schneit es immer seltener, die Sommer werden wärmer, das Polareis und die Gletscher in den Hochgebirgen schmelzen ab und Überschwemmungen kommen weltweit immer öfter vor. Auch Wirbelstürme werden häufiger und heftiger. Alle Aussagen über die zukünftige Klimaentwicklung und ihre Auswirkungen in den einzelnen Teilen der Welt beruhen auf Modellrechnungen und Wissenschaftler kommen zu unterschiedlichen Aussagen.

Auf Klimakonferenzen bemüht man sich, internationale Vereinbarungen zum Schutz des Klimas zu treffen. Es wird aber eine gewisse Zeit dauern, bis die Maßnahmen wirksam werden.

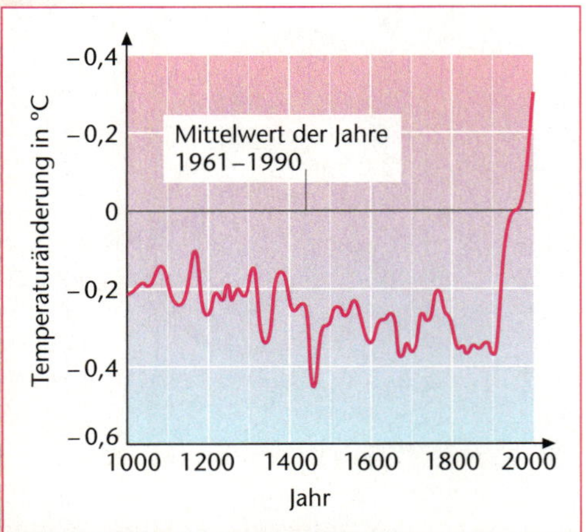

6 Temperaturänderungen in den letzten 1000 Jahren

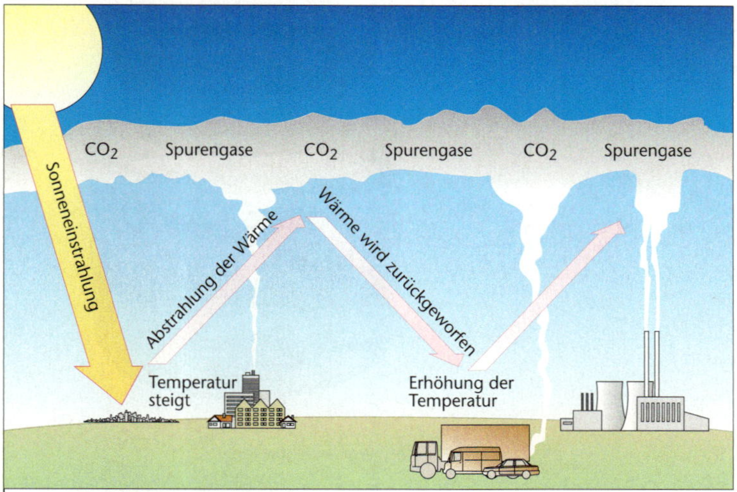

4 Der Treibhauseffekt wird verstärkt

Aufgaben

1 Erkläre den Sinn der in Australien üblichen Redensart „Between eleven and three – slip under a tree".

2 a) Erkundige dich über die allgemeinen Risiken des Sonnenbadens und berichte.

b) Informiere dich in Büchern und im Internet, für welche Zwecke CFKW in der Technik benötigt wurden.

c) Führe eine Internet-Recherche zum Thema CFKW- Ausstieg durch und berichte.

3 Informiere dich im Internet über den Wissenschaftler Paul Crutzen und seine Forschungen und halte darüber ein Kurzreferat.

5 Gewächshaus von innen

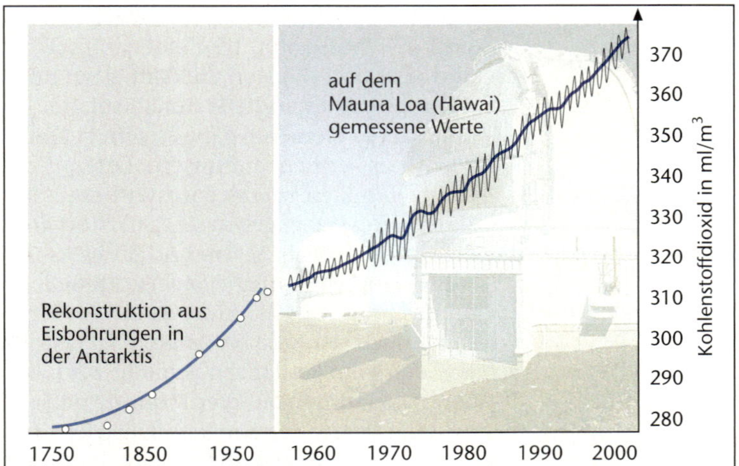

7 Kohlenstoffdioxid in der Atmosphäre

1 Das versiegelte Aquarium

Das versiegelte Aquarium
Ein ganz erstaunliches System: ein gläsernes Gefäß mit Wasser, darin eine Pflanze – Wasserpest – und ein Tier – eine Schnecke; das Ganze fest verschlossen und von seiner Umwelt isoliert. Wie ist es möglich, dass dieses kleine System aus Tier und Pflanze mehrere Wochen ohne Eingriffe von außen existieren kann?
Die Wasserpest bildet bei der Fotosynthese Sauerstoff und Nährstoffe. Die Schnecke benötigt den Sauerstoff für die Stoffwechselvorgänge in ihrem Körper. Dafür gibt sie bei der Atmung Kohlenstoffdioxid ab. Diesen benötigt die Pflanze wiederum für die Fotosynthese. Die Schnecke ernährt sich zudem von den Blättern der Wasserpest und nimmt dabei die gebildeten Nährstoffe auf. Damit ist deutlich, wie Pflanze und Tier in einer wechselseitigen Abhängigkeit stehen.

Stoffkreisläufe
Kohlenstoff und Sauerstoff sind die wesentlichen Elemente, die das Leben auf der Erde ermöglichen. Die Elemente Kohlenstoff (C), Wasserstoff (H), Sauerstoff (O) und Stickstoff (N) sind die häufigsten und wichtigsten Bestandteile der Biosphäre. Ohne diese Elemente gäbe es kein Leben, wie wir es kennen, auf unserer Erde. Pflanzen bilden bei der Fotosynthese Nährstoffe. Dabei geben sie Sauerstoff an die Umgebung ab. Meere und übrige Gewässer sind wesentliche Sauerstoffquellen für das Leben auf der Erde, da ein großer Teil des auf der Erde benötigten Sauerstoffs von den Wasserpflanzen gebildet wird. Bei der so genannten äußeren Atmung nehmen die Lebewesen Sauerstoff aus der Umgebung auf. Dieser wird bei der Zellatmung in den Zellen für die notwendigen Stoffwechselvorgänge verwendet. Dabei wird CO_2 an die Umgebung abgegeben. Ein Mensch atmet z. B. pro Tag ca. 330 l CO_2 aus. Die Kohlenstoffkreisläufe an Land und im Wasser sind über den Austausch von CO_2 miteinander gekoppelt.

Alles hängt mit allem zusammen
In der Natur laufen viele Vorgänge in Kreislaufprozessen ab. Wasser, Sauerstoff, Kohlenstoffdioxid und auch Nährstoffe gehen nicht verloren, sondern befinden sich in einem ewigen Kreislauf – sofern keine Störungen von außen auftreten. Über die verschiedenen **Kreisläufe** sind die Lebewesen miteinander verbunden.

Sauerstoff- und Kohlenstoffkreislauf
Sauerstoff ist das häufigste chemische Element auf der Erde. Die uns umgebende Luft besteht zu 21 % aus Sauerstoff. Der Sauerstoff der Atmosphäre wird fast ausschließlich durch die grünen Pflanzen erzeugt. Aber auch im Wasser ist eine große Menge Sauerstoff in gelöster Form vorhanden. Je nach Druck und Temperatur kön-

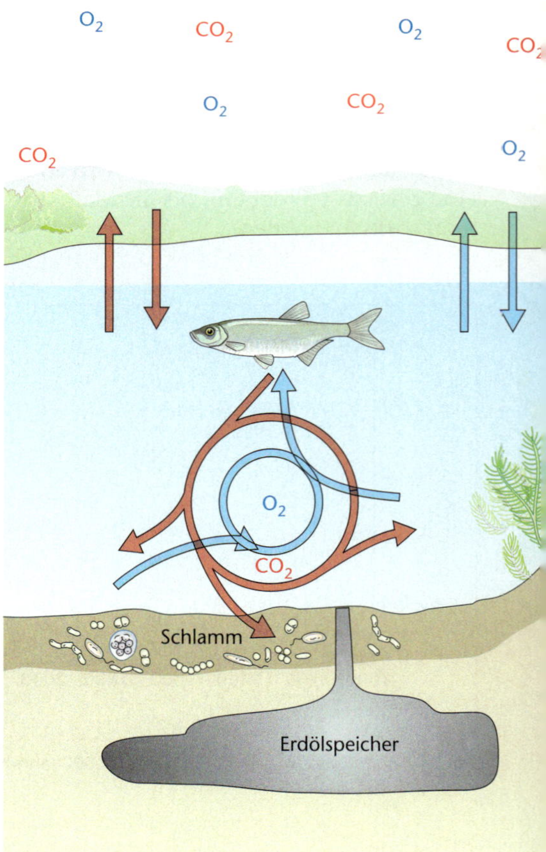

2 Kohlenstoff- und Sauerstoffkreislauf

nen im Wasser bis zu 8,5 g Sauerstoff je Liter gelöst sein. Nimmt der O_2-Gehalt in einem Gewässer ab, so kann man auf eine übermäßige Verschmutzung schließen. Der im Wasser gelöste Sauerstoff stammt sowohl von den Wasserpflanzen als auch aus der Atmosphäre. Der in der Luft vorhandene Sauerstoff wird von Menschen und Tieren eingeatmet und beim Vorgang der Zellatmung z. B. zum Abbau von energiereicher Nahrung verwendet. Dabei wird CO_2 gebildet und ausgeatmet.
Eine wesentliche Erscheinung des Sauerstoffkreislaufs ist also die Verknüpfung mit dem Kohlenstoffkreislauf.

Kreisläufe und Nahrungsbeziehungen
Das Element Kohlenstoff ist zum größten Teil in Gesteinen, Kohle, Erdöl, Torf und Erdgas gespeichert. Ein weiterer Teil des Kohlenstoffs befindet sich in der Luft und ein sehr großer Teil ist in den Wasservorkommen der Erde gelöst.
Der Kohlenstoffkreislauf beginnt mit der Fotosynthese der grünen Pflanzen. Ein Teil des aufgenommenen Kohlenstoffs wird

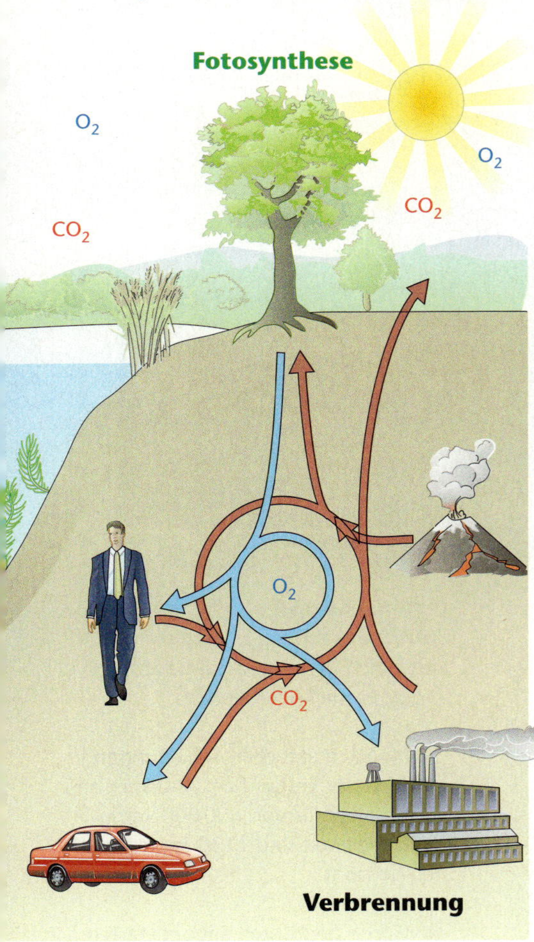

wieder an die Atmosphäre oder ins Wasser abgegeben. Ein anderer Teil wird in der Pflanze selbst in Form von Kohlenhydraten, Fetten und Eiweißen gespeichert. Dieser in den Pflanzen gespeicherte Kohlenstoff wird von den Pflanzenfressern aufgenommen. In den Stoffwechselvorgängen des Körpers wird der Kohlenstoff in vielfältiger Weise umgebaut und z.B. auch in verschiedenen Geweben eingelagert. Ein Teil des Kohlenstoffs allerdings wird in Form von CO_2 wieder ausgeatmet. Der in den Pflanzenfressern eingelagerte Kohlenstoff wird von den Fleischfressern in der Nahrungskette aufgenommen. Stirbt ein Lebewesen, so werden die Kohlenstoffverbindungen des Körpers von den Destruenten abgebaut. Ein großer Teil gelangt dabei als CO_2 wieder in die Atmosphäre, wo es von den Pflanzen wiederum für die Fotosynthese verwendet werden kann.
Der in den fossilen Brennstoffen Erdöl, Erdgas und Kohle gespeicherte Kohlenstoff wird bei deren Verbrennung als CO_2 frei.

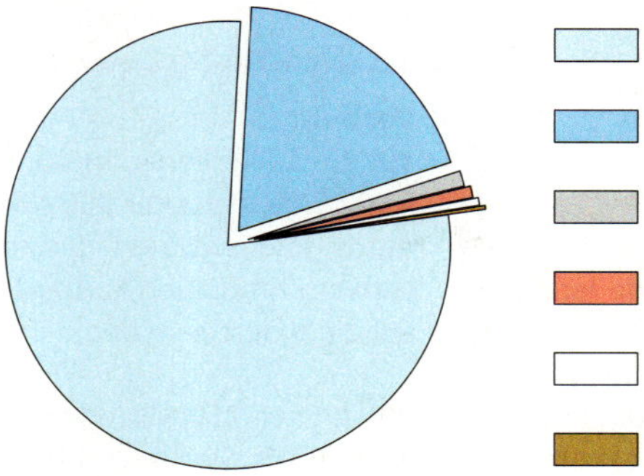

3 Zusammensetzung der Luft

Sauerstoff und Kohlenstoff unterliegen einem immerwährenden Kreislauf. Die grüne Pflanze nimmt CO_2 auf und gibt O_2 an die Umgebung ab. Fast alle übrigen Lebewesen nehmen O_2 auf und geben CO_2 ab.

Aufgaben

1 a) Zeichne das versiegelte Aquarium und zeichne die Stoffkreisläufe ein.
b) Weshalb kann dieses System nur wenige Wochen so überleben?

2 Informiere dich über das Projekt der Biosphäre 2 und stelle eine Dokumentation zu diesem Projekt zusammen.

3 Finde heraus, wie Kohlenstoff auf der Erde in reiner Form vorkommt.
Fertige dazu eine eigene Seite in deinem Heft an.

Das Prinzip der Nachhaltigkeit

Erdgipfel 1992 in Rio de Janeiro
Die Vereinten Nationen (UN) veranstalteten mit den Regierungschefs von 179 Staaten der Erde eine Konferenz für Umwelt und Entwicklung. Das Ergebnis ist ein alle Politikbereiche einbindendes Arbeitsprogramm für das 21. Jahrhundert: die **Agenda 21**.

In dem Abkommen verpflichten sich die Unterzeichnerstaaten, wie z. B. Deutschland, auf das Ziel einer weltweiten nachhaltigen und zukunftsbeständigen Entwicklung.

Das Prinzip der Nachhaltigkeit wurde Ende des 17. Jahrhunderts aus einer Krise geboren: extremer Holzmangel drückte die Wirtschaft, besonders den Bergbau. Mit dem Konzept einer nachhaltigen Waldwirtschaft, wonach nicht mehr Holz aus der Natur entnommen werden darf als nachwachsen kann, sollte die Rohstoffkrise bewältigt werden. In der deutschen Forstwirtschaft erlebte dieses Prinzip seine erste und andauernste Umsetzung und von hier weltweite Verbreitung.

Verkehr
1972: 250 Millionen motorisierte Fahrzeuge, darunter 200 Millionen Autos, sind registriert. Die ausgelöste Luftverschmutzung konzentriert sich auf die Industrieländer.

2004: etwa 750 Millionen Autos gibt es weltweit. Sie fahren überwiegend in den Industrieländern. Die Entwicklungsländer holen aber auf und man rechnet für 2030 bereits mit 2,3 Milliarden Autos auf der Welt

● Wie kann man diese Entwicklung stoppen?

Wasser
1972: Der weltweite Verbrauch von 2 600 km³ Frischwasser jährlich entfällt zum größten Teil auf die Bewässerung.

2004: Weltweit werden fast 3 000 km³ Frischwasser verbraucht. Der Bedarf wird sich in den nächsten 25 Jahren etwa verdreifachen. Wissenschaftler schätzen, dass den Menschen auf der Welt etwa 8 000 km³ zur Verfügung stehen, allerdings sind die Regionen der Erde sehr unterschiedlich versorgt.

● Wie viel Wasser verbraucht deine Familie? Überlege dir Einsparungen!

Tropischer Regenwald
1972: Etwa 1/3 des Regenwaldes sind zerstört. Es gehen jährlich 0,5 % (100 000 km²) verloren.

2004: Noch vor 200 Jahren bedeckte der tropische Regenwald 11 % der Erde, heute sind es nicht einmal mehr 6 %. Im Amazonasgebiet hat das Kahlschlagtempo 2004 seinen vorläufigen Höhepunkt erreicht: 20 000 km² wurden alleine in diesem Jahr vernichtet, 1990 waren es bereits 11 000 km². Bis heute gingen 17 % des brasilianischen Regenwaldes verloren und in jeder Minute kommt eine Fläche in der Größe von 7 Fußballfeldern hinzu.

● Suche nach Gründen für die Zerstörung des tropischen Regenwaldes! Wie kann man diesem Verlust entgegen treten?

Artenschwund
1972: Afrikanische Elefanten – eine der vielen bedrohten Säugetierarten – gibt es noch 2 Millionen.

2004: Nach aktuellen Schätzungen hat sich der Bestand der Afrikanischen Elefanten auf unter 600 000 verringert. Weltweit sind 1130 Säugetierarten bedroht.

● Welche bedrohten Säugetierarten kennst du?

Bevölkerung
1972: 3,84 Milliarden Menschen, 72 % in Entwicklungsländern. Wachstum jährlich 2 %: 76 Millionen Menschen

2005: 6,5 Milliarden Menschen leben auf der Welt. Bis zum Jahr 2050 wird die Weltbevölkerung auf 9,3 Milliarden anwachsen. 95 % des Bevölkerungswachstums finden in den Entwicklungsländern statt. Die Bevölkerung der ärmsten Länder wird sich bis 2050 verdoppeln.

● Erkundige dich nach der heutigen Zahl der Weltbevölkerung!

Kohlenstoffdioxid-Konzentration
1958: Die Atmosphäre enthält 315 ppm Kohlenstoffdioxid.

2004: Der Kohlenstoffdioxidgehalt der Atmosphäre ist auf 370 ppm gestiegen.

● Mit welchen Maßnahmen soll die Abgabe von Kohlenstoffdioxid in die Luft verringert werden?

Das internationale Abkommen Agenda 21 fordert ein Aktionsprogramm, das im lokalen Bereich von Bürgern, den Kommunen und den Ländern umgesetzt werden soll: Global denken, lokal handeln!

Überlege dir Maßnahmen für eine Umsetzung des Prinzips der Nachhaltigkeit in deiner Familie, deiner Schule, deinem Ort!

Fischerei
1972: Rund 58 Millionen Jahrestonnen Fisch wurden aus den Ozeanen geholt. Überfischung verminderte 1974 die Nordsee-Heringsbestände.

2004: Nach Jahrzehnten des Wachstums scheint 1997 keine Steigerung des Fischfanges mehr möglich. Von 1997 bis 1999 sank das Fischereiergebnis von 93 Millionen Tonnen auf 92 Millionen. Nach einer Einigung auf dem UN-Gipfel in Johannesburg 2002 soll es bis 2015 keine Überfischung der Meere mehr geben.

● Welche Fischmengen werden heute in der Nordsee gefangen?

Meeresspiegel
2004: Im 20. Jahrhundert ist der Meeresspiegel weltweit um 5 cm angestiegen. Für das 21. Jahrhundert wird ein weiterer Anstieg um 20 bis 30 cm vorausgesagt.

● Welche Auswirkungen hat der Anstieg des Meeresspiegels um etwa 1 m auf einzelne Küstenregionen der Erde?

1 Produkte aus Hanf – einem nachwachsendem Rohstoff

2 Rapsfeld

Ein aktueller Begriff: nachwachsende Rohstoffe

Der Begriff „nachwachsende Rohstoffe" wurde in Deutschland während der Ölkrise der 70er Jahre geprägt. Die Industrie suchte nach erneuerbaren Kohlenstoffquellen als Ersatz für Erdöl. Als **nachwachsende Rohstoffe** bezeichnet man alle pflanzlichen und tierischen Rohstoffe, die biologisch erneuerbar sind und nicht für Ernährungs- oder Fütterungszwecke genutzt werden. Weil die Landwirtschaft von manchen Erzeugnissen mehr produziert, als sie verkaufen kann, viele Rohstoffvorräte erschöpft sind und überall Nachhaltigkeit angestrebt wird, ist das Thema der nachwachsenden Rohstoffe immer noch aktuell.

Eine Alternative auf dem Vormarsch

Die Verwendung nachwachsender Rohstoffe ist nicht neu: Man nutzte schon immer Holz als Baumaterial, Pflanzenfasern für die Textilherstellung und tierische und pflanzliche Fette für die Produktion von Seife. Moderne Technologien haben weitere Möglichkeiten eröffnet: Zucker ist Grundlage umweltfreundlicher Kunststoffe, Hanf und Flachs werden für den Innenausbau von Autos genutzt; Raps, Lein, Soja und Sonnenblumen liefern die Rohstoffe für Farben, Lacke und Schmiermittel. Raps liefert den „Biodiesel". In der chemischen Industrie stammen heute etwa 10 % aller eingesetzten Grundsubstanzen aus nachwachsenden Rohstoffen.

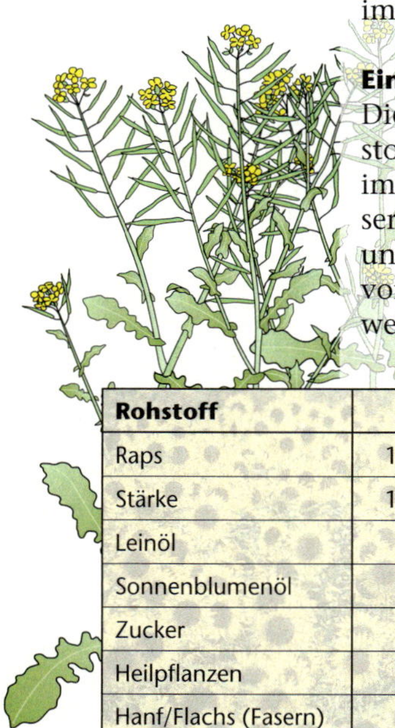

Rohstoff	1994	2000	2004
Raps	193 000 ha	408 000 ha	650 000 ha
Stärke	116 000 ha	125 000 ha	125 000 ha
Leinöl	31 000 ha	108 000 ha	3 000 ha
Sonnenblumenöl	14 000 ha	25 000 ha	11 000 ha
Zucker	9 000 ha	7 000 ha	7 000 ha
Heilpflanzen	3 000 ha	4 600 ha	4 500 ha
Hanf/Flachs (Fasern)	1 700 ha	4 000 ha	1 500 ha
Sonstiges	8 000 ha	1 350 ha	4 000 ha
Gesamt	**375 700 ha**	**682 950 ha**	**806 000 ha**

3 Entwicklung der Anbauflächen nachwachsender Rohstoffe in Deutschland

> Nachwachsende Rohstoffe unterstützen nachhaltiges Wirtschaften, denn sie schonen den Bestand an Rohstoffen, die nicht erneuerbar sind.

Probleme mit den Nachwachsenden

Der großflächige Anbau von nachwachsenden Rohstoffen wirft die gleichen Probleme auf wie jeder andere Anbau in Monokulturen. Besonders Raps, der Grundstoff für den so oft gelobten Biodiesel, wird intensiv gedüngt und muss mit Pestiziden gegen Schädlinge gespritzt werden. Pflanzen, Tiere, Wasser und Boden werden dabei keinesfalls geschont. Außerdem gewinnen Rohstoffe an Bedeutung, die gentechnisch verändert wurden. Derzeit werden rund 45 % der nachwachsenden Rohstoffe auf stillgelegten Flächen angebaut; das ist ein gutes Geschäft für die Bauern, denn sie bekommen sowohl für die Stillegung als auch für den Anbau finanzielle Unterstützung vom Staat.

Aufgaben

1 An manchen Orten kommt es zu Konflikten zwischen Naturschützern und Befürwortern der nachwachsenden Rohstoffe. Erkläre die jeweilige Position.

2 Führe eine Internetrecherche zum Thema „nachwachsende Rohstoffe" durch und erstelle eine Tabelle, in der du die Pflanzen, die Rohstoffe und die Produkte in den einzelnen Spalten angibst.

Texte kritisch lesen

Im Laufe deiner Schulzeit bist du schon routiniert im Lesen und Verstehen von Texten geworden. Aber immer wieder werden dir auch in der Biologie Texte begegnen, die du bewerten sollst und zu denen du Stellung beziehen musst.

Ein erster Überblick
Verschaffe dir zuerst eine erste Orientierung. „Überfliege" den Text zügig. Achte besonders auf die Überschrift.

Wichtige Informationen

- Wer hat den Text verfasst?
- Wann und wo ist der Text erschienen?
- Was sagt der Text aus?
  (kurze inhaltliche Zusammenfassung)

Schlüsselwörter
Nun musst du versuchen, „Schlüsselwörter" zu klären und zu hinterfragen. Wie man dabei vorgehen kann, zeigt dir das Textbeispiel „Umweltschützer kritisieren neues Abkommen zum Klimaschutz".

Eine erste Orientierung gibt die Überschrift. Hier wird bereits das Problem deutlich.

Umweltschützer kritisieren neues Abkommen zum Umweltschutz

Um welche Staaten handelt es sich? Suche sie im Atlas.

Sechs asiatisch-pazifische Partner haben einen Klimaschutzbund zur Verringerung der Emissionen unterzeichnet. Die Staaten, darunter die USA, sind zusammen für nahezu die Hälfte des weltweiten Treibhausgasausstoßes verantwortlich.

Informiere dich über die genauen Zahlen (Kyoto-Protokoll).

Sie hatten das Kyoto-Protokoll nicht ratifiziert, weil sie darin eine Einschränkung ihrer Wirtschaft sehen. Außerdem nähme das Protokoll die Schwellen- und Entwicklungsländer, vor allem die kommenden Wirtschaftsgiganten Indien und China, zu wenig in die Pflicht.

Was ist damit gemeint? Erkläre.

Die Unterzeichner des „Alternativ-Kyoto-Konzepts" sehen ihren Klimaschutzbund als Ergänzung, nicht als Konkurrenz zum Kyoto-Protokoll. Sie verpflichten sich in ihrem Abkommen, verstärkt neue Technologien zu fördern, welche die Treibhausgase verringern, und dieses Know-How mit den Dritt-Welt-Ländern zu teilen.

Informiere dich, ob diese Aussage zutrifft.

Umweltschutzorganisationen kritisieren das „nichtssagende" Abkommen. Es enthalte keine Ziele und Vorschläge, konkret Treibhausgase einzusparen.

Quelle: nachrichten-online.de

Ist die Quelle seriös? Suche genauere Informationen über den Verfasser.

Deine Meinung bitte ...
Nun hast du den Text erfasst und wichtige Aussagen gefunden. Sicher bist du nicht mit allem einverstanden. Steige mit deinen Mitschülerinnen und Mitschülern in eine Diskussion zu dem Thema ein. Jeder soll eigene Gedanken dazu beitragen oder Kritik äußern dürfen. Denkt dabei an die wichtigsten Regeln der Gesprächsführung.

Aufgabe

1 a) Sucht Texte zu folgenden Themen:
- Bevölkerungswachstum und Landschaftsverbrauch
- Biolandwirtschaft – Lösung für die Zukunft?

b) Diskutiert jeweils Pro und contra.

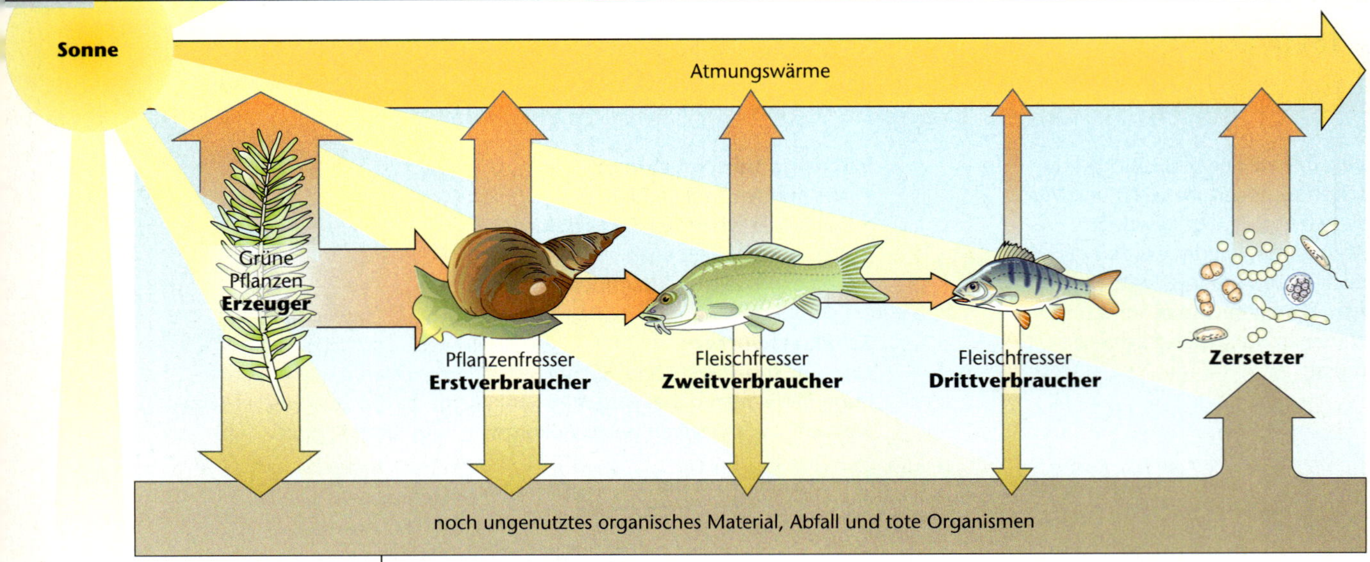

1 Energiefluss durch ein Ökosystem

Ohne Energie läuft nichts

Alle lebenden Systeme, also Menschen, Tiere und Pflanzen, sind auf die Zufuhr von Energie angewiesen, um die lebenserhaltenden Funktionen aufrecht erhalten zu können. Der Motor des Lebens auf der Erde ist die Sonne. Aber nur Pflanzen und einige wenige Mikroorganismen können in der Fotosynthese die von der Sonne eingestrahlte Lichtenergie in chemische Energie umwandeln und damit energiereiche Biomasse aufbauen.
In der aufgebauten Biomasse ist chemische Energie gespeichert, die mit der Nahrungskette weitergegeben wird.
Dabei sind riesige Verluste zu verzeichnen. Im besten Fall werden etwa 10 % der mit der Nahrung aufgenommenen Energie an das nächste Glied in der Nahrungskette weitergegeben; 90 % der Energie werden einerseits als Wärme abgegeben und andererseits in nicht direkt verwertbaren Abfallstoffen gespeichert. Abfallstoffe und z. B. tote Organismen werden von den Zersetzern weiterverwertet.

„Einbahnstraße" Energie

Der Energiefluss ist also, anders als bei den Stoffen, nicht in einen Kreisprozess eingebunden. Der Weg der Energie stellt eine Einbahnstraße dar. Alles Leben auf der Erde ist letztlich von der Sonne als eigentlicher Energiequelle abhängig. Pflanzen, Menschen und Tiere nehmen ständig Energie auf und geben diese als Wärme wieder ab.
In der Abbildung 1 ist der Energiefluss durch ein Ökosystem grafisch dargestellt.

2 Was ist Energie?

In den Naturwissenschaften bezeichnet der Begriff Energie die Fähigkeit, Arbeit zu verrichten.

Arbeit = Kraft x Weg

Eine 100 g Tafel Schokolade hat die Gewichtskraft von 1 Newton (N). Hebst du die Schokolade um einen Meter (m) an, hast du die Arbeit 1 Joule (J) verrichtet.

Energie und Arbeit werden mit der Einheit Joule (J) gekennzeichnet.

$$1\,J = 1\,N \times 1\,m$$

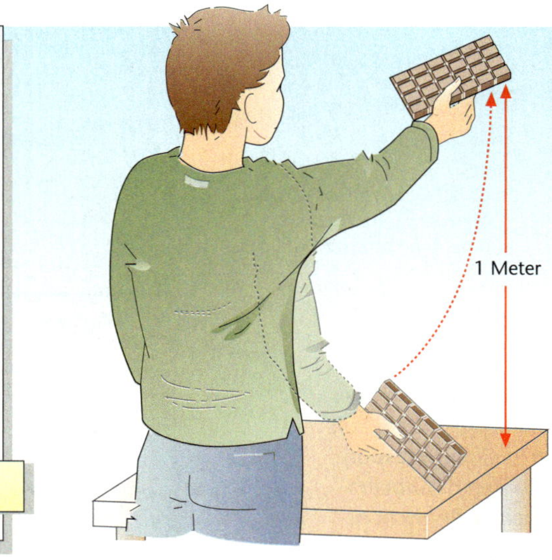

Regenerative Energiequellen

1 Sonnenenergie-Feld in den USA

2 Ostfriesisches Windkraftwerk

3 Wasserkraftwerk

Fossile Energie schafft Wärme und Strom
Um unseren Energiebedarf zu decken, verbrennen wir in der Regel fossile Brennstoffe wie Kohle, Erdgas oder Öl. In den letzten 25 Jahren nahm der Energieverbrauch weltweit sehr stark zu. Die Befürchtungen, dass die Vorräte nicht reichen, scheinen aber nicht für alle genannten Rohstoffe zuzutreffen. Die Umwelt leidet jedoch unter der Verbrennung fossiler Brennstoffe – insbesondere wenn dies in technisch veralteten Anlagen geschieht. Nicht wegen der Rohstoffknappheit müssen wir den Verbrauch fossiler Brennstoffe einschränken, sondern zum Schutz der Umwelt. Wissenschaftler suchen daher nach **regenerativen Energiequellen**, die keine Umweltgefahren mit sich bringen und erneuerbar sind.

Sonnenenergie nutzen
Die Nutzung der Solarenergie auf den Dächern von Häusern ist sicherlich eine zukunftsträchtige aber noch sehr teure Angelegenheit. Pläne, riesige Kollektoren-Parks zu schaffen, wären in Mitteleuropa wegen der nur begrenzt vorhandenen freien Landschaftsfläche kaum denkbar.

Wind ernten
Die Windkraft hat in Deutschland einen enormen Auftrieb erhalten, nicht zuletzt, weil sie staatliche Unterstützung erhält. Der Anteil der Windkraft an der Gesamterzeugung von Energie beträgt aber immer noch unter 5 %. Außerdem müssen daneben noch andere Kraftwerke in Reserve gehalten werden – falls der Wind nicht weht. Nicht zuletzt wegen der geringen Effektivität und der Beeinträchtigung der Landschaft hat die Windkraft aber auch zahlreiche Kritiker.

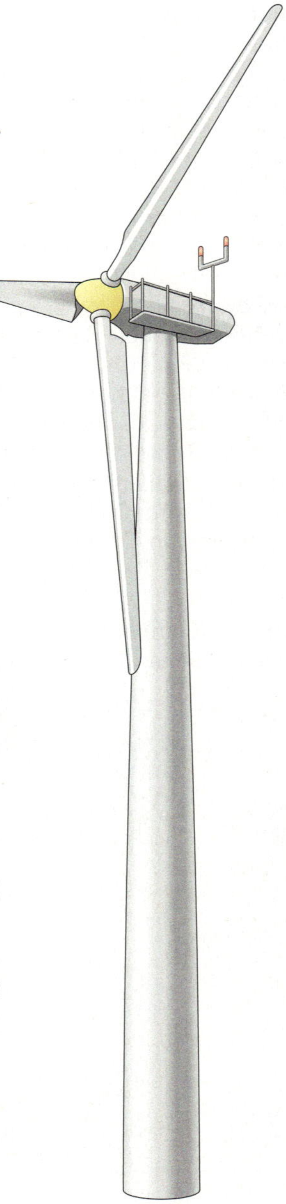

Eine uralte Energiequelle: Die Wasserkraft
In Wasserkraftwerken wird die Energie zweier unterschiedlicher Wasserstände genutzt. Dies ist eine uralte Methode, Mühlen und andere technische Geräte anzutreiben. Heute erzeugen Turbinen und Generatoren mithilfe des Wassers elektrische Energie. In Mitteleuropa sind bereits fast alle Möglichkeiten ausgeschöpft und neue Wasserkraftwerke wären nur mit gewaltigen Kosten und über schwere Eingriffe in das Landschaftsbild möglich.

Die Brennstoffzelle
In der Brennstoffzelle wird chemisch gespeicherte Energie in einem noch relativ teuren Verfahren direkt in elektrische Energie umgewandelt. Vor allem im Automobilbau hat diese Form der Energiegewinnung eine große Zukunft.

Anlagen technisch verbessern, Energie sparen und – wo es umweltverträglich möglich ist – regenerative Energiequellen nutzen, das dürfte wahrscheinlich der beste Weg für die Zukunft sein.

▶ Regenerative Energie kann u. a. aus Wasser, Sonnenlicht und Windkraft gewonnen werden.

Aufgaben

1 Informiere dich im Internet über weitere Projekte zur Gewinnung regenerativer Energie und berichte (Wasserkraft, Erdwärme usw.).

2 Wo wird in deinem Wohnort regenerative Energie gewonnen und eingesetzt? Berichte!

1 Müll häuft sich in den Straßen einer Großstadt

2 Müllhalde

Die Müllberge in Deutschland wachsen
Wenn man von Müll spricht, meint man zunächst immer den Hausmüll. Dieser macht aber nur etwa ein Zehntel des gesamten Müllaufkommens in Deutschland aus. Insgesamt werden Jahr für Jahr etwa 400 Millionen Tonnen Abfall produziert. In Güterwagen verladen, ergäbe dies einen Zug der von Berlin bis fast zum Äquator reichen würde. Bauschutt, Bodenaushub und Baustellenabfälle machen fast 60% davon aus.

Von der Müllhalde zur Deponie
Bis vor wenigen Jahrzehnten landete der größte Teil unserer Abfälle meist völlig unkontrolliert und unbearbeitet auf den etwa 50000 kleinen Müllhalden, die in der Nähe der Ortschaften lagen. Inzwischen geht der Anteil deponierter Abfälle immer weiter zurück. 2002 wurden nur etwa ein Achtel der Abfälle auf den knapp 400 Deponien entsorgt.

Seit 2005 ist die Deponierung unbehandelter Abfälle verboten. Als Vorbehandlung werden mechanisch-biologische aber auch thermische Verfahren anerkannt. Das heißt, dass aus dem Müll alle verwertbaren Stoffe herauszusortieren sind, kompostierbare Abfälle organisch abgebaut werden und brennbare Stoffe zur Energiegewinnung zu nutzen sind.

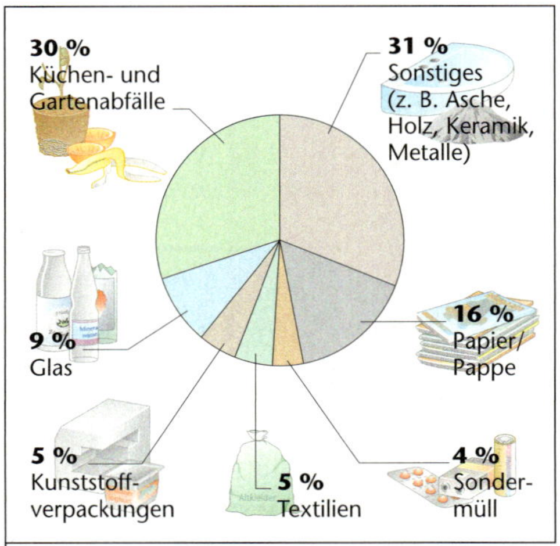

3 Zusammensetzung des Müllaufkommens

Auf Deponien kann also auch in Zukunft nicht verzichtet werden. Um sie umweltverträglich zu gestalten, ist der Untergrund mit Folien oder Lehm ausgekleidet. Wasser, das von der Deponie abfließt, wird aufgefangen. Deponiegas, das durch Bakterien entstehen kann, wird gesammelt und kann in Heizkraftwerken verbrannt werden. Stillgelegte Deponien werden mit Folien und Bodenaushub bedeckt und bepflanzt.

In unserem dicht besiedelten Land ist es schwierig, neue Deponiestandorte zu finden. Stets wird Landschaft verbraucht. Niemand will Deponien in seiner Wohnumgebung haben, denn man fürchtet Geruchsbelästigung und Umweltschäden.

Energie aus Müll
In Deutschland wurden 2002 rund 50% des Mülls durch Verbrennung entsorgt, aufgrund der seit 2005 gültigen Verordnungen steigt der Anteil. Müllverbrennungsanlagen verringern nicht nur die Menge des Mülls, mit der erzeugten Energie kann Strom erzeugt oder geheizt werden. Die bei der Verbrennung entstehenden schädlichen Stoffe müssen herausgefiltert werden. Für die Filterstäube werden Spezialdeponien benötigt.

Die großen Müllmengen werden auf Deponien gelagert oder in besonderen Anlagen verbrannt. Beide Formen der Entsorgung können umweltschädlich sein.

Gefährlicher Sondermüll
Öle, Leuchtstoffröhren, Kühlschränke, Lacke, Chemikalienreste, Computer aber auch die Filterstäube aus den Müllverbrennungsanlagen und viele andere Stoffe müssen als Sondermüll entsorgt werden. Dafür sind aufwändige chemische oder physikalische Verfahren nötig, bevor die Reststoffe in die Müllverbrennung oder auf spezielle Deponien kommen.
Eine besondere Gefahr stellten die Millionen Batterien und Akkus dar, die hochgiftiges Quecksilber oder Cadmium

enthielten. Der Quecksilbergehalt einer Knopfzelle reichte früher aus, um 800 000 l Trinkwasser über den zulässigen Wert hinaus zu belasten. Heute enthalten Batterien weniger schädliche Stoffe und seit 2001 dürfen Knopfzellen nur noch bis zu 2 % Quecksilber enthalten.

Umweltschädliche Stoffe werden auf speziellen Deponien entsorgt, wenn sie nicht wiederzuverwerten oder zu verbrennen sind.

Müll kann wertvoller Rohstoff sein - Recycling

Nach dem Prinzip der Nachhaltigkeit sollten im Müll enthaltene Wertstoffe wieder verwendbar gemacht werden. 1991 wurde eine Verpackungs-Verordnung eingeführt, die Industrie und Handel verpflichtet, Verpackungen wieder zurückzunehmen. Das „Duale System Deutschland" (DSD) wurde gegründet. Es organisierte das Sammeln von Verpackungen, getrennt nach Glas, Papier, Metall und Kunststoff. Ein grüner Punkt ist das Zeichen dafür, dass die Hersteller für die jeweilige Verpackung Gebühren beim DSD bezahlt haben. Damit entfällt die Rücknahmepflicht für die Lieferanten. Wertstoffe werden in gelben Säcken oder Tonnen gesammelt. Für Glas und Papier stehen in vielen Orten verschiedene Container bereit. Die eingesammelten Wertstoffe werden sortiert. Aus den Abfällen gewinnt man Rohstoffe.

Kritik am „Grünen Punkt"

Insgesamt wurden im Jahr 2001 fast 5,5 Millionen Tonnen Verkaufsverpackungen gesammelt, 77 % davon wurden wiederverwertet. Die Kosten trägt der Verbraucher mit dem Kaufpreis; eine vierköpfige Familie bezahlt über 100 Euro pro Jahr für das System. Dass alle Verpackungen, für die der Verbraucher bezahlt hat, wieder verwertet werden, ist ein Irrtum: Das DSD ist verpflichtet, nur 25 % der anfallenden Materialien zu verwerten. Das DSD ist ein Betrieb, der wirtschaftlich arbeiten muss. Investitionen lohnen sich nur, wenn die Sortieranlagen ausgelastet sind – also, wenn genügend Müll angeliefert wird.

Ein Blick in die Zukunft

Wissenschaftler bemühen sich, Methoden gegen die Müllflut zu entwickeln. Man hat Kunststoffe entwickelt, die biologisch abbaubar sind. Ein Jogurtbecher, der kompostierbar war, stand bereits in unseren Läden.

4 Mit dem Schadstoffmobil wird Sondermüll gesammelt

Er wurde zurückgezogen, weil es noch kein flächendeckendes Sammelsystem für biologisch abbaubare Materialien gab.

Verbrennungsanlagen werden immer sicherer und neue Verfahren zum Recycling sind in der Entwicklung. Manche Wissenschaftler meinen, dass die Müllkippen der Vergangenheit zu Rohstofflagern der Zukunft werden könnten.

Vermeiden ist besser als entsorgen

Besser als jede Form der Müllverwertung und -beseitigung ist die **Müllvermeidung**. Nach Schätzungen von Umweltinstituten könnte die Müllmenge um ein Drittel reduziert werden. Auch du kannst deinen Beitrag leisten, indem du beim Einkauf überflüssiges Verpackungsmaterial zurückweist, Recyclingprodukte kaufst und auf den Erwerb von Plastiktüten, Einwegfeuerzeugen und sonstigen, die Umwelt belastenden Produkten verzichtest.

Abfälle können als wertvoller Rohstoff wiederverwertet werden. Müll vermeiden ist aber der beste Weg zum Umweltschutz.

Aufgaben

1 Erkundige dich, wie die Müllbeseitigung früher erfolgte und berichte in deiner Klasse darüber. Erörtert, was sich grundlegend geändert hat.

2 Informiere dich über die neuesten Bestimmungen zur Müllvermeidung und -beseitigung und berichte.

3 Informiere dich über die Bestimmungen für die Vermeidung und die Behandlung von Bauabfällen. Berichte über die Ergebnisse deiner Recherchen.

5 Batterie

6 Leuchtstoffröhren sind Sondermüll

7 Computer als Sondermüll

Der Mensch und seine Umwelt

1 Freilandhaltung von Hühnern

2 Solaranlage auf Schuldach

Nur das Prinzip der Nachhaltigkeit sichert unsere Lebensgrundlagen!

Unsere Lebensgrundlagen können nur durch die Beachtung des Prinzips der Nachhaltigkeit erhalten werden. Darunter versteht man, dass wir nicht auf Kosten der Natur, anderer Menschen, anderer Regionen oder anderer Generationen handeln und wirtschaften dürfen. Die drei Bereiche Schutz der Umwelt, wirtschaftlicher Wohlstand und soziale Gerechtigkeit sind also bei einer nachhaltigen Entwicklung gleichwertig.

Bevölkerungswachstum und Landschaftsverbrauch

Die Weltbevölkerung ist in den letzten Jahrzehnten sprunghaft angewachsen. Etwa die Hälfte aller Menschen wohnt in Ballungszentren. Landschaftsverbrauch und Bodenversiegelung wirken sich negativ auf Klima und Wasserhaushalt aus. Überschwemmungen können die Folge von Fehlplanungen sein.

Hunger und Überfluss – die Nahrungsmittelproduktion in der Krise

Der Hunger in den Entwicklungsländern wird u. a. durch lang anhaltende Trockenheit, starkes Bevölkerungswachstum und eine schlecht entwickelte Landwirtschaft verursacht. In Mitteleuropa werden Überschüsse auf Kosten der Umwelt produziert. Der ökologische Landbau bemüht sich, die natürlichen Lebensgrundlagen zu schonen.

Gesunde Luft – ein wertvolles Gut ist in Gefahr

Bei bestimmten Wetterlagen und starker Luftverschmutzung kann eine gesundheitsgefährdende Smog-Situation entstehen. Unter Sonneneinwirkung kann sich selbst in Reinluftgebieten giftiges Ozon bilden.

Globale Probleme

Die Ozonschicht wirkt in der oberen Atmosphäre wie ein Schutzschild gegen schädliche UV-Strahlen. Bestimmte Gase gefährden diesen Schutz. Kohlenstoffdioxid und andere Gase in der Luft verstärken den natürlichen Treibhauseffekt und können zu einer Erhöhung der Temperatur der Erdatmosphäre führen.

Wohin mit dem Müll?

Müll zu vermeiden hat den Vorrang vor allen anderen Lösungen. Sofern dies nicht möglich ist, sollten Abfälle wieder verwertet oder in Energie umgewandelt werden. Ist auch eine solche Verwertung nicht möglich, ist der Müll umweltverträglich zu deponieren. Sowohl bei der Verbrennung als auch bei der Deponierung können Umweltprobleme auftreten.

Nachwachsende Rohstoffe unterstützen nachhaltiges Wirtschaften

Nachwachsende Rohstoffe schonen den Bestand an nicht erneuerbaren Stoffen und unterstützen dadurch nachhaltiges Wirtschaften. Ihre Erzeugung ist aber wegen vieler Umweltrisiken auch nicht problemlos.

Suche nach regenerativen Energieformen

Um die Vorräte an fossilen Energieträgern zu schonen, vor allem aber, um den schädlichen CO_2-Ausstoß zu verringern, bemühen sich die Wissenschaftler um die Erschließung erneuerbarer Energieformen.

3 Recyclinganlage

Aufgaben

1 Beim ökologischen Landbau wird weitgehend auf Mineraldünger verzichtet. Unter welchen Voraussetzungen ist das möglich?

2 Die Raupen eines seltenen Schmetterlings leben auf Pflanzen besonders mineralstoffarmer Böden. Begründe, warum es nicht ausreicht, den Schmetterling unter Schutz zu stellen.

3 Stimmt der Satz „Weniger Müll bedeutet geringere Müllgebühren“? Begründe deine Aussage!

4 Schilfgras ist ein besonders schnellwachsender Rohstoff, der sich gut verbrennen lässt. Wie beurteilst du die Aussage „Schilfgras statt Atomkraft“ ?

5 Interpretiere die Statistiken in den Abbildungen 5, 7, 9 und 11.

---

1 Herr Krause lebt in einer waldreichen Gegend und beschließt, in seinem Haus nur noch mit Holz zu heizen.
a) Inwiefern verhält er sich ökologisch gesehen vorbildlich? Verwende für deine Antwort die richtigen Fachbegriffe.
b) Nenne weitere Möglichkeiten der Energiegewinnung, mit denen das ökologische Ziel von Herrn Krause erreicht werden könnte.
c) Vergleiche die Energiegewinnung durch Verbrennen von Holz mit den anderen unter b) benannten Möglichkeiten und bewerte.
d) Diskutiert die Energiegewinnung durch Verbrennen von Holz kritisch in der Klasse und präsentiert eure Ergebnisse mithilfe einer Computerpräsentation.

4 Erdgasanlage im Haus

Energieträger	1990	2004
Mineralöl	35,1 %	36,4 %
Gas	15,5 %	22,4 %
Steinkohle	15,4 %	13,5 %
Kernenergie	11,2 %	12,6 %
Braunkohle	21,5 %	11,4 %
Wind	–	0,7 %
Wasser	–	0,6 %
erneuerbare Energien	0,9 %	–
übrige	0,4 %	2,4 %

5 Anteil der Energieträger am Primärenergieverbrauch

6 Müllabholung in der Stadt

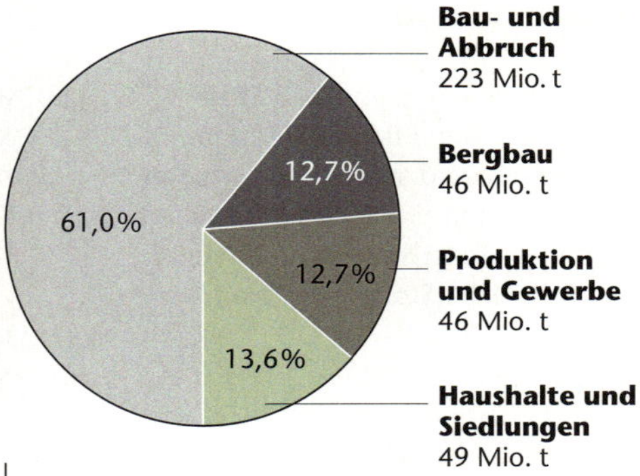

7 Anteile verschiedener Abfälle

8 Rapsfeld wird gespritzt

Stickstoffeintrag je Hektar landwirtschaftlicher Nutzfläche	
Mineraldünger	115 kg
Gülle und Mist	55 kg
Atmosphäre	20 kg
Bakterielle Bildung	10 kg
Stickstoffüberschuss je Hektar landwirtschaftlicher Nutzfläche	
1950	50 kg
1988	171 kg
2002	104 kg
2010 (Ziel)	80 kg

9 Stickstoffeintrag und Überschuss

10 Smog über Stadt

Schadstoff	Anteil 1999	Veränderung 2001
Kohlenstoffdioxid	21 %	+ 7 %
Stickstoffoxid	61 %	– 41 %
Kohlenstoffmonooxid	52 %	– 68 %
Stäube und Dieselruspartikel	20 %	– 35 %

11 Anteil des Verkehrs an den Emissionen

Wirbellose Tiere

3 Bienen legen, wenn sie können, Vorräte für mehrere Winter an. Bienen verbrauchen nur einen Teil ihrer Vorräte. Den Rest kann der Mensch verwenden. Der Zucker, den der Imker im Herbst gibt, veranlasst das Volk dazu mehr Nachwuchs zu erzeugen und damit das Volk zu kräftigen. Der Zucker dient der Ernährung und der Gesundheit des Volkes.

Grundlagen der Ökologie – Ökosystem Wald

6 Wärmeenergie aus dem Stoffwechsel von Pflanze, Tier und Mensch wird ständig nach außen abgestrahlt. Sonnenenergie liefert den „Nachschub", aus dem energiereiche Stoffe aufgebaut werden.

Die Stadt – ein Mosaik verschiedener Lebensräume

2 Die höhere Durchschnittstemperatur in der Stadt und die intensive Nutzung von Wasserstraßen führt dazu, dass die Gewässer in der Stadt nicht so schnell zufrieren wie in der freien Landschaft. Außerdem werden die Wasservögel in der Stadt oft von Menschen gefüttert.

6 Pflanzen der Großstadt findet man entlang der Verkehrswege und auf Bahnhöfen, weil deren Samen über die Verkehrsmittel verbreitet werden (z. B. auf Ladeflächen, in der Ladung, im Reifenprofil usw.).

Ökosystem Gewässer

10 Regenwasser spült den Mineraldünger, vor allem aber die auf die Felder oft im Übermaß ausgebrachte Gülle in die Gräben und Flüsse. So gelangen diese Stoffe ins Meer. Gleiches geschieht mit einem Teil der Herbizide und Insektizide.

Stoffwechsel

12 Schlüssel-Schloss-Prinzip:
Enzym – Substrat;
Blutzellen-Antigene – Antikörper im Serum;
Antigene – Antikörper (Immunreaktion);
Viren – Zelloberfläche (Andocken von Krankheitserregern);
Basenpaarung bei der DNA (C-G, A-T);
Insekten – Blüten (Bestäubung)

Für die Gesundheit kann jeder etwas tun

3 a) Bei psychosomatischen Erkrankungen bewirken seelische Probleme, dass der Körper krank wird. Oft sind es Magen-Darm-, Herz-Kreislauf- oder Hauterkrankungen.

b) Um psychosomatische Erkrankungen zu vermeiden, sollten seelische Belastungen verarbeitet werden und negativer Stress abgebaut werden. Ein gesundes, ausgeglichenes, zufriedenes Leben ist die beste Vorbeugung.

8 Schädliche Umwelteinflüsse vermeiden, Hygiene, Schutzimpfungen, Bewegung, Abhärten, regelmäßige Untersuchungen, gesunde Ernährung, Entspannung, glücklich sein.

Sucht macht unfrei!

1 a) Das zwanghafte Verhalten, eine Droge einzunehmen oder eine bestimmte Verhaltensweise auszuführen, auch wenn sie einem schadet, nennt man Sucht. Die Kennzeichen der Sucht sind seelische oder körperliche Abhängigkeit, Gewöhnung und steigendes Verlangen.

b) Es gibt Drogensüchte wie z. B. Alkohol- und Nikotinsucht. Weitere Beispiele für Stoffe, die süchtig machen können: Medikamente wie Schlaf-, Beruhigungs- und Schmerzmittel sowie Aufputschmittel (Ecstacy) und Rauschdrogen (Heroin).
Daneben gibt es Verhaltenssüchte wie z. B. Spielsucht (Computerspielsucht) oder Magersucht bzw. Ess-/Brechsucht (Bulimie). Weitere Beispiele für Verhaltenssüchte sind Kaufsucht, Arbeitssucht, Fernsehsucht.

2 a) Alkohol, Schlaf- und Schmerzmittel, Haschisch, Marihuana, Heroin: Beruhigung, Wohlempfinden
Nikotin – nur bei Süchtigen: Beruhigung und verbesserte Aufmerksamkeit
Alkohol, Ecstasy, Kokain: Aufputschen
LSD: Halluzinationen

b) Alkohol, Nikotin, Schlaf- und Schmerzmittel, Haschisch, Marihuana, Heroin, Ecstasy und Kokain können sehr leicht süchtig machen und schädigen die inneren Organe wie Herz, Leber, Lungen, Nieren und Gehirn.
Außerdem verursachen alle Drogen Unfälle in der Arbeit, beim Sport und im Verkehr. Viele Menschen verlieren durch Drogenabhängigkeit ihren Arbeitsplatz.

Willst du mit mir gehen ...? Erste Freundschaften

6 Zu den Nebenwirkungen gehören Migräne, hoher Blutdruck und Thrombosegefahr. Wenn man zusätzlich raucht oder Übergewicht hat, erhöht sich das Risiko, eine Thrombose zu erleiden. Nikotin verengt die Gefäße und Übergewicht kann dazu führen, dass sich Ablagerungen in den Arterienwänden bilden. Der Durchmesser der Arterien verkleinert sich, sodass ein Blutgerinnsel schneller hängen bleiben und die Arterie verstopfen kann.

Sinne, Nerven, Hormone

12 Über das vegetative Nervensystem (Sympathikus und Parasympathikus)
Über die Hormone der Hypophyse, die entweder als Steuerungshor-

mone andere Hormondrüsen im Körper beeinflussen oder direkt auf die inneren Organe wirken.

14 Hormone sind Botenstoffe, die über das Blut zu ihrem Wirkungsort gelangen. Hormone beeinflussen z.B. den Stoffwechsel und die Körpertemperatur (Insulin der Bauchspeicheldrüse, Thyroxin der Schilddrüse), versetzen den Körper in Leistungsbereitschaft (Noradrenalin der Nebennieren), regeln die geschlechtliche Entwicklung (Sexualhormone von Eierstöcken und Hoden) und beeinflussen den tageszeitlichen Wechsel von Wachen und Schlafen (Melatonin der Zirbeldrüse). Außerdem kontrolliert die Hirnanhangsdrüse (Hypophyse) durch Steuerungshormone, wie viel Hormone die verschiedenen Hormondrüsen im Körper ausschütten.

Aspekte des Verhaltens

1 Es findet eine Konditionierung statt. Ähnlich wie bei den Versuchen Pawlows wird ein neutraler Reiz (Musik) mit einem unbedingten Reiz (heiße Metallplatte) kombiniert um den unbedingten Reflex (der Bär versucht, seine Pfoten von der heißen Platte wegzuziehen) auszulösen. Später reicht die Musik aus, damit der Bär „tanzt".

Die Zelle – Baustein des Lebendigen

8 Der Doppelstrang der DNA wird durch ein Enzym getrennt.
Im Kernplasma befinden sich RNA-Nucleotide. Sie sind ähnlich aufgebaut wie DNA-Nucleotide, enthalten jedoch die Base Uracil statt Thymin.
An den DNA-Strang heften sich ähnlich wie bei der DNA-Verdoppelung jeweils passende RNA-Nucleotide. Die Reihenfolge der Basen eines DNA-Stranges wird also in Form eines RNA-Stranges kopiert. An Adenin auf der DNA hängt sich jedoch Uracil. Der RNA Strang kopiert nur den Teil der DNA ab, der – in unserem Beispiel – die Information für das Farbstoffenzym trägt.
Das Umschreiben der DNA auf die RNA nennen die Wissenschaftler Transkription.

Erbanlagen werden an die Nachkommen weitergegeben

3 Der Vater des Kindes kann eine der Blutgruppen A (A0), B (B0), oder Null (00) haben. Die Blutgruppe AB ist unmöglich. Bezüglich des Rhesusfaktors ist der Vater entweder rhesusnegativ (rh^-rh^-), oder mischerbig rhesuspositiv (Rh^+rh^-).

6 Die Auslesezüchtung ist die ursprünglichere Methode, bei der ein Züchter Individuen mit gewünschten Merkmalen ausliest und weiterzüchtet. Bei der Kombinationszüchtung sollen erwünschte Erbmerkmale verschiedener Linien durch Kreuzung und anschließender Auslese der genotypischen Neukombinationen zusammengebracht werden.

Die unendliche Geschichte der Evolution

4 **Hyracotherium (Eohippus):**
Körpergröße ca. 50 cm, gewölbter Rücken, kurzer Hals, kurze Schnauze, kurze Beine, langer Schwanz
Das Tier ging auf Pfoten ähnlich wie die Hunde mit der Ausnahme, dass es an jeder der 4 Vorderzehen und 3 Hinterzehen kleine Hufe hatte. Das Gehirn war klein, Laubfressergebiss, Zähne klein

Equus:
Größe ca. 1,80 m, Rücken gerade, längerer Hals, lange Schnauze, lange Beine, langer Schwanz; geht auf der Mittelzehe mit Huf, Gehirnvolumen größer, Grasfressergebiss, Zähne länger

12 Das Schnabeltier wird bis 55 cm lang und erreicht ein Gewicht von etwas mehr als 2 kg. Männchen sind größer und schwerer als Weibchen. Typisch sind der „Entenschnabel" und Schwimmhäute. Männchen tragen einen „Giftsporn". Der Schwanz, der an den eines Bibers erinnert, dient als Fettspeicher.
Das Schnabeltier ist an der Ostküste Australiens und auf Tasmanien verbreitet. Es lebt in oder in der Nähe von Süßgewässern. Seine Lebensweise ist amphibisch, es kann gut tauchen. Jedes Tier besitzt eine Erdhöhle am Rande seines Gewässers.
Nahrung: Wasserinsekten und deren Larven sowie Krebse und Schnecken.
Das Weibchen legt meistens 2 Eier, die 7–10 Tage lang bebrütet werden. Das Schnabeltier säugt seine Jungen! Die Jungen werden im Alter von 3–4 Monaten entwöhnt.

Der Mensch und seine Umwelt

4 Der größte Vorteil von Schilfgras ist, dass die Pflanzen beim Wachsen genau soviel CO_2 aus der Luft aufnehmen, wie sie beim Verbrennen und Vergasen freisetzen. Mit einem Ertrag von 25–30 Tonnen Trockenbiomasse pro Hektar kann genau soviel Energie erzeugt werden wie von 10 000–14 000 Litern Erdöl. Eine Modellrechnung besagt, dass man mit 150 Hektar Schilfgras ein Dorf von 1000 Einwohnern mit Strom und Wärme versorgen kann.
Kritiker lehnen diesen Slogan als völlig unrealistisch ab. Sie weisen auf die riesigen Monokulturflächen hin, die entstehen müssten. Schilfgras benötigt viel Wasser und verholzt mit seinem Wurzelwerk den Boden. Bei einem Ersatz der Atomenergie durch Verbrennung von Schilfgras würden erheblich mehr Kohlenstoffdioxid und Feinstaub in die Luft gelangen. Nachwachsende Rohstoffe können die Hauptenergiequellen ergänzen, nicht ersetzen.

A

B

C

D

E

U1 Getty Images (Iconica/André Cezar/Stone/Pal Hermansen), München – **U4** Getty Images (Steve Satushek/Photographer's Choice/Elizabeth Knox/Iconica/Photodisc) – **11.1,3** Angermayer (Hans Pfletschinger), Holzkirchen – **11.2** Naturfotografie Frank Hecker, Panten-Hammer – **13.1** Okapia (David Thompson, OSF), Frankfurt – **14.1** Greiner&Meyer (Greiner), Braunschweig – **14.2,3,6** Angermayer (Hans Pfletschinger) – **14.4** Roland Herdtfelder, Reutlingen – **15.4** Mauritius (Arthur), Mittenwald – **16.2** Reinhard-Tierfoto, Heiligkreuzsteinach – **16.3** Creativ Collection Verlag GmbH, Freiburg – **17.5** Angermayer (Hans Reinhard), – **17.8** Mauritius (Pölking) – **18.1, 21.1** Naturfotografie Frank Hecker (Dr. Frieder Sauer) – **18.2** Okapia (Manfred P. Kage) – **21.2** Angermayer (Hans Pfletschinger) – **23.1,4** Okapia (Neil Bromhall, OSF/Karl Gorrfried Vock) – **23.2** Mauritius (Arthur) – **23.3** Alfred Limbrunner, Dachau – **23.5** Arco Digital Images (J. Meul), Lünen – **23.6, 24.3** Angermayer (Hans Pfletschinger) – **24.1** Picture-Alliance (dpa/Fotoreport Diana), Frankfurt – **24.2** Okapia (Ingo Arndt) – **24.4** Reinhard-Tierfoto – **24.5** Prof. Dr. Ulrich Heitkamp, Gleichen-Diemarden – **24.7** Angermayer (Hans Pfletschinger) – **25.1** Corbis (Anthony Bannister), Düsseldorf – **25.2, 26.1-3** Okapia (Georg Büchold/Carl-W. Röhrig/John A. Anderson/Hans Lutz) – **26.4** Greiner&Meyer (Meyer) – **27.5,6** Unbekannter Lieferant, Stuttgart – **27.7** aus David Attenborough, The Atlas of the living world, Houghton Mifflin – **28.1** Angermayer (Hans Pfletschinger) – **28.2,4, 29.5** Okapia (Lond. Sc. Films/OSF/Chris Martin Bahr/Hans Reinhard) – **28.3** Dr. Heiko Bellmann, Lonsee – **29.6** MEV, Augsburg – **29.7** Corel Corporation, Unterschleissheim – **30.1** Sabine Jelinek (c) www.nafoku.d – **30.2** Wildlife (D.Harms), Hamburg – **30.3** Prof. Dr. Ulrich Heitkamp, Gleichen-Diemarden – **30.4** Angermayer (Hans Pfletschinger) – **31.5** Dr. Helmut Länge, Stuttgart – **31.6** Wildlife (P.Hartmann) – **31.7** Creativ Collection Verlag GmbH – **32.1** Ulrich Niehoff, Bienenbüttel – **32.2** Mauritius (O'Brien) – **32.3** Action Press (Guido Ohlenbostel), Hamburg – **32.4** Stihl Andreas AG & Co. KG, Waiblingen – **33.5** Angermayer (Hans Pfletschinger) – **33.6** Corbis (Lester Lefkowitz) – **33.7,8** Tilman Wischuf, Cleebronn – **35.1** Horst Hooge, Gleichen-Benniehausen – **36.1A,E** Okapia (Hans Reinhard/NAS/Biophoto Associates) – **37.1** Mauritius (Pott) – **38.3, 39.1** Okapia (Hans Reinhard/Norbert Lange) – **40.1** www.bilderbox.com (Erwin Wodicka), Thening – **40.2** Johannes Lieder, Ludwigsburg – **41.1,4, 42.1** Dr. Eckart Pott, Stuttgart – **41.2A,8** Reinhard-Tierfoto – **41.2B,7** Prof. Dr. Horst Müller, Dortmund – **41.3** Okapia (Erich Geduldig) – **41.5, 43.1** Tilman Wischuf – **41.6** Silvestris (Helmut Partsch) – **42.3** Prof. Dr. Manfred Keil, Neckargemünd – **43.2** Dr. Eckart Pott – **43.3** Johannes Lieder – **44.1** Dr. Rudolf König, Preetz – **44.3** Helga Lade (W.Klaeber), Frankfurt – **45.1** Okapia (Hans Reinhard) – **45.2** Angermayer (Hans Reinhard) – **45.3** Reinhard-Tierfoto – **45.4** Manfred Pforr, Langenpreising – **45.5** Prof. Dr. Manfred Keil, Neckargemünd – **45.6** Tilman Wischuf – **46.1** Prof. Dr. Karl Eugen Rehfuess, Pöcking – **47.4** Dr. Bruno P. Kremer, Wachtberg – **48,49** Horst Hooge, Gleichen-Benniehausen – **50.1** Mauritius (Rosenfeld Images Ltd) – **52.2** Dieter Schmidtke, Schorndorf – **54.1** Tilman Wischuf – **54.2** Dr. Eckart Pott – **54.3** Okapia (Hans-Dieter Brandl) – **55.5A** Angermayer (Hans Pfletschinger) – **55.5B** Alfred Limbrunner – **55.5C,D** Entomologie WSL/CH (Beat Wermelinger), Birmensdorf – **55.5E** Dr. Rudolf König, Preetz – **55.5F** Alfred Limbrunner – **56.1,2** Manfred Pforr, Langenpreising – **56.3,4** Angermayer (Hans Pfletschinger) – **57.5** Natural History Phot. Agency (Pal Hermansen), Ardingly Sussex – **57.6,8** Dr. Rudolf König – **57.7,9,10** Okapia (Hermann Gehlken/Hermann Gehlken/Nuridsany & Perennou) – **58.1** Manfred Pforr – **60.1** Reinhard-Tierfoto – **60.3** Tilman Wischuf – **62.1** Corbis (Mark E. Gibson) – **62.2** Ulrich Niehoff – **62.3** Stihl Andreas AG & Co. KG, Waiblingen – **62.4** Action Press (Becker + Bredel), Hamburg – **62.5** Mauritius (Rosenfeld) – **62.6** Okapia (Lars P. Ring/Naturbild AB) – **62.7** Picture Press (Willig), Hamburg – **62.8** Corbis (Steve Terrill) – **63.1** Helga Lade (Still & Life) – **63.2** Okapia (Wolfgang Weinhäupl) – **63.3** Ulrich Niehoff – **64** Prof. Dr. Horst Müller, Dortmund – **67.1,2** Okapia (Juan Manuel Borrero/Dr. Carmen Rohrbach) – **67.3** Das Fotoarchiv (Claus Meyer), Essen – **68.1** Manfred Pforr – **68.2** Okapia (M. Wendler) – **69.1** Mauritius (Nill) – **69.2** Corel Corporation – **69.3** Tilman Wischuf – **70** Geospace (EDC, 2004), Salzburg – **70.1, 71.2** Prof. Dr. Horst Müller, Dortmund – **71.3,4** Mauritius (Mollenhauer/Reinhard) – **71.5** Helga Lade (Jofl) – **72.1** Prof. Dr. Jürgen Baumüller, Stuttgart – **74.1,4** Silvestris (Peter Deymann/Uwe Walz) – **74.2** Okapia (Manfred Danegger) – **74.3** Picture-Alliance (dpa/Uwe Zucchi) – **75.1** Okapia (Robert Groß) – **75.2** Mauritius (Hackenberg) – **76.1** Naturfotografie Frank Hecker – **76.2** Prof. Dr. Horst Müller, Dortmund – **76.3** Fotex (J. Kallhardt), Hamburg – **76.4, 78.1,2** Okapia (St. Maslowski/T. McHugh) – **78.3,4** Dr. Eckart Pott, Stuttgart – **78.5** Okapia (Michel Gunther) – **78.6** Prof. Dr. Alfred Buschinger, Darmstadt – **79.1** Ulrich Niehoff – **80.1** Okapia (Hans Reinhard) – **80.2** Dr. Eckart Pott – **80.3** Tilman Wischuf – **81.4** Alfred Limbrunner, Dachau – **81.5** Silvestris (Manfred Danegger) – **82, 83.1A** Prof. Dr. Horst Müller, Dortmund – **83.1B** Silvestris (FLPA) – **84.1** Greiner&Meyer (Schrempp) – **85.1** Getty Images/Bongarts (Sebastian Schupfner), Hamburg – **85.2** Action Press (Knoop) – **86.1** Helga Lade (BAV) – **86.2** de Cuveland, Justus, Norderstedt – **86.3** Silvestris (Helmut Pieper) – **87.1** Helga Lade (Reiner Elsen) – **87.2** Mauritius (Reinhard) – **87.3,4** Prof. Dr. Horst Müller, Dortmund – **87.5** Tilman Wischuf – **88.1** Corbis (D. Davies/zefa) – **88.2** Silvestris (Volkmar Brockhaus) – **88.3** Das Fotoarchiv (Joachim Schumacher) – **89.4** Klaus Wernicke, Dagebüll – **89.5** Dr. Eckart Pott – **89.6** Georg Quedens, Norddorf-Amrum – **90.1** Corbis (Lester Lefkowitz) – **90.2** Dr. Eckart Pott – **90.3** Mauritius (Mollenhauer) – **90.4** Klaus Wernicke, Dagebüll – **92, 93.3, 95.1A** Dr. Eckart Pott – **93.4** Okapia (Jürgen Freund) – **98.1** Dr. Joachim Wygasch, Paderborn – **98.2** Okapia (Roland Birke) – **98.5** Corbis (Lester V. Bergman) – **98.6** Prof. Dr. Manfred Keil, Neckargemünd – **99.1** Prof. Dr. Horst Müller, Dortmund – **101.1** Horst Müller, Düsseldorf – **101.2** Reinhard-Tierfoto – **102.1** Getty Images (Taxi/Neil McIntyre) – **106.1** Harald Lange Naturbild (Pfletschinger/Lange), Bad Lausick – **106.2A** Silvestris (Robert Gross) – **106.2B,2D** Naturfotografie Frank Hecker – **106.2C** Karl-Heinz Zeitler, München – **108.1** Getty Images PhotoDisc, Hamburg – **108.2** Silvestris (Wilhelm Irsch) – **108.3** Das Fotoarchiv (Bernhard Nimtsch) – **109.4** Silvestris (Volkmar Brockhaus) – **110.1** Okapia (Hans Reinhard) – **110.2** Mauritius (AGE) – **110.3** Silvestris (Eva Lindenburger) – **111.1** Picture-Alliance (dpa/Roland Scheidemann) – **111.2** Das Fotoarchiv (Jörn Sackermann) – **112.1** Mauritius (World Pictures) – **113.1** Lippeverband, Essen – **113.2** Prof. Dr. Horst Müller, Dortmund – **114** Georg Quedens – **116.1** Reinhard-Tierfoto – **116.2** Okapia (Eckart Pott) – **116.3** Dr. Eckart Pott – **116.4A** Silvestris (Kelvin Aitken) – **116.4B** Dr. Klaus Janke, Dassendorf – **116.5** Georg Quedens – **116.6** Dr. Eckart Pott – **117,118, 120.1, 122.1** Georg Quedens – **120.2** Dr. Klaus Hell, Essen – **122.3, 123.1** Das Fotoarchiv (Jochen Tack/Knut Müller) – **123.2,3B** Okapia (Sven Halling/G. Büttner/Naturbild) – **123.3A** Mauritius (nonstock) – **123.3C** Stockfood Photo Stock Agency (Uwe Bender), München – **124.1** Action Press (Kirchhof), Hamburg – **124.2** Helga Lade (Kirchner) – **124.3,4** Getty Images (stone/David Woodfall/Martin Rogers) – **125.1** Nationalparkverwaltung Niedersächs., Wilhelmshaven – **125.2** Burkhard Schäfer, Friedeburg – **126.1** Getty Images (stone/Jonathan Nourok) – **127.2** Silvestris (Schug) – **127.3** Hermann Eisenbeiss, Bad Kohlgrub – **127.4A** Okapia (Andreas Hartl) – **127.4B-E** Georg Quedens – **127.5** Okapia (Oliver Giel/Tero Niemi/Naturbild) – **128.1** Corbis (Mug Shot) – **128.2** FOCUS (National Cancer Institute/SPL), Hamburg – **129.3** Mauritius (Mitterer) – **129.6** creativ collection, Freiburg – **131.1A** MEV – **131.1C-E, 132.1A,C,D,F** Stockfood Photo Stock Agency (Elizabeth Watt/Eising/Maximilian Stock LTD/Bodo A. Schieren/Gerhard Bumann/FoodPhotography/Eising) – **132.1B,E** MEV – **132.3A** IFA (Schmitz), Ottobrunn – **132.3B, 133.1A** Stockfood Photo Stock Agency (FoodPhotogr. Eising/Michael Meisen) – **133.1B,C,E** Okapia (G.Büttner/Hapo) – **133.1D** MEV – **135.1** Silvestris (S. Kerscher) – **135.2** Dr. Hans-Jürgen Seitz, Aspach – **136.A,C** MEV – **136.B1-3** Stockfood Photo Stock Agency (Antje Plewinski/TH Foto-Werbung/Maximilian Stock LTD) – **137.Ca** Okapia (G.Büttner/Hans Reinhard) – **137.Fe1** MEV – **137.Fe2, 137.Mg** Okapia (G.Büttner/G.Büttner/Tschanz-Hofmann) – **138.1A,C-E** MEV – **138.1B** Getty Images RF (Eyewire) – **138.1F** Okapia – **138.1G** Stockfood Photo Stock Agency (Eising) – **138.1H** Gert Elsner, Stuttgart – **140.2** aus „Brigitte-Diät" von Marlies Klosterfelde-Wentzel und Helga Haseltine – **140.1, 141.3** Prof. Jürgen Wirth, Dreieich – **141.5A-C,E,F** Stockfood Photo Stock Agency (S. u. P. Eising) – **141.5D** Ingram Publishing, Tattenhall Chester – **141.6** Corbis (Gerhard Steiner) – **142.1A2** MEV – **142.1A3** Ralph Grimmel, Stuttgart – **142.1B1** Helga Lade (Michler) – **142.1B2** MEV – **142.1B3** creativ collection – **142.1B4** Corbis (RF),

– **142.1C,D,E1** MEV – **142.1E2** Getty Images RF (Eyewire) – **142.2** Okapia (Dr.med.J.P.Müller) – **145.2** Dr. Hans-Jürgen Seitz – **146.2, 147.1** Okapia (Institut Pasteur, CNRI/NAS) – **147.2** Avenue Images GmbH (Ingram Publishing), Hamburg – **147.3** Bildagentur Waldhäusl, Rosenau – **147.4** Christian Blohm, Nufringen – **147.5** Okapia (SIU/NAS) – **150.1** MEV – **153.3, 154.2** Dr. Hans-Jürgen Seitz – **156.1** Corbis (Lois Ellen Frank) – **156.2** Picture-Alliance (dpa/Stiftung z. Präv. d. Arteriosklerose) – **158.1** Corbis (RF) – **158.2** Avenue Images GmbH (image 100), Hamburg – **158.6** FOCUS (SPL), Hamburg – **160.1** MEV – **161.1** Internationales Bildarchiv Horst vo, München – **161.2-4** FOCUS (Science Photo Library/GJLP/SPL) – **161.5,6** Picture-Alliance (dpa/Jewish Hospital/Goll) – **162.4** Unbekannter Lieferant, Stuttgart – **162.1** Okapia (L.Mulvehill/NAS) – **163.5** Picture-Alliance (dpa/Universität Zürich) – **166.1** FOCUS (SPL) – **167** MEV – **168.1** www.bilderbox.com (Erwin Wodicka), Thening – **168.3** Deutsches Rotes Kreuz (DRK-Bildarchiv, GS), Berlin – **169.1** ullstein bild, Berlin – **170.3** Bundeszentrale für gesundheitliche, Köln – **171.1** Dr. Hans-Jürgen Seitz – **174.1** Mauritius (Phototake) – **175.2-4** Corbis (LWA-Dann Tardif/Astier Frederik/Sygma/RF) – **175.5** Fotex, Hamburg – **175.6** Okapia (Hans Reinhard) – **176.2** Picture-Alliance (dpa/Jürgen Mahnke) – **176.1A,C** Ulrich Niehoff – **176.1B** Mauritius (age fotostock) – **177.1** Ulrich Niehoff – **177.2** Okapia (J. L. Carson, CMSP) – **177.Z1** Deutsches Museum, München – **177.Z2** FOCUS (John Durham), Hamburg – **177.Z3** Mauritius (Phototake) – **178.3A** Deutsches Museum, München – **178.3B** Sächsische Landesbibliothek, Dresden – **178.4A,B, 178.5** Okapia (D. M. Phillips/Dr. Gary Gaugler/CNRI) – **178.4C** FOCUS (Dr. Gary Gaugler/SPL) – **179.1** Corbis (Corbis KIPA) – **181.1,3-5** Okapia (Richard Green/ Manfred P. Kage/David Scharf/P. Arnold, Inc/Kwangshin Kim) – **181.2, 182.1** FOCUS (SPL/A. B. Dowsett/Science Photo Library) – **182.2A** Okapia (Biophoto Ass./Science Sou.) – **182.2B** Mauritius (Hubatka) – **184.1,2** FOCUS (SPL/Science Photo Library) – **184.3,6** Okapia (J. Watney/PR Science/NAS/Biophoto Associates) – **184.4** Helga Lade (BAV) – **184.5, 185** Ulrich Niehoff – **186** FOCUS (eye of science, Meckes/Ottawa/EOS/Meckes) – **189.2A** Mauritius (Phototake) – **189.2B** Fotex, Hamburg – **189.2C** Bundeszentrale für gesundheitliche, Köln – **190.1** Picture-Alliance (dpa) – **191.4** Deutsches Grünes Kreuz, Marburg – **192.1A,2** Mauritius (Habel/Photri) – **192.1B** Fotex (Susa), Hamburg – **192.3** Vario-Press (Bernhard Classen), Bonn – **194.1A,B** Mauritius (age/Enzinger) – **194.1C,E** Fotex (Melanie) – **195.1** Hermal GmbH, Reinbek – **195.2** Corbis (Lawrence Manning) – **195.3** Getty Images RF (Photodisc), München – **196.1,3** laif (Veit Mette/Enker), Köln – **196.2** Klaus Mellenthin, Stuttgart – **196.4** Fotex (Rex Interstock) – **196.5** Bilderberg (Wolfgang Kunz), Hamburg – **197.1** Silvestris (Janicek) – **197.2** Dr. Bernd Thomas, Bergatreute – **198.1A** Okapia (Lond. Sc. Films/OSF) – **198.1B** Naturfotografie Frank Hecker – **198.1C** Tilman Wischuf – **198.1D, 199.4** FOCUS (EOS/Meckes) – **198.3** Okapia (Neufried) – **199.5A** Institut für Parasitologie (Prof. Dr. Bruno Gottstein), Bern – **199.5B** Tilman Wischuf – **200.1** Corbis – **201.1** Helga Lade (K. Röhrig) – **201.2** Getty Images RF (Photo Disc) – **201.3,5,6** Mauritius (Rosenfeld/AGE/Auli) – **201.4** Corbis (Nadia Mackenzie/ Elizabeth Whiting&Ass.) – **201.7** FOCUS (Samuel Ashfield/SPL) – **201.8** Fotex (Susa) – **201.9** Mauritius (age) – **204.1** Corbis (Steve Prezant) – **204.2** Action Press (Sonderkonditionen), Hamburg – **204.3** Imago Stock & People, Berlin – **204.4** Mauritius (Enzinger) – **204.5** Bilderberg (Stefan Enders), Hamburg – **205.1** Ulrich Niehoff – **205.2,4** ullstein bild (CARO/Jandke), Berlin – **205.3** Stockfood Photo Stock Agency (Martina Urban) – **206.1-3** Ulrich Niehoff – **206.4, 207.5** ullstein bild (Sylent Press/Bonn Sequenz) – **207.6** Visum (Dietmar Gust), Hamburg – **208.2** B. Brill – **210.1** Helga Lade (Herbst) – **210.2,3** Mauritius (B. Müller) – **210.4** ZEFA (masterfile/Rommel), Düsseldorf – **212.1** ullstein bild (ddp) – **213.1** ZEFA (Guntmar Fritz) – **213.2** Ulrich Niehoff – **214.2** Getty Images (Stone/Kelvin Murray) – **214.3** Action Press (Retna Pictures Ltd.) – **214.4** ullstein bild (Sylent-Press), Berlin – **215.5** MEV – **215.6** Mauritius (Enzinger) – **216.1** plainpicture (K. Nitsche), Hamburg – **216.2-4** Ulrich Niehoff – **217, 218.3** Mauritius (Kratz/Lehn) – **218.2** Ulrich Niehoff – **218.3** archivberlin (Alex Tossi), Berlin – **218.4-6** Fotex (Th. McCarthy) – **219.1** Visum, Hamburg – **219.2, 220.1, 221.1** Ulrich Niehoff – **219.3** Action Press (Hans-Georg Gaul) – **219.4** Getty Images (Nathan Bilow, Allsports Concepts) – **222.1,3** Mauritius (Fergusson/C. Bayer/age fotostock) – **222.2** Helga Lade (TPH) – **223.1** Okapia (Claude Cortier) – **223.2** Action Press (Retna Pictures Ltd.) – **223.3** Picture-Alliance (dpa/Kay Nietfeld) – **225.4** MEV – **226.1** Action Press (In Photo) – **226.2** images.de digital photo GmbH (Melanie Pawlowski), Berlin – **227.3** Mauritius (age) – **228.1** Getty Images RF (PhotoDisc) – **229.1, 230, 231.1** Mauritius (Lehn/Keyphoto International/Mitterer/Kumicak) – **231.2** Organon GmbH, Oberschleißheim – **231.3** FOCUS (Saturn Stills/SPL) – **231.4** Okapia (T.J. Florian/Rainbow) – **232.2** Albert Bonniers Förlag AB (Lennart Nilsson), Stockholm – **233.1, 234.1** Avenue Images GmbH (Photodisc/Image Source/RF), Hamburg – **233.2** Picture-Alliance (dpa/Klaus Rose) – **234.3** Keystone, Hamburg – **234.4** Corbis (Thom Lang) – **235.1** Dieter Baumann, Ludwigsburg – **235.2** Nummer gegen Kummer e.V. – **236.1** Okapia (T.J. Florian/ Rainbow) – **236.2** FOCUS (Saturn Stills/SPL) – **236.3** Mauritius (Kumicak) – **236.4** Organon GmbH, Oberschleißheim – **238.1** Ulrich Niehoff – **238.2** Okapia (BIOPHOTO ASS./SCIENCE SOURCE) – **238.3** Picture Press (Stern 7/81; Volker Hinz) – **239.4, 6** Fotosearch RF (Photodisc/Andersen Ross/Brand X Pictures), Waukesha, WI – **239.5, 240.2** Okapia (J. L. Klein & M. L. Hubert/Ulla Spiegel) – **241.3** Albert Bonniers Förlag AB (Lennart Nilsson), Stockholm – **243.2** Picture-Alliance (Okapia/Jeffrey Tellner) – **246.1** Johannes Lieder, Ludwigsburg – **247.5** Corel Corporation – **248.3** FOCUS (SPL/Prof. P. Motta) – **252.1** Photo Courtesy of Richard M. Constanzo and E. E. Morrison – **253.4** MEV – **254.1** Dr. Hans-Jürgen Seitz – **255.1** Silvestris (Otto Werner) – **256.3** Reinhard-Tierfoto – **256.4** Corbis (Anna Clopet) – **257.5** blickwinkel (A. Hartl), Witten – **257.7** Okapia (John Cancalosi) – **258.1A** Das Fotoarchiv (Markus Dlouhy) – **258.1B** ullstein bild (Brill) – **258.1C** Helga Lade (Herbst) – **259.2** Okapia (BIOPHOTO ASS./SCIENCE SOURCE) – **259.3** Manfred P. und C. Kage – **262.1** Redferns (Mick Hotson), London – **262.B** DigitalVision, Maintal-Dörnigheim – **262.C,G** Avenue Images GmbH (Image Source/image 100), Hamburg – **262.D** Caro Fotoagentur (Dobiey), Berlin – **262.E** FOCUS (S. Sagaldo) – **263.F** MEV – **263.H** Vigerske, Martin, Berlin – **263.I** Mauritius (Sammy) – **263.J** Getty Images RF (Photodisc) – **270** IFA (IPP), Ottobrunn – **270.1** Mauritius (Mitterer) – **271.4A** MEV – **271.4C** Das Fotoarchiv (Jochen Tack) – **271.4D** Keystone (Jochen Zick), Hamburg – **273.1** Getty Images RF (PhotoDisc) – **274.1** Superbild (Petra Loewen), Unterhaching – **276.1** ARDEA London Limited (Brian Bevan), London – **276.3** aus J. Goodall, Wilde Schimpansen, Rowohlt-Verlag, Hamburg – **276.4** Silvestris (Manfred Danegger) – **277.3** Reinhard-Tierfoto – **278.1** MEV – **278.3A** S. Meyers – **278.3B** Corel Corporation – **279.1,2C** Okapia (P. Laub/A. Jorgensen) – **279.2A** Getty Images RF (PhotoDisc) – **279.2B** Unbekannter Lieferant, Stuttgart – **279.3** AKG, Berlin – **280.1** Picture-Alliance (dpa/Asger Carlsen) – **281.2** Corbis (Michael Keller) – **282.2** Natural History Phot. Agency (ORION PRESS), Ardingly Sussex – **283.3** ARDEA London Limited (Brian Bevan), London – **283.5** Okapia (Walter Dawn) – **284.1** Image 100, Berlin – **285.1** Reinhard-Tierfoto – **285.2** Getty Images RF (Photodisc) – **285.3** AKG – **286.1** Okapia (Manfred P. Kage) – **286.2** Norbert Cibis, Lippstadt – **287.3** Johannes Lieder – **287.4** Image 100 – **287.5** Okapia (NAS/ Bill Longcore) – **288.5** Deutsches Museum – **288.7** Naturfotografie Frank Hecker – **289.1** Manfred Bergau, Bohmte – **290.1,5** Picture-Alliance (Fotoreport/Okapia KG/Manfred Kage) – **290.3** Naturfotografie Frank Hecker – **290.4** FOCUS (SPL/Dr. Jeremy Burgess) – **292.3, 293.5** Okapia (NAS/Biophoto Associates/LSF/OSF) – **293.1** Prof. Dr. Hans Dieter Frey, Tübingen – **294.1** Prof. Dr. Manfred Keil, Neckargemünd – **295.4A** Okapia (Dr. Frieder Sauer) – **295.4B-D** Dr. Joachim Wygasch – **296.2** Prof. Dr. Heinz Schneider, Landau – **297.4A** FOCUS (A. & H.-F. Michler / SPL) – **297.4B** Okapia (Manfred P. Kage) – **297.4C** Picture-Alliance (OKAPIA KG / Norbert Lange) – **297.4D** Getty Images (Stone+/Jonathan Nourok) – **297.4E** Johannes Lieder – **298.1,4,5, 300.1** Okapia (NAS/Dr. D.W. Fawcett/Bill Longcore/Biophoto Associates) – **300.2, 301.3** FOCUS (SPL/Dr Alexey Khodjakov) – **301.4** Okapia (Norbert Lange) – **303.2** Erich Saake, Bochum – **304.1,2** Silvestris (Lenz Lothar/Otto Stadler) – **304.Z** FOCUS (Science Photo Library/SPL/A. Barrington Brown) – **308.1** Bridgeman Art Library, London – **308.2** Pixtal, New York NY – **308.3** David R. Goodsell, La Jolla – **311.1** Okapia (Norbert Lange) – **312.1A** Fotosearch RF (Photodisc RF), Waukesha, WI – **312.2** Johannes Lieder – **313.1** Dr. Joachim Wygasch – **314.1** Deutsches Museum – **314.2** Avenue Images GmbH (Lifestyles Productions/Index

Stock), Hamburg – **314.3** Corbis (RF) – **315.4** Okapia (NAS/Tom McHugh) – **315.5** Albert Bonniers Förlag AB (Lennart Nilsson), Stockholm – **315.6** Creativ Collection Verlag GmbH – **315.7** Digital-Vision, Maintal-Dörnigheim – **316.1, 318.1** FOCUS (Bluestone/Science Photo Library) – **317.1** Helga Lade (NDS) – **317.2** Ulrike Fehrmann – **319.1** K. Hägele – **320.1,3** Deutsches Museum – **321.1,2** Reinhard-Tierfoto – **321.4** Okapia (Christian Grzimek) – **323.2** MEV – **324.2A,3A,4A** Okapia (Manfred Danegger/R. Jackmann/Jens-Peter Laub) – **324.2B** Dr. Eckart Pott – **324.3B,4B,5A** Reinhard-Tierfoto – **324.5B** Silvestris – **326.1,2B** Okapia (Biophoto Ass/Science Source) – **326.2A** Corbis – **329.1** Marlies Grieb-Bubbel, Düsseldorf – **330.0,2** Okapia (Hans Reinhard/Ulla Spiegel) – **330.1** Max-Planck-Institut für Züchtungsfo, Köln – **331.2** Joker (Alexander Stein), Bonn – **331.3, 332** Okapia (Dan McCoy/Rainbow/Hans Reinhard) – **334.1** Greiner&Meyer (Greiner) – **334.2, 335.3** Monsanto Company, St. Louis, MS – **335.4** Agrar-Press, Nörvenich – **336.2** FOCUS (SPL) – **339.1** Creativ Collection Verlag GmbH – **339.B1** TriAss Fotoagentur, Dortmund – **339.B2, 340.1** FOCUS (SPL/Biophoto Associate/Science Photo Library) – **340.3, 341.2** Okapia (Ulla Spiegel/Martin M. Rotker) – **342.1** FOCUS (SPL/Sinclair Stammers) – **342.2** Picture-Alliance (dpa) – **343.3** Bilderberg (Wolfgang Schnaubelt) – **343.4** FOCUS (John Reader/SPL) – **343.5** Image 100 – **343.6** Bilderberg (Ernsting) – **343.7** Naturmuseum Senckenberg, Frankfurt/Main – **344.1,2,4** Okapia (Marcel Gut/Kjell B. Sanved/KHS) – **344.3** Bilderberg (Thomas Ernsting) – **345.5** Picture Press (Voe Stern) – **345.6-8, 347.2** Staatliches Museum für Naturkunde (Rotraud Harling), Stuttgart – **346** Bilderberg (Ernsting) – **348.1, 351.2, 354.1** Corbis (Charles & Josette Lenars/Ralph White/Bettmann) – **354.2** Pixtal, New York NY – **354.3** Corbis (Bettmann), Düsseldorf – **354.4** AKG – **355.2B** Reinhard-Tierfoto – **356.1A** Tilman Wischuf – **356.1B** Mauritius (S.Thamm) – **356.1C** Jörg Reichle, Gerlingen – **356.1D,F** MEV – **356.1E** Andrea Kujat – **356.2A** Okapia (Dietmar Nill) – **358.2A** Getty Images (Image Bank/Guy Edwardes) – **358.2B** Dr. Eckart Pott – **359.3** Naturmuseum Senckenberg, Frankfurt/Main – **360.1** Okapia (J. Schauer/Fricke) – **360.2** Bayerische Staatsammlung für Paläon, München – **360.3** Okapia (Alan Root) – **361.6** MEV – **361.4** Okapia (NAS/t.McHugh/Andreas Hartl/Fritz Prenzel) – **361.5A** FOCUS (Sinclair Stammers) – **361.5B** Okapia (NAS/Douglas Faulkner) – **361.7A** Bayerische Staatsammlung für Paläon, München – **361.7B** MEV – **361.7C** Okapia (Hans Reinhard) – **362.3** Picture-Alliance (dpa) – **362.4A** MEV – **362.4B** Corbis (Rob Lewine) – **362.4C** blickwinkel (M. Baumann), Witten – **363.1** Das Fotoarchiv (Markus Matzel) – **364.1** FOCUS (John Reader/SPL, Photo Researchers) – **364.3** Bilderberg (Ernsting), Hamburg – **365.4,8** FOCUS (John Reader/SPL/Pascal Goetgheluck) – **365.5-7** Bilderberg (Ernsting) – **366.9** Picture-Alliance (dpa/Katja Lenz) – **366.10** Picture Press (Everett Collection/CJ Contino) – **366.11** aus „Donald Johanson & Blake Edgar, Lucy und ihre Kinder", S.197, Spekt researchers) – **367.13A** Ulmer Museum (Thomas Stephan), Ulm – **367.13B** Dr. Harald Floss (Hilde Jensen, Institut für Ur- und Frühg), Tübingen – **367.13C** Neanderthal Museum, Mettmann – **367.14** Okapia (T.McHugh/NAS/T.McHugh) – **368.1** FOCUS (John Reader, Science Photo Library) – **368.2** AP (Roland Weihrauch), Frankfurt am Main – **370.1** Bilderberg (Ernsting) – **374.1A,C,I,2** Mauritius (Crader/Weyer/Fritz/age) – **374.1B** Achim Sperber, Hamburg – **374.1D** Bilderberg (Markus Kirchgessner) – **374.1E** Unbekannter Lieferant, Stuttgart – **374.1F** Silvestris (Hans Dieter Brandl, GDT-Tierfoto) – **374.1G** Corbis (Rufus F. Folkks) – **374.1H** Getty Images RF (Photodisc) – **375.2** Annie Macbeth, Claremont, Western Australia – **376.1** Okapia (Kevin Schafer, P. Arnold) – **376.2** Bilderberg (Thomas Ernsting) – **376.3** Corel Corporation – **376.4** Corbis (Jim Sugar) – **377.5,6** Picture-Alliance (dpa/Hubert Boesl/epa/Press Association) – **377.7** Corbis – **377.8A** David L. Brill, Fairburn, GA 30213 – **377.8B** Interfoto, München – **378.1** Corbis (Rick Gayle) – **378.2** Superbild (Phanie), Unterhaching/München – **378.3** PhotoDisc – **378.4, 379.5,7** Fotosearch RF (Digital Vision), Waukesha, WI – **379.6** Picture-Alliance – **380.1** IFA (Kopetzky), Ottobrunn – **381.3** Visum, Hamburg – **382.1** Okapia (Martin Wendler) – **382.2** Helga Lade (NiB) – **382.3** Bilderberg (Milan Horacek) – **383.2** Okapia (Erich Geduldig/Naturbild) – **383.3** Arco Digital Images (Huetter, C.), Lünen – **383.4** Picture-Alliance (Okapia/Hans Reinhard) – **383.5** Angermayer (Hans Reinhard) – **384.1** Mauritius (Widmann) – **384.2** Bilderberg (Hans-Jürgen Burkard) – **385.1** Okapia (Norbert Pelka) – **385.2** plainpicture (Endless image), Hamburg – **386.1** Mediacolor's (Lugmair/vsl), Zürich – **386.2** Mauritius (O' Brien) – **386.3** Avenue Images GmbH (Index Stock/John Regan), Hamburg – **386.4** Caro Fotoagentur (Ruffer), Berlin – **386.4A** vision-photos (Graetzbach), Berlin – **386.4B** Visum (Wolfgang Meier), Hamburg – **387.1** Okapia (Dietrich Rose) – **388.2** Dräger Safety AG & Co. KGaA, Lübeck – **389.5** Thomas Seilnacht, Bern – **390.1** Bilderberg (H.& D. Zielske) – **390.2** Picture-Alliance (dpa/Jochen Krause) – **391.4** Fotoagentur Version (Christian Ditsch), Köln – **391.6** Joachim Nittka, Augsburg – **391.7** FOCUS (SPL) – **392.1,2** Astrofoto, Sörth – **392.3** Bilderberg (Milan Horacek) – **393.5** Okapia (Hans Reinhard) – **393.7** Corbis (Jecan) – **394.1** Dr. Hans-Jürgen Seitz – **396** Editions Pierre Charron, Tanguy de Rémar, Draeger, Imp. – **396.1** IFA (Bail & Spiegel), Ottobrunn – **396.2, 4** Mauritius (Thonig/Poehlmann) – **396.3** IFA (Hunter) – **397.5** Silvestris (Norbert Pelka) – **397.6** Unbekannter Lieferant, Stuttgart – **397.7** Okapia – **397.8** IFA (Wisniewski) – **397.9** Unbekannter Lieferant, Stuttgart – **398.2** Mauritius (Rossenbach) – **398.3** MEV – **401.1** Bilderberg (Eberhard Grames) – **401.2** Mauritius (Weißer) – **401.3** blickwinkel (P. Cairns), Witten – **402.1,2** Okapia (Norbert Fischer/Herbert Schwind) – **403.4** RWE Umwelt West GmbH, Grevenbroich – **403.5** Mauritius (A.Mayer) – **403.6** Osram, München – **403.7** MEV – **403.8** Duales System Deutschland GmbH, Köln – **404.1** Mauritius (N. Fischer) – **404.2** Fnoxx, Arnulf Hettrich (Arnulf Hettrich), Stuttgart – **404.3** Okapia (Christen) – **405.4** BBT Thermotechnik GmbH, Buderus Deu, Wetzlar – **405.6** Helga Lade (Jofl) – **405.8** Jochen Eckel, Berlin – **405.10** Helga Lade (BAV)

Nicht in allen Fällen war es möglich, den uns bekannten Rechteinhaber der Abbildung ausfindig zu machen. Berechtigte Ansprüche werden selbstverständlich im Rahmen der üblichen Vereinbarungen abgegolten.